D1936924

TECHNIK-WÖRTERBUCH

Elektrotechnik · Elektronik

Deutsch–Englisch

TECHNIK-WÖRTERBUCH

Elektrotechnik · Elektronik

Deutsch–Englisch

Mit etwa 60000 Wortstellen

Herausgegeben von
Prof. Dr. sc. techn. Peter-Klaus Budig

Dritte, unveränderte Auflage

VEB VERLAG TECHNIK BERLIN

MITARBEITERVERZEICHNIS

Günther Böhss, Oelsnitz/Erzgeb.; Dipl.-Ing. *Reinhold Drachsel*, Berlin; Prof. Dr. rer. nat. habil. *Wolfgang Forker*, Dresden; Dipl.-Ing. *Elke Fritsch*, Jena; Dr.-Ing. *Dietrich Gall*, Ilmenau; Prof. Dr. sc. techn. *Klaus Göldner,* Karl-Marx-Stadt; Dr.-Ing. *Günter Graichen*, Karl-Marx-Stadt; Dr.-Ing. *Klaus Hanella*, Ilmenau; Dr.-Ing. *Harry Herold*, Karl-Marx-Stadt; Prof. Dr.-Ing. habil. *Herbert Höft*, Karl-Marx-Stadt; Prof. Dr.-Ing. habil. *Eberhard Köhler*, Ilmenau; Prof. Dr.-Ing. *Erich Kolbe*, Ilmenau; Dr.-Ing. *Gabriele Nutsch*, Ilmenau; Dipl.-Ing. *Günter Oelschlegel*, Karl-Marx-Stadt; *Johannes Oesterhelt*, Radebeul; Dr.-Ing. *Wolfhard Röske*, Karl-Marx-Stadt; Dipl.-Ing. *Erken Schmidt*, Ilmenau; Dr.-Ing. *Klaus Seyfarth*, Karl-Marx-Stadt; Prof. Dr. sc. techn. *Dieter Sperling*, Zwickau; Dr.-Ing. *Heinz Weißing*, Dresden; Prof. Dr. sc. techn. *Klaus-Dieter Weßnigk*, Zittau; Dipl.-Ing. oec. *Günter Wohlfahrt*, Berlin; Prof. Dr.-Ing. *Günter Wollenberg*, Karl-Marx-Stadt; Prof. Dr.-Ing. habil. *Eugen-Georg Woschni*, Karl-Marx-Stadt; Dr.-Ing. *Ralf Zimmermann*, Ilmenau; Prof. Dr. *Gerhard Zscherpe*, Mittweida

Eingetragene (registrierte) Warenzeichen sowie Gebrauchsmuster und Patente sind in diesem Wörterbuch nicht ausdrücklich gekennzeichnet. Daraus kann nicht geschlossen werden, daß die betreffenden Bezeichnungen frei sind oder frei verwendet werden können.

Elektrotechnik, Elektronik : dt.-engl. ; mit etwa
60000 Wortstellen / hrsg. von Peter-Klaus Budig. –
3., unveränd. Aufl. – Berlin : Verl. Technik,
1988. – 700 S. – (Technik-Wörterbuch)
ISBN 3-341-00418-1
NE: Budig, Peter-Klaus [Hrsg.]

ISBN 3-341-00418-1

3., unveränderte Auflage
© VEB Verlag Technik, Berlin, 1988
Lizenz 201 · 370/251/88
Printed in the German Democratic Republic
Gesamtherstellung: Grafische Werke Zwickau
Lektoren: *Marianne Kirchhoff* und *Helga Kautz*
Schutzumschlag: *Kurt Beckert*
LSV 3507 · VT 4/3752-3
Bestellnummer: 553 113 9
05500

VORWORT zur 2. und 3. Auflage

Die erste und zweite Auflage dieses TECHNIK-WÖRTERBUCHS waren beim Verlag unerwartet schnell vergriffen und haben bei Nutzern im In- und Ausland eine positive Aufnahme gefunden. Das wird uns in Zuschriften und Rezensionen bestätigt, die dem Buch eine gute Auswahl von Fachbegriffen bescheinigen und betonen, daß besonders die Aufnahme zahlreicher Termini moderner Entwicklungsrichtungen des Gebiets dazu beiträgt, daß das Wörterbuch ein zuverlässiges Hilfsmittel bei der Übersetzung von Fachtexten und beim Informationsaustausch ist.
Aus diesem Grund und um den anhaltenden Bedarf in angemessenem Zeitraum befriedigen zu können, hat sich der Verlag entschlossen, vorerst auf eine zeitaufwendige Neubearbeitung zu verzichten und eine weitere Auflage in unveränderter Form folgen zu lassen. Dennoch verbinden wir die Herausgabe dieser Auflage mit der Erwartung, daß sie sich ebenso wie die vorangegangenen einem breiten Interessentenkreis bei der Auswertung und Übersetzung der umfangreichen Fachliteratur nützlich erweist.
Herausgeber und Verlag danken für alle Hinweise, die uns bisher erreichten. Sie werden sorgfältig ausgewertet und finden bei einer Neufassung des Werkes Berücksichtigung. Wir sehen auch weiterhin Vorschlägen und Anregungen, die beitragen helfen, dieses Buch zu verbessern, mit Interesse entgegen.

Herausgeber und *Verlag*

VORWORT zur 1. Auflage

Mit diesem Buch kann neben dem bereits erschienenen englisch-deutschen Band des TECHNIK-WÖRTERBUCHS „Elektrotechnik · Elektronik" nunmehr auch der deutsch-englische Sprachteil und damit das vollständige Gesamtwerk zur Verfügung gestellt werden.

Das Wörterbuch erfaßt den Wortschatz eines Gebietes, dessen Bedeutung für die moderne Industrie unbestritten ist. In zunehmendem Maße tragen Elektrotechnik und Elektronik dazu bei, Bereichen der klassischen Technik die Möglichkeit zur Mechanisierung und Automatisierung zu geben, wobei die moderne Mikroelektronik eine Schlüsselrolle einnimmt, da sie es ermöglicht, neuartige Lösungen zu finden und völlig neue Anwendungsgebiete zu erschließen.

Der Wortbestand dieses Buches wurde von einem Autorenkollektiv auf der Grundlage neuester Fachbücher, Fachzeitschriften und Vorschriftenwerke der Elektrotechnik und Elektronik erarbeitet. Es wurde bewußt davon ausgegangen, den Wortschatz sowohl der klassischen als auch der modernen Teilgebiete aufzunehmen. So umfaßt das Buch unter anderem die Terminologien der Gebiete Hochspannungstechnik, Energieerzeugung, Energieübertragung, Energieverteilung, elektrische Maschinen, Nachrichtentechnik, Regelungstechnik, Meßtechnik, Elektromedizin, Mikrorechentechnik, Halbleitertechnik und Rechentechnik. Weiterhin konnten Begriffe aus solchen modernen Gebieten wie Supraleiter, Lasertechnik und Optoelektronik mit aufgenommen werden.

Auf die Aufnahme ausgesprochener Spezialbegriffe, die nur für einen sehr kleinen Kreis von Fachleuten von Bedeutung sind und Spezialwörterbüchern vorbehalten bleiben sollen, wurde ebenso verzichtet wie auf die Aufnahme polytechnischer Begriffe und solcher des täglichen Sprachgebrauchs, um den Umfang des Werkes in Grenzen zu halten. Abkürzungen wurden nur dort aufgenommen, wo sie – wie besonders im Bereich der Mikroelektronik – von hoher fachlicher Bedeutung sind.

An dieser Stelle möchte ich den zahlreichen Fachwissenschaftlern herzlich danken, die als Autoren an der Entwicklung dieses Wörterbuches mitgearbeitet haben und es nicht versäumten, auch während der Bearbeitungszeit durch die Ermittlung neu entstandener Fachausdrücke zur weiteren Vervollkommnung dieses Werkes beizutragen, insbesondere die Gebiete der Rechentechnik und Mikroelektronik dem neuesten Stand von Wissenschaft und Technik anzupassen. Besonderer Dank gilt dem VEB Verlag Technik für die Unterstützung und gute Zusammenarbeit bei der Erarbeitung des Manuskripts und dessen Gestaltung.

Natürlich ist bei der schnellen Entwicklung des Fachgebietes und der fortschreitenden internationalen Standardisierung laufend mit der Herausbildung neuer Termini und der Präzisierung bereits vorhandener zu rechnen. Herausgeber und Verlag sind daher für Hinweise und Anregungen zur Verbesserung dieses Fachwörterbuchs dankbar. Wir bitten, sie an VEB Verlag Technik, DDR-1020 Berlin, Oranienburger Straße 13/14, zu richten.

Ich möchte der Hoffnung Ausdruck geben, daß dieses Buch seinen Benutzern den Weg zur rationellen Anwendung wissenschaftlicher und technischer Literatur erleichtert und hilft, den Informationsaustausch auf diesem wichtigen Gebiet zu verbessern.

Peter-Klaus Budig

BENUTZUNGSHINWEISE • DIRECTIONS FOR USE

1. Beispiele für die alphabetische Ordnung
Examples for alphabetization

Platinkontakt
Plättchen
λ/4-Plättchen
Plättchenbonden
Plattenbauweise
p-leitend
p-Leitfähigkeit
PLL-Schaltkreis
PLM
Plombierdraht
Prüfbit
Prüfbits / zyklische
Prüfbitspeicher
prüfen
  mit Sonden p.
Prüfung
  P. bei Dauerbelastung
  automatische P.
  verschärfte P.
Prüfungsauswertung
Prüfzelle
PTC-Widerstand
p-Typ-Halbleiter
Punktbauelement
Punkte-Balken-Generator
Punktelektrode
Punkt-für-Punkt-Messung
punktiert

Lot
Lötauge
Lotbrücke
Lötdraht
löten
Löten
  L. mit Lasern
  induktives L.
Lötöse
Lotsenfunk
Lötstelle
Low-Zustand
L-Schaltung
LSI
L-Signal / ungestörtes
Luft
Lüfter
Luftkühlung
  • mit L.
  natürliche L.
Luftspalt
Luftspaltbreite
Lüftung
Lumineszenzschwelle
lumineszieren
Lummer-Brodhun-Fotometer
Luvo
L-Welle

2. Bedeutung der Zeichen
Signs used in the dictionary

/ geschirmt / magnetisch = magnetisch geschirmt

( ) nichtbevorzugte (regellose) Orientierung = nichtbevorzugte Orientierung *oder* regellose Orientierung

[ ] Meg[a]ohmmeter = Megaohmmeter *oder* Megohmmeter
Pumpspeicher[kraft]werk = Pumpspeicherkraftwerk *oder* Pumpspeicherwerk
Luftdichte [/spezifische] = spezifische Luftdichte *oder* Luftdichte

( ) Diese Klammern enthalten Erklärungen
These brackets contain explanations

ABKÜRZUNGEN • ABBREVIATIONS

Abk.	Abkürzung / abbreviation
Ak	Elektroakustik / electroacoustics
Am	amerikanisches Englisch / American English
Anl	Schaltanlagentechnik / electrical installation engineering
App	elektrische Apparate / electrical apparatus
Chem	Elektrochemie / electrochemistry
Eerz	Elektroenergieerzeugung / electric power generation
El	theoretische Grundlagen der Elektrotechnik / fundamentals of electrical engineering
Elk	Elektronik / electronics
Eüb	Elektroenergieübertragung / electric power transmission
f	Femininum / feminine noun
Ferns	Fernsehtechnik / television engineering
Fmt	Fernmeldetechnik / telecommunication
FO	Funkortung / radiolocation
fpl	Femininum pluralis / feminine plural
Galv	Galvanotechnik / electroplating
Halbl	Halbleitertechnik / semiconductor technique
Hochsp	Hochspannungstechnik / high-voltage engineering
Isol	Isolierungstechnik / electrical insulating
Laser	Lasertechnik / laser engineering
Leist	Leistungselektronik / power electronics
Licht	Lichttechnik / lighting engineering
m	Maskulinum / masculine noun
Masch	elektrische Maschinen und Antriebe / rotating electrical machinery and drives
Meß	Meßtechnik / technique of electrical measurements
mpl	Maskulinum pluralis / masculine plural
n	Neutrum / neuter noun
npl	Neutrum pluralis / neuter plural
Nrt	Nachrichtentechnik / electrical telecommunication engineering
Phys	Elektrophysik / electrophysics
pl	Plural / plural
Rech	Rechentechnik – Datenverarbeitung / computer engineering – data processing
s.	siehe / see
s. a.	siehe auch / see also
Srt	Stromrichtertechnik / rectifier engineering
Syst	Systemtechnik / system engineering
Wärm	Elektrowärme / electrothermics
z. B.	zum Beispiel / for example

A

A *s.* Ampere
a-Ader *f (Fmt)* a-wire; tip wire, t-wire
AB *s.* Aussetzbetrieb
Abarbeitungszeit *f (Rech)* running time *(eines Programms)*
Abbau *m* 1. demounting, dismantling; disassembly; 2. *(Chem)* decomposition, degradation
abbauen 1. to demount, to dismantle; to disassemble; 2. *(Chem)* to decompose, to degrade
Abbeizbad *n (Galv)* pickling bath, strip
abbeizen 1. *(Galv)* to pickle; 2. to cauterize *(Elektromedizin)*
Abbeizmittel *n* pickling agent
AB-Betrieb *m (Nrt)* AB method
Abbild *n* image
abbilden to image; to map *(Mathematik)*
punktförmig a. to form a point image
Abbildtheorie *f* theory of mapping
Abbildung *f* 1. imaging, image formation *(Bilderzeugung)*; mapping *(Mathematik)*; 2. image, figure
elektronische A. electronic imaging
flächentreue A. equal-area projection *(Mathematik)*
isomorphe A. isomorphism
konforme A. conformal mapping (representation)
optische A. optical imaging (image formation)
punktförmige A. point image
scharfe A. high-definition image (picture)
Abbildungsfehler *m* image defect, aberration *(Optik)*
Abbildungsgleichung *f* imaging equation *(Optik)*
Abbildungslichtbogenofen *m* image arc furnace *(optische Fokussierung des Lichtbogens auf das Schmelzgut)*
Abbildungsmagnet *m* focussing magnet
Abbildungsmaßstab *m* image (reproduction) scale, scale of reproduction
Abbildungsschärfe *f* sharpness of image
Abbildungsspule *f* focussing (focus) coil
Abbildungssystem *n* imaging system
Abbindedraht *m* bonding wire
Abbindeklemme *f* bonding clip
abbinden / Kabel to lace a cable
Abblasen *n* blow-off, blowing-off *(Dampf)*
Abblasventil *n* blow-off valve
abblättern to peel [off], to flake [off] *(Metallüberzug)*
abblenden 1. *(Licht)* to dim; to dip *(Scheinwerfer)*; 2. to fade out *(Bild, Ton)*; 3. to stop down *(Kamera)*
Abblenden *n* 1. *(Licht)* dimming; dipping *(Scheinwerfer)*; 2. fade-out *(Bild, Ton)*; 3. stopping down *(Kamera)*
Abblendlicht *n* passing light, dipped headlight (beam) *(Kraftfahrzeug)*
Abblendschalter *m* dimming (dimmer) switch, light dimmer
Abblendsystem *n* headlight dimming system
Abblendung *f s.* Abblenden
Abblendvorrichtung *f* dimmer, dimming device *(zur Helligkeitsregelung von Lampen)*
Abbrand *m* burn-up *(z. B. am Kontakt)*
Abbrandgeschwindigkeit *f* burning rate *(Kerntechnik)*
abbrechen 1. to break off, to stop; 2. *(Halbl)* to chip; 3. *(Rech)* to truncate
Abbrechfehler *m s.* Abbruchfehler
abbremsen to brake, to decelerate
Abbremsung *f* braking, deceleration
abbrennen to burn off (up)
Abbrennkontakt *m* arcing contact (tips); interchangeable contact piece
Abbrennschweißen *n* flash welding
Abbrennstück *n s.* Abbrennkontakt
Abbrennstumpfschweißen *n* flash butt welding
Abbruchfehler *m* truncation error *(Mathematik)*
Abdampf *m* exhaust (waste, dead) steam
abdampfen to vaporize, to evaporate
Abdampfrate *f* evaporation rate
Abdampfrohr *n* steam exhaust [pipe]
Abdampfturbine *f* exhaust-steam turbine
Abdeckbad *n (Galv)* covering strike
Abdeckbild *n* resist image *(Leiterplatten)*
abdecken to cover; to shield; to mask, to tent *(Leiterplatten)*; *(Licht)* to vignette
mit einer Maske a. to mask
Abdeckfolie *f* dry film resist
Abdeckfrequenz *f* shutter cut-off frequency *(Hochfrequenztechnik)*
Abdeckisolierfolie *f* covercoat, adhesive-coated dielectric film
Abdecklack *m* liquid resist
fotoempfindlicher A. photosensitive resist solution, photoresist varnish
Abdeckmaske *f s.* Abdeckschablone
Abdeckplatte *f* cover plate
Abdeckschablone *f* mask, resist pattern mask
Abdeckscheibe *f* cover disk, seal washer
Abdeckschicht *f (Halbl)* resist coating
Abdeckung *f* 1. covering, cover-laying; masking, tenting *(Leiterplatten)*; 2. cover; mask, masking piece
gelochte A. perforated cover
abdichten to seal; to tighten; to make leak-proof
gegen Feuchtigkeit a. to seal against humidity (moisture), to waterproof
hermetisch a. to seal hermetically
Abdichtmasse *f* sealing compound (medium)
Abdichtscheibe *f* seal washer

Abdichtung *f* seal[ing]
akustische A. acoustic seal
hermetische A. hermeticity
keramische A. ceramic seal
Abdichtungsmaterial *n* sealant material
Abdichtwachs *n* sealing wax
abdrehen to turn off
Abdruck *m* replica
Abdrucktechnik *f*, **Abdruckverfahren** *n* replica technique
abdunkeln to darken; to dim; to blank out
Abdunkelung *f* darkening; *(Nrt, Ferns)* blanking
Aberration *f (Licht, Laser)* aberration
chromatische A. chromatic aberration
Aberrationsfehler *m* aberrational defect
Aberrationskonstante *f* aberration constant
Aberrationswinkel *m* aberration angle, angle of aberration
aberregen to de-excite; to de-energize
Aberregung *f* de-excitation; de-energization
A-bewertet *(Ak)* A-weighted
A-Bewertung *f (Ak)* A-weighting
Abfahrautomatik *f* automatic shutting-down *(Turbine)*
Abfall *m* 1. fall, fall[ing]-off, decrease, decline, drop[-off] *(z.B. Meßwerte, Spannung, Temperatur)*; decay *(Schwingungen)*; release *(Relais)*; roll-off *(Kurvenzug)*; 2. refuse, waste
A. der Empfindlichkeit decrease of sensitivity, fall-off in sensitivity
radioaktiver A. radioactive waste
scharfer A. sharp cut-off *(einer Kennlinie)*
Abfallager *n* burial ground *(für radioaktive Abfälle)*
abfallen to fall [off], to decrease, to decline, to drop *(z.B. Meßwerte, Spannung, Temperatur)*; to decay; to release *(Relais)*
allmählich a. to fall off gradually
exponentiell a. to fall exponentially
steil a. to fall off steeply
Abfallen *n s.* Abfall 1.
abfallend / langsam slow-releasing *(Relais)*
schräg a. sloping
Abfallgeschwindigkeit *f* release speed *(Relais)*
Abfallsicherheitsfaktor *m* safety factor for drop-out *(Relais)*
Abfallspannung *f* drop-out voltage, release voltage *(Relais)*
Abfallstrom *m* drop-out current, release current *(Relais)*
Abfallverzögerung *f* release (breaking) delay, drop-off time lag *(Relais)*; delayed drop-out
Abfallverzögerungszeit *f* drop-out time lag, drop-off time lag *(Relais)*
Abfallwert *m* drop-out value, drop-off value *(Relais)*
Abfallzeit *f* fall (decay) time *(z.B. Impuls)*; release (break, drop-off, drop-out) time *(Relais)*
Abfallzeitkoeffizient *m* fall time coefficient
abfangen to intercept *(z.B. Nachrichten)*; to absorb *(z.B. Stöße)*
Abfangen *n* interception *(Nachrichten, Licht)*
Abfangkreis *m* intercepting circuit *(Laufzeitröhren)*
Abfangspeicherstelle *f* intercept data storage position
Abfangzeitpunkt *m* moment of interception
abfedern to spring, to cushion
Abfertigung *f* dispatch *(Telegramm)*
abflachen to flatten, to level off *(z.B. Kurve)*; to smooth *(Funktion)*
Abfluß *m* 1. drain, outlet; 2. leakage, discharge *(von Ladung)*
Abfrage *f (Rech)* interrogation, inquiry
Abfrageapparat *m (Fmt)* operator's headset (telephone set)
Abfragebetrieb *m (Fmt)* direct trunking
Abfrageeinrichtung *f (Fmt)* answering equipment
Abfragefrequenz *f (Rech)* interrogation frequency
Abfragegerät *n (Fmt)* interrogator
Abfrageimpuls *m (Rech)* interrogation (interrogating) pulse, read[-out] pulse
Abfrageklinke *f (Fmt)* [answering] jack
Abfrageklinkenstreifen *m (Fmt)* strip of answering jacks
Abfragelampe *f (Fmt)* answer lamp
Abfrageleitung *f (Fmt)* sense line
Abfragemaschine *f (Fmt)* answering machine
Abfragemodus *m (Rech)* interrogation mode
abfragen *(Rech)* to interrogate; to inquire; *(Nrt)* to answer; *(FO)* to challenge; *(Meß)* to poll
Abfragen *n (Rech)* interrogation; inquiry; *(Nrt)* answering; sampling
A. ohne Informationsverlust *(Rech)* non-destructive sensing
Abfrageplatz *m (Fmt)* A-position, inquiry station
Abfragepunkt *m (Rech)* point of interrogation *(Speicher)*
Abfrageregister *n (Rech)* interrogation register
Abfragereichweite *f (Nrt)* interrogation coverage
Abfrageruf *m (Fmt)* report call
Abfrageschalter *m* sampler; *(Fmt)* talking and speaking key
Abfragesender *m (Nrt)* interrogator
Abfragestation *f (Nrt)* inquiry station
Abfragestelle *f (Fmt)* attendant's set
Abfragestöpsel *m (Fmt)* answering plug

Abfragestrom *m (Nrt)* sensing current
Abfragetaste *f (Fmt)* speaking key
Abfrageterminal *n (Rech)* inquiry terminal
Abfrageüberwachungslampe *f (Fmt)* answering supervisory lamp
Abfragevielfach *n (Fmt)* multiple answering equipment
Abfragewert *m (Rech)* sample
Abfühlbürste *f (Rech)* reading brush
Abfühleinheit *f (Rech)* read-out unit
abfühlen to read, to sense, to scan
spaltenweise a. *(Rech)* to read out column by column
zeilenweise a. *(Rech)* to read out line by line
Abfühlimpuls *m (Rech)* read[-out] pulse
Abfühlkontakt *m (Meß)* sensing contact
Abfühlstrom *m* sensing current
abführen to dissipate, to eliminate *(z. B. Wärme)*; to exhaust *(Gase)*
elektrische Ladung a. to bleed off the charge, to reduce charge
Abführung *f* **der Verluste** *(Masch)* dissipation of losses
Abgabe *f* output; delivery, release
Abgabenutzleistung *f* useful output power
Abgang *m* 1. loss; deficiency; 2. wastage, waste
Abgänge *mpl* 1. distributing pole (rods) *(für Spannung)*; 2. *s.* Abgang 2.
Abgangsamt *n (Fmt)* originating exchange
Abgangsplatz *m (Fmt)* outgoing position
Abgangsregister *n (Fmt)* outgoing register
Abgangsverkehr *m (Fmt)* outgoing traffic
Abgas *n* exhaust gas
abgeben to deliver *(z. B. Leistung)*; to release, to give off; to donate *(z. B. Elektronen)*; to emit *(z. B. Strahlung)*
Energie a. to release (supply, deliver) energy
Gas a. to gas *(z. B. Sammler)*; to release (output) gas *(Elektroden)*
Leistung a. to supply power
Strom a. to deliver current
Wärme a. to dissipate heat
abgedichtet sealed; leak-proof
abgeflacht flat-topped, oblate
abgeglichen balanced; adjusted; aligned
nicht a. out-of-balance; not adjusted
abgegriffen tapped; picked-up
abgehend outgoing
abgeplattet oblate, flattened, flat-topped
abgeschaltet switched-off, off; disconnected; cut-out; dead
im Stillstand und a. rest and de-energized, rest and switched-off
abgeschieden / elektrochemisch electrodeposited
abgeschirmt screened, shielded
doppelt a. double-shielded
gegeneinander a. screened (shielded) from each other, mutually screened
hochfrequent a. radio-screened
magnetisch a. magnetically screened (shielded)
nicht a. unscreened, unshielded
partiell a. partially screened (shielded)
völlig a. perfectly screened (shielded)
abgeschlossen 1. *(El)* terminated; 2. sealed; [en]closed
hermetisch a. hermetically closed (sealed)
in sich a. self-contained
wellenwiderstandsrichtig a. match-terminated
abgeschmolzen sealed [off] *(z. B. Elektronenröhren)*
abgestimmt tuned
auf Resonanz a. tuned to resonance
dekadisch a. decade-tuned *(z. B. Oszillator)*
gleichlaufend a. gang-tuned
scharf a. sharply tuned
unscharf a. broadly tuned, out-of-tune
abgestuft graded; stepped
abgetastet sampled; swept *(Frequenzen)*; scanned
lichtelektrisch a. photoelectrically scanned
abgetrennt off-line
abgezweigt branched-off
Abgleich *m* adjustment; alignment *(z. B. beim Systementwurf)*; balance, balancing
A. auf gleiche Lautstärke loudness balance
A. einer Brücke bridge balance
A. im Empfänger receiver alignment
A. von Parametern *(Syst)* parameter adjustment
automatischer A. automatic balancing
fotometrischer A. photometric balance
Abgleichanzeiger *m* balance [point] indicator
Abgleichbedingung *f* balance condition
Abgleichbesteck *n* alignment tool
Abgleichbeziehung *f* balance equation
Abgleicheinheit *f* balancing unit
Abgleichelement *n* adjusting element
abgleichen to adjust *(z. B. Meßbrücke)*; to align *(z. B. Verstärker)*; to balance *(z. B. Lautsprecher)*; to trim *(Kondensator)*
auf Null a. to align to zero
neu a. to rebalance; to readjust
Abgleichen *n s.* Abgleich
Abgleichfehler *m* adjustment (alignment, balance) error
Abgleichfrequenz *f* alignment frequency
Abgleichgerät *n* balance (balancing) unit
Abgleichgeschwindigkeit *f* balancing speed
Abgleichgleichung *f* balance equation
Abgleichkondensator *m* balance (trimming) capacitor, trimmer

Abgleichpotentiometer *n* adjusting (balancing, compensating) potentiometer
Abgleichpunkt *m* balance point
Abgleichschaltung *f* balancing circuit
Abgleichsender *m s.* Prüfgenerator
Abgleichsignal *n* trimming signal
Abgleichskale *f* balance dial
Abgleichspule *f* alignment (balance) coil
Abgleichverfahren *n* balance (balancing) method, process of balancing; *(Nrt)* adjustment procedure
Abgleichwerkzeug *n* alignment tool
Abgleichwert *m* adjusted value
Abgleichwiderstand *m* 1. adjustable resistor *(Bauelement)*; adjusting (balancing) resistor *(Funktionselement)*; 2. balancing resistance
Abgleichzustand *m* balance
Abgleitung *f* slip *(Kristalle)*
abgreifen to tap [off]; to pick off; to read off; to scan
Abgreifpunkt *m* tapping (balance) point
Abgriff *m* tapping, tap; pick-up
abhängen von to depend on (upon)
abhängig dependent
  quadratisch a. in proportion to the square, square-dependent
Abhängigkeit *f* dependence
  A. des Feldes vom Abstand distance dependence of field
  A. vom elektrischen Feld field dependence
  A. vom Integral integral dependence *(Variable)*
  gegenseitige A. interdependence
  lineare A. linear dependence
  spektrale A. spectral dependence
  stetige A. continuous dependence
  zufällige A. random dependence
Abhebegeschwindigkeit *f (Halbl)* lifting speed
abheben to lift off; *(Fmt)* to take off, to unhook, to remove
  den Hörer a. to remove the receiver
Abheben *n (Halbl)* lift-off
  A. der Schreibfeder pen lift *(Registriergerät)*
Abhebetechnik *f (Halbl)* lift-off technique
Abhitzekessel *m* waste-heat boiler
Abhitzeverwertung *f* waste-heat utilization
Abhörbox *f* monitoring box
Abhöreinheit *f* [audio] monitor, monitoring device
Abhöreinrichtung *f (Fmt)* monitor[ing] equipment
abhören to monitor; *(Nrt, Fmt)* to intercept; to [wire-]tap, to listen in
  ein Telefongespräch a. to intercept a conversation
Abhören *n* [aural] monitoring; *(Nrt, Fmt)* interception; tapping
Abhörkontrolle *f (Ak)* audio (auditory) monitoring
Abhörlautsprecher *m* monitoring (control, listening, pilot) loudspeaker
Abhörraum *m* monitor room
Abhörsicherheit *f (Fmt)* safety from interception
Abhörstelle *f (Fmt)* intercepting station
Abhörtisch *m* sound-editing machine *(Studiotechnik)*
Abhörverstärker *m* monitoring amplifier
abisolieren to strip, to skin, to bare *(Kabel)*
  einen Leiter a. to strip a wire
Abisoliermaschine *f* wire stripping machine, [wire] stripper
Abisoliervorgang *m* stripping operation
Abisolierwerkzeug *n* [wire] stripper
Abisolierzange *f* stripping tongs
abkanten to bevel; to edge
Abklingcharakteristik *f* decay characteristic; persistence characteristic
Abklingdauer *f* decay time
abklingen to decay; to damp [out], to die down (out); *(Ak)* to fade away
  allmählich a. to tail away (off) *(Schwingungen)*
  nach einer Exponentialfunktion a. to decay exponentially
Abklingen *n* decay *(z. B. Signal)*; damping *(Schwingungen)*
  aperiodisches A. aperiodic decay
  exponentielles A. exponential decay
  natürliches A. natural decay
  nichtexponentielles A. non-exponential decay
Abklingfaktor *m* decay factor
Abklinggeschwindigkeit *f* decay rate
Abklingkonstante *f* decay constant (coefficient); damping constant (coefficient, factor)
  exponentielle A. exponential damping constant
Abklingkurve *f* decay characteristic
Abklinglänge *f* attenuation length
Abklingperiode *f* decay period
Abklingrate *f* decay rate
Abklingstrom *m* transient decay current
Abklingzeit *f* decay time; dying-down time; interval of persistence
  A. eines Impulses pulse decay (dying-down) time
abkühlen to cool [down]; to refrigerate; to chill
  a. auf to cool down to
Abkühlkammer *f* cooling pit *(bei Tiefofenanlagen)*
Abkühlung *f* cooling [down]; refrigeration; chilling
Abkühlungsdauer *f* duration (period) of cooling down
Abkühlungsfläche *f* cooling surface
Abkühlungsgeschwindigkeit *f* cooling rate (speed)
Abkühlungsgesetz *n* / **Newtonsches** Newton's law of cooling

Abkühlungszeit *f* cooling time, cooling[-off] period
abkuppeln to disengage, to disconnect
abkürzen to abridge *(z. B. mathematische Verfahren)*
ablagern to deposit
im Vakuum a. to vacuum-deposit
Ablagerung *f* 1. deposition *(Vorgang);* 2. deposit
A. von Staubteilchen deposit of dust particles
radioaktive A. radioactive deposit
Ablagerungsbedingung *f* deposition condition
Ablagerungskorrosion *f* deposit corrosion
Ablagerungsmaske *f (Halbl)* deposition mask
Ablagerungsmuster *n (Halbl)* deposit pattern
Ablagerungsrate *f* deposition rate
Ablauf *m* **des Programms** *(Rech)* course (sequence) of the program
A. von Steuerungsvorgängen control sequence
periodischer A. cyclic sequence (operation)
zeitlicher A. time sequence
Ablaufbandteller *m* supply reel
Ablaufdiagramm *n* flow diagram (chart); *(Rech)* sequence chart; *(Fmt, Nrt)* timing chart
ablaufen lassen / die Nummernscheibe *(Fmt)* to release the dial
Ablaufen *n* **der Nummernscheibe** *(Fmt)* return[ing] of the dial
Ablaufgeschwindigkeit *f* take-off speed *(Magnettonband)*
Ablaufrolle *f* supply reel *(Magnettonband)*
Ablaufschaubild *n s.* Ablaufdiagramm
Ablaufschema *n* flow pattern
Ablaufspule *f s.* Abwickelspule
Ablaufsteuerung *f (Syst)* run off control, sequencing (sequential) control
Ablaufzeit *f* running[-down] time
abläuten *(Fmt)* to ring off
Abläutezeichen *n (Fmt)* ring off signal
ablegen *(Rech)* to file
Ablehnungszahl *f* rejection number *(Prüflos)*
Ableitanode *f* relieving anode
ableitbar derivable, differentiable *(Mathematik)*
Ableitbarkeit *f* derivability, differentiability *(Mathematik)*
Ableitdämpfung *f s.* Ableitungsdämpfung
ableiten 1. to leak; to bypass, to shunt *(Strom)*; to arrest *(Blitz)*; 2. to derive, to deduce; to differentiate *(Mathematik)*; 3. to drain [off] *(Flüssigkeiten, Elektronen)*; 4. to dissipate, to remove *(Wärme)*
Ableiter *m* arrester; lightning arrester *(Blitz)*; secondary-type arrester *(für Ableitströme kleiner als 1 500 A)*
A. für Verteilungsnetze *(Hochsp)* distribution-type arrester; series B arrester *(Ableitstrom etwa 5 kA)*
Ableiteranschlußklemme *f* arrester terminal
Ableiterbaustein *m* prorated unit of an arrester *(Baukastenprinzip für höhere Spannungen)*
Ableitererdung *f* surge diverter earthing
Ableiterfunkenstrecke *f* arrester spark gap
Ableiternennfrequenz *f* rated frequency of an arrester
Ableiternennspannung *f* rated voltage of an arrester
Ableiterrestspannung *f (Hochsp)* residual (discharge) voltage of an arrester
Ableiterschalter *m* arrester disconnector
Ableiterstrom *m* arrester discharge current
Ableiterunterbrecher *m* arrester disconnector
Ableitkapazität *f* capacitance to earth, leakage capacitance
Ableitkondensator *m* bypass capacitor
Ableitstoßstrom *m* lightning discharge current
Ableitstrom *m (Anl)* discharge (follow) current *(Ableiter)*; stray current *(Erdstrom)*; leakance current *(z. B. bei Freileitungen)*
A. gegen Erde loss current to earth
Ableitstromprüfung *f (Anl)* discharge current withstand test
Ableitung *f* 1. *(El)* leak[age]; down conductor; *(Nrt)* bypass system *(z. B. für Hochfrequenz);* leakance, leak conductance *(Querleitwert);* shunt conduction; 2. derivation, deduction; differentiation; derivative, differential [coefficient] *(Mathematik)*; 3. drain, drainage *(z. B. Flüssigkeiten)*; 4. dissipation *(Wärme)*
dielektrische A. dielectric leakance
partielle A. partial derivative
zeitliche A. time derivation
Ableitungsbelag *m* leakance (shunt conductance) per unit length
Ableitungsdämpfung *f* leakage damping (attenuation)
Ableitungsstrom *m* leakance current
Ableitungsverlust *m* leakage loss, loss by leakage, shunt loss
Ableitungsvermögen *n (Anl)* discharge capacity
Ableitungswiderstand *m* leakage (leak) resistance; resistance to earth
Ableitvorrichtung *f* sink *(z. B. für Wärme)*
Ablenkamplitude *f* sweep amplitude
Ablenkbereich *m (Ferns, Meß)* sweep range
Ablenkblech *n* deflector
Ablenkcharakteristik *f (Ferns, Meß)* deflection response

Ablenkdehnung *f (Ferns, Meß)* expanded sweep
Ablenkebene *f* deflection plane
Ablenkeinheit *f* deflection unit
Ablenkelektrode *f* deflector (deflecting) electrode, deflector plate
Ablenkempfindlichkeit *f (Meß)* deflection sensitivity
ablenken to deflect; to sweep *(Elektronenstrahl)*
Ladungsträger a. to deflect carriers
Ablenken *n* / **inkrementales** incremental sweep *(Oszillograf)*
periodisches A. *(Ferns, Meß)* sweeping
Ablenkendstufe *f (Ferns)* scanning output stage
Ablenkfaktor *m (Meß)* deflection coefficient *(reziproke Ablenkempfindlichkeit)*; *(Ferns)* deflecting factor
Ablenkfehler *m* deflection error; pattern distortion *(Elektronenstrahlröhre)*
Ablenkfeld *n* deflecting field
magnetisches A. magnetic deflecting field
Ablenkfrequenz *f (Meß)* sweep (time-base) frequency
Ablenkgenerator *m (Ferns, Meß)* scanning generator
Ablenkgeschwindigkeit *f (Ferns, Meß)* sweep velocity, deflection speed
Ablenkjoch *n (Ferns, Meß)* deflection (deflecting, scanning) yoke
Ablenkkraft *f* deflecting force
Ablenklinearität *f (Ferns, Meß)* deflection (scanning, sweep) linearity
Ablenkmagnet *m* deflecting magnet
Ablenkmagnetkern *m s.* Ablenkjoch
Ablenknichtlinearität *f (Ferns, Meß)* deflection (scanning) non-linearity, line (field) non-linearity
Ablenkplatte *f* deflecting plate (electrode), deflector [plate] *(Elektronenstrahlröhre)*
Ablenkprisma *n* deviation prism
Ablenkraum *m* deflection space
Ablenkspannung *f (Ferns, Meß)* deflecting (sweep) voltage
horizontale A. time-base voltage
Ablenkspiegel *m* deflection mirror
Ablenkspule *f (Ferns, Meß)* deflection (deflector, scanning, sweep) coil
Ablenkspulenstrom *m* deflector coil current
Ablenksteuerröhre *f* tube with deflection control
Ablenkstrom *m* deflecting current
Ablenksystem *n* deflecting (deflection) system
Ablenkung *f (Ferns, Meß)* deflection, deviation; sweep *(z. B. Elektronenstrahl)*
A. des Schreibstrahls display sweep
A. im elektrischen Feld electric deflection
A. im Magnetfeld magnetic deflection
elektrostatische A. electrostatic deflection
getaktete A. timed deflection
getriggerte A. *(Meß)* triggered sweep
halbkreisförmige A. *(Meß)* semicircular deviation
horizontale A. horizontal deflection *(Oszillograf)*; horizontal sweep
magnetische A. magnetic deflection
periodische A. *(Meß)* recurrent sweep
radiale A. radial scan *(Oszillograf)*
vertikale A. vertical deflection *(Oszillograf)*; vertical sweep
zeitliche A. deflection, sweep *(Oszillograf)*
Ablenkungsdefokussierung *f* deflection defocussing *(Elektronenoptik)*
Ablenkungsfaktor *m* deflection factor *(Oszillograf)*
Ablenkungsschaltung *f (Ferns, Meß)* deflection circuit
Ablenkungsstreuung *f* deflection defocussing *(Elektronenoptik)*
Ablenkungsverstärker *m s.* Ablenkverstärker
Ablenkungswinkel *m* angle of deflection, deflection (deviation) angle
Ablenkverstärker *m (Ferns, Meß)* deflection amplifier; sweep amplifier *(z. B. Kippverstärker)*
ablesbar readable
leicht a. easily readable
Ableseanzeige *f (Rech)* read-out display
Ablesebürste *f (Rech)* reading brush
Ablesefehler *m (Meß)* reading (observation) error
Ablesegenauigkeit *f (Meß)* accuracy of (in) reading
Ablesegerät *n* dial indicator *(z. B. im elektronischen Meßgerät)*
ablesen to read [off]
Ablesung *f (Meß)* reading; *(Rech)* read-out
direkte A. direct reading
ablösbar strippable; detachable; removable
ablösen to strip [off]; to detach, to free *(z. B. Elektronen)*
Ablösetechnik *f (Halbl)* stripping (lift-off) technique
Ablösung *f* stripping *(z. B. Isolierung, galvanische Schicht)*; release, ejection, detachment, separation *(z. B. von Teilchen)*
A. von Elektronen detachment of electrons
ablöten to unsolder
Abluft *f* exhaust (outlet) air
Abluftkanal *m* air outlet conduit
Abluftleitung *f* air outlet pipe (tube)
Abluftrohr *n* air outlet pipe (tube), exhaust pipe
Abluftstutzen *m* ventilating outlet
abmanteln to dismantle, to bare, to strip *(Kabel)*

die Isolierung a. to remove the sheathing
Abmanteln *n* dismantling, stripping
Abmaß *n* dimensional variation, off-size; deviation
Abmessung *f* 1. measurement; 2. dimension, size ● **von endgültiger A.** final-size ● **von kleinen Abmessungen** small-size ● **von kleinsten Abmessungen** micro-sized
äußere A. overall dimension
geometrische A. physical size
gesamte A. overall dimension *(z. B. Bauhöhe)*
inkrementale A. incremental dimension *(Numerik)*
zusätzliche A. complementary dimension
Abmessungsstandardisierung *f* size standardization
Abmessungsverringerung *f* size reduction
abmontieren to demount, to detach; to dismantle
Abnahme *f* 1. decrease, decline, drop, reduction, loss; decrement *(z. B. Amplitude)*; 2. acceptance *(Qualitätskontrolle)*
A. der Spannung voltage (tension) decrease, fall in tension
monotone A. monotonous decrease
Abnahmebericht *m* acceptance report
Abnahmegeschwindigkeit *f (Ak)* rate of decay
Abnahmekontrolle *f* final examination, inspection control (test)
Abnahmeprotokoll *n* test certificate
Abnahmeprüfung *f* acceptance test (checking)
A. im Herstellerwerk factory acceptance testing, factory test
Abnahmespule *f* pick-up coil
Abnahmespur *f (Rech)* take-off track
Abnahmetoleranz *f* acceptance tolerance
Abnahmeversuch *m* acceptance test (trial)
Abnahmevorschrift *f* quality specification
abnehmbar demountable, removable, detachable
Abnehmebürste *f (Rech)* pick-off brush
abnehmen 1. to decrease, to decline, to drop [off], to fall [off] *(z. B. Druck, Temperatur, Spannung)*; to decelerate *(Geschwindigkeit)*; 2. *(Fmt)* to lift *(Hörer)*; 3. to accept *(z. B. bei Abnahmeprüfungen)*
den Hörer a. *(Fmt)* to unhook the handset (receiver), to remove (take off) the receiver
exponentiell a. to decrease exponentially
Leistung a. to consume power
monoton a. to decrease monotonically *(z. B. Funktion)*
Abnehmer *m* 1. *(Ak)* pick-up; 2. customer *(von Energie)*
Abnehmeranlage *f (Eüb)* consumer's installation
Abnehmergebühr *f (Eüb)* customer charge
Abnehmergruppe *f (Eüb)* class of customers (service)
Abnehmerleitung *f (Eüb)* service line; *(Fmt)* outgoing line
gemeinsame A. *(Fmt)* common trunk
individuelle A. *(Fmt)* individual trunk
teilweise gemeinsame A. *(Fmt)* partial common trunk
Abnehmerrolle *f* trolley *(Stromabnehmer)*
Abnehmerteilgruppe *f (Fmt)* grading group
Abnutzung *f* wear *(durch Verschleiß)*; abrasive wear, abrasion *(durch Abrieb)*
A. nach langem Betrieb long-service wear
zulässige A. wearing depth *(Stromwender)*
Abnutzungsbeständigkeit *f* abrasion resistance *(gegen Reibung)*
abprallen to rebound
Abprallwinkel *m (Phys)* angle of rebound
abpumpen to pump off, to evacuate
abquetschen to pinch off, to squeeze [off]
Abreißbogen *m* interruption arc
Abreißen *n* breakaway
A. einer Entladung interruption of a discharge
A. eines Lichtbogens interruption (breaking) of an arc
Abreißfeder *f* restoring spring *(Elektromagnet)*
Abreißkontakt *m* arcing contact *(Schaltgerät)*
Abreißkraft *f* retractile force
Abreißlichtbogen *m* interruption arc
Abreißspannung *f* interruption voltage
Abreißzünder *m* break igniter
Abreißzündung *f* break ignition, ignition by contact breaking
Abrieb *m* abrasion, [abrasive] wear
Abriebbeständigkeit *f* abrasion resistance; resistance to wear
abriebfest abrasion-resistant, abrasion-proof
Abriebmessung *f* abrasion measurement
Abruf *m (Rech)* fetch
abrufen *(Rech)* to recall *(Daten)*; *(Fmt)* to ring off
Abrufen *n* **/zyklisches** *(Rech)* polling *(z. B. von Eingabestationen)*
Abrufregister *n (Rech)* calling (interrogation) register
Abrufzeichen *n (Fmt)* proceed-to-send signal, start-dialling signal, start-pulsing signal
Abrundung *f* round-off, rounding [off] *(Mathematik)*
Abrundungsfehler *m* rounding error
absaugen to exhaust, to draw off *(z. B. Gas)*; to evacuate
mit dem Staubsauger a. to vacuum-clean
Absaugen *n* exhaustion
Absaugventilator *m* exhaust fan, exhauster

abschälen to peel [off], to flake [off] *(Metallüberzug)*
Abschaltautomatik *f* automatic shut-down equipment
Abschaltbatterie *f* cut-off battery
Abschaltdauer *f* break time, interruption duration
durch Wischer verursachte A. transient-caused forced outage duration *(im Netz)*
Abschalteinrichtung *f* interrupting device
abschalten to switch off (out), to cut out (off); to break *(Kontakt)*; to turn off; to de-energize; to disable
Abschalten *n* switch[ing]-off, cut-out, cut-off; [circuit] breaking; turn-off
Abschaltenergie *f* breaking energy
Abschaltfunke *m* break spark
Abschaltgeräusch *n* breaking (disconnection) noise
Abschalthilfsrelais *n* auxiliary tripping relay
Abschaltkontakt *m* disconnecting contact
Abschaltkreis *m (Syst)* blanking circuit *(Ablaufsteuerung)*
Abschaltleistung *f* [circuit-]breaking capacity, interrupting rating
Abschaltmagnet *m* disconnecting magnet
Abschaltperiode *f* breaking period
Abschaltprüfung *f* interrupting test
Abschaltrelais *n* switching-off relay, cut-off relay
Abschaltstellung *f* off position
Abschaltstrom *m* interrupting current
Abschaltthyristor *m* gate turn-off thyristor, GTO thyristor *(mittels Gate ausschaltbar)*
Abschaltung *f* switching-off; circuit breaking, current interruption; disconnection
A. eines Kreises circuit opening
A. eines Kurzschlusses clearing of a short circuit
automatische A. automatic opening *(Schaltungstechnik)*
bestimmt verzögerte A. definite time-lag circuit breaking
durch Wischer verursachte A. transient-caused forced outage *(im Netz)*
einpolige A. single-pole disconnection (cut-out)
funkenfreie A. clean interruption (break, cut-out)
geplante A. scheduled interruption (break, cut-out)
selbsttätige A. automatic interruption (break, cut-out)
Abschaltvermögen *n* current-breaking capacity *(Kontakt)*
hohes A. high breaking capacity
Abschaltversuch *m* interruption test
Abschaltverzögerung *f* switch-off delay
Abschaltvorgang *m* [circuit] breaking
Abschaltvorrichtung *f* contact-breaking device *(Schaltgerät)*
Abschaltzeit *f* switch-off time, breaking period; total operating time, clearing time *(Sicherung)*
abschatten to shade
Abschattierung *f (Ferns)* corner cutting
Abschattung *f* shading
Abschattungseffekt *m* shading effect
Abschattungsverfahren *n* shadow technique
Abschattungsverlust *m* mountain effect *(elektromagnetische Wellen)*
abschätzen to estimate, to assess; to evaluate, to valuate
Abschätzung *f* estimation, assessment; evaluation, valuation
numerische A. numerical estimation
abscheiden to separate; to deposit *(z. B. durch Elektrolyse)*; to precipitate *(als Niederschlag)*
elektrolytisch a. to electrodeposit
Abscheider *m* separator *(Batterie)*
Abscheidung *f* 1. separation; deposition; precipitation *(Vorgang)*; 2. deposit; precipitate
A. einer monomolekularen Schicht monolayer deposition
elektrochemische A. *s.* elektrolytische A.
elektrolytische A. electrolytic deposition, electrodeposition; precipitation by electrolysis
elektrophoretische A. electrophoretic deposition
galvanisch aufgebrachte A. electrodeposit
galvanische A. electrodeposition
galvanische A. von Goldlegierungen gold alloy plating
galvanische A. von Legierungsüberzügen alloy plating
gemeinsame A. codeposition
katodische A. cathodic separation
polykristalline A. polycrystalline deposit
Abscheidungselektrode *f* precipitation electrode
Abscheidungsspannung *f (Galv)* deposition voltage
Abschirmbecher *m* screening (shielding) can
Abschirmbehälter *m* shielding container
Abschirmblech *n* screening plate, baffle shield
Abschirmeffekt *m* screening (shielding) effect
magnetischer A. magnetic screening effect
abschirmen 1. to screen [off], to shield; 2. to shade
a. gegen to shield from
Abschirmfaktor *m* screening (shielding) factor, degree of screening
Abschirmfehler *m* shielding failure
Abschirmgehäuse *n* screening box (case, enclosure)

Abschirmgitter *n* shield grid
Abschirmhaube *f* screening box
Abschirmkabel *n* screened (shielded) cable
Abschirmkäfig *m* Faraday cage
Abschirmklemme *f* shield terminal
Abschirmkonstante *f* screening constant
Abschirmlitze *f* shield braid
Abschirmmantel *m* shield
Abschirmplatte *f* screening plate
Abschirmrohr *n* screening tube
Abschirmschlauch *m* metallic shielding tube
Abschirmspule *f (Ferns)* field neutralizing coil, screening coil
Abschirmtopf *m* screen box
Abschirmung *f* 1. screening, shielding; *(Nrt)* radio shielding, blackout; 2. shadowing; 3. [protective] screen, shield, shielding enclosure
akustische A. acoustic shielding
äußere A. external shielding
diamagnetische A. diamagnetic shielding
elektrische A. electric screening (shielding)
elektromagnetische A. electromagnetic screening (shielding)
elektrostatische A. electrostatic screening (shielding)
innere A. internal shielding
magnetische A. magnetic screening (shielding)
paramagnetische A. paramagnetic screening (shielding)
vollständige A. complete screening (shielding)
Abschirmungsfaktor *m s.* Abschirmfaktor
Abschirmungsprüfung *f* screening test
Abschirmungszahl *f s.* Abschirmkonstante
Abschirmwinkel *m* cut-off angle *(z. B. abgeschirmte Leuchten)*
Abschirmwirkung *f* screening effect
abschleifen to abrade
abschließen 1. *(El)* to terminate; 2. to seal; to close
eine Leitung a. *(Fmt)* to close a line
eine Leitung mit ihrem Wellenwiderstand a. to terminate a line in its impedance, to match-terminate a line
gegen Feuchtigkeit a. to seal against humidity (moisture)
hermetisch (luftdicht) a. to seal hermetically
tot a. to dead-end
Abschluß *m* 1. *(El)* termination; load; 2. seal *(z. B. eines Gefäßes)*
A. mit Wellenwiderstand match termination
akustischer A. acoustic termination
angepaßter A. matched termination
induktiver A. inductive load
kapazitiver A. capacitive load
luftdichter A. airtight (hermetic) seal
reflexionsfreier A. non-reflecting termination
Abschlußbedingung *f* terminal condition
Abschlußblende *f* front diaphragm
Abschlußelement *n* end device *(in Meßeinrichtungen)*
Abschlußglas *n* front glass, light exit panel
Abschlußglocke *f* closing bell
Abschlußimpedanz *f* terminal (terminating) impedance; load impedance
Abschlußkabel *n* terminating cable
Abschlußkapazität *f* terminating capacitance
Abschlußkappe *f* end cap *(Widerstand)*
Abschlußscheinwiderstand *m* terminating impedance
A. am Leitungseingang input line terminating impedance
Abschlußwiderstand *m* terminal (final) resistance; load resistance; terminating impedance
ohmscher A. ohmic terminating resistance; ohmic load resistance
Abschmelzdraht *m* fuse wire
Abschmelzelektrode *f* consumable electrode *(z. B. beim Vakuumlichtbogenofen)*
abschmelzen 1. to fuse; to smelt; to melt [off]; 2. to seal [off] *(z. B. Elektronenröhren)*
Abschmelzsicherung *f* safety fuse
Abschmelzstrom *m* fusing (blowing) current *(Sicherung)*
Abschmelztemperatur *f* fusing point *(Sicherung)*
Abschmelzung *f* seal-off *(Röhre)*
luftdichte A. airtight seal
Abschmelzzeit *f* time of fusing, fusing (clearing) time *(Sicherung)*
Abschneidefrequenz *f* cut-off frequency
abschneiden to cut off; to clip *(z. B. Signalspitzen)*; to lop [off] *(Frequenzen)*
Abschneideschaltung *f (Elk)* clipper circuit
Abschneidewellenlänge *f* cut-off wavelength
Abschneidezeit *f* virtual time to chopping *(Stoßspannungsprüftechnik)*
Abschnitte *mpl* **von Fernsprechsystemen / drahtlose** radio extensions of telephone systems
abschnittsweise *(Fmt)* link-by-link
Abschnüreffekt *m* pinch-off effect *(Feldeffekttransistor)*
abschnüren to pinch off
Abschnürung *f* pinch-off
Abschnürungsbereich *m* pinch-off region
Abschnürungsspannung *f* pinch-off voltage
Abschnürungsstelle *f* pinch-off point
abschrägen to bevel, to chamfer; to taper
Abschrägung *f* bevelling
Abschreckbad *n* quench[ing] bath
abschrecken to quench, to chill *(Metall)*
Abschreckung *f* quenching, chill[ing] *(Metall)*

abschwächen to attenuate; to reduce, to weaken; to damp, to deaden; to diminish; *(Ak)* to mute; *(Nrt)* to fade down
Abschwächen *n s.* Abschwächung
Abschwächer *m (Meß, Nrt)* attenuator
absorbierender A. absorptive attenuator
einstellbarer A. adjustable attenuator
Abschwächereinstellung *f (Meß, Nrt)* attenuator setting
Abschwächung *f* attenuation; weakening, reducing; damping; *(Ak)* muting; *(Nrt)* fading
A. der Lautstärke volume reduction
absenken to lower
Absenkung *f* 1. lowering; *(Ak)* de-emphasis; 2. dip
A. des Potentialwalls *(Halbl)* [potential] barrier lowering
Absenkziel *n* minimum water level *(Wasserkraftwerk)*
Absetzbecken *n (Galv)* sedimentation (precipitation) tank
absetzen / sich to settle, to sediment, to deposit
Absetzzeit *f* settling time *(Elektroschmelzen)*
absichern to protect; to fuse
Absicherung *f* fuse protection, protection with fuses, fusing; fuse rating
absinken to decrease, to fall, to drop *(Spannung, Meßwerte)*
rasch a. to drop rapidly *(z. B. Geschwindigkeit)*
unter einen Wert a. to fall below a value
Absinken *n* decrease, fall[-off], drop *(Spannung, Meßwerte)*
Absolutbeschleunigung *f* absolute acceleration
Absolutbestimmung *f* absolute determination
Absolutbewegung *f* absolute motion
Absolutempfänger *m* absolutely calibrated detector
Absolutgeschwindigkeit *f* absolute velocity
Absolutgröße *f* absolute quantity (magnitude)
Absolutlage *f* absolute position
Absolutpotential *n* absolute potential
Absolutrechnung *f* absolute calculus
Absolutschwelle *f* absolute threshold
Absolutschwingungsaufnehmer *m* vibration (seismic) pick-up
Absolutwert *m* absolute value
Absolutwertgeber *m* absolute-value device
Absolutwertverstärker *m* absolute-value amplifier
Absolutzeit *f* absolute time
Absorber *m* 1. absorber *(Baueinheit)*; 2. absorbing substance (matter)
A. für einen beschränkten Frequenzbereich selective absorber
elektromagnetischer A. electromagnetic absorber
handelsüblicher A. standard absorber
selektiver A. selective absorber
Absorbereinheit *f* absorber unit
Absorberelement *n (Ak)* acoustic board (tile)
Absorbierbarkeit *f* absorbability
absorbieren to absorb
Feuchtigkeit a. to absorb moisture
absorbierend absorbing, absorbent
absorbiert / stark strongly absorbed
Absorption *f* absorption
A. der Strahlungsenergie absorption of the radiant energy
A. von Röntgenstrahlen X-ray absorption, absorption of X-rays
atmosphärische A. atmospheric absorption
auslöschende A. *(Laser)* quenching absorption
dielektrische A. dielectric absorption
erzwungene A. induced (stimulated) absorption
fotoelektrische A. photoelectric absorption
schwache A. weak absorption
selektive A. selective absorption
thermische A. thermal absorption
Absorptionsband *n (Halbl)* absorption band
Absorptionsbande *f* absorption band *(Spektrum)*
Absorptionsbereich *m* absorption range
Absorptionscharakteristik *f* absorption characteristic
Absorptionsdämpfung *f* absorption loss
Absorptionseigenschaft *f* absorption property
Absorptionsenergie *f* absorption energy, energy of absorption
absorptionsfähig absorptive, absorbent
Absorptionsfähigkeit *f s.* Absorptionsvermögen
Absorptionsfaktor *m* absorption factor
Absorptionsfalle *f (Nrt)* absorption trap
Absorptionsfilter *n* absorbing (absorption) filter, attenuation filter; *(Nrt)* absorption trap
Absorptionsfläche *f* absorptive area, surface of absorption; effective area, absorption cross section *(Antennentechnik)*
äquivalente A. equivalent absorption area
Absorptionsfrequenz *f* absorption frequency
Absorptionsfrequenzmesser *m* absorption frequency meter, absorptiometer (*s. a.* Absorptionswellenmesser)
Absorptionsgesetz *n* / **Lambert-Bouguersches** Lambert-Bouguer law [of absorption], Lambert's (Bouguer's) law of absorption

Absorptionsgrad *m* absorptance, absorptivity, absorptive power; *(Licht)* absorbance, absorbancy
Absorptionsgrenze *f* absorption limit
Absorptionsindex *m* absorbancy index *(Optik)*
Absorptionskante *f* absorption discontinuity (edge) *(Optik)*; absorption limit *(Spektroskopie)*
Absorptionskennlinie *f* absorption characteristic
Absorptionskoeffizient *m* absorption coefficient (factor)
scheinbarer A. apparent absorption coefficient
Absorptionskonstante *f* absorption constant
Absorptionskontinuum *n* absorption continuum
Absorptionskreis *m (Nrt)* absorption (absorber) circuit
Absorptionskühlschrank *m* absorption-type refrigerator
Absorptionskurve *f* absorption curve (characteristic)
Absorptionsküvette *f (Laser)* absorption cell
Absorptionsleistungsmesser *m (Meß)* absorption power meter
Absorptionslinie *f* absorption line
Absorptionslinienbreite *f* absorption line width
Absorptionslinienspektrum *n* absorption line spectrum
Absorptionsmaximum *n* absorption peak
Absorptionsmesser *m* absorption meter
Absorptionsmessung *f* absorptiometry, absorption measurement
Absorptionsmittel *n* absorbing substance (medium), absorbent, absorber
Absorptionsmodulation *f (Nrt)* absorption modulation
Absorptionsquerschnitt *m* absorption cross section
Absorptionsschalldämpfer *m* absorptive (absorption-type) silencer, acoustic absorbent silencer
Absorptionsschicht *f* absorption layer
Absorptionsschwund *m (Nrt)* absorption fading
Absorptionssignal *n (Nrt)* absorption signal
Absorptionsspektralanalyse *f* absorption spectrum analysis
Absorptionsspektroskopie *f* absorption spectroscopy
Absorptionsspektrum *n* absorption (dark-line) spectrum
Absorptionssprung *m* absorption discontinuity
Absorptionsstruktur *f* absorption pattern
Absorptionstiefe *f* absorption depth
Absorptionsverlust *m* absorption loss
Absorptionsvermögen *n* absorbency, absorptivity, absorptance, absorption (absorptive) power, absorption (absorptive) capacity
spektrales A. spectral absorptance (absorption factor)
Absorptionswahrscheinlichkeit *f* absorption probability
Absorptionswellenmesser *m* absorption wavemeter, absorptiometer (*s. a.* Absorptionsfrequenzmesser)
abspalten to split off, to cleave [off]; to separate
Abspalten *n* **von Teilnetzwerken** segregation of circuits *(z. B. Zweipole)*
Abspannanker *m* guy anchor *(Freileitungsmast)*
Abspannbock *m (Eüb)* dead-end pedestal
Abspanndraht *m* guy (stay, bracing, stretching) wire *(Freileitung)*
abspannen 1. to step down; 2. to guy *(Maste)*; to strain *(Leitungen)*
Abspannen *n* step-down transformation
Abspanner *m* step-down transformer
Abspanngittermast *m* anchor tower
Abspannisolator *m* tension insulator, strain[-type] insulator; terminal (shackle) insulator
sattelförmiger A. saddle-shaped strain insulator *(Niederspannung)*
Abspannklemme *f* anchor clamp
Abspannkonsole *f* terminal bracket
Abspannmast *m* terminal (end) pole, dead-end structure (tower), anchor tower (pole)
Abspannpflock *m* anchor log
Abspannpunkt *m* tie point
Abspannseil *n* anchoring rope, guy [cable], guy line (rope)
Abspannstange *f* stay pole
Abspanntransformator *m* step-down transformer
Abspannung *f* guying *(Mast)*; straining *(Leitung)*
Abspannungsisolator *m* / **walnußförmiger** walnut-shaped strain insulator *(Niederspannung)*
Absperrschieber *m*, **Absperrventil** *n* stop valve
abspielen to play; to replay, to play back *(Schallplatte, Tonband)*
Abspielen *n* replay, play-back *(Schallplatte, Tonband)*
Abspielgeräusch *n* needle scratch (noise)
Abspielkopf *m* playback head *(Tonbandgerät)*
Abspielnadel *f* [reproducing] stylus
Abspringen *n* **der Nadel** stylus jump
abspulen to unwind, to wind off, to reel off, to unspool
Abstand *m* distance, spacing, separation;

interval; clearance ● **in gleichem A.** *s.* abstandsgleich
A. vom Pfeifpunkt margin of stability, singing margin
A. von Leiterzug zu Leiterzug conductor-to-conductor spacing *(Leiterplatte)*
A. zwischen aufeinanderfolgenden Blöcken *(Elk, Rech)* interblock gap (space)
A. zwischen Valenz- und Leitungsband valence-conduction band gap
gegenseitiger A. der Leiterzüge conductor spacing *(Leiterplatte)*
zeitlicher A. time interval
abstandsgleich equally spaced, equidistant
Abstandshalter *m* spacer
Abstandskode *m (Nrt)* space code
Abstandskoordinate *f* distance coordinate
Abstandskurzschluß *m* short-distance short circuit, close-up fault (short circuit); *(Eüb)* kilometric fault
Abstandsmaskierung *f* out-of-contact masking *(Mikroelektronik)*
Abstandsring *m* spacer [ring]
Abstandsschelle *f* spacing clamp (clip)
Abstandsschicht *f* spacer layer, dielectric spacer *(z. B. beim Interferenzfilter)*
Abstandsstück *n* spacing (distance) piece, spacer
Abstandstaste *f (Nrt, Fmt)* spacer (spacing) key, blank, spacer
Abstandsunterscheidung *f (FO)* range discrimination
Abstandsvariation *f* distance variation *(zur Ermittlung des ohmschen Potentialabfalls)*
Abstandszeichen *n (Nrt, Fmt)* spacing signal
abstecken to peg out *(z. B. Trasse)*
eine Leitung a. to stake out a line
absteifen to stiffen
abstellen to switch off (out); to shut down; to stop
Abstellen *n* switch-off, switch-out; shutdown; stop
Abstichelektrode *f* tapping electrode *(Elektroschmelzen)*
Abstimmänderung *f* tuning drift
Abstimmanzeige *f* tuning indication
Abstimmanzeiger *m* tuning indicator
Abstimmanzeigeröhre *f* electron-ray indicator tube, tunoscope (*s. a.* Abstimmauge)
Abstimmauge *n* tuning eye, magic eye [indicator]
abstimmbar tunable
Abstimmbarkeit *f* tunability
Abstimmbereich *f* tuning range *(Kondensator)*
Abstimmeinheit *f* tuning equipment, tuner
Abstimmeinrichtung *f* tuning device
Abstimmempfindlichkeit *f* tuning sensitivity
abstimmen to tune, to attune
a. auf to tune (attune) to
aufeinander a. to coordinate, to synchronize
falsch a. to mistune
zeitlich a. to time
Abstimmfähigkeit *f* tuning property, property of tuning
Abstimmfehler *m* tuning error
Abstimmgerät *n* / **automatisches** servocoupler *(Antenne)*
Abstimmgeschwindigkeit *f* tuning rate
Abstimmhilfe *f* tuning aid
Abstimmhysterese *f* tuning hysteresis
Abstimmkern *m* tuning core
Abstimmknopf *m* tuning knob
Abstimmkondensator *m* tuning (variable) capacitor
Abstimmkreis *m* tuning circuit
Abstimmpult *n* tuning board
Abstimmpunkt *m* tune point
Abstimmsatz *m* tuning unit
Abstimmschärfe *f* tuning sharpness, sharpness of tuning
Abstimmschraube *f* tuning screw
Abstimmskale *f* tuning scale (dial)
Abstimmspule *f* tuning coil (inductance)
Abstimmstichleitung *f* stub tuner
Abstimmung *f* 1. *(Nrt, Ferns)* tuning; syntony; 2. *(Meß)* adjustment
A. auf die dritte Harmonische third-harmonic tuning
elektronische A. electronic tuning
genaue A. sharp tuning
induktive A. permeability tuning
kontinuierlich regelbare A. continuously variable tuning
magnetische A. permeability tuning
optimale A. optimum tuning
selbsttätige A. automatic tuning control
thermische A. thermal tuning
unscharfe A. flat tuning
Abstimmvariometer *n* syntonizing variometer
Abstimmvorrichtung *f* tuning arrangement, tuner
Abstimmvorschrift *f* tuning instructions
Abstimmwerkzeug *n* trimming tool *(für Spulen)*
Abstimmzeitkonstante *f* tuning time constant
abstoßen to repel
Abstoßung *f* repulsion
Coulombsche A. Coulomb repulsion
elektrostatische A. electrostatic repulsion
gegenseitige A. mutual repulsion
magnetische A. magnetic repulsion
Abstoßungskraft *f* repulsive force
Abstoßungspotential *n* repulsive (repulsion) potential
abstrahlen to radiate, to emit
Schall a. to emit (eradiate) sound
Wärme a. to radiate heat

Abstrahlgrad *m (Ak)* radiation efficiency (factor)
Abstrahlmaß *n (Ak)* radiation index
Abstrahlrichtung *f* direction of beam *(Antenne)*
Abstrahlung *f* radiation, emission, eradiation
flache A. low-angle radiation *(Antenne)*
senkrechte A. vertical radiation *(Antenne)*
Abstrahlungsbreite *f (Licht)* beam spread
Abstrahlwinkel *m* angle of radiation *(Antenne)*
abstreifen to strip [off]; to wipe
Abstreifer *m* wiper
Abstreifzange *f* [wire] stripper
Abstufung *f* graduation, grading, gradation; stepping
Abstumpfung *f* **der Kristallkanten** truncation of crystal
abstützen to strut, to brace; to support
absuchen to search; to sweep *(mit Scheinwerfern)*; *(Fmt)* to hunt
eine Kontaktbank a. *(Fmt)* to hunt over a bank
Absuchen *n* / **reihenfolgegerechtes** *(Fmt)* sequential hunting
zufälliges A. random hunting
Absuchvorgang *m* / **geordneter** *(Fmt)* sequential hunting
zufälliger A. random hunting
Abszissenachse *f* X-axis, abscissa axis
Abtastbarkeit *f* scanning ability
Abtastbürste *f* pick-off brush
Abtastdichte *f* scanning density
Abtastdiode *f* sampling diode
Abtastelement *n* scanning element; sampler
abtasten to sample; to sweep *(Frequenzen)*; *(Ferns, Nrt)* to scan; to explore; *(Rech)* to read; to sense
ein Signal a. to sample a signal
Abtasten *n* sampling; sweep; *(Ferns, Nrt, FO)* scanning; exploring, exploration; *(Rech)* reading; sensing
A. im Zeilensprungverfahren interlaced scanning
zeilenweises A. linear scanning
Abtaster *m* **zur Datenerfassung** data logging scanner
fotoelektrischer A. photoelectric scanner; photoelectric reader
Abtastfeinheit *f* fineness of scanning
Abtastfenster *n* scanning window
Abtastfilter *n* sampled-data filter
Abtastfläche *f (FO)* scanned area; *(Nrt)* scanning field *(Faksimile)*
Abtastfleck *m* scanning spot *(z. B. Oszillograf)*
Abtastfolge *f* scanning sequence
Abtastformat *n* scan size
Abtastfrequenz *f* scanning frequency; sampling frequency
Abtastgerät *n* scanning device (unit), scanner
Abtastgeschwindigkeit *f* scanning speed (rate); *(Syst)* sampling rate
Abtastglied *n* sampler, scanner, scanning unit
Abtastimpuls *m (Ferns, Nrt, Meß)* sampling pulse; *(Rech)* read (read-out) pulse
Abtastimpulsgenerator *m* scanning pulse generator
Abtastintervall *n* sampling interval
Abtastkontakt *m* sensing contact
Abtastkopf *m* sensing head; scanning head; pick-up head; viewing head *(Fotozelle)*
Abtastkreis *m* scanning circuit; *(FO)* sweep circuit
Abtastlichtfleck *m* scanning (exploring) spot
Abtastlichtpunkt *m* scanning (exploring) point
Abtastlinienlänge *f* scanning line length
Abtastloch *n* scanning hole
Abtastmatrix *f* scan matrix
Abtastmikrofon *n* scanning microphone
Abtastmikroskop *n* scanning microscope
Abtastmoment *m* sampling instant
Abtastöffnung *f* exploring aperture
Abtastoptik *f* optical scanning system, scanning optics
Abtastoszillograf *m* sampling oscilloscope
Abtastperiode *f* sampling period
Abtastprogramm *n (Rech)* scanning program
Abtastpunkt *m* scanning spot
Abtastrate *f* sampling rate
Abtastregelung *f* sampling (sampled-data) control; scanning control
Abtastrichtung *f* scanning direction, direction of scanning
Abtastschaltung *f* sampling circuit
Abtastscheibe *f* scanning disk; *(Ferns)* Nipkow disk
Abtastschlitz *m*, **Abtastspalt** *m* scanning slit (slot)
Abtaststrahl *m* scanning beam
Abtaststrom *m (Rech)* read current
Abtaststromgenerator *m* scan current generator
Abtastsystem *n* sampling (sampled-data) system; scanning system
vermaschtes A. multiloop sampled-data system
Abtasttechnik *f* sampling technique; scanning technique
Abtasttheorem *n (El, Syst)* sampling theorem
Abtastung *f* sampling; *(Ferns, Nrt, FO)* scanning; exploring; *(Rech)* read-out
berührende A. contact scanning
berührungslose A. gap (non-contacting) scanning

dielektrische A. dielectric scanning
differentielle A. differential scanning
elektronische A. electronic scanning
elektrooptische A. electrooptical scanning [technique]
fliegende A. *(Rech)* on-the-fly read-out
fortlaufende A. progressive scanning
fotoelektrische A. photoelectric scanning; photoelectric reading
magnetische A. magnetic scanning; magnetic reading
mechanische A. mechanical scanning
rotatorische A. swivel scanning
selbstanpassende A. [self-]adaptive sampling
synchrone A. synchronous scanning
veränderliche A. variable scanning
zeilenweise A. *(Ferns)* line-by-line scanning
zeilenweise A. ohne Zeilensprung sequential scanning
Abtastverfahren *n* scanning method
Abtastverlust *m* scanning loss
Abtastverstärker *m* scanning amplifier
Abtastvorrichtung *f* scanning device, scanner
Abtastvorschub *m (Nrt)* scanning traverse *(Faksimile)*
Abtastwicklung *f* scanning winding; sense winding; read winding
Abtastzeichen *n* scanning pattern
Abtastzeile *f* scanning line
Abtastzeit *f* scanning time; *(Syst)* sampling time, action period (phase)
Abtastzeitpunkt *m* sampling instant
abteilen to divide; to partition [off]
Abtragen *n* removal *(mittels Laser)*
Abtragungsrate *f (Halbl)* removal rate
abtrennen to separate; to remove; to partition; to detach; to isolate
Abtrennschalter *m* splitting key
Abtrennung *f* separation *(z. B. von Impulsen)*; partition; isolation
Abtriebsglied *n* off-drive member
abwandeln to modify, to vary
Abwandlung *f* modification, variation
Abwärme *f* waste heat
Abwärmekessel *m* waste-heat boiler
Abwärmeturbine *f* waste-heat turbine
Abwärmeverwertung *f* heat recovery
Abwärtshub *m* downward stroke
Abwärtstransformation *f* step-down transformation
Abwärtstransformator *m* step-down transformer, reducing transformer
abwärtszählen to count down
Abwärtszähler *m* down-counter
abwechseln to alternate
Abwechseln *n* alternation
abwechselnd alternate, alternating
abweichen to deviate *(z. B. von einer Richtung)*, to depart; to diverge; to differ, to vary
Abweichung *f* 1. deviation, departure; difference, variation; drift *(z. B. vom Nullpunkt)*; aberration *(Optik)*; 2. error, inaccuracy
A. des P-Reglers *(Syst)* position error, [steady-state] offset
A. vom Nennwert departure from nominal value
A. vom Soll des Mittelwerts departure from nominal of the mean value
bleibende A. *(Syst)* position (steady-state) offset
durchschnittliche A. *s.* mittlere A.
dynamische A. *(Syst)* dynamic deviation
geschätzte A. estimated error
halbkreisförmige A. *s.* Halbkreisfehler
magnetische A. magnetic declination
minimale A. minimum deviation
mittlere A. mean (average) deviation
mittlere quadratische A. mean square deviation
normale A. standard deviation
obere A. upper deviation
vorgegebene A. given error
zulässige A. allowable (permissible) deviation, allowable (permissible) variation; tolerance
Abweichungsausregelung *f* deviation control
Abweichungsfaktor *m* diversity factor *(Kehrwert des Gleichzeitigkeitsfaktors)*
Abweichungsmesser *m* deviation detector *(Vergleichsglied in Regelkreisen)*
Abweichungsverhältnis *n* deviation ratio
Abweichungsverzerrung *f* deviation distortion *(Hochfrequenztechnik)*
Abweichungswinkel *m* angle of deviation
abweisen to reject, to repel
Abweisung *f* rejection
Abweisungsrate *f* rejection rate
Abwerfen *n* throwing-off *(Last)*
Abwerfvorrichtung *f* discarding device
Abwesenheitsdienst *m (Fmt)* absent-subscriber service
Abwickelgeschwindigkeit *f* take-off speed
abwickeln 1. to unwind, to reel (wind) off, to unspool; 2. to develop *(Mathematik)*
Abwickelspule *f* take-off reel (spool), supply (wind-off) spool, feed reel
Abwicklung *f* 1. unrolling, unwinding, winding off; 2. development *(Mathematik)*
A. des Verkehrs *(Fmt)* forwarding of traffic
Abwurf *m* **auf den Bedienplatz** *(Fmt)* call-forwarding to attendant
A. auf Teilnehmerschaltung line lock-out
abzapfen to bleed [off]
abziehbar strippable
Abziehen *n* 1. stripping; withdrawal; 2. subtraction
Abziehfilm *m* stripping film

Abziehlack *m* strippable coating (varnish); masking lacquer
Abziehtechnik *f* stripping technique
Abzug *m* outlet *(z. B. für Gas oder Kühlmittel)*
Abzugsgeschwindigkeit *f* enamelling speed *(an der Drahtlackiermaschine)*
Abzugsöffnung *f* [discharge] outlet
Abzugsrohr *n* vent pipe
Abzweig *m* stub, branch connection; tap[ping] *(Leitung)*; branch *(z. B. Netzwerk)*
Abzweigbefehl *m (Rech)* branch order
Abzweigdose *f* junction (distribution, branch, conduit) box, access fitting
  geteilte A. split junction box
  wasserdichte A. watertight junction box
abzweigen to branch [off], to tee; to tap off
Abzweiger *m (Fmt)* tap
Abzweigfilter *n* ladder[-type] filter
Abzweigkabel *n* stub cable
Abzweigkasten *m* junction (joint) box
Abzweigklemme *f* branch joint; tapping clamp
Abzweigklinke *f* branching jack
Abzweigleiter *m* branch conductor
Abzweigleitung *f* branch (side) line
  kurze A. *(Fmt)* spur cable
Abzweigmuffe *f* cable jointing sleeve; tee joint; *(Fmt)* multiple cable joint, branch-T
Abzweignetz[werk] *n* branching network
Abzweigpunkt *m* branch[-off] point
Abzweigsammelschiene *f* branch bar
Abzweigschalter *m* branch switch
  A. mit Aufsteckgriff detachable key switch
Abzweigschaltung *f* branch circuit
Abzweigschiene *f* branch bar
Abzweigspule *f* tapped coil (inductor)
Abzweigstecker *m* socket-outlet adapter
Abzweigstromkreis *m* branch circuit
Abzweigung *f* branching, branch[ing]-off; tap[ping] *(Leitung)* (*s. a.* Abzweig)
  A. einer Leitung wire-netting tapping
Abzweigungspunkt *m* branch-off point
Abzweigungsstromkreis *m* derived circuit
Acheson-Graphit *m* Acheson graphite
Acheson-Ofen *m* Acheson furnace *(Widerstandsofen)*
Achromat *m* achromatic lens, achromat
achromatisch achromatic *(im farbmetrisch vereinbarten Sinne)*
Achsantrieb *m* axle drive
Achsdruck *m* weight per axle
Achse *f* axis; axle; shaft *(Welle)*
  elektrische A. electric axis *(Kristall)*
  ferroelektrische A. ferroelectric axis
  magnetische A. magnetic axis
  optische A. optical axis
  optische A. eines Kristalls crystal axis
  parallaktische A. parallactic axis
  vertikale A. vertical axis
Achsenankerrelais *n* axial-armature relay
Achseneinstellung *f* axial adjustment
achsensymmetrisch symmetrical about an axis, axially symmetric[al]
Achsentlastung *f* weight transfer
Achsgenerator *m* axle-driven generator
Achshöhe *f* shaft height
Achsmotorantrieb *m* direct drive *(Elektrolok)*
Achsstumpf *m* shaft stub
Achtbandsystem *n* eight-band system *(Kennzeichnung der Farbwiedergabe)*
Achter *m (Fmt)* double phantom [circuit]
Achtercharakteristik *f* bilateral (bidirectional) characteristic, figure-eight pattern *(Antenne)*
Achterdiagramm *n* figure-eight diagram (pattern) *(Antenne)*
Achterfeldantenne *f* eight-element dipole array
Achtermikrofon *n* bidirectional microphone
Achterschaltung *f (Fmt)* double phantom circuit
Achtertelegrafie *f* superphantom (double phantom) telegraphy
Achterverseilung *f* spiral-eight twisting; *(Fmt)* quad pair formation
Achtpolröhre *f* octode
Achtsteckersockel *m* eight-pin base
Achtstiftsockel *m* octal base
Achtstundenbetrieb *m* eight-hour duty
Achtungssignal *n (Fmt)* cue
AD-…, A-D-… *s.* Analog-Digital-…
Adaptationsbreite *f* range of adaptation
Adaptationsleuchtdichte *f* adaptation (adapting) luminance
Adaptationsniveau *n* adaptation level
Adaptationsvermögen *n* adaptability
Adapter *m* adapter
Adapterkabel *n* adapter cable
Adaptierung *f* / **parametrische** *(Syst)* parametric adaptation
  strukturelle A. structural adaptation
adaptiv adaptive
Adaptometer *n* adaptometer
A-Darstellung *f* A display *(Radar)*
Adcock-Antenne *f* Adcock aerial
Adcock-Peiler *m* Adcock direction finder
Adcock-Peilverfahren *n* Adcock system
Addend *m* addend
Addendenregister *n (Rech)* addend register
Addiereinrichtung *f (Rech)* adder
  algebraische A. algebraic adder
  binäre A. binary adder
  mechanische A. mechanical adding device
addieren to add [up]
  vektoriell a. to add vectorially
Addieren *n* / **iteratives (schrittweises)** *(Rech)* iterative addition
addierend / sich cumulative

Addierer *m* / **algebraischer** *(Rech)* algebraic adder
Addiergeschwindigkeit *f* adding speed (rate), accumulating speed (rate)
Addierglied *n (Rech)* adder
Addierimpuls *m (Rech)* add pulse
Addiermaschine *f* adding machine
  druckende A. adding-listing machine
Addierschaltung *f (Rech)* adding circuit
Addierwerk *n (Rech)* adder, summing-up mechanism
Addition *f* addition
  A. aller Verluste loss summation
  A. mit Zwischensummierung *(Rech)* addition with subtotalling
  geometrische A. geometrical addition
  logische A. *(Rech)* logical addition
  phasenrichtige A. in-phase addition
Additionsbefehl *m (Rech)* add instruction (order)
Additionspunkt *m* summing point
Additionssatz *m* addition theorem
Additionsschaltung *f (Rech)* adding circuit
Additionsstanzer *m (Rech)* add-punch machine
Additionstaste *f (Rech)* addition key
Additionstheorem *n* addition theorem
Additionsübertrag *m (Rech)* add carry
Additionszähler *m (Rech)* adding (accumulating) counter
Additionszeit *f* add time
additiv additive
Ader *f* wire, core, conductor *(Kabel)*
  A. zum Stöpselhals *(Fmt)* ring wire, R-wire
  A. zum Stöpselkörper *(Fmt)* sleeve wire, C-wire
  A. zum Stöpselring *(Fmt)* ring wire, R-wire
  A. zur Stöpselhülse *(Fmt)* sleeve wire, C-wire
  A. zur Stöpselspitze *(Fmt)* tip wire, t-wire
  plastisolierte A. plastic-insulated conductor
Aderbruch *m* cable fault
Aderdurchmesser *m* diameter of wire
Adernanordnung *f*, **Adernlage** *f* arrangement of [cable] conductors
Adernpaar *n* pair [of wires]
Adernzählfolge *f (Fmt)* numbering of cable conductors
Aderstärke *f s.* Aderdurchmesser
Adhäsion *f* adhesion, adherence
Adiabate *f* adiabatic [curve, line]
adiabatisch adiabatic
adjungiert adjoint *(z. B. Matrix)*
Adjunkte *f* algebraic component, adjugate [matrix] *(einer Matrix)*
Admittanz *f* admittance *(Scheinleitwert)*
  akustische A. acoustic admittance
  asynchrone A. asynchronous admittance
  mechanische A. mechanical admittance
  spezifische akustische A. specific acoustic admittance
Admittanzmatrix *f* admittance matrix
Admittanzparameter *m* admittance parameter
Admittanzrelais *n* admittance relay
Adreßbus *m (Rech)* address bus
Adresse *f (Rech)* address *(im Speicher)*
  A. des Informationsblockes information block address
  absolute A. absolute (specific) address
  bestimmte A. specific address
  bezogene A. relative address
  direkte A. direct (first-level) address
  gleitende A. floating address
  indirekte A. indirect address
  mnemotechnische A. mnemonic address
  relative A. relative address
  symbolische A. symbolic address
  ursprüngliche A. original address
  veränderliche A. variable address
Adressenänderung *f* address modification
Adressenansteuerung *f* address selection
Adressenanweisung *f* address administration
Adressenaufruf *m*, **Adressenauswahl** *f* address selection
Adressendekodiereinrichtung *f* address decoding facility
Adressendekodierung *f* address decoding
Adressendraht *m* address wire
Adressendruck *m* address printing
Adressenentschlüsselung *f* address decoding
Adressenkarte *f* address card
Adressenleerstelle *f* address blank
Adressenlesedraht *m* address-read wire
Adressenmodifikation *f* address modification
Adressenrechenwerk *n* address arithmetic element (organ)
Adressenrechnung *f* address computation
Adressenregister *n* address [storage] register
  zählendes A. counting address register
Adressenschreibdraht *m* address-write wire, a-w wire
Adressenschreibung *f* address printing
Adressenspeicher *m* address memory (store)
Adressensubstitution *f* address substitution
Adressenteil *m* address part (code) *(eines Befehls)*
Adressenwahl *f* address selection
  verkürzte A. *(Fmt)* abbreviated address dialling
Adressenwahlspur *f* address selection track
Adressenwerk *n* address unit
Adressenzähler *m* address counter

Adressenzuweisung *f* address allocation (orienting)
adressierbar *(Rech)* addressable
Adressieren *n* / **zusammengesetztes** *(Rech)* built-up addressing
Adressierung *f (Rech)* addressing *(z. B. eines Speichers)*
 direkte A. direct addressing
 explizite A. explicit addressing
 indirekte A. indirect addressing
 indizierte A. indexed addressing
 relative A. relative addressing
 unmittelbare A. immediate addressing
Adressierungsart *f* addressing mode
Adreßkode *m (Rech)* address code
Adreßteil *m (Fmt)* address part
Adreßzähler *m (Rech)* 1. instruction (address) counter; 2. location counter; 3. program counter
Adsorbierbarkeit *f* adsorbability
adsorbieren to adsorb
 chemisch a. to chemisorb
adsorbierend adsorbing, adsorbent, adsorptive
Adsorption *f* adsorption
 A. von Verunreinigungen impurity adsorption
 chemische A. chemisorption
 gerichtete A. oriented adsorption
 spezifische A. specific adsorption
Adsorptionsanlage *f* adsorption installation
Adsorptions-Desorptions-Potential *n* adsorption-desorption potential
Adsorptionsdipoldoppelschicht *f* adsorbed dipole double layer
Adsorptionsenergie *f* adsorption energy
Adsorptionsexponent *m* adsorption exponent
adsorptionsfähig adsorptive, adsorbent
Adsorptionsfähigkeit *f s.* Adsorptionsvermögen
Adsorptionsgeschwindigkeit *f* adsorption rate
Adsorptionsgesetz *n* adsorption law
Adsorptionsisotherme *f* adsorption isotherm
Adsorptionskapazität *f* adsorption capacitance
Adsorptionskinetik *f* adsorption kinetics, kinetics of adsorption
Adsorptionsmittel *n* adsorbing substance (material), adsorbent
Adsorptionspotential *n* adsorption potential
Adsorptionsschicht *f* adsorption layer; adsorbed layer
Adsorptionsvermögen *n* adsorption (adsorptive, adsorbing) power, adsorptive capacity, adsorptivity
Adsorptionswärme *f* heat of adsorption
ADU *s.* Analog-Digital-Umsetzer
AE *s.* Anrufeinheit
Affinität *f* affinity
 elektrochemische A. electrochemical affinity
AFN *s.* Frequenznachstimmung / automatische
Aggregat *n* aggregate, set [of machines], unit
Aggregation *f (Syst)* aggregation *(von Modellen)*
Aggregatzustand *m* state of aggregation, physical state (phase)
Aggregatzustandsänderung *f* change of state [of aggregate]
Ah *s.* Amperestunde
Ähnlichkeit *f* similarity, similitude *(Mathematik)*; resemblance *(zwischen Kennlinien)*
 geometrische Ä. geometrical similarity
Ähnlichkeitsbedingung *f* condition of similarity (similitude)
 Reynoldssche Ä. Reynolds' analogy condition
Ähnlichkeitsdekodierung *f* similarity decoding
Ähnlichkeitsfaktor *m* similarity factor
Ähnlichkeitsgesetz *n* similarity law
Ähnlichkeitsgröße *f* similarity parameter
Ähnlichkeitsinvarianten *fpl* similarity invariants
Ähnlichkeitsprinzip *n* similarity principle
Ähnlichkeitssatz *m* similarity theorem *(Operatorenrechnung)*
Ähnlichkeitssimplex *n* similarity simplex
Ähnlichkeitstheorie *f* similitude theory, theory of similarity
Aiken-Kode *m (Rech)* Aiken code
Akaroidharz *n (Isol)* acaroid resin
Akkommodationszustand *m* state of accommodation
Akku *m s.* Akkumulator
Akkumulator *m* accumulator, accumulator [storage] battery, battery
 A. mit doppelter Stellenzahl *(Rech)* double-length accumulator
 A. mit flüssigem Elektrolyten accumulator with liquid electrolyte
 A. mit gelatiniertem Elektrolyten unspillable accumulator
 A. mit Gitterplatten grid-type accumulator
 alkalischer A. alkaline accumulator (storage battery)
 zusätzlicher A. *(Rech)* auxiliary accumulator
Akkumulatorbetrieb *m* battery operation
Akkumulatoren... *s. a.* Akkumulator...
Akkumulatorenantrieb *m* battery drive
Akkumulatorengleichrichter *m* accumulator rectifier
Akkumulatorenprüfer *m* cell tester
Akkumulatorenunterwerk *n* battery substation

Akkumulatorenzugförderung *f* battery-electric traction
Akkumulatorfahrzeug *n* accumulator car
Akkumulatorgefäß *n* accumulator container (jar)
Akkumulatorgehäuse *n* accumulator housing
akkumulatorgespeist battery-powered
Akkumulatorgitterplatte *f* accumulator grid plate
Akkumulatorhartblei *n* accumulator metal (lead)
Akkumulatorinhalt *m* *(Rech)* accumulator content
Akkumulatorkasten *m* accumulator box
Akkumulatorladegleichrichter *m* rectifier for battery charging
Akkumulatorplatte *f* accumulator plate
Akkumulatorplattenblock *m* subassembly of [positive and negative] accumulator plates
Akkumulatorplattensatz *m* set of [unipolar] accumulator plates
Akkumulatorregister *n* *(Rech)* accumulator register
Akkumulatorsäure *f* accumulator acid, [storage] battery acid, acid for storage cells
Akkumulatorzelle *f* accumulator cell, storage [battery] cell
Akline *f* aclinic line *(magnetischer Äquator)*
A-Kreis *m* A-circuit
Akribometer *n* acribometer *(zur Messung sehr kleiner Objekte)*
Akrylatharz *n* *(Isol)* acrylic resin
Akrylnitril-Butadien-Styrol *n* *(Isol)* acrylonitrile butadiene styrene, ABS
Aktinität *f* actinity, actinism
aktinoelektrisch actinoelectric
Aktionsradius *m* radius of action, reach, [operational] range
Aktionsstrom *m* action current
Aktionsstufe *f* impulse stage *(Turbine)*
aktiv / elektrochemisch electroactive
  photoelektrisch a. photoactive
Aktivator *m* activator (*s. a.* Aktivierungsmittel)
Aktivbereich *m* active region
aktivieren to activate
  durch Licht a. to light-activate
Aktivierung *f* activation
  katodische A. cathodic activation
Aktivierungsenergie *f* activation energy
  elektrochemische A. electrochemical activation energy
Aktivierungsenthalpie *f* enthalpy of activation, activation enthalpy
Aktivierungsentropie *f* entropy of activation, activation entropy
Aktivierungsmittel *n* activating agent (substance), activator
Aktivierungspolarisation *f* *(Chem)* activation polarization
Aktivierungsstufe *f* activation step
Aktivierungsüberspannung *f* *(Chem)* activation overvoltage (overtension)
Aktivierungswärme *f* activation heat
Aktivierungszeit *f* activation time
Aktivität *f* activity
Aktivitätskoeffizient *m* activity coefficient
  mittlerer A. mean activity coefficient
Aktivitätsunterschied *m* activity difference
Aktivkohle *f* activated charcoal (carbon)
Akumeter *n* acoumeter *(zur Hörschärfemessung)*
A-Kurve *f* A-weighting curve
Akustik *f* acoustics *(Lehre vom Schall; Raumakustik)*
  A. hoher Pegel macrosonics
  einstellbare A. adaptable acoustics *(eines Raumes)*
  geometrische A. geometric[al] acoustics
  subjektive A. subjective acoustics
  trockene A. dead acoustics
Akustiker *m* acoustician
Akustikplatte *f* acoustic tile (board)
akustisch acoustic[al], sonic
akustoelektrisch acoustoelectric
Akzent *m* *(Ak)* accent
akzentuieren to accentuate
Akzentuierung *f* *(Nrt)* accentuation; preemphasis *(Vorverzerrung)*
  A. durch ein Filter prefiltering
Akzeptor *m* *(Halbl)* acceptor
akzeptorartig acceptor-like
Akzeptordichte *f* acceptor density
Akzeptordotierung *f* acceptor doping
Akzeptorelement *n* acceptor element
Akzeptorenergieniveau *n* acceptor energy level
Akzeptorkonzentration *f* acceptor concentration
Akzeptorniveau *n* acceptor level
Akzeptorstörstelle *f*, **Akzeptorverunreinigung** *f* acceptor impurity
Akzeptorzentrum *n* acceptor centre
Akzeptorzustand *m* acceptor state
Alarmanlage *f* alarm system
Alarmbereitschaft *f* alarm readiness
Alarmeinrichtung *f* alarm system
Alarmglocke *f* [signal] alarm bell
Alarmgrenze *f* *(Syst)* alarm limit
Alarmlampe *f* warning lamp (light); telltale lamp
Alarmleitung *f* *(Fmt)* alarm circuit
Alarmrelais *n* alarm relay
Alarmschaltung *f* alarm (warning) circuit
Alarmsicherung *f* alarm fuse
Alarmsignal *n* alarm signal
Alarmstromkreis *m* alarm circuit
Alarmzeichen *n* alarm signal
Alarmzentrale *f* *(Fmt)* ring-out point
Albedo *f* *(Licht)* albedo

Alfol-Isolierung *f* aluminium-foil insulation
Algebra *f* **[der Logik] / Boolesche** Boolean algebra, Boole's logical algebra
ALGOL, Algol *(Rech)* ALGOL *(Kurzwort für* algorithmic language; *Programmierungssprache für wissenschaftlich-technische Aufgaben)*
ALGOL-Compiler *m,* **ALGOL-Übersetzer** *m (Rech)* ALGOL compiler
Algorithmus *m* algorithm
  A. für Zeichenerkennung algorithm for pattern recognition
  rechnerorientierter A. computer-oriented algorithm
Aligner *m* aligner *(Pulskodemodulation)*
Alkaliakkumulator *m* alkali accumulator
Alkaliamalgam *n* alkali metal amalgam
alkalibeständig alkali-proof
Alkalielement *n* caustic soda cell
Alkalifehler *m* alkali error *(bei Glaselektroden)*
alkalifest alkali-proof
Alkalifotoelement *n,* **Alkalifotozelle** *f* alkaline photocell
Alkaligehalt *m* alkali content
alkalihaltig alkaliferous
Alkalilauge *f* [alkaline] lye
alkalisch alkaline, basic
Alkalisierungseffekt *m (Chem)* alkalization effect
Alkaliverunreinigung *f* alkali contamination
Alkalizelle *f* alkaline cell
Alkydharz *n (Isol)* alkyd resin
Alles-oder-nichts-Gesetz *n* all-or-none law *(Kybernetik)*
Allgebrauchslampe *f* general-service lamp
Allgemeinbeleuchtung *f* general (universal) lighting
Allgemeinbeleuchtungsstärke *f* general illuminance
Allglasausführung *f* all-glass construction
Allglasflachgehäuse *n* all-glass flat pack
Allpaß *m* all-pass network (filter)
Allpaßeigenschaft *f* all-pass property
Allpaßelement *n* all-pass element
Allpaßfilter *n s.* Allpaßnetzwerk
Allpaßlaufzeitfunktion *f* all-pass delay function
Allpaßnetzwerk *n* universal (all-pass) network, all-pass filter
Allpaßschaltung *f* all-pass circuit
Allpaßverstärker *m* all-pass amplifier
Allrichtungsempfang *m* omnidirectional reception
Allstrom *m* alternating-current direct-current, a.c.-d.c.
Allstromempfänger *m* a.c.-d.c. receiver, universal (all-mains, transformerless) receiver
Allstromfernsehempfänger *m* a.c.-d.c. television receiver
Allstromröhre *f* a.c.-d.c. valve
Allübertrager *m* universal transformer
Allverstärker *m* universal amplifier
Allwellenempfang *m (Nrt)* general coverage
Allwellenempfänger *m (Nrt)* multirange receiver
Allwellenfilter *n* all-pass network
Allzweckdiode *f* general-purpose diode
Allzweckmeßbrücke *f* universal bridge
Allzweckrechner *m (Rech)* universal (general-purpose) computer
Allzweckregister *n (Rech)* general-purpose register
Alpha *n* alpha *(Transistorstromverstärkung)*
Alphabet *n* **/ binäres zyklisches** binary cyclic alphabet
Alphabetlocher *m (Rech)* alphabetic[al] punch
Alphabetlochprüfer *m (Rech)* alphabetic[al] verifier
Alphagrenzfrequenz *f* alpha cut-off frequency
alphanumerisch alphanumeric[al]
Alphaspektrometer *n* alpha-ray spectrometer
Alphazähler *m* alpha counter *(Kernmeßtechnik)*
Alphazerfall *m* alpha decay
Altern *n* ag[e]ing
  beschleunigtes A. accelerated aging *(bei Alterungspüfungen)*
Alternativanweisung *f (Rech)* alternative statement
alternieren to alternate
Alternieren *n* alternation
alternierend alternate
Alterung *f* **/ künstliche** artificial aging
  natürliche A. natural aging
Alterungsausfall *m* wear-out failure
alterungsbeständig resistant to aging, age-resisting
Alterungsbeständigkeit *f* aging resistance
Alterungseffekt *m,* **Alterungseinfluß** *m* aging effect
Alterungsempfindlichkeit *f* susceptibility to aging
Alterungshärtung *f* age hardening *(z. B. von Leichtmetallen)*
Alterungsprüfung *f* aging test
Alterungsriß *m* aging crack
Alterungsschutzmittel *n* anti-ager, age-protecting agent *(z. B. für Öle, Plaste)*
Alterungstemperatur *f* aging temperature
Alterungsverfahren *n* aging process
Alterungsversuch *m* aging test
Alterungsvorgang *m* aging mechanism
ALU *Abk. für* arithmetical and logical unit
aluminieren to aluminize
aluminiert aluminized, aluminium-coated
Aluminium *n* aluminium; *(Am)* aluminum
Aluminiumaufbringung *f* aluminization

Aluminiumblech *n* sheet aluminium, aluminium plate (sheet)
Aluminiumbreitbandkabel *n* aluminium wide-band cable
Aluminiumdraht *m* aluminium wire
A. mit Stahlader steel-cored aluminium wire
Aluminiumelektrolytkondensator *m* aluminium electrolytic capacitor
Aluminiumfolie *f* aluminium foil
Aluminiumgehäuse *n* / **eloxiertes** anodized aluminium case (housing)
Aluminiumgleichrichter *m* aluminium rectifier
Aluminiumkabel *n* aluminium cable
Aluminiumkabelschuh *m* aluminium terminal
Aluminiumkondensator *m* **mit Festelektrolyt** solid aluminium capacitor
Aluminiumlegierung *f* aluminium alloy
Aluminiumleiter *m* aluminium conductor
Aluminiumlot *n* aluminium solder
Aluminiummantel *m* aluminium sheath
aufgepreßter A. extruded aluminium sheath *(Kabel)*
Aluminiummantelkabel *n* aluminium-sheathed cable, aluminium-covered cable, aluminium-coated cable
Aluminiumofen *m* aluminium furnace *(zum Umschmelzen)*
Aluminiumoxidkeramik *f* alumina ceramic
aluminiumplattiert aluminium-clad
Aluminiumreflektor *m* aluminium reflector
Aluminiumschweißen *n* aluminium welding
Aluminiumstahlkabel *n* steel-reinforced aluminium cable
aluminiumummantelt aluminium-sheathed, aluminium-coated
Aluminiumummantelung *f* aluminium sheathing (cladding)
Aluminiumverbindungsleitung *f* aluminium interconnection
Aluminiumzellengleichrichter *m* aluminium cell rectifier
Amalgambad *n* amalgamating (amalgam) solution, amalgamating liquid *(Quickbeize)*
Amalgambrennstoffelement *n* amalgam fuel cell
Amalgamelektrode *f* amalgam electrode
amalgamieren to amalgamate
Amalgamleuchtstofflampe *f* amalgam fluorescent lamp
Amalgampille *f* amalgam pellet
Amalgamzelle *f (Chem)* mercury cell
Amalgamzersetzer *m* amalgam decomposer, denuding cell
A-Mast *m* A-pole, A-tower
Amateurfunkstelle *f* amateur station
Ambiophonie *f (Ak)* ambiophony
ambipolar ambipolar
Amboßelektrodenkontakt *m* buffer contact
Amidharz *n (Isol)* amide resin
Aminhärter *m (Isol)* amine hardener *(für Epoxidharze)*
Aminoplaste *mpl (Isol)* aminoplastics
A-Modulation *f* class-A modulation
A-Modulator *m* class-A modulator
Ampere *n* ampere, amp., a, A *(1. SI-Einheit der elektrischen Stromstärke; 2. SI-Einheit der magnetischen Spannung)*
absolutes A. abampere *(Einheit der elektrischen Stromstärke im CGS-System)*
Ampereleiter *m* **je Zentimeter** ampere bars per centimetre
Amperemeter *n* amperemeter, ammeter
optisches A. optical ammeter
Amperesekunde *f* ampere-second
Amperestab *m* ampere conductor
Amperestunde *f* ampere-hour
Amperestunden-Wirkungsgrad *m* ampere-hour efficiency
Amperestundenzähler *m* ampere-hour meter, ahm, quantity meter
Amperewaage *f* ampere (current) balance
Amperewindung *f* ampere turn
Amperewindungen *fpl* **je Zentimeter** ampere turns per centimetre
Amperewindungszahl *f* [number of] ampere turns
Amperezahl *f* amperage
Amperometrie *f* amperometry *(elektrolytisches Verfahren der Maßanalyse)*
amphoter amphoteric *(z. B. Halbleiter)*
Amplidyne *f* amplidyne [generator] *(Verstärkermaschine)*
Amplitude *f* amplitude
A. der Regelabweichung deviation amplitude
Amplitudenabgleichvorrichtung *f (Meß)* amplitude calibration unit
Amplitudenabweichung *f* amplitude variation
Amplitudenanalysator *m* amplitude analyzer, kick-sorter
Amplitudenänderung *f* amplitude variation
Amplitudenbegrenzer *m* amplitude (peak) limiter
amplitudenbegrenzt amplitude-limited
Amplitudenbegrenzung *f* amplitude (peak) limiting, limitation of amplitude
Amplitudenbegrenzungskreis *m* amplitude limiting (separation) circuit, clipper circuit
Amplitudendarstellung *f* amplitude presentation
Amplitudendichtespektrum *n* amplitude-density spectrum
Amplitudendiskriminator *m* amplitude discriminator
Amplitudenfehler *m* amplitude error
mittlerer A. mean amplitude error
Amplitudenfluktuation *f* amplitude fluctuation

Amplitudenfrequenzgang *m* amplitude-frequency characteristic, amplitude[-frequency] response, amplitude characteristic (curve)
Amplitudenfrequenzgangdarstellung *f* amplitude-frequency [response] plot
Amplitudenfrequenzkennlinie *f* amplitude-frequency [response] characteristic
Amplitudenfrequenzverzerrung *f* amplitude-frequency distortion
Amplitudengang *m* amplitude[-frequency] response *(z. B. bei Frequenzkennlinien)*
Amplitudenglied *n* amplitude term *(z. B. einer Gleichung)*
Amplitudenhologramm *n* amplitude hologram
Amplitudenhub *m* amplitude swing
Amplitudenkennlinie *f* amplitude characteristic (curve) *(Teil der Frequenzkennlinie)*
logarithmische A. logarithmic amplitude characteristic
Amplitudenkoinzidenzschaltung *f* amplitude coincidence circuit
Amplitudenkonstanz *f* amplitude stability
Amplitudenkurve *f* amplitude curve
Amplitudenmaßstab *m* amplitude scale factor
Amplitudenmeßgerät *n* amplitude-measuring instrument
Amplitudenmodulation *f* amplitude modulation, am, A.M.
sinusförmige A. sinusoidal amplitude modulation
Amplitudenmodulationsrauschen *n* amplitude-modulation noise
Amplitudenmodulationsunterdrückung *f* amplitude-modulation suppression
amplitudenmoduliert amplitude-modulated
Amplitudenortskurve *f* amplitude locus
Amplitudenphasengang *m (Syst)* gain-phase characteristic
Amplitudenrand *m (Syst)* amplitude margin *(Kennwert der Stabilitätsgüte)*
Amplitudenregelung *f* amplitude control
Amplitudenregler *m* amplitude controller
Amplitudenröhre *f* glow tube amplitude indicator
Amplitudenschrift *f* amplitude trace, variable area track *(Lichtton)*
Amplitudenschwankung *f* fluctuation of amplitude, amplitude variation
Amplitudenselektion *f* amplitude selection
Amplitudensieb *n* amplitude separator (limiter)
Amplitudenspektrum *n* amplitude spectrum; amplitude distribution
Amplitudensteuerung *f* amplitude control
Amplitudentastung *f (Fmt)* amplitude keying
amplitudenveränderlich variable in amplitude
Amplitudenverhalten *n s.* Amplitudengang
Amplitudenverhältnis *n* amplitude ratio, ratio of amplitudes
Amplitudenverlauf *m* amplitude response
Amplitudenverteilung *f* amplitude distribution
Amplitudenverzerrung *f* amplitude distortion
Amplitudenverzerrungsfaktor *m* amplitude-distortion factor
Amplitudenverzögerung *f (Syst)* amplitude delay *(Trägheitsmaß)*
Amt *n (Fmt)* exchange, office, centre, station
A. dritter Ordnung tertiary centre
A. mit Verlängerungsleitungen office with extension lines
bemanntes (besetztes) A. attended exchange (station)
betriebsführendes A. controlling exchange (station)
elektronisches A. electronic exchange (station)
fernes A. remote station
ferngeregeltes A. remotely regulated station
ferngespeistes A. dependent station, power-fed station
geregeltes A. regulated station
halbautomatisches A. semiautomatic exchange (station)
internationales A. international exchange (station)
kleines A. small-capacity exchange (station)
nichterweiterungsfähiges A. non-extendible exchange (station)
selbstgespeistes A. non-power-fed station
unbemanntes (unbesetztes) A. unattended (non-attended) exchange, unattended station
Amtsabfrage *f* / **offene** *(Fmt)* unassigned answer
Amtsanruf *m (Fmt)* exchange call
Amtsanschluß *m (Fmt)* public (post-office) exchange connection
Amtsbatterie *f (Fmt)* exchange battery
Amtsbau *m (Fmt)* exchange construction
Amtseinrichtung *f (Fmt)* exchange equipment
Amtserde *f (Fmt)* post-office earthing point
Amtsfreizeichen *n (Fmt)* exchange tone, dial[ling] tone
Amtsgeräusch *n (Fmt)* exchange noise
Amtsgespräch *n (Fmt)* exchange line call
Amtskabel *n (Fmt)* office cable *(Amtsverdrahtung)*
Amtsklinke *f (Fmt)* exchange jack
Amtsleitung *f (Fmt)* exchange (post-office) line, local loop
Amtsseite *f* **des Hauptverteilers** *(Fmt)* vertical side of main distribution frame

Amtsverbindungsleitung *f (Fmt)* interoffice trunk
Amtsverdrahtung *f (Fmt)* station wiring
Amtswähler *m (Fmt)* code (office) selector
Amtszeichen *n (Fmt)* exchange tone, dial[ling] tone, dial hum
Analogaufzeichnung *f (Rech, Meß)* analogue recording
Analogbaustein *m* analogue module
Analogberechnung *f* analogue computation
Analogdaten *pl* analogue data
Analog-Digital-Umsetzer *m* analogue-[to-]digital converter, A.D.C., A-D converter (conversion unit)
  ultraschneller A. ultrafast analogue-[to-]digital converter
Analog-Digital-Umsetzung *f* analogue-[to-]digital conversion, A-D conversion
Analog-Digital-Wandler *m s.* Analog-Digital-Umsetzer
Analogfrequenzteiler *m* analogue frequency divider
Analog-Frequenz-Umsetzer *m* analogue-to-frequency converter
Analogie *f* analogy
  elektrische A. electrical analogy
Analoginformation *f* analogue information
Analogkorrektur *f* analogue correction
Analogrechenanlage *f* analogue computer (computing system)
Analogrechenverstärker *m* analogue computing amplifier
Analogrechenzentrum *n* analogue computing centre
Analogrechner *m* analogue computer
  elektronischer A. electronic analogue computer
  repetierender A. repetitive analogue computer
Analogrechneranlage *f* / **schnelle** fast analogue computing equipment
Analogrechnersimulation *f* analogue computer simulation
Analogrechnersystem *n* analogue computing system
Analogrechnung *f* analogue computation
Analogschalter *m* analogue switch
Analogsichtgerät *n (Rech)* analogue display unit
Analogsignal *n* analogue signal
Analogspeichergerät *n* analogue information-storing device
Analogstromkreis *m* equivalent circuit
Analogtor *n* analogue gate
Analogvervielfacher *m* analogue multiplier
Analogwert *m (Rech)* analogue value; *(Meß)* analogue quantity
Analysator *m* analyzer
  A. mit durchstimmbarer Bandsperre *(Ak)* distortion analyzer
  A. mit konstanter absoluter Bandbreite constant-bandwidth analyzer, wave analyzer; heterodyne analyzer
  A. mit konstanter relativer Bandbreite constant-percentage bandwidth analyzer
  aufzeichnender A. recording analyzer
  harmonischer A. *(Syst)* Fourier (harmonic) analyzer *(zur Zerlegung periodischer Vorgänge in Sinusschwingungen)*
  statistischer A. *(Ak)* statistical processor, noise level analyzer
  stetig durchstimmbarer A. continuous band analyzer
  ununterbrochen arbeitender A. continuous analyzer
Analyse *f* analysis
  A. der Häufigkeitsverteilung statistical distribution analysis
  A. der Pegelverteilung level distribution analysis
  A. von Einschwingvorgängen transient analysis
  elektrochemische A. electroanalysis
  elektrolytische A. electrolytic analysis
  grafische A. graphic analyzation
  harmonische A. harmonic analysis
  mathematische A. mathematical analysis
  numerische A. numerical analysis
  polarografische A. polarographic analysis
Analysenmeßgerät *n* analyzer
Analyseproblem *n* analysis problem *(z. B. Netzwerk)*
anätzen to etch
anbauen to attach, to fit
Anbauflansch *m* mounting flange
Anbieten *n (Fmt)* offering
Anbietwähler *m (Fmt)* trunk offering selector
Anbietzeichen *n (Fmt)* offering signal
Anbindung *f* lacing *(Kabel)*
anbringen to fix, to attach, to mount
andauern to continue, to persist
ändern to change, to alter, to modify
  das Vorzeichen ä. to change sign
  sich ä. to change, to vary
  sich im umgekehrten Verhältnis ä. wie to vary inversely as
  sich linear ä. to vary linearly
  sich sinusförmig ä. to vary sinusoidally
  sich sprunghaft ä. to change suddenly
  sich ständig ä. to fluctuate *(z. B. Strom, Spannung)*
  sich zeitlich ä. to vary with time
  stufenlos ä. to vary steplessly
ändernd / **sich zeitlich** time-varying
Anderson-Brücke *f* Anderson's bridge *(für C- und L-Messung)*
Anderson-Röhre *f* Anderson tube
Änderung *f* change, alteration, modification
  Ä. des spezifischen Widerstandes variation of resistivity
  Ä. um eine Größenordnung change by one order of magnitude

adiabatische Ä. adiabatic change
isoenergetische Ä. isoenergetic change
plötzliche Ä. abrupt change
reversible Ä. reversible change
rückführbare Ä. restorable change
sinusförmige Ä. sine-law variation
sprunghafte Ä. discontinuous change
umkehrbare Ä. reversible change
zeitliche Ä. variation with time
Änderungsausfall *m (App)* change failure
Änderungsbit *n* modifier bit
Änderungsgeschwindigkeit *f* rate of change
Ä. des Azimuts azimuth rate
Änderungsprogramm *n (Rech)* change program
Änderungsrate *f* rate of change
Andrang *m (Fmt)* congestion
Andrückfülle *f* collapsible cladding
Andruckkraft *f* pressure force
Andruckrolle *f* pinch roll[er], capstan [idler], pad roll, pinch wheel *(Magnetband)*
Andruckrollentrieb *m* pinch-roller drive, capstan drive
anerkannt approved *(z. B. den Schutzbestimmungen entsprechend)*
anfachen *(El)* to build up
Anfachraum *m* generator (working) space *(Elektronenröhren)*
Anfachung *f (El)* building-up; anti-damping
Anfachzeit *f* building-up period
Anfahrautomatik *f* automatic starting-up *(Turbine)*
Anfahrbrennelement *n (Anl)* booster element
Anfahrdoppelsammelschiene *f* double starting bus bar
anfahren to start up
eine Leitung a. to charge a line
kalt a. to start up cold
leer a. to start without load
stoßfrei a. to start without a jerk
Anfahren *n* start-up, start
Anfahrgeschwindigkeit *f* starting velocity
Anfahrmoment *n* starting torque; breakaway torque
Anfahrschalter *m* / **automatischer** *(App)* controller regulator
Anfahrtransformator *m* starting transformer
Anfahrverluste *mpl* accelerating loss[es]
anfällig susceptible
Anfangsadresse *f (Rech)* initial address
Anfangsamplitude *f* initial amplitude
Anfangsbedingung *f* initial condition
Anfangsbefehl *m (Rech)* initial instruction (command), key instruction (order)
Anfangsbeschleunigung *f* initial acceleration
Anfangsbetriebsbedingungen *fpl* initial operating conditions
Anfangsdruck *m* initial pressure
Anfangsdurchschlag *m* initial breakdown
Anfangseinstellung *f (Syst)* initial adjustment (alignment) *(z. B. einer Nachformeinrichtung)*
Anfangselektron *n* initiating electron
Anfangsenergie *f* initial energy *(z. B. von Elektronen)*
Anfangserregungsgeschwindigkeit *f* initial excitation (voltage) response *(bei Erregeranordnungen)*
Anfangsfehler *m* initial (datum) error
Anfangsgeschwindigkeit *f* initial velocity (speed, rate)
Anfangsimpuls *m* initial impulse
Anfangsinstruktion *f s.* Anfangsbefehl
Anfangsionisierung *f* initial ionization
Anfangskapazität *f* / **differentielle** initial differential capacitance
Anfangskonzentration *f* initial concentration
Anfangskurzschlußwechselstrom *m* subtransient (initial symmetrical) short-circuit current
Anfangsladung *f* initial charge
Anfangslage *f* initial position
Anfangslichtstrom *m* initial lamp lumen
Anfangsmarke *f* beginning mark
Anfangsnachhallzeit *f (Ak)* early decay time
Anfangspermeabilität *f* [magnetic] initial permeability
Anfangsphase *f* initial phase
Anfangspotential *n* initial potential
Anfangsprüftemperatur *f* initial test temperature
Anfangspunkt *m* point of origin, initial point *(z. B. der Phasenbahn)*
Anfangsspannung *f* initial (starting) voltage *(bei Teilentladungen)*; inception voltage *(bei Entladungen)*
Anfangssperrspannung *f* initial reverse voltage
Anfangsstellung *f* starting position
Anfangsstörung *f (Syst)* initial displacement *(anfängliche Verschiebung der Signalwerte)*
Anfangsstrom *m* initial current
Anfangsstufe *f* input stage; *(Nrt)* low-power stage
Anfangssuszeptibilität *f* initial susceptibility
Anfangstemperatur *f* initial temperature
Anfangsverhalten *n* initial behaviour
Anfangsverteilung *f* initial distribution
Anfangsvorspannung *f* initial bias
Anfangswert *m* 1. initial (original) value; 2. initial argument *(Vektor)*
verschwindender A. zero initial condition
Anfangswertproblem *n* initial-value problem
Anfangswertsatz *m* initial-value theorem *(Grenzwertsatz der Laplace-Transformation)*

Anfangswertstellung *f* reset condition
Anfangswiderstand *m* initial resistance
Anfangszeitkonstante *f* subtransient time constant
Anfangszustand *m* initial state (condition)
anfeuchten to moisten, to damp[en], to humidify
Anfeuchtung *f* moistening, humidification
Anflugbefeuerung *f* approach lighting
Anflugfeuer *n* approach light
Anflugfunkfeuer *n (FO)* homing beacon
Anflugkontrolle *f* approach control *(Flugsicherung)*
Anflugleitgerät *n* approach guidance equipment *(Flugsicherung)*
Anflugradar *n (FO)* approach [control] radar
Anflugradaranlage *f (FO)* approach radar
Anflugscheinwerfer *m* approach searchlight
Anfordern *n (Fmt)* request
Anfragesignal *n (Fmt)* request signal
Anfressung *f* pitting; corrosion; staining
Angabe *f* **des Zeitmaßstabes** time scaling *(z. B. Phasenbahnen)*
Angaben *fpl* data; information; specification[s]
Angebot *n (Fmt)* intensity of traffic offered
Angebotsminderung *f (Fmt)* availability reduction
Angebotsverlust *m (Fmt)* grade of service
angedrückt / durch Feder spring-loaded
angelenkt hinged
angenähert approximate
angeordnet / in gleichen Abständen equally spaced
  in Plättchen a. laminar
  lamellenartig a. lamellar
  mit Abstand a. spaced
angepaßt matched
  falsch a. mismatched
  nicht a. unmatched
  richtig a. well-matched
angeregt excited; activated
  lichtelektrisch a. photoexcited
  nicht a. unexcited
  thermisch a. thermostimulated, thermally excited
angeschlossen connected
angetrieben / chemisch chemically fuelled
  durch Motor a. power-driven
  elektrisch a. electrically driven
angleichen to adjust; to adapt; to match
angliedern to attach
angreifen to affect *(physikalisch)*; to attack *(z. B. durch Chemikalien)*; to corrode
Angriff *m* corrosion; attack
  chemischer A. chemical attack, corrosion
Angriffspunkt *m* point of application (attack) *(einer Kraft)*; point of entry
Angriffswinkel *m (Phys)* attack angle
anhaften to adhere, to stick [to] *(z. B. Schmutz)*
anhaftend adherent, adhesive
anhalten to stop, to arrest; to halt
anhaltend continuous, persistent; permanent
Anhaltevorrichtung *f* stopper
anhängen / den Hörer *(Fmt)* to restore (hang up, replace) the receiver, to put back (on) the receiver
anhäufen to accumulate; to aggregate
anhäufend / sich cumulative
Anhäufung *f* 1. accumulation; aggregation; pile-up; 2. cluster, agglomerate; *(Halbl)* collection; 3. *(Nrt)* congestion
Anhäufungszeichen *n (Fmt)* congestion tone, group busy signal
anheben to raise; to elevate; to lift
Anhebung *f (Ak)* emphasis, boost, emphasizing, accentuation *(Tonfrequenzbereiche)*
Anhebungsfilter *n (Nrt)* accentuator (pre-emphasis) filter
Anhebungsschaltung *f (Nrt)* pre-emphasis network
anheizen to heat up
Anheizverzögerung *f* heating delay
Anheizzeit *f* heating (preheating) time, heat[ing]-up time, warm-up period (time)
anhören to listen to
Anilin-Formaldehyd-Harz *n (Isol)* aniline-formaldehyde resin
Anion *n* anion, negative ion
Anionenaustausch *m* anion exchange
Anionenaustauscher *m* anion exchanger
Anionenleerstelle *f*, **Anionenlücke** *f* anion vacancy
Anionenstörstelle *f (Halbl)* anion defect (impurity)
Anionenstrom *m* anionic current
anisotrop anisotropic
Anisotropie *f* anisotropism, anisotropy
Anker *m* 1. *(Masch)* armature *(Wicklung, in der Spannung induziert wird)*; core; 2. anchor; stay *(z. B. für Masten)*
  A. eines Magneten armature of a magnet
  A. eines Relais relay armature
  A. mit in sich geschlossener Wicklung closed-coil armature
  A. mit offener Wicklung open-circuit armature
  A. mit Stabwicklung bar-wound armature
  beweglicher A. moving armature
  blockierter A. fixed armature
  genuteter A. slotted armature
  glatter (nutloser) A. smooth armature
  ruhender A. stationary armature
Ankerabfall *m* release of armature
Ankerausgleichsleiter *m* armature winding equalizer
Ankerbandage *f* armature bandage
Ankerbandagenisolation *f* armature bandage insulation

Ankerblech *n* armature core disk, armature stamping (punching, lamination)
Ankerblechpaket *n* armature core
Ankerblechschnitt *m* armature punching
Ankerbohrung *f* armature bore
Ankerbolzen *m* anchor (stay) bolt
Ankerbüchse *f* armature hub
Ankerdraht *f* armature wire
Ankerdruckplatte *f* armature end plate
Ankereisen *n* armature iron (core)
Ankereisenverlust *m* armature iron loss
Ankerendplatte *f* armature head
Ankerfahne *f* armature end connection
Ankerfeld *n* armature field
Ankerfluß *m* armature (magnetic) flux
Ankerformspule *f* diamond-type armature coil
Ankerfuß *m* stay block
Ankerhaken *m* stay hook
Ankerhub *m* armature stroke
Ankerjoch *n*, **Ankerkern** *m* armature core
Ankerklotz *m* stay block
Ankerkraftfluß *m* armature flux
Ankerkühlschlitz *m* armature duct
Ankerlager *n* armature bearing
Ankerleiter *m* armature conductor (wire)
Ankernabe *f* armature hub
Ankernut *f* armature slot
Ankerplatte *f* tie plate
Ankerprellen *n* armature chatter
Ankerpreßplatte *f* armature end plate
Ankerprüfgerät *n* armature tester
Ankerquerfeld *n* armature field
Ankerrückwirkung *f* armature reaction
Ankerrückwirkungsfeld *n* armature reaction field, opposing magnetic field of armature
Ankerseil *n* guy *(eines Mastes)*
Ankerspannung *f* armature voltage
Ankerspule *f* armature coil
Ankerstab *m* armature bar (conductor)
Ankerstabisolation *f* armature conductor insulation
Ankerstellung *f* position of armature
Ankerstreufluß *m* armature leakage flux
Ankerstreuung *f* armature leakage
Ankerstrom *m* armature current
Ankerstromkreis *m* armature circuit
Ankerstromregelung *f* armature current control
Ankerurspannung *f* armature voltage
Ankerwelle *f* armature shaft
Ankerwickelmaschine *f* armature winder (winding machine)
Ankerwicklung *f* armature winding
A. ohne Eisenkern coreless armature
einfach geschlossene A. simplex winding
offene A. open-coil armature winding
Ankerwiderstand *m* armature resistance
Ankerzweig *m* path of armature winding
ankleben to adhere, to stick; to glue *(mit Leim)*
anklebend adherent, adhesive
anklemmen to clamp; to connect
Anklingzeit *f* build-up time
Anklopfen *n (Fmt)* call waiting
ankommend incoming
ankoppeln to couple
Ankoppelöffnung *f* coupling aperture
Ankoppelschleife *f* input coupling loop
Ankoppelspule *f* feed retardation coil
Ankopplung *f* coupling
Ankopplungskreis *m* coupling network
Ankündigungszeichen *n (Fmt)* presignal
Ankunftsplatz *m (Fmt)* incoming position
Ankunftsregister *n (Fmt)* incoming register
Anlage *f* 1. equipment; installation; assembly; set, system; plant; 2. arrangement, layout
A. für hochwertige Wiedergabe *(Ak)* high-fidelity [reproducing] system
datenverarbeitende A. data processor
elektrische A. electrical installation; electric plant
evakuierte A. evacuated plant
ortsfeste A. fixed installation
tonfrequente A. audio system
Anlagenausfall *m* system failure
Anlagenzuverlässigkeit *f* system reliability
anlagern 1. to adsorb, to add; 2. to attach, to trap *(Elektronen)*
Anlagerung *f* 1. adsorption, addition; 2. attachment, trapping *(von Elektronen)*
Anlagerungsenergie *f* attachment energy
Anlagerungsfrequenz *f* attachment frequency
Anlagerungskoeffizient *m* attachment coefficient
Anlaßanode *f* starter anode
Anlaßbatterie *f* starter battery
Anlaßbürste *f* starting brush
Anlaßdruckknopf *m* starting button
anlassen 1. to start; 2. to temper; to anneal *(Metalle)*
Anlassen *n* 1. starting [operation], start[-up]; 2. tempering; annealing *(Metalle)*
A. mit Hilfsphase split-phase starting
A. mit Widerstand rheostatic starting
asynchrones A. asynchronous starting
automatisches A. automatic starting
langsames A. slow-speed starting
Anlasser *m (Masch)* starter, motor (resistance) starter; starting box *(Schalter)*
A. mit Schaltwalze barrel controller
automatischer A. self-starter
gekapselter A. enclosed starter
Anlasserkreis *m*, **Anlasserschaltung** *f (Masch)* starting circuit
Anlasserwalze *f* starter drum
Anlaßhäufigkeit *f* starting frequency
Anlaßhebel *m* starting lever
Anlaßkabel *n* starting cable
Anlaßknopf *m* starting button
Anlaßkondensator *m* starting capacitor

Anlaßleistung *f* starting capacity
Anlaßmagnet *m* magneto; start (booster) magnet
Anlaßmotor *m* starting motor
Anlaßphasenschutz *m* starting open-phase protection
Anlaßregler *m* starting rheostat
Anlaßrelais *n* starting relay
Anlaßritzel *n* starter pinion
Anlaßschalter *m* 1. starting switch, switch[ing] starter, direct switch[ing] starter, [breaker] starter (*s. a.* Anlasser); 2. *s.* Anlaßschütz
mehrstufiger A. multiple starting switch
Anlaßschaltung *f* starting connection
Anlaßschleifer *m* starting brush
Anlaßschütz *n* accelerating contactor, contactor starter
Anlaßspule *f* starting coil
Anlaßsteuerwalze *f* starter drum
Anlaßstrom *m* starting current
Anlaßstufe *f* starter step; *(Masch)* starter contact
Anlaßtransformator *m* transformer starter; starter autotransformer *(in Sparschaltung)*
Anlaßvorrichtung *f* starting device
Anlaßwicklung *f* starting winding
Anlaßwiderstand *m* 1. starting resistance; 2. starting resistor
Anlaßzeitrelais *n* time-limit start relay
Anlauf *m* start[-up], starting
A. mit Kondensator capacitor starting
A. mit Spartransformator autotransformer starting
A. mit Widerstand rheostatic starting
Anlaufbedingungen *fpl* starting conditions
Anlaufdrehmoment *n s.* Anlaufmoment
anlaufen 1. to start; 2. to tarnish *(Metalle)*
leer a. to start without load
Anlauferwärmung *f* starting temperature rise
Anlaufglas *n* temperature coloured glass
Anlaufkäfig *m* amortisseur *(bei Synchronmaschinen)*
Anlaufkäfigstab *m* amortisseur bar
Anlaufleistung *f* starting power
Anlaufmoment *n* starting (initial, stall, breakaway) torque
Anlaufnocken *m* start cam
Anlaufprüfung *f* starting test
Anlaufschicht *f* tarnishing film
Anlaufschritt *m (Fmt)* starting step, start pulse
Anlaufspannung *f* starting (initial) voltage
Anlaufstoß *m* starting impulse
Anlaufstrom *m* 1. starting (initial, stall) current; locked-rotor current; 2. residual current
Anlaufstromgebiet *n* residual current region
Anlaufverhalten *n* transient behaviour
Anlaufverhältnis *n* starting ratio
Anlaufwert *m* **eines Zählers** passivity of a meter
Anlaufwicklung *f* amortisseur winding *(bei Synchronmaschinen)*
Anlaufzeit *f* 1. start[ing] time; response time; 2. rise time *(der Übergangsfunktion)*
Anlaufzeitkonstante *f* acceleration constant
Anlaufzustand *m* residual current state
Anlegemeßgerät *n* hook-on meter *(z. B. Zangenstrommesser)*
anlegen to apply, to feed *(z. B. Spannung)*
a. an to apply to
Besetztspannung a. *(Fmt)* to apply busying potential
eine Spannung a. to apply voltage (tension)
Anlegen *n* **einer Spannung** voltage application, application of voltage
A. eines Signals *(Fmt)* application of a signal
Anlegewandler *m* split-core type transformer, split-wire type transformer
anleuchten to floodlight
anliegend adjacent
anlöten an to solder to
Anmeldeleitung *f (Fmt)* recording line
anmelden / ein Gespräch *(Fmt)* to file a call
annähernd approximate
Annäherung *f* 1. approach; 2. approximation *(Mathematik)*; convergence
A. erster Ordnung first-order approximation
A. nullter Ordnung zeroth (zero-order) approximation
grobe A. rough approximation
lineare A. linear approximation
schrittweise A. successive approximation
stetige A. continuous approximation
Annäherungsbeleuchtung *f* approach lighting
Annäherungskurve *f* approximate curve
Annäherungsschalter *m* proximity switch
Annäherungssignalsystem *n (FO)* approach control [system]
Annäherungswert *m* approximate value
Annahmetelefonistin *f* incoming operator
Annahmewert *m* assumed value
annehmbar acceptable
annehmen to assume *(einen Wert)*; to accept
Anode *f* anode; plate *(Elektronenröhre)*
● mit mehreren Anoden multianode
bipolare A. bipolar anode
geschwärzte A. carbonized anode
massive A. solid anode
ringförmige A. annular anode
virtuelle A. virtual anode
O-Anode *f* freewheel[ing] diode

Anodenabfall *m* anode drop
Anodenableitung *f* anode (plate) conductance
Anodenakkumulator *m* anode accumulator
Anodenanschluß *m* anode connection (terminal, lead); anode supply
Anodenarm *m* anode arm
Anodenbasisschaltung *f* grounded-anode circuit; cathode follower *(Elektronenröhre)*
Anodenbasisverstärker *m* grounded-anode amplifier
Anodenbatterie *f* anode battery
Anodenbelastung *f* anode load
Anodenbelastungswiderstand *m* anode load resistance
Anodenbezugsspannung *f* anode potential
Anodenblech *n* anode plate
Anoden-B-Modulation *f* anode B modulation, B-modulation
Anodenbogen *m* anode arc
Anodenbrücke *f* anode bridge
Anodenbrumm *m* anode hum
Anodendrossel *f* anode choke (reactor)
Anodendunkelraum *m* anode dark space
Anodendurchbruchspannung *f* critical anode voltage
Anodendurchführung *f* anode leading-in wire
Anodeneffekt *m* anodic (anode) effect
Anodeneingangsleistung *f* plate power input
Anodenfall *m* anode drop
Anodenflamme *f* anodic flame *(Hochstromkohlebogen)*
Anodenfleck *m* anode spot
Anodenflüssigkeit *f* anolyte
Anodengebiet *n* anode region
Anodengitterkapazität *f* anode-grid capacitance
Anodengleichrichter *m* anode bend detector, plate detector
Anodengleichrichtung *f* anode [bend] rectification, plate detection
Anodengleichspannung *f* d.c. anode (plate) voltage
Anodengleichstrom *m* d.c. anode (plate) current
Anodengleichstromleistung *f* d.c. rating of anode (plate)
Anodenglimmen *n* anode glow
Anodenglimmhaut *f* anode sheath
Anodenglimmlicht *n* anode (positive) glow
Anodenhals *m* anode neck
Anodenkapazität *f* anode (plate) capacitance
Anodenkappe *f* anode cap
Anoden-Katoden-Abstand *m* anode -[to-] cathode distance
Anoden-Katoden-Kapazität *f* anode-cathode capacitance
Anodenklemme *f* anode (positive) terminal *(Batterie)*
Anodenkorb *m* anode cage
Anodenkreis *m* anode (plate) circuit
abgestimmter A. tuned anode circuit
zwischenfrequenzabgestimmter A. *(Nrt)* intermediate-frequency tank circuit
Anodenkreisspule *f* anode (plate) coil
Anodenkühlung *f* anode cooling
Anodenkupfer *n* anode copper
Anodenlebensdauer *f* anode life
Anodenleistung *f* / **zugeführte** anode input power
Anodenleitung *f* plate conductor
Anodenleitwert *m* plate conductance
Anodenmetall *n* anode metal
Anodenmodulation *f* 1. anode [voltage] modulation, plate modulation; 2. Heising modulation *(mit Parallelröhre)*
Anodenneutralisation *f* anode (plate) neutralization
Anodenplatte *f* anode plate
Anodenpolarisation *f* anodic polarization
Anodenpotential *n* anode potential
Anodenpulsmodulation *f* plate pulse modulation
Anodenraum *m* anode (anodic) region; anode compartment
Anodenrauschen *n* anode (plate) noise
Anodenreaktion *f* anode (anodic) reaction
Anodenreinigung *f* anode cleaning *(Elektrolyse)*
Anodenrest *m* anode residue (scrap)
Anodenrückkopplung *f* anode (plate) feedback
Anodenruhestrom *m* steady (quiescent) anode current, steady plate current
Anodensack *m* anode bag
Anodenschicht *f* anode layer
Anodenschirm *m* anode screen (shield)
Anodenschlamm *m (Chem)* anode mud (slime, sludge)
Anodenschneiden *n* anode cutting
Anodenschutzgitter *n* anode screen
Anodenschutzwiderstand *m* anode stopper
Anodenschwamm *m* anode sponge *(elektrolytische Bleigewinnung)*
Anodenschwingkreis *m* tank-circuit oscillator, tank circuit
Anodenschwingkreiskapazität *f* tank capacity
Anodenseite *f* anode end
anodenseitig anode-end
Anodenspannung *f* 1. anode voltage (potential), plate voltage; 2. acceleration voltage, beam voltage *(Klystron)*
kritische A. cut-off voltage *(Elektronenröhre)*
Anodenspannungsabfall *m* anode voltage drop
Anodenspannungsalarmrelais *n* alarm relay for plate potential

Anodenspannungsamplitude *f* plate voltage swing
Anodenspannungsänderung *f* change in plate voltage
Anodenspannungskennlinie *f* plate voltage characteristic
Anodenspannungsmodulation *f* anode (plate) voltage modulation, plate modulation
anodenspannungsmoduliert plate-modulated
Anodenspannungsschwankung *f* anode voltage fluctuation
Anodenspannungsverlust *m* anode voltage drop
Anodenspeisespannung *f* anode (plate) supply voltage
Anodenspeisung *f* anode (plate) supply
Anodenspitzenspannung *f* peak anode (plate) voltage
A. in Durchlaßrichtung peak forward anode voltage
A. in Sperrichtung peak inverse anode voltage
Anodenspitzensperrspannung *f* peak inverse anode voltage
Anodenspitzenstrom *m* peak anode current
Anodenspule *f* anode coil
Anodenspulenabgriff *m* anode tapping point
Anodenstab *m* anode stem
Anodenstrahl *m* anode ray
Anodenstrahlen *mpl* [corpuscular] anode rays
Anodenstrom *m* anode (anodic, plate) current
Anodenstrom-Anodenspannungs-Kennlinie *f* anode-current anode-voltage characteristic
Anodenstromdichte *f* anode (anodic) current density
Anodenstromfläche *f* anode current surface
Anodenstrom-Gitterspannungs-Kennlinie *f* grid-potential anode-current characteristic, plate-current grid-voltage characteristic
Anodenstromkennlinie *f* plate current characteristic
Anodenstrommodulation *f* anode current modulation
Anodenstromoberfläche *f* anode current surface
Anodenstromtastung *f* anode (plate) current keying
Anodenstromverlauf *m* plate current response
Anodenstumpf *m* anode butt
Anodentastung *f* anode keying
Anodentemperatur *f* anode temperature
Anoden- und Gitterkorrektur *f* anode and grid correction
Anodenverluste *mpl* anode dissipation
Anodenverlustleistung *f* anode dissipation [power], plate dissipation [power]
Anodenwiderstand *m* anode load (resistance, impedance)
Anodenwinkel *m* anode angle; target angle *(Röntgenröhre)*
Anodenwirkungsgrad *m* anode (plate) efficiency
Anodenzerstäubung *f* anode sputtering
Anodenzündspannung *f* anode breakdown voltage; peak anode breakdown voltage *(Thyratron)*
Anodenzündung *f* anode firing
anodisch anodic
Anodisierung *f* anodization, anodizing, anodic oxidation
Anodisierungstechnik *f* anodization technique
Anolyt *m* anolyte
Anomalie *f* / **magnetische** magnetic anomaly
anordnen to arrange, to group, to place; to lay out
in einem Gehäuse a. to house
in Kaskade a. to cascade
in Reihe a. to array (join) in series, to seriate, to bank
in Tabelle[n] a. to tabulate
mit Zwischenraum a. to space
schichtweise a. to sandwich
Anordnung *f* arrangement; assembly; set-up; layout; configuration; bank
A. der Instrumente instrument layout
A. hoher Dichte high-density assembly *(Mikrobaugruppe)*
A. in der Rückführung feedback arrangement *(Regelkreis)*
A. von Heizwiderständen resistor assembly
bistabile A. bistable arrangement
oberflächengesteuerte A. *(Halbl)* surface effect structure
reihenweise A. series arrangement, seriation, array
Anotron *n* anotron
Anpaßeinheit *f* matching unit
anpassen to adapt; to adjust; to match; to fit; to suit; 2. to accommodate; 3. to line up
a. an to adapt to; to fit to
sich a. to adapt; to conform
Anpassen *n* **mittels Stichleitung** stub matching
richtiges A. proper matching
anpassend / sich adaptive
Anpaßglied *n* [matching] pad *(passive Schaltung)*
Anpaßstecker *m* adapter plug
Anpaßstichleitung *f* matching stub
Anpaßstück *n* adapter
Anpaßübertrager *m* matching transformer

Anpassung *f* 1. adaptation, adaption; *(Rech)* adapting *(z. B. eines Unterprogramms)*; adjustment; matching; fitting; 2. accommodation
A. mit Hilfe der Fehlerquadratmethode least squares fit
falsche A. mismatch
richtige A. correct match
schlechte A. maladaptation
Anpassungsblende *f* matching plate *(Wellenleiter)*
Anpassungsdämpfung *f* matching (non-reflection) attenuation
Anpassungseinrichtung *f* matching equipment
anpassungsfähig adaptable, adaptive; flexible
Anpassungsfähigkeit *f* adaptability; flexibility
größte A. maximum flexibility *(z. B. eines Geräts)*
Anpassungsfilter *n* 1. impedance transforming filter; 2. *(Licht)* visual correction filter, viscor filter
Anpassungsglied *n* adapter, matching element (pad); transforming (building-out) section *(HF-Leitung)*
Anpassungsgrad *m* degree of match[ing]
Anpassungsimpedanz *f* matching impedance
Anpassungskabel *n* adapter cable
Anpassungskreis *m* matching circuit
Anpassungsleitung *f* matching line (stub)
Anpassungsnetzwerk *n* matching (conditioning) network; *(Fmt)* four-wire network
Anpassungsschaltung *f* matching circuit; adapter *(Gerät)*; interface *(Informationselektronik)*
Anpassungsscheinwiderstand *m* matching impedance
Anpassungsstift *m* matching pillar *(Wellenleiter)*
Anpassungsstreifen *m* matching strip *(Wellenleiter)*
Anpassungstransformator *m* [impedance-] matching transformer, coupling transformer
Anpassungsübertrager *m* matching transformer
A. für Mikrofone microphone transformer
Anpassungsvermögen *n* adaptability
Anpassungsverstärker *m* adapter amplifier
anpeilen to take a bearing
Anpeilung *f* taking of a bearing
Anpreßdruck *m* surface pressure; bearing pressure *(in Lagern)*
anquetschen to crimp
anregbar excitable
Anregbarkeit *f* excitability
Anregeglied *n* starting element *(Relais)*
Anregekontakt *m* initiating contact
anregen to excite; to activate; to energize; to power; to induce; to stimulate
durch Photonenabsorption a. to photo-excite
eine Schwingung a. to build up an oscillation
gewaltsam a. to force
Anregung *f* excitation; activation; stimulation
A. durch Strahlung radiation excitation
A. eines Gases excitation of a gas
akustische A. acoustic excitation
lichtelektrische A. photoexcitation, photoelectric excitation
mechanische A. mechanical excitation
stufenweise A. stepwise (step-by-step) excitation
thermische A. thermal excitation
Anregungsband *n* excitation band; *(Laser)* pumping band
Anregungsbedingung *f* excitation condition
Anregungsdauer *f* period of excitation
Anregungsenergie *f* excitation (stimulation) energy
Anregungsfrequenz *f* excitation frequency
Anregungskurve *f* excitation curve
Anregungsmechanismus *m (Laser)* excitation mechanism
Anregungsniveau *n* excitation level
Anregungsquerschnitt *m* excitation cross section
Anregungsspannung *f* excitation voltage (potential)
Anregungsspektrum *n* excitation spectrum
Anregungstemperatur *f* excitation temperature
Anregungswellenlänge *f* excitation wavelength
Anregungszustand *m* excitation (excited) state
anreichern to enrich, to concentrate; to enhance
Anreicherung *f* enrichment, concentration; enhancement, accumulation
Anreicherungsbetrieb *m (Halbl)* enhancement mode
Anreicherungs-MOS-Transistor *m* enhancement MOS transistor
Anreicherungsschicht *f (Halbl)* enhancement (accumulation) layer
Anreiz *m* stimulus
Anreizimpuls *m* stimulation pulse, stimulus
Anreizung *f (Elk)* activation *(z. B. eines Gatters)*
Anruf *m (Fmt)* [telephone] call
A. an alle *(Nrt)* general call
drahtloser A. wireless call
nicht zur Verbindung führender A. lost call
unbeantworteter A. no-reply call
wiederholter A. recall

Anrufanzeiger *m* call indicator
Anrufbeantworter *m* answering set, telephone responder
Anrufbestätigungszeichen *n* call-confirmation signal
Anrufbetrieb *m* **auf Fernleitungen** trunk signalling working
Anrufblockierung *f* / **relative** call congestion [ratio]
Anrufeinheit *f* call unit
Anrufeinrichtung *f* calling device
anrufen *(Fmt)* to call [up], to make a call, to [tele]phone
Anrufen *n* calling
Anrufhäufigkeit *f* calling rate
Anrufklappe *f* calling (switchboard) drop
Anrufklinke *f* calling jack
Anruflampe *f* calling (line) lamp
Anrufordner *m (Fmt)* allotter, traffic distributor
Anruforgan *n* answering equipment
Anrufrelais *n* calling relay
Anrufschauzeichen *n* incoming-call [signal] light
Anrufsuchen *n* finding [action]
Anrufsucher *m* call (line) finder, finder [switch]
  erster A. subscriber's line finder, primary line switch
  zweiter A. second line finder, secondary line switch
Anrufteilung *f* call sharing
Anruf- und Schlußlampe *f* calling and clearing lamp
Anrufverteiler *m* call (traffic) distributor, hunting switch
Anrufverteilung *f*, **Anrufverteilungssystem** *n* call distribution (queueing) system
Anrufwecker *m* call bell
Anrufweiterschaltung *f (Fmt)* call diverting
Anrufwelle *f* / **allgemeine** *(Nrt)* general calling wave
Anrufzeichen *n (Fmt)* call sign (signal)
  abgekürztes A. abridged call sign
Ansagedienst *m (Fmt)* recorded information service
Ansagegerät *n (Fmt)* answer-only machine
ansagen / **den Beginn einer Sendung** to sign on *(Rundfunk)*
Ansager *m* [radio] announcer
Ansagestudio *n* continuity studio *(Rundfunk)*
ansammeln [sich] to accumulate: to gather, to collect
Ansatz *m* / **vektorieller** vectorial statement
Ansatzfeld *n (Fmt)* extension multiple section
Ansaugdruck *m* intake pressure
ansaugen 1. to absorb *(z. B. Elektronen)*; 2. to suck, to draw [in]
Ansaugen *n* 1. absorption *(z. B. von Elektronen)*; 2. suction, drawing
Ansauggeräusch *n* intake noise
Ansauggeräuschdämpfer *m* [air] intake silencer, air silencer, suction muffler
Ansaugluft *f* intake air
Ansaugschalldämpfer *m s.* Ansauggeräuschdämpfer
Ansaugstutzen *m* air intake
Ansaugsystem *n* suction system
Ansaugtakt *m* intake stroke
Ansaugventil *n* admission valve
Anschaltaktivierung *f (Halbl)* self-activation
Anschaltedämpfung *f (Fmt)* tapping (bridging) loss
anschalten to switch on, to turn on
Anschalten *n* switching-on, turning-on
Anschaltenetz *n (Fmt)* access network
Anschaltesatz *m (Fmt)* access relay set, connector
Anschaltklinke *f (Fmt)* operator's jack
Anschaltleitung *f (Fmt)* transfer circuit
Anschaltrelais *n (Fmt)* connecting relay
Anschaltstöpsel *m (Fmt)* operator's plug
Anschaltung *f (Elk)* activation (*s. a.* Anschalten)
Anschaltverlust *m (Fmt)* insertion loss
Anschlag *m (App)* stop, catch
  positiver A. positive stop
anschlagen to strike, to touch
  eine Taste a. to strike a key
Anschlaghammer *m (Fmt)* printing hammer
Anschlagkraft *f* impact force
Anschlagnocken *m* stop dog
Anschlagschraube *f* stop screw
Anschlagstift *m* stop pin
anschließen to connect; to link; to plug in *(durch Steckkontakt)*; *(Halbl)* to bond
  in Reihe a. to join in series
  mit Kabel a. to cable-connect, to join by cable
Anschliff *m* polished section
Anschluß *m* connection; [connecting] terminal; port *(am Mikrorechner)*; pin *(beim Steuerschaltkreis)* (*s. a.* Anschlußstück) ● **A. bekommen** *(Fmt)* to get through ● **mit einseitigen Anschlüssen** single-ended
  A. von unten bottom connection, downward cabling
  elektrischer A. electric connection
  flexibler A. flexible connection
  massiver A. solid connection
  neutraler A. neutral connection
  rückseitiger A. rear connection
  sechspoliger A. six-terminal connection
  symmetrischer A. balanced feeder connection
  vorderseitiger A. front connection
  zugänglicher A. accessible terminal
Anschlußart *f* mode (type) of connection
Anschlußauftrag *m (Eüb)* follow-up order

Anschlußauge *n* terminal pad *(Leiterplatten)*
Anschlußbedingung *f* terminal condition
Anschlußbelegung *f* pin connections
Anschlußbereich *m (Fmt)* exchange (telephone) area
Anschlußbereichsgrenze *f (Fmt)* exchange boundary
Anschlußbesetztton *m (Fmt)* line-busy tone
Anschlußblock *m* connection (connecting) block
Anschlußbrett *n* terminal board
Anschlußbuchse *f* connecting socket
Anschlußdichte *f (Fmt)* subscriber line density
Anschlußdose *f* connection (connecting, junction) box; wall socket *(unter Putz)*
Anschlußdraht *m* connecting wire (lead), attachment (terminal) lead; *(Halbl)* bonding wire
Anschlußeinheit *f* **/ periphere** *(Rech)* peripheral interface unit, PIU
Anschlußelektrode *f* pad electrode
Anschlußfahne *f* tag, connection lug
Anschlußfeld *n (Halbl)* conductor land, bonding pad (island), pad
Anschlußfinger *m* connection finger
Anschlußfläche *f* terminal pad *(Leiterplatten)*
Anschlußfolge *f (Rech)* linking sequence
Anschlußhülse *f* ferrule terminal
Anschlußimpedanz *f* supply impedance
Anschlußisolation *f* connection insulation
Anschlußkabel *n* connection (connecting) cable, power cord
Anschlußkennung *f (Fmt)* line verification
Anschlußklasse *f (Fmt)* class of line
Anschlußklemmblock *m* terminal block
Anschlußklemme *f* connecting (wiring, junction) terminal, [clamp] terminal, terminal (feeder) clamp
Anschlußklemmenblock *m* terminal block
Anschlußklemmleiste *f* terminal strip
Anschlußkontakt *m* connection (connecting, terminal) contact
Anschlußlampe *f* working (reference) standard lamp
Anschlußlasche *f* terminal lug
Anschlußleiste *f* terminal connector (strip)
Anschlußleistung *f (Anl)* installed load
Anschlußleitung *f* connecting (attachment) lead, flying lead; service line; *(Fmt)* subscriber (branch) line
Anschlußloch *n* terminal hole *(Leiterplatten)*
Anschlußmuffe *f* cable jointing sleeve
Anschlußnetz *n (Fmt)* subscriber line network
Anschlußnummer *f (Fmt)* call number
Anschlußort *m* point of connection
Anschlußöse *f* terminal lug
Anschlußplatte *f* connection plate
Anschlußpunkt *m* connection (wiring) point; contact point; *(Anl)* junction point *(Maschennetz)*
Anschlußraum *m* wiring space
  großer A. abundant wiring space *(Bauelemente)*
Anschlußschnur *f* connection (connecting) cord, flexible cord (lead), cord, flex
Anschlußschraube *f* connecting screw (bolt), terminal (binding) screw
Anschlußsockel *m* connector base
  A. für Thermoelemente thermocouple connector base
Anschlußsperre *f (Fmt)* service denial
Anschlußstecker *m* attachment plug
Anschlußstelle *f* connection point; *(Halbl)* bonding site
Anschlußstift *m* connecting (connector, terminal) pin
Anschlußstöpsel *m* **der Sprechgarnitur** *(Fmt)* plug for operator's headset
Anschlußstück *n*, **Anschlußteil** *n* connecting piece, connector, coupling
Anschlußtemperatur *f* lead temperature
Anschlußvorschriften *fpl* power supply regulations
Anschlußwert *m* connected load *(Gerät)*; *(Anl)* installed load
anschuhen to shoe *(z. B. Masten)*
anschwellen to rise, to increase; *(Ak)* to swell
Anschwellen *n* rise, increase *(z. B. Strom)*; *(Ak)* swell
Anschwingen *n* oscillation build-up, starting of oscillations
Anschwingsteilheit *f* initial transconductance
Anschwingstrom *m* preoscillation current, transient state current
anspannen to strain, to stress
  straff a. to tauten
Ansprechbedingungen *fpl* operate conditions
Ansprechcharakteristik *f* response characteristic
Ansprechdauer *f* 1. melting (prearcing) time *(Schmelzsicherung)*; 2. *(Ak)* reacting duration
Ansprechempfindlichkeit *f* responsivity, response (operate) sensitivity, responsiveness
ansprechen to respond, to operate *(z. B. Relais)*; to pick up *(Meßfühler, Relais)*; to react
  ein Relais a. lassen to operate a relay
  langsam a. to be sluggish in response
  schnell a. auf to give quick response to
Ansprechen *n* response *(Relais)*; pick-up *(Meßfühler, Relais)*
  erzwungenes A. forced response
  langsames A. slow (sluggish) response

schnelles A. quick (fast) response
sofortiges A. instant response
träges A. slow (sluggish) response
unbeabsichtigtes A. false operation
unerwünschtes A. spurious response
ungewolltes A. unwanted response
verzögertes A. delayed response (action); slow pick-up
vorübergehendes A. transient response
ansprechend / langsam slow-response, slow-operating, slow-acting *(Relais)*
schnell a. quick-response, quick-operating, fast-response, fast-operating, fast-acting *(Relais)*
träge a. sluggish in action
Ansprechfrequenz *f* operating frequency
Ansprechfunktion *f* response function
Ansprechgeschwindigkeit *f* speed of response, operate speed *(Relais)*
Ansprechgrenze *f* operate margin
Ansprechkonstante *f* sensitivity constant
Ansprechmoment *n* pull-up torque *(Relais)*
Ansprechpegel *m* sensitivity level; operation level *(Relais)*
Ansprechschwelle *f* 1. response (operation, operating) threshold *(Relais)*; 2. *(Meß)* discrimination threshold, dead band, threshold sensitivity, control resolution
Ansprechsicherheit *f s.* Ansprechsicherheitsfaktor
Ansprechsicherheitsfaktor *m* safety factor for response (pick-up) *(Relais)*
Ansprechsignal *n* threshold signal
Ansprechspannung *f* minimum operating voltage; threshold (critical, pick-up) voltage *(Relais)*; spark-over voltage *(Ableiter)*
Ansprechstrom *m* minimum operating (working) current, threshold current; operating (actuating, pick-up) current *(Relais)*; fusing (minimum blowing) current *(Sicherung)*
Ansprechstromstärke *f* striking current *(Sicherung)*
Ansprechverhalten *n* spark-over performance (characteristic) *(Ableiter)*
Ansprechverhältnis *n* threshold ratio
Ansprechvermögen *n* responsivity; sensitivity, susceptibility
Ansprechverzögerung *f* operate delay *(Relais)*
Ansprechverzug *m s.* Ansprechzeit
Ansprechwechselspannung *f* alternating spark-over voltage *(Ableiter)*
Ansprechwert *m* minimum operating value; threshold [value]; responding (pick-up, must-operate) value *(Relais)*
Ansprechzeit *f* reaction time; responding (response, pick-up, operating) time *(Relais)*; time to spark-over *(Ableiter)*; *(Meß)* answering time
Ansprechzeitkennlinie *f* response-time characteristic; impulse spark-over voltage-time characteristic *(Ableiter)*
Ansprechzeitkonstante *f* **/ elektrische** electric reaction time constant
ansprengen to wring [in contact]
Ansteckleuchte *f* on-base illuminator
ansteigen to rise, to increase; to ascend
Ansteigen *n* rising, rise, increase
Ansteuerimpuls *m* drive pulse
ansteuern to drive; *(Elk)* to trigger *(durch Impuls)*; to gate *(Elektronenröhre)*
den Fernplatz a. *(Fmt)* to route the B-operator
eine Röhre a. to trigger a tube
Ansteuerschaltkreis *m* driver circuit, driver IC
Ansteuerung *f* drive; *(Elk)* activation *(z. B. eines Gatters)*; *(Rech)* selection
A. für Kleinrelais small relay driver
Ansteuerungskontrolle *f* *(Rech)* selection check
Ansteuerungsleitung *f* *(Rech)* selection line
Ansteuerungsschaltung *f* *(Rech)* selection circuit
Ansteuerungsstrom *m* drive current
Ansteuerungsverfahren *n* *(Rech)* selection technique
Ansteuerungsverhältnis *n* *(Rech)* selection ratio
Ansteuerungszeit *f* switching time; gate-controlled rise time *(Thyristor)*
Ansteuerverfahren *n* *(Rech)* selection technique
Anstieg *m* rise, increase; slope *(Kurve)*
A. der Leitfähigkeit rise in conductivity
allmählicher A. der Absorption gradual rise of absorption
schroffer A. abrupt rise
sprungförmiger A. stepwise rise
steiler A. steep rise
Anstiegsantwort *f* *(Syst)* ramp response *(Rampenfunktion)*
Anstiegsdauer *f* rise time *(Impuls)*
Anstiegsfunktion *f* *(Syst)* ramp function *(Rampenfunktion)*
Anstiegsgeschwindigkeit *f* rate (rating) of rise, rise rate (speed), slewing rate
Anstiegskante *f* leading edge *(Impuls)*
Anstiegssteilheit *f* rise gradation
Anstiegszeit *f* rise time, time of rise; build-up time; *(Syst)* ramp response time
A. eines Impulses pulse rise time
kurze A. fast rise time
Anstiegszeitkonstante *f* time constant of rise
Anstoßelektron *n* impact electron
anstoßen / einen Stromkreis to impulse
Anstoßschalter *m* trip pressure switch
anstrahlen to floodlight
Anstrahlung *f* floodlighting
Anstrahlungswinkel *m* radiation angle

Anstrich *m* coat [of paint], paint; coating, painting, covering
glänzender A. glossy coat
leitfähiger A. conducting paint (coat)
Anstrichlack *m* / **thixotroper** gel lacquer *(z.B. für Tauchlackierung)*
Anteil *m* portion; proportion; fraction; component
nützlicher A. des Ausgangssignals *(Syst)* desired portion of the output (signal)
Antenne *f* aerial, *(Am)* antenna
A. mit abgeschirmter Zuleitung anti-interference aerial, antistatic aerial
A. mit Dachkapazität top-capacitor aerial, top-loaded aerial
A. mit Deltaanpassung delta-matched aerial
A. mit Endbelastung loaded aerial
A. mit fortschreitenden Wellen travelling-wave aerial, progressive-wave aerial
A. mit schwenkbarem Strahlungsdiagramm array with variable polar diagram
A. mit schwenkbarer Strahlungsrichtung steerable aerial
A. mit stehenden Wellen standing-wave aerial
abgeschirmte A. screened aerial
abgestimmte A. tuned (resonant) aerial
aperiodische A. untuned (non-resonant, aperiodic) aerial
ausziehbare A. telescopic aerial
belastete A. loaded aerial
dielektrische A. dielectric aerial
gespeiste A. active aerial
horizontal gebündelte A. broadside aerial
horizontal polarisierte A. horizontally polarized aerial
in der Mitte erregte A. centre-fed aerial
indirekt gespeiste A. *s.* mittelbar gespeiste A.
künstliche A. artificial (dummy) aerial
mehrfach abgestimmte A. multiple-tuned aerial
mittelbar gespeiste A. indirectly fed aerial, parasitic aerial
nichtabgestimmte A. *s.* aperiodische A.
oberwellenerregte A. harmonic aerial
offene A. open aerial
parallelgespeiste A. shunt-fed aerial
scharfbündelnde A. pencil beam aerial
schwundmindernde A. antifading (fading-reducing) aerial
steuerbare A. steerable aerial
störungsarme A. antistatic (anti-interference) aerial
stromgespeiste A. current-fed aerial
unbelastete A. unloaded aerial
verstellbare A. steerable aerial
λ/4-Antenne *f* quarter-wave aerial
Antennenabgleichmittel *npl* aerial tuning means
Antennenableitdrossel *f* choke coil
Antennenabschwächer *m* aerial attenuator
Antennenabstand *m* spacing between aerials
Antennenabstandsfehler *m* aerial spacing error
Antennenabstimmeinrichtung *f* aerial tuning equipment
Antennenabstimmhaus *n* aerial tuning house (hut)
Antennenabstimmkondensator *m* aerial tuning capacitor
Antennenabstimmspule *f* aerial tuning coil, aerial [tuning] inductance
Antennenabstimmung *f* aerial tuning
Antennenanfachung *f* aerial excitation
Antennenankopplung *f* 1. aerial coupling *(Vorgang)*; 2. aerial [coupling] coil
Antennenanlage *f* aerial system
Antennenanordnung *f* **für Längsstrahlung** end-on directional array
lineare A. linear aerial array
Antennenanpassungskreis *m* aerial matching circuit
Antennenanpassungsschaltung *f* aerial coupling circuit
Antennenantrieb *m* aerial drive *(zum Drehen)*
Antennenanzeigeskale *f* aerial repeat dial
Antennenblindwiderstand *m* aerial reactance
Antennenbuchse *f* aerial jack (socket)
Antennencharakteristik *f* [aerial] radiation pattern, directional pattern (characteristic), radiation characteristic (diagram)
Antennendämpfung *f* aerial damping
Antennendämpfungsdekrement *n* aerial decrement
Antennendraht *m* aerial wire
Antennendrossel *f* aerial choke
Antennendurchführung *f* aerial duct
Antenneneffekt *m* vertical effect, [residual] aerial effect
Antenneneinführung *f* aerial lead-in
Antenneneingang *m* aerial input
Antenneneingangsimpedanz *f* aerial feed impedance
Antenneneingangsleistung *f* aerial input
Antennenelement *n* / **strahlungsgekoppeltes (ungespeistes)** parasitic aerial element
Antennenendgewicht *n* fish *(Schleppantenne)*
Antennenerdungsschalter *m* aerial earthing switch; *(Am)* antenna grounding switch
Antennenfeld *n* aerial bay
Antennenfrequenzwandler *m* antennaverter
Antennenfuß *m* aerial base
Antennengewinn *m* aerial (power) gain
relativer A. relative [aerial] gain

Antennengruppe *f* aerial array
Antennenhaspel *m(f)* aerial winch (reel)
Antennenhöhe *f* aerial height
effektive A. effective [aerial] height
mittlere A. average aerial height
Antennenimpedanz *f* aerial impedance
Antenneninduktivität *f* aerial inductance
Antennenisolator *m* aerial insulator
Antennenkabel *n* aerial cable
Antennenkapazität *f* aerial capacitance
Antennenkombination *f* aerial array
Antennenkoppelspule *f* aerial [coupling] coil
Antennenkopplungskondensator *m* aerial coupling capacitor
Antennenkopplungsspule *f* aerial [coupling] coil
Antennenkreis *m* aerial circuit
Antennenkreistastung *f* aerial circuit keying
Antennenlänge *f* / **effektive** effective aerial length
Antennenleistung *f* aerial power
Antennenlinse *f* aerial lens *(Radar)*
Antennenlitze *f* [stranded] aerial wire
Antennenmast *m* aerial mast (tower)
abgespannter A. guyed aerial mast
freitragender A. self-supporting aerial mast
selbstschwingender A. mast-stayed radiator
Antennenmeßfeld *n* aerial testing site
Antennenöffnung *f* aerial aperture
Antennenprüfgerät *n* aerial testing set
Antennenquerschnitt *m* aerial cross section
Antennenquerstrebe *f* aerial yard
Antennenrauschen *n* aerial noise (pick-up)
Antennenreflektor *m* aerial reflector
Antennenrichtdiagramm *n* aerial directivity pattern
Antennenschalter *m* aerial switch
Antennenschaltfeld *n* aerial control table
Antennenscheinwiderstand *m* aerial impedance
A. am Speisepunkt aerial feed impedance
Antennenspannung *f* aerial voltage
Antennenspeisekabel *n* aerial feeder
Antennenspeiseleitung *f* aerial feeder (transmission line)
Antennenspeisescheinwiderstand *m* aerial feed impedance
Antennenspeisung *f* aerial feeding
direkte A. direct feed of the aerial
Antennenspiegel *m* aerial reflector
Antennenspule *f* aerial coil
Antennenstab *m* aerial rod
Antennenstrahlungswiderstand *m* aerial radiation resistance
Antennenstrom *m* aerial current
Antennenstützmast *m* aerial-supporting tower
Antennenstützpunkt *m* aerial support
Antennensystem *n* / **interferenzarmes** anti-interference aerial system
lineares A. linear aerial array
schwundminderndes A. antifading aerial system
störungsarmes A. anti-interference aerial system
Antennentechnik *f* aerial engineering
Antennenträger *m* aerial support
Antennentransformator *m* aerial transformer
Antennentrommel *f* aerial winding drum, aerial winch
Antennenturm *m* aerial tower (mast)
Antennenübersprechen *n* aerial cross talk
Antennenumschalter *m* aerial change-over switch
Antennenverkleidung *f* aerial fairing
Antennenverkürzungskondensator *m* aerial shortening (series) capacitor
Antennenverlängerungsspule *f* aerial loading coil (inductance)
Antennenverlust *m* aerial loss
Antennenverlustwiderstand *m* aerial loss resistance
Antennenverstärker *m* aerial amplifier (booster); *(Am)* antennafier
Antennenverstärkereinheit *f* aerial amplifier unit
Antennenverstärkereinschub *m* aerial amplifier insert
Antennenverstärkung *f* aerial gain
Antennenwand *f* aerial curtain
Antennenweiche *f* combiner; *(Nrt)* multiplexer
Antennenwinde *f* aerial winch (reel)
Antennenwirkungsgrad *m* aerial (radiation) efficiency
Antennenwirkwiderstand *m* aerial resistance
Antennenzuführung *f* aerial down lead
Antennenzug *m* aerial strain
Antennenzuleitung *f* aerial lead-in
Antiferroelektrika *npl* antiferroelectrics
antiferroelektrisch antiferroelectric
Antiferroelektrizität *f* antiferroelectricity
antiferromagnetisch antiferromagnetic
Antiferromagnetismus *m* antiferromagnetism
Antikatodenleuchten *n* anticathode luminescence
Antikoinzidenz *f* anticoincidence
Antikoinzidenzschaltung *f* anticoincidence circuit
Antikollisionslichter *npl* anticollision lights
antimagnetisch antimagnetic, non-magnetic
Antimonelektrode *f* antimony electrode
Antiparallelschaltung *f* antiparallel (back-to-back) connection
kreisstromfreie A. circulating-current-free antiparallel coupling

Antireflexbelag *m (Licht)* antireflection coating (film)
Anti-Stokes-Linie *f* anti-Stokes line *(Optik)*
Antivalenz *f* exclusive OR *(Schaltalgebra)*
Antivalenzelektron *n* antibonding electron
Antivalenzschaltung *f* exclusive OR circuit
antreiben *(Masch)* to drive; to propel
einen Strom a. to drive a current
Antrieb *m* 1. drive; propulsion; 2. prime mover *(für Generatoren)* • **mit elektrischem A.** electrically driven
A. des Stellgliedes *(Syst)* drive of regulating unit
A. des Zeitmarkengebers time motor
A. mit drehzahlstarrem Motor drive by constant-speed motor
A. mit einstellbarer Drehzahl adjustable-speed drive
A. mit Elektromotor electric motor drive
A. mit polumschaltbarem Motor drive by pole-changing motor
A. mit veränderlicher Drehzahl variable-speed drive
begrenzter A. limited drive
dieselelektrischer A. Diesel-electric drive
direkter A. direct drive
elastischer A. shock-absorbing drive *(mit Stoßdämpferkupplung)*
elektromechanischer A. electromechanical drive
frequenzgestellter A. variable-frequency drive
hydraulischer A. hydraulic drive
mechanischer A. mechanical drive
turboelektrischer A. turbo-electric drive
unstetiger A. discontinuous drive
zweiseitiger A. double-sided drive
Antriebsbalg *m* actuator bellows *(pneumatische Regelung)*
Antriebsdrehzahl *f* driving speed
Antriebseinheit *f* propulsion unit
Antriebsfrequenz *f* drive frequency
Antriebshebel *m* actuating arm
Antriebsimpuls *m* driving pulse
Antriebsknopf *m* driving knob
Antriebskraft *f* driving force
Antriebsleistung *f* drive (driving) power
Antriebsmagnet *m* drive (driving) magnet
Antriebsmaschine *f* prime mover *(für Generatoren)*
elektrische A. electric driving machine
Antriebsmechanismus *m* driving mechanism
Antriebsmotor *m* drive (driving) motor
A. für die Tonrolle capstan motor *(Magnetbandgerät)*
A. für eine hydraulische Pumpe hydraulic-pump motor
direkter A. direct-drive motor
Antriebsorgan *n* drive (driving) element
Antriebsregler *m* motor controller
Antriebsritzel *n* driving pinion
Antriebsrolle *f* capstan *(Magnetbandgerät)*
gegenläufige A. contrarotating capstan
Antriebsschraube *f* propeller
Antriebsseite *f (Masch)* driving side
Antriebsspule *f* driving coil
Antriebsstrom *m* driving current
Antriebsstromkreis *m* driving circuit
Antriebssystem *n* driver unit *(z. B. bei Lautsprechern)*
Antriebsüberwachung *f* propulsion control
Antriebswelle *f* drive shaft, driving (drive) axle; capstan *(Magnetbandgerät)*
Antwort *f* response, answer, reply
Antwortbake *f* responder beacon; radar beacon, racon
Antwortempfänger *m* reply receiver
Antwortfrequenz *f* reply frequency
Antwortgerät *n (Fmt)* answering set, responsor
Antwortimpuls *m* reply pulse
Antwortschaltkreis *m* reply circuit
Antwortsender *m* transponder
Antwortwelle *f (Nrt)* answering wave
anwachsen to increase, to grow, to rise
Anwachsen *n* increase, growth, rise; increment
monotones A. monotonous increase
anwachsend incremental
anwärmen to warm up, to preheat
Anwärmen *n* warming[-up], preheating, heating [-up]
Anwärmofen *m* preheater, preheating oven
Anwärmzeit *f* warming-up period (time), heat-up period (time), heating [-up] time
anweisen 1. to assign, to allocate *(Frequenzen, Speicherplätze)*; 2. *(Rech)* to instruct
Anweisung *f* 1. assignment; 2. *(Rech)* statement, instruction
allgemeine A. general statement (instruction)
einfache A. basic statement (instruction)
markierte A. labelled statement (instruction)
rechnergestützte A. computer-aided statement (instruction)
unbedingte A. unconditional statement (instruction)
verschachtelte A. nested statement (instruction)
zusammengesetzte A. compound[ed] statement, compound[ed] instruction
anwendbar applicable
anwenden to apply, to use
wieder a. to reapply
Anwenderprogramm *n (Rech)* user program
Anwender-Software *f (Rech)* custom software
Anwendung *f* application, use
A. der Infrarotstrahlung infrared application

A. von magnetischen Feldern application of magnetic fields
praktische A. practical application
Anwendungsausfall *m* use failure
Anwendungsbedingungen *fpl* normal conditions of use
Anwendungsbereich *m* application range, scope of application
Anwendungsgebiet *n* application field, field of use (application)
Anwendungsinformation *f* application information
Anwendungsklasse *f (Fmt)* applicability class
Anwendungsmöglichkeit *f* application possibility
industrielle A. industrial application
Anwendungsprogramm *n (Rech)* application program
Anwurfmotor *m* starting motor
Anwurfschalter *m* motor-starting switch
Anzahl *f* **der Dunkelimpulse** dark pulse rate
A. der Windungen number of turns
Anzapfdampf *m (Eerz)* bleed steam
Anzapfdrossel *f* tapped variable inductor
Anzapfeinstellung *f* tap setting
anzapfen 1. to tap [off]; 2. to bleed *(Dampf)*
eine Leitung a. to tap a wire
in der Mitte a. to centre-tap
Anzapfen *n s.* Anzapfung
Anzapfschaltwerk *n* off-circuit tap changer *(stromlos schaltbares Schaltwerk)*
Anzapfschütz *n* tapping contactor
Anzapfstelle *f* tapping point
Anzapftransformator *m* tapped (split) transformer
Anzapfturbine *f* bleeding turbine
Anzapfung *f* 1. tap[ping]; 2. bleeding *(von Dampf)*
Anzapfungsleiter *m* branch conductor
Anzapfwiderstand *m* tapped resistor
Anzeige *f* indication; reading; read-out *(z. B. Speicher)*; display *(optisch)*; response *(Meßgerät)*; warning
A. der Abstimmitte tuning centre indication
A. der Einheit unit indication
A. von parasitären Regelschwingungen hunting indication
digitale A. digital indication (display)
direkte A. direct indication *(Meßgerät)*
dreiziffrige A. three-digit display (indication)
einzeilige A. in-line display (read-out)
fünfstellige A. five-place display (read-out)
helle A. brilliant display
kontinuierliche (laufende) A. continuous display
lichtstarke A. brilliant (high-intensity) display
lineare A. linear display
numerische A. numerical indication
optische A. visual (visible) display, optical read-out
sechsstellige A. six-digit display (indication)
sofortige A. instantaneous display
vierstellige A. four-digit display (read-out)
visuelle A. *s.* optische A.
Anzeigeänderung *f* variation [in indication] *(durch Einflußgröße)*
Anzeigebereich *m* indicating range
Anzeigebildröhre *f* display tube
Anzeigedynamik *f* speed of indication, [speed of] response
A. „Impuls" *(Ak)* impulse response
A. „Langsam" *(Ak)* slow response
A. „Schnell" *(Ak)* fast response
Anzeigeeinheit *f* display unit
Anzeigeeinrichtung *f* indicating (read-out, display) device, indicator; telltale
Anzeigefehler *m* indication error, error of indication (response)
Anzeigefunkenstrecke *f* indicating gap *(Ableiter)*
Anzeigegenauigkeit *f* indicating accuracy
Anzeigegerät *n* display (read-out) device, display (presentation) unit, read-out equipment, indicator
Anzeigegeschwindigkeit *f* speed of indication; read-out rate
Anzeigeinstrument *n* indicating instrument (*s. a.* Anzeigegerät)
Anzeigelampe *f* indicating lamp, indicator light
anzeigen to indicate; to display; to read
auf einer Katodenstrahlröhre a. to display on a cathode-ray tube
auf einer Skale a. to dial
digital a. to display in digital form
optisch a. to indicate optically, to display
sichtbar a. to indicate visually
Anzeigepunkt *m* indication point
Anzeiger *m* indicator
A. einer Regelabweichung deviation indicator
Anzeigeregister *n* display register
Anzeigeröhre *f* display (indicator, indicating) tube, read-out bulb, visual indicator tube
Anzeigeschaltung *f* indicating (read-out) circuit; meter circuit
Anzeigeschirm *m* display screen
Anzeigeskale *f* indicating scale
Anzeigetafel *f* indication (indicator) panel; display board
Anzeigevorrichtung *f* indicating (read-out) device
A. mit Leuchtziffern luminescent digital indicator
Anzeigewert *m* indicated value

Anzeigezeit *f* display time *(Sichtspeicherröhre)*
anziehen 1. to pick (pull) up, to respond, to operate *(Relais)*; 2. to attract *(z. B. Elektronen)*
Feuchtigkeit a. to attract moisture
Anziehen *n* pick-up, pull-in *(Relais)*
Anziehung *f* attraction
elektrostatische A. electrostatic attraction
gegenseitige A. reciprocal (mutual) attraction
magnetische A. magnetic attraction
molekulare A. molecular attraction
wirksame A. active attraction
Anziehungseffekt *m* effect of attraction *(z. B. im Magnetfeld)*
Anziehungskraft *f* attractive force (power)
magnetische A. magnetic attraction
Anziehungszentrum *n* centre of attraction
Anzugsdrehmoment *n s.* Anzugsmoment
Anzugsmoment *n* initial (starting, stall) torque; locked-rotor torque
Anzugsstrom *m* making current; pick-up current *(Relais)*
Anzugszeit *f* pull-in time *(Relais)*
aperiodisch aperiodic, non-periodic
a. ausschwingend (gedämpft) dead-beat, aperiodic damped, non-oscillatory-damped
Apertur *f* aperture
numerische A. numerical aperture
Aperturbegrenzung *f* aperture limitation
Aperturblende *f (Licht)* aperture diaphragm (stop); *(Laser)* aperture correction (iris)
Aperturwinkel *m* aperture angle
Aplanat *m* aplanatic system *(Optik)*
A-Platz *m (Fmt)* A-position
Apostilb *n (Licht)* apostilb, asb *(Einheit der Leuchtdichte)*
Apparat *m* apparatus, device, set, equipment
Apparatesatz *m* assembly
Apparateverzerrung *f (Fmt)* inherent (characteristic) distortion
Apparatur *f* equipment, apparatus
Apparatwecker *m (Fmt)* station ringer
Applikatenachse *f* Z-axis
Approximation *f* approximation
lineare A. linear approximation
schrittweise A. stepwise approximation
stückweise lineare A. broken-line approximation
Tschebyscheffsche A. Chebyshev['s] approximation
Approximationsfunktion *f* approximation function
Approximationsgerade *f* approximating line
Approximationsintervall *n* approximation interval
Approximationsmethode *f* method of approximation
approximativ approximate
approximieren to approximate
Aquadag-Belag *m* aquadag coating (film) *(Katodenstrahlröhre)*
äquidistant equidistant, equally spaced
Äquikonzentrationsfläche *f (Chem)* area of equal concentration *(vor inhomogener Oberfläche)*
äquipotential equipotential, isopotential
Äquipotentialfläche *f* equipotential (isopotential) surface
Äquipotentialkatode *f* equipotential cathode
Äquipotentiallinie *f* equipotential (isopotential) line
äquivalent equivalent
Äquivalent *n* / **elektrochemisches** electrochemical (Faraday) equivalent
Äquivalentanode *f* virtual anode
Äquivalentblendung *f (Licht)* equivalent glare
Äquivalentdosis *f* / **höchstzulässige** maximum permissible dose equivalent *(Strahlenschutz)*
Äquivalentkontrast *m (Licht)* equivalent contrast
Äquivalentleitfähigkeit *f* equivalent conductivity
Äquivalentleuchtdichte *f* equivalent luminance
Äquivalentstromdichte *f (Ch)* equivalent current density
Äquivalenz *f* equivalence
Äquivalenzparameter *m* [level-time] exchange rate *(Dauerschallpegel)*
Äquivalenzschaltelement *n* equivalence switch
Äquivalenzschaltung *f* equivalence circuit
ARAEN *s.* Bezugsapparat zur Bestimmung der Ersatzdämpfung
Arbeit *f* 1. *(Phys)* work, energy; 2. operation; function
äußere A. external work
elektrische A. electric[al] work, electric energy
maximale A. maximum work
mechanische A. mechanical work
arbeiten to work, to operate; to run *(z. B. Maschine, Motor)*; to function
auf einer Wellenlänge a. to operate on a wavelength
in Einzelbetrieb a. to operate as isolated plant *(Kraftwerk)*
in Phasenopposition a. to act in opposite phases
mit Wechselstrom a. to operate on a.c. mains
Arbeiten *n*:
A. in Reihenschaltung series working
A. mit natürlicher Erregung free-current operation
gleichzeitiges A. concurrent operation

richtungsabhängiges A. directional operation *(z. B. Relais)*
verzögertes A. delayed action
arbeitend / indirekt indirect-acting
kontinuierlich a. continuously operating
unabhängig a. *(Rech)* off-line
unter Rechnerführung a. *(Rech)* on-line
Arbeitsablauf *m* sequence of operations, operating sequence, operational procedure
Arbeitsabstand *m* working distance
Arbeitsbedingung *f* working (service) condition; operating (operational) condition
Arbeitsbereich *m* operating (working) range *(z. B. eines Reglers)*; region of operation *(Relais)*
A. der Dauerschwingungen *(Syst)* self-oscillating range *(z. B. im Kennlinienfeld)*
A. einer Regelung *(Syst)* full operating range
instabiler A. *(Syst)* unstable range of operation
linearer A. *(Syst)* linear range of operation
Arbeitscharakteristik *f* load (operating) characteristic
Arbeitsdiagramm *n* performance chart
Arbeitselektrode *f* working electrode
Arbeitsfolge *f* operating sequence; *(Rech)* routing sequence
Arbeitsfolgeplan *m* *(Rech)* routing sheet
Arbeitsfrequenz *f* working (operating) frequency; *(Fmt)* traffic frequency
optimale A. *(Fmt)* optimum traffic frequency
Arbeitsgang *f* operation, working process; procedure; cycle [of operation]; pass
Arbeitsgas *n* working gas
Arbeitsgeschwindigkeit *f* 1. operating (operation, working) speed, speed of operation[s]; 2. *(Rech)* calculating speed, computing speed (velocity)
Arbeitskennlinie *f* working (operating, load) characteristic; performance characteristic
Arbeitskondensator *m* work[ing] capacitor
Arbeitskontakt *m* normally open contact (interlock); make (operating) contact, make-contact element (unit) *(Relais)*; *(App)* off-normal contact
Arbeitslage *f* operative position
Arbeitsmeßmittel *n* working [measuring] instrument
Arbeitsmodul *m* *(Nrt)* index of cooperation *(Faksimile)*
Arbeitsplatz *m* operating position
Arbeitsplatzbeleuchtung *f* local lighting
Arbeitsplatzleuchte *f* local lamp
Arbeitsprinzip *n* operating principle
Arbeitsprogramm *n* *(Rech)* working program
Arbeitsprüfung *f* service test; operating duty test *(Ableiter)*
Arbeitspunkt *m* operating (working) point; bias point *(Kennlinien)*
A. für große Aussteuerung high-level operating point
mittlerer A. mean operating point *(auf einer Kennlinie)*
statischer A. quiescent point
Arbeitsraum *m* working space *(Ofen)*
Arbeitsregistersatz *m* *(Rech)* working register set
Arbeitsschutzbestimmungen *fpl* safety regulations
Arbeitsspannung *f* operating (working) voltage, work tension; closed-circuit voltage, on-load voltage *(Batterie)*
Arbeitsspeicher *m* *(Rech)* working memory; main memory (store) *(Digitalrechner)*
Arbeitsspeicherung *f* *(Rech)* working storage
Arbeitsspiel *n* operational (working) cycle, cycle; *(Masch, App)* duty cycle
Arbeitsstellung *f* working position; on position
Arbeitsstrom *m* operating current; full-load current
Arbeitsstromalarmgerät *n* open-circuit alarm device
Arbeitsstromauslöser *m* operating current release, overload release
Arbeitsstrombetrieb *m* open-circuit working
Arbeitsstromkontakt *m* open contact
Arbeitsstromrelais *n* working current relay
Arbeitsstromschaltung *f* *(App)* circuit-closing connection
Arbeitsstromsystem *n* open-circuit system
Arbeitstakt *m* operating (working, action) cycle
Arbeitstemperatur *f* operating (working) temperature
Arbeitstemperaturbereich *m* operating temperature range
Arbeitsverzerrung *f* *(Fmt)* operational distortion
Arbeitsweise *f* working (operating) method, [mode of] operation; operating (working) procedure; function *(Gerät)*
automatische A. automatic operation
nichtlineare A. non-linear operation
parallele A. *(Rech)* parallel operation
serielle A. *(Rech)* serial operation
Arbeitswelle *f* *(Nrt)* working wave
elektrische A. electric driving gear
Arbeitswert *m* operation value
Arbeitswiderstand *m* load resistance
Arbeitszeitzähler *m* running-time meter
Arbeitszyklus *m* operating (working) cycle, cycle [of operation]; *(Masch, App)* duty cycle

vollständiger A. closed cycle
Areafunktion *f* inverse hyperbolic function *(Mathematik)*
Argonarc-Schweißen *n* argonarc welding
Argongehalt *m* argon content
Argoninjektion *f* argon injection *(Lichtbogenstabilisierung)*
Argonlichtbogen *m* argon arc
Argonplasma *n* argon plasma
Argonspektrallampe *f* argon spectral lamp
Argument *n* / **komplexes** complex argument
Arithmetik *f* / **ganzzahlige** integer arithmetic
Armatur *f* fitting[s]
Armaturenbrett *n* instrument board; dashboard *(Kraftfahrzeug)*
Armaturenleuchte *f* dashboard lamp
armieren to armour *(z. B. Kabel)*; to reinforce
Armierung *f* armour *(von Kabeln)*; reinforcement
Armstern *m* rotor spider *(Läufer)*
Aron-Schaltung *f* Aron measuring circuit *(2-Wattmeter-Schaltung)*
Aron-Zähler *m* Aron (pendulum, clock) meter
arretieren to lock, to arrest, to stop
Arretierfeder *f* stop spring
Arretierhebel *m* stop lever
Arretierknopf *m* stop knob
Arretierschraube *f* stop screw
Arretierstift *m* retention (locking) pin
Arretierungsstange *f* stop bar
Arretierungsvorrichtung *f* catch, arresting mechanism, locking device
As *s.* Amperesekunde
Asbest *m* asbestos
Asbestbeton *m* asbestos concrete
Asbestdichtung *f* asbestos gasket
Asbestgarn *n* asbestos yarn
Asbestglimmer *m* asbestos mica
Asbestkordel *f s.* Asbestschnur
Asbestpapier *n* asbestos paper
Asbestpappe *f* asbestos board (felt)
Asbestplatte *f* asbestos plate
Asbestschnur *f* asbestos cord (twine, rope)
Asbestzement *m* asbestos cement
A-Schallpegel *m* sound level A, A level
A-Schirm *m* A scope *(Radar)*
A-Seite *f (Masch)* driving side
Aser *m s.* Quantenverstärker
Asphaltlack *m* asphalt varnish
Assembler *m (Rech)* assembler
Assemblerbefehl *m* / **mnemotechnischer** *(Rech)* mnemonic assembler instruction
Assemblerprogramm *n (Rech)* assembly routine (program)
Assemblersprache *f (Rech)* assembler language, assembly [program] language
assemblieren to assemble
Assoziativspeicher *m (Rech)* associative (content-addressable) memory
Ast *m* branch *(z. B. eines Netzwerks)*; limb
absteigender A. der Hystereseschleife descending limb of hysteresis loop
aufsteigender A. der Hystereseschleife ascending limb of hysteresis loop
astabil astable
Astasierung *f (Meß)* astatization, astatizing, rendering astatic
astatisch astatic, astatized
Asymmeter *n* asymmeter *(zur Unsymmetrieanzeige in Drehstromnetzen)*
Asymmetrie *f* asymmetry
Asymmetriefehler *m* asymmetry error *(Optik)*
Asymmetriepotential *n* asymmetry potential
asymmetrisch asymmetric[al]
Asymptote *f* asymptote
Asymptotenrichtungen *fpl* asymptotic directions
asymptotisch asymptotic[al]
asynchron asynchronous
Asynchronanwurfmotor *m* asynchronous starting motor
Asynchronbetrieb *m* asynchronous operation *(z. B. Rechner, Steuerung)*
Asynchronfunkenstrecke *f* asynchronous (non-synchronous) spark gap
Asynchrongenerator *m* asynchronous generator (alternator)
Asynchronmaschine *f* asynchronous (induction) machine
zweiseitig gespeiste A. double-fed asynchronous machine
Asynchronmotor *m* asynchronous (induction) motor
A. mit Polumschaltung pole-change asynchronous motor
kompensierter A. compensated asynchronous motor
synchronisierter A. synchronous-asynchronous motor, synchronous-induction motor
Asynchronreaktanz *f* asynchronous reactance
Asynchronrechner *m* asynchronous computer
Atelierbeleuchtung *f* studio lighting
atherman athermanous
Atmosphäre *f* atmosphere
kontrollierte A. controlled atmosphere *(z. B. bei Schutzgasbetrieb)*
künstliche A. artificial atmosphere
reduzierende A. reducing atmosphere
staubige A. dust-laden atmosphere
umgebende A. ambient (surrounding) atmosphere
atmosphärisch atmospheric[al]
Atom *n* **auf Zwischengitterplatz** interstitial [atom]

angeregtes A. excited atom
Atomabstand *m* atomic distance (spacing), interatomic distance
Atomanordnung *f* atomic configuration
atomar atomic
Atombindung *f* atomic (covalent, homopolar) bond *(Zustand)*; atomic bonding *(Vorgang)*
Atomenergie *f s.* Kernenergie
Atomfrequenznormal *n* atomic frequency standard
Atomhülle *f* atomic shell
atomisieren to atomize
Atomkern *m* atomic nucleus (core)
Atomkernenergie *f s.* Kernenergie
Atomkonstante *f* atomic constant
Atomkraftwerk *n s.* Kernkraftwerk
Atomladung *f* atomic charge
Atomlampe *f* atomic (isotope, radioactive) lamp
Atommassenkonstante *f* atomic mass constant
Atommodell *n* atomic model
Bohrsches A. Bohr atom [model], Bohr-Rutherford atom [model]
Atommüll *m* atomic (radioactive) waste
Atomradius *m* atomic radius
Atomspektrum *n* atomic spectrum
Atomstrahlgenerator *m* atomic-beam maser oscillator
Atomstrahlmaser *m* atomic-beam maser
Atomuhr *f* atomic clock
Atomumlagerung *f* atomic displacement
Atomverband *m* atomic union
Atomverschiebung *f* atomic shift (displacement)
Atomwärme *f* atomic heat
Atomzahl *f* / **effektive** effective atomic number
Atomzerfall *m* atomic disintegration
Attributprüfung *f* inspection by attributes *(Gütekontrolle)*
Ätzbad *n* etching bath
Ätzbehandlung *f* etch treatment
Ätzbeize *f* [chemical] discharge
ätzen 1. to etch *(Metall)*; 2. to cauterize *(Elektromedizin)*
galvanisch ä. to electroetch
Ätzen *n* 1. etching; 2. cauterization
Ä. vor dem Wachsen *(Halbl)* pregrowth etching
anodisches Ä. *s.* elektrolytisches Ä.
elektrolytisches Ä. electrolytic (anodic) etching, electroetching, electroengraving
ätzfest etch-resistant
Ätzfigur *f* etch figure
Ätzflüssigkeit *f* etching fluid
Ätzgrübchen *n*, **Ätzgrube** *f* etch pit
Ätzgrubendichte *f* density of etch pits
Ätzgrubenverteilung *f* etch pit distribution
Ätzgrund *m* etching ground (varnish)
Ätzhügel *m* etch hill
Ätzlauge *f* caustic lye
Ätzlösung *f* etching solution
Ätzmaske *f* etching mask
Ätzmethode *f* etching method
Ätzmittel *n* etchant, etching agent
Ätzmuster *n* etch pattern
ätzpolieren to etch-polish
Ätzprozeß *m* etching process
Ätzrate *f* etch[ing] rate
Ätztechnik *f* etching technique
Ätztiefe *f* etch depth
Ätzverbindung *f* etching compound
Ätzverfahren *n* etching procedure
fotomechanisches Ä. photomechanical etch technique *(gedruckte Schaltung)*
Ätzvertiefung *f* etch[ing] pit
Ätzwiderstand *m* etch resist *(Abdeckmaterial)*
Ätzwirkung *f* etching action
Ätzzeit *f* etch[ing] time
Au *s.* Audion
Aubert-Blende *f* cat's-eye diaphragm (aperture)
Audiogramm *n (Ak)* audiogram
Audiometer *n (Ak)* audiometer *(zur Hörfähigkeitsmessung)*
Audiometerfrequenz *f* audiometric frequency
Audiometerhörer *m* audiometer earphone
Audiometerkabine *f* audiometric booth
Audiometrie *f (Ak)* audiometry, audiometric testing
Audion *n (Nrt)* audion, grid detector
A. mit Rückkopplung audion with feedback
rückgekoppeltes (schwingendes) A. autodyne oscillator
Audiongittergleichrichtung *f (Nrt)* leaky grid rectification
Audiongleichrichter *m* grid leak rectifier
Audiongleichrichtung *f* grid leak rectification
Audionröhre *f* audion
Audionstufe *f (Nrt)* audion (detector) stage
Auf-Ab-Zähler *m* up-down-counter
Aufbau *m* 1. building[-up], erection, mounting, assembly; 2. arrangement; construction, structure; design; layout; set-up
A. des magnetischen Feldes build-up of magnetic field
A. eines Wortes *(Rech)* word format
geschlossener A. packaged construction
kompakter A. compact construction (design), compactness
konstruktiver A. mechanical layout
logischer A. logical design (layout)
stufenweiser A. digitaler Multiplexeinrichtungen *(Fmt)* digital multiplex hierarchy
Aufbauanordnung *f* mounting arrangement

Aufbauantenne *f* built-on aerial
Aufbauchung *f* bulge *(z. B. von Glasteilen)*
aufbauen 1. to build up, to mount, to assemble; 2. to set up; to erect; to construct
  als Brettschaltung a. to breadboard
  ein Magnetfeld a. to create (set up) a magnetic field
  einen Befehl a. *(Rech)* to build up an instruction
  wieder a. to reconstruct
Aufbauinstrument *n* surface-type instrument; salient instrument
Aufbauplatte *f* mounting plate, chassis
Aufbauschalter *m* base-mounted switch
Aufbauzeit *f* 1. build[ing]-up time, setting-up time; 2. formative time
Aufbereitung *f* **eines Problems** *(Rech)* problem preparation
aufbewahren to store; to keep, to preserve
Aufbewahrung *f* storage; keeping
aufblenden to fade in *(Film, Ton)*
Aufblenden *n* fade-in *(Film, Ton)*
aufblitzen to flash [up]
Aufblitzen *n* flash, flashing *(z. B. Leuchtstofflampen)*; scintillation
Aufbrechen *n* breaking; rupture
aufbrennen to fire on
aufbringen to apply; to deposit *(z. B. eine Schicht)*
Aufbringen *n* **von metallischen Überzügen** metallization, deposition of metallic coatings
Aufdampfanlage *f* deposition apparatus
Aufdampfbedingung *f* deposition condition
aufdampfen to evaporate, to vapour-deposit, to deposit [by evaporation]
Aufdampfen *n* evaporation [coating], deposition
  A. im Vakuum vacuum evaporation (deposition)
Aufdampfkatode *f* evaporation cathode
Aufdampfmaske *f (Halbl)* evaporation (deposition) mask
Aufdampfplattierung *f* vapour plating
Aufdampfrate *f* evaporation (deposition) rate
Aufdampfschicht *f* evaporated film
Aufdampfung *f s.* Aufdampfen
Aufdampfverfahren *n* evaporation process (method)
aufdrehen / den Regler to advance the control
aufdrücken to impress *(z. B. eine Spannung)*
Aufeinanderfolge *f* sequence, succession
Auferregung *f* build-up of the self-excitation *(Generator)*
Auffanganode *f* passive anode (plate), collector anode (plate) *(Elektronenröhren)*
Auffangdüse *f (Syst)* receiving nozzle *(Strahlrohrregler)*
Auffangelektrode *f* 1. collecting (gathering) electrode, [electron] collector; 2. target electrode
auffangen to collect *(z. B. Elektronen)*; to catch; *(Nrt)* to intercept; to pick up *(z. B. Signale)*
Auffangen *n* **des Strahls** beam capture
  A. von Funksendungen interception of radiocommunications
Auffänger *m* collector; target *(von Ladungsträgern)*
Auffang-Flipflop *m(n)* latch, D-type flip-flop
Auffangschirm *m* collecting (receiving) screen
Auffangspeicher *m (Rech)* cache
auffinden to locate; to spot
Auffinden *n* **der Störstelle** location of fault
Aufflackern *n* blinking, flare
Aufforderung *f* **zum Senden** *(Nrt)* request to send
Aufforderungszeichen *n (Fmt)* forward transfer signal
auffrischen *(Rech)* to refresh *(z. B. Speicher)*
Auffüllung *f* filling up; replenishment *(z. B. mit Ladungsträgern)*; loading *(Batterie)*
Auffüllungsgrad *m* degree of filling *(Energieniveaus)*
Aufgabenwert *m (Syst)* prescribed (predetermined, set) value *(Führungsgröße)*
aufgedampft evaporated, vapour-deposited
  im Vakuum a. vacuum-evaporated, deposited by vacuum evaporation
aufgehängt suspended
  elastisch (federnd) a. spring-suspended
  frei a. freely suspended
  im Rahmen a. frame-supported
aufgeladen charged
  negativ a. negatively charged
  positiv a. positively charged
aufgelegt / frei freely supported
aufgeschrumpft shrunk on
aufgeweitet / glockenförmig bell-mouthed
aufhängen to suspend; to hang up
Aufhängeöse *f* suspension (ball) eye *(Freileitung)*
Aufhängerahmen *m* mounting frame
Aufhängevorrichtung *f* suspension attachment (device)
Aufhängung *f* suspension; suspension mount; nose suspension *(Tatzlagermotor)*
  bewegliche A. flexible suspension
  bifilare A. bifilar suspension
  elastische (federnde) A. elastic (spring) suspension
  kardanische A. cardan[ic] suspension
  starre A. rigid suspension
aufheben / einander to cancel out
  eine Verbindung a. *(Fmt)* to clear a connection
  Fehler a. to nullify (cancel) errors
Aufhebung *f* **[/ gegenseitige]** cancellation

Aufheizcharakteristik *f* heating[-up] characteristic
Aufheizelektrode *f* heating[-up] electrode
aufheizen to heat up, to warm up
Aufheizenergie *f* heating[-up] energy
Aufheizgeschwindigkeit *f* heating rate
Aufheizimpuls *m* heating pulse
Aufheizkurve *f* heating (warming) curve
Aufheizleistung *f* heating[-up] power
Aufheizperiode *f s.* Aufheizzeit
Aufheizprozeß *m* heating process
Aufheizspannung *f* heating[-up] voltage
Aufheizstrahlung *f* heating radiation
Aufheizstrom *m* heating[-up] current
Aufheizung *f* heating[-up], warming[-up]
A. durch Wärmeleitung heating by conduction
Aufheizverlust *m* heating[-up] loss
Aufheizwiderstand *m* heating[-up] resistor
Aufheizzeit *f* heating[-up] time, heat[ing]-up period, warm-up time (period)
aufhellen to brighten; to light [up] *(z.B. Schatten)*
Aufheller *m (Licht)* booster light; reflecting screen
Aufhelleuchte *f* fill-in lamp
Aufhellimpuls *m (Ferns)* bright-up pulse; *(Meß)* light-up pulse
Aufhellung *f* bright-up; light-up
A. von Impulsteilen *(Meß)* brightening of pulse segments
Aufhellungssteuerung *f* Z-axis modulation *(Oszillograf)*
Aufklärungsradar *n* search radar
aufkleben to glue on, to bond *(z.B. Dehnmeßstreifen)*
Aufkrümmung *f* warp
aufladen 1. to charge *(Kondensator, Batterie)*; to electrify; 2. to load
sich elektrostatisch a. to acquire static electricity
Aufladezeitkonstante *f* charging time constant
Aufladung *f* charge, charging *(Kondensator, Batterie)*; electrification
[elektro]statische A. electrostatic charging, static electrification
Aufladungsgrad *m* degree of charge
Aufladungsprozeß *m* charging process
Aufladungsstörungen *fpl* **durch atmosphärische Niederschläge** precipitation noise *(Antennentechnik)*
Auflage *f* 1. support; rest; 2. overlay
federnde A. resilient support
Auflagedruck *m* tracking (vertical) force *(z. B. des Tonabnehmers)*
Auflagefläche *f* 1. bearing surface (area) *(bei Lagerungen)*; 2. bearing surface area *(Größe)*; 3. area of contact *(Kontaktelement)*
Auflagekraft *f* stylus force *(Tonarm)*
Auflagemaske *f (Halbl)* overlay mask
Auflagepunkt *m* bearing point, point of support; contact point
Auflager *n* support, bearing
Auflageschichtdicke *f* thickness of plating
auflegen / den Hörer *(Fmt)* to restore (hang up, replace) the receiver, to ring off
aufleuchten to flash [up]; to light up
Aufleuchten *n* flash, flashing *(z. B. Leuchtstofflampen)*; lighting up
Auflicht *n* incident light
Auflichtbeleuchtung *f* incident (vertical) illumination, illumination by incident light
Auflichtbetrachtung *f* observation by incident (reflected) light
Auflichtholografie *f* direct-light holography
Auflichtkatode *f* opaque cathode
Auflichtprojektion *f* front[side] projection
Auflistung *f (Rech)* listing
Auflöseelement *n* resolution element
Auflösefehler *m* resolution error
Auflösekeil *m* resolution wedge
auflösen 1. to resolve *(Optik)*; 2. *(Chem)* to dissolve; to disintegrate, to decompose; 3. to solve *(Mathematik)*
a. nach to solve for
eine Gleichung a. to solve an equation
Auflösung *f* 1. resolution *(s. a.* Auflösungsvermögen); 2. *(Chem)* dissolution; disintegration, decomposition; 3. *(Syst)* [control] resolution
anodische A. anodic solution
elektrochemische (elektrolytische) A. electrochemical dissolution, electrodissolution
Auflösungsäquivalentstrom *m (Chem)* equivalent dissolution current
Auflösungsempfindlichkeit *f* resolution sensitivity
Auflösungsgenauigkeit *f* accuracy of resolution
Auflösungsgeschwindigkeit *f (Chem)* dissolution rate, dissolving speed
Auflösungsgrenze *f* resolution (resolving) limit
Auflösungskriterium *n* criterion of resolution
Auflösungsstromdichte *f (Chem)* [equivalent] dissolution current density
Auflösungsvermögen *n* resolution, resolving power, resolution capability *(Optik)*; definition
A. des Gehörs aural resolving power
instrumentelles A. instrumental resolving power *(Optik)*
Auflösungszeit *f* resolution (resolving) time
Auflösungszeitkorrektur *f* resolution time correction
aufmagnetisieren to magnetize
Aufmagnetisierung *f* magnetization

aufmodulieren to modulate upon
Aufnahme *f* 1. acceptance *(z. B. Elektronen)*; reception *(z. B. Impulse)*; absorption; take-up, uptake; 2. input *(Leistung)*; 3. [sound] recording; plotting *(Diagramm)*; 4. *(Nrt)* pick-up *(z. B. Signale)*; 5. *(Ferns)* taking, shooting; 6. photo[graph]; take, shot; 7. receptacle; bushing; housing
unerwünschte A. stray pick-up
Aufnahmecharakteristik *f* / **spektrale** pick-up spectral characteristic
Aufnahmeelement *n (Nrt)* pick-up element
aufnahmefähig absorptive, absorbent, absorbable
Aufnahmefähigkeit *f* 1. capacity; receptivity; *(Fmt)* traffic capacity; 2. *s.* Aufnahmevermögen 2.
Aufnahmefaktor *m (Nrt)* pick-up factor
Aufnahmefilter *n* taking filter
Aufnahmefrequenzgang *m* recording characteristic (frequency response)
Aufnahmekamera *f (Ferns)* [shooting] camera
Aufnahmekopf *m* record[ing] head *(Tonbandgerät)*
Aufnahmeloch *n* location (locator, indexing) hole *(Leiterplatten)*
Aufnahmeorgan *n (Nrt)* pick-up element
Aufnahmepegel *m* record level
Aufnahmerelais *n* receiving relay
Aufnahmeröhre *f (Ferns)* camera (pick-up) tube
Aufnahmeschlitz *m* location (indexing) notch *(Leiterplatten)*
Aufnahmespeicherröhre *f* camera storage tube
Aufnahmespule *f* pick-up coil
Aufnahmestift *m* adapter pin; dowel pin *(Leiterplatten)*
Aufnahmestreifen *m* teleprinter tape; *(Fmt)* signal tape
Aufnahmestudio *n* studio; television studio
Aufnahme- und Wiedergabegerät *n* recorder-reproducer
Aufnahme- und Wiedergabekopf *m* [/ **kombinierter**] record-repeat head, record[ing]-playback head
Aufnahme- und Wiedergabequalität *f* / **hohe** high fidelity, hi-fi, HiFi
Aufnahmevermögen *n* 1. *(El)* susceptibility; 2. absorbency, absorptivity, absorptive power
Aufnahmeverstärker *m* recording amplifier
Aufnahmewinkel *m* pick-up angle
Aufnahmezeit *f* recording time
aufnehmen 1. to accept *(z. B. Elektronen)*; to receive *(z. B. Lichtimpulse)*; to absorb; to consume *(z. B. Leistung)*; to take up; 2. to record *(z. B. Tonband)*; to plot *(Kurven, Kennlinien)*; 3. to pick up *(Aufnehmer)*; 4. *(Ferns)* to take, to shoot; 5. to accommodate, to house
auf Band a. to record on tape, to tape-record
die Kennlinie a. to plot the characteristic (curve)
ein Kabel a. to take up a cable
Energie a. to absorb (gain) energy, to take up energy [from]
Feuchtigkeit a. to absorb (take up) moisture
in eine Tabelle a. to table
in einen Katalog a. to catalogue
Leistung a. to absorb (consume) power
Wärme a. to absorb heat
Aufnehmer *m* pick-up, sensor, sensing element; transducer; susceptor *(z. B. von Proben in einem Epitaxiereaktor)*
A. für hohe Intensitäten *(Ak)* blast gauge
A. für kleine Beschleunigungen low-g accelerometer
A. in Viertelbrückenschaltung single-arm sensor
berührungsloser A. proximity pick-up
elektroakustischer A. electroacoustic pick-up, acoustic transmitter (pick-up)
elektrodynamischer A. electrodynamic pick-up, dynamic (moving-coil) pick-up
induktiver A. variable-inductance pick-up
intelligenter A. smart sensor
kapazitiver A. capacitor (condensor) pick-up
magnetischer A. magnetic pick-up
ohmscher A. resistance sensor (pick-up)
piezoelektrischer A. piezoelectric pick-up
piezoresistiver A. piezoresistive pick-up
Aufnehmerspeisung *f* transducer (pick-up) excitation
Aufnehmerspule *f* pick-up coil
Aufprall *m* impact, impingement
aufprallen auf to impinge [up]on
Aufputzschalter *m* switch for surface mounting
Aufputzsteckdose *f* surface socket
aufrechterhalten to maintain, to sustain, to keep up, to preserve
die Temperatur a. to maintain the temperature
ein Feld a. to sustain (maintain) a field
Aufrechterhaltung *f* maintenance, upkeep, preservation
aufreißen 1. to lay out *(Zeichnung)*; 2. to tear [up]; to break
aufrichten to erect; to right
Aufrichtmoment *n* righting moment
aufrollen to reel (wind, coil) up, to roll [up]
Aufruf *m (Rech)* call-in
Aufrufsignal *n (Rech)* ready-signal
aufrunden *(Rech)* to round [off], to half-adjust

Aufsaugen *n* absorption *(z. B. Elektronen, Gase)*
aufsaugend absorbent, absorbefacient
Aufsaugvermögen *n* absorptivity, absorbency
Aufschalten *n (Fmt)* offering, cut-in, intrusion *(z. B. zum Mithören)*
A. auf eine besetzte Leitung break-in on a busy line
Aufschalteton *m (Fmt)* intrusion tone
Aufschaltezeichen *n (Fmt)* offering signal
Aufschaltung *f s.* Aufschalten
aufschaukeln to build up *(Schwingung)*
Aufschaukeln *n* build-up
A. der Schwingung amplitude increase of a vibration
Aufschiebestromwandler *m* slip-on current transformer
Aufschiebeverbindungshülse *f* push-on sleeve connector
Aufschlag *m* 1. impact, impingement; knock-on *(z. B. von Ladungsträgern)*; 2. additional charge *(Gebühren)*
Aufschlagkraft *f* impact force
aufschreiben to record
Aufschrumpfen *n* shrinking-on, heat shrinking
Aufschwingfaktor *m* rate-of-rise factor
Aufsicht *f (Fmt)* inspection, supervision
Aufsichtsdienst *m (Fmt)* observation service
Aufsichtsfarbe *f (Licht)* surface (object) colour
Aufsichtsplatz *m (Fmt)* supervisor's position
aufspalten to split [up]; to break up
sich a. 1. to split; 2. to dissociate *(in Ionen)*
Aufspaltung *f* 1. splitting[-up]; breaking-up; delamination *(von Schichtstoffen)*; 2. disintegration; *(Phys)* fission; separation *(z. B. von Niveaus)*
A. der Energieniveaus splitting of energy levels
magnetoionische A. magnetoionic splitting
aufspeichern to store, to accumulate
aufsprechen *(Ak)* to record
Aufsprechentzerrer *m (Ak)* recording equalizer
aufspulen to reel (wind, coil) up, to wind on reels
Aufspulen *n* **einer Verbindung** *(Fmt)* tail eating
aufsteckbar plug-in, clip-on
Aufsteckbauart *f* plug-in type
Aufsteckgriff *m* **für Sicherungen** fuse link replacement handle
Aufstelleistung *f (Anl)* output site (place of installation)
aufstellen to set up; to erect, to mount; to install
genau a. to position
mit Zwischenraum a. to space
Aufstellung *f* 1. set-up; erection, mounting; installation; 2. drawing-up; record; list
A. des Wartungsprogramms maintenance programming
A. von Prüfprogrammen *(Rech)* drawing-up of test schedules
Ebertsche A. Ebert's mounting *(Spektralgeräte)*
erschütterungsfreie A. antivibration mounting
federnde A. flexible mounting *(Maschinen)*
genaue A. specification
schwingungsisolierte A. shock-absorbing mounting, antivibration mounting
Aufstellungsplan *m* layout plan
Aufstreichmethode *f* paint-on method
aufsuchen / einen Fehler to trace a fault
Auftastgenerator *m* gate generator *(Radar)*
Auftastimpuls *m* gate (gating) pulse
Auftastimpulsauslösediode *f* gate time diode
Auftastschaltung *f* gate circuit
Auftaugerät *n* thawing device
Aufteilungsmuffe *f (Fmt)* multiple-joint box
Auftrag *m (Rech)* job
auftragen 1. to plot; to trace; 2. to apply, to deposit *(z. B. Schicht)*
a. als Funktion von to plot against
a. über to plot against
Auftragen *n* 1. plotting; 2. application, deposition
galvanisches A. electrodeposition
Auftraggeschwindigkeit *f* plotting rate *(beim Aufzeichnen)*
Auftragmaschine *f* coating (treating) machine *(Leiterplatten)*
Auftragmittel *n* finishing agent *(Leiterplatten)*
Auftragverfahren *n* deposition process
auftreffen to impinge [upon], to strike
Auftreffen *n* impingement, striking
auftreffend incident *(Strahlung)*
Auftreffplatte *f* target *(z. B. für Ladungsträger)*
Auftreffwinkel *m (Phys)* angle of impact; incident angle
auftrennen / den Sternpunkt to separate the neutral connections
eine Leitung a. to open a line
Auftrennverzögerung *f (Fmt)* splitting delay
Auftrennzeit *f (Fmt)* splitting time
auftreten to occur, to appear
regellos a. to occur randomly *(z. B. Impulse)*
Aufwärts-Abwärts-Zähler *m (Rech)* up-down-counter

binärer A. binary up-down-counter
Aufwärtstransformation *f* upward transformation
Aufwärtstransformator *m* step-up transformer
Aufwärtsumsetzer *m* up-converter
aufwärtszählen to count up
Aufwärtszähler *m (Rech)* up-counter
binärer A. binary up-counter
Aufweitung *f* **des Laserstrahls** expansion of laser beam
Aufwickelbandteller *m* take-up reel (spool)
Aufwickelgeschwindigkeit *f* take-up speed
Aufwickelkassette *f* take-up cassette
aufwickeln to reel (wind, coil) up, to roll [up]
Aufwickelrolle *f* take-up reel
Aufwickelspule *f* take-up reel (spool), wind-up reel (spool), winding bobbin
Aufwickelteller *m* wind-up reel (spool)
Aufwickeltrommel *f* winding drum
Aufwickelvorrichtung *f* take-up unit (mechanism)
aufzeichnen 1. to record *(auf Band oder Platte)*; to plot; to trace; 2. to register, to schedule; to log *(Daten)*
auf Band a. to record on tape, to tape-record
in Listen a. to list
Aufzeichnen *n* / **binäres** binary recording *(z. B. Signalverlauf)*
elektrolytisches A. electrolytic recording
elektrostatisches A. electrostatic recording
gleichzeitiges A. in-phase recording
Aufzeichnung *f* 1. recording; plotting; registering *(z. B. Meßwerte)*; 2. [graphic] record; write-out; plot ● **Aufzeichnungen machen** to keep a record
A. auf Platte disk recording
A. auf Tonband [magnetic] tape recording
A. in Amplitudenschrift variable-area recording
A. in Sprossenschrift variable-density recording
A. in Tiefenschrift vertical (hill-and-dale) recording
A. in Zackenschrift variable-area recording
A. mit Gleichstromvormagnetisierung d.c. bias recording
A. mit konstanter Amplitude constant-amplitude recording
A. mit konstanter Geschwindigkeit constant-velocity recording
A. mit Pegelschreiber graphic level recording
A. von Ergebnissen result recording
automatische A. automatic recording (plotting)
digitale A. digital recording
elektrochemische A. electrochemical recording
elektrografische A. electrographic recording
fotografische A. photographic recording
grafische A. graphic record
lichtempfindliche A. photosensitive recording
magnetische A. magnetic recording
optische A. optical recording
punktweise A. point plotting
seitliche A. *(Ak)* lateral recording *(Nadeltontechnik)*
sichtbare A. visual recording
thermoplastische A. *(Rech)* thermoplastic recording
unmittelbare A. direct recording
verschachtelte A. *(Rech)* interlaced recording
Aufzeichnungsamplitude *f* amplitude of write-out
Aufzeichnungsbereich *m* recording range
Aufzeichnungsdichte *f (Rech)* recording density, [information] packing density
Aufzeichnungsfrequenzgang *m* recording characteristic, recording [frequency] response
Aufzeichnungsgenauigkeit *f* recording accuracy
Aufzeichnungsgerät *n* recorder; plotter; grapher
A. mit Endlosband continuous-loop recorder
A. mit zwei Spuren two-pen recorder *(z. B. Zweischleifenoszillograf)*
mechanisches A. mechanical recorder
Aufzeichnungsgeschwindigkeit *f* recording speed; plotting rate
Aufzeichnungskopf *m* recording head
magnetischer A. magnetic recording head
Aufzeichnungsmaterial *n*, **Aufzeichnungsmedium** *n* recording medium
Aufzeichnungspunkt *m* recording spot
Aufzeichnungsspalt *m* recording gap
Aufzeichnungsspur *f* recording trace
Aufzeichnungsstift *m* recording stylus
Aufzeichnungsträger *m* record support (carrier)
Aufzeichnungsumfang *m* recording range
Aufzeichnungsverfahren *n* recording technique
Aufzeichnungsverlust *m* recording loss
Aufzeichnungsverstärker *m* recording amplifier
Aufzug *m* 1. lift, elevator; 2. hoist *(Winde)*
Aufzugssteuerung *f* lift control
Aufzugsüberdrehzahlmeßeinrichtung *f* lift overspeed device
Auf-Zu-Relais *n* on-off relay
Auge *n* / **magisches** magic eye [indicator], tuning eye (indicator), visual indicator tube, cathode-ray indicator

Augenblicksausfallrate *f* instantaneous failure rate
Augenblicksbelastung *f* instantaneous load
Augenblicksfehler *m* instantaneous error
Augenblicksfrequenz *f* instantaneous frequency
Augenblicksleistung *f* instantaneous power
Augenblickspegel *m* actual level
Augenblicksspannung *f* instantaneous voltage
Augenblicksstrom *m* instantaneous current
Augenblickswert *m* instantaneous (momentary) value
A. des Stroms instantaneous value of current
Augend *m (Rech)* augend
Augendiagramm *n* eye pattern *(Pulskodemodulation)*
Augenöffnung *f* eye opening *(Pulskodemodulation)*
Auger-Effekt *m* Auger effect
Auger-Koeffizient *m* Auger coefficient
Auger-Rekombination *f* Auger recombination
Auger-Übergang *m* Auger transition
„Aus" "off" *(Schalterstellung)*
ausbackend / durch Lösungsmittel solvent-bonding *(Isolierlacke)*
Ausbackverhalten *n* curing performance *(Isolierlacke)*
ausbalancieren to equilibrate
Ausbalancieren *n* equilibration
Ausbau *m* 1. extension; 2. removal *(z. B. von Bauteilen)*; disassembly
Ausbaubereichsplan *m* extension survey map
ausbauchen / sich to bulge
Ausbauchung *f* bulge, swell
Ausbaueinheit *f (Elk)* module, modular unit
ausbauen 1. to extend; to complete; 2. to remove; to demount
Ausbaufallhöhe *f* net head *(Wasserkraftwerk)*
Ausbaugrad *m* extension ratio
Ausbauplanung *f* extension planning
Ausbauverhältnis *n* extension ratio
Ausbeute *f* yield; efficiency
zeitliche A. time yield
Ausbeuteverbesserung *f* yield improvement
Ausbeuteverhältnis *n* yield ratio
Ausbeuteverlust *m* yield loss
Ausbeuteverteilung *f* yield distribution
Ausbildung *f* **am Datenverarbeitungsgerät** *(Rech)* data processor training
rechnerunterstützte A. computer-assisted education, computer-aided education
Ausbildungsanalogrechner *m* educational analogue computer
Ausbildungsgerät *n* training device
Ausbildungsprogramm *n (Rech)* training program
Ausblasegeräusch *n* exhaust noise
ausblasen to blow off (out) *(Dampf)*
Ausblasventil *n* blow[-off] valve, exhaust valve
ausbleien to lead
Ausblendebefehl *m (Rech)* extract instruction
ausblenden 1. *(Rech)* to extract *(Informationen)*; 2. to fade down (out) *(Film, Ton)*; to gate out *(durch Torung)*
Ausblenden *n* fade-out *(Film, Ton)*; gating *(Zeitsignale)*
Ausblenderegister *n (Rech)* extract register
Ausblendungsverhältnis *n (Nrt)* front-to-back ratio
ausbreiten [/ sich] to propagate *(z. B. Wellen)*; to spread [out]; to expand, to extend
Ausbreitung *f* propagation *(z. B. Wellen)*; spread, spreading *(Streuung)*
A. im freien Raum free-space propagation
quasitransversale A. *(Nrt, FO)* quasi-transverse propagation
transhorizontale A. *(Nrt, FO)* transhorizon (beyond-the-horizon) propagation
Ausbreitungsart *f* mode of propagation
Ausbreitungscharakteristik *f* propagation characteristic
Ausbreitungsdämpfung *f (Ak)* divergence decrease
Ausbreitungsfaktor *m* propagation factor
Ausbreitungsfehler *m (Nrt)* distant site error
Ausbreitungsgeschwindigkeit *f* propagation speed (velocity); spreading velocity
Ausbreitungskonstante *f* propagation constant
Ausbreitungsmedium *n* medium of propagation
Ausbreitungsmessung *f* propagation measurement
Ausbreitungsmodell *n* propagation model
Ausbreitungsrichtung *f* propagation direction
Ausbreitungsstörung *f* propagation disturbance
Ausbreitungsvektor *m* propagation vector
Ausbreitungsverlust *m* propagation loss; spread loss
Ausbreitungsverzögerung *f* propagation delay
Ausbreitungsweg *m* propagation path
Ausbreitungswiderstand *m* 1. spreading (diffusion) resistance; 2. earth-electrode resistance, resistance of earth *(Erdung)*
ausbrennen to burn out; to glow out
Ausbrennen *n* burn[ing]-out, burnout
Ausbruch *m* burst, outburst
Ausbruchsimpuls *m* burst pulse *(bei Teilentladungen)*
Ausdehnbarkeit *f* expansibility, extensibility

ausdehnen to expand, to extend
Ausdehnung *f* 1. expansion, extension; dilatation; 2. prolongation *(zeitlich)*
lineare A. linear expansion
räumliche A. cubic expansion
thermische A. thermal expansion
Ausdehnungselement *n* extension element
Ausdehnungsgefäß *n* 1. expansion tank; 2. conservator *(Transformator)*
Ausdehnungskoeffizient *m* expansion coefficient
kubischer (räumlicher) A. volume expansion coefficient, coefficient of cubic[al] expansion
Ausdehnungskraft *f* expansive force
Ausdehnungsmesser *m* extensometer; dilatometer
Ausdehnungsthermometer *n* expansion (dilatation) thermometer
Ausdehnungsthermostat *m* differential expansion thermostat
Ausdehnungsvermögen *n* expansibility, expansivity *(räumlich)*; dilatability *(linear)*
Ausdiffundieren *n*, **Ausdiffusion** *f* outdiffusion
Ausdruck *m* 1. expression, term *(Mathematik)*; 2. *(Rech)* print-out
alphanumerischer A. alphanumeric expression
analytischer A. analytical expression
einfacher arithmetischer A. simple arithmetic expression *(ALGOL 60)*
einfacher logischer A. simple Boolean expression *(ALGOL 60)*
finiter A. finite expression
imaginärer A. imaginary *(Mathematik)*
Ausdruckdauer *f (Rech)* print-out period
ausdrucken *(Rech)* to print out
ausdrücken / kodiert to express in code
Ausdrucksignal *n (Rech)* print-out signal
auseinandernehmen to disassemble, to demount; to dismantle
auseinanderziehen to expand *(z. B. Skale)*
Ausfächerung *f (Elk)* fan-out *(am Ausgang)*
Ausfall *m* failure; outage; breakdown; malfunction; *(Rech)* drop-out, shut-down
A. bei unzulässiger Beanspruchung *(App)* excessive stress failure
A. bei zulässiger Beanspruchung *(App)* permissible stress failure
abhängiger A. dependent failure
frühzeitiger A. wear-in failure
kritischer A. critical failure
partieller A. partial failure
schwerer A. heavy failure
systematischer A. systematic failure
unabhängiger A. independent failure
unvorhergesehener A. *(Rech)* unscheduled shut-down
zeichenabhängiger A. *(Rech)* pattern-sensitive fault
zufälliger A. random failure; *(Rech)* chance failure (drop-out)
Ausfallabstand *m* / **mittlerer** mean time between failures
Ausfallanalyse *f* failure analysis
Ausfallanzeige *f* failure indication
Ausfallbericht *m* fault report; failure record
Ausfalldauer *f* down-time
Ausfalldiagnose *f* fault diagnosis
Ausfalldichteverteilung *f* failure-density distribution
ausfallen to fail, to break down; to drop out *(z. B. Relais)*
Ausfallen *n* **der Maschine** machine failure
Ausfallhäufigkeit *f* failure frequency; failure rate
temporäre A. temporary failure frequency
Ausfallhäufigkeitsdichte *f* failure density
Ausfallkriterium *n* failure criterion
Ausfallkurve *f* mortality curve *(z. B. eines Lampentyps)*
Ausfallmechanismus *m* failure mechanism
Ausfallquote *f* outage rate
Ausfallquotient *m* / **kumulativer** cumulative failure ratio
Ausfallrate *f* failure (fault) rate; mortality rate *(z. B. eines Lampentyps)*
erzwungene A. *(Anl)* forced outage rate
vorausgesagte A. predicted failure rate
Ausfallsatz *m* cumulative failure frequency, failure ratio
ausfallsicher fail-safe
Ausfallsicherung *f* fuse cut-out
Ausfallsummenhäufigkeit *f* cumulative failure frequency
Ausfallsummenverteilung *f* distribution of cumulative failure frequency
Ausfallursache *f* failure cause
Ausfallverteilung *f* failure distribution
Ausfallwahrscheinlichkeit *f* failure probability
inkrementale A. incremental probability of failure
temporäre A. temporary (conditional) probability of failure
Ausfallwahrscheinlichkeitsdichte *f* failure-probability density
Ausfallwahrscheinlichkeitsinkrement *n* failure-probability increment
Ausfallwinkel *m* reflecting angle
Ausfallzeit *f* outage time; down-time
Ausfallzeitpunkt *m* instant of failure
ausfiltern to filter out
Ausflockung *f* flocculation *(z. B. bei Isolierölen)*
Ausfluß *m* discharge; outflow
Ausflußgeschwindigkeit *f* velocity of outflow (efflux)
Ausfrieranlage *f* freezing installation *(Kernkraftwerk)*
ausfrieren to freeze out

Ausfrierfalle *f* low-temperature trap, cold trap
ausführen to carry out; to perform, to execute
einen Befehl a. *(Rech)* to execute an instruction
logische Operationen a. *(Rech)* to perform logical operations
schalldicht a. to soundproof
technisch a. to engineer
Ausführung *f* 1. execution, performance; 2. version, model, type; layout
A. für Batteriebetrieb battery-operated version
A. für Gestelleinbau rack-mounted version
genaue A. correct execution *(Regelungsvorgang)*
korrosionsfeste A. corrosion-resistant finish
Ausführungsanweisung *f (Rech)* "do"-statement
Ausführungseinheit *f (Rech)* execution unit, EU
Ausführungszeit *f (Rech)* execution time *(für einen Befehl)*
Ausgabe *f* output; write-out; read-out *(Speicher)*
A. alphanumerischer Zeichen *(Nrt)* alphanumerical message type-out
numerische A. numerical read-out; numerical display
parallele A. parallel output
Ausgabebefehl *m* output instruction; exit order
Ausgabedaten *pl* output data
Ausgabedrucker *m* output printer
Ausgabeeinheit *f* output unit; display unit
Ausgabeeinrichtung *f* output equipment
Ausgabeelement *n* output element
Ausgabegerät *n* output device (equipment)
Ausgabegeschwindigkeit *f* output rate (speed)
Ausgabeglied *n* output element
Ausgabegröße *f* output quantity
Ausgabeprogramm *n* output routine; display routine (program)
Ausgabespeicher *m* output store (memory)
Ausgabesteuerprogramm *n* output control program
Ausgabeteilprogramm *n* output subprogram
Ausgabeumsetzer *m* outscriber *(z. B. für Daten)*
Ausgabeunterprogramm *n* output subprogram
Ausgang *m* output; outlet
ausgeglichener A. balanced output
dezimaler A. *(Rech)* decimal read-out
kodierter A. coded output
kontinuierlicher A. continuous output
maximaler A. maximum output
mehrphasiger A. multiphase output
niederohmiger A. low-impedance output
symmetrischer A. balanced output
unsymmetrischer A. unbalanced (single-ended) output
zweiphasiger A. biphase output
Ausgänge *mpl* / **getrennt regelbare** separately adjustable outputs
Ausgangsadmittanz *f* output admittance
Ausgangsadresse *f (Rech)* original address
Ausgangsbelastbarkeit *f* fan-out *(Digitalschaltstufe)*
Ausgangsbelastungswiderstand *m* output load resistor
Ausgangsbuchse *f* output jack
Ausgangsdämpfung *f* output attenuation
Ausgangsdaten *pl (Rech)* raw data
Ausgangsdrehwähler *m* rotary out-trunk switch
Ausgangsdrehzahl *f* output speed
Ausgangselektrode *f* output electrode
Ausgangsfächerung *f (Elk)* fan-out
Ausgangsfrequenz *f* output frequency
quarzgenaue A. crystal-accurate output frequency, crystal-controlled output frequency
Ausgangsfunktion *f (Syst)* output function
Ausgangsgleichspannung *f* d.c. output voltage
Ausgangsgleichstrom *m* d.c. output current
Ausgangsgleichung *f* basic equation
Ausgangsgröße *f* 1. output quantity (value); 2. initial (basic) parameter
Ausgangshöchstspannung *f* maximum output voltage
Ausgangsimpedanz *f* output impedance
Ausgangsimpuls *m* output pulse
Ausgangskapazität *f* output capacitance
Ausgangskennlinie *f* output characteristic
Ausgangsklemme *f* output terminal
Ausgangskonzentration *f (Chem)* initial concentration
Ausgangskreis *m* output circuit; plate-filament circuit *(einer Röhre)*
Ausgangskurzschlußscheinwiderstand *m* short-circuit output impedance
Ausgangslastfaktor *m (Elk)* fan-out
Ausgangsleistung *f* output power, [power] output
maximale A. maximum output
verfügbare A. available output power
Ausgangsleistungsmesser *m* output meter (indicator)
Ausgangsleitwert *m* output admittance
Ausgangsleitwertparameter *m* output admittance parameter
Ausgangslogik *f* output logic
Ausgangslösung *f (Chem)* initial (parent) solution
Ausgangsmaterial *n* starting (original, base) material, parent material (substance)

Ausgangsmatrix *f (Syst)* output (measurement) matrix *(Zustandsgleichung)*

Ausgangsnennbelastung *f* output rating

Ausgangsnennspannung *f* nominal output voltage

Ausgangsoberwellenspannung *f* output ripple voltage

Ausgangspegel *m* output level

Ausgangsphasenversetzung *f* output phase displacement

Ausgangspuffer *m* output buffer

Ausgangspunkt *m* basic point *(Diagramm)*; starting point; [point of] origin

Ausgangsrauschen *n* output noise

Ausgangsrauschleistung *f* output noise power

Ausgangsrauschstrom *m* output noise current

Ausgangsrauschverhältnis *n* output noise ratio

Ausgangsregler *m* output control

Ausgangsresonator *m* output resonator; catcher

Ausgangsschaltung *f* output circuit

Ausgangsscheinwiderstand *m* output impedance

Ausgangssignal *n (Syst)* output signal; *(Rech)* read-out signal
- **binäres A.** binary output signal
- **quasiperiodisches A.** quasi-periodic output signal
- **symmetrisches A.** balanced output signal
- **unstetiges A.** discontinuous output signal

Ausgangsspannung *f* output voltage; load voltage

Ausgangsspannungsregelung *f* output-voltage regulation

Ausgangsspannungsstabilisierung *f* output-voltage stabilization

Ausgangsspektrum *n (Nrt)* output spectrum

Ausgangsstellung *f* starting (initial, home) position

Ausgangssteuerung *f* output control

Ausgangsstufe *f* output stage

Ausgangstransformator *m* output transformer

Ausgangstransistor *m* output transistor

Ausgangsübertrager *m* output transformer

Ausgangsvektor *m (Syst)* output vector *(Zustandsgleichung)*

Ausgangsverstärker *m* output amplifier

Ausgangsverzweigung *f (Elk)* fan-out

Ausgangswähler *m (Fmt)* outgoing selector

Ausgangswert *m* 1. output value; 2. initial (original) value

Ausgangswicklung *f* output winding

Ausgangswiderstand *m* 1. output resistance; 2. initial resistance

Ausgangswirkwiderstand *m* output resistance

Ausgangszeit *f* reference time

Ausgangszustand *m* initial state

ausgeben to output; to read out *(Daten)*

ausgekleidet / absorbierend *(Ak)* absorbent-lined

ausgelegt für rated at, designed for
- **normgerecht a.** standard-dimensioned

ausgerüstet mit fitted (equipped) with

ausgeschaltet off, switched off, out of circuit

ausgewuchtet balanced

Ausgleich *m* 1. balance, compensation; equalization; 2. *(Syst)* self-recovery, self-regulation *(z. B. bei P-Gliedern)*
- **A. einer Baßabsenkung** *(Ak)* bass compensation
- **A. einer Höhenabsenkung** *(Ak)* high-frequency compensation
- **automatischer A.** *(Syst)* automatic compensation

Ausgleich ... *s. a.* Ausgleichs ...

Ausgleichbatterie *f* balancing battery

Ausgleichbecken *n* surge tank *(Wasserkraftwerk)*

ausgleichen 1. to balance, to compensate; to equalize; 2. to level; to smooth [out]; 3. to counterbalance; 4. to correct
- **nach oben a.** to level up
- **nach unten a.** to level down

Ausgleichen *n* balancing, compensating; equalization; levelling

Ausgleicher *m* equalizer; balancer; compensator

Ausgleichgetriebe *n* differential [gear]

Ausgleichkapazität *f* balancing capacitance

Ausgleichkondensator *m* balancing capacitor; building-out capacitor

Ausgleichmagnetometer *n* null astatic magnetometer *(astatisches Kompensationsmagnetometer)*

Ausgleichmaschinensatz *m* balancer-set

Ausgleichregler *m* balancer-booster

Ausgleichs ... *s. a.* Ausgleich ...

Ausgleichsdauer *f (Syst)* duration of self regulation

Ausgleichsdrossel *f* balance (compensating) coil; interphase reactor (transformer) *(Stromrichterschaltung)*

Ausgleichsdrosselverlust *m* interphase transformer loss

Ausgleichselement *n* compensating element

Ausgleichsfilter *n (Licht)* balancing filter; *(Nrt)* pre-emphasis filter

Ausgleichsimpuls *m (Ferns)* equalizer (equalizing) pulse

Ausgleichskreis *m* compensating circuit

Ausgleichsladung *f* equalizing charge

Ausgleichsleiter *m (Masch)* equalizer

Ausgleichsleitung *f* balancing network; compensating lead (line)

Ausgleichsnetzwerk *n* compensating (correcting) network

Ausgleichspule *f* balance (compensating) coil
Ausgleichsring *m* equalizing (equalizer) ring
Ausgleichsschalter *m* equalizer switch
Ausgleichsschaltung *f* compensating circuit, corrective network
Ausgleichsschwingung *f* transient oscillation
Ausgleichsspannung *f* compensating voltage; transient voltage (potential difference)
Ausgleichsstrom *m* compensating (balancing, equalizing) current; transient current
Ausgleichsstromkreis *m* compensation circuit
Ausgleichsverbindung *f* equalizing connection, equalizer
Ausgleichsvorgang *m* 1. transient, transient process (reaction, effect, phenomenon); switching transient *(beim Schalten)*; circuit-breaking transient *(beim Ausschalten)*; 2. compensation process
Ausgleichswelle *f* / **elektrische** electrical compensating link
Ausgleichszeit *f* balancing time
Ausgleichszustand *m* balance condition; transient state
Ausgleichtransformator *m*, **Ausgleichübertrager** *m* balance-transformer
Ausgleichverstärker *m* balancer-booster
Ausgleichvorrichtung *f* balancer
Ausgleichwattmeter *n* composite-coil wattmeter
Ausgleichwicklung *f* compensation winding
Ausgleichwiderstand *m* compensating resistor
ausglühen to anneal; to glow out
Aushändigung *f (Fmt)* delivery
aushärten to age[-harden] *(Metalle)*; to cure *(Plaste)*
Aushärtung *f* age hardening, aging *(Metalle)*; curing, cure *(Plaste, Lacke)*
A. durch Elektronenstrahl electron beam curing
Aushärtungsmittel *n* curing agent
Aushärtungstemperatur *f* curing temperature
Aushärtungszeit *f* cure (curing) time
ausheben / einen Kabelgraben to dig (trench) a ditch
ausheizen to bake [out] *(Röhren)*
Ausheiztemperatur *f* baking temperature
Aushilfsklinke *f (Fmt)* auxiliary (ancillary) jack
„Aus"-Impedanz *f* off impedance
Auskleidung *f* lining
A. zur Wärmeisolation heat-insulating lining
säurefeste A. acid-proof lining
schallabsorbierende A. sound-absorptive lining, sound-absorbing lining
ausklingen *(Ak)* to die away
Ausklingen *n (Ak)* decay [of sound]
ausklinken 1. to unlatch; to trip out; 2. *(Masch)* to disengage *(Kupplung)*
Ausklinkvorrichtung *f* release mechanism
Auskoppelbuchse *f (Fmt)* output jack
Auskoppelfeld *n (Fmt)* absorbing field
Auskoppelleitung *f* auxiliary guide *(Hochfrequenztechnik)*
auskoppeln to couple out *(z. B. Laserstrahlung)*
Auskoppelöffnung *f* coupling aperture
Auskoppelraum *m (Meß)* catcher space
Auskoppelstrom *m (Meß)* catcher current
Auskopplungsglied *n (Meß)* catcher
Auskopplungsprisma *n (Laser)* feed-out prism
Auskunftsersuchen *n (Fmt)* request for information
Auskunftsplatz *m (Fmt)* inquiry position (desk), information board
Auskunftsspeicher *m (Rech)* inventory store
auskuppeln to disengage; to uncouple
Auslandsamt *n (Fmt)* international exchange
Auslandsgespräch *n (Fmt)* international call
Auslandskopfamt *n (Fmt)* international switching centre
Auslandsleitung *f (Fmt)* international line
Auslaß *m* outlet; exit
Auslastung *f* duty *(von Maschinen)*; [rate of] utilization
A. bei Spitzenlast gross generating-plant margin *(prozentuale Differenz zwischen installierter Leistung und Spitzenleistung eines Kraftwerks)*
Auslastungsplan *m* loading schedule
Auslauf *m* 1. *(Masch)* retardation; 2. outlet, discharge point
auslaufen 1. to run down (out) *(Motor)*; 2. to wear out *(Lager)*
Ausläufer *m* tail *(z. B. eines Impulses)*
Auslauflänge *f* end section
Auslaufrille *f* run-out groove (spiral), locked (throw-out, lead-out) groove *(Schallplatte)*
Auslaufverfahren *n (Masch)* retardation method
Auslaufversuch *m (Masch)* retardation test
Auslaufzeit *f* time of slowing down *(z. B. bei Isolierlackprüfung)*
auslegen to lay out; to design; to rate
für Breitband a. to broadband *(z. B. Detektor)*
Ausleger *m* extension arm; cantilever; bracket *(Konsole)*
Auslegung *f (Anl, Masch, Hochsp)* [arrangement of] design; layout *(Mikroelektronik)*; rating

Auslegungsspannung *f* design voltage *(bei der Dimensionierung)*
auslenken to deflect *(z. B. Strahl)*; to displace *(z. B. Phase)*
Auslenkfläche *f (Ferns)* scanned area
Auslenkung *f* deflection; displacement; deviation *(Zeiger)*
  seitliche A. lateral deflection *(z. B. eines Strahls)*
  statische A. static deflection
Auslenkungsrichtung *f* deflection direction
Auslenkungswinkel *m* displacement angle
auslesen *(Rech)* to read out *(z. B. Daten)*
Auslesen *n (Rech)* reading, read-out *(Speicher)*
  A. mit Informationsverlust *s.* zerstörendes A.
  A. während der Bewegung on-the-fly read-out
  nichtzerstörendes A. non-destructive read-out
  taktgesteuertes A. clock-actuated read-out
  zerstörendes A. destructive reading
Auslesespeicher *m* read-out memory (store), read-only memory (store), ROM
Auslesevorgang *m* read-out operation
ausleuchten to [fully] illuminate
Ausleuchtung *f* illumination
  gleichmäßige A. uniform (even) illumination
Auslieferungsbefehl *m (Rech)* delivery instruction
auslöschen 1. to extinguish; to quench; 2. to erase *(z. B. Magnetband)*; to blank out *(z. B. Speicher)*
Auslöschung *f* 1. extinction; quenching; 2. destructive interference
  optische A. optical quenching
  völlige A. benachbarter Störer *(Nrt)* infinite adjacent-channel rejection
Auslöseader *f (Fmt)* release wire
Auslösebatterie *f* tripping battery
Auslöseelektrode *f* trigger electrode
Auslösefunken *m* trip spark
Auslösefunkenstrecke *f* trigger gap; exciting spark gap
Auslösefunktion *f* triggering function
Auslöseglied *n (App)* disconnecting link
Auslösehebel *m* release lever; actuating arm
Auslöseimpuls *m* trigger (transfer) pulse; tripping impulse *(Kippimpuls)*; initiating pulse *(z. B. bei Antrieben)*; ignition pulse *(bei Stromrichtern)*
Auslösekennlinie *f* **der Sicherung** fuse time-current characteristic
Auslöseknagge *f* release catch
Auslöseknopf *m* release button
Auslösekontakt *m* release contact
Auslösekraft *f* release force
Auslösekriterium *n* trigger criterion
Auslösemagnet *m* release (trip, trigger) magnet
Auslösemechanismus *m* release mechanism
auslösen 1. to release, to trip; to trigger; 2. to initiate; to actuate; to activate; to fire *(Zündung)*; 3. to eject, to liberate, to knock off *(Elektronen)*; 4. to unlatch; to disconnect *(Kupplung)*
  ein Relais a. to trip a relay
  Laserwirkung a. to initiate (start) laser action
  Schwingungen a. to release oscillations
auslösend / langsam slow-releasing
Auslösequittungszeichen *n (Fmt)* release-guard signal
Auslöser *m* trigger; tripping device, trip; release; *(App)* cut-out switch; initiating switch
  A. zum Ausschalten opening release
  A. zum Einschalten closing release
  elektromagnetischer A. electromagnetic trip (tripping device)
  elektrothermischer A. electrothermal release
  indirekter A. indirect release
  thermischer A. thermal trip (cut-out)
  [zeit]verzögerter A. time-delay trip, time-lag trip
Auslöserelais *n* release (trip, tripping, initiating) relay; *(Fmt)* clear-out relay
Auslöseschalter *m* trigger switch; initiating switch
Auslöseschaltung *f* trigger circuit; trip circuit *(Ausschaltstromkreis)*; *(Rech)* toggle circuit
Auslösescheibe *f* release disk
Auslösesignal *n* trigger (trip-off) signal; initiating (actuating) signal
Auslösespannung *f* tripping (release) voltage
Auslösespule *f* trip (release) coil
Auslösesteuersignal *n* trip-off control signal
Auslösestrecke *f* trigger gap
Auslösestrom *m* tripping (release) current; actuating current *(z. B. für Schalter)*
Auslösestromkreis *m* tripping (release) circuit
Auslösestromstärke *f* release current intensity (strength)
Auslösetaste *f* release key
Auslöseverzögerung *f*, **Auslöseverzug** *m* tripping (release) delay; release retardation
Auslösevorrichtung *f* tripping (releasing) device; trigger [device]
Auslösewicklung *f* trip coil
Auslösezeichen *n (Fmt)* release signal; disconnect signal, clear-forward signal
Auslösezeit *f* tripping time; release (delay-action) time, delay (lag) of release *(Re-*

lais); time of liberation *(Elektronen)*; *(Anl)* breaker operating time
Auslösung *f* 1. release, releasing, tripping, trip [operation]; triggering; 2. initiation; actuation; *(Anl)* opening; firing *(Zündung)*; 3. ejection, liberation *(Elektronen)*
A. durch den zuerst auflegenden Teilnehmer *(Fmt)* first-party release, first-subscriber release
A. durch den zuletzt auflegenden Teilnehmer *(Fmt)* last-party release, last-subscriber release
A. mit Verzögerung time-lag tripping
A. ohne Verzögerung instantaneous tripping
abhängig verzögerte A. inverse time-lag tripping
automatische A. automatic tripping; automatic cut-out
begrenzt verzögerte A. definite time-lag tripping
elektromagnetische A. electromagnetic release
erzwungene A. forced release
falsche A. false release
indirekte A. eines Schalters indirect tripping of a circuit breaker
magnetische A. magnetic release
mechanische A. mechanical trip
mittelbare A. indirect tripping
selbsttätige A. *s.* automatische A.
selektive A. selective release
thermisch verzögerte A. thermally delayed release
thermische A. thermal release (tripping)
unabhängige A. independent trip
unmittelbare A. direct trip[ping]
verzögerte A. slow release, time-lag tripping; delayed-action circuit breaking *(Schalter)*
vorzeitige A. premature release
auslöten to unsolder
Auslötwerkzeug *n* unsoldering tool
Ausmauerung *f* [brick] lining *(Öfen)*
ausmessen to measure
Leitungen a. to identify wires
mit Echolot a. to sound
Ausmitteln *n* **von Signalen** signal averaging
Ausnahmeanschluß *m (Fmt)* foreign exchange line
Ausnutzungsfaktor *m*, **Ausnutzungsgrad** *m* utilization factor; efficiency factor *(Anlagen)*; plant load factor *(Kraftwerk)*; space factor *(Spule, Wicklung)*
ausprüfen 1. to test out; 2. *(Rech)* to debug
Leitungen a. to identify wires
Auspuff *m* exhaust
auspuffen to exhaust *(z. B. Gas)*
Auspuffgeräusch *n* exhaust noise
Auspuffschalldämpfer *m* exhaust silencer (muffler)
auspumpen to evacuate, to exhaust, to pump out
ausquetschen to squeeze out *(z. B. Lötaugen)*
Ausrastbereich *m* pull-out range
Ausrastfrequenz *f* pull-out frequency
ausrechnen to calculate; to compute
ausregeln / den Regler to advance a control
Ausregelung *f* **einer Abweichung** deviation control
Ausregelzeit *f* correction time
Ausreißer *mpl* outliers *(Statistik)*
ausrichten to align; to straighten, to make straight; to direct; to orient *(z. B. Kristall)*; to adjust
ausrichtend / sich selbst self-aligning
Ausrichtung *f* alignment; straightening; orientation; adjustment
Ausrichtungsfehler *m* alignment error
ausrollen to run out *(Kabel)*
ausrücken *(Masch)* to disengage, to disconnect *(Kupplung)*
Ausrückkupplung *f* clutch
ausrüsten to equip, to fit [out]
Ausrüstung *f* equipment, installation
A. für Leiterplatten printed circuit kit
A. mit Geräten instrumentation
akustische A. sound equipment
automatisierte A. automated equipment
elektrische A. electrical equipment
meßtechnische A. measuring equipment
Ausrüstungen *fpl* **für Rechenanlagen** computing instrumentation
Aussage *f* / **zweiwertige** EITHER-OR proposition *(logische Operation)*
Ausschaltbedingung *f* cut-off condition
Ausschaltbewegung *f* opening operation *(Schalter)*
Ausschaltdauer *f* interrupting time; total break-time; total operating time *(einer Sicherung)*
ausschalten to switch (turn) off, to cut out (off); to break, to interrupt, to disconnect
Ausschalter *m* contact breaker, interrupter; switch; *(Hochsp)* circuit breaker; *(App)* cut-out [switch]; single-throw switch
A. mit Wiedereinschaltvorrichtung auto-reclose circuit breaker
doppelpoliger A. double-pole cut-out
zweipoliger A. single-throw double-pole switch
Ausschaltimpuls *m* off-impulse
Ausschaltklinke *f (Fmt)* service jack
Ausschaltknopf *m* stop button
Ausschaltkontakt *m* interrupter contact
Ausschaltleistung *f s.* Ausschaltvermögen
Ausschaltnennstrom *m* rated breaking current
Ausschaltrelais *n* cut-out relay, cut-off relay
Ausschaltrille *f s.* Auslaufrille

Ausschaltspitzenstrom *m* cut-off [peak] current
Ausschaltstellung *f* off (switch-off) position
Ausschaltstrom *m* breaking current
maximaler A. [circuit-]breaking transient current
Ausschaltstromstoß *m* circuit-breaking transient current
Ausschaltthyristor *m* turn-off thyristor
Ausschaltung *f* cut-off, cut-out; switching-off, turning-off; circuit breaking, disconnection; opening operation *(Schalter)*
einpolige A. single-pole interruption
selbsttätige A. automatic cut-out
stromlose A. current-free opening
Ausschaltvermögen *n* breaking (interrupting, interruptive) capacity, breaking power
A. bei Phasenopposition out-of-phase breaking capacity
Ausschaltverzögerung *f*, **Ausschaltverzug** *m* turn-off delay; opening time *(Schalter)*
Ausschaltvorgang *m* turn-off transient
Ausschaltvorrichtung *f* contact-breaking device
Ausschaltzeit *f* off time (period); break (contact-opening) time; gate-controlled turn-off time *(Thyristor)*; clearing (total operating) time *(Sicherung)*
Ausschaltzustand *m* open-circuit condition, off state
ausscheiden *(Chem)* to precipitate
Ausschlag *m* 1. *(Meß)* deflection, excursion, deviation, swing, throw *(Zeiger)*; response; 2. amplitude
maximaler A. maximum deflection
ausschlagen to deflect; to swing
Ausschlagfaktor *m (Meß)* deflection factor *(reziproke Empfindlichkeit)*
Ausschlagkompensator *m (Meß)* deflection potentiometer
Ausschlagkraft *f (Meß)* deflecting force
Ausschlagmethode *f (Meß)* deflection method
Ausschlagwinkel *m (Meß)* deflection angle
Ausschließungsprinzip *n* / **Paulisches** Pauli exclusion principle
Ausschnitt *m* cut-out; sector *(Mathematik)*; *(Halbl)* blank
ausschreiben *(Rech)* to print out
ausschwenkbar swing-out, swing-away
Ausschwingdauer *f* decay time
ausschwingen to die away, to decay
Ausschwingen *n* dying-away, dying-out
Ausschwingstrom *m* decay[ing] current
Ausschwingvorgang *m* dying-out transient, decay process
Ausschwingzeit *f* final oscillation time, decay (die-away, dying-down) time
Außenabmessungen *fpl* outer (outside, overall) dimensions
standardisierte A. standard outlines
Außenanlage *f* outdoor installation (plant, station)
Außenanodenröhre *f* external-anode valve
Außenanschlußkappe *f* external connection cap
Außenanstrich *m* outer (outside) coating
Außenantenne *f* outdoor (open) aerial
Außenarmatur *f* outdoor fitting
Außenaufnahme *f (Nrt, Ferns)* outdoor pick-up, field recording, remote
Außenaufnahmekamera *f* field television camera
außenbeheizt externally heated
Außenbeleuchtung *f* outdoor illumination (lighting), exterior lighting
Außenbeleuchtungsanlage *f* outdoor lighting equipment
Außenbereich *m (Fmt)* external district
aussenden to emit; *(Nrt)* to send out; to give out; to beam *(gerichtet)*
Strahlen a. to radiate, to emit [rays]
Wellen a. to emit waves
Aussenden *n* **von Schall** sound emission (projection)
Aussendung *f* / **wiederholte** *(Nrt)* retransmission
Außenelektrode *f* outer electrode
Außenfläche *f* outside (external) face, surface
Außengasdruckkabel *n* external gas-pressure cable
Außengehäuse *n (Masch)* outer frame
Außengitter *n* outer grid
Außengitterröhre *f* outer-grid valve
Außenhaut *f* / **glatte** smooth skin
Außenisolator *m* outdoor insulator
Außenkabel *n* outside (external) cable
gummiisoliertes A. mit Bleimantel rubber-insulated lead-covered outside cable
Außenkolben *m (Licht)* outer (external) bulb
Außenkontaktsockel *m* side[-contact] base, external-contact base *(Röhren)*
Außenlage *f* outer (external) layer
Außenlagenleiterzug *m* outer layer conductor, surface conductor *(Leiterplatten)*
Außenlager *n* outer bearing
Außenlärm *m* outdoor noise
Außenläufermotor *m* external rotor motor
Außenleiter *m* outer conductor; phase conductor (wire) *(eines verketteten Netzes)*
Außenleiterzug *m* external track *(Leiterplatten)*
Außenleuchte *f* outdoor-lighting fitting (fixture), outfitting, external fitting
Außenluft *f* external (surrounding) air
Außenmantel *m* outer casing; covering *(Kabel)*
Außenmessung *f* field (outdoor) measurement

Außennebenstelle *f (Fmt)* off-premises extension station, private branch exchange outside extension
Außenpolgenerator *m* external-pole generator
Außenreflektor *m* external reflector
Außenreflexionsanteil *m (Licht)* external reflected component
Außensockel *m* side base
Außenspeicher *m (Rech)* external store
Außenstellenrechner *m* satellite computer
Außensteuerröhre *f* external-control valve
Außenstrom *m* external current
Außenstudio *n* remote studio
Außenübertragung *f (Nrt, Ferns)* outdoor pick-up, field broadcasting, outside broadcast
Außenwiderstand *m* external resistance
Außenzündstreifen *m*, **Außenzündstrich** *m (Licht)* outer [starting] strip
außeraxial abaxial; off-axis
Außerbetriebsetzen *n* shut [down], putting out of operation; switching-off
außermittig off-centre
Außertrittfallen *n* falling out of step, loss of synchronism, pulling out of synchronism *(bei Drehstrommotoren)*
Außertrittfallmoment *n* pull-out torque, step-out torque *(bei Drehstrommotoren)*
Außertrittfallprüfung *f* pull-out test *(bei Drehstrommotoren)*
Außertrittfallrelais *n* out-of-step relay
Außertrittfallschutz *m* out-of-step protection
Außertrittfallschutzrelais *n* pull-out protective relay
Außertrittfallversuch *m* pull-out test
Aussetzbelastung *f* intermittent load[ing]
Aussetzbetrieb *m* intermittent operation (duty, action, service); discontinuous operation; periodic duty *(mit Einfluß des Anlaufs auf die Temperatur)*
A. mit veränderlicher Belastung variable intermittent duty
elektrischer A. mit Bremsung periodic duty-type with electric braking
aussetzen 1. to intermit, to interrupt; to discontinue; 2. to fail; to die *(Motor)*; 3. to expose *(einer Einwirkung)*
dem Lärm a. to expose to noise
einer Röntgenstrahlung a. to expose to X-rays
Aussetzen *n* 1. intermittence, interruption; 2. failure; breakdown; blocking *(z. B. eines Oszillators)*; 3. exposure
aussetzend [/ zeitweise] intermittent; discontinuous
Aussetzfeldstärke *f* extinction stress *(bei Teilentladung)*
Aussetzspannung *f* extinction voltage *(bei Teilentladung)*
aussieben to filter out *(z. B. Signalteile)*; to select
aussondern to separate; to sort out
Ausspeicherungsschaltung *f (Rech)* read-out circuit
ausstatten to equip, to fit [out]
Ausstattung *f* equipment; outfit
„Aus"-Stellung *f* "off" position
Aussteuerbereich *m* modulation range, range of modulation
aussteuern 1. to modulate; 2. to control
Aussteuerung *f* modulation
automatische A. automatic volume (level) control, AVL, ACL
ungenügende A. undermodulation
Aussteuerungsautomatik *f* volume (level) control automatic
Aussteuerungsbereich *m s.* Aussteuerbereich
Aussteuerungsfaktor *m* driving factor
Aussteuerungsgrad *m* degree (depth) of modulation, modulation percentage
Aussteuerungskontrolle *f (Ak)* 1. monitoring of transmission (recording) level, checking of transmission level; 2. record level indicator *(Magnetbandtechnik)*
Aussteuerungskontrollinstrument *n s.* Aussteuerungsmesser 2.
Aussteuerungsmesser *m* 1. *(Nrt)* modulation percentage indicator (meter); 2. *(Ak)* tone control measuring set, level monitor (indicator, gauge), peak programme meter, volume indicator, volume [unit] meter, VU meter
Aussteuerungsregelung *f* volume range control
automatische A. automatic volume control
Aussteuerungsreserve *f* power-handling capacity, crest-factor capacity
Aussteuerungsüberwachung *f (Ak)* monitoring of transmission (recording) level
ausstoßen to eject *(z. B. Lochkarten)*, to expel
Ausstoßen *n* ejection, expulsion
Ausstoßvorrichtung *f* ejecting mechanism
ausstrahlen 1. to emit, to radiate *(z. B. Licht, Wärme)*; 2. *(Nrt)* to transmit
Ausstrahlung *f* emission, radiation
A. mit kleinem Winkel *(FO)* low-angle radiation
spezifische A. *(Licht)* [radiant] emittance, radiance
unerwünschte A. spurious emission
Ausstrahlungsbedingung *f* radiation condition
Ausstrahlungsbreite *f (Licht)* beam spread
Ausstrahlungsfläche *f* radiating surface
Ausstrahlungskurve *f* emission characteristic
Ausstrahlungsvermögen *n* radiating capacity, [radiant] emissivity
Ausstrahlungswinkel *m* radiation angle, angle of radiation

ausströmen 1. to flow (leak) out; 2. to emanate, to emit
Ausströmen *n* **des Plasmas** rotating outflow of plasma
aussuchen to select
austasten *(Nrt, Ferns)* to blank; to gate *(z. B. Zeitsignale)*; to key off
Austasten *n (Nrt, Ferns)* blanking; gating *(z. B. Zeitsignale)*
Austastimpuls *m (Nrt, Ferns)* blanking pulse (signal), blackout pulse
Austastlücke *f (Fmt)* blanking interval
Austastpegel *m (Nrt, Ferns)* blackout level
Austastschaltung *f* **/ fremdgesteuerte** *(FO)* killer circuit
Austastsignal *n (Nrt, Ferns)* blanking (blackout) signal; strobing signal
Austastung *f (Nrt, Ferns)* blanking, blackout; gating *(z. B. Zeitsignale)*
Austastwert *m (Nrt, Ferns)* blanking level
Austausch *m* 1. exchange, interchange; 2. replacement
austauschbar interchangeable; replaceable
Austauschbarkeit *f* exchangeability, interchangeability; replaceability
  mechanische A. mechanical interchangeability
Austauschdiffusion *f* interchange diffusion
austauschen to exchange, to interchange; to replace
  Daten a. to exchange data
  Energie a. to interchange energy
Austauscher *m* exchanger, interchanger
Austauschgleichgewicht *n (Chem)* exchange equilibrium
Austauschkapazität *f (Chem)* exchange capacity *(z. B. einer Membran)*
Austauschkräfte *fpl* exchange forces
Austauschmöglichkeit *f* **der Rechner** computer compatibility
Austauschstoff *m* substitute [material]
Austauschstrom *m* exchange current
Austauschstromdichte *f* exchange current density
Austrag *m (Galv)* drag-out
austreiben to drive off
austreten to emerge [from]; to escape *(z. B. Gas)*; to leak out
Austritt *m* 1. emergence; emission; ejection; leakage; 2. exit, outlet
  A. ins Vakuum ejection to the vacuum
Austrittsarbeit *f* [electronic] work function
  äußere A. outer work function
  glühelektrische A. thermionic work function
  innere A. inner work function
  Richardsonsche A. Richardson work function
  thermionische A. thermionic work function
Austrittsarbeitsdifferenz *f* work function difference
Austrittsende *n* exit edge *(z. B. beim Linearmotor)*
Austrittsgeschwindigkeit *f* velocity of emission *(Elektronen)*
Austrittskoeffizient *m* escape coefficient
Austrittsluke *f* exit window
Austrittsöffnung *f* exit port
Austrittspotential *n* exit potential
Austrittsspalt *m* exit slit
Austrittsspannung *f* work potential *(Elektronen)*
  elektrische A. exit electric tension
Austrittsstrahl *m* emergent [light] beam, exit beam
Austrittsverlust *m* exit-edge loss *(beim Verlassen des Randes eines Feldes)*
Austrittswinkel *m* exit angle
austrocknen to dry out, to desiccate, to exsiccate
Auswahl *f* selection; choice
  sofortige A. *(Rech)* immediate selection
Auswahleinheit *f (Rech)* selection (feed control) unit *(z. B. Kartenmischer)*
auswählen to select, to pick out
auswählend selective
Auswahlimpuls *m* selection pulse
Auswahlinformation *f (Rech)* choice information
Auswahlkontrolle *f (Rech)* selection check
Auswahlleitung *f (Rech)* selection line
Auswahlordinatenschablone *f* selected-ordinate template
Auswahlordinatenverfahren *n* selected-ordinate method *(Farbmessung)*
Auswahlregel *f* selection rule
Auswahlschaltung *f* selection circuit
auswechselbar exchangeable, interchangeable; replaceable
Auswechselbarkeit *f* exchangeability, interchangeability; replaceability
  A. von Kontakten exchangeability of contacts
  mechanische A. mechanical interchangeability
Auswechselelement *n* renewal element
Auswechselfehler *m* substitution error
auswechseln to exchange, to interchange; to replace
Auswechselteil *n* renewal part
Auswechs[e]lung *f* exchange, interchange; replacement; renewal *(z. B. von Bauteilen)*
Ausweichvermittlung *f (Fmt)* auxiliary exchange
auswerfen to eject
Auswerfmechanismus *m* eject[ing] mechanism
Auswerteeinheit *f (Syst)* evaluation unit
Auswertegerät *n* evaluation instrument
auswerten 1. to evaluate; to analyze; *(Rech)* to interpret; 2. to plot *(Kennlinien, Kurven)*

Auswerteprogramm *n (Rech)* evaluation program (routine)
Auswertetisch *m* plotting table
Auswertezeit *f (Rech, Fmt)* recognition time
Auswertung *f* 1. evaluation; 2. *(Rech)* handling *(z. B. von Daten)*; interpretation
Auswertungszeit *f (Rech)* interpretation time
auswuchten to counterbalance; to balance, to equilibrate
Auswuchtung *f* counterbalancing; balancing, equilibration
ausziehbar extendable, telescopic
ausziehen 1. to extend; to draw, to pull out; 2. to extract
Ausziehkraft *f* withdrawal force
Ausziehvorrichtung *f* extractor
„Aus"-Zustand *m* "off" state
Autoantenne *f* car (automobile) aerial
Autobatterie *f* car (automobile) battery
Autodyn *n (Nrt)* autodyne
Autoempfänger *m* car radio [receiver]
Autoionisation *f* autoionization
Autokode *m (Rech)* autocode
Autokoder *m (Rech)* autocoder
Autokollimationsfernrohr *n* autocollimator, autocollimating telescope
Autokollimationsspektrograf *m* autocollimating spectrograph
Autokorrelationsfunktion *f (Syst)* autocorrelation function *(bei Zufallsprozessen)*
Autokorrelator *m* autocorrelator *(Gerät zur Berechnung der Autokorrelationsfunktion)*
Autokorrelogramm *n* autocorrelogram
Automat *m (Syst)* automaton, automatic machine
  determinierter A. determinated automaton
  endlicher A. finite automaton
  initialer A. fixed initial state automaton
  lehrender A. teaching automaton
  lernender A. learning automaton
  stochastischer A. stochastic automaton
  unendlicher A. infinite automaton
Automatentheorie *f* automata theory, theory of automata
Automation *f s.* Automatisierung
automatisch automatic[al], self-acting
automatisieren to automate
Automatisierung *f* automation, automatization
  A. des Netzbetriebs *(Anl)* network automation
  A. von Vorgängen process automation
  industrielle A. industrial automation
Automatisierungstechnik *f* automation technique, automatic control engineering
Automünzfernsprecher *m* drive-in coin telephone
Autonomie *f (Syst)* non-interaction
Autopilot *m* autopilot
Autoscheinwerfer *m* car headlight [lamp]
Autotransformator *m* autotransformer
Avalanche-Diode *f s.* Lawinendiode
A-Verstärker *m* class-A amplifier
A-W-Draht *m s.* Adressenschreibdraht
AWE-Relais *n* autoreclose relay *(automatisches Wiedereinschaltrelais)*
A_1-Wert *m* permeance
AWE-Zyklus *m (Anl)* rapid autoreclosing cycle *(automatischer Wiedereinschaltzyklus)*
Axialanschluß *m* axial termination
Axialgebläse *n* axial blower, propeller-type blower
Axialkanone *f* axial gun *(Elektronenstrahlerzeugung)*
Axialkraft *f* axial force
Axiallüfter *m* axial[-flow] fan, propeller fan
Axialschwingung *f* axial vibration
Axialströmung *f* axial flow
axialsymmetrisch axially symmetric
Axialverdichter *m* axial-flow compressor
Ayrton-Widerstand *m* Ayrton shunt
Azetalharz *n* acetal resin
Azetatfaser *f* acetate staple fibre
Azetatfolie *f* acetate foil
Azetatschallplatte *f* acetate disk
Azetatseide *f* [cellulose] acetate rayon
Azetonharz *n* acetone resin
Azetonlack *m* acetone lacquer
Azidität *f* acidity
Azimut *m(n)* azimuth
Azimutdarstellung *f (Nrt, FO)* azimuth display
Azimutdurchlauf *m (FO)* azimuth sweep

B

B *s.* Baud
Babbeln *n (Fmt)* babble, inverted cross talk
Background *m s.* Grundgeräusch
Backlackdraht *m* self-bonding wire
Backofen *m* / **elektrischer** electric [baking] oven
Backverhalten *n* curing characteristic *(Isolierlack)*
Backward-Diode *f* backward diode
Bad *n (Galv)* bath
  alkalisches B. alkaline bath
  außenbeheiztes B. externally heated bath
  saures B. acid bath
Badbewegung *f* bath movement *(z. B. in Induktionsöfen)*
Baddrehung *f* bath rotation *(z. B. Lichtbogenofen)*
b-Ader *f (Fmt)* B-wire, ring wire, R-wire
Badewannenkondensator *m* bathtub capacitor *(kleiner Festkondensator)*
Badewannenkurve *f* bathing-tub diagram
Badkuppe *f* bath meniscus *(Induktionsofen)*

Badofen *m* / **elektrischer** electric bath furnace
Badreaktion *f* bath reaction *(Schmelzbad)*
Badspannung *f (Galv)* bath (cell) voltage
Badstrom *m (Galv)* bath current
Badverlustleistung *f* [standing] bath losses
Badwiderstand *m* bath resistance *(Elektroofen)*; tank resistance *(Elektrolyse)*
Badzusatz *m (Galv)* bath preparation
Bahn *f* 1. orbit, trajectory *(von Elektronen)*; path, track; 2. *s.* elektrische B.
elektrische B. electric railway
Bahnbeschleunigung *f* path acceleration, acceleration along the path
Bahndrehimpuls *m* orbital angular momentum
Bahngenerator *m* traction generator *(elektrische Zugförderung)*
Bahnimpulsquantenzahl *f* orbital quantum number
Bahnkraftwerk *n* railway power station *(elektrische Zugförderung)*
Bahnmagnetismus *m* orbital magnetic moment
Bahnmoment *n* orbital angular momentum
magnetisches B. orbital magnetic moment
Bahnmotor *m* traction motor *(elektrische Zugförderung)*
Bahnsteuerung *f (Syst)* contouring control
Bahnstromfrequenz *f* main frequency of the railway *(elektrische Zugförderung)*
Bahnstromgenerator *m* traction generator *(elektrische Zugförderung)*
Bahnstromleitung *f* traction supply line *(elektrische Zugförderung)*
Bahnstromversorgung *f* traction (railway power) supply *(elektrische Zugförderung)*
Bahntransformator *m* traction (railway supply) transformer *(Unterstation)*
Bahnumformer *m* railway converter *(elektrische Zugförderung)*
Bahnunterstation *f*, **Bahnunterwerk** *n* traction (railway) substation *(elektrische Zugförderung)*
Bahnwiderstand *m* path (bulk) resistance
Bahnwinkel *m* path angle
Bahnzustand *m* orbital state
Bajonettfassung *f* bayonet socket (holder, mounting); bayonet-type lamp holder
Bajonettkupplung *f* bayonet coupling (catch)
Bajonettsockel *m* bayonet cap
B. mit Zentralkontakt centre-contact bayonet cap
Bajonettverbindung *f* bayonet joint
Bajonettverschluß *m* bayonet lock (catch, joint)
Bake *f (FO)* beacon, radio (directive signalling) beacon
Bakelit *n* bakelite
Bakenantenne *f* beacon aerial

Balance *f* / **harmonische** *(Syst)* harmonic balance *(Untersuchung auf sinusförmige Signale)*
Balg *m* bellows *(pneumatisches Meßglied)*
Balgfeder *f* bellows-type spring
Balkengenerator *m (Ferns)* bar generator
Balkenkode *m* **für Waren** *(Rech)* universal product code, UPC
Balkenmuster *n (Ferns)* bar pattern
Ballaströhre *f* ballast tube
Ballastwiderstand *m* 1. ballast resistor; 2. ballast resistance
Ballempfang *m (Nrt, Ferns)* relay reception
Ballempfänger *m (Nrt, Ferns)* relay (direct pick-up) receiver
Ballonsonde *f* sounding balloon
ballsenden *(Nrt, Ferns)* to rebroadcast
Ballsender *m (Nrt, Ferns)* rebroadcasting transmitter
Ballsendung *f (Nrt, Ferns)* rebroadcast, relay transmission
Ballübertragung *f (Nrt, Ferns)* broadcast relaying
Bananenbuchse *f* banana jack
Bananenröhre *f* banana tube *(Farbbildröhre)*
Bananenstecker *m* banana pin (plug), split plug
Band *n* 1. tape *(z. B. Magnetband)*; ribbon; 2. band, range *(z. B. Frequenzband)*
besetztes B. *(Halbl)* filled band
einseitig beschichtetes B. single-faced tape
endloses B. endless (looped) tape
erlaubtes B. *(Halbl)* allowed band
frequenzhöheres B. high band
frequenzniedrigeres B. low[er] band
gefülltes B. filled tape
imprägniertes B. impregnated tape
jungfräuliches B. *s.* noch nicht benutztes B.
magnetpulverbeschichtetes B. magnetic-powder-impregnated tape
nichtbesetztes B. *(Halbl)* unoccupied band
noch nicht benutztes B. virgin[al] tape, raw tape
schmales B. *(Nrt)* narrow band
teilgelochtes B. *(Rech)* chadless [paper] tape
unterdrücktes B. *(Nrt)* suppressed frequency band
verbotenes B. *(Halbl)* rejection (forbidden) band, energy gap
Bandabhebevorrichtung *f* tape lifter
Bandablage *f s.* Bandarchiv
Bandabstand *m (Halbl)* energy (band) gap, band distance
Bandabtastung *f* tape sensing
Bandabwickelvorrichtung *f* tape unreeling device
Bandage *f* bandage, [binding] band *(Kabel)*
Bandagenverluste *mpl* band loss[es] *(Kabeltechnik)*

bandagieren to bandage *(Kabel)*
Bandagiermaschine *f* taping machine
Bandanfangsmarke *f* load point *(Magnetband)*
Bandanlauf *m* tape start *(Magnetband)*
Bandansage *f (Fmt)* recorded announcement
Bandantenne *f* tape aerial
Bandantrieb *m* tape drive *(Magnetbandgerät)*; belt drive *(Transmission)*
Bandantriebsachse *f* capstan *(Magnetbandgerät)*
  gegenläufige B. contrarotating capstan
Bandarchiv *n* tape file, [magnetic] tape archive
Bandarmierung *f* tape armouring *(Kabel)*
Bandaufhängung *f* ribbon (strip) suspension
Bandaufnahme *f* 1. [magnetic] tape recording; 2. tape record
  B. von Fernsehsignalen video tape recording
Bandaufnahmegerät *n* tape recorder
Bandaufzeichnung *f s.* Bandaufnahme
Band-Band-Rekombination *f (Halbl)* band-to-band recombination
Band-Band-Übergang *m (Halbl)* band-to-band transition, interband transition
Bandbefehl *m (Rech)* tape order (instruction)
Bandbegrenzung *f (Ferns)* band limiting
Bandbeschleunigung *f* tape acceleration
Bandbeschneidung *f* bandwidth limitation
bandbetätigt tape-operated
Bandbewicklung *f* taping
Bandblock *m* tape block *(Magnetbandspeichertechnik)*
Bandbreite *f* bandwidth
  B. des Helligkeitskanals luminance channel bandwidth
  belegte (besetzte) B. occupied bandwidth
  erforderliche B. necessary bandwidth, communication band
  konstante absolute B. constant (fixed) bandwidth
  konstante relative B. proportional (constant-percentage) bandwidth
  relative B. bandwidth ratio
  spektrale B. spectral bandwidth
Bandbreitenbegrenzung *f* bandwidth limitation
Bandbreitenbereich *m* bandwidth coverage
Bandbreitenregelung *f* bandwidth control
  mechanische B. mechanical band spreading
Bandbreitenüberstreichung *f* bandwidth coverage
Bandbreitenumschalter *m* bandwidth switch
Bandbreitenverkleinerung *f* band compression
Bandbremse *f* strap brake
Bändchengalvanometer *n* band galvanometer
Bändchenlautsprecher *m* ribbon loudspeaker
Bändchenmikrofon *n* ribbon (tape) microphone
Banddehnung *f* 1. band spreading; 2. tape stretching *(Tonband)*
Banddiagramm *n (Halbl)* band diagram
Banddicke *f* tape thickness
Banddurchziehofen *m* continuous strand furnace
Bande *f* band
Bandeinfädelung *f* tape threading *(Magnetband)*
Bandeinheit *f (Rech)* tape unit
Bandende *n* end of tape, tape outage
Bandenfolge *f* band sequence, sequence of bands
Bandenintensität *f* intensity of the band
Bandenreihe *f s.* Bandenfolge
Bandenspektrum *n* band spectrum
Bandensystem *n* band system
Bänderdarstellung *f (Halbl)* band picture
Banderder *m* strip earth conductor
  B. aus Eisen iron-strip earth conductor
Bändermodell *n (Halbl)* [energy] band model
Bänderschema *n (Halbl)* band scheme
Bandfilter *n* band-pass filter, [wave-]band filter
Bandfilterbecher *m* intermediate-frequency can
Bandfilterkette *f* band-pass ladder filter
Bandfilterverstärker *m* / **selektiver** band-pass selective amplifier
Bandführung *f* tape guidance (guide)
Bandgenerator *m* belt (Van de Graaff) generator
  elektrostatischer B. electrostatic belt generator
Bandgerät *n* tape recorder
  B. für zweikanalige Aufzeichnung dual-channel tape recorder
Bandgeschwindigkeit *f* tape speed (velocity)
bandgesteuert tape-controlled
Bandheizelement *n* strip heating element
Bandheizkörper *m* strip heater (element), ribbon heater
  B. mit Wärmeableitrippen finned strip heater
Bandheizwiderstand *m* ribbon heating resistor
Bandisolierung *f* tape insulation
Bandkabel *n* tape (ribbon, flat) cable
Bandkante *f (Halbl)* band edge
Band-Karte-Umsetzer *m (Rech)* tape-to-card converter, punched-tape to punched-card converter
Bandkleber *m* tape cement

Bandkondensator *m* tape capacitor
Bandkopie *f* copy tape
Bandkopieren *n* tape duplication
Bandkristall *m* ribbon crystal
Bandkrümmung *f (Halbl)* band bending, curvature of the band
Bandlampe *f* ribbon-filament lamp
Bandlänge *f* tape length
Bandlängenzähler *m* tape length (position) indicator; tape [footage] counter
Bandlauf *m* tape travel, [tape] run
B. in Rückwärtsrichtung reverse run
B. in Vorwärtsrichtung forward run
Bandlaufgeschwindigkeit *f s.* Bandgeschwindigkeit
Bandlautsprecher *m* ribbon loudspeaker, ribbon-type dynamic [loud]speaker
Bandleiter *m* strip conductor; microstrip
Bandleitung *f* strip [transmission] line, twin lead, metal strip
Bandleser *m* tape reader (*s.a.* Lochbandleser)
Bandlocher *m* tape perforator (punch)
schneller B. high-speed paper tape punch
Bandlöscheinrichtung *f* tape degausser (eraser)
Bandlücke *f (Halbl)* band gap
Bandmikrofon *n* ribbon (tape) microphone
Bandmitte *f* mid-band *(Frequenzband)*
Bandmittenfrequenz *f* mid-band frequency
Bandmittenverstärkung *f* mid-band gain
Bandmontage *f s.* Bandschnitt
Bandoberkante *f (Halbl)* upper band edge
Bandpaß *m* band-pass [filter], band filter
Bandpaßbegrenzer *m* band-pass limiter
Bandpaßfiltersatz *m* band-pass filter set
Bandpaßkopplung *f* band-pass coupling
Bandpaßselektivverstärker *m* band-pass selective amplifier
Bandpaßverstärker *m* band-pass amplifier
Bandpegel *m* band level
Bandrauschen *n* tape [background] noise
Bandriß *m* tape interruption (breakage)
Bandrißfühler *m* tape interruption sensor
Bandsalat *m* tape spillage *(durch Herauslaufen des Tonbandes aus der Führung)*
Bandschallpegel *m* band-pressure level
Bandschalter *m* wave switch *(Frequenzband)*
Bandschleife *f* tape loop
Bandschleifeneinrichtung *f* tape-loop arrangement
Bandschnitt *m* editing (cutting) of a tape
Bandschräglauf *m* skew
Bandschreiber *m* strip chart recorder, chart recorder (recording instrument), [paper] tape recorder
schneller B. high-speed tape recorder
Bandsortenerkennungssystem *n* / **automatisches** automatic tape response system, ATRS
Bandspannung *f* tape tension, tension of the [magnetic] tape
Bandspannungsfühler *m* **auf der Aufwickelseite** take-up reel tensioning arm
Bandspeicher *m (Rech)* tape store (memory)
Bandsperre *f* band-elimination filter, band-stop filter, band-rejection filter
schmalbandige B. notch filter
Bandsperrfilter *n s.* Bandsperre
Bandspreizkondensator *m* band-spread capacitor
Bandspreizung *f* band spreading
Bandspule *f* tape spool (reel), bobbin; ribbon coil
hochkant gewickelte B. edgewise-wound ribbon coil
Bandsteuereinheit *f* tape control unit
Bandstreifen *m* tape strip
Bandstruktur *f* band structure
Bandteller *m* [tape] reel *(Magnetbandgerät)*
Bandtellerbremse *f* reel brake
Bandtransport *m* tape transport
Bandtransportmechanismus *m* tape transport mechanism
Bandtrockner *m* belt dryer
Bandüberlappung *f (Halbl)* band overlap
Bandumschalter *m (Nrt)* band switch
Bandunterkante *f (Halbl)* lower band edge
Bandverbiegung *f (Halbl)* band bending
Bandverschiebung *f (Halbl)* band shift
Bandvorbereitung *f* tape preparation
Bandvorschub *m* tape feed
Bandwahlschalter *m* band selector switch *(für Frequenzen)*
Bandwickel *m* [tape] reel
Bandwiderstand *m* ribbon resistor *(Heizleiter)*
Bandzähler *m s.* Bandzählwerk
Bandzählwerk *n* tape counter; tape length indicator
Bandzug *m* tape tension
Bandzugregelung *f* [tape] tension control
Bank *f* / **optische** optical bench
Bankfotometer *n* bench photometer
Barin-Methode *f* Barin method *(Reparaturverfahren für Lichtbogenöfen)*
Baritflintglas *n* barium flint [glass]
Baritkronglas *n* barium crown [glass]
Bariumkatode *f* barium cathode
Barkhausen-Effekt *m* Barkhausen effect
Barkhausen-Kurz-Schwingung *f* Barkhausen-Kurz oscillation *(Bremsfeldröhren)*
Barkhausen-Schwingungen *fpl* Barkhausen-oscillations, brake-field oscillations
Barkhausen-Sprung *m* Barkhausen jump
Barometerrelais *n (FO)* barometric switch
Barretter *m* barretter, bolometric instrument *(mit Draht- oder Schichtwiderstand)*

Barriere *f* barrier
Barrierenabsenkung *f (Halbl)* barrier lowering
Barrierenerniedrigung *f (Halbl)* barrier lowering
B. durch Bildkraft image-force barrier lowering
Barrierenhöhe *f (Halbl)* barrier height
Barristor *m* barristor *(Halbleiterbauelement)*
Basaltwolle *f (Isol)* basalt (rock) wool
Basenüberschuß *m (Chem)* excess of base
Basis *f* base; basis
gemeinsame B. common base
Basis-4-Addierer *m (Rech)* base-4-adder
Basisanschluß *m* base terminal *(Transistor);* base contact
Basisanschlußdraht *m* base wire
Basisausbreitungswiderstand *m (Halbl)* base spreading resistance
Basisband *n* baseband *(Frequenz)*
Basisbandverstärker *m* baseband amplifier
Basisbreite *f* base width
Basisbreitenmodulation *f* base-width modulation
basisch *(Chem)* basic, alkaline
Basisdiffusion *f (Halbl)* base[-type] diffusion
Basisdiffusionsfenster *n (Halbl)* base-diffusion window
Basisdraht *m* base wire
Basiseinheit *f (Meß)* base unit
Basiselektrode *f* base electrode
Basisfrequenzband *n* basic frequency band
Basisgebiet *n* base region
Basisgröße *f (Meß)* base quantity
Basisklemme *f* base terminal
Basiskontakt *m* base contact
Basiskontaktstreifen *m* base contact strip
Basiskontaktwiderstand *m* base contact resistance
Basislaufzeit *f* base transit time *(Transistor)*
Basisleistung *f* base power
Basislösung *f (Syst)* basis solution *(der linearen Optimierung)*
Basismaterial *n* base material
metallkaschiertes B. metal-clad base material
Basismetallisierungsfenster *n (Halbl)* base-metallization window
Basisplatte *f* 1. base plate; 2. substrate
Basisrechner *m* basic computer
Basisschaltung *f* basic circuit; *(Halbl)* common-base circuit (connection), grounded-base circuit
Basisschicht *f* base layer *(Transistor)*
Basisspannung *f* base voltage
Basisstörstelle *f (Halbl)* base impurity
Basisstreifen *m (Halbl)* base stripe
Basisstrom *m* base current
Basistemperatur *f* base temperature
Basistiefe *f (Halbl)* base depth
Basistransportgrenzfrequenz *f (Halbl)* base transport cut-off frequency
Basisverbreiterung *f* base widening
Basisverstärker *m* grounded-base amplifier
Basiswiderstand *m (Halbl)* base resistance
äußerer B. external base resistance
innerer B. internal base resistance
Basiswinkel *m* base angle
Basiszahl *f* base number
Basiszone *f* base region
Basizität *f (Chem)* basicity, basic strength
Baß *m (Ak)* bass
Baßanhebung *f* bass boost[ing], low-note accentuation
Baßentzerrer *m* bass compensator
Baßentzerrung *f* bass compensation
Baßfilter *n* bass-cut filter
Baßlautsprecher *m* bass loudspeaker
Baßreflexbox *f* bass reflex cabinet, [bass] reflex box
Baßregler *m* bass control
Baßton *m* bass [note]
Baßwiedergabe *f* bass response
Batalumgetter *m* batalum getter *(Elektronenröhren)*
Batterie *f* [storage] battery, accumulator
aufladbare B. rechargeable battery
dichte B. sealed [storage] battery
eingebaute B. internal battery
elektrische B. electric battery
galvanische B. galvanic (voltaic) battery
lecksichere B. leakproof battery
ortsfeste B. stationary battery
radioaktive B. radioactive battery
thermoelektrische B. thermoelectric battery
transportable B. portable battery
verbrauchte B. used (run-down) battery
vergossene B. sealed-in battery
Voltasche B. *s.* galvanische B.
Batterieanschlußklemme *f s.* Batterieklemme
Batterieantrieb *m* battery (accumulator) drive ● **mit B.** battery-driven, battery-operated
Batterieausgangsleistung *f* battery output
Batteriebehälter *m* battery box (compartment)
Batteriebetrieb *m* battery operation
batteriebetrieben battery-driven, battery-operated
Batterieelektrode *f* battery electrode
Batterieempfänger *m* battery[-operated] receiver, portable receiver
Batterieersatzgerät *n* battery eliminator
Batteriefahrzeug *n* accumulator car, electric battery vehicle
Batteriegefäß *n* battery jar
Batteriegehäuse *n* battery box
batteriegepuffert battery-backed
batteriegespeist battery-powered

Batterieheizung *f* battery heating
Batteriekabelschuh *m* battery terminal
Batteriekaskade *f* cascade battery
Batteriekasten *m* battery (accumulator) container, battery box
Batterieklemme *f* battery [connecting] terminal, battery clip (clamp)
Batteriekontrolle *f* battery check
Batterieladebaustein *m* battery charging module
Batterieladegerät *n* battery charger (charging set), accumulator charging apparatus (set)
Batterieladevorrichtung *f s.* Batterieladegerät
Batterieladevorschriften *fpl* battery charge regulations
Batterielüftungsventil *n* battery vent valve
Batteriepolklemme *f* terminal post
Batterieprüfer *m* battery (charge) tester
Batterieprüfung *f* battery check
Batteriesäureheber *m* battery syringe
Batterieschalter *m* battery (accumulator) switch; discharge switch
Batterieschalttafel *f* accumulator switchboard
Batteriespannung *f* battery (cell) voltage
Batteriespeisung *f* battery supply
Batterietrog *m* tray
Batterieumschalter *m* battery reversing switch
Batteriezellenschalter *m* battery (accumulator) switch
Batteriezündung *f* battery (cell) ignitation
Bauakustik *f* building (architectural) acoustics
Bauart *f* design; type; make; construction
  B. eines Meßmittels pattern of a measuring instrument
  bestätigte B. approved pattern *(von Meßmitteln)*
  kompakte B. compact design, compactness
  modulare B. modular design
Bauch *m* antinode, bulge *(z. B. einer Schwingung)*
  B. einer stehenden Welle antinode of a stationary wave
Bauchelektrode *f* bulge electrode
Baud *n (Nrt)* baud *(Einheit der Telegrafiergeschwindigkeit)*
Baudot-Telegraf *m* Baudot telegraph
Baueinheit *f* assembly, [standard] component; unit, module
  B. mit Thyristoren thyristor module
  leichte B. light-weight unit
Bauelement *n* 1. *(Elk)* component [part]; [structural] element; unit; device; 2. *(App)* constructional member
  B. für schnelle Rechner high-speed computing component (device, element)
  B. hoher Arbeitsgeschwindigkeit *(Halbl)* high-speed component (device, element)
  B. mit einem pn-Übergang *(Halbl)* single p-n junction component (device, element)
  aktives B. active component (device, element)
  angepaßtes B. matched component
  bipolares B. bipolar component
  diskretes B. discrete component
  elektronisches B. electronic component
  faseroptisches B. fibre-optic device
  integriertes elektronisches B. integrated electronic component
  konzentriertes B. lumped component
  luftdicht verschlossenes B. hermetic-sealed component
  magnetisches B. magnetic component
  passives B. passive component
  tropenfestes B. tropicalized component
  verlustbehaftetes B. lossy component
Bauelementanordnung *f* component layout
Bauelementausbeute *f* component yield
Bauelementdichte *f* component density
Bauelemente *npl* / **auf Streifen magazinierte** taped components *(für Leiterplatten)*
Bauelementeanzahl *f* component count
Bauelementebestückungsmaschine *f* component inserting machine
Bauelementeherstellung *f* component processing; component technology
Bauelementlebensdauer *f* component life
Bauelementpackungsdichte *f* component packing density
Bauelementparameter *m* component parameter
Bauelementplatte *f* component board
Bauelementtechnologie *f* component technology
Bauform *f* design; structural form, form of construction
Bauglied *n s.* Bauelement
Baugröße *f* 1. size; 2. frame number *(in einer Typenreihe)*
Baugrößennummer *f* frame number
Baugruppe *f* package, [packaged] unit; [sub]assembly, module
  B. mit Thyristoren thyristor module
  elektromagnetische B. electromagnetic unit (module)
  kompakte B. packaged unit (module), package
Baugruppenbauweise *f* modular construction
Baukastenentwurf *m* modular design
Baukastenkonstruktion *f* unit[ized] construction, modular (building block) construction
Baukastenprinzip *n* module (unitized) principle
Baukastensystem *n* modular [construction] system
Baukastentechnik *f* modular [construction] technique

Baumbeleuchtung *f* [christmas] tree illumination
Baumelbindung *f (Halbl)* dangling bond *(ungesättigte Bindung eines Oberflächenatoms)*
Baumwollschnitzel *npl* chopped cotton fabric *(Füllstoff für Preßmassen)*
Baumwollseidenkabel *n* silk-and-cotton-covered cable
Baumwollstreifen *m* cotton tape *(für Isolierzwecke)*
baumwollumsponnen cotton-covered *(Draht)*
  doppelt b. double-cotton-covered
Baumwollwachsdraht *m* waxed cotton-covered wire
Baureihe *f* series
Bausatz *m* kit
Baustein *m* unit; building block; module, [standard] modular unit; component; package
  B. für automatische Steuerungen control component
  B. für Ein- und Ausgabe *(Rech)* peripheral interface adapter, PIA
  B. für Mikrominiaturschaltung microminiature circuit module
  B. mit Thyristoren thyristor module
  elektromagnetischer B. electromagnetic component (module)
  elektronischer B. electronic component (module, unit)
  genormter B. standard unit (component)
  kaskadierbarer B. slice [component]
  leichter B. light-weight unit
  logischer B. logical component
  optoelektronischer B. opto-electronic element
  standardisierter B. standard [modular] unit, standardized part
bausteinartig modular [designed]
Bausteine *mpl* **/ gestapelte** stacked units
Bausteinfertigung *f* component (module, unit) production
Bausteingehäuse *n* modular case
Bausteinkonstruktion *f* modular construction
Bausteinraster *m* modular grid
Bausteinsystem *n* modular system
Bausteintechnik *f* modular construction technique
Baustoffe *mpl* **/ feuerfeste** refractory lining material *(Auskleidung für Elektroöfen)*
Bauteil *n* component [part], structural element (member), [structural] part
  magnetisches B. magnetic component
  standardisiertes B. standardized component (part); standard modular unit
Bauteildichte *f (Halbl)* packing density
Bauteilpaar *n* **/ angepaßtes** matched pair [of components]
Bautrupp *m (Fmt)* construction gang (squad)
Bautruppführer *m (Fmt)* gang foreman, construction chief
Bauweise *f* construction; design
  raumsparende B. space-saving design
  schalldichte B. acoustic construction
  wickellose B. unwrapped construction
B-bewertet *(Ak)* B-weighted
B-Bewertung *f (Ak)* B-weighting
BCD-Darstellung *f* binary-coded decimal representation
BCD-Ziffer *f s.* Dezimalziffer / binärkodierte
Bd *s.* Baud
B-Darstellung *f (FO)* B display, range-bearing display
BE *s.* Bauelement
Beam-lead-Bonder *m (Halbl)* beam-lead bonder
Beam-lead-Technik *f (Halbl)* beam-lead technology
beanspruchbar / hoch high-duty
Beanspruchbarkeit *f* stressability
beanspruchen to stress, to strain
Beanspruchung *f* stress, strain
  dielektrische B. dielectric stress
  elektrische B. electric stress *(Isolierstoff)*
  funktionsbedingte B. functional stress
  thermische B. thermal stress
  umgebungsbedingte B. environmental stress
Beanspruchungsbeginn *m* beginning of stress
Beanspruchungszyklus *m* stress cycle
bearbeiten / im Vakuum to vacuum-process
Bearbeitung *f* **durch Funkenerosion** spark erosion machining
  automatische B. automatic processing
  elektroerosive B. electric discharge machining
beaufschlagen / mit Impulsen to pulse
Beblasung *f* **/ magnetische** magnetic blow
Becher *m* **/ Faradayscher** Faraday cylinder
Becherelektrode *f* cup electrode
Becherkondensator *m* potted (encased) capacitor
  runder B. round-can capacitor
Becherkonstruktion *f* canned assembly *(Röhren)*
Beck-Bogenlampe *f* Beck (flame) arc lamp
Beck-Lichtbogen *m* Beck arc, high-intensity carbon arc
bedampfen to coat, to evaporate; to shadow
  mit Metall b. to metallize
Bedarf *m* **/ augenblicklicher** instantaneous demand *(an Energie)*
Bedarfsentwicklung *f* growth of demand
Bedarfsspitze *f* maximum demand *(Energie)*
bedecken to cover; to cap
  mit einer Kruste b. to incrust
Bedeckung *f* coverage, covering

Bedeckungsgrad *m* degree of coverage
Bedienelement *n* operating (control) element, control [knob]
bedienen to attend *(Anlagen)*; to operate *(z. B. Schalter)*; to handle
Bedienung *f* attendance; operation; handling, manipulation ● **ohne B.** unattended
falsche B. wrong manipulation
Bedienungsanweisung *f* service instruction, operating instruction[s]
Bedienungsblattschreiber *m* operator console typewriter
Bedienungseinrichtung *f* operating device
Bedienungselement *n s.* Bedienelement
Bedienungsfehler *m* operating error, error in operation
Bedienungsfeld *n* control panel
Bedienungsfernsprecher *m* attendant telephone
Bedienungshebel *m* operating lever
Bedienungskabine *f* operating cabin
Bedienungsknopf *m* operating button, operation knob, [control] knob
Bedienungsmannschaft *f* operating crew
Bedienungsöffnung *f* access opening
Bedienungsperson *f* operator
Bedienungspersonal *n* operating personnel
Bedienungsplatz *m* **/ zentraler** *(Fmt)* central control position
Bedienungspult *n* control console (desk), operator console
Bedienungsraum *m* control room
Bedienungstafel *f* control panel
Bedienungstisch *m* control console
Bedienungsvorschrift *f* service instruction, operating instruction[s]
Bedingung *f* 1. condition; 2. *(Rech)* if-clause *(ALGOL 60)*
B. am Leitungsende terminal condition
hinreichende B. *(Syst)* sufficient condition
notwendige B. *(Syst)* necessary condition
stationäre B. steady-state condition
Bedingungen *fpl* **für das Optimum** optimization conditions
B. für technische Realisierbarkeit feasibility conditions
atmosphärische B. atmospheric conditions
schwierige B. severe conditions
Bedingungsanweisung *f (Rech)* if-statement *(ALGOL 60)*
beeinflussen to affect; to influence
einander b. to interact
störend b. to interfere with
systematisch b. to bias
Beeinflussung *f* influence
B. des Fernsprechverkehrs [durch Telegrafie] cross fire
gegenseitige B. [mutual] interaction, mutual influence, interplay; cross feeding *(z. B. in vermaschten Systemen)*
störende B. interference
wechselseitige B. *s.* gegenseitige B.
Beeinflussungsstrecke *f* interference zone
beeinträchtigen to impair; to interfere with
Beeinträchtigung *f* **des Hörvermögens** impairment of hearing
beenden to finish, to complete; to terminate
Beendigung *f* finishing, completion; termination
B. der Störung cessation of the disturbance
Beendigungszeichen *n (Fmt)* sign-off signal
Befehl *m (Rech)* instruction, command, order; statement *(ALGOL)*
B. für Programmstopp exit instruction
B. für unbedingten Sprung unconditional jump instruction
B. „Nicht verarbeiten" ignore instruction
B. variabler Länge variable-length instruction
adressenfreier B. addressless instruction, zero-address command
bedingter B. conditional instruction
belangloser B. dummy instruction
externer B. external command
iterativer B. iterative order
kodierter B. coded instruction
konstanter B. constant instruction
logischer B. logical instruction
mikroprogrammierbarer B. microprogrammable instruction
organisatorischer B. organizational instruction
symbolischer B. symbolic instruction, pseudoinstruction
Befehlsablauf *m (Rech)* control sequence
Befehlsadresse *f (Rech)* instruction (command) address
Befehlsadressenänderung *f* command address change
Befehlsadressenregister *n* instruction address register
Befehlsänderung *f (Rech)* instruction modification
Befehlsauslösung *f (Rech)* command action
Befehlsblock *m (Rech)* block of instructions
Befehlsdekodierschaltung *f (Rech)* instruction decoder
Befehlsfolge *f (Rech)* sequence of instructions (orders), instruction (order) sequence
Befehlsfolgeregister *n* sequence (sequential) control register
Befehlsfunktion *f (Rech)* instruction function
Befehlsholen *n* **/ vorausschauendes** *(Rech)* instruction prefetch

Befehlsimpuls *m (Rech)* command pulse
Befehlskarte *f (Rech)* order card
Befehlskode *m (Rech)* instruction (command) code
Befehlsliste *f (Rech)* list of instructions
Befehlslochkarte *f (Rech)* instruction card
Befehlsmodifikation *f (Rech)* instruction modification
Befehlsregister *n (Rech)* instruction (control) register
  momentanes B. current instruction register
Befehlssatz *m (Rech)* instruction set
  B. für den Mikroprozessor microprocessor instruction set
Befehlsschalter *m* / **handbetätigter** *(App)* manual control switch
Befehlsschema *n (Rech)* operational chart
Befehlsschleife *f (Rech)* command loop, loop of instruction
Befehlsschlüssel *m (Rech)* command (operation) code
Befehlssignal *n (Rech)* command (order) signal
Befehlsstelle *f (Rech)* instruction location
Befehlssteuerung *f* command control
Befehlsstreifen *m (Rech)* instruction tape
Befehlsstruktur *f (Rech)* command structure, instruction format (structure)
Befehlsumadressierung *f (Rech)* instruction address change
Befehlsverteilerkanal *m (Rech)* instruction distribution channel
Befehlsvorrat *m* instruction set (repertoire)
Befehlswort *n (Rech)* instruction word, order
  einfaches B. single instruction word
Befehlszähler *m (Rech)* instruction (control) counter
Befehlszählerregister *n* instruction counting register
Befehlszeile *f (Rech)* command line
befestigen to fix, to fasten, to attach; to clamp; to anchor
Befestigung *f* fixing, fastening, attachment; mounting *(Vorrichtung)*; anchorage, tie *(z. B. von Masten)*
  elastische B. shock-absorbing mounting
Befestigungsbolzen *m* clamping bolt
Befestigungselement *n* **im Kabelendverschluß** pothead entrance fitting
Befestigungsflansch *m* mounting (fixing) flange
Befestigungsklemme *f* mounting clip
Befestigungsöse *f* mounting lug, grommet
Befestigungsplatte *f* mounting panel (plate); stub *(eines Mastes)*
Befestigungsschiene *f* attachment rail
Befestigungsschraube *f* fastening (locking) screw
Befestigungsstift *m* securing pin
befeuchten to damp[en], to moisten, to humidify
Befeuchtung *f* damp[en]ing, moistening, humidification
befeuern to light, to beacon
Befeuerung *f* navigation lights
befindlich / außen external
  im Innern b. inside
  in Betrieb b. active
  in Ruhe b. non-operative, inoperative
  unter Spannung b. alive
befreien to liberate, to release; to [set] free
  Elektronen b. to liberate (release) electrons
  von Eis b. to deice
Befundprüfung *f (Meß)* inspection examination
begehen / eine Linie *(Fmt)* to inspect (patrol) a line
Beginn *m* beginning, start, onset, inception; initiation
  B. der Bestrahlung onset (initiation) of irradiation
  B. des Durchbruchs onset of breakdown
  B. des Hauptimpulses *(Elk)* advent of main pulse
beginnen to begin, to start; to initiate
Beginnzeichen *n (Fmt)* answer (off-hook) signal
  B. mit Zählunterdrückung answer non-meter signal
Beglaubigung *f* / **[staatliche]** verification, *(Am)* calibration *(eines Meßmittels)*
Beglaubigungsfehlergrenze *f (Meß)* legalized limit of error
Begleitmetall *n (Galv)* foreign-metal impurity
begrenzen to limit, to set limits; to restrict; to clip *(Signal)*
  den Kurzschlußstrom b. to limit the short-circuit current
  die Zeit b. to set a time limit
  örtlich b. to localize *(z. B. eine Störung)*
Begrenzer *m* limiter, peak chopper; clipper *(von Signalen)*; *(Rech)* delimiter; *(Syst)* restrictor
  B. mit Totzone *(Syst)* limiter with deadband
  partieller B. partial limiter
Begrenzerdiode *f* limiter diode
Begrenzerröhre *f* limiter valve
Begrenzerschaltung *f* 1. limiting (limiter, clipper, cut-off) circuit; 2. suppressor circuit
Begrenzerstufe *f* limiter stage
Begrenzerverstärker *m* limiter amplifier
begrenzt limited; restricted; bounded *(Linie, Fläche)*
  durch Streuung b. scattering-limited
  nicht b. unrestricted
Begrenzung *f* limiting, limitation; cut-off
  B. des Eingangssignals limiting of input [signal]
  B. des Übergangsverhaltens *(Syst)* performance limitation

Begrenzungsdrossel *f* limiting coil (reactor)
Begrenzungskennlinie *f* limiting characteristic
Begrenzungsleuchte *f* side (clearance) lamp *(Kraftfahrzeug)*
Begrenzungslicht *n* side light *(Kraftfahrzeug)*
Begrenzungsspannung *f* clamp voltage
Begrenzungsverstärker *m* limiting amplifier
Begrenzungsverzerrung *f* clipping distortion
Begrenzungswiderstand *m* [current-]limiting resistor
Begrenzungswirkung *f* limiting action
Behaglichkeitskurve *f (Licht)* cosiness curve
Behältersystem *n* / **geschlossenes** sealed tank system
behandeln to process, to treat; to handle
anodisch b. to anodize
die Oberfläche b. to surface, to finish
galvanisch b. to galvanize *(Elektromedizin)*
Behandlung *f* processing, treatment; handling
analytische B. analytical treatment
anodische B. anodizing, anodic treatment (oxidation)
numerische B. numerical treatment
thermische B. heat treatment
Behandlungsverfahren *n* treatment technique, treating process
Behandlungsweise *f* procedure, method of treatment
Behandlungszeit *f* treating time
beharrungsgesteuert inertia-controlled
Beharrungstemperatur *f* permanent operating temperature
Beharrungsvermögen *n* inertia
Beharrungswert *m* steady-state value, final value *(eines Signals)*
Beharrungszustand *m* steady-state condition, steady (stationary) state; permanent regime
beheben to eliminate, to remove, to cure *(z. B. Fehler)*; to clear
einen Kurzschluß b. to remove (clear) a short-circuit
beheizen / durch Strahlung to heat by radiation
elektrisch b. to heat electrically
induktiv b. to heat by induction
Beheizung *f* / **direkte elektrische** direct electric heating
indirekte B. indirect (external) heating
unmittelbare B. direct heating
Behelfsanlage *f* makeshift plant
Behelfsantenne *f* auxiliary (provisional, makeshift) aerial
Behelfsbeleuchtung *f* standby lighting
Behelfsvorrichtung *f* makeshift device
beiderseits kein Ruf *(Fmt)* no ring each way
beidohrig *(Ak)* binaural
Beilauffaden *m* tracer *(Kabel)*
beimengen to add, to admix
Beimengung *f* 1. addition, admixture; 2. additive; dopant; impurity
beimischen *s.* beimengen
Beizbad *n (Galv)* scouring (pickling) bath
Beize *f (Galv)* scouring agent, pickle; etchant
beizen *(Galv)* to pickle, to scour; to etch
Beizen *n* / **katodisches** cathode (cathodic) pickling
Beizflüssigkeit *f* pickling fluid (solution)
Beizmittel *n s.* Beize
Beizsprödigkeit *f* pickle brittleness
Bekämpfung *f* **von Funkstörungen** *(Fmt)* radio interference control
Békésy-Audiometer *n* Békésy-type audiometer, tracking audiometer
Békésy-Verfahren *n* method of tracking *(Audiometrie)*
bekleben to paste
Bel *n* bel *(dekadisch-logarithmisches Pegelmaß)*
Belag *m* coat[ing], cover; layer, film
dielektrischer B. dielectric layer
eingezwängter B. *(Ak)* constrained layer
leitender B. conducting coat[ing]
reflexvermindernder B. *(Licht)* antireflection coating (film)
säurefester B. acid-proof lining
Belastbarkeit *f* 1. load[-carrying] capacity, power-handling capacity; rating *(Nennwert)*; 2. stressability *(mechanisch)*
B. des Wählers *(Fmt)* selector carrying capacity
mittlere B. *(Fmt)* average traffic flow
thermische B. thermal rating
belasten 1. to load; 2. to stress
mit Spulen b. *(Fmt)* to pupinize
belastet loaded, on-load; active
gleichmäßig b. uniformly loaded
mittelstark b. medium-heavy loaded
punktförmig b. *(Fmt)* lump-loaded
stark b. heavily loaded
Belastung *f* 1. load, loading; demand *(Leistungsforderung)*; 2. stress ● **bei B.** on load
B. außerhalb der Spitzenzeit off-peak load
B. durch Reibung friction load
B. durch Trägheit und Reibung inertia-plus-friction load
B. eines Zählers load of a meter
B. mit Spulen *(Fmt)* Pupin loading
B. von außen *(Syst)* external load *(Störgröße)*
aussetzende B. intermittent load[ing]
effektive B. actual load
geringe B. light load

gleichbleibende (gleichförmige) B. uniform (constant, steady) load
höchstzulässige B. maximum permissible load
hohe B. heavy load
induktionsfreie B. non-inductive load
induktive B. inductive (reactive, lagging) load
jahreszeitliche B. seasonal load
kapazitive B. capacitive (leading) load
konstante B. constant (permanent) load
kritische B. critical load
künstliche B. artificial load
magnetische B. magnetic loading
mittlere B. mean (average) load
ohmsche B. ohmic (resistive) load
pulsierende B. pulsating load
stoßweise B. pulsating load
stufenweise B. stepwise loading
symmetrische B. balanced (symmetrical) load
thermische B. thermal (heat) load
tote B. dead load
unsymmetrische B. unbalanced (out-of-balance) load
voreilende B. leading (capacitive) load
zulässige B. allowable (permissible) load; safe load
zulässige B. der Anode anode rating
Belastungsadmittanz *f* load admittance
Belastungsänderung *f* load variation (change), variation in load, fluctuation of load
Belastungsanzeiger *m* load indicator
Belastungsaufteilung *f* division of load
Belastungsausgleich *m* load balance
Belastungsbedingung *f* load condition
Belastungsbereich *m* load range
B. eines Zählers meter load range
Belastungsdauer *f* load duration
Belastungsdiagramm *n* load characteristic (diagram)
Belastungsfähigkeit *f* load[-carrying] capacity, loadability
Belastungsfaktor *m* load factor; output factor
Belastungsfaktorsteuersystem *n* load-factor control system *(z. B. für Lichtbogenöfen)*
Belastungsfehler *m* load[ing] error
Belastungsgebirge *n* three-dimensional load diagram
Belastungsgenerator *m* dynamometer
Belastungsgrad *m* plant[-capacity] factor *(Kraftwerk)*
Belastungsgrenze *f* load[ing] limit; maximum load
Belastungsimpedanz *f* load impedance
Belastungsintensität *f* intensity of load
Belastungskapazität *f* load capacitance
Belastungskennlinie *f* load characteristic (line)
B. für reine Blindlast zero power-factor characteristic *(Synchronmaschinen)*
Belastungskoeffizient *m* load factor
Belastungskreis *m* load circuit
Belastungskurve *f* load curve
Belastungsleistung *f* load power
Belastungslinie *f* load line
Belastungsmoment *n* load torque
Belastungsregelung *f* load control
Belastungsregler *m* load controller (regulator)
Belastungsscheinleitwert *m* load admittance
Belastungsschwankung *f* change of (in) load
Belastungsschwerpunkt *m* load centre
Belastungsspannung *f* load voltage
Belastungsspitze *f* peak load, load peak
Belastungsspule *f* loading coil
Belastungsstärke *f* intensity of load
Belastungsstrom *m* load current
Belastungsstromkreis *m* load circuit
Belastungstal *n* off-peak load
Belastungsteilung *f (Fmt)* load sharing
Belastungsverhältnis *n* stress ratio
Belastungsversuch *m* 1. load test; 2. *(Masch)* braking test *(Bremsversuch)*
Belastungsverteilung *f* load distribution (division)
Belastungswiderstand *m* 1. load resistance, load; 2. load[ing] resistor, load rheostat; ballast resistor
Belastungszeit *f* load period; *(Anl)* running time (period)
Belastungszustand *m* loading condition
Belegauswahl *f (Rech)* document selection
Belegdatenverarbeitung *f (Rech)* document data processing
belegen to coat, to cover
eine Leitung b. *(Fmt)* to seize a line
mit Folie b. to foliate
Belegen *n* 1. coating, covering; 2. *(Fmt)* seizing
B. ohne Wahl *(Fmt)* holding without dialling
Belegleser *m (Rech)* document reader; *(Fmt)* record reader
Belegquittungszeichen *n (Fmt)* seizure acknowledg[e]ment signal
Belegschreibsystem *n (Rech)* document writing system
Belegsortierer *m (Rech)* document sorter
belegt *(Fmt)* busy, engaged
[vom Prinzip her] nicht b. *(Rech)* don't care *(z. B. Speicherplätze)*
Belegtlampe *f (Fmt)* busy lamp
Belegung *f (Fmt)* seizure; holding
B. eines Kondensators plate of a capacitor *(Elektrode)*
gleichzeitige B. von beiden Seiten *(Fmt)* head-on collision
wartende B. *(Fmt)* delayed call

zum Rand abfallende B. tapered (gabled) distribution *(Antennentechnik)*
Belegungen *fpl* **je Leitung** *(Fmt)* calling rate
Belegungsdauer *f (Fmt, Rech)* holding time
mittlere B. mean (average) holding time
Belegungsfaktor *m (Fmt)* utilization factor
Belegungsgrad *m* degree of coverage
Belegungskennzeichen *n (Fmt)* holding code signal
Belegungsminute *f (Fmt)* call minute
Belegungsplan *m (Fmt)* face plan
Belegungsquittung *f (Fmt)* proceed-to-send signal
Belegungsregistrierung *f (Fmt)* call-count record
Belegungsspektrum *(Fmt)* call mix
Belegungsstunde *f (Fmt)* traffic carried hour, TC hour
Belegungsversuch *m (Fmt)* call attempt
Belegungsverteilung *f (Fmt)* distribution of occupancies
Belegungsvorgang *m (Fmt)* seizure; holding
Belegungszähler *m (Fmt)* position meter, peg count meter (register)
Belegungszeichen *n (Fmt)* seizing signal
Belegungszeit *f (Fmt, Rech)* holding time
Belegungszustand *m (Fmt)* state of occupancy
Belegverarbeitung *f (Rech)* document processing
beleuchten to light, to illuminate
elektrisch b. to light by electricity
stark b. to highlight
von hinten b. to back-light
von vorn b. to front-light
Beleuchter *m* lighting cameraman
Beleuchterbrücke *f* footlight bridge
beleuchtet / seitlich side-illuminated
Beleuchtung *f* lighting, illumination
B. mittels Lichtleitfaser fibre optic lighting
arbeitsplatzorientierte B. task-oriented lighting
blendungsfreie B. glareless lighting
diffuse B. diffuse lighting
direkte B. direct illumination
exponierte B. emphasis lighting
gemischte B. mixed (combined) lighting
gerichtete B. directional lighting
gestreute B. diffuse lighting
gleichförmige B. general diffuse lighting
indirekte B. indirect lighting
kohärente B. coherent illumination
Köhlersche B. Köhler illumination
schattenfreie B. shadowless illumination
schräge B. oblique illumination
unangenehme B. discomfort [in] lighting
unzureichende B. insufficient illumination
vorwiegend direkte B. semidirect lighting
vorwiegend indirekte B. semi-indirect lighting
Beleuchtungsanforderungen *fpl* lighting requirements
Beleuchtungsanlage *f* lighting installation (equipment, plant)
B. mit großer Lichtpunkthöhe high-bay installation
Beleuchtungsanordnung *f* lighting scheme
Beleuchtungsapertur *f* illuminating (illumination, condenser) aperture
Beleuchtungsart *f* type of illumination
Beleuchtungsberatungsdienst *m* lighting advisory service
Beleuchtungsberechnung *f* lighting calculation
Beleuchtungsbetonung *f* accent (emphasis) lighting
Beleuchtungsbewertung *f* lighting evaluation (appraisal)
Beleuchtungsbewertungssystem *n* lighting evaluation system
Beleuchtungseffekt *m* lighting effect
Beleuchtungseinstellung *f* adjustment for illumination
Beleuchtungsgerät *n* illuminator, illuminating apparatus
Beleuchtungsgestaltung *f* **/ wartungsfreundliche** lighting design for maintenance
Beleuchtungsgüte *f* quality of lighting
Beleuchtungsintensität *f* lighting (illumination) level
Beleuchtungskörper *m* lighting fitting (fixture), light fitting
regengeschützter B. rainproof fitting
Beleuchtungsmesser *m s.* Beleuchtungsstärkemesser
Beleuchtungsmilieu *n* lighting environment
Beleuchtungsniveau *n* lighting level
Beleuchtungsplan *m* lighting project
Beleuchtungsplaner *m* lighting designer, designer of lighting systems
Beleuchtungspraxis *f* lighting practice
Beleuchtungsprinzip *n* **/ Köhlersches** Köhler method
Beleuchtungsquelle *f* lighting source
Beleuchtungsregelung *f* lighting control
Beleuchtungsregler *m* **/ fotoelektrischer** photoelectric lighting controller
Beleuchtungsrichtlinien *fpl* lighting principles
Beleuchtungsschwankung *f* variation in illuminating
Beleuchtungsspiegel *m* illumination mirror
Beleuchtungsstärke *f* illuminance *(auf die Fläche bezogene Dichte des Lichtstroms; SI-Einheit: Lux)*; intensity (level) of illumination
horizontale B. horizontal illuminance (illumination density)
mittlere räumliche B. scalar illuminance
Beleuchtungsstärkediagramm *n* illuminance (illumination) diagram

Beleuchtungsstärkemesser *m* illuminance (illumination) photometer, luxmeter, illuminometer
Beleuchtungsstativ *n* lighting stand
Beleuchtungsstrahlengang *m* illuminating beam
Beleuchtungsstudie *f* lighting study
Beleuchtungssystem *n* illuminating system
Beleuchtungstechnik *f* lighting (illumination) engineering
Beleuchtungsvektor *m* direction of flow of light
Beleuchtungsverfahren *n* illumination method
Beleuchtungsverhältnisse *npl* lighting conditions, conditions of illumination
Beleuchtungswartung *f* lighting [installation] maintenance, maintenance of lighting equipment
Beleuchtungswechsel *m* illumination change
Beleuchtungswirkungsgrad *m* utilization factor (coefficient)
belichtbar exposable
belichten to expose *(Film)*
Belichtung *f* exposure
gleichbleibende B. constant exposure
kurze (kurzzeitige) B. short-time exposure
lange B. prolonged exposure
nochmalige B. re-exposure
zulässige B. permissible exposure
Belichtungsanzeige *f* exposure reading
Belichtungsautomatik *f* automatic exposure control
Belichtungsdauer *f* exposure duration
Belichtungsfehler *m* exposure error
Belichtungsfrequenz *f (Nrt)* flashing frequency *(Faksimile)*
Belichtungsmesser *m* [incident-light] exposure meter, light meter
B. für Objektmessung reflected-light exposure meter
B. mit Kadmiumsulfidzelle cadmium sulphide exposure meter
Belichtungsmessung *f* exposure measurement
Belichtungsregelung *f* exposure control
Belichtungsregler *m* exposure controller (integrator)
Belichtungsstufe *f* exposure step
Belichtungstabelle *f* exposure table
Belichtungsumfang *m* exposure range (interval, latitude)
Belichtungsverlängerung *f* exposure increase, increase in exposure
Belichtungswert *m* light value
Belichtungszeit *f* exposure time
Belichtungszeitpunkt *m* moment of exposure
Bellini-Tosi-Peilverfahren *n (FO)* Bellini-Tosi system, BT system
Bellini-Tosi-Richtantenne *f* Bellini-Tosi aerial
belüften to ventilate, to air, to aerate
belüftet / getrennt separately ventilated
über Kühlkanal b. inlet-duct-ventilated
über Rohr b. inlet-pipe-ventilated
Belüftung *f* ventilation, airing, aeration
künstliche B. induced ventilation
natürliche B. natural ventilation
zweiseitige B. double ventilation
Belüftungsanlage *f* ventilating (aeration) system
Belüftungseinrichtung *f* ventilating device
Belüftungskappe *f* air-vent protector
Belüftungsnut *f* ventilating slot
Belüftungsöffnung *f* ventilating opening; air bleed
Belüftungsrohr *n* vent pipe
Belüftungssystem *n* ventilation system
Bemerkung *f (Rech)* comment *(ALGOL)*
bemessen to rate
bemessen / für Dauerleistung continuously rated
benachbart adjacent, adjoining
benachrichtigen / telegrafisch to telegraph
Benachrichtigungsdienst *m* announcement service
Benachrichtigungsgebühr *f (Fmt)* report charge
Benchmark-Programm *n (Rech)* benchmark program *(zur Feststellung der durchschnittlichen Befehlsausführungsdauer)*
Bendmann-Ableiter *m* horn-shaped arrester
benennen to term, to designate
Benennung *f* designation
Benetzbarkeit *f* wettability
Benetzung *f* wetting
Benetzungscharakteristik *f* wetting characteristic
Benetzungsmittel *n* wetting agent
Benetzungswinkel *m* wetting angle
Benetzungswirkung *f* wetting action
Benson-Kessel *m* once-through boiler
Benutzerprogramm *n (Rech)* user program
Benutzerstation *f (Fmt)* user terminal
Benutzung *f* use, utilization
Benutzungsdauer *f* utilization time, service period
Benutzungsfaktor *m* utilization factor
Benutzungsgebiet *n (Nrt)* area of use
Benutzungssperre *f* use lock
beobachtbar observable
Beobachtbarkeit *f* observability *(eines Systems)*
Beobachterfehler *m* personal error
Beobachtung *f* observation
Maxwellsche B. Maxwellian view *(Optik)*
Beobachtungsabstand *m* observation (viewing) distance
Beobachtungsbedingungen *fpl* observation[al] conditions

Beobachtungsbereich *m (FO)* detection range
Beobachtungsdaten *pl (Rech)* observational data
Beobachtungsdauer *f* observation time, viewing period
Beobachtungsfehler *m* observation[al] error
Beobachtungsfenster *n* observation hole
Beobachtungsgebiet *n* observation area
Beobachtungsmatrix *f (Syst)* output matrix *(Zustandsgleichung)*
Beobachtungsöffnung *f* observation (viewing) port
Beobachtungsplatz *m (Fmt)* observation desk
Beobachtungspunkt *m* observation point
Beobachtungsreihe *f* series of observations
Beobachtungsstelle *f* observation point
Beobachtungswinkel *m* viewing angle, angle of observation
Beobachtungszeit *f* observation time
Beobachtungszeitraum *m* period of observation
Beratungsbezirk *m* advisory area *(z. B. bei Fernsprecheinrichtungen)*
Beratungsdienst *m* advisory service
Beratungsstelle *f* advisory board
berechnen to compute, to calculate
Berechnung *f* computation, calculation
  B. der Adresse *(Rech)* address computation
  B. der elektrischen Festigkeit calculation of electrical strength
  B. der Gesamtlautstärke loudness computation (addition)
  analoge B. analogue computation
  angenäherte B. approximate computation
  einfache B. straightforward calculation
  exakte B. rigorous calculation
  mathematische B. mathematical computation
  wissenschaftliche B. scientific calculation
Berechnungsfehler *m* calculation error
Berechnungsmethode *f* computational method
Berechnungszeit *f (Rech)* calculating time
Berechtigungssignal *n (Fmt)* authentification signal
Beregnungsprüfung *f*, **Beregnungsversuch** *m (Isol)* rain (wet) test
Bereich *m* range, region; area; field; district, zone; domain *(z. B. in Ferromagnetika)*; band *(Frequenz)*
  B. der Arbeitsgeschwindigkeit operating-speed range
  B. der zulässigen Abweichungen *(Syst)* region of admissible deviations
  B. des konstanten Moments constant-torque range
  B. des negativen Widerstands negative-resistance region *(Thyristor)*
  B. guten Empfangs *(Nrt)* good service area
  B. konstanter Drehzahl-Drehmoment-Kennlinie constant torque-speed range
  B. maximalen Wirkungsgrades peak efficiency range (region)
  B. plastischer Formänderung plasticity range
  B. starker Absorption strong absorption region
  aktiver B. active region
  akustischer B. audible region
  erfaßter B. *s.* überdeckter B.
  kurzwelliger B. short-wavelength region
  laminarer B. streamline regime *(Strömung)*
  langwelliger B. long-wavelength region
  nutzbarer B. usable range
  passiver B. passive region
  sichtbarer B. visible region *(Spektrum)*
  starrer B. *(Fmt)* direct service area
  überdeckter B. *(FO, Nrt)* coverage, covered range
  wirksamer B. *(Syst)* effective range *(eines Signals)*
Bereichsdiskriminator *m* range discriminator *(Frequenzen)*
Bereichseinengung *f (Meß)* range suppression
Bereichseinstellung *f* range adjustment
  automatische B. autoranging, automatic ranging
Bereichserweiterung *f* range extension
Bereichsfaktor *m (Meß)* multiplying factor
Bereichsfehler *m* range error; interval error *(zeitlich)*
Bereichsmarke *f* range mark
Bereichsregler *m* span control
Bereichsschalter *m* range switch (selector), [range] selector switch; *(Nrt)* band switch
Bereichsspule *f* band coil
Bereichssucher *m* range finder
Bereichsumschalter *m s.* Bereichsschalter
Bereichsumschaltung *f* range switching (changing)
Bereichsverschiebung *f* range shifting
Bereichswahl *f* range selection
Bereichswähler *m* range selector
Bereichswert *m* range value
Bereitkennzeichen *n (Fmt)* final-selector repeating signal
Bereitschaft *f* standby
Bereitschaftsdienst *m* standby service
Bereitschaftskanal *m* standby channel
Bereitschaftslampe *f* ready (function) lamp
Bereitschaftsschalter *m* standby switch
Bereitschaftsstellung *f* standby position *(z. B. Schalter)*
Bereitschaftssystem *n* back-up system

Bereitschaftszeichen *n (Fmt)* proceed-to-send signal
Bereitschaftszeit *f* standby time
Bereitschaftszustand *m* standby condition
bereitstehen to stand by
bereitstellen / Daten *(Rech)* to supply data
Bereitzustandswort *n* ready-status word
Bergmann-Serie *f* Bergmann series *(Spektrallinien)*
Berichtigung *f* 1. *(Meß)* calibration, adjustment; 2. correction
automatische (selbsttätige) B. *(Rech)* autocorrection
Berichtigungskonstante *f* correction factor
Berliner-Schrift *f s.* Seitenschrift
bersten to burst
Berstprobe *f* burst test
beruhigen to smooth; to stabilize, to steady
Beruhigungsdrossel *f* ripple-filter choke
Beruhigungskondensator *m* smoothing capacitor
Beruhigungskreis *m*, **Beruhigungsschaltung** *f (Syst)* antihunting circuit
Beruhigungswiderstand *m* smoothing resistance
Beruhigungszeit *f* 1. *(Meß)* damping time (period); 2. *(Syst)* settling time
berühren to contact; to touch
Berührung *f* contact; touch[ing]
B. von Leitungen touching of conductors (wires)
metallische B. metal-to-metal contact
zufällige B. accidental contact
Berührungs-EMK *f* contact electromotive force, contact emf
Berührungsfläche *f* 1. contact area (surface); 2. interface
berührungsfrei, berührungslos contactless, non-contacting
Berührungspotential *n* contact potential
Berührungspunkt *m* contact point
Berührungsschutz *m* 1. protection against [accidental] contact; 2. protection (protective) screen ● **mit B.** protected
Berührungsschutzfassung *f* shock-proof lampholder
Berührungsschutzkondensator *m* shock-protection capacitor
berührungssicher safe from contact (touch)
Berührungsspannung *f* contact voltage, touch potential
Berührungsspannungsschutz *m* protection against electric shock [hazard]
Berührungsstrom *m* contact current
Berührungsthermometer *n* contact thermometer
Berührungszündung *f* ignition by contact
Berührungszwillinge *mpl* juxtaposition twins *(Kristalle)*
beschädigen to damage
Beschädigung *f* damage
beschädigungsfrei damage-free
beschallen to expose to sound, to irradiate acoustically
mit Ultraschallwellen b. to expose to ultrasonic waves
Beschallung *f* exposure to sound, acoustic irradiation
Beschallungsanlage *f* announce loudspeaker system, public address system
beschalten to wire
beschaltet wired-up
Beschaltung *f* wiring; cabling
Beschaltungsbuch *n (Fmt)* cable record
Beschaltungsgrad *m (Fmt)* subscriber's fill
Beschaltungsplan *m* wiring scheme (plan)
Bescheidansage *f (Fmt)* intercepting
Bescheiddienst *m (Fmt)* changed number interception
Bescheidleitung *f (Fmt)* intercepting trunk, information line
Bescheidzeichen *n (Fmt)* information tone
beschichten to coat; to plate *(mit Metall)*
mit Thorium b. to thoriate
Beschichten *n* **durch Tauchen** dip coating
beschichtet / mit Polyamid polyamide-coated *(z. B. zur Isolierung)*
mit Thorium b. thorium-coated
Beschichtung *f* 1. coating; plating *(mit Metall)*; 2. coat; deposition
magnetische B. magnetic coating
Beschichtungsanlage *f* coating plant
Beschichtungsdicke *f* coating thickness
Beschichtungsmasse *f* coating compound
beschießen to bombard *(z. B. mit Elektronen)*
beschleunigen to accelerate, to speed up
Beschleuniger *m* accelerator
saurer B. acidic accelerator *(für Gießharze)*
beschleunigt / gleichförmig uniformly accelerated
Beschleunigung *f* acceleration
absolute B. absolute acceleration
automatische B. automatic acceleration
geradlinige B. linear acceleration
gleichförmige B. uniform acceleration
konstant vorgegebene B. constant applied acceleration
natürliche B. *(Masch)* inherent acceleration
negative B. deceleration
stochastische B. stochastic acceleration
ungleichförmige B. non-uniform acceleration
Beschleunigungsanode *f* accelerating (accelerator) anode *(Katodenstrahlröhre)*
Beschleunigungsaufnehmer *m* accelerometer, g-meter; *(Meß)* acceleration sensor (pick-up)
B. für kleine Werte low-g accelerometer

B. mit Dehnungsmeßstreifen strain-gauge accelerometer
B. mit eingebautem Verstärker integrated-amplifier accelerometer
piezoelektrischer B. piezoelectric accelerometer
Beschleunigungsbereich *m* acceleration area
Beschleunigungsdrehmoment *n* accelerating torque
Beschleunigungselektrode *f* accelerating electrode
Beschleunigungsenergie *f* acceleration energy
Beschleunigungsfeld *n* accelerating field
Beschleunigungsfläche *f* acceleration area
Beschleunigungsgeber *m (Meß)* acceleration sensitive element, acceleration sensor (pick-up)
Beschleunigungsgenerator *m (Syst)* booster
Beschleunigungsgitter *n* accelerator (accelerating) grid
Beschleunigungsgradient *m* acceleration gradient
Beschleunigungskammer *f* accelerating chamber
Beschleunigungskraft *f* accelerating (accelerative) force
Beschleunigungslinse *f* accelerator lens *(Oszillografenröhre)*
Beschleunigungsmesser *m* accelerometer, g-meter
Beschleunigungsmoment *n* moment of acceleration
Beschleunigungsraum *m* acceleration (accelerating) space *(Elektronenröhre)*
Beschleunigungsrelais *n* accelerating relay
Beschleunigungsröhre *f* accelerating tube
Beschleunigungsrückführung *f* acceleration feedback *(im Regelkreis)*
Beschleunigungsschreiber *m* accelerograph, recording accelerometer
Beschleunigungsspalt *m* accelerating gap
Beschleunigungsspannung *f* accelerating voltage, acceleration potential; beam voltage *(Katodenstrahloszillograf)*
Beschleunigungsvektor *m* acceleration vector
Beschleunigungsvermögen *n* accelerating ability
Beschleunigungszeit *f* accelerating time
Beschleunigungszyklus *m* accelerating cycle
beschneiden to cut-off, to trim; to clip *(z. B. Signale)*
Beschneidung *f* cut-off; clipping *(z. B. von Signalen)*
Beschränkung *f* limitation, restraint, restriction
B. der Gesprächsdauer *(Fmt)* limitation of duration of calls
B. des Übertragungsfaktors *(Syst)* gain boundary (restriction)
Beschreibungsfunktion *f (Syst)* describing function
B. eines Gliedes mit Sättigung saturatior describing function
B. für ein gemischtes Eingangssignal dual-input describing function
dimensionslose B. non-dimensional describing function
Beschuß *m* bombardment *(z. B. mit Elektronen)*
beseitigen to eliminate, to remove *(Fehler)*; to clear
einen Fehler b. to remove (clear) a fault
Störungen b. to remove troubles, *(Am)* to debug
Beseitigung *f* elimination, removal; clearance
B. der Verzerrung distortion elimination
B. einer Störung *(Nrt, Fmt)* fault clearance
B. von Gasresten outgassing *(z. B. in Elektronenröhren)*
besetzen to occupy *(z. B. Gitterplätze)*; to populate, to fill *(z. B. Energieniveaus)*
besetzt *(Fmt)* busy, engaged
alle Fernleitungen b. all trunks busy
nicht b. disengaged
Besetztanzeige *f* / **optische** *(Fmt)* visual busy signal
Besetztanzeigelampe *f s.* Besetztlampe
Besetzteinfluß *m (Fmt)* influence of engagement
Besetztfall *m (Fmt)* engaged condition
Besetztflackerzeichen *n (Fmt)* busy-flash signal
Besetztklinke *f (Fmt)* busy back jack
Besetztlampe *f (Fmt)* [visual] busy lamp, engaged lamp
Besetztmeldung *f (Fmt)* busy response
Besetztprüfen *n* **gegen Erde** *(Fmt)* earth testing
Besetztprüfrelais *n (Fmt)* busy test relay
Besetztprüfung *f (Fmt)* busy (engaged) test
B. mit Summerton busy test with tone signal
akustische B. audible [busy] test
optische B. visual engaged test
Besetztrelais *n (Fmt)* busy relay
Besetztschauzeichen *f (Fmt)* busy-signal light
Besetztstellung *f (Fmt)* busy condition
Besetztton *m*, **Besetztzeichen** *n (Fmt)* busy tone (signal), number-unobtainable tone
Besetztzustand *m (Fmt)* busy condition
Besetzung *f* occupation, occupancy *(z. B. von Gitterplätzen)*; population *(z. B. von Energieniveaus)*
inverse B. inverse population
Besetzungsdichte *f* population density
Besetzungsfunktion *f* occupation function

Besetzungsgrad *m (Halbl)* occupancy, degree of filling
Besetzungsinversion *f (Laser).* population inversion
Besetzungswahrscheinlichkeit *f* occupation probability
Besetzungszustand *m* occupation state
bespulen to coil; *(Fmt)* to coil-load, to load with coils
bespult *(Fmt)* coil-loaded
  schwer b. heavy loaded *(Kabel)*
  sehr leicht b. extra light loaded *(Kabel)*
Bespulung *f* loading, coil (series) loading *(z. B. Kabel)*
  leichte B. light loading
Bespulungsplan *m (Fmt)* loading scheme
Bessel-Funktion *f* Bessel['s] function
beständig stable, resistant, proof; durable; continuous, permanent
Beständigkeit *f* stability, resistance, proofness; durability; steadiness; continuity, permanence
  B. eines Meßmittels constancy (stability) of a measuring instrument
  chemische B. chemical resistance (stability)
  thermische B. thermal stability (endurance)
Beständigkeitskonstante *f* stability constant
Bestandsspeicher *m (Rech)* inventory store
Bestandteil *m* 1. constituent; 2. component [part]
  flüchtiger B. volatile constituent
bestätigen / den Empfang *(Nrt)* to receipt
bestimmbar / statisch statically determinable
bestimmen to determine, to fix; to identify; to define; to specify
  den Wert b. to evaluate
  Leitungen b. to identify wires
bestimmt definite *(Mathematik)*
Bestimmung *f* evaluation, determination
  B. der Gesprächsdauer *(Fmt)* timing to calls
  B. der Maximalwahrscheinlichkeit maximum-probability detection
  B. des Stabilitätsbereichs stability region determination *(z. B. in Kennwertdiagrammen)*
  angenäherte B. approximate determination
  grafische B. graphic[al] determination
  kalorimetrische B. calorimetric determination
Bestimmungsamt *n (Fmt)* destination office
Bestimmungsfunkstelle *f (Nrt)* station of destination
Bestimmungsgleichung *f* conditional (defining) equation *(Mathematik)*
bestrahlen to irradiate, to expose to radiation
  mit Röntgenlicht b. to X-ray
Bestrahlung *f* irradiation
Bestrahlungsdosis *f* radiation dosage (dose)
Bestrahlungsmenge *f* amount of radiation
Bestrahlungsstärke *f* radiation intensity, irradiance, irradiation; exposure rate *(bei Belichtungsvorgängen)*
Bestrahlungszeit *f* radiation (exposure) time
bestreichen *(Nrt, FO, Meß)* to sweep [over], to scan; to cover
bestücken / mit Bauelementen to insert components
  mit Transistoren b. to transistorize
Bestückung *f* 1. component parts; 2. insertion
  B. mit Geräten instrumentation
Bestückungsloch *n* component [lead] hole, board (component) mounting hole, clear via hole *(Leiterplatten)*
Bestückungsprozeß *m* assembly process
Bestwert *m* optimum [value]
Bestwertregelung *f (Syst)* optimum control
Bestzeitprogramm *n (Rech)* optimum (optimally coded) program, minimum-access routine, minimum latency routine
Bestzeitprogrammierung *f (Rech)* optimum programming, minimum-access programming (coding)
Besuchsschaltung *f (Fmt)* call transfer
Beta *n (Halbl)* beta *(Stromverstärkung eines Transistors in Emitterschaltung)*
Beta-Absorptionsdickenmesser *m* beta absorption gauge
Betadickenmesser *m* beta thickness gauge, beta [thickness] meter
Betagrenzfrequenz *f* beta cut-off frequency
Betastrahler *m* beta emitter
Betateilchen *n* beta particle
betätigen to actuate, to operate; to manipulate
  die Nummernscheibe b. *(Fmt)* to dial
  ein Relais b. to operate a relay
  periodisch b. to cycle
betätigt / elektrisch electrically operated
  magnetisch b. solenoid-operated
  mechanisch b. mechanically operated
  thermisch b. thermally operated
  von außen b. externally operated
Betätigung *f* actuation, operation; manipulation *(Handhabung)*
  B. mit Kraftantrieb *(App)* power operation
  automatische B. automatic actuation (operation)
  direkte B. direct operation
  falsche B. wrong manipulation
  indirekte B. indirect operation
  schnelle B. quick operation
Betätigungselement *n (App)* actuator
Betätigungsfolge *f* operating sequence, sequence of operations

Betätigungshebel *m* operating lever, actuating arm; hand lever
Betätigungskabel *n* operating cable
Betätigungsknopf *m* button actuator
Betätigungskraft *f* operating (actuating) force
Betätigungsleitung *f* operating line (conductor)
Betätigungsmagnet *m* operating (drive) magnet
Betätigungsmechanismus *m* operating (actuator) mechanism
Betätigungsschalter *m* actuating switch
Betätigungssignal *n (Syst)* actuating signal
Betätigungsspule *f* operating coil
Betätigungsstrom *m* actuating current *(z. B. für Schalter)*
Betätigungssystem *n* actuating system
Betätigungsvorgang *m (App)* actuating operation
Betätigungszyklus *m* operating (actuating) cycle
Betäubung *f* blackout effect *(Elektronenröhren)*
Betazähler *m* beta counter
Betazerfall *m* beta decay (disintegration)
betonen *(Ak)* to accent[uate], to emphasize, to stress
Betonmast *m* concrete pole
Betonummantelung *f* concrete casing
Betonung *f (Ak)* accent, accentuation, emphasis
Betrachtungseinheit *f (Fmt)* item
Betrachtungsschirm *m* viewing screen
Betrag *m* amount; value; modulus *(Vektor)*
B. des Fehlers *(Meß)* absolute value of [an] error
B. des Vertrauensbereiches *(Meß)* range of uncertainty, confidence interval
absoluter B. absolute value
Betragsfeld *n* amount field *(Vektoranalysis)*
betreibbar / autonom self-contained
betreiben to operate, to run, to drive
eine Funkstelle b. to operate a station
in Mehrfachschaltung b. *(Fmt)* to multiplex
mit Arbeitsstrom b. to work on open circuit
mit Ruhestrom b. to work on closed circuit
Betrieb *m* operation, service; run *(einer Maschine)* ● **außer B.** out of operation, inoperative, out-of-action, idle ● **in B. befindlich** operative, active ● **in B. nehmen** to put (set) into operation ● **in B. sein** to operate, to function, to run *(z. B. Maschine, Motor)*
B. bei maximaler Leistung maximum power operation
B. bei niedriger Spannung low-voltage operation
B. im geschlossenen Rohr *(Halbl)* sealed-tube operation *(Diffusionstechnik)*
B. in einer Anwendungsart single-mode operation
B. mit Arbeitsstrom open-circuit operation
B. mit Blindbelegung und Umsteuerung *(Fmt)* discriminating selector working
B. mit mehreren Arbeitsweisen (Betriebsarten) multimode operation
B. mit natürlicher Erregung free-current operation
B. mit Nennspannung rated voltage operation
B. mit Rufnummernanzeige *(Fmt)* call indicator working
B. mit unterdrücktem Träger suppressed-carrier operation
B. mit veränderlichem Zyklus *(Rech)* variable cycle operation
B. mit vertauschten Frequenzen *(Fmt)* reversed-frequency operation
B. mit Vorbereitung *(Fmt)* advance-preparation service
B. über Ortsverbindungsleitungen *(Fmt)* local interoffice trunking
abschnittsweiser B. *(Fmt)* link-by-link operation
abwechselnder B. alternating operation
asynchroner B. asynchronous operation
aussetzender B. intermittent operation (duty, service)
aussetzender B. mit veränderlicher Belastung variable intermittent duty
automatischer B. automatic working (operation)
beweglicher B. mobile operation
direkter B. *(Rech)* on-line operation
diskontinuierlicher B. intermittent operation, batch working
durchgehender B. permanent (continuous) service
dynamischer B. *(Syst)* dynamic regime
einhändiger B. one-hand operation
fehlerfreier B. faultless operation
gemischter B. *(Fmt)* mixed service
halbautomatischer B. semiautomatic operation (working)
handvermittelter B. *(Fmt)* manual working (operation)
indirekter B. *(Rech)* off-line operation
intermittierender B. intermittent operation
kontinuierlicher B. continuous working; *(Laser)* continuous wave operation, CW operation
kurzzeitiger B. short-time operation (service)
kurzzeitiger B. mit veränderlicher Belastung variable temporary duty
mehrgleisiger B. *(Rech)* time-shared operation

ortsfester B. fixed operation
periodisch aussetzender B. intermittent periodic duty
periodischer B. intermittent operation
schritthaltender B. *(Rech)* on-line operation
selbsterregter B. free-running operation
sequentieller B. *(Fmt)* one-at-a-time mode
stabiler B. stable operation
starterloser B. *(Licht)* starterless operation
stationärer B. *(Syst)* stationary process
störungsfreier B. trouble-free operation; *(Nrt, Fmt)* interference-free service
unabhängiger B. *(Rech)* off-line operation
unbemannter B. unattended operation
unterbrochener B. intermittent operation
unüberwachter B. unattended operation
ununterbrochener B. continuous operation, no-break operation (service), uninterrupted duty
ununterbrochener B. mit Anlauf und Bremsung continuous operation duty-type with electric braking
veränderlicher B. varying duty
verzögerter B. time-lag operation
vollautomatischer B. full-automatic working, fully automated operation
wartungsfreier B. maintenance-free operation
wechselseitiger B. *(Fmt)* alternate working; *(Rech)* both-way working (operation)
wirtschaftlicher B. economical operation
zeitgeschalteter B. *(Rech)* time-shared operation
zeitweiliger B. temporary duty

betrieben / direkt on-line
indirekt b. off-line
mit Druckluft b. air-powered
mit Kernenergie b. nuclear-powered
mit Wechselstrom b. alternating-current operated, a.c.-operated
mit zu hoher Drehzahl b. *(Masch)* overdriven
vom Netz b. operated on the mains
wechselseitig b. both-way

Betriebsanforderungen *fpl* operational requirements
Betriebsanleitung *f* operating (working) instructions
Betriebsart *f* [operating] mode, method (mode) of operation; type of duty, duty classification
Betriebsausfall *m* interruption of operation; operating failure
Betriebsausnutzung *f* plant utilization
Betriebsausrüstung[en *pl*] *f* plant equipment; service equipment
Betriebsbedingungen *fpl* operating (operational, working) conditions; *(Syst)* regime
erschwerte B. aggravating operating conditions
optimale B. optimum conditions of operation
ungeeignete B. unusable service conditions
wechselnde B. variable operating conditions

Betriebsbelastung *f* 1. operational (working) load; 2. operating wattage
Betriebsbereich *m* operating range
betriebsbereit ready for operation (service)
Betriebsbereitschaft *f* readiness for operation (service), standby; availability; plant preparedness
Betriebsbereitschaftsrelais *n* prepare-for-start relay
Betriebsdämpfung *f* effective attenuation, overall [attenuation] loss; *(Fmt)* composite attenuation (loss)
Betriebsdämpfungsfunktion *f* insert loss function
Betriebsdaten *pl* operating data; operating characteristics; ratings
Betriebsdauer *f* 1. operating (working) time, operating period; 2. *s.* Betriebslebensdauer
Betriebsdienst *m (Fmt)* traffic section (department)
Betriebsdruck *m* operating (working) pressure
Betriebserde *f (Anl)* station earth system, system earth *(Netz)*
Betriebserfahrungen *fpl* operating (field) experience
Betriebserprobung *f* shop test
betriebsfähig operative, operational, serviceable, in working order
Betriebsfähigkeit *f* serviceability; availability
Betriebsfähigkeitsfaktor *m (App, Eerz)* availability factor
Betriebsfehler *m* error in operation
betriebsfertig ready for operation (service)
Betriebsfrequenz *f* operating (working) frequency, frequency of operation
günstigste B. optimum working frequency

Betriebsfrequenzbereich *m* operational (operating) frequency range
Betriebsfunkspruch *m* service radio message
Betriebsfunkstation *f* service radio station
Betriebsfunkstelle *f* commercial radio station
Betriebsgleichspannung *f* direct-current working voltage
Betriebsgrenzwerte *mpl* operating limits
Betriebsgüte *f* service quality, grade of service

Betriebskanal *m* working channel
Betriebskapazität *f* earthed capacitance *(eines Leiters)*
Betriebskennlinie *f* operating characteristic
Betriebskontrolle *f* process control
Betriebskurzschlußstrom *m* available short-circuit current
Betriebslärm *m* production (plant) noise
Betriebslaufzeit *f* overall transmission time, delay-transmission time
Betriebslebensdauer *f* useful life [period], operating (operational) life
Betriebslebensdauerprüfung *f* operating (operational) life test
B. bei Zimmertemperatur room-temperature operating life test
Betriebsleistung *f* operating efficiency (power), efficiency of operation
Betriebsleistungspegel *m* operating power level
Betriebsmechanismus *m* operating mechanism
Betriebsmerkmal *n* operational feature
Betriebsmeßinstrument *n* industrial instrument
Betriebsmittel *npl* / **schlagwetter- und explosionsgeschützte elektrische** electrical equipment for explosive gas atmosphere, fire-damp and explosion-proofed electrical equipment
Betriebsnennleistung *f* service rating
Betriebsparameter *m* operating (performance) parameter; circuit parameter
Betriebsphase *f* operating phase
Betriebsphasenmaß *n* effective phase angle
Betriebsprogramm *n (Rech)* operating program
Betriebsprüfung *f* field (functional) test, maintenance proof test
Betriebspunkt *m (Syst)* working point
Betriebsreserve *f* operating reserve
Betriebsruhezustand *m (Fmt)* free-line condition
Betriebsschaltung *f (Fmt)* service connection
betriebssicher reliable [in service]; fail-safe
Betriebssicherheit *f* [operational] reliability, performance (working) reliability; safety of operation
B. des Bauelements component reliability
B. des Geräts equipment reliability
absolute B. absolute reliability
hohe B. high-degree reliability, high-level reliability
Betriebssicherung *f* active fuse
Betriebsspannung *f* working (operational, operating, service) voltage; running voltage
B. gegen Erde working voltage to earth
höchste B. maximum operating voltage
Betriebsspiel *n (Masch, App)* duty cycle
Betriebsspielraum *m* operational receive margin *(Telegrafie)*
Betriebsspitzenspannung *f* **im Aus-Zustand** working peak off-state voltage *(Thyristor)*
Betriebsstellung *f* connected position *(bei metallgekapselter Schaltanlage)*
Betriebsstillstand *m* outage
Betriebsstillstandsdauer *f* / **geplante** scheduled outage duration
Betriebsstörung *f* operating trouble; breakdown of service, outage; interruption *(Unterbrechung)*
Betriebsstrom *m* operating (working) current
maximal zulässiger B. *(Meß)* rated [temperature-rise] current
Betriebsstunden *fpl* hours of operation (operating service)
Betriebsstundenzähler *m* hour meter, elapsed-hour meter, time meter
Betriebssystem *n* operating system, OS
Betriebstemperatur *f* operating (working, service) temperature
Betriebstemperaturbereich *m* operating temperature range
Betriebstest *m* service test
Betriebsüberlast *f* operating overload
Betriebsübertragungsmaß *n* transfer constant (factor), effective transmission factor
Betriebsüberwachung *f* 1. control of operations; *(Fmt)* operating observation; fault complaint service; 2. plant supervision
Betriebsumgebungstemperatur *f* operating ambient temperature
Betriebsunterbrechung *f* interruption of operation, service interruption
kurzzeitige B. temporary stoppage (interruption) of service
Betriebsverhalten *n* [operational] behaviour
B. des Geräts device performance
Betriebsverhältnisse *npl* service conditions
Betriebsversuch *m (Fmt)* field trial (test)
Betriebsvorschrift *f* service instructions
Betriebsweise *f* [operating] mode, mode of operation (working)
bistabile B. *(Elk)* bistable operating (working) mode
Betriebswert *m* working value
Betriebszeit *f* operation (operating) time, running time (period); uptime
akkumulierte B. accumulated operating time
Betriebszeiten *fpl* / **genormte** standard duty periods
Betriebszeitfaktor *m* operating time ratio
Betriebszeitzähler *m* running time meter
Betriebszentrale *f (Fmt)* central traffic office

Betriebszustand *m* operating (working) condition; *(Syst)* regime
B. der erzwungenen Schwingungen forced-oscillations regime
B. im Schwingungsbereich oscillating regime
B. mit freien Schwingungen free-oscillations regime
B. mit mehreren Schwingungsperioden multiperiodic regime
aperiodischer B. aperiodic regime
eingeschwungener B. *s.* stationärer B.
erzwungener B. forced regime
quasiperiodischer B. quasi-periodic regime, almost periodic regime
stationärer B. stationary (steady-state) regime
statischer B. static regime
Betriebszuverlässigkeit *f* operational (service) reliability
Bettleuchte *f* bed-lighting fitting
Bettung *f* / **elastische** elastic foundation
beugen to diffract *(Strahlen, Wellen)*; to bend
Beugung *f* diffraction; bending
B. am Spalt diffraction by a slit, slit diffraction
B. elektromagnetischer Wellen electromagnetic wave diffraction
B. von Röntgenstrahlen X-ray diffraction
Fresnelsche B. Fresnel diffraction
Beugungsbegrenzung *f* diffraction limitation
Beugungsbild *n* diffraction pattern (image)
Beugungserscheinung *f* diffraction phenomenon
Beugungsfarben *fpl* prismatic colours
Beugungsfigur *f* diffraction pattern
Beugungsgitter *n* diffraction grating
Beugungsgrenze *f* diffraction limit
Beugungsmaximum *n* diffraction maximum
Beugungsordnung *f* / **erste** first-order diffraction
Beugungsringe *mpl* diffraction fringes
Beugungsscheibchen *n* diffraction pattern (disk)
Beugungsspektrum *n* diffraction spectrum
Beugungsspule *f* bending coil
Beugungstheorie *f* diffraction theory
Beugungswelle *f* diffraction wave
Beugungswinkel *m* diffraction angle
Beugungszone *f* diffraction region
Beuken-Modell *n* Beuken model *(RC-Modell)*
Beuken-Zahl *f* Beuken number *(Ähnlichkeitskriterium)*
Beutelelement *n* sack cell (element) *(Batterie)*
bewahren / **vor Nässe** to keep dry
Bewegbarkeit *f* movability
bewegen / **ruckweise** to jerk
sich b. to move; to travel
sich in Gegenphase b. to move in opposition
sich in Phase b. to move in step
sich zickzackförmig b. to zigzag
beweglich mobile, movable; portable *(Gerät)*
Beweglichkeit *f* mobility, movability
B. eines geladenen Teilchens mobility of a charged particle
B. eines Meßmittels discrimination of a measuring instrument
beweglichkeitsgeregelt, beweglichkeitsgesteuert mobility-controlled
Beweglichkeitstensor *m* mobility tensor
Bewegung *f* motion, movement; travel; agitation
axiale B. axial motion
beschleunigte B. accelerated motion
Brownsche B. Brownian motion (movement)
geradlinige B. straight-line motion
gleichförmige B. uniform motion
harmonische B. harmonic motion
hin- und hergehende B. alternating motion
intramolekulare B. intramolecular motion
kreisende B. circulatory motion
laminare B. laminar flow
nichtstationäre B. unsteady motion
ruckartige B. jerk, jerky movement
schrittweise B. intermittent movement, step motion
sinusförmige B. sine movement (motion)
stationäre B. steady-state motion
stochastische B. random motion
thermische B. thermal agitation
ungleichförmige B. non-uniform motion
wellenförmige B. wave motion
wiederkehrende gleichförmige B. periodic uniform motion
zufällige B. random motion
Bewegungsart *f* mode of motion
Bewegungsbahn *f* trajectory *(eines Teilchens)*; track of travel
Bewegungsenergie *f* kinetic energy
Bewegungsgesetz *n* law of motion
Bewegungsgleichung *f* motion equation, equation of motion
Bewegungsimpedanz *f* motional impedance
bewegungslos motionless, immobile; at rest
Bewegungsreibung *f* kinetic friction
Bewegungsrichtung *f* direction of motion
Bewegungsrücklauf *m* return of motion
Bewegungsunschärfe *f* motional blurring; *(Nrt)* motional distortion
Bewegungszustand *m* state of motion
bewehren to armour *(Kabel)*; to reinforce *(Beton)*
bewehrt armoured *(Kabel)*

nicht b. unarmoured, non-armoured
Bewehrung *f* armour, armouring *(von Kabeln)*; wrapping; reinforcement
geschlossene B. interlocked armouring
Bewehrungsbitumen *n* bituminous armouring compound
Bewehrungsschelle *f* armour clamp
Beweis *m* proof, evidence
analytischer B. analytical proof
beweisen to prove; to verify
bewerten to rate, to evaluate; to value; *(Ak)* to weight
Bewertung *f* rating, evaluation; *(Ak)* weighting
B. mit der A-Kurve *(Ak)* A-weighting
zahlenmäßige B. der Übertragungsgüte transmission performance rating
Bewertungsfaktor *m* weighting factor
Bewertungsfilter *n (Ak)* weighting network (filter)
B. für die A-Kurve A network
Bewertungskurve *f (Ak)* weighting curve
B. A A-weighting curve
Bewertungsprogramm *n (Rech)* benchmark program (routine) (*s. a.* Auswerteprogramm)
Bewertungszahl *f* rating number
Bewetterung *f* aeration
bewickeln to wrap, to tape
b. mit to wind with
Draht b. to cover wire
Bewicklung *f* wrapping
bezeichnen / durch ein Symbol to denote by a symbol
Bezeichnung *f* term; designation
Bezeichnungsschild *n* designation card
Bezeichnungsstreifen *m* designation strip
Bezeichnungsweise *f (Rech)* notation
beziehen / sich to relate
Beziehung *f* relation[ship]; reference
Einsteinsche B. Einstein relation
lineare B. straight-line relationship
thermodynamische B. thermodynamic relation
Thomsonsche B. Thomson relation
beziffern to figure
Bezirk *m* region; district, domain *(z. B. im Magnetwerkstoff)*; zone *(im Kristall)*
ferromagnetischer B. ferromagnetic domain
Weissscher B. Weiss domain *(Magnetismus)*
Bezirkskabel *n* district cable *(Fernleitungskabel)*
Bezirkssender *m (Nrt, Ferns)* regional broadcasting station, regional (district) transmitter
Bezirksverkehr *m (Fmt)* toll traffic
Bezirkswähler *m (Fmt)* code selector
Bezugsabsorption *f (Ak)* reference absorption
Bezugsabsorptionsfläche *f (Ak)* reference absorption area
Bezugsachse *f* reference axis
Bezugsamplitude *f* reference amplitude *(bei normierter Darstellung)*
Bezugsapparat *m* **zur Bestimmung der Ersatzdämpfung** *(Fmt)* reference apparatus for the determination of transmission performance ratings
Bezugsatmosphäre *f (Nrt)* basic reference atmosphere
Bezugsaufnehmer *m* reference accelerometer
Bezugsband *n* standard [magnetic] tape, reference tape
Bezugsbedingungen *fpl* reference conditions
Bezugsbereich *m* reference range *(einer Einflußgröße)*; reference excursion *(Analogrechentechnik)*
Bezugsdämpfung *f (Nrt)* reference equivalent *(eines Übertragungssystems)*; *(Meß)* reference attenuation, relative damping; *(Ak)* volume loss
B. für die Verständlichkeit *(Nrt, Fmt)* articulation reference equivalent
B. je Längeneinheit *(Nrt, Fmt)* volume loss per unit length
Bezugsdaten *pl* reference data
Bezugsebene *f* reference plane
Bezugselektrode *f* reference (comparison) electrode
Bezugselement *n* reference element (cell)
Bezugserde *f* reference earth
Bezugsfilter *n (Nrt)* reference filter
Bezugsfläche *f* reference surface
Bezugsfrequenz *f* reference frequency
Bezugsgenauigkeit *f* reference accuracy
Bezugsgenerator *m* reference generator
Bezugsgitter *n* reference grid
Bezugsgröße *f (Meß)* reference quantity
Bezugshörschwelle *f* normal threshold of audibility (hearing), zero hearing loss
Bezugsimpedanz *f* base impedance
Bezugsinstrument *n* reference instrument
Bezugskreis *m* reference circuit
Bezugslampe *f* reference lamp
Bezugslast *f* reference ballast
Bezugslautstärke *f (Ak)* reference volume
Bezugsleistung *f* reference (base) power
Bezugslichtart *f* reference (referent) illuminant
Bezugslinie *f* reference line
Bezugsmeßsender *m* reference signal generator
Bezugsmeßverfahren *n* reference method of measurement
Bezugsmotor *m* master drive
Bezugsnormal *n* reference standard
Bezugspegel *m* reference (relative) level
Bezugspeilung *f (FO)* relative bearing
Bezugsphase *f* reference phase
Bezugspotentiometer *n* reference potentiometer

Bezugspunkt *m* reference point
Bezugsraster *m* reference grid
Bezugsrauschwert *m* reference noise
Bezugsredundanz *f* relative redundancy
Bezugsschalldruck *m* reference sound pressure
Bezugsschalldruckpegel *m* reference sound [pressure] level
Bezugssender *m (Nrt)* master transmitter (station)
Bezugssignal *n* reference signal
Bezugssignalgenerator *m* reference signal generator
Bezugsspannung *f* reference voltage
B. der Elektrode reference tension of the electrode
Bezugsspannungsquelle *f* reference power supply
Bezugssprechkopf *m* reference standard for recording sound head *(Magnettontechnik)*
Bezugsspur *f* reference track *(Magnetband)*
Bezugsstrahlungskeule *f* reference lobe *(Antennentechnik)*
Bezugsstrom *m* reference current
Bezugssystem *n* reference system
absolutes B. absolute reference system
Bezugstemperatur *f* reference temperature
Bezugston *m* reference tone
Bezugstonband *n* standard magnetic tape
Bezugsverbindung *f* / **hypothetische** *(Fmt)* hypothetical reference circuit
Bezugsverhalten *n* reference performance
Bezugsverzerrung *f (Fmt)* reference distortion; start-stop distortion
nacheilende B. lagging reference distortion
voreilende B. leading reference distortion
Bezugsverzerrungsmesser *m (Fmt)* start-stop distortion meter
Bezugsweiß *n (Ferns)* reference white
Bezugsweißpegel *m* reference white level
Bezugswellenlänge *f* reference wavelength
Bezugswert *m* reference (basic) value; *(Meß)* fiducial value
Bezugswicklung *f* reference winding
Bezugswiderstand *m* base impedance
Bezugszeit *f* reference time
Bezugszelle *f* reference cell
B-H-Kurve *f* BH curve *(bei Ferromagnetika)*
Biberschwanzantenne *f (FO)* fanned-beam aerial
Biberschwanzstrahl *m* beavertail beam *(Antennentechnik)*
Bibliotheksprogramm *n (Rech)* library program (routine)
Bibliothekssystem *n (Rech)* library system
Bibliotheksunterprogramm *n (Rech)* library subroutine
Biegebeanspruchung *f* bending stress
Biegeeigenfrequenz *f (Ak)* natural flexural frequency
Biegeelastizität *f* bending (flexural) elasticity
Biegefestigkeit *f* bending (flexural) strength
Biegekraft *f* bending force
Biegelinie *f* bending line
Biegemoment *n* bending moment (couple); flexural moment
biegen to bend; to deflect
Biegeprüfung *f* bending test
Biegeschwinger *m* bending (flexural) vibrator, bending resonator
Biegeschwingung *f* bending (flexural) vibration
Biegespannung *f* bending (flexural) stress
Biegesteifigkeit *f* bending (flexural) rigidity, bending stiffness
Biegewechselfestigkeit *f* reversed bending strength, bending-change strength
Biegewelle *f* bending (flexural) wave
biegsam flexible
Biegsamkeit *f* flexibility
Biegung *f* 1. bend, curvature; 2. bending, flexure
elastische B. elastic bending
Bifilaraufhängung *f* bifilar suspension
Bifilarbrücke *f* bifilar bridge
Bifilarelektrometer *n* Wulf electrometer
Bifilarwicklung *f* bifilar winding
Bikristall *m* bicrystal
Bilanz *f (Rech)* balance
Bilanzgleichung *f* balance equation
Bild *n (Ferns, Nrt)* picture, image; pattern *(z. B. bei Oszillografen)*
elektronisches B. electronic image
gestörtes B. distorted picture
geteiltes B. split image
helles B. brilliant image
kontrastarmes B. low-contrast image
kontrastreiches B. high-contrast image
latentes B. latent image
negatives B. negative image
oszillografisches B. pattern; display
ruhendes B. still image (picture)
scharfes B. sharp picture
stehendes B. solid (stationary) picture, still image
unscharfes B. *(Ferns)* ghost [image]
unverzerrtes B. undistorted picture
verzerrtes B. distorted picture
virtuelles B. virtual image
weiches B. soft picture
zusammengesetztes B. *(FO)* complex display
Bildablenkgenerator *m (Ferns)* vertical time-base generator
Bildablenkschaltung *f (Ferns)* frame time-base circuit
Bildablenkspule *f (Ferns)* frame coil
Bildablenkung *f (Ferns)* frame deflection; vertical sweep *(in den Zeilen)*
Bildabschattung *f (Ferns)* shading *(Bildaufnahmeröhre)*

Bildabtaster *m (Ferns)* scanner
Bildabtaströhre *f (Ferns)* scanning tube
doppelseitige B. two-sided mosaic pick-up tube
Bildabtastung *f (Ferns)* frame scanning
fortlaufende B. straight scanning
Bildamplitudenregler *m (Ferns)* frame amplitude control
Bildauflösung *f* [image] resolution, picture definition
Bildaufnahme *f* picture record; television pick-up
Bildaufnahmeanlage *f* television pick-up system
Bildaufnahmeröhre *f (Ferns)* [video] pick-up tube, camera tube
Bildaufnahmetechnik *f* television studio technique
Bildaufzeichnung *f (Nrt)* picture recording, display
magnetische B. magnetic picture recording
Bildaustastimpuls *m (Ferns)* vertical blanking pulse
Bildaustastsynchronsignal *n (Ferns)* composite [video] signal
Bildaustastung *f (Ferns)* frame suppression
Bildbereich *m* Laplace domain *(Laplace-Transformation)*
Bildbreiteregelung *f* width control
Bildbühne *f* slide stage
Bilddarstellung *f* picture representation
Bilddaten *pl* image arrays
Bilddeckung *f (Ferns)* image registration
Bilddetail *n* image detail
Bildebene *f* image (focal) plane
Bildeingabe *f (Rech)* graphic computer input
Bildeinstellung *f (Ferns)* framing
Bildelektrode *f* image plate
Bildelement *n* image (pictorial) element; *(Ferns)* scanning point (element)
Bildempfänger *m (Nrt)* facsimile receiver
Bildempfangsröhre *f* / **speichernde** viewing storage tube
Bildendstufe *f* video output stage
Bilderzeugung *f* picture generation, image formation
Bildfangregler *m (Ferns)* hold control
Bildfeinheit *f (Ferns)* detail of a picture
Bildfeld *n* image field, [picture] field
Bildfeldausleuchtung *f* lens field illumination
Bildfeldgröße *f* field size
Bildfeldkrümmung *f*, **Bildfeldwölbung** *f* [image] field curvature, curvature of field
Bildfeldzerlegung *f* picture (image) field dissection, image (frame, field) scanning
Bildfenster *n* [projector] aperture, gate [aperture]
Bildfernsprecher *m (Fmt)* videophone
Bildfernübertragung *f (Nrt)* picture (facsimile) transmission, telephotography
Bildfläche *f (Nrt)* message surface *(Faksimile)*
Bildfolge *f* image sequence; sequence of frames; series of [single] pictures
Bildfolgefrequenz *f* picture frequency; frame (framing) rate
Bildformat *n* image format (shape), picture (frame) size
Bildfrequenz *f* image (picture, frame) frequency; *(Ferns)* video (traversal) frequency
Bildfunk *m (Nrt)* radio facsimile, phototelegraphy (*s. a.* Faksimile)
Bildfunkdienst *m (Nrt)* radio facsimile service
Bildfunkgerät *n (Nrt)* radio facsimile set, wireless picture telegraph
Bildfunksignal *n (Nrt)* facsimile signal
Bildfunksignalpegel *m* facsimile signal level
Bildfunktelegramm *n* photoradiogram
Bildfunktion *f* 1. image function; 2. Laplace transform *(Laplace-Transformation)*
Bildgeberröhre *f* **mit fester Testfigur** *(Ferns)* monotron
Bildgerät *n* display unit (device)
Bildgleichförmigkeit *f (Ferns)* uniformity of [the] picture
Bildgleichrichter *m (Ferns)* video detector
Bildgröße *f (Ferns)* image (picture) size; frame size
Bildgüte *f* image quality
Bildhelligkeit *f (Ferns)* image (picture) brightness
mittlere B. average (mean) picture brightness
Bildhöhe *f (Ferns)* image height; frame height
Bildimpuls *m (Ferns)* frame pulse
Bildinformation *f*, **Bildinhalt** *m* video information
Bildinstabilität *f (Ferns)* jitter
Bildkante *f (Ferns)* frame border
Bildkippgenerator *m (Ferns)* vertical time-base generator
Bildkippgerät *n (Ferns)* frame sweep unit
Bildkippspannung *f (Ferns)* frame sweep voltage
Bildkontrast *m (Ferns)* image contrast
Bildkontrolle *f* image control
Bildkontrollgerät *n* [television] picture monitor
Bildkoordinaten *fpl* image coordinates
Bildkristallgleichrichter *m* crystal video rectifier
Bildleitkabel *n* image guide, coherent guide (flexible bundle), coherent image-transmitting fibre bundle
Bildleitung *f* 1. transmission of images; 2. image line

Bildmaske *f (Ferns)* framing mask
Bildmischpult *n* video mixer
Bildmonitor *m (Ferns)* picture monitor
Bildmuster *n* pattern *(z. B. bei Oszillografen)*
Bildnachleuchten *n* afterglow of picture
Bildpaar *n* / **stereoskopisches** stereopair
Bildpegel *m* / **mittlerer** *(Ferns)* average picture level
Bildplastik *f (Ferns)* relief effect
Bildplatte *f* video disk
Bildplattenabspielgerät *n* video disk player
Bildpotential *n* image potential
Bildprüfung *f* image test
Bildpunkt *m* image (picture) point, pixel; *(Ferns)* image spot; scanning element
Bildpunktdauer *f* persistence of image spot
Bildpunkte *mpl* / **hellste** highlights
Bildpunktfrequenz *f* dot frequency
Bildpunktverlagerung *f* spot shift
Bildqualität *f* [television] picture quality, pictorial quality
Bildrand *m* margin of image
Bildraster *m* raster
Bildregelung *f (Ferns)* framing control
Bildröhre *f* picture tube, kinescope [tube], television [picture] tube
B. für unmittelbare Bildbetrachtung direct viewing [picture] tube
Bildröhrenanzeige *f*, **Bildröhrenausgabe** *f (Rech)* tube display
Bildrücklauf *m (Ferns)* frame flyback
Bildrundfunk *m* picture radio telegraphy
Bildschärfe *f* image (picture) sharpness, [image] definition
Bildschiefe *f* inclination of picture
Bildschirm *m* display screen; *(Ferns)* [television] screen, viewing screen; [scope] screen, face *(Katodenstrahlröhre)*; scope *(Radar)*
aluminisierter B. aluminized screen
Bildschirmarbeitsplatz *m* visual-display terminal
grafischer B. graphic visual-display terminal
Bildschirmausgabe *f (Rech)* oscilloscope (scope) display
grafische B. graphic[al] display
Bildschirm[ausgabe]einheit *f* visual display unit
Bildschirmfläche *f* [tube] face
Bildschirmmodus *m* screen mode
Bildschirmtext *m* videotex
Bildschirmtext-Modem *m* modem of videotex
Bildschirmtext- und Teletextsystem *n* videotex system
Bildschirmträger *m* display console
Bildschirmverzerrung *f* on-screen distortion
Bildschirmzeitung *f* viewdata
Bildschlupf *m (Ferns)* picture (frame) slip
Bildschreiber *m (Nrt)* facsimile recorder
Bildschrumpfung *f* image contraction
Bildschwankung *f* picture jitter
Bildseiteneinstellung *f (Ferns)* horizontal centring control
Bildseitenverhältnis *n (Ferns)* aspect ratio, width-height ratio
Bildseitenverschiebung *f* lateral-shift control *(Einregelung auf gewünschte Lage)*
Bildsendeleistung *f (Ferns)* vision transmitter output
Bildsender *m (Ferns)* video (vision) transmitter; *(Nrt)* facsimile transmitter
Bildsende- und -empfangsanlage *f (Nrt)* facsimile transceiver set
Bildsignal *n* video (picture, camera) signal
Bildsondenröhre *f* image dissector [tube]
Bildspannung *f* picture voltage
Bildspeicherröhre *f* image storing tube, storage[-type] camera tube; [image] iconoscope
Bildspur *f* trace *(Katodenstrahlröhre)*
Bildstandregelung *f (Ferns)* centring control
Bildsteuerung *f* picture control
Bildstörung *f (Ferns)* image interference (trouble), double image, ghost [image]
kurzzeitige B. flash
Bildstrahl *m* image ray
Bildstricheinstellung *f (Ferns)* framing
Bildsynchronisierimpuls *m (Ferns)* vertical synchronizing pulse (signal), frame synchronizing impulse
Bild-Synchronsignal-Verhältnis *n* picture-synchronizing ratio
Bildtelefon *n* picture-phone
Bildtelegraf *m* phototelegraph [apparatus], picture telegraph
Bildtelegrafie *f* phototelegraphy, picture telegraphy (transmission), telephotography
drahtlose B. radiophotography, radio facsimile
Bildtelegrafieendstelle *f* terminal phototelegraph station
Bildtelegrafiegerät *n* phototelegraph [apparatus], facsimile equipment
Bildtelegrafieträger *m* phototelegraph carrier
Bildtelegramm *n* phototelegram, radiophotogram, wirephoto, photoradiogram
Bildtest *m* image test
Bildträger *m* picture (image, video) carrier
videomodulierter B. video-modulated picture carrier
Bildtransformation *f* image transformation
Bildübertragung *f* image (picture) transmission; *(Nrt)* facsimile [transmission], telephotography
Bildübertragungsdauer *f* picture transmission period

Bildübertragungsgerät *n* phototelegraphy equipment
Bildumkehr *f* picture (image) inversion, image reversal
Bildumkehrlinse *f* inversion lens
Bildumkehrung *f s.* Bildumkehr
Bildung *f* generation, formation
B. des Spitzenwertes peaking
B. von Farbzentren *(Ferns)* formation of colour centres
Bildungsenthalpie *f* formation enthalpy
Bildunschärfe *f* lack of picture definition, image blurring (unsharpness, spread)
Bildverarbeitung *f (Nrt)* image processing
Bildverbreiterung *f* image spread
Bildverdopplung *f (Ferns)* split image
Bildverriegelung *f* picture lock
Bildverschiebung *f* image shift (displacement)
seitliche B. lateral image shift
Bildverstärker *m (Ferns)* video (vision) amplifier, image intensifier
Bildverstärkerröhre *f* image intensifier tube
Bildverstärkung *f* image intensification
Bildverzerrung *f* image distortion
Bildvorlage *f (Nrt)* scanning plane *(Faksimile)*
Bildwähler *m* display selector
Bildwand *f* projection (cinema) screen
metallisierte B. metallized screen
Bildwandausleuchtung *f* screen illumination
Bildwandhelligkeit *f* screen brightness
Bildwandler *m* image converter
B. mit einstellbarer Vergrößerung variable-magnification image converter
Bildwandlergerät *n* image conversion equipment
Bildwandlerröhre *f* image converter tube
impulsgesteuerte B. pulsed image converter tube
Bildwechselfrequenz *f (Ferns)* picture (frame) frequency
Bildweichheit *f (Ferns)* bloom
Bildwerfer *m* projector
Bildwerferkatodenstrahlröhre *f* projection cathode-ray tube
Bildwerferlampe *f* projector lamp
Bildwiedergabe *f* image reproduction; [visible] display; *(Nrt)* facsimile recording
Bildwiedergabegerät *n (Nrt)* facsimile recorder (receiver)
Bildwiedergaberöhre *f* picture tube, kinescope
Bildwinkel *m* viewing (field) angle, angle (field) of view
toter B. *(Nrt)* dead sector *(Faksimile)*
Bildwirkung *f* image effect
Bildzeichen *n* vision signal
Bildzeile *f (Ferns)* scanning line
Bildzeilenlänge *f* scanning line length
Bildzerleger *m (Ferns)* [image] dissector
Bildzerlegerröhre *f* image dissector [tube]
Bildzerlegung *f* image dissection; *(Ferns)* scanning; analyzation of picture
Bildzerreißung *f (Ferns)* tearing
Billiter-Potential *n (Chem)* Billiter potential
Billiter-Zelle *f (Galv)* Billiter cell
Biluxlampe *f* bilux bulb lamp, anti-dazzle lamp
Bimetall *n* bimetal
Bimetallauslöser *m* bimetallic release
Bimetalldraht *m* bimetallic wire
Bimetallelement *n* **mit Schnappeinrichtung** snap-action bimetal element
Bimetallfeder *f* bimetal spring
Bimetallinstrument *n* bimetallic instrument
Bimetallkontakt *m* bimetallic contact
Bimetallregler *m* bimetallic thermostat
Bimetallrelais *n* bimetallic strip relay
Bimetallscheibe *f* bimetal disk
Bimetallstreifen *m* bimetal (bimetallic) strip
Bimetallthermometer *n* bimetal thermometer
Bimetallthermostat *m* bimetal (bimetallic) thermostat
Bimetall-Zeitverzögerungsrelais *n* bimetallic time-delay relay
Bimsstein *m* pumice stone
Binant *m* semicircular segment *(bei elektrostatischen Meßwerken)*
Binäraddierer *m* binary adder
Binärarithmetik *f* binary arithmetic
Binäraufzeichnung *f* binary recording *(Signalverlauf)*
Binär-Dezimal-Konverter *m* binary-[to-] decimal converter
Binär-Dezimal-Konvertierung *f* binary-[to-]decimal conversion
Binär-Dezimal-Konvertierungsschaltung *f* binary-[to-]decimal conversion circuit
Binär-Dezimal-Umsetzer *m* binary-[to-] decimal converter
Binär-Dezimal-Umwandlung *f* binary-[to-] decimal conversion
Binärelement *n* binary element
Binärentschlüsselungsfolge *f* binary decoding sequence
Binärglied *n* binary unit
Binärkode *m* binary code
B. für Dezimalziffern binary-coded decimal code, BCD-code
reiner B. pure binary code
Binärkodeübersetzer *m* binary conversion equipment
Binärkodewandler *m* binary code converter
binärkodiert binary-coded
Binärkomma *n* binary point
Binärnachricht *f* binary message
Binär-Oktal-Dekoder *m* binary-to-octal decoder

Binär-Oktal-Umsetzung *f* binary-to-octal conversion
Binärphasenoszillator *m* binary phase oscillator
Binärschlüssel *m s.* Binärkode
Binärschreibweise *f* binary notation
Binärsignal *n* binary signal
Binärspeicherelement *n* binary store (memory) element
Binärspeicherschaltung *f* binary store circuit
Binärstelle *f* binary position (place)
Binärstufe *f* binary stage
Binärsystem *n* binary system
Binärteilerstufe *f* binary division stage
binärverschlüsselt binary-coded
Binärverschlüsselungsfolge *f* binary coding sequence
Binärzahl *f* binary number
Binärzahlensystem *n* binary number system
Binärzähler *m* binary counter
Binärzeichen *n* binary digit, bit
Binärzelle *f* binary cell
Binärziffer *f* binary digit, bit
Binärziffernaddierer *m* binary[-digit] adder
binaural *(Ak)* binaural
Bindedraht *m* binding (bonding, tie) wire
Bindeglied *n* connecting link
Bindekraft *f* adhesive power (force), adhesiveness; setting power
Bindemittel *n* binding (bonding, cementing) agent, binder; adhesive [agent]
  härtbares B. curable binder
binden 1. *(Chem)* to bond, to bind, to link; 2. to set, to harden; to cement; 3. to tie, to fasten; to lace *(mit Schnur)*
Bindevermögen *n* adhesive (binding) strength, setting power, adhesiveness
Bindung *f (Phys, Chem)* bonding, binding, linking *(Vorgang)*; bond, link[age] *(Zustand)*
  atomare B. *s.* homöopolare B.
  elektrostatische (elektrovalente) B. *s.* heteropolare B.
  heteropolare B. heteropolar (ionic) bond, electrostatic (electrovalent) bond, electrovalence, electrovalency
  homöopolare B. homopolar (atomic, covalent) bond
  kovalente B. *s.* homöopolare B.
  polare B. *s.* heteropolare B.
  semipolare B. semipolar bond
  unpolare B. *s.* homöopolare B.
Bindungsenergie *f* bond (bonding, binding) energy
Bindungsenergiebereich *m* bonding energy range
bindungsfähig bondable, linkable
Bindungsfestigkeit *f* bond (bonding, binding) strength
Bindungskette *f* bond chain
Bindungskraft *f* 1. bond (bonding, binding) force; 2. *s.* Bindekraft
Binistor *m* binistor *(Halbleiterbauelement)*
binokular binocular, two-eyed
Binomialformel *f* binomial formula
Binomialkoeffizient *m* binomial coefficient
Binomialreihe *f* binomial series
Binomialverteilung *f* binomial distribution
binomisch binomial
Bioanode *f* bioanode
Biobatterie *f* biochemical battery
bioelektrisch bioelectric
bioelektrochemisch bioelectrochemical
Bioelektrode *f* bioelectrode
Biokatode *f* biocathode
Biokristall *m* biocrystal
Biolaser *m* biolaser
Biolumineszenz *f* bioluminescence
Bionik *f* bionics
Bionikrechner *m* bionic computer
Biot-Zahl *f* Biot number, Bi-number
Bipolarspeicher *m* bipolar memory
Bipolarsystem *n* bipolar electrode system
Bipolartransistor *m* bipolar transistor
Biprisma *n* biprism
biquinär biquinary
Biquinärkode *m (Rech)* biquinary code
biquinärverschlüsselt biquinary-coded
Birnenformlampe *f* pear-shape lamp
bistabil bistable
bit *(Kurzzeichen) Maß für den Informationsgehalt* (*s.a.* Bit)
Bit *n* bit, binary digit *(binäre Informationseinheit)*
  B. je Sekunde bit per second *(Einheit des Informationsflusses)*
  B. mit niedrigstem Stellwert *s.* niederwertigstes B.
  höchstwertiges B. most-significant bit, MSB
  niederwertigstes B. least-significant bit, LSB
Bitdichte *f* bit density
Bitfehler *m* bit error
Bitfehlerrate *f* bit-error rate
Bitfrequenz *f* bit frequency
Bitgeschwindigkeit *f* bit rate
Bitpaar *n* pair of bits
Bitperiode *f* bit period
Bitrate *f* bit (binary) rate
Bit-slice-Mikroprozessor *m* bit-slice microprocessor
Bit-slice-Prozessor *m* bit-slice processor
Bitumen *n* bitumen
Bitumenlack *m* bitumen (bituminous) varnish
b-Komplement *n* complement on b *(z.B. Zehnerkomplement im Dezimalsystem)*
(b-1)-Komplement *n* complement on (b-1) *(z.B. Einerkomplement im Dezimalsystem)*
B-Kurve *f (Ak)* B-weighting curve

Black-box *f (Syst)* black box *(Glied unbekannter Struktur)*
Black-box-Methode *f (Syst)* black-box method *(zur Untersuchung unbekannter Glieder)*
Black-Diagramm *n* Black characteristic (diagram) *(Frequenzgangdarstellung)*
blank bare *(Draht)*; uninsulated
Blankdraht *m* bare (blank) wire
Blankdrahtheizelement *n* bare-wire heating element
Blankdrahtspule *f* blank-wound coil
Blankloch *n* bare hole *(Leiterplatten)*
Blankverdrahtung *f* bare wiring; *(Fmt)* strapping, piano wiring
Blase *f* 1. bubble; 2. blister, blow-hole *(bei Gießharzen)*
Blaseinrichtung *f* **/ magnetische** *(App)* magnetic blow-out
Blasenbildung *f* 1. bubbling, formation of bubbles; 2. formation of blow-holes, blistering *(in Isolierstoffen)*
Blasenspeicher *m* bubble memory
Blasentest *m* bubble test
Blasfeld *n (Ak)* blow field
Blaskammer *f (App)* blow-out chute
Blasmagnet *m* magnetic blow-out, arc deflector; blow magnet *(z. B. Schalter)*
Blassicherung *f (App)* blow-out fuse
Blasspule *f* blow-out coil; arc-suppression coil
Blasung *f* **/ magnetische** magnetic blow
Blaswirkung *f* blowing action *(Lichtbogen)*
B. des Lichtbogens arc blow
Blatt *n* 1. leaf; 2. blade *(Turbine, Lüfter)*
Blättchen *n* lamina, lamella; foil
λ/4-Blättchen *n* quarter-wave plate
Blattdruck *m (Nrt, Rech)* page printing
Blattdruckempfänger *m (Nrt)* page-printing receiver
Blattdrucker *m (Nrt, Rech)* page printer (printing apparatus)
Blattdrucktelegraf *m* page-printing telegraph
Blattelektroskop *n* leaf electroscope
Blattempfang *m (Nrt)* page reception
Blattfeder *f* leaf (plate, flat) spring
Blattfernschreiber *m* page teleprinter
Blattgold *n* gold foil
Blattkupfer *n* copper foil
blättrig lamellar, foliated
Blattschreiber *m s.* Blattdrucker
Blattvorschub *m* page feed *(Schreiber)*
Blattzinn *n* tin foil
Blauanteil *m (Licht)* blue content
Blaubrenne *f (Galv)* blue dip
Blauglas *n (Licht)* blue filter
Blauglaskolben *m* blue glass bulb
Blaukolbenblitzlampe *f* blue[-tinted] flash lamp
Blaze-Wellenlänge *f (Licht)* blaze wavelength
Blaze-Winkel *m (Licht)* blaze angle
Blech *n* 1. sheet [metal], plate; 2. lamination, lamella, lamina *(Trafokern)*
feuerverzinntes B. hot-dipped tin plate
gestanztes B. stamping; lamina
Blechen *n* lamination *(von Eisenkernen)*
Blechkern *m* laminated core
Blechmantel *m* **/ gefalzter** folded metallic armour *(Kabel)*
Blechwandreflektor *m* solid-sheet reflector *(Antenne)*
Bleiakkumulator *m* lead[-acid] accumulator, lead-acid [storage] battery, lead cell (storage battery)
B. mit gepasteten Gitterplatten pasted-plate accumulator
Bleianode *f* lead anode
Bleibad *n (Galv)* lead bath
bleiben / am Apparat *(Fmt)* to hold the line
auf Empfang b. *(Nrt)* to stand by
in der Leitung b. *(Fmt)* to hold the line
bleibend permanent; residual *(Rest)*
Bleiboratglas *n* lead borate glass
Bleichen *n* **/elektrolytisches** electrolytic bleaching
Bleigitter *n* lead grid *(im Akkumulator)*
Bleiglanzdetektor *m s.* Bleisulfiddetektor
Bleikabel *n* lead[-covered] cable, lead-sheathed cable
blankes B. plain lead-covered cable
Bleikabellöter *m* lead cable jointer
Bleimantel *m* lead sheath (sheathing, coating) *(Kabel)*
Bleimantelkabel *n* lead-covered cable, lead-sheathed cable
Bleimuffe *f* lead sleeve
Bleiplatte *f* lead plate
Bleirohrkabelstück *n* pothead tail *(zwischen Verzweigungsmuffe und Freileitung)*
Bleisalz *n* lead salt
Bleisammler *m s.* Bleiakkumulator
Bleischlamm *m* lead sludge (deposit) *(Akkumulator)*
Bleiselenidzelle *f* lead selenide cell
Blei-Silberoxid-Element *n* lead-silver oxide cell
Bleisilikatglas *n* lead silicate glass
Bleistiftröhre *f* pencil tube; pencil triode
Bleisulfiddetektor *m* lead sulphide detector, galena detector
Bleisulfidfotowiderstand *m* lead sulphide photoresistance cell
Bleisulfidwiderstandszelle *f* lead sulphide photoresistance cell
Bleisulfidzelle *f* lead sulphide cell *(Fotoelement)*
Bleitellurid *n* lead telluride
Bleititanat *n* lead titanate
Bleiüberzug *m* lead coating
Bleiwolframat *n* lead tungstate

Blende *f* aperture *(bei optischen Systemen)*; diaphragm *(bei Röntgenstrahlen)*
halbe B. half f-number
blenden to glare, to dazzle
Blenden *n* dazzling *(durch Gegenlicht)*
Blendenabstand *m* disk spacing
Blendenautomatik *f* / **lichtgesteuerte** automatic exposure control
Blendenbereich *m* aperture (diaphragm) range
Blendendurchmesser *m* aperture diameter
Blendenebene *f* aperture (diaphragm) plane
Blendeneinsatz *m* aperture (diaphragm) holder
Blendeneinstellung *f* aperture (diaphragm) setting
Blendenflügel *m* shutter blade
Blendengröße *f* f-number; aperture size
Blendenloch *n* anode aperture *(Katodenstrahlröhre)*
Blendenöffnung *f* aperture *(eines optischen Systems)*; diaphragm aperture (opening); lens aperture
Blendenscheibe *f* orifice plate *(Meßblende)*
Blendenskale *f* aperture scale
Blendenverschluß *m* aperture (diaphragm) shutter
Blendenvorrichtung *f* aperture (diaphragm) attachment
Blendenwert *m*, **Blendenzahl** *f* aperture ratio number, stop number (value), f-number, f-ratio
Blendleuchtdichte *f* glare luminance
Blendlichtquelle *f* glare source
Blendschutz *m* 1. glare (light) shield; 2. glare protection
Blendschutzbrille *f* anti-glare goggle
Blendschutzglas *n* glare protection glass
Blendung *f* glare, dazzle
blindmachende B. blinding glare
direkte B. direct glare
indirekte B. indirect glare
Blendungsbegrenzung *f* glare limitation
Blendungsbewertung *f* glare evaluation, assessment (evaluating) of glare
Blendungsbewertungskriterium *n* glare evaluation criterion
Blendungserscheinung *f* glare phenomenon
Blendungsformel *f (Licht)* glare formula
blendungsfrei dazzle-free, non-glare
Blendungsgrad *m* degree of glare
Blendungsindex *m* glare index
Blendungsskala *f (Licht)* glare scale
Blendwinkel *m* glare angle
Blindanflugsystem *n (FO)* radio approach system
Blindbefehl *m (Rech)* dummy instruction
Blindbelegung *f (Fmt)* dummy connection
Blindenergie *f* reactive (wattless) energy
Blindflansch *m* blank flange
Blindgeber *m (Meß)* dummy probe
Blindgeschwindigkeit *f (Fmt)* blind speed
Blindkomponente *f* reactive (reactance, wattless, quadrature) component
B. der Spannung reactive component of voltage
Blindlast *f* reactive (wattless) load
Blindlastkennlinie *f* reactive load characteristic
Blindlastmagnetisierungskurve *f* zero power-factor magnetizing (saturation) curve
Blindlastprüfung *f* zero power-factor test
Blindleistung *f* reactive (wattless) power
B. in kVA reactive kilovolt-ampere
Blindleistungsausgleich *m s.* Blindleistungskompensation
Blindleistungsfaktor *m* power (reactive) factor
Blindleistungsfaktormesser *m* power (reactive) factor meter
Blindleistungskompensation *f* power-factor compensation, reactive power compensation (correction)
B. durch Reihenkondensator *(Eüb)* series compensation with capacitors
Blindleistungskompensationsrelais *n* power-factor compensating relay
Blindleistungsmaschine *f* rotary phase converter (changer)
Blindleistungsmesser *m* reactive volt-ampere meter, varmeter, idle-current wattmeter
Blindleistungsregelung *f* reactive power control
Blindleistungsregler *m* reactive power regulator
Blindleistungsrelais *n* reactive power relay
Blindleistungsverbesserung *f* power-factor correction
Blindleitwert *m* susceptance
bezogener B. per unit susceptance
induktiver B. inductive susceptance
Blindleitwertbelag *m* per unit susceptance
Blindloch *n* blind hole *(Leiterplatten)*
Blindmodulator *m* reactance modulator
Blindpermeabilität *f* reactive permeability
Blindröhre *f* reactance valve (tube)
Blindschaltbild *n* mimic [connection, system] diagram; *(Anl)* blank (empty) panel; spare panel
Blindschaltfeld *n (Anl)* blank (empty) panel
Blindsicherung *f* dummy fuse
Blindsignal *n s.* Leersignal
Blindspannung *f* reactive (reactance, wattless) voltage
Blindspannungsabfall *m* reactive voltage drop, reactance [voltage] drop
Blindspannungskomponente *f* reactive voltage component
Blindspule *f* idle coil
Blindstab *m* idle bar

Blindstandwert *m* / **akustischer** acoustic reactance
mechanischer B. mechanical reactance
spezifischer B. specific acoustic reactance
Blindstecker *m (Fmt)* dummy plug
Blindstöpsel *m (Fmt)* peg
Blindstrom *m* reactive (wattless) current; reactive amperage
kapazitiver B. leading reactive current
nacheilender B. lagging reactive current
voreilender B. leading reactive current
Blindstromamperemeter *n* idle-current meter
Blindstromaufnahme *f* reactive current input
Blindstromkompensator *m* reactive current compensator
Blindstromkomponente *f* reactive current component, idle-current component
Blindstrommesser *m* idle-current meter
Blindstromtarif *m* power factor rate
Blindverbrauchszähler *m* reactive power meter, reactive-energy meter, var-hour meter, wattless component meter
Blindverkehr *m (Fmt)* waste traffic
Blindvierpol *m* reactance quadripole
Blindwattstundenzähler *m* reactive volt-ampere hour meter
Blindwiderstand *m* reactance, reactive impedance
akustischer B. acoustic reactance
akustischer B. einer Masse acoustic inertance
induktiver B. inductance, inductive (magnetic) reactance
kapazitiver B. capacitive (negative) reactance, condensance
mechanischer B. mechanical reactance
nichtlinearer B. non-linear reactance
Blindwiderstände *mpl* / **konjugiert-komplexe** conjugate impedances
Blinkanzeige *f (Fmt)* flashing indication
blinken to blink; to flash
Blinker *m s.* Blinkleuchte
Blinkfeuer *n* blinking (intermittent) light
Blinkgeber *m* blinker unit
Blinkgerät *n* signalling lamp
Blinkleuchte *f* flashing direction-indicator lamp *(Kraftfahrzeug)*
Blinklicht *n* flashing light *(Kraftfahrzeug)*
Blinklichtschalter *m* / **automatischer** flasher
Blinkrelais *n* flasher relay
Blitz *m* 1. lightning; 2. *s.* Blitzlicht
Blitzableiter *m* lightning arrester (protector, rod, conductor); *(Eüb)* surge arrester (diverter)
Blitzbahn *f* lightning track (path)
Blitzbombe *f* photoflash bomb
Blitzdauer *f* flash duration
Blitzeinschlag *m s.* Blitzschlag
blitzen to flash
Blitzentladung *f* lightning discharge
Blitzerscheinung *f* lightning phenomenon
Blitzfeuer *n* flash signal *(Sonderform des Leuchtfeuers)*
Blitzfolge *f* flashing rate
Blitzgerät *n* flash gun (unit)
Blitzgespräch *n (Fmt)* top priority call, lightning call
Blitzlampe *f* photoflash lamp (bulb), flash lamp
abgebrannte B. fired flash bulb
blaugefärbte B. blue-tinted flash bulb
Blitzlampenauswerfer *m* [flashing] bulb ejector
Blitzlampenstecker *m* flash (firing) plug
Blitzlampenwürfel *m* flash cube
Blitzleuchte *f* flasher lamp
Blitzlicht *n* flas[light], flashing light
Blitzlichtanschluß *m* flash contact
Blitzlichtauslöser *m* flash release
Blitzlichtbatterie *f* [photo]flashlight battery
Blitzlichtkabel *n* flash lead (cable)
Blitzlichtlampe *f* flashlight lamp, photoflash lamp (bulb)
Blitzmeßgerät *n* surge-measuring instrument *(Blitzforschung)*
Blitzpfad *m* lightning path
Blitzröhre *f* [photo]flash tube, electronic flashlamp
Blitzschaden *m* lightning damage
Blitzschlag *m* lightning stroke
direkter B. direct stroke
indirekter B. indirect stroke
Blitzschutz *m* 1. lightning protection; 2. *s.* Blitzschutzanlage
Blitzschutzanlage *f* lightning arrester (protector)
Blitzschutzerde *f (Fmt)* protective earth
Blitzschutzrelais *n* [lightning] arrester relay
Blitzschutzschalter *m* lightning switch
Blitzschutzsicherung *f* lightning arrester; *(Fmt)* protector block
Blitzschutzvorrichtung *f* lightning protector (rod)
Blitzstrahl *m* lightning flash
Blitzstrom *m* lightning[-stroke] current
Blitzstromstärke *f* lightning-stroke current
Blitzsynchronisation *f* flash synchronization
Blitzüberspannung *f* lightning-stroke voltage; lightning surge
Blitzverdampfung *f* flash evaporation
Blitzweg *m* lightning path
Blitzwelle *f* lightning surge
Blitzwürfel *m* flash cube
Bloch-Wände *fpl* Bloch walls
Bloch-Welle *f* Bloch wave
Block *m* 1. block; unit *(Baustein)*; 2. *(Rech)* block *(Informationen)*; 3. power-station unit *(Kraftwerk)*
fehlerhaft empfangener B. *(Rech)* erroneous block

Blockabstand *m (Rech)* interrecord gap, interblock gap (space) *(Speicherung)*
Blockadresse *f (Rech)* block address
Blockauswahl *f (Rech)* block selection
Block-Basis-Schaltung *f (Elk)* grounded-base connection, common-base circuit
Blockbauweise *f (Anl)* block-unit system
Blockbetrieb *m (Anl)* unitized system, unit-system operation ● **im B.** in unit connection
Blockdiagramm *n (Rech, Syst)* block diagram
Blockeigenbedarfstransformator *m* [power-station] unit auxiliary transformer
Blockeinschub *m* module
Blockfehlerwahrscheinlichkeit *f (Fmt)* block error rate
Blockgenerator *m* unit-connected generator
Blockiereigenschaft *f (Halbl)* blocking property
blockieren to block, to lock; to interlock; *(Masch)* to jam *(festfressen)*; *(Fmt)* to place (take) out of service
Blockierkennlinie *f* off-state characteristic *(Thyristor)*
Blockierring *m* locking ring *(zum Befestigen)*
Blockierschaltung *f* clamping circuit
Blockierspannung *f* blocking (off-state) voltage *(Thyristor)*; continuous off-state voltage
höchste B. peak off-state voltage *(Thyristor)*
Blockierung *f* blocking, interlocking; *(Masch)* jamming *(Festfressen)*
äußere B. *(Fmt)* external blocking (congestion)
innere B. *(Fmt)* internal blocking (congestion)
Blockierungsdauer *f (Fmt)* busy period
relative B. time congestion [ratio]
Blockierungsrelais *n* interlocking relay
Blockierungsschaltung *f* blocking circuit
Blockierungsstromkreis *m (Anl)* blocking current circuit, interlock[ing] circuit
Blockierverlust *m (Halbl)* off-state dissipation
Blockierzustand *m* off-state *(Thyristor)*
Blockkabel *n (Fmt)* block cable
Blockkondensator *m* blocking capacitor
Blockkraftwerk *n* unit-system power station, unitized (unit-type) power station
Blocklänge *f (Rech)* block length (size)
Blockleistung *f (Anl)* unit capacity
Blockmarkier[ungs]spur *f (Rech)* block marker track
Blockmatrix *f* / **diagonale** *(Rech)* block diagonal matrix
Blocknetz *n (Fmt)* block network
Blockprüfung *f (Fmt)* block check
zyklische B. *(Rech)* cyclic redundancy check
Blockregister *n (Rech)* block register
Blockrelais *n* block relay
Blockschaltbild *n (Rech, Syst)* block diagram; functional block diagram *(mit Darstellung der Gliedfunktionen)*
Blockschaltung *f* unit connection *(Kraftwerk)*
Blockschaltungsgenerator *m* unit-connected generator
Blockschema *n* block [schematic] diagram, block (skeleton) diagram
Blocksicherungsverfahren *n (Rech)* block protection method
Blockspeicherheizgerät *n* block storage heater
Blocksystem *n* / **automatisches** *(App)* automatic block system
Blocktarif *m* block tariff
Blocktransformator *m* unit[-connected] transformer, generator transformer
Blocktransport *m* / **automatischer** *(Rech)* automatic block transfer *(Programmablauf)*
Blockübertragung *f (Rech)* block transfer
Blockzwischenraum *m* interblock gap (space) *(z. B. Magnetbandspeicherung)*
B-Modulation *f* class-B modulation
B-Molulator *m* class-B modulator
Bobby *m* [winding] bobbin
Bode-Diagramm *n* Bode diagram (plot)
Bode-Methode *f (Syst)* Bode method *(Stabilitätsuntersuchung)*
Boden *m* 1. ground *(Erdoberfläche)*; 2. bottom; floor
Bodenanker *m* foundation bolt
Bodenanlagen *fpl* / **elektronische** *(Nrt, FO)* ground-based electronic equipment
Boden-Boden-Digitaldatenverbindung *f* ground-to-ground digital data link
Boden-Bord-Anruf *m* ground-to-air calling
Boden-Bord-Betrieb *m* ground-to-air operation
Boden-Bord-Fernschreibverkehr *m* ground-to-air teletype
Boden-Bord-System *n* ground-to-air system
Boden-Bord-Verkehr *m* ground-to-air communication
Bodendämpfung *f* ground attenuation
Bodendeckel *m* bottom cover
Bodendruckgeber *m (Meß)* ground pressure pick-up
Bodendurchführung *f* floor bushing
Bodenecho *n (FO)* ground return
Bodenelektrode *f* bottom (hearth) electrode *(Lichtbogenofen)*
Bodenfläche *f* bottom surface; floor area *(Mikroelektronik)*
Bodenfunkdienst *m* ground radio service
Bodenfunkfeuer *n* ground [radio] beacon
Bodenfunkstelle *f* ground [radio] station; aeronautical station

Bodengerät *n (Nrt)* ground equipment
Bodenheizelement *n* bottom heating element
Bodenheizung *f* floor heating
Bodenhindernisanzeiger *m* terrain clearance indicator
Bodenkapazität *f* floor capacitance *(Mikroelektronik)*
Bodenklappe *f* bottom cover
Bodenkontakt *m* floor contact; earth leakage terminal *(Lichtbogenofen)*; *(Licht)* contact plate
Bodenleitfähigkeit *f* earth conductivity
Bodenpeilgerät *n (FO)* ground-based direction finder
Bodenplatte *f* bottom plate
Bodenradargerät *n (FO)* ground-based radar equipment
Bodensatz *m (Galv)* deposit
Bodenseil *n* counterpoise *(Freileitung)*
Bodenstation *f* ground station
Bodenwelle *f (Nrt)* ground wave (ray), direct wave
Bodenwellenmißweisung *f (Nrt)* ground-path error
Boff-Diode *f* step-recovery diode
Bogen *m* 1. [electric] arc (*Zusammensetzungen s. a. unter* Lichtbogen); 2. conduit elbow *(Rohrverbindung)*; 3. bend; curve; curvature
kurzer B. short arc
nichtübertragener B. non-transferred arc
ruhig leuchtender B. quiet arc
übertragener B. transferred arc
Bogenanregung *f* arc excitation
Bogenbahn *f* arcuate track *(Gasentladung)*
Bogenbildung *f* arcing
Bogencharakteristik *f* arc characteristic
Bogenentladung *f* arc discharge
Bogenkatode *f* arc cathode
Bogenlampe *f* [carbon-]arc lamp
Bogenlampenkohle *f* arc lamp carbon
Bogenlampenscheinwerfer *m* arc lamp projector
Bogenlänge *f* arc length
Bogenlicht *n* arc light
Bogenlöschung *f* arc extinction
magnetische B. magnetic blow-out
Bogenrückschlag *m* arc back *(bei Rückzündung)*
Bogenskale *f* graduated arc
Bogenspannung *f* arc voltage
Bogenspannungsabfall *m* arc-voltage drop, arc drop
Bogenspektrum *n* arc spectrum
Bogensperrmauer *f* arc dam
Bogenstabilität *f* arc stability
Bogenstrom *m* arc current
Bogenstück *n* curved piece, knee; [conduit] bend
Bogentemperatur *f* arc temperature
Bogenüberschlag *m* arcing-over
Bogenverhalten *n* arc behaviour
Bogenverlust *m* arc[-drop] loss
Bogenzündung *f* [arc] initiation
Bohnermaschine *f* / **elektrische** electric floor polisher
Bohrmaschine *f* / **elektrische** electric drilling machine
Bolometer *n* bolometer
registrierendes B. bolograph
Bolometerdetektor *m* bolometer detector
Bolometerstreifen *m* bolometer strip
Boltzmann-Gleichgewicht *n* Boltzmann equilibrium
Boltzmann-Gleichung *f* Boltzmann equation
Boltzmann-Konstante *f* Boltzmann constant
Boltzmann-Näherung *f* Boltzmann approximation
Boltzmann-Statistik *f* Boltzmann statistics
Boltzmann-Verteilung *f* Boltzmann distribution
Bolzen *m* pin *(bei Isolatoren)*; stud; bolt
Bolzenende *n* pinball *(bei Isolatoren)*
Bolzenmontage *f* stud mounting
Bonden *n* bonding *(Kontaktierungsverfahren)*
Bondinsel *f* bond[ing] island *(Mikroelektronik)*
Booster *m* [power] booster
Booster-Pumpe *f* booster pump
Booster-Steuerung *f* booster control
Booster-Verstärker *m* booster amplifier
Bootstrap-Generator *m* bootstrap generator *(Integrationsschaltung)*
Bootstrap-Schaltung *f* bootstrap circuit
Bordabtastgerät *n* airborne scanner *(Radar)*
Bordbeleuchtung *f* airborne lighting
Bord-Boden-Fernsehanlage *f* air-to-ground television installation
Bord-Boden-Verbindung *f* air-to-ground communication
Bord-Boden-Verkehr *m* air-to-ground communication
Bord-Bord-Verkehr *m* ship-to-ship communication; air-to-air communication
Bordempfangsgerät *n* ship receiver; aircraft receiver (receiving set)
Bordfernsehempfänger *m* airborne television receiver
Bordfunk *m* aircraft intercommunication
Bordfunkausrüstung *f* aircraft (airborne) radio equipment
Bordfunker *m* radio operator
Bordfunkgerät *n* aircraft radio set (equipment)
Bordfunkstelle *f* board radio station; aircraft radio station (room); ship radio station
Bord-Land-Verbindung *f* ship-to-shore communication

Bord-Land-Verkehr *m* ship-to-shore traffic
Bordnetz *n* airborne supply system
bordotiert *(Halbl)* boron-doped
Bordpanoramagerät *n* airborne all-round radar search apparatus
Bordpeilanlage *f* airborne direction-finding equipment; ship direction-finding installation
Bordpeiler *m*, **Bordpeilgerät** *n* airborne direction-finding equipment, airborne direction finder; *(FO)* bearing compass; radio compass *(Schiff)*
Bordradargerät *n* airborne radar equipment
Bordsendeempfänger *m* airborne transceiver (transmitter-receiver)
Bordsender *m* aircraft [radio] transmitter
Bordsprechanlage *f* aircraft intercommunication system, aircraft [radio] interphone system
Bordsprechfunkstelle *f* ship radiotelephone station; aircraft radiotelephone station
Bordsprechgerät *n s.* Bordtelefon
Bordsuchgerät *n* airborne search apparatus *(Radar)*
Bordtelefon *n* aircraft interphone (intercommunication telephone)
Bordwarnradar *n* cloud and collision warning system
Bordwetterradar *n* airborne weather radar
Borsilikatglas *n* borosilicate glass
Bose-Einstein-Statistik *f* Bose-Einstein statistics
Bose-Einstein-Verteilung *f* Bose-Einstein distribution
Bose-Einstein-Verteilungsfunktion *f* Bose-Einstein distribution function (law)
Boxdiffusion *f (Halbl)* box [method] diffusion
B-Platz *m (Fmt)* B-position
Brackett-Serie *f* Brackett series *(Spektrallinien)*
Branchenfernsprechbuch *n* classified directory (phonebook)
Bratpfanne *f* / **elektrische** electric frying pan
Braunstein-Trockenelement *n* / **alkalisches** alkaline manganese dry cell
Breakdown-Diode *f* breakdown diode
brechen to refract *(Licht)*
Brechkraft *f* optical (refractive) power
Brechung *f* refraction *(Licht)*
  B. der elektrischen Feldlinien electrostatic refraction
  akustische B. acoustic refraction
Brechungsexponent *m s.* Brechzahl
Brechungsfehler *m* refraction error
Brechungsindex *m s.* Brechzahl
Brechungskoeffizient *m* refraction (refractive) coefficient
Brechungsvermögen *n* refractivity (*s. a.* Brechzahl)
Brechungswinkel *m* refracting angle, angle of refraction
Brech[ungs]zahl *f* refractive (refraction) index, index of refraction
Brechzahlmesser *m* refractometer
B-Register *n (Rech)* B-register
Breitband *n (Nrt)* broad band, broadband, wide band, wideband
Breitbandantenne *f* broad-band aerial, aperiodic (wide-band) aerial
Breitbandantennenvermittlungsstelle *f* broad-band aerial exchange
Breitbandempfang *m* broad-band reception, wide-band reception
Breitbandfilter *n* broad-band filter, wide-band filter
Breitbandgeräusch *n* broad-band noise, wide-band noise
breitbandig broad-band, wide-band
Breitbandkabel *n* broad-band cable, wide-band cable; high-frequency carrier cable
Breitbandkanal *m* broad-band channel, wide-band channel
Breitbandmillivoltmeter *n* broad-band millivoltmeter
Breitbandoberwellengenerator *m* **[/ quarzgesteuerter]** broad-band [crystal] harmonic generator
Breitbandoszillograf *m* wide-band oscilloscope
Breitbandpegelmesser *m* broad-band level meter, wide-band level meter
Breitbandrauschen *n* broad-band noise, wide-band noise
Breitbandrechenverstärker *m* broad-band computing amplifier
Breitbandrichtfunksystem *n* broad-band radio relay system, wide-band radio relay system
Breitbandsignal *n* broad-band signal, wide-band signal
Breitbandspektrum *n* broad-band spectrum, wide-band spectrum
Breitbandsperre *f* broad-band filter, wide-band filter
Breitbandstufe *f* broad-band stage, wide-band stage
Breitbandsymmetrieübertrager *m* broad-band balun, wide-band balun
Breitbandsystem *n* broad-band system, wide-band system
Breitbandtelegrafie *f* broad-band telegraphy, wide-band telegraphy
Breitband-TF-System *n* broad-band carrier system, wide-band carrier system
Breitbandton[frequenz]verstärker *m* broad-band audio amplifier, wide-band audio amplifier
Breitbandtransistor *m* wide-band transistor
Breitbandübertragung *f* broad-band transmission, wide-band transmission

Breitbandverstärker *m* broad-band amplifier, wide-band amplifier
Breitbandverstärkung *f* broad-band amplification, wide-band amplification
Breitbasisdiode *f* wide-base diode
Breitbasisentfernungsmesser *m* long-base range finder
Breitbasistransistor *m* wide-base transistor
Breite *f* width
B. der Sperrschicht *(Halbl)* depletion (barrier) layer width
breitenmoduliert width-modulated *(z. B. Impulse)*
Breitenregelung *f* width control
Breitschirmisolator *m* wide-petticoat insulator
Breitstrahler *m* broad-beam spotlight, wide-angle lighting fitting
Breitwandbild *n* wide-screen picture
Breitwinkelstreuung *f* wide-angle diffusion
Bremsanlegemagnet *m* application magnet
Bremsaudion *n s.* Bremsfeldaudion
Bremsdynamometer *n* brake dynamometer
Bremse *f* brake; drag *(Bandgerät)*
elektrische B. electric brake
elektromagnetische B. electromagnetic brake
hydraulische B. hydraulic brake
magnetische B. magnetic brake
Bremselektrode *f* reflecting electrode *(Braunsche Röhre)*; *(Ferns)* decelerating (retarding) electrode
bremsen to brake; to moderate *(Teilchen)*
Bremsfeld *n* brake (retarding) field *(Elektronenröhren)*
Bremsfeldaudion *n* electron-oscillating field detector, retarding-field detector, reverse-field detector
Bremsfeldelektrode *f* retarding-field electrode
Bremsfeldröhre *f* retarding-field tube, brake-field tube, transitron
Bremsfeldschwingung *f* Barkhausen oscillation
Bremsgenerator *m* Prony dynamometer
Bremsgitter *n* decelerating grid (electrode), suppressor grid (electrode)
Bremsgittermodulation *f* suppressor (barrier grid) modulation
Bremsgitterröhrenspeicher *m* barrier grid tube memory
Bremskreis *m* brake circuit
Bremsleistung *f* brake horsepower
Bremsleuchte *f* stop lamp *(Kraftfahrzeug)*
Bremslicht *n* stop light *(Kraftfahrzeug)*
Bremslüfter *m s.* Bremsmagnet
Bremslüftmagnet *m* brake lifting magnet
Bremsmagnet *m* brake (braking) magnet; *(Meß)* meter braking element, damping magnet *(zum Dämpfen des Meßwerks)*
Bremsmoment *n* braking (retarding) torque
Bremsmotor *m* brake motor
B. mit Scheibenbremse disk brake motor
Bremspotential *n* retarding potential *(im elektrischen Feld)*
Bremsregler *m* rheostatic braking controller
Bremsschalter *m* braking controller
Bremsschaltung *f* braking circuit
Bremsspannung *f* negative anode potential *(Elektronenröhren)*
Bremsstrahlung *f* bremsstrahlung
Bremstrom *m* braking current
Bremstrommel *f* brake drum
Bremsumschalter *m* braking switchgroup
Bremsung *f* braking; retardation; moderation *(Teilchen)*
B. von Neutronen moderation of neutrons
elektrische B. electric braking
elektromagnetische B. electromagnetic braking
Bremsverfahren *n* braking method
Bremsversuch *m (Masch)* braking test
Bremsvorrichtung *f* braking element, brake
Bremszeit *f* braking (stop) time; moderation time *(Teilchen)*
brennbar combustible; [in]flammable
nicht b. non-combustible, incombustible
Brennbarkeit *f* combustibility; [in]flammability
Brenndauer *f* 1. burning (operating, working, service) life, lifetime *(Lampe, Röhre)*; arc duration *(Lichtbogen)*; 2. *(Srt)* conduction time, conducting period; 3. baking time *(Einbrennlack)*; firing time *(Isolierkeramik)*
Brennebene *f* focal plane *(Optik)*
Brennelementkanal *m* fuel element channel
brennen 1. to burn; 2. to bake; to fire *(Isolierkeramik)*
Brenner *m* burner *(z. B. an Lampen)*
Brennfleck *m* arc spot *(Lichtbogen)*; focal spot (point) *(Optik)*; *(Laser)* cross-over point
Brennfleckcharakteristik *f* focal spot characteristic
Brennfleckdurchmesser *m* [focal] spot diameter
Brennlage *f* / **zulässige** *(Licht)* admissible burning position
Brennlinie *f* focal line *(Optik)*
sagittale B. sagittal focal line
Brennmuffel *f* baking muffle
Brennofen *m* baking (burning) oven, kiln
elektrisch beheizter B. electrically fired kiln
Brennpunkt *m* focus, focal (focussing) point
bildseitiger B. image-side focal point
dingseitiger B. object-side focal point
magnetischer B. magnetic focus

Brennpunktfläche *f* focal-point area
Brennschwindung *f* fire (firing) shrinkage *(Isolierkeramik)*
Brennspannung *f* burning (operating, running, conducting) voltage *(Lampe, Röhre)*; maintaining voltage, arc[-drop] voltage *(Lichtbogen)*
Brennstelle *f (Licht)* lighting outlet (point)
Brennstellung *f (Licht)* burning (working) position
zulässige B. admissible burning position
Brennstoff *m* / **keramischer** ceramic fuel *(Kernenergieerzeugung)*
Brennstoffbatterie *f* fuel battery (cell)
biochemische B. biochemical battery, biobattery
Brennstoffelement *n* fuel cell
biochemisches B. biochemical fuel cell, bio-fuel cell, biocell
Brennstoffzelle *f s.* Brennstoffelement
Brennstrahl *m* focal ray *(Optik)*
Brennstunden *fpl* burning hours *(Lampe)*
Brenntemperatur *f* firing (baking) temperature *(Isolierkeramik)*
Brennweite *f* focal distance (length)
Brennweitenbereich *m* [zoom] focal range
Brennzeit *f s.* Brenndauer
Brettschaltung *f* breadboard circuit (model)
Brewster-Fenster *n (Laser)* Brewster window
Briefkasten *m* / **elektronischer** electronic mailbox
Briefkastenprinzip *n* mailbox principle
Briefträger *m* / **elektronischer** electronic mailman
Brillouin-Spektroskopie *f* Brillouin spectroscopy
Brillouin-Streuung *f* Brillouin scattering
stimulierte B. stimulated Brillouin scattering
bringen:
auf den neuesten Stand b. to update *(z. B. Informationen)*
auf Gleichlauf b. to synchronize
aus dem Gleichgewicht b. to unbalance
aus der Phase b. to outphase
das Relais zum Abfallen b. to release the relay
den Schutzkreis zum Ansprechen b. to operate the guard circuit
in Gang b. to initiate
in Phase b. to phase
in Verbindung b. to intercommunicate
ins Gleichgewicht b. to balance, to equilibrate
wieder in Form b. to reshape
zum Stillstand b. to arrest, to stop
zur Deckung b. to register *(Fotolithografie; Maskentechnik)*
Broca-Galvanometer *n* Broca galvanometer
Brodeln *n* bubble *(Funkempfangstechnik)*
Brodhun-Fotometer *n* Brodhun photometer
Bromglühlampe *f* tungsten bromine lamp, incandescent bromine cycle lamp
Brotröster *m* / **elektrischer** electric toaster
Bruce-Antenne *f* Bruce aerial
Bruch *m* break, fracture, rupture; fraction *(Mathematik)*
Bruchdehnung *f* breaking elongation; failure strain
brüchig brittle; fragile
Brüchigkeit *f* brittleness; fragility
Bruchlast *f* breaking (crushing) load
Bruchlochwicklung *f* fractional-slot winding
bruchsicher break-proof
Bruchspannung *f* ultimate (failure) stress
Brücke *f* bridge (*s. a.* Brückenschaltung)
B. mit Gleitkontakt slide bridge
abgeglichene B. balanced bridge
akustische B. acoustic bridge
dreipolige B. three-terminal bridge
einphasige B. single-phase bridge
halbgesteuerte B. *(Srt)* half-controlled bridge
Scheringsche B. *(Meß)* Schering bridge
Schustersche B. acoustic bridge
selbstabgleichende B. self-balancing bridge
Thomsonsche B. Thomson bridge
vierarmige B. four-arm bridge
Wheatstonesche B. Wheatstone bridge
Wiensche B. Wien bridge
Brückenabgleich *m* bridge balance (balancing)
Brückenabgleichpunkt *m* bridge balance point
Brückenanordnung *f* bridge configuration (arrangement, assembly)
Brückenatom *n (Halbl)* bridge atom
Brückenausgang *m* bridge output
Brückenbildung *f* bridge formation *(bei Isolierölen)*
Brückendemodulator *m* ratio detector
Brückenduplexschaltung *f* bridge duplex connection
Brückeneingang *m* bridge input
Brückenergänzung *f* bridge completion
Brückenfilter *n* lattice filter
Brückengegenkopplung *f* bridge feedback
Brückengegensprechen *n (Fmt)* bridge duplex
Brückengegensprechschaltung *f (Fmt)* bridge duplex connection
Brückengegensprechsystem *n (Fmt)* bridge duplex system
Brückengleichgewicht *n* bridge balance
Brückengleichrichter *m* bridge[-connected] rectifier
Brückenglied *n* bridge section
Brückenion *n* bridging ion

Brückenkapazität *f* bridge capacitance
Brückenkontakt *m* bridge contact
Brückenlinearität *f* bridge linearity
Brückenmethode *f (Meß)* bridge-type method; *(Hochsp)* balanced detection method *(bei Teilentladungsmessung)*
Brückennetzwerk *n* bridge network
Brückenrückkopplung *f* bridge feedback
Brückenschaltung *f* bridge circuit (connection, network); diamond circuit *(Gleichrichterbrücke)* ● **in B.** bridge-connected
selbstabgleichende B. self-balancing bridge circuit
Brückenspannung *f* bridge voltage
Brückenspeisespannung *f* bridge supply (driving) voltage
Brückenspeisung *f* bridge supply
B. mit Gleichspannung direct-current bridge supply
Brückentemperaturwächter *m* bridge thermostat
Brückenübertrager *m (Fmt)* differential (hybrid) transformer
Brückenverstärker *m* bridge amplifier
Brückenverstimmung *f* bridge unbalance
Brückenweiche *f* bridge[-type] diplexer
Brückenwiderstand *m* 1. bridge resistance; 2. bridge resistor *(Bauelement)*
äußerer B. external bridge resistor
Brückenzweig *m* bridge arm (branch), arm (leg) of the bridge
Brumm *m* hum, ripple
Brummabstand *m* signal-to-hum ratio
Brummanteil *m* hum component
Brummeffekt *m* hum effect
Brummeinkopplung *f*, **Brummeinstreuung** *f* hum pick-up
brummen to hum, to ripple; to buzz
Brummen *n* hum[ming], ripple; boom
elektromagnetisches B. electromagnetic hum
magnetisches B. magnetic hum
Brummfaktor *m* hum (ripple) factor
Brummfilter *n* ripple filter, hum eliminator
brummfrei hum free
Brummfrequenz *f* hum frequency; double-frequency ripple *(bei Zweipulsgleichrichtung)*
Brummgeräusch *n* humming noise
Brummkompensationsspule *f* hum-bucking coil *(Lautsprecher, Tonbandgerät)*
Brummpegel *m* hum noise level
Brummschleife *f* hum (ripple) pick-up
Brummsiebung *f* hum reduction
Brummspannung *f* hum voltage, ripple [voltage]
Brummspannungsverhältnis *n* ripple ratio
Brummstörungen *fpl* hum troubles
Brummstrom *m* ripple current
Brummton *m* humming noise, hum
Brustmikrofon *n* breast-plate microphone, breast transmitter
Brüter *m s.* Brutreaktor
Brutreaktor *m* breeder reactor
schneller B. fast breeder
Bruttofallhöhe *f* gross head *(Kraftwerk)*
B-Schirm *m* B scope *(Radar)*
B-Schirmbild *n* B display, range-bearing display *(Radar)*
BS-Kabel *n s.* Baumwollseidenkabel
Buchholz-Relais *n* Buchholz relay
Buchholz-Schutz *m* Buchholz relay protection
Buchse *f* 1. socket [connector]; jack; 2. bush *(für Lager)*
B. auf der Frontplatte panel socket
B. für Bananenstecker banana jack
umrüstbare B. convertible (adaptable) socket
zweipolige B. twin jack (contact connector)
Buchsenfeld *n* jack panel; *(Fmt)* pegboard, change-over panel; *(Rech)* patch-board
Buchsenkontakt *m* socket contact
Buchsensteckverbinder *m* female connector
Buchsenteil *m* female [insert] contact *(einer Steckvorrichtung)*
Buchstabenabstand *m (Fmt)* letter space
Buchstabenschreiblocher *m (Rech)* alphabetic printing punch
Buchstabensymbol *n* letter symbol
Buchstabentelegraf *m* A.B.C. telegraph
Buchstabentelegrafie *f* alphabetic telegraphy
Buchstabenumschaltung *f (Rech)* letter shift
Buchstabenwechsel *m* letter shift *(Telegrafie)*
Buchstaben-Ziffern-Wechsel *m* / **automatischer** unshift-on-space *(Telegrafie)*
Bucht *f (Fmt)* bay
Buchtenkraftwerk *n* bay-type hydroelectric power station
Buchungsautomat *m* automatic accounting apparatus
Buchungsbeleg *m* account document
Buchungsformular *n* account sheet
Buchungskarte *f* account card
Buchungsmaschine *f* accounting (bookkeeping) machine
Buckel *m* hump *(einer Kurve)*
Buddy-System *n (Rech)* buddy system *(System zur Hauptspeicherverwaltung)*
Bügelabnehmer *m s.* Bügelstromabnehmer
Bügeleisen *n* / **elektrisches** electric iron
Bügelkontakt *m (App)* bow contact
Bügelmaschine *f*, **Bügelpresse** *f* ironer, ironing (pressing) machine
Bügelschleifkohle *f* sliding-bow carbon brush
Bügelstromabnehmer *m* current collector bow, bow collector *(Bahn)*
Bühnenbeleuchtung *f* stage lighting

Bühnenbeleuchtungsregler *m* stage-lighting control system
Bühnenlichtregler *m* stage-light[ing] dimmer
Bühnenscheinwerfer *m* stage projector
Bühnenstellwarte *f* stage-lighting control board
Bündel *n* bundle *(Licht)*; beam, cone *(Strahlen)*; bunch *(z. B. Leitungen)*; *(Fmt)* group [of lines]
breites B. broad beam
geordnetes B. oriented bundle *(Faseroptik)*
schmales B. narrow beam
ungeordnetes B. unoriented bundle
unvollkommenes B. *(Fmt)* limited-availability group
vollkommenes B. *(Fmt)* full-availability group
Bündelbreite *f* beam width
Bündelendröhre *f* beam power [tetrode] valve
Bündelholztechnik *f* cordwood technique *(Mikroschaltungstechnik)*
Bündelkabel *n* bunched (bank) cable
Bündellänge *f (Rech)* burst length *(Gruppenübertragung)*
Bündelleiter *m* bundle conductor
B. aus (mit) drei Teilleitern triple (triplex bundle) conductor, three-conductor bundle
bündeln 1. to bundle; to bunch; 2. to focus, to concentrate *(Strahlen)*
Bündelöffnung *f* beam spread [angle]
Bündeloktode *f* beam octode
Bündelröhre *f* beam power valve
Bündeltetrode *f* beam tetrode
Bündelung *f* 1. bunching; bundling; 2. focussing, concentrating *(z. B. von Strahlen)*; *(Nrt)* trunking
B. durch Permanentmagnet permanent-magnet focussing
magnetische B. magnetic focussing
Bündelungselektrode *f* focussing electrode
Bündelungsgewinn *m* directive gain *(Antennentechnik)*
Bündelungskreis *m (Elk)* convergence circuit
Bündelungsmaß *n (Ak)* directivity index, directional gain
Bündelungsschärfe *f* directivity sharpness, concentration degree
Bündelungsspule *f* convergence coil
Bündelungswinkel *m* angle of aperture *(Antenne)*
Bunsen-Fotometer *n* Bunsen photometer, grease-spot photometer
Buntsignal *n (Ferns)* [carrier] chrominance signal
Bürde *f* burden, apparent ohmic resistance *(Wandler)*
B. eines Meßwandlers burden of an instrument transformer
Bürobeleuchtung *f* office lighting
Büroleuchte *f* office lighting fitting
Bürorechenmaschine *f* office (business) calculating machine
Bürste *f* [contact] brush ● **ohne Bürsten** brushless
metallisierte B. metallized brush
Bürstenabhebevorrichtung *f* brush lifting device
Bürstenabnehmer *m* brush lifter
Bürstenbedeckungsfaktor *m* brush arc-to-pole pitch ratio
Bürstenbogen *m* brush arc
Bürstenbrücke *f* brush rocker
Bürstendruck *m* brush pressure
Bürstendruckfinger *m* brush finger (hammer)
Bürsteneinstellung *f* brush adjustment
Bürstenfeuer *n* brush light (spark), sparking [of brushes]
Bürstenfinger *m* brush finger
Bürstenfläche *f* brush face
Bürstenfunken *n* brush spark[ing]
Bürstengalvanisierung *f* brush plating
Bürstenhalter *m* brush holder
Bürstenhalterarm *m* brush rod, brush holder arm (stud, support)
Bürstenhalterauflager *n* brush holder support
Bürstenhalterbrücke *f* brush rocker (holder yoke)
Bürstenhalterfeder *f* brush spring *(Wählerkontaktarm)*
Bürstenhalterfinger *m* brush holder finger
Bürstenhalterkasten *m* brush holder box
Bürstenkante *f* / **ablaufende** leaving edge [of brush], brush heel
auflaufende B. leading edge [of brush]
Bürstenkontakt *m* brush contact
Bürstenkontrolle *f (Rech)* brush compare check *(auf Abtastfehler)*
Bürstenlänge *f* brush length
bürstenlos brushless
Bürstenmaschine *f* brush machine
Bürstenpaar *n* pair of brushes
Bürstenplattierung *f (Galv)* brush (sponge) plating
Bürstenreibung *f* brush friction
Bürstenreibungsverlust *m* brush friction loss
Bürstensatz *m* / **doppelter** double set of brushes
Bürstenschalter *m* brush switch
Bürstenstaub *m* carbon dust
Bürstenstellmotor *m* brush-shifting motor
Bürstenstellung *f* brush position
Bürstenstrom *m* brush current
Bürstenträger *m* brush carrier
Bürstenübergangsverlust *m* brush contact loss

Bürstenübergangswiderstand *m* brush resistance
Bürstenvergleichsprüfung *f s.* Bürstenkontrolle
Bürstenverschiebung *f* brush displacement (shift)
Bürstenverstellung *f* **[/ voreilende]** brush lead
Bürstenwähler *m (Fmt)* brush selector
Bürstenwinkel *m* angle of brushes
Bus *m (Rech)* bus *(Sammelschiene für Daten)*
Büschelentladung *f* brush (bunch) discharge
Büschellicht *n* brush light
Bus-Schnittstelleneinheit *f (Rech)* bus interface unit, BIU
Bussystem *n (Rech)* bus system
Butadienkautschuk *m (Isol)* bivinyl rubber
B-Verstärker *m* class-B amplifier
Byte *n* byte *(Binärwort)*
byte-organisiert *(Rech)* byte-organized

C

C *s.* Coulomb
Cache-Speicher *m (Halbl)* cache memory
c-Ader *f (Fmt)* C-wire, sleeve wire; private wire
Calrod-Heizkörper *m* Calrod heating element *(elektrischer Rohrheizkörper mit Metallmantel)*
Campbell-Brücke *f* Campbell bridge *(Gegeninduktivitätsmeßbrücke)*
Campbell-Colpitts-Brücke *f* Campbell-Colpitts bridge *(Kapazitätsmeßbrücke)*
Candela *f* candela, cd *(SI-Einheit der Lichtstärke)*
C. je Quadratmeter candela per square metre *(SI-Einheit der Leuchtdichte)*
CARD *(Rech)* CARD *(Kurzwort für* compact automatic retrieval device; *kompakte Einrichtung zum Wiederauffinden von Informationon)*
Carson-Transformation *f* Carson transformation *(Abart der Laplace-Transformation)*
Cauer-Parameter-Filter *n* Cauer (elliptic-function) filter
C-bewertet *(Ak)* C-weighted
C-Bewertung *f (Ak)* C-weighting
CCD-Elemente *npl s.* Ladungsverschiebungselemente
C-Darstellung *f* C-display *(Radar)*
Cent *n (Ak)* cent *(1 Cent = $^1/_{100}$ Halbton)*
Cepstrum *n* cepstrum *(Spektrum eines Spektrums)*
Cermet *n* cermet, ceramal, metal ceramic
Cermet-Brennstoff *m (Eerz)* cermet fuel
C-Glied *n (Ak)* C network
Charakteristik *f* characteristic [curve]
dynamische C. dynamic characteristic
fallende C. falling (descending) characteristic
innere C. internal characteristic
quadratische C. square-law characteristic
statische C. static characteristic
Charge *f* charge, batch
Chargenbearbeitung *f* batch processing
Chargenbetrieb *m* batch processing (working) *(z.B. eines Elektroofens)*
Chargenprozeß *m* batch (discontinuous) process *(z.B. eines Elektroofens)*
Chargenregistriergerät *n* batch recorder
Chargenzähler *m* batch counter
Chargenzeit *f* charge time
Chargiermaschine *f* charging machine
Chassis *n* chassis, frame, mounting board
Chassisaufbau *m* chassis mounting
Chef-und-Sekretär-Anlage *f (Fmt)* „manager-and-secretary" station
Chemiefaser *f* artificial (man-made) fibre
chemikalienbeständig, chemikalienfest chemical-resistant
Chemilumineszenz *f*, **Chemolumineszenz** *f* chemiluminescence, chemoluminescence
Chiffre *f* cipher, cypher
chiffrieren to cipher, to code
Chiffrierschlüssel *m* key, code
Chinhydronelektrode *f* quinhydrone electrode
Chinhydronhalbzelle *f* quinhydrone half-cell
Chip *m (Elk)* chip *(Siliziumplättchen)*
Chipauswahl *f* chip selection
Chipfläche *f* chip area
Chiptechnik *f* chip technology
Chi-Quadrat-Verteilung *f* chi-square distribution
Chireix-Modulation *f (Nrt, FO)* Chireix (outphasing) modulation
Chloranilelektrode *f* chloranile electrode
Chlorkautschuk *m (Isol)* chlorinated rubber
Chlorkautschukfarbe *f (Isol)* chlorinated-rubber paint
Chlorkautschuklack *m (Isol)* chlorinated-rubber lacquer
Chloropren *n (Isol)* chloroprene
Chlorstörstellen *fpl* chlorine impurities
Chlorwasserstoffgas *n* hydrogen chloride gas
Chopper *m* chopper; vibrator
Chopperstabilisierung *f* chopper stabilization
Christiansen-Filter *n* Christiansen (band-pass) filter
Chroma *f (Ferns, Licht)* [Munsell] chroma
chromatisch chromatic
Chromatron *n (Ferns)* chromatron, Lawrence tube
Chromieren *n (Galv)* chromizing
Chrominanz *f* chrominance

Chrominanzkanal *m (Ferns)* chrominance channel
Chrominanzsignal *n (Ferns)* chrominance signal
Chrommagnesitstein *m* chrome-magnesite brick *(Feuerfestmaterial)*
Chrommaske *f (Halbl)* chrome mask
Chromnickeldrahtwendel *f* chromium-nickel wire coil
Chromnickelheizleiterband *n* chromium-nickel heating strip (tape)
Chromnickelwiderstand *m* chromium-nickel resistor
Chromreflektor *m* chromium reflector
Chronoamperometrie *f (Chem)* chronoamperometry
Chronopotentiometrie *f (Chem)* chronopotentiometry
CIE-Farbmaßsystem *n* CIE standard colorimetric system
CIE-Farbtafel *f* CIE colour plane
CIE-Testfarbenverfahren *n* CIE test-colour method
c-Kontaktarm *m (Fmt)* private wiper, test brush
c-Kontaktbank *f*, **c-Kontaktsatz** *m (Fmt)* private bank
C-Kurve *f (Ak)* C-weighting curve
Clamping-Schaltung *f* clamping circuit
Clarke-Komponenten *fpl* Clarke's components
Clean-room *m (Halbl)* clean room
CMOS *Abk. für* complementary metal oxide semiconductor
COBOL *(Rech)* COBOL *(Kurzwort für* common business oriented language; *Programmierungssprache für ökonomische Aufgaben)*
COBOL-Aufbau *m* COBOL structure
Cockcroft-Walton-Generator *m* Cockcroft-Walton cascade generator
Cocktailparty-Effekt *m* cocktail-party effect *(Fähigkeit, sich beim zweiohrigen Hören auf eine unter vielen Schallquellen zu konzentrieren)*
Code *m s.* Kode
Coder *m s.* Kodierer
codieren *s.* kodieren
Colpitts-Oszillator *m* Colpitts oscillator
Colpitts-Schaltung *f* Colpitts circuit *(Oszillatorschaltung mit Spannungsteilung an der Schwingkreiskapazität)*
Compiler *m (Rech)* compiler, compiling program (routine)
Compiler-Technik *f (Rech)* compiler technique
Compositron *n* compositron *(Profilstrahlröhre)*
Compton-Effekt *m* Compton effect
Compton-Elektron *n* Compton electron
Compton-Streuung *f* Compton scattering
Computer *m* computer, computing (calculating) machine, calculator (*Zusammensetzungen s. a. unter* Rechner)
computergesteuert computer-controlled
Computerlogik *f* computer logic
Computermagnetband *n* computer [magnetic] tape
Coolidge-Röhre *f* Coolidge tube *(Röntgenröhre)*
Cordwood-Modul *m* cordwood module *(Mikroschaltungstechnik)*
cos-ϕ-Meßgerät *n* phase meter, reactive factor meter
Coulomb *n* coulomb, C *(SI-Einheit der Elektrizitätsmenge)*
Coulomb-Anregung *f* Coulomb excitation
Coulomb-Energie *f* Coulomb energy
Coulomb-Kraft *f* Coulomb force
Coulombmeter *n s.* Coulometer
Coulomb-Streuung *f* Coulomb scattering
Coulometer *n* coulo[mb]meter, voltameter
Coulometrie *f* coulometry
coulometrisch coulometric
Countdown *m* count-down *(Rückwärtszählen von Zeiteinheiten)*
CPM-Verfahren *n s.* Methode des kritischen Weges
Crosby-Schaltung *f* Crosby phase modulation circuit
Cross-Assembler *m (Rech)* cross assembler
Crossbar-System *n (Fmt)* cross-bar system
Crossbar-Wähler *m (Fmt)* cross-bar selector (switch)
Crosspoint-Technik *f (Fmt)* cross-point technique
Cross-Unterstützung *f (Rech)* cross support
C-Schirm *m (FO)* C-scope
CSJFET *s.* Feldeffekttransistor mit Ladungsspeicherung
Curbsenden *n* curbing, curbed signalling *(Telegrafie)*
Curbsender *m* curb transmitter *(Telegrafie)*
Curie-Punkt *m* Curie point, magnetic transition point
Cuttermaschine *f* cutter *(Film, Magnettonband)*
cuttern to cut *(Film, Magnettonband)*
C-Verstärker *m* class-C amplifier
Czochralski-Technik *f* Czochralski technique *(Kristallzüchtung)*

D

D *s.* Dämpfungsfaktor
DA-... *s.* Digital-Analog-...
DAB *s.* Durchlaufbetrieb mit Aussetzbelastung
Dach *n* top *(Impuls)*
horizontales D. horizontal top
Dachabfall *m s.* Dachschräge

Dachantenne *f* roof aerial
Dachbodenantenne *f* loft aerial
Dachgestänge *n* roof (house) pole *(Freileitung)*
Dachisolator *m* roof insulator
Dachleiter *m* roof conductor
Dachschräge *f* [pulse] tilt
d-Achse *f (Masch)* direct axis
Dachstabantenne *f* car[-top] rod aerial
Dahlander-Schaltung *f* Dahlander pole-changing circuit
Dämmeigenschaft *f* insulating property
dämmen to insulate *(Schall, Wärme)*
Dämmerlicht *n* subdued (dimmed) light
Dämmerungseffekt *m (FO)* night effect (error)
Dämmfaktor *m (Ak)* sound insulation factor
Dammhöhe *f* dam height *(Talsperre)*
Dammkrone *f* dam crest
Dämmplatte *f* [structural] insulation board; acoustical plate
Dämmschicht *f* insulating layer
Dämmstoff *m* insulant, insulating material (substance), insulator; lag
Dämmung *f* insulation *(Schall, Wärme)*
Dämmzahl *f (Ak)* sound insulation factor
Dampf *m* vapour; steam *(Wasser)*
  gesättigter D. saturated steam
  überhitzter D. superheated steam
Dampfablagerung *f* vapour deposition
dampfbeständig vapour-safe, vapour-proof
dampfdicht vapour-tight; steam-tight
Dampfdichte *f* vapour density
Dampfdruck *m* vapour pressure
Dampfdruckthermometer *n* vapour pressure thermometer
Dampfdruckthermostat *m* vapour bulb thermostat
dämpfen 1. to attenuate, to damp, to dampen *(z. B. Schwingungen)*; to muffle, to mute, to deafen *(z. B. Schall)*; to subdue *(z. B. Farben)*; 2. to buffer *(Stoß)*; to cushion
  überkritisch d. to overdamp
dampfentfetten to vapour-degrease
Dampfentladungslampe *f* vapour discharge lamp
Dämpfer *m* 1. *(Ak)* muffler, mute, silencer, [sound] damper; 2. cushion *(z. B. Dämmpolster)*
Dämpferkäfig *m* amortisseur *(bei Synchronmaschinen)*
Dämpferkäfigstab *m* amortisseur bar
Dämpfermagnet *m (Meß)* damping magnet
Dämpferspule *f* damping coil
Dämpferwicklung *f* amortisseur (damper) winding
Dampferzeuger *m* steam generator, boiler (*s. a. unter* Kessel)
Dampferzeugerwirkungsgrad *m* boiler efficiency
Dampferzeugung *f* steam generation
Dampferzeugungsanlage *f* steam-generating plant
dampfförmig vaporous
dampfgeschützt vapour-proof
Dampfkraftgenerator *m* turbine-generator
Dampfkraftwerk *n* steam [power] plant, steam-electric station
Dampfkreislauf *m* steam circuit
Dampfoxydation *f* steam oxidation
Dampfphasenzüchtung *f* vapour-phase growth *(Kristalle)*
Dampfplattierung *f* vapour plating
Dampfspannungsmesser *m* vaporimeter
Dampfspannungsthermometer *n* vapour pressure thermometer
Dampfstrahl *m* steam jet
Dampfstrahler *m* steam radiator
Dampfstrahlluftsauger *m* steam jet air aspirator *(Turbine)*
Dampfturbine *f* steam turbine
Dampfturbinensatz *m*, **Dampfturbosatz** *m* turboset, turbo-set
Dampfüberhitzer *m* steam superheater
dampfundurchlässig vapour-tight, vapour-proof; steam-tight
Dämpfung *f* attenuation, damping; *(Ak)* muffling, muting
  D. der Wahlstufe *(Fmt)* switching point loss
  D. des Reibungswiderstands damping of frictional resistance
  D. des Seitenbands sideband attenuation
  D. durch Reflexion an einem Kanalende *(Ak)* end-reflection loss
  D. je Längeneinheit *s.* spezifische D.
  aperiodische D. aperiodic damping *(z. B. eines Signals)*
  elektromagnetische D. electromagnetic damping
  innere D. *(Ak)* internal (material) damping
  kritische D. critical damping
  lineare D. linear damping
  magnetische D. magnetic damping
  magnetomechanische D. magnetomechanical damping
  mechanische D. mechanical damping
  optimale D. optimal damping
  resultierende D. resultant damping
  spezifische D. attenuation per unit length, specific attenuation *(Leitung)*
  überkritische D. supercritical damping, overdamping
  unendlich große D. infinite attenuation *(Filter)*
  unterkritische D. subcritical damping, underdamping
  viskose D. viscous damping
Dämpfungsaufteilung *f (Fmt)* attenuation allocation

Dämpfungsausgleich *m (Fmt)* attenuation compensation (equalization); transmission loss adjustment
Dämpfungsausgleichsschaltung *f* attenuation equalizing arrangement
Dämpfungsbereich *m* attenuation region (range)
Dämpfungsdekrement *n* damping factor (decrement, ratio)
Dämpfungsdiode *f* damping diode
Dämpfungsdrehmoment *n* damping torque
Dämpfungseinrichtung *f* damper, attenuator
Dämpfungseinstellung *f* damping adjustment
Dämpfungsentzerrer *m* attenuation compensator; *(Fmt)* attenuation equalizer, equalizing network
Dämpfungsentzerrung *f (Fmt)* attenuation equalization
Dämpfungsfähigkeit *f* damping capacity *(eines Werkstoffs)*
Dämpfungsfaktor *m* damping factor (coefficient, constant, ratio), attenuation factor
Dämpfungsflügel *m (Meß)* damping vane
Dämpfungsflüssigkeit *f* damping fluid
Dämpfungsfrequenzgang *m* attenuation-frequency curve, attenuation response (curve), frequency response of attenuation
Dämpfungsfunktion *f* attenuation (damping) function
Dämpfungsgang *m s.* Dämpfungskennlinie
Dämpfungsglied *n* attenuator [pad], attenuation element (network, unit), damper; pad
D. für Hohlleiter attenuator for waveguides
einstellbares D. variable attenuator
hydraulisches D. *(Syst)* dashpot
koaxiales D. coaxial pad
Dämpfungsgrad *m* damping (attenuation) ratio
Dämpfungskennlinie *f* attenuation characteristic (curve)
D. des offenen Regelkreises open-loop attenuation characteristic
tatsächliche D. actual attenuation characteristic
Dämpfungskoeffizient *m* damping coefficient
Dämpfungskonstante *f* attenuation constant (coefficient)
dielektrische D. dielectric attenuation constant
Dämpfungskreis *m* damping circuit
Dämpfungskurve *f* attenuation (damping) curve
Dämpfungslänge *f* attenuation distance (length)
Dämpfungsmagnet *m (Meß)* damping magnet
Dämpfungsmaß *n* attenuation constant (ratio, factor), attenuation equivalent (standard)
Dämpfungsmesser *m* attenuation-measuring set, decremeter; *(Ak)* attenuation (decibel) meter
Dämpfungsmessung *f* attenuation test; *(Fmt)* attenuation (transmission) measurement
Dämpfungsmoment *n* damping torque
Dämpfungsöl *n* damping fluid
Dämpfungsplan *m (Fmt)* transmission plan
Dämpfungspol *m* damping pole; peak of attenuation *(maximale Dämpfung)*
Dämpfungsprüfung *f* attenuation test
Dämpfungsreduktion *f* damping reduction
Dämpfungsregler *m* [adjustable] attenuator
Dämpfungsröhre *f* damping valve *(im Zeilenablenkkreis)*
Dämpfungsschalter *m* attenuation switch
Dämpfungsschaltung *f* damping circuit
Dämpfungsschwund *m* attenuation fading
Dämpfungsterm *m (Syst)* damping term *(einer Gleichung)*
Dämpfungsvektor *m* attenuation vector
Dämpfungsverhalten *n* attenuation response
Dämpfungsverhältnis *n* damping ratio; subsidence ratio *(bei Wellenausbreitung)*
Dämpfungsverlauf *m* attenuation curve (characteristic)
Dämpfungsverlust *m* attenuation loss
Dämpfungsverminderung *f* damping reduction
Dämpfungsverzerrung *f* attenuation (frequency) distortion
Dämpfungsvorrichtung *f* damper
Dämpfungswert *m* **der Übertragungsgüte** *(Fmt)* transmission performance rating
Dämpfungswicklung *f* damping (damper) winding
Dämpfungswiderstand *m* 1. damping (dissipative) resistance; loss resistance *(Stoßspannungsanlage)*; 2. damping resistor
Dämpfungswirkung *f (Meß)* damping effect (action)
Dämpfungszahl *f* damping coefficient
Dämpfungszylinder *m* **[/ hydraulischer]** dashpot
Daniell-Element *n*, **Daniell-Zelle** *f* Daniell cell
Darlington-Leistungstransistor *m* Darlington power transistor
Darlington-Schaltung *f* Darlington circuit
Darlington-Transistor *m* Darlington transistor
Darlistor *m s.* Darlington-Transistor
d'Arsonval-Galvanometer *n* d'Arsonval galvanometer
darstellen to represent; to display; to plot
digital d. to digitize, to present digitally

grafisch d. to graph, to represent graphically, to figure
vektoriell d. to represent vectorially
Darstellung *f* representation, display; plot *(grafisch)*; *(Rech)* notation
D. der Dämpfung attenuation-frequency presentation *(als Funktion der Frequenz)*
D. eines Funktionsablaufes function chart
D. in auseinandergezogener Anordnung exploded view
D. in Bruchform *(Rech)* fractional representation
D. in der Zahlenebene complex-plane plot
alphanumerische D. alphanumeric representation
analoge D. analogue display
bildliche D. pictorial representation (display)
binäre D. *(Rech)* binary notation
biquinäre D. *(Rech)* biquinary notation
digitale D. digital representation (display)
elektronische D. electronic display
exzentrische D. off-centre display
grafische D. 1. graphic (diagrammatic) representation, plotting; 2. graph, diagram, plot
kanonische D. canonical representation
komplexe D. complex notation, complex [quantity] representation
lineare D. linear display
maschineneigene (maschinengebundene) D. *(Rech)* hardware representation
schematische D. schematic diagram
speicherorientierte D. *(Rech)* memory mapping
überhäufte D. *(Nrt)* cluttered display *(z. B. von Echos)*
vektorielle D. vectorial display (representation)
Datei *f* file, data bank (set)
Dateiabtastfunktion *f* file scan function
Dateirücksprung *m* file return jump
Dateisteuerblock *m* file control block
Dateisucheinrichtung *f* file search device
Datel-Dienst *m (Fmt)* Datel service
Datel-Netz *n (Fmt)* Datel network
Daten *pl* data; information
D. der Regelstrecke *(Syst)* working characteristic data
alphabetische D. alphabetic data
ausgegebene D. output data
bedeutungslose D. irrelevant data
disjunktive D. disjunctive data
eingehende D. incoming data
eingelesene D. read-in data
gespeicherte D. stored data
gleichbleibende D. permanent data
numerische D. numerical data
technische D. technical data, specifications
Datenadresse *f* data address
Datenanalyseanlage *f* data analysis set-up
Datenaufbereitung *f* data preparation
Datenaufzeichnung *f* data recording
Datenaufzeichnungsmedium *n* data recording medium
Datenausgabe *f* data output (terminal)
Datenaustausch *m* data exchange
Datenauswahl *f* data selection
Datenauswertung *f* interpretation of data, data evaluation
Datenbank *f* data bank (file)
Datenblatt *n* data sheet; specification sheet *(technische Beschreibung)*
Datenblock *m* data block
Datenbus *m s.* Datenleitung
Datenbyte *n* data byte
Datenbyteübertragung *f* data byte transfer
Datendarstellung *f* data presentation
Datendrucker *m* data printer
Datendurchlauf *m* data throughput (flow rate)
Dateneingabe *f* data input, insertion of data
D. von Hand manual data input
Dateneingabegerät *n*, **Dateneingabeterminal** *n (Rech)* [data entry] terminal
Datenelement *n* data item
Datenempfang *m* data reception
Datenempfänger *m (Nrt)* data receiver (sink)
Datenendeinrichtung *f* data terminal equipment
Datenendgerät *n* / **digitales** digital data terminal
Datenentnahme *f* data withdrawal
Datenerfassung *f* data acquisition (collection, logging)
direkte D. direct data capture
Datenerfassungsanlage *f* data acquisition (logging) equipment
Datenerfassungsgerät *n* data acquisition device, data logger *(Registrierung)*
Datenerfassungssystem *n* data acquisition (collecting, logging) system
Datenfeld *n* data field (array)
Datenfernübertragung *f* data remote transfer
Datenfernverarbeitung *f* data remote processing, data teleprocessing
Datenfernverarbeitungssystem *n* remote data processing system
Datenfluß *m* data flow
Datenflußdiagramm *n*, **Datenflußplan** *m* data flow chart (diagram)
Datengeber *m* data generator
Datengeschwindigkeit *f* data rate
Datenkanal *m* data channel
Datenkategorie *f* data category
Datenkode *m* data code
Datenkodierung *f* data coding (encoding)
Datenkompression *f* data compression
asynchrone D. asynchronous data compression

Datenkonzentrator *m (Nrt)* pack-unpack device
Datenkoppler *m* data coupler
Datenleitsystem *n* data control system
Datenleitung *f* data line; data bus *(gemeinsame Datenschiene für mehrere gleichzeitig angeschlossene Einheiten)*
Datenleser *m* data reader
Datenlogger *m* data logger *(Registrierung)*
Datenmenge *f* data bulk (quantity), volume of data
Datenmonitor *m* data monitor
Datennachricht *f* data message
Datennetz *n* data network
Datenprozessor *m* / **numerischer** numerical data processor
Datenquelle *f* data source
Datenreduktion *f*, **Datenreduzierung** *f* data reduction
Datenreflexion *f* data reflecting
Datenregister *n* data cartridge (register)
allgemeines D. general data register
Datenregistriergerät *n* data logger
Datenregistrierung *f* data logging (recording)
Datenringleitung *f (Rech)* data highway
Datenrückgewinnung *f (Rech)* data retrieval
Datensammelleitung *f (Rech)* data highway; data bus
Datensammeln *n*, **Datensammlung** *f s.* Datenerfassung
Datensatz *m* data set *(geordnete Datenmenge)*
Datenschreiber *m* data printer
Datensender *m* data transmitter
Datensenke *f (Nrt)* data sink
Datensicherheit *f (Rech)* data integrity
Datensichtgerät *n* data display [unit], cathode-ray tube terminal, CRT-terminal
Datensichtstation *f* cathode-ray-tube terminal, CRT-terminal; video data terminal
Datensignal *n* data signal
Datensignalquelle *f* data source
Datensignalsenke *f* data sink
Datensortiergerät *n* data sorter, data selector [unit]
Datenspeicher *m* data store (memory, storage unit), store, memory; data logger *(für Registrierung)*
elektromagnetischer D. electromagnetic [data] store
fotografischer D. photographic [data] store
permanenter D. permanent [data] store
Datenspeicherplatz *m* data storage (store) position
Datenspeicherung *f* data storage
D. auf Scheiben disk data storage, floppy disk
Datenspur *f* data track
Datenstation *f* data station (terminal)
Datensteuerung *f* data control
Datenstrom *m* data stream
Datenstruktur *f* data structure
Datenstruktur-Pointer *m* data structure pointer
Datensuche *f* data research
Datensynchronisiergerät *n* data synchronizer
Datensystem *n* **für Ausbildungszwecke** educational data system
Datenteilnehmerstation *f (Nrt)* data subset
Datenträger *m* data carrier (medium)
maschinell verarbeitbarer D. machinable data carrier
Datentransfer *m (Rech)* data transfer
Datenübermittlungsabschnitt *m (Nrt)* data link
Datenübermittlungssystem *n (Nrt)* data communication system
Datenübernahme *f* data acceptance
Datenübertragung *f* data transmission (transfer)
D. von Karte zu Karte card-to-card transceiving
asynchrone D. asynchronous data transfer
digitale D. digital data transmission
fehlerfreie D. error-free data transmission
parallele D. parallel data transmission
schnelle D. high-speed data transmission
Datenübertragungsanlage *f (Nrt)* data link
Datenübertragungsblock *m* data transmission block
Datenübertragungseinheit *f* data transmission unit
Datenübertragungseinrichtung *f (Nrt)* data communication equipment
Datenübertragungsendgerät *n* data transmission terminal
Datenübertragungsgeschwindigkeit *f* data transfer rate; *(Nrt)* data signalling rate
Datenübertragungskreis *m* data transmission circuit
Datenübertragungsnetz *n* data transmission network
Datenübertragungsschnittstelle *f* data communication interface
Datenübertragungssteuerung *f* / **gesicherte** high-level data-link control, HDLC
synchrone D. synchronous data-link control, SDLC
Datenübertragungssystem *n* data transmission (transfer) system
Datenübertragungsverbindung *f* data transmission link
Datenübertragungsweg *m* data [transmission] bus
Datenüberwachung *f* data surveillance
Datenumsetzer *m* data converter
Datenumsetzung *f* data conversion
Datenursprung *m* data origination

Datenverarbeiter *m* data processor
Datenverarbeitung *f* data processing
absatzweise D. *s.* satzweise D.
automatische D. automatic data processing
digitale D. digital data processing
direkte D. on-line data processing
elektronische D. electronic data processing
externe D. external data processing
integrierte D. integrated data processing
kommerzielle D. commercial (business) data processing
mitlaufende D. *s.* direkte D.
nichtnumerische D. non-numerical data processing
satzweise D. off-line data processing
zentralisierte D. centralized data processing
Datenverarbeitungsanlage *f* data processing machine (system), data processor
elektronische D. electronic data processing machine
Datenverarbeitungseinheit *f* data processing unit
zentrale D. central data processor
Datenverarbeitungsmaschine *f* data processing machine
Datenverarbeitungsschaltung *f* data processing circuit
Datenverarbeitungssystem *n* data processing system
elektronisches D. electronic data processing system
Datenverarbeitungszentrum *n* data processing centre
Datenverbindung *f* data connection (link)
Datenverdichtung *f* data compaction (compression)
Datenvermittlung *f* data switching
Datenverschlüsselung *f* data coding (encoding)
Datenverstärker *m* data amplifier
Datenverteiler *m* data distributor
Datenwandler *m* data translator (converter, transducer)
Datenweg *m* data path (bus)
Datenwiederauffinden *n* data retrieval
Datenwort *n* data word
Datexpaketsystem *n* datex system
Datumdrucker *m* date printer
Dauer *f* duration; period
Daueraufzeichnung *f* permanent record
Dauerausfall *m* permanent fault
Dauerbeanspruchung *f* continuous stress
Dauerbefestigung *f* permanent fitting
Dauerbelastbarkeit *f s.* Dauerstrombelastbarkeit
Dauerbelastung *f* continuous (permanent, steady-state) load
langfristige D. long-term continuous (permanent) load
Dauerbelastungsprobe *f* continuous test
Dauerbelegung *f (Fmt)* permanent call
Dauerbenutzung *f* continuous use
Dauerbeständigkeit *f* / **thermische** thermal endurance
Dauerbetrieb *m* continuous duty (operation), permanent operation (service); continuous running duty *(z.B. bei elektrischen Maschinen)*
D. mit konstanter Belastung continuous duty
Dauerbetriebsbedingung *f* steady-state condition
Dauerbetriebsrelais *n* continuous-duty relay
Dauerbiegefestigkeit *f* bending-stress durability
Dauerbrandbogenlampe *f* enclosed arc lamp
Dauerbrenner *m (Fmt)* permanent loop
Dauerbruch *m* endurance (fatigue) crack
Dauerdurchflußstrom *m* continuous forward current
Dauerdurchschlagspannung *f* asymptotic voltage
Dauerentladung *f* continuous (permanent, steady) discharge
Dauererdschluß *m* sustained earth [fault], continuous earth [fault]
Dauererdschlußstrom *m* sustained earth fault current
Dauerfehler *m* permanent fault
Dauerfestigkeit *f* fatigue strength, endurance strength (limit)
Dauerfluß *m* permanent flux
Dauergrenzstrom *m* limiting average on-state current; average [output] rectified current *(Stromrichter)*; rectified output current *(Thyristor)*
dauerhaft durable, stable, permanent
Dauerhaftigkeit *f* durability, endurance, stability, permanence, life
Dauerhaltbarkeit *f* fatigue durability (endurance) *(Bauteile, Geräte)*
Dauerinstallation *f* permanent installation
Dauerkennzeichen *n (Fmt)* continuous signal
Dauerkollektorstrom *m* / **maximaler** maximum continuous collector current
Dauerkurzschlußprüfung *f* sustained short-circuit test
Dauerkurzschlußstrom *m* sustained (steady-state) short-circuit current
dreiphasiger D. sustained three-phase short-circuit current
Dauerlast *f* steady (permanent) load
Dauerleistung *f* continuous [power] output, constant power, continuous rating
maximale D. maximum continuous rating
Dauermagnet *m* permanent magnet
Dauermagnetfeld *n* permanent-magnetic field

Dauermagnetisierung *f* permanent magnetization
Dauermagnetismus *m* permanent magnetism
Dauermagnetkreis *m* permanent-magnetic circuit
Dauermagnetmaschine *f* permanent-magnet machine
Dauermagnetstahl *m* permanent-magnet steel
Dauermagnetsynchronmotor *m* permanent-field synchronous motor
Dauermagnetwerkstoff *m* hard magnetic material
Dauernennleistung *f* continuous rating
Dauerpegelverschiebung *f* continuous level shift
Dauerruf *m (Fmt)* permanent ring, continuous ringing
Dauerschallpegel *m* / **äquivalenter** equivalent continuous [sound] level, Leq
energieäquivalenter D. true-energy averaged [sound] level
Dauerschallpegelmesser *m* integrating sound level meter, noise average meter
Dauerschaltprüfung *f (Anl)* life test
Dauerschwingfestigkeit *f* fatigue strength
Dauerschwingung *f* continuous oscillation, maintained vibration
Dauersignal *n (Ak)* sustained audio signal, continuous sound (*s. a.* Dauerton)
Dauerspalt *m* permanent gap
Dauerspannung *f* constant voltage
Dauerspannungsprüfung *f* long-time breakdown test
Dauerspeicher *m* permanent store (memory), non-volatile memory
Dauerspektralanalyse *f* continuous analysis of the spectrum
Dauersperrspannung *f* continuous reverse voltage
Dauerstandfestigkeit *f* creep resistance, resistance to creep stress
Dauerstandversuch *m* creep test; *(Masch)* long-run test
Dauerstrich *m* continuous (long) dash *(Telegrafie)*
Dauerstrichbetrieb *m* continuous-wave operation, CW operation *(z.B. eines Lasers)*
Dauerstrichfestkörperlaser *m* continuous-wave solid laser
Dauerstrichgaslaser *m* continuous-wave gas laser
Dauerstrichgerät *n* continuous-wave equipment
Dauerstrichlaser *m* continuous-wave laser, CW laser
Dauerstrichlaserquelle *f* laser continuous-wave source, laser CW source
Dauerstrichleistung *f (Laser)* continuous-wave power
Dauerstrichmagnetron *n* continuous-wave magnetron
Dauerstrichmodulation *f* continuous-wave modulation
Dauerstrichradar *n* continuous-wave radar
Dauerstrichsender *m* continuous-wave transmitter
Dauerstrichstörsender *m* continuous-wave jammer
Dauerstrichsystem *n* continuous-wave system
Dauerstrichverfahren *n* continuous-wave method
Dauerstrom *m* continuous (steady, permanent) current; persistence current *(Kryotechnik)*
Dauerstrombelastbarkeit *f* current-carrying capacity *(Relais)*
Dauertemperatur *f* steady-state temperature *(im eingeschwungenen Zustand)*
Dauerton *m* continuous tone (sound), permanent note (signal), sustained [audio] signal
Dauertrennstrom *m (Fmt)* continuous spacing current
Dauerverbindung *f (Nrt)* full-time circuit
Dauerverdampfungsquelle *f* continuous evaporation source
Dauerversuch *m* 1. long-time test, extended-time test; *(Masch)* continuous run trial; 2. fatigue (endurance) test
Dauerwahl *f (Fmt)* continuous hunting
Dauerwechselbelastung *f* prolonged alternating loading
Dauerwert *m* steady-state value
Dauerzeichen *n (Fmt)* continuous mark (marking signal)
Dauerzeichengabe *f (Fmt)* continuous signalling
Dauerzeichenstrom *m (Fmt)* continuous marking current
Dauerzustand *m* steady state
Daumenregel *f* thumb (Ampere's) rule, Amperian float law
Davis-Gibson-Filter *n (Licht)* Davis-Gibson filter
dazwischenschichten to sandwich
dB *s.* Dezibel
DB *s.* Dauerbetrieb
DCTL *Abk. für* direct-coupled transistor logic
D-Darstellung *f* D display *(Radar)*
de-Broglie-Welle *f* de Broglie wave
de-Broglie-Wellenlänge *f* de Broglie wavelength
Debye-Länge *f* Debye length
Decca-Kette *f (FO)* Decca chain
Decca-Navigationssystem *n (FO)* Decca navigation system
Decca-Verfahren *n (FO)* hyperbolic position finding, Decca
dechiffrieren to decode, to decipher

Dechiffrierung *f* decoding
Deckanstrich *m* finish[ing] coat, paint coat (cover)
Deckbad *n* [covering] strike, strike (flash) solution, striking bath *(für Leiterplatten)*
Deckel *m* cover [plate], cap, lid; header *(Transistor)*; roof *(Lichtbogenofen)*
Deckelelektrode *f* roof electrode *(Lichtbogenofen)*
Deckelgewölbe *n* arch of the roof *(Lichtbogenofen)*
Deckelring *m* roof rim (ring) *(Lichtbogenofen)*
Deckelschalter *m* lid-operated switch
Deckenbeleuchtung *f* ceiling lighting
Deckendurchführung *f* ceiling duct
Deckenheizung *f* ceiling (panel) heating
Deckenleuchtdichte *f* ceiling luminance
Deckenleuchte *f* ceiling [light] fitting, surface-mounted luminaire
Deckenlicht *n* ceiling light
Deckenreflexion *f (Licht)* ceiling reflection
Deckenreflexionsgrad *m (Licht)* ceiling reflectance (reflection factor)
Deckenschalter *m* ceiling switch
Deckenspannung *f* ceiling voltage *(im Regelkreis)*; nominal exciter ceiling voltage *(Erregermaschine)*
Deckenstrahl *m (Licht)* upward component
Deckenstrahlungsheizung *f* radiant ceiling heating
Deckfähigkeit *f* covering power *(von Farben)*
Deckfarbe *f* covering colour, final coat
Decklack *m* **[/ fotoempfindlicher]** [photo]resist
Decklage *f* covering ply *(Leiterplatten)*
Deckmasse *f*, **Deckmaterial** *n* coating material (compound), cover coat
Deckmetall *n* plating metal
Deckplatte *f* cover plate
Deckschicht *f* covering layer, cover, coating, overlay, surface layer (film); tarnishing film
poröse D. porous layer
Deckschichtpositionsmarke *f* coverlay locating mark *(Leiterplatten)*
Decküberzug *m* strike, flash *(Leiterplatten)*
Deckungsgenauigkeit *f*, **Deckungsgleichheit** *f* accuracy of registration, register *(Maskentechnik)*
Deckungsmarke *f* register mark *(Leiterplatten)*
Deckungsungenauigkeit *f* misregistration *(Maskentechnik)*
DE-Einrichtung *f s.* Datenendeinrichtung
Deemphasis *f* de-emphasis
Defekt *m* defect, fault
Defektdichte *f (Halbl)* defect concentration
Defektelektron *n (Halbl)* defect electron, [electron] hole
Defektelektron-Elektron-Paar *n (Halbl)* hole-electron pair
Defektelektronenbeweglichkeit *f (Halbl)* hole mobility
Defektelektronendichte *f (Halbl)* hole density
Defektelektronenleitung *f (Halbl)* hole conduction
Defektelektronenstrom *m (Halbl)* hole current
defektfrei defect-free
Defekthalbleiter *m* defect (hole) semiconductor, p-type semiconductor
Defektkonzentration *f (Halbl)* defect concentration
defektleitend *(Halbl)* p-conducting
Defektleitung *f (Halbl)* hole conduction
Defektzentrum *n (Halbl)* defect centre
Definitionsbereich *m* domain of definition
Defokussierung *f* defocus[s]ing *(z. B. von Strahlen)*
Defokussierungseffekt *m* blooming effect
Deformation *f* deformation; strain
Deformationspotential *n (Halbl)* deformation potential
Dehnbarkeit *f* extensibility, expandability
dehnen to extend, to expand; to strain, to stretch
Dehner *m* expander
Dehnmeßstreifen *m s.* Dehnungsmeßstreifen
Dehnschraube *f* stretching screw
Dehnung *f* extension, expansion; dila[ta]tion; elongation; stretch, strain
bleibende D. permanent (plastic) strain
elastische D. elastic strain
Dehnungsfaktor *m* gauge factor *(Dehnungsmeßstreifen)*
dehnungsfrei strainfree
Dehnungsgeschwindigkeit *f* strain rate
Dehnungskoeffizient *m* coefficient of elongation (linear extension)
Dehnungsmeßbrücke *f* strain[-gauge] measuring bridge, strain bridge
Dehnungsmeßelement *n* strain cell (element)
Dehnungsmesser *m* strain gauge; extensometer, dilatometer
Dehnungsmeßfühler *m* strain sensing element, strain gauge (cell)
Dehnungsmeßstreifen *m* [resistance] strain gauge, foil (wire) strain gauge
aktiver D. active strain gauge
akustischer D. acoustical strain gauge
flachgewickelter D. flat-grid strain gauge
induktiver D. inductance strain gauge
kapazitiver D. capacitance strain gauge
magnetostriktiv wirkender D. magnetostriction strain gauge
nichtaktiver D. dummy strain gauge
nichteingebetteter D. unbonded strain gauge

rundgewickelter D. wrap-around strain gauge
Dehnungsmeßstreifenrosette *f* strain-gauge rosette
Dehnungsmessung *f* strain measurement
Dehnungsriß *m* expansion crack
Dehnungsschwingung *f* dilatation mode
Dehnungsverhalten *n* tensile behaviour
Dehnwelle *f* dilatational wave
Deionisationsschalter *m* deionization circuit breaker
deionisieren to deionize
dekadenabgestimmt decade-tuned *(z. B. Oszillator)*
Dekadenbrücke *f* decade bridge
Dekadenimpulsgeber *m* decade pulse generator
Dekadenkontakt *m (Fmt)* decade (level) contact
Dekadenmeßbrücke *f* decade [measuring] bridge
Dekadennormalkondensator *m* decade standard capacitor
Dekadenschalter *m* decade switch
Dekadenschaltung *f* decade switching
Dekadenstufe *f* decade step
Dekadensystem *n* decade system
Dekadenteiler *m* decade divider
Dekadenuntersetzer *m* decade scaler, scale-of-ten circuit
Dekadenvervielfacher *m* decade multiplier
Dekadenwiderstand *m* decade resistor
Dekadenzähler *m* decade counter
umkehrbarer D. reversible decade counter
Dekadenzählröhre *f* decade counting tube
Dekadenzählung *f* decade count[ing]
Dekatron *n* dekatron
Dekatronstufe *f* dekatron stage
Dekatronwählröhre *f* dekatron selector tube
Deklination *f* [magnetic] declination
Deklinationsmeßgerät *n* declinometer
Dekoder *m s.* Dekodierer
Dekodiereinrichtung *f* decoding device
dekodieren to decode
Dekodierer *m*, **Dekodiergerät** *n* decoder
Dekodiermatrix *f* decoder matrix
Dekodierschaltung *f* decoding circuit
Dekodierung *f* decoding
sequentielle D. sequential decoding
Dekodierungsalgorithmus *m* decoding algorithm
Dekodierungsgeräusch *n* noise of decoding
Dekodierungssatz *m* decoding theorem
Dekrement *n* decrement
logarithmisches D. logarithmic decrement [of damping], damping factor, decay coefficient
Delon-Gleichrichter *m* Delon rectifier
Delta-Anpassung *f* delta match, Y-match
Deltafon *n (Fmt)* Deltaphone *(Apparatetyp)*
Delta-Funktion *f* / **Diracsche** Dirac delta function *(Stoßfunktion)*
Deltastrahl *m* delta ray
Deltatakt *m (Rech)* delta clock
Demodulation *f* demodulation, detection
Demodulationseffekt *m* demodulation effect
Demodulationseinrichtung *f* demodulating equipment
Demodulationsstufe *f* demodulating stage
Demodulationsverfahren *n* demodulation method
Demodulation *f* demodulation, detection
D. für Frequenzmodulation frequency discriminator
Demodulatoreinheit *f* demodulator unit (device), detector unit (device)
Demodulatorröhre *f* detector (detecting) valve
Demodulatorschaltung *f* demodulator circuit
Demodulatorstufe *f* detector stage
demodulieren to demodulate, to detect
Demonstrationsmodell *n* demonstration model
demontieren to demount, to dismantle
Dendrit *m* dendrite, tree-like crystal
Dendritenbildung *f* dendrite formation
Densitometer *n* densitometer *(Optik)*
Deplistor *m* deplistor *(Halbleiterbauelement)*
Depolarisation *f* depolarization
Depolarisationsfaktor *m* depolarization factor
Depolarisationsgemisch *n* depolarizing mix
Depolarisationsgrad *m* degree of depolarization
Depolarisator *m* depolarizer
depolarisieren to depolarize
Derating-Kurve *f* derating curve *(Leistungsverlustkurve)*
Deri-Motor *m* Deri motor *(Repulsionsmotor)*
de-Sauty-Brücke *f* de Sauty bridge *(Kapazitätsmeßbrücke)*
Desorption *f* desorption
Detailkontrast *m (Ferns)* detail contrast
detailreich *(Ferns)* high-definition, of high definition
Detektor *m* detector
lichtelektrischer D. photodetector
Detektorempfänger *m* crystal set
Detektorempfindlichkeit *f* detector sensitivity (response)
Detektorfotowiderstand *m* photoconductive detector
Detektorkennlinie *f* detector characteristic
Detektorröhre *f* detector valve
Detektorschaltung *f* detector circuit
Detektorverstärkung *f* detector gain

Determinante *f* / **Gramsche** *(Syst)* Gram determinant
Hurwitzsche D. Hurwitz determinant
Determination *f* determination
Determiniertheit *f* determinacy
Deuterium *n* deuterium, heavy hydrogen
Deuteriumlampe *f* deuterium lamp
deutlich distinct, clear, sharp; *(Ak, Nrt)* intelligible, articulate
Deutlichkeit *f* distinctness, clearness; *(Ak, Nrt)* intelligibility, articulation
Deutung *f* / **semantische** *(Rech)* semantic interpretation
Deviationstabelle *f (Meß)* calibration card
dezentrieren to decentre
Dezentrierung *f* decentring, decentration; eccentricity
Dezibel *n* decibel, dB *(dekadisch-logarithmisches Pegelmaß)*
Dezibelmeßgerät *n* decibel meter
Dezibelskale *f* decibel scale
Dezibelstufe *f* decibel step
Dezimalanzeige *f* decimal display (presentation, reading)
Dezimalausgabe *f* decimal output
dezimalbinär decimal-binary
Dezimal-Binär-Umsetzung *f*, **Dezimal-Binär-Umwandlung** *f* decimal[-to]-binary conversion
Dezimaldämpfungsregler *m* decimal attenuator
Dezimaldarstellung *f* decimal notation
binärverschlüsselte D. binary-coded decimal notation
kodierte (verschlüsselte) D. coded decimal notation
Dezimale *f* decimal
Dezimaleingabe *f* decimal input
Dezimalkode *m* decimal code
zyklischer D. cyclic decimal code
Dezimalkomma *n* decimal point
Dezimalkonvertierung *f* decimal conversion
Dezimalschreibweise *f* decimal notation
kodierte (verschlüsselte) D. coded decimal notation
Dezimalschritt *m* decimal step
Dezimalstelle *f* decimal place
Dezimalsystem *n* decimal system
Dezimalzahl *f* decimal number
Dezimalzahlensystem *n* decimal number system
Dezimalzähler *m (Rech)* decimal (decade) counter; *(Meß)* decimal scaler, scale-of-ten circuit
Dezimalziffer *f* decimal digit
binärkodierte D. binary-coded decimal digit
kodierte (verschlüsselte) D. coded decimal digit
Dezimeterwelle *f* ultrahigh-frequency wave, decimetric wave
Dezimeterwellenbereich *m* decimetre (decimetric) wave range, ultrahigh-frequency wave range
Dezimeterwellentechnik *f* ultrahigh-frequency technique, u.h.f. technique
D-Glied *n (Syst)* differentiator, derivating block (element)
Diac *s.* Triggerdiode / bidirektionale
Diagnosegerät *n* incipient failure detector *(für entstehende Fehler)*
Diagnoseprogramm *n* diagnostic program (routine), error search program
diagnostizieren to diagnose
Diagometer *n* diagometer *(Elektroskop zur Leitfähigkeitsbestimmung)*
Diagramm *n* diagram, graph, plot, chart
logarithmisches D. logarithmic plot
logisches D. logical (functional) diagram
Smithsches D. Smith chart
Diagrammbreite *f* chart width
Diagrammdarstellung *f* pattern
Diagrammleser *m* graph reader
Diagrammstreifen *m* [strip] chart
Diagrammträger *m* record chart
Dialogbetrieb *m (Rech)* interactive (conversational) mode
Dialogeinheit *f*, **Dialoggerät** *n (Rech)* interactive terminal *(zur unmittelbaren Dateneingabe und -ausgabe)*
dialogorientiert *(Rech)* conversational
Dialogsprache *f (Rech)* conversational language
Dialogterminal *n s.* Dialogeinheit
Diamagnetikum *n* diamagnet, diamagnetic [substance]
diamagnetisch diamagnetic
Diamagnetismus *m* diamagnetism
Diamantgitter *n* diamond lattice
diamanthart adamantine
Diamantnadel *f* diamond stylus
Diamantsäge *f* diamond saw
Diamantspitze *f* diamond tip
Diamantstaub *m* diamond grit (dust)
Diamantstruktur *f* diamond[-type crystal] structure
Diaphanometer *n* diaphanometer *(zur Lichtdurchlässigkeitsbestimmung)*
Diaphragma *n* diaphragm, membrane
Diaphragmafilterzelle *f* diaphragm filter cell
Diaphragmazelle *f* diaphragm-type cell *(Elektrolyse)*
Diapositiv *n* [photographic] slide, [still] transparency
Diaprojektion *f* slide (diascopic) projection
Diaprojektor *m* slide (still) projector
Diaskop *n* diascope
Diathermiegerät *n* diathermic apparatus *(Elektromedizin)*
Diazed-Sicherung *f (Anl)* Diazed fuse

Dichroismus *m* dichroism *(Kristall)*
dichroitisch dichroic
Dichromatelement *n* dichromate cell
dichromatisch dichromatic, dichroic
dicht tight, [leak]proof, impervious; sealed, closed; dense, compact *(Struktur)*
hermetisch d. hermetically closed (sealed)
Dichte *f* 1. *(El)* density *(bei Strömungsfeldern)*; 2. [mass] density *(Masse je Volumeneinheit)*; 3. optical density; 4. *s.* Dichtheit
D. der angeregten Atome excited-atom density
D. der Ladungsträger carrier density, density of carriers
D. der magnetischen Feldlinien flux density
D. des Elektronenstroms electron current density
optische D. optical density
spektrale D. spectral density (concentration)
Dichteänderung *f* density change
Dichtegefälle *n*, **Dichtegradient** *m* density gradient
Dichtemesser *m* densimeter, density meter (indicator), gravimeter
Dichtemodulation *f* density modulation
dichten to seal, to make tight (leakproof)
Dichtepegel *m* / **spektraler** *(Ak)* spectrum pressure level
Dichteverhältnis *n* density ratio
Dichteverteilung *f* density distribution
dichtgepackt close-packed
Dichtheit *f* 1. tightness, proofness; 2. denseness; compactness
Dichtigkeit *f* tightness, proofness
hermetische D. hermeticity
Dichtigkeitsgrad *m* degree of tightness
Dichtigkeitsprüfung *f* seal (leakage) test
Dichtung *f* seal, packing, gasket
wasserfeste D. waterproof seal
Dichtungsband *n* sealing tape
Dichtungdurchführung *f* packing gland *(z. B. bei Kabeln)*
Dichtungsmasse *f* sealing compound
Dichtungsmaterial *n* sealing (packing) material
Dichtungsmittel *n* sealant, sealing medium; impregnant, impregnating agent
Dichtungsring *m* sealing ring
Dichtungsscheibe *f* gasket, washer
Dichtungsschnur *f* packing cord
Dichtungsstreifen *m* sealing tape
Dicke *f* thickness
D. der Oberflächenschicht surface thickness
D. des Überzugs coating thickness
optische D. optical thickness
Dickenänderung *f* thickness variation
Dickenmesser *m* thickness gauge
Dickenmessung *f* thickness measurement (gauging)
Dickenschwinger *m (Ak)* thickness (compression-type) vibrator, thickness resonator
Dickenschwingung *f (Ak)* thickness (compression-type) vibration, thickness oscillation
Dickentoleranzmeßgerät *n* thickness-tolerance meter
Dickfilm... *s.* Dickschicht...
Dickschicht *f* thick film
Dickschichtbauelement *n* thick-film element (component)
Dickschichthybridschaltung *f* thick-film hybrid circuit
Dickschichtkapazität *f*, **Dickschichtkondensator** *m* thick-film capacitor
Dickschichtschaltkreis *m* thick-film circuit
Dickschichtschaltung *f* thick-film circuit
Dickschichttechnik *f* thick-film technique
Dickschichttechnologie *f* thick-film technology
Dickschichttinte *f* thick-film ink
Dickschichtwiderstand *m* thick-film resistor
dickwandig thick-walled
Dielektrikum *n* dielectric [material], nonconductor
anisotropes D. anistropic dielectric
festes D. solid dielectric
gasförmiges D. gaseous dielectric
geschichtetes D. laminated dielectric
ideales D. ideal (perfect, lossless) dielectric
schlechtes D. poor dielectric
verlustbehaftetes D. imperfect (lossy) dielectric
verlustfreies (verlustloses) D. *s.* ideales D.
dielektrisch dielectric, non-conducting
Dielektrizität *f* dielectricity
Dielektrizitätskonstante *f* dielectric constant (coefficient), permittivity
D. des Vakuums free-space permittivity
absolute D. [absolute] permittivity
komplexe D. complex permittivity
relative D. relative permittivity
Dielektrizitätsverlust *m* dielectric loss
Dielektrizitätszahl *f* relative permittivity
Dienstabfrageklinke *f (Fmt)* order-wire jack, service answering jack
Dienstabfragetaste *f (Fmt)* order-wire key
Dienstanruflampe *f (Fmt)* order-wire lamp
Dienstanrufschalter *m (Fmt)* service-call key
Dienstanrufzeichen *n (Fmt)* order-wire signal
Dienstanschluß *m (Fmt)* service (official) telephone
Dienstgespräch *n (Fmt)* service call

Dienstgruppenwähler *m (Fmt)* group selector for service calls
Dienstleitung *f (Fmt)* order (service) wire, service (traffic, call) circuit
D. für den inneren Betrieb operator's speaker circuit
Dienstleitungsbetrieb *m (Fmt)* order-wire working (operation)
Dienstleitungsklinke *f (Fmt)* order-wire jack
Dienstleitungstaste *f (Fmt)* order-wire key, call circuit key
Dienstleitungsverteiler *m (Fmt)* order-wire distributor
Dienstleitungswähler *m (Fmt)* order-wire selector (distributor)
Dienstmeldung *f (Fmt)* service advice
Dienstmerkmal *n (Fmt)* facility
Dienstprogramm *n (Rech)* duty (utility) program
Dienstsprechtaste *f (Fmt)* order-wire speaking key
Dienstspruch *m (Fmt)* service message
Diensttaste *f (Fmt)* order-wire button
Diensttelefon *n* official telephone
Diensttelegramm *n* service message
Dienstverkehr *m (Fmt)* service traffic
Dienstvorschrift *f* service instruction
Dienstwähler *m (Fmt)* order-wire selector; service connector
Dienstzeichen *n (Fmt)* service signal
Dieselaggregat *n*, **Dieselgeneratoranlage** *f* Diesel generating set
Dieselhorst-Martin-Kabel *n* multiple-twin cable
Dieselhorst-Martin-Verseilung *f* multiple twin formation
Dieselhorst-Martin-Vierer *m* multiple-twin quad [cable], twisted-pair quad
Dieselkraftwerk *n* Diesel engine plant
Differentialanalysator *m* differential analyzer
Differentialausdehnungstemperaturregler *m* differential expansion thermostat
Differentialbalgendurchflußmesser *m* bellows differential flowmeter
Differentialbogenlampe *f* differential arc lamp
Differentialdiskriminator *m* differential discriminator
Differentialechosperre *f* differential echo suppressor
Differentialeingang *m* differential input
Differentialerregung *f* differential excitation
Differentialgalvanometer *n* differential galvanometer
Differentialgeber *m (Syst)* differential transducer (pick-up)
Differentialgegenverkehrssystem *n (Fmt)* differential duplex system
Differentialgleichung *f* differential equation
D. mit nacheilendem Argument differential equation with retarded argument *(z. B. bei Gliedern mit Totzeit)*
D. mit veränderlichen Koeffizienten differential equation with variable coefficients
Fouriersche D. Fourier differential equation
Laplacesche D. Laplace['s] equation
Differentialgleichungssystem *n* / **simultanes** simultaneous differential equations
Differentialglied *n (Syst)* derivative (differential) element
Differentialkondensator *m* differential (split-stator) capacitor
Differentialmagnet *m* differential electromagnet
Differentialmeßbrücke *f* differential bridge
D. nach Jaumann Jaumann's differential bridge *(Gütefaktormessung)*
Differentialoperator *m* differential operator
Differentialquotient *m* derivative, differential quotient (coefficient)
zeitlicher D. derivative with respect to time
Differentialregelung *f (Syst)* derivative (rate) control, differential[-action] control
Differentialregler *m (Syst)* derivative (rate) controller, differential[-action] controller, differential regulator
Differentialrelais *n* differential relay *(Vergleichsschutz)*
Differentialschaltung *f* differential circuit (arrangement)
Differentialschutz *m* differential protection
Differentialschutzgerät *n* differential protective equipment
Differentialschutzrelais *n* differential (discriminating) relay
Differentialsteuerwender *m* control differential transmitter
Differentialsynchroempfänger *m* synchro differential receiver
Differentialsynchroübertrager *m* synchro differential transmitter
Differentialtitration *f* differential titration method *(potentiometrische Titration)*
Differentialtransformator *m* differential transformer
Differentialtransformatorbrücke *f* differential transformer bridge
Differentialtransmitter *m* differential transmitter
Differentialübertrager *m (Fmt)* differential transformer, hybrid transformer (coil)
Differentialverhalten *n (Syst)* derivative (differential, rate) action, D-action
Differentialverstärker *m* differential (difference) amplifier
D. in Steck[karten]bauweise plug-in differential amplifier
Differentialwasserschloß *n* differential surge tank *(Kraftwerk)*
Differentialwicklung *f* differential winding

Differentialzeit *f (Syst)* derivative (rate) time, differential[-action] time
Differentiator *m* differentiating network, differentiator
Differenzdruck *m* difference (differential) pressure
Differenzeingang *m* differential input
Differenzen *fpl* / **zentrale** central differences
Differenzengleichung *f (Syst)* difference equation *(z. B. bei abgetasteten Systemen)*
Differenzenquotient *m* difference quotient
differenzierbar differentiable
stetig d. continuously differentiable
Differenzierbarkeit *f* differentiability
Differenziereinrichtung *f* differentiator, differentiating network
differenzieren / nach x to differentiate with respect to x
Differenziergerät *n* differentiator
Differenzierglied *n* differentiating network; *(Syst)* differentiating (advance) element
Differenzierschaltung *f* differentiating circuit
Differenzierung *f* differentiation
Differenzkondensator *m* differential capacitor
Differenzkontrolle *f (Rech)* difference check
Differenzmesser *m* differential measuring instrument
Differenzmeßmethode *f* differential method of measurement
Differenzphasenumtastung *f (Fmt)* differential phase modulation
Differenzschaltung *f* differential connection
Differenzsignal *n* differential signal
Differenzspannung *f* difference (differential) voltage
Differenzspannungsmesser *m* differential voltmeter
Differenzstrom *m* differential current
Differenzstromrelais *n* differential-current relay
Differenzton *m* difference (differential) tone, intermodulation frequency
Differenzträgerfrequenz *f (Ferns)* intercarrier frequency
Differenzträgerstörung *f* intercarrier interference
Differenzträgerverfahren *n (Ferns)* intercarrier [sound] system, ICS system
Differenzverstärker *m* differential (difference) amplifier
Differenzverstärkung *f* differential gain
diffundieren to diffuse
diffundierend diffusive
diffundiert / flach *(Halbl)* shallow-diffused
diffus diffuse; scattered
vollkommen d. uniform diffuse
Diffuseichung *f s.* Diffusfeldeichung
Diffusfeldeichung *f (Ak)* diffuse-field calibration
Diffusfeldempfindlichkeit *f (Ak)* diffuse-field sensitivity (response), random (reverberant-field) sensitivity
Diffusfrequenzgang *m (Ak)* random-incidence response (characteristic)
Diffusion *f* diffusion
ambipolare D. ambipolar diffusion
eindimensionale D. unidimensional diffusion
elektrochemische D. electrochemical diffusion
Gaußsche D. Gaussian diffusion
Diffusionsadmittanz *f (Halbl)* diffusion admittance (conductance)
Diffusionsanteil *m* diffusion component
Diffusionsatmosphäre *f* diffusion atmosphere
Diffusionsbarriere *f* diffusion barrier
diffusionsbegrenzt diffusion-limited
Diffusionsbreite *f* diffusion latitude
Diffusionselektrode *f* diffusion electrode
diffusionsfähig diffusible
Diffusionsfenster *n (Halbl)* diffusion window
Diffusionsflächentransistor *m* diffused-junction transistor
Diffusionsfolge *f* diffusion sequence
Diffusionsgeschwindigkeit *f* diffusion velocity (rate)
Diffusionsgleichung *f* diffusion equation
Diffusionsgrenzschicht *f* limiting diffusion layer
Diffusionsgrenzstrom *m* limiting diffusion current
Diffusionsgrenzstromdichte *f* limiting diffusion current density
Diffusionsgrenzstromstärke *f* limiting diffusion current
Diffusionsimpedenz *f* diffusion impedance
Diffusionskapazität *f* diffusion capacitance (capacity)
Diffusionskoeffizient *m* diffusion coefficient
Diffusionskonstante *f* diffusion constant
Diffusionslänge *f* diffusion length
D. im Materialinneren bulk diffusion length
Diffusionslaufzeit *f* transit diffusion time
diffusionslegiert alloy-diffused
Diffusionslegierungstransistor *m* diffused-alloy transistor
Diffusionslegierungsverfahren *n* diffused-alloy process
Diffusionsleitwert *m s.* Diffusionsadmittanz
Diffusionslichthof *m* diffuse halation
Diffusionsmaskierung *f* diffusion masking
Diffusionsofen *m* diffusion furnace
Diffusionsperiode *f* diffusion period
Diffusionspotential *n (Halbl)* diffusion (junction) potential; *(Chem)* diffusion (liquid-liquid) potential, diffusion electric tension

Diffusionspotentialdifferenz *f* diffusion potential difference
Diffusionsprofil *n* diffusion profile
Diffusionspumpe *f* [vacuum] diffusion pump
Diffusionsquerschnitt *m* diffusion cross section
Diffusionsrohr *n* diffusion tube
Diffusionsschicht *f* diffusion (diffused) layer
Diffusionsschichtdicke *f* diffusion layer thickness
Diffusionsschritt *m* diffusion step
Diffusionsspannung *f* diffusion voltage, diffusion potential [difference]
Diffusionsstrom *m* diffusion current
Diffusionsstromdichte *f* diffusion current density
Diffusionsströmung *f* diffusion flow
Diffusionssystem *n* **mit Feststoffquelle** solid-source diffusion system
D. mit flüssiger Quelle liquid-source diffusion system
D. mit gasförmiger Quelle gaseous-source diffusion system
Diffusionstechnik *f (Halbl)* diffusion technique
Diffusionstemperatur *f* diffusion temperature
Diffusionstiefe *f* diffusion depth
Diffusionstransistor *m* diffusion (uniform base) transistor
Diffusionsüberspannung *f* diffusion overpotential (overvoltage)
Diffusionsvakuumpumpe *f* diffusion vacuum pump
Diffusionsverfahren *n* diffusion technique (process)
Diffusionswanne *f* diffusion pocket
Diffusionsweg *m* diffusion path
Diffusionswiderstand *m* diffusion resistance
Diffusionszeit *f* diffusion time
Diffusionszone *f* diffusion zone
Diffusionszyklus *m* diffusion cycle
Diffusität *f (Ak)* diffusivity
Diffuskalibrierung *f s.* Diffusfeldeichung
Diffusor *m* 1. diffuser, diffusor; 2. random-incidence corrector *(Mikrofonzubehör)*
Diffusorschicht *f* diffuser layer
Diffusübertragungsfaktor *m (Ak)* random-incidence response (sensitivity), random response
Digitalablesung *f* digital read-out
Digital-Analog-Datenumsetzung *f* digital-[to-]analogue data conversion, D/A conversion
Digital-Analog-Schaltung *f* / **gemischte (hybride)** hybrid digital-analogue circuit, D/A hybrid circuit
Digital-Analog-Umsetzer *m* digital-[to-] analogue converter, D/A converter
Digital-Analog-Umsetzung *f* digital-[to-] analogue conversion, D/A conversion
Digital-Analog-Wandler *m s.* Digital-Analog-Umsetzer
Digitalanzeige *f* digital display (read-out)
Digitalanzeigeeinheit *f* digital display (read-out) unit
Digitalanzeigemeßgerät *n* digital read-out meter
Digitalanzeigeröhre *f* digital display (indicating) tube
Digitalaufzeichnung *f* digital recording
Digitalausgabe *f* digital output
Digitalbaustein *m* digital module, digital block [module]
Digitalbrücke *f* / **Wheatstonesche** *(Meß)* digital Wheatstone bridge
Digitaldarstellung *f* digital notation (representation), digitizing, digitization
Digitaldarstellungsgerät *n* digitizer
Digitaldaten *pl* digital data
Digitaldatenverbindung *f* digital data link *(Datenübertragung)*
Digital-Differentialanalysator *m* digital differential analyzer
Digitaldrehgeber *m* digital shaft encoder
Digitaldrucker *m* digital printer
Digitaleingabe *f* digital input
Digitalelement *n (Fmt)* digit
Digitalfehler *m* digital error
Digitalfrequenzmesser *m (Meß)* digital frequency meter
digitalisieren to digitize
Digitalkleinstanzeige *f* miniature digital display
Digitalmeßgerät *n* digital measuring equipment
Digitaloszilloskop *n* digital read-out oscilloscope *(Abtastoszilloskop mit digitalem Röhrenvoltmeter)*
Digitalrate *f (Fmt)* digit rate
Digitalrechenmaschine *f s.* Digitalrechner
Digitalrechenmethode *f* digital calculating method
Digitalrechner *m* digital computer
direktgekoppelter D. direct-coupled digital computor
elektronischer D. electronic digital computer
programmgesteuerter D. program-controlled digital computer
synchron arbeitender D. synchronous digital computer
Digitalrechnertechnik *f* digital computer technique
Digitalregelung *f* digital control
Digitalregler *m* digital controller
Digitalschaltung *f* digital circuit
Digitalschreiber *m* digital printer
Digitalspeicher *m* digital memory (store)
Digitaltechnik *f* digital technique
Digitalteilerkette *f* digital divider chain

Digitalteilung *f* digital division
Digitaluhr *f* digital clock
Digitalvoltmeter *n (Meß)* digital voltmeter; sample-and-hold digital voltmeter, clamp-and-hold digital voltmeter *(nach dem Amplitudenverfahren)*
Digitalwandler *m* digital converter (transducer)
Digitalzähler *m* digital counter
Digitperiode *f (Fmt)* digit period
Digitron *n* digitron
Digitzeitlage *f (Fmt)* digit time-slot
Diktiergerät *n* dictating device, dictation machine
Dilatometer *n* dilatometer
DIL-Gehäuse *n* dual-in-line package
Dimension *f* 1. dimension, size; 2. dimension *(einer physikalischen Größe)*
Dimensionierung *f* dimensioning, sizing; dimensional design
Dimensionierungsgleichung *f*, **Dimensionsgleichung** *f* dimensional equation
dimensionslos dimensionless, non-dimensional
DIMOS *s.* Doppeldiffusions-MOS
Diode *f (Elk)* diode
  D. mit spannungsabhängiger Kapazität voltage-variable capacitance diode, varactor
  D. mit veränderlicher Kapazität variable-capacitance diode, varicap
  heiße D. thermionic diode
  hochsperrende D. high-back-resistance diode
  infrarotemittierende D. infrared-emitting diode, IRED
  integrierte D. integrated diode
  reihengeschaltete D. series diode
  schnelle D. fast [switching] diode
  zweifach infrarotemittierende D. twofold infrared-emitting diode
diodenähnlich diodelike
Diodenanordnung *f* diode array
Diodenbegrenzer *m* diode limiter (clipper)
Diodenblindwiderstandsmodulator *m* diode reactance modulator
Diodenbrücke *f* rectifier bridge
Diodendetektor *m* / **phasenempfindlicher** diode phase-sensitive detector
Dioden-Dioden-Transistor-Logik *f* diode-diode-transistor logic, DDTL
Diodenfrequenzvervielfacher *m* diode frequency multiplier
Diodenfunktionsgenerator *m* diode function generator
Diodengatter *n* diode gate
  D. mit mehreren Eingängen multiple-input diode gate
Diodengleichrichter *m (Srt)* diode rectifier; *(Elk)* diode detector
Diodengleichrichterschaltung *f* diode detector circuit
Diodengleichrichtung *f (Srt)* diode rectification; *(Elk)* diode detection
Diodengleichung *f* diode equation
Diodengruppe *f* diode array
Diodenimpedanz *f* diode impedance
Diodeninjektionslaser *m* diode injection laser
Diodenkennlinie *f* diode characteristic
Dioden-Kondensator-Diodengatter *n* diode-capacitor-diode gate, DCD gate
Diodenkreis *m* diode circuit
Diodenlaser *m* diode laser
Diodenlegierungsofen *m* diode alloying oven (furnace)
Diodenmatrix *f* diode matrix
Diodenmatrixverschlüßler *m* diode matrix encoder
Diodenmischer *m* diode mixer
Diodenmodul *m* diode module
Diodenmodulator *m* diode modulator
Diodennetzwerk *n* diode network
Dioden-NOR-Gatter *n* diode NOR gate (circuit)
Dioden-ODER-Gatter *n* diode OR gate (circuit)
Diodenrauschen *n* diode noise
Diodenringmodulator *m* diode ring modulator
Diodenschalter *m* diode switch
Diodenschaltsystem *n* diode switch system
Diodenschaltung *f* diode circuit
Diodensicherung *f* diode fuse
Diodenspannung *f* diode voltage
Diodenstrecke *f* diode region
Diodenstrom *m* diode current
Dioden-Thyristor-Modul *m* diode-thyristor module
Dioden-Transistor-Logik *f* diode-transistor logic, DTL
Dioden-UND-Gatter *n* diode AND gate (circuit)
Diodenverstärker *m* diode amplifier
Diodenvoltmeter *n* diode voltmeter
Diodenwiderstand *m* diode resistor
Diodenzähler *m* diode counter
Diode-Triode *f* diode triode
Diplexbetrieb *m (Nrt)* diplex operation
Diplexer *m (Ferns)* diplexer
Diplexsystem *n (Nrt)* diplex system
Diplextelegrafie *f (Nrt)* diplex telegraphy
Diplexübertragung *f (Nrt)* diplex transmission
Diplexverkehr *m (Nrt)* diplex operation
Dipol *m* 1. dipole, [electric] doublet; 2. *(FO, Nrt)* dipole [aerial]
  abgestimmter D. tuned dipole
  elektrischer D. electric dipole (doublet)
  flacher D. plain dipole
  gefalteter D. folded dipole
  Hertzscher D. Hertzian dipole (doublet, oscillator), elementary dipole

in der Mitte erregter D. centre-fed dipole
linearer D. line dipole
magnetischer D. magnetic dipole
rotierender D. rotating dipole
schlitzgespeister D. slot-fed dipole
spannungsgespeister D. voltage-fed dipole
struktureller D. structural dipole
λ/2-Dipol *m* half-wave dipole
Dipolachse *f* dipole axis
Dipolanordnung *f* / **lineare** linear dipole array
Dipolanregung *f* dipole excitation
Dipolantenne *f (FO, Nrt)* dipole aerial, dipole (*s. a.* Dipol / Hertzscher)
Dipolbildung *f* dipole formation
Dipol-Dipol-Kopplung *f* dipole-dipole coupling
Dipoldoppelschicht *f* dipole double layer
Dipolgruppe *f* dipole array
Dipolimpedanz *f* dipole impedance
Dipolkörper *m* dipole solid
Dipolmolekül *n (Chem)* dipole (dipolar) molecule
Dipolmoment *n* dipole moment
Dipolquellenbelegung *f* dipole source covering
Dipolrahmen *m* / **viereckiger** square loop *(Antenne)*
Dipolreihe *f* broadside [dipole] array
Dipolschicht *f* dipole layer
Dipolschwingung *f* dipole oscillation (mode)
Dipolsingularität *f* dipole singularity
Dipolspalte *f* vertical row of dipoles
Dipolstrahlung *f* dipole radiation
magnetische D. magnetic dipole radiation
Dipolströmung *f* dipole current flow
Dipolwand *f* dipole curtain, curtain array *(Antenne)*
Dipolzeile *f s.* Dipolreihe
Dipolzeilenantenne *f* collinear aerial
Dirac-Impuls *m* Dirac impulse
Direktadresse *f (Rech)* direct address
direktadressierbar *(Rech)* direct addressable
Direktanzeige *f* direct indication
Direktaufzeichnung *f* direct recording
Direktblendung *f (Licht)* direct glare
Direktdruckwerk *n (Rech)* direct printer
direktgekoppelt direct-coupled; *(Rech)* on-line
Direktionskonstante *f (Meß)* control constant
Direktkode *m (Rech)* direct code
Direktleitung *f (Fmt)* hot line
Direktlicht *n (Ferns)* key light
Direktmessung *f* direct measurement
Direktor *m* director *(Antenne)*
Direktorsystem *n (Fmt)* director system
Direktregler *m (Syst)* self-actuated controller
Direktruf *m (Fmt)* direct call, hot line
direktschreibend direct-recording
Direktschreiber *m* direct-writing recorder, direct-acting recorder
Direktsichtbildröhre *f* direct view tube, direct viewing [picture] tube, direct-vision tube
Direktsicht-Wiedergabeeinrichtung *f* direct view display
Direktspeicherzugriff *m* direct memory access, DMA
Direktstartlampe *f* instant-start lamp
Direktstartschaltung *f (Licht)* instant-start circuit
Direktsteuerung *f* direct control
Direktstrahlung *f* direct radiation
Direktübertragung *f* live broadcast (transmission)
Direktverbindung *f (Fmt)* hot line [connection]
Direktwahlsystem *n (Fmt)* direct dialling (switching) system
Direktweg *m (Fmt)* direct route
Direktzugriff *m (Rech)* direct access
Disjunktion *f* disjunction, logic[al] sum; OR circuit, inclusive disjunction (OR) *(Schaltalgebra)*
Disjunktionsoperation *f* disjunction operation *(logische Operation)*
Diskantregler *m (Ak)* treble control, tone control for treble
Diskette *f (Rech)* floppy disk
Diskettenbetriebssystem *n (Rech)* diskette operating system
Diskretheit *f* discreteness
Diskretisierung *f (Halbl)* discretization
Diskriminator *m* discriminator
Disparität *f* disparity *(Pulskodemodulation)*
Dispersion *f* 1. dispersion *(Teilchen, Wellen)*; 2. variance *(Statistik)*
anomale D. anomalous (abnormal) dispersion
dielektrische D. dielectric dispersion
normale D. normal dispersion
Dispersionsbeziehung *f* dispersion relation
Dispersionsbeziehungen *fpl* / **Kramers-Kronigsche** Kramers-Kronig relations
Dispersionselement *n* dispersing component (element)
Dispersionsfilter *n* dispersion filter
Dispersionsformel *f* dispersion formula
Dispersionskoeffizient *m* dispersion coefficient
Dispersionskonstante *f* dispersion constant
Dispersionskräfte *fpl* dispersion (London) forces
Dispersionskurve *f* dispersion curve
Dispersionsmittel *n* dispersant, dispersing agent
Dispersionsprisma *n* dispersing prism
Dispersionstyp *m* / **unorientierter** unoriented dispersion type *(Kristall)*

Dispersionsvermögen *n* dispersive power
Dissektorröhre *f (Ferns)* image dissector, Farnsworth tube
Dissipation *f* dissipation *(Umwandlung von Energie in Wärme)*
Dissipationsfunktion *f* dissipation function
Dissipationskonstante *f* dissipation constant
dissipativ dissipative *(verlustbehaftet)*
dissonant *(Ak)* discordant
Dissonanz *f (Ak)* discord
  elektrische D. electric discord
Dissoziation *f* / **elektrolytische** electrolytic dissociation
Dissoziationsenergie *f* dissociation energy
Dissoziationsgleichgewicht *n* dissociation equilibrium
Dissoziationsgrad *m* degree of dissociation
Dissoziationskonstante *f* dissociation (ionization) constant
Dissoziationskontinuum *n* dissociation continuum
Dissoziationswärme *f* heat of dissociation
dissoziieren to dissociate
dissoziiert / nicht undissociated
Distanzhalter *m* separator, spacer
Distanzrelais *n* distance relay
Distanzring *m* spacer ring
Distanzschutz *m* distance (impedance) protection
  D. mit stetiger Auslösekennlinie *(Anl)* continuous-curve distance-time protection
  D. mit Stufenkennlinie stepped-curve distance-time protection
Distanzstück *n* spacer, spacing piece; separator piece *(zum Trennen)*
Distributivitätsgesetz *n* distribution law
DI-Transistor *m* double-implanted MOS
Divergenz *f* divergence
Divergenzwinkel *m* divergence angle
divergieren to diverge
Diversity *f s.* Diversity-Übertragung
Diversity-Antenne *f* diversity aerial
Diversity-Empfang *m (Nrt)* diversity reception
  D. mit linearer Addition equal-gain diversity [reception]
  D. mit quadratischer Addition square-law diversity [reception], ratio-squarer diversity
Diversity-Übertragung *f* diversity
Dividiereinrichtung *f (Rech)* divider
  mechanische D. mechanical dividing device
Dividierglied *n (Rech)* division unit *(Bauelement)*
Dividierschaltung *f (Rech)* dividing (division) circuit
Divisionsbefehl *m (Rech)* division command
Divisorregister *n (Rech)* divisor register
DKB *s.* Durchlaufbetrieb mit Kurzzeitbelastung
DMOS *s.* Doppeldiffusions-MOS
D-MOS-Feldeffekttransistor *m* double-diffused metal-oxide silicon field-effect transistor, double-diffused MOS
D-MOSFET *s.* D-MOS-Feldeffekttransistor
DM-Vierer *m s.* Dieselhorst-Martin-Vierer
Dochtelektrode *f* cored electrode
Dochtkohle *f* cored carbon
Dochtmaschine *f* coring machine
Dolezalek-Elektrometer *n* Dolezalek electrometer
Domäne *f (Halbl)* domain
Domänenauslösung *f* domain triggering
Domänenbildung *f* domain formation
Domänendynamik *f* domain dynamics
Domänentriggerung *f* domain triggering
Domänenverzögerung *f* domain delay
Donator *m (Halbl)* donor
donatorartig donor-like
Donatordichte *f* donor density
Donatorelement *n* donor element
Donatorenergieniveau *n* donor energy level
Donatorkonzentration *f* donor concentration
Donatorniveau *n* donor level
Donatoroberflächenzustand *m* donor surface state
Donatorplatz *m* donor site
Donatorstörstelle *f*, **Donatorverunreinigung** *f* donor impurity
Donatorwanderung *f* donor migration
Donatorzentrum *n* donor centre
Donatorzustand *m* donor state
Donnan-Gleichgewicht *n (Chem)* Donnan [membrane] equilibrium
Donnan-Potential *n* Donnan potential *(Bionik]*
Donnan-Potentialdifferenz *f* Donnan potential difference
Doppelabspannung *f (Eüb)* double straining; double dead-ending
Doppelabstimmanzeigeröhre *f* double-range tuning indicator valve
Doppelader *f* pair, twin wire
  abgeschirmte D. screened pair
  symmetrische D. *(Fmt)* balanced pair
doppeladrig twin-wire[d]
Doppelakzeptor *m (Halbl)* double acceptor
Doppelamplitudenvoltmeter *n* peak-to-peak voltmeter
Doppelankerrelais *n* double-armature relay
Doppelanregung *f* double excitation
Doppelarbeitskontakt *m (App)* double-make contact
Doppelarbeitsplatz *m* dual benchboard
Doppelaufhängung *f* bifilar suspension
Doppelausleger *m* double bracket *(Leitung)*
Doppelauslösung *f* dual release
Doppelausschalter *m* double cut-out

Doppelausschlag *m* double deflection
Doppelbande *f* double band
Doppelbasisdiode *f* unijunction transistor, double-base diode
Doppelbegrenzer *m* slicer, amplitude gate
Doppelbelegung *f (Fmt)* double seizing
Doppelbelichtung *f* double exposure
Doppelbild *n (Ferns)* ghost image (picture), double image (picture), echo image
Doppelbogen *m* double arc
doppelbrechend birefrigent, double-refracting
Doppelbrechung *f* birefringence, double refraction
magnetoionische D. magnetoionic birefringence *(Radiowellen)*
Doppelbreitbandempfang *m (Nrt)* dual diversity reception *(Schwundverminderung)*
Doppelbreitbandempfänger *m (Nrt)* dual diversity receiver
Doppelbrücke *f* **[/ Thomsonsche]** double (Kelvin) bridge, Thomson [double] bridge *(Widerstandsmessung)*
Doppelbrückenschaltung *f* bridge duplex connection
Doppelbrückenverstärker *m (Fmt)* double-bridge two-way amplifier (repeater)
doppeldiffundiert *(Halbl)* double-diffused
Doppeldiffusion *f (Halbl)* double diffusion
Doppeldiffusions-MOS double-diffused metal oxide semiconductor, double-diffused MOS, DMOS, DIMOS
Doppeldigitalspeicher *m (Rech)* twin digital store
Doppeldiode *f* duodiode, double (twin) diode
D. mit getrennten Katoden twin diode with separate cathodes
Doppeldipolantenne *f* double-dipole aerial
Doppeldraht *m* twin wire
Doppeldrehkondensator *m* two-gang capacitor
Doppeldrehregler *m* double-rotor induction regulator
Doppeldrehzahlwechselstromregelung *f* two-speed alternating-current control
Doppeldreieckschaltung *f* double-delta connection
Doppeleingang *m (Meß)* parallel input
Doppelelektronenstrahl *m* split electron beam
doppelepitaxial *(Halbl)* double-epitaxial
Doppelerdschluß *m* double earth fault, two-line-to-earth fault
Doppelfächerantenne *f* di-fan aerial
Doppelfadenaufhängung *f* bifilar suspension
Doppelfadenlampe *f* twin filament lamp
Doppelfahrdraht *m* twin (double) contact wires
Doppel-Flipflop *m(n)* dual flip-flop
Doppelfokusröhre *f* double-focus valve
Doppelfokussierung *f* double focussing
Doppelfrequenzinduktionshärtung *f* dual-frequency induction hardening
Doppelfrequenzkanal *m* double-frequency channel
Doppelgegenschreiben *n (Fmt)* quadruplex telegraphy
Doppelgegensprechbetrieb *m (Fmt)* quadruplex working
Doppelgegensprechen *n (Fmt)* polar duplex
Doppelgegensprechsystem *n (Fmt)* quadruplex system
Doppelgehäuse *n (Masch)* double casing
doppelgehäusig double-cased
Doppelgitterröhre *f* double-grid valve, bigrid valve; negatron *(zur Erzielung negativer differentieller Widerstände)*
Doppelglockenisolator *m* double bell[-shaped] insulator, double-cup insulator
Doppelhausanschlußdose *f* double-service box
Doppelhebelschalter *m* double-lever switch
doppelhöckrig double-humped *(Kurve)*
Doppelimpuls *m* double pulse
Doppelimpulsauflösung *f* double-pulse resolution
Doppelimpulsgeber *m*, **Doppelimpulsgenerator** *m* double-pulse generator
Doppelimpulsmethode *f* double-pulse method
Doppelimpuls-ohne-Rückkehr-zu-Null-Verfahren *n* double-pulse NRZ (non-return-to-zero) recording
Doppelimpuls-Rückkehr-zu-Null-Verfahren *n* double-pulse RZ (return-to-zero) recording
Doppelinjektion *f (Halbl)* double injection
Doppelinjektionsdiode *f* double injection diode
Doppelintegrator *m* double integrator
Doppelionisationskammer *f* double ionization chamber
Doppelisolatorkette *f* double string of insulators
Doppelkabel *n* duplex cablo
Doppelkäfig *m* double [squirrel] cage
Doppelkäfiganker km double squirrel-cage armature, double-cage armature
Doppelkäfigläufer *m* double squirrel-cage rotor, double-cage rotor
Doppelkäfigmotor *m* double squirrel-cage motor, double-cage motor
Doppelkäfigwicklung *f* double squirrel-cage winding, double-cage winding
Doppelkammagnetron *n* interdigital magnetron
Doppelkammleitung *f* interdigital line
Doppelkappenisolator *m* double-cap insulator
Doppelkatodenstrahlröhre *f* double cathode-ray tube

Doppelkernwähler *m (Rech)* two-core switch
Doppelkohlemikrofon *n* push-pull carbon microphone
Doppelkondensator *m* twin capacitor
Doppelkondensor *m (Licht)* double condenser
Doppelkontakt *m* double (twin, collateral) contact; split contact; three-terminal contact; change-over contact *(Schalter)*
Doppelkonusantenne *f* biconical aerial
Doppelkonuslautsprecher *m* duo-cone loudspeaker
Doppelkopfhörer *m* double headphone
Doppelkranzlampe *f* double-crown lamp
Doppelkreisdiagramm *n (Masch)* double-circle diagram
Doppelkreuzrahmenantenne *f* double crossed-loop aerial
Doppelkristall *m* bicrystal, twin crystal
Doppelkurbelwiderstand *m* double resistance box
Doppelkurzschlußkäfig... *s.* Doppelkäfig..
Doppellackdraht *m* double-coated wire
Doppelleerstelle *f (Halbl)* double vacancy, divacancy
Doppelleiter *m* twin conductor, two-core cable
Doppelleiterkabel *n* / **konzentrisches** twin concentric cable
Doppelleitung *f* 1. two-wire line, double-circuit line, double[-conductor] line, double lead, pair [of leads] *(Freileitung);* 2. *s.* Doppelleiter
  asymmetrische D. asymmetric two-wire system
  konzentrische D. coaxial pair
  symmetrische D. balanced-pair transmission line, balanced twin
  ungekreuzte D. *(Fmt)* non-transposed metallic circuit
  verdrillte D. twisted pair
Doppellinie *f* doublet *(Spektrum)*
Doppellitze *f* twin flex (flexible cord)
Doppelmast *m* H-pole, double pole *(für Freileitungen)*
Doppelmeldung *f (Fmt)* double-point information
Doppelmeßbrücke *f s.* Doppelbrücke
Doppelmesserschalter *m* double-bladed knife switch, double-throw knife switch
Doppelmodulation *f* double (dual) modulation
Doppelmonochromator *m* double monochromator
Doppelmotor *m* double (twin) motor
doppeln to duplicate
  Lochkarten d. *(Rech)* to reproduce punched cards
Doppeln *n* duplication *(z. B. Lochkarten)*
Doppelnutkäfig *m* double-slot [squirrel] cage, twin-slot [squirrel] cage *(Kurzschlußkäfig)*
Doppelnutmotor *m* double-slot motor, twin-slot motor
Doppelnutrotor *m* double-slot squirrel-cage rotor, twin-slot squirrel-cage rotor *(Kurzschlußkäfig)*
Doppeloszillator *m* twin oscillator
Doppelpentodenendröhre *f* double output pentode
doppelpolig bipolar
Doppelpotentiometer *n* dual-operated potentiometer
Doppelprisma *n* biprism, double prism
Doppelpuls... *s.* Doppelimpuls...
Doppelpunkt *m (Rech)* colon, double-point *(Programmierung)*
Doppelregelung *f (Syst)* duplex control
Doppelresonanzmethode *f (Meß)* double resonance method
Doppelringheizelement *n* twin-ring heating element
Doppelröhre *f* twin (double) valve
Doppelröhrenvoltmeter *n* twin-tube voltmeter
Doppelsammelschiene *f* double bus [bar]
Doppelsatz *m (Masch)* double set
Doppelschalter *m* double cut-out; single-actuated dual switch
Doppelschaltpult *n* duplex switchboard
Doppelschaltung *f* double circuit
Doppelschicht *f (Chem)* double layer
  äußere D. outer double layer
  diffuse D. diffuse double layer
  elektrische (elektrochemische) D. electric double layer
  innere D. inner double layer
  starre D. compact double layer
Doppelschichtaufladung *f* double-layer charging
Doppelschichtdielektrikum *n* double-layer dielectric
Doppelschichtimpedanz *f* double-layer impedance
Doppelschichtkapazität *f* double-layer capacity (capacitance)
  differentielle D. differential capacitance of the double layer
Doppelschichtung *f* double stacking *(Leiterplatten)*
Doppelschleifkontakt *m* twin wiper contact *(Potentiometer)*
Doppelschlitzantenne *f* dual-slotted wave-guide array
Doppelschluß / mit compound-wound
Doppelschlußcharakteristik *f* compound characteristic
Doppelschlußerregung *f* compound excitation
Doppelschlußgenerator *m* compound-wound generator
Doppelschlußmotor *m* compound motor
Doppelschlußverhalten *n* compound characteristic

Doppelschlußwicklung *f* compound winding

Doppelschnur *f* twin cord

D. mit verschiedenfarbigen Adern two-colour conductor cord *(zur Kennzeichnung)*

Doppelschritt *m* dual slope *(bei der Digital-Analog-Wandlung)*

Doppelseitenbandmultiplexanlage *f (Nrt)* double-sideband multiplex equipment

Doppelsicherung *f* dual element fuse

Doppelspalt *m* double slit

Doppelspaltversuch *m* two-pinhole experiment, two-slit experiment *(Optik)*

Doppelspeichersystem *n (Rech)* twin store system

Doppelsperrklinke *f* double detent, pair of pawls

Doppelsperrschicht *f (Halbl)* double barrier layer

Doppelspitzenwert *m* peak-to-peak level

D. der Ausgangsspannung peak-to-peak output voltage level

Doppelsprechbetrieb *m (Fmt)* phantom working

Doppelsprechen *n* phantom telephony

Doppelsprechschaltung *f* phantom telephone connection

Doppelsprung *m (Rech)* double jump *(Programmierung)*

Doppelspule *f* double (twin, compound) coil

Doppelspuraufzeichnung *f* twin-track recording

Doppelspurbetrieb *m* dual-trace operation

Doppelspurtonbandgerät *n* dual-trace recorder

Doppelstatordrehkondensator *m* split-stator variable capacitor

Doppelstecker *m* twin (double) plug, biplug; two-way plug

Doppelsternschaltung *f* duplex star connection

D. mit Saugdrossel hexaphase connection with interphase reactor

Doppelsternverseilung *f* spiral-eight twisting, quad pair formation

Doppelsteuermischröhre *f* double-control converter tube

Doppelsteuerröhre *f* double-control tube

Doppelsteuerung *f* dual (double) control; *(App)* dual operation

Doppelstrahler *m* dual radiator *(Antenne)*

Doppelstrahlröhre *f* double-beam tube *(Elektronenstrahlröhre)*

Doppelstrich *m* double dash

Doppelstrom *m (Fmt)* double current

Doppelstrombetrieb *m (Fmt)* double-current working (operation)

Doppelstromgegensprechsystem *n (Fmt)* polar duplex system

Doppelstrom-Ruhestrom-Telegrafie *f* double-current closed-circuit telegraphy

Doppelstromsignal *n (Fmt)* polar signal

Doppelstromtaste *f (Fmt)* double-current key

Doppelstromtastung *f (Fmt)* double-current keying

Doppelstromtor-Strahlsteuerungsröhre *f* gated-beam tube

Doppelstromübertragung *f (Fmt)* double-current transmission

Doppel-T-Anker *m* H-armature, shuttle armature

Doppeltarif *m* double tariff

Doppeltarifzähler *m* two-rate meter, double-tariff meter

Doppeltastung *f (Fmt)* double[-pole] keying

Doppeltiegelmethode *f* double-crucible method *(Kristallzüchtung)*

Doppel-T-Netzwerk *n* twin-T network

Doppeltontelegrafie *f* two-tone telegraphy

Doppeltransformator *m* double transformer

Doppeltransistor *m* dual transistor

D. mit vier Grenzschichten tetra-junction transistor *(pnpn)*

Doppel-T-Richtkoppler *m (FO)* cross-guide coupler

Doppeltriode *f* twin triode

Doppel-T-Schaltung *f* parallel-T network

doppeltwirkend double-acting

Doppelüberlagerungsempfänger *m* double heterodyne receiver

Doppelunsymmetrie *f* double unbalance

Doppelunterbrechung *f* twin break

Doppelunterbrechungsklinke *f (Fmt)* double-break jack

Doppel-V-Antenne *f* double-V aerial

Doppelverkehr *m (Nrt)* duplex communication

Doppelvoltmeter *n* double[-range] voltmeter

Doppelwähler *m (Fmt)* dual-purpose selector

doppelwandig double-walled

Doppelwattmeter *n* double wattmeter

Doppelweggleichrichter *m* full-wave rectifier

Doppelwegthyristor *m* triac

Doppelwendel *f* coiled-coil filament, coiled coil

Doppelwendelausführung *f* coiled-coil construction

Doppelwendelheizelement *n* coiled-coil heating element

Doppelwendellampe *f* coiled-coil lamp

Doppelwirbelstromkäfig *m s.* Doppelkäfig

Doppelzackenschrift *f* duplex variable-area track, bilateral [area] track, double-edged variable width sound track *(Tonfilm)*

Doppelzellenschalter *m* double cell (battery) switch, double-pole battery [regulating] switch

Doppelzugriff *m (Rech)* dual access
Doppelzündung *f* double ignition
Doppelzweipolröhre *f* double diode
Doppelzwilling *m* two-pair core cable
Doppelzwischengitterplatz *m (Halbl)* diinterstitial
Doppler *m (Rech)* duplication punch
Doppler-Breite *f* Doppler width
Doppler-Effekt *m* Doppler effect
optischer D. optical Doppler effect
Doppler-Frequenzverschiebung *f* Doppler frequency shift
Doppler-Gerät *n* / **akustisches** audible Doppler enhancer *(Radar)*
Doppler-Navigationssystem *n* Doppler navigation system
Doppler-Radar *n* Doppler radar
Doppler-Signal *n* Doppler signal
Dopplerstufe *f* doubler stage *(Frequenzverdopplung)*
Doppler-Verbreiterung *f* Doppler broadening (widening)
Doppler-Verschiebung *f* Doppler shift
Dopplung *f* doubling *(Frequenz)*; *(Rech)* duplication
Dorno-Bereich *m* Dorno region *(Wellenlängenbereich von 280,4 bis 313,2 nm)*
Dose *f* box; capsule *(z. B. Tonabnehmer)*; jack (*s. a.* Abzweigdose, Verteilerdose)
Dosenfernhörer *m (Fmt)* watch receiver
Dosenkontakt *m* female [insert] contact *(Steckdose)*
Dosenschalter *m* box switch
Dosensicherung *f* box fuse
Dosimeter *n* [radiation] dosimeter, dose (dosage) meter
Dosis *f* dose, dosage
absorbierte D. absorbed dose
höchstzulässige D. maximum permissible dose (level)
zulässige D. permissible dose
Dosismesser *m s.* Dosimeter
Dotand *m (Halbl)* dopant
Dotandatom *n* dopant atom
Dotandengas *n* dopant gas
Dotandenion *n* dopant ion
Dotandenkonzentration *f* dopant concentration
Dotandenmaskierung *f* dopant masking
dotieren *(Halbl)* to dope
mit Gold d. to gold-dope
dotiert / mit Akzeptoren acceptor-doped
mit Donatoren d. donor-doped
Dotierung *f (Halbl)* doping
Dotierungsatom *n* doping atom
Dotierungsgas *n* doping gas
Dotierungskompensation *f* doping compensation
Dotierungskonzentration *f* doping concentration
Dotierungsmetall *n* doping metal
Dotierungsmittel *n* dopant, doping agent, dope additive
Dotierungspegel *m* doping level
Dotierungsprofil *n* doping (impurity) profile
Dotierungsschwankung *f* doping fluctuation
Dotierungsstoff *m* doping material
Dotierungssubstanz *f s.* Dotierungsmittel
Dotierungstechnik *f (Halbl)* doping technique
Drachenantenne *f* kite aerial
Draht *m* wire
abgeschirmter D. shielded (screened) wire
abisolierter D. skinned wire
achtförmig gewickelter D. eight-form wire
asbestisolierter D. asbestos-insulated wire, asbestos-covered wire
blanker D. naked (bare, uncovered) wire
einmal mit Papier isolierter D. single-paper-covered wire
emaillierter D. enamel-insulated wire
feuerverzinkter D. tin-coated wire, hot-tinned wire
gelitzter D. stranded wire
gummiisolierter D. rubber-covered wire
gummiisolierter doppeltbewehrter D. rubber-covered double-braided wire
gummiisolierter wetterfester D. rubber-covered weatherproof wire
isolierter D. insulated wire
lackleinenisolierter D. varnished-cambric [insulated] wire
papierisolierter D. paper-insulated wire
schraubenförmig gewendelter D. helically coiled wire
seideisolierter D. silk-covered wire
stromführender D. conducting wire
toter D. dead (idle) wire
umflochtener D. braided wire
ummantelter D. sheathed wire
umsponnener D. covered wire
umwickelter D. taped wire
unisolierter D. *s.* blanker D.
verdrillter D. twisted wire
verkupferter D. coppered wire
verseilter D. twisted wire
verzinkter D. galvanized wire
verzinnter D. tinned (tin-coated) wire
zusammengesetzter D. composite wire
Drahtabfall *m* scrap wire
Drahtabisolierzange *f* wire-stripping pliers
Drahtanschluß *m* wire termination
Drahtanschrift *f* telegram (cable, telegraphic) address
Drahtantenne *f* wire aerial
Drahtbefestigung *f* wire (lead) attachment
Drahtbewehrung *f* wire armouring
Drahtbonder *m (Halbl)* wire bonder
Drahtbondung *f (Halbl)* wire bond
Drahtbruch *m* break (rupture) of wire, wire break

Drahtbruchrelais *n* wire (line) break relay; safety relay for interrupted circuit
Drahtbügel *m* strap
Drahtbügelkopplung *f* strapping *(Vielfachmagnetron)*
Drahtbündel *n* wire bundle
Drahtdehn[ungs]meßstreifen *m* wire strain gauge
Drahtdicke *f* wire size (diameter)
Drahtdrucker *m (Rech)* wire (stylus) printer
Drahtdurchgangsverbindung *f* wire-through connection *(Leiterplatte)*
Drahtdurchmesser *m* wire diameter
Drahtelement *n* wire-wound element
drahten *s.* telegrafieren
Drahterosionsmaschine *f* wire spark-erosion machine
Drahtfederrelais *n* wire spring relay
Drahtfernsprechen *n* wire telephony
Drahtfilter *n* wire grating
Drahtführung *f* wire guide
Drahtfunk *m (Nrt)* wire[d] broadcasting, wire[d] broadcast, line radio
niederfrequenter D. audio frequency wire broadcast[ing]
Drahtfunkleitung *f* carrier line (circuit)
Drahtfunksender *m* line-radio station
Drahtfunksystem *n* wire carrier system
Drahtfunkverstärker *m* line-radio amplifier
Drahtgabel *f* wire pike
drahtgebunden *(Fmt)* on-wires
drahtgewickelt wire-wound
Drahtgitter *n* wire screen
Drahthalter *m* wire holder
Drahthaspel *f(m)* wire reel
Drahtheizkörper *m* wire[-wound] heating element
offener D. open wire-heating element
Drahtkabel *n* uncovered cable
vielsträhniges D. stranded wire cable
Drahtkern *m* wire core
Drahtkontaktfläche *f* wire (lead) contact area
Drahtkreuzung *f (Fmt)* wire crossing, transposition of wires
Drahtlack *m* wire enamel
Drahtlackiermaschine *f* wire enamelling machine
drahtlos wireless
Drahtnachricht *f s.* Telegramm
Drahtpotentiometer *n* wire-wound potentiometer
Drahtprüfanlage *f* wire testing plant
Drahtquerschnitt *m* wire cross section
Drahtregelwiderstand *m* wire-wound rheostat
Drahtrundfunk *m* wire broadcasting
Drahtschirm *m* wire screen
Drahtschleife *f* wire loop
Drahtseil *n* steel cable (rope), wire cable
Drahtspannung *f* wire tension *(mechanisch)*
Drahtspeicher *m* wire memory (store)
Drahtspeichergerät *n* wire recorder
Drahtspirale *f* spiral wire
Drahtspule *f* wire bobbin
Drahttelefonie *f* wire telephony
Drahttelegrafie *f* wire (line, land) telegraphy
Drahttonaufnahme *f (Ak)* magnetic wire recording
Drahttongerät *n (Ak)* [magnetic] wire recorder
Drahtübertragungsweg *m (Fmt)* metallic circuit
Drahtüberzug *m* wire coating
Draht- und Funkwege *mpl* **/ kombinierte** *(Nrt)* combined line and radio circuits
Drahtverbindung *f* wired (wiring) connection
lötfreie D. wire-wrap
Drahtverbindungshülse *f* jointing sleeve
drahtverspannt wire-braced
Drahtwendel *f* wire filament, helix of wire
Drahtwendelheizkörper *m* spiral wire-heating element
Drahtwendelleiter *m* helical conductor
Drahtwickel *m* wire-wrap
Drahtwickelmaschine *f* wire coil winding machine
Drahtwiderstand *m* wire[-wound] resistor
fester D. fixed wire-wound resistor
Drain *m* drain *(Elektrode eines Feldeffekttransistors)*
Drainbasisschaltung *f (Halbl)* grounded-drain circuit
Drainbasisverstärker *m (Halbl)* grounded-drain amplifier
Drainelektrode *f (Halbl)* drain [electrode]
Drain-Gate-Durchbruchspannung *f (Halbl)* drain-gate breakdown voltage
Drainleitwert *m (Halbl)* drain conductance
Drainsättigungsstrom *m (Halbl)* drain saturation current
Drainschaltung *f s.* Drainbasisschaltung
Drain-source-Durchbruchspannung *f (Halbl)* drain-source breakdown voltage
Drain-source-Durchlaßspannung *f (Halbl)* drain-source on-state voltage
Drain-source-Einschaltwiderstand *m (Halbl)* drain-source turn-on resistance
Drain-source-Spannung *f (Halbl)* drain-source voltage
Drainspannung *f (Halbl)* drain voltage
Drainstrom *m (Halbl)* drain current
gepulster D. pulsed drain current
Drainverstärker *m (Halbl)* grounded-drain amplifier
Drainwiderstand *m (Halbl)* drain resistance
Drall *m* 1. spin, angular momentum; 2. twist *(Kabel, Leitungen)*
Drallänge *f* lay *(Kabel)*
drallfrei 1. non-spinning; 2. non-twisting *(z. B. Kabel)*

Drallvektor *m* torsion vector
Drängelampe *f (Fmt)* speeding-up lamp
 D. im Fernverkehr group busy signal
D-Regelung *f s.* Differentialregelung
D-Regler *m s.* Differentialregler
Drehachse *f* 1. rotation axis *(gedachte Linie)*; 2. rotating shaft *(rotierende Welle)*
Drehanode *f* rotating anode
Drehanodenröhre *f* rotating anode tube
Drehantenne *f (FO)* spinner, rotating aerial
drehbar rotatable, revolving
Drehbeschleunigung *f* angular (circular) acceleration
Drehbeschleunigungsmesser *m* angular accelerometer
Drehbewegung *f* rotary (rotational) motion
Drehdauer *f* time of rotation
Drehdruckschalter *m* lock-down switch
Dreheiseninstrument *n* moving-iron instrument, soft-iron instrument, electromagnetic (ferrodynamic) instrument
 D. mit Magnet permanent-magnet moving-iron [needle] instrument
Dreheisenmeßinstrument *n s.* Dreheiseninstrument
Dreheisenoszillograf *m* soft-iron oscillograph
Dreheisenvoltmeter *n* moving-iron voltmeter
drehen 1. to rotate; to turn; 2. to shift *(Phase)*
 die Polarisationsebene d. to rotate the plane of polarization
 sich d. to rotate, to revolve, to turn; to spin
Drehfeder *f* torsion spring
Drehfeld *n* rotating field
 elliptisches D. elliptical field
Drehfeldantenne *f* rotating field aerial
Drehfeldempfänger *m* synchro-receiver, selsyn repeater, torque-synchro receiver *(für Drehmomente)*
Drehfeldgeber *m* synchro transmitter (generator), selsyn [transmitter], torque-synchro transmitter *(für Drehmomente)*
drehfeldgespeist energized in field (phase) rotation, fed in quadrature *(Antenne)*
Drehfeldimpedanz *f* cyclic impedance
Drehfeldinstrument *n* rotating field instrument
Drehfeldleistungsmesser *m* Ferraris wattmeter (instrument)
Drehfeldrichtungsanzeiger *m* phase-sequence indicator
Drehfeldsystem *n* synchro system
Drehfeldtransformator *m* rotating field transformer
Drehfeldumformer *m* rotating field converter
Drehfunkfeuer *n (FO)* rotating (revolving) radio beacon
Drehgeschwindigkeit *f* rotational (rotating) speed
Drehimpuls *m* angular momentum, moment of momentum, spin *(z.B. von Elementarteilchen)*
Drehimpulsdurchflußmesser *m* angular momentum flowmeter
Drehimpulsquantenzahl *f* azimuthal (rotational) quantum number
Drehklinke *f* turning pawl
Drehknopf *m* [rotating] knob
Drehko *m s.* Drehkondensator
Drehkondensator *m* variable capacitor
 D. mit quadratischer Kennlinie square-law capacitor
 frequenzgerader D. straight-line frequency capacitor
 wellengerader D. straight-line wavelength capacitor
Drehkondensatorplatten *fpl* **mit Mittellinienschnitt** midline plates
Drehkörper *m* body of revolution *(Widerstand)*
Drehkreuz *n* turnstile
Drehkreuzantenne *f* turnstile aerial
Drehkreuzstrahler *m* turnstile aerial
Drehkristall *m* rotating (rotation) crystal
Drehkupplung *f* rotating joint, rotary coupler
Drehmagnet *m* moving (rotary) magnet
Drehmagnetgalvanometer *n* moving-magnet galvanometer
Drehmagnetinstrument *n* moving-magnet instrument
Drehmelder *m* resolver, synchro, selsyn
Drehmelderanzeigeempfänger *m* resolver (synchro) indicator
Drehmelderdifferentialempfänger *m* resolver (synchro) differential receiver
Drehmelderdifferentialgeber *m* resolver (synchro) differential transmitter
Drehmelderempfänger *m* resolver (synchro) receiver
Drehmeldergeber *m* resolver (synchro) transmitter
Drehmelderrückmelder *m* resolver (synchro) control transformer
Drehmeldersteuerempfänger *m* resolver (synchro) control receiver
Drehmoment *n* 1. torque; 2. torsion[al] moment ● **ein D. ausüben** to apply a torque [on]
 antreibendes D. driving torque *(bei Meßinstrumenten)*
 asynchrones D. asynchronous torque
 bezogenes D. torque-weight ratio *(eines Zählers)*
 synchrones D. reluctance torque
Drehmomentabgleich *m* torque adjustment
Drehmomentanzeiger *m* torque indicator
Drehmomentdiagramm *n* torque diagram

Drehmomentdifferentialempfänger *m* torque differential receiver
Drehmomentdifferentialgeber *m* torque differential transmitter
Drehmoment-Drehzahl-Kennlinie *f* torque-speed characteristic, mechanical characteristic
Drehmomentgleichung *f* torque equation
Drehmomentmesser *m* torquemeter, torsimeter, torsion meter
Drehmomentmotor *m* torque motor
Drehmomentregler *m* torque regulator
Drehmomentstellmotor *m* variable-torque motor
Drehmomentverstärker *m* torque amplifier
Drehmomentwandler *m* torque converter
Drehofen *m* **mit Rundherd** rotating annular hearth furnace
Drehpeiler *m (FO)* rotating direction finder
Drehpotentiometer *n* rotary potentiometer
Drehpunkt *m* centre of rotation; pivot point
Drehrahmenantenne *f (FO)* rotating frame (loop) aerial
Drehrahmenpeiler *m (FO)* rotating frame direction finder
Drehrelais *n* wiper relay
Drehrichtantenne *f*, **Drehrichtstrahler** *m* rotary beam aerial
Drehrichtung *f* direction of rotation, rotational direction
  D. des Ankers direction of armature rotation
Drehrichtungs[anzeige]schild *n* rotation plate
Drehrichtungsumkehr *f* change of rotation
Drehschalter *m* rotary (turn) switch; *(Hochsp)* rotating insulator switch; screwdriver-actuated switch
Drehschalterkombination *f* rotary switch combination
Drehscheibe *f* turntable, rotary table
Drehscheibenteiler *m* rotary attenuator
Drehschieber *m* rotary disk valve
Drehschritt *m (Fmt)* rotary step
Drehschub *m* tangential force
Drehschwinger *m (Ak)* torsional vibrator (resonator)
Drehschwingung *f* torsional (rotational) vibration
Drehschwingungsdämpfer *m* torsional damper
Drehschwingungsfrequenz *f* torsional frequency
Drehsinn *m* rotation sense, sense (direction) of rotation
  D. des Feldes sense of field rotation
Drehspiegel *m* rotating mirror
Drehspiegelapparat *m* lamp rotator
Drehspulamperemeter *n* moving-coil ammeter
Drehspulaufhängung *f* moving-coil support
Drehspule *f* moving (revolving) coil
Drehspulgalvanometer *n* moving-coil galvanometer, d'Arsonval galvanometer
Drehspulgeber *m* moving-coil transducer
Drehspulinstrument *n (Meß)* [permanent-magnet] moving-coil instrument, magnetoelectric instrument, torque coil magnetometer
Drehspulmeßgerät *n s.* Drehspulinstrument
Drehspulrelais *n* moving-coil relay, magnetoelectric relay
Drehspulspiegelgalvanometer *n* moving-coil mirror galvanometer
Drehspulstrommesser *m* moving-coil ammeter
Drehspultonabnehmer *m* dynamic (moving-coil) pick-up
Drehspulvibrationsgalvanometer *n* moving-coil vibration galvanometer
Drehspulvoltmeter *n* moving-coil voltmeter
Drehspulzeigergalvanometer *n* moving-coil pointer galvanometer
Drehstab *m* torsion rod (bar)
Drehstabfeder *f* torsion spring
Drehstrom *m* three-phase current
Drehstromanker *m* three-phase armature
Drehstromanlage *f* three-phase system (installation) (*s. a.* Drehstromnetz)
Drehstromanlasser *m* three-phase starter
Drehstromasynchronmotor *m* three-phase asynchronous motor
Drehstrombrücke *f* three-phase bridge
Drehstrombrückenschaltung *f* three-phase bridge circuit (connection)
Drehstromdoppelleitung *f* three-phase double-circuit line
Drehstromdreileiteranlage *f* three-phase three-wire system
Drehstromdurchführung *f* three-phase bushing
Drehstromeinfachleitung *f* three-phase single-circuit line
Drehstromelektrodenkessel *m* three-phase electrode boiler
Drehstromendverschluß *m* trifurcating box
Drehstromgenerator *m* three-phase generator
Drehstromgruppe *f* three-phase bank
Drehstromhintermaschine *f* Scherbius advancer
  selbsterregte D. Leblanc exciter
Drehstrominduktionsmotor *m* three-phase induction motor
Drehstromkohlebogenlampe *f* three-phase carbon-arc lamp
Drehstromkommutatormotor *m* three-phase commutator motor
Drehstromkreis *m* three-phase circuit
Drehstromleistung *f* three-phase [circuit] power
Drehstromleistungsschalter *m* three-phase circuit breaker

Drehstromlokomotive *f* three-phase electric locomotive
Drehstrommagnet *m* three-phase magnet
Drehstrommotor *m* three-phase [current] motor
Drehstromnebenschlußmotor *m* three-phase shunt commutator motor
läufergespeister D. three-phase self-compensated motor
Drehstromnetz *n* three-phase [supply] network, three-phase system
D. mit Nulleiter (Sternpunktleiter) three-phase four-wire system
D. ohne Nulleiter (Sternpunktleiter) three-phase three-wire system
Drehstromreihenschlußmotor *m* three-phase compound commutator motor
Drehstromschalter *m* three-phase switch (circuit breaker)
Drehstromsteller *m* three-phase alternating-current chopper
Drehstromsynchronmotor *m* three-phase synchronous motor
Drehstromsystem *n* three-phase system
Drehstromtransformator *m* three-phase transformer
Drehstromtrennschalter *m* three-phase switch
Drehstromwicklung *f* three-phase winding
Drehsymmetrie *f* rotational symmetry
Drehtisch *m* rotary (rotating) table; turntable
Drehtransformator *m* rotary (adjustable) transformer, rotatable phase-adjusting transformer, induction regulator
Drehtrommelofen *m* rotating-drum furnace
Drehumformer *m* rotary converter
Drehung *f* rotation; revolution; turn
D. der Polarisationsebene rotation of the plane of polarization, rotary polarization
D. gegen den Uhrzeigersinn anticlockwise rotation
D. im Uhrzeigersinn clockwise rotation
magnetische D. magnetic rotation
magnetooptische D. magnetooptic rotation *(Faraday-Effekt)*
optische D. optical rotation
Drehungsachse *f s.* Drehachse
Drehvektor *m* torsion vector
Drehvermögen *n* rotatory power
optisches D. optical activity (rotatory power)
Drehvorwähler *m (Fmt)* rotary preselecting line switch
Drehwähler *m (Fmt)* rotary switch, uniselector, single-motion selector
Drehwählerrelais *n* uniselector relay
Drehwählersystem *n (Fmt)* rotary [switching] system
Drehwahlschalter *m (App)* convertible rotary selector kit
Drehwiderstand *m* [rotary] rheostat, variable resistor
Drehwinkel *m* rotational angle, angle of rotation
elektrischer D. function angle *(Potentiometer)*
Drehzahl *f* speed [of rotation]; number of revolutions [per unit time]
D. beim Kippmoment breakdown-torque speed
eingestellte D. adjusted speed
einstellbare D. adjustable speed
kritische D. critical speed
regelbare D. adjustable speed
stufenlos veränderliche D. steplessly variable speed
Drehzahlabfall *m* speed drop
Drehzahländerung *f* speed variation, change of speed
Drehzahlanstieg *m* speed rise
Drehzahlanzeiger *m* speed indicator
Drehzahlbegrenzer *m* speed-limiting device, overspeed limiter
Drehzahlbereich *m* [operating] speed range
Drehzahl-Drehmoment-Kennlinie *f* speed-torque characteristic (curve)
Drehzahleinstellung *f* speed adjustment
Drehzahlfehler *m* speed error
Drehzahlgeber *m* speed sensor
elektrischer D. tachogenerator, tachometer generator
Drehzahlkorrektur *f* speed correction
Drehzahlmesser *m* speed (revolution) counter; speedometer, tachometer
mechanischer D. centrifugal tachometer
stroboskopischer D. stroboscopic tachometer, strobotac
Drehzahlmessung *f* speed measurement
Drehzahlregelbereich *m* speed control range
Drehzahlregelkennlinie *f* speed regulation characteristic
Drehzahlregelsystem *n* speed control (governing) system
Drehzahlregelung *f* [rotary] speed control, speed regulation
D. des Motors motor-speed control
Drehzahlregelwiderstand *m* speed-regulating resistor (rheostat)
Drehzahlregler *m* speed controller (governor), [rotary] speed regulator; speed-regulating resistor (rheostat)
D. mit Fliehkraftpendel centrifugal governor
digitaler D. digital speed controller
Drehzahlrelais *n* angular-speed relay
Drehzahlrückführung *f* tachometer feedback
Drehzahlsollwertangabe *f* standard r.p.m. (revolutions per minute) set value
Drehzahlstellbereich *m* speed[-adjusting] range, speed control range
Drehzahlsteller *m* speed controller

Drehzahlstellmotor *m* adjustable constant-speed motor
Drehzahlstellung *f* / **stufenlose** variable speed adjustment
Drehzahlumschalter *m* speed selector
drehzahlveränderlich variable-speed
Drehzahlverhalten *n* speed characteristics
Drehzahlverhältnis *n* speed ratio
Drehzahlvorwahl *f* speed preselection
Drehzahlwähler *m* speed selector
Dreiadreß... *s.* Dreiadressen...
Dreiadressenbefehl *m (Rech)* three-address command (instruction)
Dreiadressenkode *m (Rech)* three-address code
Dreiadressenrechner *m* three-address computer
Dreiadressensystem *n (Rech)* three-address system
dreiadrig three-wire, three-core
Dreiamperemeterverfahren *n* three-ammeter method
Dreibanden-Leuchtstofflampe *f* triphosphor tube fluorescent lamp, primecolour fluorescent lamp
Dreibereichsfarbmeßgerät *n* tristimulus (three-colour) colorimeter
Dreieckantenne *f* triangle aerial
Dreieckflächenantenne *f* multiwire triadic aerial
dreieckgeschaltet delta-connected, connected in delta (mesh)
Dreieckimpuls *m* triangle (triangular) pulse
Dreieckmodulationssystem *n* delta modulation system
Dreiecksanordnung *f* triangular (delta) arrangement
Dreieckschaltung *f* delta connection
offene D. open delta connection
Dreieckschwingung *f* triangular oscillation
Dreieckspannung *f* delta (mesh) voltage, phase-to-phase voltage
Dreieckwelle *f* triangular wave
Dreieckwellenform *f* triangle (triangular) waveform
Dreieckwicklung *f* delta winding
Dreieingangs-NAND-Gatter *n* three-input NAND gate
Dreielektrodenröhre *f* three-electrode valve
Dreielektrodensystem *n* three-electrode system *(Elektronenstrahler)*
Dreielektrodenzelle *f* three-electrode cell
Dreieradresse *f (Rech)* triple address
Dreieralphabet *n (Nrt)* ternary code (alphabet)
Dreierbündel *n* triple conductor, three-conductor bundle, triplex bundle conductor
Dreierstoß *m* three-body collision
Dreifachbandfilter *n* three-section band filter
dreifachdiffundiert *(Halbl)* triple-diffused
Dreifachdiffusion *f (Halbl)* triple diffusion
Dreifachdiffusionstechnik *f* triple-diffused technique
Dreifachdrehkondensator *m* three-gang capacitor
Dreifach-Flipflop *m(n)* triple flip-flop
Dreifachkabel *n* / **konzentrisches** triple concentric cable
Dreifachkäfiganker *m* triple [squirrel-]cage armature
Dreifachkäfigläufer *m* triple [squirrel-]cage rotor
Dreifachkäfigmotor *m* triple [squirrel-]cage motor
Dreifachkondensor *m* triple condenser
Dreifachkorrelation *f* triple correlation
Dreifachkurzschlußkäfig *m* triple squirrel cage
Dreifachkurzschlußkäfig... *s.* Dreifachkäfig...
Dreifachröhre *f* three-purpose valve
Dreifachschnur *f* triple cord
Dreifachstecker *m* three-pin plug, triplug
Dreifachtarifzähler *m (Fmt)* triple-tariff meter, three-rate meter
Dreifachwendel *f* triple-coil filament
Dreifachzeilensprungabtastung *f (Ferns)* triple interlaced scanning
Dreifadenaufhängung *f* trifilar suspension
Dreifadenlampe *f* three-filament lamp
Dreifarbenbildröhre *f* tricolour picture tube
Dreifarbenelektronenstrahlröhre *f (Ferns)* tricolour cathode-ray tube
Dreifarbenmessung *f* tricolour (trichromatic colour) measurement
Dreifarbenmischung *f* three-colour mixture
Dreifarbenprojektion *f* three-colour projection
Dreifarbenröhre *f (Ferns)* tricolour tube
D. mit Indexsteuerung beam-indexing tube, apple [beam-indexing] tube
Dreifarbenverfahren *n* three-colour method
dreifarbig trichromatic, three-coloured
Dreifingerregel *f* hand rule
D. der linken Hand left-hand rule
D. der rechten Hand right-hand rule
Dreigangdrehkondensator *m* three-gang capacitor
Dreigitterröhre *f* three-grid valve, triple-grid tube
dreigliedrig three-membered
Dreiklanggong *m* three-tone chime
Dreiknopfschalter *m* three-button switch
Dreikomponentenaufnehmer *m* triaxial sensor (pick-up)
Dreikörperrekombination *f* three-body recombination
Dreikörperstoß *m* three-body collision
Dreileistungsmesserverfahren *n* three-wattmeter method
Dreileiteranlage *f* three-wire installation (system)

Dreileiterbündel *n* three-conductor bundle
Dreileiterendverschluß *m* trifurcating box (sealing end) *(für Dreileiterkabel)*
Dreileitergenerator *m* three-wire generator
Dreileiterkabel *n* three-conductor cable, three-core cable, triple-core cable, cable in triples
konzentrisches D. concentric three-core cable
Dreileiterschnur *f* three-conductor cord
Dreileitersystem *n* three-wire system
D. ohne Nulleiter (Sternpunktleiter) three-phase three-wire system
Dreilinsensystem *n* three-lens system; triplet [lens] *(Objektiv)*
Dreilochmontage *f* three-hole mounting
Dreilochspeicherkern *m (Rech)* three-hole memory core
Dreilochwicklung *f* three-slot winding
Dreiminutengebühr *f (Fmt)* three-minute charge (rate)
Dreiniveaulaser *m* three-level laser [system]
Dreiniveausystem *n* three-level system *(Laser, Maser)*
Dreinutkurzschlußläufer *m* three-slot short-circuit armature
Dreiphasenanker *m* three-phase armature
Dreiphasenanschluß *m* three-phase connection
Dreiphasen-Asynchronmaschine *f* three-phase asynchronous machine (motor)
Dreiphasenbrücke *f* / **halbgesteuerte** three-phase half-controlled bridge
vollgesteuerte D. three-phase fully controlled bridge
Dreiphasengleichrichter *m* three-phase rectifier
Dreiphasen-Graetz-Schaltung *f* three-phase bridge-type rectifying circuit
Dreiphasengrenzlinie *f* three-phase boundary
Dreiphasenkollektormotor *m* three-phase commutator motor
Dreiphasenleitung *f* three-phase line
Dreiphasenmaschine *f* three-phase machine
Dreiphasenmotor *m* three-phase motor
Dreiphasennebenschlußmotor *m* three-phase shunt commutator motor
Dreiphasennetz *n* three-phase circuit (system, network)
Dreiphasenreihenschlußmotor *m* three-phase series commutator motor
Dreiphasenschaltung *f* three-phase connection
Dreiphasenstrom *m* three-phase current (*s. a.* Drehstrom)
Dreiphasen-Synchronmaschine *f* three-phase synchronous machine (motor)
Dreiphasensynchroskop *n* three-phase synchroscope
Dreiphasensystem *n* three-phase system
Dreiphasentransformator *m* three-phase transformer
Dreiphasenwechselstrom *m* three-phase alternating current
Dreiphasenwicklung *f* three-phase winding
dreiphasig three-phase
Dreipol *m* triple pole
dreipolig tripolar, three-terminal, triple-pole
Dreipolröhre *f* triode
Dreipolschalter *m* triple-pole switch
Dreipolschaltung *f* three-terminal network
Dreiprismenspektrograf *m* three-prism spectrograph
Dreipunktauflage *f* three-point bearing
Dreipunktregelung *f (Syst)* three-step control, three-position control
Dreipunktregler *m* three-position controller
Dreipunktschaltung *f* three-point connection (circuit)
induktive D. Hartley circuit (oscillator)
kapazitive D. Colpitts oscillator
Dreipunktverhalten *n (Syst)* three-step action, three-level action
D. mit Nullwert (Totzone) positive-negative three-level action
Dreiröhrenfarbkamera *f (Ferns)* three-tube colour camera
Dreischichtenaufbau *m* three-layer structure *(Glaselektrode)*
Dreischlitzmagnetfeldröhre *f*, **Dreischlitzmagnetron** *n* three-split magnetron, three-slot magnetron
Dreispannungsmesserverfahren *n* three-voltmeter method
Dreispitzensonde *f* three-point probe
Dreispitzensondenmessung *f* three-point probe measurement
Dreistellungsrelais *n* three-position relay
Dreistiftstecker *m* three-pin plug
Dreistiftzentralsockel *m* three-pin central base
Dreistofflegierung *f* ternary alloy
Dreistoffsystem *n* ternary system
Dreistoffverbindung *f* ternary compound
Dreistrahlfarbfernsehröhre *f* three-gun colour picture tube
Dreistrommesserverfahren *n* three-ammeter method
Dreistufenschalter *m* three-heat switch *(Heizgeräte)*
Dreistufenverstärker *m* three-stage amplifier
dreistufig three-stage
Dreitemperaturverfahren *n* three-temperature process
Dreivoltmeterverfahren *n* three-voltmeter method
Dreiwattmeterverfahren *n* three-wattmeter method
Dreiwegeklinke *f* three-way jack

Dreiwegeschalter *m* three-way switch, three-position switch, three-point switch
Dreiwegestecker *m* three-way plug
Dreizonensteuerung *f* three-zone control *(Temperaturregler)*
Dreizustandsausgang *m (Rech)* three-state output, tri-state output
Dreizustandsregister *n (Rech)* three-state register
Drift *f (Halbl, Meß)* drift
Driftanteil *m* drift component
Driftausfall *m* degradation failure
Driftbeweglichkeit *f* drift mobility
driften to drift
Driftfeld *n* drift field
inneres D. internal drift field
Driftfeldfaktor *m* drift field factor
Driftgebiet *n* drift region
Driftgeschwindigkeit *f* drift speed (velocity)
Driftkompensation *f* drift compensation
driftkompensiert drift-corrected, drift-balanced
Driftkomponente *f* drift component
Driftkorrektur *f* drift correction
Driftlänge *f* drift length
Driftraum *m* drift space
Driftstrom *m* drift current
Drifttransistor *m* drift (graded base) transistor
Drillmoment *n* twisting moment
Drillung *f* twist; torsion
Dringlichkeitszeichen *n (Nrt)* urgency signal
Dröhnen *n (Ak)* boom, roar[ing]
Dropout *m* drop-out *(bei Ton- und Videoaufzeichnungen)*
Drossel *f* 1. choke, choking coil, reactor (*s. a.* Drosselspule); 2. throttle *(für Strömungen)* ● **ohne D.** chokeless
D. einer Leuchtstofflampe fluorescent lamp ballast
D. mit einstellbarer Induktivität adjustable inductor
D. mit Mittelpunktsanzapfung equalizing coil
D. mit Rechteckschleife square-loop choke (reactor)
D. mit veränderlichem Luftspalt choke (inductor) with adjustable air gap
D. ohne Eisenkern *s.* eisenlose D.
brummfreie D. not-humming choke
eisenlose D. air-core choke (reactor)
gesättigte D. choke with saturated iron core
luftgekühlte D. air-cooled reactor
regelbare D. adjustable choke (inductor)
sättigungsfähige D. saturable reactor
stromausgleichende D. current-balancing reactor
strombegrenzende D. current-limiting reactor
Drosselerdung *f* inductive earthing
Drosselflansch *m* choke connector
Drosselflanschverbindung *f* choke coupling (connection)
Drosselkette *f* / **mechanische** mechanical [wave] filter
Drosselklappe *f* throttle [valve]
Drosselkolben *m* choke piston (plunger) *(Wellenleiter)*
Drosselkopplung *f* choke (impedance) coupling
Drosselkreis *m* choking circuit
Drosselmodulator *m* choke modulator
drosseln 1. to choke; 2. to throttle *(mechanisch)*
Drosselregelung *f* reactor control
Drosselrelais *n* high-impedance relay
Drosselröhre *f* choking valve
Drosselspule *f* choke [coil], choking (inductance, reactance) coil, inductor, reactor [coil]
Drosselspulenleistung *f* reactor capacity
Drosselspulenverlust *m* choke loss
Drosselventil *n* throttle valve
Drosselverstärker *m* choke-coupled amplifier
Drosselvorschaltung *f* choke (inductor) ballast
Drosselwiderstand *m* choke impedance
Druck *m* 1. pressure; compression; 2. printing; print *(von Daten)*
atmosphärischer D. atmospheric pressure
elektrodynamischer D. electrodynamic pressure
hydraulischer D. hydraulic pressure
mittlerer D. medium pressure
niedriger D. low pressure
ruhender (statischer) D. static pressure
verminderter D. diminished (reduced, decreased) pressure
Druckabfall *m* pressure drop (decrease)
Druckabhängigkeit *f* pressure dependence
Druckamplitude *f* pressure amplitude
Druckänderung *f* pressure change
Druckanstieg *m* pressure increase, rise in pressure
Druckapparat *m (Nrt)* printing set
Druckaufnehmer *m* pressure gauge; barometric sensor
piezoelektrischer D. piezoelectric pressure gauge
Druckausgleich *m* equalization of pressure; pressure compensation
statischer D. static pressure equalization
Druckausgleichsöffnung *f* pressure-equalizing leak *(Mikrofon)*
Druckbauch *m* pressure antinode *(stehende Welle)*
Druckbefehl *m (Rech)* printing command (instruction)
Druckbereich *m* pressure range

druckbetätigt pressure-actuated, pressure-operated
druckdicht pressure-tight, pressure-sealed
Druckdifferenz *f* pressure difference
Druckdifferenzgeber *m* pressure-difference transducer
Druckdose *f* [pressure] capsule
Druckeichung *f* pressure calibration
Druckeinfluß *m* pressure effect
Druckeinrichtung *f* printing device *(für Daten)*
Druckeinstellung *f* pressure adjustment
Druckempfang *m (Nrt)* printing reception
Druckempfänger *m* printing telegraph, printer
druckempfindlich pressure-sensitive, pressure-responsive
Druckempfindlichkeit *f* pressure sensitivity (response)
drucken to print
drücken to press, to push; to squeeze
Drucken *n (Rech, Nrt, Meß)* printing
  D. der Summe total printing
  einzeiliges D. single-space printing
  elektrolytisches D. electrolytic printing
  ferromagnetisches D. ferromagnetic printing
  fotoelektrisches D. photoelectric printing
Drucker *m (Rech, Nrt, Meß)* printer, printing device
  D. mit Register register printer
  D. mit rotierender Typenwalze on-the-fly printer
  direktarbeitender D. direct printer
  leitungsgetrennt arbeitender D. off-line printer
  xerografischer D. xerographic printer
Druckerhitzung *f* heating under pressure
Druckerhöhung *f* pressure increase, rise in pressure
Druckerniedrigung *f* pressure decrease (reduction, lowering)
druckfähig printable
druckfest resistant to pressure (compression)
Druckfinger *m (Masch)* end finger
Druckfrequenzgang *m* pressure response (characteristic)
Druckfühler *m* pressure gauge; barometric sensor
Druckgaskabel *n* gas[-pressure] cable, gas-filled cable, gas-cushion cable
Druckgasschalter *m* compressed-gas circuit breaker, gas-blast circuit breaker, air-blast breaker, gas-blast switch
Druckgeber *m (Meß)* pressure pick-off, pressure sensor
Druckgefälle *n* pressure gradient
Druckgeschwindigkeit *f* printing speed (rate)
Druckgießen *n* pressure die casting
Druckgießmaschine *f* [pressure] die-casting machine
Druckgradient *m* pressure gradient
Druckgradientenmikrofon *n* pressure-gradient microphone, velocity microphone
Druckguß *m* pressure die casting
Druckgußgehäuse *n* die-cast box (case)
Druckgußstück *n*, **Druckgußteil** *n* [pressure] die casting
Druckhammer *m (Nrt)* printing hammer
Druckimpuls *m* 1. pressure [im]pulse; 2. printing pulse
druckisoliert pressure-insulated
Druckkabel *n* pressure cable
  geschlossenes D. self-contained pressure cable
Druckkabelendverschluß *m* pressure-type pothead
Druckkalibrierung *f* pressure calibration
Druckkammer *f* pressure chamber
Druckkammereichung *f* pressure-chamber calibration
Druckkammerlautsprecher *m* pneumatic (pressure-chamber, air-chamber) loudspeaker
Druckknopf *m* push button, [press] button
  freier D. free push button
  geführter D. guided push button
  quadratischer D. square push button
  rechteckiger D. rectangular push button
  verkeilter D. keyed push button
Druckknopfabstimmung *f* push-button tuning, press-button tuning
Druckknopfbetätigung *f* push-button operation
druckknopfgesteuert push-button-controlled
Druckknopfschalter *m* [push-]button switch, finger push switch
Druckknopfsteuerung *f* [push-]button control
Druckknopftaste *f* plunger key, push button
Druckknopftaster *m* push-button switch
Druckknopfwähler *m* auto-dial
Druckknoten *m* pressure node *(stehende Welle)*
Druckkondensator *m* pressure-type capacitor
Druckkontakt *m* pressure contact, push (butt) contact
Druckkopf *m (Rech)* print head
Druckkraftgeber *m s.* Kraftmeßdose
Drucklager *n* thrust bearing
Druckluft *f* compressed (compression) air
Druckluftanlage *f* compressed-air plant
druckluftbetätigt air-operated, air-driven
Drucklufterzeuger *m* [air] compressor
druckluftgesteuert air-operated
Druckluftkühlung *f* forced-air cooling
Druckluftleistungsschalter *m* air-blast circuit breaker
Druckluftleitung *f* compressed-air line
Druckluftprüfung *f* [air-]pressure test

Druckluftschalter *m* 1. air-pressure circuit breaker, air-blast [circuit] breaker; air-pressure switch; 2. pneumatic switch
D. mit Selbstblasung autopneumatic circuit breaker
Druckluftschütz *n* electropneumatic contactor
Druckluftsteuerung *f* pneumatic control
elektrisch betätigte D. electropneumatic control
Druckluftventil *n* pneumatic (air control) valve
elektrisch betätigtes D. electropneumatic valve
Druckluftversorgung *f* compressed-air supply
Druckmagnet *m* printer magnet
Druckmeßdose *f* pressure (load) cell, pressure sensor
Druckmesser *m* manometer, pressure gauge
Druckmeßfühler *m* pressure sensor
Druckmeßwertwandler *m* pressure transducer
Druckmikrofon *n* [sound] pressure microphone
Druckminderer *m s.* Druckminderungsventil
Druckminderung *f* pressure reduction (drop)
Druckminderungsventil *n* [pressure-]reducing valve, pressure reducer
Druckmittelpunkt *m* centre of pressure
Druckölentlastung *f* oil lift system
Druckölkabel *n* oilostatic cable
Drucköllagerung *f* oil lift bearing
Druckölschmierung *f* pressure-feed [oil] lubrication
Druckoriginal *n* artwork (production) master, master pattern, photomaster, artwork *(Leiterplatten)*
druckoxydieren to pressure-oxydize
Druckpegelmesser *m (Ak)* sound level meter
Druckpolieren *n* / **manuelles** hand burnishing
Druckprüfung *f* pressure test
Druckrad *n (Rech)* type wheel
Druckreduzierung *f* pressure reduction
Druckreduzierventil *n* pressure-reducing valve, pressure reducer
Druckregister *n (Rech)* printing register
Druckrelais *n* pressure relay
Druckrolle *f* 1. pressure (pad) roll; 2. *(Rech)* type wheel
Druckschalter *m* pressure (sliding key) switch
Druckschaltung *f (Elk)* printed circuit
Druckschaltungsbaustein *m*, **Druckschaltungseinheit** *f* printed circuit unit
Druckschaltungskarte *f* printed circuit card
Druckschaltungsmodul *m* printed circuit module
Druckschaltungsplatte *f* printed circuit panel
Druckschaltungstechnik *f* printed circuit technique, technique of printed wiring
Druckschaltungsverbinder *m* printed circuit connector
Druckschaltungsverdrahtung *f* printed circuit wiring
Druckscheibe *f (Rech)* print wheel
Druckschienenkontakt *m* electrical depression bar
Druckschmierung *f* forced lubrication
Druckschreiber *m (Meß)* pressure recorder, recording manometer
Druckschwankung *f* pressure fluctuation
Druckschweißen *n* pressure welding
Drucksonde *f* static [pressure] tube
Druckstau *m* pressure increase *(z. B. beim Mikrofon)*
Druckstock *m* artwork, printed wiring master, master pattern, photomaster *(Leiterplatten)*
Druckstocktechnik *f* artwork technique
Druckstockzeichnung *f* artwork drawing
Druckstreifen *m (Nrt)* printing tape
Drucktakt *m (Rech)* printing cycle
Drucktaste *f* push (press) button, key (*s. a. unter* Druckknopf)
abgedeckte D. covered push button
Drucktastenfeld *n* push-button keyboard
Drucktastenfernsprecher *m* push-button telephone, press-button telephone
Drucktastenstation *f* push-button station
Drucktastenvorsatz *m* **mit Rückstellverzögerung** time-delay push button
ansprechverzögerter D. delayed-action push button
eingelassener D. flush push button
kurzer D. short push button
langer D. long push button
ummantelter D. shrouded push button
verriegelter D. latched push button
versenkter D. recessed push button
Drucktaster *m* push-button switch
Drucktelegraf *m* printing telegraph
Drucktelegrafie *f* / **schreibende** mosaic telegraphy
Druckübertrager *m* pressure transducer
Druckübertragungsfaktor *m (Ak)* pressure sensitivity (response)
Druckumlauf *m* forced circulation [system]
Druckunterdrückung *f (Rech)* print suppression
Druckunterschied *m* pressure difference
Druckverbreiterung *f* pressure broadening (widening)
Druckverfahren *n* / **fotoelektrisches** *(Rech)* photoelectronic (photronic) printing
Druckverhalten *n* pressure response
Druckverlust *m* pressure drop (loss)
Druckverschiebung *f* pressure shift

Druckvorlage *f* photographic original, master pattern, photomaster *(Leiterplatten)*
Druckwandler *m* pressure tranducer
Druckwasser *n* compressed (pressurized) water
Druckwasserreaktor *m* pressurized water reactor, PWR
Druckwelle *f* compressional wave, blast
Druckwerk *n (Rech, Nrt, Meß)* printer, printing mechanism, print-out device (unit)
Druckwerksteuerung *f* printer control
Druckzeile *f* printed line, line of print
Druck-Zug-Tastenvorsatz *m* push-pull button
Druckzunahme *f* pressure increase, rise in pressure
Druckzyklus *m (Rech)* printing cycle
DT-Logik *f* diode-transistor logic, DTL
3-D-Ton *m s.* Raumton
DT-Schaltkreistechnik *f s.* DT-Logik
dual dual, binary
Dual-in-line-Gehäuse *n* dual-in-line package
Dual-in-line-Kunststoffgehäuse *n* dual-in-line plastic package
Dualitätsprinzip *n* duality principle
Dualnetzwerk *n* reciprocal network
Dualschaltung *f* dual circuit
Dual-slope-Methode *f (Meß)* dual-slope method
Dualstelle *f* binary place (position)
Dualsystem *n* binary [number] system
Dualzahl *f* binary number
DÜ-Block *m (Nrt)* data transmission block
Duddell-Oszillograf *m* Duddell oscillograph
DÜ-Einrichtung *f (Nrt)* data communication equipment
dunkel 1. dark, deep *(Farbe)*; 2. dull *(Ton)*
Dunkeladaptation *f (Licht)* dark adaptation
Dunkelentladung *f* dark (silent, cold electronic) discharge
Dunkelfeld *n* dark field (ground)
Dunkelfeldbeleuchtung *f* dark-field illumination
Dunkelfeldbild *n* dark-field image
Dunkelfeldblende *f* dark-field stop (aperture)
Dunkelfeldkondensor *m* dark-field condenser
Dunkelheit *f* darkness; obscurity
Dunkelimpuls *m* dark pulse
Dunkelkammerbeleuchtung *f* darkroom illumination
Dunkelkammerleuchte *f* darkroom [safelight] fitting
Dunkelleitfähigkeit *f (Halbl)* dark conductivity
Dunkelleitung *f* dark conduction
Dunkelperiode *f* dark interval (period)
Dunkelraum *m* dark space
  Astonscher D. Aston['s] dark space, primary dark space
  Crookesscher D. Crookes dark space
  Faradayscher D. Faraday dark space
  Hittorfscher D. Hittorf (cathode) dark space
Dunkelrotfilter *n* dark (deep) red filter *(Pyrometrie)*
Dunkelschaltung *f* synchronizing-dark connection (method)
Dunkelschriftröhre *f* dark-trace tube, skiatron
Dunkelschriftschirm *m* dark-trace screen
Dunkelsteuerimpuls *m (Ferns)* blanking pulse
Dunkelsteuersignal *n (Ferns)* blanking signal
Dunkelsteuerung *f* Z-axis modulation *(Oszillograf)*; *(Ferns)* [retrace] blanking
Dunkelstrahler *m* dark[-ray] radiator
Dunkelstrahlung *f* dark (invisible) radiation
Dunkelstrom *m* dark current
Dunkelstromeingang *m* dark-current input
Dunkeltastung *f (Ferns, Nrt)* blanking (*s. a.* Dunkelsteuerung)
Dunkelwiderstand *m* dark resistance
  spezifischer D. dark resistivity
Dunkelzeit *f* dark interval (period)
Dünnfilm *m s.* Dünnschicht
Dünnschicht *f* thin film (layer)
Dünnschichtelement *n* / **passives** thin-film passive [circuit] element
Dünnschichthalbleiter *m* thin-film semiconductor
Dünnschichtisolator *m* thin-film insulator
Dünnschichtkondensator *m* thin-film capacitor
Dünnschichtmikroschaltung *f* thin-film microcircuit
Dünnschichtschaltkreis *m* thin-film circuit
Dünnschichtschaltung *f* thin-film circuit
  integrierte D. thin-film integrated circuit, thin-film IC
Dünnschichtschaltungselement *n* / **passives** thin-film passive [circuit] element
Dünnschichtspeicher *m* thin-film memory (store)
  assoziativer D. associative thin-film memory
  magnetischer D. magnetic thin-film memory
Dünnschichtspeichermatrix *f* thin-film store matrix
Dünnschichtspeicherung *f* thin-film storage
Dünnschichttechnik *f* thin-film technique
Dünnschichttechnologie *f* thin-film technology
Dünnschichtträger *m* thin-film carrier
Dünnschichttransistor *m* thin-film transistor
Dünnschichtwiderstand *m* thin-film resistor
dünnwandig thin-walled

Dünnwandzähler *m* thin-wall counter
Dunst *m* damp, haze
Dunstabzug *m* extract ventilation *(z. B. bei Lacktrockenöfen)*
Dunstdurchdringung *f (Licht)* haze penetration
Dunststreuung *f (Licht)* haze scattering
Duodiode *f* twin (double) diode, duodiode
Duoschaltung *f* dual lamp circuit, twin-lamp circuit *(Leuchtstofflampen)*
Duotelegrafie *f* duplex telegraphy
Duotriode *f* double triode
Duovorschaltgerät *n* twin lamp ballast
Duplexaddiermaschine *f (Rech)* duplex adding machine
Duplexapparat *m (Nrt)* duplex apparatus
Duplexbetrieb *m (Nrt)* duplex operation
Duplexgerät *n* duplexer *(Radar)*
Duplexkabel *n* duplex cable
Duplexkanal *m (Nrt)* duplex channel
Duplexleitung *f (Nrt)* duplex circuit
Duplexsprechverkehr *m* duplex telephony
Duplexsprechweg *m (Fmt)* two-frequency channel
Duplexverbindung *f (Nrt)* duplex circuit
Duplexverfahren *n (Nrt)* duplex (send-receive) method
Duplexverkehr *m (Nrt)* duplex communication
Duplizieren *n (Rech)* duplication
Duplizierkontrolle *f (Rech)* duplication check
Duplizierlocher *m (Rech)* duplication punch
Duplizierprüfung *f (Rech)* duplication (twin) check
Düppel *m (FO)* window
Düppelstraße *f (FO)* window cloud
Düppelung *f (FO)* window (flasher) dropping
Dural[uminium] *n* duraluminium
Durchbiegefestigkeit *f* cross-breaking strength
Durchbiegung *f* 1. deflection, flexure; sagging; 2. curvature; warpage *(Leiterplatten)*; bending *(Linsen)*
Durchbiegungsmesser *m* deflectometer
durchbrennen to blow [out], to fuse *(Sicherung)*; to burn out *(Lampe, Spule)*
Durchbrennen *n* blow-out, blowing, fusing *(Sicherung)*; burn-out
D. eines Kristallgleichrichters burn-out of a crystal rectifier
Durchbrennstrom *m* blowing current *(Sicherung)*
Durchbruch *m* 1. breakdown, disruptive discharge *(elektrische Spannung)*; 2. cut, opening
sekundärer (zweiter) D. second breakdown *(bei Dioden)*
Durchbruchdiode *f* breakdown diode
Durchbruchfeldstärke *f* breakdown field strength
Durchbruchgebiet *n* breakdown region
Durchbruchspannung *f* breakdown voltage, disruptive discharge voltage; avalanche voltage *(Diode)*
Durchbruchspannungsprüfung *f* disruptive discharge test
Durchdrehempfänger *m (Nrt)* swept receiver
durchdrehen to turn *(Turbogenerator)*; *(Fmt)* to hunt over a complete level
Durchdrehen *n*, **Durchdreher** *m (Fmt)* level overflow motion, continuous hunting *(von Wählern)*
Durchdrehstellung *f (Fmt)* overflow position
Durchdrehzähler *m (Fmt)* overflow meter
durchdringen to penetrate; to permeate
sich gegenseitig d. to interpenetrate
Durchdringungsvermögen *n* penetrating power; permeativity
D. des Elektronenstrahls penetrating power of the electron beam
durchflechten to interweave *(Litze)*
durchfließen to flow (pass) through *(Strom)*
Durchfluß *m* flow, flowing-through, passage
Durchflußanalysator *m* flow analyzer
Durchflußerhitzer *m* flow heater
Durchflußgeschwindigkeit *f* flow rate
Durchflußmenge *f* flow volume (rate)
Durchflußmesser *m* flowmeter, rate meter, flow gauge
elektromagnetischer (induktiver) D. electromagnetic flowmeter
Durchflußmeßgerät *n s.* Durchflußmesser
Durchflußmessung *f* flow measurement
Durchflußregelung *f* flow control
Durchflußregler *m* flow controller
Durchflutung *f* magnetomotive force, m.m.f.
Durchflutungsgesetz *n* Ampere's law (principle)
durchführen to pass (lead) through *(z. B. elektrische Leitungen)*
eine Streckenmessung d. *(Fmt)* to make an end-to-end test
Durchführung *f* bushing, grommet *(für Kabel)*; outdoor bushing *(Freiluftausführung)*; lead-through, feed-through
D. aus imprägniertem Papier *(Isol)* impregnated-paper bushing
D. aus vorbehandeltem Papier *(Isol)* treated-paper bushing
D. eines Programms *(Rech)* execution of a program
abgedichtete D. sealed bushing
auswechselbare D. interchangeable bushing
eingegossene D. compound-filled bushing
gegossene D. cast insulating bushing

gesteuerte D. capacitor bushing
harzgebundene papierisolierte D. resin-bonded paper-insulated bushing
isolierte D. grommet *(z. B. beim Rundfunkgerät)*
keramische D. ceramic bushing
massegefüllte D. compound-filled bushing
ölgefüllte D. oil-filled bushing
vollständig eingebettete D. completely immersed bushing
zusammengesetzte D. composite bushing *(aus mehreren Dielektrika)*
Durchführungsdraht *m* seal wire *(z. B. in gasdichte Gefäße)*
Durchführungselektrode *f* lead-through electrode
Durchführungsfilter *n* lead-through filter
Durchführungshülse *f* bushing, grommet
Durchführungsisolator *m* [wall] bushing insulator, insulated bushing, wall tube insulator; lead-through insulator, leading-in insulator; down-lead insulator *(Antennen)*
Durchführungskondensator *m* bushing-type capacitor, duct (wall bushing) capacitor; feed-through capacitor
keramischer D. feed-through ceramicon
Durchführungsloch *n* feed-through hole
Durchführungsstromwandler *m* bushing-type current transformer
Durchführungswandler *m* bushing transformer
Durchgang *m* 1. passage, pass; transit; 2. transmission *(Strahlung)*
Durchgangsamt *n (Fmt)* transit exchange (centre), through exchange, via office (exchange)
Durchgangsbetrieb *m (Fmt)* tandem operation (working)
Durchgangsdämpfung *f (Fmt)* via net loss
Durchgangsdrehzahl *f* runaway (throughput) speed
Durchgangsfernamt *n (Fmt)* through-trunk exchange, trunk control centre
Durchgangsfernleitung *f (Fmt)* through toll line
Durchgangsfernplatz *m (Fmt)* through-switching position
Durchgangsgespräch *n (Fmt)* transit (through) call
Durchgangsleistung *f* throughput [rating]; power handling capacity
Durchgangsleitung *f* 1. *(Fmt)* transit (through) line, transit (via) circuit; 2. primary guide *(beim Richtkoppler)*
Durchgangsloch *n* through hole
Durchgangsmuffe *f* straight joint
Durchgangspegeldiagramm *n (Fmt)* through-level diagram
Durchgangsplatz *m (Fmt)* through position
Durchgangsprüfung *f* continuity check (test)
Durchgangsscheinleitwert *m* transadmittance *(Elektronenröhren)*
Durchgangsschutz *m* runaway protection
Durchgangsstellung *f* through position *(Schalter)*
Durchgangstransformator *m* throughput transformer
Durchgangsverbindung *f (Fmt)* through (built-up) connection
Durchgangsverkehr *m (Fmt)* transit (through, via) traffic
Durchgangsvermittlungsstelle *f (Fmt)* tandem exchange, transit centre
Durchgangswahl *f (Fmt)* tandem dialling
Durchgangswähleinrichtung *f (Fmt)* tandem switching
Durchgangswähler *m (Fmt)* tandem selector
Durchgangswahlstufe *f (Fmt)* tandem stage
Durchgangswiderstand *m* volume resistivity, specific insulation resistance
Durchgangszeit *f* transit time *(Elektronen)*
durchgeben / eine Anmeldung *(Fmt)* to pass a booking
durchgebrannt burnt-out
durchgehen to race, to run away *(Maschine)*
Durchgreifeffekt *m (Halbl)* punch-through effect
Durchgreifen *n (Halbl)* punch-through
Durchgreifspannung *f (Halbl)* punch-through voltage, penetration voltage
Durchgriff *m* inverse amplification factor, reciprocal of amplification [factor] *(Elektronenröhren)*
Durchhang *m* sag
unbelasteter D. unloaded sag
durchhängen to sag
Durchhangsprüfung *f* sag test
Durchhärten *n* full hardening
Durchhub *m m* contact gap
durchkommen to come through *(Ferngespräch)*
Durchkontaktieren *n* plating-through, through-hole plating *(Leiterplatten)*
Durchkontaktierung *f* plated-through [interconnection] hole, interfacial connection, feedthrough *(Leiterplatten)*
Durchkontaktierungsanlage *f* through-hole plating plant
Durchkontaktierungshülse *f* plated-through-hole barrel
Durchkontaktierungstechnik *f* through-hole plating technology
Durchkontaktierungsverfahren *n* through-hole process
durchkopieren to print through *(z. B. Tonband)*
Durchlaß *m* passage; outlet
Durchlaßband *n* pass-band, passband *(z. B. eines Filters)*
Durchlaßbandbreite *m* filter pass-band

Durchlaßbereich *m* pass-band [width], pass (filter) range *(Filter)*; transmission band (range)
Durchlaßbreite *f* pass-band, band width
Durchlaßcharakteristik *f* transmission characteristic
Durchlaßdämpfung *f* pass-band attenuation
Durchlaßeinstellung *f* all-pass setting
durchlassen 1. to pass *(z. B. Filter)*; to transmit; 2. to gate *(Impuls)*
Durchlaßfall *m* *(Halbl)* forward case
Durchlaßfehlerkorrektureinrichtung *f* forward error-correcting system
Durchlaßfrequenz *f* pass frequency
Durchlaßfrequenzband *n* filter transmission band
Durchlaßgitterspannung *f* forward gate voltage *(Thyristor)*
Durchlaßgitterstrom *m* forward gate current *(Thyristor)*
Durchlaßgrad *m* transmittance
spektraler D. spectral transmittance (transmission factor)
Durchlaßgrenze *f* / **obere** upper pass limit
durchlässig 1. transmissive, transmitting; transparent; 2. permeable; porous
teilweise d. partially transmitting
Durchlässigkeit *f* 1. transmission, transmissivity; 2. transparency *(z. B. für Strahlen)*; 3. *s.* Durchlässigkeitsgrad
diffuse D. *(Licht)* diffuse transmission
gerichtete D. *(Licht)* specular transmission
gestreute D. *(Licht)* diffuse transmission
magnetische D. permeability
spektrale D. spectral transmissivity (transmission)
Durchlässigkeitsbereich *m* free transmission range; pass-band *(Filter)*
Durchlässigkeitsfaktor *m* transmission factor (coefficient)
Durchlässigkeitsgrad *m* transmittance, transmittancy
Durchlässigkeitsgrenze *f* *(Licht)* transmission limit
Durchlässigkeitskurve *f* / **spektrale** spectral transmission (transmittance) curve
Durchlässigkeitsverlust *m* transmission loss
Durchlaßkennlinie *f* forward characteristic
Durchlaßkurve *f* transmission curve; band-pass characteristic (response), filter characteristic
Durchlaßleitwert *m* forward conductance
Durchlaßnennstrom *m* mean forward current
Durchlaßperiode *f* gating period *(Impuls)*
Durchlaßpotential *n* forward potential
Durchlaßrichtung *f* 1. forward (conducting) direction; 2. *(Licht)* direction of transmission
Durchlaßspannung *f* forward voltage; *(Halbl)* on-state voltage
Durchlaßspannungsabfall *m* forward voltage drop
Durchlaßstrom *m* forward current; *(Halbl)* [continuous] on-state current
höchster D. overload forward current
höchstzulässiger effektiver D. maximum r.m.s. on-state current
maximaler D. peak on-state current
Durchlaßverlust *m* forward loss; *(Halbl)* on-state loss
Durchlaßverluste *mpl* on-state [power] dissipation *(Thyristor, Transistor)*
Durchlaßverlustleistung *f* forward power loss
Durchlaßvermögen *n* transmissivity
Durchlaßverzögerungszeit *f*, **Durchlaßverzug** *m* forward recovery time
Durchlaßvorspannung *f* forward bias
Durchlaßwiderstand *m* forward resistance; *(Halbl)* on-state resistance
differentieller D. differential forward resistance
Durchlaßzeit *f* 1. conducting period; gate time; 2. conduction angle *(eines Thyristors)*
Durchlaßzustand *m* conducting condition; on state *(Thyristor)*
Durchlauf *m* pass; sweep
Durchlaufbetrieb *m* continuous [operation] duty
D. mit Aussetzbelastung continuously running duty with intermittent loading
D. mit Aussetzbelastung und elektrischer Bremsung continuous operation duty with electric braking
D. mit Kurzzeitbelastung intermittent periodic duty
D. mit veränderlicher Drehzahl continuous operation duty with related load-speed changes
durchlaufen to pass [through], to traverse; to sweep
eine Hysteresisschleife d. to go through a hysteresis loop
eine Periode d. to traverse (pass through) a cycle
einen Bereich d. to traverse a range
Durchlauferhitzer *m* continuous-flow waterheater, geyser
Durchlaufgeschwindigkeit *f* sweep speed *(Kippgenerator)*
Durchlaufprüfung *f* scanning test *(z. B. bei Kabeln)*
Durchlaufvakuummetallbedampfer *m* continuous vacuum metallizer
durchleuchten 1. to transilluminate; 2. to X-ray; to screen
Durchleuchtung *f* 1. transillumination; 2. X-ray examination; screening
Durchlicht *n* transmitted light

Durchlichtbeleuchtung *f* transmittent illumination, transparent lighting
Durchlichtbetrachtung *f* observation by transmitted light
Durchlichtverfahren *n* direct-light method
Durchmesser *m* / **wirksamer** effective (usable) diameter
Durchmesserwicklung *f* diametral (full-pitch) winding
Durchmetallisieren *n* through-hole plating *(Leiterplatten)*
durchmoduliert fully modulated
durchmustern to sample; to scan
Durchmusterung *f (Elk)* sampling; *(Rech)* scanning [operation]
Durchperlungselektrode *f* bubbling-type electrode
durchplattieren to plate through *(Leiterplatten)*
Durchplattieren *n* plating-through, through-hole plating *(Leiterplatten)*
durchprüfen to test (check) out
Durchprüfung *f* checkout test
durchrechnen / **einen Strahl** to trace a ray *(Optik)*
durchrufen *(Fmt)* to ring through
Durchrufen *n (Fmt)* through-ringing
  D. in Schleifenschaltung loop ringing
  D. in Simultanschaltung composite ringing
durchsagen *(Fmt)* to telephone, to phone
Durchsatz *m* 1. *(Rech)* throughput *(Maß für die Geschwindigkeit der Datenverarbeitung)*; 2. *s.* Durchsatzgeschwindigkeit
Durchsatzgeschwindigkeit *f* rate of flow, flow rate
Durchsatzrate *f s.* Durchsatz 1.
Durchschallung *f* irradiation by ultrasonic waves
Durchschalteamt *n (Fmt)* through-connection station
Durchschalteeinrichtung *f (Fmt)* talk-through facility
Durchschaltefilter *n (Fmt)* through-connection filter
durchschalten to connect through; to switch through *(mit Schalter)*; *(Fmt)* to put through, to patch; to jumper *(Kabeladern)*
Durchschaltenetzwerk *n (Fmt)* connecting (switching) network
Durchschaltepunkt *m (Fmt)* through-connection point, interconnection point
Durchschaltetechnik *f (Fmt)* circuit switching
Durchschalthebel *m (App)* block switch
Durchschaltmatrix *f (Syst)* transmission matrix *(Zustandsgleichung)*
Durchschaltrelais *n* connecting relay
Durchschaltung *f (Fmt)* through connection (switching)
  D. von Hand manual patching
  verzögerte D. delayed transfer
Durchschaltzeit *f (Srt)* gate-controlled rise time
durchscheinend translucent
  nicht d. opaque
Durchschlag *m* breakdown, disruptive discharge (breakdown), puncture
  D. bei Stoßspannung impulse breakdown
  D. durch Erhitzung heat breakdown
  D. eines Funkens striking of a spark
  D. im Vakuum vacuum breakdown
  dielektrischer D. dielectric breakdown
  elektrischer D. electrical breakdown
Durchschlagbedingung *f* breakdown condition
  statische D. static breakdown condition
Durchschlagbeginn *m* primary fault
durchschlagen to break down *(Dielektrikum)*
Durchschlagfeldstärke *f* breakdown field strength
durchschlagfest puncture-proof
Durchschlagfestigkeit *f* breakdown (dielectric, electric, disruptive, puncture) strength, dielectric rigidity; *(App)* critical gradient
durchschlagsicher puncture-proof
Durchschlagsicherung *f* overvoltage protector (protective device)
Durchschlagspannung *f* breakdown (puncture) voltage, disruptive [discharge] voltage
  D. in Sperrichtung reverse breakdown voltage
Durchschlagspannungsprüfung *f* disruptive discharge test
Durchschlagstoßspannung *f* breakdown impulse voltage
Durchschlagstrom *m* **in Sperrichtung** reverse breakdown current
Durchschlagversuch *m* insulation breakdown test
durchschmelzen to melt through *(Sicherung)*
Durchschmelzen *n* blow-out *(Sicherung)*
Durchschmelzmelder *m* fuse controller *(Sicherung)*
durchschmoren to scorch *(Kabel)*
Durchschnitt *m* average, mean
Durchschnittsbelastung *f* average load
Durchschnittsbestimmung *f* averaging
Durchschnittsgeschwindigkeit *f* average speed
Durchschnittslast *f* average (mean) load
Durchschnittsleistung *f* average power
Durchschnittsverbrauch *m* average consumption
Durchschnittswert *m* average (mean) value
Durchsenkung *f* / **statische** static deflection
Durchsicht *f* 1. inspection, examination; 2. overhaul

durchsichtig transparent
Durchsichtigkeit *f* 1. transparency; 2. *(Ak)* clarity [of tone]
Durchsteckstromwandler *m* bar-type [current] transformer
Durchsteckwandler *m* bushing transformer
D. ohne Primärleiter window-type current transformer
durchstellen *(Fmt)* to put through
durchstimmbar tunable
Durchstimmbereich *m* tuning range
durchstimmen to tune
Durchstimmgeschwindigkeit *f* sweep rate
durchstrahlen to radiate through
durchsuchen to scan *(Informationsverarbeitung)*
Durchsuchverfahren *n* scan search *(Informationsverarbeitung)*
durchtränken to impregnate, to penetrate
Durchtränkung *f* impregnation, penetration
Durchtrittsfaktor *m (Chem)* charge-transfer coefficient, symmetry factor *(Elektrodenreaktion)*
effektiver D. effective transfer coefficient
Durchtrittsgeschwindigkeit *f (Chem)* transfer rate
Durchtrittsrate *f (Halbl)* permeation rate
Durchtrittsreaktion *f (Chem)* [charge-] transfer reaction
oxydative D. oxidative charge-transfer reaction
reduktive D. reductive charge-transfer reaction
Durchtrittsstrom *m (Chem)* charge-transfer current
Durchtrittsstromdichte *f (Chem)* charge-transfer current density
Durchtrittsüberspannung *f (Chem)* [charge-]transfer overvoltage
Durchtrittswertigkeit *f (Chem)* [charge-] transfer valence
Durchtrittswiderstand *m (Chem)* [charge-] transfer resistance
Durchtunnelung *f (Halbl)* tunnelling
Durchtunnelungsstrom *m* tunnelling current
Durchverdrahtung *f* through-wiring
Durchwahl *f (Fmt)* through dialling
D. zur Nebenstelle direct inward dialling, direct dialling-in
durchwählen *(Fmt)* to dial through
durchwärmen to heat (warm) throughout
Durchwärmung *f* / **induktive** induction through heating
Durchzeichnung *f (Ferns)* deep dimension picture
Durchziehofen *m* draw-through furnace, pull-through furnace *(Drahtziehen)*
Durchziehwicklung *f* pull-through winding
Durchzugsbelüftung *f* open-circuit ventilation
Durchzündung *f (Elk)* arcback *(bei Spannung in Sperrichtung)*; arc-through
Duroplast *m* thermoset[ting] plastic
Düsenbohrung *f* nozzle bore
Düsenkanaldurchmesser *m* nozzle channel diameter *(Plasmabrenner)*
Düsenkanallänge *f* nozzle channel length *(Plasmabrenner)*
Düsenlärm *m* jet noise
Düsenmotor *m* jet engine
Düsen-Prallplatten-System *n* nozzle-baffle system (unit), nozzle-flapper system *(Pneumatik)*
Düsenstrahler *m* nozzle; spout *(Antenne)*
D-Verhalten *n (Syst)* derivative action, D-action
D_2-Verhalten *n (Syst)* second-derivative action
Dynamik *f (Ak)* volume (dynamic) range, sound [volume] range
Dynamikbegrenzer *m s.* Dynamikkompressor
Dynamikbegrenzung *f* [volume] compression
Dynamikbereich *m s.* Dynamik
Dynamikdehner *m* [dynamic] expander, [automatic] volume expander
Dynamikdehnung *f* [volume] expansion, [automatic] volume expansion
Dynamikexpansion *f s.* Dynamikdehnung
Dynamikkompression *f* [automatic] volume contraction, [automatic] volume compression
Dynamikkompressor *m* [automatic] volume contractor, [dynamic] compressor, volume compressor
Dynamikpresser *m s.* Dynamikkompressor
Dynamikpressung *f s.* Dynamikkompression
Dynamikregeleinrichtung *f* dynamic range control means (system)
Dynamikregelung *f* dynamic range control; companding, volume range control
Dynamikregler *m* compandor
Dynamiksteigerung *f* [volume] expansion
Dynamikverlauf *m* volume range characteristic
Dynamikverringerung *f* [volume] contraction
dynamisch dynamic[al]
Dynamo *m* dynamo
magnetohydrodynamischer D. magnetohydrodynamic (hydromagnetic) dynamo
Dynamoanker *m* dynamo armature
Dynamoblech *n* dynamo sheet
gestanztes D. stamping, lamella, lamina
Dynamoblechlack *m* core-plate varnish
Dynamobürste *f* dynamo brush
dynamoelektrisch dynamoelectric
Dynamomaschine *f* dynamoelectric machine

Dynamometer *n* dynamometer
Dynatron *n* dynatron *(Elektronenröhre)*
Dynatronkennlinie *f* dynatron characteristic
Dynatronwirkung *f* dynatron effect
Dynode *f* dynode
Dynodenstruktur *f* dynode structure
D-Zerlegung *f (Syst)* D-decomposition *(Methode der Stabilitätsuntersuchung)*

E

e *s.* Elektronenladung
E *s.* Dielektrizitätskonstante / komplexe
E/A-Prozessor *m s.* Eingabe-Ausgabe-Prozessor
Ebene *f* 1. plane; 2. bay *(einer Antenne)*; 3. *(Masch)* tier *(einer Wicklung)*
  Millersche E. Miller plane
Ebenheit *f* 1. flatness, planeness; 2. smoothness *(Oberfläche)*
ebnen to flatten; to level; to smooth
Ebonit *n* ebonite, hard rubber
Eccles-Jordan-Schalter *m* Eccles-Jordan trigger
Eccles-Jordan-Schaltung *f* Eccles-Jordan [bistable] circuit, Eccles-Jordan trigger [circuit]
Echelettegitter *n (Licht)* echelette grating
Echellegitter *n (Licht)* echelle [diffraction] grating
Echellegramm *n* echellegram *(Spektrogramm)*
Echo *n* echo
  fehlerhaftes E. ghost (spurious) echo *(Ultraschall)*
  künstliches E. *(Ak)* artificial echo
Echoabgleich *m* echo matching
Echoanzeige *f (FO)* blip
Echoausblendung *f* echo gating
Echobild *n (Ferns)* echo pattern (*s.a.* Geisterbild)
Echobox *f* echo box, phantom target
Echodämpfung *f* echo [current] attenuation, [active] return loss
Echoentstörung *f* echo suppression
Echoentzerrer *m* echo equalizer
Echoerkennung *f* echo recognition
Echofehler *m* reflection error
Echoimpuls *m* echo pulse
Echokontrolle *f (Rech)* echo checking, read-back check
Echolaufzeit *f* echo delay (transmission) time, echo interval
Echolot *n* echo sounder, sonic depth finder, depth (ultrasonic, acoustic) sounder
Echolotgerät *n s.* Echolot
Echolotsystem *n* echo sounding system
Echolotung *f* echo [depth] sounding, echo (ultrasonic, reflection, acoustic) sounding, supersonic [echo] sounding, phonotelemetry
Echoortung *f* echo ranging
Echoprüfung *f (Rech)* echo checking, read-back check
Echos *npl* / **übereinstimmende** consistent echoes
Echoschutz *m (Nrt)* echo protection
Echospannung *f* return voltage
Echosperrdämpfung *f (Nrt)* suppression loss, blocking attenuation
Echosperre *f (Nrt)* echo suppressor
  stetig arbeitende E. rectifier-type echo suppressor, valve-type echo suppressor
  unstetig arbeitende E. relay-type echo suppressor
  vollständige E. full echo suppressor
  vom fernen Leitungsende gesteuerte E. far-end operated terminal echo suppressor
  vom nahen Leitungsende gesteuerte E. near-end operated terminal echo suppressor
Echostörung *f (Nrt, Ferns)* echo interference (trouble); *(Ak)* echo effect
Echostrom *m* echo (return) current
Echoteilung *f (Nrt)* echo splitting
Echounterdrückung *f* echo suppression
Echoverlust *m* reflection loss
Echoweg *m (Nrt)* echo path
Echowelle *f (Nrt, FO)* echo (reflected) wave
Echowirkung *f* echo effect
Echozeichen *n (FO)* blip
Echozeitunterscheidung *f (Nrt)* echo-time discrimination
Echtzeit *f* real time
Echtzeitanalysator *m* real-time analyzer
Echtzeitanalyse *f* real-time analysis
Echtzeitbetrieb *m (Rech)* real-time processing (operation)
Echtzeitbildverarbeitung *f* real-time image processing
Echtzeitdatenverarbeitung *f* real-time data processing
Echtzeitnachbildung *f* real-time simulation
Echtzeitoperation *f (Rech)* real-time operation
Echtzeitprogrammierung *f* real-time programming
Echtzeitrechner *m* real-time computer
Echtzeitrechnung *f* real-time computation
Echtzeitsignalverarbeitung *f* real-time signal processing
Echtzeitsimulator *m* real-time simulator
Eckfrequenz *f* edge (corner, break, cut-off) frequency
Eckmast *m* angle pole (tower)
Eckplatz *m* corner site *(Kristallografie)*
ECTL *Abk. für* emitter-coupled transistor logic
E-Darstellung *f* E-display *(Radar)*
Edelgas *n* inert (noble, rare) gas

Edelgasatmosphäre *f* inert-gas atmosphere
Edelgasbogen *m* arc in rare gases
Edelgasfotozelle *f* rare-gas photoelectric cell
Edelgasfüllung *f* inert-gas filling, rare-gas filling
Edelgas[-Glühkatoden]gleichrichter *m* rare-gas rectifier, tungar rectifier
Edelgasionenlaser *m* noble-gas ion laser
Edelgaslampe *f* rare-gas lamp
Edelgaslaser *m* noble-gas laser
Edelgasplasma *n* inert-gas plasma
Edelmetall *n* noble (precious) metal
Edelmetallanode *f* noble-metal anode
Edelmetallkontakt *m* noble-metal contact
Edelmetallmotordrehwähler *m (Fmt)* noble-metal uniselector motor switch
Edelmetallschnellkontaktrelais *n (Fmt)* high-speed relay with noble-metal contacts
Edelsteinlager *n*, **Edelsteinlagerung** *f* jewel bearing *(z. B. in Meßinstrumenten)*
Edelsteinnadel *f* jewel stylus
Edison-Akkumulator *m* Edison accumulator (cell), Edison storage battery, iron-nickel accumulator
Edison-Fassung *f* Edison lamp-holder [socket]
Edison-Gewinde *n* Edison screw
Edison-Glühlampenfassung *f* Edison screw lamp-holder
Edison-Schrift *f* Edison track *(Schallplatte)*
Edison-Sockel *m* [Edison] screw cap
Editor *m (Rech)* editor
EDV *s.* Datenverarbeitung / elektronische
Effekt *m*:
  akustoelektrischer E. acoustoelectric effect
  äußerer fotoelektrischer (lichtelektrischer) E. external photoelectric effect, photoemissive effect
  elektrokalorischer E. electrocaloric effect
  elektrooptischer E. electrooptical Kerr effect
  elektrophoretischer E. electrophoretic effect
  elektroviskoser E. electroviscous effect
  fotoelektrischer E. photoelectric effect
  fotoelektromagnetischer E. photoelectromagnetic effect, PEM effect
  galvanomagnetischer E. galvanomagnetic effect
  glühelektrischer E. thermionic emission
  innerer lichtelektrischer E. internal photoelectric effect, photoconductive effect
  magnetoelastischer E. magnetoelastic effect
  piezoelektrischer E. piezoelectric effect
  pyroelektrischer E. pyroelectric effect
  reziproker piezoelektrischer E. converse piezoelectric effect
  seismoelektrischer E. seismoelectric effect
  stroboskopischer E. stroboscopic effect
  thermoelektrischer E. thermoelectric effect
  thermomagnetischer E. thermomagnetic effect
  viskoelektrischer E. electroviscous effect
Effektbeleuchtung *f* effect (decorative) lighting
Effektbogenlampe *f* flame[-arc] lamp
Effektivdruck *m* / **mittlerer** mean effective pressure
Effektivleistung *f* actual power
Effektivnennleistung *f* effective rating
Effektivspannung *f* effective (root-mean-square) voltage, r.m.s. voltage
Effektivstrom *m* effective (root-mean-square) current, r.m.s. current
Effektivwert *m* [mean] effective value, root-mean-square value, r.m.s. value
  E. der Oberwelle root-mean-square ripple value
  E. der Spannung *s.* Effektivspannung
  E. des Durchlaßstroms root-mean-square on-state current
  E. des Stroms *s.* Effektivstrom
Effektivwertanzeiger *m* root-mean-square value detector
Effektkohle *f* flame carbon
Effektscheinwerfer *m* spotlight, effect projector
e-Funktion *f* exponential function
Eichblatt *n*, **Eichdiagramm** *n* calibration chart
Eicheinrichtung *f* calibrator
Eichelektrode *f* / **elektrostatische** electrostatic actuator
Eichelröhre *f* acorn valve
eichen to calibrate; to standardize
Eicherreger *m* calibration exciter
Eichfaktor *m* calibration factor
Eichfehler *m* calibration error
Eichfehlergrenzen *fpl* calibration error limits
Eichfilter *n (Nrt)* reference filter
Eichfrequenz *f* calibration frequency (*s. a.* Normalfrequenz)
Eichgefäß *n* calibration vessel
Eichgenerator *m* calibrating generator
Eichgerät *n* calibrator
Eichgitter *n* / **elektrostatisches** electrostatic actuator
Eichimpuls *m* calibrating pulse
Eichimpulsgenerator *m* calibrating pulse generator
Eichinstrument *n* calibration instrument
Eichkondensator *m* calibrating capacitor
Eichkontrolle *f* calibration check
Eichkreis *m* calibration circuit
Eichkurve *f* calibration curve (plot)
Eichleitung *f* calibration [transmission] line, standard line

Eichmarke *f* calibration mark
Eichmaß *n* standard measure
Eichmessung *f* calibration measurement
Eichmikrofon *n* standard microphone (transmitter)
Eichmotor *m* calibration motor
Eichnormal *n* standard measure, calibration standard
Eichofen *m* **für Thermoelemente** thermocouple calibration oven
Eichoszillator *m* calibration oscillator
Eichpegel *m* calibration level
Eichpotentiometer *n* calibrating potentiometer
Eichschallquelle *f* 1. acoustic calibrator *(Mikrofonkalibrierung)*; 2. reference noise generator *(Schalleistungsnormal)*
Eichschaltung *f* calibration circuit
Eichschwingtisch *m* vibration calibrator, calibration exciter
Eichsignal *n* calibrating signal
Eichspannung *f* calibration (reference) voltage
Eichspannungsquelle *f* / **eingebaute** built-in reference voltage [source]
Eichstrom *m* calibration current
Eichtabelle *f* calibration chart
Eichtisch *m s.* Eichschwingtisch
Eichton *m* reference tone
Eichtreppenspannung *f* calibrating staircase voltage
Eichung *f* calibration; standardization
E. am Meßort on-the-spot calibration
staatliche E. verification; *(Am)* calibration
Eichwelle *f* standard wave
Eichwert *m* standard value
Eichzähler *m* calibration (standard) meter
Eichzeit *f* calibration time
Eigenabsorption *f* self-absorption
Eigenausgleich *m (Syst)* inherent regulation *(einer Strecke)*
Eigenbedarf *m* [internal] consumption, internal power consumption
Eigenbedarfsanlage *f* station service plant (installation); house service installation (plant)
Eigenbedarfsgenerator *m* station service generator *(Kraftwerk);* house turbogenerator
Eigenbedarfsleistung *f* station service power *(Kraftwerk)*
Eigenbedarfsschaltanlage *f* station service switchgear *(Kraftwerk);* house-service installation
Eigenbedarfstransformator *m* station service transformer *(Kraftwerk)*; house-service transformer
Eigenbedarfsturbine *f* auxiliary [power] turbine; house turbine
eigenbelüftet self-ventilated
Eigenbelüftung *f* self-ventilation
Eigendämpfung *f* self-damping
Eigendiffusion *f* self-diffusion
Eigenenergie *f* intrinsic energy, self-energy
eigenerregend self-exciting
Eigenerregermaschine *f* direct-connected exciter
eigenerregt 1. *(Masch)* self-excited; 2. *(Elk)* self-oscillatory, self-oscillated
Eigenerregung *f* self-excitation, excitation from direct-coupled exciter
Eigenerwärmung *f* self-heating
Eigenfehlordnung *f* intrinsic lattice disorder
Eigenfeld *n* self-consistent field
Eigenfotoemission *f* intrinsic photoemission
Eigenfotoleiter *m* intrinsic photoconductor
Eigenfotoleitung *f* intrinsic photoconduction
Eigenfrequenz *f* natural (characteristic) frequency; *(Ak)* eigentone
E. des Parallelresonanzkreises antiresonance frequency
ungedämpfte E. undamped natural frequency
Eigenfunktion *f* eigenfunction, characteristic function
entartete E. degenerate eigenfunction
ungerade E. odd eigenfunction
eigengekühlt self-cooled
Eigengenauigkeit *f* intrinsic accuracy
Eigengeräusch *n s.* Eigenrauschen
E. eines Gerätes set noise
Eigenhalbleiter *m* intrinsic (i-type) semiconductor
Eigenhalbleitung *f* intrinsic semiconduction
Eigenharmonische *f* inherent harmonics
Eigenimpedanz *f* self-impedance, intrinsic impedance
Eigeninduktivität *f* self-inductance, inherent inductance
Eigenionisation *f* autoionization
Eigenkapazität *f* self-capacitance, inherent (internal) capacitance
Eigenkühlung *f* self-cooling, natural cooling
eigenleitend *(Halbl)* intrinsic, intrinsically conducting
nicht e. extrinsic
Eigenleiter *m (Halbl)* intrinsic conductor
Eigenleiterschichttransistor *m* intrinsic barrier transistor
Eigenleitfähigkeit *f (Halbl)* intrinsic conductivity
Eigenleitung *f (Halbl)* intrinsic conduction
Eigenleitungsbereich *m* intrinsic region
Eigenleitungsdetektor *m* intrinsic detector
Eigenleitungs-Fermi-Niveau *n* intrinsic Fermi level
Eigenleitungsgebiet *n* intrinsic region
Eigenleitungsniveau *n* intrinsic level

Eigenleitungsschicht *f* intrinsic (i-type) layer
Eigenleitungstemperatur *f* intrinsic temperature
Eigenleitungstemperaturbereich *m* intrinsic temperature range
Eigenleuchten *n* self-fluorescence
Eigenlüftung *f* self-ventilation
eigenmagnetisch self-magnetic
Eigenmagnetismus *m* self-magnetism
Eigenmodulation *f* self-modulation, self-pulse modulation
Eigenmoment *n* / **magnetisches** intrinsic magnetic moment
Eigenpeilung *f* self-bearing
Eigenperiode *f* natural period
Eigenrauschen *n* inherent (internal, background, residual, basic) noise, self-noise
Eigenreibung *f* internal friction
Eigenresonanz *f* self-resonance, natural resonance
Eigenresonanzfrequenz *f* self-resonant frequency
Eigenschaft *f*:
dielektrische E. dielectric property
dynamische E. dynamic property
ergodische E. ergodic property *(bei stochastischen Signalen)*
ferroelektrische E. ferroelectric property
paramagnetische E. paramagnetic property
physikalische E. physical property
richtungsabhängige E. directional property
thermische E. thermal property
Eigenschaften *fpl* **im Materialinneren** bulk properties
durch Störstellenleitung bedingte E. extrinsic properties
Eigenschutzeinrichtungen *fpl* fail-safe facilities
Eigenschwingfrequenz *f* self-resonant frequency
Eigenschwingung *f* 1. autooscillation, natural (free) oscillation, self[-sustained] oscillation *(bei elektromagnetischen Schwingungen)*; 2. natural vibration, [vibrational] mode, eigenvibration *(bei mechanischen Schwingungen)*; 3. natural resonance, self-resonance
diskontinuierliche E. interrupted autooscillation
parasitäre E. parasitic autooscillation
Eigenschwingungen *fpl* / **nichtsymmetrische** non-symmetrical autooscillations
symmetrische E. symmetrical autooscillations
Eigenschwingungsdauer *f* natural period of vibration
eigenschwingungsfrei dead-beat, aperiodic[al]
Eigenschwingungsfrequenz *f s.* Eigenfrequenz
Eigenschwingungsunterdrücker *m* antihunting circuit
Eigenschwingungszustand *m (Syst)* self-oscillating regime
Eigensicherheit *f* inherent (intrinsic) safety
Eigenspannung *f* internal stress *(mechanisch)*
Eigensperrung *f (Fmt)* release guard
Eigenstabilisierung *f* self-stabilization
Eigenstabilität *f (Syst)* inherent stability *(eines Gliedes)*
Eigenstörung *f* internal disturbance
Eigenstrahlung *f* characteristic radiation
Eigentemperatur *f* natural (intrinsic) temperature
Eigentriggerung *f* auto-triggered mode
Eigenverbrauch *m* 1. *s.* Eigenbedarf; 2. power consumption *(z. B. von Meßgeräten)*
Eigenverlust *m* internal loss
Eigenversorgung *f* 1. in-plant generation, internal power supply, self-generated supply; 2. *(Anl)* independent power supply
Eigenverzerrung *f* inherent distortion
Eigenverzerrungsgrad *m* degree of inherent distortion
Eigenverzögerung *f* inherent lag
Eigenwelle *f* natural wave
Eigenwellenlänge *f* natural (fundamental) wavelength
Eigenwert *m* eigenvalue, inherent (intrinsic, characteristic) value
dominanter E. dominant eigenvalue
Eigenwiderstand *m* inherent (internal) resistance; source resistance *(Stromquelle)*
Eigenwiederzündspannung *f* inherent restriking voltage
Eigenzeit *f* time element *(Schalter)*
Eigenzeitkonstante *f* residual time constant
Eigenzustand *m* eigenstate, characteristic state
Eignungsprüfung *f* aptitude (ability) test
Eiisolator *m* egg[-shaped] insulator
„Ein" "on" *(Schalterstellung)*
einachsig uniaxial, monaxial
Einadreßbefehl *m (Rech)* one-address instruction, single-address instruction
Einadreßkode *m (Rech)* one-address code, single-address code
Einadreßprogramm *n (Rech)* single-address program
Einadreßrechner *m* one-address computer
Einadreßsystem *n (Rech)* one-address system, single-address system
einadrig single-wire, single-core, single-conductor
Einankerumformer *m* rotary (single-armature) converter
Einanodengefäß *n* single-anode tank

Einanodengleichrichter *m* single-anode rectifier
Einanodenventil *n* single-anode rectifier
einatomig mon[o]atomic
Ein-Aus-Anzeiger *m* on-off indicator
Ein-Aus-Regelung *f (Syst)* on-off control, two-position control; bang-bang control *(Relais)*
Ein-Aus-Regler *m (Syst)* on-off controller; bang-bang servo
Ein-Aus-Schalter *m* on-off switch, single-throw switch
Ein-Aus-Schaltung *f* on-off switching (function)
Ein-Aus-Tasten *n* on-off keying *(Telegrafie)*
Ein-Aus-Thermostat *m* on-off thermostat
Ein-Aus-Verhalten *n (Syst)* on-off action
Einbahnschiene *f* monorail
Einbau *m* 1. mounting, installation, building-in; 2. *(Halbl)* incorporation, introduction *(von Störstellen)*
E. von Verunreinigungen introduction (trapping) of impurities *(z. B. in Kristalle)*
starrer E. rigid mounting
Einbauantenne *f* built-in aerial; housing aerial
Einbaubuchse *f* panel jack
einbauen 1. to mount, to build (set) in, to install; to fit; to assemble; 2. to incorporate, to insert
Einbaufassung *f* insert socket *(Steckverbindung)*
Einbaugerät *n* rack-mount model *(in ein Gestell)*
Einbauhöhe *f* mounting height
Einbauinstrument *n* panel (flush-mounting) instrument, panel[-type] meter
versenkbares E. flush-type instrument
Einbauleuchte *f* [built-in] base illuminator; built-in lamp
Einbaumikrofon *n* built-in microphone
Einbaumotor *m* built-in motor; shell-type motor *(ohne Gehäuse und Welle)*
Einbauschalter *m* built-in switch
Einbauscheinwerfer *m* built-in headlamp
Einbauteil *n* built-in unit
Einbauthermostat *n* built-in thermostat
Einbereichinstrument *n* single-range instrument
Einbereichmeßgenerator *m* single-range signal generator
einbetten to embed
Einbettung *f* [em]bedding, embedment
Einbettungsmedium *n (Isol)* embedding (ambient) medium
einblenden to fade in *(Film, Ton)*; to insert; to gate *(Impulse)*; to superimpose *(Frequenz)*
Einblendung *f* fade-in *(Film, Ton)*; flash *(Funk)*
Einblicktubus *m* viewing hood
Einbrenndauer *f* burning-in time, stoving time *(bei ofentrocknenden Lacken)*; firing time *(Elektronenstrahlröhre)*
Einbrennemaillack *m*, **Einbrennemaille** *f* baking enamel
einbrennen to burn in; to bake *(z. B. Lack)*
Einbrennen *n* burning-in; baking *(Lack)*; firing *(Elektronenstrahlröhre)*
Einbrennlack *m* baking varnish (lacquer), stoving varnish
Einbrenntemperatur *f* baking (stoving) temperature
Einbrenntiefe *f* depth of [beam] penetration *(Elektronenstrahl)*
Einbrennvorgang *m* burn-in procedure
Einbrennzeit *f s.* Einbrenndauer
Einbruchmelder *m* burglar alarm
Einbruchsicherungsanlage *f* burglary alarm system
Einchipmikrorechner *m* single-chip microcomputer, one-chip microcomputer
Einchiptechnik *f s.* Monochiptechnik
Eindekadenzähler *m* single-decade counter
eindeutig unique, single-valued
Eindeutigkeitstheorem *n* uniqueness theorem
eindiffundieren to diffuse into, to indiffuse
eindimensional one-dimensional, unidimensional
Eindrahtantenne *f* single-wire aerial
Eindrahteinspeisung *f* single-wire feeding
eindrähtig single-wire, single-conductor, unifilar
Eindrahtinstallation *f* single-conductor wiring
Eindrahtleitung *f* single-wire circuit (line), one-wire line
Eindrahtoberleitung *f* single-trolley system
Eindrahtsteuerung *f* single-wire control
Eindringbereich *m* zone of penetration
eindringen to penetrate [into]
Eindringen *n* penetration
E. des Feldes field penetration
Eindringparameter *m (Halbl)* drive-in parameter
Eindringphase *f (Halbl)* drive-in phase
Eindringtiefe *f* skin depth; penetration depth, depth of penetration
begrenzte E. limited penetration
mittlere E. mean penetration depth
Eindringvermögen *n* penetrating power
Eindringzeit *f (Halbl)* drive-in time
„Ein"-Druckknopf *m* "on" push button
Einebenenschaltung *f* single-layer board *(gedruckte Schaltung)*
einebnen *s.* ebnen
Einebnungsmittel *n (Galv)* levelling agent
Einelektrodenkondensator *m* single-electrode capacitor
Einelektrodenofen *m* single-electrode furnace
Einelektronenatom *n* one-electron atom
Einelektronentheorie *f* one-electron theory

Einelementsicherung *f* single-element fuse
Einfachballempfangsantenne *f* single-bay relay receiving aerial
Einfachbrücke *f* simple bridge
Einfachdiode *f* single diode
Einfachecho *n* single echo
Einfacheinspeisung *f (Eüb)* single feeding
Einfachelektrode *f* simple electrode
einfachepitaxial single-epitaxial *(Kristallografie)*
Einfacherdschluß *m* single earth
Einfachfreileitung *f* single-circuit line
Einfachhohlleiter *m* uniconductor waveguide
Einfachimpuls *m* single pulse
Einfachkette *f* single string *(Isolator)*
Einfachkontakt *m* single contact
Einfachlager *n* single bearing
Einfachleitung *f* single-wire line, single-circuit line
Einfachmonochromator *m* simple monochromator
Einfachsammelschiene *f* single bus bar
Einfachschalter *m* single-break switch
Einfachschicht *f* monomolecular layer (film), monolayer, unilayer
Einfachschleifenwicklung *f* simple parallel winding
Einfachseil *n (Eüb)* single conductor
Einfachstreifen *m* single strip
Einfachstreuung *f* single scattering
Einfachstrom *m* single current
Einfachstrombetrieb *m* single-current working (operation)
Einfachstromübertragung *f* single-current transmission
Einfachtarif *m* single-rate tariff
Einfachtelegraf *m* single-channel telegraph
Einfachtelegrafie *f* simplex telegraphy
Einfachunterbrecher *m* single-break switch
Einfachunterbrechung *f* single break *(Schaltgeräte)*
Einfachwendel *f* single-coil filament
Einfachwendellampe *f* single-coil lamp
einfachwirkend single-acting
Einfachzählung *f (Fmt)* single metering
Einfachzeichen *n* single-component signal
Einfachzeichenempfang *m (Nrt)* single[-component] signal reception
Einfadenaufhängung *f* unifilar suspension
Einfadenelektrometer *n* unifilar electrometer
Einfadenlampe *f* single-filament lamp
einfädig unifilar
Einfahrhilfen *fpl (Rech)* debugging facilities *(Programmerprobung)*
Einfall *m* incidence *(Strahl, Welle)*
  diffuser E. random incidence
  frontaler E. frontal incidence
  schräger E. oblique incidence
  senkrechter E. vertical (normal) incidence
  streifender E. grazing incidence
einfallend incident; incoming
  frontal e. frontally incident
  schräg e. obliquely incident
Einfallsrichtung *f* incident direction, direction of incidence *(Strahl, Welle)*
Einfallsstrahl *m* incident beam (ray)
Einfallswinkel *m* incident angle, angle of incidence *(Strahl, Welle)*
Einfallswinkelmesser *m* incidence indicator
Einfang *m* capture, trapping *(z. B. Elektronen)*
  E. eines Strahls beam capture
Einfangbereich *m* capture range
einfangen to capture, to trap *(z. B. Elektronen)*
Einfangprozeß *m* capture (trapping) process
Einfangquerschnitt *m* capture cross section
Einfangrate *f* capture rate
Einfangstelle *f* trapping site, trap
Einfangwahrscheinlichkeit *f* capture probability
Einfangwirkung *f* trapping action
Einfangzentrum *n* trapping centre, trap
Einfärbbarkeit *f* colourability
einfarbig monochromatic
Einfarbigkeit *f* monochromaticity
Einfingerbedienung *f* single-digit operation
einflechten to interlace *(z. B. Speicheradressen)*
Einflügelblende *f* single-blade shutter
Einflugleitstrahlbake *f* airport runway beacon
Einfluß *m* influence; effect
  E. der Wellenform waveform influence
  E. des Rauschens effect of noise
  verstimmender E. detuning influence
Einflußbereich *m* 1. sphere of influence; 2. *(Meß)* nominal range of use
Einflußgröße *f* influence variable (quantity); *(Syst)* actuating variable
  unabhängige E. *(Syst)* independent actuating variable *(z. B. Führungsgröße, Störgröße)*
Einfrequenzmessung *f* single-frequency measurement
Einfrequenzsignalgabesystem *n* single-frequency signalling system
einfrieren to freeze
Einfrieren *n* freezing[-in]
Einfriermethode *f* freezing method *(Festhalten der Potentialverteilung in einem RC-Modell)*
Einfriertemperatur *f* freezing-in temperature
einfügen to insert, to incorporate; to fit in
Einfügung *f* insertion
Einfügungsdämpfung *f* insertion loss
Einfügungsgewinn *m* insertion gain
Einfügungsphasenverschiebung *f* insertion phase shift

Einfügungsstück *n* insert *(Kabel)*
Einfügungsverlust *m* insertion loss
Einfügungsverstärkung *f* insertion gain
einführen 1. to introduce; 2. to lead in *(Leitung)*; to plug in *(Stecker)*
Einführung *f* 1. introduction; 2. bushing; lead-in
E. des Wählbetriebs *(Fmt)* introduction of automatic working
E. eines Zeitmaßstabes time scaling
Einführungsdraht *m* lead[ing]-in wire
Einführungsisolator *m* inlet (leading-in) insulator *(Kabel)*
Einführungskabel *n* leading-in cable
Einführungsleitung *f* leading-in wire, drop wire
Einführungsöffnung *f* insertion opening, inlet
Einführungstülle *f* bushing
Eingabe *f* 1. *(Rech, Meß)* input *(allgemein)*; read-in; write-in *(Speicher)*; 2. feed[ing]
grafische E. für Rechner graphic computer input
inkrementale E. incremental input
kontinuierliche E. continuous input
parallele E. parallel input
Eingabe-Ausgabe *f* / **serielle** *(Rech)* serial input-output, serial in/out, serial I/0
Eingabe-Ausgabe-Anschluß *m* input-output port, I/O port
Eingabe-Ausgabe-Baugruppe *f* input-output board, I/O board
Eingabe-Ausgabe-Baustein *m* input-output chip, I/O chip
Eingabe-Ausgabe-Bus *m* input-output bus, I/O bus
Eingabe-Ausgabe-Chip *m* input-output chip, I/O chip *(Bauelement)*
Eingabe-Ausgabe-Einheit *f* input-output unit, I/O unit
Eingabe-Ausgabe-Gerät *n* input-output device, I/O device
E. für Digitaltechnik digital input-output device (equipment)
Eingabe-Ausgabe-Prozessor *m* input-output processor, I/O processor
Eingabe-Ausgabe-Pufferspeicher *m* input-output buffer store
Eingabe-Ausgabe-Steuerung *f* input-output control
Eingabe-Ausgabe-Tisch *m* input-output table
Eingabeband *n* input tape
Eingabeblock *m* input block (unit)
Eingabedaten *pl* input data
Eingabedatenübersetzer *m* input data translator
Eingabedatenumsetzer *m* input data converter
Eingabeeinheit *f* input unit (block)
Eingabeeinrichtung *f* input equipment
Eingabegerät *n* input device (equipment, unit); feed equipment
Eingabegeschwindigkeit *f* input (read-in) speed, input rate
Eingabeinformation *f (Fmt)* order
Eingabekarte *f* input card
Eingabekode *m* input code
Eingabelochband *n* input [punched] tape
Eingabelogik *f* input logic
Eingabeprogramm *n* input program (routine)
Eingabepufferspeicher *m (Rech)* input buffer storage
Eingaberate *f* input rate
Eingaberegelung *f (Rech)* input control
Eingaberegister *n (Rech)* input register
Eingaberegler *m (Rech)* input control unit
Eingabespeicher *m* input store (memory)
Eingabesteuerprogramm *n* input control program
Eingabesteuerung *f* input control
Eingabeübersetzer *m* input translator
Eingabewerk *n* input unit (device)
Eingabezeit *f* input time
Eingang *m* input; inlet (*s. a.* Eingangsseite)
E. für Bezugssignal *(Syst)* level input
differenzierender E. differential input
sinusförmiger E. sinusoidal input
Eingänge *mpl* / **symmetrische** balanced inputs
Eingangsadapter *m* input adapter
Eingangsadmittanz *f* input (driving-point) admittance
wirksame E. effective input admittance
Eingangs-Ausgangs-Beziehung *f* input-output relation
Eingangsbegrenzer *m* input limiter
Eingangsblindwiderstand *m* input reactance
Eingangsbuchse *f* input socket
Eingangscharakteristik *f* input characteristic
Eingangsdämpfung *f* input attenuation
Eingangsdämpfungsglied *n* **des Wandlers** converter input attenuator
Eingangsdiode *f* input diode
Eingangsdrift *f* input drift
Eingangserregungsgröße *f* input energizing quantity
Eingangsfächerung *f (Elk)* fan-in
Eingangsfrequenz *f* input frequency
Eingangsgleichspannung *f* direct-current input voltage, input d.c. voltage
Eingangsgleichstrom *m* d.c. input current
Eingangsgröße *f (Elk, Syst)* input variable (quantity), input
im Betrag beschränkte E. limited input value
Eingangsimpedanz *f* input (driving-point) impedance
Eingangsimpuls *m* input pulse
Eingangsinformation *f* input information

Eingangsisolator *m* / **vergossener** pothead insulator
Eingangskapazität *f* input capacitance
Eingangskennlinie *f* input characteristic
Eingangsklemme *f* input terminal
E. für den Setzimpuls set terminal *(z. B. eines Flipflops)*
Eingangsklemmenpaar *n* input pair of terminals
Eingangskondensator *m* input capacitor
Eingangskopplung *f* input coupling
Eingangskreis *m* input circuit
Eingangslastfaktor *m (Elk)* fan-in
Eingangsleistung *f* [active] input power, input
Eingangsleitwert *m* input conductance (admittance)
E. der Röhre input admittance of the valve
Eingangsleitwertparameter *m* input admittance parameter
Eingangslogik *f* input logic
Eingangsoptik *f (Laser)* fore (entrance) optics
Eingangspegel *m* input level
Eingangsplatz *m (Fmt)* incoming position
Eingangsrauschen *n* input noise
Eingangsrauschspannung *f* input noise voltage
Eingangsrauschwiderstand *m* input noise resistance
Eingangsreaktanz *f* input reactance
Eingangsregler *m* preregulator
Eingangsresonator *m* input resonator, buncher [resonator]
Eingangsruhestrom *m* input bias current
Eingangsschaltung *f* input circuit
Eingangsscheinleitwert *m s.* Eingangsadmittanz
Eingangsscheinwiderstand *m s.* Eingangsimpedanz
Eingangsseite *f* sending end
Eingangssignal *n (Syst)* input [signal]
diskontinuierliches E. intermittent input [signal]
diskretes E. discrete input [signal]
rampenförmiges E. ramp input [signal]
regelloses E. random input [signal]
sinusförmiges E. sinusoidal input [signal], harmonic (sine-wave) input
sprungförmiges E. step input [signal]
stationäres zufälliges E. stationary random input [signal]
Eingangsspalt *m* input gap (*s. a.* Eintrittsspalt)
Eingangsspannung *f* input voltage; sending end voltage
Eingangsspannungsnullabweichung *f* input-offset voltage
Eingangsspektrum *n* input spectrum
Eingangssperrverhältnis *n* input inhibit ratio
Eingangssteuerung *f (Rech)* input control [unit]
Eingangsstrom *m* input current
Eingangsstromnullabweichung *f* input-offset current
Eingangsstufe *f* input stage
Eingangstemperatur *f* inlet temperature
Eingangstransformator *m* input transformer
Eingangsvariable *f* input variable
Eingangsverstärker *m* input amplifier
Eingangsvorverstärker *m* input preamplifier
Eingangswähler *m (Fmt)* incoming selector
Eingangswahlschalter *m* input selector switch
Eingangswellenform *f* input waveform
Eingangswert *m (Fmt)* pick-up factor
Eingangswicklung *f* input winding
Eingangswiderstand *m* input resistance; sending end impedance
komplexer E. complex input impedance
Eingangswirkleitwert *m* input conductance
Eingangswirkwiderstand *m* input resistance
Eingangszeit *f* input time
Eingangszeitkonstante *f* input time constant
Eingangszuleitung *f* input lead
eingebaut built-in; self-contained
bündig e. flush-mounted
eingeben to feed, to input; to read in, to enter *(Daten)*; to load *(Programm)*
eingebettet / in Isoliermaterial embedded (enclosed) in insulating material
in Öl e. oil-immersed
in Plast e. plastic-encapsulated
eingehäusig single-cylinder
eingekapselt encapsulated, enclosed
eingeprägt applied, impressed *(z. B. Spannung)*
eingeschaltet on, switched on; closed *(Stromkreis)*
eingeschlossen enclosed
eingeschmolzen sealed-in, fused-in
eingeschwungen steady-state
eingestellt / falsch misadjusted
nicht scharf e. out of focus *(Optik)*
richtig (scharf) e. sharply focussed, in focus *(Optik)*
Eingitterröhre *f* single-grid valve
Einglockenwecker *m* single-dome bell
eingravieren to engrave, to cut
eingreifen *(Rech)* to force, to interrupt *(Programmablauf)*
eingrenzen to localize *(z. B. Störung)*; to limit; to bound
einen Fehler e. *(Fmt)* to sectionalize a fault
Eingrenzung *f* localization *(von Fehlern)*; limitation
Eingriff *m* engagement, gearing, mesh *(z. B. von Zahnrädern)*

Eingriffsfunktion *f* influencing function
Eingriffsprogramm *n (Rech)* interrupt program (routine)
Einhandbedienung *f* one-hand operation
Einhängedraht *m (Galv)* slinging wire
Einhängegestell *n (Galv)* plating rack
einhängen / Anoden to insert anodes
den Hörer e. *(Fmt)* to hang up, to replace the receiver
Einheit *f* 1. unit *(physikalisch-technisch)*; 2. unit, set
E. der Wellenlänge unit of wavelength
abgeleitete E. derived unit
angeschlossene E. *(Rech)* on-line equipment
arithmetische und logische E. arithmetical and logic unit
asynchrone E. *(Rech)* asynchronous unit (device)
binäre E. binary unit (digit)
elektrische E. electric unit
elektromagnetische E. electromagnetic unit, emu
elektrostatische E. electrostatic unit, esu
fotometrische E. photometric unit
imaginäre E. imaginary unit
kohärente E. coherent unit
physikalische E. physical unit
praktische E. practical unit
programmierbare logische E. programming logic array, PLA
selbständige E. *(Rech)* off-line equipment
strahlungsphysikalische E. radiometric unit
synchrone E. *(Rech)* synchronous unit (device)
Einheitensystem *n* system of units
absolutes elektrisches E. absolute system of electrical units
Gaußsches E. Gaussian system [of units]
Giorgisches E. Giorgi system [of units], MKSA system
Internationales E. International System of units
praktisches E. practical system of units
Einheitenzähler *m* unit counter
Einheitenzeichen *n* symbol of unit of measurement
einheitlich uniform; homogeneous; unified, standardized
Einheitsabschnitt *m* unit interval *(Telegrafie)*
Einheitsanwärmzeit *f* unit warm-up time
Einheitsbaugruppe *f* standard module
in Digitaltechnik ausgeführte E. digital module
funktionelle E. functional module
Einheitsbaustein *m* standard modular unit
Einheitsbausteinkonstruktion *f* modular framework
Einheitsbauweise *f* unit construction
Einheitsbogen *m* unit arc
Einheitsbohrung *f* basic hole
Einheitsempfindlichkeit *f (Meß)* unit sensitivity
Einheitsgebühr *f* uniform rate
Einheitsgitter *n* unit lattice
Einheitsgröße *f* standard size
Einheitsimpuls *m* unit [im]pulse
Einheitsimpulsfunktion *f* unit pulse function
Einheitskarte *f* module card
Einheitskraftwerk *n* standard power plant (station)
Einheitskugel *f* unit sphere
Einheitsladung *f* unit charge
Einheitsleiterbild *n* standard pattern *(Leiterplatte)*
Einheitsleiterplatte *f* standard [pattern] printed circuit board
Einheitslichtquelle *f* unit source of light
Einheitsmatrix *f* identity matrix; unit matrix
Einheitsquelle *f* unit source
Einheitsrampenfunktion *f* unit ramp function
Einheitsröhre *f* unit tube
Einheitsschaltfeld *n* unit switchboard (panel)
Einheitsschritt *m* unit element *(Telegrafie)*
Einheitsschrittkode *m* equal-length multi-unit code
Einheitssignal *n* standard signal
Einheitssprung *m* 1. unit step [function]; 2. *(Halbl)* unit pulse
Einheitssprungantwort *f* unit step response
Einheitssprungfunktion *f s.* Einheitssprung 1.
Einheitssprungsignal *n* unit step [function] signal, step-function signal
Einheitstarif *m* all-in tariff
Einheitsunterstation *f* unit substation
Einheitswelle *f (Masch)* basic shaft *(Passung von Wellen und Bohrungen)*
Einheitszeit *f* standard time
Einkanalanlage *f* single-channel system
Einkanalbetrieb *m* single-channel operation
Einkanalresonanz *f* one-channel resonance
Einkanalschreiber *m* single-channel recorder
Einkanalsimplexverkehr *m* single-channel simplex
Einkanalsystem *n* single-channel system
Einkanalübertragung *f* single-channel transmission
Einkanalverstärker *m* single-channel amplifier
einkapseln to encapsulate, to enclose, to encase
Einkapselung *f* encapsulation
einkerben to notch

Einkesselschalter *m* single-tank switch (circuit breaker)
einklinken to latch
Einknopfabstimmung *f* single-knob tuning, single-control tuning
Einknopfbedienung *f* single-knob control, single-dial control
Einkomponentenleuchtstoff *m* single-component phosphor (electroluminescent material)
Einkoppelstrecke *f* buncher space
Einkristall *m* single crystal, monocrystal
Einkristallempfänger *m* single-crystal detector
Einkristallfaden *m* single-crystal filament
Einkristallfläche *f* single-crystal face
einkristallin single-crystal[line], monocrystalline
Einkristallzüchtung *f* single-crystal growth
Einlage *f* insert *(Steckverbindung)*
Einlagenspule *f* single-layer coil
einlagern to insert, to include; to incorporate; to embed
Einlagerung *f* insertion, inclusion; incorporation
Einlagerungstelegrafie *f* intraband telegraphy
Einlageschicht *f* interlayer
einlagig single-layer
Einlaß *m* inlet, intake
einlassen / Luft to admit air
Einlaßöffnung *f* inlet [port]
Einlaßrohr *n* inlet tube, admission pipe
Einlaßventil *n* inlet (admission) valve
Einlaufbauwerk *n* intake (inlet) structure *(Kraftwerk)*
Einlaufbecken *n* forebay *(Kraftwerk)*
Einlaufbucht *f* intake bay *(Kraftwerk)*
Einlaufdammtafel *f* intake stop-log *(Kraftwerk)*
einlaufen [lassen] to run in (warm) *(eine Maschine)*
Einlauffallschütz *n* sliding gate *(Kraftwerk)*
Einlaufprüfung *f* running-in test
Einlaufrechen *m* intake trash rack *(Kraftwerk)*
Einlaufrille *f* run-in spiral (groove), lead-in spiral *(Schallplatte)*
Einlaufrohr *n* intake pipe *(Kraftwerk)*
Einlaufschütz *n* intake gate *(Kraftwerk)*
Einlaufzeit *f* run[ning]-in period; warm-up period (time); wear-in period
einlegen to feed in, to thread *(Film, Tonband)*
einleiten to initiate, to start
Einleiten *n* **der Selbsterregung** build-up of self-excitation
Einleiterendverschluß *m* cable sealing box
Einleiter-H-Kabel *n* H-type cable
Einleiterkabel *n* single-conductor cable, single[-core] cable
Einleiterschnur *f* single-conductor cord
Einleiterstromkreis *m* single-circuit system
Einleitung *f* initiation, start
Einleitungsbetrieb *m* one-line working
einlesen to read in *(Daten)*
Einlinienschreiber *m* one-pen recorder
Einlochbefestigung *f* bushing mount *(für Potentiometer)*
Einmal-Drucktaste *f* single-shot push button
Einmaleinskörper *m* *(Rech)* multiplying unit
Einmanntelegraf *m* single-operator telegraph
Einmessen *n* calibration
E. der Zeitbasis time-base calibration *(Oszillograf)*
E. während des Betriebes field calibration
stroboskopisches E. stroboscopic calibration (checking)
Einmeßkurve *f* **eines Meßmittels** calibration curve of a measuring instrument
Einminuten-50-Hz-Stehspannungsprüfung *f* **im beregneten Zustand** *(Isol)* wet one-minute power-frequency withstand voltage test
E. im trockenen Zustand *(Isol)* dry one-minute power-frequency withstand voltage test
einmischen to merge *(z. B. Daten, Farbvalenzen)*; to collate *(Lochkarten)*
einmitten to centre
Einmodenbetrieb *m* *(Laser)* single-mode operation
einmotorig one-engined
Einniveaunäherung *f* *(Halbl)* one-level approximation
Einniveaurekombination *f* *(Halbl)* single-level recombination
einohrig *(Ak)* monaural
einordnen 1. to arrange; to sequence; 2. to classify
einpassen to fit [in]; to position
Einpegelung *f* level adjustment
Einpendeln *n* swinging, hunting
Einperiodenstoßstrom *m* one-cycle surge [forward] current
Einphasenanker *m* single-phase armature
Einphasenanlasser *m* single-phase starter
Einphasenasynchronmotor *m* single-phase asynchronous motor
Einphasenbahn *f* single-phase railroad (railway)
Einphasenbahnbetrieb *m* single-phase traction
Einphasenbetrieb *m* single-phase operation
Einphasenbrückenschaltung *f* single-phase bridge connection
Einphasen-Dreileiter-Stromkreis *m* single-phase three-wire circuit *(Nulleiter)*
Einphasengenerator *m* single-phase alternator

Einphasengleichrichter *m* single-phase rectifier
Einphasenkreis *m* single-phase circuit
Einphasenlokomotive *f* single-phase electric locomotive
Einphasenmaschine *f* single-phase machine
Einphasenmotor *m* single-phase motor
E. mit induktiver Hilfsphase reactor-start motor
E. mit Kondensatorhilfsphase capacitor-start motor
E. mit Widerstandshilfsphase resistor-start motor
Einphasennetz *n* single-phase mains (system), single-phase power supply
Einphasenreihenschlußmotor *m* single-phase [series] commutator motor
E. mit Kompensationswicklung single-phase commutator motor with [series] compensation winding
Einphasenreluktanzmotor *m* single-phase reluctance motor
Einphasenschaltung *f* single-phase circuit
Einphasenstrom *m* single-phase current, monophase current
Einphasensynchrongenerator *m* single-phase synchronous generator
Einphasensystem *n* single-phase system
Einphasentransformator *m*, **Einphasenwandler** *m* single-phase transformer, single-phase voltage (current) transformer
Einphasenwechselrichter *m (Srt)* single-phase inverter, monophase inverter
Einphasenwechselstrom *m* single-phase alternating current
Einphasenwicklung *f* single-phase winding
Einphasenzähler *m* single-phase meter
Einphasen-Zweileiter-Stromkreis *m* single-phase two-wire circuit
einphasig single-phase, monophase, one-phase
Einphotonenabsorption *f* one-photon absorption
Einplatinenrechner *m* single-board computer
Einplättchenschaltung *f (Halbl)* single-chip circuit
einpolig single-pole, unipolar, one-pole
Einpolröhre *f* single-pole valve
Einpolstecker *m* tip plug
einprägen to impress
einem Stromkreis eine Spannung e. to impress a voltage upon a circuit
Einpulsgleichrichter *m* single-pulse rectifier, simple rectifier
einpulsig single-pulse, monopulse
Einpulsverfahren *n* single-pulse method, monopulse method
Einpunktabtastung *f* one-point scanning
Einrastbolzen *m* drop-in pin
Einrastdruckschalter *m* lock-down switch
einrasten to lock [in place]; to latch
Einrastknopf *m* lock knob
Einrastrelais *n* latch-in relay
Einrasttaste *f* lock-down button
einregeln to adjust; *(Fmt)* to line up
Einregelung *f* adjustment; *(Fmt)* lining-up
Einregelungszeit *f (Fmt)* line-up period
einregulieren to adjust
einreihen / in eine Warteschlange *(Fmt)* to queue
einrichten to adjust; to arrange; to install; to set up
Einrichten *n* adjustment; arrangement; setting-up
Einrichtung *f* 1. equipment, device, unit; facility; 2. installation; set-up; 3. *s.* Einrichten
E. eines Teilnehmeranschlusses installation of a subscriber's telephone
E. für das Zählen der Hunderter *(Rech)* count-hundreds facility
E. für das Zählen der Zehner *(Rech)* count-tens facility
E. für regelmäßige Prüfungen routine test equipment, routiner
E. für Schützensteuerung contactor equipment
E. mit Lichtbogenerwärmung arc heating installation (equipment)
E. zum Wiederauffinden von Informationen automatic retrieval device
E. zur beschleunigten Wiedergabe *(Ak)* speed-up device
E. zur Dynamikregelung compressor expander
E. zur verlangsamten Wiedergabe *(Ak)* slow-down device
austauschbare E. interchangeable item (unit)
bistabile E. bistable device
elektrische E. electrical equipment
optoelektronische E. opto-electronic device
temperaturempfindliche E. temperature-sensitive device
tonfrequente E. audio system
Einrichtungsantenne *f* unidirectional aerial
Einrichtungswandler *m* unilateral transducer
einrücken to engage, to throw in *(Kupplung)*
Eins *f* unity
gestörte E. *(Rech, Syst)* disturbed one
einsammeln to collect *(z. B. Elektronen)*
Einsammelwirksamkeit *f (Halbl)* collection efficiency
Einsattelung *f* dip *(Kurvenzug)*
Einsatz *m* 1. application, use; 2. initiation, start, onset; 3. insert *(Teil)*; 4. charge; batch

konischer E. conical insert *(bei Kappenisolatoren)*
Einsatzbedingungen *fpl* field conditions
anomale (besondere) E. abnormal service conditions *(z.B. für Werkstoffe)*
einsatzbereit ready-to-use, ready for operation (service)
Einsatzentladung *f* pilot spark
Einsatzfeldstärke *f* inception stress *(bei Teilentladungsprozessen)*
Einsatzgitter *n* insert lattice
Einsatzmöglichkeit *f* application possibility
Einsatzreaktanz *f* charge reactance
Einsatzsicherung *f* switch fuse
Einsatzspannung *f* inception (initial, starting) voltage *(bei Teilentladungen)*; cut-off voltage *(Elektronenröhren)*; threshold voltage
Einsatzstück *n* insert *(Steckverbindung)*; adapter
Einschaltbedingung *f* closing condition *(Thyristor)*
Einschaltdauer *f* cyclic duration factor, percentage duty cycle; on period
relative E. relative cyclic duration factor
einschalten 1. to switch on, to turn on; to connect; 2. to insert
e. in (zwischen) to tap into
die Beleuchtung e. to light up
einen Stromkreis e. to close a circuit
in einen Stromkreis e. to switch into a circuit, to put (place) in circuit, to loop in
sich in eine Leitung e. *(Fmt)* to listen in a circuit
Einschalten *n* switching on (in); closing *(Stromkreis)*
Einschalter *m* circuit closer, [closing] switch, contactor
Einschaltestelle *f (Nrt)* siting *(z.B. eines Entzerrers)*
Einschaltimpuls *m* starting pulse
Einschaltkontakt *m* / **einpoliger** single-pole single-throw contact
Einschaltmessung *f* step-function measurement
galvanostatische E. galvanostatic step-function measurement, current pulse measurement, galvanostatic (chronopotentiometric) method
Einschaltmoment *n (Masch)* switching torque
Einschaltphasenwinkel *m* turn-on phase
Einschaltrelais *n* closing relay
Einschaltsignal *n* trip-on signal
Einschaltspannung *f* sealing voltage *(Schalter, Relais)*
Einschaltspitze *f* inrush load; surge peak
Einschaltspule *f* closing coil
Einschaltstellung *f* on (switch-on) position, closed position *(Schalter)*
Einschaltsteuersignal *n* trip-on control signal
Einschaltstoß *m* transient [current] pulse
Einschaltstoßstrom *m* inrush current
Einschaltstrom *m* starting (making, make) current
Einschaltstromstoß *m s.* Einschaltstoß
Einschaltung *f* 1. insertion; 2. starting; 3. *s.* Einschalten
schrittweise E. step-by-step starting
Einschaltvermögen *n* making capacity
Einschaltverzögerung *f* turn-on delay
Einschaltverzögerungszeit *f* turn-on [delay] time
Einschaltverzug *m (Syst)* closing delay; make time *(Relais)*
Einschaltvorgang *m* circuit closing; turn-on transient
galvanostatischer E. galvanostatic transient
potentiostatischer E. potentiostatic transient, transient potentiostatic process
Einschaltvorrichtung *f* closing device
Einschaltzeit *f* 1. turn-on time; closing time; 2. gate-controlled rise time *(Thyristor)*; 3. on period (time)
Einschaltzustand *m* closed-circuit condition, on state
Einschichtwicklung *f* single-layer winding, one-position winding
einschieben to insert
e. zwischen to sandwich
Einschienenbahn *f* monorail (single-rail) train
Einschießen *n* injection *(Teilchenbeschleunigung)*
einschleifen to loop in *(in eine Meßkette)*
Einschleifensystem *n* one-loop system *(Regelung)*
einschleifig single-loop
einschließen 1. to enclose, to include; to encase *(in ein Gehäuse)*; to encapsulate *(z.B. in Vergußmasse)*; 2. to lock (shut) in; 3. to comprise
Einschluß *m* enclosure, inclusion *(z. B. in einem Kristall)*
Einschlußtiefe *f (Isol)* cavity (void) depth
Einschmelzdraht *m* seal (sealing-in) wire
einschmelzen to seal (fuse) in
Einschmelzmaschine *f* sealing-in machine *(Elektronenröhrenherstellung)*
Einschmelzung *f* seal, sealing[-in], fusing-in
einschnappen to click, to catch
einen Druckknopf e. lassen to latch a push button
Einschnappkontakt *m* snap-in contact
einschneiden to cut [in]; to engrave
Einschnüreffekt *m* pinch[-in] effect; *(Halbl)* crowding effect
Einschnurschrank *m (Fmt)* single-cord switchboard
Einschnürung *f* constriction; contraction
E. der Stromlinien contraction of current lines

einschränken to restrict; to limit, to set limits
Einschreibeimpulsdauer *f* write pulse duration
einschreiben to write [in], to enter in[to]
Einschrumpfung *f* contraction
Einschub *m* plug-in unit, slide-in module
auswechselbarer E. replaceable item
Einschubbaustein *m* plug-in module (unit)
Einschubeinheit *f s.* Einschub
Einschubelektronik *f* plug-in electronics
Einschubkarte *f (Rech)* slip-in card, plug-in board
Einschubplatte *f* plug-in board
Einschubschrank *m* rack
Einschubumsetzer *m* plug-in converter
Einschubverstärker *m* plug-in amplifier
Einschuß *m* **von Elektronen** electron bombardment
Einschwingbewegung *f* transient motion
Einschwingdauer *f* build-up time
Einschwingen *n* transient oscillation
E. beim Ausschalten circuit breaking transient
E. des Stroms build-up of current
kriechendes E. aperiodic transient, undershoot
oszillierendes E. oscillating transient
einschwingend transient, building-up
Einschwingfrequenz *f* transient (natural) frequency
Einschwingimpuls *m* transient [im]pulse
Einschwingkoeffizient *m* synchronizing coefficient
Einschwingspannung *f* transient voltage
Einschwingüberlastung *f* transient overload
Einschwingung *f* initial transient
Einschwingverhalten *n* transient behaviour (response); synchronizing performance
Einschwingvorgang *m* [initial] transient, transient effect (phenomenon), building-up process (transient); switching transient *(beim Schalten)*
E. bei Frequenzmodulation transient in frequency modulation
oszillatorischer E. building-up transient oscillation process
Einschwingzeit *f* 1. transient period, [transient] response time, time of response; build[ing]-up time, building-up period; 2. settling (settle-out) time, damping period
konstante E. transient-time constant; time constant of rise *(eines Impulses)*
Einschwingzustand *m* transient condition (state, regime)
Einseitenband *n* single sideband
kompatibles (verträgliches) E. compatible single sideband
Einseitenbandamplitudenmodulation *f* single-sideband amplitude modulation
Einseitenbandbetrieb *m* single-sideband operation
Einseitenbandempfänger *m* single-sideband receiver
Einseitenbandfernsprechen *n* single-sideband telephony
Einseitenbandfilter *n* single-sideband filter
Einseitenbandmodulation *f* single-sideband modulation
Einseitenbandsignal *n* single-sideband signal
Einseitenbandtelefonie *f* single-sideband telephony
Einseitenbandübertrager *m* single-sideband transmitter
Einseitenbandübertragung *f* single-sideband transmission (operation)
Einseitenbandverfahren *n* single-sideband method
einseitig single-sided; unilateral
Einsekundenspeicherschaltung *f* one-second memory circuit
einsetzen 1. to insert, to place [in position], to set in; 2. to initiate, to start
das Teilprogramm e. *(Rech)* to assemble subprogram
wieder e. to reinsert, to replace
Einsetzen *n* 1. insertion, installation; 2. initiation, start
E. der Zündung initiation of firing
Einsondenverfahren *n* single-probe technique
einspannen to clamp, to fix
Einspannstelle *f (Nrt)* clip position *(Faksimile)*
Einspannvorrichtung *f* clamping device
einspeichern to read in *(Daten)*
Einspeicherung *f (Rech)* line-to-store transfer
Einspeicherungsfehler *m (Rech)* loading error
Einspeicherungsimpuls *m (Rech)* read-in pulse
Einspeicherungsprogramm *n (Rech)* loading routine
Einspeicherungsvorgang *m (Rech)* reading-in action
einspeisen to feed [into]; to supply
parallel e. to parallel-feed
Strom e. to feed current
Einspeisepunkt *m* feeding (feed-in, supply) point
Einspeisezentrale *f* feeder distribution centre
Einspeisung *f* 1. feeding; supply; 2. line entry *(Freileitung)*; incoming feeder
E. aus dem öffentlichen Netz supply from public power system
Einspeisungsspannung *f* **des Steuerkreises** *(App)* control supply voltage
Einspeisungsübergangsspannung *f* supply transient voltage

einspielen / sich to balance *(z.B. Zeiger)*
Einspielkreis *m (Nrt)* feedback circuit
Einspitzenlagerung *f* unipivot bearing
Einsprechöffnung *f* acoustic (microphone, transmitter) inlet
Einspritzdauer *f* duration of injection
Einspritzdruck *m* injection pressure
Einspritzdüse *f* injector
einspritzen to inject
Einspritzventil *n* injection (sprayer) valve
Einspritzvorrichtung *f* primer *(z.B. bei Verbrennungsmotoren)*
Einsprungnachrichtensatellitensystem *n* single-hop communication satellite system
einspulig single-coil
Einspuraufzeichnung *f* single-track recording
einspurig single-track
Einstandentfernungsmesser *m* monostatic range finder *(mit kleiner Basisbreite und einem Beobachtungspunkt)*
Einständerlinearmotor *m*, **Einstatorlinearmotor** *m* single-sided linear motor, mono-stator linear motor
Einsteckausführung *f* plug-in type
Einsteck[bau]einheit *f* plug-in unit
einstecken to plug [in] *(z.B. Stecker)*; to insert
Einsteckhörer *m* insert (insertion) earphone, telephone olive
Einsteckkondensator *m* plug-in capacitor
Einsteckkopf *m* plug-in head
Einsteckplatte *f* plug-in board
Einsteckrelais *n* plug-in relay
Einstecksicherung *f* plug-in fuse
Einstecksockel *m* plug-in cap *(Lampe)*
Einsteckspule *f* plug-in coil
Einsteigöffnung *f* manhole
Einstein-Bose-Statistik *f* Einstein-Bose statistics
Einstein-de-Haas-Effekt *m* Einstein-de Haas effect
Einstellager *n* / **sphärisches** spherical-seated bearing
einstellbar adjustable
getrennt e. separately adjustable
nicht e. non-adjustable
stetig e. continuously adjustable
stufenlos e. steplessly (infinitely) adjustable
stufenweise e. step-adjustable
Einstellbarkeit *f* adjustability
Einstellbedingung *f* setting parameter
Einstellbegrenzung *f* setting limitation
Einstellbereich *m* adjustment (setting) range; *(Laser)* focussing range
Einstellehre *f* setting gauge
Einstelleinrichtung *f* adjuster
Einstellelement *n* adjustment control, regulation element
einstellen 1. to adjust, to set; to position; 2. to dial *(Sender)*; to attune; 3. to regulate
e. auf to set at; to attune to
auf Mitte e. to centre
auf Null e. to zero
den Verkehr e. *(Fmt)* to suspend traffic
genau e. to position
neu e. to readjust, to reset, to reposition
neutral e. to adjust to neutral
scharf e. to focus
sich e. to settle *(auf einen Wert)*
sich automatisch e. to adjust itself automatically
vorher e. to preset
wieder e. to reposition
zentrisch e. to centre
Einsteller *m* adjuster
Einstellfehler *m* adjustment (setting) error
Einstellgenauigkeit *f* adjustment (setting) accuracy
Einstellhebel *m* adjusting lever
einstellig one-digit
Einstellimpuls *m* set pulse
Einstellknopf *m* adjustment (control) knob, setting control
Einstellmagnet *m* setting magnet
Einstellmarke *f* adjustment (setting, reference) mark; index dot
Einstellmoment *n* controlling torque
Einstellnormale *f* master, standard
Einstellpotentiometer *n* adjustable (adjusting) potentiometer; trimming potentiometer; coefficient-setting potentiometer
Einstellpunkt *m* index dot
Einstellring *m* adjusting collar
Einstellschraube *f* adjusting (setting) screw; levelling screw; tuning screw
Einstellspannung *f* adjusting voltage
Einstelltoleranz *f* setting tolerance
„Ein"-Stellung *f* "on" position
Einstellung *f* 1. adjustment, adjusting, setting; positioning; 2. regulation
E. auf Gleichheit equality adjustment
E. auf konstante Geschwindigkeit continuous-speed adjustment
E. des Nullpunkts zero adjustment
E. von Hand manual adjustment
optimale E. optimal adjustment *(z.B. eines Reglers)*
periodische E. *(Syst)* sampling action
Einstellungsfehler *m* positioning error
Einstellverstärkung *f* setting gain
Einstellvorrichtung *f* adjusting device
E. für den Kleinlastabgleich low-load [meter] adjustment *(Energiezähler)*
E. für den Nennlastabgleich full-load [meter] adjustment *(Energiezähler)*
E. für den Phasenabgleich power-factor adjustment
Einstellwert *m* setting [value], adjustment value
Einstellwicklung *f* set[ting] winding, setting coil

Einstellwiderstand *m* adjustable resistor
Einstellwinkel *m (Meß)* indicated angle
Einstellzeit *f* response (damping) time *(Meßinstrument)*; setting time
Einstieg *m*, **Einstiegloch** *n* manhole
Einstiegschacht *m* manhole chimney
Einstiftsockel *m* single-pin cap
einstöpseln *(El)* to patch
einstrahlen to irradiate
Einstrahlflächenspeicherröhre *f* single-beam storage tube
Einstrahlgerät *n* single-beam instrument
Einstrahlmaser *m* one-port cavity maser
Einstrahloszilloskop *n* single-beam oscilloscope
Einstrahlröhre *f* **mit Farbsteuergitter** Lawrence tube, chromatron
Einstrahlung *f* 1. irradiation; 2. insolation *(Sonne)*
Einstrahlwinkel *m* angle of arrival
Einströmen *n* inflow, influx
Einströmgeschwindigkeit *f* rate of inflow; inlet velocity
Einströmventil *n* inlet (admission) valve
Einstufenverstärker *m* single-stage amplifier
einstufig single-stage, single-step
Eins-Zustand *m* one-state *(binärer Schaltkreis)*
Eintaktausgang *m* single-ended output
Eintakten *n* retiming *(Pulskodemodulation)*
Eintakt-Schaltnetzteil *n* single-ended switching power supply
Eintalhalbleiter *m* single-valley semiconductor
eintasten to key in
Eintasten *n* **und Abtasten** *n (Nrt)* keying and reading
eintauchen to dip, to immerse, to plunge
Eintauchplattierung *f (Galv)* dip (immersion) plating
Eintauchtiefe *f* depth of immersion
Eintauchtrommel *f* dipping drum
Eintauchversilberung *f* immersion silvering (silver plating), silver dipping *(Leiterplatten)*
eintaumeln to align *(Tonkopf)*
Eintaumeln *n* [gap] alignment
Einteilchenmodell *n* single-particle model
einteilen to classify, to grade; to divide *(Skale)*
  in Abschnitte e. to section
  in Grade e. to graduate
Einteilung *f* classification; [sub]division *(Skale)*
  E. in Zonen zoning
Eintonbetrieb *m (Nrt)* single-tone operation
Eintonspringschreiber *m* single-tone start-stop teleprinter
Eintontastung *f (Nrt)* single-tone keying
Eintrag *m (Galv)* drag-in
eintragen 1. to plot, to record; to register; to map *(auf einer Karte)*; 2. to enter, to carry in *(Information)*
Einträgerinjektionsdiode *f* one-carrier injection diode
Eintransistoroszillator *m* single-transistor oscillator
Eintreibschritt *m (Halbl)* drive-in step
eintreten / in eine Verbindung *(Fmt)* to enter a circuit
Eintreten *n (Fmt)* cut-in
Eintretezeichen *n (Fmt)* forward transfer signal
  E. rückwärts backward recall signal
  E. vorwärts forward recall signal
eintrimmen to align
Eintritt *m* entrance, entry *(z. B. Strahl)*; admission; inlet
Eintrittsfläche *f (Laser)* acceptance surface
Eintrittsgeschwindigkeit *f* speed of entry; inlet velocity
Eintrittsöffnung *f* throat *(eines Schalltrichters)*
Eintrittspupille *f* entrance pupil (diaphragm)
Eintrittsrohr *n* admission (inlet) pipe
Eintrittsspalt *m* entrance slit
Eintrittstemperatur *f* inlet temperature
Eintrittsverlust *m* admission loss
Eintrittswinkel *m* entrance (entry) angle
Eintrommelstrahlungskessel *m* single-drum radiation boiler
Ein- und Ausgabegerät *n (Rech)* input-output unit (equipment)
Ein- und Ausgabesteuerung *f (Rech)* input-output control
Ein- und Ausschaltanzeiger *m* on-off indicator
Ein- und Ausschalter *m* / **einpoliger** single-pole single-throw switch
Einwahl *f (Fmt)* dial-in
einwählen *(Fmt)* to dial in
Einwählen *n (Fmt)* in-dialling
Einwahlmöglichkeit *f* **in Nebenstellenanlagen** *(Fmt)* in-dialling facility to P.B.X. extensions
Einwahlnummer *f (Fmt)* in-dialling number
Einweggleichrichter *m* half-wave rectifier, single-wave rectifier, single-way rectifier, one-way rectifier
Einweggleichrichterröhre *f* half-wave rectifying valve
Einweggleichrichtung *f* half-wave rectification, single-wave rectification, single-way rectification, one-way rectification
Einwegleitung *f (Fmt)* one-way circuit, unidirectional circuit (trunk, line)
Einwegschalter *m* single-way switch
Einwegschaltung *f* half-wave circuit, single-wave circuit, single-way circuit, one-way circuit
Einwegübertragung *f (Nrt)* one-way transmission (communication)

Einwegverstärker *m (Nrt)* one-way repeater, simplex repeater
Einwegwähler *m (Fmt)* uniselector
Einwellen-Kondensationsturbosatz *m* single-shaft condensation turbo-set
Einwellenstrom *m* single-wave current
Einwertangabe *f* single-number rating
einwertig 1. single-valued *(Funktion)*; 2. monovalent, univalent
Einwirkdauer *f s.* Einwirkzeit
einwirken to act [on]; to affect, to influence
aufeinander e. [lassen] to react
störend e. to interfere with
Einwirkung *f* action; influence
E. der Belastung *(Syst)* load action *(Störgröße)*
E. eines Impulses pulse action
induktive E. inductive influence
wechselseitige E. interaction
Einwirkungsraum *m* interaction space *(Wanderfeldröhre)*
Einwirk[ungs]zeit *f* exposure time; on time (period)
Einwortbefehl *m* one-word instruction (command)
Einzahlangabe *f* single-number rating; single-unit descriptor
Einzeilenanzeige *f* in-line read-out
einzeilig in-line
Einzelabtastung *f* single scan
Einzeladresse *f* single address
Einzelanruf *m (Fmt)* selective ringing
E. mit zugeteilten Frequenzen harmonic selective ringing
Einzelanschluß *m (Fmt)* single line
Einzelanschlußleitung *f (Fmt)* exclusive (direct) exchange line
Einzelantrieb *m* individual (single) drive
Einzelauswechs[e]lung *f* individual replacement
Einzelbauelement *n* individual (separate, discrete) component
Einzelbelichtung *f* single exposure
Einzelbitspeicher *m (Rech)* single-bit memory (store)
Einzelbuchse *f* individual socket
Einzelelektron *n* single (unpaired) electron
Einzelelektronimpuls *m* single-electron pulse
Einzelempfänger *m* single receiver
Einzelerscheinung *f* single phenomenon
Einzelfehler *m* individual error
Einzelfilter *n* single filter
Einzelfrequenz *f* single frequency
Einzelfunke *m* separate spark
Einzelfunkenstrecke *f* quench-gap unit *(Ableiter)*
Einzelgerät *n* individual (stand-alone) unit
Einzelgesprächserfassung *f (Fmt)* detailed registration
Einzelgesprächsgebührensystem *n (Fmt)* message-rate system
Einzelgesprächszählung *f (Fmt)* single-fee metering
Einzelimpuls *m* single [im]pulse, individual pulse
Einzelimpulsbetrieb *m* single-pulse operation
Einzelimpulsquelle *f* single-pulse source
Einzelkanalüberwachung *f* single-channel supervision
Einzelkartenprüfung *f* single-card check
Einzelkompensation *f* single reactive-power compensation, single power-factor compensation
Einzelkopfhörer *m* single headphone
Einzelleiter *m* single conductor; strand *(eines verseilten Leiters)*
Einzelleitung *f* single[-wire] line
Einzellötstelle *f* single solder joint
Einzelmotorantrieb *m* single (individual) motor drive
einzeln single, individual; discrete
Einzelnachricht *f* discrete message
Einzelnormal *n* individual standard
Einzelpol *m* salient pole
Einzelpolmaschine *f* salient-pole machine
Einzelpotential *n* single potential
Einzelprisma *n* single prism
Einzelpunktsteuersystem *n* point-to-point positioning system
Einzelpunktsteuerung *f* point-to-point positioning control
Einzelruf *m (Fmt)* individual call
Einzelschalter *m* separate switch
Einzelschnur *f* single cord
Einzelschrittsteuerung *f (Fmt)* individual step control
Einzelsilbe *f* monosyllable
Einzelspur *f* single trace (track)
Einzelstecker *m* individual plug
Einzelsteuerung *f* individual control
Einzelstrahl *m* single beam *(Licht)*
Einzelteil *n* individual component (part), component, part
Einzelteilchen *n* single particle
Einzelteildichte *f* component density
Einzelteilzeichnung *f* detail drawing
Einzeltonmodulation *f* single-tone modulation
Einzelverluste *mpl* separate losses
Einzelverlustverfahren *n* loss-summation method
Einzelversetzung *f* single dislocation *(Kristall)*
Einzelzellenschalter *m* single-battery switch
Einziehdraht *m* conduit (draw) wire, fish-wire
einziehen to pull (draw) in *(z. B. Kabel)*
Einziehlänge *f* draw-in length *(Kabel)*
Einzonendurchlaufofen *m* single-zone continuous furnace
einzügig single-duct *(Kabel)*

Einzugsschaltung *f* pull-in circuit *(Monitor)*
Einzugsvorrichtung *f (Rech)* feeding device
„Ein"-Zustand *m* "on" state
Einzweckrechner *m* single-purpose computer
einzylindrig single-cylinder
Eisabstreifer *m* sleet cutter *(an Freileitungen)*
Eisen *n* iron
α-Eisen *n* alpha iron
Eisenabschirmung *f* iron screen
Eisenanode *f* iron anode
Eisenbahn *f* / **elektrische** electric railway
Eisenbahnstromkreis *m* track circuit
Eisenbandbewehrung *f* tape armouring *(Kabel)*
Eisenbewehrung *f* iron armouring (sheathing)
Eisenblechkern *m* laminated iron core
Eisenbogen *m* iron arc
Eisenbogenlampe *f* iron arc lamp
Eisenbreite *f* [iron] core length
eisendotiert *(Halbl)* iron-doped
Eisendrossel[spule] *f* iron-cored inductor, iron-core reactor
Eisenelektrode *f* iron electrode
Eisenelement *n* iron cell
Eisenfeilspäne *mpl* iron filings
eisenfrei iron-free, ironless, non-ferrous
eisengekapselt iron-clad
eisengeschirmt iron-screened
Eisengittermast *m* steel tower
Eisengleichrichter *m* steel-tank rectifier, steel-armour rectifier
Eisen(II)-hydroxid *n* ferrous hydroxide
Eisen(III)-hydroxid *n* ferric hydroxide
Eisenkapselung *f* iron-clad case (encapsulation)
Eisenkern *m* iron core ● **ohne E.** *s.* eisenlos
  abgestufter E. stepped iron core
  offener E. open [iron] core *(ohne äußeren Eisenschluß)*
Eisenkerndrossel *f* iron-cored inductor
Eisenkerninstrument *n* iron-core instrument
Eisenkernspule *f* iron-core coil; iron-dust core coil *(feinkörniger Kern)*
  gesättigte E. saturable inductor (reactor)
Eisenkreis *m* ferromagnetic (iron) circuit
Eisenlänge *f* [iron] core length
eisenlos iron-free, ironless, non-ferrous; coreless, air-core *(Spule)*
Eisenmast *m* steel tower
Eisennadelinstrument *n* iron needle instrument, [permanent-magnet] moving-iron instrument
Eisen-Nickel-Akkumulator *m* iron-nickel accumulator, Edison [storage] battery
Eisen(II)-oxid *n* ferrous oxide
Eisen(III)-oxid *n* ferric oxide
Eisenpulver *n* iron powder, powdered iron
  magnetisiertes E. ferromagnetic powder
Eisenpulverkern *m* iron-dust core, [compressed] iron-powder core
Eisenquerschnitt *m* [iron-]core cross section
Eisensättigung *f* magnetic saturation
Eisenschirmung *f* iron screen
Eisenspule *f s.* Eisenkernspule
Eisenstaubkern *m s.* Eisenpulverkern
Eisenstörstelle *f (Halbl)* iron impurity
Eisenüberzug *m* / **galvanisch abgeschiedener** iron plate
Eisenverlust *m* iron (core) loss
Eisenverlustmessung *f* iron-loss measurement (test), core-loss measurement (test)
Eisenverluststrom *m* core-loss current
Eisenverlustwiderstand *m* equivalent core-loss resistance
Eisenwasserstoffröhre *f*, **Eisenwasserstoffwiderstand** *m* [iron-hydrogen] barretter
eisfrei ice-free
eisgeschützt sleetproof
Eisklappe *f* hinged-leaf gate *(Kraftwerk)*
Eislast *f* ice loading *(Freileitung)*
Eisüberzug *m* sleet *(Freileitung)*
elastisch elastic; resilient; springy
Elastizität *f* elasticity; resilience
Elastizitätsgrenze *f* elastic limit
Elastizitätskonstante *f* elastic constant
Elastizitätsmodul *m* [Young's] modulus of elasticity, elastic (stress) modulus
Elektret *n(m)* electret
Elektret-Fernsprechmikrofon *n* electret telephone microphone
Elektretmikrofon *n* electret microphone
elektrifizieren to electrify
Elektrifizierung *f* electrification
elektrisch electric[al]
elektrisieren to electrize
Elektrisiermaschine *f* electrostatic (static electricity) machine, friction[al electric] machine
Elektrizität *f* electricity
  E. gleichnamiger Polarität electricity of the same sign (polarity)
  E. ungleichnamiger Polarität electricity of opposite sign (polarity)
  atmosphärische E. atmospheric electricity
  galvanische E. galvanic electricity
  gebundene (latente) E. bound (dissimulated, latent) electricity
  statische E. static electricity
  voltaische E. voltaic electricity
Elektrizitätslehre *f* science of electricity
Elektrizitätsmenge *f* electric charge, quantity of electricity
Elektrizitätsversorgung *f* electricity (power) supply
Elektrizitätswerk *n* [electric] power station
Elektrizitätszähler *m* electricity (electric energy) meter, kilowatt-hour meter

elektrolytischer E. electrolytic meter
Elektroaffinität *f* electroaffinity
Elektroakustik *f* electroacoustics
elektroakustisch electroacoustic[al]
Elektroanalogie *f* electrical analogy
Elektroanalyse *f* electroanalysis, electrolytic analysis
Elektroantrieb *m* electric drive (propulsion)
Elektroantriebssystem *n* electric driving (propulsion) system
Elektroätzen *n* electrolytic etching, electroengraving
Elektroauto[mobil] *n* electric automobile (motor car), electromobile
Elektrobackofen *m* electric baking oven
Elektrobiologie *f* electrobiology
Elektrobioskopie *f* electrobioscopy
Elektrobohrer *m* electric drill
Elektroboiler *m* electric boiler
Elektrobus *m* electric bus
Elektrochemie *f* electrochemistry
elektrochemisch electrochemical
Elektrochromatografie *f* electrochromatography
Elektrodampfkessel *m* electric steam boiler
Elektrode *f* electrode
E. aus Umschmelzmaterial electrode from remelted (cast) material
E. des MOS-Transistors source of MOS transistor
E. für Körperhöhlen body cavity electrode
E. mit gasumhülltem Lichtbogen shielded-arc electrode *(Elektroschweißen)*
E. mit Schutzring guard-ring electrode
abgerundete E. curved electrode
abschmelzbare E. consumable electrode
aktive E. active electrode
aktivierte E. activated electrode
bipolare E. bipolar electrode
blanke E. bare electrode
breitflächige E. broad-area electrode
einfache E. simple electrode
eingekapselte E. enclosed electrode
eingetauchte E. submerged electrode
gekrümmte E. curved electrode
getauchte E. dipped (dip-coated) electrode
grüne E. *s.* ungebrannte E.
halbkontinuierliche E. semicontinuous electrode *(z. B. Söderberg-Elektrode)*
massive E. solid electrode
mehrfache E. multiple electrode
negative E. negative electrode, cathode
nichtabschmelzende E. non-fusing electrode
platinierte E. platinized electrode
positive E. positive electrode, anode
ringförmige E. annular (circular) electrode
rotierende E. rotating electrode
selbstbackende (selbstbrennende) E. self-baking electrode, Soederberg electrode
selbstverzehrende E. consumable electrode
starre E. rigid electrode
tief eingebrannte E. deep-penetration electrode
tropfende E. dropping electrode
umhüllte E. coated (sheathed) electrode
umkehrbare E. reversible electrode
ummantelte E. covered (coated) electrode
ungebrannte E. green electrode
ungeschützte E. bare electrode
vakuumdicht eingeschmolzene E. vacuum-sealed electrode
verstellbare E. sliding electrode
vorgebrannte E. prebaked electrode
zweifache E. twofold electrode
Elektrodenabbrand *m* electrode burn-off
Elektrodenabstand *m* interelectrode distance (gap), electrode spacing (separation, gap)
Elektrodenadmittanz *f* electrode admittance
Elektrodenanordnung *f* electrode arrangement (system)
bipolare E. bipolar electrode system
konzentrische E. coaxial electrode system
schräge E. oblique electrode structure
unipolare E. unipolar electrode system
Elektrodenanschluß *m* electrode connection
Elektrodenansprechzeit *f* electrode response time
Elektrodenantrieb *m* electrode drive *(z. B. Elektrodenofen)*
Elektrodenausleger *m* electrode arm
Elektrodenbaugruppe *f* electrode assembly
elektrodenbegrenzt electrode-limited
Elektrodenbeschleunigung *f* electrode acceleration
elektrodenbestimmt electrode-determined
Elektrodenbewegung *f* electrode motion (movement)
Elektrodenbezugsspannung *f* electrode potential
Elektrodenblindleitwert *m* electrode susceptance
Elektrodenblindwiderstand *m* electrode reactance
Elektrodenbruch *m* electrode breaking
Elektrodenbruttoreaktion *f (Chem)* overall electrode reaction
Elektrodencharakteristik *f* electrode characteristic
Elektrodendampfkessel *m* / **automatisch gesteuerter** automatically controlled electrode boiler
Elektrodendeckschicht *f* electrode surface layer

Elektrodendraht *m* electrode wire *(Schweißdraht)*
Elektrodendunkelstrom *m* electrode dark current
Elektrodendurchführung *f* electrode bushing
Elektrodendurchlauferhitzer *m* electrode continuous heater
Elektrodendurchmesser *m* electrode diameter
Elektrodenerwärmung *f* electrode heating
Elektrodenfassung *f* electrode clamp (*s. a.* Elektrodenhalter); electrode base
Elektrodenfehlerstrom *m* fault electrode current
Elektrodenfläche *f* electrode surface (face)
wirksame E. active (working) surface of electrode
Elektrodenform *f* electrode shape
Elektrodenführung *f* electrode support
Elektrodenfuß *m* stem *(Elektronenröhre)*
Elektrodengeometrie *f* electrode geometry
Elektrodengeschwindigkeit *f* electrode speed, speed of the electrode motion
Elektrodengift *n* electrode poison
Elektrodenglasschmelzofen *m* electrode glass melting furnace
Elektrodengleichgewichtspotential *n* equilibrium electrode potential
Elektrodenhalter *m* electrode support; [welding] electrode holder
Elektrodenheizgerät *n* electrode heating appliance
Elektrodenhöhe *f* vertical height of electrode
Elektrodenimpedanz *f* electrode impedance
Elektrodenjustierung *f* electrode adjustment
Elektrodenkante *f* electrode edge
Elektrodenkapazität *f* interelectrode capacitance *(Röhren);* [total] electrode capacitance
Elektrodenkennlinie *f* electrode characteristic
Elektrodenkessel *m* electrode boiler
Elektrodenkesselanlage *f* / **geschlossene** self-contained electrode boiler unit
Elektrodenkinetik *f* electrode kinetics
Elektrodenkitt *m* electrode compound
Elektrodenklemme *f* electrode terminal
Elektrodenkohle *f* electrode carbon
Elektrodenkombination *f* electrode couple
Elektrodenkonduktanz *f* electrode conductance
Elektrodenkontaktierung *f* electrode contacting
Elektrodenkopf *m* electrode head
Elektrodenkraft *f* electrode force *(Schweißen)*
Elektrodenleitung *f* electrode lead
elektrodenlos electrodeless
Elektrodenlötzange *f* electrode soldering jaws
Elektrodenmantel *m* electrode shell
Elektrodenmasse *f* electrode mix (paste)
Elektrodenmaterial *n* electrode material
Elektrodenmetall *n* electrode metal
Elektrodenmontage *f* electrode assembly
Elektrodennachschubmotor *m* electrode feed motor
Elektrodennachsteller *m* electrode adjusting gear
Elektrodennippel *m* electrode nipple
Elektrodenoberfläche *f* electrode surface
Elektrodenofen *m* electrode furnace
E. mit indirekter Beheizung indirect electrode furnace
Elektrodenpaar *n* electrode couple
Elektrodenplatte *f* electrode plate
Elektrodenpolarisation *f* electrode polarization
Elektrodenpotential *n* electrode potential *(gegen Katode)*
absolutes E. absolute electrode potential
dynamisches E. dynamic electrode potential
relatives E. relative electrode potential
statisches E. static electrode potential
Elektrodenprozeß *m* electrode process
Elektrodenrand *m* electrode edge
Elektrodenraum *m* electrode compartment
Elektrodenreaktanz *f* electrode reactance
Elektrodenreaktion *f* electrode reaction
gesamte E. bulk electrode reaction
Elektrodenreaktionswertigkeit *f* electrode reaction valence
Elektrodenregelung *f* electrode control
Elektrodenregelungssystem *n* electrode control system, electrode motion-regulating system
Elektrodenregler *m* electrode controller
Elektrodensalzbad *n* electrode salt bath
Elektrodenscheinleitwert *m* electrode admittance
Elektrodenscheinwiderstand *m* electrode impedance
Elektrodenschlitten *m* electrode sliding clamp *(Elektrodenofen)*
Elektrodenspannung *f* electrode voltage (tension); electrode potential difference
Elektrodenspannungsabfall *m* electrode [voltage] drop
Elektrodenspitze *f* electrode tip (point)
Elektrodenspitzenstrom *m* peak electrode current
elektrodenstabilisiert electrode-stabilized
Elektrodensteuerregler *m* electrode control regulator
Elektrodensteuerung *f* electrode control
Elektrodenstift *m* electrode rod
Elektrodenstrom *m* electrode current *(Elektronenröhren)*

größter E. peak electrode current
Elektrodensystem *n* system of electrodes
Elektrodenteilkreisdurchmesser *m* electrode pitch circle diameter *(Lichtbogenofen)*
Elektrodenteilreaktion *f (Chem)* partial electrode reaction
Elektrodentemperatur *f* electrode temperature
Elektrodentrageinrichtung *f* electrode supporting device
Elektrodenträger *m* electrode support
Elektrodentrennung *f* electrode separation *(Schalter)*
Elektrodenüberzug *m* electrode coating
Elektrodenverbindungsstück *n* joint for electrodes
Elektrodenverbrauch *m* electrode consumption
Elektrodenverlust *m* electrode loss
Elektrodenverlustleistung *f* electrode dissipation
Elektrodenverstelleinrichtung *f* electrode shifting device
Elektrodenverstellung *f* electrode adjusting
Elektrodenverstellwerk *n* electrode adjusting gear
Elektrodenvorgang *m* / **periodischer** periodic electrode process
Elektrodenvorspannung *f* electrode bias
Elektrodenwechsel *m* electrode change (replacement)
Elektrodenwerkstoff *m* electrode material
Elektrodenwirkleitwert *m* electrode conductance
Elektrodenwirkwiderstand *m* electrode resistance
Elektrodenzuführung *f* electrode lead; electrode feed[ing]
Elektrodenzusammensetzung *f* electrode composition (make-up)
Elektrodynamik *f* electrodynamics
elektrodynamisch electrodynamic
Elektroendosmose *f* electro[end]osmosis
Elektroenergie *f* electric energy
Elektroenergieerzeugung *f* generation of electric energy
Elektroenergieübertragung *f* electric power (energy) transmission
Elektroenergieverbrauch *m* consumption of electricity
Elektroenergieverlust *m* electric loss
Elektroenergieversorgung *f* electric supply
Elektroenergieverteilerschalttafel *f* electric power distribution panel
Elektroenergieverteilung *f* electric power distribution
Elektroerosion *f* electroerosion *(elektroerosive Metallbearbeitung)*
Elektroerosionsmaschine *f* electric discharge machine
Elektrofahrzeug *n* electric truck (motor car), electromobile
E. mit Einzelachsantrieb electric vehicle with independent axles
E. mit Stromschiene third-rail electric car
Elektrofilter *n* electrostatic precipitator (filter), electrical precipitator
Elektrofotolumineszenz *f* electrophotoluminescence
Elektrofunkenmethode *f* sparking method *(für lokale Veredelung)*
Elektrogeräte *npl* electrical equipment (appliances)
Elektrogong *m* single-stroke bell
Elektrograf *m* electrograph
Elektrografie *f* electrography
Elektrographit *m* electrographite, Acheson graphite
Elektrogrill *m* electric grill
Elektrohaushaltherd *m s.* Elektroherd
Elektroheizkörper *m* electric heater
Elektroheizung *f* electric heating
Elektroherd *m* electric range (cooker)
Elektroinstallateur *m* electrician, electrical fitter
Elektroinstallation *f* electrical installation
elektrokapillar electrocapillary
Elektrokapillarität *f* electrocapillarity
Elektrokapillarkurve *f* electrocapillary curve
Elektrokardiograf *m* electrocardiograph
Elektrokardiogramm *n* electrocardiogram
Elektrokarren *m* electric [battery] truck, storage battery truck
Elektrokauterisation *f* hot-wire cautery *(Elektromedizin)*
Elektrokeramik *f (Isol)* electroceramics
Elektrokessel *m* electric boiler
Elektrokinetik *f* electrokinetics
elektrokinetisch electrokinetic
Elektrokoagulation *f* electrocoagulation
Elektrokocher *m* electric boiler
Elektrokorund *m* electric (fused) corundum
Elektrokristallisation *f* electrocrystallization
Elektrolokomotive *f* electric locomotive
E. mit Stromschiene third-rail electric locomotive
autonome E. self-propelled electric locomotive
Elektrolumineszenz *f* electroluminescence
Elektrolumineszenzdiode *f* electroluminescent diode
Elektrolumineszenzeffekt *m* electroluminescent effect
Elektrolumineszenzplatte *f* electroluminescent panel
Elektrolyse *f* electrolysis
E. bei konstanter Stromstärke constant-current electrolysis
innere E. internal electrolysis
Elektrolysebad *n* electrolytic bath
Elektrolysedaten *pl* electrolytic values

Elektrolyseschlamm *m* electrolytic slime
Elektrolysezelle *f* electrolysis (electrolytic) cell
elektrolysieren to electrolyze
Elektrolyt *m* electrolyte, electrolytic conductor
erschöpfter E. exhausted electrolyte
erstarrter E. solidified (frozen) electrolyte
geschmolzener E. fused (molten) electrolyte
organischer E. organic electrolyte
schwacher E. weak electrolyte
starker E. strong electrolyte
verbrauchter E. spent (foul) electrolyte
Elektrolytableiter *m* electrolytic [lightning] arrester, electrolytic surge arrester *(für Überspannungen)*
Elektrolytaufbereitung *f* purification of electrolyte
Elektrolytblei *n* electrolytic lead
Elektrolytdetektor *m* electrolytic detector
Elektrolytgleichrichter *m* electrolytic rectifier, electrolytic (electrochemical) valve
elektrolytisch electrolytic[al]
Elektrolytkondensator *m* electrolytic capacitor
gepolter E. polarized electrolytic capacitor
ungepolter E. non-polarized electrolytic capacitor
Elektrolytkupfer *n* electrolytic (electrolyte, cathode) copper
Elektrolytlösung *f* electrolytic (electrolyte) solution
regenerierte E. regenerated electrolyte [solution]
Elektrolytphase *f* electrolyte phase
Elektrolytregenerierung *f* regeneration of electrolyte
Elektrolytschmelze *f* fused (molten) electrolyte
Elektrolytunterbrecher *m* electrolytic interrupter
Elektrolytwiderstand *m* electrolyte resistance
ohmscher E. ohmic resistance of the electrolyte
Elektrolytzähler *m* electrolytic meter
Elektrolytzirkulation *f* electrolyte circulation
Elektrolytzusammensetzung *f* composition of the electrolyte
Elektromagnet *m* electromagnet
Elektromagnetik *f* electromagnetics *(Lehre)*
elektromagnetisch electromagnetic[al]
Elektromagnetismus *m* electromagnetism
Elektromaschine *f* electric machine
Elektromechanik *f* electromechanics
elektromechanisch electromechanical
Elektrometallisierung *f* electrometallization
Elektrometallurgie *f* electrometallurgy
elektrometallurgisch electrometallurgical
Elektrometer *n* electrometer
Elektrometerröhre *f* electrometer valve (tube)
elektrometrisch electrometric
Elektromigration *f* electromigration
Elektromobil *n s.* Elektroauto
Elektromotor *m* electric motor, electromotor
Elektromotorantrieb *m* electric motor drive
elektromotorisch electromotive
Elektron *n* electron
äußeres E. outer[-shell] electron
beschleunigtes E. accelerated electron
eingefangenes E. trapped electron
energiereiches E. high-energy electron
freies E. free (unbound) electron
gebundenes E. bound electron
heißes E. hot electron *(hochenergetisch)*
inneres E. inner[-shell] electron
kreisendes E. circling electron
lokalisiertes E. localized electron
negatives E. negative electron, negatron
positives E. positive electron, positron
quasifreies E. quasi-free electron
rotierendes E. spinning electron
vagabundierendes E. stray electron
Elektron-Defektelektron-Paar *n (Halbl)* electron-hole pair
elektronegativ electronegative
Elektronegativität *f* electronegativity
Elektron-Elektron-Stoß *m* electron-electron collision
Elektron-Elektron-Streuung *f* electron-electron scattering
Elektronenabgabe *f* electron delivery, donation of electrons
Elektronenablösung *f* electron detachment (liberation), release of electrons
Elektronenabtaststrahl *m* electron scanning beam
Elektronenaffinität *f* electron affinity
Elektronenakzeptor *m* electron acceptor
Elektronenanlagerung *f* electron attachment (capture)
Elektronenanordnung *f* electron configuration (arrangement)
Elektronenanregung *f* electron[ic] excitation
Elektronenaufbau *m* electronic structure
Elektronenaufnahme *f* acceptance of electrons
Elektronenaufnehmer *m* electron acceptor
Elektronenauslösung *f s.* Elektronenablösung
Elektronenausstrahlung *f* emission of electrons
Elektronenaustausch *m* electron exchange
Elektronenaustritt *m* exit of electrons
Elektronenaustrittsarbeit *f* electron[ic] work function, thermionic work function
Elektronenbahn *f* electron[ic] orbit, electron path (trajectory)

Elektronenballung *f* electron bunching
Elektronenbefreiung *f* electron liberation
Elektronenbeschleuniger *m* electron accelerator; cathode-ray accelerator
linearer E. linear electron accelerator
Elektronenbeschuß *m* electron bombardment
Elektronenbeschußheizung *f* electron bombardment heating
Elektronenbesetzung *f* electron population (occupation)
elektronenbestrahlt electron-irradiated
Elektronenbeweglichkeit *f* electron mobility
Elektronenbewegung *f* electron motion
Elektronenbild *n* electron[ic] image
Elektronenbildröhre *f* electron image tube
Elektronenbildzerleger *m* image dissector, dissector tube
Elektronenblitz *m* electronic flash
Elektronenblitzgerät *n* electronic flash unit
Elektronenblitzröhre *f* electronic flash tube
Elektronenbremsung *f* electron retardation
Elektronenbrennfleck *m* electron spot
Elektronenbündel *n* electron beam
konvergentes E. convergent electron beam
Elektronenbündelröhre *f* electron beam valve
Elektronenbündelung *f* electron focussing
elektrostatische E. electrostatic focussing
Elektronendichte *f* electron density
Elektronendichteprofil *n* electron density profile
Elektronendonator *m* electron donor
Elektronendrift *f* electron drift
Elektronendruck *m* electron pressure
elektronendurchlässig electron-transmitting
Elektroneneindringtiefe *f* electron penetration depth
Elektroneneinfang *m* electron capture (trapping)
Elektroneneinsammlung *f* electron collection
Elektronenemission *f* electron[ic] emission
thermische E. thermionic electron emission
Elektronenemitter *m* electron emitter
Elektronenenergie *f* electron[ic] energy
Elektronenenergieniveau *n* electron energy level
Elektronenenergietermschema *n* electron energy scheme
Elektronenentladung *f* electron discharge
Elektronenerzeugung *f* electron production
Elektronenfackel *f* electronic torch
Elektronenfalle *f* electron trap
Elektronenfluß *m* electron flow (flux)
Elektronenflußdichte *f* electron flux density
Elektronenfokussierung *f* electron focus[s]ing
Elektronengas *n* electron gas
entartetes E. degenerate electron gas
Elektronengasstatistik *f* electron-gas statistics
Elektronengehirn *n* electronic brain
elektronengekoppelt electron-coupled
Elektronengeometrie *f* electron geometry *(Elektronenstrahlverbreiterung)*
Elektronenhaftstelle *f* electron trap
Elektronenhülle *f* electron shell, electronic envelope
Elektroneninjektor *m* electron injector
Elektronenkanone *f* electron gun
E. mit Gitteranode mesh anode electron gun
E. mit linienförmigem Strahl strip-beam gun
E. mit Plasmakatode plasma cathode electron gun
Elektronenkonfiguration *f* electron[ic] configuration, electron arrangement
Elektronenkonzentration *f* electron density, concentration of electrons
Elektronenladung *f* electron[ic] charge
Elektronenlaufzeit *f* electron transit time
Elektronenlawine *f* electron avalanche, [Townsend] avalanche
Elektronenlebensdauer *f* electron lifetime
Elektronenleerstelle *f* electronic vacancy
elektronenleitend electron-conducting
Elektronenleiter *m* electron[ic] conductor
Elektronenleitfähigkeit *f* electron[ic] conductivity
Elektronenleitung *f* electron conduction
Elektronenlinse *f* electron lens
elektrostatische E. electrostatic electron lens
Elektronenmangel *m* electron deficit (deficiency)
Elektronenmasse *f* electron[ic] mass
Elektronenmikroskop *n* electron microscope
Elektronenniederschlag *m* electron deposition
Elektronenniveau *n* electron[ic] level, energy level, term
Elektronenoptik *f* electron optics
elektronenoptisch electron-optical
Elektronenort *m* electron position
Elektronenpaar *n* electron pair
Elektronenphysik *f* electronic physics
Elektronenplasma *n* electron plasma
Elektronenpolarisation *f* electronic polarization
Elektronenquelle *f* electron source
Elektronenrechner *m* electronic computer
Elektronenreichweite *f* electron range
Elektronenrelais *n* electron (thermionic) relay
Elektronenresonanz *f* / **paramagnetische** *s.* Elektronenspinresonanz
Elektronenröhre *f* electron[ic] tube, electron[ic] valve

E. mit Ablenkungssteuerung deflection tube
Elektronenröhrengleichrichter *m* electronic rectifier
Elektronenrückstreuung *f* backscattering of electrons
Elektronenruhemasse *f* electron rest mass
Elektronenschale *f* electron[ic] shell
äußere E. valence shell
Elektronenschalter *m* electronic (vacuum-tube) switch
Elektronenschicht *f* electron sheath
Elektronenschleuder *f* electron gun
E. mit gekreuzten Feldern crossed-field gun
Elektronenschmelzanlage *f* electron melting installation
Elektronenspender *m* electron donor
Elektronenspiegel *m* electron mirror *(Röhren)*
Elektronenspiegelbildwandler *m* electron mirror image converter *(Bild-Bild-Wandlerröhre)*
Elektronenspiegelmikroskop *n* mirror-type electron microscope
Elektronenspin *m* electron spin
Elektronenspinresonanz *f* electron spin (paramagnetic) resonance, paramagnetic [electronic] resonance
Elektronensprung *m* electron jump
Elektronenstatistik *f* electron statistics
Elektronenstoß *m* electron impact (pulse)
Elektronenstoßionisation *f* ionization by electron impact
Elektronenstrahl *m* electron beam
dichter E. dense electron beam
geschwindigkeitsgesteuerter E. velocity-modulated electron beam
magnetisch fokussierter E. magnetically focus[s]ed electron beam
zylindrischer E. cylindrical electron beam
Elektronenstrahlabgleich *m* electron beam adjusting
Elektronenstrahlablenksystem *n* electron beam deflection system
Elektronenstrahlanzeigeröhre *f* electron [beam] display tube
Elektronenstrahlapertur *f* electron beam aperture
Elektronenstrahlbearbeitung *f* electron beam machining
Elektronenstrahlbelichtung *f* electron beam exposure
Elektronenstrahlbeschichtung *f* electron beam coating
Elektronenstrahlbeschleunigungsspannung *f* electron beam accelerating voltage
Elektronenstrahldotierung *f (Halbl)* electron beam doping
Elektronenstrahldurchmesser *m* electron beam diameter
Elektronenstrahlenergie *f* electron beam energy
Elektronenstrahler *m* electron emitter
Elektronenstrahlerwärmung *f* electron beam heating
Elektronenstrahlerzeuger *m* electron [beam] gun
Elektronenstrahlfleck *m* electron [beam] spot
Elektronenstrahlfokussierung *f* electron beam focus[s]ing
Elektronenstrahlfräsen *n* electron beam milling
Elektronenstrahlgenerator *m* electron beam generator
Elektronenstrahlheizquelle *f* electron beam heating source
Elektronenstrahlheizung *f* electron beam heating
Elektronenstrahlinstrument *n* electron beam instrument
Elektronenstrahlkanone *f s.* Elektronenstrahlerzeuger
Elektronenstrahllaser *m* electron beam laser
Elektronenstrahlmagnetometer *n* electron beam magnetometer
Elektronenstrahlmehrkammerofen *m* electron beam multichamber furnace
Elektronenstrahlmikroanalysator *m* electron beam microanalyzer
Elektronenstrahlofen *m* electron beam furnace
Elektronenstrahloszillograf *m*, **Elektronenstrahloszilloskop** *n* cathode-ray oscillograph, Braun oscillograph
Elektronenstrahlparameter *m* electron beam parameter
Elektronenstrahl-Plasmaverstärkerröhre *f* [electron] beam plasma amplifier tube
Elektronenstrahlprofil *n* electron beam profile
Elektronenstrahlpunkt *m* electron [beam] spot
Elektronenstrahlröhre *f* 1. electron beam tube, cathode-ray tube; 2. beam-deflection tube
E. mit Planschirm flat-faced cathode-ray tube
Elektronenstrahlröhrenvoltmeter *n* cathode-ray voltmeter
Elektronenstrahlschalter *m* electron beam switch
Elektronenstrahlschmelzen *n* electron beam melting
Elektronenstrahlschmelzofen *m* electron beam melting furnace
Elektronenstrahlschreiben *n* electron-beam direct writing
Elektronenstrahlschweißen *n* electron beam welding
Elektronenstrahlschweißmaschine *f* electron beam welding machine
Elektronenstrahlstrom *m* electron beam current

Elektronenstrahltechnologie *f* electron beam technology
Elektronenstrahlungsquelle *f* electron source
Elektronenstrahlverbreiterung *f* electron beam dispersion
Elektronenstrahlverdampfersystem *n* electron beam evaporator system
Elektronenstrahlverdampfung *f* electron beam evaporation
Elektronenstrahlverdampfungsquelle *f* electron beam evaporating source
Elektronenstrahlverstärker *m* electron beam amplifier
Elektronenstrahlwandlerröhre *f* electron beam converter
Elektronenstreuung *f* electron scattering
Elektronenstrom *m* electron current (stream, flow)
Elektronenstromdichte *f* electron current density
Elektronenströmung *f* electron stream (flow)
wirbelbehaftete E. vortical electron flow
Elektronenstruktur *f* electronic structure
Elektronenteleskop *n* electron telescope
Elektronentemperatur *f* electron temperature
Elektronenterm *m s.* Elektronenniveau
Elektronentransport *m* electron transport
Elektronentunnelung *f* electron tunnelling
Elektronenübergang *m* electron[ic] transition
Elektronenüberschuß *m* electron excess
Elektronenunterschuß *m* electron deficit
Elektronenverarmungszone *f (Halbl)* depletion region
Elektronenverdampfung *f* electron evaporation
Elektronenverschiebung *f* electron shift, electronic displacement
Elektronenverteilung *f* electron distributior
Elektronenvervielfacher *m* electron multiplier
Elektronenvolt *n* electron volt, eV
Elektronenwanderung *f* electron migration (drift)
Elektronenwelle *f* electron (de Broglie) wave
Elektronenwellenmagnetfeldröhre *f* electron wave magnetron
Elektronenwellenröhre *f* electron wave tube
Elektronenwolke *f* electron cloud
Elektronenzähler *m* electron counter
Elektronenzusammenstoß *m* electron collision
Elektronenzustand *m* electron[ic] state
Elektronenzustandssumme *f* electronic partition function
elektroneutral electrically neutral
Elektroneutralität *f* electroneutrality
Elektroneutralitätsbedingung *f* requirement of electroneutrality
Elektron-Gitter-Wechselwirkung *f (Halbl)* electron-lattice interaction
Elektronik *f* electronics; electronic engineering
industrielle E. industrial electronics
integrierte E. integrated electronics
Elektroniker *m* electronician
Elektronikindustrie *f* electronics industry
Elektronikregler *m* electronic controller
Elektron-Ion-Rekombination *f* electron-ion recombination
Elektron-Ion-Stoß *m* electron-ion collision
Elektron-Ion-Wandrekombination *f* electron-ion wall recombination
elektronisch electronic
Elektron-Loch-Paar *n (Halbl)* electron-hole pair
Elektron-Loch-Rekombination *f (Halbl)* electron-hole recombination
Elektron-Phonon-Wechselwirkung *f* electron-phonon interaction
Elektroofen *m* electric furnace (oven)
E. für chargenweise Beschickung batch-type electric furnace
E. für diskontinuierlichen Betrieb electric discontinuous furnace
E. für kontinuierlichen Betrieb electric continuous furnace
E. mit künstlicher Atmosphäre electric artificial-atmosphere furnace
E. mit Normalatmosphäre electric natural-atmosphere furnace
E. mit Schutzgasatmosphäre electric protective-atmosphere furnace
E. mit Stetigförderer electric conveyor furnace
Elektrooptik *f* electrooptics
elektrooptisch electrooptic[al]
Elektroosmose *f* electroosmosis
Elektrophor *m* electrophorus
Elektrophorese *f* electrophoresis
elektrophoretisch electrophoretic
Elektrophysiologie *f* electrophysiology
elektroplattieren to electroplate, to electrodeposit metals
Elektroplattierung *f* electroplating, electrodeposition of metals, electrocoating
elektropneumatisch electropneumatic
Elektropolieren *n* electropolishing
Elektroporzellan *n* electrical (insulation) porcelain
elektropositiv electropositive
Elektroraffination *f* electrorefining, electrolytic refining
Elektrorasierer *m* electric shaver (razor)
Elektroretinografie *f* electroretinography
Elektroretinogramm *n* electroretinogram
Elektroschlacke-Raffinationsofen *m* electroslag refining furnace
Elektroschlacke-Raffinationsprozeß *m* electroslag refining process

Elektroschlackeschweißen *n* electroslag welding
Elektroschlackeumschmelzen *n* electroslag remelting
Elektroschlackeumschmelzofen *m* electroslag remelting furnace, ESR furnace
Elektroschmelzofen *m* electric melting furnace
Elektroschweißen *n* electric [arc] welding
Elektroschweißmaschine *f* electric welding machine
Elektroskop *n* electroscope
Elektrospeicherofen *m* electric storage stove
Elektrostahl *m* electric[-furnace] steel
Elektrostahlofen *m* electric steel furnace
Elektrostatik *f* electrostatics *(Lehre)*
elektrostatisch electrostatic[al]
Elektrostriktion *f* electrostriction, converse piezoelectric effect
elektrostriktiv electrostrictive
Elektrotechnik *f* electrotechnics; electrical engineering (technology)
elektrotechnisch electrotechnical
Elektrotherapie *f* electrotherapeutics, electrotherapy
Elektrothermie *f* electrothermics
elektrothermisch electrothermal, electrothermic
Elektrothermometer *n* electric thermometer
Elektrothermostat *m* electrothermostat
Elektrotod *m* electrocution
Elektrotraktion *f* electric traction
Elektrounterstation *f* electric power substation
Elektrovalenz *f (Chem)* electrovalency, ionic valency (bond)
Elektrowärme *f* electric heat
Elektrowärmeanlage *f* electrothermal installation (equipment)
Elektrowärmeanwendung *f* application of electric heat
Elektrowärmelehre *f* electrothermics
Elektrowärmetechnologie *f* electric-heat technology
Elektrowärmeverbrauch *m* electric-heat consumption
Element *n* 1. element, component; 2. cell, battery
  E. der Stromrichterschaltung rectifier circuit element
  E. für Taschenlampen torch cell
  E. mit hoher Eingangsimpedanz high-input impedance device
  E. mit mehreren pn-Übergängen *(Halbl)* multiple p-n junction device
  aktives E. active element
  alkalisches E. caustic soda cell
  astatisches E. astatic element
  bistabiles E. *(Syst)* bistable element; two-state device *(Schaltungselement)*
  diskretes E. discrete element (component)
  elektrochemisches E. electrochemical (galvanic, voltaic) cell
  elektrothermisches E. electrothermal element
  empfindliches E. sensing element *(eines Meßfühlers)*
  galvanisches E. *s.* elektrochemisches E.
  gleichrichtendes E. rectifying element
  hydroelektrisches E. hydroelectric cell
  konstantes E. constant-voltage cell *(Batterie)*
  ladungsgekoppeltes E. charge-coupled device, CCD
  leitfähiges E. conductive (conducting) element
  logisches E. logic[al] element
  optoelektronisches E. opto-electronic element
  radioaktives E. radioactive element
  reversibles E. reversible cell *(Akkumulator)*
  temperaturempfindliches E. temperature-sensing element
  thermoelektrisches E. thermoelectric couple (element), thermocouple
  Voltasches E. Volta cell
Elementaranalyse *f* elementary analysis
Elementardipol *m* elementary dipole, Hertzian dipole (doublet), [elementary] doublet
Elementargitterzelle *f* elementary lattice cell
Elementarladung *f* [/ **elektrische**] elementary charge, unit [electric] charge, [elementary] electronic charge
Elementarlichtröhre *f* tube of flux
Elementarquantum *n* / **elektrisches** elementary electric charge (*s. a.* Elementarladung / elektrische)
Elementarschaltung *f* basic circuit
Elementarteilchen *n* elementary (fundamental) particle
Elementarwelle *f* elementary wave
  ebene E. elementary plane wave
Elementarzelle *f* elementary (unit) cell *(Kristall)*
Elementbehälter *m* battery box (jar)
Elementendichte *f* number of elements per chip, element density
Elementgefäß *n* battery box (jar)
Elementhalbleiter *m* elemental semiconductor
Elementprüfer *m* battery tester
Elementschlamm *m (Galv)* battery mud (sediment)
Elevatorofen *m* elevator furnace
Elfstiftsockel *m* magnal base *(Katodenstrahlröhre)*
eliminieren to eliminate
Eliminierung *f* elimination

E-Linien *fpl* E lines *(Äquipotentiallinien im elektrischen Feld)*
Elko *s.* Elektrolytkondensator
Ellipsoidkernantenne *f* ellipsoidal core aerial
Ellipsoidspiegel *m* ellipsoidal mirror (reflector)
Ellipsoidspiegellampe *f* ellipsoidal (elliptical) reflector lamp
Ellipsometrie *f* ellipsometry
ellipsometrisch ellipsometric
E-Lok *f*, **E-Lokomotive** *f s.* Elektrolokomotive
Eloxalverfahren *n*, **Eloxieren** *n* anodic (electrolytic) oxidation
Email *n* enamel
Emailledraht *m* enamelled (enamel-insulated, enamel-covered) wire
Emaillelack *m* enamel [varnish]
Emaillereflektor *m (Licht)* enamelled reflector
emaillieren to enamel
Emaillierofen *m* enamelling furnace
EMD-Wähler *m s.* Edelmetallmotordrehwähler
Emission *f* emission; ejection
erzwungene E. stimulated (induced) emission
glühelektrische E. thermionic emission
induzierte E. *s.* erzwungene E.
lichtelektrische E. photoemission
stimulierte E. *s.* erzwungene E.
thermische E. thermionic emission
Emissionsbande *f* emission band *(Bandenspektrum)*
emissionsbegrenzt emission-limited
Emissionselektrode *f* emitter *(Transistor)*
Emissionsfaktor *m* emission factor
Emissionsfläche *f* emitting surface
Emissionsgeschwindigkeit *f* velocity of emission
Emissionsgrad *m* emission rate, emittance
Emissionskante *f* emission edge (discontinuity)
Emissionskennlinie *f* emission characteristic
Emissionskoeffizient *m* emission coefficient
Emissionskontinuum *n* emission continuum, continuous emission spectrum
Emissionslinie *f* emission line
Emissionslinienspektrum *n* emission line spectrum
Emissionsmaximum *n* emission peak (maximum)
Emissionsprüfung *f* filament activity test *(Röhren)*
Emissionsrate *f (Halbl)* emission rate
Emissionsschicht *f* emitting layer
Emissionsspektrum *n* emission (bright-line) spectrum
Emissionsstrom *m* / **feldfreier** field-free emission current *(Langmuir-Katode)*
Emissionsvermögen *n* emissive power, emission capability, emissivity
Emissionsverschiebung *f* displacement of emission *(Röhren)*
Emitter *m* emitter
gemeinsamer E. common emitter, ce
Emitteranschluß *m* emitter terminal
Emitteranschlußdraht *m* emitter wire
Emitteraustrittsarbeit *f* emitter work function
Emitter-Basis-Diode *f* emitter-base diode
Emitter-Basis-Reststrom *m* emitter-base leakage current
Emitter-Basis-Schaltung *f* grounded-emitter circuit
Emitter-Basis-Spannung *f* emitter-base voltage
Emitter-Basis-Sperrschichtkapazität *f* emitter-base transition capacitance
Emitter-Basis-Übergang *m* emitter-base junction
Emitter-Basis-Verstärker *m* grounded-emitter amplifier
Emitterboden *m* emitter floor
Emitterbreite *f* emitter width
Emitterdiffusion *f* emitter diffusion
Emitterdiffusionsfenster *n* emitter diffusion window
Emitterdiode *f* emitter diode *(Bipolartransistor)*
Emitterelektrode *f* emitter electrode
Emitterfläche *f* emitter area
Emitterfolger *m* emitter follower
Emittergebiet *n* emitter region
emittergekoppelt emitter-coupled
Emittergeometrie *f* emitter geometry
Emittergleichstrom *m* d.c. emitter current
Emittergrenzfrequenz *f* emitter cut-off frequency
Emitterkante *f* emitter edge
Emitterkontakt *m* emitter contact
Emitterkontaktstreifen *m* emitter stripe
Emitterkreis *m* emitter circuit
Emitterkügelchen *n* emitter pellet
Emitterladungszeitkonstante *f* emitter charging-time constant
Emittermetallisierungsfenster *n* emitter metallization window
Emitterperle *f* emitter dot
Emitterpille *f* emitter pellet
Emitterreststrom *m* emitter-base cut-off current
Emitterschaltung *f* emitter circuit
Emitterschicht *f* emitter layer
Emitterspannung *f* emitter voltage
Emittersperrschicht *f* emitter barrier (depletion layer)
Emitterstreifengeometrie *f* emitter strip geometry
Emitterstrom *m* emitter current
emitterstrombegrenzt emitter-current-limited

Emitterstromeinschnürung *f* emitter-current crowding
Emittertiefe *f* emitter depth
Emitterübergang *m* emitter junction
Emitterumfang *m* emitter periphery
Emitterunwirksamkeit *f* emitter inefficiency
Emitterverstärker *m* emitter amplifier
Emitterwiderstand *m* emitter resistance
Emitterwirkungsgrad *m* emitter [injection] efficiency
Emitterzone *f* emitter region
Emitterzuleitung *f* emitter lead
emittieren to emit, to eject
  Elektronen e. to emit (eject) electrons
emittierend emissive
EMK electromotive force, emf (*s. a. unter* Kraft / elektromotorische)
EMK-Messung *f* electromotive force measurement
E-Modul *m s.* Elastizitätsmodul
Empfang *m (Nrt)* reception
  E. mit Mehrfachantenne spaced aerial reception
  drahtloser E. wireless reception
  gerichteter E. directional reception
  kompatibler E. compatible reception
  schlechter E. poor (bad) reception
  ungültiger E. invalid reception
empfangen *(Nrt)* to receive
Empfänger *m (Nrt)* receiver, receiving set; detector
  einpoliger E. single-pole receiver
  elektroakustischer E. electroacoustic receiver
  fotoelektrischer (lichtelektrischer) E. photoconductive (photocell) receiver, photodetector
  pneumatischer E. pneumatic detector
  thermoelektrischer E. thermoelectric detector
Empfängerabgleich *m* receiver alignment
Empfängerausgang *m* receiver output
Empfängerausgangsleistung *f* receiver output [power]
Empfängereichung *f* receiver calibration
Empfängereingang *m* receiver input
Empfängerfläche *f* receiver surface
Empfängergehäuse *n* receiver cabinet
Empfängergrundfarbe *f (Ferns)* receiver primary
Empfängermeßsender *m s.* Empfängerprüfgenerator
Empfängerprüfgenerator *m (Meß)* radiofrequency service oscillator, alignment generator
Empfängerregelröhre *f* medium cut-off tube
Empfängerröhre *f* receiving valve; *(Ferns)* viewing tube
Empfänger-Sender *m* / **universeller asynchroner** universal asynchronous receiver-transmitter, UART
  universeller synchron-asynchroner E. universal synchronous-asynchronous receiver-transmitter, USART
  universeller synchroner E. universal synchronous receiver-transmitter, USRT
Empfängersperröhre *f* transmit-receive tube
Empfängertastung *f* receiver gating
Empfangsanlage *f* receiving set
Empfangsantenne *f* receiving aerial, wave collector
Empfangsantennendiagramm *n* reception diagram
Empfangsanzeige *f (Fmt)* notification of delivery
Empfangsaufruf *m (Fmt)* selecting
Empfangsbandbreite *f* receiving bandwidth
Empfangsbedingungen *fpl* receiving conditions
Empfangsbereich *m* reception coverage; service area *(z. B. eines Senders)*
Empfangsbereichschalter *m* band switch
empfangsbereit *(Nrt)* ready to receive
Empfangsbestätigung *f (Nrt)* acknowledgement of receipt
Empfangsbestätigungszeichen *n (Nrt)* reception confirmation signal
Empfangsbezugsdämpfung *f* receiving reference equivalent
Empfangsbild *n* received picture
Empfangsdiagramm *n* reception diagram
Empfangsdruckstreifen *m* printed receive tape
Empfangseinrichtung *f* receiving equipment
Empfangsempfindlichkeit *f* receiving sensitivity
Empfangsendstelle *f* receiving terminal
Empfangsentscheidung *f* receiving decision
Empfangsfeldstärke *f* received field strength
Empfangsfläche *f* receiving surface
Empfangsfrequenz *f* receiving (reception) frequency
Empfangsfunkstelle *f* receiving station
Empfangsgerät *n* receiver, receiving set
Empfangskennlinie *f* / **herzförmige** heart-shaped reception diagram
Empfangskonverter *m* receiving converter
Empfangsleistung *f* received power
Empfangsleitung *f* receive line
Empfangsloch *n* radio shadow (pocket), dead spot *(Funkwellen)*
Empfangslocher *m (Nrt)* receiving perforator, reperforator
  druckender E. printing (typing) reperforator
Empfangslochstreifen *m (Nrt)* perforated receive tape
Empfangslochung *f (Nrt)* reperforation

Empfangsmagnet *m* receiver magnet
Empfangsparametron *n* receiving parametron
Empfangspegel *m* input level
Empfangsplatz *m (Nrt)* receiving [operator's] position
Empfangsraum *m* receiving room
Empfangsrelais *n* receiver relay
Empfangsröhre *f* receiving valve
Empfangssatz *m (Nrt)* receiving set
Empfangsseite *f* receiving end, receive side
Empfangs-Sende-Gerät *n* / **tragbares** walkie-talkie
Empfangs-Sende-Schleife *f* receive-to-send loop
Empfangs-Sende-Verhältnis *n* receive-transmit ratio
Empfangssignal *n (Nrt)* incoming (received) signal
Empfangsspannungsempfindlichkeit *f* receiving-voltage sensitivity
Empfangssperre *f (Nrt)* reception lock-out switch
Empfangsspielraum *m* receiving margin
Empfangsstation *f (Nrt)* receiving station; *(Fmt)* slave station
Empfangsstörung *f* receiving disturbance
Empfangssystem *n* receiving system
Empfangstrichter *m* receiving horn
Empfangsverhältnisse *npl* receiving conditions
Empfangsverstärker *m* receiving amplifier
Empfangsverteiler *m* receiving distributor
Empfangswelle *f* receiving (picked-up) wave
Empfangszeit *f (Nrt)* time of receipt
Empfangszentrale *f* receiving centre
empfindlich sensitive; responsive
Empfindlichkeit *f* sensitivity, sensitiveness; responsivity, responsiveness; response
E. bei tiefen Frequenzen *(Ak)* bass response
E. beim relativen Pegel Null zero relative level sensitivity
E. des Meßfühlers detector sensitivity
E. des Y-Verstärkers Y-amplifier sensitivity
E. eines Meßmittels sensitivity of a measuring instrument
E. gegen Dehnung der Unterlage base strain sensitivity
E. gegen Umgebungseinflüsse environmental sensitivity
E. im diffusen Schallfeld random[-incidence] sensitivity, random[-incidence] response
absolute E. *(Meß)* absolute sensitivity
axiale E. axial response (sensitivity)
elektrische E. electrical sensitivity
lokale E. local sensitivity
nutzbare E. usable sensitivity
nutzbare spektrale E. *(Ferns)* effective colour response
relative E. *(Meß)* relative sensitivity
spektrale E. spectral sensitivity (response); colour response *(z. B. Farbfernsehen)*
statische E. *(Ak)* static sensibility
Empfindlichkeitsabfall *m*, **Empfindlichkeitsabnahme** *f* fall-off in sensitivity, sensitivity decrease
Empfindlichkeitsänderung *f* sensitivity shift
Empfindlichkeitsbereich *m* sensitivity range
Empfindlichkeitseinstellung *f* sensitivity adjustment
Empfindlichkeitsfaktor *m* 1. sensitivity factor; 2. gauge factor *(Dehnungsmeßstreifen)*
Empfindlichkeitsfunktion *f* sensitivity function
Empfindlichkeitsgrenze *f* sensitivity (response) limit; detection limit
Empfindlichkeitskehrwert *m* sensitivity reciprocal
Empfindlichkeitskontrolle *f* sensitivity check
Empfindlichkeitskurve *f* sensitivity curve
spektrale E. spectral sensitivity (response) curve
Empfindlichkeitsmaximum *n* sensitivity (response) peak
Empfindlichkeitsregelung *f* sensitivity control
automatische E. automatic sensitivity control
Empfindlichkeitsschwelle *f* threshold of sensitivity, response threshold
untere E. threshold of detectability
Empfindlichkeitssteigerung *f* increase in sensitivity
Empfindlichkeitsuntersuchung *f* analysis of sensitivity
Empfindlichkeitsverteilung *f* / **spektrale** spectral sensitivity characteristic; spectral response *(z. B. Farbfernsehen)*
Empfindlichkeitszahl *f* sensitivity factor
Empfindung *f* sensation, perception
Empfindungsgeschwindigkeit *f* speed of sensation *(z. B. Licht)*
Empfindungspegel *m (Ak)* sensation level
Empfindungsschwelle *f (Ak)* threshold of sensation (perception), sensory threshold
Emulation *f (Rech)* emulation [mode] *(Betriebssystem)*
Emulsionslack *m (Isol)* emulsive varnish
Emulsionsmaske *f* emulsion mask
Endabnahme *f* final acceptance [test]
Endabschaltung *f* / **automatische** automatic switching-off
Endabschnitt *m (Fmt)* end section
Endamt *n (Fmt)* end office, terminal [office], terminal exchange (station)
Endamtsleitung *f (Fmt)* terminal exchange line, final route

Endanode *f* end (final) anode, ultor [anode]
Endausbau *m* final installation; *(Fmt)* ultimate capacity *(eines Amtes)*
Endausschalter *m* [final] limit switch
automatischer E. final terminal-stopping device
Endausschlag *m* full-scale deflection (travel) *(Meßinstrument)*
Endbetrieb *m (Fmt)* terminal service
Endbildschirm *m* final screen
Enddose *f* sealing end
Enddraht *m* end wire
Ende *n* termination *(Abschluß)*; [exit] edge *(Linearstator)*
E. der Übertragung *(Nrt)* end of transmission
E. einer Ausgangsleitung load end
fernes E. remote end *(Leitung)*
isoliertes E. sealed end *(Kabel)*
nicht geerdetes E. eines Schwingkreises live end of a resonant circuit
stromloses E. dead end
Endechosperre *f (Fmt)* terminal echo suppressor
ferngesteuerte E. far-end operated terminal echo suppressor
ortsgesteuerte E. near-end operated terminal echo suppressor
Endeinrichtung *f (Fmt)* terminal equipment; local end
Endentgasung *f* clean-up *(Röhren)*
Endergebnis *n* final result
Endfernamt *n (Fmt)* terminal trunk exchange, toll centre
Endfläche *f* end face
Endgerät *n (Rech)* terminal *(z. B. Ein- und Ausgabeeinheit)*
Endgestell *n (Fmt)* terminal rack
Endgröße *f* / **geregelte** ultimately controlled variable
Endimpedanz *f* end impedance
Endkapazität *f* top capacity, terminating capacitance
Endkatode *f* end cathode
Endkontakt *m* end contact
Endkontrolle *f* final examination (inspection)
Endleistungsmesser *m* output meter
Endlosformular *n (Rech)* endless (continuous) form
Endmast *m* terminal pole, dead-end tower *(Freileitung)*
Endmontage *f* final assembly
Endmuffe *f* socket end
Endpentode *f* output pentode
Endplatte *f* end plate
Endprüfung *f* final test; final inspection
Endpunkt *m* end point *(z. B. von Phasenbahnen)*
Endregelglied *n* final control element
Endröhre *f* output valve
Endschalter *m* limit switch; overtravel switch
Endsignal *n* sign-off signal
Endspannung *f* final (end-point) voltage, cut-off voltage *(Batterie)*
Endspeiseleitung *f* dead-end feeder
Endstelle *f (Fmt)* terminal [station], local end; subscriber's apparatus
E. mit automatischer Anrufbeantwortung automatic answering terminal
Endstellenzubringerlinien *fpl (Fmt)* terminal link
Endstellung *f* end (ultimate) position
Endstufe *f* 1. [power] output stage, power amplifier *(Leistungsverstärker)*; 2. final stage
Endstufenmodulation *f* high-level modulation, high-power modulation
Endsumme *f* final total
Endtelegrafenstelle *f* telegraph office
Endtemperatur *f* final temperature
Endtetrode *f* **mit Elektronenbündelung** beam power tetrode
Endtransformator *m* terminal transformer
Endtransistor *m* output transistor
Endtriode *f* output triode
Endtrocknung *f* final drying
Endumschalter *m* travel-reversing switch
Endverbraucher *m* ultimate user
Endverkehr *m (Fmt)* terminal (terminating) traffic
Endverkehrsbelegungszeichen *n (Fmt)* terminal seizing signal
Endverschluß *m* terminal box, termination *(Kabel)*; sealing end
E. für Drehstromkabel trifurcating box
Endverstärker *m* power (output) amplifier *(Leistungsverstärker)*; *(Fmt)* terminal amplifier (repeater); main amplifier
Endverstärkergestell *n (Fmt)* terminal repeater bay
Endverstärkerstufe *f* power amplifier stage
Endverzweiger *m (Fmt)* dispersal point
Endwert *m* final value; *(Fmt)* accumulated value
E. des Ablesebereichs full-scale value
Endwertsatz *m* final-value theorem, limit-value theorem *(Laplace-Transformation)*
Endzeitpunkt *m* finite-time instant
Endzelle *f* end cell *(Batterie)*
Endzustand *m* final state
Energetik *f* energetics
energetisch energetic
Energie *f* energy; power
E. des elektrischen Feldes electric field energy
absorbierte E. absorbed energy
chemische E. chemical energy
elektrische E. electric energy
elektromagnetische E. electromagnetic energy
freie E. free energy
gebundene E. latent energy
gespeicherte E. stored energy

Gibbssche freie E. Gibbs free energy
innere E. internal (intrinsic) energy
kinetische E. kinetic energy
magnetische E. magnetic energy
mittlere E. mean energy
nukleare E. nuclear energy
potentielle E. potential energy
thermische E. thermal energy
zugeführte E. supplied energy, energy input
Energieabfall *m* energy drop
Energieabgabe *f* energy release (delivery), output of energy
energieabhängig energy-dependent
Energieabnahme *f* energy decrement, decrease in energy
Energieabsorption *f* energy absorption
Energieabstand *m s.* Energielücke
Energieabstrahlung *f* radiation of energy, power dissipation
Energieanschlußvorschriften *fpl* power supply regulations
Energieanteil *m* energy component
energiearm low-energy, poor in energy
Energieaufnahme *f* energy absorption
Energieaufwand *m* energy expenditure
Energieausbeute *f* energy efficiency
Energieausgleich *m* equalization of energy
Energieausnutzung *f* energy utilization
Energieaustausch *m* interchange of energy, energy exchange
Energieband *n* energy band
erlaubtes E. allowed [energy] band
leeres E. empty band
teilweise besetztes E. partially occupied band
verbotenes E. forbidden [energy] band, energy gap
vollbesetztes E. filled band
Energiebanddiagramm *n* [energy] band diagram
Energiebändermodell *n*, **Energiebänderschema** *n* energy band model (scheme, diagram)
Energiebandstruktur *f* energy band structure
Energiebandüberlappung *f* energy band overlap
Energiebarriere *f* energy barrier
Energiebedarf *m* energy demand; power demand
Energiebereich *m* energy region (range)
Energieberg *m* energy barrier
Energiebetrag *m* amount of energy
Energiebilanz *f* energy balance
Energiediagramm *n* energy scheme
Energiedichte *f* energy density
E. der Strahlung radiant energy density
Energiedichtespektrum *n* energy-density spectrum
Energiedissipation *f s.* Energieverlust
Energiedosis *f* absorbed dose
Energiedosisleistung *f* absorbed dose rate
Energieerhaltung *f* conservation of energy, energy conservation
Energieerhaltungssatz *m* energy conservation law, energy principle (theorem)
Energieerzeugung *f* power generation (production)
magnetohydrodynamische E. magnetohydrodynamic power generation
mittlere E. mean energy production *(eines Kraftwerks)*
thermoelektrische E. thermoelectric power generation, thermoelectric generation of electricity
Energieerzeugungsanlage *f* power plant
Energiefluenz *f* energy fluence
Energiefluß *m* energy flow (flux)
Energiefreigabe *f*, **Energiefreisetzung** *f* energy release
Energiegehalt *m* energy content
Energiegewinn *m* energy gain
energiegleich equal-energy
Energiegleichgewicht *n* energy balance
Energiegleichung *f* energy equation
Energiehaushalt *m* energy balance
Energieinhalt *m* energy content
Energieleitung *f* transmission (power) line; feeder *(Antennentechnik)*
Energielieferung *f* delivery of energy
Energielücke *f* energy [band] gap, forbidden band *(im Energiebändermodell)*
Energiemenge *f* amount of energy
Energiemesser *m* ergometer
Energieminimum *n* energy minimum
Energieniveau *n* energy level, [energy] term
Energieniveaudiagramm *n* energy-level diagram
Energieniveaudichte *f* energy-level density
Energieniveauschema *n* energy-level scheme (diagram)
Energieniveauübergang *m* energy-level transition
Energieniveauverteilung *f* energy-level distribution
Energieoperator *m* energy operator
Energieprinzip *n* energy principle
Energiequant[um] *n* energy quantum
Energiequelle *f* 1. power source, source of energy; 2. power supply; network feeder *(Netzeinspeisung)*
Energiereaktor *m* power reactor
Energieregelung *f* control of power
Energieregler *m* power control switch; energy regulator (controller) *(Wärmegeräte)*
energiereich 1. high-energy, energy-rich; energized; 2. hard *(Strahlen)*
Energie-Reichweite-Beziehung *f (Nrt)* energy-range relation
Energieresonanz *f* energy resonance
Energieressourcen *fpl* energy resources *(z. B. eines Landes)*

Energierückgewinnung *f* energy recovery (recuperation)
Energierückstrahlung *f* energy reflection
Energiesatz *m s.* Energieerhaltungssatz
Energieschema *n* energy-level scheme (diagram), term diagram (scheme)
Energieschritt *m* energy step
Energieschwelle *f* energy barrier (threshold)
Energiesenke *f* energy depression
energiesparend power-saving
Energiespeicher *m* energy store
Energiespeicherglied *n (Syst)* energy storage element
Energiespeicherung *f* energy storage (accumulation)
magnetische E. magnetic energy storage
Energiestreuung *f* spread in energy
Energiestrom *m* energy flow (flux)
Energiestromdichte *f* energy flux density
Energieströmung *f s.* Energiestrom
Energiestufe *f s.* Energieniveau
Energiesystem *n* power system
Energieterm *m s.* Energieniveau
Energieträger *m* energy (power) carrier
Energietransport *m* energy transport
Energieüberführung *f*, **Energieübergang** *m* energy transfer
Energieübertragung *f* energy transfer; energy (power) transmission
E. durch Strahlung energy transfer by radiation
elektrische E. electric power transmission
Energieumformung *f*, **Energieumsetzung** *f s.* Energieumwandlung
Energieumwandler *m* energy converter
elektronischer E. electronic energy (power) converter
thermischer E. thermionic energy converter
Energieumwandlung *f* energy conversion (transformation)
energieunabhängig energy-independent
Energieverbrauch *m* 1. energy (power) consumption; 2. measurement energy *(des Meßmittels)*
spezifischer E. specific energy consumption
Energieverlust *m* energy loss (dissipation), power loss
mittlerer E. mean (average) energy loss
Energieverschwendung *f* wastage of energy
Energieversorgung *f* power supply
öffentliche E. public power supply
stromkonstante (stromstabilisierte) E. current-stabilized power supply
Energieverteilung *f* energy distribution
anisotrope E. anisotropic energy distribution *(z. B. der Elektronen)*
elektrische E. electric power distribution
flächenhafte E. area-wise power distribution
relative spektrale E. *(Licht)* relative spectral energy distribution
Energievorausplanung *f* power forecast
Energievorrat *m* energy reserve
Energievorräte *mpl s.* Energieressourcen
Energiewandler *m s.* Energieumwandler
Energiewirtschaft *f* 1. power economy; 2. power industry
Energiezerstreuung *f* energy dissipation
Energiezufuhr *f* energy input (supply)
Energiezustand *m* energy state
E. des Elektrons electronic energy state
erlaubter E. permitted energy state
Energiezuwachs *m* gain of energy
Engewiderstand *m* constriction resistance
engmaschig close-meshed
Engpaßleistung *f* 1. *(Anl)* maximum capacity; 2. *(Eerz)* gross generating power
entarten *(Halbl)* to degenerate
Entartung *f (Halbl)* degeneracy, degeneration
E. der Energieniveaus degeneracy of energy levels
Entartungsfaktor *m* degeneracy factor
Entartungskonzentration *f* degeneration concentration
Entartungskriterium *n* criterion of degeneracy
Entartungstemperatur *f* degeneracy temperature
Entbrummen *n* hum filtering
Entbrummer *m* hum potentiometer (eliminator)
Entbrummkondensator *m* anti-hum capacitor
Entbrummspule *f* hum-bucking coil, humbucker *(Lautsprecher, Tonbandgerät)*
Entbündelung *f* 1. debunching *(Elektronenröhren)*; 2. defocus[s]ing
entdämpfen to reduce damping
Entdämpfung *f* damping reduction; *(Fmt)* de-attenuation
entdrillen to untwist *(z. B. Kabel, Freileitungen)*
entdröhnen *(Ak)* to deaden
entdröhnt [sound-]deadening
Entdröhnung *f* [sound] deadening
Entdröhnungsmittel *n* [sound-]deadening material, sound deadener
Entdröhnungsspachtel *m* mastic deadener
enteisen to de-ice, to defrost
Enteisungsanlage *f*, **Enteisungsvorrichtung** *f* de-icer, defroster, sleet-melting provision
entfärben to decolour[ize], to discolour; to bleach
entfärbt / thermisch bleached by heating
Entfärbung *f* decolourization, discolouration; bleaching

elektrolytische E. electrolytic bleaching
Entfärbungstemperatur *f* bleaching temperature
entfernen to remove, to eliminate
den Grat e. to clean off burrs *(z. B. von Preßteilen)* (*s. a.* entgraten)
entfernt distant, remote
gleichweit e. equidistant
Entfernung *f* 1. distance; range; 2. removal
Entfernungsauflösungsvermögen *n (FO)* range resolution (discrimination)
Entfernungsfehler *m (FO)* distance error
Entfernungsgesetz *n* **/ fotometrisches (quadratisches)** inverse square law [of photometry]
Entfernungskreis *m (FO)* range circle; distance mark
Entfernungsmeßeinrichtung *f* distance-measuring equipment, DME
Entfernungsmesser *m* range finder, telemeter
E. mit kleiner Basis short-base range finder, single-station range finder
akustischer E. sound ranger
Entfernungsmeßimpuls *m (FO)* ranging pulse
Entfernungsmeßmarke *f (FO)* range marker
Entfernungsmessung *f* distance measurement, ranging, telemetry
akustische E. sound (acoustic, sonic) ranging, phonotelemetry
Entfernungsradar *n* radar range finder
Entfernungs- und Höhenanzeiger *m (FO)* height-position indicator, range-height indicator
Entfernungs- und Höhenwinkelanzeiger *m (FO)* elevation-position indicator
Entfestigung *f* softening
Entfestigungsspannung *f* softening voltage
Entfestigungstemperatur *f* softening point
entfetten to degrease
Entfettung *f* degreasing
Entfettungsbad *n* **/ elektrolytisches** electrolytic degreasing bath
Entfettungsmittel *n* degreasant, degreasing agent
entfeuchten to dehumidify, to dry
Entfeuchtung *f* dehumidification
entflammbar [in]flammable
nicht e. non-[in]flammable, flameproof
Entflammbarkeit *f* [in]flammability
entflammen to inflame
Entflechtung *f* disentanglement
Entfokussieren *n* defocus[s]ing
Entformung *f* mould release *(Spritzgußteile)*
Entfrittung *f* decoherence
entgasen to degas, to degasify, to outgas; to bake out *(Röhren)*
Entgaser *m* degasser; deaerator
Entgasung *f* degassing, degasification, outgassing; [gas] clean-up *(z. B. von Elektronenröhren)*
entgegenwirken to counteract
entglasen to devitrify
Entglasung *f* devitrification
Entgoldung *f* gold stripping
entgraten to deburr, to remove burrs
Entgratmaschine *f* deburring machine
Enthalpie *f* enthalpy, heat content
freie E. free enthalpy, Gibbs free energy, thermodynamic potential
Enthärtungsmittel *n* softening agent (material), softener
entionisieren to deionize
Entionisierung *f* deionization
Entionisierungsdiode *f* **/ stufenweise** step-recovery diode
Entionisierungsgeschwindigkeit *f* deionization (deionizing) rate
Entionisierungsgitter *n* deionization (deionizing) grid
Entionisierungspotential *n*, **Entionisierungsspannung** *f* deionization potential
Entionisierungszeit *f* deionization time
Entkeimungslampe *f* germicidal (bactericidal) lamp
entkoden *s.* dekodieren
entkoppeln to decouple, to uncouple
Entkopplung *f* 1. decoupling, uncoupling; 2. neutralization
Entkopplungsfilter *n* decoupling filter
Entkopplungskapazität *f* decoupling (balancing) capacitance
Entkopplungskondensator *m* decoupling (neutralizing) capacitor
Entkopplungsschaltung *f* decoupling circuit
Entkopplungsspalt *m (Elk)* interaction gap
Entkopplungsstufe *f* separator, isolating stage
Entkopplungsverlust *m* interaction loss
Entkopplungswiderstand *m* decoupling resistor
Entlade... *s. a.* Entladungs...
Entladeanzeiger *m* discharge indicator
Entladedauer *f* discharge duration (time)
Entladefähigkeit *f* discharge capacity
Entladegrenzspannung *f* cut-off voltage *(Batterie)*
Entladeleistung *f* discharge capacity
Entladelöschspannung *f* discharge extinction voltage
Entlademenge *f* discharge rate *(Batterie)*
entladen [/ sich] to discharge
entladen / nicht undischarged
Entladenennstrom *m* discharge current rating
Entladeschaltung *f* discharge circuit
Entladeschlußspannung *f* cut-off voltage *(Batterie)*
Entladeverzug *m* discharge delay
Entladung *f* discharge

E. mit Unterbrechungen interrupted discharge *(Batterie)*
aperiodische E. aperiodic discharge; dead-beat discharge *(Meßgerät)*
atmosphärische E. atmospheric discharge
beschränkte E. limited discharge
eingeschnürte E. constricted (pinch-off) discharge
elektrische E. electric discharge
elektrodenlose E. electrodeless discharge
gasförmige E. gaseous discharge
halbselbständige E. semi-self-maintained discharge
intermittierende E. intermittent discharge
oszillatorische (periodische) E. oscillatory (oscillating) discharge
selbständige E. self-maintained discharge, self-sustaining discharge
stabilisierte E. stabilized discharge
stille E. dark discharge
subnormale E. subnormal discharge
übermäßige E. overdischarge
unabhängige E. independent discharge
unselbständige E. non-self-maintained discharge
ununterbrochene E. permanent discharge
wandstabilisierte E. wall-stabilized discharge
Entladungs... *s. a.* Entlade...
Entladungsanzahl *f* **[je Zeiteinheit]** number of discharges per unit time
Entladungsbild *n* discharge pattern
Entladungscharakteristik *f* discharge characteristic
Entladungsdetektor *m* discharge detector
Entladungseinsatz *m (Hochsp)* discharge inception
Entladungseinsatzspannung *f* discharge inception voltage
Entladungsenergie *f* discharge energy
Entladungserscheinung *f* discharge phenomenon
Entladungsfolge *f* discharge sequence
Entladungsform *f* discharge pattern
entladungsfrei discharge-free
Entladungsfunke *m* discharge spark
Entladungsgefäß *n* discharge tube
Entladungsgeschwindigkeit *f* discharge rate
Entladungsinstabilität *f* discharge instability
Entladungskanal *m* discharge channel *(z. B. im Isolierstoff)*
Entladungskapazität *f* discharge capacity
Entladungskreis *m* discharge circuit
Entladungskurve *f* discharge diagram
Entladungslampe *f* discharge lamp
röhrenförmige E. tubular discharge lamp
Entladungsmechanismus *m* discharge mechanism
Entladungsmethode *f* discharge method
Entladungsnachweis *m* discharge detection
Entladungsnachweisgerät *n* discharge detector
Entladungsnormal *n* discharge standard
Entladungsraum *m* discharge space
Entladungsreaktion *f* discharge reaction
Entladungsröhre *f* [gas] discharge tube, discharger
Entladungssonde *f* discharge probe
Entladungsspannung *f* discharge potential (voltage)
Entladungsspur *f* discharge pattern; discharge path
Entladungsstabilität *f* discharge stability
Entladungsstärke *f* discharge power
Entladungsstelle *f* discharge point
Entladungsstoß *m* discharge pulse; burst
Entladungsstrecke *f* discharge path; discharge gap
Entladungsstrom *m* discharge (discharging) current
anomaler E. anomalous discharge current
Entladungsstromkreis *m* discharge circuit
Entladungstyp *m* discharge mode
Entladungsvorgang *m* discharge reaction
Entladungsweg *m* discharge path
Entladungswiderstand *m* 1. discharge resistance *(Größe)*; 2. discharge (discharging) resistor *(Bauelement)*
Entladungszähler *m* discharge counter
Entladungszeit *f* discharge (discharging) time; service life *(einer Batterie)*
Entladungszeitkonstante *f* discharging time constant
entlasten to remove the load, to unload
teilweise e. to reduce the load *(z. B. Generator)*
völlig e. to put off load
Entlastung *f (Anl)* load reducing
Entlastungsseil *n* additional steel suspension *(Antenne)*
Entleerungsbereich *m (Halbl)* exhaustion region
Entleerungsschicht *f (Halbl)* exhaustion layer
Entlötgerät *n* solder extraction device
Entlötwerkzeug *n* solder extraction tool (device), unsoldering (de-soldering) tool
entlüften to deaerate, to de-air; to ventilate
Entlüfter *m* deaerator; exhauster, exhaust fan (blower), air extraction fan
Entlüftung *f* deaeration; ventilation; [air] exhaustion
Entlüftungsöffnung *f* air bleed, air vent (relief)
entmagnetisieren to demagnetize, to degauss
Entmagnetisierung *f* demagnetization, degaussing
E. durch Ummagnetisierung demagnetization by continued reversals

Entmagnetisierungseinrichtung *f* degaussing equipment
Entmagnetisierungsfaktor *m* demagnetization (demagnetizing) factor
Entmagnetisierungsgenerator *m* degaussing generator *(auf Schiffen)*
Entmagnetisierungsspule *f* degaussing coil
Entmetallisierung *f* / **elektrolytische** electrolytic stripping
Entmetallisierungsbad *n* depositing-out tank; strip[per]
Entmischung *f* disintegration, decomposition *(in einer Gasentladung)*
entmodeln to demodulate *(im Empfänger)*
Entmodelung *f* demodulation *(im Empfänger)*
Entnahmekreis *m* output (load) circuit
entnehmen to take out (off), to withdraw; to bleed
  Energie e. to remove energy; to absorb *(z. B. von Elektronen)*
  Proben e. to sample
  Strom e. to draw current [from], to take current [from]
entpupinisieren *(Fmt)* to deload *(Kabel)*
entriegeln to unlock, to unlatch
Entriegelung *f* unlocking, unlatching, unblocking
Entriegelungsdruckknopf *m* unlocking push button
Entriegelungsschalter *m* unlocking switch
Entropie *f* 1. entropy *(Thermodynamik)*; 2. entropy, average information content *(Informationstheorie)*
  E. der Adressierung entropy of addressing
  bedingte E. conditional entropy, average conditional information content
Entropieänderung *f* entropy change
Entropiebilanz *f* entropy balance
Entropiefluß *m* entropy flux
Entropieverlust *m* entropy loss
Entropiezunahme *f* entropy increase, positive entropy change
entsalzen to desalinate, to desalt; to demineralize
Entsättigung *f (Ferns)* desaturation
Entscheidung *f* / **logische** logical decision
Entscheidungsamplitude *f* decision amplitude
Entscheidungsaugenblick *m* **eines Signals** decision instant of a signal
Entscheidungselement *n* decision element
Entscheidungsfähigkeit *f* decision-making ability
Entscheidungsfunktion *f* decision function
Entscheidungsglied *n* decision element
Entscheidungsinhalt *m* decision content
Entscheidungsproblem *n* decision problem
Entscheidungsschwellwert *m* decision level
entschlüsseln to decode
Entschlüsselung *f* decoding
Entschlüsselungsvorrichtung *f* decoding device (unit), decoder
Entschlüßler *m* / **fehlerberichtigender** error-correcting decoder
Entspannung *f* release, stress relief, relaxation; expansion *(Gase)*
Entsperrung *f* unblocking
entspiegelt [antireflection-]coated
Entspiegelung *f* dereflection, elimination of reflections
entsprechen to correspond to, to conform to
  einer Gleichung e. to fit an equation
  Normen (Standards) e. to conform to standards
entspulen *(Fmt)* to deload *(Kabel)*
entstabilisieren to destabilize
entstellen *(Fmt)* to mutilate
Entstellung *f (Fmt)* mutilation
Entstördiode *f (Ferns)* interference inverter [diode]
entstören to eliminate interference; to suppress noise; to clear faults; to screen
Entstörer *m* 1. [interference] suppressor; 2. *(Fmt)* faultsman
entstört interference-suppressed, interference-free
Entstörung *f* interference (noise) suppression, disturbance elimination; screening; static suppression *(Rundfunk)*
Entstörungsdienst *m* fault clearing (complaint) service; repair service
Entstörungsfilter *n* interference suppression filter
Entstörungskondensator *m* anti-interference capacitor
Entstörungsmessung *f* interference elimination measuring
Entstörvorrichtung *f* [interference] suppressor
Enttrübung *f (Nrt)* compensation
Entwässerungsanlage *f* drainage system *(Kraftwerk)*
Entwässerungsgang *m* drainage gallery *(Kraftwerk)*
Entwässerungsschacht *m* drainage shaft *(Kraftwerk)*
ENTWEDER-ODER-Aussage *f* EITHER-OR proposition
ENTWEDER-ODER-Schaltung *f* OR-ELSE circuit
entweichen to escape, to leak [out]
entwerfen to design; to plan; to project
entwickeln to develop; to evolve, to liberate, to generate *(z. B. Gase)*
  Gas e. to gas *(Akkumulator)*
  nach steigenden Potenzen e. to expand in ascending powers
  sich e. to develop
Entwickler *m*, **Entwicklersubstanz** *f* developing agent, developer *(Fotografie)*

Entwicklung *f* development; evolution, generation, liberation *(z. B. von Gas)*; expansion *(Mathematik)*
asymptotische E. asymptotic expansion
langfristige E. long-term development
xerografische E. xerographic development
entwicklungsfähig developable
Entwicklungsnetzplan *m* development network map
Entwicklungsschleier *m* development fog *(Fotografie)*
Entwicklungsstadium *n* development (developing) stage
Entwicklungstemperatur *f* development temperature
Entwicklungsunterstützung *f (Rech)* development software
Entwicklungszeit *f* development time
Entwurf *m* design, layout; plan; draft, sketch
E. von Verknüpfungsschaltungen design of switching circuits
E. von Verzögerungsleitungen design of delay lines
dynamischer E. dynamic design
logischer E. logical design
modernster logischer E. advanced logical design
rechnergestützter (rechnerunterstützter) E. computer-aided design, CAD
vorläufiger E. preliminary design
Entwurfsdaten *pl* design data
Entwurfsgrundsätze *mpl* design philosophy
Entwurfskontrolle *f* design check
Entwurfsleistung *f* designed output
Entwurfsmethode *f* design procedure
Entwurfsnennstrom *m* designed current
Entwurfsparameter *m* design parameter
Entwurfsplan *m* design chart
Entwurfsprinzip *n* design principle
Entwurfsstrom *m* designed current
Entwurfstheorie *f* design theory
Entwurfszuverlässigkeit *f* inherent reliability
entzerren 1. *(El)* to equalize, to eliminate distortion, to compensate; 2. to rectify
Entzerrer *m* equalizer, correcting device (filter), anti-distortion device, equalizing (correction, correcting) network, compensator; *(Fmt)* regenerative repeater
regelbarer E. variable equalizer
Entzerrerbaustein *m* component equalizer network *(Tonbandgerät)*
Entzerrerschaltung *f* corrector (correcting, compensating) circuit
Entzerr[er]spule *f* peaking coil (inductance)
Entzerrung *f* 1. equalization, equalizing, correction; *(Nrt)* de-emphasis; 2. rectification
Entzerrungsbereich *m* frequency-range of equalization
Entzerrungsdrossel *f* antiresonant coil
Entzerrungsfilter *n* filter-type equalizer; de-emphasizing filter
Entzerrungsgrenze *f* [frequency] limit of equalization
Entzerrungskreis *m* de-emphasizing network
Entzerrungsnetzwerk *n* equalizing network
Entzerrungsschalter *m* anti-distortion switch
Entzerrungsschaltung *f* peaking circuit (network), signal shaping circuit
Entzerrungsspule *f* peaking coil (inductance)
entziehen to abstract, to extract, to withdraw
Energie e. to remove energy
Feuchtigkeit e. to dehumidify, to desiccate
Wasser e. to dehydrate, to dewater
entziffern to decipher
Entzug *m* abstraction, extraction, withdrawal, removal
entzündbar ignitable, [in]flammable
leicht e. [highly] inflammable, easy to ignite
Entzündbarkeit *f* ignitability, [in]flammability
entzünden [sich] to ignite, to inflame, to fire
Epidiaskop *n* epidiascope
Episkop *n* episcope, reflecting projector
Episkoplampe *f* episcope lamp
epitaxial epitaxial *(Kristall)*
Epitaxialplanartransistor *m* epitaxial planar transistor
Epitaxialwachstum *n (Halbl)* epitaxial growth
Epitaxie *f* epitaxy *(Aufwachsen von einkristallinen Schichten)*
Epitaxiediffusionstransistor *m* epitaxial diffused transistor
Epitaxiedotierung *f* epitaxial doping
Epitaxiemesatransistor *m* epitaxial mesa transistor
Epitaxieplanarstruktur *f* epitaxial planar structure
Epitaxiereaktor *m* epitaxial reactor
Epitaxieschicht *f* epitaxial layer
Epitaxiethyristor *m* epitaxial thyristor
Epitaxieverfahren *n* epitaxial process
Epoxidglasfaserlaminat *n* epoxy glass laminate *(für Leiterplatten)*
Epoxidharz *n* epoxide (epoxy) resin
Epoxidharzumhüllung *f* epoxy case
Epoxidspritzmasse *f* epoxide moulding compound
Erdanschluß *m* 1. earth [terminal] connection; 2. *s.* Erdanschlußklemme
Erdanschlußklemme *f* earthing terminal, earth terminal (end)
Erdanschlußöse *f* earth lug

Erdantenne *f* earth aerial
Erdatmosphäre *f* earth's (terrestrial) atmosphere
Erdausbreitungswiderstand *m* earth[ing] resistance
Erdbeschleunigung *f* acceleration of gravity, gravitational (gravity) acceleration
Erdbodenabsorption *f* ground absorption
Erdbuchse *f* earth jack
Erde *f* 1. *(El)* earth; *(Am)* ground; 2. neutral earth *(Nullpotential)*; 3. ground level ● **über E.** above ground level
künstliche E. counterpoise *(Antennentechnik)*
Wagnersche E. Wagner earth *(in Meßbrücken)*
Erdefunkstelle *f* earth station
Erdelektrode *f* earth[ing] electrode
unabhängige E. independent earth electrode
erden to earth, to connect (short) to earth; *(Am)* to ground
direkt e. to earth direct
Erder *m* earth[ing] electrode
Erderplatte *f* earth plate
Erdfehler *m* earth fault
Erdfeld *n* earth field
erdfrei earth-free, floating; *(Am)* ungrounded
völlig e. fully earth-free, fully floating, fully isolated from earth
Erdisolation *f* earth insulation
Erdkabel *n* underground (buried) cable
Erdkapazität *f* earth capacitance, capacity to earth
Erdklemme *f s.* Erdungsklemme
Erdkontakt *m* earth contact
Erdkurzschluß *m s.* Erdschluß
Erdleiter *m* earth[ing] conductor
Erdleiteranschluß *m* earth terminal
Erdleitung *f* earth lead (wire), earth[ing] conductor
erdmagnetisch geomagnetic
Erdmagnetismus *m* earth (terrestrial) magnetism, geomagnetism
Erdmeßleitung *f* earth-detection ring
Erdoberfläche *f* / **äquivalente** equivalent earth plane
Erdpotential *n* earth potential ● **ohne E.** *s.* erdfrei
Erdrückleitung *f* earth return *(von Strom durch die Erde)*
Erdrückschluß[kreis] *m* earth return circuit
Erdsammelleitung *f* earth bus
Erdschellack *m (Isol)* acaroid resin
Erdschelle *f* earth clamp
Erdschiene *f s.* Erdungssammelleitung
Erdschleife *f* earth circuit; *(Am)* ground loop
Erdschluß *m* line-to-earth fault, earth-leakage fault, short circuit to earth
E. einer Phase single phase-to-earth fault
E. zweier Phasen two phase-to-earth fault, double earth fault
aussetzender E. intermittent earth [fault]
einfacher E. single fault to earth, single earth fault
einpoliger E. one line-to-earth fault, single line-to-earth fault
satter E. dead earth [fault]
schleichender E. earth leakage
unvollkommener E. partial earth fault
völliger E. dead earth [fault]
vorübergehender E. temporary earth [fault], transient earth fault
zweipoliger E. double line-to-earth fault
Erdschlußanzeige *f* earth[-fault] indication
Erdschlußanzeiger *m* earth[-fault] indicator, leakage (earth-fault) detector, earth detector
Erdschlußautomat *m (App)* earth-leakage trip
Erdschlußbeseitigung *f* elimination (clearing, quenching) of earth fault
Erdschlußbestimmung *f* earth-fault location
Erdschlußdrossel[spule] *f* earthing (earth-fault) reactor
Erdschlußlichtbogen *m* earth-fault arc, arcing ground
Erdschlußlöschspule *f* earth-fault neutralizer, arc-suppression coil
Erdschlußlöschung *f* extinction of earth faults, earth-fault neutralizing
Erdschlußmesser *m* earth-leakage meter
Erdschlußortung *f* earth-fault location
Erdschlußprüfer *m s.* Erdschlußanzeiger
Erdschlußprüfung *f* earth-fault test, earth-leakage test
Erdschlußreaktanz *f* neutral compensator (autotransformer)
Erdschlußrelais *n* earth[-fault] relay, earth-leakage relay
Erdschlußschutz *m* earth[-fault] protection, leakage protective system
gerichteter E. directional earth-fault protection
Erdschlußstrom *m* earth[-fault] current, fault-to-earth current, loss current to earth
Erdschlußüberwachung *f* earth-fault monitoring
Erdschlußwächter *m* earth-fault monitor, earth-leakage monitor
Erdschlußwischer *m* momentary single-phase-to-earth fault, transitory line-to-earth fault
Erdschutzleiter *m* earth-continuity conductor
Erdschwingungsaufnehmer *m* seismicrophone
Erdseil *n* earth wire (conductor) *(bei Freileitungen)*; counterpoise *(Antennenerde)*

Erdstrom *m* earth [return] current, stray (fault) current
Erdstromkreis *m* earth circuit
Erdstrommeßgerät *n* electrotellurograph
Erdstromunsymmetrieschutz *m (App)* core balance protective system
erdsymmetrisch balanced to earth
Erdtelegrafie *f* ground telegraphy
Erdtrennschalter *m s.* Erdungstrennschalter
Erdumlaufecho *n (Nrt)* round-the-world echo
Erdumschaltung *f* earth switching
Erdung *f* 1. *(El)* earthing; *(Am)* grounding; 2. earth connection, connection to earth, earthing system; *(Anl)* direct earthing
  getrennte E. independent earthing
  induktive E. inductive earthing
  kapazitive E. capacitance earthing
  provisorische E. temporary earthing
  unabhängige E. independent earthing
  wirksame E. good earthing
Erdungsanlage *f* earthing system (installation)
Erdungsanschluß *m* earthing connection; earth connection point
Erdungsband *n* earthing strip
Erdungsblech *n* earth plate
Erdungsbürste *f (Masch)* earth return brush
Erdungsdrossel[spule] *f (App)* discharge (bleeding) coil (*s. a.* Erdschlußdrossel)
Erdungseinrichtung *f* neutral earthing device
Erdungselektrode *f s.* Erdelektrode
Erdungsklemme *f* earth[ing] terminal, earthing clamp (clip), earth clamp
Erdungskondensator *m* neutral earthing capacitor
Erdungskontakt *m* earth[ing] contact
Erdungskreis *m* earth [return] circuit, earth loop, leak circuit
Erdungsmantel *m* earth sheath
Erdungsnetz *n* earth network
Erdungspunkt *m* earth connection point
Erdungsrohr *n* earth rod
Erdungssammelleitung *f*, **Erdungssammelschiene** *f* earth bus [bar], earth bar
Erdungsschalter *m* earth[ing] switch
  E. für Trägerfrequenz carrier terminal earthing switch
Erdungsschiene *f s.* Erdungssammelleitung
Erdungsschraube *f (App)* earthing screw
Erdungsspule *f* earthing coil
Erdungssymbol *n* earth symbol
Erdungssystem *n* earthing system
Erdungstrenner *m s.* Erdungstrennschalter
Erdungstrennschalter *m* [isolating] earthing switch, earthing isolator
Erdungswiderstand *m* 1. earth[ing] resistance, resistance of earthed conductor; 2. *(App)* discharging resistor
Erdungswiderstandsmeßgerät *n* earth resistance meter, earth tester
erdunsymmetrisch unbalanced to earth
Erdverbindung *f* earth connection
erdverlegt underground, buried
Erdverlegung *f* underground (buried) wiring, buried laying *(Kabel)*
Erdwärmekraftwerk *n* geothermal power station
Erdwiderstand *m s.* Erdungswiderstand
Ereignis *n* event *(z. B. in der Wahrscheinlichkeitsrechnung)*
  in Verbindung stehendes E. compound event
  zufälliges E. event
Ereignismarkierung *f* event marking
Ereignisschreiber *m* event marker
Ereignisse *npl* / **gleich wahrscheinliche** events of equal probability
Ereignissystem *n* event system
Ereigniswahrscheinlichkeit *f* occurrence probability
Erfahrungswert *m* empirical (experimental) value
erfassen 1. to register *(schriftlich)*; to log; 2. to capture, to acquire *(z. B. Meßwerte)*; 3. *(FO, Meß)* to cover *(einen Bereich)*
Erfassung *f* registration; acquisition *(z. B. Daten)*; coverage *(Bereich)*
  E. von Informationen *(Rech)* acquisition of information
Erfassungsreichweite *f (FO)* detecting range
erfüllen to comply [with] *(z. B. Schutzbestimmungen)*
ergänzen to complete, to supplement
Ergänzung *f* completion; complement, supplement
Ergänzungsblock *m (Meß)* trailer block
Ergänzungsgeräte *npl* back-up equipment
Ergänzungskode *m (Rech)* complementary code
Ergänzungsnetzwerk *n (Fmt)* line building-out network
Ergänzungsspeicher *m (Rech)* backing memory (store)
Ergänzungswiderstand *m* supplementary resistance
Ergebnisimpulsreihe *f* train of result pulses
Ergibtanweisung *f (Rech)* assignment statement
Ergiebigkeit *f* **einer Schallquelle** strength of a sound source
Ergodenhypothese *f (Syst)* ergodic hypothesis
Ergodentheorie *f* ergodic theory *(Theorie stochastischer Signale)*
erhalten 1. to obtain, to receive; 2. to maintain; to preserve, to conserve; to keep
  auf einem Potential e. to maintain at a potential
erhaltend / sich selbst self-sustaining *(z. B. eine Entladung)*

Erhaltung *f* conservation, preservation; maintenance
E. der Ladung conservation of charge
E. des Hörvermögens hearing conservation
Erhaltungssatz *m* conservation law (theorem) *(Masse, Energie)*
erheben / zur Potenz to raise to a [higher] power
Erhebungswinkel *m* angle of elevation *(eines Strahlers)*
erhellen to illuminate; to light up
erhitzen to heat [up]
Erhitzung *f* heating
E. durch Ionenwanderung heating by ion migration
erhöhen to increase; to raise, to elevate *(z. B. Temperatur)*; to enhance *(z. B. Leistung)*; to step up *(Spannung)*; to boost *(Druck)*
den Widerstand e. to increase the resistance
Erhöhung *f* increase; raising, raise, elevation; enhancement; step-up *(Spannung)*
E. der Leistung increase of power
E. der Leistungsfähigkeit increase of performance *(z. B. einer Anlage)*
E. des Wirkungsgrades increase of efficiency
erholen / sich to recover
Erholung *f (Halb)* recovery *(Abbau überschüssiger Ladungsträger)*
Erholungsdauer *f* recovery period
Erholungseffekt *m* recovery effect
Erholungsgeschwindigkeit *f* recovery rate
Erholungspause *f* relief (recreation) period *(z. B. eines Oszillators)*
Erholungsvorgang *m* recovery process
Erholungszeit *f* recovery time
Erholungszeitkonstante *f* recovery time constant
Erholungszyklus *m* recovery cycle
erkalten to cool [down]
Erkennbarkeit *f* detectability; recognizability, recognition capability
erkennen to detect; to recognize
einzeln e. to discriminate
Erkennung *f* detection; recognition; identification; discrimination
Erkennungsfeuer *n*, **Erkennungsfunkbake** *f* identification beacon
Erkennungsfunktion *f (Rech)* recognition function
Erkennungsschaltung *f (Rech)* recognition circuit
Erkennungszeit *f (Rech, Fmt)* recognition time
Erl *s.* Erlang
Erlang *n (Fmt)* erlang *(Einheit für Verkehrswerte)*
Erlangmeter *n (Fmt)* erlangmeter
erlöschen to extinguish; to go out
ermitteln to evaluate; to determine; to detect, to find out
den Durchschnitt e. to average
ermüden to fatigue *(z. B. Werkstoffe)*
Ermüdung *f* fatigue
lichtelektrische E. photoelectric fatigue
Ermüdungsbeständigkeit *f* fatigue resistance (strength)
Ermüdungsbruch *m* fatigue failure (fracture)
Ermüdungsdauer *f* fatigue duration
Ermüdungsgrenze *f* fatigue (endurance) limit
Ermüdungsprüfung *f* fatigue test[ing]
Ermüdungsriß *m* fatigue crack
Erneuerung *f* renewal *(z. B. von Bauteilen)*
erniedrigen to lower, to reduce, to decrease
die Spannung e. to reduce the voltage
Erniedrigung *f* lowering, reduction, decrease
Erosion *f s.* Elektroerosion
errechnen to calculate
Erregbarkeit *f* excitability
erregen to excite
Erreger *m* exciter
bürstenloser E. brushless exciter
Erregeranode *f* exciting (excitation, ignition) anode
Erregerdeckenspannung *f* exciter ceiling voltage
Erregerdipol *m* energized (driven) dipole *(Antenne)*
Erregerdrehzahl *f* / **kritische** critical [exciter] build-up speed
Erregereinrichtung *f* exciter (excitation) equipment
Erregerfeld *n* exciter (excitation) field
Erregerfeldwiderstand *m* exciter field rheostat
Erregerfunkenstrecke *f* exciting spark gap
Erregergrad *m* effective field ratio
Erregergruppe *f* exciter set
Erregerkreis *m* exciter (exciting) circuit
Erregerlampe *f* exciter lamp
Erregerlaterne *f* exciter dome *(Wasserkraftgenerator)*
Erregermagnet *m* exciter (excitation, field) magnet
Erregermaschine *f* exciter
regelbare E. controllable exciter
Erregermaschinensatz *m* exciter set
Erregerquelle *f* excitation source
Erregersatz *m* exciter set
Erregerschalter *m* excitation switch
Erregerschutzrelais *n* field protective relay
Erregerspannung *f* exciting (excitation) voltage; inductor voltage *(am Rotor des Generators)*
Erregerspannungszeitverhalten *n* exciter voltage-time response
Erregerspule *f* exciting (excitation, field) coil

Erregerstabilität *f* excitation system stability
Erregerstrom *m* exciting (excitation, exciter) current
induzierter E. induced field current
Erregerstromquelle *f* excitation source
Erregersystem *n* excitation system; feed system *(Antennentechnik)*
Erregersystemstabilität *f* excitation system stability
Erregerumformer *m* converter exciter
Erregerverhalten *n* exciter response
Erregerverlust *m* exciter (excitation) loss
Erregerwicklung *f* exciting (excitation, magnet) winding, field winding (coil)
Erregerwicklungsanschluß *m* field terminal
Erregerwicklungsschutz *m* field protection
Erregerwiderstand *m* / **kritischer** critical [exciter] build-up resistance
erregt / nicht unexcited
statisch e. statically excited
Erregung *f* excitation
akustische E. acoustic excitation
beschleunigte E. field forcing
elektrische E. electric excitation
erzwungene E. forced excitation
natürliche E. natural excitation
parametrische E. *(Syst)* parametric excitation
remanente E. residual excitation
sinusförmige E. *(Syst)* sinusoidal excitation
unbelastete E. no-load excitation
Erregungsausfallrelais *n* field-failure relay
Erregungsausfallschutz *m* field-failure protection
Erregungsbegrenzung *f* field limitation
Erregungsdiagramm *n* **des Relais** relay working diagram
Erregungseinrichtung *f* excitation system
Erregungsenergie *f* excitation energy
Erregungsfluß *m* excitation flux
Erregungsfunktion *f (Syst)* excitation function *(eines Gliedes)*
Erregungsgeschwindigkeit *f* excitation response
anfängliche E. initial excitation response
Erregungskurve *f* excitation curve
Erregungsniveau *n* excitation level
Erregungsregelung *f* field control
Erregungsverlust *m* excitation loss
Erregungsverstärker *m* excitation amplifier
Erreichbarkeit *f (Fmt)* availability, accessibility *(Netzgestaltung)*
äquivalente E. equivalent availability
begrenzte E. limited availability
konstante E. constant availability
steuerbare E. controlled availability
unvollkommene E. limited availability
variable E. variable availability
volle E. full availability
erreichen / eine Gegenfunkstelle *(Nrt)* to get a station
einen stationären Wert e. to level off
Ersatzanker *m (App)* spare armature
Ersatzanlage *f* emergency [power] set *(Notstromversorgung)*
Ersatzantenne *f* reserve aerial
Ersatzbatterie *f* reserve (standby) battery; emergency battery *(Notstrombatterie)*
Ersatzbaustein *m* replacement module
Ersatzdämpfung *f (Fmt)* articulation reference equivalent
Ersatzdiode *f* diode equivalent
Ersatzeinrichtung *f* substitute item
Ersatzgenerator *m* / **Helmholtzscher** Thévenin generator
Ersatzgerät *n* back-up unit
Ersatzglied *n (Syst)* equivalent element
Ersatzgröße *f* equivalent parameter
Ersatzlampe *f* spare (replacement) lamp
Ersatzleistung *f* substitution power
Ersatzleiter *m* spare conductor
Ersatzleitung *f* spare circuit
Ersatzmodul *m* replacement module
Ersatzröhre *f* spare valve
Ersatzschalldruckpegel *m* equivalent sound [pressure] level *(Mikrofon)*
Ersatzschaltbild *n* equivalent network diagram; equivalent [electric] circuit
thermisches E. thermal equivalent circuit
transformiertes E. transformed equivalent circuit diagram
Ersatzschalten *n (Fmt)* putting a spare line into use
Ersatzschaltung *f* equivalent network (circuit)
E. in T-Form T-parameter equivalent circuit
E. mit H-Parametern H-parameter equivalent circuit
elektrische E. equivalent (analogous) electric circuit
Ersatzschaltzeichen *n (Fmt)* change-over signal
Ersatzscheinwerfer *m* substitute headlight
Ersatzsender *m* spare transmitter
Ersatzsicherung *f* spare fuse
Ersatzspannungsverfahren *n* insert-voltage technique *(Kalibrierung)*
Ersatzsternschaltung *f* **einer Dreieckschaltung** star connection equivalent to delta connection
Ersatzstromquelle *f* equivalent current source
Ersatzteil *n* spare (replacement) part, spare
Ersatzteilausrüstung *f* spare equipment
Ersatzübertragungsfunktion *f (Syst)* equivalent transfer function
Ersatzverstärker *m (Fmt)* spare repeater
Ersatzvolumen *n* **[eines Mikrofons]** [microphone] equivalent volume
Ersatzweg *m (Nrt)* alternative route
Ersatzwellenquelle *f* equivalent wave source

Ersatzwiderstand *m* substitutional (equivalent) resistance
Erschlaffung *f* relaxation
erschöpfen to exhaust, to deplete
Erschöpfung *f* exhaustion, depletion
E. der Batterie exhaustion of the battery
Erschöpfungsbereich *m*, **Erschöpfungsgebiet** *n (Halbl)* exhaustion region
Erschöpfungsschicht *f (Halbl)* exhaustion layer
Erschütterung *f* vibration; shock
erschütterungsfest vibration-proof, shock-proof
Erschütterungsfestigkeit *f* vibration (shock) resistance
erschütterungsfrei vibrationless, anti-vibration, vibration-free
erschütterungssicher secure against vibration
ersetzbar replaceable, substitutable
ersetzen to replace, to substitute [for]
erstarren to solidify; to freeze
Erstarrung *f* solidification; freezing
Erstarrungsgeschwindigkeit *f* freezing rate
Erstarrungspunkt *m* solidification (freezing) point *(einer Schmelze)*
Erstarrungstemperatur *f* solidification (freezing) temperature
Erste-Hilfe-Anleitung *f* first-aid suggestions
Ersteichung *f* initial verification; *(Am)* first (factory) calibration
Ersteinmessung *f* reference measurement
Erstkurve *f* virgin curve *(Magnetisierung)*
Erstmagnetisierung *f* initial magnetization
Erstprüfung *f* **der Entladungsgeschwindigkeit** initial output test *(Batterie)*
Erstschrift *f (Rech)* master copy
Erstweg *m (Fmt)* first choice circuit, primary route
ertönen to [re]sound
erwärmen to heat, to warm [up]
durch Konvektion e. to heat by convection
durch Strahlung e. to heat by radiation
induktiv e. to heat by induction
Erwärmung *f* 1. heating, warming, warm-up; 2. temperature rise
E. durch Ultraschall ultrasonic heating
E. durch Wärmeleitung heating by conduction
E. mit Mikrowellen heating with (by) microwaves, microwave heating
E. mit ultrahohen Frequenzen ultrahigh-frequency heating
dielektrische E. dielectric heating
direkte E. über Elektroden direct electrode heating
gleichmäßige E. even heating
indirekte E. über Elektroden indirect electrode heating
induktive E. induction heating
lokale E. local (localized) heating
Erwärmungsanlage *f* / **dielektrische** dielectric heating installation (plant), dielectric heater
konduktive E. conduction heating installation
Erwärmungsgeschwindigkeit *f* heating (warming) rate, rate of warming
Erwärmungsgrenze *f* thermal limit
Erwärmungskurve *f* heating curve
Erwärmungsprozeß *m* heating (warming) process
Erwärmungsprüfung *f* heating test; temperature rise test
Erwärmungsstufe *f* heating stage
Erwärmungstiefe *f* depth of heating *(z. B. bei Induktionshärtung)*
Erwärmungsverlauf *m* heating practice
Erwärmungszeit *f* time of heating; heating period
Erwärmungszone *f* heating zone
Erwärmungszyklus *m* heating cycle
Erwartungswert *m* expectation (expected, anticipated) value *(Statistik)*
Erweichung *f* / **thermische** thermal (heat) softening, thermal plastication
Erweichungspunkt *m* softening point
hoher E. high-temperature softening point
Erweichungstemperatur *f* softening temperature
erweitern / den Meßbereich to extend the range [of measurment]
Erweiterung *f* extension; expansion; enlargement
E. der Korrelationsfunktion correlation function expansion
analytische E. analytical expansion
Erweiterungsfähigkeit *f* extension capability *(z. B. Bausteinsystem)*
Erweiterungsfaktor *m (Meß)* multiplying factor
Erythemstrahler *m* erythemal lamp
erzeugen to generate *(z. B. Elektroenergie, Dampf)*; to produce, to make
durch Photonenabsorption e. to photogenerate
einen Kode e. to generate a code
Plasma e. to generate plasma
Schall e. to generate sound
Spannung e. to generate voltage
stabiles Verhalten e. to generate stability *(bei Regelungen)*
Strom e. to generate current
Erzeugende *f* generating function
erzeugt / thermisch thermally generated (produced)
Erzeugung *f* generation *(z. B. Elektroenergie, Dampf)*; production, making, make
E. einer Pseudorauschfunktion pseudorandom noise generation
E. von Fernsehsignalen television signal generation

E. **von Ladungen** charge production
E. **von Ladungsträgern** generation of charge carriers
E. **von Laserwirkung** generation of laser action
E. **von Sinusfunktionen** sine generation
E. **von Steuerimpulsen** control pulse generation
fotoelektrische (lichtelektrische) E. photogeneration
thermische E. thermal generation
Erzeugungsrate *f* generation rate
Erzielung *f* **eines Verhaltens** *(Syst)* attainment of performance
erzwungen forced; constrained
Esaki-Diode *f* Esaki diode
E-Schicht *f* E-layer
E-Schirm *m* E-scope *(Radar)*
E-Schweißen *n s.* Elektroschweißen
ES-Schweißen *n s.* Elektroschlackeschweißen
Esterharz *n* ester gum
Estrich *m* / **schwimmender** *(Ak)* floating floor
ESU-Ofen *m s.* Elektroschlackeumschmelzofen
Ettinghausen-Effekt *m* Ettinghausen effect *(thermomagnetischer Effekt)*
Ettinghausen-Nernst-Effekt *m* Ettinghausen-Nernst effect *(thermomagnetischer Effekt)*
eV *s.* Elektronenvolt
evakuieren to evacuate, to exhaust, to pump down
Evakuierung *f* evacuation, exhaustion
Evans-Methode *f (Syst)* Evans method *(Stabilitätsuntersuchung)*
E-Welle *f* E wave, transverse magnetic wave, TM wave
Excitron *n s.* Exzitron
Ex-Gerät *n. s.* Gerät / explosionsgeschütztes
exgeschützt *s.* explosionsgeschützt
Exhaustor *m* exhauster, exhaust blower (fan)
Existenzbedingungen *fpl* conditions of existence
Exklusivkode *m (Rech)* exclusive code
Exner-Elektrometer *n* Exner['s] electrometer
exotherm exothermic, exothermal
Expander *m* automatic volume expander
Expansion *f* expansion
adiabatische E. adiabatic expansion
Expansionsfähigkeit *f* expansibility, expandability
Expansionsschalter *m* expansion switch (circuit breaker)
Expansionsstufe *f* expansion stage
experimentell experimental, by laboratory means
Explosion *f* explosion, blast detonation
explosionsgeschützt explosion-proof
Explosionsschutz *m* explosion protection
explosionssicher explosion-proof
Explosionswirkung *f* explosive action
explosiv explosive, explosible
Exponent *m* exponent
Exponentialfunktion *f* exponential function
Exponentialgesetz *n* exponential law
Exponentialkennlinie *f* exponential characteristic
Exponentialkurve *f* exponential curve
Exponentialleitung *f* exponential line
Exponentialreihe *f* exponential series
Exponentialröhre *f* variable-mu valve (tube)
Exponentialsignal *n* / **aperiodisches** aperiodic exponential signal
Exponentialtrichter *m (Ak)* exponential (logarithmic) horn
Exponentialverstärker *m* variable-mu amplifier
Exponentialverteilung *f* exponential distribution
Exponentialvorgang *m* exponential process
Exposition *f* exposure [to light] *(Fotografie)*
Externspeicher *m (Rech)* external memory (store), secondary store
Extinktion *f* extinction, optical density
Extinktionskoeffizient *m* extinction coefficient
Extrafeinabstimmung *f* extra fine tuning
Extraktion *f* extraction
E. **von Ladungsträgern** *(Halbl)* extraction of [charge] carriers
elektrolytische E. electroextraction
Extrapolationsmeßmethode *f* extrapolation method of measurement
Extrapolationsstrecke *f* extrapolation (augmentation) distance *(Kernreaktor)*
extraterrestrisch extraterrestrial
Extrembereich *m* extreme range
Extremwert *m* extreme value, extremum
Extremwertregelung *f* extremal control
Extremwertregler *m* extremal (peak-holding) controller
Exzenterdipol *m* off-centre dipole
exzentrisch eccentric, off-centre
Exzeß-Drei-Kode *m* excess-three code, three-excess code
Exziton *n (Halbl)* exciton, electron-hole pair
Exzitron *n*, **Exzitronröhre** *f* excitron [valve]

F

F *s.* Farad
Fabrikationslänge *f* factory length *(Kabel)*
Fabry-Pérot-Interferometer *n* Fabry-Pérot interferometer
Fabry-Pérot-Interferometrie *f* Fabry-Pérot interferometry

Fabry-Pérot-Laser *m* Fabry-Pérot laser
Fabry-Pérot-Resonator *m (Laser)* Fabry-Pérot resonator
Face-down-Verbindungstechnik *f (Halbl)* face-down bonding [technique] *(Kontaktierungsverfahren)*
Facettenbildung *f* facet[t]ing *(Kristallwachstum)*
Facettenspiegel *m* facet mirror
Fächerantenne *f* fan (fanned-beam) aerial
Fächerfunkfeuer *n* fan marker beacon
Fächerstrahl *m* fan beam *(Antennentechnik)*
Fachstandard *m* technical standard
Fackelentladung *f* torch discharge
Fädelwicklung *f* pull-through winding
Faden *m* string *(z.B. im Galvanometer)*
Fadenaufhängung *f* 1. filament tensioning support *(Spannvorrichtung für Heizfäden)*; 2. fibre (fibrous) suspension *(z.B. bei Meßgeräten)*
Fadenelektrometer *n* filament (thread) electrometer
Fadengalvanometer *n* thread galvanometer
Fadenkatode *f* filamentary cathode
Fadenkreuz *n* cross hairs (lines), hairline cross, reticle
Fadenkristall *m* whisker
Fadenmikrometer *n* filar micrometer
Fadenschatteninstrument *n* string-shadow instrument
Fadensonde *f* filament probe
Fadenspannung *f* filament voltage
Fadentransistor *m* filament transistor
Fade-out *n* radio fade-out
Fading *n (Nrt)* fading
Fadingautomatik *f (Nrt)* automatic volume control circuit, AVC circuit
Fadingeffekt *m* fading effect
Fadingfrequenz *f* fading frequency
Fadinghexode *f* fading hexode, automatic gain control mixer hexode
Fahne *f* vane; lug
Fahnenbildung *f (Ferns)* streaking, tailing
Fahnenmagnetron *n* vane magnetron
Fahnenrelais *n* vane-type relay
Fahnenziehen *n (Ferns)* hangover *(überzeichneter Kontrast)*
Fahrbahnbeleuchtung *f* road[way] lighting
Fahrbahnleuchtdichte *f* road surface luminance
fahrbar mobile; [trans]portable
Fahrdraht *m* overhead (trolley) contact wire
Fahrdrahtanlage *f s.* Fahrleitungsanlage
Fahrdrahtaufhängung *f* catenary suspension
Fahrdrahtausleger *m* bracket arm
Fahrdrahtkreuzung *f* overhead crossing
Fahrdrahtnetz *n* overhead contact-wire system
Fahrdrahtspeiseleitung *f* trolley wire feeder
Fahrdrahtverbindungsklemme *f* splicing fitting
Fahrdrahtweiche *f* overhead (trolley) frog
fahren / ein Kraftwerk to operate (run) a power plant
Fahrkorbschaltung *f* car-switch [lift] control
Fahrleitung *f* **/ doppelpolige** two-pole trolley wire
Fahrleitungs... *s.a.* Fahrdraht...
Fahrleitungsanlage *f* overhead contact[-wire] system
Fahrleitungsnetz *n* overhead line network
Fahrleitungsschalter *m* line breaker
Fahrleitungsschleifkohle *f* trolley shoe *(Oberleitungsbus)*
Fahrleitungsspannung *f* trolley (contact-wire) voltage
Fahrmotor *m* traction motor
Fahrschachttürkontakt *m* hoistway door [electric] contact
Fahrschalter *m* 1. [electric motor] controller, camshaft controller *(Elektromotor)*; 2. traction switch *(Elektrotraktion)*
handbetätigter F. manual controller
motorbetätigter F. motor-driven controller
Fahrschiene *f* rail
Fahrstand *m* driving cab *(Kran, Elektrolokomotive)*
Fahrstandsignal *n* cab signal
Fahrstrahl *m* radius vector *(Ortsvektor)*
Fahrstrom *m* traction current
Fahrstuhl *m s.* Aufzug 1.
Fahrstuhlnullspannungsschalter *m* lift potential switch
Fahrstuhlschlaffseilschalter *m* lift slack-cable switch
Fahrstuhlsteuerschalter *m* lift controller
Fahrstuhlsteuerung *f* lift control
Fahrt *f* **mit schiebender Last** propelling movement
Fahrtrichtungsanzeiger *m* direction indicator [lamp]
Fahrtrichtungsschalter *m* direction switch
Fahrtwender *m* reversing switchgroup
Fahrtwende- und Motortrennschalter *m* disconnecting switch reverser
Fahrwiderstand *m* train resistance *(Elektrotraktion)*
spezifischer F. specific train resistance
Fahrzeug *n* **/ entstörtes** suppressed [radio-noise] vehicle
nichtentstörtes F. unsuppressed [radio-noise] vehicle
Fahrzeug[antriebs]batterie *f* traction (vehicle) battery
Fahrzeugbeleuchtung *f* vehicle (automobile, autocar) lighting
Fahrzeughalogenlampe *f* tungsten-halogen auto lamp

Fahrzeugtransformator *m* traction transformer
Faksimile *n (Nrt)* facsimile (*s. a.* Bildfunk)
Faksimilegerät *n* facsimile apparatus (equipment, device)
Faksimileschreiber *m* facsimile recorder
Faksimilesender *m* facsimile transmitter
Faksimilesignal *n* facsimile signal
Faksimilesignalpegel *m* facsimile signal level
Faksimilestempel *m* facsimile stamp
Faksimiletelegraf *m* facsimile telegraph
Faksimiletelegrafie *f* facsimile telegraphy
Faksimiletelegramm *n* facsimile telegram
Faksimileübertragung *f* facsimile transmission
Faksimileverkehr *m* / **verschlüsselter** enciphered facsimile communications
Faktor *m* factor, coefficient
  Carterscher F. air-gap factor
  integrierender F. integrating factor
Fakturiermaschine *f (Rech)* billing (invoicing) machine
Fall *m* / **ungünstigster** worst case
Fallbügel *m* chopper bar, locking device
Fallbügelinstrument *n* instrument with locking device
Fallbügelregler *m (Syst)* chopper bar controller, controller with locking device, hoop drop controller
Fallbügelrelais *n* hoop drop relay
Fallbügelschreiber *m* chopper bar recorder
Falle *f* trap
  F. für den Eigenton *(Ferns)* accompanying sound trap
fallen to fall, to drop, to decrease *(z. B. Spannung, Temperatur)*
  außer Tritt f. to pull out of synchronism *(Synchronmotor)*
  in Tritt f. to pull into synchronism *(Synchronmotor)*
Fallen *n* fall, drop, decrease
fallend / monoton monotonically decreasing *(z. B. Funktion)*
Fallhöhe *f* head *(Wasserkraftwerk)*
  nutzbare F. net head
  schwankende F. fluctuating head
Fallhöhenverlust *m* head loss *(Wasserkraftwerk)*
Fallklappe *f* annunciator drop, drop indicator *(Relais)*; *(Fmt)* indicating disk, disk drop
  F. mit Signalkontakt *(Fmt)* indicator with alarm contact
Fallklappenanlage *f (Fmt)* annunciator
Fallklappenprüfung *f* drop test
Fallklappenrelais *n* annunciator relay, drop indicator relay
Fallklappentafel *f* annunciator
Fallklappenwecker *m (Fmt)* indicator bell
Fallrohr *n* gravity pipe, downpipe; dewatering pit *(Kraftwerk)*
Fallscheibe *f (Fmt)* indicating disk; drop indicator *(Relais)*
Fallschütz *n* vertical-lift gate *(Kraftwerk)*
Fallwähler *m (Fmt)* drop selector
Fallwasser *n* headrace *(Kraftwerk)*
Falschanruf *m (Fmt)* wrong number call, false ring (call)
Falschansprechen *n (Fmt)* false operation
Falschauslösung *f* false tripping
Falschsignal *n* false signal
Falschverbindung *f (Fmt)* wrong connection
Falschwahl *f (Fmt)* faulty selection
Falschzählung *f (Fmt)* false metering
Faltenbalg *m* bellows, sylphon [bellows] *(pneumatisches Meßglied)*
Faltenbildung *f (Ferns)* fold-over *(der Zeilen)*
Faltreflektor *m (Licht)* folding (fan) reflector
Faltung *f* convolution *(Mathematik)*
Faltungsintegral *n (Syst)* convolution (Duhamel) integral *(beim Faltungssatz)*
Faltungssatz *m* convolution theorem
Faltungssumme *f* convolution sum
FAMOST *Abk. für* floating gate avalanche MOST
Fangbereich *m* capture (pull-in, lock-in) range; *(Fmt)* catch range
Fangbügel *m* safety bow
Fangeinrichtung *f (Nrt)* interception circuit
Fangelektrode *f* collecting (gathering) electrode; target
fangen to trap, to capture *(z. B. Elektronen)*; *(Fmt)* to catch *(Teilnehmer)*
Fangen *n* trapping *(Elektronen)*; *(Fmt)* backward hold
  F. bei Platzanruf *(Fmt)* manual hold
Fanggitter *n* suppressor grid *(Elektronenröhren)*
Fangnetz *n (Hochsp)* guard cradle
Fangstelle *f (Halbl)* trapping site (centre), trap
Fangstellenniveau *n (Halbl)* trap level
Fangstoff *m* getter
Fangzeit *f (Fmt)* catch duration
Farad *n* farad, F *(SI-Einheit der elektrischen Kapazität)*
Faraday-Drehung *f* Faraday rotation
Faraday-Effekt *m* Faraday [magnetooptic] effect
Faraday-Impedanz *f* faradic (faradaic) impedance
Faraday-Käfig *m* Faraday (screened) cage
Faraday-Kapazität *f* faradic (faradaic) capacity
Faraday-Konstante *f* Faraday constant
Faradisation *f*, **Faradotherapie** *f* faradism, faradization *(Elektromedizin)*
Farbabmusterung *f* colour matching, object colour inspection
Farbabschalter *m (Ferns)* colour killer

Farbabstand *m* colour distance
Farbabstandsformel *f* colour-difference formula
Farbabstimmung *f* colour match[ing], colour balance (adaptation)
Farbabstufung *f* gradation of colours
Farbabweichung *f* chromatic aberration
Farbanpassung *f* colour match[ing]
Farbanstrich *m* / **halbleitender** semiconducting paint
Farbart *f* chromaticity
Farbartkoordinate *f (Ferns)* chromaticity coordinate
Farbartsignal *n (Ferns)* [carrier] chrominance signal
Farbband *n* [ink] ribbon
Farbbandvorschub *m* ink-ribbon feed
Farbbereich *m (Ferns)* colour gamut
Farbbildröhre *f* colour [television] picture tube
Farbdeckung *f (Ferns)* registration
Farbdemodulator *m (Ferns)* chrominance[-subcarrier] demodulator, colour demodulator
Farbdichte *f* / **spektrale** *(Ferns)* excitation purity
Farbdifferenz *f* colour difference
Farbdifferenzmesser *m* differential colorimeter
Farbdifferenzsignal *n (Ferns)* colour difference signal
Farbe *f* colour; *(Am)* color; hue; tint; paint *(Anstrich)*
  leitende F. conductive paint
Farbeindruck *m s.* Farbempfindung
Farbelement *n* colour element
farbempfindlich colour-sensitive
Farbempfindlichkeit *f* colour sensitivity (response); spectral response *(Fernsehaufnahmeröhre)*
Farbempfindung *f* colour (chromatic) sensation, colour perception
färben to colour; to dye
  elektrolytisch f. to colour electrolytically
Farben *fpl* / **Fechner-Benhamsche** Fechner's colours
  gleichabständige F. equispaced colours
  leuchtende F. brilliant (glowing) colours
Farbenatlas *m* colour atlas (chart)
Farbenflimmern *n* colour (chromatic) flicker
Farbengedächtnis *n* colour memory
Farbenhintergrund *m* background of dye
Farbenindex *m* colour index
Farbenraum *m* colour space
Farbentransformation *f* colour transformation
Farbenumsetzung *f* colour translation
Farbenunterscheidung *f* colour discrimination
Farbenwiedergabetreue *f* colour fidelity
Farbenzerlegung *f* colour dispersion (separation)
Farbenzug *m* **des schwarzen Strahlers** black-body locus, Planckian (full-radiator) locus
Farberkennung *f* colour identification
Farbfehler *m* chromatic (colour) aberration
Farbfeldregler *m (Ferns)* colour correction control
Farbfernsehbildröhre *f* colour [television] picture tube
Farbfernsehempfänger *m* colour television receiver (set)
Farbfernsehen *n* colour television
Farbfernsehkamera *f* colour television camera
Farbfernsehröhrenkolben *m* colour television bulb
Farbfernsehsignal *n* colour television signal
Farbfernsehtechnik *f* colour television technology
Farbfernsehübertragung *f* colour television transmission
Farbfernsehwiedergabe *f* colour television display
Farbfeuern *n (Ferns)* cross-colour
Farbfilm *m* colour film
Farbfilter *n* colour (spectral) filter
Farbfilterrevolver *m* colour filter turret
Farbfilterscheibe *f (Ferns)* colour filter disk
Farbfläche *f (Ferns)* colour plane
Farbfolge *f (Ferns)* colour sequence
  kontinuierliche F. continuous colour sequence
  wechselnde F. reversing colour sequence
Farbfotografie *f* colour photography
Farbgleichheit *f* colour balance (match)
Farbgleichung *f* colour equation
Farbgrenzen *fpl* colour boundaries
Farbinformation *f (Ferns)* colour information
Farbkennzeichen *n*, **Farbkode** *m* colour code *(z. B. auf Widerständen)*
Farbkoder *m (Ferns)* colour encoder
farbkodiert colour-coded
Farbkomponente *f* colour (chromatic) component
Farbkontrast *m* colour contrast
Farbkörper *m* 1. colour solid; 2. pigment
Farbkorrektur *f* colour (chromatic) correction
Farbmaske *f (Ferns)* colour mask
Farbmesser *m s.* Farbmeßgerät
Farbmeßgerät *n* colorimeter, colour-measuring instrument
  F. nach dem Dreibereichsverfahren tristimulus (three-colour) colorimeter
  fotoelektrisches F. photoelectric colorimeter
Farbmeßtechnik *f* colorimetry
Farbmischkurve *f (Ferns)* colour mixture curve
Farbmischung *f* colour mixture

additive F. additive colour mixture
subtraktive F. subtractive colour mixture
Farbmischwerte *mpl (Ferns)* colour mixture data
Farbmodulator *m (Ferns)* chrominance[-subcarrier] modulator, colour modulator
Farbpyrometer *n* colour [optical] pyrometer
Farbrand *m* colour fringe, coloured edge
Farbraster *m* colour screen
Farbreiz *m* colour stimulus
Farbreizfunktion *f* colour stimulus function
Farbrestfehler *m* residual chromatic (colour) aberration
farbrichtig colour-correct
Farbröhrchenschreiber *m* siphon recorder
Farbsättigung *f* colour saturation
Farbsaum *m* colour fringe, coloured edge
Farbschicht *f* paint film
Farbschirm *m (Ferns)* colour picture screen
Farbschreiber *m* ink writer
Farbsignal *n (Ferns)* colour signal
Farbstichfolie *f* colour correction foil
Farbstimmung *f* colour adaptation, chromatic adaptive state
Farbstoff *m* colouring matter, colourant; dye; pigment
Farbstoff-Flüssigkristallanzeige *f* guest-host liquid crystal display, guest-host LCD
Farbstofflaser *m* dye laser
abstimmbarer F. tunable dye laser
Farbsynchronsignal *n (Ferns)* colour synchronizing burst
Farbsystem *n* colour system
Farbtafel *f* chromaticity (chromatic) diagram, colour chart
Farbtemperatur *f* colour temperature
Farbtemperaturnormallampe *f* colour temperature standard lamp
Farbtemperaturskala *f* colour temperature scale
Farbtest *m (Ferns)* colour check
Farbtestleuchte *f* colour-matching unit
Farbtoleranzellipse *f* colour tolerance ellipse
Farbton *m* hue, shade, tinge, tint
Farbtonabstufung *f* hue scale
Farbtonkanalschutz *m (Ferns)* chromaticity channel protection
Farbtonkreis *m* hue circle
Farbtonregelung *f* hue control
Farbtonregler *m (Ferns)* chroma control
Farbtonunterschied *m* difference of hue
Farbtonunterschiedsempfindlichkeit *f* hue discrimination; colour discrimination
Farbtonunterschiedsschwelle *f* differential hue threshold
Farbträger *m (Ferns)* chrominance [sub]carrier, colour carrier
Farbträgerkanal *m (Ferns)* chrominance channel
Farbträgeroszillator *m (Ferns)* colour subcarrier oscillator, chroma (colour) oscillator
Farbträgerstörung *f (Ferns)* colour subcarrier interference
Farbtreue *f* colour fidelity
Farbübersprechen *n (Ferns)* colour cross talk
Farbüberzug *m* paint coat (cover)
Farbumfang *m* colour gamut
Farbumstimmung *f (Licht)* change of chromatic adaptation
Farbunterscheidungsvermögen *n* colour discrimination
Farbunterschiedsschwelle *f* colour difference (discrimination) threshold, differential colour threshold
Farbveränderung *f* colour change
Farbverfälschung *f (Ferns)* colour purity (registration) error
Farbverschiebung *f* colour (colorimetric) shift, colour displacement
Farbverschmelzung *f* colour fusion (contamination)
Farbverzerrung *f* distortion of colour, chromatic distortion
Farbwert *m* chromaticity
Farbwertanteil *m (Licht)* chromaticity coordinate
Farbwertdiagramm *n* chromaticity diagram
Farbwertflimmern *n* chromaticity flicker
Farbwertgröße *f (Ferns)* chrominance primary
Farbwertrechner *m* colour computer
Farbwertsignal *n (Ferns)* chrominance signal
Farbwertsubträger *m* chrominance subcarrier
Farbwertverschiebung *f (Ferns)* colour contamination
Farbwiedergabe *f* colour rendition (rendering)
Farbwiedergabeeigenschaft *f* colour-rendering property
Farbwiedergabeindex *m* colour-rendering index
Farbwiedergabetoleranz *f* colour-rendering tolerance
Farbzelle *f (Ferns)* colour cell
Farbzerlegung *f* colour dispersion
Farnsworth-Bildröhre *f* [Farnsworth] image dissector tube
Faser *f* / **optische** optical fibre *(Lichtleitstab)*
Faseranordnung *f* array of fibres
Faserasbest *m (Isol)* amianthus
Faserbündel *n* fibre bundle
Faserisolation *f* fibre insulation
Faseroptik *f* fibre optics
faseroptisch fibre-optic
Faserplatte *f* fibre board *(Schalldämmung)*
Faserschicht *f* layer of fibres

Faserstoff *m* fibrous material, fibre
isolierender F. fibrous insulating material
Faserstoffisolierung *f* fibrous insulation
Faserstoffkabel *n* fibre-covered cable
Faservlies *n (Isol)* chopped mat
Fassadenanstrahlung *f* front illumination
Fassung *f* socket, holder; mount; [fuse] base *(Sicherung)*; bulb (lamp) holder
Fassungsgewinde *n* holder thread
Fassungsleisten *fpl* **für gedruckte Schaltungen** printed circuit receptacles
Fäulnisbeständigkeit *f* decay resistance *(z.B. von Isolierstoffen)*
F-Darstellung *f* F-display *(Radar)*
Feder *f* 1. spring; 2. pen
F. mit progressiver Federkonstante hardening spring
Federantrieb *m* spring action
Federaufhängung *f* spring suspension
Federbalg *m* bellows, sylphon [bellows] *(pneumatisches Meßglied)*
Federbefestigung *f* spring attachment
federbelastet spring-loaded
Federdraht *m* spring wire
Federdrahtrelais *n* **mit Abfallverzögerung** slow-release wire-spring relay
Federgalvanometer *n* spring galvanometer
Federhebel *m* spring leaf actuator
F. mit Achslagerung axle-suspended spring leaf actuator
F. mit Justierschraube spring leaf actuator with setting screw
F. mit Rolle spring leaf actuator with roller
Federklammer *f* clamping spring, spring clip
Federklemme *f* spring terminal
Federklinke *f* spring catch
Federkontakt *m* spring contact
Federkraftrückstellung *f* spring return
Federleiste *f* multiple-contact socket, female multipoint connector
F. für gedruckte Schaltung printed circuit connector
Feder-Masse-Dämpfungssystem *n* spring-mass-damper system
Feder-Masse-System *n* spring-[and-]mass system
federnd elastic, springy, resilient
Federring *m* lock washer
Federsatz *m* spring set (assembly)
Federschalter *m* spring (snap) switch
Federsockel *m* shock-mount base
Federspannung *f* spring tension
federsteif *(Ak)* compliance-controlled, stiffness-controlled
Federstift *m* spring pin
Federthermometer *n* pressure-spring thermometer
Federung *f* spring suspension
akustische F. acoustic compliance
Federunterlage *f* spring pad
Federwalze *f* spring barrel
Federweg *m* spring deflection
Federwirkung *f* spring action; resilience, compliance
Fehlabgleich *m*, **Fehlabgleichung** *f* misalignment
Fehlablesung *f* misreading
Fehlabstimmung *f* mistuning
fehlanpassen to mismatch; to misfit
Fehlanpassung *f* mismatch[ing]; misfit; misalignment
Fehlanpassungsfaktor *m* misfit factor *(Kristallografie)*; *(Nrt)* standing wave loss factor
Fehlanpassungskoeffizient *m* mismatch factor
Fehlanpassungswinkel *m* angle of misfit *(Kristallografie)*
Fehlanruf *m (Fmt)* false (lost) call, false ring (signal)
Fehlanwendung *f* misapplication
Fehlauslösung *f* fault throwing *(Relais)*
Fehlausrichtung *f* misalignment
Fehlbedienung *f* wrong manipulation
Fehlbelegung *f (Fmt)* false occupation
Fehldarstellung *f* misrepresentation
Fehleinstellung *f* misadjustment, maladjustment
Fehler *m* error; fault, defect *(z.B. Material)*; imperfection *(Kristall)*; failure, trouble; *(Am)* bug
F. bei Belastung loading error
F. durch menschliches Versagen human error
F. durch Zeitverschiebung *(Rech)* [interchannel] time displacement error
F. einer Maßverkörperung error of a material measure
F. eines Meßgeräts error [of indication] of a measuring instrument, instrumental error
F. ersten Grades first-degree error
F. im Amt *(Fmt)* exchange fault
abschätzbarer F. appreciable error
absoluter F. absolute error
akkumulierter F. accumulated error
bewußt zugelassener F. *(Meß)* conscious error
bleibender F. permanent (remaining) error, sustained fault
doppelter F. double error
dynamischer F. dynamic error
formaler F. formal error
geschätzter F. estimated error
integrierender F. cumulative error
intermittierender F. intermittend fault
mitgeschleppter F. *(Rech)* inherited error
mittlerer F. mean (average, standard) error
mittlerer quadratischer F. root-mean-square error
partieller F. partial error

programmabhängiger (programmbedingter) F. *(Rech)* program-sensitive error
prozentualer F. percentage error
reduzierter F. reduced error
relativer F. relative (percent ratio) error
scheinbarer F. fiducial error
sich fortpflanzender F. progressive error
statischer F. static error
subjektiver F. subjective (personal) error
systematischer F. systematic (regular) error
vorgegebener F. given error
wahrscheinlicher F. probable error
wiederholt auftretender F. repetitive error
wiederkehrender F. intermittent fault
zufälliger F. random (accidental) error; stochastic error
zulässiger F. admissible (allowable, permissible, tolerable) error
zusätzlicher F. complementary error

Fehler *mpl* **/ sich kompensierende** compensating errors
Fehlerabschätzung *f* error estimation
Fehleranalyse *f* error analysis
Fehleranfälligkeit *f* fault liability
Fehleranzeige *f* error (malfunction) indication, error detection
selbsttätige F. automatic fault signalling
Fehleranzeigegerät *n*, **Fehleranzeiger** *m* error (malfunction) indicator, fault detector
Fehleranzeigerelais *n* fault detector relay
Fehlerart *f* failure mode
Fehlerausfallperiode *f* wear-out failure period
Fehlerausgleich *m* compensation (adjustment) of errors
Fehlerballung *f* error burst
Fehlerbereich *m* error range
zugelassener F. area of permissible errors
Fehlerbeseitigung *f* removal of faults, fault clearance (clearing); *(Am)* debugging
F. durch wiederholte Übertragung *(Nrt)* error deletion by iterative transmission
F. in einem Programm *(Rech)* program debugging
Fehlerbeseitigungsprogramm *n (Rech)* error removing routine (program), debugging routine
Fehlerbündel *n (Rech, Nrt)* error burst
Fehlerdämpfung *f* balance attenuation; [balance] return loss, obtained balancing result
F. in Stromkreisen ohne Verstärker passive balance return loss
aktive F. active balance return loss
Fehlerdämpfungsmesser *m* balance attenuation measuring set, return loss measuring set
Fehlerdämpfungsmessung *f* balance attenuation measurement
Fehlerdichte *f* error rate
Fehlerecho *n* flaw echo *(Ultraschallwerkstoffprüfung)*
Fehlereingrenzung *f* fault localization, localization of defects
Fehlererkennung *f* error detection
Fehlererkennungskode *m* error-detecting code
Fehlererkennungsprogramm *n (Rech)* error detection routine
Fehlererkennungssystem *n* error detection system
Fehlerfernerfassung *f* remote error sensing
Fehlerfernmessung *f* remote error measuring
Fehlerfeststellung *f* error detection
Fehlerfortpflanzung *f* error propagation
Fehlerfortpflanzungsgesetz *n* error propagation theorem (law)
fehlerfrei error-free, free from error; faultless; free from defects
Fehlerfreiheit *f* accuracy; freedom from faults (defects)
Fehlerfunktion *f* error function
Fehlergleichung *f* error equation
Fehlergrenze *f* error limit; accuracy limit *(eines Geräts)*
Fehlergröße *f* magnitude of error
fehlerhaft faulty, defective; imperfect
Fehlerhäufigkeit *f* error rate; frequency of errors
Fehlerintegral *n* **/ Gaußsches** Gauss error integral
komplementäres F. complementary error function
Fehlerintegraldiffusion *f (Halbl)* complementary error function diffusion, erfc diffusion
Fehlerintegralprofil *n (Halbl)* complementary error function profile, erfc profile
Fehlerkoeffizient *m* error coefficient
Fehlerkontrollzeichen *n* error-checking character
Fehlerkorrektur *f* error correction
automatische F. automatic error correction
Fehlerkorrektureinrichtung *f* error-correcting feature
Fehlerkorrekturgerät *n* error-correction device
Fehlerkorrekturkode *m* error-correcting code
statistischer F. random error-correcting code
Fehlerkorrekturprogramm *n (Rech)* error-correcting program
Fehlerkorrektursystem *n* **/ automatisches** automatic error-correcting system
Fehlerkorrekturzeichen *n* error-correcting character

fehlerkorrigiert aberrationally corrected *(Optik)*
Fehlerkurve *f* error curve
Fehlerlöschung *f (Rech)* deletion of errors
Fehlermechanismus *m* failure mechanism
Fehlermeldung *f (Fmt)* alarm message
Fehlermeßglied *n* error detector
Fehlermeßvorrichtung *f* error measuring means
Fehlermöglichkeit *f* error possibility
Fehlernachricht *f* error message
Fehlernachweis *m* error detection
Fehlerort *m* point of fault
Fehlerortsbestimmung *f* fault location
Fehlerortsmeßbrücke *f* fault localizing bridge *(für Kabel)*
Fehlerortsmessung *f*, **Fehlerortsprüfung** *f* fault location test, determination of fault location
Fehlerortssuche *f s.* Fehlerortung
Fehlerortung *f* fault location (finding), trouble location
Fehlerprogramm *n (Rech)* error program
Fehlerprozentsatz *m* percent ratio error
Fehlerprüfkode *m (Nrt)* error-checking code
Fehlerprüfschalter *m (App)* fault-feeler switch
Fehlerprüfung *f* error control; fault checking
Fehlerquadrat *n* square of [the] error
mittleres F. mean square error
Fehlerquadratmethode *f* method of [least] error squares
Fehlerquelle *f* error source
Fehlerquote *f*, **Fehlerrate** *f* fault (error) rate
Fehlerrechnung *f* computation of error
Fehlerrelais *n* fault detector relay
Fehlerschutz *m* fault protection, leakage protection *(gegen Erdschluß)*
F. in Ausgleichschaltung balanced protective system
Fehlerschwelle *f* error threshold
Fehlersignal *n* error signal
Fehlerspannung *f* fault voltage
Fehlerspannungsauslöser *m* fault voltage circuit breaker; *(App)* voltage-operated circuit breaker
Fehlerspannungsschutzschalter *m* fault-voltage switch (circuit breaker), voltage-operated earth-leakage circuit breaker, earth-leakage trip
Fehlerspannungsschutzschaltung *f* voltage-operated earth-leakage protection
Fehlerspannungsschutzsystem *n* fault-voltage protective system
Fehlerstatistik *f* error (fault, trouble) statistics
Fehlerstelle *f* fault position (location), point of fault; blemish *(z.B. im Speicher)*
Fehlerstrecke *f (Meß, Fmt)* faulty section, fault section
Fehlerstrom *m* fault current; leakage current *(Leckstrom)*
Fehlerstromschutzschalter *m* fault-current circuit breaker; *(App)* current-operated earth-leakage circuit breaker
Fehlerstromschutzschaltung *f* current-operated earth-leakage protection
Fehlerstromschutzsystem *n (App)* fault current protective system
Fehlersuche *f* fault finding, trouble tracking (shooting); error searching (detection); defect detection
Fehlersuchgerät *n* fault finder (location instrument); set analyzer *(z.B. zur Prüfung von Rundfunkgeräten)*
Fehlersuchprogramm *n (Rech, Meß)* error search program (routine), diagnostic program, tracing routine
Fehlertheorie *f* theory of error
Fehlertoleranz *f* tolerance
Fehlerüberwachung *f* error control
Fehlerursache *f* cause of failure
Fehlerverteilung *f* error distribution
Gaußsche F. Gaussian error distribution, normal distribution
Fehlerverteilungskurve *f* / **Gaußsche** Gauss error distribution curve
Fehlerwahrscheinlichkeit *f* error probability
Fehlerwiderstand *m* fault resistance *(Widerstand der Fehlerstelle)*
Fehlerwort *n (Rech)* error word
Fehlerzähleinrichtung *f* fault counting device
Fehlerzeichen *n* error pattern
Fehlfunktion *f* malfunction
fehlgeordnet disordered *(Kristall)*
Fehlimpulsrate *f* missed pulse rate
fehlleiten *(Nrt)* to misroute
Fehlleitung *f (Nrt)* misrouting
Fehllochung *f (Rech)* off punch
Fehlordnung *f* [lattice] disorder, imperfection *(Kristall)*
Frenkelsche F. *(Halbl)* Frenkel disorder
fehlorientiert misoriented *(Kristall)*
Fehlorientierung *f* misorientation
Fehlschaltung *f* faulty switching (operation); maloperation
Fehlstelle *f* 1. [lattice] defect, imperfection; vacancy *(Kristall)*; 2. *(Halbl)* [electron] hole (*s.a.* Defektelektron); 3. *(Isol)* dry spot *(durch Kriechstrom)*; blow hole *(Gießharz)*; 4. drop-out *(Magnetbandaufzeichnung)*; 5. *(Rech)* blemish *(Speicher)*
Frenkelsche F. *(Halbl)* Frenkel defect
Fehlstellenleitfähigkeit *f (Halbl)* p-type conductivity
Fehlstrom *m* non-operate current *(bei Schaltgeräten)*
Fehlverbindung *f* 1. wrong connection; *(Fmt)* wrong number call; 2. defective joint *(beim Löten)*
Fehlwahl *f (Fmt)* faulty selection

Fehlwinkel *m* **eines Spannungswandlers** phase angle of a voltage transformer
Fehlzeichen *n* false signal; *(Fmt)* signal imitation
Fehlzündung *f* misfire, false firing *(Elektronenröhren)*
Feinabgleich *m* fine adjustment, trimming [adjustment]
Feinabstimmknopf *m* fine tuning knob, slow-motion control knob
Feinabstimmkondensator *m* vernier capacitor
Feinabstimmung *f* fine (sharp, vernier) tuning
F. des Abschwächers fine attenuator control
Feinabtastung *f (Ferns)* fine (close) scanning
Feinantrieb *m* vernier drive
Feinanzeige *f* microindication
Feinbewegung *f* fine (slow) motion
Feindraht *m* fine wire
Feineinstellkondensator *m* vernier capacitor
Feineinstellskale *f* vernier (fine adjustment) dial
Feineinstellung *f* fine (sensitive) adjustment, fine (slow-motion) control, fine setting; vernier adjustment *(mit Nonius)*; fine tuning control
Feinfilter *n* ultrafilter
Feinfokussierung *f* fine focus[s]ing
Feingefüge *n* microstructure, microscopic structure
Feinkontrast *m (Ferns)* detail contrast
feinkörnig fine-grain[ed], close-grained
feinmaschig fine-meshed, close-meshed
Feinmeßinstrument *n* fine (precision) measuring instrument
Feinregelung *f* fine (vernier) control
Feinregler *m* fine controller
Feinreinigung *f (Galv)* final cleaning
Feinsicherung *f* microfuse, miniature (fine-wire) fuse
Feinsicherungseinsatz *m* heat coil
Feinstellskale *f* slow-motion dial
Feinstelltrieb *m*, **Feinstellvorrichtung** *f* slow-motion drive
Feinstrahl *m* microbeam
Feinstrahlmethode *f* microbeam technique
Feinstruktur *f* fine structure, microstructure, microscopic structure
Feintaster *m* roughness meter (tester)
Feintrieb *m* fine (vernier, slow-motion) drive
Feintrimmen *n* vernier tuning
Feld *n* 1. field *(z.B. elektrisch, magnetisch)*; 2. *(Ferns, Nrt)* frame; 3. panel *(z.B. eines Gestells)*; *(Fmt)* section *(einer Strecke)*; 4. *(Rech)* array
F. fester Länge *s.* festes F.
F. gleicher Lichtstärke uniform luminance area
F. im Luftspalt air-gap field
äußeres F. external field
beschleunigendes F. accelerating field
bewegtes F. moving field
dielektrisches F. dielectric field
diffuses F. *(Ak)* diffuse (reverberant) field
divergentes F. divergent electric field
einschwingendes magnetisches F. transient magnetic field
elektrisches F. electric field
elektromagnetisches F. electromagnetic field; reactive field *(bei Antennen)*
elektrostatisches F. [electro]static field
entgegengesetzt umlaufendes F. *s.* gegenläufiges F.
entgegengesetztes F. opposing field
entmagnetisierendes F. demagnetizing field
erdmagnetisches F. terrestrial magnetic field
festes F. fixed field *(Lochkarte)*
fortschreitendes äußeres F. propagating external field
freies F. *(Ak)* free field
fremdes F. external field
gegenläufiges F. negative-sequence field
homogenes F. homogeneous (uniform) field
inhomogenes F. inhomogeneous (non-homogeneous, non-uniform) field
inneres F. internal field
magnetisches F. magnetic field
magnetisierendes F. magnetizing field
magnetostatisches F. magnetostatic field
Maxwellsches F. Maxwell field
mitlaufendes F. positive-sequence field
quellenfreies F. solenoidal field
radiales F. radial field
rotationssymmetrisches F. rotational-symmetric field
rotierendes elektromagnetisches F. rotating electromagnetic field
ruhendes F. fixed field
schwaches F. low (weak) field
sinusförmig veränderliches F. sinusoidally varying field
skalares F. scalar field
starkes F. strong field
stationäres F. stationary (steady-state) field
statisches F. static field
überlagertes F. bias field
umlaufendes F. rotating field
wechselwirkendes F. interacting field
wirbelfreies F. irrotational (non-rotational, non-cyclical, lamellar) field
feldabhängig field-dependent
Feldabhängigkeit *f* field dependence
Feldänderung *f* field change (changing)
Feldanregung *f (Masch)* field excitation

Feldanschluß *m (Masch)* field terminal
Feldbegrenzung *f* field definition
Feldbeschleunigung *f* field acceleration
Feldbild *n* field pattern (configuration); flow pattern *(Flußbild)*
elektrisches F. electric field pattern
Felddichte *f* field density
Felddurchschlag *m* field breakdown
Feldeffekt *m* field effect
Feldeffektflüssigkeitsanzeige *f* field-effect liquid-crystal display
Feldeffektfototransistor *m* field effect phototransistor, photo-FET, photofet
Feldeffekttetrode *f* field effect tetrode
Feldeffekttransistor *m* field effect transistor, FET, unipolar transistor
F. mit isoliertem Gate (Tor) insulated-gate field effect transistor, IGFET
F. mit isolierter Gate-Elektrode (Steuerelektrode) insulated-gate field effect transistor, IGFET
F. mit Ladungsspeicherung charge-storage junction field effect transistor, CSJFET
F. mit sechseckiger Struktur hexagonal field effect transistor, HEXFET
selbstleitender F. depletion-type field effect transistor
selbstsperrender F. enhancement-type field effect transistor
vertikaler F. vertical field effect transistor, VFET
Feldelektrode *f* field plate
Feldelektronenemission *f* field electron emission
Feldelement *n* element of field, field element
Feldemission *f* field (cold) emission
innere F. internal field emission
Feldemissionsquelle *f* field-emission source
Feldemissionsröhre *f* field-emission tube
Feldempfindlichkeit *f* field sensitivity
Feldenergie *f* field energy
magnetische F. magnetic field energy
feldentgegengesetzt field-opposed
Felder *npl* **/ gekreuzte** crossed fields
Felderhöhung *f* field forcing
Felderregung *f (Masch)* field excitation
Felderzeugung *f* field generation
Feldfernsprecher *m* field telephone
Feldfernsprechvermittlung *f* field telephone switchboard
Feldform *f* field configuration
Feldformfaktor *m (Masch)* field form factor *(Luftspaltfeld)*
feldfrei field-free, zero-field
Feldfunksprechapparat *m* field radio-telephone, walkie-talkie
Feldgröße *f* field quantity
feldinduziert field-induced
Feldinhomogenität *f* field inhomogeneity
Feldionenemission *f* field ion emission
Feldionisation *f* field ionization
feldionisiert field-ionized
Feldkabel *n* 1. field cable (wire); 2. army cable
Feldklappenschrank *m (Fmt)* field switchboard
Feldkomponente *f* **/ elektromagnetische** electromagnetic field component
Feldlinie *f* [electric] flux line, field (gradient, characteristic) line
elektrische F. electric flux (field) line
magnetische F. magnetic flux (field) line
Feldlinienbild *n* field pattern
Feldliniendichte *f* field [line] intensity, field [line] density
Feldlinienpfad *m* flux path
Feldlinienröhre *f s.* Feldröhre
feldlos *s.* feldfrei
Feldmagnet *m (Masch)* field magnet; alternator magnet *(im Generator)*
Feldpol *m* field pole
Feldregelung *f (Masch)* field control
Feldregler *m (Masch)* [exciter] field rheostat, field regulator
Feldrichtung *f* field direction
Feldröhre *f* field (flux) tube
elektrische F. Faraday tube
Feldschritt *m* field pitch
Feldschwächer *m* field suppressor
Feldschwächung *f (Masch)* field weakening
F. durch Anzapfung field weakening by tapping
F. durch Nebenschluß field shunting
Feldspannung *f* field voltage
Feldspule *f* field (magnetizing) coil
Feldspulenhalter *m* coil support
Feldstärke *f* field strength (intensity)
F. im freien Raum free-space field strength (intensity)
elektrische F. electric field strength, electric force (intensity), intensity (strength) of electric field; voltage gradient *(im Feldbild)*
magnetische F. magnetic field strength (intensity), magnetizing force
maximale magnetische F. peak magnetic field force
remanente F. remanent field strength
Feldstärkediagramm *n* radiation pattern *(Antenne)*
Feldstärkegewinn *m* **durch Reflexion** *(Nrt)* reflection gain
Feldstärkelinie *f* line of field strength
Feldstärkemesser *m* field strength (intensity) meter, field strength indicator
Feldstärkemessung *f* field strength measurement
Feldstärkeschwankung *f* variation of field strength (intensity)
Feldstärkeverlauf *m* field strength flow
Feldstärkeverteilung *f* field strength distribution

Feldstation *f (Nrt)* field station; portable telephone set
Feldtheorie *f* field theory
Feldtrennschalter *m* field break-up switch
Feldumkehr *f (Masch)* [exciting] field reversal, exciter field reversal
feldunterstützt field-aided
Feldvektor *m* field vector
elektrischer F. electric field vector
magnetischer F. magnetic field vector
Feldverdrängung *f s.* Flußverdrängung
Feldvereinbarung *f (Rech)* array declaration
Feldverlauf *m s.* Feldverteilung
Feldverschiebung *f* field displacement
Feldversuch *m* field trial
Feldverteilung *f* field [strength] distribution, field configuration
Feldverzerrung *f* field distortion
Feldverzögerung *f* field deceleration
Feldwaage *f* magnetic balance
Feldwicklung *f* field winding
Feldwiderstand *m* wave impedance *(Hohlleiter)*
Felici-Waage *f* Felici balance *(Meßbrücke für Gegeninduktivitäten)*
Fenster *n* / **faseroptisches** fibre-optic window
Fermi-Energie *f* Fermi energy
Fermi-Funktion *f* Fermi function
Fermi-Integral *n* Fermi integral
Fermi-Kante *f* Fermi level
Fermi-Näherung *f* Fermi approximation
Fermi-Niveau *n* Fermi [characteristic energy] level
Fermi-Statistik *f* Fermi statistics
Fermi-Verteilung *f* Fermi distribution
Fernablesung *f* distant (remote) reading
Fernamt *n (Fmt)* trunk exchange, trunk (toll) office
F. mit Anrufverteilern trunk exchange with automatic call distribution
F. mit mehreren Unterämtern multi-office exchange
Fernamtsaufsicht *f (Fmt)* trunk supervisor
Fernamtsauskunft *f (Fmt)* trunk directory inquiry
Fernamtsmeldeleitung *f (Fmt)* record circuit
Fernamtstelefonistin *f* long-distance operator
Fernamtstrennung *f (Fmt)* through clearing
Fernanruf *m (Fmt)* trunk (long-distance) call
Fernanruflampe *f (Fmt)* trunk calling lamp
Fernanrufrelais *n (Fmt)* long-distance line relay
Fernanrufzeichen *n (Fmt)* trunk (long-distance) call signal
Fernanschluß *m (Fmt)* trunk subscriber's line
Fernanzeige *f* remote indication (display, read-out); *(Fmt)* remote signalling
Fernanzeigegerät *n* remote-indicating device (instrument)
fernanzeigend remote-indicating
Fernaufnahme *f (Ferns)* long shot, telephoto [shot]
Fernaufzeichnung *f* telerecording
Fernaufzeichnungsgerät *n* telerecording equipment
fernbedienbar remote-controllable
fernbedient remote-operated, remote[-controlled], remotely controlled
Fernbedienung *f* remote operation (control)
Fernbedienungsteil *n* remote control unit
fernbesetzt *(Fmt)* trunk-busy
Fernbesetztzeichen *n (Fmt)* sign for busy trunk line
fernbetätigt *s.* fernbedient
Fernbetrieb *m (Fmt)* trunk working
F. mit Wartezeit delay (demand) working
Fernbetriebsüberwachung *f (Fmt)* trunk line observation
Fernbildschrift *f (Nrt)* facsimile
Fernbildschriftempfänger *m* facsimile receiver
Ferndrehzahlmesser *m* teletachometer
Ferndrucker *m* teleprinter; *(Nrt)* printing telegraph
Ferndurchgangsplatz *m (Fmt)* through-switching position
Fernempfang *m (Nrt)* long-distance reception, distant reception
Fernfeld *n* far field (region), Fraunhofer region, far (radiation) zone *(Antennentechnik)*; distant field
Fernfokuselektronenstrahlkanone *f* telefocus electron [beam] gun
ferngelenkt *s.* ferngesteuert
ferngespeist remote-fed
Ferngespräch *n (Fmt)* trunk (long-distance) call
abgehendes F. outgoing trunk call
gewöhnliches F. routine call
ferngesteuert remotely controlled, remote[-operated], telecontrolled
Fernhörer *m* [telephone] receiver, telephone earphone
elektrodynamischer F. moving-coil receiver, moving-conductor receiver
elektromagnetischer F. electromagnetic (moving-iron) receiver
Fernhörerkapsel *f* receiver case
Fernhörerschnur *f* telephone cord
Ferninterferenz *f* distant interference
Fernkabel *n (Fmt)* trunk (long-distance) cable (*s. a.* Fernmeldekabel)
Fernkabelmeßtrupp *m (Fmt)* trunk cable testing staff
Fernkabelnetz *n (Fmt)* trunk cable network
Fernknotenamt *n (Fmt)* trunk junction exchange

Fernkontrolle *f* remote control (monitoring)
Fernkopie *f* telecopy
Fernkopieren *n* telecopy[ing]
Fernleitung *f* 1. *(Fmt)* trunk circuit (line), trunk; 2. *(Eüb)* [long-distance] transmission line
F. für beschleunigten Verkehr *(Fmt)* demand trunk circuit
Fernleitungsabschluß *m (Fmt)* trunk terminating unit
Fernleitungsendverstärker *m (Fmt)* terminal repeater
Fernleitungshauptverteiler *m (Fmt)* trunk distribution frame
Fernleitungsnetz *n (Fmt)* trunk (long-distance) network
Fernleitungsschema *n (Fmt)* trunking scheme
Fernleitungsverlust[e *pl*] *m (Fmt)* trunk loss
Fernleitungswähler *m (Fmt)* final selector for distance traffic
fernlenken to remote-control
Fernlenkung *f* remote control
Fernlicht *n* headlight, main (upper) beam, driving light
Fernlichtkontrollampe *f* main beam warning lamp
Fernmeldeanlage *f* communication facility (system), telecommunication installation
Fernmeldeanschlußstelle *f* connecting point
Fernmeldebau *m* line construction
Fernmeldebetriebszentrale *f* communication centre
Fernmeldedienst *m* [tele]communication service, teletraffic
Fernmeldegeheimnis *n* secrecy of telecommunication (correspondence)
Fernmeldegerät *n* communication device
Fernmeldekabel *n* [tele]communication cable
Fernmeldemechaniker *m* lineman
Fernmeldemeßkoffer *m* portable voice frequency measurement set
Fernmeldenetz *n* [tele]communication network, telecommunication system
öffentliches F. public communication[s] network
Fernmeldeortsnetz *n* local communication network
Fernmeldesystem *n* telecommunication (communications) system
integriertes F. integrated communications system
Fernmeldetechnik *f* telecommunication [technique], telecommunication engineering
Fernmeldetechniker *m* telecommunication[s] engineer
Fernmeldeturm *m* [tele]communication tower
Fernmeldeübertrager *m* line transformer
Fernmeldeverbindung *f* telecommunication circuit
Fernmeldeverkehr *m* telecommunication traffic, teletraffic
Fernmeldewesen *n* telecommunication, communications
Fernmeldezentrum *n* communication centre
Fernmeßeinrichtung *f* telemetering device (equipment), telemeter
Fernmeßempfänger *m* telemetering receiver
fernmessen to telemeter
Fernmeßgeber *m* remote pick-up
Fernmeßgerät *n* telemeter
Fernmeßsystem *n* telemetering system
Fernmeßtechnik *f* technique of telemetry
Fernmessung *f* telemetry, telemetering, remote measurement
F. mit veränderlicher Frequenz variable-frequency telemetering
elektrische F. electric telemetering
Fernnachwähler *m (Fmt)* long-distance switch
Fernnebensprechdämpfung *f (Fmt)* far-end cross-talk attenuation
Fernnebensprechen *n (Fmt)* far-end cross talk
Fernnetz *n s.* Fernleitungsnetz
Fernordnung *f* long-range order *(Kristall)*
Fernplatz *m (Fmt)* trunk position
Fernplatzrufleitung *f (Fmt)* switching trunk
Fernprogrammierung *f (Rech)* remote programming
Fernrechenzentrum *n (Rech)* telecalculating centre
Fernregelung *f* remote (distant) control, telecontrol
Fernregistrierung *f* telerecording
Fernrückmeldung *f* telerepeating
Fernschaltanlage *f* remote switching system
fernschalten to remote-switch
Fernschalter *m* remote [control] switch, teleswitch, remote-controlled switch
Fernschaltgerät *n* remote control unit
Fernschrank *m (Fmt)* trunk switchboard, long-distance section
Fernschreibalphabet *n* teletypewriter code
Fernschreibapparat *m s.* Fernschreiber 1.
Fernschreibdienst *m* teleprinter exchange service, telex [service]
Fernschreibempfangsgerät *n* telegraph receiving equipment
fernschreiben to teletype, to telewrite
Fernschreiben *n* 1. telegraphy; teletyping; 2. teleprint[er] message
drahtloses F. radio teletype
Fernschreibendstelle *f* teletype terminal station

Fernschreiber *m* 1. teletypewriter, teletype apparatus, teleprinter; telegraph; 2. teletypist, teletype operator *(Bedienungsperson)*
F. hoher Geschwindigkeit high-speed teleprinter
elektronischer F. electronic teleprinter
Fernschreiberaustausch *m* teleprinter exchange, telex
Fernschreib-Handvermittlung *f* telex manual exchange
Fernschreibkode *m* teleprinter code
Fernschreibkonferenzschaltung *f* teletype conference circuit
Fernschreibleitung *f* teletype circuit, telex line (circuit)
Fernschreiblocher *m* teleprinter perforator
Fernschreibmaschine *f* teleprinter, teletypewriter, teletyper
Fernschreibmechaniker *m* teleprinter mechanic
Fernschreibmeßgestell *n* teletype control panel
Fernschreibmeßsender *m* teleprinter signal generator
Fernschreibnetz *n* teletype (teleprinter) network
Fernschreibnummer *f* telex number
Fernschreibprüfstreifen *m* teletyper test tape
Fernschreibsende- und -empfangsnetz *n* send-receive teletype service
Fernschreibsignal *n* teleprinter signal
Fernschreibstreifen *m* teletype tape
Fernschreibteilnehmer *m* teletype (telex) subscriber
Fernschreibübertragung *f* teletype transmission
Fernschreibverbindung *f* teletype communication
Fernschreibverkehr *m* teletype service
Fernschreibvermittlung *f* teleprinter (telex) exchange
Fernschreibvermittlungsdienst *m* teleprinter exchange service, telex
Fernschreibvermittlungsschrank *m* telegraph switchboard
Fernschreibzeichen *n* teleprinter character
Fernschreibzeichenlänge *f* telegraph character length
Fernschreibzentrale *f* teleprinter exchange
fernschriftlich by teleprint, by teletype
Fernsehanalysator *m* television analyzer
Fernsehantenne *f* television aerial
Fernsehapparat *m s.* Fernsehgerät
Fernsehaufnahmeröhre *f* camera tube
Fernsehaufnahmewagen *m* television car
Fernsehaufzeichnung *f* television [picture] recording
Fernsehband *n* television band
Fernsehbild *n* television picture (image)
Fernsehbildaufzeichnung *f* television [picture] recording
Fernsehbildröhre *f* [television] picture tube
Fernsehbildschirm *m* / **flacher** flat television panel, flat TV-panel
Fernsehbildspeicherröhre *f* television information storage tube
Fernsehbildstörung *f s.* Bildstörung
Fernsehempfang *m* television reception
Fernsehempfänger *m* television receiver (set), TV set
fernsehen to teleview
Fernsehen *n* television, t.v., TV ● **im F. ansehen** to teleview
hochzeiliges F. high-definition television
industrielles F. industrial television
kommerzielles F. commercial television
niedrigzeiliges F. low-definition television
Fernseher *m s.* Fernsehgerät
Fernsehfilm *m* telecine, television film
Fernsehfokusanzeiger *m* television focus indicator
Fernsehgegensprechen *n* combined television-telephone service
Fernsehgerät *n* television receiver (set), TV set
tragbares F. portable television set
Fernsehkabel *n* television (video pair) cable
Fernsehkamera *f* television camera, telecamera
F. für Außenaufnahmen field television camera
Fernsehkanal *m* television channel
Fernsehkanalabstand *m* television channel spacing
Fernsehkanalschalter *m* television turret (tuner)
Fernsehkanalumsetzer *m* television frequency converter unit
Fernsehkanalwähler *m* television tuner, channel selector
Fernsehmodulationsstelle *f* television modulation centre
Fernsehnetz *n* television network
Fernsehnormwandler *m* television system converter
Fernsehprojektor *m* television projector
Fernsehprüfgenerator *m* television pattern generator
Fernsehrelaisverbindung *f* television station link
Fernsehrichtstrahlfeld *n* television directional array
Fernsehröhre *f s.* Fernsehbildröhre
Fernsehrundfunk *m* broadcasting television
Fernsehrundfunkempfänger *m* television radio receiver
Fernsehrundfunksender *m s.* Fernsehsender
Fernsehsatellit *m* television satellite

Fernsehschirm *m* television screen
Fernsehsektor *m* television field
Fernsehsender *m* television [broadcasting] transmitter
Fernsehsenderöhre *f* camera tube
Fernsehsendestation *f* television [broadcasting] station, television transmitter [station]
Fernsehsendung *f* telecast, television broadcast
Fernsehsignal *n* television signal (emission)
Fernsehsprechdienst *m* combined television-telephone service
Fernsehsprechverbindung *f* two-way television intercommunications
Fernsehstörung *f* television interference
Fernsehstudio *n* television studio
Fernsehstudioeinrichtung *f* television studio equipment
Fernsehsynchrontrenner *m* television sync separator
Fernsehsystem *n* **mit langsamer Abtastung** slow-scan television system
Fernsehtechnik *f* television engineering; video technique *(Praxis)*
Fernsehtelefon *n* video telephone, picturephone
Fernsehtelefonie *f* video telephony, visual telephone service
Fernsehtelefonnetz *n* television intercommunication network
Fernsehtestbild *n* television test chart
Fernsehtonsender *m* television sound transmitter
Fernsehtuner *m* television tuner
Fernsehturm *m* television tower
Fernsehübertragung *f* television transmission
Fernsehumsetzerstation *f* television (TV) transmitter station
Fernsehverbindung *f* television link
Fernsehverzerrung *f* television distortion
Fernsehwellen *fpl* type A5 waves
Fernsehzeile *f* television line
Fernsehzuschauer *m* televiewer
Fernsignalisierung *f* remote signalling
Fernsperre *f (Fmt)* barred trunk service
Fernsprech... *s. a. unter* Telefon...
Fernsprechamt *n* telephone office (exchange); *(Am)* central [office]
F. mit speicherprogrammierter Steuerung stored-program controlled telephone exchange
F. mit Zentralbatteriebetrieb central battery exchange
Fernsprechanlage *f* telephone installation (plant, equipment)
halbautomatische F. semiautomatic telephone system
Fernsprechanschluß *m* telephone connection ● **F. haben** to be on phone
drahtloser F. wireless subscriber's station
Fernsprechapparat *m* telephone [set], phone
F. für Handvermittlungsanschluß manual telephone set
F. für Wählbetrieb subscriber's automatic telephone set
F. mit Induktoranruf magneto telephone set
F. mit Lautstärkeregelung volume control telephone set
F. mit Ortsbatterie local battery telephone set
F. mit Rückhördämpfung (Seitenbandunterdrückung) anti-sidetone telephone set
F. mit Tastenwähler touch-tone set, touch-dialling hand-set, touch dialler set
F. mit Zentralbatterie common-battery telephone set
F. ohne Rückhördämpfung sidetone telephone set
tragbarer F. portable telephone [set]
Fernsprechauftragsdienst *m* absent subscriber's service
Fernsprechautomat *m* coin telephone [station], coin-box phone
Fernsprechbautrupp *m* telephone construction crew
Fernsprechbauwagen *m* telephone construction car
Fernsprechbereitschaftsdienst *m* telephone stand-by service
Fernsprechbetrieb *m* telephone operation (working)
Fernsprechbezugsleistung *f* reference telephone power
Fernsprechbuch *n* telephone directory
Fernsprechdichte *f* telephone density
Fernsprechdienst *m* telephone service
Fernsprecheichkreis *m* telephone transmission reference circuit
fernsprechen to telephone, to phone
Fernsprechen *n* telephony
F. mit Trägerunterdrückung quiescent-carrier telephony
kommerzielles F. commercial telephony
Fernsprechendvermittlung *f* telephone terminal exchange
Fernsprecher *m s.* Fernsprechapparat
Fernsprecher-Sprechentfernung *f* telephone modal distance
Fernsprechfernvermittlung *f* telephone trunk exchange
Fernsprechformfaktor *m* **der Spannung** voltage telephone interference factor
Fernsprechfreileitung *f* open-wire telephone line
Fernsprechgebühr *f* telephone charge (toll)
Fernsprechgerät *n s.* Fernsprechapparat
Fernsprechhandapparat *m* [telephone] hand-set

Fernsprechhandvermittlung *f* / **teilnehmereigene** private manual exchange (extension station)
Fernsprechhauptanschluß *m* subscriber's main station
Fernsprechinneneinrichtung *f* internal telephone installation
Fernsprechkabel *n* telephone cable
Fernsprechkabelprüfgerät *n* telephone cable test set
Fensprechkanal *m* telephone channel
Fernsprechkapsel *f* capsule
Fernsprechklappenschrank *m* telephone switchboard
Fernsprechkreis *m* telephone circuit
Fernsprechkundendienst *m* absent subscriber's service
Fernsprechleitung *f* telephone line (circuit)
Fernsprechnahverkehr *m* short-distance telephone traffic
Fernsprechnebenstelle *f* telephone extension set (*s. a.* Nebenstelle)
Fernsprechnetz *n* telephone network (system)
F. mit Wählbetrieb dial telephone system
öffentliches F. public telephone network (system)
Fernsprechnummer *f s.* Rufnummer
Fernsprechoberwellenfaktor *m* telephone harmonic factor
Fernsprechprüfschleife *f* telephone test loop
Fernsprechprüfverbindung *f* telephone test connection
Fernsprechrechnungsstelle *f* telephone account section
Fernsprechreihenanlage *f* intercommunication telephone system
Fernsprechrelais *n* telephone relay
Fernsprechschleife *f* telephone loop
Fernsprechschlüssel *m* telephone code
Fernsprechschnellverkehr *m* express (no-delay) telephone service
Fernsprechschrank *m* telephone switchboard
Fernsprechschreiber *m* telephonograph
Fernsprechsonderdienst *m* special telephone service
Fernsprechstelle *f* telephone (call) station
öffentliche F. pay (public telephone) station
Fernsprechstörfaktor *m* telephone interference factor
Fernsprechstörung *f* telephone breakdown
Fernsprechstromversorgungskreis *m* telephone feed circuit
Fernsprechsystem *n* telephone system
F. mit Tastenwahl touch-dialling telephone system
direkt gesteuertes F. directly controlled telephone system
handbetriebenes F. manual telephone system
indirekt gesteuertes F. indirectly controlled telephone system
Fernsprechtarif *m* telephone tariff
Fernsprechtechnik *f* telephone engineering
Fernsprechteilnehmer *m* telephone subscriber
Fernsprechteilnehmerverzeichnis *n* telephone directory
Fernsprechtelegrammaufnahme *f* phonogram section
Fernsprechübertrager *m* telephone transformer, repeater coil
Fernsprechübertragungstechnik *f* telephone transmission technique
Fernsprechverbindung *f* telephone communication; telephonic connection
Fernsprechverkehr *m* telephone traffic
Fernsprechvermittlung *f* telephone exchange
Fernsprechvermittlungsstelle *f* / **quasielektronische** quasi-electronic telephone exchange
Fernsprechvermittlungstechnik *f* telephone switching technique
Fernsprechverstärker *m* telephone amplifier (repeater)
Fernsprechverstärkeramt *n* telephone repeater (amplifier) station
Fernsprechverstärkerröhre *f* telephone amplifying tube, telephone repeater valve
Fernsprechwählsystem *n* automatic telephone system
Fernsprechweitverkehr *m* long-distance telephone service
Fernsprechwesen *n* telephony
Fernsprechzelle *f* telephone cabin (box, booth), call (phone) box
öffentliche F. public telephone (call) box
Fernsprechzentrale *f* telephone exchange (central office)
Fernsprechzone *f* telephone zone
Fernsprechzwischenverstärker *m* telephone repeater
fernsteuern to remote-control
Fernsteuerung *f* remote control, telecontrol
F. durch Funk remote radio control
Fernsteuerungsstromkreis *m* remote control circuit
Fernsteuerungssystem *n* telecontrol (remote control) system
Fernsteuerventil *n* remote[-controlled] valve
Fernsteuervorrichtung *f* telerepeating device *(mit Rückmeldung)*
Fernteilnehmer *m (Fmt)* distant subscriber
Fernthermometer *n* telethermometer
Fernübertragungsleitung *f (Fmt)* trunk transmission line
Fernüberwachungsplatz *m (Fmt)* trunk control centre
Fernverbindung *f (Fmt)* trunk connection; *(Nrt)* DX communication

Fernverbindungen *fpl* / **nationale** *(Fmt)* nationwide dialling
Fernverbindungsplatz *m (Fmt)* junction position
Fernverkehr *m (Fmt)* trunk traffic (working), long-distance communication (traffic)
Fernverkehrsausscheidungsziffer *f (Fmt)* national trunk access code
Fernverkehrsdienst *m* **zu Ortsgebühren** *(Fmt)* extended area service
Fernverkehrsplatz *m (Fmt)* long-distance trunk position
Fernverkehrssperre *f (Fmt)* barred trunk service
Fernvermittlung *f (Fmt)* trunk exchange
Fernvermittlungsklinke *f (Fmt)* trunk junction jack
Fernvermittlungsleitung *f (Fmt)* trunk junction line (circuit)
Fernvermittlungsschrank *m (Fmt)* trunk junction switchboard
Fernvermittlungsstelle *f (Fmt)* trunk exchange
Fernversorgung *f (Eüb)* long-distance supply
Fernvielfachfeld *n (Fmt)* trunk multiple
Fernwahl *f (Fmt)* trunk dialling, long-distance dialling (selection)
  abgehende F. dialling out
  ankommende F. dialling in
Fernwählen *n s.* Fernwahl
Fernwahlleitung *f (Fmt)* trunk circuit with dialling facility
fernwirkend remote-controlled
Fernwirktechnik *f* remote control technique
Fernwirkung *f* remote (distant) effect, action at a distance
Fernzähler *m* telecounter
  F. mit Zählwertausgabe remote read-out counter *(Digitalmeßtechnik)*
Fernzone *f (Fmt)* trunk zone
Fernzündung *f* remote control lighting
Ferranti-Effekt *m* Ferranti effect *(Spannungserhöhung bei Lastabwurf)*
Ferraris-Generator *m* Ferraris (drag-cup) generator *(Tachogeber)*
Ferraris-Instrument *n* Ferraris instrument (wattmeter), shade-pole [induction] instrument, shielded-pole [induction] instrument
Ferraris-Motor *m* Ferraris (drag-cup) motor
Ferraris-Relais *n* induction relay
Ferraris-Tachodynamo *m* drag-cup tachometer
Ferrit *m* ferrite *(keramischer Magnetwerkstoff)*
  F. mit rechteckiger Magnetisierungsschleife square-loop ferrite
  nichtvormagnetisierter F. unbiased ferrite
Ferritantenne *f* ferrite aerial
Ferritbegrenzer *m* ferrite limiter
Ferritblock *m* ferrite slab
Ferritdetektor *m* **für Mikrowellen** ferrite microwave detector
ferritisch ferritic
Ferritkern *m* ferrite core
  gespaltener F. gapped ferrite core
  lesegestörter F. *(Rech)* read-disturbed ferrite core
Ferritkernmatrix *f (Rech)* ferrite core matrix
Ferritkernschnellspeicher *m (Rech)* high-speed ferrite core memory (store)
Ferritkernspeicher *m (Rech)* ferrite core memory (store)
Ferritplattenspeicher *m (Rech)* ferrite plate memory (store)
Ferritringkern *m* ferrite toroid, square-loop ferrite core
Ferritschalter *m* ferrite switch
Ferritschaltkern *m* ferrite switching core
Ferritscheibenspeicher *m (Rech)* ferrite disk memory (store)
Ferritspeicher *m (Rech)* ferrite memory (store)
  lamellierter F. laminated ferrite memory
Ferritstab *m* ferrite rod
Ferritstabantenne *f* ferrite-rod aerial
Ferrittopfkern *m* ferrite cup core
Ferrodielektrikum *n* electret
Ferroelektrikum *n* ferroelectric [material]
ferroelektrisch ferroelectric
Ferroelektrizität *f* ferroelectricity
Ferromagnetikum *n* ferromagnetic [material]
ferromagnetisch ferromagnetic
Ferromagnetismus *m* ferromagnetism
Ferrometer *n* ferrometer *(zum Messen der relativen Permeabilität)*
Ferroresonanz *f* ferroresonance
Ferroresonanzkreis *m* ferroresonant circuit
Ferroresonanz-Nebenschlußkompensator *m* ferroresonance-type shunt compensator
Ferrosilizium *n* ferrosilicon
Ferrosiliziumofen *m* ferrosilicon furnace
Ferroxylprobe *f (Galv)* ferroxyl test *(zur Bestimmung der Porosität von Überzügen)*
Fertigfeinpolieren *n* finish polishing
Fertigmontage *f* final assembly
Fertigreinigung *f (Galv)* final cleaning
Fertigung *f* / **rechnergestützte** computer-aided manufacturing, CAM
  rechnerintegrierte F. computer-integrated manufacturing, CIM
Fertigungsfehler *m* manufacturing defect
Fertigungskontrolle *f* production test[ing]
fest [angebracht] fixed
Festabstandsmethode *f* fixed-distance method *(Fotometrie)*

Festanodenröhre *f* stationary-anode tube
Festantenne *f* fixed aerial
Festantennenpeiler *m* fixed [aerial] direction finder
Festdielektrikum *n* solid dielectric
Festecho *n (FO)* permanent echo
Festelektrolyt *m* solid electrolyte
Festelektrolytbrennstoffelement *n* solid electrolyte fuel cell
Festfeuer *n* fixed light
Festfrequenz *f* fixed frequency
Festfrequenzgenerator *m* fixed-frequency generator
Festfrequenzmagnetron *n* fixed-frequency magnetron
Festfrequenzoszillator *m* fixed-frequency oscillator
Festfrequenzübertrager *m* fixed-frequency transmitter
festfressen / sich *(Masch)* to freeze, to jam, to seize
Festhaltefeder *f* stop spring
Festhaltehebel *m* stop lever
festhalten to hold; to retain; to clinch
Festigkeit *f* strength; resistance *(Werkstoffe)*; stability; rigidity; compactness
dielektrische F. dielectric (electric) strength; insulating capacity
dynamische F. dynamic strength
thermische F. thermal stability (endurance), thermostability
Festigkeitsprüfung *f* strength test
Festion *n* bound ion *(in Ionenaustauschern)*
festkeilen to key, to wedge
Festkleben *n* **der Schweißelektrode** freezing of the electrode
festklemmen to clamp [in place]
sich f. to jam, to stick
Festkomma *n (Rech)* fixed (stated) point
Festkommaaddition *f (Rech)* fixed-point addition
Festkommaarithmetik *f (Rech)* fixed-point arithmetic
Festkommabetrieb *m (Rech)* fixed-point operation
Festkommadarstellung *f (Rech)* fixed-point representation
Festkommaoperation *f (Rech)* fixed-point operation
Festkommarechnung *f (Rech)* fixed-point calculation
Festkommasystem *n (Rech)* fixed-point system
Festkondensator *m* fixed capacitor
Festkontakt *m* fixed contact
Festkörper *m* solid
Festkörperabtastung *f* solid-state scanning
Festkörperbandtheorie *f* band theory of solids
Festkörperbauelement *n* solid-state component (element) (*s. a.* Halbleiterbauelement)
Festkörperbildsensor *m* solid-state picture (video) sensor
Festkörperdiffusion *f* solid-state diffusion
Festkörperdigitalrechner *m* solid-state digital computer
Festkörperdisplay *n* solid-state display
Festkörperelektronik *f* solid-state electronics
Festkörpergehalt *m* solids content
Festkörperlampe *f* solid-state lamp
Festkörperlaser *m* solid-state laser (optical maser)
Festkörpermaser *m* solid-state maser
Festkörperphysik *f* solid-state physics
Festkörperreibung *f* solid friction
Festkörperrelais *n* solid-state relay
Festkörperschall *m* structure-borne sound, solid-borne sound
Festkörperschalter *m* solid-state switch
Festkörperschaltkreis *m* solid[-state] circuit, monolithic integrated circuit
Festkörperschaltung *f* solid[-state] circuit *(aus einem homogenen Halbleiterblock)*
integrierte F. integrated solid[-state] circuit
Festkörperspeicher *m* solid-state memory (store)
festkörperübertragen structure-borne, solid-borne *(Wellen)*
Festkörperverstärker *m* solid-state amplifier
Festkörpervidikon *n* solid-state vidicon
Festkörperzustand *m* solid state
Festlast *f* fixed load
festlegen to fix, to determine
einen Grenzwert f. to set a limit
örtlich f. to localize
zeitlich f. to time, to schedule
Festlegung *f* fixation
F. des Pegels level fixing
automatische F. automatic location *(Speicherplatz)*
örtliche F. location
Festmustermetallisierung *f (Halbl)* fixed-pattern metallization
Festprogrammrechner *m* fixed program computer
Festrolle *f* fixed pulley
Festschaltstück *n* fixed contact
Festsetzen *n* **der Gesprächsdauer** *(Fmt)* timing of calls
Festsignal *n* fixed signal
Festspannung *f* fixed voltage
Festspeicher *m s.* Festwertspeicher
feststellen 1. to detect, to ascertain; to determine; 2. to lock, to clamp; to fix, to fasten; to arrest
die örtliche Lage f. to locate
eine Taste f. to latch a push button
Feststellen-Numerierung *f (Fmt)* fixed numbering
Feststellung *f* detection; determination; identification; statement; location

Feststellvorrichtung *f* locking (clamping) device
Feststoff *m* solid [material]
Feststoffbatterie *f* solid electrolyte battery
Feststoffdurchführung *f* solid bushing
Feststoffisolation *f* solid insulation
Feststoffsicherungseinheit *f* solid-material fuse unit
Festtemperaturfeueralarmanlage *f* fixed-point fire-alarm system
Festtransformator *m* untapped (fixed-ratio) transformer
Festverhältnisfrequenzvervielfacher *m* locked ratio frequency multiplier
Festwert *m* fixed value
Festwertregelung *f (Syst)* constant value control, fixed command control
Festwertregler *m (Syst)* constant value controller, automatic stabilizer
Festwertspeicher *m* read-only memory, ROM
F. mit Schmelzbrücken fusible read-only memory, fusible ROM, FROM
elektrisch änderbarer F. electrically alterable read-only memory, EAROM
elektrisch löschbarer F. electrically erasable read-only memory, EEROM
elektrisch löschbarer programmierbarer F. electrically erasable programmable read-only memory, EEPROM
elektrisch unprogrammierbarer F. electrically alterable read-only memory, EAROM
lösch- und programmierbarer F. erasable programmable read-only memory, EPROM
maskenprogrammierbarer F. mask-programmable read-only memory
neuprogrammierbarer F. reprogrammable read-only memory, REPROM
programmierbarer F. programmable read-only memory, PROM
UV-löschbarer F. ultraviolet erasable read-only memory, ultraviolet erasable ROM
Festwiderstand *m* fixed resistor
nichtgewickelter F. fixed non-wire-wound resistor
Festzeichen *n (FO)* fixed echo; permanent echo, PE
Festzeichenecho *n (FO)* permanent echo
Festzeichenunterdrückungsradar *n* moving-target indication radar
Festzeitgespräch *n (Fmt)* fixed-time call
Festzielecho *n (FO)* permanent echo
FET *Abk. für* field-effect transistor
Fettfleckfotometer *n* Bunsen (grease-spot) photometer
feucht moist, damp, wet, humid
Feuchte *f s.* Feuchtigkeit
Feuchte... *s. a.* Feuchtigkeits...
Feuchtegehalt *m* moisture content; humidity [content] *(der Luft)*
Feuchtegrad *m* degree of moisture (humidity)
Feuchtegradient *m* moisture gradient
Feuchtemesser *m* moisture meter *(für Material)*; hygrometer
Feuchteregelung *f* moisture control
Feuchteschreiber *m* moistograph
Feuchtigkeit *f* moisture, dampness, wetness, humidity
durchsickernde F. seep *(z. B. in Isolierungen)*
Feuchtigkeits... *s. a.* Feuchte...
Feuchtigkeitsaufnahme *f* moisture absorption
Feuchtigkeitsaufnahmevermögen *n* moisture absorptivity, moisture-carrying capacity
Feuchtigkeitsbehandlung *f* wet treatment
feuchtigkeitsbeständig moisture-resistant, moisture-proof, damp-proof, humidity-resistant
feuchtigkeitsdicht moisture-tight
Feuchtigkeitseinfluß *m* influence of moisture
feuchtigkeitsfest *s.* feuchtigkeitsbeständig
Feuchtigkeitsfilm *m* film (layer) of moisture
feuchtigkeitsgeschützt moisture-proof
Feuchtigkeitsregelung *f* moisture (humidity) control
Feuchtigkeitsschutz *m* protection against moisture (damp)
Feuchtigkeitsschutzlack *m* moisture protection varnish
feuchtigkeitssicher *s.* feuchtigkeitsbeständig
Feuchtraum *m* damp room
Feuchtraumanlage *f* moisture-proof installation
Feuchtraumfassung *f* moisture-proof socket, damp-proof socket
Feuchtraumisolator *m* mushroom insulator
Feuchtraumlagerung *f* humidity storage *(Klimaprüfung)*
Feueralarmsystem *n* / **handbetätigtes** manual fire-alarm system
kodiertes F. coded fire-alarm system
feuerbeständig fire-resistant, fire-resisting, fireproof
Feuerbeständigkeit *f* fire resistance
feuerdämmend fire-retardant, fire-retarding
feuerfest fireproof, fire-resistant; refractory *(Keramik)*
Feuerfestauskleidung *f* refractory lining
Feuerfestmaterial *n* refractory material
feuerhemmend fire-retardant, fire-retarding
Feuermeldeanlage *f* fire-alarm system
Feuermelder *m* [electric] fire alarm
selbsttätiger F. auto fire alarm
feuern 1. to fire *(Kessel)*; 2. to spark *(Bürstenfeuer)*
Feuerschiff *n* light ship (vessel)

Feuerschutztürmagnet *m* fire-door magnet
Feuerschutztürschließsystem *n* fire-door release system
feuersicher fireproof, flameproof
Feuerverbleiung *f* hot-dip leading, hot lead dipping (coating)
Feuervergoldung *f* fire (hot) gilding
Feuerversilberung *f* fire silvering, hot-dip silver plating
Feuerverzinkung *f* hot[-dip] galvanization, hot galvanizing
Feuerverzinnung *f* hot-dip tinning
Feuerwächter *m* fire-alarm thermostat
Fieldistor *m* fieldistor, field-effect transistor
Figur *f* / **Lichtenbergsche** Lichtenberg figure *(Gleitentladung)*
Figuren *fpl* / **Lissajoussche** Lissajous figures (pattern)
Film *m* 1. film, layer; 2. motion picture, movie [film]
beidseitig beschichteter F. double-emulsion film
infrarotempfindlicher F. infrared-sensitive film
passivierender F. *(Chem)* passivating film
Filmabtaster *m* film reading (sensing) device
Filmaufnahmekamera *f* motion-picture camera
Filmaufzeichnung *f* 1. film record; 2. film recording
filmbildend film-forming
Filmebene *f* film plane
Filmistor *m* filmistor, film resistor
Filmkamera *f* film (motion-picture) camera
Filmkühlung *f* film cooling
Filmmikroschaltung *f* film microcircuit
Filmprojektionslampe *f* film projector lamp
Filmprojektor *m* cine (motion-picture) projector
Filmschallwandler *m* acoustic film transducer
Filmunterlage *f* film base (support)
Filmvorführgerät *n* motion-picture projector
Filter *n* filter
F. für Rosa-Rauschen *s.* Rosa-Filter
F. geringer Durchlaßbreite narrow-band filter
F. mit Drosseleingang (induktivem Eingang) choke-input filter
F. mit kapazitivem Eingang capacitor input filter
F. mit Keramikresonator ceramic resonator filter
F. mit minimaler Induktivität minimum inductor filter
F. mit T-Gliedern T-section filter
F. zur Unterdrückung von Knacktönen click filter
abgestimmtes F. matched filter
abgestuftes F. graded filter
abstimmbares F. tunable filter
akustisches F. acoustical filter
angrenzendes F. contiguous filter
dynamisches F. dynamic filter
elektrisches F. electric filter *(Hochfrequenztechnik)*
gedächtnisloses nichtlineares F. zero-memory non-linear filter
hohlraumgekoppeltes F. cavity-coupled filter
mittelwertbildendes F. averaging filter
nichtlineares F. non-linear filter
optisches F. [optical] filter
piezoelektrisches F. piezoelectric filter
signalangepaßtes F. matched filter
steiles F. sharp-cutting filter
verlustkompensiertes F. predistorted filter
zusammengesetztes F. compound (composite wave) filter
π-Filter *n* pi-type filter
Filterabschluß *m* filter termination
Filteranschluß *m* filter terminal
Filterausrüstung *f* filtering equipment
Filterbank *f* multifilter, filter bank
Filterdrossel *f* filter choke
Filterdurchlaßbereich *m* filter transmission (pass) band
Filterdurchlässigkeit *f* filter transmittance (transmission)
Filterfaktor *m* filter factor *(Optik)*
Filterfarbe *f* filter colour
Filterflanke *f* filter skirt
Filterfrequenzgang *m* filter response
filtergekoppelt filter-coupled
Filterglied *n* 1. filter section; 2. *(Syst)* shaping network *(zur Signalverformung)*
Filterkette *f* filter ladder (network), ladder-type filter
Filterkondensator *m* filter capacitor
Filterkreis *m* filter circuit, frequency-selective circuit
Filterkurve *f* filter curve (characteristic)
Filternetzwerk *n* filter network
Filteröffnung *f* filter aperture
Filterpressenzelle *f* filter-press cell *(Elektrolysezelle)*
Filterquarz *m* quartz filter
Filtersatz *m* filter set *(Optik)*
Filterschaltung *f* filter[ing] circuit
regelbare F. variable filter circuit
Filtersperrbereich *m* filter stop band
Filterübertragung *f* filter transmission
Filterung *f* filtering, filtration
optimale F. optimal filtering
Filterweiche *f* notch diplexer
Filterwendel *f* filter helix
Filterwirkung *f* filtering action, filter effect
Filterzweig *m* filter branch
Filtration *f* filtration, filtering
filtrieren to filtrate, to filter

Filzabstreifer *m* felt wiper
Filzandruckröllchen *n* felt pad *(Tonbandgerät)*
Finck-Draht *m* bimetallic (copper-coated) wire
Fingeranschlag *m (Fmt)* finger stop
Fingerhutröhre *f* thimble tube
Fingerkontakt *m* finger[-type] contact
Firmware *f (Rech)* firmware
Firnispapier *n* oiled paper
Fischbauchmast *m (Nrt)* cigar-shaped mast
Fittings *npl (mpl)* / **geteilte** split fittings
FIX n *n (Rech)* FIX n *(n-Stellen genau nach dem Komma)*
Fixierstift *m* alignment pin
Fixierstöpsel *m* stop dowel
Fizeau-Interferometer *n* Fizeau interferometer
flach flat, plane
maximal f. maximally flat *(z. B. Frequenzgang)*
Flachanode *f* flat anode
Flachausführung *f* flat-pack assembly *(integrierte Halbleiterbauelemente)*
Flachbahnanlasser *m* faceplate (disk-type) starter
F. mit Ausschalter faceplate breaker controller
Flachbahnfahrschalter *m*, **Flachbahnkontroller** *m* faceplate controller
Fachbahnregler *m* disk-type rheostat, sliding control
Flachbahnsteuerschalter *m* faceplate controller
Flachbandkapazität *f (Halbl)* flat band capacitance *(MOS-Kondensator)*
Flachbandspannung *f (Halbl)* flat band voltage
Flachbatterie *f* flat-type battery
Flachbettabtastung *f (Nrt)* flat-bed scanning *(Faksimile)*
Flachdraht *m* flat (rectangular) wire
Flachdrahtbewehrung *f* flat-wire sheathing
Fläche *f* area; plane *(Geometrie)*; surface; face *(Kristall)*; land *(auf einer Schaltungsplatte)*
F. des Übergangs *(Halbl)* junction area
F. gleichen Potentials isopotential surface
aktive F. active area
beheizte F. heated surface
bestrahlte F. irradiated area
emittierende F. emitting surface
kartesische F. Cartesian surface
orientierte F. oriented surface
spiegelnde F. specular surface
vollkommen mattweiße F. perfect (uniform) diffuser
wirksame F. effective area
Flächenabtaster *m* area scanner
Flächenanstrahlung *f* area floodlighting
Flächenantenne *f* plane aerial
Flächenberührung *f* surface contact
Flächendichte *f* area (surface) density
Flächendiode *f* [p-n] junction diode
Flächendiodenlaser *m* junction diode laser
Flächendruck *m* surface pressure
Flachendverschluß *m* trifurcating sealing end *(für Dreileiterkabel)*
Flächeneinheit *f* unit [surface] area
Flächeneinsparung *f (Halbl)* area saving
Flächenelement *n* surface element; elemental (unit) area, area segment (unit)
Flächenentladung *f* sheet discharge
Flächengalvanisieren *n* panel plating *(Leiterplatten)*
Flächengitter *n* two-dimensional lattice
Flächengleichrichter *m* surface-contact rectifier; *(Halbl)* junction rectifier
Flächengleichrichtung *f* straight-line rectification
Flächenheizkörper *m* / **elektrischer** electric panel heater
Flächenheizung *f* panel heating *(Niedertemperaturstrahlungsheizung)*
Flächenhelle *f*, **Flächenhelligkeit** *f* luminance
Flächenhelligkeitsverteilung *f* luminance distribution
Flächenimpuls *m* area pulse
Flächenimpulsgeber *m* area pulse generator
Flächeninduktionsspule *f* pancake [induction] coil
Flächenintegral *n* area (surface) integral
Fresnelsches F. Fresnel surface integral
Flächenisolierstoff *m* sheet insulation material
Flächenkabelrost *m* planar cable shelf
Flächenkatode *f* plate[-shaped] cathode, large-surface cathode
Flächenkontakt *m* [large-]area contact, [large-]surface contact, plane contact
Flächenladung *f* surface charge
Flächenlast *f* area load
Flächenleitwert *m* sheet conductance
Flächenmasse *f* mass per unit area
flächenmontiert surface-mounted
Flächenpotential *n* surface potential
Flächenpressung *f* surface pressure; bearing pressure *(in Lagern)*
Flächenprüfer *m* surface tester
Flächenquelle *f* surface source
Flächenreflektor *m* plane reflector *(Antenne)*
Flächenreibung *f* surface friction
Flächenscherschwinger *m* face shear vibrator
Flächenspeicherröhre *f* plane storage tube
Flächenstrahldichte *f* radiance of surface
Flächenstrahler *m* batwing radiator *(Antenne)*
Flächenstrahlungsheizung *f* radiant panel heating

Flächentetrode *f* junction tetrode
Flächenträgheitsmoment *n* geometrical (polar) moment of inertia
Flächentransistor *m* [p-n] junction transistor
gezogener F. grown junction transistor
Flächentransistortetrode *f* tetrode junction transistor
flächentreu equiareal
Flächentriode *f* junction triode
Flächenwiderstand *m* sheet resistance
flächenzentriert face-centred *(Kristall)*
kubisch f. face-centred cubic
Flachflanschverbindung *f* butt joint
Flachgehäuse *n* flat pack
Flachgehäuseverschlußmaschine *f* flat-pack sealer
Flachheit *f* flatness
Flachheizkörer *m* **/ streifenförmiger** strip[-type] heater, strip heating element
streifenförmiger F. mit Kühlrippen finned strip heater
Flachkabel *n* flat (ribbon) cable
Flachkabelstecker *m* flat-cable plug
Flachkatode *f* plane cathode
Flachkernwendel *f* flat mandrel filament
Flachklemme *f* flat terminal
Flachkontakt *m* flat contact
Flachkristall *m* sheet crystal
Flachkupfer *n* flat-bar copper *(Sammelschienenkupfer)*
Flachlautsprecher *m* flat-core [loud]speaker, pancake (wafer) loudspeaker
Flachleiter *m* flat conductor
Flachlötöse *f* flat-flanged eyelet *(Leiterplatten)*
Flachrelais *n* flat-type relay
Flachringanker *m (Masch)* Gramme (flat) ring armature
Flachröhre *f* flat television tube
Flachschiene *f* plate rail
Flachschutzschalter *m* slim-line circuit breaker
Flachseekabel *n (Fmt)* intermediate-type submarine cable, shallow-sea cable
Flachsockel *m* wafer socket
Flachspule *f* flat (disk, slab, pancake) coil
quadratische F. flat-square coil
Flachspulinstrument *n* flat-coil measuring instrument *(ein Dreheiseninstrument)*
Flachstecker *m* plain connector, flat-cable plug; rectangular connector
Flachsteckhülse *f* quick-connect receptacle
Flachstrahlkanone *f* strip beam gun *(Elektronenstrahlerzeuger)*
Flachstreifenstecker *m* quick-connect tab connector
Flachwähler *m (Fmt)* panel selector
Flachwählersystem *n (Fmt)* panel system
Flachzelle *f* flat cell
Flackereffekt *m (Licht)* flicker effect
Flackerlampe *f* flicker lamp
flackern *(Licht)* to flicker
Flackerrelais *n* flashing relay
Flackertaste *f* flicker-signal key
Flackerzeichen *n (Fmt)* flickering (flashing) signal
Flagregister *n s.* Markierungsregister
Flammenabsorptionsspektrometrie *f* flame absorption spectrometry
Flammenanregungsquelle *f (Licht)* flame source
Flammenbogen *m* flame (flaming) arc
Flammenbogenlampe *f* high-intensity carbon arc lamp
Flammenfotometer *n* flame photometer
Flammenfotometrie *f* flame photometry
flammenhemmend flame-retardant
Flammenspektrum *n* flame spectrum
flammfest, flammwidrig flameproof, flame-resistant
Flanke *f* slope, edge *(Impuls)*
abfallende F. downward slope, negative-going edge
ansteigende F. upward slope, leading edge
hintere F. tail
negativgehende F. *s.* abfallende F.
steile F. steep edge, sharp slope
Flankenanstieg *m* rise of pulse
Flankensteilheit *f* slope (edge) steepness, slope rate *(Impuls)*
Flankenwegübertragung *f (Ak)* flanking transmission
Flansch *m* flange, mounting (coupling, connector) flange
ebener F. plain flange
fester F. fixed flange
isolierter F. insulated flange
Flanschmotor *m* flange-mounted motor
Flanschsockel *m* flanged cap
Flanschsteckverbinder *m* flange connector
Flanschverbindung *f* flanged connection (joint)
Flanschwelle *f* stub shaft *(ohne eigenes Lager)*
Flanschzwischenlage *f* **für Wellenleiter** waveguide shim
Flanschzwischenstück *n* connection piece for flanges
Flasche *f* **/ Leidener** Leyden jar *(Glaskondensator)*
Flaschenelement *n* bottle battery (cell)
Flatterecho *n* flutter echo
Flattereffekt *m (Ak)* flutter [effect]
flattern to flutter *(z. B. Empfangssignale)*; to bounce *(z. B. Ventil)*; to wobble
Flattern *n* **der Kontakte** bouncing (chattering) of contacts
F. des Lichtbogens fluttering (scattering) of the arc
Fleck *m* spot, stain; patch; clot
blinder F. *(Licht)* blind spot

trockener F. *(Isol)* dry spot *(bei Kriechstromerscheinungen)*
Fleckdurchmesser *m* spot diameter
Fleckenbeständigkeit *f* stain resistance
Fleckigkeit *f (Ferns)* spottiness, blurring
Fleckunschärfe *f* **bei Ablenkung** deflection defocussing *(Elektronenoptik)*
Fleckverzerrung *f* spot distortion
Fleischfarbtöne *mpl (Ferns)* flesh tints
Fleming-Röhre *f* Fleming valve
flexibel flexible
Flexibilität *f* flexibility
Flickereffekt *m (Licht)* flicker effect
Flickerkompensation *f (Licht)* flicker compensation
Fliehkraft *f* centrifugal power (force)
Fliehkraftanlasser *m* centrifugal starter
Fliehkrafteinrichtung *f* centrifugal mechanism
Fliehkraftregler *m* centrifugal governor
Fliehkraftrelais *n* centrifugal relay
Fliehkraftschalter *m* centrifugal switch, tachometric relay
Fliehkrafttachometer *n* centrifugal force tachometer, flyweight speed sensor
Fließbettechnik *f* fluidized-bed technique
Fließbettofen *m* fluidized-bed furnace
Fließbettverfahren *n* fluidized-bed process
fließen 1. to flow; 2. to yield *(Werkstoffe)*
Fließfestigkeit *f* resistance to flow
Fließgrenze *f* yield point *(Werkstoffe)*
Fließlöten *n* flowsoldering
Fließlötverfahren *n* flowsolder method (principle) *(Leiterplatten)*
Fließpunkt *m* melting point
Flimmereffekt *m (Licht)* flicker effect
Flimmerfotometer *n (Licht)* flicker photometer
Flimmerfotometrie *f (Licht)* flicker photometry
flimmerfrei *(Licht)* flicker-free
Flimmerfrequenz *f (Licht)* flicker frequency
Flimmergesetz *n* **nach Ferry-Porter** *(Licht)* Ferry-Porter law of flicker
Flimmerindex *m (Licht)* flicker index
Flimmerlicht *n (Licht)* flicker light
flimmern to flicker; to scintillate
Flimmern *n* flicker[ing]; scintillation
Flimmerreiz *m* flicker stimulus
Flimmerverfahren *n (Licht)* flicker method
Flip-Chip-Technik *f* flip-chip bonding [technique]
Flipflop *m(n)* flip-flop, bistable multivibrator
Flipflop-Ausgang *m* flip-flop output, Eccles-Jordan output
Flipflop-Auslöser *m* flip-flop trigger, Eccles-Jordan trigger
Flipflop-Generator *m* bistable multivibrator
Flipflop-Kette *f* flip-flop chain
Flipflop-Schaltung *f* flip-flop circuit, bistable circuit
F. mit Transistoren transistorized flip-flop circuit
Floating-Gate *n (Halbl)* floating gate *(Schwebegate)*
Floating-Gate-Transistor *m (Halbl)* floating-gate transistor
Flockenbildung *f* flocculation *(z.B. bei Isolierölen)*
Floppy-Disk *m (Rech)* floppy disk *(Diskette)*
Floppy-Disk-Speicher *m* floppy-disk memory (store)
Flossenantenne *f* [skid-]fin aerial *(Flugzeug)*
flüchtig 1. volatile; 2. transient
Flugbahn *f* trajectory, flight track (path)
Flugbahnberechnung *f* trajectory computation
Flügel *m* wing; blade; vane *(z.B. eines Elektrometers)*
Flügelanker *m* vane armature *(z.B. eines Relais)*
Flügelantenne *f* wing aerial
Flügelradanemometer *n* vane anemometer
Flügelradströmungsmesser *m* vane current meter
Flugfernmeldenetz *n* / **stationäres** aeronautical fixed telecommunication network
Flugfunkdienst *m* aeronautical (aircraft) radio service
beweglicher F. aeronautical mobile [radio] service
Flughafenbefeuerung *f* airport lighting
Flughafenbezugspunkt *m* airport reference point
Flughafenfunkstelle *f* airport radio station, aeronautical [radio] station
Flughafenkennzeichen *n* airport identification sign
Flughafenkontrolldienst *m* airport control service
Flughafenleuchtfeuer *n* airport beacon
Flughafenrundsichtradargerät *n* airport surveillance radar
Flughafenüberwachungsradargerät *n* airport control radar
Flugkörper *m* / **ferngelenkter** guided missile
Fluglärm *m* aircraft noise; fly-over noise *(beim Überflug)*
Fluglärmüberwachungsanlage *f* airport noise monitor
Flugleitsystem *n* flight control (director) system
Flugmeldedienst *m* position reporting service
Flugplatzbefeuerung *f* aerodrome (airfield, aviation ground) lighting
Flugplatzkennfeuer *n* airodrome beacon
Flugplatzkontrollradar *n* aerodrome control radar
Flugregler *m* autopilot

Flugschreiber *m* flight data recorder
Flugsicherung *f* air-traffic control, flight-traffic control
Flugsicherungsanflugkontrolldienst *m* approach control service
Flugsicherungsbereich *m* air-traffic area, flight-security area
Flugsicherungsdienst *m* air-traffic [control] service, air-safety service
Flugsicherungskontrollsystem *n* air-traffic control system
Flugsicherungskontrollturm *m* aerodrome control tower
Flugsimulator *m* flight simulator
Flugstreckenfeuer *n* airway (air route) beacon
Flugüberwachungsrundsichtradar *n* air route surveillance radar
Flugwegrechner *m* flight course computer
Flugwertregistriergerät *n s.* Flugschreiber
Flugzeugantenne *f* aircraft aerial
Flugzeugfernsteuerung *f* airplane remote control
Flugzeugfunkempfänger *m* aircraft receiver (receiving set)
Flugzeugfunkgerät *n* aircraft (airplane, airborne) radio equipment
Flugzeugradar *n* airborne radar
Flugzeugsender *m* aircraft [radio] transmitter, airplane [radio] transmitter
Flugzeugsende- und -empfangsgerät *n* aircraft [radio] transmitter-receiver
Fluoreszenz *f* fluorescence
Fluoreszenzausbeute *f* fluorescence efficiency (yield)
fluoreszenzerregend fluorogenic
Fluoreszenzerscheinung *f* phenomenon of fluorescence
Fluoreszenzlicht *n* fluorescent light
Fluoreszenzlinie *f* fluorescence (fluorescent) line
Fluoreszenzmesser *m* fluorometer, fluorimeter
Fluoreszenzmessung *f* fluorometry, fluorimetry
Fluoreszenzquecksilberlampe *f* fluorescent mercury lamp
Fluoreszenzschirm *m* fluorescent screen
Fluoreszenzspektralanalyse *f* fluorescence analysis
Fluoreszenzspektrum *n* fluorescence [emission] spectrum, fluorescent spectrum
Fluoreszenzstrahlung *f* fluorescence (fluorescent) radiation
Fluoreszenzverfahren *n* fluorescence method
Fluoreszenzverstärkung *f* auxofluorescence
Fluorglühlampe *f* fluorine-cycle incandescent lamp
Fluorimetrie *f s.* Fluorometrie
Fluorlampe *f s.* Fluorglühlampe
Fluorometer *n* fluorometer, fluorimeter
Fluorometrie *f* fluorometry, fluorimetry
Fluß *m* flow, flux
  F. eines Vektors flux of a vector
  magnetischer F. magnetic flux
  nutzbarer F. effective flux
  quellenfreier F. conservative flux
  remanenter F. remanent flux
Flußachse *f* flux axis
Flußbild *n* flow pattern
Flußbügel *m* flux plate
Flußdiagramm *n* flow chart (diagram), operational chart
  logisches F. logical flow diagram, logical operational chart
Flußdiagrammübersetzer *m* flow-chart translator
Flußdichte *f* / **dielektrische** dielectric flux density
  größte F. peak flux density
  magnetische F. magnetic flux density
  remanente F. remanent flux density
Flußdichtemesser *m* gaussmeter
  F. mit Hall-Sonde Hall-effect gaussmeter
flüssig liquid, fluid
Flüssigkeit *f* liquid, fluid; liquor
  F. im Anodenraum anolyte
  F. im Katodenraum catholyte
  korrodierende F. corrosive liquid
  leitende F. conductive fluid
Flüssigkeitsanlasser *m* liquid starter
Flüssigkeitsausdehnungsthermostat *m* liquid bulb thermostat
Flüssigkeitsdämpfung *f* hydraulic (liquid) damping, fluid friction damping
flüssigkeitsdicht liquid-tight, fluid-tight
Flüssigkeitsdiffusionspotential *n s.* Flüssigkeitspotential
Flüssigkeitsdruckgeber *m* liquid-pressure pick-up
Flüssigkeitsdruckmeßdose *f* hydraulic capsule (load-cell)
Flüssigkeitsdruckmesser *m* piezometer
Flüssigkeitsdurchflußzähler *m* liquid-flow counter
Flüssigkeitselement *n* liquid element, one-fluid cell
Flüssigkeits-Festkörper-Grenzgebiet *n* liquid-solid boundary region
Flüssigkeitsfilm *m* liquid film
Flüssigkeitsfilter *n (Licht)* liquid (aqueous) filter
flüssigkeitsgekühlt liquid-cooled
Flüssigkeitskatode *f* pool cathode
Flüssigkeitskristall *m s.* Flüssigkristall
Flüssigkeitskühlmittel *n* liquid coolant
Flüssigkeitskühlung *f* liquid cooling
  direkte F. direct liquid cooling
Flüssigkeitskupplung *f* fluid coupling
Flüssigkeitsküvette *f* liquid cell
Flüssigkeitslaser *m* liquid[-state] laser
Flüssigkeitsmanometer *n* liquid manometer

Flüssigkeitspotential *n (Chem)* diffusion (liquid junction) potential
Flüssigkeitsregler *m* liquid controller
Flüssigkeitsreibung *f* fluid (hydraulic) friction
Flüssigkeitsreibungsverlust *m* fluid friction loss
Flüssigkeitsschalter *m* liquid switch
Flüssigkeitsschicht *f* liquid film (layer)
isolierende F. insulating liquid film
Flüssigkeitsstand *m* liquid level
Flüssigkeitsstandanzeiger *m* liquid level indicator
Flüssigkeitsstandmesser *m* liquid level gauge
Flüssigkeitsstandregler *m* liquid level controller
Flüssigkeitsstandschreiber *m* liquid level recorder
Flüssigkeitstachometer *n* gyrometer
Flüssigkeitsthermometer *n* liquid thermometer
Flüssigkeitsthermostat *m* liquid bulb thermostat
Flüssigkeitswiderstand *m* liquid resistor
Flüssigkeitszählrohr *n* liquid counter tube
Flüssigkristall *m* liquid crystal
Flüssigkristallanzeige *f* liquid-crystal display, LCD
Flüssigmetallkühlung *f* liquid-metal cooling *(Reaktor)*
Flußkabel *n* river (subaqueous) cable
Flußleitwert *m* forward conductance
Flußlinie *f* flux line
elektrische F. electric flux line
magnetische F. magnetic flux line
Flußlinienverteilung *f* flux distribution
Flußmesser *m* fluxmeter
magnetischer F. magnetic fluxmeter
Flußmittel *n* [brazing] flux
Flußmittelbad *n* flux bath
Flußmittelentferner *m* flux remover
Flußpfad *m* flux guide
Flußrichtung *f* 1. direction of flux; 2. flow direction *(im Flußdiagramm)*
Flußröhre *f* flux tube
Flußspatgitter *n* fluorite lattice
Flußstärkemesser *m s.* Flußmesser
Flußstrom *m* forward current
Flußumkehr *f* flux reversal
Flußvektor *m* flow vector
Flußverdrängung *f* [magnetic] skin effect
Flußverhältnis *n* flux ratio
Flußverkettung *f* flux linkage (interlinking)
magnetische F. [magnetic] flux linkage
Flußverteilung *f* flux distribution
Flußwandler *m* flux converter, flow transducer
Flußwiderstand *m* forward resistance
Flußzeit *f* on period *(Stromfluß)*
fluten to flood
Flutlicht *n* floodlight
Flutlichtanlage *f* floodlighting equipment (installation)
Flutlichtbeleuchtung *f* floodlighting
Flutlichtberechnung *f* floodlight calculation
Flutlichtleuchte *f* floodlight fitting (projector), floodlighting lantern
Flutlichtmast *m* floodlight[ing] tower
Fluxmeter *n* fluxmeter
FM *(Nrt)* FM, frequency modulation (*s. a. unter* Frequenzmodulation)
FM-Doppler-Radar *n* FM-Doppler radar, frequency-modulation Doppler [radar]
FM-Quadraturdetektor *m* FM (frequency-modulated) quadrature detector
FM-Radar *n* FM radar, frequency-modulated radar
Fokus *m* focus, focal point, focus[s]ing point
Fokusänderung *f* change of focus
Fokuseinstellung *f* focus control
Fokussiereinrichtung *f* focussing device
Fokussierelektrode *f* focussing electrode
fokussieren to focus
Fokussierlinse *f* focussing lens
Fokussiermagnet *m* focussing magnet
Fokussiersolenoid *n*, **Fokussierspule** *f* focussing solenoid, focus coil
Fokussiersystem *n* focussing system
Fokussierung *f* focus[s]ing
F. von Elektronenstrahlen electron beam focussing
magnetische F. magnetic focussing
Fokussierungsbereich *m* focussing range
Fokussierungselektrode *f* focussing electrode
Fokussierungsfehler *m* focussing error
Fokussierungslichtbogenofen *m* image arc furnace, arc image furnace
Fokussierungslinse *f* focussing lens
Fokussierungswirkung *f* focussing action
Fokusweite *f* focal length
Folge *f* sequence, succession; series
F. der Arbeitsgänge sequence (succession) of operations
F. von Anschlußbefehlen *(Rech)* calling sequence
F. von Impulsen sequence (train) of impulses
arithmetische F. arithmetical progression
beschränkte F. finite sequence
bevorzugte F. *(Rech)* preferred sequence
diskrete F. der Signalwerte *(Syst)* discrete signal-data sequence
stochastische F. stochastic sequence
Folgeadresse *f (Rech)* sequence (subsequent) address
Folgeantrieb *m* follow drive
Folgeausfall *m* secondary failure
Folgebefehl *m (Rech)* sequence instruction, sequential order
Folgediagramm *n* sequence chart
Folgeeinheit *f*, **Folgeeinrichtung** *f* follower unit

Folgeelement *n* / **logisches** sequential logic element
Folgefehler *m* secondary fault
Folgefrequenz *f* repetition frequency (rate)
folgegesteuert sequence-controlled
Folgehandlung *f* sequential operation
Folgekarte *f* **für Schaltvorgänge** sequence chart for switching
Folgekontakt *m* sequence[-controlled] contact
Folgekreis *m* follow-up circuit
folgen to follow; *(FO)* to track
Folgepole *mpl* consequent poles *(im Magnetfeld)*
Folgepolläufer *m (Masch)* salient-pole rotor
Folgeprüfprogramm *n (Rech)* sequence checking routine, tracing routine
Folgepunkte *mpl* consequent poles
Folgeraster *m (Ferns)* consecutive scanning
Folgeregelung *f (Syst)* sequential (follow-up) control
Folgeregelungssystem *n (Syst)* sequential (follow-up) control system, servosystem
Folgeregler *m (Syst)* sequence (follow-up) controller, servo governor
Folgerelais *n* sequencing (sequence-action, sequential) relay
Folgeschalter *m* sequence switch
Folgeschaltung *f* sequence (follow-up) circuit
Folgeschaltungsrelais *n* sequence interlock relay
Folgesignal *n* sequence signal
Folgesteuerung *f (Syst)* [automatic] sequence control, sequencing (sequential) control
Folgesteuerungspotentiometer *n* servo potentiometer
Folgestrom *m (Syst)* [power-]follow current
Folgesystem *n* / **mehrschleifiges** *(Syst)* multiloop follow-up system
Folgeverstärker *m* follower amplifier
Folgezeitgeber *m* sequence-timer
Folie *f* foil; film, sheet, lamina *(Plast)*
  geätzte F. etched foil *(bei Leiterplatten)*
  kalandrierte F. calendered sheet
  kaschierte F. backed foil
Folienätzdurchmetallisierungsverfahren *n* etched foil through-hole process *(Leiterplattenfertigung)*
Folienätztechnik *f* etched-foil technique *(Leiterplattenfertigung)*
Folienätzverfahren *n* etched-foil process, subtractive process *(Leiterplattenfertigung)*
Folienaufwalzgerät *n* solid photoresist machine *(Leiterplattenfertigung)*
Foliendehnungsmeßstreifen *m* foil strain gauge
Folienhaftfestigkeit *f* foil bond strength *(Leiterplatten)*
Folienspeicher *m (Rech)* floppy disk
  flacher F. plane film memory (store)
Fön *m* electric hair dryer, hair drying apparatus
Förderbanddurchlaufofen *m* continuous conveyor oven
Förderbandofen *m* conveyor oven (furnace), belt conveyor type furnace
Forderungen *fpl* / **technische** standard requirements
Form *f* 1. form, shape, figure; configuration; geometry; 2. mould *(zum Pressen oder Gießen)*
  F. der Elektrode electrode geometry
Formaldehyd[kunst]harz *n* formaldehyde resin
Formalparameterteil *m (Rech)* formal parameter part *(ALGOL 60)*
Formänderung *f* change of (in) shape; deformation, strain
Formänderungsenergie *f* strain energy
Formantenfilter *n (Ak)* formant filter
Format *n* format, size
formatgebunden, formatiert *(Rech)* formatted
Formbeständigkeit *f* shape retention; dimensional stability *(Plast)*
Formel *f* formula
  binomische F. binomial formula
  Eulersche F. Euler's formula
  Simpsonsche F. Simpson's rule
  Taylorsche F. Taylor formula
Formelmanipulation *f (Rech)* formula manipulation
Formelsprache *f* / **universelle** *(Rech)* universal formula language
Formelübersetzer *m (Rech)* formula translator
Formelübersetzung *f (Rech)* formula translation
formen to form, to shape; to mould *(z. B. Plastteile)*
  elektrolytisch f. to electroform
  neu f. to reshape
Formenempfindungsgeschwindigkeit *f (Licht)* speed of perception of form
Formenwahrnehmung *f (Licht)* perception of form *(Bewertung der Beleuchtungsgüte)*
Formfaktor *m* form factor *(Verhältnis des Effektivwertes zum Mittelwert einer periodischen Funktion)*
  F. des Lichtbogens arc shape factor
Formfaktormeßgerät *n* form factor meter
Formfilter *n* shaping filter
Formieren *n* forming *(z. B. Akkumulatorplatten, Halbleiterbauelemente)*
Formiergas *n* forming gas
Formierglied *n (Syst)* shaping (signal-forming) network

Formierspannung *f* forming (formation) voltage
Formierung *f s.* Formieren
Formlampe *f* shape[d] lamp
Formparameter *m* shape (shaping) parameter
Formspule *f* preformed (form-wound) coil
Formspulenwicklung *f* preformed winding
Formteil *n* moulded article
Formular *n* form, blank
Formularvorschub *m (Rech)* form feed
Formularzuführung *f (Rech)* form feeding
Formulierungssprache *f (Rech)* formulation language
Formung *f* **durch Funkenentladung** electroforming
Formveränderung *f* deformation
Forschungsanlage *f* research plant (installation)
Forschungsarbeit *f* research work
Forschungslabor[atorium] *n* research laboratory
Forschungsmodell *n* research model
Forschungsreaktor *m* research reactor
fortlaufend continuous
fortleiten to transmit, to conduct
Fortleitung *f* transmission, conduction
fortpflanzen [/ sich] to propagate *(z. B. Wellen)*
Fortpflanzung *f* propagation
Fortpflanzungsgeschwindigkeit *f* propagation velocity (speed), velocity of propagation
Fortpflanzungskonstante *f* propagation constant (coefficient, factor)
Fortpflanzungsrichtung *f* direction of propagation, propagation direction
FORTRAN *(Rech)* FORTRAN *(Kurzwort für* formula translator; *Programmierungssprache für technische und mathematisch-wissenschaftliche Aufgaben)*
fortschalten to advance *(z. B. Zähler, Lochstreifen)*
Fortschaltkommando *n* stepping command
Fortschaltmagnet *m* stepping (impulsing) magnet
Fortschaltrelais *n* notching (stepping, accelerating, alternative connection) relay
Fortschaltung *f* **/ schrittweise** step-by-step switching
Fortschaltwerk *n* stepping mechanism (device)
fortschreiten to advance, to proceed, to progress; to travel
fortschreitend advancing, progressive; translatory
fortsetzen to continue
Fortsetzung *f* **/ analytische** *(Syst)* analytic continuation
Fotaktor *m* photactor *(Festkörperbauelement)*
Fotoanregung *f* photoexcitation
Fotoanregungsquerschnitt *m* photoexcitation cross section
fotoätzen to photoetch
Fotoätzverfahren *n* photoetch process *(Halbleiterfertigung)*
Fotoaufnahmelampe *f* photoflood lamp
Fotoblitzgerät *n* photoflash device
Fotodetektor *m* photodetector, photoconductive detector; photosensor
Fotodiffusion *f* photodiffusion
Fotodiode *f* photodiode
Fotodissoziationskontinuum *n* continuous spectrum of photodissociation
Fotoeffekt *m* photoelectric effect, photoeffect
äußerer F. external photoelectric effect, photoemissive effect
innerer F. internal (inner) photoelectric effect, photoconductive effect
fotoelastisch photoelastic
fotoelektrisch photoelectric
fotoelektromagnetisch photoelectromagnetic
Fotoelektron *n* photoelectron
Fotoelektronenvervielfacher *m s.* Fotovervielfacher 1.
fotoelektronisch photoelectronic
Fotoelement *n* photovoltaic (barrier-layer) cell, semiconductor (barrier-layer, boundary-layer) photocell (*s. a.* Fotozelle)
Fotoemission *f* photoemission, photoelectric emission
Fotoemissionsdetektor *m* photoemissive detector
Fotoemissionseffekt *m* photoemissive effect
Fotoemissionsstrom *m* photoemission current
fotoempfindlich photosensitive
Fotoempfindlichkeit *f* photosensitivity
Fotoempfindlichkeitsspektrum *n* photosensitivity spectrum
Fotogeneration *f s.* Generation
Fotogravierschritt *m (Halbl)* photoengraving step
Fotograviertechnik *f*, **Fotogravüre** *f* photoengraving, photogravure *(Herstellung von Halbleiterbauelementen)*
Fotoinjektion *f (Halbl)* photoinjection
Fotoionisation *f* photoionization
Fotokatode *f* photocathode, photoelectric cathode; target
Fotokopie *f* photocopy
Fotokopierverfahren *n* photocopying process
Fotolack *m* photoresist, photosensitive resist
Fotolampe *f* photographic lamp
fotoleitend photoconducting, photoconductive
Fotoleiter *m* photoconductor

Fotoleitfähigkeit *f* photoconductivity
Fotoleitung *f* photoconduction
Fotoleitungseffekt *m* photoconductive effect
Fotoleitungsverstärkung *f* photoconductivity gain
Fotoleitwert *m* photoconductance
Fotolithografie *f* photolithography *(Herstellung von Halbleiterbauelementen)*
Fotolumineszenz *f* photoluminescence
fotomagnetoelektrisch photomagnetoelectric
Fotomaske *f* photomask
Fotomaskendruck *m* photoresist printing *(Leiterplattenfertigung)*
Fotomaskenentwicklung *f* photoresist developing *(Leiterplattenfertigung)*
Fotomaskierung *f* photomasking
Fotometer *n* photometer
  integrierendes F. integrating photometer (sphere), photometric integrator
  Jolysches F. Joly photometer
  lichtelektrisches F. photoelectric photometer
  objektives (physikalisches) F. physical photometer
  subjektives (visuelles) F. visual photometer
Fotometerauffangschirm *m* photometer test plate
Fotometerbank *f* photometer bench
Fotometerfeld *n* photometer field
Fotometerkopf *m* photometer head
Fotometerlampe *f* photometer lamp
Fotometerschirm *m* photometer test plate
Fotometerwürfel *m* photometric cube, photometer head
  F. nach Lummer und Brodhun Lummer-Brodhun cube
Fotometrie *f* photometry
  heterochrome F. heterochromatic photometry
fotometrieren to photometer
fotometrisch photometric[al]
Fotophorese *f* photophoresis
Fotorepeater *m* photorepeater, step and repeat camera *(Maskenherstellung)*
Fotoresist *m* photoresist, photosensitive resist
  positiv arbeitender F. positive-working photoresist
fotoresistbeschichtet photoresist-coated
Fotoresistentwicklung *f* photoresist developing
Fotoresiststrippmaschine *f* photoresist stripping machine
Fotoschicht *f* photolayer
Fotoschwelle *f* photoelectric threshold
Fotospannung *f* photovoltage, photopotential, photoelectric voltage
Fotostrom *m* photocurrent, photoelectric current
Fotostromabfall *m* photocurrent decay
Fototelegrafie *f* phototelegraphy
Fotothermometrie *f* photothermometry
Fotothyristor *m* photothyristor
Fototransistor *m* phototransistor
Fotovaristor *m* photovaristor
Fotoverkleinerung *f* photoreduction
Fotovervielfacher *m* 1. photomultiplier [tube], multiplier phototube, secondary-emission electron multiplier; 2. photorepeater *(Repetierkamera für die Maskenherstellung)*
fotovoltaisch photovoltaic
Fotovolteffekt *m* photovoltaic effect
Fotovorlage *f* master drawing *(Mikroelektronik)*
Fotowiderstand *m* 1. photoresistance; 2. *s.* Fotowiderstandszelle
Fotowiderstandsempfänger *m* photoresistive (photoconductive) detector
Fotowiderstandsschicht *f* photoconductive layer
Fotowiderstandszelle *f* photoresistive (photoconductive) cell, photoresistor
Fotozelle *f* photocell, photoelectric (photoemissive) cell, phototube, photovalve (*s. a.* Fotoelement)
  gasgefüllte F. gas-filled photocell
  hochohmige F. high-resistance photocell
  infrarotempfindliche F. infrared-sensitive photocell
Fotozellenabtastung *f* photoelectric scanning
Fotozellengehäuse *n* photocell case
Fotozellenverstärker *m* photocell amplifier
Foucault-Strom *m* eddy (Foucault) current
Fourier-Analysator *m* Fourier (harmonic) analyzer
Fourier-Analyse *f* Fourier (harmonic) analysis
  F. einer Wellenform wave-shape analysis
Fourier-Entwicklung *f* Fourier (harmonic) expansion
Fourier-Integral *n* Fourier integral
Fourier-Komponente *f* Fourier component, harmonic
Fourier-Reihe *f* Fourier series
  F. in komplexer Form complex Fourier series
Fourier-Spektrum *n* Fourier (harmonic) spectrum
Fourier-Transformation *f* Fourier transform[ation]
  schnelle F. fast Fourier transform[ation], FFT
Fourier-Transformierte *f* Fourier transform
Fourier-Zahl *f* Fourier number
Fourier-Zerlegung *f* Fourier decomposition
Fowler-Nordheim-Emission *f* *(Halbl)* Fowler-Nordheim emission
Fowler-Nordheim-Tunnelung *f* *(Halbl)* Fowler-Nordheim tunnelling

Fox-Kode *m (Nrt)* fox message
Franz-Keldysch-Effekt *m* Franz-Keldysh effect *(Optik)*
Fraunhofer-Linien *fpl* Fraunhofer absorption lines
Fraunhofer-Spektrum *n* Fraunhofer spectrum
frei free; unbound *(z.B. Teilchen)*; disengaged *(z.B. Leitung)*; *(Fmt)* idle, not busy
f. von Störungen *(Fmt)* free from (of) unwanted signals
Freiauslösung *f* trip-free release ● **mit F.** trip-free ● **mit mechanischer F.** mechanically trip-free
Freiauslösungsschalter *m* trip-free circuit breaker
Freifeld *n* free field *(Schallfeld)*
Freifeldeichung *f (Ak)* free-field calibration
Freifeldempfindlichkeit *f (Ak)* free-field sensitivity (response)
Freifeldfrequenzgang *m (Ak)* free-field response (characteristic)
Freifeldkorrektur *f (Ak)* free-field correction
Freifeldmessung *f (Ak)* free-field measurement (test)
Freifeldprüfung *f (Ak)* free-field test
Freifeldraum *m (Ak)* free-field room, anechoic room
Freifeldspannungsempfindlichkeit *f (Ak)* free-field voltage response
Freifeldübertragungsfaktor *m (Ak)* free-field sensitivity, free-field [voltage] response
Freifeldverfahren *n (Ak)* free-field method
Freiflächenbeleuchtung *f* outdoor areas lighting
Freigabe *f* release, releasing *(z.B. Schaltgerät)*; clearing, opening, unblocking
Freigabeschaltung *f (Fmt)* drop-out circuit *(Monitor)*
Freigabetaste *f* releasing key
Freigabezeichen *n (Fmt)* release-guard signal
freigeben to release; to clear
Freiheitsgrad *m* degree of freedom
Freilampe *f (Fmt)* free-line signal
Freilauf *m* freewheel
Freilaufdiode *f* free-wheeling diode, inverse diode
freilaufend free-running, free-wheeling
Freilauffrequenz *f* free-running frequency
Freilaufkippvorgang *m* free-running sweep
Freilaufkreis *m* free-running circuit, free-wheeling circuit
Freileiter *m* overhead conductor
Freileitung *f* overhead (open) line, open-wire [pole] line
Freileitungsableiter *m* intermediate-line-type arrester; series A arrester *(Ableitstrom etwa 5 kA)*
Freileitungsabspannung *f* line guy
Freileitungsanlage *f* overhead-line system, open-wire system
Freileitungsarmatur *f* overhead-line fitting
Freileitungsauslösung *f* line triggering
Freileitungsbau *m* overhead-line construction, open-line construction
Freileitungsfeld *n* mast (pole) section
Freileitungsgebiet *n* overhead area
Freileitungsisolator *m* overhead[-line] insulator, line insulator
Freileitungskabel *n* overhead cable
Freileitungsmonteur *m* lineman
Freileitungsnachbildung *f* open-line balancing network
Freileitungsnetz *n* overhead-line system
Freileitungsspannung *f* overhead-line voltage
Freileitungsstromkreis *m* open-wire circuit
Freileitungssystem *n* open-wire system
Freileitungstelegrafie *f* open-wire telegraphy
Freileitungsverbindung *f* overhead junction
Freileitungsverteilerstelle *f* overhead distribution point
Freilochausführung *f* clearance hole type *(Leiterplatten)*
Freiluftanlage *f* outdoor installation (plant, station); outdoor substation
elektrische F. outdoor electrical installation
Freiluftaufstellung *f* outdoor installation
Freiluftausführung *f* outdoor construction (type)
Freiluftdurchführung *f* outdoor wall bushing
Freiluftgerät *n* outdoor apparatus
Freiluft-Innenraum-Durchführung *f* outdoor-indoor bushing
Freiluftisolation *f* outdoor insulation
Freiluftisolator *m* outdoor insulator
Freiluftkabel *n* open-air installed cable
Freiluftkondensator *m* outdoor capacitor
Freiluftschaltanlage *f* outdoor switching station; *(Am)* switch yard; outdoor substation
Freiluftschaltgerät *n* outdoor switchgear
Freiluftschweißen *n* open-air welding
Freiluftstation *f* outdoor station
Freilufttransformator *m* open-air transformer
Freiluftunterstation *f* outdoor substation
Freiluftwanddurchführung *f* outdoor wall bushing
Freimeldelampe *f (Fmt)* visual engaged lamp
Freimeldestromkreis *m (Fmt)* clearing circuit
Freiprüfen *n* **gegen Spannung** *(Fmt)* battery testing
Freiraumausbreitung *f* free-space propagation
Freiraumdämpfung *f (Fmt)* free-space attenuation

Freiraumfeldstärke *f* unabsorbed field strength
Freiraumradargleichung *f* free space radar equation
freischalten to disconnect *(z.B. Register)*; to release
Freischalten *n* disconnection; release; *(Fmt)* clearing, forced release
Freischauzeichen *n (Fmt)* free-line signal
Freischwinger *m* induction (free swinging) loudspeaker
freisetzen to free, to set free, to release, to liberate
Elektronen f. to liberate electrons
Energie f. to release energy
Freisetzung *f* release, liberation
Freisignal *n (Fmt)* clear (line-clear) signal
Freistrahldoppelturbine *f* double impulse turbine
Freistrahlturbine *f* impulse turbine, Pelton wheel (turbine)
Freisuchen *n (Fmt)* hunting
Freiton *m (Fmt)* ringing signal
Freiwahl *f (Fmt)* hunting movement
F. über verschiedene Höhenschritte level hunting
freiwählen *(Fmt)* to hunt over a bank
Freiwählen *n (Fmt)* hunting (finding) action
Freiwähler *m (Fmt)* hunting selector (switch)
Freiwahlzeit *f (Fmt)* selector hunting time
Freiwerden *n* release, liberation
Freiwerdezeit *f* circuit commutated turn-off time *(Leistungselektronik)*; *(Halbl)* recovery time
Freizeichen *n (Fmt)* ringing tone (signal), call-connected signal, free-line signal, line-clear signal
Freizustand *m (Fmt)* idle condition
Fremdatom *n* foreign atom
Fremdatomzusatz *m* impurity addition
Fremdbeimengung *f* impurity addition
fremdbelüftet forced (separately) air-cooled, separately ventilated; fan-cooled
Fremdbelüftung *f* separate (external) ventilation; fan cooling
Fremdbestandteil *m* impurity
Fremddampfversorgung *f* external steam supply
Fremdeinspeisung *f* outside supply, power supply from outside
Fremdelektrolyt *m* foreign electrolyte
Fremdelektrolytüberschuß *m* excess of an indifferent electrolyte
Fremdelektron *n* stray electron
fremderregt separate-excited
Fremderregung *f* separate (foreign) excitation
Fremdfeld *n* external (separate) field
magnetisches F. external magnetic field
Fremdfeldeinfluß *m* external field influence
fremdgekühlt separately cooled
fremdgesteuert master-excited *(bei elektrischen Schwingkreisen)*
Fremdhalbleiter *m* extrinsic (impurity) semiconductor
Fremdion *n* foreign (impurity) ion, ionic impurity
Fremdionenzusatz *m* addition of indifferent ions
Fremdkühlung *f* separate cooling
Fremdlicht *n* extraneous light
Fremdmodulation *f* external modulation
Fremdrauschen *n* external noise
Fremdschicht *f* contamination (pollution) layer; tarnishing film *(Anlaufschicht)*
Fremdsignal *n* external signal
Fremdspannung *f* external (extraneous) voltage; noise level (voltage)
Fremdspannungsabstand *m* unweighted signal-to-noise ratio
Fremdspannungsmesser *m* noise-level meter
Fremdspannungsmessung *f* noise-level measuring
Fremdspeicher *m (Rech)* external memory (store)
Fremdstoff *m* foreign material (substance), contaminant, impurity *(Kristall)*
Fremdstoffadsorption *f* impurity adsorption
Fremdstoffgehalt *m* impurity content
Fremdstörstelle *f* [lattice] impurity
Fremdstrahler *m* secondary source
Fremdstrom *m* parasitic current
Fremdteilchen *n* foreign particle
Fremdversorgung *f* external power supply
Frenkel-Defekt *m (Halbl)* Frenkel defect
Frequenz *f* frequency; oscillation (oscillating, vibrational) frequency
F. bei Bildschwarz black frequency *(Faksimile)*
F. bei Bildweiß white frequency *(Faksimile)*
F. der Zeitsteuerungsimpulse timing pulse rate
F. des Bildsignals video frequency
F. im Kennlinienknick break (cut-off) frequency
abstimmbare F. tunable frequency
angelegte F. applied frequency
aufgedrückte F. impressed frequency
diskrete F. discrete (spot) frequency
feste F. fixed frequency
geplante F. scheduled frequency
geregelte F. regulated frequency
gleitende F. gliding frequency
harmonische F. harmonic frequency
kritische F. critical (crest) frequency
mittlere F. centre frequency
quarzgesteuerte F. crystal-controlled frequency
relative F. relative frequency
subharmonische F. subharmonic frequency

technische F. industrial frequency
unhörbar hohe F. ultra-audible frequency
unhörbar tiefe F. ultralow (subaudio, infra-acoustic) frequency
veränderliche F. variable frequency
zugeteilte F. assigned frequency
45°-Frequenz *f* break (corner) frequency
frequenzabhängig frequency-dependent
Frequenzabhängigkeit *f* frequency dependence
Frequenzablage *f* frequency departure
Frequenzabstand *m* frequency distance (space, interval), distance between frequencies
Frequenzabstimmung *f* frequency tuning
Frequenzabtasteinrichtung *f* frequency scanning device
Frequenzabtastung *f* frequency scanning
Frequenzabweichung *f* frequency deviation (departure), swing of frequency
zulässige F. frequency tolerance
Frequenzabzweigung *f* frequency frogging
Frequenzanalysator *m* frequency analyzer; harmonic (wave) analyzer
Frequenzanalyse *f* frequency (spectrum) analysis; harmonic analysis
Frequenzänderung *f* alteration of frequencies; frequency change
Frequenzanzeiger *m* frequency indicator
Frequenzaufzeichnung *f* frequency record
Frequenzausgleich *m* frequency compensation
Frequenzauswahl *f* frequency selection
Frequenzband *n* frequency band (range); service band *(Funkdienst)*
breites F. wide frequency band
effektiv übertragenes F. *(Fmt)* effectively transmitted band of frequencies
schmales F. narrow frequency band
übertragenes F. transmitted frequency band
Frequenzbandbegrenzung *f* frequency-band limiting
Frequenzbandbeschneidung *f* clipping of frequency range, bandwidth limitation
Frequenzbandbreite *f* frequency bandwidth
Frequenzbandkennziffer *f* frequency-band number
Frequenzbandkompression *f* frequency[-band] compression
Frequenzbegrenzung *f* frequency limitation
Frequenzbereich *m* frequency range (coverage, band), range of frequencies
durchstimmbarer F. adjustable frequency range
erfaßter F. frequency coverage
großer F. wide frequency range
hörbarer F. audio (audible) frequency range
Frequenzbereichschalter *m* frequency-range switch
Frequenzbereichumschaltung *f* band switching (change)
frequenzbeschnitten band-passed
Frequenzbestimmung *f* frequency determination
frequenzbewertet frequency-weighted
Frequenzbewertung *f* frequency weighting
Frequenzbewertungsfilter *n* frequency-weighting network
Frequenzcharakteristik *f* frequency characteristic (response) (*s. a. unter* Frequenzgang)
harmonische F. harmonic response [characteristic]
Frequenzdiversityempfang *m (Nrt)* frequency diversity reception
Frequenzdrift *f* frequency drift *(z. B. des Oszillators)*
Frequenzdurchlauf *m* frequency sweep
Frequenzeinfluß *m* frequency influence
Frequenzeinstellung *f* frequency setting (adjustment)
frequenzempfindlich frequency-sensitive
Frequenzerneuerung *f* frequency restoration
Frequenzerzeuger *m* frequency synthesizer
Frequenzfahrplan *m* frequency schedule
Frequenzfehler *m* frequency error
Frequenzfilter *n* frequency[-selective] filter
Frequenzgang *m* frequency response (characteristic), harmonic response [characteristic], response
F. bei hohen Frequenzen *(Ak)* high-note response
F. bei tiefen Frequenzen *(Ak)* low-note response
F. der Dämpfung frequency response of attenuation, attenuation curve
F. des geschlossenen Regelkreises *(Syst)* closed-loop frequency response
F. des Verstärkers amplifier response
brauchbarer F. useful frequency response
glatter F. flat (smooth) frequency response
linearer F. linear (flat) frequency response
phasenverschobener F. out-of-phase frequency response
tatsächlicher F. real frequency characteristic
trapezförmiger F. trapezoidal frequency response
Frequenzganganalyse *f (Syst)* frequency-response analysis
Frequenzgangcharakteristik *f* amplitude-frequency response characteristic
Frequenzgangentzerrung *f* equalization of frequency response
Frequenzgangfehler *m* frequency-response error
Frequenzgangkennlinie *f* frequency-response characteristic, amplitude-frequency characteristic

Frequenzgangkorrekturfilter *n* equalizer [of frequency response]
Frequenzgangmessung *f* frequency-response measurement
Frequenzgangmethode *f (Syst)* Bode method *(Stabilitätsuntersuchung)*
Frequenzgangprüfeinheit *f* [frequency-] response test unit
Frequenzgangschreiber *m* frequency-response recorder
Frequenzgangsichtgerät *n* frequency-response tracer
Frequenzgangverzerrung *f* distortion of frequency response
Frequenzgehalt *m* frequency content
Frequenzgemisch *n* frequency composition
Frequenzgenauigkeit *f* frequency accuracy
Frequenzgenerator *m* frequency synthesizer, frequency-generating set
Frequenzgrenze *f* frequency limit
obere F. upper frequency limit
untere F. lower frequency limit
Frequenzgruppe *f* aural critical band *(Gehör)*
Frequenzhalbierschaltung *f* scale-of-two circuit, frequency halver
Frequenzhalbierung *f* frequency halving
Frequenzhub *m* frequency deviation (swing, sweep)
Frequenzinstabilität *f* frequency instability
Frequenzkennlinie *f* frequency[-response] characteristic, frequency response
logarithmische F. logarithmic frequency-response characteristic, Bode diagram (plot)
Frequenzkomponente *f* frequency component
frequenzkonstant stable in frequency
Frequenzkonstanz *f* frequency stability (constancy)
Frequenzkontrolle *f* frequency check
Frequenzkontrollgerät *n* frequency monitor
Frequenzkurve *f* frequency-response curve (characteristic)
Frequenzleistungsregelung *f* power-frequency control
Frequenzlinearität *f* frequency linearity
Frequenzliste *f (Nrt)* frequency list
Frequenzmarkengeber *m* [frequency] marker generator
Frequenzmehrfachempfang *m (Nrt)* frequency diversity reception
Frequenzmeßbrücke *f* frequency [measuring] bridge
Frequenzmesser *m* frequency meter; frequency counter *(Impulszählverfahren)*
direktanzeigender F. direct-reading frequency meter
integrierender F. integrating frequency meter
Frequenzmessung *f* frequency measurement
Frequenzmischung *f* frequency mixing
Frequenzmodulation *f* frequency modulation, FM
F. mit Hilfsträger subcarrier frequency modulation
direkte F. direct frequency modulation
periodische F. periodic frequency modulation
unerwünschte F. jitter *(eines Tonsignals)*
Frequenzmodulationsaufzeichnung *f* frequency-modulation [carrier] recording
Frequenzmodulationsdetektor *m* frequency-modulation discriminator
Frequenzmodulationsmagnetbandgerät *n* frequency-modulation tape recorder
Frequenzmodulationssteilheit *f* frequency-modulation slope
Frequenzmodulationsstörung *f* frequency-modulation distortion
Frequenzmodulator *m* frequency modulator
F. mit Induktivitätsröhre valve-reactor frequency modulator
frequenzmoduliert frequency-modulated
Frequenzmultiplexsystem *n* frequency-division multiplex system
Frequenznachstimmung *f* / **automatische** automatic frequency control, AFC
Frequenznormal *n* frequency standard
Frequenzparameter *m* frequency parameter
Frequenzphasenkennlinie *f (Syst)* frequency-phase characteristic
Frequenzprüfung *f* frequency check
Frequenzraster *m* frequency raster
Frequenzregelkreis *m* frequency control loop
Frequenzregelung *f* frequency control
automatische F. automatic frequency control, AFC
Frequenzregistrierung *f* frequency registering
Frequenzregler *m (Syst)* frequency controller (regulator)
Frequenzrelais *n* frequency[-sensitive] relay
Frequenzschachtelung *f* frequency overlap
Frequenzscharfabstimmung *f* frequency peaking
Frequenzschrieb *m* frequency record
Frequenzschutz *m* frequency protection
Frequenzschwankung *f* frequency variation (fluctuation)
Frequenzselektion *f* frequency selection
frequenzselektiv frequency-selective
Frequenzselektivität *f* frequency selectivity
Frequenzsieb *n* electric wave filter
Frequenzspektrum *n* frequency spectrum
Frequenzsprung *m* frequency jumping
frequenzstabil stable in frequency
Frequenzstabilisiergerät *n* frequency stabilizer

Frequenzstabilisierung *f* frequency stabilization
Frequenzstabilität *f* frequency stability
F. des Systems system frequency stability
Frequenzstabilitätskriterium *n (Syst)* frequency stability criterion
Frequenzsteueranlage *f* synchronization bay *(Sendeanlagen)*
Frequenzsteuerung *f* frequency control
Frequenzstreuung *f* frequency spread
Frequenz-Strom-Kennlinie *f* frequency-current characteristic
Frequenzteiler *m* frequency divider; *(Ferns)* field (line) divider
induktiver F. reactance frequency divider
Frequenzteilerstufe *f* scaling stage
Frequenzteilung *f* frequency division
Frequenzteilungssystem *n* frequency-division multiplex system
Frequenztoleranz *f* frequency tolerance
Frequenztransformation *f* frequency transformation
Frequenztransformator *m* frequency transformer
Frequenztrennung *f* frequency separation
Frequenztreue *f* high-fidelity response
Frequenzübersprechen *n* frequency cross talk
Frequenzüberwachung *f* frequency control
Frequenzumfang *m* frequency range
Frequenzumformer *m* frequency converter (transformer)
Frequenzumschaltung *f* frequency change
Frequenzumsetzer *m* frequency converter (changer, translator)
Frequenzumsetzung *f* frequency conversion (translation, transformation); *(Rech)* frequency inversion
Frequenzumtasttelegrafie *f* frequency-shift telegraphy
Frequenzumtastung *f* frequency-shift keying, FSK
binäre F. binary frequency-shift keying
Frequenzumwandlung *f* frequency conversion (change)
frequenzunabhängig frequency-independent, independent of frequency
Frequenzunabhängigkeit *f* independence of frequency
Frequenzuntersetzer *m* frequency divider
Frequenzuntersetzerschaltung *f* **1:2** scale-of-two circuit
F. 1:10 scale-of-ten circuit
Frequenzverdoppler *m* frequency doubler
Frequenzverdopplung *f* frequency doubling
Frequenzverdreifacher *m* frequency tripler
Frequenzverdreifachung *f* frequency tripling
Frequenzvergleich *m* frequency comparison
digitaler F. digital frequency comparison
Frequenzvergleicher *m* frequency comparator
Frequenzvergleichsschaltung *f* frequency comparison circuit
Frequenzverhalten *n* frequency [harmonic] response, harmonic response
Frequenzverschachtelung *f* frequency interlace
Frequenzverschiebung *f* frequency shift (pulling)
F. durch Doppler-Effekt Doppler shift
Frequenzverteilung *f* 1. frequency distribution; 2. *s.* Frequenzzuteilung
Frequenzvervielfacher *m* frequency multiplier
Frequenzvervielfachung *f* frequency multiplication
Frequenzvervielfachungsklystron *n* frequency-multiplier klystron
Frequenzverzerrung *f* frequency distortion
Frequenzwahl *f* frequency selection
Frequenzwandler *m* frequency converter, frequency changer [set]
ruhender F. static frequency converter (changer)
Frequenzweiche *f* frequency-dividing network; *(Nrt)* diplexer
Frequenzwiedergabe *f (Ak)* frequency response
Frequenzwobbelung *f* frequency scanning, wobbling
Frequenzwobbler *m* wobbler
Frequenzzähler *m* frequency counter *(Impulszählverfahren)*
Frequenzzuteilung *f*, **Frequenzzuweisung** *f* *(Nrt)* frequency allocation (assignment, alotment), allocation of frequencies
Fresnel-Linse *f* Fresnel (echelon) lens
Fresnel-Zahl *f* Fresnel number
Friktionsgetriebe *n* friction gear
Friktionstrieb *m* friction drive
Frischluft *f* fresh air
Frischluftgebläse *n* forced-draught fan
Frischluftkühlung *f* open-circuit ventilation
Frischprüfung *f* initial output test *(einer Batterie)*
fritten to frit
Frittspannung *f* fritting voltage
Frittung *f* fritting
Front *f* front *(z. B. von Wellen)*
Frontalbeleuchtung *f* frontal lighting
Frontbrenner *m* front burner
Frontlinse *f* front lens
Frontplatte *f* face[plate], front panel (cover)
Frontplattenbeleuchtung *f* faceplate illumination
Frontplattenbuchse *f* front-panel socket
Frontplattendeckel *m* front-panel cover
Frontplatteneinbau *m* panel[-frame] mounting

Frontplattenknopf *m* panel button
Frontplattenschalter *m* [front-]panel switch
Frontseite *f* front [side]
Froschbeinwicklung *f* frog-leg winding
frostbeständig frost-proof
Frostschutz *m* frost protection
Frostschutzmittel *n* antifreezing agent, antifreeze [compound]
Frühausfall *m* early failure, wear-in failure
Frühausfallperiode *f* early failure period
Frühwarnradar *n* [distant] early-warning radar
Frühwarnung *f* early warning
Frühzündung *f* preignition
F-Schirm *m* F scope *(Radar)*
Fugenvergußmasse *f* joint sealing compound
Fühlelement *n* sensing element, sensor
induktives F. variable-inductance sensing element
fühlen to sense
Fühler *m* sensor, sensing element (head); probe
Fühlerkondensator *m* pick-up capacitor
Fühlfinger *m* tracer finger
Fühlglied *n* sensing element
Fühlhebel *m* feeler (sensing) lever
Fühlstift *m* stylus, tracer
führen to conduct, to lead, to guide
eine Leitung unterirdisch f. to route a line underground
[einen] Strom f. to carry a current
Führung *f* 1. guidance, guide (*s. a.* Führungsbahn); 2. run *(von Kabeln)*
Führungsbahn *f (Masch)* guideway, slideway
Führungsfrequenzgang *m (Syst)* control frequency response
Führungsgenerator *m* reference generator
Führungsgröße *f (Syst)* reference input (value), control (set) input, command variable
Führungslager *n (Masch)* guide bearing
Führungsloch *n* sprocket (guide) hole *(Lochstreifen)*
Führungsphase *f* leading phase
Führungsrad *n* guiding wheel
Führungsregler *m (Syst)* master controller
Führungsrille *f* track groove *(Schallplatte)*
Führungsrolle *f* idle pulley, guiding wheel
Führungsschiene *f* guide rail (bar)
Führungsschlitten *m* slide
Führungssignal *n* driving signal
Führungsstange *f* guide bar (rod), sliding bar
Führungsstift *m* guide (alignment) pin; aligning plug *(Röhrensockel)*
Führungsstück *n* guide piece
Führungssystem *n* guidance system
Führungszapfen *m s.* Führungsstift
Fulchronograf *m* fulchronograph *(Blitzstrommessung)*
Füllelement *n* wet cell *(Element mit flüssigem Elektrolyten)*
füllen to fill
wieder f. to refill
Füllfaktor *m* space (filling) factor *(Spule, Wicklung)*; *(Halbl)* stacking factor
Füllgas *n* filling gas
Füllgrad *m* degree of filling; groove spacing *(Schallplatte)*
Füllsender *m (Fmt)* gap-filling transmitter
Füllsignal *n s.* Leersignal
Füllstand *m* [filling] level
Füllstandsanzeige *f* level indication
Füllstandsanzeiger *m* level indicator
Füllstandsfühler *m* level sensor
Füllstandsmesser *m* level meter (gauge)
Füllstandsmessung *f* level measurement
Füllstandsregelung *f* level control
Füllstandsregler *m* level controller (regulator)
Füllstandswächter *m* level monitor
Füllstoff *m* filler, filling (loading) material, back-up material
Füllung *f* 1. filling; 2. batch, charge
Füllzeichen *n (Fmt)* filler
Fundament *n* foundation [plate] *(für Maschinen)*
schwingungsisolierendes F. vibration-insulating support
Fundamentalschwingung *f* fundamental mode (oscillation), fundamental (first) harmonic
Fundamentalserie *f* fundamental series *(Spektrallinien)*
Fundamentalsystem *n* fundamental system *(Lösungssatz einer linearen Differentialgleichung)*
Fundamentplatte *f* foundation plate (slab)
Fünfadressenbefehl *m (Rech)* five-address instruction
Fünfelektrodenröhre *f* five-electrode valve
Fünferalphabet *n s.* Fünfschrittalphabet
Fünferkode *m* five-track code
Fünfertelegrafiekode *m* five-track telegraphic code
Fünfgittermischröhre *f* pentagrid [converter]
Fünfgitterröhre *f* pentagrid valve
Fünfkanalkode *m (Rech)* five-channel code, five-track code
Fünfkanallochstreifen *m (Rech)* five-hole punched tape
Fünfleiterkabel *n* five-wire cable, cable in quintuples
Fünfpolröhre *f* pentode, five-electrode valve
Fünfschichtdiode *f* biswitch diode
Fünfschichtstruktur *f* five-layer structure
Fünfschrittalphabet *n (Nrt)* five-unit alphabet (code)
Fünfstiftsockel *m* five-pin base, five-prong base *(Röhren)*

Fünfstrahl[elektronen]röhre *f* five-gun cathode-ray tube, five-beam cathode-ray tube
Fünfstufenschalter *m* five-heat switch *(Heizgeräte)*
Funk *m* radio ● **durch F.** by radio
Funkamateur *m* radio amateur
Funkanlage *f* radio installation
Funkapparat *m* radio set
Funkausrüstung *f* radio equipment
Funkbake *f* [radio] beacon
Funkbeobachtung *f* radio observation
Funkbereich *m* radio range
Funkbereitschaft *f* radio alert
Funkbeschickung *f* bearing calibration, direction-finding correction *(Funkpeilung)*
Funkbeschickungskurve *f* correction curve *(Funkpeilung)*
Funkbeschickungssender *m* calibration station *(Funkpeilung)*
Funkbeschickungstabelle *f* calibration chart *(Funkpeilung)*
Funkbetrieb *m* radio service
Funkbild *n* photoradiogram, radio picture, radiophotograph
Funkbildübertragung *f* radiophotography, radio picture transmission, facsimile
Funkbrücke *f* radio link (relay)
Funkdämpfung *f* radio attenuation
Funkdienst *m* radio service
beweglicher F. mobile radio service
fester F. fixed radio service
Funkdiensttelegramm *n* service radio telegram
Funk-Doppler *m* radio-Doppler
Funke *m* spark
elektrischer F. electric spark
Funkecholot *n* radio (reflection) altimeter, ground-clearance indicator *(Höhenmesser)*
Funkeinrichtung *f* radio installation (set), wireless set
Funkelfeuer *n (Licht)* quick-flashing light
funkeln to sparkle, to scintillate; to glisten
Funkelrauschen *n* flicker noise
Funkempfang *m* radio reception
Funkempfänger *m* radio receiver (set), radio receiving set
Funkempfangsstation *f* radio receiving station
funken 1. to radio; to radiotelegraph; 2. to spark *(am Stromwender)*; to arc [over] *(am Schaltgerät)*
Funken *n* radio transmission
Funkenableiter *m* spark (gap) arrester
magnetisch beblasener F. magnetic blow-out arrester
Funkenanzeiger *m* spark indicator
Funkenbahn *f* path of spark
Funkenbildung *f* sparking
Funkenbüschel *n* pencil of sparks
Funkenentladung *f* spark discharge
Funkenentladungsstrecke *f s.* Funkenstrecke
Funkenerosion *f* spark erosion
Funkenerosionsbearbeitung *f* spark erosion machining, electric discharge machining
Funkenerosionsmaschine *f* spark erosion machine, electric discharge machine
Funkenfänger *m* spark catcher
funkenfest spark-proof
funkenfrei *(El)* non-arcing; spark-free
Funkengenerator *m* spark generator
Funkeninduktor *m* spark (induction) coil, hammer-break spark coil
Ruhmkorffscher F. *(Hochsp)* Ruhmkorff coil
Funkenkammer *f* arc chute
Funkenkondensator *m* spark capacitor
Funkenkontinuum *n* spark-discharge continuum
Funkenlänge *f* spark length, sparking distance
Funkenlinie *f* spark line
Funkenlöscher *m* spark extinguisher (quencher, absorber); arc break
Funkenlöschermagnet *m s.* Funkenlöschmagnet
Funkenlöschkondensator *m* spark [quenching] capacitor
Funkenlöschkreis *m* spark quenching circuit
Funkenlöschmagnet *m* spark-extinguisher magnet, spark-absorber magnet
Funkenlöschspule *f* spark blow-out coil, [magnetic] blow-out coil
Funkenlöschung *f* spark extinguishing (quenching); arc quenching (blow-out)
Funkenmikrometer *n* spark micrometer
Funkenpotential *n* sparking potential
Funkenprüfung *f* spark test
Funkenschaltröhre *f* / **gesteuerte** trigatron *(Impulsmodulationsröhre)*
Funkenschlagweite *f* striking distance
Funkenschreiber *m* spark recorder
Funkenschwächer *m* spark reducer
Funkensender *m* spark transmitter
zeitgesteuerter F. timed spark transmitter
Funkenspannung *f* sparking voltage
Funkenspektrum *n* spark spectrum
Funkenstrahlung *f* spark radiation
Funkenstrecke *f* spark (discharge) gap, sparking distance; spark discharger; arcing air-gap
F. im Ableiter arrester spark gap
asynchron rotierende F. asynchronous rotary spark gap
äußere F. external series gap *(Löschrohrableiter)*
rotierende (umlaufende) F. rotary spark gap
verengte F. constricted spark gap

zeitgesteuerte F. timed spark gap
Funkenstreckenmodulation *f* spark-gap modulation
Funkenstreckenüberschlag *m* spark-gap flash-over
Funkentfernungsmessung *f* radio range finding
Funkentstörkondensator *m* [radio] interference suppression capacitor, antinoise capacitor
funkentstört noise-suppressed
Funkentstörung *f* [radio] noise suppression, [radio] interference suppression
Funkenüberschlag *m* spark-over, flash-over, spark breakdown
Funkenweg *m* path of spark
Funkenwiderstand *m* spark resistance
Funkenzieher *m* spark drawer
Funkenzündung *f* spark ignition
Funker *m* radio (wireless) operator
Funkerfassung *f* radio detection
Funkfeinhöhenanzeiger *m* terrain clearance indicator
Funkfelddämpfung *f* transmission loss
Funkfernlenkung *f* radio control
Funkfernmessung *f* radiotelemetry, radiotelemetering
Funkfernschreiben *n* radio teletype
Funkfernschreiber *m* radio teleprinter (teletypewriter)
Funkfernschreibnetz *n* radio teleprinter network
Funkfernsprechbetrieb *m* radiotelephone operation
Funkfernsprechen *n* radiotelephony, wireless telephony
Funkfernsprecher *m* radiotelephone, radiophone
Funkfernsprechtechnik *f* radiophony
Funkfernsprechverkehr *m* radiophone communication
Funkfernsteuerung *f* radio control
Funkfeuer *n* radio beacon
F. mit Kennung [radio] marker beacon
gerichtetes F. directional radio beacon
rotierendes F. rotating [radio] beacon
ungerichtetes F. non-directional [radio] beacon
Funkfrequenz *f* radio frequency
Funkführung *f* radio guidance
Funkgerät *n* radio set (equipment)
tragbares F. mit Trockenbatteriebetrieb all-dry portable [radio set]
Funkgespräch *n* radiotelephone call
funkgesteuert radio-controlled
Funkhaus *n* broadcast-studio building, broadcasting centre
Funkhöhenmesser *m* radio altimeter
Funkkanal *m* radio channel
Funkkompaß *m* radio compass
Funkleitstrahl *m* radio beam (leg); localizer beam
Funkleitung *f* radio guidance
Funklinie *f* radio communication line, radio link
feste F. point-to-point communication
Funkmeldung *f* radio message
Funkmeß... *s.* Radar...
Funknachricht *f* radio message
Funknavigation *f* radionavigation
Funknetz *n* radio network
Funknotruf *m*, **Funknotsignal** *n* radio distress (emergency) signal
Funkortung *f* radio position finding, radiolocation
Funkpeildienst *m* radio direction-finding service
Funkpeiler *m*, **Funkpeilgerät** *n* radio direction finder, radiogoniometer; radio compass
Funkpeilnetz *n* direction-finding network
Funkpeilstelle *f* direction-finding station
Funkpeilung *f* radio direction finding, [radio] bearing
aufgenommene F. observed radio bearing
korrigierte F. corrected radio bearing
Funkprüfgerät *n* radio analyzer
Funkraum *m* radio room
Funkreichweite *f* range *(eines Senders)*
Funkruf *m* radio call
Funkschatten *m* radio shadow, dead spot
Funksender *m* radio transmitter
Funksignal *n* radio signal
F. mit hohem Pegel high-level radio-frequency signal
Funksignalbake *f* station location marker
Funksonderdienst *m* special radio service
Funkspektrum *n* radio[-frequency] spectrum
Funksprechanlage *f* radiotelephone system
bewegliche (fahrbare) F. mobile radiotelephone system
Funksprechbetrieb *m* radiotelephone operation
Funksprechdienst *m* radiotelephony service
funksprechen to radiotelephone
Funksprechen *n* radiotelephony
Funksprechgerät *n* radiotelephone, radiophone
tragbares F. walkie-talkie
Funksprechleitung *f* radiotelephone circuit
Funksprechstelle *f* radiotelephony station
Funksprechverbindung *f* radiotelephone communication (circuit), radio link
Funksprechverkehr *m* radiotelephone traffic
Funksprechzentrale *f* radiotelephony exchange
Funkspruch *m* radiogram, radio message
offener F. clear radio message
verschlüsselter F. radio code message

Funkstation *f* radio station
F. im Gelände radio field station
Funkstelle *f* radio station
bewegliche F. mobile radio station
[orts]feste F. fixed radio station
Funksteuerung *f* radio control
Funkstille *f* radio silence; silence (silent) period
Funkstörfeldintensität *f*, **Funkstörfeldstärke** *f* radio-noise field intensity, [radio-]noise field strength
Funkstörmeßgerät *n* radio interference meter, interference measuring apparatus
Funkstörung *f* radio interference (noise, disturbance)
Funkstörungsmessung *f* radio interference measurement
Funkstreuung *f* [radio] scattering
Funktastverkehr *m* radiotelegraphy
Funktäuschung *f* radio deception
Funktechnik *f* radio engineering
Funkteilnehmer *m* subscriber
Funktelefon *n* radiotelephone, radiophone
Funktelefonie *f* radiotelephony, radiophony
Funktelegraf *m* radiotelegraph
Funktelegrafendienst *m* radiotelegraph service
Funktelegrafie *f* radiotelegraphy
Funktelegrafiezeichen *n* radiotelegraph signal
funktelegrafisch by radiotelegraphy
Funktelegramm *n* radiotelegram, radiogram, wireless telegram (message)
Funktion *f* function
F. des Ausgangssignals *(Syst)* output function
F. des Eingangssignals *(Syst)* input function
F. im Oberbereich time domain function *(Laplace-Transformation)*
F. mehrerer Veränderlicher function of several variables
Besselsche F. Bessel['s] function
Boolesche F. Boolean function
Diracsche F. Dirac delta function, unit impulse function
erzeugende F. generating function
gerade F. even function
Greensche F. Green function
Hamiltonsche F. *(Syst)* Hamilton function
Hankelsche F. Hankel function
harmonische F. harmonic function
Hermitesche F. Hermite function
Hertzsche F. Hertzian radiation integral
innere F. *(Rech)* intrinsic function
Ljapunowsche F. Ljapunov function *(Stabilitätsbestimmung)*
logische F. logical (Boolean) function
meromorphe F. meromorphic function
monotone F. monotonic function
normierte F. normalized function
Peircesche F. Peirce (dagger) function *(Schaltlogik)*
rampenförmig ansteigende F. ramp function
retardierte F. retarded function
stationäre stochastische F. stationary random function
stochastische F. random function
systembestimmende F. system-driving function
tabellierte F. tabulated function
ungerade F. odd function
unstetige F. discontinuous function
zunehmende F. increasing function
δ-Funktion *f* **[/ Diracsche]** *s.* Funktion / Diracsche
Funktional *n* composite function
Funktionalgleichung *f* functional equation
Funktionaltransformation *f* functional transformation
funktionieren to function, to operate, to work
Funktionieren *n* **/ fehlerhaftes** malfunctioning
Funktionsbaugruppe *f* functional module
Funktionsbereich *m* function range
Funktionsbeziehung *f* functional relationship
Funktionsblock *m* functional block (unit)
elektronischer F. functional electronic block
Funktionsdauer *f* **/ mittlere** mean time to failure
Funktionsdiagramm *n* functional [block] diagram; *(Rech)* action (function) chart
Funktionsdichte *f* functional density *(Mikroelektronik)*
Funktionseinheit *f* 1. functional (operational) unit; 2. organ *(eines Rechners)*; 3. chip *(Mikroelektronik)*
Funktionselement *n* functional element
Funktionsgenerator *m* function generator
F. für nichtlineare Funktionen non-linear function generator
F. mit Dioden diode function generator
Funktionsgruppe *f*, **Funktionsmodul** *m* functional module
Funktionsmultiplizierer *m* function multiplier
Funktionspotentiometer *n* function potentiometer
Funktionsprüfung *f* functional test (check), performance test
Funktionsschalter *m* function switch *(in einem Stromkreis)*
Funktionsschema *n* operating schematic diagram
Funktionsschreiber *m* function plotter
Funktionssicherheit *f* [functional] reliability
Funktionsstörung *f* malfunction
Funktionstabelle *f* function table (chart)
Funktionstabellenprogramm *n* function table program

Funktionstaste *f* function key
Funktionsteil *n* 1. functional (operational) part; 2. *(Rech)* organ
Funktionsteilung *f* function sharing
Funktionstisch *m* plotting board (table)
funktionstüchtig serviceable
Funktionstüchtigkeit *f* serviceability
Funktionsübersetzer *m* function translator
Funktionsvereinbarung *f (Rech)* function declaration
Funktionsverstärker *m* operational amplifier
Funktionswähler *m* function selector
Funktionswandler *m* function translator
Funktionsweise *f* mode of operation
Funktor *m* functor *(Schaltlogik)*
Funkturm *m* radio (aerial) tower
Funkübertragungsweg *m* radio link (circuit)
Funküberwachung *f* radio monitoring
Funküberwachungsgerät *n* radio monitor
Funkverbindung *f* 1. radio communication; 2. radio link *(Übertragungsweg)*
Funkverbindungskanal *m* radio communication channel
Funkverkehr *m* radio communication (traffic)
F. vom Boden zum Flugzeug ground-to-airplane communication
F. zwischen zwei festen Punkten point-to-point radio communication
einseitiger F. one-way communication
Funkverkehrsbereich *m* radio traffic area
Funkverkehrsdienst *m* **/ fester** point-to-point communication service
Funkwarnung *f* radio warning
Funkweg *m* radio link (circuit)
F. mit „optischer Sicht" line-of-sight path
Funkwellen *fpl* radio waves
Funkwettervorhersage *f* radio weather forecast
Funkzeugnis *n* **erster Klasse** first-class certificate
Funkzielanflug *m* radio homing
Furchenabstand *m* groove spacing *(Gitter)*
Furchenprofil *n* groove profile (contour), profile of grating
Furchenzahl *f* number of grooves per unit length
FU-Schutzschaltung *f s.* Fehlerspannungsschutzschaltung
Fusionsenergie *f* [nuclear] fusion energy
Fuß *m* base; foot; stem; pinch *(Elektronenröhre)*; pole footing *(Mast)*
fußbetätigt foot-operated
Fußbetätigung *f* actuation (operation) by foot
Fußbodenkontakt *m* floor contact
Fußbodenspeicherheizung *f* floor storage heating
Füßchen *n* pinch *(Röhre)*
Fußhebel *m* foot lever, pedal
Fußisolator *m* base insulator
Fußkontakt *m* pedal (foot-switch, floor) contact
fußlos footless
Fußpunkt *m* base *(Antennenmast)*
Fußpunktisolator *m* base insulator *(Antennenmast)*
Fußpunktkopplung *f* **/ kapazitive** bottom-end capacitive coupling
Fußpunktspeisung *f* end-feed, base energizing *(Antennenmast)*
Fußquetschung *f* pinch *(Röhren)*
Fußschalter *m* foot[-operated] switch, pedal switch
robuster F. heavy-duty foot switch
Fußumschalter *m* pedal change-over switch

G

GaAs-FET *s.* Galliumarsenid-Feldeffekttransistor
GaAs-IRED *s.* Galliumarseniddiode / infrarotemittierende
Gabel *f* 1. fork; *(Fmt)* cradle *(am Fernsprechapparat)*; 2. *s.* Gabelschaltung
G. mit Nachbildung *(Fmt)* hybrid termination
Gabelabgleich *m (Fmt)* hybrid balance
Gabeldämpfung *f (Fmt)* attenuation of a terminating set
Gabelkontakt *m* forked (bifurcated) contact *(Steckerleiste)*
Gabelmuffe *f* trifurcating joint *(Drehstromkabel)*; bifurcating joint *(Zweileiterkabel)*
gabeln / sich to bifurcate
Gabelpunkt *m (Fmt)* hybrid terminal
Gabelschaltung *f (Fmt)* hybrid switching, terminating set (unit)
Gabelumschalter *m (Fmt)* cradle (hook) switch
Gabelung *f* bifurcation
Gabelverkehr *m (Fmt)* forked working
Gabor-Hologramm *n* Gabor['s] hologram
Gabor-Zonenplatte *f* Gabor zone plate
Galgen *m* boom *(für Mikrofon)*
Galliumantimonid *n* gallium antimonide
Galliumarseniddiode *f* **/ infrarotemittierende** gallium arsenide infrared-emitting diode, GaAs IRED
Galliumarsenid-Feldeffekttransistor *m* gallium arsenide field-effect transistor, GaAs field-effect transistor, GaAs FET
Galliumarsenidlaser *m* gallium arsenide laser
Galliumarsenidsolarzelle *f* gallium arsenide solar cell
Galliumarsenidtunneldiode *f* gallium arsenide tunnel diode
Galton-Pfeife *f* Galton whistle

Galvani-Potential *n (Chem)* Galvani (inner electric) potential
Galvani-Potentialdifferenz *f* Galvani potential difference
galvanisch galvanic, voltaic
Galvanisierbad *n* plating (electroplating) bath
galvanisieren to electroplate, to plate, to electrodeposit
Galvanisieren *n* electroplating, plating, electro-deposition
 halbautomatisches G. semiautomatic electroplating
 vollautomatisches G. full-automatic electroplating
Galvanisiergehänge *n* plating rack
Galvanismus *m* galvanism
Galvani-Spannung *f (Chem)* Galvani tension, Galvani potential difference
 G. bei Stromlosigkeit zero-current Galvani tension
Galvano *n* electrotype
Galvanoabdeckung *f* plating resist *(Lackabdeckung)*
Galvanokaustik *f* galvanocautery *(Elektromedizin)*
Galvanomaske *f* stopping-off
Galvanometer *n* galvanometer
 astatisches G. astatic galvanometer
 ballistisches G. ballistic galvanometer
 integrierendes G. integrating galvanometer
 registrierendes G. recording galvanometer, galvanometer recorder
Galvanometerkonstante *f* galvanometer constant
Galvanometerschreiber *m* galvanometer recorder
Galvanometerspiegel *m* galvanometer mirror
Galvanometerspule *f* galvanometer coil
Galvanoplastik *f* electroforming, galvanoplastics, galvanoplasty
galvanoplastisch galvanoplastic
Galvanoskop *n* galvanoscope
galvanostatisch galvanostatic
Galvanostegie *f* electroplating
Gammafunktion *f* gamma function
Gammakorrektur *f (Ferns)* gamma correction
Gammastrahl *m* gamma ray
Gammastrahlenabsorption *f* gamma-ray absorption
Gammastrahlenkonstante *f* **/ spezifische** specific gamma-ray constant
Gammastrahlung *f* gamma radiation
Gammawert *m* gamma [value]
Gang *m* **/ ruhiger** quiet run[ning]
 toter G. backlash, lost motion
Ganghöhe *f* **eines Gitters** grid pitch
Ganglinie *f* variation curve *(Kraftwerk)*
Gangunterschied *m* [optical] path difference *(Interferometrie)*; phase difference (shift); retardation
Ganzkörperschwingung *f* total (whole body) vibration
Ganzlochwicklung *f* integer-slot winding
Ganzmetallkonstruktion *f* all-metal construction
Ganzmetallmagnetron *n* **/ abstimmbares** all-metal tunable magnetron
Ganzmetallröhre *f* all-metal valve
Ganzwellenantenne *f*, **Ganzwellendipol** *m* full-wave dipole
ganzzahlig integer, integral
Garantiekarte *f* warranty card
Gas *n*:
 entartetes G. degenerate gas
 inertes G. inert gas
 ionisiertes G. ionized gas
 korrodierendes G. corrosive gas
 nichtentartetes G. non-degenerate gas
 plasmabildendes G. plasma-producing gas
 restliches G. residual gas
Gasanalysator *m* gas analyzer
Gasanodisation *f* gaseous anodization
Gasanzeigeröhre *f* gas indicator tube
Gasaufzehrung *f* gas clean-up *(Elektronenröhre)*
Gasausbruch *m* **/ plötzlicher** outburst of gas
Gasaustritt *m* 1. emission of gas *(Elektronenröhre)*; gas escape (leakage); 2. gas outlet *(Öffnung)*
Gasblase *f* 1. gas bubble; 2. *s.* Gaseinschluß
gasdicht gas-tight; gas-proof
Gasdiffusionsbrennstoffzelle *f* gas-diffusion fuel cell
Gasdiode *f* **mit Glühkatode** hot-cathode gaseous diode
Gasdruck *m* gas pressure
gasdruckisoliert gas-pressure-insulated
Gasdruckkabel *n* gas-pressure cable
Gaseinschluß *m* occlusion of gas; gas-filled cavity, blister, blow hole *(z. B. in Gießharz)*; gas pocket *(z. B. im Kabel)*
Gaseinströmung *f* gas inflow
Gaseintritt *m* gas inlet
Gaselektrode *f* gas electrode, bubbling-type electrode
Gaselement *n* gas cell
gasen to gas *(z. B. Akkumulator)*
Gasen *n* gas formation, gassing *(Akkumulator)*
Gasentladung *f* gas[eous] discharge, discharge in a gas
 G. bei niedrigem Druck low-pressure gas discharge
Gasentladungsanzeige *f* gas-discharge display
Gasentladungsgleichrichter *m* gas-filled valve rectifier

Gasentladungslampe *f* gas-discharge lamp
Gasentladungslaser *m* gas-discharge laser
Gasentladungsofen *m* / **elektrischer** electric gas-discharge furnace
Gasentladungsplasma *n* gas-discharge plasma
Gasentladungsrelais *n* gas-discharge relay
Gasentladungsröhre *f* gas-discharge tube
G. mit Napfkatode pool tube
gittergesteuerte G. mit Napfkatode grid pool tube
Gasentladungsventil *n s.* Gasentladungsgleichrichter
Gasentwicklung *f* generation (evolution) of gas, gassing
Gasfokussierung *f* gas (ionic) focussing *(Elektronenstrahlröhre)*
gasförmig gaseous
Gasfüllung *f* gas filling
gasgekühlt gas-cooled
Gasgleichrichter *m* gas rectifier
Gasgleichrichterröhre *f* gas-filled rectifier
Gasionenlaser *m* gaseous ion laser
Gasionenstrom *m* gas current *(Röhren)*
Gasionisierung *f* gas ionization *(Elektronenröhre)*
Gaskabel *n* gas (pressure) cable
Gaskanal *m* gas duct
Gaskonstante *f* / **allgemeine** universal gas constant
Gaslaser *m* gas laser, gaseous[-state] laser
kontinuierlicher G. continuous wave gas laser (optical maser)
Gaslaserinterferometer *n* gas laser interferometer
Gaslaserstrahl *m* gas laser beam
Gasleitung *f* 1. gas conduction; 2. gas main
Gaslinse *f* gas lens
Gas-Luft-Gemisch *n* gas-air mixture
Gasmotor *m* gas engine
Gasphase *f* gaseous phase
Gasphasengemisch *n* gas-phase mixture
Gaspore *f* blow hole *(bei Gießharzisolierung)*
Gasreinheit *f* purity of gas
Gasreinigung *f* purification of gas, gas clean-up
Gasrest *m* gas residue
Gasröhre *f* gas tube *(Elektronenröhre)*
Gasrotation *f* gas rotation
Gasrückstand *m* gas residue
Gassäule *f* / **eingeschnürte** pinched gas
Gasschaltröhre *f* gas switching tube
Gasschicht *f* gas layer
Gasschleier *m* screen of gas
Gasspürgerät *n* gas[-leak] detector
Gasstrahl *m* gas jet
Gasstrecke *f* gas path
Gasstrom *m* 1. gas flow (stream); 2. gas current *(Röhren)*
Gasstromregelung *f* gas-flow control
Gasstromschalter *m* gas-blast circuit breaker
Gasströmung *f* gas flow
Gasströmungszählrohr *n* gas-flow counter tube
Gasthermometer *n* gas thermometer
Gastriode *f* gas[-filled] triode
Gastrockner *m* gas dryer
Gasturbine *f* gas turbine
Gasturbinenkraftwerk *n* gas-turbine power station
gasundurchlässig gas-tight; gas-proof
Gasverstärkung *f* gas amplification *(Entladungsröhre)*
Gasverunreinigung *f* gas contamination
Gaswirbelstabilisation *f* gas vortex stabilization
Gaszählrohr *n* gas counter tube
Gaszelle *f* gas cell
Gate *n (Elk)* 1. gate *(Steuerelektrode des Feldeffekttransistors)*; 2. *s.* Gatter
abgesetztes G. offset gate
Gate-Basisschaltung *f* grounded-gate circuit
Gate-Basisverstärker *m* grounded-gate amplifier
Gate-Breite *f* gate width
Gate-Elektrode *f* gate [electrode]
Gate-Feld *n* gate field
Gate-Isolation *f* gate insulation
Gate-Kapazität *f* gate capacitance
Gate-Schaltung *f* [grounded-] gate circuit
Gate-source-Schwellwertspannung *f* gate-source threshold voltage
Gate-source-Spannung *f* gate-source voltage
Gate-source-Sperrspannung *f* gate-source cut-off voltage, reverse gate-source voltage
Gate-Spannung *f* gate voltage
Gate-Strom *m* gate current
Gate-Verluste *mpl* gate losses
Gate-Verstärker *m* [grounded-] gate amplifier
Gatter *n (Elk)* gate, gating circuit *(logisches Verknüpfungselement)*
G. mit einem Eingang single-input gate
G. mit zwei Eingängen two-input gate
gattern to gate
Gatterschaltung *f* gate circuit
GAT-Thyristor *m* gate-assisted thyristor
Gauß-Diffusion *f* Gaussian diffusion
Gaussistor *m (App)* gaussistor *(magnetischer Verstärker)*
Gauß-Kurve *f* Gauss [error distribution] curve, Gaussian (bell-shaped) curve, curve of normal distribution
Gaußmeter *n* gaussmeter
Gauß-Profil *n* Gaussian profile
Gauß-Verteilung *f* Gaussian (normal) distribution
Gauß-Verteilungsfunktion *f* Gaussian [error] function

GCA-Radarlandeverfahren *n* ground-controlled approach [system], GCA
G-Darstellung *f* G-display *(Radar)*
gealtert / künstlich artificially aged
Gebäudeanstrahlung *f* floodlighting of buildings
Gebegeschwindigkeit *f (Nrt)* keying speed
geben *(Nrt)* to send; to key; to Xmit *(Telegrafie)*
eine Leitung wieder in Betrieb g. to restore a circuit to service
Morsezeichen g. to morse
Takt g. to time
Zeichen g. to signalize
Zeichenstrom g. to mark
Geber *m* 1. transmitter; primary (detecting) element, detector; pick-up; *(Syst)* primary unit *(erstes Glied des Reglers)*; 2. *(Fmt)* sender; telegraph transmitter
G. für Impulsfolgen strobe-pulse generator
G. für periodische Impulsfolgen strobe-pulse oscillator
induktiver G. inductive-type transducer, inductance pick-up
kapazitiver G. capacity transducer (pick-up), capacitance gauge
magnetischer G. magnetic pick-up
Geberbrücke *f* transducer bridge
Gebermaschine *f* master drive *(für elektrische Welle)*
Geberseite *f (Nrt)* sending (transmitting) end
Geberwicklung *f* sense (pick-up) winding
Gebiet *n* 1. region, range; field; area; 2. band *(Spektrum)*
G. der Überbelichtung overexposure region
G. unsicherer Peilung *(FO)* bad-bearing area (sector)
Gebläse *n* blower [set], fan, air (fan) blower, ventilator
Gebläseflügel *m* fan blade (vane)
Gebläsekühlung *f* fan (forced-air) cooling
Gebläseluft *f* [air] blast
geblecht laminated *(z. B. Eisenkerne)*
Gebrauchsanweisung *f* instructions (directions) for use
Gebrauchskategorie *f* utilization category
Gebührenansage *f (Fmt)* rate notification
Gebührenanzeiger *m (Fmt)* charge indicator, subscriber's check meter
Gebührenbefreiung *f (Fmt)* exemption from charges
Gebührendauerbemessung *f (Fmt)* charging by time
Gebühreneinheit *f* charge (charging, tariff) unit
Gebührenerfassung *f (Fmt)* call charge registration, registration of message rates
Gebührenerfassungseinrichtung *f (Fmt)* automatic message accounting system
Gebührenimpuls *m (Fmt)* metering pulse
Gebührenzähler *m (Fmt)* subscriber's meter
Gebührenzone *f (Fmt)* charging area, rate zone
gebündelt 1. bundled, bunched; 2. focussed *(Strahlen)*; directed, directional
eng g. tightly collimated *(z. B. Laserstrahlen)*
stark g. highly directional *(Antenne)*
Gedächtniseffekt *m* memory effect
gedächtnislos zero-memory
gedämpft damped *(Schwingung)*
aperiodisch g. [aperiodic] damped, dead-beat, non-oscillatory, damped
exponentiell g. exponentially damped
gut g. highly damped
kritisch g. critically damped
schwach g. weakly damped
stark g. strongly (heavily) damped
überkritisch g. overdamped
unterkritisch g. underdamped
geebnet / maximal maximally flat *(z. B. Frequenzgang)*
geerdet earthed, earth-connected; *(Am)* grounded
induktiv g. reactance-earthed
nicht g. non-earthed, unearthed
starr g. solidly earthed
Gefahr *f* danger; risk, hazard
G. einer Schädigung damage risk
Gefahrenfeuer *n* hazard beacon
Gefahrenklasse *f* danger class, dangerous material class *(z. B. bei Isolierlacken)*
Gefahrenleuchte *f* hazardous-area luminaire
Gefahrenmeldung *f* danger report
Gefahrenschalter *m* danger switch
gefahrlos safe, secure
Gefälle *n* [downward] slope; gradient
adiabatisches G. adiabatic gradient
Gefälleänderung *f* slope change
gefedert shock-mounted, spring-loaded, cushioned
Gefrierapparat *m* freezer, freezing apparatus
Gefrierpunkt *m* freezing point
Gefrierschrank *m* freezer [cabinet]
Gefrierschutzmittel *n* antifreezing agent
Gefriertemperatur *f* freezing temperature
Gefriertrockner *m* freeze dryer
Gefriertrocknung *f* freeze drying
Gefüge *n* structure; texture
Gefügefehler *m* structural defect
Gegenamperewindungen *fpl* back (counter) ampere turns, demagnetizing turns
Gegenamt *n (Fmt)* distant exchange
Gegenanschluß *m* mating connector *(Steckverbinder)*
Gegenbelegzeichen *n (Fmt)* opposite-seizing signal

Gegenbeleuchtung *f* back lighting
Gegendotierung *f (Halbl)* counterdoping
Gegendrehung *f* counterrotation
Gegendruck *m* back pressure, counterpressure
Gegendruckmaschine *f* back-pressure machine
Gegendruckturbine *f* back-pressure turbine
Gegenelektrode *f* back-plate electrode, counterelectrode, opposite electrode; back plate *(z. B. beim Kondensatormikrofon)*
Gegen-EMK *f* counterelectromotive force, back electromotive force, counter-emf
Gegenfeder *f* return spring
Gegenfeld *n* negative-sequence field
elektrisches G. opposing electric field
magnetisches G. opposing magnetic field
Gegenfeldmethode *f* opposing fields method, retarding potential method
Gegenfeldwiderstand *m* negative-sequence resistance
Gegenfernsehbetrieb *m* two-way television
Gegenfunkstelle *f (Nrt)* opposite station
Gegengewicht *n* 1. counterweight, counterbalance; 2. counterpoise *(Antennen)*
Gegenimpedanz *f* negative-[phase-]sequence impedance
Gegeninduktion *f* mutual (back) induction
Gegeninduktionskoeffizient *m* mutual induction coefficient
Gegeninduktivität *f* 1. mutual (back) inductivity, mutual inductance; 2. mutual inductor *(Spule)*
Gegeninduktivitätsbelag *m* mutual inductance per unit length
Gegeninduktivitätskoeffizient *m s.* Gegeninduktionskoeffizient
Gegenion *n* counterion, compensating ion
Gegenkomponente *f* negative-[phase-]sequence component
Gegenkontakt *m* opposite (mating) contact
Gegenkontaktfeder *f* mating spring
Gegenkopplung *f* negative (inverse, reversed, degenerative) feedback
Gegenkopplungsfaktor *m* negative feedback factor
Gegenkopplungsgrad *m* negative feedback ratio
Gegenkopplungsschaltung *f* negative feedback circuit
Gegenkopplungsverstärker *m* negative (reversed) feedback amplifier
Gegenkraft *f* counterforce, counteracting force
Gegenlauf *m* counterrotation
gegenläufig 1. counterrotating, contrarotating, backward-travelling; 2. *(El)* negative-sequence
Gegenlicht *n* back (counter) light
Gegenlichtblende *f* lens hood (shade, shield)
Gegenmagnetisierung *f* back magnetization
Gegenmitsprechen *n (Nrt)* side-to-phantom far-end cross talk
Gegenmodulation *f* modulation in opposition
Gegennebensprechdämpfung *f* far-end cross-talk attenuation
Gegennebensprechen *n* far-end cross talk
Gegenphase *f* antiphase, opposite (reverse) phase ● **in G.** *s.* gegenphasig
gegenphasig in phase opposition, opposite in phase
Gegenphasigkeit *f* phase opposition
Gegenpol *m* antipole
Gegenreaktanz *f* negative-[phase-]sequence reactance, inverse reactance
Gegenrichtung *f* opposite (reverse) direction
Gegenschaltung *f* counterconnection, antiparallel connection
Gegenschaltungsmethode *f (Meß)* opposition method
Gegenschein *m* counterglow
Gegenscheinleitwert *m* transadmittance *(Elektronenröhren)*
Gegenschreiben *n (Nrt)* full-duplex operation
Gegenschreibschaltung *f (Nrt)* full-duplex circuit
Gegensehbetrieb *m s.* Gegenfernsehbetrieb
Gegenselbstadmittanz *f* self-admittance of negative-sequence network
Gegenselbstimpedanz *f* self-impedance of negative-sequence network
Gegenspannung *f* back[-off] voltage, backlash potential (voltage), back (reverse) potential, countervoltage; *(Halbl)* offset voltage
G. in Sperrichtung reverse voltage
Gegenspannungsgenerator *m* / **eigenerregter** autogenous backlash generator
Gegensprechanlage *f (Fmt)* interphone system, intercommunication (intercom) system
Gegensprechbetrieb *m (Fmt)* duplex operation
Gegensprecheinrichtung *f* **in Brückenschaltung** *(Fmt)* bridge duplex installation
G. in Differentialschaltung *(Fmt)* differential duplex installation
Gegensprechen *n (Fmt)* duplex communication, [full-]duplex operation
Gegensprechkanal *m (Fmt)* duplex channel
Gegensprechmikrofon *n* talk-back microphone
Gegensprechsatz *m (Fmt)* duplex set
Gegensprechsystem *n (Fmt)* duplex system
Gegensprechtaste *f (Fmt)* reversing key
Gegensprechverkehrgerät *n* **in Kraftfahrzeugen** *(Fmt)* mobilophone

Gegenstation *f (Fmt)* opposite (remote) station
Gegenstecker *m* counterplug
Gegensteckverbinder *m* mating connector
Gegenstelle *f (Fmt)* distant station
Gegenstörung *f (FO, Nrt)* anti-jamming
Gegenstörverfahren *n* anti-jamming system *(Radar)*
Gegenstrom *m* 1. *(El)* countercurrent, reverse (back) current; 2. counterflow, countercurrent flow
Gegenstrombremsung *f (Masch)* countercurrent braking, plugging
Gegenstromschütz *n* plugging contactor
Gegensystem *n* negative-[phase-]sequence system
Gegensystemwiderstand *m* negative-phase-sequence resistance
Gegentaktanregung *f* excitation in the push-pull mode
Gegentaktarbeitsweise *f* push-pull operation
Gegentaktaufzeichnung *f* push-pull recording
Gegentaktausgang *m* push-pull output
Gegentaktbetrieb *m* push-pull operation
Gegentaktdemodulator *m* demodulator operating with negative feedback
Gegentakteingang *m* push-pull input
Gegentakteingangstransformator *m* push-pull input transformer
Gegentaktendverstärker *m* push-pull power amplifier
Gegentakterregung *f* excitation in the push-pull mode
Gegentaktfrequenzverdoppler *m* push-pull frequency doubler
Gegentaktgleichrichter *m* push-pull rectifier, back-to-back rectifier
Gegentaktmikrofon *n* push-pull microphone
Gegentaktmodulation *f (Nrt)* push-pull modulation
Gegentaktmodulator *m (Nrt)* balanced modulator
G. im B-Betrieb B class modulator
Gegentaktniederfrequenzverstärker *m* audio frequency feedback amplifier
Gegentaktoszillator *m* push-pull oscillator
Gegentaktröhrenbetrieb *m* push-pull valve operation
Gegentaktschaltnetzteil *n* push-pull switching power supply
Gegentaktschaltung *f* push-pull circuit (connection, arrangement)
Gegentaktschwingkreis *m* split tank circuit *(mit geerdetem Mittelpunkt)*
Gegentaktstrom *m* push-pull current
Gegentaktstufe *f* push-pull stage
Gegentakttransformator *m* push-pull transformer
Gegentakttransverter *m* push-pull inverter
Gegentaktverstärker *m* push-pull amplifier, paraphase (reversed feedback) amplifier
symmetrischer G. balanced push-pull amplifier
Gegentaktwelle *f* push-pull [mode] wave
Gegentaktwirkung *f* push-pull action
Gegenübersprechen *n (Fmt)* side-to-side far-end cross talk
Gegenuhrzeigersinn *m* anticlockwise (counterclockwise) direction • **im G.** anticlockwise, counterclockwise
Gegenurspannung *f* counterelectromotive force, back electromotive force, counter-emf
Gegenverbunderregung *f* differential [compound] excitation
Gegenverbundgenerator *m* differential compound-wound dynamo
gegenverbundgeschaltet differential-compounded
Gegenverbundmotor *m* differential compound-wound motor, decompounded motor
Gegenverbundwicklung *f* differential [compound] winding, decompounding winding
Gegenwicklung *f* opposing (counteracting) winding
Gegenwirkleitwert *m* transconductance *(Elektronenröhren)*
Gegenzelle *f* countercell, counter-electromotive force cell; regulating cell *(Batterie)*
Gehäuse *n* case, casing, housing; box, cubicle; cabinet; enclosure; *(Masch)* frame
feuchtigkeitsgeschütztes G. damp-protecting case
flammfestes G. flameproof case
gasdichtes G. gas-tight case
keramisches G. ceramic package
massives G. solid enclosure
spritzwassergeschütztes G. splash-proof enclosure
staubsicheres G. dustproof (dust-tight) case
wassergeschütztes G. waterproof case (enclosure)
wetterfestes G. weatherproof (all-weather, outdoor) enclosure
Gehäuseantenne *f* housing aerial
Gehäusebodentemperatur *f* base temperature
Gehäusegröße *f* case size; *(Masch)* frame size
Gehäuseinduktivität *f* case inductance
Gehäusekapazität *f* case capacitance
Gehäuseklang *m* boxiness, box sound
Gehäuseklemme *f* box connector
Gehäuseoberfläche *f (Masch)* frame surface

Gehäuseresonanz *f* cabinet (cavity) resonance
Gehäusering *m (Masch)* frame ring
Gehäuseschwingung *f* casing vibration
Gehäusesteckverbinder *m* fixed connector
Gehäusestift *m* package pin
Gehäusetemperatur *f* case temperature
Gehäusewange *f (Masch)* frame ring
Gehäusewinkelstecker *m* fixed angle connector
Geheimhaltungseinrichtung *f (Nrt)* secrecy device, privacy device (equipment)
Geheimhaltungsverfahren *n s.* Geheimsystem
Geheimsystem *n (Nrt)* secrecy (privacy) system
G. mit Bandverschachtelung band-splitting privacy equipment
Geheimtelefonie *f* scrambled (secret) telephony
geheizt / elektrisch electrically heated
indirekt g. indirectly heated
gehen / in die Leitung *(Fmt)* to enter the line
Gehör *n* hearing ● **nach G.** by ear
Gehörermüdung *f* auditory (hearing) fatigue
Gehörmessung *f* audiometry
Gehörpeilung *f* auditory direction finding
Gehörprüfung *f* hearing test
gehörrichtig tone-compensated *(Lautstärkeregelung)*
Gehörschärfe *f* hearing acuity
Gehörschutz *m* 1. hearing conservation; 2. *s.* Gehörschützer
Gehörschützer *m* ear-protective device, ear protector (defender)
Gehörschutzhelm *m* noise[-exclusion] helmet
Gehörschutzkappe *f* ear muff
Gehörschutzstöpsel *m* ear plug
Geiger-[Müller-]Bereich *m* Geiger-Müller region
Geiger-Müller-Zählrohr *n*, **Geiger-Zähler** *m* Geiger-Müller counter [tube], Geiger-Müller tube, Geiger counter (tube)
Geister *mpl* ghosts
Geisterbild *n (Ferns)* ghost [image], double (multiple) image, echo; fold-over *(in Zeilen)*
gekapselt encapsulated, enclosed; protected *(in Schutzgehäuse)*
g. und belüftet enclosed fan-cooled, enclosed-ventilated
ganz g. fully enclosed
metallisch g. metal-enclosed, metal-clad
vollständig g. totally enclosed
gekoppelt coupled; associated
automatisch g. self-coupled
direkt g. *(Rech)* on-line
fest g. close-coupled
galvanisch g. direct-coupled
indirekt g. *(Rech)* off-line
induktiv g. inductively coupled
kapazitiv g. capacitively coupled
lose g. loosely coupled
magnetisch g. magnetically coupled
gekühlt / einseitig single-side[d] cooled
indirekt g. indirectly cooled
zweiseitig g. double-sided cooled
geladen charged
einfach g. singly charged
elektrisch g. electrified
entgegengesetzt g. oppositely charged
entgegengesetzt elektrisch g. oppositely electrified
mehrfach g. multiply charged
negativ g. negatively charged
negativ elektrisch g. electronegative [charged]
positiv g. positively charged
positiv elektrisch g. electropositive [charged]
gelagert / drehbar pivoted, journaled
federnd g. spring-mounted
Gelatinefilter *n* gelatine filter
Gelbildung *f* gel formation, gelling, gelation
Geldscheinannahme *f*, **Geldscheineingabe** *f* money acceptor *(z. B. beim Geldscheinwechsler)*
gelöscht clear *(Speicher)*
Gemeinschaftsanschluß *m (Fmt)* party-line station (connection), shared line
Gemeinschaftsantenne *f* community (shared) aerial
Gemeinschaftsantennenfernsehen *n* community-aerial television [system]
Gemeinschaftsband *n (Nrt)* shared band
Gemeinschaftseinrichtung *f (Nrt)* shared-line equipment
Gemeinschaftsfernsehen *n* community television
Gemeinschaftsleitung *f (Fmt)* party line
Gemeinschaftssendung *f* simultaneous broadcast
Gemeinschaftswarte *f (Anl)* joint control board
Gemischtbasissystem *n (Rech)* mixed-base system
gemittelt averaged
Genauigkeit *f* accuracy, precision ● **von hoher G.** high-precision, high-accuracy
G. der Bildgeometrie *(Ferns)* picture geometry accuracy
bezogene G. calibrated accuracy
dynamische G. dynamic accuracy
erreichbare G. obtainable accuracy
geforderte G. required accuracy
hohe G. high-accuracy performance *(z. B. einer Regelung)*
statische G. static accuracy
Genauigkeitsgrad *m* accuracy grade, degree of accuracy

Genauigkeitsgrenze *f* accuracy limit *(eines Geräts)*
Genauigkeitsklasse *f* accuracy class (grade)
Genauigkeitsverlust *m* loss of accuracy
Generalschalter *m* master switch
Generation *f (Halbl)* generation *(von Ladungsträgern)*
Generationsdauer *f (Halbl)* generation time
Generationsrate *f (Halbl)* generation rate
Generations-Rekombinations-Strom *m (Halbl)* generation-recombination current
Generationsstrom *m (Halbl)* generation current
Generator *m* [electric] generator; alternator
G. für die Vormagnetisierung bias generator (oscillator)
G. für Rechteckspannungen square-wave generator, rectangular waveform generator
G. in Blockschaltung unit-connected generator
G. mit Drehzahlregelung controlled-speed generator
elektrostatischer G. electrostatic generator
magnetohydrodynamischer G. magnetohydrodynamic generator
mehrstufiger G. nach Marx Marx multistage generator
parametrischer G. parametron
permanenterregter G. magnetoelectric generator
rotierender G. rotary generator
stabilisierter G. stabilized generator
statischer G. solid state generator
stetig durchstimmbarer G. sweep (swept frequency) oscillator
thermoelektrischer G. thermoelectric generator
wassergekühlter G. water-cooled generator
Generatorableitung *f (Eerz)* generator connections (main leads, bus bar)
Generatoranker *m* alternator armature
Generatorausleitung *f s.* Generatorableitung
Generatordifferentialschutz *m* generator differential protection
Generatorgehäuse *n* generator frame
Generatorgrube *f* generator pit
Generatorgruppe *f* generator (generating) set
Generatorinnenwiderstand *m* source impedance
Generatorklemme *f* generator terminal
Generatorkreis *m* generator circuit
Generatorleistung *f* generator rating (output)
Generatornachbildung *f* equivalent generator *(Netzmodell)*
Generatorsammelschiene *f* generator bus bar
Generatorsatz *m* generator (generating) set
Generatorschalttafel *f* generator panel
Generatorschutz *m* generator protection
Generatorschutzeinrichtung *f* generator protective equipment
Generatorschutzrelais *n* generator protective relay
Generatorseite *f* sending end
Generatorspannungsregler *m* generator voltage (field) controller
Generatorwirkungsgrad *m* generator efficiency
Generatorzeichenfolge *f* generator signal sequence
genormt standard[ized]
Gentex-Netz *n (Nrt)* gentex system
Gentex-Verbindung *f (Nrt)* gentex call
Gentex-Vollzugsordnung *f (Nrt)* gentex regulations
genügen / den Sicherheitsvorschriften to comply with [safety] regulations
einer Gleichung g. to fit an equation
Geoelektrik *f* geoelectrics
geoelektrisch geoelectric
geöffnet open-circuited *(z. B. Kontakt)*
Geomagnetik *f* geomagnetics
geomagnetisch geomagnetic, earthmagnetic
Geomagnetismus *m* geomagnetism, terrestrial magnetism
geothermisch geothermal, geothermic
gepanzert armoured, shielded *(z. B. Kabel)*; iron-clad
gepolt polarized
entgegengesetzt g. oppositely poled
gepulst pulsed
g. mit einem Tastverhältnis von... chopped at a rate of...
gepumpt / luftleer exhausted of air
optisch g. *(Laser)* optically pumped
Gerade *f* straight [line]
Tafelsche G. *(Chem)* Tafel line
Geradeausempfänger *m* straight[-through] receiver
Geradeausprogramm *n (Rech)* direct program
Geradeausschaltung *f* straight circuit *(Empfänger)*
Geradeaussteilheit *f* straight transconductance
Geradeausverdrahtung *f* straight-on wiring
Geradeausverstärker *m* straight[-through] amplifier
Geradeauszähler *m* straight counter
geradlinig straight[-line]; [recti]linear
Geradsichtempfänger *m* direct-vision receiver
Geradsichtprisma *n* direct-vision prism
Geradsichtspektroskop *n* direct-vision spectroscope

geradzahlig even-numbered
Gerät *n* apparatus, instrument, unit, device; equipment; appliance; set
G. der zweiten Generation second-generation instrument
G. für Warmwasserbereitung water heating appliance (device)
G. mit Elektronenstrahlheizung electron-beam heater (heating device)
G. mit Lichtbogenheizung arc heater (heating device)
G. mit Netzanschluß mains-operated set (unit), all-mains set
G. mit Widerstandsheizung resistance heater (heating device)
G. zur analogen Informationsspeicherung analogue information-storing device
G. zur Aufzeichnung auf Platten disk recorder
G. zur fotografischen Schallaufzeichnung photographic sound recorder
G. zur Oberflächeninduktionserwärmung superficial induction heater (heating device)
G. zur optischen Schallaufzeichnung optical sound recorder
G. zur optischen Schallwiedergabe optical sound reproducer
G. zur seriellen Datenübertragung *(Rech)* universal synchronous-asynchronous receiver-transmitter, USART
abhängiges G. slave device
analog wirkendes G. analogue device
anpassungsfähiges G. flexible unit
auf der Maschine montiertes G. machine-mounted device
batteriebetriebenes G. battery-powered instrument
berührungsgeschütztes G. screened apparatus
direktaufzeichnendes G. direct-recording apparatus
elektronisches G. electronic device
entstörtes G. non-faulty device
ex[plosions]geschütztes G. explosion-proof apparatus
fahrbares G. mobile set
gekapseltes G. totally enclosed device
netzbetriebenes G. mains-operated set (unit)
nicht berührungsgeschütztes G. open-type apparatus
nicht entstörtes G. faulty device
offenes G. open-type apparatus
ölgefülltes G. oil-immersed apparatus
peripheres G. peripheral device (unit)
tragbares (transportables) G. [hand-] portable equipment, portable set (unit), portable
verzögert ansprechendes G. time-lag apparatus
Geräte *npl* / **periphere** *(Rech)* peripherals, peripheral (ancillary) equipment
Geräteanschluß *m* appliance coupler
Geräteanschlußschnur *f* connecting cable (cord)
Geräteanschlußvorrichtung *f* appliance coupler
Geräteaufbau *m* instrument layout
Geräteausfallrate *f* equipment failure rate
Geräteausstattung *f* instrumentation
Gerätebaugruppe *f (Elk, Halbl)* [instrument] package
Gerätebaustein *m* instrument module
Gerätebeschreibung *f* descriptive leaflet, instruction manual
Geräteblock *m* / **herausziehbarer** *(Anl)* draw-out apparatus unit
Gerätebuchse *f* electric coupler receptacle
Geräteeingang *m* appliance inlet
Geräteeinheit *f (Rech)* hardware unit
Geräteentwurf *m* instrument (equipment) design
Gerätefehler *m* instrument defect; *(Meß)* instrument[al] error
Gerätegenauigkeit *f* instrumental accuracy
Gerätegeräusch *n* equipment noise
Geräteinterfacebus *m* / **universeller** *(Rech)* general-purpose interface bus, GPIB
Gerätekenndaten *pl* instrument characteristics
Geräteklasse *f* class of apparatus
Gerätekonstante *f s.* Meßmittelkonstante
Gerätekonstruktion *f* device construction, equipment design
Gerätekontakt *m* device terminal
Gerätesatz *m* set
Geräteschalttafel *f* instrument control panel
Geräteschnur *f* appliance cord
Geräte[schutz]sicherung *f* instrument fuse
Gerätesteckdose *f* coupler (set) socket; convenience receptacle *(z. B. für Haushaltgeräte)*
Gerätestecker *m* appliance coupler (plug), [appliance] connector, coupler (inlet) plug
Gerätesteckvorrichtung *f* coupler
Gerätezuverlässigkeit *f* equipment reliability; *(Rech)* hardware reliability
Geräusch *n* noise
G. der Klebestelle splice bump *(Tonband)*
elektromagnetisches G. electromagnetic noise *(Elektromaschine)*
impulsartiges G. burst
psophometrisch bewertetes G. psophometrically weighted noise
verdeckendes G. *(Ak)* masking noise, masker
Geräuschabstand *m (Elk)* signal-to-noise ratio; *(Ak)* psophometric potential difference

Geräuschanalysator *m* noise analyzer
geräuscharm low-noise; noiseless
Geräuscharmut *f* silence [in operation], quietness [in operation]
Geräuschbegrenzer *m* / **selbsttätiger** automatic noise limiter *(z.B. bei Rundfunkempfängern)*
Geräuschbekämpfung *f* noise deadening
Geräuschbewertung *f* noise weighting, psophometric weight
Geräuschbewertungszahl *f* noise-rating number
geräuschdämpfend antinoise, silencing; soundproof
Geräuschdämpfer *m* silencer
Geräuschdämpfung *f* silencing, quieting, noise deadening
Geräuscheinheit *f* noise unit
Geräuschempfindlichkeit *f* sensitivity to noise
Geräuschfilter *n* noise filter (suppressor)
geräuschfrei *s.* geräuschlos
Geräuschkulisse *f* background-effect source
Geräuschleistung *f* noise (psophometric) power
geräuschlos noiseless, noise-free, soundless
Geräuschlosigkeit *f* noiselessness, quietness, silence
Geräuschmesser *m* noise [level] meter, sound level meter
Geräuschmessung *f* noise measurement
Geräuschpegel *m* [circuit] noise level; interference level
Geräuschprüfung *f* noise[-level] test
Geräuschspannung *f (Elk)* [audible] noise voltage; *(Ak)* psophometric voltage (potential)
Geräuschspannungsanzeiger *m* circuit noise meter
Geräuschspannungsmesser *m (Elk)* noise [measuring] meter; *(Ak)* psophometer
Geräuschspannungsunterdrücker *m* noise suppressor
Geräuschspektrum *n* noise spectrum
flaches (kontinuierliches) G. continuous noise spectrum
Geräuschsperre *f* noise suppressor (filter)
trägergesteuerte G. carrier-operated antinoise muting system
Geräuschspitze *f* noise peak
Geräuschspur *f* buzz track
Geräuschstärke *f* intensity of noise
Geräuschtöter *m* noise killer
Geräuschunterdrücker *m* noise suppressor
Geräuschunterdrückung *f* noise suppression (reduction, abatement), squelch
Geräuschunterdrückungsempfindlichkeit *f* squelch sensitivity
Geräuschunterdrückungsschaltung *f* noise suppression circuit
Geräuschverhalten *n* noise characteristics
geräuschvoll noisy
Geräuschwächter *m* noise-limit indicator
geregelt controlled; regulated
elektronisch g. electronically controlled
lastabhängig g. load-controlled
thermostatisch g. thermostatically controlled
vom Armaturenbrett aus g. dash-controlled
gereinigt / durch Umkristallisieren purified by recrystallization
nach dem Zonenschmelzverfahren g. *(Halbl)* float-zone-refined
gerichtet directional, directive
doppelt g. *(Fmt)* bothway
einseitig g. unidirectional
zweiseitig g. bidirectional
geriffelt corrugated, rippled; ribbed; grooved
Gerinnungsmittel *n* coagulant *(z.B. für Isolierlacke)*
gerippt ribbed; corrugated; gilled *(Heizkörper)*
Germanat-Leuchtstoffe *mpl* germanat phosphors
Germaniumdiode *f* germanium diode
Germaniumdioxid *n* germanium dioxide
Germaniumeinkristall *m* germanium single crystal
Germaniumflächengleichrichter *m* germanium junction rectifier
Germaniumgleichrichter *m* germanium rectifier
Germaniumlegierungstransistor *m* germanium alloy transistor
Germaniumleistungsdiode *f* germanium power diode
Germaniumnitrid *n* germanium nitride
Germaniumoxid *n* germanium oxide
Germaniumplättchen *n* germanium slab
Germaniumprobe *f* germanium specimen
Germaniumtetrahalogenid *n* germanium tetrahalide
Gerüst *n* framework, frame, stand, stage, staging
Gesamtabmessung *f* overall dimension
Gesamtabsorption *f* total absorption
Gesamtanordnung *f* general layout *(z.B. einer Anlage)*
Gesamtausbeute *f* overall (total) yield
Gesamtausfall *m (App)* blackout
Gesamtausschaltzeit *f* total break time *(Relais)*; total clearing time
Gesamtbelastung *f* total load
Gesamtbelegungszähler *m (Fmt)* traffic recorder
Gesamtbereich *m* total range
Gesamtbetriebsgüte *f* overall grade of service
Gesamtbetriebszeit *f* accumulated operating time

Gesamtdämpfung *f* total attenuation; resultant damping
Gesamtdauer *f* / **scheinbare** virtual total duration
Gesamtdrehimpuls *m* total angular momentum
Gesamtdruckhöhe *f* total [static] head
Gesamtdruckhöhenmeßrohr *n* total head tube
Gesamteinschaltzeit *f* total turn-on time
Gesamteisenverluste *mpl* total iron losses
Gesamtelektrodenreaktion *f* bulk electrode reaction
Gesamtemission *f* total emission
Gesamtemissionsvermögen *n* total emissivity (emissive power)
Gesamtenergieverbrauch *m* total power consumption
Gesamtenergieverlust *m* total energy loss
Gesamtfehler *m* total (accumulated) error
Gesamtfehlergrenzen *fpl (Meß)* limits of inaccuracy
Gesamtfeld *n* total field
Gesamtfluß *m* total flux
Gesamtfrequenzgang *m* overall frequency characteristic (response)
Gesamtheit *f* / **statistische** population *(Qualitätskontrolle)*
Gesamtheizfläche *f* total heating surface
Gesamtionisation *f* total ionization
Gesamtkapazität *f* total capacity
Gesamtklirrfaktor *m* total distortion [factor], total harmonic distortion [factor]
Gesamtkontrast *m* overall contrast [ratio]
Gesamtladung *f* total charge
Gesamtlast *f* total load
  G. eines Meßwandlers burden of an instrument transformer
Gesamtleistung *f* 1. total power [output]; total wattage *(in Watt)*; 2. total (overall) performance
Gesamtleistungsverlust *m* total power loss
Gesamtleitwert *m* total conductance
Gesamtleuchtkraft *f* overall luminosity
Gesamtlichtstrom *m* total luminous flux
Gesamtluftreibungsverluste *mpl* total windage loss *(Luftreibungs- und Lüfterverluste)*
Gesamtmeßbereich *m* total [measuring] range
Gesamtmeßunsicherheit *f* inaccuracy of measurement
Gesamtpegel *m* overall level
Gesamtprüfung *f* overall (checkout) test
Gesamtreflexionsgrad *m* total reflectance (reflection factor)
Gesamtschaltstrecke *f* length of break
Gesamtskalenbereich *m (Meß)* total range
Gesamtspannung *f* total (overall) voltage
Gesamtstellenzahl *f* total number of digits
Gesamtstrahlung *f* total radiation
Gesamtstrahlungsnormal *n* standard of total radiation
Gesamtstrahlungspyrometer *n* total radiation pyrometer
Gesamtstrahlungstemperatur *f* total (full) radiation temperature
Gesamtstrom *m* total current
Gesamtstromdichte *f* total [electric] current density
Gesamtsumme *f* sum total
Gesamtsystem *n (Syst)* total system
Gesamtteilungsfehler *m* accumulated pitch error *(optisches Gitter)*
Gesamtummagnetisierungsverluste *mpl* total iron losses
Gesamt- und Überverbrauchszähler *m* excess and total meter
Gesamtverdrahtung *f* assembly wiring
Gesamtverkehrsrelais *n (Fmt)* demand totalizing relay
Gesamtverlust *m* total [power] loss, overall (net) loss
Gesamtverlustleistung *f* total power loss (dissipation)
Gesamtverstärkung *f* total (overall) amplification; overall (net) gain
Gesamtverzerrung *f* total distortion, total harmonic distortion [factor]
Gesamtvielfachfeld *n (Fmt)* complete multiple
Gesamtwiderstand *m* total resistance
Gesamtwirkungsgrad *m* total (overall, all-round) efficiency
Gesamtzeitkonstante *f* total (summary) time constant
gesättigt saturated
  nicht g. unsaturated
Geschäftsanschluß *m* business telephone
geschaltet connected; switched
  antiparallel g. inverse-parallel connected
  im Stern g. star-connected
  in Brücke g. bridged [across], bridge-connected
  in Dreieck g. delta-connected, mesh-connected, connected in delta (mesh)
  in Kaskade g. cascaded
  in Nebenschluß g. shunted
  in Reihe (Serie) g. series-connected, serially connected, connected in series
  mehrfach g. multiple-connected
  parallel g. parallel-connected
geschichtet laminated, sandwiched; stacked
geschirmt / **magnetisch** magnetically screened (shielded)
Geschirrspülmaschine *f* dish washer (washing machine)
geschlitzt slotted
geschlossen closed *(Stromkreis)*; encapsulated, enclosed *(z.B. elektrische Maschine)*
  g. rohrbelüftet totally enclosed pipe-ventilated
  g. unbelüftet totally enclosed non-ventilated

geschützt protected, guarded
gegen [zufällige] Berührung g. partially enclosed, screened *(Gerät)*
Geschwindigkeit *f* velocity; rate; speed *(Drehzahl)* ● **mit hoher G.** at high velocity, high-speed
G. der digitalen Darstellung digitizing speed
G. der Energiefortpflanzung velocity of energy transmission
eingestellte G. adjusted velocity
schallnahe G. transonic speed
vorgeschriebene G. specified velocity
Geschwindigkeitsabweichung *f* velocity error
Geschwindigkeitsamplitude *f* velocity amplitude
Geschwindigkeitsänderung *f* alteration of velocity, velocity variation; change in speed
Geschwindigkeitsanzeiger *m* velocity indicator
Geschwindigkeitsaufnehmer *m* velocity pick-up
Geschwindigkeitsaussteuerung *f* depth of velocity modulation
geschwindigkeitsbegrenzt velocity-limited
geschwindigkeitsbestimmend rate-determining
Geschwindigkeitsmesser *m* speedometer, tachometer
Geschwindigkeitsmeßwandler *m* speed transducer
Geschwindigkeitsmodulation *f* velocity modulation
Geschwindigkeitspegel *m* velocity (speed) level
Geschwindigkeitsregelung *f* speed control
Geschwindigkeitsregler *m* speed controller (regulator)
Geschwindigkeitsrückführung *f (Syst)* rate (speed) feedback *(bei der Lageregelung)*
Geschwindigkeitssättigung *f* velocity saturation
Geschwindigkeitssortierung *f* velocity sorting *(z. B. von Elektronen)*
Geschwindigkeitsüberwachungsrelais *n* speed supervisory relay; *(Eüb)* engine relay
Geschwindigkeitsumsetzung *f* speed conversion
Geschwindigkeitsvektor *m* velocity (speed) vector
Geschwindigkeitsverteilung *f* velocity (speed) distribution
Geschwindigkeitswahlschalter *m* speed selector
Gesellschaftsanschluß *m (Fmt)* party-line station
Gesellschaftsleitung *f (Fmt)* multiparty line
G. für vier Anschlüsse four-party line
Gesetz *n*:
Ampèresches G. Ampere's law (principle) *(Durchflutungsgesetz)*
Beersches G. Beer['s] law *(Lichtabsorption)*
Bergersches G. *(Ak)* mass law [of sound insulation]
Biot-Savartsches G. Biot-Savart law, Laplace theorem *(Elektrodynamik)*
Coulombsches G. Coulomb's law, law of electrostatic attraction
erstes Kirchhoffsches G. first Kirchhoff['s] law, Kirchhoff's current law *(Knotenpunktsatz)*
Faradaysches G. Faraday['s] law *(Elektrolyse)*
Ficksches G. Fick's law *(Diffusion)*
Grassmannsches G. Grassmann's law *(Farbmessung)*
Joulesches G. Joule['s] law *(Thermodynamik)*
Lenzsches G. Lenz's law (rule) *(Induktionsvorgänge)*
Ohmsches G. Ohm's law *(Widerstandsgesetz)*
Paschensches G. Paschen['s] law *(Durchschlagspannung in Gasen)*
Stefan-Boltzmannsches G. Stefan-Boltzmann law [of black-body radiation]
Stokessches G. Stokes law [of fluorescence]
zweites Kirchhoffsches G. Kirchhoff['s] second law, Kirchhoff's voltage law *(Maschensatz)*
Gesetze *npl* **[der Stromverzweigung] / Kirchhoffsche** Kirchhoff's laws [of networks]
geshuntet shunted
Gesichtsfeld *n* field of view (vision)
Gesichtsfeldbegrenzung *f* field-of-view limitation
Gesichtsfeldgrenzen *fpl* limits of the field of view
Gesichtsfeldwinkel *m* visual field angle
Gesichtswinkel *m* angle of view; aspect *(Radar)*
gespeist / elektrisch electrically powered
mit Gleichstrom g. d.c.-powered
mit Wechselstrom g. a.c.-powered
von Solarbatterien g. solar-powered
Gespräch *n (Fmt)* call
G. mit Gebührenansage call with request for charges
G. mit Herbeiruf messenger call
G. mit Mehrfachzählung multi-metered call
G. mit Voranmeldung personal call
G. mit Zeitzählung timed call
G. ohne Zeitzählung untimed call
G. von Sprechstelle zu Sprechstelle station-to-station call
abgehendes G. outgoing call
ankommendes G. incoming call

dringendes G. express call
gebührenfreies G. free call
gestörtes G. faulty call
gewöhnliches G. ordinary (non-precedence) call
internes G. intraoffice call
Gesprächsabwicklung *f (Fmt)* handling of calls
Gesprächsanmeldung *f (Fmt)* booking of a call, call booking, request for call
Gesprächsanzeiger *m (Fmt)* call indicator
Gesprächsaufzeichnung *f (Fmt)* call recording
Gesprächsbeginnzeichen *n (Fmt)* answer signal
Gesprächsdauer *f (Fmt)* call duration, duration of call
gebührenpflichtige G. chargeable duration of call
Gesprächsdauermessung *f (Fmt)* call timing, timing of calls
Gesprächsdichte *f (Fmt)* calling rate
Gesprächseinheit *f (Fmt)* message unit
Gesprächsende *n (Fmt)* end of call
Gesprächsfolge *f (Fmt)* order of calls
Gesprächsgebühr *f (Fmt)* calling (message) rate
Gesprächsklirrfaktor *m (Fmt)* distortion factor of voice channel
Gesprächsreihenfolge *f (Fmt)* order of calls
Gesprächsuhr *f (Fmt)* time recorder, timing device, chargeable-time indicator
Gesprächsverlustanteil *m (Fmt)* proportion of lost calls
Gesprächszähler *m (Fmt)* call meter (counter), subscriber's meter (register), message register
registrierender G. recording call (demand) meter
Gesprächszählung *f (Fmt)* call metering
Gesprächszeitbegrenzer *m (Fmt)* call-time limiter control
Gesprächszeitmesser *m (Fmt)* chargeable-time clock (indicator), time check
Gesprächszeitmessung *f (Fmt)* call timing, timing of calls
Gesprächszettel *m (Fmt)* call ticket
gestaffelt staggered; cascaded; graded
zeitlich g. time-graded
Gestalt *f* shape, form, figure
G. der Übertragungsfunktion shape of transfer function
treppenförmige G. stair-stepped fashion *(von Signalen)*
Gestaltsänderung *f* change in (of) shape
Gestaltsparameter *m* shape parameter
Gestaltung *f* design, construction; arrangement
G. des Fernsprechnetzes layout of the telephone network
Gestänge *n* strut, support; [standard] poles *(für Freileitungen)*
Gestell *n* [apparatus] rack; frame, stand; *(Fmt)* bay
Gestellaufbau *m (Fmt)* bay installation
Gestelleinbau *m* rack-mounting installation
Gestelleinschub *m* rack-assembly; plug-in unit
Gestellfeld *n* rack panel
Gestellmotor *m* frame-suspended motor *(Elektrolokomotive)*
Gestellrahmen *m* framework
Gestellreihe *f (Fmt)* rack suite, suite (row) of racks
Gestellschaltvorrichtung *f* frame-type switchboard
Gestellschlußschutz *m* frame-leakage protection
Gestellverkabelung *f (Fmt)* rack cabling
gesteuert controlled
drahtlos g. radio-controlled
durch Rechner g. computer-controlled
elektronisch g. electronically controlled
numerisch g. numerically controlled
selbsttätig g. self-controlled
gestimmt / hoch *(Ak)* high-pitched
tief g. low-pitched
gestört disturbed, troubled; faulty; *(Fmt)* out-of-order; imperfect *(Kristall)*; contaminated with noise, noisy *(durch Rauschen)*
magnetisch g. magnetically disturbed
stochastisch g. stochastically disturbed
Gestörtzeichen *n (Fmt)* out-of-order tone
gestreut scattered
rückwärts g. backscattered
gestuft stepped; cascaded
getaucht / in Flüssigkeit liquid-immersed
Getrenntlageverfahren *n (Fmt)* separate channel system
Getriebe *n* gear [drive], train of gears
● ohne G. gearless
einseitiges G. unilateral gear
einstufiges G. single-reduction gear
zweiseitiges G. bilateral gear
zweistufiges G. double-reduction gear
Getriebeeinheit *f* gear unit
Getriebegehäuse *n* gear box (case), gearbox
Getriebegeräusch *n* gear noise *(als Störquelle)*
Getriebekasten *m s.* Getriebegehäuse
getriebelos gearless
Getriebemotor *m* geared motor
getriggert triggered
automatisch g. auto-triggered
Getter *m s.* Getterstoff
gettern to getter
Getterplatte *f* getter plate
Getterschicht *f* getter layer
Getterstoff *m* getter, gettering agent
Getterung *f* gettering *(Vakuumelektronik)*
Getterverdampfung *f* getter vaporization
Getterwirkung *f* gettering action

gewachsen / im Vakuum vacuum-grown *(Kristall)*
in Luft g. air-grown *(Kristall)*
gewählt / durch Schalter switch-selected
Gewebe *n* fabric
beschichtetes G. *(Isol)* coated fabric
imprägniertes G. treated (impregnated) fabric
Gewebeeinlage *f* fabric insert (ply) ● **mit G.** fabric-filled
gewellt corrugated
gewendelt coiled, helical
Gewerbetarif *m* commercial rate
Gewicht *n* **einer Messung** weight of [a] measurement
G. eines Kodewortes weight of a code word
Gewichtseinsparung *f* saving of weight
Gewichtsfunktion *f (Syst)* weighting function, unit-impulse response, unit-step response
Gewichtsordinate *f* weighted ordinate
Gewichtsordinatenverfahren *n* weighted ordinate method
Gewichtsverlagerung *f* weight transfer *(zur Achsentlastung)*
gewickelt wound *(Spule)*
bifilar g. double-wound
gegenläufig g. counter-wound
hochkant g. edgewise-wound
im Nebenschluß g. shunt-wound
in Schichten g. layer-wound
in Stufen g. bank-wound
kapazitätsarm g. bank-wound
lagenweise g. layer-wound
mit Abstand g. space-wound
neu g. rewound
schichtenweise g. layer-wound
verteilt g. distributed-wound
weitläufig g. space-wound
Gewindebuchse *f* screw socket
Gewindesockel *m* screw cap (base), Edison screw cap (base) *(Glühlampe)*
Gewindesockelautomat *m* cap threading machine
Gewinn *m* gain *(z.B. Antennentechnik)*
verfügbarer G. available gain
Gewinnfaktor *m* gain factor
Gewitterelektrizität *f* thunderstorm electricity
Gewitterüberspannung *f* lightning surge; overvoltage of atmospheric origin
gewobbelt swept
Gewölbestromwender *m* arch commutator
gewuchtet / dynamisch dynamically balanced
Gezeitenkraftwerk *n* tide (tidal) power station, bay-type hydroelectric power station
gezogen / blank bright-drawn, cold-drawn *(Draht)*
gezüchtet grown *(Kristall)*
an der Luft g. air-grown
aus dem Tiegel g. crucible-grown
aus der Dampfphase g. vapour-grown
aus der Schmelze g. melt-grown
im Dampf g. steam-grown
künstlich g. artificially grown, cultured
nach dem Czochralski-Verfahren g. Czochralski-grown
gezündet / nicht unfired *(beim Stromrichter)*
Gibbs-Zelle *f* Gibbs cell *(Elektrolyse)*
Giebe-Brücke *f* bifilar bridge
Gießanlage *f* casting resin plant *(Isolierungen)*
Gießform *f* [casting] mould *(für Isolierteile)*
Gießharz *n* cast[ing] resin
Gießharzisolator *m* cast-resin insulator
Gießharzmischung *f* moulding compound
Gießmasse *f* moulding (potting) compound
Gießtemperatur *f* casting temperature
Gießverfahren *n* casting procedure
Gipfel[punkt] *m* peak *(einer Kurve)*
Gitter *n* 1. gate; grid *(Elektronenröhren; Transistor, Thyristor)*; 2. lattice *(Kristall)*; 3. [optical] grating; 4. grille *(Verkleidung)*
G. ohne festes Potential floating grid
ebenes G. plane grating
engmaschiges G. fine grid
gestörtes G. defect lattice
gleichrichtendes G. detecting grating *(Mikrowellentechnik)*
ideales G. ideal (perfect) lattice
isotropes G. isotropic lattice
offenes G. free (floating) grid
optisches G. grating, [optical] diffraction grating
ungestörtes G. *s.* ideales G.
weitmaschiges G. open grid
Gitterableitung *f* grid leak
Gitterableitwiderstand *m* grid leak resistance
Gitterablenkröhre *f (Ferns)* Lawrence tube, chromatron
Gitterabschaltspannung *f* gate turn-off voltage
Gitterabschaltstrom *m* gate turn-off current
Gitterabschaltung *f* grid extinguishing
Gitterabschirmkappe *f* grid shielding can
Gitterabsorptionskante *f* lattice absorption edge
Gitterabstand *m* lattice spacing
Gitterabstimmung *f* grid tuning
Gitter-Anoden-Kapazität *f* grid-anode capacity, grid-plate capacitance
Gitter-Anoden-Strecke *f* grid-anode gap, grid-plate gap
Gitteranschluß *m* gate terminal; grid cap (clip) *(Röhren)*
Gitteranschlußring *m* grid connection ring
Gitteratom *n* lattice atom

Gitteraufbau *m* lattice structure
Gitteraufstellung *f* grating mounting
Wadsworthsche G. Wadsworth mounting
Gitteraufweitung *f* lattice expansion
Gitteraussteuerung *f* grid excitation *(Röhren)*; grid swing
Gitteraussteuerungsbereich *m* grid sweep *(Röhren)*
Gitterbasiseingangsstufe *f* grounded-grid input stage
Gitterbasisschaltung *f* grounded-grid circuit
Gitterbasistriode *f* grounded-grid triode
Gitterbasisverstärker *m* grounded-grid amplifier
Gitterbatterie *f* [grid] bias battery, C-battery
Gitterbau *m* lattice structure
Gitterbaufehler *m* lattice defect
Gitterbeweglichkeit *f* lattice mobility
Gitterblockierung *f* grid blocking
Gitterblockkondensator *m* grid blocking capacitor
Gitterbrumm *m* grid hum
Gittercharakteristik *f* grid characteristic
Gitterdefekt *m* lattice defect
Gitterebene *f* 1. grid plane, plane of grid *(Röhre)*; 2. lattice (atomic) plane *(Kristall)*
Gitterebenenrichtung *f* lattice plane direction
Gittereckplatz *m* corner lattice site *(Kristall)*
gittereigen intrinsic
Gittereinschaltstrom *m* / **kleinster** gate trigger current
Gitterelektrode *f* grid electrode *(Akkumulator)*
Gitterelektron *n* lattice electron
Gitteremission *f* grid emission *(Röhre)*
Gitterenergie *f* lattice energy
Gitterfehler *m* lattice defect (imperfection) *(Kristall)*
Gitterfehlordnung *f* lattice disorder *(Kristall)*
Gitterfehlstelle *f* lattice imperfection (vacancy) *(Kristall)*
Gitterfilter *n* wire grating
gitterfremd foreign to the lattice *(Kristall)*
Gitterfurche *f* grating (diffracting) groove
Gittergegenspannung *f* peak inverse grid voltage
Gittergleichrichter *m* grid rectifier (detector)
Gittergleichrichtung *f* grid [current] rectification
Gittergleichspannung *f* d.c. grid voltage
Gittergleichstrommodulation *f* d.c. grid modulation
Gitterglühemission *f* thermionic grid emission
Gitterimpedanz *f* impedance of grid
Gitterkappe *f* grid cap (clip) *(Röhren)*
Gitter-Katoden-Kapazität *f* grid-cathode capacity
Gitter-Katoden-Raum *m* grid-cathode space
Gitter-Katoden-Strecke *f* grid-cathode gap (path)
Gitterkennlinie *f* gate characteristic
Gitterkondensator *m* grid capacitor
Gitterkonstante *f* 1. lattice constant (spacing) *(Kristall)*; 2. grating constant *(Beugungsgitter)*
optische G. groove spacing
Gitterkopie *f* replica grating *(Beugungsgitter)*
Gitterkreis *m* grid circuit
Gitterkreisimpedanz *f* grid impedance
Gitterleerstelle *f* lattice vacancy (hole), vacant [lattice] site
Gitterleistung *f* gate power
maximale G. peak gate power
mittlere G. average gate power
Gitterlinien *fpl* diffracting grooves
Gitterloch *n* lattice hole
Gitterlöschung *f* grid extinguishing
Gitterlücke *f s.* Gitterleerstelle
Gittermasche *f* grid mesh *(Röhren)*
Gittermast *m* lattice mast (tower), pylon *(für Hochspannungsleitungen)*
Gittermaststab *m* lattice girder *(Freileitung, Antenne)*
Gittermodulation *f* grid modulation
Gittermonochromator *m* grating monochromator
Gitternetz *n* grid [system]
Gitternormale *f* grating normal
Gitteröffnung *f* grating aperture
Gitterordnung *f* lattice arrangement *(Kristall)*; order of diffraction *(Beugungsgitter)*
Gitterparameter *m* lattice parameter
Gitterplatte *f* grid plate *(Akkumulator)*
Gitterplatz *m* lattice site (position)
besetzter G. occupied lattice site
Gitterpotential *n* 1. grid potential (voltage); 2. lattice potential
Gitterprofil *n* groove profile (contour), profile of grating
Gitterpulsmodulation *f* grid pulse modulation
Gitterrauschen *n* grid noise
Gitterrauschwiderstand *m* grid-noise resistance
Gitterrückstrom *m* reverse grid current *(Thyristor)*; negative grid current
Gitterschaltstrom *m* gate trigger current
Gitterschwingung *f* lattice vibration (oscillation)
Gitterspannung *f* 1. gate voltage (potential), grid voltage; 2. lattice strain
G. in Durchlaßrichtung forward gate voltage *(Thyristor)*
höchste G. peak gate voltage

kritische G. critical grid voltage
nichtzündende G. gate non-trigger voltage
Gitterspannungskurve *f* grid voltage curve
Gitterspannungsmodulation *f* grid [voltage] modulation
Gitterspektrograf *m* grating spectrograph
Gitterspektrometer *n* grating spectrometer
Gitterspektroskop *n* grating spectroscope
Gitterspektrum *n* grating (normal) spectrum
Gittersperrkreis *m* grid stopper
Gittersperrspannung *f* cut-off bias (voltage), grid bias
Gitterspitzenleistung *f* peak gate power
Gitterspitzenstrom *m* peak grid current
Gitterspule *f* grid choke
Gittersteuerspannung *f* grid control voltage
Gittersteuerung *f* grid control
Gitterstift *m* grid pin
Gitterstörstelle *f* lattice imperfection (defect), structural defect *(Kristall)*
atomare G. lattice impurity
Gitterstörung *f s.* Gitterstörstelle
Gitterstreuung *f* lattice scattering
Gitterstrom *m* grid (gate) current
G. im ausgeschalteten Zustand reverse gate current *(Thyristor)*
G. im eingeschalteten Zustand forward gate current *(Thyristor)*
G. in Durchlaßrichtung forward gate current *(Thyristor)*
maximaler G. in Durchlaßrichtung peak forward gate current *(Thyristor)*
nichtzündender G. gate non-trigger current *(Thyristor)*
Gitterstruktur *f* lattice structure
Gittertastung *f* grid keying
Gitterteilungsfehler *m* grating imperfection
Gittertemperatur *f* lattice temperature
Gittertransformator *m* grid transformer
Gittertranslation *f (Laser)* fundamental translation for lattice
Gitterverformung *f* 1. lattice deformation *(Kristall)*; 2. grid warping *(Elektronenröhren)*
Gitterverkleidung *f* grille cloth *(z. B. der Lautsprecheröffnung)*
Gitterverlustleistung *f* gate (grid) dissipation
Gitterverriegelung *f* grid blocking
Gitterverspannung *f* lattice strain *(Kristall)*
Gitterverstärker *m* grid amplifier
Gittervorspannung *f* grid bias [voltage]
automatische G. automatic grid bias, self-bias
feste G. fixed grid bias
negative G. negative grid bias
selbsttätige G. automatic bias
Gittervorspannungsmodulation *f* grid bias modulation
Gittervorspannungsregelung *f* / **selbsttätige** automatic bias control
Gitterwandler *m* grating converter *(Umwandlung der Wellenform)*
Gitterwechselspannung *f* a.c. grid voltage
Gitterwerk *n* framework
Gitterwiderstand *m* grid resistance
Gitterzahl *f* grid number
Gitterzelle *f* lattice cell
Gitterzündspannung *f* critical grid voltage
Gitterzündstrom *m* critical grid current
Glanz *m* lustre; gloss
Glanzbildner *m (Galv)* brightening agent
Glanzbrennen *n (Galv)* bright dipping
glanzeloxieren to anode-brighten
glänzend lustrous; glossy
glanzlos lustreless; mat, dead *(z. B. metallische Oberflächen)*
Glanzmesser *m* gloss[i]meter
fotoelektrischer G. photoelectric glossmeter
Glanzmittel *n (Galv)* brightener, brightening agent
Glanzüberzug *m (Galv)* bright plate (electrodeposit)
Glanzverzinken *n* bright zinc coating
Glanzzusatz *m (Galv)* brightener, brightening agent
Glas *n*:
elektrisch leitendes G. electroconducting glass
fotochromes G. photochromatic (photosensitive) glass
hitzebeständiges G. heat-resisting glass
hochbrechendes G. high-refractive-index glass
reflexfreies G. non-reflecting glass
strahlungsunempfindliches G. protected (non-browning) glass
wärmeabsorbierendes G. heat-absorbing glass
Glaseinschmelzung *f* glass sealing
Glaselektrizität *f* vitreous electricity *(positive Reibungselektrizität)*
Glaselektrode *f* glass electrode
Glasfaden *m* glass filament
Glasfaser *f* glass fibre, fibre (fibrous) glass
optische G. glass optical fibre
Glasfasergewebe *n* glass[-fibre] fabric, fibre glass fabric, woven [glass-fibre] cloth
flexibles G. flexible glass-fibre fabric
imprägniertes G. impregnated glass-fibre fabric
Glasfaserkunststoff *m* glass-fibre reinforced plastic
Glasfaserlaser *m* fibre[-glass] laser
Glasfaseroptik *f* fibre optics
Glasfaserschichtstoff *m* glass-fibre [reinforced] laminate
Glasfaserstoff *m* glass-fibre fabric
Glasfaservakuumpreßverfahren *n* Marco process

glasfaserverstärkt glass-fibre reinforced
Glasfaservlies *n* glass fleece
glasgekapselt glass-encapsulated
Glasgewebe *n s.* Glasfasergewebe
Glashalbleiter *m* amorphous semiconductor
glasieren to glaze *(Isolierkeramik)*
Glasisolator *m* glass insulator
Glasisoliermantel *m* glass insulating sheath
Glasisolierschicht *f* glass insulating film
glasisoliert glass-insulated
Glaskolben *m* glass bulb
Glaskolbengleichrichter *m* glass-bulb rectifier
Glaskolbenstrahler *m* glass-bulb radiator *(Lampenstrahler, Hellstrahler)*
Glas-Luft-Grenzfläche *f* air-glass surface, glass-[to-]air surface
Glasmantel *m* glass sheath
Glas-Metall-Durchführung *f* glass-to-metal seal
Glas-Metall-Röhre *f* glass-metal type valve
Glas-Metall-Verschmelzung *f* glass-to-metal seal
Glasplatte *f* glass plate (panel)
Glasröhre *f* / **metallisierte** metallized glass-type tube
Glasrohrstrahler *m* glass-tube radiator
Glasseidengewebe *n* glass silk fabric
Glasseidenmatte *f (Isol)* chopped [strand] mat
Glasseidenträger *mpl* / **zerhackte** *(Isol)* chopped strands
Glassockel *m* glass base
Glassorte *f* glass type
Glassubstrat *n* glass substrate
Glastechnologie *f* glass technology
Glasträger *m* glass substrate
glasummantelt glass-sheathed
Glasunterlage *f* glass base (substrate)
Glasur *f* glaze *(Isolierkeramik)*
  halbleitende G. semiconducting glaze
Glasurbrand *m* glaze baking
Glasur[brand]ofen *m* glazing kiln (oven)
Glasversilberung *f* glass silvering
Glaswiderstand *m* / **galvanischer** electrically coated glass resistor
Glaswolle *f* glass wool
glatt smooth, even
Glätte *f* 1. smoothness; 2. polish, glaze
glätten 1. to smooth; 2. to polish
Glätteprüfer *m* roughness meter (tester)
glattrandig straight-cut
Glättung *f* smoothing *(z. B. eines Signals)*
Glättungsdrossel *f* smoothing (filter) choke, ripple-filter choke, smoothing reactor
Glättungsfilter *n* smoothing (ripple) filter
Glättungskondensator *m* smoothing (filter) capacitor
Glättungskreis *m* smoothing circuit
Glättungsschaltung *f* smoothing (filter) circuit, smoothing network
Glättungswiderstand *m* smoothing resistance
gleichachsig coaxial; equiaxed
Gleichanteil *m* steady component
gleichartig homogeneous; uniform
Gleichartigkeit *f* homogeneity
gleichbleibend constant, invariable; steady[-state]
Gleichenergieströmung *f* d.c. energy flow
Gleichenergieweiß *n* equal-energy white
gleichfarbig homochromatic, isochromatic
Gleichfeld *n* constant (steady) field, d.c. field; unidirectional field
  magnetisches G. constant (steady) magnetic field
gleichförmig uniform
Gleichförmigkeitsgrad *m* degree of uniformity
gleichfrequent equifrequent
gleichgerichtet equidirectional, unidirectional
Gleichgewicht *n* equilibrium, balance
  ● **aus dem G.** off-balance ● **ins G. bringen** to equilibrate, to bring into equilibrium ● **nicht im G.** non-equilibrium
  dynamisches G. dynamic (flowing) equilibrium *(z. B. bei Dauerschwingungen)*; *(Masch)* running balance
  gestörtes G. non-equilibrium
  labiles G. imbalance
  statisches G. static balance
  statistisches G. statistical equilibrium
  thermisches G. thermal equilibrium
  thermodynamisches G. thermodynamic equilibrium
  thermokinetisches G. thermokinetic equilibrium
Gleichgewichtsanzeiger *m* balance [point] indicator
Gleichgewichtsdiagramm *n* equilibrium diagram
Gleichgewichtseinstellung *f* establishment of equilibrium, equilibration
Gleichgewichtselektronendichte *f* equilibrium electron density
Gleichgewichts-Fermi-Niveau *n* equilibrium Fermi level
Gleichgewichts-Galvani-Spannung *f* equilibrium Galvani tension
Gleichgewichtskonstante *f* equilibrium constant
Gleichgewichtskonzentration *f* equilibrium concentration
Gleichgewichtslage *f* equilibrium position, [position of] equilibrium
  stabile G. stable equilibrium position
Gleichgewichtspotential *n* equilibrium potential, potential of equilibrium
  G. einer Elektrode equilibrium electrode potential

Gleichgewichtspunkt *m (Syst)* equilibrium point (position), balance (rest) point *(z. B. im Kennlinienfeld)*
instabiler G. divergent equilibrium point
stabiler G. convergent equilibrium point
Gleichgewichtsspannung *f* equilibrium tension
Gleichgewichtsstabilität *f* steady-state stability
Gleichgewichtsstadium *n* equilibrium stage
Gleichgewichtstemperatur *f* equilibrium (steady-state) temperature
Gleichgewichtsverschiebung *f* displacement of equilibrium
Gleichgewichtsverteilung *f* equilibrium distribution
Gleichgewichtszellspannung *f* equilibrium cell tension (voltage)
Gleichgewichtszusammensetzung *f* equilibrium composition
Gleichgewichtszustand *m* 1. equilibrium state (condition), state of equilibrium, stable state; 2. stationary state *(im Stromkreis)*
Gleichglied *n (Syst)* d.c. value *(Teil eines periodischen Signals)*
G. des Kurzschlußstroms aperiodic component of [a] short-circuit current
Gleichheit *f* equality; identity
G. der Helligkeit equality of brightness
Gleichheitsfotometer *n* equality of luminosity (brightness) photometer
Gleichkanalbetrieb *m (Fmt)* common-channel operation
Gleichkanalsender *m* co-channel transmitter
Gleichkanalstörung *f (Fmt)* common-channel interference
Gleichkomponente *f* steady component
Gleichlauf *m* synchronism, synchronous operation ● **im G.** synchronous; in step ● **nicht im G.** asynchronous
mechanischer G. ganging
Gleichlaufabstimmung *f* alignment of tuned circuits
Gleichlaufeinrichtung *f* synchronizing device
extern gesteuerte G. synchro control transformer
gleichlaufend synchronous *(elektrisch)*; ganged *(mechanisch)*
Gleichlauffehler *m* 1. timing error; 2. *(Rech)* clocking error
Gleichlaufimpuls *m* synchronizing (synchronization, sync) pulse; *(Fmt)* correcting impulse
Gleichlaufkorrektur *f (Fmt)* synchronous correction
Gleichlaufregelung *f* synchronization control
Gleichlaufrelais *n (Masch)* correcting relay
Gleichlaufschwankung *f (Ak)* wow *(langsame Schwankung)*; flutter *(schnelle Schwankung)*; wow and flutter
Gleichlaufschwankungsmesser *m* wow-and-flutter meter
Gleichlaufspielraum *m (Fmt)* isochronous margin
Gleichlaufstörungen *fpl* synchronization troubles
Gleichlaufstrom *m (Fmt)* correcting current
Gleichlaufsystem *n (Fmt)* synchronous system
Gleichlaufverzerrungsgrad *m (Fmt)* degree of isochronous distortion
Gleichlaufwinkel *m* synchro angle
Gleichlaufzeichen *n* synchronizing signal
gleichmachen to equalize
gleichmäßig uniform, steady; even, smooth; constant
Gleichmäßigkeit *f* uniformity, steadiness; evenness
gleichphasig equiphase, equal-phase, cophasal, in-phase
g. sein to agree (be) in phase
Gleichpolfeldmagnet *m* homopolar field magnet
Gleichpolgenerator *m* unipolar generator
gleichpolig homopolar
Gleichpolsynchronmaschine *f* homopolar synchronous machine
gleichrichten 1. to rectify; 2. *(Nrt)* to demodulate, to detect *(im Empfänger)*
Gleichrichter *m* 1. rectifier; 2. *(Nrt)* demodulator; [signal] detector *(im Empfänger)*
G. in Brückenschaltung (Graetz-Schaltung) bridge[-connected] rectifier, Graetz rectifier
G. mit Aluminiumanode electrolytic cell rectifier
G. mit Außengittersteuerung cathetron
G. mit flüssiger Katode pool rectifier
G. mit Gittersteuerung grid-controlled rectifier, transrectifier
elektronischer G. electronic rectifier
geschlossener G. sealed rectifier
gesteuerter G. controlled rectifier
gittergesteuerter G. grid-controlled rectifier, cumulative grid rectifier
halbgesteuerter G. half-controlled rectifier
idealer G. perfect rectifier
linearer G. linear rectifier; straight-line detector
magnetischer G. magnetic detector
magnetischer G. nach Marconi Marconi detector
mechanischer G. mechanical (commutator, Delon) rectifier
phasenabhängiger G. phase-selective rectifier
phasenempfindlicher G. phase-sensitive rectifier, synchronous rectifier

phasengesteuerter G. phase-controlled rectifier
quadratischer G. square-law rectifier
ungesteuerter G. diode rectifier
vorgespannter G. biased rectifier
Gleichrichteranlage *f* rectifier equipment
Gleichrichteranode *f* rectifier anode
Gleichrichteranordnung *f* rectifier assembly
Gleichrichteranschluß *m* rectifier junction
Gleichrichterblock *m* rectifier stack
Gleichrichterbrücke *f* rectifier bridge
Gleichrichterdiode *f* rectifier diode
G. im Sinterglasgehäuse rectifier diode in sintered-glass case
schnelle G. fast rectifier diode
Gleichrichtereinheit *f* rectifier unit
Gleichrichterelement *n* rectifying element
Gleichrichterfahrzeug *n* / **elektrisches** rectifier electric motorcar
Gleichrichtergerät *n* rectifying device
Gleichrichtergruppe *f* rectifier equipment
Gleichrichterinstrument *n* rectifier instrument
Gleichrichterkatode *f* rectifier cathode
Gleichrichterkolben *m* rectifier bulb
Gleichrichterkontakt *m* rectifying contact
Gleichrichterkristall *m* rectifying crystal
Gleichrichterlokomotive *f* / **elektrische** rectifier electric locomotive
Gleichrichterröhre *f* rectifier tube (valve); detector valve; anode converter
gasgefüllte G. gas-filled rectifier tube (valve), gaseous rectifier tube
ungesteuerte G. phanotron
Gleichrichterrückzündung *f* backfiring
Gleichrichtersatz *m*, **Gleichrichtersäule** *f* rectifier stack
Gleichrichterschalter *m* rectifier switch
Gleichrichterschaltung *f* rectifier circuit
spannungsverdoppelnde G. voltage-doubling circuit
Gleichrichterschaltzelle *f* rectifier cell
Gleichrichterscheibe *f* rectifier disk
Gleichrichterstation *f* rectifier station
Gleichrichterstromkreis *m* / **sterngeschalteter** star rectifier circuit
Gleichrichtertransformator *m* rectifier transformer
Gleichrichterventil *n* rectifier valve (tube), rectifying valve
Gleichrichtervoltmeter *n* rectifier voltmeter
Gleichrichterwirkung *f* rectifying (valve) action; asymmetric conductivity *(physikalische Eigenschaft)*
Gleichrichterzelle *f* rectifier cell
Gleichrichtung *f* 1. rectification; 2. *(Nrt)* demodulation, detection *(im Empfänger)*
G. eines Wechselstroms rectification of an alternating current
Faradaysche G. faradic (faradaic) rectification
lineare G. linear (straight-line) rectification; linear detection
quadratische G. square-law rectification; square-law detection
Gleichrichtungscharakteristik *f* rectification characteristic
Gleichrichtungseffekt *m* rectifying action
Gleichrichtungsfaktor *m* rectification factor, degree of current rectification
gleichseitig equilateral
gleichsinnig equidirectional
Gleichspannung *f* direct voltage (potential), d.c. voltage
G. im gesperrten (nicht geschalteten) Zustand continuous off-state voltage *(beim Stromrichter)*
ideelle G. ideal no-load d.c. voltage
Gleichspannungsabfall *m* d.c. voltage drop
ohmscher G. resistive d.c. voltage drop
Gleichspannungsanalogrechner *m* d.c. [voltage] analogue computer
Gleichspannungsdurchführung *f* d.c. [voltage] bushing
Gleichspannungskabelprüfanlage *f* d.c. [voltage] cable testing plant
Gleichspannungskomponente *f* direct-voltage component, d.c. [voltage] component
Gleichspannungskonstanthalter *m* d.c. [voltage] regulator
Gleichspannungsmesser *m* d.c. [voltage] voltmeter
Gleichspannungsmeßgerät *n* d.c. [voltage] indicating instrument
Gleichspannungspegel *m* d.c. [voltage] level
Gleichspannungspotential *n* d.c. [voltage] potential
Gleichspannungsprüfanlage *f* d.c. [voltage] testing plant
Gleichspannungsquelle *f* direct-current [voltage] source, d.c. source (supply), constant potential source (supply)
Gleichspannungsrechner *m* d.c. [voltage] computer
Gleichspannungsschreiber *m* d.c. [voltage] recorder
Gleichspannungsspeisegerät *n* d.c. [voltage] supply unit, d.c. bridge supply unit
Gleichspannungssteller *m* d.c. [voltage] controller
Gleichspannungsüberspannungsprüfung *f* continuous-voltage rise test
Gleichspannungsverstärker *m* d.c. [voltage] amplifier
G. mit hoher Verstärkung high-gain d.c. amplifier
Gleichspannungsverstärkung *f* d.c. voltage gain
Gleichspannungswandler *m* d.c. voltage transformer, d.c.-to-d.c. converter
Gleichsperrspannung *f* / **höchstzulässige** limiting reverse d.c. voltage

positive G. forward direct off-state voltage
Gleichstrom *m* direct current, d.c., D.C.
gepulster G. chopped direct current
hochgespannter G. high-voltage direct current, h.v.d.c.
pulsierender G. pulsating direct current
unterbrochener G. intermittent direct current
zerhackter G. chopped direct current
Gleichstromanalogrechner *m* direct-current analogue computer
elektronischer G. direct-current electronic analogue computer
Gleichstromanker *m* direct-current armature
Gleichstromankerwicklung *f* direct-current armature winding
Gleichstromanlage *f* direct-current plant
Gleichstromanteil *m* direct-current component
Gleichstromantrieb *m* direct-current drive
Gleichstromanzeiger *m* direct-current detector
Gleichstromausgleichsmaschine *f* direct-current balancer (machine)
Gleichstrombahnmotor *m* direct-current traction motor
Gleichstrombetrieb *m* direct-current operation
gleichstrombetrieben direct-current operated, d.c.-operated
Gleichstrombremsung *f* direct-current braking *(Drehstrommotor)*
Gleichstrombrücke *f* direct-current bridge
Wheatstonesche G. d.c. Wheatstone bridge
Gleichstromcharakteristik *f* direct-current characteristic
Gleichstromdiode *f* direct-current restorer
Gleichstromdrift *f* direct-current drift *(Oszillator)*
Gleichstromdurchführung *f* direct-current bushing
Gleichstromeingangssignal *n* direct current input signal
Gleichstromelektrolokomotive *f* direct-current electric locomotive
Gleichstrom-EMK *f* direct electromotive force, direct emf
Gleichstromerregung *f* direct-current excitation
Gleichstromerzeugungsanlage *f* direct-current generating plant
Gleichstromformfaktor *m* direct-current form factor
Gleichstromgegenkopplung *f* direct-current feedback
Gleichstromgenerator *m* direct-current generator
Gleichstromgerät *n* direct-current device (equipment)
gleichstromgespeist direct-current powered, d.c.-powered, direct-current energized, d.c.-energized (*s. a.* gleichstrombetrieben)
Gleichstromgitterleistung *f* direct-current gate power
Gleichstromgleisstromkreis *m* direct-current track circuit
Gleichstromglied *n* **des Kurzschlußstroms** *(Eüb)* aperiodic component of short-circuit current
Gleichstromheizung *f* direct-current heating *(Elektronenröhren)*
Gleichstromhochspannung *f* high direct (d.c.) voltage
Gleichstromimpuls *m* unidirectional pulse, d.c. pulse
Gleichstrominstrument *n* direct-current instrument
Gleichstromkennlinie *f* direct-current characteristic
Gleichstrom-Kilowattstundenzähler *m* direct-current kilowatt-hour meter
Gleichstromkomponente *f* direct-current component, zero-frequency component
Gleichstromkopplung *f* direct-current coupling
Gleichstromkreis *m* direct-current circuit
Gleichstrom-Kristallisationswiderstand *m* direct-current crystallization resistance
Gleichstromkurzschlußverhältnis *n* direct-current dynamic short-circuit ratio
Gleichstromlagegeber *m* direct-current self-synchronous system
Gleichstromleistung *f* direct-current power
Gleichstromleitfähigkeit *f* direct-current conductivity
Gleichstromleitung *f* direct-current line
Gleichstromleitwert *m* direct-current conductance
Gleichstromlichtbogen *m* direct-current arc
Gleichstromlichtbogenschweißen *n* direct-current arc welding
Gleichstromlichtbogenschweißumformer *m* direct-current arc welding converter
Gleichstromlöschkopf *m* direct-current erasing head *(Magnetband)*
Gleichstrommagnetbremslüfter *m* direct-current brake-lifting magnet
Gleichstrommagnetlüfter *m* magnetic brake for direct-current circuits, d.c. magnetic brake
Gleichstrommeßbrücke *f* direct-current [measuring] bridge
Gleichstrommesser *m* direct-current ammeter
Gleichstrommeßtransduktor *m* direct-current measuring transductor
Gleichstrommessung *f* direct-current measurement
Gleichstrommeßwandler *m* direct-current transformer

Gleichstrommotor *m* direct-current motor
Gleichstromnachlaufregler *m* direct-current positional servomechanism
Gleichstromnebenschlußmotor *m* direct-current shunt-wound motor
Gleichstromnetz *n* direct-current mains (network, system)
Gleichstromnetzmodell *n* direct-current analyzer
Gleichstrompegel *m* direct-current level
Gleichstromplasmafackel *f* direct-current arc plasma torch
Gleichstrompotentiometer *n* direct-current potentiometer
Gleichstromquelle *f* direct-current source (supply)
Gleichstromreaktionswiderstand *m* direct-current reaction resistance
Gleichstromreihenschlußmotor *m* direct-current series-wound motor
Gleichstromrelais *n* direct-current relay
Gleichstromröhre *f* direct-current valve (tube)
Gleichstromruf *m (Fmt)* direct-current ringing
Gleichstromschweißgenerator *m* direct-current [arc] welding generator
Gleichstromschweißumformer *m* direct-current arc welding converter
Gleichstromselsyn *m* direct-current self-synchronous system
Gleichstromspannungscharakteristik *f* d.c. current-voltage characteristic
Gleichstromspannungskurve *f* direct current-voltage curve
Gleichstromsperrspannung *f* continuous direct reverse voltage *(Thyristor)*
Gleichstromspitzenwert *m* peak direct-current value *(Thyristor)*
Gleichstromspule *f* direct-current coil
Gleichstromsteller *m* direct-current motor controller, direct-current chopper
Gleichstromsymmetrierung *f* direct-current balancing
Gleichstromsystem *n* direct-current system (mains)
Gleichstromtachometerdynamomaschine *f* direct-current tachogenerator
Gleichstromtastung *f (Nrt)* direct-current keying
Gleichstromtelegrafie *f* direct-current telegraphy
Gleichstromtransformator *m* direct-current transformer (static converter)
Gleichstromturbogenerator *m* direct-current turbo-dynamo
Gleichstromübertragung *f* direct-current transmission
Gleichstromumformer *m* direct-current converter
Gleichströmung *f* steady flow
Gleichstromunterbrecher *m* direct-current interrupter
Gleichstromverbindung *f* direct-current link
Gleichstromversorgung *f* direct-current [power] supply
Gleichstromverstärker *m* direct-current amplifier
Gleichstromverstärkerschaltung *f* direct-current amplifier circuit
Gleichstromverstärkungsfaktor *m* direct-current amplification factor *(Transistor)*
Gleichstromverteilung *f* direct-current distribution
Gleichstromvielfachmeßgerät *n* direct-current multimeter
Gleichstromvormagnetisierung *f* direct-current bias, d.c. magnetic biasing
Gleichstromwahl *f (Fmt)* direct-current dialling
Gleichstromwandler *m* direct-current transformer (measuring transductor)
Gleichstrom-Wechselstrom-Einankerumformer *m* inverted rotary converter
Gleichstrom-Wechselstrom-Konverter *m* inverter
Gleichstrom-Wechselstrom-Umsetzer *m* direct-current/alternating current converter, d.c.-to-a.c. converter *(bei digitalen Regelungen)*
Gleichstromwecker *m (Fmt)* direct-current bell
Gleichstromwendermaschine *f* direct-current commutator machine
Gleichstromwert *m* / **größter** peak direct-current value
Gleichstromwicklung *f* direct-current winding; closed-coil armature
geschlossene G. closed-circuit direct-current winding
Gleichstromwiderstand *m* direct-current resistance, ohmic resistance
Gleichstromwiedergewinnung *f (Nrt)* direct-current restoration
Gleichstromzähler *m* direct-current [kilowatt-hour] meter
Gleichstromzeichengabe *f (Nrt)* direct-current signalling
G. durch Stromumkehr single commutation d.c. signalling
Gleichstromzwischenkreis *m* direct-current intermediate circuit *(Umrichter)*
Gleichtaktfeuer *n* isophase light
Gleichtaktrückkopplung *f* common-mode feedback
Gleichtaktschaltung *f* in-phase arrangement
Gleichtaktsignal *n* common-mode signal
Gleichtaktspannung *f* common-mode voltage *(z. B. bei Meßverstärkern in Differenzschaltung)*
Gleichtaktstörung *f* common-mode interference
Gleichtaktunterdrückung *f* common-mode rejection [ratio], in-phase suppression

Gleichtaktverstärker *m* in-phase amplifier
Gleichtaktverstärkung *f* common-mode gain, in-phase gain
Gleichtaktwelle *f* wave of parallel mode
Gleichung *f*:
G. der ersten Näherung first-approximation equation
G. dritten Grades cubic [equation]
G. ersten Grades first-order equation
G. vierten Grades quartic [equation]
Boltzmannsche G. [Maxwell-]Boltzmann equation *(Stoßgleichung)*
Child-Langmuirsche G. Child-Langmuir[-Schottky] equation, Child's law *(Raumladungsgesetz)*
Gibbs-Helmholtzsche G. Gibbs-Helmholtz relation *(Thermodynamik)*
Laplacesche G. Laplace['s] equation *(Potentialtheorie)*
Poissonsche G. Poisson equation *(Potentialtheorie)*
Van-der-Polsche G. van der Pol's equation *(Schwingungssysteme)*
Gleichungen *fpl* / **gekoppelte** coupled equations
Maxwellsche G. Maxwell equations *(des elektromagnetischen Feldes)*
Gleichungssystem *n* / **unverträgliches** inconsistent system of equations
gleichverteilt uniformly (evenly) distributed
Gleichverteilung *f* equidistribution, equipartition; equal-probability distribution *(Wahrscheinlichkeitstheorie)*
Gleichwelle *f (Nrt)* common wave (frequency)
Gleichwellenbetrieb *m (Nrt)* common-frequency working
Gleichwellenrundfunk *m* common-frequency broadcasting, simultaneous broadcasting
gleichwertig equivalent
Gleichwertigkeit *f* equivalence
gleichwinklig equiangular
gleichzeitig simultaneous, concurrent
Gleichzeitigkeit *f* simultaneity, simultaneousness, concurrence
Gleichzeitigkeitsfaktor *m* simultaneity (coincidence) factor
Gleisbeleuchtung *f* track lighting
Gleiskontakt *m* rail contact
Gleismagnet *m* track magnet
Gleisstromkreis *m* track circuit
Gleitantrieb *m* slipping drive
Gleitbahn *f* slide[way]
Gleitband *n* slip band
Gleitdraht *m* skid wire
Gleitebene *f* glide (slip) plane *(Kristall)*
Gleiteigenschaften *fpl* antifriction properties
gleiten to glide, to slide, to slip
Gleitentladung *f* creeping (sliding, surface) discharge
Gleitfigur *f* sliding figure
Gleitfläche *f* sliding surface *(Kristall)*; slide[way]
Gleitfunke *m* creepage spark
Gleitfunkenanordnung *f* creepage design
Gleitfunkenentladung *f s.* Gleitentladung
Gleitfunkenmeßstrecke *f* klydonograph
Gleitfunkenoberfläche *f* creepage surface
Gleitkomma *n (Rech)* floating point
dezimales G. decimal floating point
Gleitkommaaddition *f* floating-point addition
Gleitkommaarithmetik *f* floating-point arithmetic
verdrahtete G. hardware floating-point arithmetic
Gleitkommabefehl *m* floating-point instruction
Gleitkommabetrieb *m* floating-point operation
Gleitkommadarstellung *f* floating-point representation
Gleitkommadivision *f* floating-point division
Gleitkommamultiplikation *f* floating-point multiplication
Gleitkommaoperation *f* floating-point operation
Gleitkommaprogramm *n* floating-point routine
Gleitkommaprozessor *m* floating-point processor
Gleitkommarechnung *f* floating-point calculation (computation)
Gleitkommasubtraktion *f* floating-point subtraction
Gleitkommasystem *n* floating-point system
Gleitkommazahl *f* floating-point number
Gleitkontakt *m* sliding (gliding, rubbing) contact
Gleitkupplung *f* slipping clutch
Gleitlager *n* sliding (plain) bearing
Gleitmittel *n* lubricant; slip agent
Gleitmodul *m* shear modulus
Gleitreibung *f* sliding friction
Gleitrichtung *f* slip direction *(Kristall)*
Gleitring *m* slip ring
Gleitschiene *f* slide bar; slide rail
Gleitschütz *n* sliding gate *(Kraftwerk)*
Gleitsinusprüfung *f* sweep sine test
Gleitsitz *m* sliding fit
Gleitskale *f* sliding scale
Gleitstück *n* sliding part, slider
Gleitung *f* slip *(Kristall)*
Gleitwegbake *f* glide path beacon
Gleitwegempfang *m* glide slope reception *(Flugwesen)*
Gleitwegempfänger *m* glide slope receiver
Gleitwegsender *m* glide slope transmitter
Glied *n* 1. *(Syst)* element, block *(im Blockschaltbild)*; 2. unit, device *(Bauglied)*; 3. link *(einer Kette)*; 4. term *(Mathematik)*

G. im Vorwärtszweig forward[-path] element *(Regelkreis)*
G. in einer Schleife loop element *(Signalflußplan)*
G. mit Ausgleich element with self-regulation
G. mit hohem Übertragungsfaktor high-gain element
G. mit konzentrierten Parametern element with lumped parameters
G. mit totem Gang backlash element *(z. B. Getriebespiel)*
G. mit Trägheitsverhalten energy storage element
G. mit verteilten Parametern element with distributed parameters
G. ohne Ausgleich element without self-regulation
abgestimmtes G. tuned element
ausbaubares G. detachable link
bistabiles G. bistable element
kontaktgebendes G. contact maker
lineares G. linear element
logisches G. logical element
nichtlineares G. non-linear element (component)
unsymmetrisches G. unsymmetric element (component)
Glieder *npl* **/ zusammengeschaltete** *(Syst)* interconnected elements
Gliederhohlleiter *m* vertebrate waveguide
Glimmanzeigeröhre *f* glow indicator tube; neon indicator tube
glimmen to glow
Glimmentladung *f* glow (corona) discharge
anomale G. abnormal glow discharge
normale G. normal glow discharge
subnormale G. subnormal glow discharge
Glimmentladungskontinuum *n* glow-discharge continuum
Glimmentladungsröhre *f* glow-discharge valve, glow[-discharge] tube
Glimmentladungsventil *n* glow-discharge rectifier
Glimmer *m* mica
aufgeschlossener G. integrated mica
Glimmerband *n* mica tape
Glimmerblatt *n* mica sheet
Glimmerfeingewebe *n* mica fine fabric
Glimmerfilter *n* mica spangle
Glimmerheizelement *n* **/ anklemmbares** clamp-on mica-insulated heating element
Glimmerhülse *f* mica bush
Glimmerkondensator *m* [foil-]mica capacitor
Glimmerpapier *n* mica paper
Glimmerplatte *f* mica slab (sheet, table)
Glimmerseidenband *n* mica silk tape
Glimmerstreifen *m* mica strip
Glimmersubstrat *n*, **Glimmerunterlage** *f* mica substrate
Glimmerunterlegscheibe *f* mica washer
Glimmfaktor *m* glow factor
Glimmfestigkeit *f (Isol)* corona resistance
Glimmgleichrichter *m* glow-discharge rectifier
Glimmhaut *f* surface glow
Glimmkatode *f* glow-discharge cathode
Glimmlampe *f* glow[-discharge] lamp, negative (neon-filled) glow lamp, neon indicator tube
G. mit Neonfüllung neon lamp
Glimmlicht *n* glow [light]
blaues G. blue glow
negatives G. negative glow
Glimmlichtanzeigeröhre *f* neon [glow] indicator
Glimmlichtgleichrichter *m* glow-discharge rectifier, glow lamp rectifier, cold-cathode [gaseous] rectifier
Glimmlichtoszilloskop *n* ondoscope
Glimmoszillator *m* neon oscillator
Glimmrelais *n* [grid] glow relay, ionical relay
Glimmröhre *f* glow[-discharge] tube
Glimmschalter *m* glow switch
Glimmschutzlack *m* glow-protection varnish
Glimmspannungsteiler *m* glow-gap divider
Glimmstabilisatorröhre *f* neon stabilizer, gas regulator tube
Glimmstift *m* incandescent cartridge
Glimmstrom *m* glow current
Glimmverlust *m (Eüb)* corona loss
Glimmzählröhre *f* glow counting tube
Glimmzünder *m (Licht)* glow starter [switch]
Globalstrahlung *f* global radiation
Globar *m* globar [lamp]
Glocke *f* **/ elektromechanische** electromechanical bell
glockenförmig bell-shaped
Glockenimpuls *m* bell-shaped pulse
Glockenisolator *m* bell[-shaped] insulator, cup (petticoat) insulator
Glockenkurve *f* bell-shaped curve *(von Verteilungen)*
GLSI *Abk. für* giant large-scale integration
Glühanlage *f* annealing installation
Glühdraht *m* [heating] filament, glow wire
gewendelter G. coiled filament
Glühdrahtkochplatte *f* open-type hot plate
Glühdrahtzünder *m* thermal starter switch, hot starter
glühelektrisch thermionic
Glühelektrode *f* hot electrode
Glühelektron *n* thermoelectron, thermionic electron, thermion
Glühelektronenemission *f* thermionic emission
Glühelektronenentladung *f* thermionic discharge
Glühelektronenquelle *f* thermionic electron source

Glühelektronenstrom *m* thermionic [emission] current
Glühemission *f* thermionic emission
Glühemissionskonstante *f* thermionic constant
glühen 1. to glow; 2. to anneal *(Metall)*; to bake *(Keramik)*
Glühen *n* glow; incandescence
Glühfaden *m* [incandescent] filament, lighting filament *(Lampe)*
gestreckter G. elongated filament
graphitisierter G. graphitized filament
Glühfadenlampe *f* filament lamp
Glühfadenpyrometer *n* disappearing filament pyrometer, optical pyrometer
Glühfadentemperatur *f* filament temperature
Glühfadenträger *m* filament support
Glühkatode *f* hot (thermionic) cathode, glow (incandescent) cathode
helleuchtende G. bright emitter
Glühkatodenemitter *m* thermionic emitter
Glühkatodenentladung *f* 1. hot-cathode discharge, thermionic (incandescent) cathode discharge; 2. *s.* Glimmentladung
Glühkatodengenerator *m* thermionic generator
Glühkatodengleichrichter *m* thermionic rectifier
Glühkatodenlampe *f* hot-cathode lamp, thermionic (incandescent) cathode lamp
Glühkatoden-Quecksilberdampfgleichrichter *m* hot-cathode mercury-vapour rectifier
Glühkatodenröhre *f* hot-cathode valve, thermionic tube; Coolidge tube *(Röntgenröhre mit Glühkatode)*
Glühkatodenventil *n* thermionic rectifier
Glühkaustik *f* hot-wire cautery *(Elektromedizin)*
Glühkerze *f* glow (heater) plug *(für Dieselmotoren)*
Glühkörper *m* incandescent body, glower
Glühlampe *f* incandescent[-filament] lamp, filament lamp
G. mit Argonfüllung argon-filled [incandescent] lamp
G. mit Kryptonfüllung krypton-filled [incandescent] lamp
gasgefüllte G. gas-filled [incandescent] lamp
Glühlampenanlage *f* filament lamp installation
Glühlampenbeleuchtung *f* incandescent (tungsten) lighting
Glühlampenherstellung *f* incandescent lamp manufacture
Glühlampenkolben *m* incandescent lamp bulb
Glühlampenleuchte *f* incandescent lamp fitting, tungsten fitting
Glühlampenlicht *n* incandescent (tungsten) light
Glühlampenreflektorleuchte *f* incandescent reflector fitting
Glühlampenscheinwerfer *m* incandescent lamp reflector
Glühlampenschrank *m (Fmt)* lamp switchboard
Glühlampenstrahler *m* heat[ing] lamp *(Infrarotstrahler)*
Glühlampenstromkreis *m* incandescent lamp circuit
Glühlicht *n* incandescent (tungsten) light
Glühstartlampe *f* hot-start lamp
Glühtemperatur *f* annealing temperature
Glühübertrager *m* adapter transformer *(zur Widerstandsanpassung bei HF-Induktionserwärmungsanlagen)*
Glühventil *n* valve tube, thermionic rectifier
Glühwendel *f* coiled filament
Glühzündung *f* ignition by incandescence
GM-Zählrohr *n s.* Geiger-Müller-Zählrohr
Golay-Empfänger *m*, **Golay-Zelle** *f* Golay [pneumatic] detector, Golay cell
Golddotierung *f* gold doping
Golddraht *m* gold wire
Golddrahtdiode *f* gold-bonded diode, gold point diode
Golddrahtrelais *n* gold-wire relay
Goldfolie *f* gold foil
Goldplattierung *f* gold plating
Goldüberzug / mit gold-coated
Goliath-Sockel *m* Goliath cap, mogul base
Goniofotometer *n* goniophotometer
Goniometer *n* goniometer
GOT-Thyristor *m* gate turn-off thyristor
Goubau-Leitung *f* surface-wave transmission line, SWTL
Gouy-Chapman-Schicht *f* Gouy-Chapman layer *(diffuser Teil der elektrochemischen Doppelschicht)*
g-Pol *m (Halbl)* gate
Grad *m* degree; grade
G. der Anregung *(Phys)* degree of excitation
G. der Erkennbarkeit *(Licht)* visibility factor
G. der gerichteten Reflexion *(Licht)* direct reflection factor
G. der gerichteten Transmission *(Licht)* direct transmission factor
Gradation *f* gradation
Gradationsentzerrung *f (Ferns)* gamma-correction
Gradationsfehler *m (Ferns)* image defect, picture distortion
Gradationsumkehrung *f* / **teilweise** *(Fmt)* partial tone reversal
Gradeinteilung *f* graduation
Gradient *m* gradient
Gradientenfaser *f* graded-index optical fibre
Gradientenmethode *f* hill climbing method *(Optimierung)*

Gradientenmikrofon *n* gradient microphone
Gradientenrelais *n* rate-of-change relay
Gradientkopplung *f* gradient coupling
Gradientlinie *f* gradient line
Gradientspule *f* gradient coil
Gradmesser *m*, **Gradometer** *n* grad[i]ometer
graduieren to graduate
Graduierung *f* graduation
Graetz-Gleichrichterschaltung *f s.* Graetz-Schaltung
Graetz-Schaltung *f* Graetz (bridge) rectifier, full-wave bridge circuit
Grammofon *n* gramophone, phonograph
Grammofonverstärker *m* phonograph amplifier
Graph *m* graph
Graphecon-Speicherröhre *f* graphecon storage tube
Graphenkode *m* graph code *(Flußdiagramm)*
Graphit *m* graphite
  amorpher G. amorphous graphite
  kolloidaler G. colloidal graphite
Graphitblock *m* graphite block
Graphitbogen *m* graphite arc
Graphitbürste *f* graphite brush
Graphitelektrode *f* graphite electrode *(Lichtbogenelektrode)*
  G. mit Gewinde threaded graphite electrode
  G. mit Gewindefassung graphite electrode with threaded socket
  G. mit Gewindezapfen graphite electrode with connecting pin
  umhüllte G. coated graphite electrode
Graphitgitter *n* graphite lattice
graphitieren to graphitize, to graphite
Graphitierung *f* graphitizing *(z.B. von Kohleelektroden)*
Graphitierungsanlage *f* graphitizing installation
Graphitierungsofen *m* graphitizing furnace
Graphitkohlebürste *f* carbon graphite brush
Graphitnippel *m* graphite nipple *(zum Anstücken von Elektroden)*
Graphitschiffchen *n* graphite boat
Graphitschmelztiegel *m* graphite melting pot
Graphitschmiermittel *n* graphite lubricant
Graphitschnur *f* graphited cord
Graphittiegel *m* graphite crucible
Graphitwiderstand *m* graphite resistance
Gras *n* grass *(Radarstörung)*
Grashof-Zahl *f* Grashof number *(Ähnlichkeitskriterium)*
Graubild *n (Ferns)* grey-level image
Graufilter *n* neutral[-density] filter, non-selective filter, grey filter (absorber)
Graukeil *m* neutral[-density] wedge, optical (non-selective) wedge
Graukeilfotometer *n* wedge photometer
Graukeilspektrograf *m* wedge spectrograph
Grauskala *f* grey [step] scale
Graustrahler *m* grey body, non-selective radiator
Graustrahlung *f* grey-body radiation
Graustufenkeil *m* neutral[-density] step wedge
Graustufenskala *f* grey [step] scale
Grautreppe *f (Ferns)* grey scale *(Testbild)*
gravieren to engrave
Gravierung *f* engraving
Gravitationsbeschleunigung *f* gravitation (gravity) acceleration
Gravitationsfeld *n* gravitational field, field of gravity
Gravitationskraft *f* gravitational force
Gravur *f* engraving
Gray-Kode *m (Rech)* Gray code
Greiferantrieb *m* pin movement *(Filmtransport)*
Greinacher-Schaltung *f* Greinacher circuit, Greinacher half-wave voltage doubler *(zur Spannungsverdopplung)*
Greinacher-Vervielfacherschaltung *f s.* Greinacher-Schaltung
Grenzamt *n (Fmt)* frontier station
Grenzauflösung *f* limiting resolution
Grenzbeanspruchung *f* maximum limited stress; tolerated stress
Grenzbedingung *f* limiting (boundary) condition; threshold condition
Grenzbelastungsfähigkeit *f* / **mechanische** ultimate mechanical strength
Grenzdaten *pl* maximum ratings
  absolute G. absolute maximum ratings
Grenzdrehzahl *f* limiting speed, speed limit
Grenzdruck *m* limiting pressure
Grenze *f* limit; boundary; threshold
  G. der asymptotischen Stabilität *(Syst)* boundary of asymptotic stability
  G. der statischen Stabilität steady-state stability limit
  G. des Hörbereichs limit of audibility
  kurzwellige G. short-wave[length] limit
  langwellige G. long-wave[length] limit
  obere G. high (upper) limit
  untere G. bottom (lower) limit
  zulässige G. tolerable limit
Grenzempfindlichkeit *f* threshold sensitivity (response), ultimate (limiting, absolute) sensitivity
Grenzenergie *f* threshold energy
Grenzenliste *f (Rech)* bound pair list
Grenzerwärmung *f* maximum permissible temperature rise, limit of temperature rise
Grenzfall *m* limiting case
Grenzfläche *f* boundary [area], boundary (bounding) surface; interface
Grenzflächenbedingung *f* interface (boundary) condition

Grenzflächendiffusion *f* interfacial diffusion
Grenzflächenecho *n* boundary echo
Grenzflächenenergie *f* interfacial energy
Grenzflächenerscheinung *f* interfacial phenomenon
Grenzflächenkapazität *f* interface capacitance
Grenzflächenpolarisation *f* interfacial polarization
Grenzflächenpotential *n* interface (boundary) potential
Grenzflächenpotentialdifferenz *f* interfacial potential difference
Grenzflächenspannung *f* interfacial tension
Grenzflächenspannungsmesser *m* interfacial tensiometer
Grenzflächenzustand *m* interface state
Grenzfrequenz *f* limiting (cut-off, critical, threshold) frequency; edge (cross-over) frequency; penetration frequency *(der Ionosphäre)*
  G. des Basistransportfaktors *(Halbl)* base transport cut-off frequency
  G. eines Filters critical frequency of a filter
  G. für 3 dB Abfall half power cut-off frequency
  G. für Spuranpassung *(Ak)* coincidence cut-off frequency
  endliche G. finite cut-off frequency
  obere G. high-frequency cut-off, upper limiting frequency
  untere G. low-frequency cut-off
Grenzgebiet *n* 1. boundary region; 2. fringe area *(Interferenzgebiet mehrerer Sender)*
Grenzgeschwindigkeit *f* limiting velocity (speed)
Grenzkennlinie *f* cut-off characteristic
Grenzkontakt *m* limit contact *(z. B. bei Steuerungen)*
Grenzkreisfrequenz *f* cut-off angular frequency
Grenzkurve *f* limit cycle *(bei nichtlinearen Systemen)*; limiting curve, limit curve of critical state
Grenzlänge *f* cut-off length
Grenzlast *f* maximum load
Grenzlebensdauer *f* limiting lifetime
Grenzleistung *f* limiting performance
Grenzlinie *f* border [line], boundary
Grenzmaß *n* limit of size
Grenzoszillator *m* marginal oscillator
Grenzpotential *n* boundary (limiting) potential
Grenzregister *n (Rech)* limit register
Grenzschalter *m* [main] limit switch
Grenzscheitelsperrspannung *f* maximum-crest working reverse voltage
Grenzschicht *f* boundary layer, interface; *(Halbl)* barrier [layer] *(mit Potentialbarriere)* (*s. a.* Sperrschicht)
Grenzschichteffekt *m* interface effect
Grenzschichtkapazität *f (Halbl)* junction capacitance
Grenzschichtpotential *n* barrier (boundary) potential
Grenzstabilität *f (Syst)* limit stability
Grenzstrahl *m* limiting ray
Grenzstrom *m* limiting current; minimum fusing current *(Sicherung)*
  dynamischer G. instantaneous short-circuit current, short-circuit current rating, short-time current rating
  thermischer G. thermal limit current, rated short-circuit current
Grenzstromdichte *f* limiting current density
Grenzstromgebiet *n* range of the limiting current
Grenzstromrelais *n* marginal relay
Grenzstromsteuerschalter *m* control limit switch
Grenzstromstärke *f* limiting current
Grenztemperatur *f* limiting temperature
Grenztoleranz *f* limit tolerance *(z. B. für die Regelabweichung)*
Grenzüberlastdurchlaßstrom *m* limiting forward overload current
Grenzwelle *f* critical (cut-off) wave *(Wellenleiter)*
Grenzwellenlänge *f* limiting (cut-off, critical) wavelength *(Wellenleiter)*; threshold wavelength *(Fotoeffekt)*
Grenzwert *m* limit[ing] value, limit
  einseitiger G. one-sided limit
Grenzwerte *mpl* design limits *(entsprechend Projekt)*
Grenzwerteinstellung *f* limit setting
Grenzwertmelder *m* / **akustischer** noise limit indicator
Grenzwertprüfung *f* limit check (test), marginal check[ing]
Grenzwertregelung *f (Syst)* limit (two-step, two-position, on-off) control
Grenzwertsatz *m* limit theorem
Grenzwertschalter *m* limit [value] switch
Grenzwertsignal *n* limit signal
Grenzwertüberwachung *f* limit monitoring (check)
Grenzwiderstand *m* limit (boundary) resistance; *(Meß)* critical resistance
Grenzwinkel *m* limiting (critical) angle; rated phase angle *(der Genauigkeitsklasse)*
  G. der Totalreflexion critical angle of total reflection
Grenzzeit *f* time limit
Grenzzyklus *m (Syst)* limit cycle *(z. B. im Zustandsraum)*
  halbstabiler G. semistable (half-stable) limit cycle
  instabiler G. unstable limit cycle
  semistabiler G. *s.* halbstabiler G.

stabiler G. stable limit cycle
Gridistor *m* gridistor *(Feldeffekttransistor)*
Grieß *m* snow *(Bildstörung)*
griffest touch-dry
Griffschalter *m* lever[-operated knife] switch
Grobabstimmung *f* coarse (flat) tuning
Grobabtastung *f (Ferns)* coarse scanning
Grobätzung *f* macroetching, coarse etching
Grobeinstellung *f* coarse (flat, rough) adjustment, coarse setting
Grob-Fein-Einrichtung *f* coarse-fine system *(zweistufige Regeleinrichtung)*
Grob-Fein-Regelung *f* coarse-fine [controller] action
Grobregelung *f (Syst)* coarse control
Grobstufenschalter *m* coarse-adjustment switch
Grobsynchronisieren *n (Masch)* random parallelling (synchronizing)
Großantenne *f* giant aerial
Großanzeigegerät *n* large-size indicator
Großbasisantenne *f (FO)* wide-aperture aerial
Großbasispeiler *m (FO)* wide-aperture direction finder
Großbereichregler *m* wide-range controller
Großbildkoordinatenschreiber *m* large-screen coordinate plotter
Großbildkoordinatensichtgerät *n* large-screen coordinate display unit
Großbildschirmanzeige *f* large-screen display
Größe *f* 1. quantity; [physical] size, dimension; magnitude; 2. amount *(Betrag, Menge)*; value
G. der Gleichstromkomponente degree of asymmetry *(im Stoßkurzschlußstrom)*
G. der Signalspannung magnitude of signal voltage
abgeleitete G. derived quantity
angenäherte G. approximate quantity
dimensionslose G. dimensionless quantity
effektive G. actual dimension
elektrische G. electric quantity
erregende G. actuating quantity
fotometrische G. photometric quantity
gerichtete G. directional quantity
imaginäre G. imaginary number (quantity)
komplexe G. complex quantity
komplexe sinusförmige G. complex sinusoidal (harmonic) quantity
konjugiert-komplexe G. conjugate complex quantity
magnetische G. magnetic quantity
meßbare G. measurable quantity
periodische G. periodic quantity
relative G. der Regelabweichung relative deviation value
skalare G. scalar quantity
stochastische G. stochastic quantity
strahlungsphysikalische G. radiometric quantity
tatsächliche G. actual dimension; actual (real) value
vektorielle G. vector quantity
veränderliche G. variable [quantity]
zeitabhängige G. time-dependent quantity
Größenwandler *m* quantizer *(z. B. Analog-Digital-Umsetzer)*
Großflächenstrahler *m* large-area radiator (fitting)
Großfunkstelle *f* high-power radio station
Großintegration *f* large-scale integration, LSI *(Mikroelektronik)*
Großintegrationsschaltung *f* large-scale integrated circuit, LSI circuit
Großkraftwerk *n* superpower station, high-power plant
Großkreispeilung *f (FO)* long-path bearing
Großlautsprecher *m* high-power loudspeaker
Großleistungsröhre *f* power valve
Großraumspeicher *m (Rech)* bulk (file) memory, large[-capacity] memory
Großrechner *m* large-scale digital computer, large computer
Großrechneranlage *f* large computer system
Großrundfunksender *m* high-power broadcasting station
Großschaltkreis *m* / **integrierter** large-scale integrated circuit, LSI circuit
Großschirmbildspeicherung *f* large-screen picture storage
Großsendeanlage *f* high-power radio station
Großsichtanzeigegerät *n* large-size indicator (display unit)
Großsignal *n* large signal
Großsignalbereich *m* large-signal region
Großsignalbetrieb *m* large-signal operation *(eines Übertragungsgliedes)*
Großsignalersatzschaltung *f* large-signal equivalent circuit
Großsignalstromverstärkung *f* large-signal current gain
Großsignalverhalten *n* large-signal behaviour
Großsignalverstärkung *f* large-signal amplification
Größtintegration *f* very large-scale integration, VLSI *(Mikroelektronik)*
Großtransformator *m* large transformer
Größtwert *m* maximum (peak, crest) value
G. der Skale maximum scale value
Großverbraucher *m* large consumer *(Energie)*
Großverbundnetz *n (Anl)* overall interconnection
Großwinkelkorngrenze *f* large-angle grain boundary *(Kristall)*

Grübchen *n* pit
Grübchenbildung *f* pitting
Grubenbeleuchtung *f* mine lighting
Grubenelektrofahrzeug *n* mine electric jeep (car)
Grubenkabel *n* mine cable
Grubenlokomotive *f* **/ elektrische** electric mine locomotive
Grubensignalanlage *f* mine-signalling system
Grubenventilator *m* mine fan
Grünanteil *m (Licht)* green content
Grundablaß *m* bottom outlet, bottom (ground, deep) sluice; drainage gallery *(Kraftwerk)*
Grundablaßschütz *n* bottom outlet gate
Grundabsorption *f* fundamental absorption
Grundanordnung *f* basic arrangement
Grundanstrich *m s.* Grundierung 1.
Grundanweisung *f (Rech)* basic statement
Grundaufbau *m* basic design (build-up)
Grundausbauplan *m (Fmt)* extension survey map
Grundbahn *f (Halbl)* elementary path
Grundband *n* baseband *(Frequenz)*
Grundbaugruppe *f* basic unit
Grundbaustein *m* basic element (unit, building block), standard modular unit
genormter G. standardized basic unit
Grundbefehl *m (Rech)* basic instruction
Grundbeleuchtung *f* base lighting
Grunddämpfung *f* residual (pass-band) attenuation *(Filter)*
Grunddrehzahl *f* base speed
Grundeinheit *f* basic (fundamental, elementary) unit (*s. a.* Basiseinheit)
Grundfarbe *f* primary (fundamental) colour, primary
Grundfarbeneinheit *f (Ferns)* unit quantity of primary colour
Grundfehler *m* **eines Meßmittels** intrinsic error of a measuring instrument
Grundfilter *n* prototype filter
Grundfläche *f* base [area, surface]; floor space
Grundflächengröße *f* base size
Grundfrequenz *f* fundamental (basic, lowest) frequency; first harmonic
Grundgebühr *f (Fmt)* fixed charge, subscriber's rental
Grundgenauigkeit *f* basic accuracy
Grundgeräusch *n* [back]ground noise
Grundgeräuschpegel *m* background noise level
Grundgesetz *n* **/ fotometrisches** basic law of photometry
Grundgitter *n* fundamental (matrix, host) lattice *(Kristall)*
Grundgitteranregung *f (Halbl)* intrinsic excitation
Grundgruppe *f (Fmt)* [basic] group
Grundgruppenbildung *f (Fmt)* basic group formation
Grundgruppenrahmen *m (Fmt)* group distribution frame
Grundgruppenumsetzer *m (Fmt)* basic group translator
Grundgruppenverteilerrahmen *m (Fmt)* group distribution frame
Grundharz *n* base resin
Grundhelligkeit *f* background brightness
grundieren to prime, to ground *(Oberflächenschutz)*
Grundierfarbe *f* priming (prime) paint, primer
Grundiermasse *f* size, sizing material
Grundiermittel *n* primer, priming; *(Galv)* wash primer *(mit Rostschutz)*
Grundierung *f* 1. priming (prime) coat, primer *(Stoff)*; 2. priming
Grundimpulsfolgefrequenz *f (Fmt)* basic repetition rate
Grundisolierung *f* base insulation
Grundkapazität *f* basic capacity
Grundkomponente *f* base (basic, fundamental) component
Grundkristall *m* host crystal
Grundlast *f* base (basic) load
Grundlastkraftwerk *n* base-load plant (power station)
Grundlastmaschine *f* basic machine
Grundlinienverlängerung *f* base-line extension
Grundmaterial *n* base (basic) material
Grundmetall *n* base metal
Grundmode *f* fundamental (dominant, principal) mode
Grundmuster *n (Elk)* basic pattern
Grundniveau *n s.* Grundzustand
Grundperiode *f* fundamental period
Grundplatte *f* base (bottom) plate, baseboard; mounting plate
G. des Motors motor support
Grundpreistarif *m* two-part rate (tariff)
Grundpunkt *m* cardinal point
Grundrastersystem *n* base grid system *(Leiterplatten)*
Grundrauschen *n* noise background
Grundrechenelement *n* basic computing element
Grundrechner *m* basic computer
Grundschaltbild *n* basic (elementary) circuit diagram
Grundschaltung *f* basic (elementary, principal) circuit; basic network
Grundschicht *f (Galv)* primary layer
Grundschwingung *f* fundamental (dominant, principal) mode, fundamental oscillation; fundamental (first) harmonic, fundamental [component]
Grundschwingungsform *f* fundamental mode
Grundschwingungsquarz *m* fundamental crystal

Grundspannung *f* fundamental voltage
Grundstellung *f* normal position
Grundstromkreis *m* fundamental circuit; *(Fmt)* bearer circuit
Grundsubstanz *f* matrix *(im Kristall)*
Grundterm *m* ground (fundamental, normal) term
Grundton *m (Ak)* fundamental sound (tone)
Grundtyp *m* fundamental mode *(einer Welle)*
Grundübertragungsdämpfung *f (Fmt)* basic path attenuation
Grundverknüpfung *f* 1. *(Elk)* basic interconnection; 2. *(Rech)* basic arrangement
Grundwelle *f* fundamental (basic, dominant) wave
Grundwellendämpfung *f* fundamental frequency attenuation
Grundwellenfrequenz *f* fundamental wave frequency
Grundwellenkomponente *f* fundamental component
Grundwellenlänge *f* fundamental wavelength
Grundwellenwirkleistung *f* fundamental active power, first-harmonic active power
Grundzeiteinheit *f (Rech)* basic time unit
Grundzustand *m* ground state (level, term), normal (fundamental) state, basic term
Grundzyklus *m (Rech)* basic machine time
Grünfäule *f* green rot *(Zerstörung von Chrom-Nickel-Heizleitermaterial)*
Gruppe *f* group; set; assembly; array; block; bank *(z. B. von Transformatoren)*
G. von Befehlen *(Rech)* block of instructions
Gruppen *fpl* **je Minute** *(Fmt)* groups per minute
Gruppenabstand *m (Fmt)* interword space
Gruppenanruf *m (Fmt)* multiparty call
Gruppenantrieb *m* group drive
Gruppenanzeige *f (Rech)* group indication, last-card indication
Gruppenauswechslung *f* group replacement
Gruppenbesetztzeitzähler *m (Fmt)* group occupancy time meter
Gruppenbildung *f (Nrt)* trunking
Gruppencharakteristik *f* array factor *(Antennentechnik)*
Gruppendrehwähler *m (Fmt)* rotary group selector
Gruppenfaktor *m* space factor *(Antennentechnik)*
Gruppenfilter *n* group filter
Gruppenfrequenz *f* group frequency
Gruppengeschwindigkeit *f* group (envelope) velocity
Gruppenkode *m* group code
linearer G. linear group code
Gruppenkompensation *f* 1. group correction *(einer Leuchtstofflampenanlage)*; 2. group power-factor compensation, group reactive-power compensation
Gruppenkontrolle *f* **von Lampen** group control of lamps
Gruppenlaufzeit *f* group (envelope) delay, group [delay] time
Gruppenlaufzeitentzerrung *f (Fmt)* group delay equalization
Gruppenlaufzeitmesser *m* group delay meter (measuring equipment)
Gruppenlaufzeitverlauf *m* group delay characteristic
Gruppenlaufzeitverzerrung *f (Fmt)* group delay distortion
Gruppenlaufzeitverzögerungsmeßgerät *n s.* Gruppenlaufzeitmesser
Gruppennormal *n (Meß)* collective standard
Gruppenpilot *m (Fmt)* group [reference] pilot
Gruppenrahmen *m* group frame *(Pulskodemodulation)*
Gruppenredundanz *f* group redundancy
Gruppenschalter *m* group (gang) switch
Gruppenschaltung *f* series parallel *(Batterie)*; *(Fmt)* series multiple connection
Gruppenträger *m* group carrier
Gruppenumsetzer *m (Fmt)* group modulator
Gruppenumsetzergestell *n (Fmt)* group translating bay, bay of group translators
Gruppenumsetzung *f (Fmt)* group modulation
Gruppenverbindung *f (Fmt)* group link
Gruppenverbindungsplan *m (Fmt)* grading (trunking) diagram
Gruppenverstärker *m* group amplifier
Gruppenverteiler *m (Fmt)* group distribution frame
Gruppenverteilung *f (Fmt)* group allocation
Gruppenverzögerung *f* group delay
Gruppenverzögerungsentzerrer *m* group delay equalizer
Gruppenverzögerungssteilheit *f* group delay slope
Gruppenverzweiger *m (Fmt)* group distribution frame
Gruppenvorwähler *m (Fmt)* Keith-master switch
Gruppenwähler *m (Fmt)* group selector
G. für Hauptvermittlungen sectional centre group selector
G. für Knotenvermittlungen junction-centre group selector
Gruppenwechselschrift *f (Rech)* group-coded recording, GCR
Gruppenzähler *m* batch counter
Gruppierung *f* grouping, arrangement; *(Fmt)* trunking; array
waagerechte G. *(Fmt)* straight wiring

GT *s.* Gleichstromtelegrafie
Gültigkeitsbereich *m* validity range
Gültigkeitsdauer *f* period of validity
Gültigkeitsgrenze *f* validity limit
Gültigkeitskontrolle *f* validity check
Gummi *m* rubber
Gummiader *f* rubber-covered wire, rubber-insulated wire
Gummiband *n* rubber tape
Gummibandhülle *f* rubber tape covering
Gummibleikabel *n* rubber-insulated lead-covered cable
Gummidichtungsring *m* rubber gasket, grommet
Gummidraht *m* rubber-covered wire, rubber-insulated wire
Gummidurchführung *f* rubber bushing
gummigelagert rubber-cushioned
Gummihaftfähigkeit *f*, **Gummihaftung** *f* rubber adhesion *(z. B. auf Metallen)*
Gummiisolierband *n* combination rubber tape
gummiisoliert rubber-insulated
Gummiisolierung *f* rubber insulation
Gummikabel *n* rubber[-insulated] cable
Gummikissen *n s.* Gummipolster
Gummilager *n (Ak)* silent block
Gummilinse *f* zoom lens
Gummilitze *f* rubber-covered litz wire
Gummimatte *f* rubber mat
Gummipolster *n* rubber pad (cushion) *(Dämpfungsblock)*
Gummischlauchleitung *f* rubber-jacket cord, cab-tyre line, non-kinkable flex
  feste G. tough rubber-sheathed cable
Gummiüberzug *m* rubber coating
gummiummantelt rubber-covered
Gummizwischenlage *f* cushion *(z. B. für Räder)*
Gunn-Diode *f* Gunn element (diode), Gunn oscillator
Gunn-Domäne *f (Halbl)* Gunn domain
Gunn-Effekt *m (Halbl)* Gunn effect
Gunn-Element *n* Gunn element *(Mikrowellen-Halbleiterbauelement)*
Gunn-Halbleiter *m* Gunn semiconductor
Gunn-Oszillator *m (Halbl)* Gunn oscillator
Gunn-Schwingung *f* Gunn oscillation
Gunn-Verstärker *m (Elk)* Gunn amplifier
Gürtelkabel *n* belted [insulation] cable
Gürtellinse *f* belt lens *(Optik)*
gußgekapselt metal-clad *(Gerät)*
Gußkapselung *f* iron-clad case
Gußmasse *f* pourable compound
Güte *f* 1. quality; 2. *s.* Gütefaktor
  G. der Glättung smoothing quality *(Signal)*
  G. der Spule coil quality, coil Q
  G. des Übergangsverhaltens *(Syst)* transient response performance
  G. des Vakuums hardness *(Röhren)*
Gütebedingungen *fpl* quality (performance) conditions *(z. B. für eine Regelung)*
Gütefaktor *m* Q factor, quality (performance) factor, figure of merit
  G. einer Spule coil magnification (amplification) factor
Gütefaktormesser *m* Q-meter
Gütefunktion *f (Syst)* criterion function
gütegeschaltet Q-switched
Gütegrad *m* degree of quality; efficiency factor
Gütekontrolle *f* quality control
Gütekriterium *n* quality (effectiveness) criterion *(einer Regeleinrichtung)*
  integrales G. *(Syst)* integral performance criterion
Güteschalter *m* Q-switch, Q-spoiling
Güteschaltungstechnik *f* Q-switching technique
Gütesicherung *f* quality assurance
Güteüberwachung *f* quality monitoring
Gütevorschrift *f* quality specification
Güteziffer *f (Syst)* index of quality, quality (performance) index
Gutgrenze *f* acceptable quality level *(Qualitätskontrolle)*
Gut-Schlecht-Prüfung *f* go no-go test
Gutzahl *f* acceptance number *(Qualitätskontrolle)*
GW *s.* 1. Gruppenwähler; 2. Grenzwelle
Gyrobus *m* gyrobus
gyromagnetisch gyromagnetic
Gyrometer *n* gyrometer

H

H *s.* Henry
Haardraht *m* capillary (hair) wire
Haarfeder *f* hairspring *(für Meßinstrumente)*
Haarnadelanordnung *f* hairpin arrangement *(z. B. von Heizelementen)*
Haarnadelkatode *f* hairpin cathode
Haarriß *m* hair (fine, tiny) crack, microflaw; fire crack *(Isolierkeramik)*
Haarrißbildung *f* crazing *(Isolierkeramik)*
Haarröhrchen *n* capillary [tube]
Haartrockner *m* hair dryer (drying apparatus)
Haas-Effekt *m* Haas (first arrival) effect *(akustische Ortung nach der ersten Wellenfront)*
Habann-Röhre *f* split-magnetron tube
Habitus *m* habit *(Kristall)*
H-Adcock-Peiler *m (FO)* balanced Adcock direction finder
Hafenfunkdienst *m* port operations service
Haftelektrode *f* sticking electrode
haften to adhere, to stick
Haften *n* adherence, adhesion, sticking

haftend, haftfähig adhesive, adherent
Haftfähigkeit *f* adhesiveness, adherence, adhesive (sticking) power
Haftfestigkeit *f* adhesive (bond) strength; peel strength *(Überzüge)*
Haftgrundierung *f (Galv)* wash (self-etching) primer
Haftmagnet *m* clamping magnet, magnetic clamp (chuck), magnet base mount
Haftmaskierung *f (Halbl)* adhesive masking
Haftmittel *n* adhesive (sticking) agent; coupling agent *(für Laminate)*
Haftreibung *f* static friction
Haftrelais *n* [magnetic] locking relay, remanent (latching) relay
Haftsitz *m* tight fit
Haftstelle *f (Halbl)* trap, trapping site
flache H. shallow trap
tiefliegende H. deep trap
Haftstellendichte *f* trap density
Haftstelleneinfangquerschnitt *m* trap capture cross section
haftstellenfrei trap-free
Haftterm *m (Halbl)* trap level
Haftung *f s.* Haften
Haftvermögen *n s.* Haftfähigkeit
Haftzentrum *n (Halbl)* trapping centre
Haken *m* hook; clamp
H. und Öse *f* hook and eye *(für Isolatoraufhängungen)*
Hakenbolzen *m* hook bolt
Hakenisolatorenstütze *f* hook insulator pin
Hakenschalter *m s.* Hakenumschalter
Hakentransistor *m* hook[-collector] transistor
Hakenumschalter *m (Fmt)* hook[-type] switch, gravity (cradle) switch, receiver rest
halbabgedichtet semisealed
Halbaddierer *m (Rech)* half adder
halbautomatisch semiautomatic[al]
Halbbild *n (Ferns)* field
Halbbildaustastperiode *f (Ferns)* field-blanking period
Halbbildaustastung *f (Ferns)* field blanking
Halbbilddauer *f (Ferns)* field duration
Halbbildfrequenz *f (Ferns)* field frequency
Halbbildkontrollröhre *f (Ferns)* field-monitoring tube
Halbbrückenschaltung *f* half-bridge circuit
Halbduplexbetrieb *m (Nrt)* half-duplex operation, alternate operation, up-and-down working
halbdurchlässig 1. semitransmitting, semitransparent, semiopaque; 2. semipermeable
Halbechosperre *f* half-echo suppressor
Halbelement *n* half-element, half-cell *(Batterie)*
halbhallig *(Ak)* semireverberant
Halbierungsparameter *m* [level-time] exchange rate *(Dauerschallpegel)*
Halbimpulshöhe *f* half-pulse height
Halbisolator *m* semi-insulator
halbisolierend semi-insulating
Halbkreiselektrometer *n* semicircular electrometer
Halbkreisfehler *m (Meß)* semicircular deviation
Halbkreisfehlerkomponente *f (FO)* semicircular error component
Halbkreisfokussierung *f* semicircular focussing
Halbkristallage *f* semicrystal (kink) site *(Kristallwachstum)*
Halbkugelspiegelanordnung *f* hemispherical mirror configuration
Halblastpumpe *f* half-load pump
halbleitend semiconducting, semiconductive
Halbleiter *m* semiconductor
H. mit großem Bandabstand wide-gap semiconductor
H. mit großer Energielücke large energy gap semiconductor
H. mit kleiner Energielücke low-gap semiconductor
amorpher H. amorphous semiconductor
diskreter H. discrete semiconductor
entarteter H. degenerate semiconductor
gemischter H. mixed semiconductor
indirekter H. indirect-type band gap semiconductor
kristalliner H. crystalline (crystal) semiconductor
Halbleiterbauelement *n* semiconductor component (element)
Halbleiterbildsensor *m* solid-state image sensor
Halbleiterblockschaltung *f* monolithic integrated circuit
Halbleiterchip *m* semiconductor chip
Halbleiterdehnungsmeßstreifen *m* semiconductor strain gauge
Halbleiterdetektor *m* semiconductor detector
Halbleiterdiode *f* semiconductor [rectifier] diode
Halbleiterelektronik *f* semiconductor electronics
Halbleiterelement *n* semiconductor component (element)
Halbleiterfestkörperschaltung *f* semiconductor solid circuit
Halbleiterfotoeffekt *m* photoconductive effect
Halbleiterfotoelement *n* semiconductor photocell, barrier-layer [photoelectric] cell
Halbleiterfotowiderstand *m* photoconductive cell
Halbleiterfrequenzwandler *m* semiconductor frequency changer
Halbleitergebiet *n* semiconductor region (zone)

Halbleitergerät *n* semiconductor device
Halbleitergleichrichter *m* semiconductor rectifier
gesteuerter H. semiconductor-controlled rectifier
Halbleitergleichrichterbaustein *m* semiconductor rectifier component
Halbleitergleichrichterdiode *f* semiconductor rectifier diode
Halbleiterkondensator *m* semiconductor capacitor
Halbleiterlaser *m* semiconductor (semiconducting, injection) laser
Halbleiter-Metall-Kontakt *m* semiconductor-metal contact
Halbleiteroberfläche *f* semiconductor surface
Halbleiterphysik *f* semiconductor physics
Halbleiterplättchen *n* [semiconductor] chip
Halbleiterprobe *f* semiconductor sample
halbleiterrein semiconductor-grade
Halbleiterschalter *m* semiconductor switch; solid-state thyratron
Halbleiterschaltkreis *m* semiconductor solid circuit
Halbleiterschaltung *f* / **integrierte** semiconductor integrated circuit, integrated semiconductor circuit
Halbleiterscheibe *f* semiconductor wafer
Halbleiterschicht *f* semiconductor layer
Halbleiterschütz *n* solid-state contactor
Halbleiterspeicher *m (Rech)* semiconductor memory (store)
Halbleiterstab *m* semiconductor bar
Halbleiterstrahlungsdetektor *m* semiconductor radiation detector
Halbleitertechnik *f* semiconductor technique
Halbleitertechnologie *f* semiconductor technology
Halbleiterthyratron *n* solid-state thyratron
Halbleiterübergang *m* semiconductor junction
Halbleiterumrichter *m* semiconductor power convorter
Halbleiterwerkstoff *m* semiconductor material
Halbleiter-Widerstandsthermometer *n* semiconductor resistance thermometer
Halbleiterzone *f* semiconductor zone
halbmatt semimat[t], semigloss
Halbmetall *n* semimetal
halbmetallisch semimetallic
Halbperiode *f* half-period, half-cycle; alternation *(einer Schwingung)*
halbpolar half-polar, semipolar
Halbraum *m* half-space, semispace
Halbringelektromagnet *m* semicircular electromagnet
Halbschatten *m* half (partial) shadow, penumbra [shadow], half shade
Halbschattenanalysator *m* half-shade analyzer
Halbschattenplatte *f* half-shade plate
Halbserienrecheneinheit *f (Rech)* semi-serial arithmetic unit
Halbspur *f* half-track *(Tonband)*
halbstarr, halbsteif semirigid
Halbstrom *m* half-current
Halbstufenpotential *n* half-wave potential *(Polarografie)*
Halbton *m* 1. half-tone *(Optik)*; 2. *(Ak)* semitone, half-step
Halbtonbild *n* half-tone image (picture)
Halbtonbildspeicherröhre *f* half-tone storage tube, half-picture storage tube
H. für Direktbetrachtung direct view half-tone storage tube
Halbtonübertragung *f (Nrt)* half-tone transmission
Halbversetzung *f* half dislocation *(Kristall)*
halbverspiegelt semisilvered, half-silvered, semimetallized
Halbwählimpuls *m* half-select pulse
Halbwählstrom *m* half-select current *(z. B. für Koinzidenzspeicher)*
Halbwelle *f* half-wave
Halbwellenantenne *f* half-wave aerial
Halbwellenbetrieb *m* half-wave operation
Halbwellendemodulator *m* half-wave demodulator
Halbwellendifferentialschutz *m* half-wave differential protection
Halbwellendipol *m* half-wave dipole
Halbwellengleichrichter *m* half-wave rectifier
Halbwellengleichrichterkreis *m* half-wave rectifier circuit
Halbwellengleichrichtung *f* half-wave rectification
Halbwellenlänge *f* half-wavelength
Halbwellenleitung *f* half-wave line
Halbwellenpotential *n* half-wave potential
Halbwellenschaltung *f* half-wave circuit
Halbwellenspannung *f* half-wave tension
Halbwellenstromversorgung *f* half-wave power supply
Halbwertsbreite *f* half-width
Halbwertsdauer *f* half-peak duration
Halbwerts[schicht]dicke *f* half-thickness, half-value layer (thickness)
Halbwert[s]zeit *f* [radioactive] half-life, half-value period; *(Chem)* half-time
Halbwort *n (Rech)* half word
halbzahlig *(Rech)* half-integer, half-integral
Halbzeilenimpuls *m (Ferns)* half-line pulse; equalizing pulse
Halbzelle *f* half-element, half-cell *(Batterie)*
Halbzellenreaktion *f* half-cell reaction
Halbzyklus *m* half-cycle
Hall *m* reverberation sound (*s. a.* Nachhall)
künstlicher H. artificial echo
Hall-Ausgangsspannung *f* Hall output voltage
Hall-Beweglichkeit *f* Hall mobility.

Hall-Effekt *m* Hall effect
Hall-Effekt-Analogmultiplikator *m* Hall-effect analogue multiplier
Hall-Effekt-Modulator *m* Hall-effect modulator
Hall-Effekt-Vervielfacher *m* Hall-effect multiplier
Hall-Elektrode *f* Hall electrode
Hall-Element *n* Hall-effect device
hallen to reverberate
hallend reverberatory, reverberant
Hallfeld *n (Ak)* reverberant field
diffuses H. diffuse [sound] field
Hall-Feldstärke *f* Hall field strength (intensity)
Hall-Generator *m* Hall generator
Hallgerät *n* reverberation (reverb) unit
Halligkeit *f* [acoustical] liveness
Hall-Koeffizient *m* Hall coefficient
Hall-Konstante *f* Hall constant
Hall-Magnetgabelschranke *f* Hall-effect vane switch
Hallradius *m (Ak)* diffuse-field distance
Hallraum *m (Ak)* reverberant room (chamber), echo (reverberation) chamber
Hallraummessung *f*, **Hallraumprüfung** *f* reverberant-field test
Hallraumverfahren *n* reverberant-field method *(Schalleistungspegelmessung)*
Hall-Signal *n* Hall signal
Hall-Sonde *f* Hall probe
Hall-Spannung *f* Hall voltage
Hall-Spannungssignal *n* Hall signal
Hall-Urspannung *f* Hall voltage
Hall-Winkel *m* Hall angle
Halobildung *f* halation
Halogenabtragung *f (Halbl)* halogen pitting
Halogenbehandlung *f (Halbl)* halogen treatment
Halogenflutlicht *n* tungsten-halogen floodlight
Halogenglühlampe *f* [tungsten-]halogen lamp, regenerative cycle lamp
halogenidfrei halide-free
Halogenkreislauf *m (Licht)* tungsten-halogen cycle
Halogenlichtfluter *m* tungsten-halogen floodlight fitting
Halogenlichtwurflampe *f* tungsten-halogen projector lamp
Halogen-Metalldampf-Allgebrauchslampe *f* halarc lamp
Halogenscheinwerfer *m* tungsten-halogen projector
Halogenscheinwerferlampe *f* quartz iodine headlamp
Hals *m* neck *(z. B. einer Katodenstrahlröhre)*
Halslager *n* neck bearing
Halsrille *f* neck groove *(Isolator)*
Halt *m* 1. [mechanical] stop; 2. *(Rech)* breakpoint *(Zwischenstopp)*
bedingter H. conditional breakpoint
vollständiger H. *(Rech)* drop dead, halt
Haltanweisung *f (Rech)* stop statement
Haltbarkeit *f* durability; stability; service (operating) life
mechanische H. mechanical durability
Haltbefehl *m (Rech)* breakpoint instruction (order), halt instruction
Halteanode *f* excitation anode; keep-alive electrode *(bei Gasentladungsröhren)*
Haltebereich *m* retention (retaining, hold) range *(z. B. eines Oszillators)*
Haltebügel *m* retaining clip
Halteeinrichtung *f* / **automatische** automatic holding device
Haltefeder *f* retaining spring
Haltefrequenz *f* holding frequency
Halteglied *n (Syst)* holding element; holding circuit *(Abtastregelung)*
Halteimpuls *m* stop pulse
Halteklammer *f* retaining clip
Haltekontakt *m* holding (hold-in) contact
Haltekraft *f* holding power
Haltelast *f* holding load
Haltemagnet *m* holding magnet
halten:
belegt h. to hold *(Rechner)*
ein Kabelnetz unter Druck h. *(Fmt)* to pressurize a cable network
eine Kabelanlage unter Überdruck h. *(Fmt)* to pressurize a cable system
eine Leitung besetzt h. *(Fmt)* to hold (guard) a circuit
im Gleichgewicht h. to balance; to keep in equilibrium
in Betrieb h. to keep going
in Schranken h. to bound
konstant h. to keep (hold) constant; to stabilize *(z. B. Temperatur)*
Takt h. to keep time
trocken h. to keep dry
Wärme h. to retain heat; to store heat
Halten *n (Fmt)* forward hold
H. des Spitzenwertes peak (maximum) hold
Halteplatte *f* supporting plate *(in Röhren)*
Halter *m* holder, clip; base *(Sicherung)*; bracket *(für Isolatoren)*; support *(z. B. zur Leuchtdrahtbefestigung)*
Halterelais *n* holding relay; *(Syst)* blocking relay *(bei Abtastungen)*
magnetisches H. magnetic latching relay
Halterung *f* holder; mount *(s.a.* Halter)
aufreihbare H. *(Elk)* end-stackable mounting part
Halteschalter *m* holding key
Halteschaltung *f* holding circuit
Halteseil *n* guy
Haltesicherheitsfaktor *m* safety factor for holding *(Relais)*
Haltespannung *f* holding voltage
Haltesperre *f* holding interlock

Haltespule *f* holding (retaining, restraining) coil, hold-on coil
Haltestellung *f (Rech)* hold condition
Haltestift *m* retention pin
Haltestrom *m* hold (holding, retaining) current *(Thyristor)*
dynamischer H. *(App)* latching current
größter H. limiting no-damage current *(Sicherung)*
maximaler H. maximum holding current *(Thyristor)*
Haltestromkreis *m* holding (retaining) circuit, circuit of holding coil *(Relais)*; *(Nrt)* interception (holding) circuit
Haltetaste *f* hold key; *(Fmt)* holdover key
Halteverstärker *m* retaining amplifier
Haltevorrichtung *f* holding appliance, holding (carrying) device, holdfast
Halteweg *m* stop distance *(z. B. eines Bandlesers)*
Haltewert *m* holding value *(Relais)*
Haltewicklung *f* holding winding *(Relais)*
Haltewirkung *f (Syst)* holding action
Haltezeit *f* hold[ing] time *(Relais)*; stability duration *(Pulskodemodulation)*
Haltezone *f (Wärm)* holding zone
Haltezustand *m (Fmt)* manual hold
Haltsignal *n* stop signal
Halttaste *f* stop button
Hamilton-Operator *m* Hamilton[ian] operator
Hammer *m* / **Wagnerscher** *s.* Hammerunterbrecher
Hammerunterbrecher *m* hammer break (interrupter), Wagner interrupter *(elektromagnetischer Unterbrecher)*
Hammerwerk *n* impact [noise] generator, tapping machine *(für Trittschallmessung)*
Hamming-Abstand *m (Rech)* Hamming distance
Hamming-Kode *m (Rech)* Hamming code
Handabstimmung *f* manual tuning
Handamt *n (Fmt)* manual exchange
Handanlauf *m* manual starting
Handantrieb *m* manual drive
Handapparat *m s.* Handfernsprecher
Handauflegemethode *f* hand (wet) lay-up technique *(Kontaktpressen von Plastteilen)*
Handauslöser *m* hand release trip; manual firing switch *(am Blitzgerät)*
Handauslösung *f* hand (manual) release
selbständig zurücklaufende H. self-reset manual release
Handausschalter *m* manually operated circuit breaker
Handbedienung *f* manual (hand) control
handbetätigt manually operated, hand-operated, hand-actuated
Handbetätigung *f* manual (hand) operation, hand actuation
indirekte H. indirect manual operation
unabhängige H. independent manual operation
Handbetrieb *m* manual operation (working) ● **mit H.** hand-operated, manually [operated]
Handdateneingabe *f* manual data input
Handeinstellung *f* manual (hand) adjustment, hand setting
Handempfänger *m* hand receiver
Händetrockner *m* / **elektrischer** electric hand dryer
Handfahrschalter *m* manual controller
Handfernbetätigung *f* remote manual operation
Handfernsprecher *m* hand telephone, [telephone] handset, HS; [hand] microtelephone set
Handgeben *n* hand keying *(Telegrafie)*
Handgerät *n* hand set *(Sender und Empfänger)*
handgetastet hand-keyed *(Telegrafie)*
handhaben to operate; to handle, to manipulate
Handhabung *f* handling, manipulation
Handhabungsbedingungen *fpl* handling conditions
Handhebel *m* hand lever
Handlautstärkeregler *m* manual volume control
Handleuchte *f* hand lamp
Handlocher *m (Rech, Fmt)* manual (hand, key) punch
Handregel *f* hand rule
Handregelung *f* manual (hand) control
Handregler *m* hand-operated regulator
Handrückstellrelais *n* hand-reset relay
Handrückstellung *f* manual (hand) reset ● **mit H.** hand-restoring
Handruf *m (Fmt)* manual ringing
Handschalter *m* manual (hand) switch
Handschrifterkennung *f* handwriting recognition *(Informationsverarbeitung)*
Handsender *m (Fmt)* keyboard transmitter
Handspektroskop *n* hand spectroscope
Handsteuergerät *n* manual controller
Handsteuerung *f* manual (hand) control
Handsystem *n (Fmt)* manual system
Handtastatur *f* manual keyboard
Handtaste *f* key
Handtastung *f (Fmt)* manual (hand) keying
Handtelefon *n s.* Handfernsprecher
Handtempo *n* key speed *(Telegrafie)*
Handvermittlung *f (Fmt)* manual exchange
Handvermittlungsschrank *m (Fmt)* manual switchboard
Handvermittlungsstelle *f (Fmt)* manual exchange
Handzentrale *f (Fmt)* manual exchange
Hängeisolator *m* suspension insulator; disk insulator
Hängekette *f* suspension string
Hängeklemme *f* suspension clamp

Hängeleuchte *f* pendant lamp
Hängemantel *m* suspended jacket *(Haltesystem bei Söderberg-Elektroden)*
Hängeschalter *m* pendant switch
Hängestromschiene *f* overhead conductor rail
Hantierer *m (Rech)* handler *(Programm zur Kontrolle der Peripherie)*
HAPUG-Modulation *f (Nrt)* [Harbich-Pungs-Gehrt] controlled-carrier modulation, Hapug (floating-carrier, variable-carrier) modulation
Hardware *f (Rech)* hardware *(gesamter gerätetechnischer Teil einer elektronischen Datenverarbeitungsanlage)*
Hardware-Simulator *m (Rech)* hardware simulator
Harmonische *f* harmonic [component]
H. höherer Ordnung higher (upper) harmonic
erste H. *s.* Grundschwingung
geradzahlige H. even harmonic
härtbar hardenable
Härte *f* hardness
Härtebeschleunigung *f* hardening acceleration
Härtegrad *m* 1. grade (degree) of hardness; 2. contrast grade
Harteloxierung *f* hard anodic coating
Härtemesser *m s.* Härteprüfer
Härtemittel *n* hardener, hardening agent; curing agent *(Plaste, Farben)*
härten to harden *(z. B. Stahl)*; to cure *(Plaste)*
Härten *n* hardening; curing *(Plaste)*
Härteofen *m* hardening furnace (stove)
Härteprüfer *m* hardness tester (meter); durometer
Härteskala *f* hardness scale
Härtetiefe *f* depth of hardening (hardness)
Härtezeit *f* hardening time; curing time *(Plaste, Farben)*; stoving time *(Gießharze)*
Hartfasermaterial *n* fibre board material
Hartfaserplatte *f* hardboard
Hartgasschalter *m* hard-gas circuit breaker
Hartgewebe *n* laminated fabric, fabric-reinforced laminate
Hartgoldbad *n* hard-gold bath
Hartgummi *m*, **Hartkautschuk** *m* hard rubber, ebonite, vulcanite
Hartkopie *f (Rech)* hardcopy
Hartley-Oszillator *m*, **Hartley-Schaltung** *f* Hartley oscillator (circuit)
Hartlot *n* brazing (hard) solder
hartlöten to braze, to hard-solder
Hartlöten *n* **im Vakuum** vacuum brazing
Hartlötflußmittel *n* brazing flux
Hartlötschweißen *n* braze welding
Hartlötverbindung *f* brazed joint
hartmagnetisch magnetically hard, hard magnetic *(Werkstoff)*
Hartmessing *n* hard brass
Hartmetall *n* hard metal
Hartmetallfilm *m* hard-metal film
Hartpapier *n (Isol)* hard (laminated, bakelite, kraft) paper; cardboard
kupferkaschiertes H. copper-clad laminated paper
Hartpappe *f* hardboard
Hartporzellan *n* hard porcelain
Harttastung *f (Fmt)* hard keying
Härtung *f s.* Härten
hartverchromen to deposit hard chromium
Hartverchromung *f* hard chrome-plating
hartvergütet hard-coated
hartverzinkt hard-galvanized
Hartzementüberzug *m* hard cement coating
Harz *n* resin
flammwidriges H. fire-retarding resin
harzgetränkt resin-impregnated
Harzkitt *m*, **Harzkleber** *m* resin cement
Harzlack *m* resinous varnish
Harzschallplattenaufzeichnung *f* lacquer recording
harzvergossen resin-cast
Häufigkeit *f* frequency
natürliche H. natural abundance *(z. B. von Isotopen)*
relative H. relative frequency
Häufigkeitsdichte *f* frequency density
Häufigkeitsfaktor *m* frequency factor
Häufigkeitsfunktion *f* frequency function
Häufigkeitskurve *f* frequency curve
Häufigkeitsverhältnis *n* abundance ratio *(von Isotopen)*
Häufigkeitsverteilung *f* frequency distribution
Häufigkeitswert *m* frequency value
Häufigkeitszähler *m* frequency counter *(statistische Gütekontrolle)*
Häufung *f* accumulation
Häufungspunkt *m* accumulation point
Hauptabmessungen *fpl* main (principal) dimensions
Hauptabsorptionsbande *f* main absorption band
Hauptabstimmung *f* main tuning
Hauptachse *f* principal axis *(Kristall)*; main axis; major axis *(Mathematik)*; *(Masch)* d-axis
Hauptamt *n (Fmt)* [telephone] central office
Hauptamtskabel *n (Fmt)* sub-zone centre cable
Hauptanflugfeuer *n* inner marker beacon *(Instrumentenlandesystem)*
Hauptanode *f* main anode
Hauptanschluß *m* 1. main lead; 2. *(Fmt)* main [telephone] station, subscriber's main station
sekundärer H. main secondary terminal
Hauptanschlußdichte *f (Fmt)* main station density

Hauptanschlußklemme *f* main terminal
Hauptanschlußleitung *f* main lead
Hauptapparat *m (Fmt)* main set, master telephone
Hauptausstrahlungsrichtung *f* main direction of radiation
Hauptband *n* master tape
Hauptbatterie *f* main battery
Hauptbelastung *f* main load *(Energieversorgung)*
Hauptbelastungszeit *f* peak time *(Energieversorgung)*
Hauptbeleuchtung *f* main lighting
Hauptbogen *m* main arc
Hauptebene *f* principal plane *(Optik)*
Hauptecho *n* main echo
Haupteichkreis *m (Fmt)* telephone transmission reference system
Haupteinflugzeichen *n* middle marker beacon *(Instrumentenlandesystem)*
Haupteinheit *f* master unit
Hauptelektrode *f* main electrode
Hauptempfangsrichtung *f (Nrt)* main receiving direction
Hauptentladung *f* main discharge
Hauptentladungsstrecke *f* main discharge gap
Haupterreger *m* main exciter
Hauptfeldlängsreaktanz *f (Masch)* direct-axis armature reactance
Hauptfeldspannung *f* transient internal voltage
Hauptfeldwicklung *f* field winding
Hauptfernamt *n (Fmt)* main zone centre
Hauptfluß *m* main flux
Hauptfunktion *f* **/ Hamiltonsche** principal function of Hamilton
Hauptgenerator *m* main generator
Hauptgitter *n* parent lattice *(Kristall)*
Hauptimpuls *m* master pulse
Hauptinduktivität *f* main (principal) inductance
Hauptisolation *f* major insulation *(z. B. bei Transformatoren)*
Hauptkabel *n* main cable
Hauptkabelnetz *n (Fmt)* main [cable] network
Hauptkapazität *f* main capacitance *(bei Freileitungen)*
Hauptkarte *f (Rech)* master card (*s. a.* Leitkarte)
hauptkartengesteuert *(Rech)* master-card-controlled
Hauptkeule *f* main (principal, major) lobe *(Richtcharakteristik)*
Hauptkompaß *m* master compass
Hauptkontakt *m* main contact
Hauptkopplung *f (Syst)* main coupling *(bei Mehrgrößensystemen)*
Hauptlappen *m s.* Hauptkeule
Hauptlastverteiler *m* main distribution centre
Hauptleitung *f* [electric] main; power transmission line; *(Fmt)* main line; bus *(Sammelschiene)*
H. vom Speicher zum Rechner number transfer bus
Hauptlicht *n* main light; *(Ferns)* key light
Hauptlichtbogen *m* main arc
Hauptlinie *f* main line
Hauptlüfter *m* main ventilator
Hauptmode *f (Halbl)* dominant mode
Hauptnetzsicherung *f* main power fuse
Hauptperiode *f (Rech)* major cycle
Hauptphase *f* main phase
Hauptpol *m (Masch)* main (field) pole
Hauptprogramm *n (Rech)* main program (routine), master program; background program *(bei interruptfähigem System)*
Hauptpunkt *m* principal point *(Optik)*
Hauptquantenzahl *f* main (principal, first) quantum number
Hauptregelgröße *f (Syst)* final controlled variable
Hauptregelkreis *m (Syst)* main control loop
Hauptregelschleife *f (Syst)* majority loop
Hauptregler *m* main regulator
Hauptreihe *f* standard rating *(Glühlampenstaffelung)*
Hauptrelais *n* primary relay
Hauptrichtungsanzeiger *m* master direction indicator
Hauptrückführung *f (Syst)* primary (monitoring, major) feedback *(im Regelkreis)*
Hauptsammelschiene *f* main bus bar
Hauptschaltanlage *f* main switchgear; main switch station
Hauptschalter *m* main (master) switch
Hauptschaltpult *n* main switch desk
Hauptschalttafel *f* main switchboard; main control panel
Hauptschaltwarte *f* main switch[ing] station
Hauptschieber *m* main valve
Hauptschleife *f (Syst)* majority loop
Hauptschluß *m (Masch)* series connection
Hauptschlußbogenlampe *f (Licht)* series arc lamp
Hauptschlußerregung *f (Masch)* series excitation
Hauptschlußgenerator *m (Masch)* series[-wound] generator, main current generator; series connection dynamo
Hauptschlußmaschine *f (Masch)* series-wound machine
Hauptschlußmotor *m (Masch)* series[-wound] motor, main current motor
Hauptschlußwicklung *f (Masch)* series winding
Hauptschutz *m* main protection
Hauptschütz *n* master contactor
Hauptschwingungstyp *m* principal (dominant) mode

Hauptseitenband *n* main sideband
Hauptsender *m* main transmitter; *(Am)* key station *(Rundfunk)*
Hauptserie *f* principal series
Hauptsicherung *f* main [power] fuse
Hauptskalenteilungen *fpl* major graduations
Hauptspannung *f* main voltage
Hauptspeicher *m (Rech)* main memory (store), general (primary) store
Hauptspeicherwerk *n (Rech)* main accumulating register
Hauptspeiseleitung *f* main feeder
Hauptsteuerprogramm *n* main control program
Hauptsteuerpult *n* central control desk
Hauptsteuerschalter *m* master controller
Hauptstrahl *m* principal (central) ray *(Optik)*
Hauptstrahlrichtung *f* main (primary) transmitting direction *(Sender)*
Hauptstrahlungszipfel *m* main lobe of radiation *(Richtcharakteristik)*
Hauptstrom *m* main current
Hauptstromanlaßsteller *m* series starter
Hauptstrombahn *f* **eines Schaltgeräts** main circuit of a switching device
Hauptstromfeld *n* series current field *(magnetisches Feld)*
Hauptstromkreis *m (Masch)* main circuit; *(Eüb)* power circuit
Hauptstromrelais *n* primary relay
Hauptsymmetrieachse *f* principal axis *(Kristall)*
Haupttaktspur *f* main clocking track
Haupttaste *f* master key
Hauptträger *m* main carrier *(Modulation)*
Hauptträgerwelle *f* main carrier wave
Haupttragseil *n* main carrier cable *(Fahrdraht)*
Haupttransformator *m* main transformer
Haupttrasse *f (Fmt)* main artery
Haupttrennschalter *m* master circuit breaker
Haupttyp *m s.* Hauptschwingungstyp
Hauptuhr *f* master clock
Hauptumspanner *m* main transformer
Haupt- und Zwischenverteiler *m (Fmt)* combined distribution frame
Hauptverkehrsstunde *f (Fmt)* busy (rush) hour
zeitlich festgelegte H. time-consistent busy hour
Hauptverkehrszeit *f (Fmt)* busy period (hours), rush hour
Hauptverstärker *m* main amplifier
Hauptverstärkeramt *n (Fmt)* main repeater station
Hauptverstärkungsregler *m* master gain controller
Hauptverteiler *m (Fmt)* main distribution frame, MDF
Hauptverteilerstelle *f,* **Hauptverteilerzentrale** *f* branch-circuit distribution centre
Hauptvielfachfeld *n (Fmt)* full multiple
Hauptwelle *f* 1. principal wave (mode) *(Schwingung);* 2. main shaft *(Achse)*
Hauptwert *m* principal value
Hauptwicklung *f* main winding
sekundäre H. main secondary winding
Hauptzyklus *m (Rech)* major cycle
Hausanschluß *m* service tap (line); *(Fmt)* private (house) connection
Hausanschlußkasten *m* service box
Hausanschlußleitung *f* service line
Hausanschlußmuffe *f* service box
Hausanschlußschalter *m* service switch
Hausanschlußsicherung *f* main [power] fuse
Hauseinführung *f (Fmt)* house lead-in
Hausfernsprecher *m* house (domestic) telephone
Hausgenerator *m* house (auxiliary, station service) generator
Haushaltelektronik *f* domestic appliances electronics
Haushaltgerät *n* / **elektrisches** electric domestic (household) appliance
Haushaltklimatisierung *f* domestic air conditioning
Haushaltkühlschrank *m* domestic refrigerator
Haushaltsicherung *f* domestic fuse
Haushaltstromabnehmer *m* domestic consumer
Haushalttarif *m* domestic rate
Haushaltverbrauch *m* domestic consumption
Hausinstallation *f* house wiring, domestic (house) installation
Hausnebenstellenanlage *f* **mit Wählbetrieb** *(Fmt)* private automatic exchange, PAX
Haussprechstelle *f (Fmt)* private station
Haustelefon *n* house (domestic) telephone
Haustransformator *m* auxiliary (station service) transformer
Hausturbine *f* house (auxiliary) turbine
Hausturbogenerator *m* house turbogenerator
Hauszentrale *f* domestic power plant *(Kraftanlage)*
Hautableitung *f* skin derivation
Hautdicke *f* skin thickness *(Skin-Effekt)*
Hauteffekt *m s.* Skineffekt
Hautkristall *m* web crystal
Hauttiefe *f* skin depth
Hautwiderstand *m* skin resistance
Havariereparatur *f* breakdown (emergency) repair
Hawkins-Element *n* zinc-iron cell
Hay-Brücke *f* Hay bridge *(Induktivitätsmeßbrücke)*
H-Bogen *m* H-bend, edgewise bend *(Wellenleiter)*

H-Darstellung *f* H-display *(Radar)*
H-Dipolantenne *f* double-dipole aerial
Heaviside-Brücke *f* Heaviside bridge *(Gegeninduktivitätsmeßbrücke)*
Heaviside-Campbell-Brücke *f* Heaviside-Campbell bridge *(Meßbrücke zur Bestimmung von Selbst- und Gegeninduktivitäten)*
Heaviside-Effekt *m* Heaviside effect *(Stromverdrängung)*
Heaviside-Funktion *f* Heaviside unit function
Hebbewegung *f (Fmt)* vertical [upward] motion
Hebdrehwähler *m (Fmt)* two-motion selector
Hebel *m* lever
H. mit Federwippe lever with spring toggle
Hebelanlasser *m* lever-type starter
Hebelanzeige *f* lever indication
Hebelschalter *m* lever switch, single-throw knife switch
Hebelsperreinrichtung *f* lever blocking device
Hebelsteuerung *f* lever (joystick) control
heben to lift, to elevate; to raise
Heberelais *n (Fmt)* cable relay
Heberschreiber *m* siphon recorder
Hebkontakt *m (Fmt)* vertical interrupter contact
Hebmagnet *m (Fmt)* vertical magnet
Hebschritt *m (Fmt)* vertical step
Hebsperrfeder *f (Fmt)* vertical lock spring
Heckleuchte *f* tail lamp
Heimbeleuchtung *f* domestic (home) lighting
Heim-Computer *m* home computer
Heimleuchte *f* domestic (home) lighting fitting
Heimmikrofon *n* home microphone *(besondere konstruktive Form für Heimgeräte)*
Heimtonbandgerät *n* home recorder
Heising-Modulation *f* Heising (choke, constant-current) modulation
Heising-Parallelröhrenmodulation *f* choke control modulation
Heißelektron *n* hot electron *(hochenergetisch)*
Heißelektronendiode *f* hot-electron diode
Heißelektronenstromschwingung *f* hot-electron current oscillation
Heißelektronentransistor *m* hot-electron transistor
Heißelektronentriode *f* hot-electron triode
Heißleiter *m* negative temperature coefficient resistor (thermistor), NTC resistor, NTC thermistor
Heißluftdusche *f* electric hair dryer
Heißpunkt *m* hot spot
Heißtauchen *n* dip moulding, hot-dip coating *(Plaste)*
Heißverzinnung *f* hot tinning
Heißwassermantel *m* hot-water jacket
Heißwasserspeicher *m* [thermal] storage water heater
elektrischer H. electrical storage water heater
Heizaggregat *n* / **elektrisches** electric heating aggregate (equipment, unit)
Heizanlage *f* heating equipment (unit, installation)
Heizbad *n* heating bath
Heizband *n* 1. heating tape (band), strip heater; 2. filament ribbon *(Röhren)*
isoliertes H. insulated heating tape
Heizbatterie *f* filament battery, A-battery *(Röhren)*
Heizbinde *f* / **elektrische** electric heating tape
Heizdecke *f* / **elektrische** electric blanket
Heizdraht *m* heating wire; [heating] filament *(Röhren)*
thorierter H. thoriated filament
Heizdrossel *f* filament choke
Heizeinrichtung *f* heating equipment (installation)
thermoelektrische H. thermoelectric heating device
Heizeinsatz *m* / **auswechselbarer** heating inset (cartridge)
Heizelektrode *f* heating electrode
Heizelement *n* heating element (unit), heater; resistance element
H. mit Kühlrippen (Wärmeableitrippen) finned-type heating element
anklemmbares H. clamp-on heating element
eingegossenes H. cast-in heating element
elektrisches H. electric heating element
frei abstrahlendes H. heating element of the bare-wire type, [exposed] heating spiral
geschütztes H. protected heating element
glimmerisoliertes H. mica-insulated heating element
nichtumhülltes H. *s.* frei abstrahlendes H.
streifenförmiges H. strip-type heating element
Heizelementoberflächenbelastung *f* heating element surface rating
heizen to heat, to fire
Heizenergiebedarf *m* heating requirement
Heizfach *n* heating compartment (shelf, partition)
Heizfaden *m* [heating] filament, heater
H. mit Oxidschicht oxide-coated filament
H. mit Thoriumschicht thoriated filament
aktiver H. activated filament *(Röhren)*
Heizfadenanschluß *m* filament terminal
Heizfadengleichstromversorgung *f* d.c. filament supply

Heizfadenmittenabgriff *m* filament centre tap
Heizfadenspannung *f* filament voltage
Heizfadentemperatur *f* filament (heater) temperature
Heizfadenüberbrückungskondensator *m* filament (heater) bypass capacitor
Heizfadenwiderstand *m* filament resistance
Heizfähigkeit *f* heating capacity
Heizfläche *f* heating surface
  gesamte H. total heating surface
Heizfolie *f* heating foil
Heizgerät *n* / **elektrisches** electric heater (heating apparatus)
Heizgewebe *n* / **elektrisches** electric heating fabric
Heizgitter *n* heating grid
Heizgleichrichter *m* A-rectifier *(Radio)*
Heizimpuls *m* heating pulse
Heizinduktor *m* heating inductor
Heizkabel *n* heating cable
Heizkatode *f* hot (incandescent) cathode
Heizkondensator *m* heating capacitor *(Arbeitskondensator)*
Heizkörper *m* heater, heating element
  eingegossener H. cast-in heater *(in Metall)*
  elektrischer H. electric heater
  offener H. open-type heater, [exposed] heating spiral
  ringförmiger H. ring-type heater
Heizkörperträger *m* heating element carrier, heating element carrying (holding) device
Heizkraftwerk *n* heat-generating station
Heizkreis *m* heater (heating) circuit
Heizkreuz *n* heating cross
Heizlampe *f* heating lamp
  H. mit Innenreflektor internal reflector-type heating lamp
Heizlast *f* heating load
Heizleistung *f* heating power; filament power (wattage)
Heizleiter *m* heating conductor, heater
Heizleiteranordnung *f* arrangement of heating conductors *(z.B. im Ofenraum)*
Heizleiterträger *m* heating conductor support
Heizleiterwerkstoff *m* heating conductor material
Heizlüfter *m* fan heater
Heizmantel *m* heating jacket (blanket, sleeve)
Heizmuffel *f* heating muffle
Heizpatrone *f* heating cartridge (inset)
Heizplatte *f* heating (warming, hot) plate
Heizraum *m* heating chamber
  gasdichter H. gas-tight heating chamber *(Industrieofen)*
Heizregler *m* filament rheostat *(Elektronenröhren)*
Heizrohr *n* heating tube; boiler tube
Heizschlange *f* heating (heater) coil
Heizsonne *f* electric [bowl] fire
Heizsonnenreflektor *m* electric fire bowl
Heizspannung *f* heating (heater, filament) voltage
Heizspirale *f* heating (heater) coil, heating spiral
Heizspule *f* heating (heater) coil
Heizstab *m* rod for heating spirals
Heizstrom *m* heating (heater, filament) current
  zulässiger H. safe filament current *(Elektronenröhren)*
Heizstromkreis *m* heating (heater, filament) circuit *(Röhren)*
Heizstromverbrauch *m* filament current consumption *(Röhren)*
Heizstromversorgung *f* filament [power] supply *(Röhren)*
Heizteppich *m* heating (electric) carpet
Heiztisch *m* / **elektrisch beheizter** electrically heated hot-table
Heiztransformator *m* filament (heating) transformer *(Röhren)*
Heizung *f* heating
  direkte elektrische H. direct electric heating
  indirekte elektrische H. indirect electric heating
Heizungsanlage *f* heating installation
Heizungstechnik *f* heating technique
Heizvorrichtung *f* heating device (appliance), heater
Heizwendel *f* heating (heater) coil, heating spiral
  H. aus Chromnickeldraht heating spiral of nickel chromium wire
  offene H. open-type heating spiral, [exposed] heating spiral
Heizwicklung *f* filament winding
Heizwiderstand *m* 1. heating (heater, filament) resistance; 2. heating resistor (element) *(Widerstand zu Heizzwecken)*; filament rheostat *(für Röhren)*
Heizwirkung *f* heating effect
Heizzeit *f* heating time, warming-up period (time)
Heizzone *f* heating zone *(z.B. eines Ofens)*
Heliumentladungsröhre *f* helium discharge tube
Heliumlampe *f* helium lamp
Helium-Neon-Laser *m* helium-neon laser
hell bright, light; clear *(z.B. Klang)*
Helladaptation *f* light (bright) adaptation
Hell-Dunkel-Steuerung *f* light-dark control; *(Ferns)* black-white control, brilliance control
Hell-Dunkel-Tastung *f* Z-axis modulation *(Oszillograf)*
Hell-Dunkel-Verhältnis *n* light-dark ratio, bright-dark ratio

Hellempfindlichkeitsfunktion *f* luminosity function
Hellempfindlichkeitsgrad *m* **/ spektraler** *(Licht)* relative luminous efficiency (factor)
Hellempfindlichkeitskurve *f* **/ spektrale** *(Licht)* [spectral] luminous efficiency curve, spectral response curve
Hellempfindungsgrad *m (Licht)* luminous efficiency function
Hellfeld *n* bright field *(Optik)*
Hellfeldbeleuchtung *f* bright-field illumination
Hellfeldbetrachtung *f* bright-field observation (examination)
Hellfeldkondensor *m* bright-field condenser
Hellichtentwicklung *f* bright-light development
Helligkeit *f* 1. brightness; lightness; 2. luminosity, apparent (subjective) brightness; 3. luminance *(Fotometrie)*
Helligkeitsabfall *m* decrease (fall-off) in brightness
Helligkeitsänderung *f* change in brightness
Helligkeitsbereich *m* brightness range
Helligkeitseindruck *m* apparent brightness
Helligkeitseinstellung *f (Ferns)* brightness control
Helligkeitsflimmern *n* luminance flicker
Helligkeitsgrad *m* luminosity factor
Helligkeitsimpuls *m* brightening pulse
Helligkeitsindex *m* luminosity index
Helligkeitskanal *m* luminance channel
Helligkeitskontrast *m* brightness contrast
Helligkeitsmarke *f (Ferns)* bright-up marker
Helligkeitsmodulation *f (Ferns)* brightness (intensity) modulation; brilliance modulation *(Oszilloskopmeßtechnik)*
Helligkeitspegel *m (Ferns)* brightness (intensity) level
Helligkeitsregelung *f (Ferns)* brightness control
Helligkeitsregelwiderstand *m* dimming resistor
Helligkeitsregler *m* lighting [control] dimmer, lighting controller
Helligkeitsschwankung *f* variation in brightness, brightness fluctuation
Helligkeitsschwelle *f* luminance threshold
Helligkeitssignal *n (Ferns)* brightness (luminance) signal
Helligkeitssprung *m* brightness jump
Helligkeitssteuerung *f* intensity control *(eines Katodenstrahls)*
Helligkeitsumfang *m* brightness range
Helligkeitsunterschied *m* brightness difference
Helligkeitsvergleich *m* brightness comparison
Helligkeitsverlust *m* brightness loss
Helligkeitsverringerung *f* diminution of brightness
Helligkeitsverstärker *m* intensity amplifier
Helligkeitsverteilung *f* distribution of brightness
Helligkeitsverzerrung *f (Ferns)* distortion of brightness
Helligkeitswert *m* brightness value; *(Ferns)* brightness level
Hellperiode *f* light period
Hell-Schreiber *m (Fmt)* Hell printer
Hellsteuerung *f* intensity modulation, Z-axis modulation *(Oszillograf)*
Hellsteuerungssignal *n (Ferns, Nrt)* unblanking signal
Hellstrahler *m* heating lamp, radiant lamp heater
  H. mit Innenreflektor internal reflector-type heating lamp
Hellstrom *m* illumination current
Helltastimpuls *m (Ferns, Nrt)* bright-up pulse, unblanking pulse
Helltastsignal *n (Ferns, Nrt)* unblanking signal
Helltastung *f s.* Hellsteuerung
Helmholtz-Fläche *f* Helmholtz plane *(elektrochemische Doppelschicht)*
Helmholtz-Resonator *m* Helmholtz resonator
Helmholtz-Schicht *f* Helmholtz double layer *(elektrochemische Doppelschicht)*
Helmholtz-Spule *f* Helmholtz coil
Helmlampe *f* **/ geschlossene** sealed-beam headlamp
hemmen to retard; to stop, to block
Hemmung *f* 1. retardation, retarding; stoppage, blocking; 2. drag; retarding (braking) device
Hemmwerk *n* retarder
Henry *n* henry, H *(SI-Einheit der Induktivität)*
Heptode *f* heptode
Herabführung *f* leading down *(Antennentechnik)*
herabsetzen to reduce, to lower, to degrade, to decrease *(z. B. Leistung)*
  die Dämpfung h. to reduce damping
  die Geschwindigkeit h. to decelerate
  die Spannung h. to reduce the voltage
herabtransformieren *s.* heruntertransformieren
heranführen to link up *(eine Leitung)*
herauftransformieren to step up
Herauftransformieren *n* step-up transformation
herausfiltern to filter out, to isolate
Herausfiltern *n* **der niedrigen Frequenzanteile** low-pass filtering *(z. B. eines Signals)*
herausziehen / den Stecker to unplug
Herdelektrode *f* hearth electrode
Herdschmelzofen *m* hearth-type melting furnace
Herdwagendurchlaufofen *m* continuous car-type furnace

hergestellt / nach Bestellung (Kundenwünschen) custom-built, custom-made
Herkon-Relais *n* Herkon relay
Hermetikkompressor *m* hermetic (sealed refrigeration) compressor *(für Kältemaschinen)*
hermetisch hermetic[al]
herstellen to manufacture, to make, to produce
eine Verbindung h. to make (set up) a connection, to establish a connection
galvanoplastisch h. to electroform
Hersteller *m* **komplexer Anlagen** original-equipment manufacturer, OEM
Herstellungstechnik *f* manufacturing (fabrication) technique, art of manufacture
Herstellungstechnologie *f* manufacturing (fabrication) technology
Herstellungstoleranz *f* manufacturing (fabrication) tolerance
Herstellungstoleranzbereich *m* manufacturing (fabrication) spread
Herstellungsverfahren *n* manufacturing method (procedure, technique), fabrication procedure
Herstellungszeit *f (Fmt)* setting-up time *(für eine Verbindung)*
Hertz *n* hertz, cycles per second, cps *(SI-Einheit der Frequenz)*
Hertz-Dipol *m* Hertzian dipole
Hertz-Effekt *m* Hertz effect
herunterkühlen to cool down
heruntertransformieren to step down
Heruntertransformieren *n* step-down transformation
hervorheben to accentuate, to emphasize *(Frequenzen)*
Herzkurve *f* cardioid, cardioid curve (diagram)
Herzschall *m* cardiosound, cardiac sound
heterochrom heterochromatic
Heterodynempfang *m* heterodyne reception
Heterogenität *f* **des Adsorptionsverhaltens** heterogeneity of adsorption *(einer Oberfläche)*
Heteroladung *f* heterocharge
heteromorph heteromorphic *(z. B. Kristall)*
heteropolar heteropolar
Heteroübergang *m (Halbl)* heterojunction
Heulboje *f* sounding (acoustic) buoy
heulen to howl *(durch Rückkopplung)*
Heuler *m (Fmt)* howler
Heulfrequenz *f* wobble frequency
Heulton *m* howl *(durch Rückkopplung)*
Heultonfrequenz *f* wobble audio frequency
Heultongenerator *m* wobbler
Heultonne *f* sounding buoy
Hewlett-Isolator *m* Hewlett insulator
Hexahydrophthalsäure *f* hexahydrophthalic acid *(Härtungsmittel für Epoxidharze)*
HEXFET hexagonal field-effect transistor
Hexode *f* hexode, six-electrode tube
Hexodenkappe *f* top cap of hexode
Heydweiler-Brücke *f* Heydweiler bridge *(zur Messung fast gleicher Widerstände)*
Heyland-Diagramm *n* Heyland diagram *(Asynchronmaschine)*
HF-... *s.* Hochfrequenz...
H-Feld *n* magnetic field-strength field
H-Glied *n* H-network, H-section
HGÜ *s.* Hochspannungsgleichstromübertragung
HI-Bogen *m* high-intensity carbon arc, Beck arc
Hi-Fi *s.* High Fidelity
Hi-Fi-Anlage *f* high-fidelity set
Hi-Fi-Verstärker *m* high-fidelity amplifier
Hi-Fi-Wiedergabe *f* high-fidelity reproduction
High Fidelity *f (Ak)* high fidelity, hi-fi *(Qualitätsbegriff für weitgehend originalgetreue Tonwiedergabe)*
High-speed-Schaltkreis *m* high-speed circuit
integrierter H. high-speed integrated circuit, high-speed IC
Highway-Gruppe *f (Nrt)* highway-group
HI-Kohle *f* high-intensity carbon
Hilfsader *f* pilot core (wire, conductor) *(Kabel)*
Hilfsadresse *f (Rech)* auxiliary address
Hilfsakkumulator *m (Rech)* auxiliary accumulator
Hilfsamt *n (Fmt)* sub-exchange
Hilfsanlagen *fpl* auxiliary installation
Hilfsanode *f* auxiliary anode; exciting (excitation, ignition, keep-alive) electrode
Hilfsantenne *f* auxiliary aerial; gap filler *(Radar)*
Hilfsantrieb *m* accessory drive
Hilfsausrüstung *f* auxiliary (ancillary) equipment
Hilfsbatterie *f* auxiliary (standby) battery
Hilfsbetriebe *mpl* **in Kraftwerken** power-station auxiliaries
Hilfsdienst *m (Fmt)* auxiliary service
Hilfseinrichtung *f* auxiliary (ancillary) equipment
Hilfselektrode *f* 1. auxiliary electrode; 2. guard ring *(am Isolator)*
Hilfsentladung *f* auxiliary discharge
Hilfsentladungskreis *m* keep-alive circuit
Hilfsentladungsstrecke *f* auxiliary discharge gap *(in Gasentladungsröhren)*
Hilfserreger *m* pilot exciter
Hilfserregermaschine *f* pilot exciter machine
Hilfserregungsgröße *f* auxiliary energizing quantity
Hilfsfrequenz *f* auxiliary frequency
Hilfsfunkenstrecke *f* auxiliary spark gap
Hilfsfunktion *f* auxiliary function

Hilfsgenerator *m* auxiliary generator
Hilfsgeräte *npl* auxiliary equipment, auxiliaries
H. für Bodenstationen *(Nrt)* ground support equipment
Hilfsgitter *n* auxiliary (intermediate) grid *(Pentoden)*
Hilfsgleichrichter *m* complementary rectifier
Hilfsgröße *f* auxiliary (subsidiary) quantity
Hilfskabel *n* auxiliary cable; *(Fmt)* interruption (emergency) cable; control cable *(zur Überwachung)*
Hilfsklinke *f (Fmt)* ancillary jack
Hilfskontakt *m* auxiliary contact; dependent contact
Hilfskreis *m s.* Hilfsstromkreis
Hilfskühlwasserpumpe *f* auxiliary cooling-water pump
Hilfslampe *f* auxiliary lamp
Hilfsleiter *m* pilot conductor *(Kabel)*
Hilfsmaschinenaggregat *n* auxiliary power unit
Hilfsmotor *m* auxiliary motor; pony motor; servomotor *(in Regelsystemen)*
Hilfsöffnungskontakt *m* normally closed auxiliary contact
Hilfsoszillator *m* auxiliary oscillator
Hilfsphase *f* auxiliary phase (winding)
Hilfsphasenmotor *m* single-phase [induction] motor
Hilfsplatz *m (Fmt)* ancillary position
Hilfsplatzrufnummer *f (Fmt)* assistance code
Hilfspol *m* auxiliary pole
Hilfsprogramm *n (Rech)* auxiliary program (routine)
Hilfspumpe *f* booster pump
Hilfsregelkreis *m* auxiliary control loop, servo loop
Hilfsregelsystem *n* servo system
Hilfsrelais *n* auxiliary (booster, supplementary, slave) relay
Hilfssammelschiene *f* auxiliary bus bar
Hilfsschalter *m* auxiliary switch (controller)
Hilfsschiene *f* transfer bar *(Schaltanlagen)*
Hilfsschließkontakt *m* normally open auxiliary contact
Hilfsschütz *n* auxiliary contactor
Hilfsspannung *f* auxiliary voltage
Hilfsspannungsversorgung *f* auxiliary voltage supply
Hilfsspeicher *m (Rech)* auxiliary memory (store), secondary (backing) memory
Hilfsspeicherung *f (Rech)* auxiliary (secondary, backing) storage
Hilfsspule *f* auxiliary coil
Hilfsstrahler *m* auxiliary radiator
Hilfsstrom *m* auxiliary current
Hilfsstromauslösung *f* independent trip
Hilfsstromkreis *m* auxiliary (ancillary, subsidiary) circuit, subcircuit
Hilfsstromquelle *f* auxiliary power supply
Hilfsstudio *n* satellite studio *(Studiotechnik)*
Hilfssystem *n* **für die Strahlführung** beam-positioning servo system
Hilfsthyristor *m* amplifying gate *(bei steuerstromverstärkenden Thyristoren)*
Hilfsträger *m (Nrt, Ferns)* subcarrier
Hilfsträgermodulation *f* subcarrier (auxiliary carrier) modulation
Hilfstragseil *n* auxiliary carrier cable
Hilfstransformator *m* auxiliary (booster) transformer
Hilfsturbine *f* auxiliary turbine
Hilfsvariable *f* auxiliary variable
Hilfsvermittlungskraft *f (Fmt)* assistance operator
Hilfsversorgung *f* auxiliary supply
Hilfsverstärker *m* servo amplifier
Hilfsvoramt *n (Fmt)* subcontrol station
Hilfswähler *m (Fmt)* auxiliary selector
Hilfsweg *m (Fmt)* emergency route
Hilfswicklung *f* auxiliary winding
Hilfszeichen *n* auxiliary symbol
Hilfszündung *f* auxiliary ignition
Himmelsfaktor *m* sky factor *(Helligkeitsbeurteilung)*
Himmelsleuchtdichte *f* sky luminance
Himmelslicht *n* skylight
Himmelslichtanteil *m* sky component
Himmelslichtquotient *m* sky factor
Himmelsstrahlung *f* sky radiation
Hindernisfeuer *n* obstruction light
hindurchgehen to pass through; to traverse
hindurchlassen to transmit, to pass
Hinterätzeinrichtung *f* etch-back equipment, acid etch equipment *(Leiterplatten)*
Hinterätzen *n* etch-back, acid etch *(Leiterplatten)*
hintereinandergeschaltet series-connected, serially connected, in series
hintereinanderschalten to connect in series; to cascade, to connect in cascade (tandem)
Hintereinanderschaltung *f* series connection (circuit), cascade (tandem) connection
Hintergrundabtastung *f (Fmt)* background scanning
Hintergrundbeleuchtung *f* background lighting
Hintergrundgeräusch *n* background noise
Hintergrundhelligkeit *f (Ferns)* background brightness
Hintergrundprogramm *n (Rech)* background program
Hinterwandzelle *f* back-wall cell *(bei Fotoelementen)*
hin- und herbewegen to reciprocate
Hin- und Rückleitung *f* go-and-return line, up-and-down line

Hin- und Rückweg *m (Fmt)* go-and-return channel
Hinweisdienst *m (Fmt)* changed number interception
Hinweisleitung *f (Fmt)* interception trunk
Hinweisstöpsel *m (Fmt)* signal plug
Hinweiston *m (Fmt)* number-unobtainable tone
Histogrammrechner *m* histogram computer
Hitzdraht *m* hot wire
Hitzdrahtamperemeter *n* hot-wire ammeter
Hitzdrahtanemometer *n* hot-wire anemometer, catharometer
Hitzdrahtausbrennung *f* hot-wire cautery *(Elektromedizin)*
Hitzdrahtfedersatz *m* thermocontact
Hitzdrahtgalvanometer *n* hot-wire galvanometer
Hitzdrahtinstrument *n* hot-wire instrument, expansion instrument
Hitzdrahtmeßinstrument *n* hot-wire meter
Hitzdrahtmikrofon *n* hot-wire microphone
Hitzdrahtrelais *n* hot-wire relay
Hitzdrahtsonde *f* hot-wire probe
Hitzdrahtvoltmeter *n* hot-wire voltmeter, Cardew voltmeter
hitzebeständig heat-resistant, heat-resisting, heat-proof, thermally stable
Hitzebeständigkeit *f* heat resistance, heat (thermal) stability
hitzehärtbar thermosetting *(Plaste, Keramik)*
H-Krümmer *m* H-bend, H-plane bend *(Wellenleiter)*
HMOS-Technologie *f s.* Hochleistungstechnologie für MOS-Schaltkreise
HNIL *Abk. für* high-noise-immunity logic
hoch high[-pitched] *(Tonhöhe)*
Hochantenne *f* outdoor (high) aerial
hochauflösend high-resolution, highly resolving
hochbelastbar heavy-duty
Hochbelastbarkeit *f* heavy-load capacity, heavy-duty capacity
Hochbelastungsanforderungen *fpl* heavy-duty requirements
hochdissoziiert highly dissociated
hochdotiert heavily doped
Hochdruckanlage *f* high-pressure plant *(Dampfkraftwerk)*; high-head plant *(Wasserkraftwerk)*
Hochdruckbogen *m* high-pressure arc
wasserstabilisierter H. water-stabilized high-pressure arc
Hochdruckbogenentladung *f* high-pressure arc discharge
Hochdruckentladung *f* high-pressure discharge
Hochdruckentladungslampe *f s.* Hochdrucklampe
Hochdruckkessel *m* high-pressure boiler
Hochdrucklampe *f* high-pressure [discharge] lamp
Hochdrucklichtbogen *m s.* Hochdruckbogen
Hochdruckpolyäthylen *n* / **chloriertes** chlorinated high-pressure polyethylene *(für flammfeste Isolierüberzüge)*
Hochdruckquecksilberdampflampe *f* high-pressure mercury [vapour] lamp
Hochdruckrohr *n* high-pressure pipe
Hochdruckschmierung *f* high-pressure lubrication
Hochdrucksterilisator *m* high-pressure sterilizer
Hochdruckstollen *m* high-pressure tunnel *(Wasserkraftwerk)*
Hochdruckstufe *f* high-pressure stage
hochempfindlich highly sensitive; highly responsive
hochenergetisch high-energy
hochevakuiert highly evacuated
Hochfahrautomatik *f* automatic [sequential] starting circuit *(Sender)*
hochfahren to start up *(Sender)*; to run up *(Motor)*
eine Leitung h. to charge a line
Hochfahren *n* [automatic] sequential starting *(Sender)*; running-up *(Motor)*
Hochfeldbeweglichkeit *f (Halbl)* high-field mobility
Hochfelddomäne *f (Halbl)* high-field domain
hochfrequent high-frequency
Hochfrequenz *f* high frequency, HF, h.f., radio frequency, RF, r.f. *(3 bis 30 MHz)*
Hochfrequenzabschirmung *f* high-frequency shielding
Hochfrequenzanlage *f* **für dielektrische Erwärmung** dielectric high-frequency heating installation (plant, equipment)
Hochfrequenzanpassung *f* high-frequency match[ing]
Hochfrequenzanschluß *m* high-frequency connection
Hochfrequenzband *n* high-frequency band
Hochfrequenzbehandlung *f* high-frequency treatment *(Elektromedizin)*
Hochfrequenzbereich *m* high-frequency range
Hochfrequenzbrücke *f* high-frequency bridge
Hochfrequenzdiode *f* high-frequency diode
H. mit negativem Widerstand high-frequency negative-resistance diode
Hochfrequenzdrahtfunk *m* wired broadcasting (wireless)
Hochfrequenzdrossel[spule] *f* high-frequency choke (coil)
Hochfrequenzdurchbruch *m* high-frequency breakdown
Hochfrequenzeisenkern *m* high-frequency iron core, dust[-iron] core

Hochfrequenzelektronik *f* high-frequency electronics
Hochfrequenzelektrowärmeeinrichtung *f* high-frequency electroheating installation (appliance)
Hochfrequenzenergie *f* high-frequency energy
Hochfrequenzentladung *f* high-frequency discharge
Hochfrequenzentladungsröhre *f* high-frequency gas tube
Hochfrequenzerreger *m* high-frequency exciter
Hochfrequenzersatzschaltung *f* high-frequency equivalent circuit
Hochfrequenzerwärmung *f* high-frequency heating, dielectric (electronic) heating
dielektrische H. dielectric high-frequency heating
Hochfrequenzerzeuger *m* high-frequency generator
Hochfrequenzfeldstärke *f* high-frequency field strength
Hochfrequenzfeldstärkemesser *m* high-frequency field intensity meter *(Teilentladungstechnik)*
Hochfrequenzfilter *n* high-frequency attenuator
Hochfrequenzfunkstation *f* high-frequency radio station
Hochfrequenzgasentladung *f* high-frequency [gas] discharge
Hochfrequenzgasentladungsdurchschlag *m* high-frequency gas discharge breakdown
Hochfrequenzgasentladungsröhre *f* high-frequency gas tube
Hochfrequenzgenerator *m* high-frequency generator, radio-frequency generator
Hochfrequenzgleichrichter *m* high-frequency rectifier, radio-frequency rectifier; demodulator, detector
Hochfrequenzheizgerät *n* high-frequency heater
Hochfrequenzheizung *f* high-frequency heating, dielectric heating
Hochfrequenzimpuls *m* high-frequency pulse
Hochfrequenzinduktionserwärmungsanlage *f* high-frequency induction heating equipment (installation)
Hochfrequenzinduktionshärten *n* high-frequency induction hardening
Hochfrequenzinduktionsofen *m* high-frequency induction furnace
kernloser H. coreless high-frequency induction furnace
Hochfrequenzisoliermaterial *n* high-frequency insulating material
Hochfrequenzkabel *n* high-frequency cable, radio-frequency cable
Hochfrequenzkatodenzerstäubung *f* high-frequency cathode sputtering
Hochfrequenzkeramik *f* high-frequency ceramic
Hochfrequenzkoagulierung *f* diathermic coagulation *(Elektromedizin)*
Hochfrequenzkoaxialstecker *m* high-frequency coaxial connector
Hochfrequenzkreis *m* high-frequency circuit
Hochfrequenzlegierungstransistor *m* high-frequency alloy junction transistor
Hochfrequenzleistung *f* high-frequency power
Hochfrequenzleitfähigkeit *f* high-frequency conductivity
Hochfrequenzlitze *f* stranded wire, litz [wire], litzendraht [wire]
Hochfrequenzlot *n* high-frequency sounder
Hochfrequenzmehrfachfernsprecher *m* high-frequency multiple telephone
Hochfrequenzmeßbrücke *f* high-frequency [measuring] bridge
Hochfrequenzmeßgenerator *m*, **Hochfrequenzmeßsender** *m* high-frequency signal generator
Hochfrequenzofen *m* high-frequency furnace
Hochfrequenzoszillator *m* high-frequency oscillator
Hochfrequenzplasmabrenner *m* high-frequency plasma burner
Hochfrequenzplasmagenerator *m*, **Hochfrequenzplasmatron** *n* high-frequency plasma generator
Hochfrequenzprüfgenerator *m* high-frequency service oscillator
Hochfrequenzrelais *n* coaxial relay
Hochfrequenzröhrengenerator *m* high-frequency tube generator
Hochfrequenzrundfunkstation *f* high-frequency broadcasting station
Hochfrequenzschall *m* high-frequency sound
Hochfrequenzschaltröhre *f* cell-type tube
Hochfrequenzschaltung *f* high-frequency circuit
Hochfrequenzschweißen *n* high-frequency welding
Hochfrequenzschweißmaschine *f* high-frequency welding machine
Hochfrequenzschwingung *f* high-frequency oscillation
Hochfrequenzsignal *n* **/ schwaches** low-power high-frequency signal
Hochfrequenzspannung *f* high-frequency voltage
Hochfrequenzspektrum *n* high-frequency spectrum
Hochfrequenzsperre *f* high-frequency choke (coil)
Hochfrequenzsperrkreis *m* low-pass selective circuit
Hochfrequenzspule *f* high-frequency coil

Hochfrequenzstörung *f* high-frequency interference, radio-frequency interference (noise)
Hochfrequenzstörunterdrückung *f* high-frequency interference suppression
Hochfrequenzstrahlung *f* high-frequency radiation
Hochfrequenzstreuung *f* high-frequency leakage
Hochfrequenzstrom *m* high-frequency [alternating] current
Hochfrequenzstromverstärkung *f* high-frequency current gain
Hochfrequenzstufe *f* high-frequency stage
Hochfrequenztechnik *f* high-frequency engineering, radio-frequency engineering
Hochfrequenztelefonie *f* high-frequency telephony
Hochfrequenztelegrafie *f* high-frequency telegraphy, radio-telegraphy
Hochfrequenzträger *m* high-frequency carrier
Hochfrequenzträgerstromtelegrafie *f* high-frequency carrier telegraphy
Hochfrequenztransformator *m* high-frequency transformer
Hochfrequenztransistor *m* high-frequency transistor
Hochfrequenzübertragung *f* high-frequency transmission
Hochfrequenzverhalten *n* high-frequency performance (response)
Hochfrequenzverstärker *m* high-frequency amplifier
Hochfrequenzvormagnetisierung *f* high-frequency biasing
Hochfrequenzvorverstärker *m* / **abgestimmter** preselector
Hochfrequenzwärme *f* high-frequency heat
Hochfrequenzwechselspannung *f* high-frequency alternating-current voltage, h.-f. a.-c. voltage
Hochfrequenzwiderstand *m* high-frequency resistance
Hochfrequenzzerstäubung *f* high-frequency sputtering
Hochfrequenzzerstäubungstechnik *f* high-frequency sputtering technique
Hochfrequenzzündung *f* high-frequency ignition
hochgereinigt highly purified
Hochgeschwindigkeitselektrotraktion *f* high-speed electric traction
Hochgeschwindigkeitsfotografie *f* high-speed photography
Hochgeschwindigkeitsfulchronograf *m* high-speed fulchronograph *(Blitzforschung)*
Hochgeschwindigkeitskamera *f* high-speed camera
Hochgeschwindigkeitskanal *m* high-speed channel
Hochgeschwindigkeitskartenleser *m* *(Rech)* high-speed card reader
Hochgeschwindigkeitslochbandleser *m* *(Rech)* high-speed paper tape reader
Hochgeschwindigkeitslochbandstanzer *m* *(Rech)* high-speed paper tape punch
Hochgeschwindigkeitsoszillograf *m* high-speed oscillograph
Hochgeschwindigkeitsparalleladdierer *m* *(Rech)* high-speed parallel adder
Hochgeschwindigkeitsspeicher *m (Rech)* high-speed memory (store), rapid [access] store
Hochgeschwindigkeitssystem *n* high-speed system
Hochglanz *m* high polish (glaze)
Hochglanzaluminium *n* bright aluminium
Hochglanzfolie *f* chrome glazing plate
hochglanzpolieren to finish-bright, to mirror-finish
hochheben / die Klappe *(Fmt)* to restore the shutter
hochheizen to heat (warm) up
Hochinjektionswirkungsgrad *m (Halbl)* high-level injection efficiency
Hochintensitätskohle *f* high-intensity carbon
hochionisiert highly (strongly) ionized
Hochkantwicklung *f* edge winding
Hochlauf *m* run-up, start-up (*s.a.* Anlauf)
hochlaufen to accelerate *(Motor)*; to run up
Hochlaufkurve *f* starting characteristic
Hochlaufverluste *mpl* accelerating loss[es], starting loss[es]
Hochlaufzeit *f* starting time
Hochleistungsbildverstärkerröhre *f* high-gain image intensifier tube
Hochleistungsblitzgerät *n* high-performance flash unit
Hochleistungselektrode *f* heavy-duty electrode
Hochleistungsendschalter *m* heavy-duty limit switch
hochleistungsfähig high-efficiency; high-capacity
Hochleistungsfrequenzverdoppler *m* high-power frequency doubler
Hochleistungsfulchronograf *m* high-speed fulchronograph *(Blitzforschung)*
Hochleistungsfunksignal *n* high-level radio-frequency signal
Hochleistungsgleichrichterdiode *f* high-power rectifying diode
Hochleistungsgleichrichterröhre *f* high-power rectifying valve
Hochleistungsimpuls *m* high-power pulse
Hochleistungsimpulsgenerator *m* high-power pulse generator
Hochleistungsinstrument *n* high-performance instrument
Hochleistungskanal *m* high-speed channel
Hochleistungskartenleser *m (Rech)* high-speed card reader

Hochleistungsklystron *n* high-power klystron
abstimmbares H. high-power tunable klystron
Hochleistungskondensator *m* high-performance capacitor
Hochleistungskorrelator *m* high-speed correlator
Hochleistungslautsprecher *m* high-power loudspeaker
Hochleistungsleuchte *f* high-intensity illuminator
Hochleistungsleuchtfeuer *n* high-intensity beacon
Hochleistungsleuchtstofflampe *f* high-efficiency fluorescent lamp, high-output fluorescent lamp
Hochleistungslichtbogen *m* high-current arc
Hochleistungslichtbogenofen *m* high-capacity arc furnace, UHP (ultrahigh-power) arc furnace
Hochleistungslichtstrahl *m* / **pulsierender** *(Laser)* high-power pulsating light beam
Hochleistungslochbandleser *m (Rech)* high-speed paper tape reader
Hochleistungslochbandstanzer *m (Rech)* high-speed paper tape punch
Hochleistungslogik *f (Rech)* high-level logic, HLL
Hochleistungsmikroskop *n* high-power microscope
Hochleistungs-Mikrowellenerwärmungssystem *n* high-power microwave heating system
Hochleistungsobjektiv *n* high-performance lens
Hochleistungsoszillograf *m* high-speed oscillograph
Hochleistungsprojektionslampe *f* high-power projector lamp, high-intensity projector lamp
Hochleistungsrechteckwellengenerator *m* high-performance square-wave generator
Hochleistungsröhre *f* high-power valve, high-performance valve
Hochleistungsschalter *m* heavy-duty switch
Hochleistungssicherung *f* high-power fuse, high-breaking-capacity fuse, high-interrupting-capacity fuse
Hochleistungstechnologie *f* **[für MOS-Schaltkreise]** high-performance technology, HMOS technology *(mit hoher Packungsdichte und sehr guten elektrischen Eigenschaften)*
Hochleistungsthyristor *m* high-power thyristor
schneller H. fast high-power thyristor
Hochleistungstransformator *m* high-power transformer
Hochleistungsverstärker *m* high-gain amplifier
abgestimmter H. high-gain tuned amplifier
Hochleistungsxenonbogenlampe *f* high-powered xenon-arc lamp
Hochmastbeleuchtung *f* high-mast lighting
Hochmastbeleuchtungsanlage *f* high-mast installation
hochohmig high-resistive, high-impedance
Hochohmmessung *f* high-resistance measurement
Hochohmwiderstand *m* high-value[d] resistor, high-wattage resistor
Hochohmzelle *f* high-resistance photocell
Hochpaß *m (Ak, Nrt)* high-pass, HP
akustischer H. acoustical high-pass
Hochpaßfilter *n (Ak, Nrt)* high-pass filter, HPF
hochreflektierend highly reflecting
Hochschaltung *f (App)* delayed switching
hochschmelzend high-melting, high-fusion
Hochschulterlager *n (Masch)* deep-groove ball bearing
hochselektiv highly selective
Hochspannung *f* high voltage (tension), h.v., H.V.
Hochspannungsableiter *m* high-voltage arrester
Hochspannungsabnehmertarif *m* high-voltage customers' rate
Hochspannungsanlage *f* high-voltage plant
Hochspannungsanode *f* ultor [anode]
Hochspannungsanschluß *m* high-voltage terminal
Hochspannungsbatterie *f* high-voltage battery
Hochspannungsbauelement *n (Halbl)* high-voltage device
Hochspannungsbeschleuniger *m* high-voltage accelerator
Hochspannungsbogen *m* high-voltage arc
Hochspannungsdurchführung *f* high-voltage bushing
Hochspannungselektrode *f* high-voltage electrode
Hochspannungselektronenmikroskopie *f* high-voltage electron microscopy, HVEM
Hochspannungserzeuger *m* high-voltage generator (dynamo)
Hochspannungsfreileitung *f* high-voltage [overhead] line *(über 750 kV)*
Hochspannungsgenerator *m* high-voltage generator
hochspannungsgeschützt high-voltage-protected
Hochspannungsgleichrichterröhre *f* high-voltage rectifier valve
Hochspannungsgleichstrom *m* high-voltage direct current, h.v. d.c.
Hochspannungsgleichstromübertragung *f* high-voltage direct-current transmission
Hochspannungsglimmgleichrichter *m* high-voltage glow-discharge rectifier

Hochspannungsglühkatodengleichrichter *m* high-voltage thermionic rectifier
Hochspannungshochleistungssicherung *f* high-voltage HBC fuse
Hochspannungsimpulsgenerator *m* impulse high-voltage generator
Hochspannungsisolation *f* high-voltage insulation
Hochspannungsisolator *m* high-voltage insulator
Hochspannungskabel *n* high-voltage cable
Hochspannungsklemme *f* high-voltage terminal
Hochspannungskondensator *m* high-voltage capacitor
Hochspannungslabor[atorium] *n* high-voltage laboratory
Hochspannungslastschalter *m* high-voltage switch
Hochspannungsleitung *f* high-voltage [transmission] line
Hochspannungsleuchtröhre *f* high-voltage luminescent tube
Hochspannungslichtbogen *m* high-voltage arc
Hochspannungsmast *m* high-voltage tower, high-voltage [transmission] pole
Hochspannungsmeßkopf *m* high-voltage probe
Hochspannungsmotor *m* high-voltage motor
Hochspannungsnetz *n* high-voltage system
Hochspannungspol *m* high-voltage terminal
Hochspannungspolverkleidung *f* top corona shield *(zur Koronaunterdrückung)*
Hochspannungsporzellan *n* high-voltage [electrical] porcelain, hard porcelain
Hochspannungsprüfgerät *n* high-voltage tester
Hochspannungsprüfkreis *m* high-voltage testing circuit
Hochspannungsprüfschaltung *f* high-voltage testing circuit
Hochspannungsprüftechnik *f* high-voltage testing technique
Hochspannungsprüfung *f* high-voltage test
Hochspannungsprüfverfahren *n* high-voltage test technique
Hochspannungsquelle *f* high-voltage source
Hochspannungsrechteckimpuls *m* high-voltage square pulse
Hochspannungsrelais *n* high-voltage relay
Hochspannungssammelschiene *f* high-voltage bus bar
Hochspannungsschaltanlage *f* high-voltage switching station
Hochspannungsschalteinrichtung *f* high-voltage switchgear
Hochspannungsschalter *m* high-voltage switch
Hochspannungsschaltgerät *n* high-voltage switchgear
Hochspannungsschalttafel *f* high-voltage switchboard
Hochspannungsschutz *m* high-voltage protection
Hochspannungsseite *f* high-voltage side (end)
hochspannungssicher high-voltage-protected
Hochspannungssicherung *f* high-voltage fuse
Hochspannungsspeiseleitung *f* high-voltage feeder
Hochspannungsstation *f* high-voltage [sub]station
Hochspannungssteckvorrichtung *f* high-voltage cable coupling
Hochspannungsstelltransformator *m* high-voltage regulating transformer
Hochspannungssteuerung *f* high-voltage control *(bei Wechselstrom-Triebfahrzeugen)*
Hochspannungsstrom *m* high-voltage current
Hochspannungsstromversorgung *f* high-voltage power supply
Hochspannungstechnik *f* high-voltage technique
Hochspannungstransformator *m* high-voltage transformer
Hochspannungsübertragung *f* high-voltage transmission
Hochspannungsübertragungsleitung *f* high-voltage transmission line
Hochspannungsübertragungsnetz *n* primary transmission network
Hochspannungsversorgung *f* high-voltage [power] supply
Hochspannungsversorgungsnetz *n* high-voltage mains (network)
Hochspannungsverteilung *f* high-voltage distribution
Hochspannungsvoltmeter *n* high-voltage voltmeter
Hochspannungswarnpfeil *m* danger arrow
Hochspannungswicklung *f* high-voltage winding
Hochspannungszeitprüfung *f* high-voltage time test
Hochspannungszweig *m* high-voltage arm *(Schering-Brücke)*
Hochspeicher *m* headwater pond, elevated reservoir *(Wasserkraftwerk)*
hochstabil high-stability
Höchstädter-Kabel *n* Hoechstaedter (shielded-conductor) cable, H-type cable
Höchstbedarf *m* maximum demand
Höchstbelastung *f* maximum [permissible] load, peak load
Höchstbetriebswerte *mpl* maximum ratings

Höchstdauer *f* maximum duration
Höchstdrehzahl *f* maximum speed
Höchstdrehzahlanzeiger *m* speed limit indicator
Höchstdrucklampe *f* superpressure (very high pressure) lamp
Höchstenergie *f* superhigh energy
Höchstfrequenz *f* extremely high frequency, e.h.f. *(Frequenzen über 30 MHz)*
Höchstfrequenz-Elektrowärmeeinrichtung *f* microwave electroheating appliance
Höchstfrequenzofen *m* microwave furnace
Höchstfrequenztechnik *f* microwave engineering
Höchstfrequenzverstärker *m* microwave amplifier
Höchstfrequenzverstärkung *f* microwave amplification
Höchstfrequenzwelle *f* microwave
Höchstgeschwindigkeit *f* maximum speed
Höchstinduktion *f* peak induction
Höchstlast *f* / **thermische** *(Masch)* thermal limit
Höchstlastanzeiger *m* maximum demand indicator
Höchstleistung *f* maximum capacity (performance); maximum power (output)
Höchstnennbelastbarkeit *f* maximum load rating
Höchstnennstrom *m* maximum current rating
Höchstnennwerte *mpl* maximum ratings
Hochstromanschluß *m* high-current connection
Hochstrombahn *f* high-current path
Hochstrombogen *m* high-current arc; high-intensity carbon arc, Beck arc
Hochstromelektronenkanone *f* high-current electron gun
Hochstromfestigkeit *f* high-current impulse withstand *(Ableiter)*
Hochstromimpuls *m* high-current pulse
Hochstromimpulsgeber *m* high-current pulse generator
Hochstrominjektion *f (Halbl)* high-level injection *(von Stromträgern)*
Hochstromkohlebogen *m* high-current carbon arc, high-intensity carbon arc, Beck arc
Hochstromkohlebogenlampe *f* high-intensity carbon arc lamp
Hochstromleitung *f* heavy-current line
Hochstromlichtbogen *m* high-current arc
Hochstromofen *m* high-current furnace
Hochstrompegel *m* high-current level
Hochstrompfad *m* high-current path
Hochstromphänomen *n* high-current phenomenon
Hochstromprüfung *f* high-current test
Hochstromtransistor *m* high-current transistor
Hochstromverbindung *f* high-current connection
flexible H. flexible heavy-current connection
Hochstromverstärkung *f (Halbl)* high-level current gain
Höchstspannung *f* extra-high voltage (tension), e.h.v., EHV, ultrahigh voltage, uhv, UHV
Höchstspannungsfreileitung *f* extra-high voltage line
Höchstspannungsimpulsgenerator *m* pulse extra-high voltage generator
Höchstspannungsisolation *f* extra-high voltage insulation
Höchstspannungsleitung *f* extra-high voltage line, very high voltage line, high-potential line *(über 750 kV)*
Höchststrom *m*, **Höchststromstärke** *f* peak current
Höchsttemperatur *f* peak temperature
zulässige H. maximum admissible (safe) temperature
Höchstvakuum *n* ultrahigh vacuum
Höchstverbrauchszähler *m* [maximum] demand meter
Höchstverbrauchszeiger *m* maximum demand pointer
Höchstverstärkung *f* maximum gain
Höchstverzerrung *f* peak distortion
Höchstwert *m* maximum [value]; peak (crest) value
nomineller H. nominal maximum value
Höchstwertanzeiger *m* peak[-reading] indicator
Höchstwertbegrenzer *m* peak limiter
höchstzulässig maximum permissible
Höchstzuverlässigkeit *f* maximum reliability
Hochtemperaturbrennstoffelement *n* high-temperature fuel cell
Hochtemperaturheizkörper *m* high-temperature heater
Hochtemperaturkatode *f* bright-emitting cathode *(Elektronenröhre)*
Hochtemperaturlegierungsdraht *m* high-temperature alloy wire
Hochtemperaturlichtbogen *m* high-temperature arc
Hochtemperaturmeßgerät *n* pyrometer
Hochtemperaturmessung *f* pyrometry
Hochtemperaturofen *m* high-temperature furnace *(Widerstandsofen)*
H. mit Wolframheizrohr tungsten tube furnace
Hochtemperaturplasmastrahl *m* high-temperature plasma beam
Hochtemperaturreaktor *m* high-temperature [gas-cooled] reactor, HTGR
Hochtemperaturstrahler *m* high-temperature emitter (radiator)
Hochtemperatur-Wärmedämmstoff *m* high-temperature insulating material
Hochtemperaturzone *f* high-temperature zone

hochtönend *(Ak)* high-pitched
Hochtonkegel *m (Ak)* tweeter
Hochtonlautsprecher *m* tweeter [loudspeaker], high-frequency [loud]speaker, treble loudspeaker
Hochtonregler *m* treble control, [tone] control for treble
Hochtonwiedergabe *f* high-note response
Hochtransformieren *n* upward transformation
Hochvakuum *n* high vacuum
Hochvakuumanlage *f* high-vacuum plant
Hochvakuumbedampfung *f* vacuum-coating [by evaporation], metallizing by high-vacuum evaporation
Hochvakuumbedampfungsanlage *f* high-vacuum coating equipment, [high-]vacuum coater, vacuum coating evaporator
Hochvakuumdiode *f* hard diode
Hochvakuumdiodengleichrichterröhre *f* kenotron
Hochvakuumdurchschlag *m* high-vacuum breakdown
Hochvakuumentladung *f* high-vacuum discharge
Hochvakuumgleichrichter *m* high-vacuum rectifier, vacuum tube (valve) rectifier
Hochvakuumgleichrichterröhre *f* high-vacuum rectifier valve, kenotron
Hochvakuumhochspannungsventil *n* high-voltage high-vacuum valve
Hochvakuumimprägnieranlage *f* high-vacuum impregnation plant
Hochvakuumkatodenstrahlröhre *f* high-vacuum cathode-ray tube
Hochvakuumofen *m* high-vacuum furnace
Hochvakuumpumpe *f* high-vacuum pump
Hochvakuumröhre *f* high-vacuum tube
Hochvakuumtechnik *f* high-vacuum technique
Hochvakuumwiderstandsofen *m* high-vacuum resistance furnace
Hochvakuumzüchtung *f* high-vacuum growing *(Kristalle)*
hochverstärkend high-gain
Hochvoltgenerator *m* high-voltage generator
Hochvoltkatode *f* high-voltage cathode
Hochvoltleitung *f* high-voltage line
Höckerspannung *f* peak point voltage *(Tunneldiode)*
Höckerstrom *m* peak point current *(Tunneldiode)*
Höcker-Tal-Stromverhältnis *n* peak-to-valley point current ratio
Hodometer *n* hodometer
Höhe *f* 1. height; 2. altitude *(über Normalnull)*; elevation; 3. level *(Niveau)*; head *(Druckhöhe von Flüssigkeiten)*
  H. der Badkuppe bath meniscus height *(Schmelzbad)*
  H. der Potentialschwelle *(Halbl)* [potential] barrier height
  äquivalente H. equivalent height *(Antenne)*
  scheinbare H. virtual height
  wirksame H. effective height *(Antenne)*
Höhenabsenkung *f (Ak)* treble cut
Höhenabstand *m* vertical interval
Höhenanhebung *f (Ak)* high-note accentuation (compensation, emphasis), high-frequency accentuation, treble boost[ing], treble emphasis
Höhenantenne *f* elevated aerial
  stromgespeiste H. current-fed elevated aerial
Höhenausgleich *m (Ak)* treble (high-frequency) compensation
höhenbeschnitten *(Ak)* low-passed
Höhenbestimmungsradar *n (FO)* height-finding radar
Höhendipol *m* elevated dipole
  stromgespeister H. current-fed elevated dipole
Höhenentzerrer *m (Ak)* treble corrector (compensator)
Höhenentzerrung *f (Ak)* treble correction
Höhengewinn *m* height gain
Höhenmesser *m* altimeter, height indicator
  elektronischer H. electronic altimeter [set]
  radioelektrischer H. radio altimeter, terrain clearance indicator
Höhenmessereinstellung *f* altimeter setting
Höhenmesserkontrollgerät *n* altimeter control equipment *(Radar)*
Höhenmesserträgheit *f* altimeter fatigue (lag)
Höhenmeßradar *n (FO)* height-finding radar
Höhenpegel *m* amplitude level *(von Impulsen)*
Höhenregler *m (Ak)* treble control, [tone] control for treble
Höhenschlucker *m (Ak)* high-frequency absorber
Höhenschreiber *m* altigraph, altitude recorder
Höhenschritt *m (Fmt)* vertical step
  freier (unbesetzter) H. spare (vacant) level
Höhenschrittvielfach *n (Fmt)* level multiple
Höhensichtgerät *n* altitude indicator *(Radar)*
Höhensimulator *m* altitude simulator
Höhensonne *f* artificial sun[light]; ultraviolet (sun) lamp
Höhenstrahlung *f* cosmic radiation
Höhenüberdeckung *f (Nrt)* vertical coverage
höhen- und tiefenbeschnitten *(Ak)* band-passed
Höhen- und Tiefenregelung *f (Ak)* bass-treble control

Höhenwarnanzeiger *m* terrain clearance warning indicator
Höhenwiedergabe *f (Ak)* high-note response
Höhenwinkel *m (Nrt)* angle of elevation (sight), elevation angle
Höhenzeiger *m* altitude (height-position) indicator
Hohlanode *f* hollow (tubular) anode
Hohlanodenelektronenstrahlkanone *f* hollow-anode electron gun
Hohlanodenionenstrahlkanone *f* hollow-anode ion gun
Hohlanodenlampe *f* hollow-anode lamp
Hohlelektrode *f* hollow electrode *(Lichtbogenofen)*
Hohlgitter *n* [spherical] concave grating
Hohlkatode *f* hollow (concave) cathode
Hohlkatodenentladung *f* hollow-cathode discharge
Hohlkatodenlampe *f* hollow-cathode [discharge] lamp
Hohlkern *m* hollow core
Hohlkernisolator *m* hollow-core[-type] insulator
Hohlleiter *m* 1. waveguide *(Mikrowellentechnik)*; 2. hollow conductor *(z. B. zur Kühlmittelführung)*
  H. für zwei Wellentypen two-mode waveguide
  H. in Stegausführung ridged waveguide
  H. mit dielektrischem Belag dielectric-coated waveguide
  beweglicher H. flexible waveguide
  blendenbeschwerter H. disk-loaded waveguide, diaphragm-loaded waveguide
  dielektrisch ausgekleideter H. dielectric-lined waveguide
  gebogener H. bent waveguide
  metallischer H. metallic waveguide
  rechteckiger H. rectangular waveguide
  runder H. circular (hollow-pipe) waveguide
  starrer H. rigid waveguide
  wassergekühlter H. water-cooled hollow conductor
  wendelförmiger H. helical (helix) waveguide
  zylindrischer H. cylindrical waveguide
Hohlleiterabschluß *m* waveguide termination
Hohlleiterabschlußwiderstand *m* waveguide termination resistance
Hohlleiterachse *f* waveguide axis
Hohlleiterblende *f* waveguide shutter
Hohlleiterdämpfungsglied *n* waveguide attenuator
Hohlleiterdichtung *f* waveguide gasket
Hohlleiterfilter *n* sheet grating
Hohlleitergrenzfrequenz *f* waveguide cut-off frequency
Hohlleiterklemme *f* waveguide clamp
Hohlleiter-Koaxial[kabel]-Übergang *m* waveguide to coaxial [cable] transition
Hohlleiter-Koaxial-Übergangsstück *n* waveguide-to-coaxial adapter
Hohlleiterkopplung *f* waveguide junction (joint)
Hohlleitermischer *m* waveguide mixer
Hohlleiterquerschnitt *m* waveguide cross section
Hohlleiterresonanzkreis *m* waveguide resonator
Hohlleiterschalter *m* waveguide switch
Hohlleiterspeisung *f* waveguide feed
Hohlleiterverbindung *f* waveguide junction (joint)
Hohlleiterverzweigung *f* waveguide branch
Hohlleiterwelle *f* guided wave
Hohlleiterzuführung *f* waveguide feed
Hohllinse *f* concave lens
Hohlmast *m* tubular pole
Hohlraum *m* cavity; void; pocket
  abgeschlossener H. closed cavity
  angeregter H. excited cavity
  gasgefüllter H. gas pocket *(z. B. im Kabel)*
  koaxialer H. coaxial cavity
Hohlraumanordnung *f* cavity assembly
Hohlraumbandpaß *m* cavity bandpass
Hohlraumbildung *f* cavitation, formation of cavities; piping effect *(z. B. in Isolierharzen)*
Hohlraumentladung *f* internal discharge
Hohlraumfilter *n* / **mehrphasiges** multi-cavity filter
hohlraumfrei void-free
Hohlraumfrequenzmesser *m* cavity frequency meter
Hohlraumgitter *n* resonator grid
Hohlraumisolation *f* air-space insulation *(Kabel)*
hohlraumisoliert cavity-insulated *(Kabel)*
Hohlraumkabel *n* air-space[d] cable
  vielpaariges H. air-space multiple-twin cable
Hohlraumleiter *m s.* Hohlleiter
Hohlraummaser *m* cavity maser
Hohlraumpotential *n* free (empty) space potential
Hohlraumresonanz *f* cavity resonance [effect]
Hohlraumresonator *m* cavity resonator, resonant cavity (chamber), rhumbatron
Hohlraumstrahler *m* black-body radiator
Hohlraumstrahlung *f* black-body radiation, cavity radiation
Hohlraumtiefe *f (Isol)* cavity (void) depth
Hohlraumtür *f* cavity door *(z. B. Mikrowellenherd)*
Hohlraumverfahren *n* cavity method *(Mikrowellenerwärmung)*
Hohlrohrteiler *m* cut-off attenuator
Hohlseil *n* hollow-stranded conductor

Hohlspiegel *m* concave (collector) mirror
Hohlspiegelkatode *f* concave cathode
Hohlspiegelpyrometer *n* concave-mirror [radiation] pyrometer
Hohlwelle *f* hollow shaft
Hohlwellenantrieb *m* hollow-shaft motor drive
Hohlwellenleiter *m s.* Hohlleiter
Hollerith-Karte *f (Rech)* Hollerith card
Hollerith-Kode *m (Rech)* Hollerith code
Hollerith-Lochkarte *f (Rech)* Hollerith card
Hollerith-Maschine *f (Rech)* Hollerith machine
Holoeder *n* holohedron
holoedrisch holohedral
Holografie *f* holography
holografisch holographic
Hologramm *n* hologram
Hologramminterferometrie *f* hologram interferometry
Hologrammplatte *f* hologram plate
holokristallin holocrystalline
Holometer *n* holometer
Holzmast *m* wood[en] pole
Homodynempfang *m (Nrt)* homodyne (zero beat) reception *(bei Schwebungsnull)*
homogen homogeneous; uniform
Homogenfeld *n* uniform field
Homogenfelddurchbruch *m*, **Homogenfelddurchschlag** *m* uniform-field breakdown
Homogenität *f* homogeneity; uniformity
Homogenkohle *f* homogeneous (pure) carbon
Homöostat *m (Syst)* hom[o]eostat *(Typ eines stabilen Systems)*
Homoübergang *m (Halbl)* homojunction
Honigwabenspule *f* honeycomb coil
Hopping *n* hopping *(Festkörperphysik)*
hörbar audible
h. machen to render audible
Hörbarkeit *f* audibility
Hörbarkeitsgrenze *f* audibility limit
Hörbarkeitsschwelle *f* threshold of audibility
Hörbarkeitszone *f* zone of audibility
Hörbedingungen *fpl* listening conditions
Hörbereich *m* range (area) of audibility, auditory area, audible (audio) range *(zwischen Hör- und Schmerzschwelle)*
● **über dem H. [liegend]** superacoustic, supra-acoustic ● **unter dem H. [liegend]** infrasonic, subaudio
Horchgerät *n* auditory direction finder, aural (acoustic, sound) detector, listening set
Höreingabe und -ausgabe *f (Rech)* audio response
Hörempfang *m* audio (sound) reception
Hörempfindung *f* auditory sensation
Hören *n* / **beidohriges** binaural hearing
räumliches (stereofones) H. stereophonic hearing
Hörer *m* 1. headphone, earphone, [head] receiver (*s. a.* Kopfhörer); *(Fmt)* [telephone] receiver, receiving set, phone; 2. listener *(Person)*
dynamischer H. dynamic headphone (earphone), moving-coil headphone
Hörerauflegezeichen *n (Fmt)* clear-back signal
Hörergehäuse *n (Fmt)* receiver case
Hörerkapsel *f (Fmt)* receiver capsule (inset)
Hörerkissen *n* earphone cushion
Hörerkuppler *m* earphone coupler, artificial ear
Hörermuschel *f s.* Hörmuschel
Hörerpaar *n* headset, [pair of] earphones, headphones
Hörerschnur *f (Fmt)* receiver cord
Hörfläche *f* auditory [sensation] area, listening area
Hörfrequenz *f* audio (audible) frequency, af, AF, tonal frequency
Hörfrequenzbereich *m* audio[-frequency] range
Hörfrequenzverstärker *m* audio amplifier
Hörfunk *m* audio (sound) broadcasting
Hörgerät *n* hearing (deaf) aid
Hörgeräteprüfkammer *f* hearing-aid test box
Hörgrenze *f* limit of audibility
Hörhilfe *f s.* Hörgerät
Horizontalablenkgenerator *m (Ferns)* horizontal sweep oscillator
Horizontalablenkgerät *n (Ferns)* horizontal deflection unit
Horizontalablenkplatte *f (Ferns)* horizontal plate, X-plate
Horizontalablenkung *f (Ferns)* horizontal deflection (sweep), line sweep
Horizontalablenkungssystem *n (Ferns)* horizontal deflection system
Horizontalablenkverstärker *m* horizontal amplifier
Horizontalabtastung *f* horizontal scanning
Horizontalaustastlücke *f (Ferns)* line blanking interval
Horizontalbeleuchtung *f* horizontal illumination
Horizontalbeleuchtungsstärke *f* horizontal illuminance
Horizontaldiagramm *n* horizontal pattern (diagram)
Horizontaleinstellung *f s.* Horizontierung
Horizontalendstufe *f (Ferns)* horizontal final stage
Horizontalfrequenz *f (Ferns)* line frequency
Horizontalkippgerät *n (Ferns)* horizontal deflection unit
Horizontalliniendiagramm *n* skyline graph
Horizontalmast *m (Eüb)* H-frame
Horizontalpolarisation *f* horizontal polarization *(z. B. von Wellen)*
Horizontalregelung *f (Ferns)* horizontal centring control

Horizontalstrahl *m* horizontal beam
Horizontalstrahlungsdiagramm *n* horizontal radiation pattern *(Antennentechnik)*
Horizontalsynchronimpuls *m (Ferns)* horizontal synchronization pulse
Horizontalsynchronisation *f (Ferns)* horizontal synchronization
Horizontalverschiebung *f* horizontal displacement
Horizontalverstärker *m* horizontal amplifier
Horizontalverstärkungsregelung *f (Ferns)* horizontal gain control
Horizontalwinkel *m* horizontal angle
Horizontalbeleuchtung *f* horizontal lighting
Horizontierung *f* levelling
Horizontleuchte *f* horizontal lighting fitting
Hörkopf *m s.* Abspielkopf
Hörkurve *f* audiogram
Hörmuschel *f* [receiver] ear-piece, receiver [ear-]cap
Horn *n (Ak)* horn *(Signaleinrichtung)*
Hornantenne *f* horn aerial
Hörnerableiter *m* [horn-]gap arrester, horn-shaped arrester *(Überspannungsableiter)*
Hörnerfunkenstrecke *f* horn gap
Hörnerschalter *m* horn[-gap] switch
Hörnerüberspannungsableiter *m* [horn-] gap arrester, horn-shaped arrester
Hornkreuz *n* arcing horn *(Freileitungsisolierung)*
Hornlautsprecher *m* horn loudspeaker
Hornreflektorantenne *f* horn reflector aerial
Hornstrahler *m* horn[-type] radiator, horn flare
Hörpegel *m (Ak)* sensation level
Hörrohr *n* hearing tube
Hörrundfunk *m* sound broadcasting
Hörsamkeit *f* **eines Raumes** acoustic properties of a room
Hörschärfe *f* hearing (aural) acuity
Hörschwelle *f* audibility (hearing) threshold
Hörschwellenmessung *f* audiometric testing, audiometry
Hörschwellenverschiebung *f* threshold shift; audiometric hearing level
 bleibende H. permanent threshold shift, PTS
 zeitweilige H. temporary threshold shift, TTS
Hör-Sprech-Kopf *m* recording-playback head, record-repeat head
Hör-Sprech-Schalter *m* talk-listen switch
Hörspule *f* listening coil
Hörtest *m* listening test
Hörverlust *m* hearing loss, permanent threshold shift, PTS; audiometric hearing level
 H. für Sprache speech [hearing] loss
 bezogener H. relative hearing loss
Hörvermögen *n* audibility [acuity]
 prozentuales H. percent hearing
Hörzeichen *n (Fmt)* signalling (audible) tone, audible (tone) signal
h-Parameter *m s.* Hybridparameter
HSL *Abk. für* high-speed logic
Hub *m* 1. *(Masch)* stroke; *(App)* [contact] travel; lift; 2. [frequency] deviation, swing *(Frequenzmodulation)*
 H. des Öldämpfers oil-buffer stroke
 elektrischer H. function stroke *(Potentiometer)*
 logischer H. logic swing
Hubkraft *f* lifting power, portative force *(eines Magneten)*
Hubmagnet *m* lifting (crane) magnet
Hubmesser *m* deviation meter *(Frequenzmodulation)*
Hubverhältnis *n* deviation ratio *(Frequenzmodulation)*
Hubzähler *m* stroke counter
Hufeisenmagnet *m* horseshoe magnet
Hufeisenmontierung *f* horseshoe mounting
Hughes-Relais *n* Hughes relay
Hughes-Telegrafenapparat *m* Hughes telegraph apparatus
Hughes-Typendrucker *m (Nrt)* Hughes printing telegraph
Hüllenelektron *n* sheath (shell) electron
Hüllenspektrum *n* shell spectrum
Hüllintegral *n* surface integral
Hüllkurve *f* envelope [curve]
Hüllkurvengleichrichtung *f* envelope detection
Hüllwellenform *f* envelope waveform
Hull-Zelle *f (Galv)* Hull cell *(zur Badprüfung)*
Hülsendipol *m* sleeve dipole
Hülsenwürgebund *m* twisted sleeve joint
Hupe *f* electric hooter (horn)
Hurwitz-Determinante *f (Syst)* Hurwitz determinant
Hurwitz-Kriterium *n (Syst)* Hurwitz criterion
Huth-Kühn-Sender *m* tuned-plate tuned-grid oscillator
H-Welle *f* H-wave, transversal electric wave, TM-wave
Hybrid-Digital-Umsetzung *f (Rech)* hybrid-digital conversion
Hybrideinheit *f* hybrid unit
Hybridersatzschaltung *f* hybrid equivalent four-pole network
Hybrid-π-Ersatzschaltung *f* hybrid-π equivalent circuit
Hybridgerät *n* hybrid set
Hybridisierung *f* hybridization
Hybridleiterplatte *f* flexible-hardboard combination
Hybridmatrix *f* hybrid matrix
Hybridnetz *n* hybrid network
Hybridparameter *m* hybrid parameter, h-parameter *(Transistor)*

Hybridrechensystem *n* hybrid [computing] system, analogue-digital computing system
Hybridrechner *m* hybrid (analogue-digital) computer
Hybridrechnung *f* hybrid computation
Hybridregelung *f* hybrid control *(Digital-Analog-Regelung)*
Hybridrelais *n* hybrid relay
Hybridrichtkoppler *m* hybrid coupler
Hybridschaltkreis *m* hybrid circuit
integrierter H. hybrid integrated circuit
Hybridschaltung *f s.* Hybridschaltkreis
Hybridsignal *n* hybrid signal
Hybridtechnik *f* hybrid technique
Hybridtechnologie *f* hybrid technology
Hybridvierpol *m* hybrid four-terminal network
Hybridwellen *fpl* hybrid waves
Hydraulik *f* 1. hydraulics; 2. hydraulic power system; hydraulic circuit
Hydraulikmotor *m* hydraulic motor
Hydraulikpumpe *f* hydraulic pump
hydraulisch hydraulic
Hydroakustik *f* hydroacoustics
Hydrochinonelektrode *f* hydroquinone electrode
Hydrodynamik *f* hydrodynamics
hydrodynamisch hydrodynamic
hydroelektrisch hydroelectric
Hydrofon *n* hydrophone
Hydrogenerator *m* hydraulic generating set
Hydromagnetik *f s.* Magnetohydrodynamik
Hydromotor *m* hydraulic motor
Hygrograf *m* moistograph
Hyperbelortung *f (FO)* hyperbolic position finding
Hyperfeinaufspaltung *f* hyperfine splitting
Hyperschallgeschwindigkeit *f* hypersonic speed
Hysterese *f* hysteresis
dielektrische H. dielectric hysteresis
magnetische H. magnetic hysteresis
mechanische H. backlash
thermische H. thermal hysteresis
Hysteresearbeit *f* hysteresis energy
hysteresteartig hysteretic
Hystereseenergie *f* hysteresis energy
Hystereseexponent *m* hysteresis index
Hysteresefaktor *m s.* Hysteresekoeffizient
Hysteresefehler *m* hysteresis error
Hysteresekennlinie *f* hysteresis characteristic
Hysteresekoeffizient *m* hysteresis coefficient (factor)
H. der Steinmetz-Formel Steinmetz coefficient
dielektrischer H. dielectric hysteresis factor
Hysteresekonstante *f* hysteresis constant
Hysteresekurve *f* hysteresis curve, [magnetic] hysteresis loop, hysteresis (magnetic) cycle; BH curve *(bei Ferromagnetika)*
dynamische H. flux-current loop
statische H. static hysteresis loop
Hysteresemesser *m* hysteresis meter
Hysteresemotor *m* hysteresis motor
Hystereseschleife *f s.* Hysteresekurve
Hystereseschleifenschreiber *m* hysteresis curve (loop) recorder
Hystereseverlust *m* [magnetic] hysteresis loss
dielektrischer H. dielectric hysteresis loss
Hystereseverlustzahl *f* hysteresis [loss] coefficient
Hysteresewinkel *m* / **dielektrischer** dielectric hysteresis angle
Hysteresezyklus *m* hysteresis cycle
Hysteresis *f s.* Hysterese
Hz *s.* Hertz
50-Hz-Ansprechspannung *f* power-frequency spark-over voltage *(Ableiter)*

I

Iatron *n* iatron
Iatron-Speicherröhre *f* iatron storage tube
I-Darstellung *f* I-display *(Radar)*
Idealgitter *n* ideal (perfect) lattice *(Kristall)*
Idealisierung *f (Syst)* idealization *(bei Modellierung)*
Idealkristall *m* ideal (perfect) crystal
Idealleiter *m* ideal conductor
Idealweiß *n* equal-energy white
Identifikation *f (Syst)* identification
I. durch Kreuzkorrelation cross-correlation identification
I. von Regelstrecken controlled-system identification
Identifikationsalgorithmus *m (Rech)* algorithm of identification
Identifikationszeit *f (Syst)* identification time *(Prozeßoptimierung)*
identifizierbar identifiable
identifizieren to identify
Identifizierung *f* identification
I. der Rufnummern *(Fmt)* number identification
I. des rufenden Teilnehmers *(Fmt)* calling-subscriber's identification, automatic number identification
Idlerfrequenz *f* idler frequency *(im parametrischen Verstärker)*
Idlerkreis *m* idler circuit *(im parametrischen Verstärker)*
IEC *Abk. für* International Electrotechnical Commission
IEC-Empfehlung *f* IEC recommendation
Igeltransformator *m* hedgehog transformer

IGFET *Abk. für* insulated gate field effect transistor
I-Glied *n (Syst)* integral (integrating) element
Ignitor *m* ignitor *(Gasentladungsröhre)*
Ignitron *n*, **Ignitronröhre** *f* ignitron
i-Halbleiter *m* intrinsic (i-type) semiconductor
IIL-Logik[schaltung] *f* integrated injection logic, I^2L
Ikonoskop *n* iconoscope
Ilgner-Antrieb *m*, **Ilgner-Schaltung** *f* *(Masch)* Ilgner system
Ilgner-Umformer *m* Ilgner (flywheel) motor-generator set
I^2L-Logik *f s.* IIL-Logik[schaltung]
Imaginärteil *m* imaginary part
  I. des spezifischen Standwertes *(Ak)* unit-area acoustic reactance
Immersionslinse *f* immersion lens
Immersionsobjektiv *n* immersion objective (lens)
Immittanz *f* immittance *(Oberbegriff von Impedanz und Admittanz)*
Immunitätsbereich *m* immunity region
Impedanz *f* 1. impedance, apparent resistance; 2. impedor *(Bauelement)*
  I. des Gegenfeldes negative-sequence field impedance
  akustische I. acoustic impedance
  asynchrone I. asynchronous impedance
  charakteristische I. characteristic impedance *(eines Mediums)*
  gegenseitige I. mutual impedance
  kinetische I. motional impedance
  konzentrierte I. lumped impedance
  mechanische I. mechanical impedance
  negative I. negative impedance
  relative I. normalized impedance
  spezifische akustische I. specific acoustic impedance
  synchrone I. direct-axis synchronous impedance
  transformierte I. reflected impedance *(Vierpoltheorie)*
Impedanzanpassung *f* impedance match[ing]
Impedanzanpassungsschaltung *f* impedance-matching circuit
Impedanzausgleich *m* impedance balancing
Impedanzbrücke *f* impedance bridge
Impedanzfilterkompensator *m* filter impedance compensator
Impedanzfunktion *f* impedance function
impedanzgeerdet impedance-earthed
Impedanzkomparator *m* impedance comparator
Impedanzkurve *f* impedance characteristic
Impedanzmatrix *f* impedance matrix, Z-matrix
Impedanzmeßbrücke *f* impedance bridge
Impedanzmesser *m* impedance meter
Impedanzmeßkopf *m* impedance [measuring] head
Impedanzortskurven *fpl* curves for impedance loci
Impedanzrelais *n* impedance relay
Impedanzrotor *m* high-impedance rotor
Impedanzrückkopplung *f* impedance feedback
Impedanzschutz *m* impedance protection
Impedanzsymmetrierung *f* impedance balancing
Impedanztransformation *f* impedance transformation
Impedanzverhältnis *n* impedance ratio
Impedanzwandler *m* impedance converter (transformer)
Impedanzwandlung *f* impedance conversion (transformation)
Impedanzzweipol *m* two-terminal impedance [network]
Impfkristall *m* seed (inoculating) crystal
implantieren to implant
  Ionen i. to ion-implant
Implementierungsverfahren *n (Rech)* emulator implementation method
Implikation *f* implication, inclusion *(Boolesche Verknüpfung)*
Implosion *f* implosion
Implosionsschutz *m* implosion protection
imprägnieren *(Isol)* to impregnate
Imprägnierharz *n* impregnating resin
Imprägnierlack *m* impregnating (coating) varnish
Imprägniermasse *f* impregnating compound
Imprägniermittel *n* impregnating agent, impregnant *(für Isoliermaterialien)*
Impuls *m* 1. *(El, Elk)* impulse, pulse (*s. a. unter* Puls); 2. momentum *(Mechanik)*
  I. einstellbarer Breite variable-width pulse
  I. mit großer Anstiegsgeschwindigkeit fast rise time pulse
  ankommender I. input pulse
  einpoliger I. single-polarity pulse
  falscher I. *s.* unechter I.
  fester I. fixed pulse
  fremderregter I. externally generated pulse
  gezahnter I. serrated pulse
  glockenförmiger I. bell-shaped pulse
  rechteckiger I. square (rectangular) pulse
  regelloser I. random pulse
  unechter I. spurious pulse, afterpulse
  ungeträgerter I. pulse without carriers
  verfälschter I. split pulse
  zufälliger I. random pulse
Impulsabfall *m* pulse decay
Impulsabfallzeit *f* pulse decay time
Impulsabstand *m* pulse spacing (interval, separation), pulse-digit spacing

Impulsabtrennung *f* pulse clipping
Impulsamplitude *f* pulse amplitude (height)
Impulsamplitudenanalysator *m s.* Impulshöhenanalysator
Impulsamplitudenmodulation *f* pulse-amplitude modulation, PAM
Impulsanstieg *m* rise of pulse
Impulsanstiegszeit *f* pulse rise time
Impulsantwort[funktion] *f* impulse response
impulsartig impulsive
Impulsausgang *m* pulse output
Impulsauslösung *f* pulse triggering, trigger action
Impulsauswahl *f* pulse selection
Impulsauswahlschaltung *f* pulse selecting circuit
Impulsbandbreite *f* pulse bandwidth
Impulsbegrenzer *m* pulse clipper
Impulsbelastung *f* pulse loading
Impulsbeleuchtung *f* pulsed illumination
impulsbetätigt pulse-operated
Impulsbetrieb *m* 1. pulse[d] operation, pulse action, pulsing ; 2. intermittent operation
impulsbetrieben pulsed, pulse-operated
Impulsbewertung *f* [im]pulse weighting, I-weighting
Impulsbreite *f* pulse width (duration)
endliche I. finite pulse width
Impulsbreitenaufzeichnung *f* pulse-width recording
Impulsbreitendiskriminator *m* pulse-width discriminator
Impulsbreiten-Impulshöhen-Wandler *m* pulse width-amplitude converter
Impulsbreitenkode *m* pulse-width code
Impulsbreitenmodulation *f* pulse-width modulation
Impulsbreitenmodulator *m* pulse-width modulator
Impulsbreitenregelung *f* pulse-width control
Impulsdach *n* pulse top
Impulsdachschräge *f* pulse tilt
Impulsdaten *pl* pulse data
Impulsdauer *f* pulse duration (width), on-time [of a pulse]
endliche I. finite pulse duration
Impulsdauermodulation *f* pulse-duration modulation, PDM
Impulsdehner *m* pulse stretcher
Impulsdemodulator *m* pulse detector
Impulsdichte *f* pulse rate
hohe I. pulse crowding
Impuls-Doppler-Radar *n* pulse Doppler radar
Impulse *mpl* **je Kanal** pulses (counts) per channel
I. je Sekunde pulses (counts) per second
I. mit genauem Abstand accurately spaced pulses
periodische I. recurrent pulses
symmetrische I. balanced pulses
Impulsecho *n* pulse echo
Impulsechospannung *f* pulse echo voltage
Impulsechoverfahren *n* pulse echo technique
Impulseingang *m* pulse input
Impulselement *n* pulse element
Impulsempfänger *m* pulse receiver
Impulsenergie *f* pulse energy
Impulsentladung *f* pulse discharge
Impulsentladungslampe *f* pulse discharge lamp
Impulsentladungszeit *f* pulse spark-over time
Impulsentzerrer *m* pulse regenerator (corrector)
Impulsentzerrung *f* pulse regeneration (correction)
Impulserhaltungssatz *m* momentum conservation law
Impulserregung *f* [im]pulse excitation
Impulserzeuger *m* pulse generator, pulser
Impulserzeugung *f* pulse generation
Impulsfernmeßgerät *n* pulse-type telemeter
Impulsflanke *f* **/ steile** steep edge of a pulse
Impulsflankensteilheit *f* pulse slope
Impulsfolge *f* pulse train (sequence, repetition), succession of [im]pulses
statische I. static pulse sequence
Impulsfolgefrequenz *f* pulse repetition frequency (rate), PRF, pulse [recurrence] frequency; *(Hochsp)* discharge repetition rate *(bei Teilentladungen)*
Impulsfolgefrequenzsignal *n* pulse repetition frequency signal
Impulsfolgefrequenzteilung *f* skip keying *(Radar)*
Impulsform *f* pulse form (shape)
Impulsformer *m* pulse shaper
Impulsformerleitung *f* pulse-forming line
Impulsformerschaltung *f* pulse-forming circuit, pulse-shaping circuit
Impulsformgenerator *m* pulse [waveform] generator
Impulsformung *f* pulse forming (shaping)
Impulsfrequenz *f* pulse frequency (rate)
niedrigste I. minimum pulse frequency
Impulsfrequenzmodulation *f* pulse-frequency modulation, PFM
Impulsfront *f* pulse front
Impulsfunkhöhenmesser *m* pulse radio-altimeter
Impulsfunktion *f* impulse function
Impulsgabe *f* pulsing
Impulsgeber *m* pulse generator, pulser, pulsing device
Impulsgeberrelais *n* pulsing relay
Impulsgeberschaltung *f* trigger circuit
Impulsgebertaste *f* pulse sending key

Impulsgenerator *m* pulse generator, pulser
I. mit einstellbarer Frequenz variable pulse-rate generator
elektronischer I. electronic pulse generator
Impulsgerät *n* pulse device, pulser unit
Impulsgeräusch *n* pulse noise
impulsgesteuert [im]pulse-controlled, pulse-operated, pulsed
impulsgetastet pulsed
Impulsgruppenfrequenz *f* pulse frame repetition rate
Impulshinterflanke *f* pulse trailing edge
Impulshöhe *f* pulse height (amplitude)
Impulshöhenanalysator *m* pulse-height analyzer, kick-sorter
Impulshöhendiskriminator *m* pulse-height discriminator
Impulshöhenverteilung *f* pulse-height distribution
Impulsinformation *f* pulse information
Impulsintegrationsschaltung *f* pulse-averaging circuit
Impulsintervall *n* pulse interval
Impulsintervallanalysator *m* pulse interval analyzer
Impulsintervalle *npl* / **aufeinanderfolgende** successive pulse intervals
Impulskette *f* pulse train
Impulskipprelais *n* beam-type impulse relay
Impulskode *m* pulse code
Impulskodemodulation *f* pulse-code modulation, PCM
Impulskohärenzverfahren *n (FO)* coherent pulse operation
Impulskontakt *m* [im]pulse contact
Impulskopfabweichung *f* pulse top variation
Impulskopfbreite *f* plateau duration
Impulskorrektur *f* pulse correction
Impulslagenmodulation *f* pulse-position modulation (*s. a.* Impulsphasenmodulation)
Impulslampe *f* pulsed lamp (light source)
Impulslänge *f* pulse length (duration, width)
Impulslängenmodulation *f* pulse-length modulation, mark-to-space modulation
Impulslaser *m* pulsed (pulse-type) laser
Impulslaserquelle *f* laser pulsed source
Impulslaufzeit *f* pulse-time delay
Impulsleistung *f* pulse power
Impulsleistungsmesser *m* pulse-power calibrator
Impulsleitung *f (Fmt)* stepping line
Impulslichtbogenschweißen *n* pulsed arc welding
Impulslichtquelle *f* pulsed light source
Impulslogik *f* pulse logic
Impulsmesser *m* pulse meter
Impulsmeßtechnik *f* pulse measurement technique
Impulsmischschaltung *f* pulse mixing circuit
Impulsmischung *f* pulse mixing
Impulsmodulation *f* pulse modulation, PM
Impulsmodulationsaufzeichnung *f* pulse-modulation recording
Impulsmodulator *m* pulse modulator
Impulsmodulatorröhre *f* pulse modulator tube
Impulsnennbeginn *m* virtual origin of an impulse
Impulsoperator *m* momentum operator
Impulsoptimierung *f* pulse-response optimization
Impulsoszillator *m* pulsed oscillator
Impulsoszillograf *m* pulsed oscillograph, recurrent-surge oscillograph (recorder)
Impulspause *f* [im]pulse interval, off-time [of a pulse]
Impulspeilung *f* pulse direction finding
Impulspeilverfahren *n* pulse direction finding method
Impulsperiode *f* pulse period
Impulsphasenmodulation *f* pulse-position modulation, pulse-phase modulation, PPM
Impulsquelle *f* pulse source
Impulsradar *n* pulsed radar
Impulsrahmensynchronismus *m (Nrt)* frame synchronism
Impulsrand *m* impulse margin
Impulsrate *f* pulse rate
wahre I. true pulse rate
Impulsraum *m* momentum space
Impulsrauschen *n* pulse noise
Impulsreflexionsverfahren *n* pulse reflection method
Impulsregelung *f* pulse (discontinuous) control
Impulsregelungssystem *n* discontinuous control system, intermittent regulation system
Impulsregenerationsschaltung *f* pulse regenerating circuit
Impulsregenerierung *f* pulse regeneration
Impulsregistriergerät *n* pulse registration device
Impulsreihe *f* pulse train (sequence), succession of [im]pulses
Impulsrelais *n* pulse relay
Impulsrubinlaser *m* pulsed ruby laser
Impulsrückstrahlverfahren *n (FO)* pulse reflection method
Impulsschallpegel *m* [im]pulse sound level
Impulsschallpegelmesser *m* [im]pulse sound level meter
Impulsschalter *m* pulse switch
Impulsschaltung *f* [im]pulse circuit
I. mit Lawinentransistor avalanche transistor pulse circuit
Impulsschema *n* pulse diagram
Impulsschreiber *m* pulse recorder

Impulsschwingung *f* pulsed oscillation
Impulsselektor *m* pulse selector
Impulssender *m* pulse transmitter; *(Fmt)* impulse machine
Impulssieb *n* impulse separator
Impulssignal *n* pulse signal
Impulsspannung *f* pulse voltage
Impulsspannungswert *m* / **maximaler** pulse peak value
Impulsspeicher *m* impulse storing device
Impulsspeicherrelais *n* notching relay
Impulsspeicherzeit *f* pulse storage time
Impulssperrung *f (Ferns)* gating
Impulsspitzenleistung *f* peak pulse power
Impulsstärke *f* magnitude of an impulse
Impulsstehvermögen *n* impulse inertia
Impulssteilheit *f* pulse slope
Impulssteuerung *f* pulse control; pulse triggering
Impulsstörung *f* pulse noise
Impulsstrom *m* pulsed current
Impulsstromkreis *m* pulsing (pulse) circuit; *(Fmt)* stepping circuit
Impulssystem *n* **mit Verzögerung** pulse system with delay (retardation)
  aufgeschnittenes I. open-loop pulse system
  geschlossenes I. closed-loop pulse system
  geschlossenes I. mit Totzeit closed-loop pulse system with retardation
  offenes I. open-loop pulse system
  optimales geschlossenes I. closed-loop optimum pulse system
  vermaschtes I. multiloop pulse system
Impulstachometer *n* impulse tachometer
Impulstaktfrequenz *f* pulse [repetition] frequency, pulse repetition rate
Impulstastung *f* pulse timing
Impulstastverhältnis *n* pulse duty factor; *(Rech)* mark-to-space ratio
Impulstechnik *f* pulse [circuit] technique, pulsing technique
Impulsteilung *f* pulse division
Impulstelegrafie *f* [im]pulse telegraphy
Impulstorschaltung *f* / **transistorisierte** transitorized flip-flop circuit
Impulsträger *m* pulse carrier
Impulstransformator *m* pulse transformer
  I. eines Magnetrons magnetron pulse transformer
Impulstrennung *f* pulse separation
Impulstriggerung *f* pulse triggering
Impulsübergangsfunktion *f* unit-impulse response, weighting function
Impulsübergangskennlinie *f* pulse response characteristic
Impulsüberschlagszeit *f* pulse flash-over time
Impulsübertrager *m* pulse transformer; *(Fmt)* [im]pulse repeater
Impulsübertragung *f (Fmt)* [im]pulse repeating
Impulsübertragungsfunktion *f* [im]pulse response
Impulsübertragungsmatrix *f* [im]pulse-response matrix
Impulsübertragungsrelais *n* pulse-transmitting relay
Impulsuntersetzer *m* pulse scaler
Impulsuntersetzerschaltung *f* pulse-scaling circuit
Impulsverformung *f* pulse distortion
Impulsverhalten *n* [im]pulse response
Impulsverhältnis *n* [im]pulse ratio
Impulsverlängerung *f* pulse lengthening
Impulsverschachtelung *f* pulse interleaving
Impulsverstärker *m* pulse amplifier
  linearer I. linear pulse amplifier
Impulsverteiler *m* pulse discriminator (distributor)
Impulsverzerrung *f* pulse distortion
Impulsverzögerung *f* pulse delay
Impulsverzögerungszeit *f* pulse delay time
Impulswahl *f (Fmt)* [im]pulse action
Impulswähler *m* pulse selector
Impulswandler *m* pulse transformer (converter)
Impulswärmeimpedanz *f* thermal pulse impedance
Impulswellenformgenerator *m* pulse waveform generator
Impulswert *m* / **maximaler** pulse peak value
Impulswiederholer *m* pulse repeater
Impulswiederholungsfrequenz *f* pulse recurrence frequency (rate)
Impulszahl *f* pulse number
Impulszähler *m* [im]pulse counter, pulse[-counting] meter, [pulse] scaler
  schreibender I. pulse recorder
Impulszählertechnik *f* pulse-counter technique
Impulszeichengabe *f* pulse signalling
Impulszeitgeber *m* clock-pulse generator
Impulszeitmodulation *f* pulse-time modulation
Impulszeitverzögerung *f* pulse-time delay
inaktiv inactive, non-active, passive
Inbetriebnahme *f*, **Inbetriebsetzen** *n* putting into operation (service); starting
inchromieren to chromize
Inchromierung *f* chromizing
Indeterminiertheit *f* indeterminacy
Index *m* index
  Millerscher I. Miller index
  oberer I. superscript
  unterer I. subscript
Indexausdruck *m* subscript expression
Indexfehler *m* index error
Indexfläche *f* index surface
Indexgrenzenliste *f (Rech)* bound pair list
Indexieren *n* / **automatisches** *(Rech)* automatic indexing
  maschinelles I. *(Rech)* machine indexing

Indexkarte *f (Rech)* index (guide, master) card
Indexklammer *f* subscript bracket
Indexnut *f* polarizing slot
Indexraste *f* index notch
Indexregister *n (Rech)* index (modifier) register, B-register, B-box
Indexspur *f* index track
Indexstreifen *m* index stripe
Indexträger *m (Nrt)* pilot carrier
Indikator *m* 1. indicating apparatus, detecting instrument; 2. indicator; tracer
  radioaktiver I. radioactive tracer (indicator), radiotracer
  schwarzer I. *(Nrt)* black detector
Indikatoratom *n* tracer atom
Indikatordiagramm *n* indicator diagram
Indikatormethode *f* tracer method
Indikatorpapier *n* indicator (test) paper
Indikatorverfahren *n* [radioactive] tracer method *(Markierung durch radioaktive Isotope)*
Indirektmessung *f* indirect measurement
Indistor *m* indistor *(LC-Glied)*
Indiumantimonid *n* indium antimonide *(Halbleitermaterial)*
Indiumantimoniddetektor *m* indium antimonide detector
Indiumantimonidfotowiderstand *m* indium antimonide photoresistor
Indiumphosphid *n* indium phosphide *(Halbleitermaterial)*
Indiumpille *f* indium pellet
indizieren to index
Indizierung *f* indexing
Induktanz *f* inductive reactance
Induktion *f* 1. induction *(Auftreten von elektrischer Spannung)*; 2. magnetic flux density *(magnetische Größe)*
  äußere magnetische I. external magnetic induction
  eingeprägte I. intrinsic induction
  elektrische I. electric induction
  elektromagnetische I. electromagnetic induction
  elektrostatische I. static induction
  gegenseitige I. mutual induction
  innere I. intrinsic induction
  magnetische I. magnetic induction (flux density)
  remanente (zurückbleibende) I. residual (remanent) induction, remanent flux density
induktionsarm low-inductance
Induktionserwärmung *f* induction heating
  direkte I. direct induction heating
  indirekte I. indirect induction heating
Induktionserwärmungsanlage *f* induction heating equipment
Induktionsfeld *n* induction field
Induktionsfluß *m* magnetic flux
induktionsfrei non-inductive
Induktionsfrequenzwandler *m* induction frequency converter
Induktionsfunke *m* induction spark
Induktionsgenerator *m* induction generator
Induktionsgesetz *n* **[/Faradaysches]** law of induction
Induktionsglühanlage *f* induction annealing equipment
Induktionshärteanlage *f* induction hardening plant
Induktionshärtung *f* induction hardening
Induktionsheizgerät *n* induction heater
Induktionsheizspule *f* induction heating coil
Induktionsheizung *f* induction heating
Induktionsinstrument *n* induction instrument
  I. mit Spaltpol shaded-pole induction instrument
Induktionskern *m* induction cup *(Topfmagnet)*
Induktionskesselheizung *f* induction vessel heating
Induktionskoeffizient *m* coefficient (factor) of induction
Induktionskompaß *m* induction compass *(Flugzeug)*
Induktionskonstante *f* space permeability
induktionslos non-inductive
Induktionslöten *n* induction brazing
Induktionsmaschine *f* induction machine
Induktionsmeßgerät *n* induction meter (instrument), gaussmeter
Induktionsmotor *m* induction motor
  kompensierter I. compensated induction motor
  läufergespeister kompensierter I. self-compensated induction motor
  synchronisierter I. synchronous induction motor
Induktionsmotorzähler *m* induction motor meter
Induktionsofen *m* induction[-heated] furnace
  I. mit Eisenkern core-type induction furnace
  I. nach Northrup Northrup furnace
  I. zur Kristallzüchtung crystal-growing induction furnace
  kernloser I. coreless-type induction furnace
Induktionspumpe *f* induction pump *(z. B. zum Transport flüssiger Metalle)*
Induktionsrelais *n* induction relay
Induktionsringerhitzer *m* induction ring heater
Induktionsrinnenofen *m* induction channel furnace
Induktionsschleife *f* induction (inductive) loop
Induktionsschleifringläufermotor *m* wound-rotor [induction] motor

Induktionsschmelzanlage *f* induction melting equipment
Induktionsschutz *m* anti-inductive protection
Induktionsschwinger *m* induction vibrator
Induktionsspannung *f* induced voltage (electromotive force)
Induktionsspannungsregler *m* induction [voltage] regulator
Induktionsspule *f* induction (inductance) coil, inductor; Ruhmkorff coil *(Hochspannungserzeugung)*
I. der Platzschaltung *(Fmt)* telephone transformer in operator's circuit
mehrwindige I. multi-turn induction coil, solenoid coil
ringförmige I. ring-shaped induction coil
Induktionsstörung *f* **des Fernsprechverkehrs** cross fire *(durch Telegrafie)*
Induktionsstrom *m* induction (induced) current
Induktionsströmungsmesser *m* induction flowmeter
Induktionstachogenerator *m* induction tachogenerator
Induktionstauchheizkörper *m* immersion induction heater
Induktionstiegelofen *m* induction crucible furnace
Induktionsvermögen *n* inductivity
Induktionsvibrator *m* induction vibrator
Induktionswarmhalteofen *m* induction holding furnace
Induktionswattstundenzähler *m* induction watt-hour meter
Induktionszähler *m* induction [motor] meter
Induktionszylinder *m* induction cylinder
induktiv inductive
rein i. perfectly inductive
Induktivgeber *m* induction transducer, inductive (inductance) pick-up
Induktivität *f* 1. inductance, inductivity *(Größe)*; 2. inductance coil, inductor
I. je Längeneinheit inductance per unit length
differentielle I. incremental inductance
gegenseitige I. mutual inductance
gleichmäßig verteilte I. continuously (evenly) distributed inductance
innere I. internal inductance, inner self-inductance
konzentrierte I. concentrated inductance
kritische I. critical inductance
regelbare I. adjustable inductor
stetig einstellbare I. continuously adjustable inductor
stetig verteilte I. continuously distributed inductance
veränderliche I. 1. variable inductance; 2. adjustable inductor
verteilte I. distributed inductance
induktivitätsarm low-inductance
Induktivitätsbelag *m* distributed inductance, inductance per unit length
homogener I. evenly distributed inductance
Induktivitätsbrücke *f* inductance bridge
induktivitätsfrei non-reactive
Induktivitäts-Kapazitäts-Schaltung *f* LC circuit, LC network
Induktivitätskasten *m* inductance box *(für Meßzwecke)*
Induktivitätsmeßbrücke *f* inductance bridge
Induktivitätsmeßgerät *n* inductometer, inductance meter, henrymeter
Induktivitätsnormal *n* inductance standard
Induktivitätssatz *m* inductance box *(für Meßzwecke)*
I. mit Stöpselschaltung inductance box with plugs
Induktor *m* inductor, induction [heating] coil
I. mit Eisenkern core-type inductor
regelbarer I. variable inductor
Induktoranruf *m (Fmt)* magneto ringing (calling)
Induktorfrequenzwandler *m* inductor frequency converter
Induktorgehäuse *n (Fmt)* generator box
Induktorkreis *m* inductor circuit
Induktorkurbel *f* magneto crank
Induktorruf *m (Fmt)* magneto (generator) ringing
Induktorspannung *f* inductor voltage
Induktorstromkreis *m* inductor circuit
Induktorwicklung *f* inductor (induction) coil
Indusistor *m* indusistor *(Transistorschaltung)*
Industrie *f* **/ elektronische** electronic industry
Industrieabnehmertarif *m* industrial rate
Industriebeleuchtung *f* factory lighting
Industrieelektronik *f* industrial electronics
Industriefernsehen *n* industrial television, closed-circuit television; CCTV
Industriekohlebürste *f* industrial [carbon] brush
Industriekraftwerk *n* industrial power station
Industrielärm *m* industrial noise
Industrieleuchte *f* factory (industrial-type) fitting
Industrieofenkühlsystem *n* [industrial] furnace cooling system
Industrieroboter *m* industrial robot
Industrieschalter *m* industrial switch
explosionsgeschützter I. explosion-proof industrial switch
gekapselter I. enclosed industrial switch
gußgekapselter I. cast-iron enclosed industrial switch

regendichter I. raintight industrial switch
tropfwassergeschützter I. drip-proof industrial switch
induzieren to induce
ineinandergreifen to [inter]mesh
fingerartig i. to interdigitate
ineinanderpassen to fit together *(Steckverbindung)*
ineinanderschiebbar telescopic
ineinanderschieben [lassen] / sich to telescope
ineinanderstecken to fit one another *(Steckverbindung)*
Inertgas *n* inert gas
Inertgas-Lichtbogenschweißen *n* inert-gas-shielded arc welding
Infeldblendung *f* direct glare
Influenz *f* influence, electrostatic (electric) induction
Influenzmaschine *f* influence machine, electrostatic generator
Influenzrauschen *n* induced noise
Influenzstrom *m* influence current
Informatik *f* informatics, computer science *(wissenschaftliche Theorie und Methodik der Informationsverarbeitung)*
angewandte I. applied computer science
Information *f (Rech, Nrt)* information
alphabetische I. alphabetic information
asynchrone I. asynchronous information
binäre I. binary information *(binär dargestellte Daten)*
digitale I. digital information
eingeschriebene I. recorded information
gebündelte I. *(Nrt)* multiplexed information
handgeschriebene I. handwritten information
kontinuierliche I. continuous information
nichtnumerische I. non-numeric information
numerische I. numeric[al] information
redundanzbehaftete I. information with redundancy
redundanzfreie I. information without redundancy
statistische I. statistical information
übertragene I. transmitted information
verstümmelte I. garbled information
zweiwertige I. bivalent information
Informationsabfrage *f* / **nichtzerstörende** non-destructive sensing (reading)
Informationsabtastsystem *n* information sampling system
Informationsaufzeichnung *f* information recording
Informationsausbeute *f* yield of information
Informationsaustausch *m (Nrt)* communication
Informationsauswahlsystem *n* information selection system
Informationsbandbreite *f* information (data) bandwidth
Informationsbelag *m* / **mittlerer** *(Nrt)* average information content per symbol
Informationsbit *n* information bit
Informationsblock *m* information block (group)
Informationsdarstellung *f* information representation
Informationsdichte *f* information (packing) density
Informationsdraht *m* information wire *(Speicher)*
Informationsdurchsatz *m* information throughput
Informationseingangssignal *n* information input signal
Informationseinheit *f* information unit
binäre I. information bit
Informationsentropie *f* entropy *(Informationstheorie)*
Informationserfassung *f* information acquisition
zentralisierte I. centralized information acquisition
Informationsfluß *m* information flow (rate)
beidseitiger I. *(Nrt)* both-way communication
einseitiger I. *(Nrt)* one-way communication
mittlerer I. average information rate
Informationsgehalt *m* information content
bedingter I. conditional information content
mittlerer I. average information content; entropy *(Informationstheorie)*
Informationsgeschwindigkeit *f* information rate
Informationsgewinn *m* information gain
Informationsinhalt *m* information content
I. in binären Kodeelementen information bit content
Informationskanal *m* information channel
Informationskapazität *f* information[-carrying] capacity
I. eines Kanals channel capacity
Informationskontrollsystem *n* information checking system
Informationsladung *f* information charge
Informationslesen *n* information reading
Informationsmenge *f* information quantity
I. bei vorgeschriebenen Verzerrungen rate-distortion function
große I. bulk information
Informationsparameter *m* information parameter
Informationsquelle *f* information source
Informationsrate *f* information rate
Informationsreduzierung *f* information reduction
Informationsregister *n (Rech)* information storage register

Informationsregistrierungssystem *n* / **automatisches** *(Rech)* automatic message registering system, AMR-system
Informationsrückmeldung *f* information feedback
Informationsschreibgeschwindigkeit *f* information writing speed *(z. B. des Oszillografen)*
Informationssenke *f* information sink
Informationssignal *n* information signal
I. in Steuerungen information in controls
Informationsspeicher *m* information memory (store)
Informationsspeicherung *f* information storage
Informationsstrom *m s.* Informationsfluß
Informationssystem *n* information system
Informationstakt *m* cycle of information, information cycle
Informationstechnik *f* information technique
Informationstheorie *f* information theory
Informationsträger *m* 1. information carrier *(Speichermedium)*; 2. power-line carrier *(auf Starkstromleitungen)*
Informationsträgersteuerung *f* information carrier control
Informationsübertragung *f* information transmission
Informationsübertragungsgeschwindigkeit *f* information transmission rate (speed)
Informationsumfang *m* information volume (content)
Informationsumlauf *m* information cycle
Informationsverarbeitung *f* information (data) processing
I. mit hoher Arbeitsgeschwindigkeit high-speed information processing
elektronische I. electronic information processing
integrierte I. integrated information processing
Informationsverlust *m* loss of information, information loss
Informationswiedergewinnung *f* information retrieval
Informationswort *n* information word
Informationszeile *f* information line
informationszerstörend *(Rech)* destructive
infraakustisch infrasonic, subaudio, infraacoustic
Infrarot *n* infrared, IR
Infrarotabbildung *f* infrared imaging
Infrarotabsorption *f* infrared absorption
Infrarotanregung *f* infrared stimulation
Infrarotaufnahmeröhre *f* infrared pick-up tube
Infrarotbande *f* infrared band
Infrarotbandenspektrum *n* infrared band spectrum
Infrarotbildabtaströhre *f* infrared pick-up tube
Infrarotbildwandler *m* infrared image converter
Infrarotdetektor *m* infrared detector
lichtelektrischer I. photoconductive infrared detector
Infrarotdurchlässigkeit *f* infrared transmittancy (transparency)
Infrarot-Durchlauftrocknungsanlage *f* continuous infrared drying plant
Infrarotempfänger *m* infrared detector
infrarotempfindlich infrared-sensitive
Infraroterregung *f* infrared stimulation
Infrarotfilm *m* infrared-sensitive film
Infrarotfilter *n* infrared filter
Infrarotfotografie *f* infrared photography
Infrarotfotometer *n* infrared photometer
Infrarotfotozelle *f* infrared photocell
Infrarotgrenze *f* infrared limit
Infrarotheizelement *n*, **Infrarotheizkörper** *m* infrared heater (heating element)
Infrarotheizung *f* infrared heating
Infrarotheizungsanlage *f* infrared heating plant
Infrarotlampe *f* infrared lamp
Infrarotlaser *m* infrared laser, IRASER, iraser
Infrarotlöten *n* infrared soldering
Infrarotmaser *m* infrared maser *(Molekularverstärker für infrarotes Licht)*
Infrarotofen *m* infrared oven
Infrarotquarzrohrstrahler *m* infrared tubular quartz emitter (radiator)
Infrarotquelle *f* infrared source
Infrarotradar *n* infrared radar
Infrarotscheinwerfer *m* infrared searchlight
Infrarotspektralfotometer *n* infrared spectrophotometer
Infrarotspektroskopie *f* infrared spectroscopy
Infrarotspektrum *n* infrared spectrum
Infrarotstrahler *m* infrared radiator (emitter)
Infrarotstrahlung *f* infrared radiation
Infrarotstrahlungsheizung *f* heating by infrared radiation, infrared radiation heating
Infrarotstrahlungslampe *f* infrared lamp
Infrarotstrahlungsmesser *m* infrared detector
Infrarotstrahlungsofen *m* infrared furnace
Infrarotstrahlungswand *f* infrared radiation panel
Infrarotsuchsystem *n* infrared search system
Infrarottechnik *f* infrared engineering
Infrarottilgung *f* infrared quenching *(der Fotoleitfähigkeit)*
Infrarottrockenanlage *f* infrared drying plant
Infrarottrockner *m* / **elektrischer** electric infrared dryer

Infrarottunnelofen *m* infrared tunnel oven (furnace)
Infraschall *m* infrasonics, infrasound, subaudio sound
Infraschallbereich *m* infrasonic frequency range
Infraschallfrequenz *f* infrasonic (subaudio, infra-acoustic) frequency, ultralow frequency, ULF
Infraschallfrequenzbereich *m* infrasonic frequency range
Infraschallquelle *f* infrasonic source
Infraschallwelle *f* infrasonic wave
inhibieren to inhibit
Inhibition *f* inhibition, exclusion *(Boolesche Verknüpfung)*
Inhibitionsschaltung *f* inhibiting circuit
Inhibitor *m* inhibitor
  anodischer I. anodic inhibitor
  katodischer I. cathodic inhibitor
Inhibitorschicht *f* inhibitor layer
Inhibitorwirkung *f* inhibitory action, inhibition
inhomogen inhomogeneous, non-homogeneous; non-uniform
Inhomogenität *f* inhomogeneity
Injektion *f (Halbl)* injection *(von Ladungsträgern)*
  geringe I. low-level injection
  starke I. high-level injection
Injektionsgrad *m* injection level
Injektionskapazität *f* injection capacity
Injektionslaser *m* injection (semiconducting) laser
Injektionsleuchten *n* injection luminescence
Injektionslogik *f* / **integrierte** *(Rech)* integrated injection logic, I^2L, IIL
Injektionslumineszenzdiode *f* injection luminescence diode
Injektionspegel *m* injection level
Injektionsstelle *f* injection point
Injektionswinkel *m* injection angle *(beim Plasmaspritzen)*
Injektionswirkungsgrad *m (Halbl)* injection efficiency
  I. bei niedrigem Pegel low-level injection efficiency
Injektor *m* injector
injizieren to inject *(z. B. Elektronen)*
Inklination *f* / **magnetische** magnetic inclination, [magnetic] dip
Inklinationsnadel *f* dip needle
Inklinationswinkel *m* angle of inclination
Inklusion *f* inclusion *(z. B. in einem Kristall)*
inkohärent incoherent
Inkohärenz *f* incoherence
inkompatibel incompatible
Inkompatibilität *f* incompatibility
Inkrement *n* increment, increase
Inkrementalrechner *m* incremental computer

Inlandsverbindung *f (Fmt)* domestic (inland) connection
Inlandsverkehr *m (Fmt)* domestic (inland) traffic
Innenantenne *f* indoor (inside) aerial
Innenaufbau *m* internal structure
innenbeheizt internally heated
Innenbelag *m* inner envelope
Innenbeleuchtung *f* indoor (interior) lighting
Innenbeleuchtungsanlage *f* indoor lighting equipment
Innenelektrode *f* internal electrode
Innenfeld *n* internal field *(Magnet)*
Innenfeldinduktor *m* internal field inductor *(Induktionserwärmung)*
Innenfläche *f* internal (inside) surface
innengekühlt *(Masch)* direct-cooled
Innengeräusch *n* interior noise
Inneninstallation *f* internal installation; interior wiring
Innenkabel *n* internal cable; *(Fmt)* inside (house) cable
  I. für Amtsverdrahtung *(Fmt)* office cable
Innenlage *f* inner layer *(Spule)*
  durchkontaktierte (durchmetallisierte) I. through-hole plated buried layer *(Leiterplatten)*
Innenlagenverbindung *f* internal (interlayer) connection, buried interconnection, intraconnection *(Leiterplatten)*
Innenleiter *m* inner (centre, central) conductor *(Koaxialkabel)*
  gewendelter I. helical inner conductor
Innenleuchte *f* indoor [lighting] fitting, indoor-type luminaire
Innenlötauge *n* inner pad *(Leiterplatten)*
Innenmantel *m* inside sheath *(Koaxialkabel)*
Innenpol *m* internal pole
Innenpolmaschine *f* inner-pole machine, revolving-field machine
Innenrahmen *m* inner frame
Innenraumanlage *f* indoor (internal) plant
  elektrische I. indoor electrical equipment (installation)
Innenraumaufstellung *f* indoor mounting
Innenraumbeleuchtung *f* indoor lighting
Innenraumdurchführung *f* indoor bushing
  [einseitig] eingebettete I. indoor immersed bushing
Innenraumgerät *n* indoor apparatus
Innenraumisolator *m* indoor insulator
Innenraumkabelmuffe *f* indoor pothead
Innenraumleuchte *f* indoor lighting fitting
Innenraumwanddurchführung *f* indoor wall bushing
Innenreflektor *m* internal reflector
Innenreflexionsanteil *m (Licht)* internal reflected component, interreflection component
Innenstator *m* inner frame

Innensteuerung *f* car-switch [lift] control *(Aufzug)*
Innentemperatur *f* internal temperature
Innenverbindung *f* intraconnection, internal connection *(Mehrlagenleiterplatte)*
Innenverdrahtung *f* internal wiring
Innenwiderstand *m* 1. internal resistance; 2. anode [differential] resistance; *(Am)* plate resistance *(Elektronenröhren)*; 3. source resistance *(Generator)*
I. einer Röhre valve a.c. resistance
Innenzündstreifen *m*, **Innenzündstrich** *m* *(Licht)* inside starting strip, internal ignition strip
Input *m* input
Inselbetrieb *m (Anl)* isolated operation
Inseleffekt *m (Halbl)* island effect
Inselkraftwerk *n* isolated [power] plant
Inselnetz *n (Anl)* isolated system
Inselnetzwerk *n (Nrt)* island network
instabil instable, unstable; non-equilibrium
Instabilität *f* instability; hunting
I. des Plasmas instability of plasma
natürliche I. *(Syst)* inherent instability
thermische I. *(Halbl)* thermal runaway
Instabilitätsbereich *m* instability region
Instabilitätsgefahr *f* risk of instability
Installationsabnahmeprüfung *f* installation test
Installationsbedingung *f* condition of installation
Installationsplan *m* layout diagram
Installationstechnik *f* installation engineering
Installationswerkzeug *n* electrician's (lineman's) tool
installieren to install, to fit [in]; *(Anl)* to mount
instandhalten to maintain, to service
Instandhaltung *f* maintenance, servicing, upkeep
I. des Systems system maintenance
vorbeugende I. preventive maintenance
Instandhaltungsarbeit *f* maintenance work
Instandhaltungsprogramm *n (Rech)* maintenance routine
instandsetzen to repair, to recondition
Instandsetzung *f* repair, reconditioning; corrective (breakdown) maintenance *(z. B. nach Ausfall einer Anlage)*
Instandsetzungsarbeiten *fpl* repair work
Instandsetzungsdauer *f* active repair time
Instruktion *f (Rech)* instruction, order
Instrument *n*:
I. mit Fernanzeige distant-reading instrument
I. mit Kontakteinrichtung instrument with contacts
I. mit mehreren Meßbereichen multirange instrument (meter)
I. mit Nebenschluß (Nebenwiderstand) shunted instrument
I. mit Schwerkraftrückstellung gravity-controlled instrument
I. mit symmetrischer Skale centre zero instrument
aperiodisch gedämpftes I. aperiodic instrument
astatisches I. astatic instrument
auf Kreisblatt schreibendes I. round-chart instrument
bolometrisches I. bolometric instrument
direktanzeigendes I. direct-reading instrument
eisengeschlossenes elektrodynamisches I. ferrodynamic instrument
elektrodynamisches I. electrodynamic instrument, electrodynamometer
elektrostatisches I. electrostatic instrument, electrometer
elektrothermisches I. electrothermic instrument
ferrodynamisches I. ferrodynamic instrument
gedämpft schwingendes I. damped periodic instrument
magnetisch geschirmtes I. instrument with magnetic screening
thermisches I. electrothermic instrument
tragbares I. portable instrument
Instrumentenbeleuchtung *f* instrument lighting
Instrumentenbrett *n* instrument board (panel); dashboard *(Kraftfahrzeug)*
Instrumentenfehler *m* instrument[al] error; pointer centring error
Instrumentengenauigkeit *f* instrumental accuracy
Instrumentenkonstante *f* [instrument] constant
Instrumentenlandesystem *n (FO)* instrument landing system
Instrumentenschalter *m* instrument switch
Instrumententafel *f* instrument board (panel)
Instrumententisch *m* instrument table
Instrumentenzeiger *m* instrument pointer
Instrumentierung *f* instrumentation
Integraldarstellung *f* integral representation
Integralfaktor *m (Syst)* integral-action factor
Integralkennwert *m* **[für die Regelgüte]** integral performance index
Integralkriterium *n* integral estimation *(z. B. der Regelgüte)*
quadratisches I. integral square estimation
Integralregelung *f (Syst)* integral[-action] control, I control, floating (reset) control
Integralregler *m (Syst)* integral[-action] controller, I controller, floating (reset) controller
Integraltransformation *f* integral transform[ation]

Integralverhalten *n (Syst)* integral action, I action, floating (reset) action
Integralzeit *f (Syst)* integral-action time
Integration *f* integration
I. auf Bauelementebene component-level integration
I. auf Schaltungsebene circuit-level integration
I. auf Subsystemebene subsystem-level integration
I. auf Systemebene system-level integration
I. im Komplexen complex integration
angenäherte I. approximate integration
numerische I. numerical integration
partielle I. integration by parts
Integrationsbeiwert *m (Syst)* integral-action factor
Integrationsdichte *f s.* Integrationsgrad
Integrationsgrad *m* integration level
extrem hoher I. giant large-scale integration, GLSI
hoher I. large-scale integration, LSI
mittlerer I. medium-scale integration, MSI
niedriger I. small-scale integration, SSI
sehr hoher I. very large-scale integration, VLSI
Integrationsgrenze *f* limit of integration
Integrationsintervall *n* integration interval
Integrationsoperator *m* integral operator
Integrationsschaltung *f* integrating network (circuit); averaging circuit
Integrationsschritt *m* integration step
Integrationsverstärker *m* integrating amplifier
Integrationsweg *m* contour (path) of integration
Integrationszeit *f* integration time (period), integrating time
Integrator *m* integrator
integrierbar integrable
integrieren to integrate
Integriergerät *n* integrator
Integrierglied *n (Syst)* integrating element (unit)
Integrierschaltung *f* integrating network (circuit)
Integrierverstärker *m (Syst)* integrating amplifier
Integrimeter *n* integrometer *(zur Bestimmung des Flächenträgheitsmoments)*
Intelligenz *f* / **künstliche** *(Syst)* artificial intelligence
Intensimeter *n* intensitometer *(Messung von Röntgenstrahlung)*
Intensität *f* intensity; strength
I. der Bande band intensity
I. der Einwirkung exposure intensity (strength)
Intensitätsabfall *m* intensity fall-off
Intensitätsfluktuation *f (Laser)* intensity fluctuation
intensitätsgesteuert intensity-controlled
Intensitätskorrelation *f* intensity correlation
Intensitätsmaximum *n* intensity maximum
Intensitätsmodulation *f* intensity modulation; brilliance modulation *(Oszilloskopmeßtechnik)*
Intensitätspegel *m* intensity level
Intensitätsschwächung *f* intensity decrease
Intensitätsschwankung *f* variation of intensity
Intensitätsspektrum *n* intensity spectrum
Intensitätsunterschiedsschwelle *f* threshold of intensity difference
Intensitätsverschiebung *f* intensity displacement
Intensitätsverteilung *f* intensity distribution
spektrale I. spectral distribution of intensity
Intercarrier-Verfahren *n (Ferns)* intercarrier [sound] system, ICS system
Interdigitalleitung *f* interdigital line
Interdigitalmagnetron *n* interdigital magnetron
Interdigitalwandler *m* interdigital transducer
Interface *n (Rech)* interface *(Anpassungsschaltung)*
Interface-Schaltung *f (Rech)* interface circuit
Interferenz *f* interference *(von Wellen)*
atmosphärische I. atmospheric interference
Interferenzabsorber *m* interference absorber
Interferenzbild *n* interference pattern (image, figure)
Interferenzerscheinung *f* interference phenomenon
Interferenzfähigkeit *f* [phase] coherence factor *(Laser)*
Interferenzfarben *fpl* interference colours
Interferenzfeld *n* interference field
Interferenzfigur *f* interference pattern (figure, image)
Interferenzfilter *n* interference filter
schmalbandiges I. narrow band interference filter
Interferenzfleck *m* interference spot
Interferenzfrequenzmesser *m* heterodyne frequency meter
Interferenzgebiet *n* 1. interference area; 2. *(Nrt)* fringe (mush) area *(Strömungsgebiet bei Gleichwellenbetrieb)*
Interferenzkontrastmikroskopie *f* interference contrast microscopy
Interferenzlänge *f* coherence distance (length) *(Laser)*
Interferenzmeßgerät *n* interferometer
Interferenzmeßtechnik *f* interference metrology

Interferenzmeßverfahren *n* interferometry
Interferenzmikroskop *n* interference microscope
Interferenzmuster *n* interference pattern
Interferenzordnung *f* order of interference
Interferenzprisma *n* interference prism
Interferenzringe *mpl* circular interference fringes
Interferenzschwund *m (Nrt)* interference fading
Interferenzspektroskop *n* interference spectroscope
Interferenzspektrum *n* interference spectrum
Interferenzspiegel *m* interference mirror
Interferenzstrahlengang *m* interfering beam
Interferenzstreifen *mpl* interference fringes
Interferenzwellenmesser *m* heterodyne wavemeter
Interferenzwirkung *f* interference action; beating effect
interferieren to interfere
Interferogramm *n* interferogram
Interferometer *n* interferometer
Interferometrie *f* interferometry
I. mit polarisiertem Licht polarized interferometry
Interflexionswirkungsgrad *m (Licht)* interreflection rate
Intermittenzeffekt *m* intermittence effect
intermittierend intermittent
Intermodulation *f* intermodulation
Intermodulationseffekt *m* intermodulation effect
Intermodulationsprodukt *n* intermodulation product
Intermodulationsrauschen *n* intermodulation noise
Intermodulationsverzerrung *f* intermodulation (combination tone) distortion
Interpolation *f* interpolation *(Funktionswerte)*
lineare I. linear (straight-line) interpolation
Interpolationsfehler *m* interpolation error
Interpolationsmeßmethode *f* interpolation method of measurement
Interpolator *m* / **digitaler parabolischer** digital parabolic interpolator
linearer I. linear interpolator
interpolieren to interpolate
interpretieren to interpret
Interpretieren *n* **von Daten** data interpretation, interpretation of data
Interrupt-Anforderung *f (Rech)* interrupt request
interstitiell interstitial
Intervall *n* interval
gestörtes I. disturbed interval
Intervallanalysator *m* interval analyzer
Intervalley-Streuung *f (Halbl)* intervalley scattering
Interventionszeichen *n (Fmt)* forward transfer signal
Intrinsic-Fotoleitung *f* intrinsic photoconduction
Intrinsic-Halbleiter *m* intrinsic (i-type) semiconductor
Intrinsic-Niveau *n* intrinsic level
Intrittfallen *n* pulling in[to] synchronism
Intrittfallmoment *n* pull-in torque, picking-up torque *(Synchronmotor)*
Intrittfallprüfung *f*, **Intrittfallversuch** *m* pull-in test
Invariante *f* invariant
Abbesche I. Abbe's [refraction] invariant
Invarianz *f* invariance
invers inverse
Inversion *f (Halbl, Laser)* inversion
Inversionsbereich *m* inversion (transition) region
Inversionsdichte *f (Halbl)* inversion density
Inversionsdiode *f* inverted diode
Inversionsfaktor *m* inversion factor
Inversionsgebiet *n (Halbl)* inversion region
Inversionsladung *f (Halbl)* inversion charge
Inversionsmechanismus *m* inversion mechanism
Inversionsmethode *f (Meß)* method of inversion
Inversionspunkt *m* inversion point
Inversionsschaltung *f* inverse (inverting) gate
Inversionsschicht *f (Halbl)* inversion layer
Inversionssymmetrie *f* inversion symmetry
Inversionstemperatur *f* inversion temperature
Inversionszentrum *n* inversion centre
Inversmagnetisierung *f* inverse magnetization
Inverter *m (Nrt)* inverter, phase-inverting amplifier
Inverterschaltung *f* inverter circuit
invertieren to invert
Invertiergatter *n* inverse (inverting) gate
Ion *n* ion
angeregtes I. excited ion
mehrfach geladenes I. multiply charged ion
negatives (negativ geladenes) I. anion, negative ion
positives (positiv geladenes) I. cation, positive ion
zweifach geladenes I. doubly charged ion
Ionenableiter *m* ionic discharge device
ionenaktiv ion-active
Ionenaktivität *f* ion activity
Ionenanhäufung *f* ion cluster
Ionenäquivalentleitfähigkeit *f* equivalent ion[ic] conductivity
Ionenart *f* type of ion, ionic species
Ionenatmosphäre *f* ion[ic] atmosphere, ion cloud
Ionenätzung *f (Halbl)* ion etching

Ionenaustausch *m* ion[ic] exchange
Ionenaustauscher *m* ion exchanger
Ionenaustauschereigenschaft *f* ion-exchange property
Ionenaustauschermembran *f* ion-exchange membrane
Ionenaustauscheroberfläche *f* ion-exchange surface
Ionenaustauschharz *n* ion-exchange resin
Ionenaustauschtheorie *f* ion-exchange theory
Ionenbeweglichkeit *f* ion[ic] mobility
Ionenbewegung *f* ion[ic] movement, ion motion
Ionenbindung *f* ionic (electrovalent, heteropolar) bond, electrovalency *(Zustand);* ionic (electrovalent) linkage *(Vorgang)*
Ionenbrennfleck *m* ion spot
Ionencharakter *m* ionicity
Ionencluster *m* ion cluster
Ionendichte *f* ion density
Ionendiffusion *f* ion diffusion
Ionendipol *m* ion dipole
Ionendosis *f* ion dose (dosage)
Ionendrift *f* ion drift
Ionendriftgeschwindigkeit *f* ion drift velocity
Ionendruck *m* ion pressure
ionendurchlässig ion-permeable
Ioneneinbau *m*, **Ioneneinpflanzung** *f* *(Halbl)* ion implantation
Ionenentladung *f* ion discharge
Ionenerzeugung *f* ion generation (production)
Ionenfalle *f* ion trap
Ionenfallenmagnet *m* ion-trap magnet
Ionenfehlstelle *f* ion vacancy
Ionenfestkörper *m* ionic solid
Ionenfleck *m* ion spot
Ionenfluß *m* ion flow
Ionenfrequenzumformer *m* ionic frequency converter
Ionengeschwindigkeit *f* ionic velocity (speed)
Ionengetterpumpe *f* ion[ic] getter pump
Ionengitter *n* ion [crystal] lattice
Ionengröße *f* ion[ic] size
Ionenhalbleiter *m* ionic semiconductor
Ionenimplantation *f* *(Halbl)* ion implantation
Ionenimplantationstechnik *f* ion implantation technique
Ionenkonzentration *f* ion[ic] concentration
Ionenkristall *m* ionic crystal
Ionenladung *f* ionic charge
Ionenlaser *m* ion laser
Ionenlautsprecher *m* ionic loudspeaker
Ionenlawine *f* ion avalanche
Ionenleerstelle *f* ion vacancy
ionenleitend ion-conducting, ionically conductive
Ionenleiter *m* ionic conductor
  gemischter I. mixed ionic conductor
Ionenleitfähigkeit *f* ionic conductivity (conductance)
Ionenleitung *f* ion conduction
Ionenlücke *f* ion vacancy
Ionenmikrofon *n* ionic microphone
Ionenpaar *n* ion pair
Ionenpaarbildung *f* ion pairing
Ionenplasma *n* ion plasma
Ionenplattierung *f* ion plating
Ionenquelle *f* ion source
Ionenrekombination *f* ion recombination
Ionenröhre *f* ion tube (valve)
Ionenschallwelle *f* ion-acoustic wave
Ionenschwarm *m* ion cluster
Ionenschwingung *f* ion oscillation
Ionenstörstelle *f* ionic impurity
Ionenstörung *f* ionic defect
Ionenstoß *m* ion impact
Ionenstrahl *m* ion beam
Ionenstrahler *m* ion gun
Ionenstrahlröhre *f* ion-beam tube
Ionenstrahlstrom *m* ion-beam current
Ionenstrahltechnologie *f* ion-beam technology
Ionenstrahlzerstäubung *f* ion-beam sputtering
Ionenstrom *m* ion current (flow)
Ionenübergang *m* ion transfer
Ionenventil *n* ion valve
Ionenverlust *m* ion loss
Ionenwanderung *f* ion[ic] migration, migration of ions
  elektrochemische I. electrochemical migration
Ionenwanderungsgeschwindigkeit *f* ion [drift] velocity, ionic speed
Ionenwertigkeit *f* ionic valence
Ionenwindvoltmeter *n* ionic wind voltmeter
Ionenwolke *f* ion cloud, ionic atmosphere
Ionenzustand *m* ionic state
Ion-Ion-Rekombination *f* ion-ion recombination *(Rekombination von positiven und negativen Ionen)*
Ionisation *f* ionization
  I. durch Strahlung radiation ionization
  lawinenartige I. cumulative ionization
  thermische I. thermal ionization
Ionisationsanemometer *n* ionized-gas anemometer
Ionisationsdosimeter *n* ionization dosimeter
Ionisationsdruck *m* ionization pressure
Ionisationselektrometer *n* ionization electrometer
Ionisationsenergie *f* ionization energy
Ionisationsereignis *n* ionizing event
Ionisationsgeschwindigkeit *f* ionization rate
Ionisationsgrad *m* ionization degree

Ionisationsimpuls *m* ionization pulse
Ionisationsintegral *n* ionization integral
Ionisationskammer *f* ionization chamber
Ionisationskontinuum *n* ionization continuum
Ionisationslöschspannung *f* ionization extinction voltage
Ionisationsmanometer *n* ionization gauge (manometer) (*s.a.* Ionisationsvakuummeter)
Ionisationsmessung *f* ionization measurement
Ionisationspegel *m* ionization level
Ionisationspunkt *m* ionization point
Ionisationsquerschnitt *m* ionization cross section
Ionisationsrate *f* ionization rate
Ionisationsrauschen *n* ionization noise
Ionisationsschwelle *f* ionization level
Ionisationsspannung *f* ionization potential (voltage)
Ionisationsspannungserniedrigung *f* lowering of ionization potential
Ionisationsstörung *f* ionization disturbance
Ionisationsstoß *m* ionization pulse
Ionisationsstrom *m* ionization current
Ionisationsvakuummeter *n* ionization vacuum gauge, ion[ization] gauge
Ionisationsverluste *mpl* ionization loss[es]
Ionisationsvermögen *n* ionizing power
Ionisationswahrscheinlichkeit *f* ionization probability
Ionisationswärme *f* heat of ionization, ionization heat
Ionisationszeit *f* ionization (ionizing) time *(z. B. bei Gasentladungen)*
Ionisationszustand *m* ionization state
ionisch ionic
ionisierbar ionizable
Ionisierbarkeit *f* ionizability
ionisieren to ionize
ionisiert durch Lichtbogenentladung ionized by an arc discharge
  einfach i. singly ionized
  mehrfach i. multiply ionized
  nicht i. unionized
Ionisierung *f s.* Ionisation
Ionisierungskoeffizient *m* coefficient of ionization
  mittlerer I. mean ionization coefficient
Ionisierungszone *f* ionizing zone
Ionizität *f* ionicity
Ionolumineszenz *f* ionoluminescence
Ionophorese *f* ionophoresis, ion transfer
Ionosphäre *f* ionosphere
  horizontal geschichtete I. horizontally stratified ionosphere
Ionosphärenecho *n* ionospheric echo
Ionosphärenstörung *f* ionospheric disturbance
Ionosphärensturm *m* ionospheric storm
Ionosphärenwelle *f* ionospheric wave *(Fernwelle)*
Iontophorese *f s.* Ionophorese
IP *Abk. für* interelement protection *(Kennzeichen für Schutzgrad)*
IR-... *s.* Infrarot...
Iraser *m s.* Infrarotlaser
IRED *s.* Diode / infrarotemittierende
I-Regelung *f s.* Integralregelung
I-Regler *m s.* Integralregler
Irisblende *f* iris
irreversibel irreversible, non-reversible
Irrung *f* rub-out, erase *(Telegrafie)*
Irrungstaste *f* erase key
Irrungszeichen *n* rub-out signal
i-Schicht *f (Halbl)* i-type layer, intrinsic layer
Isocandela-Diagramm *n (Licht)* isocandela diagram (curve)
Isocandela-Schreiber *m* isocandela recorder
isochrom isochromatic, homochromatic
isochron isochronous
isoelektrisch isoelectric
isoelektronisch isoelectronic
isoenergetisch isoenergetic
Isokline *f* isocline, locus of constant slope
Isolation *f* 1. insulation *(elektrisch, thermisch)*; 2. isolation *(Trennung)*
  I. der Käfigwicklung *(Masch)* cage-winding insulation
  I. durch pn-Übergang *(Halbl)* p-n junction isolation
  I. gegen Erde insulation to (against) earth
  I. gegen innere Überspannung *(Anl)* switching surge insulation
  I. gegen netzfrequente Spannungen *(Anl)* power-frequency insulation
  I. zwischen Wicklungen interwinding insulation
  abgestufte I. coordinated insulation
  äußere I. external insulation
  geschichtete I. laminar insulation
  innere I. internal insulation *(z. B. beim Transformator)*
  koordinierte I. coordinated insulation
  thermische I. thermal insulation
Isolations... *s. a.* Isolier...
Isolationsabschirmung *f* insulation shielding
Isolationsbeschaffenheit *f* condition of insulation
Isolationsdicke *f* thickness of insulation
Isolationsdiffusion *f (Halbl)* isolation diffusion
Isolationsdurchschlag *m* insulation (dielectric) breakdown
Isolationseigenschaft *f* insulating property
Isolationsfehler *m* insulation fault (defect), defect in insulation
Isolationsfestigkeit *f* insulation strength
Isolationskanal *m* insulating conduit

Isolationskapazität *f (Halbl)* isolation capacitance
Isolationsklasse *f* insulation class
genormte I. standard insulation class
Isolationsmaterial *n s.* Isoliermaterial
Isolationsmeßeinrichtung *f* insulation measuring device
Isolationsmeßgerät *n* insulation testing apparatus (set)
Isolationsmessung *f* insulation measurement
Isolationsnennspannung *f* rated insulation voltage
Isolationspegel *m* insulation level
Isolationsprüfer *m s.* Isolationsprüfgerät
Isolationsprüfgerät *n* insulation testing apparatus (set), insulation tester (detector, indicator), leakage indicator, megohmmeter
Isolationsprüfung *f* insulation test (measurement), dielectric test
Isolationsschicht *f* insulating layer, layer of non-conducting material
Isolationsschutz *m* insulation protection, protective insulation
Isolationsspannung *f* insulation voltage
Isolationsstörung *f* defect in insulation
Isolationsstrom *m* insulation (leakage) current
Isolationstasche *f (Halbl)* isolation pocket
Isolationstyp *m* / **feldorientierter** field-oriented isolation type *(Kristall)*
Isolationsverlust *m* insulation loss
Isolationsverlustfaktor *m* insulation loss factor
Isolationsvermögen *n* insulating capacity
Isolationswand *f (Halbl)* isolation wall
Isolationswanddiode *f* isolation-wall diode
Isolationswanne *f (Halbl)* isolation tub
Isolationswiderstand *m* insulation resistance
spezifischer I. insulativity
Isolationswirkung *f* insulation effect
Isolationszustand *m* insulation condition
Isolator *m* insulator (*s. a.* Isoliermaterial)
I. für Starkstromtechnik insulator for power circuits
I. in Spulenform spool-shaped insulator
I. mit schraubenförmigem Schirm helicoidal insulator
einteiliger I. single-section insulator
gasförmiger I. gaseous dielectric
keramischer I. ceramic (porcelain) insulator
kriechstromfester I. non-tracking dielectric
nicht zusammengesetzter I. single-section insulator
pilzförmiger I. mushroom-shaped insulator
scheibenförmiger I. disk-shaped insulator
starrer I. rigid-type insulator
verlustloser I. perfect (ideal) dielectric
Isolatordoppelstütze *f* double insulator spindle
Isolatoreinheit *f* insulator unit
Isolatoreinkerbung *f* groove *(zur Leiterbefestigung)*
Isolatorenaufhängung *f* **in Kettenform** insulator chain system
Isolatorenkette *f* chain insulator, insulator string
I. aus Hängeisolatoren suspension insulator string
I. aus n Elementen, n-gliedrige I. n-unit insulator string
Isolatorenklöppel *m* insulator pin *(zur Befestigung des Isolatorkörpers)*
Isolatorensäule *f* insulator column
Isolatorenstütze *f* insulating support; insulator pin *(zur Befestigung des Isolatorkörpers)*
Isolatorglocke *f* petticoat insulator
Isolatorkappe *f* insulator cap
Isolatorkette *f s.* Isolatorenkette
Isolatorkörper *m* insulator body
Isolatormantel *m* insulator shed
Isolatormuffe *f* insulating bush
Isolatorschutzarmatur *f* insulator arcing horn
Isolatorstütze *f* insulator bracket, insulating support
Isolatorüberschlag *m* insulator arc-over
Isolier... *s. a.* Isolations...
Isolierabstand *m* insulating clearance
Isolieranstrich *m* insulating paint (coat)
Isolierband *n* insulating (electrical) tape
halbleitendes I. semiconducting [insulating] tape
thermoplastisches I. thermoplastic [insulating] tape
Isolierbauplatte *f* structural insulation board *(Schalldämmung)*
Isolierbuchse *f* insulating bush[ing]
Isolierei *n* egg[-shaped] insulator
isolieren 1. *(El)* to insulate; 2. to isolate *(trennen)*; 3. *(Wärm, Ak)* to lag *(mit Dämmstoff)*
durch pn-Übergang i. *(Halbl)* to junction-isolate
gegen Feuchtigkeit i. to seal against humidity (moisture)
isolierend insulating, insulative
Isolierfähigkeit *f* insulating capacity, ability to insulate
Isolierfestigkeit *f* insulating strength
Isolierfilz *m* insulating felt
Isolierflüssigkeit *f* insulating fluid (liquid)
Isolierfolie *f* insulating foil (sheet)
Isolierfuß *m* insulating support
Isolierhülle *f* insulating cover (sheath)
Isolierhülse *f* protective sleeve; slot liner *(Nutisolierhülse)*
Isolierkeil *m* insulating key
Isolierklemme *f* insulator cleat

Isolierkörper *m* insulator; plug insulator *(Zündkerze)*
Isolierlack *m* insulating varnish (lacquer)
Isoliermantel *m* insulating sheath (casing, jacket)
Isoliermasse *f* insulating compound
Isoliermaterial *n* insulating material, insulant (*s. a.* Isolierstoff)
  festes I. solid insulating material
  keramisches I. ceramic insulating material
  verdichtetes I. compressed insulating material *(z. B. Einbettmassen für Heizleiter)*
Isoliermatte *f* insulating mat
Isoliermittel *n* insulating (non-conducting) material
Isoliermuffe *f* insulating joint
Isolieröl *n* insulating oil
Isolierpapier *n* [electrical] insulating paper, varnish (cable) paper
Isolierpappe *f* insulating cardboard
Isolierperle *f* insulating bead
Isolierplatte *f* insulating slab
Isolierporzellan *n* electrotechnical porcelain
Isolierrohr *n* insulating tube (conduit)
Isolierrohranordnung *f* conduit system
Isolierscheibe *f* insulating disk
Isolierschemel *m* insulating stool
Isolierschicht *f* insulating layer
Isolierschirm *m* insulating screen
Isolierschlauch *m* [flexible] insulating tubing, flexible varnished tubing; loom
Isoliersockel *m* insulating base
Isolierspannung *f* insulation voltage
Isoliersteg *m* barrier; commutator insulating segment *(bei Stromwendermaschinen)*
Isolierstoff *m* insulating (non-conducting) material, insulant
  flammsicherer I. non-inflammable insulating material
  flüssiger I. liquid insulating material, insulating fluid (liquid)
  gasförmiger I. gaseous insulating material
  geschichteter I. laminated insulating material
  glasartiger I. vitreous insulating material
  idealer I. ideal (no-loss) dielectric
  nichtentflammbarer I. non-inflammable insulating material
  organischer I. organic insulating material
  steifer I. rigid insulating material
Isolierstoffklasse *f s.* Isolationsklasse
Isolierstütze *f* insulating support
isoliert / gegen Erde insulated from earth
Isolierteppich *m* insulating mat
Isoliertransformator *m* insulating transformer, one-to-one transformer
Isoliertuch *n* insulating cloth
Isolierumhüllung *f s.* Isoliermantel
Isolierung *f* 1. insulation *(elektrisch, thermisch)*; 2. isolation *(Trennung)*
  I. mit Aluminiumfolie aluminium-foil insulation
  eingebundene I. taped insulation
  elektrische I. insulation
  gewickelte I. taped insulation
  thermoplastische I. thermoplastic insulation
Isolierverbindung *f* insulating joint
Isoliervermögen *n* insulating power (property)
Isolierwandler *m* insulated instrument transformer; isolating transformer *(Trenntransformator)*
Isolierwiderstand *m* insulation resistance
Isolierzange *f* insulated pliers (tongs)
Isolierzwischenlage *f* insulating spacer (separator)
Isoluxe *f* isophot curve, isolux (equilux) line
Isomerie *f* isomerism
Isomerieverschiebung *f* isomeric shift
isomorph isomorphic, isomorphous *(z. B. Kristall)*
isopolar isopolar
isopotentiell isopotential
Isostilbe *f* isoluminance curve
isotherm isothermal
Isotherme *f* isothermal [line]
Isotop *n* isotope
isotopenangereichert isotope-enriched
Isotopenanreicherung *f* isotope enrichment
Isotopenaustausch *m* isotope exchange
Isotopeneffekt *m* isotope (isotopic) effect
Isotopenfraktionierung *f* isotope fractionation (separation)
Isotopengemisch *n* isotope mixture
Isotopenhäufigkeit *f* isotope abundance
  natürliche I. natural abundance
Isotopenlampe *f* isotope (radioactive, atomic) lamp
Isotopentrennanlage *f* isotope separation plant
Isotopentrennung *f* isotope separation
  elektrolytische I. electrolytic separation of isotopes
Isotopenverdünnung *f* isotopic dilution
Isotopenzusammensetzung *f* isotopic composition
Isotopieeffekt *m* isotope effect
Isotropie *f* isotropism, isotropy
Istgröße *f*, **Istmaß** *n* actual dimension (size)
Istwert *m (Meß)* true value; *(Syst)* real (actual) value
Istzeit *f* real time
Ist-Zuverlässigkeit *f (Syst)* actual reliability *(Ergebnis der Prüfung)*
Iteration *f (Rech)* iteration

Iterationsmethode *f (Rech)* iteration (iterative) method, method of successive approximation
Iterationsparameter *m (Rech)* iteration (iterative) parameter
Iterationsschleife *f (Rech)* iteration loop
Iterationsschritt *m (Rech)* iteration step
Iterationsverfahren *n (Rech)* iteration procedure (*s. a.* Iterationsmethode)
iterativ iterative
I-Verhalten *n s.* Integralverhalten
I-Zeit *f s.* Integralzeit

J

J *s.* Joule
Jacobi-Matrix *f (Syst)* Jacobian matrix *(Linearisierung)*
Jahresbelastungsdauer *f* annual load duration
Jahresbelastungsdiagramm *n* annual load diagram
Jahresbelastungskoeffizient *m* annual load factor
Jahresbelastungskurve *f* annual load curve
Jahresbenutzungsdauer *f* annual load duration
Jahresbenutzungskoeffizient *m* annual load factor
Jahresspeicher *m* yearly storage reservoir *(Wasserkraftwerk)*
Jahresspitze *f* annual peak *(Energieversorgung)*
Jahresverbrauch *m* annual consumption
Ja-Nein-Kode *m (Rech)* on-off code
Japanlack *m* japan [lacquer]
jaulen to howl, to whine
Jaulen *n* wow *(langsame Schwankung)*; flutter *(schnelle Schwankung)*; wow and flutter
Jaumann-Brücke *f* Jaumann's differential bridge, Q-bridge *(zur Gütefaktormessung)*
JEDOCH-NICHT-Gatter *n*, **JEDOCH-NICHT-Tor** *n* EXCEPT gate, inhibitory gate
Jeweils-Änderung *f (Rech)* running modification
Jeweils-Parameter *m (Rech)* program parameter
Job *m (Rech)* job
Jobanweisung *f* job statement
Jobstrom *m* job stream
Joch *n* yoke *(magnetischer Kreis)*
Jochmethode *f* yoke method *(Permeabilitätsprüfung)*
Jochrückkopplung *f* yoke kickback
Jodaufzehrung *f* iodine migration
Joddampf *m* iodine vapour
Jodglühlampe *f* tungsten-iodine lamp
Jodlampe *f* iodine lamp
Jod-Methanol-Methode *f* iodine-methyl alcohol method *(zur Ablösung von Deckschichten)*
Jod-Methode *f* iodine method *(zur Ablösung von Deckschichten)*
Jodzusatz *m* iodine addition
Johnson-Effekt *m* Johnson effect *(thermisches Rauschen)*
Joly-Fotometer *n* Joly (wax block) photometer
Josephson-Flipflop *m(n)* Josephson flipflop
Josephson-Rechnertechnologie *f* Josephson computer technology
Josephson-Speicher *m* Josephson memory (store)
Josephson-Verbindung *f (Rech)* Josephson junction
Joule *n* joule, J *(SI-Einheit für Arbeit, Energie und Wärmemenge)*
Joule-Effekt *m* Joule effect *(Magnetostriktion)*
Journalfernschreiber *m* journal teleprinter
Jupiterlampe *f* sun lamp *(lichtstarker Linsenscheinwerfer)*; *(Am)* klieg lamp
Justage *f* adjustment
justierbar adjustable
Justiereinrichtung *f s.* Justiergerät
Justierelement *n* adjustment control
justieren to adjust; to calibrate
Justieren *n s.* Justierung
Justiergerät *n* adjusting device (unit), adjuster
Justierkappe *f* adjustment cover
Justierlampe *f* adjustment lamp
Justiermarke *f* adjustment mark
Justierschraube *f* adjustment (adjusting) screw
Justierung *f* adjustment, adjusting
Justiervorrichtung *f* adjusting device, adjuster
Justierwiderstand *m* trimming (adjusting) resistor
Justierzeit *f* adjustment time
Jute *f* jute

K

K *s.* Kelvin
Kabel *n* 1. cable; 2. cablegram, cable *(Nachricht)*
K. mit abgeschirmten Leitern screened-conductor cable, shielded-conductor cable
K. mit Bandage armoured cable
K. mit Bleimantel lead-covered cable
K. mit Gasfüllung gas-filled cable
K. mit geringer Adernzahl small-capacity cable
K. mit Hilfsadern cable with pilot cores
K. mit Juteschutz jute-protected cable

K. mit Luft[raum]isolierung air-space[d] cable
K. mit Metallmantel metal-clad cable
K. mit Stahl[band]bewehrung band-armoured cable
K. mit Sternverseilung (Viererverseilung) quad[ded] cable
K. ohne Luftraumisolierung tight[-core] cable
abgeschirmtes K. shielded[-type] cable, screened cable
achterverseiltes K. quadruple pair cable
armiertes K. armoured cable
bandbewehrtes K. band-armoured cable
baumwoll- und seidenumsponnenes K. silk-and-cotton-covered cable
belastetes K. loaded cable
bespultes K. *(Fmt)* coil-loaded cable
bewegliches K. travelling cable
bewehrtes K. armoured (sheathed) cable
bewehrtes flexibles K. flexible armoured cable
biegsames K. flexible cable
biegsames wassergekühltes K. flexible water-cooled cable
blankes K. bare (uncovered) cable
doppeladriges K. double-core cable, two-conductor cable, two-wire cable, twin (loop) cable
drahtbewehrtes K. wire-armoured cable
dreiadriges K. three-core cable, three-conductor cable, triple-core cable
dreimal mit Papier isoliertes K. triple paper-covered cable
einadriges K. single-core cable, single[-conductor] cable
entspultes K. *(Fmt)* deloaded cable
fest verseiltes K. tight cable
flexibles K. flexible (BX) cable
gemischtadriges (gemischtpaariges) K. composite (combined) cable
gummiisoliertes K. rubber-insulated cable
hochflexibles K. extra flexible cable
induktionsfreies K. anti-induction cable
isoliertes K. insulated cable
juteisoliertes K. jute-insulated cable
kapazitätsarmes K. low-capacitance cable
koaxiales K. coaxial (concentric) cable
kombiniertes K. composite (combined) cable
konzentrisches K. concentric[-lay] cable, coaxial cable
konzentrisches K. mit zwei Innenleitern twin concentric cable, twinax cable
lackleinenisoliertes K. varnished-cambric [insulated] cable
massearmes K. non-draining cable, non-bleeding cable
mehradriges K. multicore (multiconductor) cable, multiple[-conductor] cable
paarverseiltes K. paired cable
papierisoliertes K. paper-insulated cable
pupinisiertes K. *(Fmt)* Pupin (loaded) cable
stahldrahtbewehrtes K. steel-wire armoured cable
symmetrisches K. symmetrical cable
umhülltes K. covered cable
unbespultes K. *(Fmt)* unloaded cable
verlustarmes K. low-loss cable
verseiltes K. stranded (rope-lay) cable
vieladriges K. *s.* mehradriges K.
vielpaariges K. multipair cable, large-capacity cable
vieradriges K. four-core cable, four-conductor cable
viererverseiltes K. quad[ded] cable
wasserdichtes K. watertight cable
zweiadriges K. two-core cable, twin[-core] cable
zweipaariges K. two-pair core cable
Kabelabfangung *f* cable clamping
Kabelabschirmung *f* cable screening (protection)
Kabelabschluß *m* cable termination (head)
Kabelabschnitt *m* cable section
Kabelabstreifgerät *n* cable stripper
Kabelabzweig *m* cable branching
Kabelabzweigmuffe *f* cable distribution box
Kabelabzweigung *f* cable branching
Kabelader *f* cable conductor (core)
Kabeladerausnutzung *f (Fmt)* cable fill
Kabeladereinbindung *f* cable core binder
Kabeladernpaar *n* cable pair
Kabelanschluß *m* cable connection; cable terminal *(Klemmenanschluß)*
Kabelanschlußkasten *m* cable joint (terminal, sealing) box
Kabelanschlußklemme *f* cable connecting terminal
Kabelarmatur *f* cable fitting
Kabelarmierungsdraht *m* cable armouring wire
Kabelaufbau *m (Fmt)* cable construction
Kabelaufführung *f* cable lifting
Kabelaufführungspunkt *m* cable lifting point
Kabelaufhänger *m* cable suspender (bearer)
Kabelaufteilungsgestell *n (Fmt)* cable distribution rack
Kabelausgleich *m (Fmt)* cable balancing network
Kabelbahn *f* cable run
Kabelbaum *m* cable harness (trunk), harness form, harness [of connections], wiring harness
Kabelbaumverdrahtung *f* cable form wiring
Kabelbaumzeichnung *f* harness drawing
Kabelbefestigungsschelle *f* cable clamp

Kabelbeilauf *m* fillers of a cable
Kabelbelegungsplan *m (Fmt)* cable assignment record
Kabelbewehrung *f* 1. cable armouring; 2. armour of a cable, cable armour
Kabelbewehrungsdraht *m* cable armouring wire
Kabelbewehrungsmaschine *f* cable armouring machine
Kabelboden *m (Anl)* cable basement (cellar, room) *(unter dem Erdgeschoß)*; cable gallery *(über dem Erdgeschoß)*
Kabelbruch *m* cable break
Kabelbrunnen *m (Fmt)* jointing manhole
Kabelbündel *n* bunched cable
Kabeldämpfung *f* cable attenuation
Kabeldichtung *f* cable gland
Kabeldichtungsmasse *f* cable sealing compound
Kabeldurchführung *f* cable bushing
Kabeleinführung *f* cable entry; *(Fmt)* cable inlet
Kabeleingangsarmatur *f* cable entrance fitting *(bei Durchführungen)*
Kabelendanschluß *m* cable distribution head
Kabelende *n* cable head (termination)
  verbleites K. sealed cable end
Kabelendgestell *n* cable support (terminating) rack
Kabelendmuffe *f* pothead
Kabelendverschluß *m* cable terminal box (enclosure), cable termination, cable end box (piece); pothead
  vergossener K. cable sealing head (end)
Kabelendverschlußgehäuse *n* pothead body
Kabelendverschlußisolator *m* pothead insulator
Kabelendverschlußmontagefläche *f* pothead mounting plate
Kabelendverstärker *m* line amplifier
Kabelendverteiler *m* cable distribution head, dividing box
Kabelerdschelle *f* earth cable bond
Kabelfehler *m* cable fault; cable interruption (break)
Kabelfernsehen *n* cable television
Kabelfett *n* cable filler
Kabelflansch *m* cable gland
Kabelformstein *m* cement duct *(Kabeldurchführung)*
Kabelführung *f* cable run
Kabelführungsplan *m* cable-layout plan
Kabelfüllmaterial *n* cable filler
Kabelgarnitur *f* cable fittings (accessories)
Kabelgeschirr *n* cable gear
Kabelgestell *n* cable rack
Kabelgraben *m* cable trench (ditch), troughing
Kabelhalter *m* cable bearer (support)
Kabelhaspel *f(m)* cable drum (reel)
Kabelhochführung *f* cable lifting
Kabelhochführungsschacht *m* cable chute
Kabelhülle *f* cable sheathing
Kabelisoliermaschine *f* cable covering machine
Kabelisolieröl *n* cable oil
Kabelkanal *m* [cable] duct, cable channel (conduit)
  begehbarer K. cable tunnel
  einzügiger K. single-way duct
  mehrzügiger K. multiway duct
Kabelkanalanlage *f (Fmt)* conduit plant
Kabelkanaleinstiegloch *n* cable manhole
Kabelkanalformstein *m* conduit brick
Kabelkanalsystem *n* [cable] duct run
Kabelkapazität *f* cable capacity
Kabelkasten *m* cable box
Kabelkeller *m* cable cellar (vault) *(unter dem Erdgeschoß)*; underground distribution chamber
Kabelkitt *m* cable mastic
Kabelklemme *f* cable [connecting] terminal, cable lug
Kabelklemmschraube *f* cable clamp screw
Kabelkode *m (Fmt)* cable code
Kabelkonsole *f* cable bearer (bracket)
Kabelkopplung *f* cable coupling (connecting socket)
Kabelkran *m* aerial cableway, cableway crane
Kabellack *m* cable lacquer
Kabellageplan *m (Fmt)* cable layout plan, cable map
Kabellänge *f* cable length
Kabellegemaschine *f* cable-laying machine
Kabellegeschiff *n* cable[-laying] ship, cable layer
Kabellegung *f* cabling
Kabelleistungsfaktor *m* cable power factor
Kabelleiter *m* cable conductor
Kabellitze *f* cable strand
Kabellöter *m* splicer, [cable] jointer, [cable] solderer
Kabellöterzelt *n* wireman's tent
Kabellötstelle *f* cable joint
Kabelmantel *m* cable sheath[ing], cable coating (jacket)
Kabelmantelisolator *m* cable sheath insulator
Kabelmantelverbinder *m*, **Kabelmantelverbindung** *f* cable [sheath] bond
Kabelmasse *f* cable compound (filler), [sealing] compound
Kabelmast *m* cable post (pole)
Kabelmerkstein *m* [cable] marker
Kabelmeßdienst *m* cable test service
Kabelmeßeinrichtung *f* cable test set
Kabelmesser *n* cable stripping (dismantling) knife, stripper
Kabelmeßkoffer *m* portable cable-measuring set
Kabelmessung *f* cable test[ing]

Kabelmeßwagen *m* cable testing car (truck, van)
Kabelmontage *f* cable assembly
Kabelmuffe *f* cable sleeve (fitting); cable (joint, splice) box
kabeln *(Fmt)* to cable
Kabelnachricht *f* cablegram, cable
Kabelnetz *n* cable network (system)
Kabelnetzplan *m s.* Kabellageplan
Kabelortungsgerät *n* cable detector (localizer, locator)
Kabelöse *f* cable lug (eye)
Kabelpaar *n* cable pair
Kabelpanzer *m* cable armour
Kabelpapier *n* cable [binding] paper, Manila paper
Kabelpflichtenheft *n (Fmt)* cable specification
Kabelpflug *m* cable plough
Kabelplan *m s.* Kabellageplan
Kabelpritsche *f* cable tray
Kabelring *m* cable coil
Kabelrinne *f* cable channel
Kabelrohr *n* cable conduit (*s. a.* Kabelschutzrohr)
Kabelrolle *f* 1. cable roller *(Vorrichtung zum Auslegen von Kabeln)*; 2. *s.* Kabeltrommel
Kabelrost *m* cable rack (shelf)
Kabelrundfunk *m* cable broadcast
Kabelschacht *m* cable runway (shaft)
 aufwärtsführender K. cable chute
Kabelschelle *f* cable clamp (clip, collar)
Kabelschiff *n s.* Kabellegeschiff
Kabelschnellverleger *m* quick-fixing cable clamp
Kabelschrank *m* cable terminal box
Kabelschuh *m* [cable] lug, cable (wire) terminal, cable socket (thimble)
 gabelförmiger K. forked terminal (tongue)
 geschlossener K. ring tongue
 offener K. spade end (terminal)
 selbstanpressender K. self-crimping lug
Kabelschuhhülse *f* barrel of terminal
Kabelschutz *m* cable protection
Kabelschutzhülle *f* protective sheath of cable
Kabelschutzrohr *n* cable [protective] conduit, cable duct (pipe, tube)
Kabelseele *f* cable core [assembly] *(Mehrleiterkabel)*
Kabelspleißung *f* cable splice
Kabelspürgerät *n s.* Kabelsuchgerät
Kabelstecker *m* cable plug (socket)
Kabelstein *m* cable tile
Kabelstollen *m* cable subway
Kabelstrecke *f (Fmt)* cable line
Kabelstromwandler *m* cable (slip-over) current transformer
Kabelstück *n* cable section
Kabelstumpf *m* cable end
Kabelstutzen *m* pothead, cable gland (sealing end)
Kabelsucher *m s.* Kabelsuchgerät
Kabelsuchgerät *n* cable detector (localizer, locator)
Kabelsystem *n* / **hochkanaliges** *(Fmt)* high-capacity cable system
Kabelträger *m* cable bearer (bracket)
Kabeltragseil *n* messenger cable
Kabeltränkmasse *f* cable-impregnating compound
Kabeltrasse *f* cable route (run)
Kabeltraverse *f* cable suspender
Kabeltrennlage *f* cable separator *(zum Trennen zweier Leiter)*
Kabeltrommel *f* cable drum (reel)
Kabeltrommelwagen *m* cable drum car
Kabelummantelung *f* cable sheathing (armouring)
Kabelumwickelmaschine *f* cable covering machine
Kabelunterbrechung *f* cable interruption break); open-circuit fault
Kabelverbinder *m* cable connector (coupler), cable [jointing] sleeve
Kabelverbindung *f* cable connection (joint); cable coupling *(meist Steckverbindung)*
Kabelverbindungskasten *m* cable joint box
Kabelvergußmasse *f* cable sealing compound
Kabelverlegemaschine *f* cable-laying machine, cable layer
Kabelverlegewinde *f* cable-laying hoist
Kabelverlegung *f* cable laying
Kabelverlustfaktor *m*, **Kabelverlustwinkel** *m* cable power factor
Kabelverseilmaschine *f* cable stranding (twisting) machine, cabling machine
Kabelverstärker *m* line driver
Kabelverteiler *m* cable terminal box
Kabelverteilerschrank *m* cable distribution cabinet (pillar), cable junction cabinet
Kabelverteilungsgebiet *n* underground distribution area
Kabelverzweiger *m* cable distribution box
Kabelverzweigung *f* cable branching
Kabelwachs *n* cable wax (paraffin), adhesive pitch
Kabelweg *m* cable run
Kabelwickelpapier *n* cable binding paper
Kabelwinde *f* cable winch
Kabelwinkelstecker *m* free angle connector
Kabelziehkeil *m* cable grip
Kabelzubehör *n* cable fittings (accessories)
Kabine *f* cabin, booth
 schallisolierte K. soundproof cabin
Kabinenbeleuchtung *f* cabin lighting
Kabinenschaltung *f* car switch operation *(Aufzug)*
Kabinensteuerung *f* car-switch [lift] control *(Aufzug)*

kadmiert cadmium-plated
Kadmierung *f* cadmium-plating
Kadmiumakkumulator *m* cadmium storage cell
Kadmiumelement *n* cadmium cell *(Normalelement)*
Westonsches K. Weston cadmium cell
Kadmiumlinie *f* **/ rote** cadmium red line *(Spektrum)*
Kadmiumsammler *m* cadmium storage cell
Kadmiumselenid-Fotowiderstand *m* cadmium selenide [photoresistance] cell
Kadmium-Silber-Legierung *f* cadmium-silver alloy
Kadmiumspektrallampe *f* cadmium spectral lamp
Kadmiumsulfid[foto]widerstand *m* cadmium sulphide cell
Kadmiumtellurid *n* cadmium telluride
Kadmiumüberzug *m* cadmium plate
Käfig *m* cage
Faradayscher K. Faraday cage (screen, shield), electrostatic screen
Käfiganker *m* squirrel-cage rotor
Käfigankermotor *m* squirrel-cage [induction] motor
Käfigantenne *f* cage aerial
Käfigdipol *m* cage dipole
Käfigläufer *m* squirrel-cage rotor
Käfigläufermotor *m* squirrel-cage motor
Käfigmagnetron *n* squirrel-cage magnetron
Käfigwicklung *f* squirrel-cage winding
Kalenderteil *m* calendar section *(z. B. einer Digitaluhr)*
Kalibriereinrichtung *f* calibrator, calibration system
eingebaute (innere) K. internal (built-in) calibration system
kalibrieren to calibrate; to gauge
Kalibrieren *n* calibration; gauging, pointing
Kalibrierfehler *m* calibration error
K. einer Maßverkörperung gauging error of a material measure
Kalibriergenauigkeit *f* calibration accuracy
Kalibriermarke *f* calibration mark
Kalibrierspannung *f* calibration voltage
Kalibrierung *f* calibration
K. am Meßort on-the-spot calibration
K. unter Betriebsbedingungen field calibration
Kalibrierwiderstand *m* calibration resistance
Kaliumspektrallampe *f* potassium spectral lamp
Kalomelelektrode *f* calomel [reference] electrode, mercury-mercurous chloride electrode
gesättigte K. saturated calomel electrode
n/10-Kalomelelektrode *f* decinormal calomel electrode
Kalomelhalbzelle *f* calomel half-cell
Kalorimeter *n* calorimeter
Kalorimetermessung *f* calorimetric measurement (test)
Kalorimetrie *f* calorimetry
kalorimetrisch calorimetric
kalorisch caloric
kaltabbindend cold-setting *(Isolierstoffe)*
Kaltanlauf *m s.* Kaltstart
kaltbrüchig cold-short
Kaltbrüchigkeit *f* cold shortness, low-temperature brittleness
Kaltdruck *m* cold pressure *(Hochdrucklampe)*
Kälteanlage *f* refrigerating plant
kältebeständig cold-resistant
Kältebeständigkeit *f* resistance to cold, cold resistance
Kälteerzeugung *f* refrigeration
Kälteerzeugungsanlage *f* refrigerating (cooling) plant
Kälteleistung *f* refrigerating capacity
Kältemaschine *f* refrigerating machine, refrigerator
Kältemedium *n s.* Kältemittel
Kaltemission *f* cold (field) emission
Kältemittel *n* refrigerant, refrigerating (cooling) agent, refrigerating medium
Kälteprüfung *f* cold test
Kälteregler *m* cryostat
Kälteträger *m s.* Kältemittel
Kaltfluß *m* cold flow *(Löten)*
kalthärtend cold-curing, cold-setting *(Isolierstoffe)*
Kalthärtung *f* cold curing (setting); aging at room temperature
Kaltkatode *f* cold cathode, cold electron emitter
Kaltkatodenanzeigeröhre *f* cold-cathode [character] display tube
Kaltkatodenbildröhre *f* cold-cathode [optical] display tube
Kaltkatodenglimmlampe *f* [cold-cathode] glow-discharge tube
Kaltkatodenlampe *f* cold-cathode lamp
Kaltkatodenröhre *f* cold-cathode tube
Kaltkatodenröhrenschaltung *f* cold-cathode tubo oirouit
Kaltkatodentriggerröhre *f* cold-cathode trigger tube
Kaltkatodenzählrohr *n* cold-cathode counting tube
Kaltleiter *m* positive temperature coefficient resistor, PTC resistor
Kaltlichtfilter *n* coldt-light filter, dichroic filter
Kaltlichtlampe *f* cold-light lamp, cool-light lamp
Kaltlichtspiegel *m* cold-light reflector, dichroic mirror (reflector)
Kaltlötstelle *f* cold solder joint, dry-soldered connection

Kaltschweißen *n* cold welding
Kaltstanzausführung *f* cold-punch grade *(Leiterplatten)*
Kaltstart *m* cold start, start from cold state
Kaltstartlampe *f* cold-start lamp
Kaltverfestigung *f* cold strengthening, strain hardening
Kaltvergußmasse *f* cold-setting compound
Kaltwandofen *m* cold-wall furnace
Kaltwiderstand *m* initial resistance *(Anfangswiderstand)*
Kalziumkarbidofen *m* calcium carbide furnace
Kamera *f* camera (*s. a.* Fernsehkamera)
elektronische K. electronic camera
Kamerakontrollgerät *n (Ferns)* camera monitor
Kameraröhre *f (Ferns)* camera [pick-up] tube
Kamerasignal *n (Ferns)* camera signal
Kameraspeicherröhre *f (Ferns)* camera storage tube
Kameraverbindungssender *m (Ferns)* pick-up link transmitter
Kamm *m* fanning strip *(Lötösenstreifen)*
Kammblende *f (Licht)* comb diaphragm
Kammerofen *m* chamber kiln (oven), box-type furnace
Kammertongenerator *m (Ak)* standard tone generator
Kammfilter *n* comb (matched) filter
Kammrelais *n* cradle relay
Kampometer *n* kampometer *(zum Messen der Strahlungsenergie)*
Kanal *m* 1. channel; *(Nrt)* communication channel; 2. duct *(Belüftung)*; conduit *(Rohr)*; 3. trench, trough *(Kabel)*
K. mit Pulskodemodulation pulse-code modulation channel
auslöschender K. erasure channel
benachbarter K. flanking channel
frequenzniedrigerer K. lower-frequency channel
mehrzügiger K. multiple-duct conduit, multiple-way duct
n-leitender K. n-channel
Kanalabschluß *m (Halbl)* channel termination
Kanalabschlußdiffusion *f (Halbl)* channel termination diffusion
Kanalabstand *m (Nrt, Fmt)* interchannel spacing, channel separation (spacing)
Kanalabtastung *f* channel scanning *(z. B. in der Fernmeßtechnik)*
Kanaladresse *f (Rech)* channel address
Kanalanfang *m* duct entrance
Kanalanordnung *f (Fmt)* channel arrangement
Kanalausfallmeldung *f (Fmt)* channel failure alarm
Kanalauskleidung *f* duct lining
Kanalausnutzung *f (Fmt)* channel utilization
Kanalausnutzungsindex *m (Fmt)* channel utilization index
Kanalbandbreite *f (Nrt)* channel bandwidth
Kanalbildung *f (Halbl)* channel formation
Kanalblende *f (Nrt)* channel filter
Kanalbreite *f (Halbl)* channel width
Kanaldaten *pl* channel data
Kanaldotierung *f* channel doping *(Feldeffekttransistor)*
Kanaleinteilung *f (Fmt)* channel arrangement (allocation)
Kanalende *n (Halbl)* channel termination
Kanalentladung *f* channel discharge *(Gasentladung)*
Kanalfilter *n (Nrt)* channel filter
Kanalführung *f* ducting *(Lüftungskanäle)*
Kanalgebiet *n (Halbl)* channel region
Kanalgeometrie *f (Halbl)* channel geometry
Kanalgruppe *f (Fmt)* channel group
Kanalkapazität *f (Nrt)* channel capacity
Kanalkennzeichnung *f (Nrt)* channel identification
Kanallage *f (Nrt)* channel position
Kanallänge *f (Halbl)* channel length
Kanallängenmodulation *f (Halbl)* channel length modulation
Kanalleitfähigkeit *f (Halbl)* channel conductance
Kanalleitung *f (Halbl)* channel conduction
Kanalmarkierung *f (Nrt)* channel identification
Kanalnebensprechen *n (Fmt)* [inter]channel cross talk
Kanalnummer *f (Nrt)* channel number
Kanalschalter *m (Ferns)* turret
Kanalstatistik *f* channel statistics
Kanalstrahlanalyse *f* canal-ray analysis
Kanalstrahlen *mpl* canal (positive) rays
Kanalstrahlentladung *f* canal-ray discharge
Kanalstrahlrohr *n* canal-ray [discharge] tube
Kanalstrom *m (Halbl)* channel current
Kanalteiler *m (Fmt)* varioplex
Kanaltor *n (Fmt)* channel gate
Kanalumsetzer *m (Fmt)* channel modulating (translating) equipment, [channel] modulator
Kanalumsetzereinrichtung *f s.* Kanalumsetzer
Kanalumsetzergestell *n (Fmt)* channel translating bay
Kanalumsetzung *f (Fmt)* channel modulation
Kanalversetzung *f (Fmt)* staggering
Kanalverteiler *m (Fmt)* channel distributor
Kanalwähler *m* channel selector; [television] tuner
Kanalwählertaste *f* channel selector key
Kanalwahlschalter *m* multiplexer, [channel] selector
Kanalweiche *f (Nrt)* channel separating filter

Kanalwirkungsgrad *m (Nrt)* channel utilization index
Kanalzeitlage *f (Fmt)* channel time-slot
Kanalzuordnung *f (Ferns)* channel allocation
Kante *f* edge, rim; corner
ablaufende K. trailing edge; leaving edge [of brush]
Kanteneffekt *m* edge effect *(beim Linearmotor)*
Kantenemission *f (Halbl)* edge emission
Kantengestaltung *f (Halbl)* edge contouring
kanteninjiziert *(Halbl)* edge-injected
Kantenschärfe *f (Halbl)* edge acuity (definition)
Kantenstrom *m (Halbl)* edge current
Kantentauchlöten *n* edge dip-soldering
Kanzelbeleuchtung *f* cockpit lighting *(Flugzeug)*
Kapazitanz *f* capacitive reactance
K. des Mitsystems positive-sequence capacitive reactance
K. des Nullsystems zero-sequence capacitive reactance
Kapazität *f* 1. capacitance, C *(Kenngröße)*; 2. ampere-hour capacity *(z. B. eines Sammlers)*; 3. *s.* Kondensator 1.
K. der Leitungen wiring capacitance
K. eines Schwingkreises tank capacitance
K. gegen Erde capacitance to earth
K. in Wattstunden watt-hour capacitance
K. je Flächeneinheit unit-area capacitance
K. je Längeneinheit capacitance per unit length
K. zwischen den Elektroden internal (total electrode) capacitance
K. zwischen Windungen wire-to-wire capacitance
differentielle K. differential capacitance
gegenseitige K. mutual capacitance
gemeinsame K. joint capacitance
gesteuerte K. controlled capacitance
innere K. inner capacitance
integrale K. integral capacitance
natürliche K. natural capacitance
punktförmig verteilte K. lumped capacitance
stetig verteilte K. continuously distributed capacitance
verlustlose K. pure capacitance
verteilte K. distributed capacitance
wirksame K. effective capacitance
Kapazitätsabstimmbereich *m* capacitance tuning range
Kapazitätsabstimmung *f* capacitance tuning
Kapazitätsabweichung *f* capacitance deviation
Kapazitätsänderung *f* **/ zeitliche** capacitance drift with time
kapazitätsarm low-capacitance
Kapazitätsausgleich *m* capacitance balance (balancing)
Kapazitätsbelag *m* 1. distributed capacitance, capacitance per unit length *(Parameter)*; 2. capacitor coating, metal foil of a capacitor *(Kondensator)*
Kapazitätsdiode *f* [variable] capacitance diode, varicap, varactor *(Halbleiterdiode mit spannungsabhängiger Kapazität)*
Kapazitätsdiodenspeicher *m (Rech)* capacitor diode memory (store)
kapazitätsfrei non-capacitive
Kapazitätsgrundabstimmbereich *m* basic capacitance tuning range
Kapazitätshub *m* capacitance swing
Kapazitätskonstanz *f* capacitance stability
Kapazitätsmeßbrücke *f* capacitance bridge
Kapazitätsmesser *m*, **Kapazitätsmeßgerät** *n* capacitance meter (metering device), faradmeter
Kapazitätsmeßtechnik *f* capacitance measuring technique
Kapazitätsmodulator *m* capacitor modulator
Kapazitäts-Spannungs-Kennlinie *f* capacitance-voltage characteristic
Kapazitätsverhältnis *n* capacitance ratio
Kapazitätsverlust *m* capacitance loss
kapazitiv capacitive
kapillar capillary
kapillaraktiv capillary-active
Kapillaranziehung *f* capillary attraction
Kapillarbogen *m* capillary arc
Kapillare *f* capillary [tube]
Kapillarelektrometer *n* capillary electrometer
kapillarinaktiv capillary-inactive
Kapillarität *f* capillarity
Kapillarlampe *f* capillary lamp
Kapillarröhrchen *n* capillary [tube]
Kapillarschreiber *m* siphon recorder
Kapillarspitze *f* capillary tip
Kapillarstrom *m* electrocapillary current
Kapillarwirkung *f* capillary action (attraction, effect), capillarity
Kaplan-Turbine *f* Kaplan turbine
Kappenisolator *m* cap-and-pin insulator, bell[-shaped] insulator
Kapsel *f* capsule *(z. B. Mikrofon)*; case, box *(Gehäuse)*; cap *(Deckel)*; enclosure
kapseln to encapsulate, to enclose [totally]; to can
Kapselung *f* encapsulation, enclosure, encasing
belüftete K. ventilated enclosure
Karbidofen *m* [calcium] carbide furnace
Kardanantrieb *m* cardan drive
Kardinalpunkte *mpl* conjugate points
Kardiograf *m* cardiograph *(Elektromedizin)*
Kardiogramm *n* cardiogram *(Elektromedizin)*
Kardioidcharakteristik *f* cardioid characteristic (diagram)

Kardioide *f* cardioid
Kardioidkennlinie *f* cardioid characteristic (diagram)
Kardioidmikrofon *n* cardioid microphone
Kardiometer *n* cardiometer *(Elektromedizin)*
Karnaugh-Schema *n* Karnaugh map *(Schaltalgebra)*
Karte *f* 1. *(Rech)* card (*s. a.* Lochkarte); 2. [printed] circuit card; 3. map; chart
elektronische K. electronic map *(Radar)*
ungelochte K. blank card
Karte-Band-Umsetzer *m* card-to-tape converter
Kartei *f* card index (catalogue); file
Karteikarte *f* index card
Kartenabbildung *f* card image
Kartenabfühlgerät *n* card reader (sensing unit)
Kartenablage[einrichtung] *f* card stacker
Kartenabtaster *m* card scanner (reader)
Kartenabtastung *f* card sensing (reading)
Kartenbahn *f* card channel
Kartenbild *n* card image
Kartenbügler *m* card reconditioner
Kartendoppler *m* card duplicator, reproducer
K. mit Zeichenabtastung mark-sensing reproducer
Kartendopplung *f* / **automatische** automatic card duplication
Kartendrucker *m* card printer
Karteneinblendung *f* superposition of a map *(Radar)*
Karteneinschub *m* card plug-in unit, card slide-in unit
Kartengang *m* card cycle
leerer K. idling cycle
Kartenglätter *m* card reconditioner
Kartenhals *m* card throat
Kartenkode *m* card code
Kartenlesegerät *n s.* Kartenleser
Kartenleser *m* card reader
fotoelektrischer K. photoelectric card reader
Kartenlocher *m* card punch (perforator)
Kartenlochung *f* card punching
Kartenmagazin *n* card magazine (hopper)
Kartenmischer *m* collator
Kartenpaket *n* pack of cards
Kartenprogramm *n* card program
kartenprogrammiert card-programmed
Kartenprüfer *m* card verifier
Kartenprüfung *f* card verifying
Kartenschlüssel *m* card code
Kartensortiermaschine *f* card sorting machine
Kartenspalte *f* card column
Kartenspeicher *m* card memory (store)
Kartenstanzer *m* card punch (perforator)
Kartenstapler *m* stacker
Kartenstau *m (Rech)* jam
Kartenstoß *m* pack of cards
Kartenvergleichsgerät *n (FO)* chart-comparison unit
Kartenwendeeinrichtung *f* card reversing device
Kartenzähler *m* card counter
Kartenzählung *f* card count
Kartenzuführung *f* card feed
Kartenzuführungsmagazin *n* [card] hopper
Kartenzyklus *m* card cycle
Kartothek *f* card index (catalogue)
Karussellofen *m* rotary hearth furnace
Karussellspeicher *m (Rech)* carrousel memory
Karzinotron *n* carcinotron [tube] *(Lauffeldröhre)*
kaschieren to back, to coat *(Plast)*; to line, to laminate *(Papier)*
Kaschierpapier *n* lining paper
kaschiert / mit Gewebe fabric-backed
Kaskade *f* cascade [set]
Kaskadenbetrieb *m (Halbl)* cascaded operation
Kaskadengenerator *m* cascade generator
Kaskadengleichrichter *m* cascade rectifier
Kaskadenlaser *m* cascade laser
Kaskadenlöten *n* cascade soldering
Kaskadenmotor *m* cascade motor
Kaskadenprüftransformator *m* cascaded testing transformer
Kaskadenregelung *f (Syst)* cascade control [system]
Kaskadenröhre *f* cascade [X-ray] tube
Kaskadenschaltung *f* cascade connection, cascaded circuit
Kaskadenspannungswandler *m* cascade voltage transformer
Kaskadenstromrichter *m* cascade converter
Kaskadenübergang *m* cascade transition
Kaskadenübertrag *m (Rech)* cascaded carry
Kaskadenumformer *m* cascade (motor) converter
Kaskadenverstärker *m* cascade amplifier
Kaskadenzerfall *m* cascade decay
Kaskodenschaltung *f* cascode circuit
Kaskodentriggerschaltung *f* cascode trigger circuit
Kaskodenverstärker *m* cascode amplifier
Kaskodeschaltung *f s.* Kaskodenschaltung
Kassettenrecorder *m* cassette[-type] recorder
Kassettenverschluß *m* cassette door
Kasteneinschub *m* box (cassette) plug-in unit, box slide-in unit
Kastenleiter *m* rectangular guide
Kastenplatte *f* box negative *(Batterie)*
Katalysator *m* catalyst, catalyzer
Katalyse *f* catalysis
katalysieren to catalyze
katalytisch catalytic

Katharometer *n* katharometer *(Wärmeleitfähigkeitsmesser für Gase)*
Kation *n* cation, positive ion
Kationenaustausch *m* cation exchange
Kationenaustauscher *m* cation exchanger
Kationenleerstelle *f* cation vacancy
Kationenleitfähigkeit *f* cationic conductivity
Kationenstörstelle *f (Halbl)* cation defect (impurity)
Kationenwanderung *f* cation migration
Katode *f* cathode
bewegliche K. movable cathode
direktgeheizte K. directly heated cathode; filament-type cathode
entladungsgeheizte K. ionic-heated cathode
flüssige K. pool cathode
geschichtete K. coated cathode
halbindirekt geheizte K. semidirectly heated cathode
imprägnierte K. impregnated cathode
indirekt geheizte K. indirectly heated cathode; equipotential cathode
kalte K. cold cathode
reelle K. actual cathode
scheinbare K. virtual cathode
stabförmige K. rod-shaped cathode
thermische K. heated cathode
thorierte K. thoriated cathode
verdampfende K. evaporating cathode
vielschichtige K. multilayer cathode
virtuelle K. virtual cathode; potential-minimum surface
Katodenabbau *m* cathode disintegration
Katodenabfall *m* cathode drop (fall)
Katodenabkühlzeit *f* cathode cooling time
Katodenablagerung *f* cathode deposit
Katodenableitung *f* cathode tail
Katodenanheizzeit *f* cathode preheating (warming) time, cathode warm-up period
Katoden-Anoden-Abstand *m* cathode[-to]-anode distance
Katoden-Anoden-Kapazität *f* cathode-anode capacitance
Katoden-Anoden-Strecke *f* cathode-anode path
Katodenanschluß *m* cathode terminal, cathodic connection
Katodenausgang *m* cathode output
Katodenausgangsstufe *f* cathode output stage
Katodenaustrittsarbeit *f* cathode work function
Katodenbasisschaltung *f* grounded-cathode circuit
Katodenbasisverstärker *m* grounded-cathode amplifier, cathode-base amplifier
Katodenbecher *m* concentrating (focussing) cup *(Elektronenfokussierung)*
Katodenblock *m* bypass capacitor
Katodenbogen *m* cathode arc
Katodenbrennfleck *m* cathode spot
Katodendunkelraum *m* cathode dark space
Katodenemission *f* cathode emission
Katodenendstufe *f* cathode output stage
Katodenerschöpfung *f* cathode exhaustion
Katodenerwärmung *f* cathodic heating
Katodenfall *m* cathode drop (fall)
anomaler K. subnormal cathode fall
normaler K. normal cathode fall
Katodenfallableiter *m* cathode-drop arrester, lightning arrester, valve-type surge diverter
Katodenfilm *m* cathode film
Katodenfläche *f* cathode area (surface)
bestrahlte K. irradiated cathode area
Katodenfleck *m* cathode spot
fixierter K. fixed cathode spot
Katodenfleckwanderung *f* cathode-spot migration
Katodenfluoreszenz *f* cathode fluorescence
Katodenflüssigkeit *f* catholyte, cathode liquor
Katodenfolger *m* cathode follower
mitlaufender K. bootstrap cathode follower
Katodenform *f* cathode shape
Katodengebiet *n* cathode (cathodic) region
Katodengegenkopplung *f* cathode feedback
katodengekoppelt cathode-coupled
Katodenglimmlicht *n* cathode glow
Katodenglimmschicht *f* cathode-glow layer, cathode sheath
Katodenhals *m* cathode neck
Katodenhalterung *f* cathode anchor
Katodenheizfadenrückleitung *f* filament-cathode return
Katodenheizleistung *f* cathode heating power
Katodenheizung *f* cathode heating
Katodenkondensator *m* cathode bypass capacitor
Katodenkopplung *f* cathode coupling
Katodenkörper *m* cathode body
Katodenkupfer *n* cathode copper
Katodenlebensdauer *f* cathode durability
Katodenlumineszenz *f* cathodoluminescence, cathode luminescence
Katodenmasse *f* cathode mix
Katodenmaterial *n* cathode material
Katodenmodulation *f* cathode modulation
Katodennagel *m* cathode tack
Katodennähe *f* near-cathode region
Katodenniederschlag *m* cathode (cathodic) deposit
Katodenoberfläche *f* cathode surface
Katodenphosphoreszenz *f* cathode phosphorescence
Katodenpolarisation *f* cathodic polarization
Katodenpulsmodulation *f* cathode pulse modulation
Katodenraum *m* cathode (cathodic) region

Katodenrauschen *n* cathode noise
Katodenreaktion *f* cathode (cathodic) reaction
Katodenrückkopplung *f* cathode feedback
Katodensaum *m* cathode border
Katodenschicht *f* cathode layer (film)
Katodenschutz *m* cathode protection
Katodenspannung *f* cathode voltage
Katodenspannungsabfall *m* cathode voltage drop, cathode fall of potential
Katodenspitzenstrom *m* peak cathode current
Katodenstift *m* cathode pin
Katodenstrahl *m* cathode ray
Katodenstrahlablenkung *f* cathode-ray deflection
Katodenstrahlbündel *n* cathode-ray pencil
Katodenstrahlen *mpl* cathode rays
Katodenstrahlfernsehröhre *f* cathode-ray television tube
Katodenstrahlfleck *m* cathode-ray spot
Katodenstrahloszillograf *m* cathode-ray oscillograph, CRO, oscilloscope
Katodenstrahloszilloskop *n* Braun oscillograph
Katodenstrahlröhre *f* cathode-ray tube, CRT, oscillograph (Braun) tube
 K. für Projektionen projection cathode-ray tube
 K. mit ebener Bildfläche flat-ended cathode-ray tube, flat-faced cathode-ray tube
 K. mit magnetischer Fokussierung internal magnetic focus tube
 K. mit quadratischem Schirm square-faced cathode-ray tube
Katodenstrahlröhrenspeicher *m* cathode-ray tube memory (store)
Katodenstrahlspeicherröhre *f* cathode-ray storage (memory) tube
Katodenstrom *m* cathode (cathodic) current, inverse electrode current
Katodenstütze *f*, **Katodenträger** *m* cathode support (base)
Katodentransformator *m* cathode transformer
Katodenüberzug *m* cathode coating
Katodenvergiftung *f* cathode contamination (poisoning)
Katodenverstärker *m* cathode follower, cathode amplifier
Katodenverstärkerröhre *f* cathode follower tube
Katodenverunreinigung *f* cathode contamination
Katodenwiderstand *m* cathode resistor *(Gittervorspannung)*
Katodenzerstäubung *f* cathode (cathodic) sputtering
 K. mit Getter getter-sputtering
 K. mit Vorspannung bias-sputtering
Katodenzerstörung *f* cathode disintegration
Katodenzuführung *f* cathode lead
Katodenzusammensetzung *f* cathode composition
Katodenzweig *m* cathode leg
Katodenzwischenschichtwiderstand *m* cathode interface impedance
katodisch cathodic
Katodolumineszenz *f* cathodoluminescence, cathode luminescence
Katolyt *m* catholyte
Katzenaugenblende *f* cat's-eye diaphragm (stop)
Kausalitätsprinzip *n* principle of causality
Kaustik *f* caustic [curve] *(Linsen, Hohlspiegel)*
k-Auswahlregel *f* k-selection rule
Kauterisation *f* cauterization *(Elektromedizin)*
Kauterisierapparat *m* cautery apparatus *(Elektromedizin)*
Kautschuk *m* rubber
Kavernenkraftwerk *n* cavern-type power station, underground power station
Kavitation *f* cavitation
KB *s.* Kurzzeitbetrieb
K-Darstellung *f* K display *(K-Schirmbild)*
Kegelabtasten *n (FO)* conical scanning
Kegelanode *f* cone anode
Kegelendverschluß *m* conical sealing box *(Kabel)*
Kegelkondensator *m* cone capacitor
Kegelkupplung *f* cone clutch
Kegellager *n* cone bearing
Kegelmantel *m* envelope of cone *(Mathematik)*
Kegelstift *m* taper pin
Kehlkopfmikrofon *n* larynx (throat, necklace) microphone, laryngophone
Kehrantenne *f* back-to-back aerial
Kehrlage *f (Fmt)* inverted sideband
Keil *m* / **optischer** optical wedge
 verschiebbarer K. swing wedge
keilbonden *(Halbl)* to wedge-bond
Keilbonder *m (Halbl)* wedge bonder
Keilfilter *n* wedge filter
Keilfotometer *n* wedge photometer
Keilkonstante *f* wedge constant
Keilspektrograf *m* wedge spectrograph
Keiltrog *m* tilted [electrolytic] tank
Keilverbindung *f (Halbl)* wedge bond
Keilwinkel *m* wedge angle
Keim *m* nucleus *(Kristall)*
 kritischer K. critical nucleus
keimbildend nucleating
Keimbildung *f* nucleation, formation of nuclei *(Kristallisation)*
Keimbildungsgeschwindigkeit *f* nucleation rate
Keimbildungshäufigkeit *f* nucleation frequency
Keimbildungszentrum *n* nucleation centre
Keimkristall *m* seed crystal

Keimzustand *m* nucleation state
Keith-Vorwähler *m* Keith master switch
Kellerspeicher *m (Rech)* 1. stack; 2. push-down stack
Kellerzeiger *m (Rech)* stack pointer
Kellog-Schalter *m* Kellog switch
Kelvin *n* kelvin, K *(SI-Einheit der Temperatur und Temperaturdifferenz)*
Kelvin-Elektrometer *n* / **absolutes** Kelvin electrometer, attracted disk electrometer
Kelvin-Schaltung *f* asymmetric heterostatic circuit *(bei Elektrometern)*
Kelvin-Skale *f* Kelvin temperature scale
Kennabschnitt *m* significant interval *(Telegrafie)*
Kennbuchstabe *m* code letter
Kenndaten *pl* characteristic data, characteristics
Kenndatendrift *f* characteristics (parameter) drift
Kennfaden *m* coloured tracer thread, cotton binder *(für Kabel)*
Kennfeuer *n* character (code, identification) light
Kennfrequenz *f (Nrt)* assigned frequency
Kenngröße *f* characteristic [quantity]; parameter
  dynamische K. dynamic characteristic *(Meßinstrument)*
  kinetische K. kinetic parameter
  statische K. static parameter
Kennimpedanz *f* characteristic impedance *(eines Mediums)*
Kennleitwert *m* indicial admittance (conductance)
Kennlinie *f* characteristic, curve, graph
  K. des Dynamikbereichs *(Ak)* volume range characteristic
  K. mit Totzone *(Syst)* characteristic with deadband
  äußere K. external characteristic
  dynamische K. dynamic characteristic
  eindeutige K. simple characteristic
  exponentielle K. exponential characteristic
  idealisierte K. idealized characteristic
  innere K. internal characteristic
  lineare K. linear characteristic
  nichtlineare K. non-linear characteristic
  parabelförmige K. parabolic characteristic
  thermische K. thermal characteristic
Kennlinienfeld *n* family of characteristics
Kennlinienknick *m* bend of a characteristic, knee in a characteristic
Kennlinienschar *f* family of characteristics
Kennlinienschreiber *m* [characteristic] curve tracer, plotter
  K. für Transistoren transistor curve tracer
Kennliniensteilheit *f* modulation sensitivity
Kennlochung *f* indentifying perforation, detection punch
Kennmelder *m* indicating pin *(Sicherung)*
Kennpuls *m (Fmt)* identifying pulse
Kennsatz *m (Fmt)* label
Kennung *f* 1. *(Fmt)* identification signal; 2. characteristic of a beacon *(eines Leuchtfeuers)*
  nachgesetzte K. *(Fmt)* suffix
  vorgesetzte K. *(Fmt)* prefix
Kennungsgeber *m (Fmt)* answer-back unit
  automatischer K. *(Rech)* automatic identification key
Kennungsinformation *f* identifying information
Kennungsschalter *m* challenge switch *(Radar)*
Kennungssignal *n (Fmt)* identifying (code) signal
Kennungssystem *n* / **digitales** digital coding system
Kennwert *m* characteristic value; parameter [value]
Kennwertbestimmung *f* **[aus der Ortskurve]** *(Syst)* root-locus analysis
Kennwerte *mpl* **für das Verhalten** *(Syst)* performance characteristics
  vorläufige K. tentative data
Kennwertermittlung *f (Syst)* identification, parameter estimation (recognition)
Kennwertkonverter *m* parametric converter
Kennwertoptimierung *f (Syst)* parameter optimization
Kennwiderstand *m (Ferns)* image impedance
Kennwort *n* key word; *(Rech)* password
Kennzahl *f* 1. code number; 2. statistic *(statistische Maßzahl)*; 3. *(Fmt)* area code
  einstellige K. single-digit code
  gesperrte K. barred code
Kennzahlenbereich *m (Fmt)* numbering area
Kennzahlengabe *f* / **offene** *(Fmt)* open numbering
  verdeckte K. closed (self-contained) numbering
Kennzahlenplan *m (Fmt)* numbering scheme (plan)
  offener K. open-end numbering plan
  verdeckter K. closed-end numbering plan
Kennzeichen *n* identification character; note, mark, sign; *(Rech)* flag
Kennzeichenbeleuchtung *f* number (licence) plate lighting *(Kraftfahrzeug)*
Kennzeichenleuchte *f* number plate lamp, licence [plate] lamp *(Kraftfahrzeug)*
Kennzeichenregister *n (Rech)* flag register
Kennzeichensystem *n* / **leitungsgebundenes** *(Fmt)* line-signalling system
Kennzeichenverzerrung *f* signal mark distortion
kennzeichnen to mark; to identify; to characterize

Kennzeichnung *f* marking; identification
Kennzeichnungsleuchtfeuer *n* land mark beacon
Kennzeichnungsschlüssel *m* marking code *(z. B. bei Bauelementen)*
Kennzeichnungsstreifen *m* designation strip
Kennzeichnungswähler *m* / **erster** *(Fmt)* A-digit selector
Kennzeichnungsziffer *f (Fmt)* code letter
Kennzeitpunkt *m (Fmt)* significant instant
idealer K. ideal instant
Kennziffer *f* index [figure], identification number; characteristic; *(Fmt)* code letter
bewertete K. weighted index
Kennziffernregister *n (Rech)* index register
Kennzustände *mpl (Fmt)* significant conditions
Kenotron *n* kenotron
Keramik *f* ceramics
K. mit geringen Verlusten low-loss ceramics
Keramikdurchführung *f* ceramic bushing
Keramikelement *n* ceramic element
Keramikfilter *n* ceramic filter
Keramikgehäuse *n* ceramic package
Keramikisolation *f* ceramic insulation
Keramikisolator *m* ceramic insulator
Keramikkondensator *m* ceramic [dielectric] capacitor
Keramikleiterplatte *f* ceramic printed wiring board
Keramikrohrstrahler *m* ceramic tube radiator
Keramikstrahler *m* ceramic rod radiator *(elektrischer Infrarotstrahler)*
Keramikwerkstoff *m* ceramic material
keramisch ceramic
Keraunograf *m* keraunograph *(zum Registrieren elektrischer Entladungen)*
Keraunometer *n* keraunometer *(zum Bestimmen der Ausstrahlungscharakteristik elektrischer Entladungen)*
Kerbausrüstung *f* crimping equipment *(zum Quetschen von Kerbkabelschuhen)*
Kerbfestigkeit *f* notch toughness
Kerbschlagfestigkeit *f* notch impact strength
Kerbschlagmessung *f* Charpy test *(Prüfung von Isolierstoffen)*
Kern *m* 1. core *(z. B. einer Magnetspule)*; 2. nucleus *(Atom)* ● **mit K.** cored ● **ohne K.** coreless
K. einer Integralgleichung kernel of the integral equation
K. eines Heizinduktors core of a heating inductor
K. mit rechteckiger Hystereseschleife square-loop core
bandgewickelter K. tape-wound core
bewickelter K. wound core
geblechter (geschichteter) K. laminated core
geschlossener K. closed core
massiver K. solid core
mittlerer K. central core *(beim Transformator)*
offener K. open core *(ohne äußeren Eisenschluß)*
Kernader *f* core wire *(Kabel)*
Kernauswahl *f* core selection
Kernbatterie *f* atomic (radioactive) battery
Kernbereich *m (Fmt)* core area *(Netzgestaltung)*
Kernbewegung *f* nuclear motion (movement)
Kerblech *n* core lamination (plate) *(Transformator)*
Kernbrennstoff *m* nuclear [reactor] fuel
Kernbrennstoffkreislauf *m* nuclear fuel cycle
Kerndrehimpuls *m* nuclear spin
Kerndurchmesser *m* core diameter
Kerne *mpl* / **zusammengeschaltete** interconnected cores
Kernenergie *f* nuclear (atomic) energy; nuclear power *(nutzbar)*
Kernenergieanlage *f* nuclear power plant
Kernenergieantrieb / **mit** atomic-powered
Kernenergieerzeugung *f* nuclear power production
kernenergiegetrieben atomic-powered
Kernfluß *m* core flux
Kernfotoeffekt *m* nuclear photoeffect (photoelectric effect)
Kernfusion *f* nuclear fusion
Kernfusionsenergie *f* nuclear fusion energy
Kerngröße *f* nuclear size
Kerngütefaktor *m* quality factor of the core
Kernkorrosion *f* nuclear corrosion
Kernkraftwerk *n* nuclear power plant (station), atomic power plant
Kernladung *f* nuclear charge
Kernladungszahl *f* atomic (nuclear charge) number
Kernleiter *m* central wire *(Kabel)*
kernlos coreless
Kernmagnet *m* core magnet
Kernmagnetmeßwerk *n* core magnet [measuring] system *(Drehspulmeßwerk)*
Kernmatrix *f (Rech)* core matrix (array)
Kernmatrixblock *m (Rech)* core matrix block
Kernmoment *n* / **magnetisches** nuclear magnetic moment, magnetic moment of the nucleus
Kernquerschnitt *m* core cross section
Kernreaktion *f* nuclear reaction
Kernreaktor *m* [nuclear] reactor, atomic (nuclear) pile
Kernresonanz *f* nuclear resonance
Kernresonanzspektroskopie *f* / **magnetische** nuclear magnetic resonance spectroscopy, n.m.r. spectroscopy
Kernspaltung *f* nuclear fission
Kernspaltungsenergie *f* fission energy

Kernspeicher *m (Rech)* core memory (store), [magnetic] core storage unit
direktadressierbarer K. direct addressable core memory
magnetischer K. magnetic core memory
Kernspeicherkapazität *f* core storage capacity
Kernspeichermatrix *f* core matrix (array)
Kernspeicherung *f* core storage
Kernspeicherzykluszeit *f* core store cycle time
Kernstrahlung *f* nuclear radiation
Kerntechnik *f* nuclear engineering (technology)
Kerntransformator *m* core[-type] transformer
Kernumwandlungsprozeß *m* nuclear transformation (transmutation)
Kernverschmelzung *f* nuclear fusion
Kernverschmelzungsenergie *f* nuclear fusion energy
Kernwerkstoff *m* core material
Kerr-Drehung *f* Kerr (electrooptical) rotation
Kerr-Effekt *m* Kerr effect
elektrooptischer K. electrooptical Kerr effect
magnetooptischer K. magnetooptical Kerr effect
Kerr-Konstante *f* Kerr constant
Kerr-Zelle *f* Kerr cell, optical lever
Kerr-Zellenverschluß *m* electrooptical shutter
Kerzenentstörstecker *m* spark plug suppressor *(Zündkerze)*
Kerzenformlampe *f* candle lamp
Kerzenzündung *f* spark plug ignition *(Zündkerze)*
Kessel *m* boiler (*s. a.* Dampferzeuger)
K. mit Widerstandsheizung resistance boiler
Kesselgebläse *n* boiler blower (fan)
Kesselleistung *f* boiler output
Kesselmantel *m* boiler shell
Kesselölschalter *m* bulk (dead-tank) oil circuit breaker
Kesselprüfung *f* boiler inspection
Kesselregelung *f* boiler control
Kesselspeisepumpe *f* boiler feed pump, boiler feeder
Kesselspeisewasser *n* boiler feed[ing] water
Kesselspeisewasserpumpe *f* boiler-water feed pump
Kesselsteuerung *f* boiler (combustion) control
Kesselwandung *f* boiler shell
Kesselwarte *f* boiler switchboard
Kesselwasserreinigung *f* boiler-water treatment
Kesselwirkungsgrad *m* boiler efficiency
Kette *f* chain; string *(z. B. Isolatoren)*
K. aus Hängeisolatoren suspension insulator string
galvanische K. galvanic (voltaic) cell
logische K. operation path *(Schaltungstechnik)*
verzweigte K. forked chain
weltweite K. von Übertragungswegen *(Fmt)* worldwide chain of circuits
Kettenbeleuchtung *f* catenary lighting
Kettendämpfung *f* iterative attenuation [constant]
K. je Glied iterative attenuation per section
Kettendämpfungsfaktor *m* iterative attenuation factor
Kettendämpfungsmaß *n* iterative attenuation factor
Kettendeterminante *f* chain determinant
Kettendrucker *m (Rech)* chain (belt) printer
Kettenfahrleitung *f* vertical overhead contact system; catenary line
Kettenförderofen *m* continuous chain-conveyor type furnace
Kettenglied *n* network mesh *(Filter)*
Kettenimpedanz *f* iterative impedance
Kettenisolator *m* chain (string) insulator
Kettenkode *m (Rech)* chain code
allgemeiner K. general chain code
Kettenleiter *m* ladder (lattice) network
symmetrischer K. ladder-type filter
Kettenmatrix *f* chain (cascade, iterative) matrix
Kettenmethode *f* iterative method
Kettennetzwerk *n s.* Kettenleiter
Kettenparameter *m* iterative parameter
Kettenrad *n*, **Kettenrolle** *f* chain pulley
Kettenschaltung *f* cascade connection, chain connection (circuit)
Ketten[spannungs]teiler *m* ladder attenuator
Kettenübertragungsmaß *n* iterative propagation constant (factor), iterative transfer constant
Kettenverstärker *m (Rech)* chain amplifier; distributed amplifier; *(Fmt)* transmission line amplifier
Kettenverstärkerstufe *f* chain-amplifier stage
Kettenwiderstand *m* iterative impedance
Kettenwinkelmaß *n* **je Glied** wavelength constant per section
Keule *f* lobe *(im Richtdiagramm)*
Keulenauffiederung *f* lobe splitting *(Antennentechnik)*
Keulenumtastung *f* [beam] lobe switching *(Antennentechnik)*
K-Faktor *m* gauge factor *(Dehnungsmeßstreifen)*
Kfz-Elektronik *f s.* Kraftfahrzeugelektronik
Kilowattstunde *f* kilowatt-hour
Kilowattstundenzähler *m* kilowatt-hour meter, energy meter

Kinematik *f* kinematics
kinematisch kinematic
Kinemometer *n* kinemometer *(empfindlicher Geschwindigkeitsmesser)*
Kineskop *n* kinescope
Kinoeinstellsockel *m* prefocus cap
Kinolampe *f* cinema (motion-picture) lamp
Kinoprojektion *f* cine (motion-picture) projection
Kippablenkung *f* sweep deflection; relaxation scanning
Kippamplitude *f (Ferns)* sweep amplitude; *(Elk)* relaxation amplitude
Kippdauer *f* sweep duration
Kippdiagramm *n* sweep diagram
Kippdiode *f* breakover diode
Kippeinrichtung *f* tippler *(Lichtbogenofen)*
kippen 1. to tilt, to tip; to throw *(Schalter)*; 2. to sweep
Kippen *n (Ferns)* sweep; *(Elk)* relaxation
Kipperiode *f* sweep period; relaxation period
Kipperscheinung *f* jump phenomenon
Kippfrequenz *f* sweep (time-base) frequency; relaxation frequency
Kippgenerator *m* sweep (blocking) oscillator, sweep [circuit] generator, relaxation generator (oscillator)
stromgesteuerter K. current-controlled sweep generator
Kippgitter *n* sweep gate
Kippglied *n* / **freischwingendes** free-running multivibrator
monostabiles K. monostable (one-stable, one-shot) multivibrator
Kipphebel *m* toggle lever
kipphebelbetätigt toggle-actuated
Kipphebelschalter *m* toggle (tumbler) switch; trigger switch
Kippkennlinie *f* relaxation diagram
Kippkreis *m* sweep (time-base, trigger) circuit; relaxation circuit
Kippleistung *f* / **transiente** transient power limit
Kippmoment *n* breakdown (pull-out) torque *(bei Drehstrommotoren)*
relatives K. breakdown factor
Kipposzillator *m* sweep (saw-tooth wave) oscillator; relaxation oscillator
Kipprelais *n* trigger (throw-over, bistable) relay; locking relay
Kippröhre *f* / **gasgefüllte** gas-filled relaxation valve
Kippschalter *m* toggle (tumbler, tilting) switch; snap switch; *(Fmt)* lever key
zweipoliger K. double-pole snap switch
Kippschaltung *f* sweep (time-base) circuit
astabile K. multivibrator
bistabile K. flip-flop [circuit], Eccles-Jordan [bistable] circuit, bistable (scale-of-two) multivibrator
freischwingende K. free-running multivibrator
monostabile K. monostable (one-shot) multivibrator, monoflop, delay flop
Kippschwinger *m* multivibrator, relaxation oscillator, C-R oscillator, capacitor-resistor oscillator
Kippschwingung *f* relaxation (sawtooth) oscillation; tilting oscillation *(Oszillograf)*
Kippschwingungsdauer *f* relaxation period
Kippschwingungserzeuger *m*, **Kippschwingungsgenerator** *m* multivibrator, relaxation oscillator, C-R oscillator
Kippschwingungsoszillator *m* sweep oscillator; relaxation oscillator
Kippschwingungswandler *m* relaxation inverter
Kippspannung *f* sweep (time-base, sawtooth) voltage; *(Halbl)* peak off-state breakover voltage
negative K. *(Halbl)* reverse breakover voltage
positive K. *(Halbl)* forward breakover voltage
Kippspule *f* tilting coil
Kippstrom *m* sweep (scan) current; *(Halbl)* breakover current
sägezahnförmiger K. sawtooth-shaped current
kippsynchron sweep-frequency synchronized
Kipptreppengenerator *m* staircase generator
Kipptriode *f* sweep triode, controlled rectifier (switch)
Kippunkt *m* cut-off point, relay reach point *(Distanzschutz)*
Kippverstärker *m* sweep amplifier
Kippverstärkung *f* sweep amplification
Kippwert *m* balance value *(Relais)*
Kippzeitkonstante *f* relaxation time constant
Kippzwischenzeit *f* sweep recovery time
Kissenverzeichnung *f (Ferns)* pincushion distortion
horizontale K. horizontal pincushion distortion
vertikale K. vertical pincushion distortion
Kissenverzerrung *f s.* Kissenverzeichnung
Klammer *f* clip; clamp
Klang *m (Ak)* sound; tone
heller K. brilliant tone, brilliance
stereofoner K. stereophonic sound
strahlender K. *s.* heller K.
zusammengesetzter K. complex sound
Klangabstimmung *f* tone tuning
Klanganalysator *m* sound analyzer
Klangbild *n* sound impression
Klangblende *f* tonalizer, tone control
Klangcharakter *m* tonality
Klangdiffusor *m* sound diffuser
Klangeindruck *m* sound impression
Klangfarbe *f* quality of sound (tone), tonality, tone [quality], [tone] colour, timbre

Klangfarbenkorrektur *f* tone correction
Klangfarbenregler *m* tone regulator, sound corrector, bass-treble control
Klangfärbung *f* colouration
Klangfiguren *fpl* **/ Chladnische** sound (acoustic) pattern, [Chladny's] acoustic figures
Klangfilter *n* sound filter
Klangfülle *f* richness (volume) of tone, tone (sound) volume
Klangqualität *f* tonal quality, quality of tone (sound)
Klangregelung *f* tone regulation (control), sound correction, bass-treble control
Klangregler *m* tone regulator (control), sound corrector, bass-treble control[ler]
Klangsynthese *f* sound synthesis
klangtreu *(Ak)* orthophonic
Klangtreue *f (Ak)* orthophony
  hohe K. high fidelity, hi-fi
Klangverschmelzung *f* tonal fusion, sound blend
Klangverteilung *f* sound distribution
Klangverzerrung *f* sound distortion
Klangwirkung *f* sound (tonal) effect
Klappanker *m (Anl)* clapper, hinged armature
Klappendurchflußmesser *m* airfoil flowmeter
Klappenschrank *m (Fmt)* indicator (drop) switchboard
  K. für Induktoranruf magneto switchboard
Klappenstreifen *m (Fmt)* strip of drops (indicators)
Klappenströmungsmesser *m* vane current meter
klappern to chatter, to rattle
Klappinduktor *m* jaw inductor *(Induktionshärten)*
Klappkondensator *m* book capacitor
Klappspiegel *m* wing mirror
klar clear; distinct
Klarglaskolben *m* clear [glass] bulb
Klarschrift *f (Rech, Nrt)* plain writing
Klarschriftleser *m* character reader
Klartext *m* clear text, text in clear
Klartonamplitudenschrift *f* variable area noiseless recording
Klasse-H-Isolation *f* class-H insulation
Klassenwähler *m* class selector
klassieren / Pegel *(Ak)* to analyze the level distribution
Klassifikationssystem *n* classification system (schedule)
klassifizieren to classify
Klassifizierung *f* classification
Klaue *f* claw; jaw; dog
Klauenkupplung *f* claw clutch
Klauenpolmaschine *f* claw-pole machine
Klebeband *n* adhesive tape; splicing tape *(Tonband)*
Klebeblech *n* residual plate *(des Relais)*
Klebefolie *f* adhesive film
Klebeisolierband *n* adhesive tape
Klebelack *m* adhesive lacquer
Klebelehre *f* splicing gauge, splicer *(Tonband, Film)*
Klebemittel *n* splicing (bonding) cement *(für Tonband, Film)*
kleben to glue, to paste, to cement, to bond; to splice *(Tonband, Film)*; to stick, to adhere
Kleben *n* bonding; sticking
  K. des Relais relay sticking (freezing)
Klebenbleiben *n* **der Schweißelektrode** freezing of the electrode
klebend sticky, adhesive
Kleber *m s.* Klebstoff
Kleberdeckschicht *f* cover-lay adhesive *(Leiterplatten)*
Klebestelle *f* joint; splice *(Tonband, Film)*
Klebeverbindung *f* glued joint
Klebharz *n* adhesive resin
Klebschicht *f* adhesive coat
Klebstift *m* residual stud *(des Relais)*
Klebstoff *m* adhesive [agent], paste; splicing (bonding) cement *(Tonband, Film)*
  stromleitender K. conductive adhesive
Klebstreifen *m* adhesive tape
Klebtest *m* bonding test *(Leiterplatten)*
Klebzeit *f* tack time *(Leiterplatten)*
Klebzeitprüfung *f* tack time test *(Leiterplatten)*
Kleeblattantenne *f* cloverleaf aerial
Kleinabnehmertarif *m* small customers rate
Kleinakku[mulator] *m* small accumulator
Kleinbatterie *f* microbattery
Kleinbürste *f* miniature brush
Kleinempfänger *m* midget receiver
Kleinfernhörer *m (Fmt)* small receiver
Kleinflächenkontakt *m* small-area contact
kleinflächig small-area
Kleinfunkfernsprecher *m* portable radiotelephone set
Kleinintegration *f* small-scale integration, SSI
Kleinklima *n* microclimate
Kleinkondensator *m* midget capacitor
Kleinlampe *f* miniature lamp
Kleinleistungslogikschaltung *f* low-power logic [circuit], low-level logic [circuit]
Kleinleistungs-Schottky-Schaltkreis *m* low-power Schottky-TTL
Kleinleistungstransistor *m* low-power transistor
Kleinmotor *m* small-power motor, small-type motor, fractional horsepower motor
Kleinrechner *m* small computer
Kleinsignal *n* small signal, low-level signal
Kleinsignalbetrieb *m* small-signal operation *(eines Übertragungsgliedes)*

Kleinsignalersatzschaltbild *n* small-signal equivalent circuit
Kleinsignalparameter *m* small-signal parameter
Kleinsignalschaltung *f* small-signal circuit, low-level circuit
Kleinsignalspannungsverstärkung *f* small-signal voltage gain
Kleinsignaltheorie *f* small-signal theory
Kleinsignalverhalten *n* small-signal behaviour
Kleinsignalverstärkung *f* small-signal gain
Kleinsignalwert *m* small-signal value
Kleinsignalwiderstand *m* small-signal resistance
Kleinspannung *f* low voltage
Kleinstanstrahler *m* miniature spotlight, minispot, baby spot
Kleinstdrossel *f* subminiature choke
Kleinstempfänger *m (Nrt)* miniature radio (receiver), personal radio
Kleinstfunksprechgerät *n* handy-talkie
Kleinstgerät *n* miniature device
Kleinstkondensator *m* billi capacitor *(Trimmer)*
Kleinstlampe *f* subminiature (microminiature) lamp
Kleinstleuchtfleck *m* microspot
Kleinstmotor *m* subminiature (pilot) motor
Kleinstrelais *n* subminiature relay
Kleinströhre *f* subminiature tube (valve), miniature (peanut, lipstick) tube; doorknob tube; bantam junior tube *(für Hörapparate)*
  K. mit Oktalsockel bantam tube
Kleinstschalter *m* [sub]miniature switch
Kleinstschalttafel *f* miniature panel
Kleinstspannung *f* extra-low voltage
Kleinstspannungsbeleuchtung *f* extra-low voltage lighting
Kleinstufenverfahren *n* cascade (step-by-step) method *(heterochrome Fotometrie)*
Kleinstwert *m* **der Skale** minimum scale value
Kleinwählerzentrale *f (Fmt)* unit automatic exchange
Kleinwinkelstreuung *f* small-angle scattering
Kleinzyklus *m (Rech)* minor cycle *(Wortzeit einschließlich Zeit zwischen zwei Wörtern)*
Klemm... *s.a.* Klemmen...
Klemmband *n* clamp fitting
Klemmdiode *f* clamp[ing] diode
Klemmdose *f* connection (connecting) box
Klemme *f* terminal; clamp, clip
  K. eines Elements cell terminal
  geerdete K. earthed terminal
  negative K. negative terminal
  positive K. positive terminal
Klemmeinrichtung *f* clamper
klemmen to clamp
Klemmenanschluß *m* clamp terminal
Klemmenblock *m* terminal block
Klemmenbrett *n* terminal board
Klemmenbrettabdeckung *f* terminal board cover
Klemmendeckel *m* terminal cover
Klemmenimpedanz *f* terminal impedance
Klemmenkapazität *f* terminal capacitance
Klemmenkasten *m* terminal (lead, conduit) box
  K. mit Druckausgleich pressure-relief terminal box
  K. mit Phasentrennung phase-segregated terminal box
  druckfester K. pressure-containing terminal box
  offener K. open terminal box
  phasenisolierter K. phase-insulated terminal box
Klemmenleiste *f* terminal strip (block), connection (connecting) block
Klemmenpaar *n* terminal pair
Klemmenspannung *f* terminal voltage (potential difference)
  K. der Phase terminal voltage of phase
  symmetrische K. symmetrical terminal voltage
Klemmenstrom *m* terminal current
Klemmenverbindung *f* terminal connection
Klemmenwiderstand *m* terminal resistance
Klemmenzuleitung *f* terminal lead
Klemmimpuls *m* terminal pulse
Klemmisolator *m* cleat insulator
Klemmkontakt *m* clip contact
Klemmplatte *f* connection plate
Klemmring *m* clamp collar; clamping ring
Klemmschaltung *f* clamping circuit
Klemmschelle *f* clamp
Klemmschraube *f* terminal screw (bolt); clamping screw (bolt)
  K. mit Steckerbuchse jack-top binding post
Klemmstreifen *m* assembly terminal
Klemmuffe *f* clamping sleeve
Klemmung *f* clamping
Klemmverbindung *f* clipped connection
Klemmvorrichtung *f* **für lötfreie Verbindungen** solderless connector
klicken to click
Klicken *n* click
Klimaanforderungen *fpl* climatic requirements
Klimaanlage *f* air-conditioning plant (equipment, system), air conditioner
Klimabeanspruchung *f* climatic stress
Klimabedingungen *fpl* climatic conditions
Klimabeständigkeit *f* resistance to climate
Klimakammer *f* climatic chamber
Klimaleuchte *f* air-handling fitting
Klimaprüfung *f* climate investigation (test)
Klimaschutz *m* climatic (environmental) protection

Klimatechnik *f* air-conditioning technique
klimatisieren to condition *(durch Klimaanlage)*
klimatisiert air-conditioned
Klimatisierung *f* air conditioning
Klimatisierungsanlage *f* air conditioner, air-conditioning system
Klingel *f* / **elektrische** electric bell
Klingelanlage *f* [electric] bell system
Klingelbatterie *f* ringing battery
Klingeldraht *m* bell (ringing) wire
Klingelkasten *m* ringer box
Klingelknopf *m* bell push, button
klingeln to ring
Klingeltransformator *m* bell transformer
Klingelzeichen *n* bell signal
Klingen *n* microphonic effect
Klinke *f* pawl; latch; *(Fmt)* jack; *(App)* spring jack
  selbstschaltende K. self-closing jack
  zweiteilige K. two-point jack
Klinkenfeld *n (Fmt)* jack panel (field), change-over panel
Klinkenhülse *f (Fmt)* jack bush (barrel)
Klinkenkörper *m (Fmt)* jack body
Klinkenschaltwerk *n* pawl-and-detent controlled [stopping] mechanism
Klinkenstecker *m*, **Klinkenstöpsel** *m (Fmt)* jack plug, telephone[-type] plug
Klinkenstreifen *m (Fmt)* jack strip
Klinkenumschalter *m (App)* jack switch
Klirrfaktor *m* [harmonic] distortion factor, distortion coefficient, percentage harmonic content, ripple factor
Klirrfaktormeßbrücke *f* distortion [measuring] bridge, harmonic detector
Klirrfaktormeßgerät *n* distortion analyzer, distortion [factor] meter
Klirrfaktormessung *f* distortion factor measurement
Klirrgeräusch *n* intermodulation noise
Klirrkoeffizient *m s.* Klirrfaktor
Klirrverzerrung *f* non-linear distortion
Klopfer *m* sounder *(Telegrafie)*
Klopfgeräusch *n* tapping (impact) noise
Klopfrelais *n* sounding relay
Klöppeleinsatz *m* / **konischer** conical insert *(Kappenisolator)*
  kugelförmiger K. spherical ring-type insert
Klydonograf *m* klydonograph, surge-voltage recorder *(Registriergerät für Überspannungen)*
Klystron *n* klystron
Klystronoszillator *m* klystron oscillator
Klystronsteuergitter *n* klystron control grid
knacken *(Fmt)* to click
Knacken *n* **bei Besetztprüfung** *(Fmt)* engaged click
Knackgeräusch *n* [acoustic] clicks, spluttering
Knackprüfung *f (Fmt)* engaged test, click testing
Knackschutz *m (Fmt)* acoustic shock reducer, click suppressor
Knackton *m (Fmt)* click
Knall *m* bang, crack, crash
Knallgaselement *n* oxyhydrogen (hydrogen-oxygen) cell
Knallgeräusch *n* acoustic shock, crackling
Knallteppich *m* sonic boom carpet *(Überschallknall)*
knattern to crackle; to sizzle *(Funkempfang)*
Knebelkippschalter *m* toggle switch
Knebelschalter *m* turn knob snap switch
Knick *m* break, bend *(Kurve)*; kink *(Draht)*
Knickbeanspruchung *f*, **Knickbelastung** *f* buckling load
Knickfestigkeit *f* buckling resistance (strength)
Knickfrequenz *f* break (corner) frequency
Knickpunkt *m* break point *(Kurve)*
Knickspannung *f* buckling (critical) stress
Kniehebel *m* toggle lever
Kniespannung *f* knee voltage, breakover voltage
Kniestrom *m* breakover current
knistern to crackle; to sizzle *(Funkempfang)*
Knistern *n* sizzle *(beim Funkempfang)*
Knochenleitungsaudiometrie *f* bone-conduction audiometry
Knochenleitungshörer *m* bone-conduction headphone (receiver), bone vibrator, osophone
Knopf *m* knob, button
Knopfeinstellung *f* knob setting
Knopflochmikrofon *n* lapel (buttonhole) microphone
Knopfröhre *f* acorn (doorknob) tube
Knopfschmelzleiter *m* button-type fuse link
Knopfschweißung *f* button welding
Knopftaster *m (App)* control push button
Knopfzelle *f* button cell
Knoten *m* 1. junction, branch point *(Netzwerk)*; 2. node
Knotenamt *n (Fmt)* tandem central office, main centre office, repeating centre
Knotendarstellung *f* nodal diagram
Knotenlinie *f* nodal line
Knotenpunkt *m* 1. branch point, junction [point], joint, nodal point *(Verzweigungspunkt des Netzwerks)*; 2. node, nodal point *(Schwingung)*
  instabiler K. *(Syst)* unstable node
  stabiler K. *(Syst)* stable node
Knotenpunktabstand *m* nodal point separation
Knotenpunktadmittanzmatrix *f* network admittance matrix
Knotenpunktsatz *m* Kirchhoff['s] current law, first Kirchhoff's law
Knotenvermittlungsstelle *f (Fmt)* junction centre, nodal exchange

Knudsen-Manometer *n* Knudsen [radiometer] gauge, Knudsen absolute manometer
koaxial coaxial, concentric[al]
Koaxialanschluß *m* coaxial connector
Koaxialantenne *f* coaxial aerial
Koaxialbaustein *m (Elk)* coaxial package
Koaxialbuchse *f* coaxial socket
Koaxialdiode *f* coaxial diode
Koaxialkabel *n* coaxial (concentric) cable, coax
K. mit Luftspalt air-spaced coax
K. mit Vollisolierung coaxial cable with solid dielectric
schichtweise aufgebautes K. laminated coaxial cable
Koaxialkabelsystem *n* coaxial cable system
Koaxialleiter *m* coaxial conductor
Koaxialleitung *f* coaxial [transmission] line, concentric line (cable)
geschlitzte K. slotted coaxial line
Koaxialmagnetfeld *n* coaxial magnetic field
Koaxialmagnetron *n* coaxial magnetron
Koaxialpackung *f (Elk)* coaxial package
Koaxialplasmatron *n* coaxial plasmatron
Koaxialrichtkoppler *m* coaxial directional coupler
Koaxialsteckverbinder *m* coaxial connector (plug)
Koaxial-TF-System *n (Fmt)* coaxial carrier system
Koaxialtransistor *m* coaxial transistor
Koaxkabel *n s.* Koaxialkabel
Kobalt *n* cobalt
Kobaltfremdatom *n* cobalt impurity atom
Kochen *n* **mit Mikrowellen** microwave cooking
Kocher *m* cooker, cooking apparatus
Kochplatte *f* / **elektrische** electric (hot) cooking plate
Kochprobe *f*, **Kochversuch** *m* boiling test *(Isolierstoffprüfung)*
Kode *m (Rech, Nrt)* code
K. gleicher Schrittzahl equal-length code
K. mit schwacher Disparität low-disparity code
K. mit variablen Adressen variable address code
achtzeiliger K. eight-line code
alphabetischer K. alphabetic code
binärer K. binary code
biquinärer K. biquinary code
bistabiler K. on-off code
dichtgepackter K. close-packed code
direkter K. direct code
fehlererkennender K. error-detecting code
fehlerkorrigierender K. error-correcting code
gleichgewichtiger K. fixed-ratio code, fixed-count code
hochredundanter K. high-redundant code
linearer K. linear code
majoritätslogischer zyklischer K. majority-logic cyclic code
mnemonischer K. mnemonic code
nur für Adressen geltender K. exclusive address code
redundanter K. redundant code
reflektierter K. reflected code
selbstkorrigierender K. error-correcting code
selbstprüfender K. self-checking code, error-detecting code
spaltenbinärer K. column-binary code
symbolischer K. pseudocode
trennbarer K. separable code
ungültiger K. invalid code
zyklischer K. cyclic (recurrent) code
2-aus-5-Kode *m* two-out-of-five code
Kodeaufbau *m* code structure
Kodebuchstabe *m* code letter
Kodeeingabedraht *m* code input wire
Kodeelement *n* code element
Kodeerzeugungsprogramm *n* code generating routine
Kodeflächenmuster *n* code pattern
Kodegruppe *f* code group
Kodekombination *f* code combination
unzulässige K. forbidden code combination
Kodekonverter *m s.* Kodeumsetzer
Kodeleser *m* code [mark] reader
optischer K. optical code reader
Kodeloch *n* code hole *(Lochband)*
Kodemuster *n* code pattern
Koder *m* coder (*s. a.* Kodiereinrichtung)
Kodescheibe *f* code (coded, encoder) disk
Kodescheibenumsetzer *m* code disk converter, disk-type converter
Kodeschlüssel *m* key
Kodesignal *n* code signal
Kodesprache *f* code language
Kodestruktur *f* code structure
Kodetabelle *f* code table (schedule), table of codes
Kodetrommel *f* code drum
Kodeübersetzer *m* code translator
Kodeumsetzer *m* code converter
vollelektronischer K. all-electronic code converter
Kodeumsetzung *f* code conversion (converting)
Kodeumwandler *m s.* Kodeumsetzer
Kodewahl *f* code selection; *(Fmt)* code dialling
Kodewähler *m* code selector
Kodewählschalter *m* code selection switch
Kodewählsystem *n (Fmt)* permutation code switching system
Kodewandler *m* code converter
Kodewort *n* code word
korrigiertes K. corrected code word

Kodezahl *f* code number
K. des Befehls code number of instruction
Kodezeichen *n* code character
Kodiereinrichtung *f* coding device (set), encoder, coder
lesende K. reading encoder (coder)
nichtlineare K. non-uniform coder
kodieren to code, to encode
Kodierer *m s.* Kodiereinrichtung
Kodierer-Dekodierer *m* codec, coder-decoder
Kodierröhre *f* coding tube
kodiert / binär binary coded
numerisch k. numerically coded
Kodierung *f* coding, encoding
absolute K. absolute coding
automatische K. automatic coding
digitale K. digital coding
numerische K. numerical coding
semantische K. semantic coding
sequentielle K. sequential coding
überlagernde K. superimposed coding
Kodierungsfolge *f* coding sequence
Kodierungskreis *m* coding circuit
Kodierungsrelais *n* coding relay
Kodierungssatz *m* coding theorem
Kodierungsschaltung *f* coding circuit
Kodierungsspeicher *m* coding memory (store)
Kodierungstheorem *n* coding theorem
Kodierungstheorie *f* coding theory
Koeffizient *m*:
K. der Beschleunigungsabweichung acceleration error coefficient
K. der gegenseitigen Induktion coefficient of mutual induction
K. der Selbstinduktion coefficient of self-induction
K. der viskosen Reibung viscous damping coefficient
K. des dynamischen Fehlers dynamic error coefficient
K. des Skineffekts skin effect coefficient
dimensionsloser K. non-dimensional coefficient
periodischer K. periodic coefficient
zeitlich veränderlicher K. time-varying coefficient
Koeffizienten[einstell]potentiometer *n* coefficient-setting potentiometer
Koerzitivfeldstärke *f* coercive force (intensity), coercivity *(eines Ferroelektrikums)*
elektrische K. coercive electric field
Koerzitivkraft *f s.* Koerzitivfeldstärke
Koerzitivspannung *f* coercive voltage *(eines Ferroelektrikums)*
Koffereinbau *m* portable case mounting
Kofferempfänger *m* portable receiver (set)
Kofferfernsehgerät *n* portable television set
Koffergerät *n* portable [set]
Kofferradio *n* portable radio (receiver, set), personal radio (receiver)
Koffertonbandgerät *n* portable tape recorder
kohärent coherent
partiell k. partially coherent
Kohärenz *f* coherence
partielle K. partial coherence
räumliche K. spatial (space) coherence
Kohärenzbedingung *f* coherence condition
Kohärenzgebiet *n* coherence area
Kohärenzgrad *m* degree of coherence
Kohärenzlänge *f* coherence length (distance)
Kohärenzmatrix *f* coherence matrix
Kohärenzzeit *f* coherence time
Kohäsionsenergie *f* cohesion energy
Kohäsionskraft *f* cohesive force
Kohle *f* carbon
imprägnierte K. impregnated carbon
verkupferte K. coppered (copper-plated) carbon
Kohlebogen *m* carbon arc
Kohlebogenlampe *f* carbon arc lamp
Kohlebürste *f* carbon brush
K. für Höheneinsatz altitude-treated [current-carrying] brush
Kohledocht *m* carbon core
Kohledruckaufzeichnung *f* carbon print recording
Kohledruckregler *m* carbon regulator
Kohledrucksäule *f* carbon pile
Kohledruckspannungsregler *m* carbon pile voltage regulator
Kohledruckübertrager *m* carbon telephone transmitter
Kohleelektrode *f* carbon [arc] electrode, carbon
Kohleelement *n* carbon element
Kohlefaden *m* carbon filament
Kohlefadenlampe *f* carbon [filament] lamp
Kohlegrieß *m* granular (granulated) carbon *(Mikrofonkohle)*
Kohlehalter *m* carbon holder
Kohleheizstab *m* carbon element
Kohlekontakt *m* carbon contact
Kohlekörner *npl* granulated carbon
Kohlekörnermikrofon *n s.* Kohlemikrofon
Kohlelichtbogen *m* carbon arc
Kohlelichtbogenlampe *f* carbon-arc lamp
Kohlelichtbogenschweißen *n* carbon arc welding
Kohlemikrofon *n* carbon microphone (transmitter), carbon granule (granular) microphone
einkapseliges K. single-button carbon microphone
Kohlemikrofontonabnehmer *m* carbon contact pick-up
Kohlenachschub *m* carbon feed

Kohlendioxidfeuerlöscher *m* carbon dioxide fire extinguisher
Kohlendioxidsystem *n* carbon dioxide system
Kohlenstaub *m* carbon dust; powdered coal
Kohlenstaubfeuerung *f* coal dust firing
Kohlenstaubmikrofon *n* carbon dust microphone (transmitter)
Kohlenstoff *m* carbon
K. hohen Reinheitsgrades high-purity carbon
amorpher K. amorphous carbon
graphitischer K. graphitic carbon
Kohlenstoffeinschluß *m* carbon inclusion *(z. B. im Dynamoblech)*
Kohlenstoffgehalt *m* carbon content
Kohlenstoffgewebe *n* carbon fabric
kohlenstoffhaltig carbonaceous
Kohlenstoffilz *m* carbon felt
Kohlenstoffolie *f* carbon foil
Kohlenstoff-Sauerstoff-Brennstoffelement *n* carbon oxygen fuel cell
Kohlenstoffstein *m* carbon brick
Kohlenstofftinte *f* carbon ink
Kohlenwasserstoffilm *m* hydrocarbon film
Kohleschichtdrehwiderstand *m* carbon track potentiometer
Kohleschichtschiebepotentiometer *n* carbon-film rectilinear potentiometer
Kohleschichtwiderstand *m* carbon-film resistor, carbon-layer resistor, carbon [deposited] resistor
K. mit aufgedampfter Schicht vaporized carbon resistor
Kohleschleifstück *n* carbon shoe
Kohlestab *m* carbon rod
Kohlestabwiderstand *m* rod-type carbon resistor
Kohlestift *m* carbon pencil
Kohletiegel *m* carbon crucible
Kohlewechsel *m* carbon replacement
Kohlewiderstand *m* carbon resistor
Kohlewiderstandssäule *f* carbon pile
Kohle-Zink-Element *n* carbon-zinc cell
Kohle-Zink-Sammler *m* carbon-zinc battery
Koinzidenz *f* coincidence
verzögerte K. delayed coincidence
Koinzidenzauswahl *f* coincident-current selection
Koinzidenzimpuls *m* coincidence (gate) pulse
Koinzidenzmeßmethode *f* coincidence method of measurement
Koinzidenzmikrofon *n* coincidence microphone
Koinzidenzregister *n* coincidence register
Koinzidenzröhre *f* coincidence tube
Koinzidenzschaltung *f* coincidence circuit, AND circuit
langsame K. slow coincidence circuit
Koinzidenzsignal *n* coincidence signal
Koinzidenzspeicher *m* coincidence memory (store)
Koinzidenzverknüpfung *f* coincidence operation
Koinzidenzzähler *m* coincidence counter
Kolben *m* 1. bulb, envelope *(Röhren, Lampen)*; cone *(Elektronenstrahlröhre)*; piston *(Mikrowellenröhre)*; 2. piston, plunger *(z. B. Hydraulikkolben)*
farbloser K. clear bulb *(für sichtbare Strahlung durchlässig)*
innenmattierter K. inside-frosted bulb, satin-etched bulb
verspiegelter K. mirrored (metal-coated) bulb
Kolbenabschmelzautomat *m* bulb cutting machine
Kolbenabschwächer *m* piston attenuator
Kolbenantrieb *m* / **hydraulischer** hydraulic piston drive
Kolbendämpfungsglied *n* piston attenuator
Kolbenform *f* bulb form (shape)
Kolbenhals *m* bulb neck
Kolbenhalter *m* bulb holder
Kolbenhub *m* piston stroke
kolbenlos tubeless *(Röhre)*
Kolbenreinigung *f* bulb cleaning
Kolbenschwärzung *f* bulb (internal) blackening
Kolbenspülautomat *m* bulb cleaning machine
Kolbentemperatur *f* bulb temperature
Kolbenüberzug *m* bulb coating
Kolbenverschluß *m* / **ringförmiger** ring seal *(Elektronenröhren)*
Kolbenwand *f* bulb wall
Kollektiv *n* ensemble *(von wahrscheinlichen Ereignissen)*
Kollektivmittelwert *m* ensemble average *(einer stochastischen Größe)*
Kollektor *m* 1. *(Masch)* collector, commutator (*s.a. unter* Kommutator); 2. *(Elk)* collector; 3. *(Licht)* light collector, lamp condenser, collector lens
gemeinsamer K. common collector
Kollektoranschluß *m* collector terminal
Kollektor-Basis-Diode *f* collector-base diode
Kollektor-Basis-Schaltung *f (Halbl)* common-collector circuit, grounded-collector circuit
Kollektor-Basis-Spannung *f (Halbl)* collector-base voltage
Kollektor-Basis-Übergang *m (Halbl)* collector-base junction
Kollektor-Basis-Verstärker *m (Halbl)* grounded-collector amplifier
Kollektordiffusionsfenster *n (Halbl)* collector diffusion window
Kollektordiffusionskapazität *f (Halbl)* collector diffusion capacitance

Kollektordurchbruch *m (Halbl)* collector breakdown
Kollektordurchbruchspannung *f* collector breakdown voltage *(Transistor)*
Kollektor-Emitter-Dauerspannung *f (Halbl)* collector-emitter sustaining voltage *(Thyristor, Transistor)*
Kollektor-Emitter-Sättigungsspannung *f (Halbl)* collector-emitter saturation voltage
Kollektor-Emitter-Spannung *f (Halbl)* collector-emitter voltage
Kollektorentkopplung *f (Halbl)* collector decoupling
Kollektorgebiet *n (Halbl)* collector region
kollektorgekoppelt collector-coupled
Kollektorglimmer *m* commutator mica
Kollektorkapazität *f (Halbl)* collector capacitance *(Transistor)*
Kollektorkontakt *m (Halbl)* collector contact
Kollektorkontaktfläche *f (Halbl)* collector contact area
Kollektorkopplung *f (Halbl)* collector coupling
Kollektorkreis *m (Halbl)* collector circuit *(Transistor)*
Kollektorladezeitkonstante *f (Halbl)* collector charging-time constant
Kollektorlasche *f* collector tab
Kollektorlastwiderstand *m (Halbl)* collector [load] resistor
Kollektormetallisierungsfenster *n (Halbl)* collector metallization window
Kollektormotor *m* collector motor
Kollektorpille *f (Halbl)* collector pellet
Kollektorpotentialbarriere *f (Halbl)* collector potential barrier
Kollektorrestrückstrom *m (Halbl)* residual collector back (reverse) current
Kollektorreststrom *m (Halbl)* collector residual (leakage) current, collector[-base] cut-off current
Kollektorring *m* / **geteilter** split collector ring
Kollektorschaltung *f (Halbl)* common-collector circuit, grounded-collector circuit
Kollektorspannung *f (Masch)* commutator voltage; *(Halbl)* collector voltage
Kollektorsperrschicht *f (Halbl)* collector barrier (depletion layer)
Kollektorsperrschichtkapazität *f (Halbl)* collector depletion layer capacitance
Kollektorsperrstrom *m (Halbl)* collector cut-off current
Kollektorspitzenstrom *m (Halbl)* peak (maximum) collector current
Kollektorstrom *m (Halbl)* collector current
Kollektorstromausbreitung *f (Halbl)* collector current spreading
Kollektor-Substrat-Übergang *m (Halbl)* collector-substrate junction
Kollektorübergang *m (Halbl)* collector junction
Kollektorverlustleistung *f (Halbl)* collector dissipation
Kollektorverstärker *m (Halbl)* collector amplifier
Kollektorvervielfachung *f (Halbl)* collector multiplication
Kollektorvervielfachungsfaktor *m (Halbl)* collector multiplication factor
Kollektorvolumen *n (Halbl)* collector bulk
Kollektorwiderstand *m (Halbl)* collector resistance
spezifischer K. collector resistivity
Kollektorzone *f (Halbl)* collector region
Kollektorzuleitung *f (Halbl)* collector lead
kollidieren to collide
Kollimator *m* collimator
Kollimatorlinse *f* collimator lens
Kollimatoröffnung *f* collimator aperture
Kollimatorspiegel *m* collimator (condensing) mirror
kollinear collinear
Kolloidgleichrichter *m* colloid rectifier
Kolloidgraphit *m* colloidal graphite
Kolloidlösung *f* colloidal solution
Kolloidzustand *m* colloidal state
Kolophonium *n* colophony, [pine] rosin
Kolophoniumlötzinn *n* rosin-core solder
Kolorimeter *n* colorimeter
lichtelektrisches K. photoelectric colorimeter
Kolorimetrie *f* colorimetry
Kombinationsfilter *n* composite wave filter
Kombinationsfrequenz *f* combination frequency
Kombinationsplatte *f* combination board *(Mehrlagenleiterplatte)*
Kombinationsschalter *m* combination (multiple) switch
Kombinationsschicht *f* composite layer
Kombinationston *m (Ak)* combination tone; *(Nrt)* intermodulation frequency *(Störung)*
Kombinatorikindex *m* combinatory index *(Informationsverarbeitung)*
Komma *n (Rech)* decimal point, point
binäres K. binary point
dezimales K. decimal point
einstellbares K. adjustable point
festes K. fixed point
gleitendes K. floating point
Kommaanzeige *f (Rech)* decimal point indication
Kommabestimmung *f* / **automatische** *(Rech)* automatic point determination
Kommadarstellung *f (Rech)* decimal point presentation
Kommaeinstellung *f (Rech)* decimal point location
Kommando *n* command
Kommandogabe *f* control initiation *(Schaltanlage)*

Kommandogeber *m* command device (module) *(bei Steuerungen)*
Kommandoleitung *f* talk-back circuit *(Rundfunk)*
Kommandowerk *n* control unit *(z.B. Rechenanlage)*
Kommandozeit *f* operating time
Kommastellung *f (Rech)* decimal point position
Kommaverschiebung *f (Rech)* point shifting
kommen:
in Gleichlauf k. to fall in step
in Kontakt k. mit to make contact with
in Reichweite k. to pass within range
in Synchronismus k. to fall in synchronism (step)
näher k. to approach
Kommentar *m* comment
gesprochener K. voice notes *(zu Meßtonbandaufzeichnung)*
Kommentarleitung *f (Fmt)* commentary circuit
Kommentarspur *f* voice track
Kommunikation *f* / **integrierte** integrated communication
Kommunikationskette *f* communication chain
Kommunikationsprotokoll *n* communication protocol *(Regeln für Verbindungen im Rechnernetz)*
Kommutator *m* commutator, collector
Kommutatorabbrand *m* burning of commutator
Kommutatorfahne *f* commutator lug
Kommutatorgleichrichter *m* commutator rectifier
Kommutatorläufer *m* commutator armature
Kommutatorlötmaschine *f* commutator soldering machine
Kommutatormaschine *f* / **läufererregte** commutator machine with inherent self-excitation
Kommutator-Mikanit *m* commutator mica
Kommutatormotor *m* commutator motor
Kommutatorschalter *m* commutator switch
kommutieren to commutate
Kommutierung *f* commutation
Kommutierungsanode *f* transition anode
Kommutierungsdauer *f* commutating period
Kommutierungselement *n* commutation element
Kommutierungsfaktor *m* commutation factor
Kommutierungsfeld *n* commutating field
Kommutierungsimpedanz *f* commutating impedance
Kommutierungskreis *m* commutating circuit
Kommutierungsreaktanz *f* commutating reactance
Kommutierungsschaltung *f* commutating circuit
Kommutierungswinkel *m* commutating angle
Kommutierungszeit *f* commutating period
Kompaktbaustein *m* micromodule, packaged unit, microcircuit module
Kompaktbauweise *f* compact construction
Kompaktmaschine *f* compact machine
Kompaktrechner *m* compact computer
Kompander *m* compandor
Kompandergewinn *m* companding advantage
Kompandierung *f* companding (*s. a.* Dynamikregelung)
Kompandierungsgrad *m* degree of companding
Komparator *m (Syst)* comparator [device], comparing element
Kompaß *m* [magnetic] compass
kompatibel compatible
Kompatibilität *f* compatibility
Kompatibilitätsbedingung *f* compatibility condition
Kompensation *f* compensation, balancing
K. des Spannungsflackerns voltage flicker compensation
K. durch Ölbremse dashpot compensation *(Turbinenregler)*
K. mittels I-Gliedes *(Syst)* compensation by integral control, integral compensation
automatische K. *(Syst)* automatic compensation
Kompensationsdiode *f* balancing diode
Kompensationsdrossel *f* [line charge-]compensation reactor
Kompensationsgrad *m* degree of compensation
Kompensationshalbleiter *m* compensated semiconductor
Kompensationskeil *m* compensating wedge
Kompensationskondensator *m* compensating (power-factor) capacitor
Kompensationslinienschreiber *m s.* Kompensationsschreiber
Kompensationsmagnet *m* compensating magnet
Kompensationsmagnetometer *n* / **astatisches** null astatic magnetometer
Kompensationsmethode *f* compensation (potentiometer, opposition) method, [null-]balance method
Kompensationsrelais *n* [power-factor] compensating relay
Kompensationsröhre *f* balancing valve
Kompensationsröhrenvoltmeter *n* compensating (slide-back) valve voltmeter
Kompensationsschaltung *f* compensation circuit, compensating network

Kompensationsschreiber *m* self-balancing recorder, compensating self-recording instrument, potentiometer (potentiometric) recorder, recording potentiometer
Kompensationsspannung *f* compensating (balancing, bucking) voltage, backing-off potential
Kompensationsspule *f* compensation (compensating, bucking) coil
Kompensationsstrom *m* compensation (balancing) current
Kompensationsstromkreis *m* compensating (bucking) circuit
Kompensationsverfahren *n* compensation method
Kompensationsverstärker *m* compensated amplifier
Kompensationsvoltmeter *n* compensated (slide-back) voltmeter
Kompensationswattmeter *n* compensated wattmeter
Kompensationswicklung *f* compensating [field] winding
Kompensationswiderstand *m* compensating resistor
Kompensator *m* compensator; potentiometer [circuit]
K. mit direkter Ablesung direct-reading potentiometer
K. mit hoher Auflösung microstep potentiometer
direktanzeigender selbstabgleichender K. indicating self-balancing potentiometer
komplexer K. complex [alternating-current] potentiometer, coordinate-type [alternating-current] potentiometer
mechanischer K. mechanical potentiometer
registrierender K. recording potentiometer
selbstabgleichender K. auto-potentiometer
thermospannungsfreier K. thermoelectric emf-free potentiometer
Kompensatorfeldstärkemesser *m* magnetic potentiometer
kompensieren to compensate, to balance; to equalize; to slide back *(Instrumentenausschlag)*
Kompensierung *f* compensation, balancing
Kompiler *m (Rech)* compiler
Kompilerprogramm *n (Rech)* compiling program (routine)
komplementär complementary
Komplementärfarbe *f* [additive] complementary colour
Komplementärtransistor *m* complementary transistor
Komplementdarstellung *f* complement representation
Komplementgatter *n (Elk)* complement gate
Komplementkode *m* complement code
komplex complex *(Mathematik)*
konjugiert k. complex conjugate
Komponente *f* component; constituent
K. des Gegenfeldes negative-phase-sequence symmetrical component
K. eines symmetrischen Systems component of a symmetrical system
aperiodische K. des Kurzschlußstroms aperiodic component of short-circuit current
direkte K. direct component
freie K. free component
gleichphasige K. in-phase component
harmonische K. harmonic [component]
ohmsche K. ohmic component
reelle K. real component
subharmonische K. subharmonic component *(eines Signals)*
symmetrische K. symmetrical component
symmetrische K. der Nullfolge zero-phase-sequence symmetrical component
symmetrische K. des Mitsystems positive-sequence symmetrical component
unsymmetrische K. unbalanced component
α-γ-**Komponenten** *fpl* Clarke's components
Komponentenschaltung *f* component circuit
Kompoundband *n (Isol)* compound tape
Kompounddynamomaschine *f* compound-wound generator
Kompounderregung *f* compound excitation
kompoundieren to compound
Kompoundmotor *m* compound motor
Kompression *f* compression
adiabatische K. adiabatic compression
Kompressionskühlschrank *m* compression-type refrigerator
Kompressor *m* compressor
Kompromiß *m* / **technischer** engineering compromise
Kondensanz *f* condensance, capacitive (negative) reactance
Kondensat *n* condensate
Kondensation *f* condensation
Kondensationsdampfkraftwerk *n* condensing power plant
Kondensationsdampfturbine *f* condensing steam turbine
Kondensationsharz *n* condensation resin
Kondensationspolymer[es] *n* condensation polymer
Kondensator *m* 1. *(El)* capacitor; 2. condenser *(Verflüssiger)*
K. aus versilberten Glimmerblättchen silvered-mica capacitor
K. für Blindleistungskompensation power-factor correction capacitor
K. mit drei Anschlüssen three-terminal capacitor

K. mit Festelektrolyt solid electrolyte capacitor
K. mit Keramikplatten ceramic vane capacitor
K. mit logarithmischem Kapazitätsverlauf logarithmic-law capacitor
K. mit Luftkühlung air capacitor
dekadisch einstellbarer K. *(Meß)* decade capacitance box
dreipoliger K. three-terminal capacitor
einstellbarer K. adjustable capacitor
frequenzgerader K. straight-line frequency capacitor
gedruckter K. printed capacitor
idealer K. ideal (perfect) capacitor
induktionsfreier K. non-inductive capacitor
kapazitätsproportionaler K. straight-line capacitance capacitor
keramischer K. ceramic capacitor, ceramicon
logarithmischer K. logarithmic capacitor
parallelgeschalteter K. parallel capacitor
polarisierter K. non-reversible capacitor
regelbarer K. adjustable (variable) capacitor
selbstheilender K. self-healing capacitor
spannungsveränderlicher K. voltage-variable capacitor
unterteilter K. subdivided capacitor
vergossener K. moulded capacitor
verlustarmer K. low-loss capacitor
verlustloser K. no-loss capacitor, perfect capacitor

Kondensatorachse *f* capacitor shaft (spindle)
Kondensatoranlage *f* capacitor installation
Kondensatoranschlüsse *mpl* capacitor leads
Kondensatorantenne *f* capacitor aerial
Kondensatorbank *f*, **Kondensatorbatterie** *f* capacitor bank, bank of capacitors
Kondensatorbelag *m* capacitor plate
Kondensatorblitzleuchte *f* [battery] capacitor flashgun
Kondensatorbremsen *n (Masch)* capacitor braking
Kondensatordeckbelag *m* top-capacitor plate *(Dünnschichttechnik)*
Kondensatordielektrikum *n* capacitor dielectric
Kondensatordurchführung *f* capacitor bushing
Kondensatorelektrometer *n* dynamic capacitor electrometer
Kondensatorelektroskop *n* capacitor electroscope
Kondensatorenbatterie *f* battery of capacitors
Kondensatorenblock *m* capacitor bank
Kondensatorentladung *f* capacitor discharge
Kondensatorfelderwärmung *f* dielectric heating
Kondensatorfernhörer *m (Fmt)* electrostatic receiver
Kondensatorgehäuse *n* capacitor enclosure (box)
Kondensatorkette *f* capacitor filter
Kondensatorkopfhörer *m (Fmt)* capacitor receiver
Kondensatorlautsprecher *m* capacitor (electrostatic) loudspeaker
Kondensatorleistung *f* power of capacitor
Kondensatormikrofon *n* capacitor (electrostatic) microphone, capacitor transmitter
Kondensatormotor *m* capacitor motor; capacitor split-phase motor; capacitor-run motor *(mit Betriebskondensator)*
K. mit Anlaufkondensator capacitor start motor
K. mit Anlauf- und Betriebskondensator capacitor start and run motor, two-value capacitor motor
K. mit Betriebskondensator capacitor run motor
K. mit einem Kondensator für Anlauf und Betrieb permanent split capacitor motor

Kondensatoroberplatte *f* capacitor upper plate
Kondensatorplatte *f* capacitor plate
Kondensatorsatz *m* **in Stöpselschaltung** capacitance box with plugs *(für Meßzwecke)*
Kondensatorscheibe *f* capacitor plate
Kondensatorspeicher *m (Rech)* capacity memory (store)
Kondensatorspeichertechnik *f* capacitor storage technique
Kondensator-Stoßentladungsschweißen *n* electrostatic percussion welding
Kondensatorumladestrom *m* reverse charging current
Kondensatorunterplatte *f* capacitor lower plate
Kondensatorverlängerungsachse *f* capacitor extension shaft (spindle)
Kondensor *m* condenser *(Optik)*
Kondensorblende *f (Licht)* aperture diaphragm (iris)
Kondensorlinse *f* condenser lens
Kondensoröffnung *f* condenser aperture
Kondensoroptik *f* condenser optics
Kondensorsystem *n* condenser (condensing) system
Kondenstopf *m* steam trap
Konduktanz *f* [electrical] conductance
Konduktanzmeßbrücke *f* conductance bridge
Konduktanzrelais *n* conductance relay
Konduktometrie *f* conductometry
Konferenzanlage *f (Fmt)* conference system

Konferenzgespräch *n (Fmt)* party call
Konferenzschaltung *f (Fmt)* conference circuit (connection, service)
Konferenzschaltungsregister *n (Fmt)* party register
Konferenzschaltungssystem *n (Fmt)* conference communication system
Kongruenzschaltung *f (Syst)* congruence circuit
König-Martens-Spektralfotometer *n* König-Martens spectrophotometer
Konimeter *n* konimeter
konjugiert conjugate *(Mathematik)*
konjugiert-komplex conjugate complex
Konjunktion *f* conjunction, logic product *(logische Schaltung)*
Konjunktionsoperation *f* conjunction operation *(logische Operation)*
Konjunktionsschaltung *f* AND-circuit
Konkavgitter *n* concave grating
Konkavlinse *f* concave lens, dispersive (divergent) lens
Konkavspiegel *m* concave (collector) mirror
Konkurrenzbetrieb *m (Fmt)* contention
Konkurrenzmodell *n (Syst)* competition model
Konkurrenzstrategie *f (Syst)* competitive strategy
konphas equal-phase, in-phase
Konsole *f* console; [cable] bracket
Konsonanz *f (Ak)* consonance
konstant constant, unvarying; stable; fixed
Konstantan *n* constantan
Konstantandraht *m* constantan wire
Konstantdrehmomentmotor *m* constant-torque motor
Konstantdrehzahlmotor *m* constant-speed motor
Konstante *f* constant [quantity]
  Boltzmannsche K. Boltzmann constant
  Joulesche K. Joule's equivalent
Konstantfehlerzeit *f* constant-failure period *(Zuverlässigkeit)*
Konstanthalteleistung *f* holding load
konstanthalten to stabilize, to maintain constant
Konstanthalter *m* stabilizer
Konstanthaltung *f* stabilization
  K. der Ausgangsspannung *(Fmt)* bottoming
Konstanthochspannungsquelle *f* stabilized high-voltage supply
Konstant-K-Filter *n* constant-K filter, K-filter
Konstantleistungsbereich *m* constant-power range
Konstantleistungsmotor *m* constant-power motor
Konstantspannung *f* constant voltage; stabilized voltage
Konstantspannungsanodisation *f (Halbl)* constant-voltage anodization
Konstantspannungsgenerator *m* constant-voltage generator
Konstantspannungsquelle *f* constant-voltage source (power supply)
Konstantspannungsregler *m* **für Batterien** cell constant adjustment control
Konstantspannungstransformator *m* constant-voltage transformer
Konstantspeicher *m* fixed memory
Konstantstrom *m* constant current
Konstantstromanodisation *f (Halbl)* constant-current anodization
Konstantstromdiagramm *n* constant current diagram
Konstantstromgenerator *m* constant-current generator
Konstantstromquelle *f* constant-current source, stabilized (constant-current) power supply
Konstantstromregler *m* constant-current regulator
Konstantstromtransformator *m* constant-current transformer
Konstantsummenspiel *n* constant-sum game *(Spieltheorie)*
Konstanz *f* **eines Meßmittels** constancy (stability) of a measuring instrument
  zeitliche K. time stability
Konstruktion *f* construction; design
  geschlossene K. packaged construction
  koronafreie K. *(Anl)* corona-free design
Konstruktionsblatt *n* design sheet
Konstruktionsdaten *pl* constructional characteristics, design data
Konstruktionselement *n* constructional element
Konstruktionsfehler *m* defect of construction
Konstruktionsmerkmal *n* constructional (design) feature
Konstruktionsparameter *m* design parameter (value)
Konstruktionsprinzip *n* constructional (design) principle
Konstruktionswert *m* design value
Konsumgüterelektronik *f* domestic appliances electronics
Kontakt *m* 1. contact; 2. *s.* Kontaktstück
  ● **K. haben** to contact
  K. der Kohlebürste brush contact
  angefressener K. pitted contact
  beweglicher K. movable (moving) contact
  breitflächiger K. large-surface contact
  einpoliger K. single[-pole] contact
  elektrischer K. electric[al] contact
  federnder K. spring contact
  fehlerhafter K. defective contact
  fester K. fixed (tight) contact
  freier K. vacant contact
  gekapselter K. sealed contact
  gequetschter K. crimped contact

geschlossener K. closed contact
gleichrichtender K. unidirectional contact
großflächiger K. large-area contact, large-surface contact
guter (haftender) K. tight contact
intermittierender K. intermittent contact
lamellierter K. laminated contact
ohmscher K. ohmic contact
schlechter K. poor (imperfect) contact
selbsteinschnappender K. snap-in contact
selbstreinigender K. self-cleaning contact, self-wiping contact
thermischer K. thermal contact
trockenschaltender K. dry-circuit contact *(ohne Last)*
unabhängiger K. independent contact
unterbrechungsloser K. continuity-preserving contact *(Relais)*
vergoldeter K. gold-plated contact
verschmorter K. scorched contact
Kontaktabbrand *m* burning of contact, contact burn
Kontaktabnutzung *f* contact wear
zulässige K. contact-wear allowance
Kontaktabstand *m* contact distance (clearance, separation, gap); break distance
Kontaktarm *m* wiper, contact wiper (arm)
Kontaktarmträger *m* wiper shaft
Kontaktausbrennung *f* contact pitting
Kontaktbacke *f* contact jaw
Kontaktbank *f* contact bank, [line] bank
Kontaktbauelement *n* contact device
Kontaktbeben *n* contact vibration
Kontaktbelastung *f* **/ zulässige** contact rating
Kontaktberührung *f* contact touch
Kontaktblock *m* contact bank
Kontaktbolzen *m* stud
Kontaktbrücke *f* contact bridge
Kontaktbuchse *f* female [insert] contact *(einer Steckvorrichtung)*
Kontaktbügel *m* contact bridge
Kontaktbürste *f* [contact] brush, carbon brush
Kontaktdauerstrom *m* contact current-carrying capacity *(Relais)*
Kontaktdose *f* contact box
Kontaktdraht *m* **[/ feiner]** whisker
Kontaktdrähte *mpl* **/ gekreuzte** crossed-rod contacts
Kontaktdruck *m* contact pressure
Kontaktelektrizität *f* contact electricity
Kontaktelektrode *f* contact electrode
Kontaktelement *n* contact element
Kontakt-EMK *f* contact electromotive force, contact emf
Kontaktentfestigung *f* contact softening
Kontakterwärmung *f* heating by [direct] contact
Kontaktfahne *f* contact tag
Kontaktfeder *f* contact spring, cantilever; brush spring *(Wählerkontaktarm)*
Kontaktfedersatz *m* contact spring bank (assembly, set)
Kontaktfehler *m* contact fault (defect)
Kontaktfeld *n* contact bank
Kontaktfenster *n (Halbl)* contact window
Kontaktfinger *m* contact finger
Kontaktfläche *f* contact surface (area, land)
Kontaktflattern *n s.* Kontaktprellen
Kontaktflüssigkeit *f* contact fluid
kontaktfrei non-contacting
Kontaktgabe *f* contact making
Kontaktgalvanisierung *f* contact plating
Kontaktgeber *m* contactor, contact maker
Kontaktgeräusch *n* contact noise
Kontaktgleichrichter *m* commutator rectifier
Kontaktgruppe *f* contact set
Kontakthammer *m* trembler
Kontakthebel *m* contact lever
Kontaktheizung *f* contact heating
Kontakthöcker *m* contact bump *(Mikroelektronik)*
Kontakthub *m* contact gap
Kontakthülse *f* contact bush (tube)
Kontaktinstrument *n* instrument with contacts
Kontaktkamm *m* contact comb; printed [edge board] contact, finger tab
Kontaktkette *f* chain of contacts
Kontaktklammer *f* contact clip
Kontaktklotz *m* contact stud (block)
Kontaktkohle *f* contact carbon
Kontaktkolben *m* contact piston
kontaktkopieren to contact-print
Kontaktkraft *f* contact force
Kontaktkranz *m* group of contacts
Kontaktlast *f* contact load
Kontaktleiste *f* rack-and-panel connector; multiple plug
kontaktlos contactless, non-contacting
Kontaktmaske *f (Halbl)* in-contact mask
Kontaktmaskierung *f (Halbl)* in-contact masking
Kontaktmaterial *n* contact material
Kontaktmesser *n* contact blade
Kontaktmikrofon *n* contact microphone
Kontaktmuster *n* contact pattern
Kontaktnachlauf *m* contact follow
Kontaktniet *m* contact rivet
Kontaktnocken *m* contact-breaker cam
Kontaktöffnung *f* contact opening
Kontaktpflegemittel *n* contact cleaner
Kontaktplättchen *n* contact plate
Kontaktplatte *f* contact plate; *(Chem)* collector plate
Kontaktplattierung *f (Galv)* contact plating
Kontaktpotential *n* contact potential
Kontaktprellen *n* contact bounce (chatter); armature chatter
Kontaktrahmen *m* contact carriage
Kontaktrauschen *n* contact noise
Kontaktreihe *f* row of contacts, contact bank

Kontaktreiniger *m* burnisher
Kontaktreinigung *f* contact cleaning
Kontaktring *m* contact ring
Kontaktsatz *m* contact set (unit); *(Fmt)* contact bank, [line] bank
Kontaktscheibe *f* contact disk
Kontaktschelle *f* contact clamp
Kontaktschieber *m* adjusting slider *(bei abgleichbarem Widerstand)*
Kontaktschiene *f* contact bar (rail)
Kontaktschließdauer *f* contact holding time
Kontaktschlitten *m* contact carriage
Kontaktschmoren *n* scorching of contacts
Kontaktschraube *f* contact screw
Kontaktschuh *m* collector shoe
Kontaktschutz *m* contact protection
Kontaktschweißung *f* / **selbsttätige** automatic contact welding
Kontaktsegment *n* contact segment
Kontaktspannung *f* contact potential difference, contact voltage; *(App)* contact electricity
Kontaktspannungsabfall *m* contact[-voltage] drop, contact potential drop
Kontaktspiel *n* contact float
Kontaktspitze *f* contact tip
Kontaktstab *m (Chem)* collector plate
Kontaktsteck- und -ziehkraft *f* contact engaging and separating force *(Leiterplatten)*
Kontaktstelle *f* contact point; junction
Kontaktstellentemperatur *f* junction temperature *(Thermoelement)*
Kontaktstellung *f* contact position
Kontaktstift *m* contact tag (plug, pin); connector pin
Kontaktstoffwanderung *f* contact transfer
Kontaktstöpsel *m* contact plug
Kontaktstrecke *f* contact path
Kontaktstreifen *m* contact track *(gedruckte Schaltung)*
Kontaktstück *n* contact [member], contact piece
auswechselbares K. interchangeable contact piece
rollendes K. rolling contact
Kontakttemperatur *f* junction temperature *(Thermoelement)*
Kontakttrennung *f* contact separation
Kontakttrockner *m* contact dryer
Kontaktverformung *f* deformation of contacts
Kontaktverlust *m* contact loss
Kontaktverschweißen *n* contact welding
Kontaktverzinnung *f* contact tinning
Kontaktvielfachfeld *n* / **unverschränktes** *(Fmt)* straight banks
verschränktes K. slipped banks
Kontaktweg *m* contact path; *(Anl)* contact travel
Kontaktweite *f* contact clearance
Kontaktwerkstoff *m* contact material
Kontaktwiderstand *m* contact resistance
Kontaktwinkel *m* contact angle
Kontaktzahl *f* number of contacts
Kontaktzeit *f* contact duration
Kontaktzunge *f* reed *(bei Reed-Relais)*
Kontenblatt *n (Rech)* account sheet
Kontenkarte *f (Rech)* account card
Kontenrahmen *m (Rech)* accounting scheme
Kontextanalyse *f* context analysis *(Programmierung)*
kontinuierlich continuous; steady
Kontinuität *f* continuity
Kontinuitätsbedingung *f* continuity condition
Kontinuitätsbeziehung *f* continuity relation
Kontinuitätsgleichung *f* continuity equation
Kontinuum *n* continuum
Kontonummernsuchen *n (Rech)* account number detection
Kontraktion *f* contraction
anodische K. contraction at the anode
Kontraktionspunkt *m* **eines Elektronenstrahls** constriction point of an electron beam
Kontrast *m* contrast
Kontrastabfall *m (Ferns)* falling-off of contrast
Kontrastausgleich *m (Ferns)* contrast equalization (equalizing)
Kontrastempfindlichkeit *f (Ferns)* contrast sensitivity
Kontrastfeld *m (Ferns)* contrast field
Kontrastfotometer *n (Licht)* contrast photometer
Kontrastfotometerfeld *n* contrast photometer field
Kontrastfotometerkopf *m* contrast photometer head
Kontrastgradient *m (Ferns)* contrast gradient
Kontrastlosigkeit *f (Ferns)* flatness
Kontrastregelung *f (Ferns)* contrast control
kontrastreich contrasty, high-contrast, rich in contrast
Kontrastschwelle *f* contrast threshold
Kontraststeigerung *f* increase of contrast
Kontrastübertragungsfunktion *f* contrast transfer function
Kontrastumfang *m* contrast range
Kontrastunterschied *m* contrast difference
Kontrastunterschiedsschwelle *f* contrast difference threshold
Kontrastverhältnis *n (Ferns)* contrast ratio
Kontrastverlust *m* loss of contrast
Kontrastverringerung *f* contrast reduction
Kontrastwahrnehmungsgeschwindigkeit *f* speed of contrast perception
Kontrastwirkung *f* contrast effect
Kontrollablesung *f* check reading

Kontrollampe *f* indicator (control, pilot, signal, warning) lamp
Kontrollantenne *f* monitoring aerial
Kontrollapparat *m* control apparatus
Kontrollaufgabe *f* check problem
Kontrollautsprecher *m* pilot (control, monitor, listening) loudspeaker
Kontrollbild *n* monitoring picture
Kontrollbildröhre *f* monitor[ing] tube
Kontrollbit *n (Rech)* check (control) bit
Kontrolldrucker *m (Rech)* monitor printer
Kontrolle *f* control, check[ing], inspection; supervision, monitoring
arithmetische K. arithmetic check[ing]
automatische K. automatic check[ing]
eingebaute K. built-in check
festverdrahtete K. wired-in check
gerade K. even (parity) check
mathematische K. mathematical check
programmierte K. programmed check[ing]
ungerade K. imparity check
Kontrolleichung *f* calibration checking
Kontrolleinrichtung *f* checking device, control[ling] equipment
Kontrollelement *n* monitoring element
Kontrollempfang *m* monitoring reception
Kontrollempfänger *m* monitoring [radio] receiver, monitor
Kontroller *m* [electric motor] controller, camshaft (barrel, circuit) controller
Kontrollfernschreiber *m* check (journal) teleprinter
Kontrollfrequenz *f* check (control) frequency
Kontrollfunkenstrecke *f* telltale spark gap
Kontrollgerät *n* control unit, controlling (check) instrument; monitor[ing device]
Kontrollicht *n* indicator (pilot) light
kontrollieren to control, to check, to inspect; to monitor
die Aussteuerung k. to monitor (check) the transmission level
die Stabilität k. *(Syst)* to check for stability, to make check on stability
Kontrollimpuls *m* check pulse
Kontrollinstrument *n s.* Kontrollgerät
Kontrollkopfhörer *m* monitor earphone
Kontrolloszilloskop *n* monitor oscilloscope
Kontrollplatz *m (Fmt)* monitor's position, observation desk
Kontrollprobe *f* monitor sample
Kontrollpult *n* control desk; monitoring console (desk)
Kontrollpunkt *m* check (monitoring) point; rerun (roll-back) point *(in Rechenprogrammen)*
Kontrollrelais *n* monitoring relay
Kontrollschalter *m* control switch[group], function switch
Kontrollschaltung *f* check circuit
Kontrollscheibe *f (Halbl)* monitor slice
Kontrollspur *f (Rech)* monitoring track
Kontrollstelle *f (Rech)* checking digit
Kontrollstellung *f* check position
Kontrollstreifen *m (Rech)* control chart; *(Nrt)* home record
Kontrollsystem *n* control system
Kontrolltafel *f* control board
Kontrolltaste *f* check key
Kontrolluhr *f (Fmt)* time recorder
Kontrollverstärker *m* monitor[ing] amplifier
Kontrollversuch *m* check test
Kontrollwecker *m (Fmt)* pilot alarm (bell)
Kontrollwerk *n (Rech)* control unit
Kontrollwort *n (Rech)* check word
Kontrollzeichen *n* check (control) character
Kontrollzeit *f* checkout time
Kontrollzentrum *n* control centre
Kontrollziffer *f (Rech)* check (control) digit
Kontrollzifferprüfung *f (Rech)* control digit test
Konus *m* cone
Konusantenne *f* cone (conical) aerial
Konuskupplung *f* cone clutch
Konuslautsprecher *m* cone loudspeaker
Konusmembran *f* cone (conical) diaphragm
Konvektion *f* convection
erzwungene K. forced convection
natürliche K. natural convection
Konvektionskühlung *f* convection cooling
Konvektionsofen *m* convection oven (furnace)
K. für kontinuierlichen Betrieb continuous convection oven
elektrischer K. electric convector *(für Raumheizung)*
widerstandsbeheizter K. convection resistance furnace
Konvektionsschalter *m* convection circuit breaker
Konvektionsstabilisierung *f* convective arc stabilization *(Lichtbogen)*
Konvektionsstrom *m* convection current
Konvektionsstromdichte *f* convection current density
Konvektionsverlust *m* convection loss
konvektiv convective
Konvektorschalter *m* convector circuit breaker
konvergent convergent
absolut k. absolutely convergent
bedingt k. conditionally convergent
Konvergenz *f* **gegen einen Grenzwert** convergence towards a limit
dynamische K. *(Ferns)* dynamic convergence
gleichmäßige K. uniform convergence
statische K. *(Ferns)* static convergence
ungleichmäßige K. non-uniform convergence

Konvergenzabszisse *f* abscissa of absolute convergence *(Laplace-Transformation)*
Konvergenzbedingung *f* convergence condition
Konvergenzbereich *m* region (domain) of convergence
Konvergenzbeschleunigung *f* convergence acceleration
Konvergenzelektrode *f (Ferns)* convergence electrode
Konvergenzfläche *f (Ferns)* convergence plane
Konvergenzgebiet *n* region (domain) of convergence
Konvergenzgeschwindigkeit *f* convergence rate
Konvergenzkreis *m* 1. circle of convergence; 2. convergence circuit
Konvergenzkriterium *n (Syst)* convergence criterion
Konvergenzmagnet *m (Ferns)* convergence magnet
Konvergenzwinkel *m* convergence angle
konvergieren to converge
konvergierend converging
Konversion *f* conversion
  innere K. internal conversion
Konversionsfilter *n* conversion filter
Konversionsgenauigkeit *f* conversion accuracy
Konversionskoeffizient *m* internal conversion coefficient
Konversionslinie *f* conversion line
Konversionsreaktor *m* converter [reactor], conversion (regenerative) reactor
Konversionsverhältnis *n* / **anfängliches** initial conversion ratio
  relatives K. relative conversion ratio
Konversionswiderstand *m* conversion resistance *(Röhre)*
Konverter *m* converter
  thermionischer K. thermionic converter
Konvertereinheit *f (Rech)* conversion unit
Konvertierungsprogramm *n (Rech)* conversion program
Konvertierungszeit *f (Rech)* conversion time
Konvexlinse *f* convex (converging) lens
Konvexspiegel *m* convex mirror
Konzentration *f* concentration
  K. der Dunkelstromladungsträger *(Halbl)* dark carrier concentration
  K. in der Schmelze melt concentration
  K. von Fremdatomen impurity concentration
konzentrationsabhängig concentration-dependent
Konzentrationsabhängigkeit *f* concentration dependence
Konzentrationsänderung *f* concentration change
Konzentrationselektrode *f* focussing electrode *(bei Röhren)*
Konzentrationselement *n* concentration cell *(Batterie)*
Konzentrationsgefälle *n* concentration gradient
Konzentrationsimpedanz *f* concentration impedance
Konzentrationspegel *m* concentration level
Konzentrationspolarisation *f* concentration polarization
Konzentrationsprofil *n* concentration profile
Konzentrationsstufe *f* concentration stage
Konzentrationsüberspannung *f* concentration overvoltage
Konzentrationsverteilung *f* concentration distribution
Konzentrationswiderstand *m* concentration resistance
Konzentrationszelle *f* concentration cell *(Batterie)*
  K. mit Überführung concentration cell with transport
  K. ohne Überführung concentration cell without transport
Konzentrator *m (Wärm)* concentrator, focus inductor; *(Fmt)* concentrator
Konzentratorsystem *n (Fmt)* concentrator system
konzentrieren to concentrate
  Strahlung k. to concentrate radiation
  Wärme k. to concentrate heat
konzentrisch concentric[al]
Konzentrizität *f* concentricity
Koordinaten *fpl* / **dimensionslose** dimensionless coordinates
  ebene rechtwinklige K. plane rectangular coordinates
  elliptische K. confocal coordinates
  kartesische K. Cartesian coordinates
  kovariante K. covariant coordinates
  krummlinige K. curvilinear coordinates
  raumfeste K. space-fixed coordinates
  räumliche K. space (spatial) coordinates
  schiefwinklige K. skew coordinates
Koordinatenachse *f* coordinate axis, axis of coordinates
Koordinatenbewegung *f* coordinate movement
Koordinatendrehung *f* coordinate rotation
Koordinatendreibein *n* coordinate trihedral
Koordinatenmeßgerät *n* coordinate measuring instrument
Koordinatennetz *n* net of coordinates
Koordinatenschalter *m (Fmt)* cross-bar selector (switch)
Koordinatenschalteramt *n (Fmt)* cross-bar exchange
Koordinatenschaltersystem *n (Fmt)* cross-bar system
Koordinatenschalter-Vermittlungssystem *n* / **automatisches** *(Fmt)* automatic cross-bar telephone switching equipment

Koordinatenschreiber *m* coordinate plotter, X-Y plotter (recorder)
elektronischer K. electronic X-Y recorder
Koordinatenstärke *f* coordinate line intensity
Koordinatensystem *n* coordinate system, system of coordinates
kartesisches K. Cartesian coordinate system
krummliniges K. curvilinear coordinate system
rotierendes K. rotating coordinate system
Koordinatentransformation *f* coordinate transformation
Koordinatenverschiebung *f* coordinate displacement
Koordinatenwähler *m (Fmt)* cross-bar selector (switch)
Koordinatenwandler *m* coordinate converter, resolver
Koordination *f* **der Isolation** insulation coordination
Koordinationsgitter *n (Halbl)* coordination lattice
Koordinationskompensator *m* coordinate potentiometer
Koordinatograf *m* coordinatograph
Kopf *m* head; top
Kopfanschlußkappe *f* top cap
Kopfbügel *m* head bow (band)
Kopfhörer *m* headphone, [head] receiver, earphone
dynamischer K. dynamic (moving-coil) headphone
elektrostatischer K. electrostatic (capacitor) headphone
ohrumschließender K. circumaural (supra-aural) earphone
Kopfhörer *mpl* headset, headphones
Kopfhöreranschluß *m* headphone connection
Kopfhörerbügel *m* headphone bow (band)
Kopfhörergarnitur *f* headset
Kopfhörerlautstärke *f* headphone level
Kopfhörerpaar *n* [pair of] headphones, headset
Kopfkontakt *m (Fmt)* vertical off-normal contact
Kopfspiegel *m* head mirror *(Magnettontechnik)*
Kopfstation *f (Eüb)* terminal station
kopfstehend inverted *(Bild)*
Kopftelefon *n* head gear [receiver]
Kopfträger *m* head assembly
Kopf-Trommel-Abstand *m (Rech)* head-to-drum separation (space)
Kopfverstärker *m* head amplifier
Kopie *f* copy, duplicate; print; *(Ak)* dub, rerecording *(Magnettonband)*
Kopiereffekt *m* spurious (accidental, magnetic) printing
kopieren to copy, to duplicate; to print; *(Ak)* to dub *(Magnettonband)*
Kopieren *n* **/ unerwünschtes** *s.* Kopiereffekt
Kopiergerät *n* copier, duplicator *(z. B. für Bänder)*
Kopiermodell *n* master form
Kopierschablone *f* master
Kopiertelegraf *m* copying telegraph
Koppel... *s. a.* Kopplungs...
Koppelabschnitt *m (Fmt)* switching section
Koppeladmittanz *f* coupling admittance
Koppelanordnung *f (Fmt)* coupling arrangement, switching network
K. mit Rücküberlauf entraide, reentrant link system
homogene K. homogeneous switching network
inhomogene K. heterogeneous switching network
mehrstufige K. multirank switching stages
Koppelbogen *m* bend coupling *(Wellenleiter)*
Koppelbreite *f* **/ kritische** *(Ak)* critical bandwidth
Koppeldämpfung *f* coupling attenuation *(Wellenleiter)*
Koppeleinheit *f (Rech)* interface
Koppelelement *n* coupling element; *(Fmt)* switching element
optoelektronisches K. opto-electronic coupler, opto-coupler
Koppelfeld *n (Fmt)* coupling multiple, switching (cross-point) array
Koppelfeldkontakt *m* cross-point contact
Koppelimpedanz *f* coupling (mutual) impedance
K. für Stoßwellen mutual surge impedance
elektroakustische K. electroacoustic coupling impedance
mechanische K. mechanical transfer impedance
Koppelkapazität *f* mutual capacitance
Koppelkreis *m* coupling circuit
koppeln to couple; to interlink
überkritisch k. to overcouple
Koppelnetz *n* coupling network; *(Fmt)* switching (connecting) network
Koppelplan *m* wiring diagram
Koppelpunkt *m* cross-point
Koppelreihe *f (Fmt)* switching (connecting) row
Koppelrelais *n* coupling (cross-point) relay
Koppelschalter *m* tie switch *(Trennschalter)*; tie circuit breaker *(Leistungsschalter)*
Koppelschlitz *m* window *(eines Transformators)*
Koppelstufe *f (Fmt)* coupling (switching, connecting) stage

Koppelvielfach *n (Fmt)* switching (connecting) matrix, common switching multiple
Koppelwirkung *f* coupling effect
Koppler *m* coupler
akustischer K. acoustic coupler
optoelektronischer K. opto-electronic coupler, opto-coupler
Kopplung *f* 1. *(El)* coupling; interconnection; 2. coupler; flexible lead connector
K. nächster Nachbarn *(Halbl)* nearest neighbour coupling
K. zwischen Röhren intervalve coupling
bewegliche K. movable coupler *(Stecker)*
elektrische K. electrical coupler *(Stecker und Steckdose)*
elektromagnetische K. electromagnetic coupling
elektromechanische K. electromechanical coupling
enge K. close coupling
feste K. tight (strong) coupling
galvanische K. galvanic (direct, conductive) coupling; resistance coupling
induktive K. inductive (inductance) coupling, [inductive] flux linkage
intermediäre K. intermediate coupling
kapazitive K. capacitive (capacity, electrostatic) coupling
kritische K. critical coupling
lose K. loose (weak) coupling
magnetische K. magnetic (inductive) coupling
ohmsche K. resistive coupling
parasitäre K. stray coupling
stabile K. stable coupling
transformatorische K. mutual coupling
überkritische K. overcoupling, overcritical coupling
unterkritische K. undercoupling, undercritical coupling
vollkommene K. unity coupling
λ/4-Kopplung *f* quarter-wave coupling
Kopplungsbeiwert *m* coupling coefficient
Kopplungsblock *m* fixed coupling capacitor *(Kondensatoren)*
Kopplungsbügel *m* strap
Kopplungsfaktor *m* coupling factor, coefficient of [inductive] coupling
Kopplungsgrad *m* coupling degree (coefficient)
Kopplungskoeffizient *m* coupling coefficient
Kopplungskondensator *m* coupling (blocking, stopping) capacitor
Kopplungsleitung *f* interconnection line, tie line (feeder)
Kopplungsmatrix *f* coupling matrix
Kopplungsplan *m* coupling plan
Kopplungsschaltung *f* coupling circuit
Kopplungsschema *n* coupling scheme
Kopplungsschleife *f* coupling loop
Kopplungsschwingung *f* oscillation of coupled circuits
Kopplungsspartransformator *m* auto-leak transformer
Kopplungsspule *f* coupling coil; coupler
Kopplungsstecker *m* coupler (adapter) plug
Kopplungstransformator *m* coupling transformer; jigger *(bei Sendeanlagen)*
Kopplungswiderstand *m* coupling impedance
Korbbeschickung *f* bucket charging *(Lichtbogenofen)*
Korbbodenspule *f* spider-web coil
Korbbodenwicklung *f* spider-web winding
Korbrechen *m* hook-shaped rack *(Kraftwerk)*
Korbspule *f* basket (spider-web) coil
Korkenzieherregel *f* corkscrew rule
Korkverschalung *f* cork lagging *(Wärmeisolation)*
Korn *n* grain, particle
Körnchen *n* granule, [small] grain
Körnermikrofon *n* granular (carbon granule) microphone
Kornform *f* grain shape
Korngefüge *n* grain structure
Korngrenze *f* grain boundary
Korngrenzenangriff *m* grain boundary attack
Korngrenzenbruch *m* intercrystalline failure (fracture)
Korngrenzenenergie *f* grain boundary energy
Korngrenzenkorrosion *f* intercrystalline (intergranular) corrosion
Korngrenzenleitung *f* grain boundary conduction
Korngrenzenriß *m* grain boundary crack
Korngrenzenversetzung *f* grain boundary dislocation
Korngrenzenzerfall *m* grain boundary breakdown
Korngröße *f* grain (particle) size
mittlere K. average particle size
Korngrößenverteilung *f* particle-size distribution
körnig granular, granulated, grainy, grained ● **k. machen** to granulate
Körnigkeit *f* granularity
kornorientiert grain-oriented
Kornstruktur *f* grain structure
Körnung *f* graininess, granularity, grain
Kornverfeinerung *f* grain refining (refinement)
Kornverzerrung *f* grain deformation
Kornwachstum *n* grain growth
Korona *f* corona
Koronabeständigkeit *f* corona resistance, resistance to corona [discharge]
Koronaeffekt *m* corona [effect]

Koronaentladung *f* corona discharge, [electric] corona
Koronafon *n* coronaphone *(zur Ortung von Funkstörungen)*
Korona[impuls]ladung *f* corona charge
Koronaleistung *f* corona discharge power
Koronamessung *f* corona measurement
Koronaoberwellen *fpl* corona harmonics
Koronaschutz *m* corona shielding
Koronastabilisator *m* corona stabilizer
Koronastörspannung *f* corona interference voltage
Koronaverlust *m* corona loss
Koronavoltmeter *n* corona voltmeter
Koronawiderstandsfähigkeit *f* corona resistivity
Koronazerstörung *f* corona damage
Koronazündimpuls *m* initial corona pulse
Körper *m* body
  absorbierender K. absorber
  diffus strahlender K. diffuser
  durchscheinender K. translucent body
  durchsichtiger K. transparent body
  einseitig unendlich ausgedehnter K. semi-infinite solid
  farbiger K. coloured body
  fester K. solid
  grauer K. grey body
  lichtstreuender K. diffuser
  lichtundurchlässiger K. opaque body
  schwarzer K. black body, full (ideal) radiator
  selektiv streuender K. selective diffuser
  weißer K. white body
Körperfarbe *f* object (body) colour
Körperschall *m* solid-borne sound (noise), structure-borne sound, sound in (conducted through) solids
Körperschallbekämpfung *f* solid-borne noise control
Körperschalldämmung *f* solid-borne noise isolation, noise isolation
Körperschallisolator *m* vibration (shock) isolator
Körperschallmikrofon *n* contact microphone, vibration pick-up
  K. für Bodenschwingungen seismicrophone
Körperschluß *m* body contact; *(Anl)* fault to frame
Korpuskularstrahlen *mpl* corpuscular rays
Korpuskularstrahlung *f* corpuscular (particle) radiation
Korrektion *f* correction *(eines Meßergebnisses)*; bias correction *(der Anzeige eines Meßmittels)*
Korrektionsfaktor *m* [bias] correction factor
Korrektionsfunktion *f* correction function
Korrektionskreis *m* correction (corrector) circuit
Korrektionskurve *f* **eines Meßmittels** correction curve of a measuring instrument
Korrektionsschaltung *f* correcting network
Korrektionsumlaufschalter *m* rotary corrector switch
Korrektor *m* / **adaptiver** *(Rech)* adaptive corrector
Korrektur *f* correction
  K. der dynamischen Eigenschaften *(Syst)* correction of dynamic properties
  K. des Zeitverhaltens *(Syst)* correction of transient response
  K. mit Analoggliedern *(Rech, Syst)* analogue correction
Korrekturbefehl *m (Rech, Syst)* patch
Korrekturbit *n (Rech)* correction bit
Korrekturfaktor *m* correction factor; cable correction *(für Kabellänge)*
Korrekturfehler *m (Rech)* patch[ing] error
Korrekturfilter *n* correction filter
Korrekturfunktion *f* correction function
Korrekturglied *n* 1. correcting element (filter), compensating element *(im Blockschaltbild)*; 2. correcting unit, compensating network *(Bauglied)*; 3. correction term *(in einer Gleichung)*
  in Reihe geschaltetes K. sequential correcting element
  parallelgeschaltetes K. parallel correcting element
Korrekturkurve *f* correction curve
Korrekturlinse *f* correction lens
Korrekturnetzwerk *n (Syst)* correction circuit, compensating network
Korrekturschaltung *f* correction circuit
Korrektursignal *n* correction signal
Korrekturwirkung *f* corrective action *(des Reglers)*
Korrelationsdetektor *m* correlation detector
Korrelationsfehler *m* correlation error
Korrelationsfunktion *f* correlation function
Korrelationskoeffizient *m* correlation coefficient (factor) *(Statistik)*
Korrelationskoeffizientenmatrix *f* correlation coefficient matrix
Korrelationsmethode *f* correlation method *(bei stochastischen Vorgängen)*
Korrelationsrechner *m* correlation computer
Korrelationsreichweite *f* correlation range
Korrelationsverhältnis *n* correlation ratio
Korrelator *m* correlator
Korrelatorfehler *m* correlator error
korrodierbar corrodible
Korrodierbarkeit *f* corrodibility
korrodieren to corrode
Korrosion *f* corrosion
  K. durch Fremdstrom electrocorrosion
  anodische K. electrodissolution

durch Belastung beschleunigte K. stress-accelerated corrosion
elektrochemische K. electrochemical (galvanic) corrosion; bimetallic corrosion
elektrolytische K. electrolytic corrosion
galvanische K. *s.* elektrochemische K.
interkristalline K. intercrystalline (intergranular) corrosion
katodische K. cathodic corrosion
lokale (örtliche) K. localized corrosion
selektive K. selective corrosion

korrosionsanfällig corrodible, sensitive to corrosion
Korrosionsanfälligkeit *f* corrodibility, susceptibility to corrosion
Korrosionsangriff *m* corrosive attack
Korrosionsbereich *m* corrosion region
korrosionsbeständig corrosion-resistant, non-corroding, non-corrosive, corrosion-proof
Korrosionsbeständigkeit *f* corrosion resistance
Korrosionselement *n* corrosion cell
Korrosionsermüdung *f* corrosion fatigue
korrosionsfest *s.* korrosionsbeständig
Korrosionsgeschwindigkeit *f* corrosion velocity (rate)
korrosionshindernd corrosion-preventive
Korrosionsinhibitor *m* corrosion inhibitor
Korrosionsmittel *n* corrosive [agent]
Korrosionsschutz *m* 1. corrosion protection, protection against corrosion; 2. corrosion-protective serving *(Kabel)*
katodischer K. cathodic protection
Korrosionsschutzanlage *f* / **elektrische** electric corrosion-protection installation
Korrosionsschutzmantel *m* anticorrosion (corrosion-protective) covering
Korrosionsschutzmittel *n* corrosion inhibitor, anticorrosive [agent]
Korrosionsschutzschicht *f* anticorrosive coating
Korrosionsstrom *m* corrosion current
Korrosionsstromdichte *f* corrosion current density
Korrosionsverhalten *n* corrosion behaviour
korrosionsverhindernd anticorrosive, corrosion-preventive
Kosinusanpassung *f* cosine matching *(Lichtmeßtechnik)*
Kosinusfehler *m* cosine error (deviation)
Kosinusfunktion *f* / **abklingende** damped cosine [function]
Kosinusgesetz *n* **[/ Lambertsches]** Lambert['s] cosine law, cosine emission law
Kosinusprogramm *n (Rech)* cosine program
Kosinustransformation *f* cosine transform
Kosinuswelle *f* cosine wave
Kovarianz *f* covariance *(Korrelationsmoment stochastischer Größen)*
Krachgeräusche *npl (Nrt)* crashes
Krachtöter *m* noise gate
Kraft *f* force; power; thrust *(Schubkraft)*
abstoßende K. repulsive force
äußere K. external force
Coulombsche K. Coulomb force
eingeprägte elektromotorische K. impressed electromotive force
elektrodynamische K. electrodynamic force
elektrodynamische magnetische K. Lorentz force
elektromagnetische K. electromagnetic force
elektromechanische K. electromechanical force
elektromotorische K. electromotive force, emf
elektromotorische K. der Bewegung rotational electromotive force
elektromotorische K. der Ruhe transformer electromotive force
elektromotorische K. einer galvanischen Zelle cell electromotive force
elektrostatische K. electrostatic force
gegenelektromotorische K. counter-electromotive force, counter-emf, back electromotive force
geräuschelektromotorische K. psophometric electromotive force
induzierte elektromotorische K. induced electromotive force
innere K. internal force
innermolekulare K. intramolecular force
magnetische K. magnetic force
magnetomotorische K. magnetomotive force, mmf
parasitäre (störende) elektromotorische K. parasitic electromotive force
thermoelektrische K. thermoelectromotive force, thermo emf, thermoelectric power

Kraftanlage *f* power plant
Kraftaufnehmer *m s.* Kraftmeßdose
Kraftausgleich *m* force balance
Kraftbedarf *m* power demand
Kraftbelastung *f* power load
Kraftbetätigung *f* power operation
Kräftepaar *n* couple of forces
Kraftfahrzeugbatterie *f* motorcar (automobile) battery
Kraftfahrzeugbeleuchtung *f* motorcar lighting
Kraftfahrzeugelektrik *f* electrical equipment for [motor] vehicles
Kraftfahrzeugelektronik *f* automotive (motorcar) electronics
Kraftfahrzeugsensor *m* automotive sensor
Kraftfeld *n* force field, field of force
Kraftfluß *m* flux of force
magnetischer K. magnetic flux
Kraftflußdichte *f* / **magnetische** magnetic flux density, magnetic induction

Kraftflußlinie *f* line of flux
Kraftflußröhre *f* tube of flux
Krafthaus *n* electric power house *(Wasserkraftwerk)*
Kraftkompensation *f* force balance
Kraftkomponente *f* force component
Kraftlinie *f* line of force
elektrische K. electric line of force
magnetische K. magnetic line of force, line of magnetic field strength
Kraftliniendichte *f* density of lines of force
Kraftlinienrichtung *f* direction of lines of force
Kraftlinienstreuung *f* **[/ magnetische]** flux leakage
Kraftlinienweg *m* flux path
magnetischer K. magnetic path
Kraftlinienzahl *f* **/ remanente** remanent flux density
Kraftmaschine *f* prime mover *(zum Antrieb von Generatoren)*
Kraftmeßdose *f* force gauge (transducer), load cell
Kraftmeßgerät *n* dynamometer
Kraftnetz *n* power system (mains)
Kraftquelle *f* power source, source of energy
Kraftrichtung *f* direction of force
Kraftsteckdose *f* power receptacle (socket outlet)
Kraftstecker *m* power plug
Kraftstrom *m* power[-line] current
Kraftstromkabel *n* electric power cable
Kraftstromschalttafel *f* power [switch] board
Krafttarif *m* motive-power tariff
Kraftübertragungsfaktor *m* **/ elektroakustischer** electroacoustic force factor
Kraft- und Wärmesystem *n* **/ kombiniertes** combined power and heating system
Kraftvektor *m* force vector
Kraftvergleichsregler *m* force-balance regulator
Kraftverstärker *m* power amplifier
Kraftverstärkung *f* power amplification
Kraftwerk *n* electric power station, power plant, generating station (plant)
automatisiertes K. automatic power station
unbesetztes K. unattended power station
Kraftwerksautomatisierung *f* power-station automation
Kraftwerksblock *m* power-station unit
Kraftwerkseigenbedarfsanlage *f* power-station service plant
Kraftwerkseigenverbrauch *m* power-station internal consumption
Kraftwerkseinrichtung *f* power-station equipment
Kraftwerkskaskade *f*, **Kraftwerkskette** *f* chain of [power] stations
Kraftwerksleistung *f* station (plant) capacity
Kragensteckdose *f* socket with shrouded contacts
Krämer-Kaskade *f (Masch)* Krämer drive *(Krämer-Antrieb)*
Kranmotor *m* crane motor
Kransteuerschalter *m* crane controller
Kranzwendel *f* wreath filament
krarupisieren *(Fmt)* to krarupize, to load continuously
krarupisiert continuously loaded *(Leitung)*
Krarupisierung *f (Fmt)* krarupization, continuous (Krarup) loading
Krarup-Kabel *n*, **Krarup-Leitung** *f (Fmt)* Krarup cable, continuously loaded cable
Krarup-Umspinnung *f* iron whipping *(Kabel)*
Krater *m* crater; arc crater *(beim Lichtbogenschweißen)*
Kraterbildung *f* crater formation
Kraterrand *m* crater edge
Kratertemperatur *f* crater temperature
Kratertiefe *f* crater depth
Kratzen *n* scratch *(der Nadel)*
Kratzer *m* scratch
kratzerbeständig, kratzfest scratch-resistant
Kratzfestigkeit *f* scratch resistance
Kratzgeräusch *n* scratching (frying) noise, scratching, crackling; line scratch[ing] *(in Leitungen)*
Kräusellack *m* shrivel varnish
kräuseln [/sich] to curl; to ripple
Kräuseln *n* curl *(des Bandes)*
Kreis *m* 1. circuit *(Stromkreis)*; 2. loop *(Regelkreis)*; 3. circle
K. mit verteilten Elementen distributed element circuit
K. mit verteilten Parametern distributed parameter circuit
abgestimmter K. tuned circuit
adaptiver K. adaptive loop
angekoppelter K. coupled circuit
äußerer K. external circuit
eisenloser K. ironless circuit
geöffneter K. opened loop
geschlossener K. 1. *(Syst)* closed path *(als Signalweg)*; 2. closed circuit
induktionsfreier K. non-inductive circuit
logischer K. logic[al] circuit
magnetischer K. magnetic circuit
magnetischer K. mit Luftspalt gapped magnetic circuit
nichtabgestimmter K. untuned circuit
nichtgeschlossener magnetischer K. imperfect magnetic circuit
offener K. open circuit
ohmscher K. resistance circuit
permanentmagnetischer K. permanent-magnetic circuit
stabiler K. stable circuit
stromführender K. live circuit
Kreisabtastung *f* circular scanning *(Radar)*

Kreisanalysator *m* circuit analyzer
Kreisantenne *f* circular aerial
Kreisbahn *f* circular trajectory
Kreisbewegung *f* circular motion
Kreisblatt *n (Meß)* circular (round) chart
Kreisblattschreiber *m* circular-chart recorder, round-chart instrument
Kreisbogen *m* arc of circle
Kreischton *m* squealing
Kreisdämpfung *f* circuit damping
Kreisdiagramm *n* circle diagram
K. der Asynchronmaschine Heyland diagram
Kreise *mpl* / **vermaschte** interconnected networks
versetzt abgestimmte K. *(Fmt)* stagger-tuned circuits
Kreisel *m* gyroscope, gyro
elektrostatisch aufgehängter K. electrostatic-fixed gyroscope
kryogenischer K. cryogenic gyroscope
Kreiselachse *f* gyroaxis
Kreiselantrieb *m* gyro drive
Kreiselbewegung *f* gyroscopic motion
Kreiseldämpfung *f* gyro damping
Kreiselektrode *f* annular electrode
Kreiselgebläse *n* centrifugal (rotary) blower, turboblower
Kreiselkompaß *m* gyrocompass
Kreisellüfter *m* centrifugal fan, fan blower
kreiselmagnetisch gyromagnetic
Kreiselpumpe *f* centrifugal pump
Kreiselverdichter *m* centrifugal compressor
Kreisfrequenz *f* angular (radian) frequency, pulsatance
K. der Abtastung *(Syst)* sampling frequency
Kreisfunktion *f* circular function
Kreisfunktionenmultiplikation *f* circular-function multiplication
Kreisgrenzfrequenz *f* angular cut-off frequency
Kreisgüte *f* circuit quality, circuit magnification [factor]
Kreisinterpolation *f* circular interpolation *(z. B. bei numerisch gesteuerten Maschinen)*
Kreiskoordinaten *fpl* circular coordinates
Kreislauf *m* / **geschlossener** closed cycle
Kreislaufkühlung *f* closed-circuit ventilation
Kreismagnetisierung *f* solenoidal magnetization
kreispolarisiert circularly polarized
Kreisprozeß *m* cycle *(Thermodynamik)*
Kreisrauschen *n* 1. circuit noise; 2. Thomson effect *(thermoelektrischer Effekt)*
Kreisresonanz *f* circuit resonance
Kreisskale *f* circular (dial) scale
Kreisstrom *m* circular current
Kreisverhalten *n (Syst)* [closed-]loop response
Kreisverstärkung *f (Syst)* [closed-]loop gain
Kreiswendel *f* circular coil filament
Kreiswirbel *m* circular vortex
Kreiszeichnerschaltung *f* circle plotting circuit
Kresolharz *n (Isol)* cresol (cresylic) resin
Kresolresol *n* cresol-resol *(Imprägniermittel für Holz, Papier und Gewebe)*
Kreuzdipol *m* turnstile aerial
kreuzen [/ sich] to cross; to intersect
Kreuzfeldinstrument *n* crossed-fields instrument
Kreuzglied *n* lattice section (network)
Kreuzgliedfilter *n* lattice-type filter (network)
Kreuzgriff *m* star knob
Kreuzkern *m* cross core *(Transformator)*
Kreuzklemme *f* four-wire connector
Kreuzkopplung *f* cross coupling
Kreuzkorrelation *f* cross-correlation *(z. B. zweier stochastischer Signale)*
Kreuzkorrelationsfunktion *f* cross-correlation function
Kreuzkorrelationsmethode *f* cross-correlation method
Kreuzkorrelator *m* cross-correlator
Kreuzmodulation *f (Nrt)* cross modulation, intermodulation
Kreuzmodulationsfaktor *m* cross-modulation factor
Kreuzpeilung *f (FO)* cross bearing
kreuzpolarisiert cross-polarized
Kreuzrahmenantenne *f* crossed-loop aerial, crossed-coil aerial, Bellini-Tosi aerial
Kreuzrahmenpeiler *m* crossed-frame coil direction finder
Kreuzschalter *m* intermediate switch
Kreuzschaltung *f* cross connection, back-to-back connection
Kreuzschienenfeld *n (Fmt)* cross-bar matrix
Kreuzschienenverbinder *m* cross-bar connector
Kreuzschienenverteiler *m* cross-bar distributor
Kreuzschienenwähler *m (Fmt)* cross-bar selector (switch)
Kreuzspektraldichte *f (Syst)* cross-spectral density
Kreuzspule *f* cross coil
Kreuzspulmeßinstrument *n* crossed-coil [measuring] instrument
Kreuzstück *n* cross [piece]
Kreuzung *f* crossing *(von Leitungen)*; *(Fmt)* transposition *(am Gestänge)*
Kreuzungsmast *m* crossing pole (structure) *(Leitung)*
Kreuzungspunkt *m* crossing point, crosspoint
Kreuzungsschema *n (Fmt)* transposition scheme *(für Freileitungen)*
Kreuzwickelspule *f* honeycomb coil
Kriechdehnung *f* creep strain
kriechen to creep, to leak

Kriechen *n* creepage, creep[ing], [surface] leakage *(von Strömen)*
Kriechentladung *f* creep discharge (leakage), charge dissipation
Kriechfestigkeit *f* creep resistance, resistance to creep
Kriechgalvanometer *n* fluxmeter
Kriechgeschwindigkeit *f* creep rate
Kriechkurve *f* creep curve
Kriechspur *f* creeping (tracking) path, surface leakage path, path of tracking
Kriechspurbildung *f* tracking
Kriechstrecke *f* creeping (tracking) distance, leakage distance *(beim Isolator);* creep (leakage current) path
Kriechstrom *m* creeping (tracking) current, [surface] leakage current
K. gegen Erde earth-leakage current
Kriechstrombeständigkeit *f s.* Kriechstromfestigkeit
Kriechstromerdung *f* creeping-current earthing
Kriechstromfehler *m* leakage error *(z. B. bei Meßinstrumenten)*
kriechstromfest track-resistant, non-tracking
Kriechstromfestigkeit *f* creep (tracking) resistance, resistance to tracking
Kriechstromprüfung *f* creep test
Kriechstromspur *f s.* Kriechspur
Kriechstromverlust *m* creeping [current] loss, leakage [current] loss
Kriechstromweg *m s.* Kriechspur
Kriechstromwiderstandsfähigkeit *f s.* Kriechstromfestigkeit
Kriechweg *m s.* Kriechstrecke
Kristall *m* crystal
K. mit Störstellen impurity crystal
aktivierter K. activated crystal
dotierter K. doped crystal
flüssiger K. liquid crystal
gestörter K. imperfect crystal
gezogener K. pulled crystal
idealer K. perfect (ideal) crystal
im Vakuum gezüchteter K. vacuum-grown crystal
künstlich gezüchteter K. synthetic crystal
längsschwingender K. longitudinal crystal
leitender K. conducting crystal
linksdrehender K. left-handed crystal
molekularer K. molecular crystal
nadelförmiger K. needle (spicule) crystal
nichtidealer K. non-ideal crystal
optisch zweiachsiger K. biaxial crystal
organischer K. organic crystal
piezoelektrischer K. piezoelectric crystal
polarer K. polar crystal
realer K. imperfect crystal
synthetischer K. synthetic crystal
ungestörter K. perfect crystal
verspannter K. strained crystal
verunreinigter K. contaminated crystal
wärmebehandelter K. heat-treated crystal
Kristallachse *f* crystal (crystallographic) axis
Kristallaufnehmer *m* 1. *(Halbl)* crystal support (holder); 2. crystal pick-up *(Tonarm)*
Kristallautsprecher *m* piezoelectric loudspeaker, crystal [loud]speaker
Kristallbau *m* crystal structure
Kristallbaufehler *m* crystal defect (imperfection), lattice defect
Kristallbildempfänger *m (Ferns)* crystal video receiver
Kristallbildung *f* crystallization
Kristallbindungsenergie *f* crystal-binding energy
Kristalldehnung *f* crystal dilatation
Kristalldetektor *m* crystal detector
Kristalldiode *f* crystal diode (rectifier)
Kristalldotierung *f* crystal doping
Kristalldurchmesser *m* crystal diameter
Kristallebene *f* crystal plane
Kristalleigenschaft *f* crystal property
Kristallempfänger *m* crystal receiver
Kristallendfläche *f* terminal face of a crystal
Kristallfadenwachstum *n* whisker growth
Kristallfehler *m* crystal defect (imperfection)
Kristallfehlordnung *f* crystal disorder
Kristallfeldaufspaltung *f* crystal field splitting
Kristallfilter *n* quartz filter
Kristallfläche *f* crystal face
Kristallform *f* crystal form (shape)
Kristallgitter *n* crystal lattice, [space] lattice
Kristallgleichrichter *m* crystal rectifier
K. mit hoher Sperrspannung high-inverse-voltage rectifier
Kristallgleichrichterzelle *f* semiconductor rectifier diode
Kristallgrenzfläche *f* crystal interface (boundary)
Kristallhalter *m (Halbl)* crystal holder (support)
Kristallisation *f* crystallization
Kristallisationsaustauschstromdichte *f (Chem)* crystallization exchange current density
Kristallisationsgeschwindigkeit *f* velocity of crystallization
Kristallisationsimpedanz *f* crystallization impedance
Kristallisationskapazität *f* crystallization capacity
Kristallisationskeim *m* crystal (initial) nucleus, nucleus of crystallization
Kristallisationspolarisation *f* crystallization polarization
Kristallisationspunkt *m* crystallization point

Kristallisationsüberspannung *f* crystallization overvoltage
Kristallisationswärme *f* heat of crystallization
Kristallisator *m* crystallizer
  vertikaler K. vertical crystallizer
kristallisieren to crystallize
Kristallit *m* crystallite
Kristallkante *f* crystal edge
Kristallkeim *m* crystal nucleus, seed crystal
Kristallklasse *f* crystal class
Kristallmessung *f* crystallometry
Kristallmikrofon *n* piezoelectric (crystal) microphone
Kristallmischer *m* crystal mixer *(bei Wellenleitern)*
Kristallmodulator *m* crystal modulator (frequency changer), frequency changer crystal
Kristallnadel *f* crystal needle
Kristallografie *f* crystallography
kristallografisch crystallographic
Kristallordnung *f* crystal ordering
Kristallorientierung *f* crystal orientation
Kristalloszillator *m* crystal[-controlled] oscillator
Kristallperiodizität *f* crystal periodicity
Kristallplastizität *f* plasticity of crystals
Kristallreinigung *f* crystal refinement
Kristallresonator *m* piezoelectric resonator
Kristallrohling *m* crystal ingot (blank)
Kristallscheibchen *n* crystal wafer
Kristallscheibe *f* crystal slice
Kristallschwingung *f* crystal vibration
Kristallspaltung *f* crystal cleavage
Kristallstab *m* crystal rod
Kristallsteuerstufe *f* crystal control stage (set), quartz-excited control stage
Kristallsteuerung *f* crystal control (drive)
Kristallstörung *f* crystal imperfection
Kristallstruktur *f* crystal structure
Kristallsymmetrie *f* crystal symmetry
Kristallsystem *n* crystal (crystallographic) system
Kristalltonabnehmer *m* piezoelectric (crystal) pick-up
Kristallumdrehung *f* crystal rotation
Kristallwachstum *n* crystal growth, growth of crystals (*s. a. unter* Kristallzüchtung)
Kristallzähler *m* crystal counter
Kristallzerteilung *f* crystal cutting
Kristallziehanlage *f* crystal puller
Kristallziehen *n* crystal pulling
  K. aus der Schmelze crystal pulling from the melt *(Czochralski-Verfahren)*
Kristallziehgerät *n* crystal puller
Kristallziehverfahren *n* crystal pulling [method, technique]
Kristallzüchtung *f* crystal growing (growth)
  K. nach dem Czochralski-Verfahren Czochralski crystal growth
  K. nach dem Schwebezonenverfahren floating-zone crystal growth
  K. nach dem Verneuil-Verfahren Verneuil (flame fusion) crystal growth
Kristallzüchtungsbedingungen *fpl* crystal-growing conditions
Kristallzüchtungsofen *m* crystal-growing furnace
Kristallzusammensetzung *f* crystal composition
Kristallzustand *m* crystalline state
Krokodilklemme *f* alligator (crocodile) clip
Krone *f* [dam] crest *(Talsperre)*
Kronenhöhe *f* crest level *(Dammkrone)*
Kronenlänge *f* crest length *(Dammkrone)*
Kronleuchter *m* chandelier, electrolier, lustre
Krümmung *f* 1. bending; 2. curvature, curve, bend; 3. warp[age] *(Verzug)*
Krümmungsfehler *m* error of curvature, curvature error
Krümmungsradius *m* radius of curvature; bend[ing] radius *(Faseroptik)*
Krümmungsspule *f* bending coil
Krümmungszahl *f* flare factor *(Lautsprechertrichter)*
Kryoelektronik *f* cryoelectronics
kryoelektronisch cryoelectronic
Kryogenik *f* cryogenics
Kryokabel *n* cryogenic cable, cryocable
Kryometer *n* cryometer *(Tieftemperaturthermometer)*
Kryosar *m* cryosar *(Tieftemperatur-Halbleiterbauelement)*
Kryoschalter *m* cryogenic breaker
Kryosistor *m* cryosistor *(Tieftemperatur-Halbleiterbauelement)*
Kryospeicher *m (Rech)* cryogenic memory (store)
Kryostat *m* cryostat
Kryostatlaser *m* cryostat laser
Kryotechnik *f* cryogenic engineering, cryogenics
Kryotron *n (Halbl)* cryotron *(Tieftemperatur-Speicherelement)*
Kryotronik *f* cryotronics
Kryotronschalter *m* cryotron switch
Kryotronschaltung *f* cryotron circuit
Kryotronspeicher *m (Rech)* cryotron memory (store)
Kryptonlampe *f* krypton-filled incandescent lamp
K-Schirm *m* K scope *(Radar)*
Kufenstation *f* skid-mounted station *(Kraftwerk)*
Kugel *f* sphere; ball; bulb *(beim Thermometer)*
  schwarze K. black sphere
  Ulbrichtsche K. Ulbricht sphere
Kugelanode *f* ball anode
Kugelanstrich *m* sphere paint *(beim Kugelfotometer)*

Kugelantenne *f* isotropic aerial
Kugelblitz *m* ball lightning
kugelbonden *(Halbl)* to ball-bond
Kugelcharakteristik *f* omnidirectivity, omnidirectional (non-directional) response
Kugeldruckhärte *f* ball pressure hardness *(z. B. von Isolierlacken)*
Kugelelektrode *f (Hochsp)* ball (sphere) electrode, sparking ball
Kugelfallschallquelle *f* falling-ball acoustic calibrator
Kugelfenster *n* integrator (sphere) window *(Optik)*
Kugelfotometer *n* sphere (globe) photometer, integrating[-sphere] photometer
Kugelfotometrie *f* sphere photometry
Kugelfunkenstrecke *f* sphere gap, ball [spark] gap, measuring spark gap
K. mit Messingkugeln brass sphere gap
horizontale K. horizontal ball spark gap
Kugelfunkenstreckenvoltmeter *n* sphere gap voltmeter
Kugelkalotte *f* sphere (spherical) cap *(für Meßzwecke)*
Kugelkappe *f* spherical cap
Kugelkondensator *m* spherical capacitor
Kugelkoordinaten *fpl* spherical coordinates
Kugelladung *f* ball load *(Elektrostatik)*
Kugellampe *f* globe (globular, spherical, round-bulb) lamp
Kugelmikrofon *n* omnidirectional (non-directional, spherical) microphone
Kugelreflexion *f* hemispherical reflectance *(bei Wellenausbreitung)*
Kugelschallquelle *f* isotropic sound source
Kugelspannungsmesser *m* sphere gap voltmeter
Kugelspiegel *m* spherical mirror (reflector)
Kugelspule *f* spherical coil
Kugelstrahler *m* spherical (omnidirectional, non-directional) source
Kugelvoltmeter *n* sphere gap voltmeter
Kugelwelle *f* spherical wave
Kühlanlage *f* cooling plant; refrigerating (cold storage) plant
Kühlblech *n* cooling plate
Kühleinrichtung *f* / **thermoelektrische** thermoelectric cooling device
kühlen to cool; to refrigerate *(im Kühlschrank)*
durch flüssiges Metall k. to cool by liquid metal
Kühler *m* cooler, cooling apparatus; [vapour] condenser
Kühlfalle *f* cold (cooling, low-temperature) trap
Kühlfläche *f* cooling surface
Kühlflansch *m* cooling flange
Kühlflügel *m* electrode radiator *(Röhre)*
Kühlflüssigkeit *f* cooling liquid
Kühlflüssigkeitsbehälter *m* cooling tank
Kühlgebläse *n* cooling fan
Kühlgerät *n* cooling device (unit); refrigerator
Kühlgeschwindigkeit *f* cooling rate (speed)
Kühlkammer *f* cooling chamber
Kühlkanal *m* cooling channel; air (cooling) duct
Kühlkörper *m* 1. cooling attachment (body); 2. heat sink *(in Halbleiterbauelementen)*
Kühlkreislauf *m* cooling cycle; coolant circulation
Kühllamelle *f* cooling fin
Kühlluft *f* cooling air, air coolant
Kühlmantel *m* cooling jacket; water jacket *(bei Wasserkühlung)*
Kühlmittel *n* cooling agent (medium), coolant
K. im äußeren Kühlkreislauf secondary coolant
K. im inneren Kühlkreislauf primary coolant
Kühlmittelbehälter *m* cooling tank
Kühlmittelfluß *m* cooling-medium flow
Kühlmitteltemperatur *f* coolant temperature
Kühlnut *f (Masch)* ventilating slot
Kühlofen *m* cooling oven (furnace)
Kühlöl *n* cooling oil
Kühlplatte *f* cooling plate
Kühlraum *m* cooling (cold-storage) room
Kühlring *m* cooling ring *(z. B. zur Elektrodenkühlung)*
Kühlrippe *f* cooling fin (rib), radiator [cooling] rib, radiator fin
K. der Anode anode fin
Kühlschlange *f* cooling coil
Kühlschlitz *m* air (cooling) duct *(Luftkühlung)*
Kühlschrank *m* refrigerator
Kühlschrankmotor *m* hermetic motor
Kühlsystem *n* cooling system
Kühlturm *m* cooling tower
K. mit natürlichem Zug cooling tower with natural draught
Kühlturmpumpe *f* cooling tower pump
Kühlung *f* cooling *(Wärmeabführung z. B. bei Geräten)*; refrigeration *(im Kühlschrank)*
K. durch selbstätigen Umlauf cooling by automatic circulation, thermosiphon cooling, natural circulation water cooling
K. mit flüssigem Metall liquid-metal cooling
K. mit Gebläse fan cooling
gleichmäßige K. even cooling
intensive K. intensive cooling
natürliche K. natural cooling
zusätzliche K. auxiliary cooling
Kühlungsart *f*, **Kühlverfahren** *n* cooling method
Kühlvorrichtung *f* cooler, cooling facility

Kühlwasser *n* cooling water
Kühlwasserkreislauf *m* cooling-water circuit
Kühlwassermantel *m* water jacket
Kühlwasserpumpe *f* cooling-water pump
Kühlwasserstrom *m* cooling-water flow
Kühlwassertemperaturregler *m* cooling-water [temperature] controller
Kühlwasserverbrauch *m* cooling-water consumption
Kühlwasserversorgung *f* cooling-water supply
Kühlweg *m* ventilating passage *(bei Luftkühlung)*
Kühlwirkung *f* cooling effect (action); refrigerating effect
Kühlzeit *f* cooling time
Kühlzone *f* cooling zone
Kulissenscheinwerfer *m* wing reflector
Kulissenwähler *m (Fmt)* 500-point selector
Kundendienstingenieur *m* customer engineer
Kundenschaltkreis *m* custom circuit
Kunstglimmer *m* micanite
Kunstharz *n* artificial (synthetic) resin
kunstharzisoliert resin-insulated
Kunstharzkleber *m* synthetic-resin adhesive
Kunstharzlack *m* synthetic-resin varnish
Kunstharzlager *n* synthetic resin bearing
Kunstharzüberzug *m* resin coating
Kunsthorn *n* artificial horn, casein plastic
Kunstkopf *m* dummy head
Kunstleitung *f* artificial line
Kunstlicht *n* artificial light
Kunstlichtfilm *m* indoor film
Kunstlichtquelle *f* artificial light source
Kunstschaltung *f* trick circuit
Kunstseidenlackdraht *m* enamelled artificial-silk-covered wire
Kunststoff *m* plastic [material]
  duroplastischer K. thermosetting plastic, thermoset [resin]
  optischer K. optical plastic
  thermoplastischer K. thermoplastic [material]
  verstärkter K. reinforced plastic
Kunststoffaseroptik *f* synthetic fibre optics
Kunststoffgehäuse *n* plastic case (casing)
  K. mit Kühlfahne plastic case with cooling fin
kunststoffgekapselt plastic-encapsulated
Kunststoffilter *n* plastic filter
Kunststofflaser *m* plastic laser
Kunststoffleuchte *f* plastic lighting fitting, all-plastic fitting
Kunststoffoliekondensator *m* plastic film capacitor
Kunststoffraster *m (Licht)* plastic louvres
Kunststoffschicht *f* plastic film
Kunststoffüberzug *m* plastic covering, coat of plastic material

Kupfer *n* copper
  K. hoher Leitfähigkeit H. C. copper, high-conductivity copper
  elektrolytisches K. electrolytic copper
  weichgeglühtes K. annealed copper
Kupferabschirmung *f* copper screening
Kupferanode *f* copper anode
Kupferband *n* copper tape (strip)
Kupferbelastung *f* **[/spezifische]** copper loading
kupferbeschichtet copper-coated, copper-clad
Kupferblech *n* copper sheet, sheet copper
Kupferbürste *f* copper brush
Kupfercoulometer *n* copper voltameter (coulometer)
Kupferdraht *m* copper wire
  K. mit Stahlader steel-cored copper wire
  lackisolierter K. enamelled copper wire
  verzinkter K. zinc-coated copper wire, galvanized copper wire
  verzinnter K. tinned copper wire
Kupferfolie *f* copper foil
Kupfergewebe *n* copper gauze
Kupferhartlöten *n* copper brazing
kupferkaschiert copper-coated, copper-clad
Kupferkaschierung *f* copper coating (cladding)
Kupferkohle *f* copper-plated carbon, coppered carbon
Kupfer-Kostantan-Thermoelement *n* copper-constantan thermocouple
Kupferkontakt *m* copper contact
Kupferlackdraht *m* enamelled copper wire
Kupferlegierung *f* copper alloy
Kupferleiter *m* copper conductor
Kupferleiterkabel *n* copper-conductor cable
Kupferlitze *f* copper strand (litz wire), stranded copper [wire]
Kupferlot *n* **/ eutektisches** copper eutectic solder
Kupfermanteldraht *m* copper-clad wire
Kupfermantelkabel *n* copper-sheathed cable
Kupfermantelrelais *n* slugged relay *(Verzögerungsrelais)*
Kupfer(I)-oxid-Gleichrichter *m* copper oxide rectifier, cuprox rectifier
Kupfer(I)-oxid-Zelle *f* copper oxide cell
Kupferoxydul... *s.* Kupfer(I)-oxid-...
Kupferplatte *f* copper plate
kupferplattieren to copper-plate
Kupferschieben *n* copper drag *(bei Stromwendern)*
Kupferschwamm *m (Galv)* copper sponge
Kupferschwerpunkt *m (Fmt)* copper (wire) centre *(optimaler Netzknotenpunkt)*
kupferüberzogen copper-coated, copper-clad
Kupferüberzug *m* copper coating
  galvanisch abgeschiedener K. copper plate

kupferummantelt copper-clad
Kupferverlust *m* copper loss
Kupfervoltameter *n* copper voltameter
Kupfer-Zink-Element *n* copper-zinc cell (element)
Kuppelbeleuchtung *f* dome lighting
Kuppelleitung *f* interconnecting feeder (bar)
kuppeln *(Masch)* to couple
Kuppelschalter *m (Anl)* section switch
Kuppeltrennschalter *m (Anl)* section isolating switch
Kuppenkontakt *m* butt contact
Kuppler *m* [earphone] coupler, artificial ear
Kupplung *f (Masch)* coupling; clutch
  elastische K. flexible coupling
  elektromagnetische K. electromagnetic clutch
  magnetische K. magnetic clutch
  mechanische K. ganging *(Kondensator)*
  starre K. rigid (solid) coupling
kupplungsbetätigt clutch-operated
Kupplungsfeder *f* clutch-disengaging spring
Kupplungsflansch *m* coupling flange
Kupplungsmagnet *m* clutch magnet
Kupplungsmuffe *f* coupling sleeve *(Kabel)*
Kupplungsschalter *m* 1. coupled switch; 2. clutch operator
Kupplungsseite *f (Masch)* back *(z. B. eines Generators, eines Motors)*
Kupplungsstück *n* coupling
Kuproxgleichrichter *m s.* Kupfer(I)-oxid-Gleichrichter
Kurbel *f* crank, handle
Kurbelinduktivität *f* [switch] inductance box
Kurbelinduktor *m* hand (magneto) generator *(Widerstandsmeßgerät, z. B. für Isolationsprüfung)*
Kurbelkondensator *m* [switch] capacitance box
Kurbelwiderstand *m* rotary switch-type resistor
Kurs *m* course
Kursabweichung *f* course-line deviation
Kursabweichungsanzeiger *m* course-line deviation indicator
Kursanzeigebake *f* course-indicating beacon
Kursfeuer *n* route beacon
Kursfunkfeuer *n* track beacon, radio range
Kursgeber *m* course transmitter
  elektronisch gesteuerter K. electronic autopilot
Kursrechner *m* course-line computer, bearing distance computer
Kursschreiber *m* course recorder, track plotter
Kurve *f* curve; characteristic
  K. gleichen Lärmpegels *(Ak)* noise contour
  K. gleicher Lästigkeit *(Ak)* equal noisiness contour
  K. gleicher Lautstärke equal-loudness contour, loudness-level contour
  adiabatische K. adiabatic [curve]
  berechnete K. computed curve
  jungfräuliche K. virgin curve *(Magnetisierung)*
  logarithmische K. logarithmic curve
  stetige K. continuous curve
Kurvenabtaster *m* curve scanner
Kurvenbild *n* plot, graph, diagram
Kurvenblatt *n* chart
Kurvenform *f* curve shape
Kurvenkennzeichner *m* trace identifier
Kurvenmaximum *n* curve peak
Kurvenschar *f* family of curves
Kurvenscheibe *f (Masch)* cam disk
Kurvenschreiben *n* curve tracing
Kurvenschreiber *m* curve (graph) plotter, curve tracer, graphic display unit
Kurvenschrieb *m* plot of the function
Kurvensteilheit *f* slope of the characteristic
Kurvenverlauf *m* curve shape
Kurvenwiderstand *m* / **spezifischer** specific train resistance due to curves *(Elektrotraktion)*
Kurzanschrift *f (Fmt)* telegram (cable) address, registered address
Kurzbasisdiode *f* short-base diode
Kurzbezeichnung *f* short designation
Kurzbogenlampe *f* short arc lamp
kurzgeschlossen short-circuited
kurzschließen to short [out]
  gegen Erde k. to short to earth
Kurzschließen *n* short-circuiting, shorting
Kurzschließer *m* short-circuiting device, short-circuiter
  automatischer K. automatic short-circuiter
Kurzschluß *m* short circuit, short
  K. am Eingang short-circuited input
  K. im Netz system short circuit
  K. Leiter gegen Leiter line-to-line fault
  K. mit Erdberührung double line-to-earth fault
  K. zwischen zwei Phasen line-to-line fault
  akustischer K. acoustic short circuit
  aussetzender K. intermittent short circuit
  dreipoliger K. three-phase short circuit
  einpoliger K. one-line-to-earth short circuit
  gedämpfter K. limited short circuit
  metallischer (satter) K. dead (saturated) short circuit
  symmetrischer K. symmetric short circuit
  unsymmetrischer K. asymmetric short circuit
  unvollkommener K. imperfect short circuit
  vollkommener K. dead short [circuit]

vorübergehender K. in der Leitung temporary line fault
zweipoliger K. line-to-line fault
Kurzschlußanker *m* squirrel-cage armature (rotor)
Kurzschlußausgangsadmittanz *f* short-circuit output admittance
Kurzschlußausgangsimpedanz *f* short-circuit output impedance
Kurzschlußauslöser *m* short-circuit trip
Kurzschlußbeanspruchung *f* short-circuit stress
Kurzschlußbegrenzungs[drossel]spule *f s.* Kurzschlußdrossel
Kurzschlußberechnung *f* short-circuit calculation (computation)
Kurzschlußbremsung *f* short-circuit braking
Kurzschlußbrücke *f* jumper
Kurzschlußbügel *m* shorting (link) bar; *(Fmt)* U-link
Kurzschlußdauer *f* short-circuit duration
Kurzschlußdrossel[spule] *f* current-limiting reactor, short-circuit limiting reactor
Kurzschlußeingangsadmittanz *f* short-circuit input admittance
Kurzschlußeingangsimpedanz *f* short-circuit input impedance
Kurzschlußersatzschaltbild *n* constant-current equivalent circuit
Kurzschlußerwärmung *f* short-circuit heating
kurzschlußfest short-circuit-proof
Kurzschlußfestigkeit *f* short-circuit strength (capacity), ability to withstand short circuit
Kurzschlußfortschaltung *f* automatic [short-circuit] reclosing, automatic rapid reclosing under short-circuit conditions
Kurzschlußimpedanz *f* short-circuit impedance, closed-end impedance
Kurzschlußinduktivität *f* short-circuit inductance
Kurzschlußkäfig *m* squirrel-cage winding
Kurzschlußkennlinie *f* short-circuit characteristic
Kurzschlußkolben *m* shorting (short-circuiting) plunger
Kurzschlußkontakt *m* shorting (sparking) contact, arcing tips
Kurzschlußläufer *m* squirrel-cage rotor
Kurzschlußläuferinduktionsmotor *m* squirrel-cage induction motor
Kurzschlußläufermotor *m* squirrel-cage motor, three-phase induction motor
Kurzschlußleistung *f (Anl)* short-circuit power (capacity)
Kurzschlußlichtbogen *m* short-circuit arc
Kurzschlußlöschung *f (Srt)* circuit interruption by grid control
Kurzschlußprüfung *f* short-circuit test
Kurzschlußring *m* short-circuit ring, [rotor] end ring; shading coil *(im Spaltpol)*
Kurzschlußrückwärtssteilheit *f* reverse transfer admittance *(Transistor)*
Kurzschlußsättigungskennlinie *f* short-circuit saturation curve
Kurzschlußschalter *m* short-circuiting switch
Kurzschlußscheibe *f* short-circuiting disk
Kurzschlußscheinleitwert *m* short-circuit admittance
Kurzschlußschieber *m* shorting (short-circuiting) plunger
Kurzschlußschutz *m* short-circuit protection, protection against short-circuits
kurzschlußsicher short-circuit-proof
Kurzschlußsicherung *f* short-circuit fuse
Kurzschlußspannung *f* short-circuit voltage, impedance voltage (drop) *(Transformator)*
Kurzschlußspannungsprüfung *f* impedance voltage test
Kurzschlußsperre *f* short-circuit locking device
Kurzschlußstab *m (Masch)* rotor bar
Kurzschlußstecker *m* short-circuit termination
Kurzschlußstichleitung *f* closed stub
Kurzschlußstöpsel *m* bridging (short-circuiting) plug
Kurzschlußstrom *m* short-circuit current, s-c current
maximaler K. peak cathode fault current *(eines Bauelements)*
transienter (transitorischer) K. transient short-circuit current
zu erwartender K. prospective short-circuit current
Kurzschlußstrombegrenzung *f* short-circuit limitation
Kurzschlußstromverstärkung *f* short-circuit current gain *(Bipolartransistor)*
Kurzschlußsucher *m* short-circuit detector
Kurzschlußtastung *f (Fmt)* short-circuit triggering
Kurzschlußverbindung *f* shorting link
Kurzschlußverhältnis *n* short-circuit ratio
Kurzschlußverlust *m* short-circuit loss, impedance loss *(z. B. beim Transformator)*
Kurzschlußversuch *m* short-circuit test
Kurzschlußvorrichtung *f* short-circuiting device
Kurzschlußvorwärtssteilheit *f* forward transadmittance
Kurzschlußwechselstrom *m* / **subtransienter** subtransient short-circuit current, initial [symmetrical] short-circuit current
transienter K. transient three-phase short-circuit current, transient [symmetrical] short-circuit current
Kurzschlußwicklung *f* short-circuit winding; shading coil *(im Spaltpol)*
Kurzschlußwiderstand *m* short-circuit impedance, closed-end impedance

Kurzschlußwindung *f* short-circuited turn
Kurzschlußwirkung *f* short-circuit effect
Kurzschlußzeit *f* short-circuit time
Kurzschlußzeitkonstante *f* short-circuit time constant
transiente K. short-circuit transient time constant
Kurzstablampe *f* bar-shaped discharge lamp, miniature fluorescence lamp
Kurzständerlinearmotor *m* short-stator linear motor
Kurztest *m* accelerated test
K. für Alterungsprüfung accelerated aging test
Kurzton *m* tone burst
Kurzunterbrechung *f* rapid reclosing *(einer Leitung)*; automatic reclosing
einpolige K. single-pole rapid reclosing
Kurzunterbrechungsfolge *f* auto-reclose sequence
Kurzunterbrechungsrelais *n* auto-reclose relay
Kurzunterbrechungszyklus *m (Anl)* rapid reclosing cycle
Kurzverfahren *n* short-cut method
Kurzwahl *f (Fmt)* abbreviated address dialling
Kurzwelle *f* short wave, s-w *(3 bis 30 MHz)*
Kurzwellenantenne *f* short-wave aerial
Kurzwellenbereich *m* short-wave range, high-frequency range
Kurzwellenempfänger *m* short-wave receiver, high-frequency receiver
Kurzwellensender *m* short-wave transmitter, high-frequency transmitter
Kurzwellenspule *f* short-wave coil
Kurzwellentelegrafie *f* short-wave telegraphy
Kurzwellentotalschwund *m* radio fade-out
Kurzwellenübertragung *f* short-wave transmission
Kurzwellenverbindung *f* short-wave communication
Kurzwellenvorsatz *m*, **Kurzwellenvorsatzgerät** *n* short-wave converter (adapter)
kurzwellig short-wave
Kurzzeitbelastung *f* short-time loading
Kurzzeitbetrieb *m* short-time duty (service)
Kurzzeitbewitterung *f* accelerated weathering
Kurzzeitfotografie *f* high-speed photography
Kurzzeitgrenzstrom *m* / **thermischer** thermal short-time current rating
kurzzeitig short-time, momentary
Kurzzeitkonstante *f (Fmt)* short-time stability
Kurzzeitleistung *f* short-time rating
Kurzzeitmeßgerät *n* short-time measuring apparatus
digital anzeigendes K. digital timer
Kurzzeitprüfung *f* short-time test, short-term test; accelerated test
Kurzzeitschwankung *f* short-term fluctuation
Kurzzeitspeicher *m* short-time memory (store)
Kurzzeitstrom *m* short-time current
Kurzzeitversuch *m* short-time test, test of short duration
Kurzzeit-Wechselspannungs-Stehspannungsprüfung *f (Hochsp)* dry short-duration power-frequency withstand voltage test *(im trockenen Zustand)*
Küstenbrechung *f (FO)* coastal refraction
Küstenecho *n (FO)* land return
Küsteneffekt *m (FO)* shore (coastal) effect, coastal deviation
Küstenfunkdienst *m* coastal (ship-to-shore) radio service
Küstenfunkstelle *f* coastal radio station, shore [radio] station
Küstenkabel *n (Fmt)* intermediate-type submarine cable, shore-end cable, shallow-water cable
Küstenscheinwerfer *m* coastal searchlight
Küvette *f* [sample] cell, cuvette
Küvettenhalter *m* cell holder (mount)
Küvettenraum *m* cell housing
KW *s.* Kurzwelle
Kybernetik *f* cybernetics
kybernetisch cybernetic[al]
Kymograf *m* kymograph

L

L *s.* Lambert
labil labile, instable, unstable
Labilität *f* lability, instability, unstableness
Laboratoriumsbedingungen *fpl* laboratory conditions
Laboratoriumsversuch *m* laboratory test
Labormodell *n* laboratory model
Laborofen *m* laboratory furnace
Labyrinthdichtung *f* labyrinth seal ring
Lack *m* lacquer, varnish; enamel
L. für Metallätzung metal etch resist *(z. B. für Leiterplatten)*
fotoempfindlicher L. *s.* lichtempfindlicher L.
leitfähiger L. conductive lacquer
lichtempfindlicher L. photoresist, [photosensitive] resist
ofentrocknender L. stoving (baking) varnish
säurebeständiger L. acid-resisting lacquer
Lackabbeizmittel *n* varnish remover
Lackanstrich *m* varnish coat[ing]
Lackbaumwollkabel *n* varnished-cambric [insulated] cable
Lackdraht *m* enamelled (enamel-insulated) wire, lacquered (varnished) wire
runder L. enamelled round wire

selbstbackender L. self-bonding enamelled wire
Lackfarbe *f* lacquer, paint
Lackfilm *m* laquer film (coating); resist film *(z.B. für Leiterplatten)*
Lackfolienaufnahme *f* lacquer recording *(Schallplatte)*
Lackgewebe *n* varnished (coated) fabric
Lackgewebeschlauch *m* varnished tubing
Lackharz *n* varnish (coating) resin
lackieren to lacquer, to varnish; to enamel
Lackierofen *m* lacquering (varnishing) furnace
Lackierspritzverfahren *n* paint spraying
Lackkabel *n* enamelled-wire cable
Lackleinen *n* varnished fabric
Lacklösungsmittel *n* lacquer solvent
Lackmaske *f* resist mask *(z.B. für Leiterplatten)*
Lackpapier *n* varnished paper
Lackschallplatte *f* lacquer master
Lackschicht *f* lacquer coating (film), enamel coating
Lackschichttechnik *f* lacquer film technique
Lackschlauch *m* flexible varnished tubing
Lackseide *f* varnished silk
Lacküberzug *m* lacquer (varnish) coating; enamel finish
Laddic *n* laddic *(leiterförmige Anordnung von Ferritkernen)*
Ladebefehl *m (Rech)* load instruction
Ladedauer *f* duration (time) of charge, charging time
Ladeeinrichtung *f* charging device, charger
Ladefaktor *m* charging factor
Ladegenerator *m* charging generator
Ladegerät *n* [battery] charger, charging set
Ladegestell *n* charging rack
Ladegleichrichter *m* charging rectifier
Ladekapazität *f* charging capacity
Ladekarte *f (Rech)* load card
Ladekennlinie *f* charging characteristic
Ladekondensator *m* charging capacitor
Ladekontrollampe *f* charge control lamp
Ladekreis *m* charging circuit
Ladekurve *f* charging curve
Ladeleistung *f* charging power *(Batterie)*
Ladeleistungskompensation *f* shunt compensation *(durch Querdrosseln)*
Lademenge *f* charging rate *(Batterie)*
laden 1. *(El)* to charge; 2. to load *(ein Programm)*
eine Batterie l. to charge a battery
elektrisch l. to electrify
Laden *n* 1. *(El)* charging; 2. loading *(eines Programms)*
Ladeprogramm *n (Rech)* loading routine, bootstrap [program]
Lader *m (Rech)* loader *(eines Programms)*
L. für verschiebbare Programme relocating loader
Ladereaktion *f* charge reaction
Ladeschalter *m* charging switch
Ladeschalttafel *f* charging switchboard
Ladeschaltung *f* charging circuit
Ladespannung *f* charging voltage *(Batterie)*
Ladestelle *f* load point *(Magnetband)*
Ladestrom *m* charging (charge) current
Ladestromdrossel *f* charging current choke
Ladestromkontrollampe *f* charge control lamp
Ladestromkreis *m* charging circuit
Ladestromstoß *m* charging current impulse (surge)
Ladeumformer *m* charging converter
Ladevorgang *m* charging [process]
Ladewiderstand *m* charging resistor *(Bauteil)*
Ladezeit *f* 1. *(El)* time of charge, charging time (period); 2. load time, time of loading *(eines Programms)*
Ladezeitkonstante *f* charging time constant
Ladezustand *m* state of charge
Ladung *f* 1. *(El)* charge *(z.B. einer Batterie)*; 2. *s.* Laden; 3. load, batch
L. bei konstantem Strom constant-current charging, constant-voltage charging *(Batterie)*
L. des Elektrons electron[ic] charge
L. eines Kondensators charge of a capacitor
ableitbare L. free charge
bewegliche L. mobile (moving) charge
effektive L. effective charge
elektrische L. electric charge
elektrostatische L. electrostatic charge
freie L. free charge
gebundene L. bound charge
gespeicherte L. stored charge
induzierte L. induced charge
magnetische L. charge of magnetism
ruhende L. stationary (static) charge
spezifische L. specific charge, charge-mass ratio
spezifische L. des Elektrons electron charge-mass ratio
verteilte L. distributed charge
zurückbleibende L. retained charge
Ladungen *fpl* / **gleichnamige** like charges
ungleichnamige L. unlike charges
Ladungsableitung *f* charge dissipation
Ladungsanzeige *f* charge indication
Ladungsanzeigevorrichtung *f* charge indicator
Ladungsausgleich *m* charge equalization
Ladungsaustausch *m* charge exchange
Ladungsaustauschionisation *f* ionization by charge exchange
Ladungsbewegung *f (Halbl)* charge movement
Ladungsbild *n* charge pattern (image), electrical image

Ladungsdichte *f* charge density
räumliche L. volume charge density
Ladungsdichteverteilung *f* distribution of charge density
Ladungsdurchtritt *m* charge transfer
Ladungsdurchtrittsreaktion *f* charge transfer reaction
Ladungseinheit *f* unit charge
elektrostatische L. unit quantity of electricity
Ladungsempfindlichkeit *f* charge sensitivity (response)
Ladungserhaltung *f* charge conservation
Ladungserhaltungssatz *m* law of conservation of [electric] charge
Ladungserzeugung *f* charge generation
Ladungserzeugungsstrom *m* charge generation current
ladungsfrei uncharged, free of charge
Ladungsgegenkopplung *f* negative charge feedback
ladungsgekoppelt charge-coupled
ladungsgesteuert charge-controlled
Ladungsgleichgewichtsbedingung *f (Halbl)* charge-balance condition
Ladungsgleichgewichtsgleichung *f (Halbl)* charge-balance equation
ladungsinduziert charge-induced
Ladungskompensation *f* charge compensation
Ladungskurve *f* charge curve (diagram)
Ladungsmenge *f* quantity of charge (electricity)
Ladungsmengenmesser *m* voltameter, coulo[mb]meter
Ladungsmengenmessung *f* coulometry
Ladungsmultiplett *n* charge multiplet
Ladungsneutralität *f* charge neutrality
Ladungsrückstand *m* residual charge
Ladungsschicht *f* layer of charge
Ladungsspeicher *m (Rech)* charge memory (store)
Ladungsspeicherdiode *f* charge-storage diode
Ladungsspeicherröhre *f* charge-storage tube
Ladungsspeicherung *f* charge storage (accumulation)
Ladungssteuerparameter *m (Halbl)* charge control parameter
Ladungssteuerung *f (Halbl)* charge control
Ladungssteuerungsprinzip *n (Halbl)* charge control principle
Ladungsträger *m* charge carrier, carrier
freier L. free carrier
gebundener L. bound carrier
schneller L. hot carrier
Ladungsträgerdichte *f* charge carrier density (concentration), density of carriers
Ladungsträgerdichteverschiebung *f (Halbl)* carrier density misfit
Ladungsträgerdiffusion *f (Halbl)* charge carrier diffusion
Ladungsträgereinlagerung *f (Halbl)* charge carrier injection
Ladungsträgererzeugung *f (Halbl)* charge carrier generation (production)
Ladungsträgerextraktion *f (Halbl)* charge carrier extraction
Ladungsträgergas *n (Halbl)* [charge] carrier gas
Ladungsträgerinjektion *f (Halbl)* charge carrier injection
Ladungsträgerkonzentration *f s.* Ladungsträgerdichte
Ladungsträgermenge *f* / **gespeicherte** charge carrier rate
Ladungsträgerrekombination *f (Halbl)* charge carrier recombination
Ladungsträgertransport *m (Halbl)* charge carrier transport
ladungsträgerverarmt *(Halbl)* carrier-depleted
Ladungsträgerverarmung *f (Halbl)* carrier depletion
Ladungsträgerverdrängung *f (Halbl)* carrier depletion
Ladungsträgervervielfachung *f (Halbl)* charge carrier multiplication
Ladungstransport *m* charge transport; charge transfer
Ladungstrennung *f (Halbl)* charge separation
Ladungsübertragung *f* charge transfer
Ladungsübertragungselemente *npl* charge transfer devices
Ladungsübertragungsfaktor *m* charge sensitivity (response)
Ladungsumkehr *f* reversal of charge
Ladungsunveränderlichkeit *f* charge invariance
Ladungsverlauf *m* charge curve
Ladungsverlust *m* charge loss
Ladungsvermögen *n* ampere-hour capacity *(z. B. eines Sammlers)*
Ladungsverschiebungselemente *npl (Halbl)* charge-coupled devices
Ladungsverstärker *m* charge amplifier
Ladungsverteilung *f* charge distribution
Ladungsvervielfachung *f* charge multiplication
Ladungszahl *f* charge number
Ladungszustand *m* charge state (condition)
Lage *f* 1. layer, coat *(Schicht)*; 2. position, location; 3. topology *(der Elemente in integrierten Schaltungen)*
L. einer verteilten Wicklung layer of a distributed winding
Lageanzeiger *m* position indicator
Lageeinfluß *m* position influence *(z. B. bei elektrischen Meßgeräten)*
Lageeinstellung *f* positioning

Lageeinstellungsfehler *m* positioning error
lageempfindlich position-sensitive
Lagefehler *m* position (site) error
Lagegeber *m* / **rotierender** shaft encoder
Lagemelder *m* position indicator
Lagemißweisung *f (Meß)* site error
Lagenaufbau *m* layer construction *(Leiterplatte)*
Lagenwicklung *f* layer winding
  L. mit Abstand spaced layer winding
Lageplan *m* 1. layout [plan]; 2. location plan
Lager *n* 1. *(Masch)* bearing; 2. store; depot *(z. B. für Programmkarten)*
  druckgeschmiertes L. pressure-lubricated bearing
  federverspanntes L. spring-loaded bearing
  isoliertes L. insulated bearing
  reibungsarmes L. antifriction bearing
  selbsteinstellendes L. self-aligning bearing
  selbstschmierendes L. self-lubricating bearing
Lagerabnutzung *f* bearing wear
Lagerbock *m* bearing pedestal, pillow block
Lagerbockabdeckung *f* bearing-pedestal cap
Lagerbuchse *f* bearing bush[ing]
Lageregelung *f* position control
Lageregelungssystem *n* position control system
Lageregler *m (Syst)* position controller
Lagerfähigkeit *f* storage stability (property), storability
Lagerfähigkeitsprüfung *f* storage (shelf) test
Lagerfehler *m* bearing error *(bei Meßgeräten)*
Lagergehäuse *n* bearing housing
Lagerkopf *m* bearing cartridge
Lagerluft *f* [bearing] slackness
Lagerölbehälter *m* bearing oil reservoir
Lagerreibung *f* bearing friction; pivot friction *(bei Spitzenlagerung)*
Lagerreibungsfehler *m* pivot-friction error
Lagerreibungsverlust *m* bearing friction loss
Lagerschale *f* bearing shell, bearing bush[ing]
  ausgegossene L. bearing liner
  obere L. top half bearing
Lagerschild *m* end shield
Lagerschmiersystem *n* bearing oil system
Lagersitz *m* bearing seat
Lagerspiel *n* bearing clearance (play); slackness
Lagerstrom *m* axle current
Lagertemperaturbereich *m* storage temperature range
Lagerthermometer *n* bearing thermometer
Lagerung *f* 1. bearing; support; mounting; 2. storage
  L. der Drehspule moving-coil support
Lagerungsdauer *f* storage life *(z. B. einer Batterie)*
Lagerverschleiß *m* bearing wear
Lagerzapfen *m* journal *(bei Gleitlagern)*
Lagesteuerung *f* position control
Lagetoleranz *f* position tolerance
Lageunabhängigkeit *f* position insensitivity
Lagezeichen *n* position mark
Lagrange-Funktion *f* Lagrange (Lagrangian) function
Lalande-Element *n* Lalande cell *(Zink-Eisen-Primärelement)*
Lambda-Halbe-Drosselspule *f* half-wave suppressor coil
Lambda-Halbe-Umwegleitung *f* half-wave balun *(Antennentechnik)*
Lambda-Viertel-Antenne *f* quarter-wave aerial
Lambda-Viertel-Plättchen *n* quarter-wave plate
Lambert *n* lambert, L *(Einheit der Leuchtdichte in USA)*
Lambertfläche *f* uniform diffuser
Lamelle *f* 1. lamella; blade *(z. B. einer Irisblende)*; 2. *(Masch)* commutator bar *(des Stromwenders)*
lamellenartig lamellar
Lamellenkupfer *n* commutator bar copper
Lamellenkupplung *f* multiple-disk clutch
Lamellenmagnet *m* lamellar (laminated) magnet
Lamellensicherung *f* laminated fuse; bridge fuse *(in Steckdosen)*
Lamellenspannung *f* segment (bar) voltage
Lamellenteilung *f* segment pitch
Lamellenverschluß *m* bladed shutter
Lamellierung *f* lamination
laminar laminar
Laminararbeitsplatz *m (Halbl)* laminar work station
Laminarbox *f (Halbl)* laminar box, laminar flow fume hood
Laminarströmung *f* laminar flow, streamline flow [motion]
Laminat *n* laminate, laminated material (plastic) *(z. B. für Leiterplatten)*
  L. mit Opferfolie sacrificial-clad laminate
  epoxidharzverstärktes L. epoxy-reinforced laminate
  kupferkaschiertes L. copper-clad laminate
  vorgespanntes L. prestressed laminate
laminieren to laminate
Lampe *f* lamp
  L. für Allgemeinbeleuchtung general-lighting-service lamp
  L. für das Dezimalkomma *(Rech)* decimal point lamp
  L. mit begrenzter Lebensdauer limited-life lamp

L. mit Doppelheizfaden double-filament lamp
L. mit extrem hoher Lichtausbeute ultra-high efficiency lamp
abgeschmolzene L. sealed-off lamp
ausfallsichere L. fail-safe lamp
energiesparende (energiewirtschaftliche) L. energy-save lamp, watt saver lamp
gasgefüllte L. gas-filled lamp
gealterte L. aged lamp
innenmattierte L. inside-frosted lamp, internally frosted lamp
innenverspiegelte L. internal mirror lamp, interior reflected lamp
kuppenverspiegelte L. silvered bowl lamp
luftgekühlte L. air-cooled lamp
mattierte L. frosted lamp
mit Überspannung betriebene L. overrun lamp
mit Unterspannung betriebene L. underrun lamp
stoßfeste L. rough-service lamp
unterbelastete L. underrun lamp
verspiegelte L. mirrored (metallized, silvered) lamp
wassergekühlte L. water-cooled lamp
Lampenabmessungen *fpl* lamp dimensions
Lampenabstand *m* lamp spacing
Lampenanlasser *m* arc lamp starter *(Bogenlampe)*
Lampenanzeige *f* lamp indication
Lampenausfall *m* lamp failure (mortality)
Lampenaustauschbarkeit *f* interchangeability of lamps
Lampenauswechslung *f* replacement of lamps
Lampenbelastung *f* lamp load
Lampenbrenner *m* internal lamp bulb
Lampenfassung *f* lamp holder (socket, cap); bulb holder
federnde L. spring lamp holder
Lampenfeld *n (Fmt)* bank of [indicator] lamps, lamp panel; display panel *(für Ziffernanzeige)*
Lampenfokussierung *f* lamp focus[s]ing
Lampenfuß *m* stem, lamp stand
Lampengehäuse *n* lamp housing (case), lamphouse
Lampengestell *n* lamp mount, filament (wire) support
Lampenglocke *f* lamp globe
Lampenhausbelüftung *f* lamphouse ventilation
Lampenhauserwärmung *f* lamphouse heating
Lampenjustierung *f* lamp adjustment
Lampenkalibrierung *f* lamp calibration
Lampenkolben *m* [lamp] bulb
lacküberzogener L. varnish-coated bulb
Lampenleistung *f* lamp power (rating)
Lampenlichtstrom *m* lamp lumens
Lampenprüfstand *m* lamp-test bench (stand)
Lampenschirm *m* lamp shade
Lampenschutzkorb *m* lamp guard
Lampensockel *m* lamp base (cap, socket)
Lampenstab *m* flash holder
Lampenstativ *n* lamp stand
Lampenstrahler *m* radiant lamp heater *(z. B. Infrarothellstrahler)*
Lampenstreifen *m* **mit Signallampen** *(Fmt)* lamp strip
Lampenstrom *m* lamp current
Lampenstromkreis *m* lamp [operating] circuit
Lampenverhalten *n* lamp behaviour
Lampenwendel *f* lamp filament
Lampenwender *m* lamp rotator
Lampenwiderstand *m* lamp resistance
Lampenzentrierung *f* lamp centring
Lampenzylinder *m* lamp chimney
Landau-Niveau *n* Landau level
Landeanweiser *m* landing-direction indicator
Landebahnbefeuerung *f* runway lighting
Landebahnfeuer *n* runway light
Landebahnleuchte *f* landing-area floodlight
Landebake *f* landing radio beacon
Landé-Faktor *m* Landé g-factor, [atomic] g-factor
Landefeuer *n* landing light
Landekursbake *f* localizer beacon
Landekursempfänger *m* localizer course receiver
Landekurssender *m (FO)* localizer
Landelicht *n* landing (approach) light
Landescheinwerfer *m* landing light (floodlight)
Landeskennzahl *f (Fmt)* country code
Landestrahl *m* landing beam
Landfernsprechnetz *n* rural telephone system
Landfunkdienst *m* / **beweglicher** land mobile radio service
Landfunksprechdienst *m* / **beweglicher** land mobile radiotelephone service
Landfunkstelle *f* land [radio] station
bewegliche L. land mobile [radio] station
feste L. base station
Landolt-Ring *m* Landolt circle
Landverbindung *f (Fmt)* land link
Langdrahtantenne *f* long-wire aerial
Länge *f* **des Einheitsschrittes** *(Fmt)* unit (signal) interval
effektiv (tatsächlich) beheizte L. effective heating length *(z. B. bei elektrischen Rohrheizkörpern)*
Längenänderung *f* linear deformation
Längenausdehnungszahl *f* linear expansion coefficient
Längenzunahme *f* elongation
Langlaufzeitecho *n (FO)* long[-delay] echo
Langlebensdauerlampe *f* duro-life lamp

Langlebensdauerröhre *f* long-life valve
Langlebensdauertransistor *m* long-life transistor
Langleitungseffekt *m* long-line effect
Langloch *n* oblong hole
Langmuir-Schicht *f* Langmuir layer
Längsachse *f* 1. longitudinal axis; 2. *(Masch)* direct axis
Längsachsenankerstrom *m* direct-axis component of armature current
Längsachsenstrom *m* direct-axis current
langsam slow, low-speed
Langsameinschaltung *f (Masch)* step-by-step starting
langsamlaufend slow-running
Langsamschaltung *f* time-delay connection
Langsamspeicher *m* slow memory
Langsamtrennschalter *m* slow-break switch
Längsaufstellung *f* longitudinal arrangement
Längsbewegung *f* longitudinal motion
Längsbiegeschwinger *m* longitudinal flexural oscillator
Langschlitzrichtkoppler *m* long-slot directional coupler *(Wellenleiter)*
Längsdämpfung *f* longitudinal damping; *(Fmt)* longitudinal attenuation *(Kabel)*
Längsdehnungsschwinger *m* longitudinal dilatation oscillator
Längsdifferentialschutz *m (Anl)* longitudinal differential protection, biased differential protection (protective system)
Längsdrossel[spule] *f* short-circuit limiting reactor
Längsentzerrer *m* series equalizer
Längsentzerrung *f* series equalization
Längsfaser *f* longitudinal fibre
Längsfeld *n* longitudinal (axial) field
  magnetisches L. longitudinal (axial) magnetic field
Längsfluß *m* **/ magnetischer** direct-axis magnetic-flux component
Längsglied *n* series element *(eines Netzwerks)*
längshomogen longitudinally homogeneous
Längsimpedanz *f* series (direct-axis) impedance
  synchrone L. direct-axis synchronous impedance
Längsinduktivität *f* series inductance
Längskraft *f* axial force
Längskreisdurchflutung *f* direct-axis component of magnetomotive force
Längsleitfähigkeit *f* longitudinal conductivity
längsmagnetisiert longitudinally magnetized
Längsmagnetisierung *f* longitudinal magnetization
Langspielband *n* long-play[ing] tape
Langspielplatte *f* long-play[ing] record, LP
Längsreaktanz *f* direct-axis reactance
Längsrichtstrahler *m* end fire aerial (array), end-on directional array
Längsrichtung *f* longitudinal direction
Längsrippe *f* longitudinal rib *(Heizkörper)*
Längsschwingung *f* longitudinal vibration (oscillation)
Längsspannung *f* direct-axis component of voltage
Längsstegkoaxialhohlraum *m* septate coaxial cavity
Längsstrahler *m s.* Längsrichtstrahler
Langstabisolator *m* rod-type suspension insulator, long-rod insulator
Langstatorlinearmotor *m* long-stator linear motor
Längstragseil *n* longitudinal carrier cable
Längstransformator *m* transformer booster *(zur Spannungserhöhung)*
Langstreckenmeßverfahren *n* long-range radar system
Langstreckennavigation *f (FO)* long-range navigation [system], loran
Langstreifengeometrie *f* long-strip geometry *(Leiterplattenherstellung)*
Längstrennschalter *m* sectionalizing switch
Längstwelle *f* myriametre (myriametric) wave, very-low-frequency wave, very long wave *(über 10000 m)*
Längstwellenfrequenz *f* very low frequency
Längsvergleichsschutz *m* longitudinal differential protection
Längsvergrößerung *f* longitudinal (axial) magnification
Längsversetzung *f* edge dislocation *(Kristall)*
Längswelle *f* longitudinal wave
Längswiderstand *m* series resistance
Langwelle *f* long (kilometric) wave, low-frequency wave *(1000 bis 10000 m)*
Langwellenband *n* long-wave band
Langwellenbereich *m* long-wave range
Langwellensender *m* long-wave transmitter
Langwellenspule *f* long-wave coil
Langzeitdurchschlagspannungsprüfung *f* long-time breakdown test
Langzeitecho *n (FO)* long[-delay] echo
Langzeitgenauigkeit *f* long-term accuracy
Langzeitmessung *f* long-term measurement
Langzeitrelais *n* long-time relay
Langzeitstabilität *f* long-term stability, long-time stability
Langzeitverhalten *n* long-time response (behaviour)
Langzeitversuch *m* long-time test, long-run test
Langzeitzuverlässigkeit *f* long-term reliability

L-Antenne *f* L[-shaped] aerial
Laplace-Bereich *m* Laplace domain
Laplace-Integral *n* Laplace integral
Laplace-Operator *m* Laplace operator, Laplacian
Laplace-Transformation *f* Laplace transformation
Laplace-Transformierte *f* Laplace transform
Lärm *m (Ak)* noise; noisiness
  L. mit schwankendem Pegel fluctuating noise
  impulsiver L. impulsive (impact) noise
Lärmabstrahlung *f* noise radiation
Lärmabwehr *f s.* Lärmbekämpfung
Lärmanteil *m* noise component
lärmarm noiseless, noise-reduced
lärmbedingt noise-induced
Lärmbekämpfung *f* noise abatement (control, reduction), suppression (deadening) of noise
Lärmbewertung *f* noise rating (weighting)
Lärmbewertungsindex *m* noise-exposure index
Lärmbewertungskurve *f* noise-rating curve
Lärmbewertungszahl *f* noise-rating number
Lärmdosimeter *n* noise dosimeter (dosemeter), sound (noise) exposure meter
Lärmdosis *f* noise dose, noise (sound) exposure
Lärmdosispegel *m* sound exposure level, SEL
Lärmeinwirkung *f* noise exposure, exposure to noise
  unerwünschte L. noise pollution
  zeitlich konstante L. continuous (steady-state) noise exposure
Lärmemission *f* noise emission
Lärmentstehung *f* noise generation
Lärmgebiet *n* noise area (zone)
Lärmgefährdung *f* noise hazard (damage risk)
lärmgemindert noise-reduced, antinoise
Lärmgrenzwert *m* noise limit (criterion)
Lärmgrenzwertmelder *m* noise-limit indicator (detector)
Lärmintensität *f* noise [exposure] intensity, exposure intensity
Lärmkarte *f* noise map (topograph)
Lärmklima *n* noise climate
Lärmkriterium *n* noise criterion
Lärmlästigkeit *f* noise nuisance
Lärmmeßausrüstung *f* noise-measuring equipment (instrumentation)
Lärmmeßgerät *n* noise-measuring instrument, noise [level] meter
Lärmmeßstelle *f* noise monitoring terminal *(fest installiert)*
Lärmmessung *f* noise measurement
Lärmmilieu *n* noise environment
Lärmminderung *f* noise (sound) reduction, noise suppression, deadening of noise
Lärmminderungsfaktor *m* sound reduction factor *(Schallpegeldifferenz zwischen zwei Räumen)*
Larmor-Frequenz *f* Larmor frequency
Lärmpegel *m* noise [exposure] level, exposure level
Lärmpegelanzeiger *m* noise-survey meter *(Gerät geringer Genauigkeit)*
Lärmquelle *f* noise source
Lärmschaden *m* noise[-induced] hearing damage, noise damage to hearing
Lärmschadensrisiko *n* noise hazard (damage risk)
Lärmschutzbestimmung *f* antinoise ordinance (regulation)
Lärmschutzhelm *m* noise[-exclusion] helmet
Lärmschutzkabine *f*, **Lärmschutzkapsel** *f* noise enclosure
Lärmschutzmittel *npl* noise guards
Lärmschutzschirm *m* noise shield
Lärmschutzverordnung *f* antinoise code (regulation)
Lärmschutzzone *f* noise abatement zone
Lärmschwerhörigkeit *f* noise-induced hearing loss, noise-induced [occupational] deafness
Lärmsensoranlage *f* sound detection system
Lärmspitze *f* noise peak
Lärmstärke *f* perceived noise level *(Lästigkeitspegel)*
Lärmstörung *f* noise intrusion (pollution)
Lärmtaubheit *f* noise-induced [occupational] deafness
Lärmwächter *m* noise monitor (sentinel, guard)
Laser *m* laser (*Kurzwort für* light amplification by stimulated emission of radiation), optical maser
  L. mit Impulsanregung pulsed laser
  abstimmbarer chemischer L. tunable chemical laser
  durchstimmbarer L. tunable laser
  kontinuierlich angeregter L. continuous pumped laser
  kontinuierlich arbeitender L. continuous wave laser, CW laser, continuous operating (action) laser
  optisch gepumpter L. optical pumped laser
Laserabbildungssystem *n* laser imaging system
Laserabgleich *m* laser trimming
Laserabwehrsystem *n* / **bodenstationiertes** ground-based laser kill system
Laserausgang *m* laser output
Laserbearbeitung *f* laser machining (processing)
Laserbearbeitungsanlage *f* laser working equipment
Laserbearbeitungsverfahren *n* laser machining technique

Laserbeleuchtung *f* laser illumination
Laserbestrahlung *f* laser irradiation
Laserbetrieb *m* / **ungeschalteter** normal laser operation
laserbetrieben laser-operated
Laserblitz *m* laser spike (flash), spike of the laser
Laserbohren *n* laser drilling
Laserdiode *f* laser diode
Laserdrucker *m* laser printer
Lasereffektdiode *f* laser-effect diode
Laseremissionsspektrum *n* laser emission spectrum
Laserentfernungsmesser *m* laser range finder, laser ranger
Laserfaser *f* lasing fibre
Laserfeinbearbeitung *f* laser finishing
Laserfeinstbearbeitung *f* laser high-microfinish
Lasergenerator *m* laser oscillator
Lasergerät *n* laser unit (instrument)
Lasergyroskop *n* laser rotation rate sensor
Laserimpuls *m* laser impulse
Laserkopf *m* laser head
Laserleistung *f* laser performance (power)
Laserlicht *n* laser light
Laserlichtverstärkung *f* laser light amplification
Lasermaterialbearbeitung *f* laser material processing
Lasermedium *n* lasing medium
Lasermikroanalysator *m* laser microprobe (probe)
Lasermikroschweißgerät *n* laser microwelder
Lasermikroskop *n* laser microscope
Lasern *n* lasing
Lasernachführgerät *n* laser tracker
Laseroptik *f* laser optics
Laserradar *n* laser (optical) radar, lidar (*Kurzwort für* light detection and ranging)
Laserrauschen *n* laser noise
Laserresonator *m* laser [resonant] cavity
Laserresonatorbeugungsgitter *n* intracavity laser diffraction grating
Laserritzen *n* laser scribing
Laserröhre *f* laser tube
Laserschuß *m* laser shot
Laserschutzbrille *f* antilaser goggles
Laserschweißen *n* laser welding
Laserschweißgerät *n* laser welder (welding unit)
Laserschweißstand *m* laser welding stand
Laserschwellwert *m* laser threshold
Lasersender *m* laser transmitter
Laserspeicher *m* laser memory
Laserspektroskopie *f* laser spectroscopy
Laserspiegel *m* laser mirror
Laserstab *m* laser rod
Laserstrahl *m* laser beam
Laserstrahlabtastsystem *n* laser-beam scanning system
Laserstrahlätzung *f* laser-beam etching
Laserstrahlengang *m* laser-beam path
Laserstrahlleistung *f* laser-beam power
Laserstrahlsignal *n* laser-beam signal
Laserstrahlung *f* laser radiation
Laserstromversorgung *f* laser power supply [unit]
Lasersystem *n* / **ungeschaltetes** normal operation laser system
Lasertechnologie *f* laser technology
Lasertrennen *n* laser cutting
Laserübergang *m* laser junction (transition)
Laserverstärker *m* laser amplifier
faseroptischer L. fibre laser amplifier
Laserwelle *f* laser mode
Laserwirkung *f* laser action
Laserwirkungsgrad *m* lasing efficiency
Laserzündung *f* laser firing (ignition)
Last *f* [electrical] load ● **unter L.** on-load
blindstromfreie L. non-reactive load
gleitende L. sliding load
induktive L. inductive (lagging, reactive) load
kapazitive L. capacitive (leading) load
kritische L. critical load
maximal zulässige L. maximum permissible load
mittlere L. average load
nacheilende L. *s.* induktive L.
ohmsche L. resistive (non-inductive) load
reaktive L. *s.* induktive L.
symmetrische L. symmetrical load
temperaturempfindliche L. temperature-sensitive load
tote L. dead load
unsymmetrische L. unbalanced load
zulässige L. permissible load
zusätzliche L. additional load
lastabhängig load-dependent
Lastabhängigkeit *f* dependence on load
Lastabschaltung *f* **bei Störungen (Überlastungen)** *(Anl)* emergency load shedding
Lastabschaltversuch *m* load rejection test
Lastabsenkung *f* load decrease
Lastabwurf *m* [emergency] load shedding, load rejection (decrease), throwing-off
Lastabwurfrelais *n* load-shedding relay
Laständerung *f* load change (variation)
schrittweise L. step load change
Lastanpassung *f* load matching
Lastanstieg *m* load increase
Lastanzeige *f* load indication
Lastanzeiger *m* load indicator
Lastausgleich *m* load balance
Lastausgleichsnetz *n* load-matching network
Lastausgleichsschalter *m* load-matching switch
Lastbedingung *f* load condition
Lastbegrenzung *f* load limitation
Lastbegrenzungsrelais *n* load-limiting relay, load-levelling relay

Lastbetrieb *m* load operation
Lastcharakteristik *f* load characteristic
Lastdichte *f* load density
geringe L. light load density
große L. heavy load density
mittlere L. medium load density
Lasteinfluß *m (Syst)* loading effect *(Störgröße)*
Lastfaktor *m* load factor
L. am Ausgang *(Elk)* fan-out
L. am Eingang *(Elk)* fan-in
Lastfehler *m* load error
Lastfluß *m (Anl)* load flow
Lastgrenze *f* load limit
Lasthebemagnet *m* lifting magnet
Lästigkeit *f* annoyance, nuisance *(von Lärm)*
effektive L. effective perceived noisiness
Lästigkeitspegel *m (Ak)* perceived noise level
effektiver L. effective perceived noise level
Lastimpedanz *f* load impedance
einstellbare L. adjustable impedance-type ballast
Lastkapazität *f* load capacitance
Lastkennlinie *f* load characteristic
Lastkreis *m* load circuit
Lastleistung *f* load power
Lastmagnet *m* lifting magnet
L. mit beweglichen Polen lifting magnet with movable poles (pole shoes)
Lastminderung *f* derating
Lastregelung *f* load control
Lastrücknahmepunkt *m* unloading point *(E-Lok)*
Lastsättigung *f* load saturation
Lastschalter *m* on-load switch, power circuit breaker
Lastschalterrelais *n* on-load tap-changer control relay *(Transformator)*
Lastschaltung *f* load switching
Lastscheinleitwert *m* load admittance
Lastschwankung *f s.* Laständerung
Lastschwerpunkt *m* load centre
Lastschwerpunktsstation *f* load centre substation
Lastspiel *n* 1. operational cycle; 2. stress cycle *(bei mechanischer Wechselbeanspruchung)*
Lastspitze *f* load peak, peak load
Lastspule *f* load coil
Laststeigerung *f* load increase
Laststrom *m* load current
Laststufenschalter *m* on-load tap changer
Lasttrennschalter *m* load-break switch, load-interrupter switch
Lastverluste *mpl* load losses *(Generator, Transformator)*
Lastverschiebung *f* load shifting
Lastverstimmung *f* pulling *(z. B. bei Elektronenröhren)*
Lastverstimmungsmaß *n* pulling figure
Lastverteilersystem *n* / **automatisches** automatic dispatching system
Lastverteilung *f* load distribution
wirtschaftliche L. economical [load] dispatching
Lastwiderstand *m* 1. load (ballast) resistance; 2. load (ballast) resistor *(Bauteil)*
Lastwinkel *m* load angle
Lastwinkelkurve *f* load-angle curve
Lastwinkelsteller *m* load-angle regulator
Lateralanordnung *f (Halbl)* lateral structure
Lateraltransistor *m* lateral transistor
Lauf *m* run[ning] *(einer Maschine)*; travel
freier L. *(Fmt)* automatic rotation
gleichförmiger L. smooth running
ruhiger L. quiet (noiseless) running
Laufangabe *f (Rech)* for-clause *(ALGOL 60)*
Laufanweisung *f (Rech)* for-statement *(ALGOL 60)*
Laufbild *n* motion picture
Laufbildkamera *f* motion-picture camera
Laufbildprojektion *f* motion-picture projection
Laufbildwerfer *m* motion-picture projector
laufen to run *(z. B. Maschine)*; to travel; to operate
geräuschvoll l. to thump
im Zickzack l. to zigzag
leer l. to run idle *(Maschine)*
nochmals l. lassen to rerun *(z. B. ein Programm)*
sich warm l. to run hot (warm)
Läufer *m (Masch)* rotor
massiver L. solid rotor
Läuferanlasser *m* rotor [resistance] starter
Läuferanordnung *f* rotor-core assembly
Läuferblech *n* rotor-core lamination
Läuferblechpaket *n* rotor core
Läuferklemme *f* rotor terminal
Läuferkreis *m* rotor circuit
Läufernut *f* rotor slot
Läufernutgrundisolation *f* rotor slot armour
Läuferrad *n* magnet wheel
Läuferscheibe *f* **eines Zählers / stroboskopische** stroboscopic meter disk
Läuferspannung *f* rotor voltage
Läuferspule *f* rotor coil
Läuferstab *m* rotor bar
Läuferstern *m* rotor [field] spider *(Synchronmaschine)*; armature spider *(Gleichstrommaschine)*
Läuferstillstandserwärmung *f* locked-rotor temperature-rise rate
Läuferstrom *m* rotor current; armature current *(Gleichstrommaschine)*
Läuferwicklung *f* rotor winding
Läuferwiderstand *m* rotor resistance; armature resistance *(Gleichstrommaschine)*

Läuferwiderstandsanlauf *m* rotor resistance starting
Lauffeldröhre *f* travelling-wave tube, progressive-field tube
Laufgeräusch *n* motor rumble *(z. B. des Plattenspielers)*
Laufkraftwerk *n s.* Laufwasserkraftwerk
Lauflängenkodierung *f* run-length coding *(Kodierungstheorie)*
Laufiistenelement *n (Rech)* for-list element *(ALGOL 60)*
Laufnummer *f (Rech, Fmt)* sequence (serial) number
Laufnummernanzeiger *m (Rech)* sequence-number indicator
Laufnummernausdruck *m (Rech)* sequence-number read-out *(Schrieb)*
Laufnummerngeber *m (Rech)* sequence-number generator, numbering machine; *(Fmt)* numbering transmitter
Laufnummernkontrolle *f (Rech)* sequence-number check
Laufrad *n* runner *(Turbine)*
Laufradkranz *m* runner band
Laufradnabe *f* runner hub
Laufradschaufel *f* runner vane *(Turbine)*; runner bucket *(Freistrahlturbine)*
Laufraum *m* drift space
Laufraumelektrode *f* drift tunnel
Laufring *m* shaft collar *(Wasserturbine)*
Laufrinne *f* runner
Laufruhe *f* silence in operation
Laufruhewächter *m* vibration sentinel (guard)
Laufschaufel *f* moving blade *(Turbine)*
Laufschiene *f* slide (running) rail
Laufwasserkraftwerk *n* run-off river plant (power station), river-run plant
Laufwasserkraftwerkskaskade *f* chain of run-off river plants
Laufwerk *n* 1. tape transport, [recorder] deck, drive *(z. B. Magnetbandgerät)*; 2. *s.* Laufwasserkraftwerk
Laufwerkplatte *f* motor board *(Magnetbandgerät)*
Laufwinkel *m* transit phase angle
Laufzeit *f* 1. *(Syst)* delay [time], lag [time]; 2. running time (period); 3. transit (travel) time *(z. B. Impuls)*
  L. des Schalls sound travel time
  L. durch die Sperrschicht *(Halbl)* depletion-layer transit time
  L. durch die Übergangsschicht *(Halbl)* transition-layer transit time
  L. in einer Richtung *(Fmt)* one-way propagation time
  geebnete L. flat delay
Laufzeitausgleich *m* delay equalization
Laufzeitdiode *f* velocity-modulated diode
Laufzeiteffekt *m* transit-time effect
Laufzeitentzerrer *m* delay equalizer (correction network)
Laufzeitentzerrung *f* delay distortion correction, transit-time correction
Laufzeitentzerrungsschaltung *f* delay correction network
Laufzeitfehler *m* relative time delay; phase delay error *(in rotierenden Systemen)*
Laufzeitfunktion *f* delay function
Laufzeitglied *n (Syst)* lag element
Laufzeitintervall *n* delay time interval
Laufzeitkette *f* delay line, [time-]delay network
  stufenweise einstellbare L. step-variable delay line
Laufzeitnetzwerk *n* time-delay circuit
Laufzeitröhre *f* transit-time tube; velocity-modulated tube; drift tube, klystron
Laufzeitspeicher *m* delay-line store (memory), circulating memory
  akustischer L. acoustic delay-line memory
Laufzeitspektrograf *m* time-of-flight mass spectrograph
Laufzeitunterschied *m* transit time difference
Laufzeitverstärkerröhre *f* beam amplifier valve
Laufzeitverzerrung *f* delay-frequency distortion, delay-time distortion, transit-time distortion, phase-delay distortion
Laufzeitwinkel *m* transit phase angle
Laugenbad *n* lye bath
laugenbeständig alkali-proof, caustic-resistant
Laugensprödigkeit *f* caustic embrittlement
Lauritsen-Elektroskop *n* Lauritsen electroscope
L-Ausgang *m* / **ungestörter** *(Syst, Rech)* undisturbed-one output *(Binärsignal)*
läuten to ring
Läuten *n (Fmt)* ring[ing]
  überlagertes L. superimposed ringing
Läutewerk *n* / **elektrisches** electric ringing apparatus
lautgetreu orthophonic
Lautheit *f (Ak)* loudness *(in Sone)*; intensity of noise
  subjektiv empfundene L. subjective (perceived) loudness
Lautheitsaddition *f* loudness addition (summation)
Lautheitsanalysator *m* loudness analyzer
Lautheitsindex *m* loudness index
Lautheitsmaßstab *m* sone scale
Lauthörgerät *n* speakerphone
Lautsprecher *m* loudspeaker, reproducer, speaker
  dynamischer L. electrodynamic (moving-coil, moving-conductor, coil-driven) loudspeaker
  elektrodynamischer L. *s.* dynamischer L.
  elektromagnetischer L. *s.* magnetischer L.

elektrostatischer L. electrostatic (capacitor) loudspeaker
fremderregter L. energized (excited-field) loudspeaker
handelsüblicher L. standard loudspeaker
magnetischer L. [electro]magnetic loudspeaker, induction (inductor, magnet-type) loudspeaker
magnetostriktiver L. magnetostriction loudspeaker
permanentdynamischer L. permanent-magnet dynamic loudspeaker
permanentmagnetischer L. permanent-magnetic loudspeaker
piezoelektrischer L. piezoelectric (crystal) loudspeaker
Lautsprecheranlage *f* public-address system, announce loudspeaker system
Lautsprecheranschluß *m* loudspeaker terminal; loudspeaker connection
Lautsprecherbespannung *f* loudspeaker (grill) cloth
Lautsprechergehäuse *n* loudspeaker enclosure (cabinet, housing)
Lautsprechergruppe *f* loudspeaker combination (assembly)
Lautsprecherimpedanz *f* loudspeaker impedance
Lautsprecherkegel *m* loudspeaker cone
Lautsprecherklemme *f* loudspeaker terminal
Lautsprecherkombination *f* loudspeaker combination, composite (multiple) loudspeaker
Lautsprecherkondensator *m* loudspeaker capacitor
Lautsprechermembran *f* loudspeaker diaphragm
Lautsprecherröhre *f* loudspeaker valve
Lautsprecherschwingspule *f* loudspeaker voice coil
Lautsprechertrichter *m* loudspeaker horn (trumpet)
Lautsprecherübersteuerung *f* loudspeaker overdriving
Lautsprecherwagen *m* loudspeaker car (van, truck), sound truck
Lautstärke *f* loudness level, [sound] volume, volume (intensity) of sound *(in Phon)*
subjektive L. equivalent (perceived) loudness *(durch subjektiven Hörvergleich ermittelt)*
Lautstärkeabgleich *m* loudness balance (balancing)
Lautstärkebegrenzer *m* volume limiter
Lautstärkeberechnung *f* loudness computation
Lautstärkebereich *m* volume range
Lautstärkeeinstellung *f* volume control
Lautstärkeempfindung *f* loudness perception (sensation)
Lautstärkegleichheit *f* loudness balance
Lautstärkekontrolle *f* loudness check
Lautstärkemaßstab *m* phon scale
Lautstärkemeßeinrichtung *f* sound-measuring device
Lautstärkemesser *m* volume (sound-level, loudness-level) meter, phonometer, sonometer
Lautstärkemessung *f* loudness (sound) measurement
objektive L. objective loudness measurement
subjektive L. subjective loudness measurement; *(Fmt)* audibility test
Lautstärkeminderung *f* volume reduction
Lautstärkepegel *m* loudness level
Lautstärkeregelung *f* volume control (adjustment)
gehörrichtige L. [acoustically] compensated volume control, automatic bass compensation
Lautstärkeregler *m* volume control (regulator), attenuator
fernbedienbarer L. remote volume control
Lautstärkeumfang *m* volume range
Lautstärkevergleich *m* loudness comparison
Lautverständlichkeit *f (Fmt)* sound articulation (intelligibility)
Lautwechsel *m* sound shift
Lawine *f (Elk, Halbl)* avalanche
Lawinenbildung *f* avalanche formation
Lawinendiode *f* avalanche diode
Lawinendurchbruch *m* avalanche breakdown
gesteuerter L. controlled avalanche [breakdown]
Lawinendurchbruchspannung *f* avalanche breakdown voltage
Lawinendurchschlag *m* avalanche breakdown
Lawinengebiet *n* avalanche region
Lawinengleichrichter *m* avalanche rectifier
Lawinengleichrichterdiode *f* avalanche rectifier diode
Lawinenionisation *f* avalanche (cumulative) ionization
Lawinenlaufzeit *f* avalanche transit time
Lawinenlaufzeitdiode *f* avalanche transit-time diode
Lawinenresonanz *f* avalanche resonance
Lawinenthyristor *m* bulk avalanche thyristor
Lawinentransistor *m* avalanche transistor
Lawinenvervielfachung *f* avalanche multiplication
Layout *n (Halbl)* layout *(z. B. Anordnung von Schaltelementen)*
LCD *Abk. für* liquid-crystal display
LC-Generator *m* LC oscillator
LC-Kopplung *f* choke-capacitance coupling

LC-Schaltung *f* LC circuit (network)
L-Darstellung *f* L display *(Radar)*
Lebensdauer *f* operating (working, service) life *(z.B. von Anlagen)*; burning life *(Glühlampe)*; lifetime, life [period]
L. bei Belastung load life *(z.B. von Meßgeräten)*
L. bei hoher Ladungsträgerdichte *(Halbl)* high-level lifetime
L. bei niedriger Ladungsträgerdichte *(Halbl)* low-level lifetime
L. der Kontakte contact life *(z.B. Relais)*
mechanische L. mechanical life
mittlere L. average working time
praktische L. useful life [period]
scheinbare L. apparent lifetime
voraussichtliche L. life expectancy (expectation) *(z.B. eines Bauteils)*
Lebensdauererprobung *f* life endurance test
Lebensdauererwartung *f* life expectancy (expectation) *(von Anlagen, Bauteilen)*
Lebensdauergesetz *n* life law, Montsinger['s] law *(z.B. für die Lebensdauer von Isolierstoffen)*
Lebensdauergetterung *f (Halbl)* lifetime gettering
Lebensdauerkennlinie *f* life characteristic
Lebensdauerprüfung *f* life test; endurance test
beschleunigte L. accelerated life test *(z.B. von Heizleitermaterial)*
elektrische L. voltage endurance test
Lebensdauerprüfverfahren *n* life testing method
Lebensdauerregel *f s.* Lebensdauergesetz
Lebensdauerverkürzung *f* lifetime reduction
Lebensdauerverteilung *f* life distribution
Lebenserwartung *f s.* Lebensdauererwartung
Lecher-Leitung *f* Lecher wires (line), parallel-wire line, two-wire resonant line
Lecher-System *n* Lecher system
Leck *n* leak, leakage
lecken to leak
Leckpfad *m* leakage path
Leckprüfer *m* leak detector
Leckprüfung *f* leak test[ing]
Leckrate *f* leak[age] rate
lecksicher leak-proof
Leckstelle *f* leakage [point]
Leckstrom *m* leakage current
Leckstromkorrosion *f* stray-current corrosion
Lecksuche *f* leak detection
Lecksuchgerät *n* leak detector
Leckverlust *m* leak[age] rate
Leckweg *m* leakage current path
Leclanché-Element *n* Leclanché battery (dry cell), sal-ammoniac cell
LED *s.* Lichtemissionsdiode
Ledermembran *f* leather diaphragm *(z.B. für pneumatische Geräte)*
leer empty; vacant, unoccupied *(z.B. Gitterplatz)*; blank *(z.B. Speicherzelle)*
Leerbefehl *m (Rech)* skip instruction (command), blank instruction, no-operation instruction, NOOP
Leerkarte *f (Rech)* blank card
Leerklemme *f* vacant terminal
Leerkontakt *m* vacant contact; spare contact
Leerlauf *m* no-load running (operation), no-load, running without load; open-circuit operation; *(Masch)* idle running, idling
L. am Eingang open-circuited input
Leerlaufadmittanz *f* open-circuit admittance
Leerlaufausgangsimpedanz *f* open-circuit output impedance
Leerlaufausschalter *m* no-load cut-out
Leerlaufbedingungen / unter open-circuited
Leerlaufcharakteristik *f* no-load characteristic
Leerlaufdrehzahl *f* no-load speed
Leerlaufeingangsimpedanz *f* open-circuit input impedance
Leerlaufeinstellung *f* no-load adjustment
leerlaufen *(Masch)* to [run] idle
leerlaufend open-circuited, open-ended; *(Masch)* idle
Leerlauferregung *f* no-load excitation
Leerlaufersatzschaltbild *n* constant-voltage equivalent circuit
Leerlauffeld *n* no-load field
Leerlauffrequenz *f* idler frequency
Leerlaufgang *m (Rech)* idling cycle
Leerlaufgleichspannung *f* floating voltage
Leerlaufimpedanz *f* no-load impedance; open-circuit impedance
Leerlaufkennlinie *f* no-load characteristic; open-circuit characteristic
Leerlaufkühlsystem *n* no-load cooling system
Leerlaufkurzschlußverhältnis *n* short-circuit ratio
Leerlaufleistung *f* no-load power
Leerlaufmessung *f* no load test; open-circuit test
Leerlaufnocken *m* slipping cam
Leerlaufphasenwinkel *m* open-loop phase angle
Leerlaufprüfung *f* no-load test; open-circuit test
Leerlaufpunkt *m* no-load point
Leerlaufsättigungskurve *f* open-circuit saturation curve
Leerlaufscheinleitwert *m* open-circuit admittance
Leerlaufscheinwiderstand *m* no-load impedance; open-circuit impedance
Leerlaufspannung *f* no-load voltage; open-circuit voltage

Leerlaufspannungsrückwirkung *f* open-circuit reverse voltage transfer ratio
Leerlaufspannungsverstärkung *f* open-loop voltage gain
Leerlaufstrom *m* no-load current
Leerlaufübersetzungsverhältnis *n* no-load ratio
Leerlaufübertragungsfaktor *m (Ak)* open-circuit sensitivity
Leerlaufverlust *m* no-load loss; open-circuit loss
Leerlaufverstärkung *f* open-loop gain
Leerlaufwiderstand *m* no-load resistance; open-circuit resistance
Leerlaufzeit *f (Rech)* down-time, unoccupied (idle) time
  externe L. external idle time *(fehlende Aufgaben)*
Leerlaufzustand *m* no-load condition; open circuit
Leerlaufzyklus *m (Rech)* idling cycle
Leerplatte *f* blank board *(Leiterplatte)*
Leersignal *n (Rech)* dummy
Leerspalte *f (Rech)* blank column
Leerspule *f* empty spool (coil)
Leerstelle *f* 1. [lattice] vacancy, vacant site *(Kristall)*; 2. *(Rech)* blank
Leerstellenansammlung *f* vacancy cluster
Leerstellenkonzentration *f* vacancy concentration
Leerstellenwanderung *f* vacancy migration
Leerstellenzusammenballung *f* vacancy cluster
Leerstellen-Zwischengitterplatz-Paar *n* vacancy-interstitial pair
Leertaste *f (Rech)* space key (bar)
Leerzeit *f s.* Leerlaufzeit
Leerzustand *m* empty condition *(z. B. eines Zählers)*
legen:
  an Erde l. to connect to earth
  ein Kabel l. to run (lay) a cable
  eine Leitung l. to install (erect) a line
  eine Leitung auf Beobachtung l. *(Fmt)* to remove a circuit for observation
  eine Leitung auf einen freien Platz l. *(Fmt)* to transfer a circuit to a reserve position
  in Schleifen l. to loop
Legierung *f* alloy
  binäre L. binary alloy
  leichtschmelzende L. fusible (low-melting) alloy
  magnetische L. magnetic alloy
Legierungsbestandteil *m* alloying component (element), alloy constituent
legierungsdiffundiert *(Halbl)* alloy-diffused
Legierungsdiffusionstechnik *f (Halbl)* alloy diffusion technique
Legierungsdiffusionstransistor *m* alloy-diffused transistor
Legierungsdiode *f* alloy diode
Legierungseffekt *m* alloying effect
Legierungsofen *m* alloying oven
Legierungsplattierschicht *f* alloy cladding
Legierungstechnik *f* alloying technique
Legierungstiefe *f* alloying depth
Legierungstransistor *m* alloy transistor
Legierungsübergang *m (Halbl)* alloy junction
Legierungsüberzug *m* alloy plate (plating)
Legierungsverfahren *n* alloying technique
Legierungszusammensetzung *f* alloy composition
Legierungszusatz *m* alloy[ing] addition
Leichtkabel *n* light-weight cable
Leichtmetall *n* light metal
Leichtmetallegierung *f* light alloy
Leichtmetallgehäuse *n* light-alloy housing
leichtschmelzend low-melting, easily fusible (meltable)
Leiste *f* strip; block
Leistung *f* 1. power, P; wattage *(in Watt)*; 2. performance; efficiency; output ● **mit voller L.** on full power
  L. am Zughaken output at the draw-bar
  L. der Drosselspule reactor capacity
  L. der Quantisierungsverzerrung *(Nrt)* quantization distortion power *(Pulskodemodulation)*
  L. des Mitsystems positive-sequence power
  L. eines Motors motor rating (output)
  L. im kalten Zustand cold power *(eines indirekten Widerstandsofens)*
  abgebbare L. available power
  abgegebene L. output [power]
  abgenommene L. consumed power
  abgestrahlte L. radiated (radiant) power
  ankommende L. incoming power
  aufgenommene L. input [power]; absorbed power
  effektive L. effective power; actual output
  einfallende L. incident power
  elektrische L. electric power
  erforderliche L. power requirement
  gekoppelte L. coupled power
  höchste verfügbare L. maximum available power
  installierte L. *(Anl)* installed power (capacity)
  komplexe L. complex power
  konstante L. constant power
  maximale L. maximum capacity
  mittlere L. average (mean) power; average output
  pulsierende L. fluctuating (oscillating) power
  sekundäre L. secondary power
  spezifische L. specific power; specific output
  tatsächliche L. actual power
  verfügbare L. available power

volle L. full-load output
wirkliche L. actual (true) power
zugeführte L. input [power], power input, supplied power
Leistungsabfall *m* decrease (drop) of power
Leistungsabführung *f* power dissipation
Leistungsabgabe *f* [power] output
Leistungsanforderungen *fpl* performance requirements
Leistungsangaben *fpl* output data *(z. B. eines Motors)*
Leistungsanpassung *f* matching for power transfer
Leistungsanstieg *m* power increase; increase of output *(der abgegebenen Leistung)*
Leistungsanzeige *f* indication of power
Leistungsaufnahme *f* [power] input; power consumption; *(Halbl)* power drain
Leistungsausfall *m* power failure
L. in einer Phase failure of power in one phase
Leistungsbaustein *m* power element
Leistungsbedarf *m* power demand (requirement)
Leistungsbegrenzung *f* power limitation
selbsttätige L. automatic load limitation
Leistungsbegrenzungseinrichtung *f* load-limiting equipment *(Turbine)*
Leistungsbegrenzungsschutz *m* **für Überlast** overpower protection
L. für Unterlast underpower protection
Leistungsbereich *m* power range; *(Anl)* range of capacity
Leistungsbetrieb *m* power operation
Leistungsdichte *f* power density
spektrale L. power spectrum density
Leistungsdichtespektrum *n* power density spectrum
Leistungsdiode *f* / **schnelle** fast-recovery power diode
Leistungsdrehfeldgeber *m* power selsyn
Leistungselektrik *f* heavy-current electrical engineering
Leistungselektronik *f* power electronics
Leistungsendstufe *f* power output stage
Leistungserhaltungssatz *m* law of conservation of power
Leistungsexkursion *f (Anl)* power excursion
Leistungsfähigkeit *f* efficiency; performance; capacity
Leistungsfaktor *m* 1. power factor; 2. factor of merit *(z. B. eines Strahlungsempfängers)*
L. der Belastung load power factor
L. der Grundwelle power factor of the fundamental
L. Eins unity power factor
induktiver L. lagging (reactive) power factor
kapazitiver L. leading power factor
nacheilender L. *s.* induktiver L.
voreilender L. leading power factor
Leistungsfaktorausgleich *m* power-factor compensation
Leistungsfaktormesser *m* power-factor meter (indicator), cos-φ-meter, phase meter
Leistungsfernmeßgerät *n* telewattmeter
Leistungsfluß *m* load flow
Leistungsfrequenzregelung *f* load-frequency control
Leistungsgewinn *m* power gain
Leistungsgleichrichter *m* power rectifier
Leistungsgradabweichung *f (Anl)* off-standard performance
Leistungsgrenze *f* power limit
Leistungsgrenzwert *m* / **zulässiger oberer und unterer** *(Meß)* limit of power range for accuracy
Leistungshalbleiter *m* power semiconductor
Leistungshalbleitermodul *m* power semiconductor module
Leistungshalbleitersatz *m* power semiconductor assembly
Leistungsimpuls *m* power pulse
Leistungsinstallation *f* power-feeding installation
Leistungsintegral *n* integral of power
Leistungskabel *n* electric power cable
L. mit innerer Wasserkühlung internally water-cooled power cable
Leistungskenngrößen *fpl* performance characteristics
Leistungsklemmkasten *m* power junction box
Leistungsklystron *n* power klystron
Leistungskondensator *m* power capacitor
Leistungskontrolle *f* power control
Leistungskreisbegrenzungsschalter *m* power-circuit limit switch
Leistungskreisregelung *f* power-circuit control
Leistungskurve *f* performance curve
Leistungsleitung *f* load lead
leistungslos wattless
Leistungsmangel *m* power shortage
Leistungsmenge *f* amount of power
Leistungsmesser *m* [active] power meter; wattmeter; dynamometer
L. in Aron-Schaltung Aron meter
L. mit Hilfswicklung compensated wattmeter
elektrodynamischer L. dynamometer-type wattmeter
elektronischer L. electronic wattmeter
Leistungsmeßsender *m* power signal generator
Leistungsmessung *f* power measurement
Leistungsmodulation *f* power modulation

Leistungs-MOSFET *m* power metal-oxide semiconductor field-effect transistor, power MOSFET
Leistungsoszillator *m* power oscillator
Leistungsparameter *m* performance parameter
Leistungspegel *m* power level
absoluter L. absolute power level
Leistungspreis *m* demand charge *(Energietarif)*
Leistungspreistarif *m* demand charge tariff
Leistungsquelle *f* power source
Leistungsreaktor *m* power reactor
Leistungsregelung *f* power control
Leistungsregler *m* power controller (regulator), load regulator; governor *(für Kraftmaschinen)*
Leistungsrelais *n* power relay
Leistungsreserve *f* 1. power reserve; 2. reserve capacity *(einer Maschine)*
L. eines Generators spinning reserve
installierte L. installed reserve
Leistungsrichtungsrelais *n* directional power relay, power direction relay
Leistungsrichtungsschutz *m (Anl)* directional power protection
Leistungsröhre *f* power valve (tube)
L. mit Elektronenbündelung beam power tetrode valve
Leistungssatz *m* law of conservation of power
Leistungsschalter *m* power switch; *(Hochsp)* power circuit breaker, [heavy-current] circuit breaker
L. für schweren Schaltbetrieb heavy-duty circuit breaker
L. mit kombinierter Druckluft- und Ölstrahlwirkung pneumo-oil switch
L. mit Kurzschlußfortschaltung autoreclosing circuit breaker
L. mit magnetischer Bogenlöschung deionization circuit breaker
L. mit selbsttätiger Wiedereinschaltung automatic reclosing circuit breaker
einpoliger L. single-pole circuit breaker
ölarmer L. oil-poor circuit breaker
ölloser L. oilless circuit breaker
Leistungsschiene *f* power bus bar
Leistungsschild *n* rating plate
Leistungsschildangaben *fpl* rating plate
Leistungsschreiber *m* power recorder; output recorder
Leistungsschutz *m* power protection
Leistungsschwankung *f* power fluctuation
Leistungssicherung *f* power [current] fuse
Leistungsspektrum *n (Syst)* power-density spectrum *(z. B. eines Signals)*
Leistungsstehwellenverhältnis *n* power standing wave ratio
Leistungssteigerung *f* increase of output, power output increase *(der abgegebenen Leistung)*; increase of performance (efficiency)
Leistungsstellglied *n* power positioning element
Leistungssteuerschalter *m* power control switch
Leistungssteuerung *f* power control
Leistungsstufe *f* power stage; level of performance (efficiency)
Leistungsteiler *m* power divider
Leistungsthyristor *m* power thyristor
Leistungstransformator *m* power transformer
L. für ultrahohe Spannungen ultrahigh-voltage power transformer
Leistungstransistor *m* power transistor
Leistungstrenner *m*, **Leistungstrennschalter** *m* isolating (disconnecting) switch
Leistungstriode *f* power triode
druckluftgekühlte L. forced-air cooled power triode
siedegekühlte L. vapour-cooled power triode
Leistungsübertragung *f* power transfer (transmission)
Leistungsübertragungsfunktion *f* power transfer function
Leistungsübertragungsgrad *m* power response
Leistungsübertragungsrelais *n* power transfer relay
Leistungsumsatz *m* power conversion
Leistungsumsetzer *m* power converter
Leistungsumsetzung *f* power conversion
Leistungsumwandlung *f* power conversion
Leistungsverbrauch *m* power consumption; *(Halbl)* power drain
Leistungsverhältnis *n* power ratio
Leistungsverlust *m* power loss; loss of performance
Leistungsverminderung *f* degradation of performance
L. durch Lagerung storage depreciation *(Batterie)*
Leistungsvermögen *n* capacity; power capability (rating)
Leistungsversorgung *f* power supply
Leistungsversorgungseinrichtung *f* power supply equipment
Leistungsverstärker *m* power amplifier (booster); power element *(im Regelkreis)*
Leistungsverstärkerröhre *f* power amplifier valve
Leistungsverstärkerstufe *f* power amplifier stage
Leistungsverstärkung *f* power amplification (gain); power-level gain *(im Pegelmaßstab)*
Leistungsverstärkungsverhältnis *n* power amplification ratio
Leistungsverteilerkabel *n* power distribution cable
Leistungsverteilung *f* 1. power distribution; 2. power junction box *(Vorrichtung)*

Leistungswandler *m* power converter
Leistungswechselrichter *m* power inverter
Leistungswechselrichtung *f* d.c.-a.c. power inversion
Leistungswicklung *f* power winding
Leistungszählung *f (Fmt)* load counting
Leistungszeiger *m* power phasor
Leistungszufuhr *f* / **automatisch gesteuerte** automatic power input control
Leistungszunahme *f* power increase
Leitadresse *f (Rech)* leading (key) address
Leitapparat *m (Anl)* gate apparatus, guide-vane apparatus (operating mechanism), distributor *(Turbine)*
Leitband *n* 1. *(Rech)* master tape; 2. *s.* Leitungsband
Leitbefehl *m (Fmt)* routing directive
Leitbehelf *m (Fmt)* routing chart
Leitblech *n* deflector
Leitelektrolyt *m* supporting electrolyte
leiten 1. to conduct *(Strom, Wärme)*; 2. to guide, to direct
leitend conductive, conducting ● **l. machen** to render conducting ● **l. werden** to go into conduction
  gut l. highly conductive
  ideal l. ideally conducting
  in Sperrichtung l. *(Halbl)* reverse-conducting
  in zwei Richtungen l. bidirectional conducting
  schlecht l. poorly conducting
Leiter *m* conductor; core *(Kabel)*
  L. erster Klasse (Ordnung) electronic (first-class) conductor
  L. zweiter Klasse (Ordnung) ionic (second-class) conductor
  abgeschirmter L. screened conductor
  äußerer L. external conductor
  bewegter L. moving conductor
  blanker L. bare (plain) conductor
  dielektrischer L. dielectric conductor
  eindrähtiger L. single-wire conductor
  elektrischer L. electric[al] conductor
  elektrolytischer L. electrolytic conductor
  flexibler L. flexiblo conductor
  flüssiger L. liquid conductor
  gebündelter L. bundle conductor
  geerdeter L. earthed conductor
  geformter L. shaped conductor
  geladener L. charged conductor
  gemischter L. mixed conductor
  gerader (geradliniger) L. straight conductor
  geröbelter L. transposited conductor
  geschichteter L. laminated conductor
  geteilter L. split conductor
  idealer L. ideal (perfect) conductor
  isolierter L. insulated conductor
  massiver L. solid conductor
  mehrdrähtiger L. multistrand conductor
  metallischer L. metallic conductor
  plattenförmiger L. plate[-shaped] conductor
  positiver L. positive conductor
  runder L. circular conductor
  schlechter L. poor conductor
  spannungsloser L. dead conductor
  stromführender L. current-carrying conductor; charged conductor
  stromloser L. dead conductor
  verseilter L. stranded conductor
  verwürgter L. intertwisted conductor
  verzinnter L. tinned conductor
  vielschichtiger L. multilayer conductor
Leiter *mpl* / **parallele** parallel conductors
Leiterabstand *m* conductor spacing *(gedruckte Schaltung)*
Leiterader *f* core of conductor
Leiteranordnung *f* **am Mast** *(Eüb)* conductor arrangement
Leiterarmierung *f* conductor shielding
Leiteraufbau *m* composition of conductor
Leiterbahn *f* [conducting] track (*s. a. unter* Leiterzug)
Leiterbild *n* conductor (conductive) pattern, wiring (circuit) configuration, [board] pattern *(Leiterplatte)*
  drahtgelegtes L. wire pattern
  vorgefertigtes L. preformed graphic circuit pattern
Leiterbildseite *f* conductor (non-component) side
Leiterbreite *f* conductor width *(Leiterplatte)*
Leiterbruch *m* conductor (wire, circuit) break
Leiterbruchschutz *m* open-phase protection
Leiterbruchschutzrelais *n* open-phase protection relay
Leiterbrücke *f* connecting post *(von Leiterzug zu Leiterzug)*
Leiterbündel *n* group of conductors
Leiterdicke *f* conductor thickness
Leiterdurchmesser *m* conductor diameter
Leiterebene *f* conductor plane
Leiterfolge *f* conductor sequence
Leiterfolie *f* conductor foil
leitergekühlt conductor-cooled, direct-cooled
Leitergröße *f* conductor size
Leitergruppe *f* group of conductors
Leiterisolation *f* conductor (wire, strand) insulation; core insulation *(bei Kabeln)*
Leiterkarte *f s.* Leiterplatte
Leitermaterial *n* conductive material
Leitermuster *n s.* Leiterbild
Leiteroberfläche *f* conductor surface
Leiterplatte *f* printed circuit board (card, panel), printed (wiring, circuit) board, pc card
  L. mit durchmetallisierten Löchern through-hole plated printed circuit board
  L. mit eingelegtem (eingepreßtem) Leiterbild flush printed circuit board

bestückte L. assembled printed circuit board, printed circuit assembly
doppelseitige (doppelt kaschierte) L. double-sided printed circuit board
durchkontaktierte (durchmetallisierte) L. through-hole plated printed circuit board, p-t-h printed circuit board
einseitige (einseitig kaschierte) L. single-sided printed circuit board
flexible L. flexible printed [circuit] board
geätzte L. etched printed circuit board, detail board
kaschierte L. clad printed circuit board
lötaugenlose L. padless printed circuit board
unbestückte L. bare printed circuit board, basic printed wiring [board]
zweiseitige L. double-sided printed circuit board
Leiterplattenätzmaschine *f* printed circuit etching machine
Leiterplattenausgangsmaterial *n* printed circuit board base material
Leiterplattenentwurf *m* printed circuit board layout
Leiterplattenfertigung *f* printed circuit board manufacture (production)
Leiterplattenmontage *f* printed circuit board mounting
Leiterplattenmontagegruppe *f* printed circuit [board] assembly
Leiterplattenoriginal *n* printed circuit master
Leiterplattenprüfung *f* circuit board testing
Leiterplattenreinigungsmaschine *f* circuit board cleaning machine
Leiterplattenschrubbmaschine *f* circuit board scrubber
Leiterplattentechnik *f* printed circuit technique; printed circuit technology
Leiterschiene *f* conductor rail
Leiterschleife *f* conductor loop
Leiterschwingungsschutz *m (Anl)* vibration protection; *(Eüb)* conductor vibration damper
Leiterseele *f* core of conductor
Leiterseil *n* stranded conductor
Leiterspannung *f* line voltage; circuit voltage *(zwischen Phasen)*
Leiterstab *m* bar
Leiterstift *m* lead
Leiterstrom *m* conductor current
Leitertanzen *n* conductor galloping
Leiterwerkstoff *m* conducting material, [electric] conductor
Leiterwiderstand *m* conductor resistance
Leiterzug *m* track, conductor, printed circuit board trace, wiring path *(einer Leiterplatte)*
L. in Z-Richtung z-axis conductor
angeschnittener L. auf Innenlagen interlayer copper edge
eingelegter (eingepreßter) L. flush conductor
schmaler L. narrow track
vorgefertigter L. prefabricated (prefab) printed circuit conductor
Leiterzugabstand *m* conductor (track) spacing
L. auf einer Ebene coplanar conductor spacing
Leiterzugbreite *f* conductor width
Leiterzugdicke *f* conductor thickness
Leiterzugeinschnürung *f* reduced conductor width, line width reduction
Leiterzugflanke *f* conductor line edge
Leiterzugrißbildung *f* conductor cracking
Leiterzugschärfe *f* line (edge) definition
Leiterzugüberkreuzung *f* printed circuit cross-over
Leiterzugunterbrechung *f* track break, conductor open
Leiterzugverlegeprogramm *n* tracking program
Leiterzugverlegung *f* tracking
Leiterzugwachstum *n* conductor outgrowth
leitfähig conductive, conducting
Leitfähigkeit *f* conductivity, conductibility
L. des Erdbodens soil conductivity
L. des Überzugs *(Galv)* coating conductivity
L. in Metallen metallic conductivity
anomale L. anomalous conductivity
äquivalente L. equivalent conductivity *(verlustbehaftetes Dielektrikum)*
axiale L. axial conductivity
dielektrische L. dielectric conductance; leakance *(Leitung; Isolator)*
elektrische L. electric[al] conductivity
elektrolytische L. electrolytic conductivity
elektronische L. electronic conductivity
fotoelektrische L. photoconductivity
ideale L. perfect (ideal) conductivity
induzierte L. induced conductivity
isotherme elektrische L. isothermal electrical conductivity
magnetische L. magnetic conductivity, magneto-conductivity; permeance
molare L. molar conductance
optische L. optical conductivity
richtungsabhängige L. asymmetric[al] conductivity
spezifische L. specific conductivity
spezifische elektrische L. conductivity
stationäre L. stationary conductivity
thermische L. thermal conductivity
vollkommene L. *s.* ideale L.
Leitfähigkeitsabfall *m* conductivity decay
Leitfähigkeitsänderung *f* conductivity change
Leitfähigkeitsart *f* mode of conductivity
Leitfähigkeitsband *n s.* Leitungsband
Leitfähigkeitscharakteristik *f* conductivity characteristic

Leitfähigkeitsdichtemesser *m* conductance-bridge hydrometer
Leitfähigkeitsdickenmeßgerät *n* electrical conductance thickness gauge
Leitfähigkeitsfeuchtemesser *m* conductivity-type moisture meter
Leitfähigkeitskoeffizient *m* conductivity (conductance) coefficient, conductivity ratio
Leitfähigkeitsmeßbrücke *f* conductivity [measuring] bridge, conductance bridge
Leitfähigkeitsmeßgerät *n* conductivity (conductance) meter, conductivity measuring instrument, conductometer
Leitfähigkeitsmessung *f* conductivity (conductance) measurement, conductometry
Leitfähigkeitsmeßzelle *f* conductivity cell
Leitfähigkeitsmodulation *f* conductivity modulation
Leitfähigkeitsmodulationstransistor *m* conductivity modulation transistor
Leitfähigkeitstensor *m* conductivity tensor
Leitfähigkeitstitration *f* conductometric titration
Leitfähigkeitstransistor *m* conductivity transistor
Leitfähigkeitstyp *m (Halbl)* conductivity type; mode of conductivity
Leitfähigkeitsverschlechterung *f* decrease in conductivity
Leitfähigkeitswasser *n* conductivity water
Leitfeuer *n* leading light
Leitfolie *f* conductor foil
Leitfunkstelle *f (Nrt)* directing (net-control) station
Leitgerät *n (Syst)* guiding (master) device, master unit, control station
Leitimpuls *m* master (key) pulse
Leitinformation *f (Fmt)* routing information
Leitisotop *n* isotopic indicator, [isotopic] tracer
Leitkabel *n* leader cable
Leitkarte *f (Rech)* guide (master, register) card
Leitkartensortiereinrichtung *f (Rech)* master card sorting device
Leitlack *m* conductive lacquer, conducting varnish
Leitlochband *n (Rech)* pilot tape
Leitlochung *f (Rech)* control punching
Leitpapier *n* conductive paper
Leitplan *m (Fmt)* routing chart
Leitprogramm *n (Rech)* master program (routine), main program, executive routine
Leitregler *m (Syst)* master controller
Leitsalz *n (Galv)* conducting salt
Leitscheibe *f* deflector
Leitschicht *f* conducting layer
Leitsignal *n* pilot signal
Leitsilberelektrode *f (Galv)* fluid-silver electrode
Leitstand *m (Anl)* control station
Leitstation *f* control station; master station
Leitstelle *f (Fmt)* routing desk
Leitstrahl *m* 1. *(FO)* guide (guiding, localizer) beam, equisignal line, radial; 2. radius vector *(Mathematik)*
L. für die Horizontalnavigation lateral guidance *(Vertikalleitebene)*
umlaufender L. rotating beam
Leitstrahldrehung *f (FO)* beam (lobe) switching, lobing
Leitstrahlführung *f (FO)* control by pilot beam
Leitstrahlgerät *n (FO)* guide-beam unit
Leitstrahllandeverfahren *n (FO)* beam approach beacon system
Leitstrahllinie *f (FO)* equisignal line
Leitstrahlpeiler *m (FO)* switched beam direction finder
Leitstrahlsektor *m (FO)* equisignal zone
Leitstrahlsender *m (FO)* localizer, directional signalling beacon, equisignal radio-range beacon
Leitstrahlwinkel *m (FO)* angle of beam
Leitsystem *n* guidance system
Leitung *f* 1. [electric] line, [conducting] wire, cable; transmission line; 2. conduction • **in der L.** *(Fmt)* on the line
L. für abgehenden Verkehr *(Fmt)* outgoing [one-way] circuit
L. für ankommenden Verkehr *(Fmt)* incoming [one-way] circuit
L. mit hoher Fortpflanzungsgeschwindigkeit *(Fmt)* high-velocity propagation line
L. mit Inhomogenitäten line with irregularities
L. mit Kreuzungsausgleich *(Fmt)* transposed transmission line
L. mit Verlusten line with dissipation
L. ohne Verstärker *(Fmt)* non-repeated circuit
abgehende L. outgoing line
abgeschaltete L. dead line
abgeschirmte L. screened line
abgeschirmte symmetrische L. shielded pair
abgeschlossene L. terminated (closed) line
abgestimmte L. tuned line, resonant transmission line, resonant line [circuit] *(z. B. Lecher-Leitung)*
am Ende kurzgeschlossene L. closed-end line
angepaßte L. matched line
ankommende L. incoming line
aperiodische L. non-resonant line
automatisch betriebene L. *(Fmt)* automatic circuit
belastete L. loaded line, line under load
bespulte L. *(Fmt)* coil-loaded circuit, loaded transmission line
betriebsfähige L. *(Fmt)* perfect circuit

betriebsführende L. *(Fmt)* controlling line
dielektrische L. dielectric path
dreiphasige L. three-phase line
durchgehend verlegte L. continuous run of wiring
durchgehende L. through-wiring; *(Fmt)* transit (through) circuit
eindrähtige L. one-wire line
einfache L. single line
einphasige L. single-phase line
einseitig betriebene L. *(Fmt)* one-way circuit
elektrische L. electric line
elektrolytische L. electrolytic conduction
endliche L. finite line
erdsymmetrische L. balanced line
fotoelektrische L. photoconduction
freie L. *(Fmt)* disengaged (vacant, idle) line
gemeinsam benutzte L. *(Fmt)* shared line
gemischte L. mixed conduction
geschlitzte L. slotted line
gestaffelte L. *(Fmt)* echelon circuit
gestörte L. *(Fmt)* faulty line, line in trouble
handbediente L. *(Fmt)* manually operated circuit, manual circuit
homogene L. homogeneous (uniform) line
ideale L. lossless line
inhomogene L. inhomogeneous line
koaxiale (konzentrische) L. coaxial [transmission] line, concentric line (cable)
künstliche L. artificial line
kurzgeschlossene L. short-circuited line
metallische L. metallic conduction
mittelschwer bespulte L. *(Fmt)* medium-heavy-loaded line
offene L. open-ended line
provisorische L. temporary wire
richtungsbetriebene L. *(Fmt)* straightforward circuit
sehr leicht bespulte L. *(Fmt)* very lightly loaded line
stromführende L. live line (wire)
stromlose (tote) L. dead line (wire)
unbeschaltete L. spare line
unbespulte L. *(Fmt)* unloaded line
unendlich lange L. infinite line
unsymmetrische L. unbalanced line
verkabelte L. *(Fmt)* cable line, line in cable
verlustbehaftete L. lossy line
verlustlose L. lossless line, no-loss line; dissipationless line *(ohne Verlustabstrahlung)*
verseilte L. stranded-wire line
verzerrungsfreie L. distortionless line
zeitweise vermietete L. *(Fmt)* part-time private wire circuit
zweiadrige L. twin flex (flexible cord)
λ/4-Leitung *f* quarter-wave line (conductor)
Leitungen *fpl* **/ gebündelte** bunched circuits
parallele L. parallel lines
Leitungsabschluß *m* line termination
Leitungsabschnitt *m (Fmt)* circuit section
Leitungsabzweigung *f* branching-off of conductor; branching of a circuit
Leitungsanfang *m (Elk)* sending end
Leitungsansatz *m* stub line
Leitungsanschluß *m* line terminal
Leitungsart *f* type of circuit
Leitungsauftrennung *f (Fmt)* line splitting
Leitungsausfall *m (Fmt)* circuit outage
Leitungsausgleich *m (Fmt)* line equalization
Leitungsband *n* conduction (conductivity, conductance) band *(Energiebändermodell)*
besetztes L. occupied conductance band
unbesetztes L. empty band
Leitungsbandenergieniveau *n* conduction band energy level
Leitungsbandkante *f* conduction band edge
Leitungsbandkrümmung *f* conduction band curvature
Leitungsband-Valenzband-Tunnelung *f* conduction-to-valence band tunnelling
Leitungsbau *m* line construction
Leitungsbauelement *n* line component
Leitungsbaugruppe *f* line assembly
Leitungsbefestigung *f* lead attachment
Leitungsbelag *m* linear electric constant
Leitungsberührung *f* line-to-line fault
Leitungsblockierung *f (Fmt)* lock-out
Leitungsbruch *m* cable break; line interruption, open-circuit fault
Leitungsbruchrelais *n* line-break relay
Leitungsbündel *n (Fmt)* bundle of trunks, circuit (trunk, junction) group, group of [junction] lines
ankommendes L. group of incoming trunks
gemeinsames L. common trunk group
vollkommenes L. full-availability group
Leitungsdämpfung *f* 1. line attenuation *(Antennenleitung)*; standard cable equivalent *(in Standard Cable Miles)*; 2. line loss; transmission loss
Leitungsdiagramm *n* transmission line chart
Smithsches L. Smith chart
Leitungsdichte *f* line density
Leitungsdifferentialschutz *m* line differential protection
Leitungsdraht *m* conducting (line) wire, conductor
Leitungsdruckverbinder *m* pressure wire connector
Leitungsdurchschalter *m (Fmt)* line concentrator

Leitungseigenschaften *fpl* transmission line characteristics
Leitungseinführung *f* bush; cable entry; leading-in
Leitungselektron *n* conduction electron
Leitungsentzerrer *m (Fmt)* line equalizer
Leitungsfehler *m* / **vorübergehender** temporary line fault
Leitungsfeld *n* 1. *(Eüb)* line section; line (feeder) bay *(Freiluftschaltanlagen)*; 2. *(Anl)* line (feeder) panel
Leitungsfilterung *f (Fmt)* line filtration
Leitungsfrequenzverteilung *f (Nrt)* line frequency allocation
Leitungsführung *f* [electric] wiring, arrangement of conductors; *(Fmt)* route
offene L. open wiring
Leitungsgeräusch *n (Fmt)* circuit (line) noise
Leitungsgerüst *n* lead frame
leitungsgesteuert line-controlled
Leitungsgleichung *f* line equation
Leitungsglied *n* / **nichtlineares** non-linear conduction device
Leitungsimpedanz *f* line impedance
Leitungsinduktivität *f* line (lead) inductance
Leitungsinformationsspeicher *m* line information store
Leitungsinhomogenität *f* line inhomogeneity (irregularity)
Leitungsisolator *m* line insulator
Leitungskabel *n* cable
Leitungskapazität *f* line capacitance
L. je Längeneinheit specific line capacity
Leitungskarte *f (Fmt)* line-up record
Leitungskette *f (Fmt)* chain of circuits
Leitungsklemme *f* cable clip; line (wiring) terminal
Leitungsknoten *m (El)* node
Leitungskode *m* cable code
Leitungskonstante *f* [transmission] line constant; circuit constant
Leitungskonzentrator *m (Fmt)* concentrator circuit; *(Ferns)* line concentrator
Leitungskopplung *f* cable connecting socket
Leitungskreis *m* transmission line circuit
abgehender L. outgoing line circuit
Leitungskreuzung *f* crossing of lines; *(Fmt)* transposition *(am Gestänge)*
Leitungslänge *f* line length
Leitungsmaterial *n* conductive material
Leitungsmodell *n* artificial balancing line; transmission model
Leitungsmuster *n* conductor pattern *(Leiterplatte)*
Leitungsnachbildung *f* artificial [balancing] line, balancing network, line balance, equivalent line
Leitungsnetz *n* network, [power] system, public mains
Leitungspaar *n* pair of leads
Leitungspilot *m (Fmt)* line pilot
Leitungsplan *m* wiring diagram
Leitungsprofil *n* profile of line
Leitungsprüfer *m* line (continuity) tester, circuit tester
Leitungsquerschnitt *m* line cross section
Leitungsquetschverbinder *m* pressure wire connector
Leitungsrauschen *n* line (circuit) noise
Leitungsrauschpegel *m* circuit noise level
Leitungsregelung *f* line regulation
Leitungsregelungsabschnitt *m (Fmt)* regulated line section
Leitungsregler *m* line regulator
Leitungsrelais *n* line relay
Leitungsrichtung *f* conduction direction
Leitungsschalter *m* line circuit breaker
Leitungsschelle *f* clip
Leitungsschleife *f* loop, looped circuit
Leitungsschnur *f* [flexible] cord
Leitungsschutzdrossel *f* line choking coil
Leitungsschutzschalter *m* automatic cut-out
Leitungsschwingkreis *m* line resonator, resonant line [circuit] *(z. B. Lecher-Leitung)*
Leitungsspannung *f* line voltage
Leitungsstörung *f* line fault
Leitungsstrom *m* 1. conduction current; 2. line current
Leitungsstromdichte *f* conduction current density
Leitungsstützisolator *m* line-post insulator
Leitungssystem *n* line system
[erd]symmetrisches L. balanced line system
Leitungsteil *n* / **nichtlineares** non-linear conduction device
Leitungstheorie *f* [transmission] line theory, theory of transmission lines
Leitungstransformator *m s.* Leitungsübertrager
Leitungstyp *m* conduction type
Leitungsübertrager *m (Fmt)* line transformer; repeater (repeating) coil
Leitungsübertragung *f (Nrt)* line transmission
Leitungsumschaltung *f* change of line
Leitungsunterbrechung *f* [line] disconnection, cable interruption
Leitungsverbinder *m* [cable] connector, conductor joint
Leitungsverlegung *f* line installation, wiring
L. auf Putz surface wiring
L. unter Putz buried (concealed) wiring
Leitungsverlust *m* conduction loss; line (transmission) loss; mains leakage
Leitungsvermittlung *f (Fmt)* line switching
Leitungsverstärker *m* line amplifier; *(Fmt)* line repeater

Leitungsverteiler *m* distribution frame
Leitungsverzerrung *f* line distortion
Leitungsverzögerung *f* line lag
Leitungsvoltmeter *n* feeder voltmeter
Leitungswähler *m (Fmt)* final (line) selector
  L. mit Durchwahl final selector with through dialling
Leitungswählergestell *n (Fmt)* final selector rack
Leitungswählervielfach *n (Fmt)* final selector multiple
Leitungswahlstufe *f (Fmt)* final selection stage
Leitungswärme *f* heat of conduction
Leitungsweg *m* conduction path
Leitungswiderstand *m* line (conductor) resistance
  charakteristischer L. characteristic impedance
Leitungswirkungsgrad *m* line efficiency
Leitungszeichen *n (Fmt)* line signal
Leitungszusammenschaltung *f (Fmt)* line interconnection
Leitungszustand *m* line condition
Leitverkehr *m (Nrt)* controlled communication
Leitvermögen *n s.* Leitfähigkeit
Leitweg *m (Fmt)* route
Leitwegangabe *f (Fmt)* route indication
Leitweganzeiger *m (Fmt)* routing indicator
Leitwegauswahl *f (Fmt)* routing
Leitwegführung *f s.* Leitweglenkung
Leitweginformation *f (Fmt)* routing information
Leitweglenkung *f (Fmt)* routing guidance (guide), [alternative] routing, re-routing
Leitwegplan *m (Fmt)* routing plan
Leitwegsystem *n (Fmt)* routing system
Leitwerk *n (Rech)* control unit
Leitwert *m* 1. [electric] conductance *(SI-Einheit: Siemens);* 2. admittance *(komplexer Leitwert)*
  bezogener L. per unit admittance (conductance)
  differentieller L. incremental admittance (conductance)
  einstellbarer L. *(Meß)* adjustable conductance
  komplexer L. admittance
  magnetischer L. magnetic conductance *(SI-Einheit: Henry)*; permeance
  mechanischer L. mechanical admittance
  ohmscher (reeller) L. conductance *(Wirkleitwert)*
  spezifischer L. specific conductance, conductivity
  spezifischer akustischer L. specific acoustic admittance
Leitwertbelag *m* per unit admittance *(komplexe Größe)*
Leitwertdiagramm *n* admittance chart *(komplexe Größe)*
Leitwertmatrix *f* admittance-matrix, Y-matrix
Leitwertmesser *m* conductometer
Leitwertnormal *n* conductance standard
Leitwertparameter *m* admittance parameter
Leitwort *n (Rech)* control word
Leitzahl *f* 1. *(Fmt)* routing code; guide number, flash factor *(Lichtblitz)*
Lenkerblinkleuchte *f* handle-bar flash lamp
Leonard-Antrieb *m* Ward-Leonard drive
Leonard-Generatorsatz *m,* **Leonard-Satz** *m* Ward-Leonard group (set)
Leonard-Schaltung *f* Ward-Leonard system
Leporelloformular *n (Rech)* endless (continuous) form
Lernautomat *m (Syst)* learning automaton (machine)
lernend learning, self-adapting *(Automat)*
Lernmatrix *f (Syst)* learning matrix *(Schaltstruktur)*
Lernmodellverfahren *n (Syst)* learning-model technique
Lernphase *f (Syst)* learning phase
Lernprogramm *n (Syst)* learning program
Lernstruktur *f (Syst)* learning structure
Lernsystem *n (Syst)* learning system
lesbar readable *(z. B. Zeichen)*
  leicht l. easily readable
  zerstörungsfrei l. non-destructively readable
Lesbarkeit *f* readability *(von Zeichen)*
Lesebetrieb *m (Rech)* read operation
Lesebürste *f (Rech)* reading brush
Lesedraht *m (Rech)* read (sense) wire
Leseeinheit *f (Rech)* read-out unit
Lesegerät *n (Rech)* reader, reading device (*s. a. unter* Leser)
  L. für Schriftzeichen character reader
Lesegeschwindigkeit *f (Rech)* reading rate (speed)
Leseimpuls *m (Rech)* read[-out] pulse
Lesekopf *m (Rech)* read[ing] head
Lesekreis *m (Rech)* read[-out] circuit
Leselampe *f* read[ing] lamp
Leseleitung *f (Rech)* read (sense) wire
Leselocher *m (Rech)* read punch
Lesemarke *f (Rech)* read mark
Lese-Modifizierungs-Schreibzyklus *m (Rech)* read-modify-write cycle
lesen *(Rech)* to read; to sense
  spaltenweise l. to read-out column by column
  zeilenweise l. to read-out line by line
Lesen *n (Rech)* reading; sensing *(von Lochkarten)*
  fotoelektrisches L. photoelectric reading
  nichtlöschendes L. non-destructive read-out, NDRO *(Speicher)*
  visuelles L. visual read-out
  zerstörendes L. destructive reading *(Speicher)*
  zerstörungsfreies L. *s.* nichtlöschendes L.

Leseoperation *f (Rech)* reading operation
Leseprogramm *n (Rech)* reading program
Leser *m (Rech)* reader
elektronischer L. electronic reader
fotoelektrischer L. photoelectric reader
optischer L. optical reader
Lesereinheit *f (Rech)* reader unit
Leseschaltung *f (Rech)* read circuitry
Lese-Schreib-Kopf *m (Rech)* read-write head
Lese-Schreib-Register *n (Rech)* read-write register
Lese-Schreib-Verstärker *m (Rech)* read-write amplifier
Lesesignal *n (Rech)* read[-out] signal
Lesespannung *f (Rech)* reading (playback) voltage
Lesespur *f (Rech)* read track
Lesestift *m* pin reader
Lesestrom *m (Rech)* read current
Lesetaste *f (Rech)* read-out [push] button
Lese- und Schreibtakt *m* / **unterteilter** *(Rech)* split read-and-write cycle *(Speicher)*
Leseverfahren *n (Rech)* reading method
Leseverstärker *m (Rech)* read[-out] amplifier, sense amplifier
Lesevorgang *m (Rech)* reading operation
Lesewicklung *f (Rech)* read winding (coil), sense winding
Lesezeit *f* 1. *(Rech)* read[ing] time; 2. display time *(bei Sichtspeicherröhren)*
Lesezugriffszeit *f (Rech)* reading access time
Letztweg *m (Fmt)* final (last choice) route
Leuchtanzeige *f* illuminated display
Leuchtband *n* luminous row
Leuchtbaustein *m* luminous tile
Leuchtboje *f* light buoy
Leuchtbombe *f* illuminating (flash) bomb
Leuchtdauer *f* flash duration
Leuchtdecke *f* luminous (illuminated) ceiling
Leuchtdeckenelement *n* luminous ceiling panel
Leuchtdichte *f* luminance, [photometric] brightness; luminous density
Leuchtdichtebereich *m* luminance range
Leuchtdichtefaktor *m* luminance factor
Leuchtdichtemesser *m* luminance meter
Leuchtdichtenormal *n* luminance standard
Leuchtdichtepyrometer *n* light intensity pyrometer
Leuchtdichteskala *f* luminance scale
Leuchtdichtetechnik *f* brightness engineering
Leuchtdichteunterscheidungsvermögen *n* luminance discrimination
Leuchtdichteunterschiedsempfindlichkeit *f* luminance difference sensitivity
Leuchtdichteunterschiedsschwelle *f* luminance difference threshold
Leuchtdichteverhältnis *n* luminance ratio
Leuchtdichteverteilung *f* luminance distribution
Leuchtdiode *f* light-emitting diode, injection luminescence diode, LED
Leuchtdraht *m* filament *(Glühlampe)*
geflochtener L. stranded [lamp] filament
gestreckter L. straight filament
Leuchtdrahtdurchmesser *m* filament diameter
Leuchtdrucktaste *f* illuminated push button
Leuchte *f* lighting fitting, lighting luminaire (fixture)
L. für Reflektorleuchtstofflampen reflector fluorescent luminaire
asymmetrische L. asymmetrical lighting fitting
dreilampige L. three-lamp fitting
drucksichere L. pressurized fitting
einlampige L. single-lamp fitting
explosionsgeschützte L. explosion-proof lighting fitting
hermetisch abgeschlossene L. airtight luminaire
regenwassergeschützte L. rainproof fitting
spritzwassergeschützte L. splashproof fitting
staubgeschützte L. dustproof fitting
symmetrische L. symmetrical lighting fitting
tropfwassergeschützte L. drip-proof fitting
wasserdichte L. watertight fitting
wassergekühlte L. water-cooled fitting
zweilampige L. twin-lamp fitting
Leuchtelektron *n* optical (valency) electron
leuchten to emit (give off) light; to glow; to luminesce
Leuchten *n* light emission; luminescence
Leuchtenabmessung *f* luminaire size
Leuchtenabschluß *m* closure of fitting
Leuchtenabstand *m* luminaire spacing
Leuchtenanordnung *f* fitting arrangement
Leuchtenaufhängung *f* luminaire suspension
leuchtend luminous; shining
Leuchtenentwurf *m* fitting (luminaire) design
Leuchtenklassifizierung *f* luminaire classification
Leuchtenprüfung *f* testing of luminaires (lighting fittings)
Leuchtentyp *m* fitting type, type of lighting fitting
Leuchtenüberhang *m* overhang of lighting fittings
Leuchtenunterzug *m* underrunning of lamps
Leuchtenwirkungsgrad *m* efficiency (light output ratio) of a fitting
Leuchterscheinung *f* luminescence glow, luminous effect

Leuchtfaden *m* streamer *(Gasentladungsstadium)*
Leuchtfarbe *f* luminous (luminescent) paint
Leuchtfeld *n* luminous field
Leuchtfeldabmessungen *fpl* luminous field dimensions (size)
Leuchtfeldblende *f* field diaphragm (stop)
Leuchtfeuer *n* beacon
unterbrochenes L. intermittent (scintillating, occulting) light
Leuchtfläche *f* luminous area; emitting surface
planare L. flat luminous area
Leuchtfleck *m* [luminous] spot *(Katodenstrahlröhre)*; illuminating (light) spot; *(FO)* blip
Leuchtfleckdurchmesser *m* [luminous] spot diameter
Leuchtfleckunterdrückung *f* luminous spot suppression
Leuchtkondensator *m* electroluminescent cell lamp, luminescent panel (plate)
Leuchtkörper *m* luminous (glow) body, illuminant
Leuchtkraft *f* luminosity, luminous power
Leuchtpfeil *m* projected arrow *(Lichtzeiger)*
Leuchtpilz *m* luminous fungal (mushroom) *(Verkehrszeichen)*
Leuchtpult *n* light table
Leuchtpunkt *m* [luminous] spot; phosphor dot *(Farbbildröhre)*
Leuchtpunktgröße *f* spot size
Leuchtquarz *m* glow crystal
Leuchtreklame *f* advertising sign, luminous advertising
Leuchtröhre *f* 1. tubular discharge lamp; 2. cold-cathode [fluorescent] tube
Leuchtröhrenbeleuchtung *f* high-voltage lighting, cold-cathode lighting
Leuchtsäule *f* luminous column; illuminated bollard *(Verkehrszeichen)*
Leuchtschaltbild *n* illuminated circuit diagram
Leuchtschild *n* illuminated sign
Leuchtschirm *m* luminescent (fluorescent) screen; phosphor [viewing] screen
feinkörniger L. *(Ferns)* fine-grain fluorescent screen
Leuchtschirmröhre *f* luminescent-screen tube
Leuchtskale *f* illuminated scale (dial)
Leuchtspektrum *n* luminescent spectrum
Leuchtspur *f* luminous trace, [line of] trace
Leuchtstab *m* illumination rod
Leuchtstärke *f* luminosity
Leuchtstift *m* light pen
Leuchtstoff *m* luminescent material, phosphor, luminophor
aktivierter L. activated phosphor
organischer L. organic phosphor
Leuchtstoffaktivierung *f* activation of phosphor
Leuchtstofflampe *f* [tubular] fluorescent lamp
L. mit integriertem Vorschaltgerät integrally ballasted fluorescent lamp
kältefeste L. low-temperature fluorescent lamp
Leuchtstofflampenanlage *f* fluorescent lamp installation
Leuchtstofflampenbeleuchtung *f* fluorescent lighting
Leuchtstofflampenflimmern *n* fluorescent flicker
Leuchtstofflampen-Helligkeitsregelung *f* fluorescent lamp dimming control
Leuchtstofflampenstarter *m* fluorescent starter switch
Leuchtstofflampenvorschaltgerät *n* fluorescent lamp ballast
Leuchtstofflampenwendel *f* fluorescent lamp filament
Leuchtstoffpunkt *m* phosphor dot *(Farbbildröhre)*
Leuchtstoffröhre *f* tubular fluorescent lamp, high-voltage fluorescent tube, luminescent tube (*s. a. unter* Leuchtstofflampe)
Leuchttafel *f* luminous board
Leuchttaste *f* illuminated (luminous) key
Leuchttaster *m* illuminated control push button, indicator push-button unit
Leuchttemperatur *f* luminance (brightness) temperature *(eines strahlenden Körpers)*
Leuchtturm *m* lighthouse
Leuchtwählscheibe *f (Fmt)* luminescent dial
Leuchtwanne *f* trough fitting
Leuchtzeichen *n* illuminated sign; flare (light) signal
Leuchtzentrum *n* light centre
Leuchtziffer *f* [self-]luminous figure
Leuchtzifferblatt *n* luminous dial
L-Glied *n* L-network
Licht *n* light
diffuses L. diffused light
durchfallendes L. transmitted light
einfallendes L. incident light
einfarbiges L. monochromatic light
elliptisch polarisiertes L. elliptically polarized light
farbiges L. coloured light
gedämpftes L. subdued (soft) light
gerichtetes L. directed light
gestreutes L. diffused (spread) light
gleichfarbiges L. homochromatic (isochromatic) light
inkohärentes L. incoherent light
intermittierendes L. intermittent light
kohärentes L. coherent light
künstliches L. artificial light
linear polarisiertes L. plane-polarized light
monochromatisches L. monochromatic light

natürliches L. natural light
reflektiertes L. reflected light
unpolarisiertes L. unpolarized light
verschiedenfarbiges L. heterochromatic light
weißes L. white (achromatic) light
zirkular polarisiertes L. circularly polarized light
Lichtabfall *m* light decrease (loss)
Lichtablenkung *f* light deflection
Lichtabschirmung *f* light shield
lichtabsorbierend light-absorbing
Lichtabstufung *f* gradation of light
Lichtaggregat *n* lighting set
lichtaktivierend light-activating
Lichtaktivierung *f* light activation
Lichtanlage *f* electric light plant, electric lighting installation
Lichtanpassung *f* light adaptation
Lichtanregung *f* light excitation
Lichtäquivalent *n* / **mechanisches** mechanical equivalent of light
Lichtarchitektur *f* architectural lighting
Lichtart *f* illuminant
Lichtausbeute *f* light (luminous) efficiency, light yield
Lichtausgang *m* light output
Lichtausstrahlung *f* **/spezifische** radiance, luminous emittance
Lichtaustritt *m* light exit
Lichtaustrittsscheibe *f* light exit panel *(Scheinwerfer)*
Lichtband *n* luminous row
Lichtbandbreitenverfahren *n* Christmas-tree pattern *(Lichttontechnik)*
Lichtbatterie *f* lighting battery
Lichtbedarf *m* lighting need
lichtbeständig stable in light, resistant to light
Lichtbeständigkeit *f* light resistance
Lichtblitz *m* light flash
Lichtblitzanalysator *m* flashometer
Lichtblitzstroboskop *n* stroboscope
Lichtbogen *m* [electric] arc
abgeschnittener L. chopped arc
eingeschlossener L. enclosed arc
elektrischer L. electric arc
flackernder L. unsteady (erratic) arc
geschlossener L. internal arc
hochfrequenzstabilisierter L. high-frequency stabilized arc
offener L. open[-burning] arc, free-burning arc
schwingender L. oscillating arc
selbständiger L. self-sustained arc
selbstregelnder L. self-adjusting arc
thermionischer L. thermionic arc
thermischer L. thermal arc
übertragener L. transferred arc
wandernder L. migrating (erratic) arc
wirbelstabilisierter L. whirl-stabilized arc
zischender L. hissing (frying, noisy) arc
Lichtbogenabfall *m* arc drop
Lichtbogenanregung *f* arc excitation
Lichtbogenbedingung *f* arcing condition
Lichtbogenbeständigkeit *f* arc stability
Lichtbogenbildung *f* arc formation, arcing
Lichtbogenbrenndauer *f* arc duration
Lichtbogenbrennschneiden *n* oxy[gen]-arc cutting
Lichtbogencharakteristik *f* arc characteristic
Lichtbogendurchschlag *m* breakdown *(Isolation)*
Lichtbogendurchzünden *n* arc-back
Lichtbogenelektrode *f* arc electrode
Lichtbogenentladung *f* arc discharge
Lichtbogenentladungsröhre *f* arc discharge tube
Lichtbogenerdschluß *m* arcing ground
Lichtbogenerwärmung *f* arc heating
Lichtbogenfestigkeit *f* arc resistance, resistance to arc[ing]
Lichtbogenflamme *f* arc flame
Lichtbogenfunke *m* arc spark
Lichtbogenfußpunkt *m* cathode (anode) point, cathode root
Lichtbogengenerator *m* arc generator
Lichtbogengleichrichter *m* arc rectifier
Lichtbogenheizung *f* arc heating
Lichtbogenhörner *npl* secondary arcing contact, arcing horn
Lichtbogenimpedanzregler *m* arc impedance regulator *(z. B. für Lichtbogenschmelzofen)*
Lichtbogeninstabilität *f* arc instability
Lichtbogenkontakt *m* arcing contact
Lichtbogenkammer *f* arc chamber
Lichtbogenkatode *f* arc cathode
Lichtbogenkern *m* arc core (centre)
Lichtbogenkohle *f* arc carbon
Lichtbogenkopf *m* arc terminal
Lichtbogenkrater *m* arc crater *(beim Lichtbogenschweißen)*
Lichtbogenlampe *f* arc lamp
Lichtbogenlampenzünder *m* arc lamp starter
Lichtbogenlänge *f* arc length
Lichtbogenleistung *f* arc power
Lichtbogenlöschkammer *f* arcing (arc quench) chamber *(Löschrohrableiter)*; blow-out chute, arc chute *(Schalter)*
Lichtbogenlöschmittel *n* arc-extinguishing medium *(in Sicherungen)*
Lichtbogenlöschspule *f* arc-extinction coil, arc-suppression coil
Lichtbogenlöschung *f* arc extinction (suppression), quenching of the arc
Lichtbogenlöschvorrichtung *f* arc extinction (control) device
Lichtbogenlöten *n* arc brazing (hard soldering)
Lichtbogenofen *m* [electric] arc furnace
L. mit Abschmelzelektrode consumable-electrode arc furnace

L. mit direkter Heizung direct[-heating] arc furnace
L. mit indirekter Heizung indirect[-heating] arc furnace
Lichtbogenofenelektrode *f* arc furnace electrode
Lichtbogenofentransformator *m* arc furnace transformer
Lichtbogenplasma *n* arc plasma
Lichtbogenplasmabrenner *m* arc plasma torch
Lichtbogenplasmagenerator *m* arc plasma generator
Lichtbogenraffination *f* **unter Vakuum** vacuum-arc refining
Lichtbogenreduktionsofen *m* arc reduction furnace
Lichtbogenregler *m* [electric] arc regulator
Lichtbogen-Sauerstoff-Schneidelektrode *f* oxy-arc cutting electrode
Lichtbogensäule *f* arc column
Lichtbogenschaukelofen *m* rocking arc furnace
Lichtbogenscheinwerfer *m* arc lamp projector
Lichtbogenschmelzen *n* arc melting
Lichtbogenschmelzofen *m* arc melting furnace
Lichtbogenschneidelektrode *f* arc cutting electrode
Lichtbogenschneiden *n* [electric] arc cutting
Lichtbogenschutz *m* 1. arc shield; 2. flash guard *(Blendschutz)*
Lichtbogenschutzarmatur *f* arc-protection fitting, arcing device
Lichtbogenschutzhorn *n* arcing horn
Lichtbogenschutzkammer *f* arc deflector
Lichtbogenschutzring *m* arcing ring
Lichtbogenschutzstrecke *f* arcing air-gap
Lichtbogenschweißapparat *m* arc welding apparatus (set)
Lichtbogenschweißelektrode *f* arc welding electrode
Lichtbogenschweißen *n* [electric] arc welding
L. mit Metallelektrode metal-electrode arc welding
L. unter Schutzgas inert-gas[-shielded] arc welding
Lichtbogenschweißgenerator *m* [electric] arc welding generator
Lichtbogenschweißtransformator *m* arc welding transformer
Lichtbogenschweißumspanner *m* / **selbstregelnder** self-regulating arc welding transformer
Lichtbogensender *m* arc transmitter
Lichtbogenspannung *f* arc voltage
Lichtbogenspannungsabfall *m* arc [voltage] drop
Lichtbogenspektrum *n* arc spectrum
Lichtbogenstabilisierung *f* arc stabilization
Lichtbogenstabilisierungsmagnet *m* arc stabilization magnet
Lichtbogenstabilität *f* arc stability
Lichtbogenstrecke *f* arc gap
Lichtbogenstrom *m* arc current
Lichtbogenstromregler *m* arc current regulator
Lichtbogentrennen *n* [electric] arc cutting
Lichtbogenüberschlag *m* arcing-over, arc flash-over
Lichtbogenunterdrückung *f* arc suppression
Lichtbogenventil *n* arc rectifier
Lichtbogenverfahren *n* [electrical] arc process
Lichtbogenverlust *m* arc-drop loss *(im Lichtbogen)*; arc loss *(in Röhren)*
Lichtbogenversuch *m* arcing test
Lichtbogenwanderung *f* arc migration
Lichtbogenwandler *m* arc converter (oscillator)
Lichtbogenwiderstand *m* arc resistance
Lichtbogenwiderstandsofen *m* arc-resistance furnace
Lichtbogenzeit *f* arc[ing] time
Lichtbogenzischen *n* arc hissing (noise)
Lichtbogenzündung *f* arc ignition (starting)
lichtbrechend refracting, refractive
Lichtbrechung *f* refraction of light
Lichtbrechungsvermögen *n* refractivity
Lichtbündel *n* light bundle
Lichtbündelung *f* light bunching, concentration of light
lichtdicht light-tight, light-trapped
Lichtdiffusor *m* light diffuser
Lichtdurchgang *m* light passing
lichtdurchlässig transparent, translucent
Lichtdurchlässigkeit *f* light transmission (transmittance), transparency
Lichteinfall *m* light incidence
Lichteinfallsebene *f* incident-light plane
Lichteinfallsrichtung *f* incident direction, direction of incidence (incident light)
Lichteinwirkung *f* action of light
lichtelektrisch photoelectric
Lichtemission *f* light emission
Lichtemissionsdiode *f* light-emitting diode
lichtempfindlich light-sensitive, sensitive to light, photosensitive
Lichtempfindlichkeit *f* sensitivity to light, photosensitivity, illumination (luminous) sensitivity
Lichtempfindung *f* sensation of light
Lichtenergie *f* light energy
Lichterkette *f* illumination set (chain)
Lichterzeugung *f* light generation, production of light
Lichtfalle *f* light trap
Lichtfarbe *f* illuminant chromaticity (colour)
Lichtfilter *n* light (optical) filter

Lichtfiltersatz *m* filter set
Lichtfleck *m* light spot, spot (patch) of light (*s. a. unter* Lichtpunkt)
beweglicher L. moving spot [of light]
intensiver L. hot (high) spot
leuchtender L. mit Bewegungssteuerung controlled-movement luminescent light spot
wandernder L. travelling light spot
Lichtfluß *m* light (luminous) flux
Lichtfluter *m* floodlight fitting (projector), floodlighting lantern
lichtgekoppelt photocoupled
Lichtgenerator *m* laser oscillator
lichtgeschützt light-proof, protected from light
lichtgesteuert light-controlled
Lichtgewinn *m* light gain (increment)
Lichtgriffel *m* light pen
Lichthof *m* halo, halation
Lichthofbildung *f* halation, formation of halos
lichthoffrei antihalo
Lichthofschutz *m* antihalation protection
Lichthupe *f* flash light *(Kraftfahrzeug)*
Lichtimpuls *m* light pulse
Lichtimpulsgeber *m* light pulse generator
Lichtintensität *f* light intensity (level)
Lichtintensitätsverteilungsdiagramm *n* candlepower distribution curve
Lichtkabel *n* lighting cable, electric light cable
Lichtkanone *f* laser
Lichtkegel *m* light (illuminating) cone
Lichtkonus *m* cone of light
Lichtkoppler *m* light connector
Lichtkopplung *f* light coupling
Lichtkuppel *f* light dome
Lichtlabor[atorium] *n* lighting (photometric) laboratory
Lichtleistung *f* light output (power, efficiency) *(einer Lichtquelle)*
Lichtleitbündel *n* fibre [optics] bundle, light wire [bundle]
Lichtleiter *m* light guide (pipe, line), optical guide; optical (glass) fibre
Lichtleiterpyrometer *n* light wires pyrometer
Lichtleitkabel *n* light pipe, [flexible] light guide, glass fibre cable
Lichtleitstab *m* light-conducting rod
Lichtleitung *f* 1. light conduction, guidance of light *(Faseroptik)*; 2. lighting mains *(Anlage)*
Lichtmagnet *m* light magnet
Lichtmarke *f* light spot (marker)
L. des Spiegelgalvanometers galvanometer spot
Lichtmarkengalvanometer *n* light-spot galvanometer
Lichtmarkeninstrument *n* light-beam instrument, instrument with optical pointer
Lichtmast *m* lamp pole, lighting column
Lichtmaximum *n* light intensity maximum
Lichtmenge *f* light quantity
Lichtmessung *f* photometry, photometric (light) measurement
Lichtmodulation *f* light modulation, modulation of light
Lichtmodulator *m* light modulator
elektrooptischer L. electrooptical light modulator
Lichtnetz *n* lighting circuit (network)
Lichtnormal *n* primary standard [of light]
Lichtpauslampe *f* photoprinting (photocopying, blueprinting) lamp
Lichtpunkt *m* light spot, spot (point) of light
bewegter L. flying spot
Lichtpunktabtaster *m* flying-spot scanner, light-spot scanner
Lichtpunktabtaströhre *f* flying-spot scanning tube
Lichtpunktabtastung *f* flying-spot scanning, light-spot scanning
Lichtpunktspeicher *m* flying-spot store
Lichtquant *n* photon, light quantum (particle)
Lichtquantenimpuls *m* photon momentum
Lichtquantentheorie *f* light-quantum theory, quantum theory of light
Lichtquelle *f* light (luminous) source
ausgedehnte L. extended light source
punktförmige L. point light source
ringförmige L. annular illumination source
spaltförmige L. slit source
Lichtquellenabschirmung *f* shielding of light source[s]
Lichtquellenanordnung *f* [light] source arrangement, lamp arrangement
Lichtquellenbild *n* source image
Lichtquellenfarbe *f* light source colour
Lichtquellengröße *f* source size
Lichtquellenort *m* light source mounting position
Lichtraster *m* louvre, spill shield
Lichtraumprofil *n* obstruction gauge limit *(Transformatoren, elektrische Großmaschinen)*
Lichtregelung *f* light control
Lichtregistriergalvanometer *n* galvanometer recorder
Lichtrelais *n* light relay *(Lichtschalter)*; photoelectric relay *(auf fotoelektrischer Basis)*
Lichtschalter *m* light (lighting) switch
Lichtschirm *m* light screen
Lichtschleuse *f* light-locked passage, light trap
lichtschluckend light-absorbing
Lichtschranke *f* light barrier
Lichtschreiber *m* light pen; galvanometer recorder

Lichtschutzfilter *n* safelight filter
Lichtschwächung *f* light attenuation
Lichtschwankung *f* light fluctuation
Lichtschwerpunkt *m* light centre
Lichtsignal *n* light (optical) signal
intermittierendes L. intermittent light signal
Lichtspalt *m* light gap (slit)
Lichtspaltmessung *f* light-gap testing
Lichtspektrum *n* light (luminous) spectrum
Lichtsprechgerät *n* optical telephone equipment, optophone
lichtstabil light-stable
lichtstark light-intense
Lichtstärke *f* light (luminous) intensity
Lichtstärkenormal *n* standard lamp for luminous intensity, luminous intensity standard
Lichtstärkeverteilungskurve *f* light distribution curve, distribution curve of luminous intensity
Lichtsteller *m* light controller
Lichtsteuergerät *n* dimmer control equipment *(Theaterbeleuchtung)*
Lichtsteuerröhre *f* light modulator
Lichtstift *m* light pen
Lichtstrahl *m* light ray (beam), ray of light
divergenter L. divergent light beam
eng gebündelter L. narrow light beam
Lichtstrahloszillograf *m* moving-coil oscillograph, Duddell (loop, galvanometer) oscillograph, oscillograph with bifilar suspension
Lichtstrahlschreiber *m* light-beam recorder
Lichtstreuung *f* light scattering, scattering of light
Lichtstrom *m* luminous flux; light flux
oberer hemisphärischer L. upper hemispherical flux
unterer hemisphärischer L. lower hemispherical flux
Lichtstromabfall *m* light decrease (decay), lumen depreciation
Lichtstromabfallkurve *f* lumen maintenance curve
Lichtstromdichte *f* luminous flux density
Lichtstromfotometer *n* [integrating] sphere photometer, globe photometer
Lichtstrommesser *m* integrating photometer (sphere)
Lichtstromnormal *n* standard lamp for luminous flux, lumen standard lamp
Lichtstromscheitelwert *m* full-peak light output
Lichtstromverfahren *n* lumen (luminous flux) method
Lichtstromverteilung *f* luminous flux distribution
Lichttechnik *f* lighting (illuminating) engineering
Lichttelefon *n* photophone
Lichttisch *m* light table
Lichtton *m* optical sound, sound on film
Lichttonaufnahmegerät *n* optical (photographic) sound recorder
Lichttonaufzeichnungsgerät *n* optical (photographic) sound recorder
Lichttonspur *f* optical sound track
Lichttonverfahren *n* sound-on-film system
Lichttonwiedergabegerät *n* optical (photographic) sound reproducer
Lichtträger *m* light carrier
Lichttransformator *m* light transformer
Lichtübertragung *f* luminous transfer; light transmission
Licht- und Klimaanlage *f* **[/ kombinierte]** lighting-air-conditioning system
lichtundurchlässig light-tight, light-proof; actinically opaque
Lichtundurchlässigkeit *f* opacity, lighttightness, lightproofness
lichtunempfindlich insensitive to light
Lichtvektor *m* light vector
Lichtventil *n* light valve
Lichtverhältnisse *npl* light[ing] conditions, conditions of illumination
Lichtverlust *m* light loss
Lichtverstärker *m* light amplifier (intensifier), amplifier of light
Lichtverstärkung *f* light amplification (intensification)
L. durch induzierte Strahlungsemission light amplification by stimulated emission of radiation, laser
Lichtverteilung *f* light (luminous intensity) distribution
symmetrische L. symmetrical intensity distribution
unsymmetrische L. asymmetrical intensity distribution
Lichtverteilungsfotometer *n* light distribution photometer, polar-curve photometer
Lichtverteilungskurve *f* light distribution curve
Lichtwandler *m* light converter
Lichtwanne *f* trough fitting
Lichtwechselfrequenz *f* beam chopping frequency
Lichtweg *m* light (optical) path
Lichtwelle *f* light wave
Lichtwelligkeit *f* fluctuation of luminous intensity, luminous ripple
Lichtwirkung *f* light action
Lichtwurflampe *f* projection (projector) lamp
Lichtzähler *m* photon (quantum) counter
Lichtzeichen *n* lamp (light) signal
Lichtzeiger *m* light (flashlight) pointer *(zur Projektion)*; luminous spot *(auf Meßinstrumenten)*
Lichtzeigergalvanometer *n* light-beam galvanometer
Lichtzeigerinstrument *n* light-beam instrument

Lichtzentrumsabstand *m* light-centre length
Lichtzerhacker *m* light[-beam] chopper
Lichtzerlegung *f* dispersion (decomposition) of light
Lichtzündung *f* light firing (activation) *(Thyristor)*
Lichtzusammensetzung *f* light composition
Liebenow-Greinacher-Schaltung *f*, **Liebenow-Greinacher-Vervielfacherschaltung** *f* voltage-doubling circuit, Greinacher half-wave voltage doubler *(Spannungsverdopplung)*
liefern to supply, to deliver *(z. B. Energie)*; to donate *(z. B. Elektronen)*; to yield
Lieferspule *f* delivery spool *(für Wickeldrähte)*
liegen / auf Erdpotential to be at ground
Lift *m* lift
  L. mit Handantrieb hand elevator
Liliputröhre *f* miniature tube
linear linear; flat *(Frequenzgang)*
  gebietsweise l. piecewise linear
Linearantenne *f* linear aerial
Linearantrieb *m* linear drive
Linearbeschleuniger *m* linear accelerator *(für Teilchen)*
Linearbeschleunigung *f* linear acceleration
Lineardispersion *f* linear dispersion
Linearinterpolation *f* linear interpolation
linearisiert linearized
Linearisierung *f* linearization *(z. B. von Kennlinien)*
  äquivalente L. equivalent linearization *(bei stochastischen Signalen)*
  harmonische L. harmonic linearization *(Methode der Beschreibungsfunktion)*
  statistische L. statistical linearization
Linearisierungsbereich *m* linearization range
Linearisierungswiderstand *m (Ferns)* peaking resistor
Linearität *f* linearity
  L. des Verstärkers amplifier linearity
Linearitätsabweichung *f* linearity error
Linearitätsbereich *m* linear range, zone of linearity *(z. B. einer Kennlinie)*
Linearitätsfehler *m* linearity error
Linearitätsregelung *f (Ferns)* linearity control
Linearitätssatz *m* linearity theorem *(der Laplace-Transformation)*
Linearkombination *f* linear combination
Linearmotor *m* linear motor
Linearplanimeter *n* linear planimeter
Linearplasmatron *n* linear plasmatron
Linearpolarisation *f* linear polarization
Linearspeicher *m* linear memory
Linearverstärker *m* linear amplifier
Linguistik *f* / **mathematische** mathematical linguistics
Linie *f* line
  L. der elektrischen Feldstärke line of electric field strength
  L. gleichen Potentials isopotential line
  Fraunhofersche L. Fraunhofer absorption line
  punktierte L. dotted line
  strichpunktierte L. dash-dotted line, dash-and-dot line
Linien *fpl* **ähnlichster Farbtemperatur** isotemperature lines
  L. gleichen Farbtons lines of constant hue
  L. gleicher Horizontalfeldstärke isodynamic lines
  L. gleicher Sättigung lines of constant saturation
  L. gleicher Tageslichtquotienten isodaylight factor curves
Linienaufspaltung *f* line splitting *(Spektrallinien)*
Linienbau *m (Fmt)* line construction
Linienbegehung *f (Fmt)* inspection of a line
Linienbreite *f* line width (breadth); width of the spectral line
Liniendefekt *m (Halbl)* line defect
Liniendipol *m* line dipole
Linienfestpunkt *m (Fmt)* storm-guyed pole
Linienform *f* line profile *(Spektrallinien)*
Liniengruppe *f* group of lines
Linienintegral *n* **eines Tensorfeldes** flow of a tensor field
Linienintensität *f* line intensity
Linienkontakt *m* line contact
Linienkrümmung *f* line curvature
Linienmikrofon *n* line microphone *(mit scharfer Richtwirkung)*
Liniennachweis *m (Fmt)* line-up record, line records
Linienprofil *n* line profile *(Spektrallinien)*
Linienquelle *f* line source
Linienraster *m* line grating
Linienrelais *n (Fmt)* line relay; main relay
Linienrufstrom *m (Fmt)* line ringing current
Linienschalter *m (Fmt)* line switch
Linienschreiber *m* continuous line drawing recorder
Linienserie *f* series of lines, line (spectral) series
Linienspeicherröhre *f* line storage tube
Linienspektrum *n* line (discrete) spectrum
Linienstrahler *m* line radiator (radiation source)
Linienstrahlung *f* atomic line radiation
Linienstruktur *f* line structure
Linienumkehr *f* line reversal
Linienumschalter *m (Fmt)* line switch
Linienverbreiterung *f* line broadening, broadening of spectral lines
Linienverschiebung *f* line shift
Linienverzweiger *m (Fmt)* main cabinet
Linienwähleranlage *f (Fmt)* intercommunication plant
  private L. house telephone system

Linienzug *m (Fmt)* route
Linke-Hand-Regel *f* left-hand rule, Fleming's rule
Link-Kopplung *f* link coupling
Link-Leitung *f* link line
linksdrehend 1. counterclockwise, anticlockwise; 2. laevorotatory, laevogyratory, laevogyric *(optische Aktivität)*
Linksdrehung *f* 1. counterclockwise (anticlockwise, left-hand) rotation; 2. laevorotation *(optische Aktivität)*
linksgängig, linksläufig left-hand[ed] *(Gewinde)*
Linkspolarisation *f* left-handed polarization
linkspolarisiert left-handed polarized
Linksquarz *m* left-handed quartz
Linkswicklung *f* left-handed winding
Link-Trainer *m* Link trainer *(Flugsimulator)*
Linse *f* lens
achromatische L. achromatic lens
dielektrische L. dielectric lens
elektromagnetische L. electromagnetic lens
elektrostatische L. electrostatic [electron] lens
verzeichnungsfreie L. distortionless lens
Linsenantenne *f* lens aerial
gestaffelte L. echelon lens aerial
Linsendicke *f* lens thickness
Linsenfarbraster *m* lenticular screen
Linsenfassung *f* lens mount (cell)
Linsenfehler *m* lens aberration
Linsenform *f* lens shape (form)
linsenförmig lenticular
Linsengruppe *f* lens cluster
Linsenraster *m* lenticular screen
Linsenrasterverfahren *n* lenticular process *(z. B. in der Farbfotografie)*
Linsenscheinwerfer *m* [lens] spotlight
Linsenschirm *m (Ferns)* gobo, flag
Linsensystem *n* lens system
Linsenvergütung *f* antireflection [lens] coating
Lippenmikrofon *n* lip microphone
Liste *f* list; schedule; file
L. der Eingänge *(Rech)* list of inputs
Listendruck *m (Rech)* list print[ing], listing
Listendrucker *m (Rech)* list printer, lister
Listenkamera *f* sequential card camera *(Informationsverarbeitung)*
Listenschreibung *f s.* Listendruck
Littrow-Aufstellung *f* Littrow['s] mounting *(Prismenanordnung)*
Litze *f* stranded wire (conductor), strand; litz [wire], litzendraht *(Hochfrequenzlitze)*
zweiadrige L. twin strand
Litzendraht *m s.* Litze
Litzenflechtmaschine *f s.* Litzenmaschine
Litzenmaschine *f* stranding machine
Litzenspule *f* stranded [wire] coil
Litzenverseilmaschine *f s.* Litzenmaschine
Lizenz *f* licence
Lizenzinhaber *m* licensee
Ljapunow-Funktion *f (Syst)* Liapunov function *(Stabilitätsbestimmung)*
L-Katode *f* L cathode *(bei Scheibentrioden)*
L-Kettenglied *n* mid-shunt termination
lm *s.* Lumen
L-Modus *m* transverse electric and magnetic mode *(Wellenleiter)*
lms *s.* Lumensekunde
Loch *n* hole; *(Halbl)* [electron] hole, defect electron *(positiver beweglicher Ladungsträger)*
blindes L. dead hole *(Leiterplatten)*
durchkontaktiertes (durchplattiertes) L. plated-through [interconnection] hole *(Leiterplatten)*
lötaugenloses L. landless hole *(Leiterplatten)*
nadelfeines L. im Oxid *(Halbl)* oxide pinhole
positives L. positive hole, p-hole
unplattiertes L. plain hole *(Leiterplatten)*
Lochabmessung *f* hole size
Lochanker *m* armature with closed slots
Lochausreißfestigkeit *f* hole pull strength *(Leiterplatten)*
Lochband *n (Rech)* punched [paper] tape, [paper] tape
L. mit allgemein üblichem Kode common-language paper tape
L. mit Halblochung chadless paper tape
gestanztes L. punched [paper] tape
kodiertes L. coded punched tape
von Hand hergestelltes L. manually prepared punch tape
Lochbandabtaster *m* [punched-]tape reader
blockweise arbeitender L. block tape reader
Lochbandabtastung *f* tape sensing, [punched-]tape reading
Lochbandaufzeichnung *f* punched-tape record
Lochbandausgabe *f* punched-tape output
Lochbandeingabe *f* punched-tape input
lochbandgesteuert punched-tape-controlled
Lochbandkarte *f* punched-tape card, edge-punched card
Lochbandleser *m* punched-tape reader, [paper] tape reader
fotoelektrischer L. photoelectric tape reader
schneller L. high-speed paper tape reader
Lochbandlocher *m* punched-tape punch, [paper] tape punch
Lochband-Lochkarte-Umsetzer *m* punched-tape to punched-card converter, [paper] tape-to-card converter
Lochband-Magnetband-Umsetzer *m* punched-tape to magnetic-tape converter

Lochbandprogrammierung *f* punched-tape programming
Lochbandsteuerung *f* punched-tape control
Lochbestückungstoleranz *f* hole insert clearance *(Leiterplatten)*
Lochbild *n* hole pattern *(Leiterplatten)*
Lochblende *f* disk diaphragm; anode aperture *(Katodenstrahlröhre)*
Lochdurchmesser *m* hole diameter
Locheinfang *m s.* Löchereinfang
Loch-Elektron-Paar *n (Halbl)* hole-electron pair
lochen to punch, to perforate
Locher *m* punch, perforator
L. mit automatischem Vorschub automatic-feed punch
automatischer L. automatic punch
druckender L. printing punch
elektrischer L. electric punch
pneumatischer L. pneumatic punch
Löcheranteil *m (Halbl)* hole component
Locherbaueinheit *f* punching unit
Löcherbesetzung *f (Halbl)* hole population
Löcherbeweglichkeit *f (Halbl)* hole mobility
Löcherdichte *f (Halbl)* hole density
Löcherdiffusionskonstante *f (Halbl)* hole diffusion constant
Löcherdiffusionsstrom *m (Halbl)* hole diffusion current
Löchereinfang *m (Halbl)* hole trapping (capture)
Löchereinfangquerschnitt *m (Halbl)* hole-capture cross section
Löchereinfangzentrum *n (Halbl)* hole trapping centre
Löcheremission *f (Halbl)* hole emission
Löcherfalle *f*, **Löcherfangstelle** *f (Halbl)* hole trap
Löcherfluß *m (Halbl)* hole flow
Löcherinjektion *f (Halbl)* hole injection
löcherinjizierend *(Halbl)* hole-injecting
Löcherkonzentration *f (Halbl)* hole concentration
Löcherlebensdauer *f (Halbl)* hole lifetime
löcherleitend *(Halbl)* hole-conducting
Löcherleitfähigkeit *f (Halbl)* hole conductivity
Löcherleitung *f (Halbl)* hole (p-type) conduction
Lochernadel *f* perforating pin
Löcherspeicherung *f (Halbl)* hole storage
Löcherstrom *m (Halbl)* hole current
Löcherstrombestandteil *m (Halbl)* hole current component
Löcherstromdichte *f (Halbl)* hole current density
Lochfalle *f (Halbl)* hole trap
Lochfraß *m* pitting
Lochfraßkorrosion *f* pitting corrosion
Lochgeometrie *f* hole geometry *(Leiterplatten)*
Lochgeschwindigkeit *f* punching rate
Lochgruppe *f* **mit gemeinsamer Achse** clearance holes *(Leiterplatten)*
Lochkarte *f* punched card, [punch] card
kodierte L. coded punched card
Lochkarte-Lochband-Umsetzer *m* punched-card to punched-tape converter
Lochkarte-Magnetband-Umsetzer *m* punched-card to magnetic-tape converter
Lochkartenausgabegerät *n* punched-card output device
Lochkartendopplung *f* / **automatische** automatic card duplication
Lochkartenformat *n* punched-card format
lochkartengesteuert punched-card-controlled
Lochkartenkode *m* [punch] card code
Lochkartenleser *m* punched-card reader (interpreter)
Lochkartenprogrammierung *f* punched-card programming
Lochkartenprüfer *m* punched-card verifier, key-verifying unit
Lochkartenspalte *f* card column
Lochkartensteuerung *f* punched-card control
Lochkartenübersetzer *m* punched-card interpreter
Lochkatode *f* perforated cathode
Lochmaske *f (Ferns)* shadow mask
Lochmaskenröhre *f (Ferns)* three-gun shadow-mask kinescope
Lochmetallisierungsdicke *f* hole plating thickness *(Leiterplatten)*
Lochplattierung *f* [in-]hole plating *(Leiterplatten)*
Lochpositionstoleranz *f* hole location tolerance *(Leiterplatten)*
Lochprüfer *m (Rech)* [card] verifier
Lochraster *m* matrix of holes
Lochrasterfeld *n* user area *(bei Leiterplatten)*
Lochreinigungsverfahren *n* hole cleaning process *(Leiterplatten)*
Lochrißbildung *f* hole cracking *(Leiterplatten)*
Lochscheibe *f* chopper (chopping) disk
Lochschriftübersetzer *m* [punched-]card interpreter
Lochspeicherung *f (Rech)* hole storage
Lochstanzen *n (Rech)* hole punching
Lochstanzensteuergerät *n (Fmt)* reperforator control unit
Lochstation *f (Rech)* punch station
Lochstreifen *m* 1. *s.* Lochband; 2. *(Fmt)* perforated tape
Lochstreifenempfänger *m (Fmt)* reperforator
mitschreibender L. printing reperforator
Lochstreifenfortschaltung *f (Fmt)* tape feed
Lochstreifengeber *m (Fmt)* [perforated] tape transmitter
Lochstreifenleser *m s.* Lochbandleser

Lochstreifensender *m (Fmt)* tape transmitter
L. mit Kulissenführung loop tape transmitter *(für zweimaliges Abtasten des Lochstreifens)*
vollautomatischer L. coupled reperforator and tape reader
Lochstreifensendung *f (Fmt)* tape transmission, auto-transmission
Lochstreifenstanzer *m* tape perforator, paper-tape punch
Lochstreifenübertrager *m /* **vollautomatischer** *(Fmt)* fully automatic reperforator transmitter distributor
Lochstreifenübertragung *f (Fmt)* perforated tape transmission
Lochstreifenvermittlung *f (Fmt)* reperforator switching
Lochstreifenvermittlungsstelle *f (Fmt)* perforated tape exchange, reperforator switching centre
Lochtaster *m* key punch
Lochtoleranz *f* hole tolerance *(Leiterplatten)*
Lochumrandung *f* hole periphery, annular ring *(Leiterplatten)*
Lochung *f* punching; perforation
geprüfte L. checked punching
Lock-in-Gleichrichter *m* lock-in detector
Lock-in-Verstärker *m* lock-in amplifier
LOCMOS *Abk. für* local oxidation of metal oxide semiconductor
LOCOS *Abk. für* local oxidation of silicon
Logarithmierverstärker *m* logarithmic amplifier
Logatom *n (Ak)* logatom
Logik *f* logic
adaptive L. adaptive logic
asynchrone L. non-synchronous logic
äußere L. external logic
digitale L. digital logic
direktgekoppelte L. direct-coupled logic
elektronische L. electronic logic
emittergekoppelte L. emitter-coupled logic
festverdrahtete L. hardwired logic
formale L. formal logic
komplementäre L. complementary logic
langsame störsichere L. low-speed logic
leistungsarme L. low-level logic
mathematische L. mathematical (symbolic) logic
mehrwertige L. many-valued logic, multiple-valued logic
positive L. positive logic
probabilistische L. probabilistic logic
selbstanpassende L. adaptive logic
störsichere L. high-level logic
stromgesteuerte L. current-mode logic
stromziehende austauschbare L. compatible current sinking logic
symbolische L. symbolic (mathematical) logic
synchrone L. synchronous logic
verteilte L. distributed logic
vom Anwender programmierbare L. field-programmable logic array
Logikanalysator *m* logic analyzer
Logikanalyse *f* logic analysis
Logikanordnung *f /* **programmierbare** programmable logic array
Logikbaugruppe *f* logic unit (building block)
Logikbaustein *m* logic module
Logikeinheit *f /* **dioden- und transistorenbestückte** diode-transistor logic unit
Logikelement *n* logic[al] element
Logikfamilie *f* logic family
Logikfeld *n* logic array
Logikgatter *n* logical element
Logikkomparator *m* logic comparator
Logikkontrolle *f* logical (consistency) check
Logikmodul *m* logic module
Logikprüftabelle *f* logic check table
Logikschaltplan *m* logical diagram
Logikschaltung *f* logic[al] circuit
integrierte L. integrated logic circuit
störsichere L. high-noise-immunity logic
stromgesteuerte L. current mode logic
Logiksumme *f* logic sum
Logiksystem *n* logic system
Logiktastkopf *m* logic probe
Logiktransistor *m* logic transistor
logisch hoch logical high
Logistik *f* logistics *(mathematische Logik)*
Lokaladaptation *f (Licht)* local adaptation
Lokalbatterie *f* local battery
Lokalelement *n* local cell (element) *(Kontaktkorrosion)*
lokalisieren to localize
Lokalisierung *f* localization
Lokalkopie *f* local copy
Lokalstrom *m* local current
Lokalstromwiderstand *m* local current resistance
Lokomotive *f /* **elektrische** electric locomotive
Lokomotivtransformator *m* electromotive transformer
Loktalröhre *f* loktal (loctal) tube, loktal valve
Loktalsockel *m* loktal (loctal) base
Longitudinalleitfähigkeit *f* longitudinal conductivity
Longitudinalschwingung *f* longitudinal vibration (oscillation)
Longitudinalwelle *f* longitudinal wave
Loran *n (FO)* long-range navigation [system], loran
Lorentz-Kraft *f* Lorentz force
Losbrechmoment *n* breakaway torque
Losbrechwiderstand *m* breakaway force *(bei Roll- oder Gleitbewegungen)*

Löschbarkeit *f* erasability *(Magnetband)*
Löschbefehl *m (Rech)* clear instruction
Löschbit *n* erase (resetting) bit
Löschdauer *f* arcing time *(Sicherung, Ableiter)*
Löschdrossel *f* 1. [tape] eraser, tape degausser (demagnetizer) *(Magnetband)*; 2. quenching choke
Löscheingang *m* resetting input
löschen 1. to erase *(z. B. Magnetband)*; to clear, to reset *(z. B. Speicher)*; 2. to quench *(Lichtbogen)*; to extinguish *(Feuer)*
den Akkumulator l. *(Rech)* to clear the accumulator
die Markierung l. *(Rech)* to unmark
durch Überschreiben l. *(Rech)* to overwrite
Informationen l. *(Rech)* to cancel information
Löschen *n* **mit UV-Licht** ultraviolet-light erasing *(Speicher)*
selektives (wahlweises) L. selective erasure *(Speicher)*
Löscher *m* extinguisher; quencher
Löschfunke *m* quenched spark
Löschfunkensender *m* quenched-spark transmitter
Löschfunkenstrecke *f* quenching gap, [quenched] spark-gap *(z. B. bei Ableitern)*
Löschgas *n* arc extinction gas
Löschgerät *n* bulk eraser *(für Magnetband)*
Löschgeschwindigkeit *f* erasing speed *(Magnetband)*
Löschimpuls *m* 1. erase pulse (signal), reset pulse; 2. quenching pulse
Löschkammer *f* 1. arcing chamber *(bei Löschrohrableitern)*; 2. explosion chamber *(z. B. beim ölarmen Leistungsschalter)*; 3. arc chute, blow-out chute *(beim Schalter)*
Löschkammerblech *n* deion plate
Löschkammerkontakt *m* blast contact
Löschkammerschalter *m* explosion-pot circuit breaker
Löschkoeffizient *m s.* Extinktionskoeffizient
Löschkondensator *m* quench capacitor; *(Srt)* commutating capacitor
Löschkontakt *m (Rech)* reset contact
Löschkopf *m* erase (erasing) head *(Tonbandgerät)*
L. mit Permanentmagnet permanent-magnet erasing head
Löschkreis *m* quenching circuit; *(Srt)* commutating circuit
Löschmittel *n* quenching (arc-extinguishing) medium
Löschmittelfüllung *f* fuse filler *(einer Sicherung)*
Löschrelais *n* arc-suppression relay
Löschrohr *n* expulsion tube
Löschrohrableiter *m* expulsion-type arrester, line-type expulsion arrester, [expulsion] protector tube; transmission-class expulsion-type arrester *(Freileitungstyp)*; distribution-class expulsion-type arrester *(Netztyp)*
Löschrohrsicherung *f* expulsion fuse
Löschschaltung *f (Srt)* quenching circuit
Lösch-Schreib-Takt *m* clear-write cycle *(Speicher)*
Löschsignal *n (Rech)* erase signal
Löschspannung *f* [deionization] extinction voltage, extinction potential
Löschspule *f* quenching (blow-out) coil
Löschstrom *m* erasing current
Löschtaste *f* reset key (button), clearing (cancellation) key
Löschthyristor *m* quenching thyristor
Löschtransformator *m* neutralizing transformer, neutral compensator
Löschung *f* 1. erasing, erasure *(z. B. Magnetband)*; clearing, reset *(Speicher)*; [zero] reset *(Zähler)*; 2. [arc] quenching *(Entladung)*; 3. extinction
L. durch Infrarotbestrahlung infrared quenching *(der Fotoleitfähigkeit)*
L. einer Gasentladung quenching of discharge
L. von Fehlern *(Rech)* erasure of errors
magnetische L. magnetic quenching
Löschzeit *f* 1. deionization time *(im Lichtbogen)*; 2. erasing (erase) time
L. einer Sicherung arcing time of a fuse
Löschziffer *f (Rech)* erase number
loskuppeln *(Masch)* to disengage; to disconnect
löslich soluble, dissoluble
nicht l. insoluble, non-soluble
Löslichkeit *f* solubility
L. im festen Aggregatzustand solid solubility *(Metalle)*
Löslichkeitsprodukt *n (Chem)* solubility product
loslösen to liberate, to release *(Elektronen)*; to detach
loslöten to unsolder
Losreißen *n* breakaway
Lösung *f* solution
L. für den Übergangszustand transient solution
asymptotische L. asymptotic solution
eingeschleppte L. *(Galv)* drag-in
feste L. solid solution
gesättigte L. saturated solution
herausgeschleppte L. *(Galv)* drag-out
singuläre L. singular solution *(einer Gleichung)*
stationäre L. steady-state solution
Lösungsmittel *n* solvent, dissolvent
Lösungsmittelbeständigkeit *f* solvent resistance, fastness to solvents
lösungsmittelfrei solventless *(z. B. Tränklack)*

Lot *n* solder
Lötanschluß *m* soldered connection; solder[-type] terminal, soldering terminal
Lötauge *n* soldering eye (tag, pad, land), eyelet
Lötautomat *m* automatic soldering machine
lötbar solderable
Lötbarkeit *f* solderability
Lötbarkeitstauchprüfung *f* edge dip solderability test *(Leiterplatten)*
Lotbrücke *f* solder bridge
Lötbrücke *f* jump wire connection, solder strap
Lotbrückenbildung *f* solder bridging
Lötbrunnen *m* jointing chamber
Lötdraht *m* solder wire, wire solder
löten to solder
Löten *n* soldering
L. mit Lasern soldering by lasers
elektrisches L. electric soldering
induktives L. inductive soldering
Lötfahne *f* solder[ing] lug, solder[ing] tag
Lötfett *n* soldering paste
Lötflußmittel *n* [soldering] flux
lötfrei solderless
Lötgrube *f* jointing chamber
Löthülse *f* solder cup
Lötklemme *f* soldering terminal
Lötkolben *m* [soldering] iron
Lötkolbenheizpatrone *f* soldering-iron heater
Lötkopf *m* soldering head
Lötlasche *f* soldering tab (tag)
Lötlegierung *f* solder alloy
lötlos solderless
Lötmaschine *f* soldering machine
Lötmaske *f* solder resist (mask)
Lötmittel *n* solder; soldering agent, flux
Lötmittelrest *m* flux residue
Lötmittelrückfluß *m* solder reflow
Lötmuffe *f* soldering sleeve (box)
Lötöse *f* soldering lug (tag, eye), eyelet
Lötösenleiste *f* soldering-lug strip; terminal board
Lötösenleisten *fpl* trunk frame terminal assembly
Lötösenmaschine *f* eyeletting machine
Lötösenstreifen *m* soldering-lug strip
Lötpunkt *m* soldering point
Lötschacht *m* jointing chamber
Lötschicht *f* solder layer
Lötschweißen *n* braze welding
Lötseite *f* [flow] solder side, opposite (solder dip) side *(einer Leiterplatte)*
Lotsenfunk *m* pilot radio service
Lötspalt *m* capillary gap
Lötstelle *f* soldering point; [soldered] joint, junction
L. des Thermoelements thermocouple junction, thermojunction
heiße L. hot junction
kalte L. dry junction, dry (cold, faulty soldered) joint
thermoelektrische L. thermocouple junction, thermojunction
Lötstift *m* soldering pin
Löttemperatur *f* soldering temperature
lotüberzogen coated with solder
Lotung *f* sounding *(mit Echolot)*
Lötverbindung *f* soldering (soldered) joint, solder[ed] connection
Lötwasser *n* soldering fluid (liquid)
Lötwelle *f* solder wave
Lötwulst *m(f)* wiped joint *(Kabel)*
Lötzinn *n* soldering tin, tin-base solder
Low-Zustand *m (Rech)* low
LPL *Abk. für* low-power logic
L-Schaltung *f* L network
L-Schirm *m* L scope *(Radar)*
LSI *Abk. für* large-scale integration
L-Signal *n* / **ungestörtes** *(Syst, Rech)* undisturbed one (L) *(Binärsignal)*
LSL *Abk. für* low-speed logic
L-Typ *m* transverse electric and magnetic mode, TEM mode *(Wellenleiter)*
Lücke *f* gap, interstice; [lattice] vacancy *(Kristall)*
Lückenzeit *f (Nrt)* blackout time
Luft *f* air
entfeuchtete L. dehydrated air
flüssige L. liquid air
klimatisierte L. conditioned air
staubhaltige L. dust-laden air
überhitzte L. superheated air
umgebende L. ambient air
verdünnte L. rarefied air
Luftabschluß *m* exclusion of air
Luftabsorption *f* atmospheric (air) absorption
Luftabzugsrohr *n* air vent pipe
Luftabzugsventil *n* air escape valve
Luftansauggeräuschdämpfer *m* air intake silencer
Luftauslaß *m*, **Luftaustritt** *m* air outlet
Luftaustrittsöffnung *f* air outlet hole; *(Masch)* air-discharge opening
Luftbefeuchtung *f* air moistening
luftbeständig airproof, stable in air
Luftblase *f* air bubble (pocket), blister
Luft-Brennstoff-Gemisch *n* fuel-air mixture
Luftdämpfer *m* air damper *(für Meßinstrumente)*
Luftdämpfung *f* air [friction] damping *(bei Meßinstrumenten)*
luftdicht airtight
Luftdichte *f* **[/ spezifische]** air density
Luftdichtekorrektur *f* air density correction
Luftdichtekorrekturfaktor *m* air density correction factor
Luftdrehkondensator *m* variable air capacitor
Luftdrossel *f* air-core choke, air-cored inductor

Luftdruck *m* air (barometric, atmospheric) pressure
Luftdruckausgleich *m* air-pressure compensation
Luftdruckeinfluß *m* barometric effect
Luftdruckmesser *m* air-pressure gauge
Luftdruckschalter *m* compressed-air circuit breaker, air-blast circuit breaker, pneumatic pressure switch
Luftdruckschwankung *f* barometric fluctuation
Luftdurchgang *m* air passage
Luftdurchschlag *m* air discharge (sparkover)
Luftdurchschlagstrecke *f* air discharge gap
Luftdüse *f* air nozzle
Lufteinschluß *m* air inclusion (pocket) *(z. B. in Isoliermaterial)*
Lufteintritt *m* air inlet
Lufteintrittsöffnung *f* air inlet (intake) opening, air inlet [hole]
Luftelektrizität *f* atmospheric electricity
Luftelektrode *f* air electrode
Lüften *n* venting
Luftentfeuchter *m* dehydrating breather *(Transformator)*
Luftentladung *f* air discharge
Lüfter *m* fan, blower, ventilator, ventilating fan, [air] extraction fan
transportabler L. portable blower
Lüfterabdeckung *f* fan cover
Lüfterdrehzahlsteuerung *f* fan speed control
Lüftergehäuse *n* fan housing (casing)
Lufterhitzer *m* air heater, air-heating apparatus
außen angeordneter L. external air heater
Lufterhitzerbatterie *f* air-heater battery
Lufterhitzung *f* air heating
Lüfterlärm *m* blower (fan, ventilating) noise
Lüftersatz *m* blower set
Lufterwärmung *f* air heating
Luftfahrtleuchtfeuer *n* aeronautical beacon (ground light)
Luftfeder *f* air spring
Luftfeuchte *f* air humidity (moisture)
absolute L. absolute humidity
relative L. relative [air] humidity
Luftfeuchtekorrekturfaktor *m* humidity correction factor
Luftfeuchtemesser *m* hygrometer, humidity meter
Luftfeuchteschreiber *m* moistograph, hygrograph
Luftfeuchtigkeit *f s.* Luftfeuchte
Luftfilter *n* air filter (cleaner)
Luftflimmern *n* air scintillation
Luftführung *f* air guide (ducting)
Luftfunkenstrecke *f* spark gap in air
Luftgebläse *n* air blower
luftgekühlt air-cooled; fan-cooled
luftgesättigt air-saturated
luftgetrocknet air-dried
lufthärtend air-hardening *(z. B. Isolierlack)*
Lufthülle *f* atmosphere
Luftisolation *f* air insulation
luftisoliert air-insulated
Luftkabel *n* aerial (overhead) cable
L. am Tragseil catenary aerial cable
freitragendes L. self-supporting aerial cable
Luftkabellinie *f (Fmt)* aerial cable line
Luftkammer *f* air chamber
Luftkanal *m* air vent (duct), ventilating duct
Luftkern *m* air core ● **mit L.** air-core *(Spule)*
Luftkissen *n* air cushion (pad)
Luftkompressor *m* air compressor
Luftkondensator *m* air [dielectric] capacitor
Luftkorrosion *f* atmospheric corrosion
Luftkreislauf *m* / **geschlossener** closed air circuit
Luftkühler *m* air cooler
Luftkühlung *f* air cooling ● **mit L.** air-cooled
natürliche L. natural air cooling
Luftlager *n* air bearing
Luftlageradar *n* air position radar
Luftlagerung *f* air suspension *(durch Luftpolster)*
luftleer evacuated, exhausted
Luftleitblech *n* air baffle
Luftleiter *m* aerial conductor
Luftleitschild *m* air shield
Luftleitung *f* 1. air line (duct); 2. *(Ak)* air conduction
Luftleitungsaudiometrie *f* air-conduction audiometry
Luftleitungshörer *m* air-conduction earphone
Luftleuchten *n (Licht)* air glow
Luftmeldestation *f* airway communication station
Luftmotor *m* air motor
Luftöffnung *f* air opening
Luftplasma *n* air plasma
Luftpuffer *m* air damper
Luftpumpe *f* air pump
Luftpyrometer *n* air pyrometer
Luftraum *m* 1. air space (gap) *(Zwischenraum)*; 2. airspace
überwachter L. *(Nrt)* controlled airspace
Luftraumkabel *n* air-space cable
Luftraumüberwachung *f* air-traffic control
Luftreibung *f* air friction, windage
Luftreibungsverluste *mpl* windage losses
Luftreiniger *m* air cleaner (purifier)
Luftrohr *n* air pipe *(Zu- oder Ableitung)*
Luftröhrenkühler *m* air-tube radiator
Luftsauerstoffbatterie *f* air cell battery
Luftsauerstoffelement *n* air[-depolarized] cell

alkalisches L. alkaline zinc air cell
Luftsauerstoffzelle *f s.* Luftsauerstoffelement
Luftsäule *f* air column
Luftschacht *m* air shaft (vent)
Luftschall *m* airborne sound
Luftschalldämmung *f* airborne sound attenuation
Luftschallisolation *f* airborne noise isolation
Luftschallot *n* aerial sounding line
Luftschallquelle *f* airborne sound source
Luftschallüberwachung *f* airborne noise control
Luftschallverlust *m* airborne transmission loss
Luftschalter *m* air switch (circuit breaker), air-break switch[gear]; air-blast circuit breaker *(mittels Druckluft)*
Luftschaltstrecke *f* air break gap
Luftschicht *f* 1. layer (film) of air; 2. atmospheric layer
Luftschleuse *f* air lock, air-locked chamber
Luftschlitz *m* 1. air slit (port); 2. core duct *(im Rotor)*
Luftschütz *n* air-break contactor
Luftspalt *m* air gap; magnet gap *(Magnet);* head gap *(Tonkopf)*
L. mit homogenem Feld uniform-field gap
radialer L. radial air gap
Luftspaltbreite *f* gap clearance
Luftspaltdrossel *f* air-gap choke
Luftspaltfluß *m* air-gap flux
Luftspaltinduktion *f* air-gap flux density
Luftspaltkennlinie *f* air-gap characteristic *(z. B. bei der Magnetisierungskennlinie)*
Luftspaltlänge *f* length of air gap
Luftspaltmagnetometer *n* flux-gate magnetometer
Luftspaltwiderstand *m* **[/ magnetischer]** gap reluctance
Luftspule *f* air coil, air-cored coil (inductance, solenoid, reactor)
Luftstörungen *fpl (Nrt)* atmospherics, strays
Luftstrahl *m* air jet
Luftstrecke *f* clearance
L. zwischen spannungführenden Teilen clearance between poles
L. zwischen spannungführenden und geerdeten Teilen clearance to earth
Luftstreuung *f* Rayleigh scatter[ing], light scattering
Luftstrom *m* air current (stream, flow), blast of air
Luftstromschalter *m* air-blast circuit breaker
Luftsystem *n* air system
Lufttransformator *m* air-core transformer
Lufttrennstrecke *f* air break; *(Anl)* isolating air gap
lufttrocken air-dry
Lufttrockner *m* air (atmospheric) dryer
Lufttrocknung *f* [open-]air drying
Luftüberschuß *m* excess of air, surplus (overplus) air
luftübertragen airborne *(Schall)*
Luftumlauf *m* air circulation
erzwungener L. forced air circulation
Luftumlaufheizung *f* heating by circulating air
Luftumwälzung *f* air circulation
Luftumwälzventilator *m* air-circulating fan
Lüftung *f* ventilation, airing
Lüftungsanlage *f* ventilating system
Lüftungskanal *m* ventilating (ventilation, air) duct
Lüftungsöffnung *f* ventilating aperture, vent, air relief
Lüftungsschacht *m* ventilating (ventilation, air) duct
Lüftungsverlust *m* ventilating loss
Luftventil *n* air (atmospheric) valve
Luftverdichter *m* air compressor
Luftverkehrskontrollsystem *n* air-traffic control system
Luftversorgung *f* air supply
Luftverunreinigung *f* air pollution
Luftvorwärmer *m* air preheater
Luftwarndienst *m* aircraft warning service
Luftwechsel *m* air change
Luftwiderstand *m* air resistance
Luftzufuhr *f* air supply (admission)
Luftzuführung *f* air inlet (*s. a.* Luftzufuhr)
Luftzutritt *m* air access, admission of air
Luftzwischenraum *m* air space (gap)
Lumen *n* lumen, lm *(SI-Einheit des Lichtstroms)*
Lumenmeter *n* lumen meter
Lumenmethode *f* lumen method of lighting design *(Beleuchtungsplanung)*
Lumensekunde *f* lumen-second, lms *(SI-Einheit der Lichtmenge)*
Lumenstunde *f* lumen-hour, lmh
Lumineszenz *f* luminescence
stoßwelleninduzierte L. shock-induced luminescence
Lumineszenzanregung *f* luminescence excitation
Lumineszenzanzeige *f* electroluminescent display
Lumineszenzausbeute *f* quantum (luminescence) efficiency
Lumineszenzbildröhre *f* luminescence-screen tube
Lumineszenzdiode *f* light-emitting diode, LED, luminescence (luminescent) diode
L. rot-grün red-green light-emitting diode
Lumineszenzhalbleiter *m* luminescence semiconductor
Lumineszenzintensität *f* luminescence intensity
Lumineszenzlicht *n* luminescent light

Lumineszenzschirm *m* luminescent screen
Lumineszenzschwelle *f* luminescence threshold
Lumineszenzspektrum *n* luminescence spectrum
lumineszieren to luminesce
Luminophor *m* luminescent material, luminophor
Lummer-Brodhun-Fotometer *n* Lummer-Brodhun photometer
Luvo *s.* Luftvorwärmer
Lux *n* lux, lx *(SI-Einheit der Beleuchtungsstärke)*
Luxmeter *n* lux[o]meter, illumination photometer
Luxsekunde *f* lux-second, lxs *(SI-Einheit der Belichtung)*
LV *s.* Linienverzweiger
LW *s.* Langwelle
L-Welle *f* L-wave, transverse electromagnetic wave, TEM wave
lx *s.* Lux
lxs *s.* Luxsekunde
Lyman-Kontinuum *n* Lyman continuum *(Spektrum)*
Lyman-Serie *f* Lyman series *(Spektrallinienserie)*
Lyrakontakt *m* lyre-shaped contact
L-Zustand *m* L-state, one state *(binärer Schaltkreis)*

M

Mäanderelement *n* zigzag heating element
Mäanderleitung *f* meander (delay) line *(in gedruckten Schaltungen)*
Mäanderwicklung *f* meander winding
machen:
aktiv m. to activate
außermittig m. to decentre
gleichförmig m. to uniformalize
hörbar m. to render audible
leitend m. to render conducting
Licht m. to light up
lichtempfindlich m. to [photo]sensitize
luftleer m. to exhaust, to evacuate
radioaktiv m. to [radio]activate
schalldicht m. to soundproof, to deafen, to deaden
sichtbar m. to render visible; to display
stromlos m. to de-energize, to make dead
taub m. to deafen *(durch Lärmeinwirkung)*
unbeweglich m. to immobilize
unempfindlich m. to desensitize
ungültig m. to nullify
unverständlich m. *(Nrt)* to obscure
unwirksam m. to disable; to inactivate
Machzahl *f* Mach number
Maclaurin-Entwicklung *f* Maclaurin expansion
Madistor *m* madistor *(Magnetdiode)*
MADT *Abk. für* microalloy diffused transistor
Magazin *n* magazine; *(Rech)* hopper *(Kartenzuführung)*
Magazinwechsel *m* magazine changing
Magazinzuführung *f* 1. magazine loading (feeding); 2. magazine feed attachment
Magnafluxmethode *f s.* Magnetpulverprüfung
Magnesiumblitzlampe *f* magnesium flash lamp
Magnesiumelement *n* magnesium cell
Magnet *m* magnet
M. mit geblechtem Eisenkern laminated (lamellar) magnet
künstlicher M. artificial magnet
zusammengesetzter M. compound magnet
Magnetachse *f* magnetic axis
Magnetanker *m* armature of a magnet
Magnetanlasser *m* magnet-type starter
Magnetaufzeichnungsgerät *n* magnetic recorder
Magnetaufzeichnungsverfahren *n* magnetic recording technique
Magnetband *n* magnetic [recording] tape
M. auf Kunststoffgrundlage plastic-based magnetic tape
M. für digitale Aufzeichnungen digital magnetic tape
M. für Schallaufzeichnung audio tape
beschichtetes M. coated magnetic tape
endloses M. loop of magnetic tape
Magnetbandadressierung *f (Rech)* magnetic tape addressing
Magnetbandanlage *f* magnetic tape system
Magnetbandaufnahme *f* magnetic [tape] recording
Magnetbandaufnahmegerät *n* magnetic tape recorder
Magnetbandaufnahme- und -wiedergabeeinrichtung *f* magnetic tape record-reproduce system
Magnetbandaufzeichnung *f* magnetic [tape] recording
Magnetbandbefehl *m* magnetic tape order (command)
Magnetbanddatenverarbeitung *f* magnetic tape data processing
Magnetbandeinheit *f* magnetic tape unit
Magnetbandgerät *n* magnetic tape unit (recorder, device)
M. für meßtechnische Anwendung instrumentation [magnetic] tape recorder
M. mit endlosem Band tape-loop recorder
Magnetbandkassette *f* [tape] cartridge, cassette *(für Tonbänder)*
Magnetbandlaufwerk *n* tape drive
Magnetbandleser *m* magnetic tape reader

Magnetbandprogramm *n* magnetic tape program
Magnetbandspeicher *m* magnetic tape memory (store)
Magnetbandspeicherung *f* magnetic tape storage
Magnetbandspur *f* magnetic tape track
Magnetbandsteuerung *f* magnetic tape control
Magnetbandtransport *m* magnetic tape transport
Magnetbandumsetzer *m* magnetic tape converter
Magnetblasenspeicher *m* magnetic bubble memory (store)
Magnetblasschalter *m* magnetic blow-out circuit breaker
Magnetbremse *f* magnetic brake
Magnetdetektor *m* magnetic detector
Magnetdiode *f* magneto diode, madistor
Magnetdraht *m* magnetic wire
plattierter M. magnetic plated wire
Magnetdrahtspeicher *m* plated wire memory, magnetic wire store
Magnetdrucker *m* magnetic printer
Magnetfeld *n* magnetic field
M. der Erde terrestrial (earth's) magnetic field
M. großer Feldstärke high-intensity magnetic field
M. im Luftspalt magnetic air-gap field
angelegtes M. applied magnetic field
axial gerichtetes M. axially oriented magnetic field
homogenes M. homogeneous (uniform) magnetic field
inhomogenes M. inhomogeneous magnetic field
kritisches M. critical magnetic field *(Supraleitung)*
longitudinales M. longitudinal magnetic field
pulsierendes M. pulsating magnetic field
quasistationäres M. quasi-stable magnetic field, quasi-stationary magnetic field
remanentes M. remanent magnetic field
schwaches M. low magnetic field
starkes M. high magnetic field
stationäres M. stationary magnetic field
statisches M. static magnetic field, magnetostatic field
toroidales M. toroidal magnetic field
Magnetfelddichte *f* magnetic field (flux) density, magnetic induction
Magnetfelderzeugung *f* magnetic field generation
Magnetfeldlinie *f* line of magnetic field strength, magnetic line of force (flux)
Magnetfeldregler *m* field regulator
Magnetfeldröhre *f* travelling-wave magnetron, magnetron [tube]
Magnetfeldröhrenkennlinie *f* critical-voltage parabola, cut-off parabola
Magnetfeldstärke *f* magnetic field intensity (strength)
Magnetfilm *m* magnetic [thin] film
Magnetfilmspeicher *m* magnetic-film memory (store)
Magnetfleck *m* magnetic (magnetized) spot
Magnetfluß *m* magnetic flux
permanenter M. permanent-magnetic flux
Magnetflußumkehr *f* magnetic flux reversal
Magnetgehäuse *n* magnet case (housing)
Magnetgestell *n* magnet frame
Magnetglied *n* / **statisches logisches** static logic magnetic element
Magnethalter *m* magnet holder
Magnetinduktor *m* magneto [generator], magnetoelectric generator
magnetisch magnetic[al]
vollständig m. all-magnetic
magnetisierbar magnetizable
Magnetisierbarkeit *f* magnetizability, ability to be magnetized
magnetisieren to magnetize
magnetisiert / axial axially magnetized
radial m. radially magnetized
Magnetisierung *f* magnetization
bleibende M. *s.* remanente M.
erzwungene M. forced magnetization
induzierte M. induced magnetization
remanente M. remanence, remanent (residual) magnetization
umgekehrte M. inverse magnetization
Magnetisierungsarbeit *f* magnetization power
Magnetisierungsfeld *n* magnetizing field
Magnetisierungsintensität *f* intrinsic induction, intensity of magnetization
Magnetisierungskennlinie *f s.* Magnetisierungskurve
Magnetisierungskraft *f* magnetizing force
Magnetisierungskurve *f* magnetization curve (characteristic), B-H curve, saturation curve
M. des Eisens iron [magnetization] curve
hysteresefreie M. ideal magnetization curve
Magnetisierungsrichtung *f* direction of magnetization
Magnetisierungsschleife *f* hysteresis loop (cycle), curve of cyclic magnetization, cycle of magnetization
Magnetisierungsspule *f* magnetizing coil
Magnetisierungsstrom *m* magnetizing (exciting) current
Magnetisierungsvektor *m* magnetization vector
Magnetisierungsverlust *m* magnetic [hysteresis] loss

Magnetisierungswärme *f* heat of magnetization
Magnetismus *m* 1. magnetism; 2. magnetics *(als Lehre)*
bleibender M. *s.* remanenter M.
flüchtiger M. temporary magnetism
permanenter M. permanent magnetism
remanenter M. remanent (residual) magnetism
Magnetjoch *n* magnet yoke (frame)
Magnetjochverfahren *n* magnetic-yoke method
Magnetkabelzündung *f* magnetic cable firing *(von Thyristoren)*
Magnetkarte *f (Rech)* magnetic card
Magnetkartenrechner *m* magnetic-card computer
Magnetkern *m* magnetic core, core
lesegestörter M. read-disturbed magnetic core
massiver M. solid [magnetic] core
multistabiler M. multistable magnetic core
Magnetkernantenne *f* magnetic core aerial
Magnetkernmatrixschalter *m* magnetic matrix switch
Magnetkernspeicher *m* magnetic core memory (store), core memory
Magnetkernwähler *m* magnetic core switch *(Rechner)*
Magnetkompaß *m* magnetic compass
Magnetkopf *m* magnetic head, head
aufsteckbarer M. plug-in head
beweglicher M. moving magnetic head
fester M. fixed head
gleitender M. flying head
Magnetkopfspalt *m* head gap
Magnetkopplung *f* electromagnetic coupling
Magnetkraft *f* magnetic force
Magnetkreis *m* magnetic circuit; magnetic flux guide
Magnetkreisprüfung *f* magnetic core test
Magnetkupplung *f* magnetic clutch *(bei Wellen)*
Magnetkurs *m* magnetic course *(durch magnetisch Nord bestimmter Kurs)*
Magnetlegierung *f* magnetic alloy
Magnetlocher *m* magnetic punch
Magnetnadel *f* magnetic needle
magnetoakustisch magnetoacoustic
Magnetochemie *f* magnetochemistry
Magnetodynamik *f* magnetodynamics
magnetoelektrisch magnetoelectric
Magneto-EMK *f* magneto e. m. f.
Magnetofon *n* magnetophone
Magnetograf *m* magnetograph *(zum Aufzeichnen des zeitlichen Verlaufs der magnetischen Erdfeldstärke)*
Magnetogramm *n* magnetogram
Magnetohydrodynamik *f* magnetohydrodynamics
Magnetohydrodynamikgenerator *m* magnetohydrodynamic (MHD) generator
magnetohydrodynamisch magnetohydrodynamic
magnetomechanisch magnetomechanical
Magnetometer *n* magnetometer
M. mit Abgleichspule null coil magnetometer
M. mit Impedanzänderung impedance magnetometer
M. mit Quecksilberstrahl mercury jet magnetometer
M. mit sättigungsfähigem Kern saturable magnetometer
magnetomotorisch magnetomotive
Magnetooptik *f* magnetooptics
magnetooptisch magnetooptic
magnetoplasmadynamisch magnetoplasmadynamic
Magnetorotation *f* magnetooptic rotation *(Drehung der Polarisationsebene)*
Magnetoskop *n* magnetoscope
Magnetostatik *f* magnetostatics
magnetostatisch magnetostatic
Magnetostriktion *f* magnetostriction
Magnetostriktionsempfänger *m* magnetostriction receiver
Magnetostriktionssender *m* magnetostriction transmitter
magnetostriktiv magnetostrictive
Magnetplatte *f* magnetic disk *(Speicher)*
Magnetplattenspeicher *m* magnetic-disk memory (store), magnetic-plate store, magnetic disk
Magnetpol *m* magnetic pole
Magnetprüfer *m* magnet tester
Magnetpulver *n* ferromagnetic powder
Magnetpulverprüfung *f*, **Magnetpulververfahren** *n* magnetic particle test, magnaflux method *(zerstörungsfreie Werkstoffprüfung)*
Magnetron *n* magnetron
M. für dielektrische Erwärmung magnetron for dielectric heating
M. mit Doppelkäfig donutron
M. mit Kopplungsbügeln strapped magnetron
M. mit ungenügendem Vakuum gassy magnetron
betriebsfertiges M. packaged magnetron
inverses M. inverted magnetron
Magnetrongenerator *m* magnetron oscillator
Magnetronleistung *f* magnetron power
Magnetronverstärker *m* magnetron amplifier
Magnetsatz *m* set of magnets
Magnetschalter *m* solenoid[-operated] switch; contactor *(magnetisches Relais)*
Magnetscheibe *f* magnetic disk *(Speicher)*
Magnetschenkel *m* magnet leg (limb)
Magnetschicht *f* magnetic film (layer)

Magnetschrift *f* magnetic writing
Magnetschriftdrucker *m* magnetic printer
Magnetschriftsortierer *m (Rech)* magnetic character sorter
Magnetschütz *n* magnetic cut-out
Magnetsonde *f* magnetic field probe
Magnetspeicher *m* magnetic memory (store)
Magnetspektrograf *m* magnetic spectrograph
Magnetspule *f* magnet[ic] coil; solenoid coil
Magnetspur *f* magnetic track
Magnetstab *m* magnetic bar
Magnetstreifen *m* magnetic strip
Magnetstreufeld *n* magnetic stray field
Magnetsummer *m* magnetic buzzer
Magnetsystem *n* magnet[ic] system
Magnettinte *f* magnetic ink
Magnetton *m* magnetic sound
Magnettonaufzeichnung *f* magnetic sound record[ing]
Magnettonband *n* magnetic [recording] tape
Magnettongerät *n* [magnetic] tape recorder, magnetic sound recorder
Magnettonkopieranlage *f* magnetic sound-record copying machine
Magnettrommel *f* magnetic drum
ausgewuchtete M. balanced magnetic drum
Magnettrommelgroßspeicher *m* magnetic drum file memory
Magnettrommelspeicher *m* magnetic drum memory, [magnetic] drum store
Magnettrommelsystem *n* magnetic drum system
Magnetvariometer *n* magnetic variometer
Magnetventil *n* solenoid[-operated] valve
Magnetverstärker *m* magnetic (magnetoresistive) amplifier, transductor; amplistat
Magnetwerkstoff *m* magnetic material (medium)
Magnetwicklung *f* magnet winding
Magnetzähler *m* magnetic counter
Magnetzeichenleser *m* magnetic character reader
Magnetzündung *f* magneto ignition
Magnistor *m* magnistor *(magnetisches Halbleiterbauelement mit einer Sperrschicht)*
Mailbox-Prinzip *n (Nrt)* Mailbox principle
Majoritätsemitter *m (Halbl)* majority emitter
Majoritätsentscheidungslogik *f (Syst)* majority decision logic
Majoritätsladungsträger *m (Halbl)* majority [charge] carrier
Majoritätsspiel *n (Syst)* majority game
Majoritätsträger *m (Halbl)* majority [charge] carrier
Majoritätsträgerextraktion *f* majority carrier extraction
Majoritätsträgerkonzentration *f* majority carrier concentration
Majoritätsträgerlebensdauer *f* majority carrier lifetime
Majoritätsträgerstrom *m* majority carrier current
Majoritätsträgerverteilung *f* majority carrier distribution
Makeln *n (Fmt)* broker's call
Makroablauf *m (Rech)* macroaction *(eines Befehls)*
Makroassembler *m (Rech)* macroassembler
Makroätzung *f* macroetching
Makrobefehl *m (Rech)* macroinstruction
Makrobefehlsspeicher *m (Rech)* macroinstruction store (memory)
Makrogefüge *n* macrostructure
Makrokode *m (Rech)* macrocode
Makrokodierung *f (Rech)* macrocoding
Makropotential *n* **[/ elektrisches]** macroscopic [electric] potential
Makroprogramm *n (Rech)* macroprogram
Makroprogrammierung *f (Rech)* macroprogramming
Makrostruktur *f* macrostructure
Mammutantenne *f* mammoth aerial
Mangel *m* 1. deficiency; lack; 2. defect, fault
Mangelelektron *n* electron hole
Mangelhalbleiter *m* defect (p-type) semiconductor, hole conductor
Mangelleitfähigkeit *f (Halbl)* hole (p-type) conductivity
Mangelleitung *f (Halbl)* hole (p-type) conduction
Manipulation *f* **/ algebraische** *(Rech)* algebraic (symbolic) computation
Manipulator *m* manipulator
Mannloch *n* manhole, inspection opening
Manograf *m* manograph
Manometer *n* manometer, [pressure] gauge
gefrierpunktmessendes M. manocryometer
piezoelektrisches M. piezoelectric pressure gauge
Manschette *f* sleeve; collar *(z.B. einer Röhre)*
Manschettendipol *m* sleeve dipole
Manschettenheizkörper *m* ring-type clamp-on heater
Mantel *m* cover, coat; sheath[ing] *(Kabel)*; jacket, shell
M. für Wasserkühlung water-cooling jacket
halbleitender M. semiconducting jacket
Mantelelektrode *f* covered (coated) electrode
Mantelheizkörper *m* mantle-type heater

Mantelheizung *f* jacket heating
Mantelkabel *n* sheathed cable
papierisoliertes M. paper-insulated covered cable
Mantelkühlung *f* jacket cooling; jacket ventilation
Mantelleiter *m* external conductor
Mantelstrom *m* sheath current *(eines Kabels)*
Manteltemperatur *f* casing temperature
Manteltransformator *m* shell-type transformer
Mantelverlust *m* sheathing loss *(Kabel)*
Mantelwirbelstrom *m* sheath eddies
Mantisse *f (Rech)* mantissa, fixed-point part
Marconi-Antenne *f* Marconi aerial *(Vertikalantenne)*
Marke *f* mark; label, tag; *(Rech)* sentinel *(Hinweissymbol)*
Markengeber *m* marker [generator], event marker [unit]
kristallgesteuerter M. crystal marker [generator]
Markengenerator *m s.* Markengeber
Markiereinrichtung *f* marking device
markieren to mark; to label
Markierer *m (Nrt)* marker
Markiererstufe *f (Nrt)* marking stage
Markierimpuls *m* [event] marker pulse; [screen] marker *(auf Bildschirm)*
Markierkanal *m (Rech)* mark channel
Markierkreis *m* range (distance) marker *(Radarschirm)*
Markierspur *f (Rech)* mark trace
Markierung *f* 1. marking; labelling *(z. B. mit Isotopen)*; 2. mark; label, tag
Markierungsabtastung *f (Rech)* mark sensing
Markierungsbake *f* marker beacon
Markierungsbit *n (Rech)* flag bit *(Programmierung)*
Markierungsfunkfeuer *n* radio marker beacon
Markierungsimpuls *m (Nrt)* mark (marker) pulse
Markierungslampe *f* marker lamp *(z. B. Schlußleuchte)*
Markierungslesen *n (Rech)* mark reading
Markierungsleser *m* marker (tagging) reader
optischer M. optical mark reader
Markierungspuls *m* marking pulse
Markierungsregister *n (Rech)* flag register
Markierungszeichen *n* mark; flag; *(Rech)* flag bit *(Programmierung)*
Markierwähler *m* marker switch
Markierzeichen *n* cursor, marker
Markierzone *f* marking zone
Marx-Gleichrichter *m* atmospheric rectifier
Marx-Schaltung *f* Marx circuit
Masche *f* 1. *(El)* mesh *(in Netzwerken)*; delta network *(aus drei Zweigen bestehend)*; 2. *(Syst)* loop
geschlossene M. closed loop
Maschenanode *f* mesh anode
maschenartig mesh-like
Maschenimpedanzmatrix *f* mesh impedance matrix
Maschenmethode *f* mesh method *(zur Netzwerkberechnung)*
Maschennetz *n* mesh[ed] network, network [system]; *(Fmt)* mesh layout
Maschennetzrelais *n (Anl)* network relay
Maschennetzschalter *m (Anl)* network protector
Maschennetztransformator *m (Anl)* network transformer
Maschenpunktregel *f s.* Maschensatz
Maschenregel *f* mesh rule
Maschensatz *m* Kirchhoff['s] voltage law, second Kirchhoff's law
Maschenschaltung *f* mesh (delta) connection
Maschenstrom *m* mesh current
Maschenstrommethode *f s.* Maschenmethode
Maschine *f* machine; engine; motor
M. mit Berührungsschutz screen-protected machine
M. mit Dauermagnet permanent-magnet machine
M. mit Elektromagnet dynamoelectric machine
M. mit glatter Oberfläche plain-surface machine
M. mit Mantelkühlung double-casing machine
M. mit Radiatorkühlung ventilated radiator machine
M. mit Umlaufkühlung machine with closed-circuit ventilation
M. mit Vollpolläufer turbine-type machine
M. mit zwei Wellenenden double-ended machine
adaptive M. adapting machine
berührungsgeschützte M. screen-protected machine
datenverarbeitende M. data processor
dichte M. impervious machine
eigenbelüftete M. externally ventilated machine
elektrische M. electric machine
explosionsgeschützte M. explosion-proof machine
geeichte M. calibrated machine
gekapselte fremdbelüftete M. enclosed separately ventilated machine
gekapselte selbstbelüftete M. enclosed self-ventilated machine
halbgeschlossene M. semiguarded machine

lernende M. *(Syst)* learning machine
luftgekühlte M. air-cooled engine
mehrpolige M. multipolar machine
numerisch gesteuerte M. numerically controlled machine
offene M. open-type machine
offene M. mit Ansaugstutzen open pipe-ventilated machine
programmierte M. programmed machine
selbsterregte M. self-excited machine
strahlwassergeschützte M. hose-proof machine
wasserdichte M. water-tight machine
wassergeschützte M. waterproof machine
wasserstoffgekühlte M. hydrogen-cooled machine
zweipolige M. bipolar machine

Maschinenadresse *f (Rech)* machine address *(Programmierung)*
Maschinenantrieb *m* machine drive
Maschinenbauteil *n* machine element
Maschinenbefehl *m (Rech)* machine instruction
Maschinendarstellung *f (Rech)* machine (hardware) representation
Maschinendrehmoment *n* engine torque
Maschineneinheit *f (Rech)* machine unit
Maschinenelement *n* machine element
Maschinenfehler *m* machine fault (error)
Maschinengeber *m (Fmt)* automatic transmitter, autotransmitter
Maschinengleichung *f* machine equation
Maschinengröße *f (Rech)* machine variable
Maschinenhaus *n* [electric] power house *(Wasserkraftwerk)*
Maschinenkode *m (Rech)* machine (computer) code, object code
maschinenlesbar machine-readable
maschinenorientiert *(Rech)* machine-oriented *(z. B. Programmsprache)*
Maschinenperiode *f (Rech)* machine cycle
Maschinenpositioniergenauigkeit *f* machine positioning accuracy
Maschinenprogramm *n (Rech)* machine program (routine)
allgemeines M. general routine
Maschinenprogrammierung *f* machine programming
Maschinenprüfung *f (Rech)* machine (hardware) check
Maschinensatz *m* set [of machines]; cascade set *(elektrische Maschinen)*
fahrbarer M. portable set [of machines]
Maschinensender *m (Fmt)* automatic transmitter, autotransmitter
Maschinensendung *f (Fmt)* autotransmission
Maschinensprache *f (Rech)* machine (computer) language
einheitliche M. common machine language
symbolische M. symbolic machine language
Maschinensteuerung *f* machine control
Maschinenstopp *m* drop dead halt
Maschinenübersetzung *f (Rech)* machine translation
Maschinenvariable *f (Rech)* machine variable
Maschinenvorschubregelung *f* machine feed control
Maschinenwicklung *f* machine winding
Maschinenwort *n (Rech)* machine (computer) word
Maschinenwortlänge *f (Rech)* machine word length
Maschinenzeit *f (Rech)* machine time
verfügbare M. available machine time
Maschinenzyklus *m (Rech)* machine cycle
Maser *m* maser (*Kurzwort für* microwave amplification by stimulated emission of radiation)
kontinuierlicher optischer M. continuous wave optical maser
optischer M. laser, optical maser
Maserausgang *m* maser response
Masergenerator *m* maser generator (oscillator), quantum (molecular) oscillator
Maserinterferometer *n* maser interferometer
Maseroszillator *m s.* Masergenerator
Maserschwingung *f* maser oscillation
Maserstrahl *m* maser beam (ray)
Maserstrahlung *f* maser radiation
Maserübergang *m* maser transition
Maserverstärker *m* maser amplifier
Maske *f (Halbl)* mask
berührungsfreie M. out-of-contact mask
Maskenanpassung *f* mask alignment
Maskenanpassungsmikroskop *n* mask alignment microscope
Maskenhalter *m* mask holder
Maskenherstellung *f* mask making
Maskenkennzeichnung *f* mask identification
Maskenkopie *f* mask copy
Maskenkopierverfahren *n* masking technique
Maskenloch *n (Ferns)* shadow mask hole *(Farbbildröhre)*
Maskenprogrammierung *f* mask programming
Maskenröhre *f (Ferns)* shadow mask tube *(Farbbildröhre)*
Maskensatz *m* set of masks
Maskenverfahren *n* masking technique
maskieren *(Halbl)* to mask
Maskierung *f (Halbl)* masking
M. gegen Störstellen impurity masking
Maskierungseigenschaft *f (Halbl)* masking property
Maskierungsschritt *m (Halbl)* masking step

Maß *n* 1. measure; 2. dimension; 3. gauge
M. der Stabilitätsgüte measure of stability
Maßabweichung *f* dimensional variation; allowance
zulässige M. permissible amount of dimensional variation
Maßanalyse *f* / **elektrometrische** electrometric titration
potentiometrische M. potentiometric titration
Masse *f* 1. earth; *(Am)* ground *(Erdanschluß)*; 2. mass; 3. compound
M. des Elektrons electron mass
aktive M. active mass; active materials *(z. B. bei Batterien)*
akustische M. acoustic inertia (mass), inertance
effektive M. effective mass
hochfeuerfeste M. highly refractory material
punktförmig konzentrierte M. point mass
reduzierte M. reduced mass
spezifische M. mass density
träge M. inertial mass
Masseanschluß *m* earthing; mass (frame) connection
Masseband *n* homogeneous tape *(Tonband)*; metal-powder tape, metal-alloy tape
Masseebene *f* earth plane *(Leiterplatten)*
Masse-Energie-Beziehung *f* mass-energy relation
Masse-Feder-System *n (Ak)* mass-and-spring system
massefrei off-earth, floating
massegehemmt mass-controlled
Maßeinheit *f* unit [of measurement], measurement unit
abgeleitete M. derived unit
praktische M. practical unit
Maßeinteilung *f* scale *(eines Meßinstruments)*
Massekabel *n* compound-impregnated cable, solid-type cable
papierisoliertes M. paper-insulated compound-impregnated cable
Massekern *m* powdered-iron core, [iron-]dust core
Massekernspule *f* iron-dust core coil
Massemarkierung *f* earth symbol *(Erdanschluß)*
Massenanziehung *f* mass attraction
Massenausgleich *m* balancing of masses *(Auswuchttechnik)*
Massenbeschleunigung *f* mass acceleration
Massendichte *f* **des Plasmas** plasma mass density
Massendipol *m* mass dipole
Massengesetz *n (Ak)* mass law [of sound insulation]
Massenkraft *f* inertia (inertial, mass) force
Massenmittelpunkt *m* mass centre
Massenspeicher *m* mass storage device, mass memory (store) *(Speicher für große Datenmengen)*
Massenspeicherung *f (Rech)* mass storage
Massenspektrograf *m* mass spectrograph
M. mit Geschwindigkeitsfokussierung velocity focussing mass spectrograph
Massenspektrometer *n* mass spectrometer
180°-Massenspektrometer *n* semicircular-focussing magnetic spectrometer
Massenspektrometrie *f* mass spectrometry
Massenspektroskopie *f* mass spectroscopy
Massenträgheit *f* inertia
Massenträgheitsmoment *n* [mass] moment of inertia
Massenvoltameter *n* weight voltameter
Masseschichtwiderstand *m* composition-film resistor
Masseschluß *m* body contact
Masseverbindung *f* earth connection *(Erdanschluß)*; bonder
Massewiderstand *m* composition resistor
spezifischer M. earth resistivity *(Erdanschluß)*
massiv solid; massive
Massivanode *f* solid (heavy) anode
Massivisolation *f* solid insulation
Massivkatode *f* solid cathode
Maßkontrolle *f* / **automatische** automatic dimension check
Maßstab *m* 1. scale; 2. rule
verkleinerter M. reduced scale
Maßstabsfaktor *m* scale (scaling) factor *(Übertragungsverhältnis, Umrechnungsverhältnis)*
Maßstabsfestlegung *f* scaling *(z. B. für Signale)*
maßstabsgerecht scaled, [true] to scale
● **m. sein** to be to scale
Maßstabsumrechnung *f* scaling *(Analogrechentechnik)*
Maßsystem *n* system of units (*s. a. unter* Einheitensystem)
Maßverkörperung *f* material measure, gauge, standard
Mast *m* tower, pylon *(für Hochspannungsleitungen)*; mast *(Antenne)*; pole, post
angeschuhter M. shoed pole
roher M. untreated pole
Mastabstand *m* span, distance between supports
Mastanker *m* anchor
Mastansatzbeleuchtung *f* slip-fitter street lighting
Mastaufsatzleuchte *f* post-top lantern (luminaire)
Mastausleger *m* cantilever, side arm
Mastausrüstung *f* pole fittings *(Freileitung)*
Mastbeleuchtung *f* tower lighting
Mastbild *n* tower outline

Masterdungswiderstand *m* tower earthing resistance
Master-slave-Anordnung *f (Rech)* master-slave configuration
Master-slave-Betrieb *m (Rech)* master-slave operation *(Verbundsystem mit großer Leistung und Speicherkapazität)*
Mastfundament *n* mast (pole) foundation; tower base
Mastfuß *m* mast base; pole footing (butt) *(Holzmast)*; tower base (footing) *(Stahlmast)*
Mastfußverstärkung *f* reinforcement of pole butt
Mastixharz *n* mastic *(Kitt)*
Mastkopf *m* head of the tower *(Stahlmast)*; head of the pole *(Holzmast)*
Mastkopfbild *n* conductor arrangement, [structure] configuration, tower outline
Mastschaft *m* tower body
Mastschalter *m* mast (pole) switch
Mastschelle *f* pole strap
Mastspitze *f* mast head; point of the pole *(Holzmast)*
Maststrahler *m* mast radiator
Masttransformator *m* pole-mounted transformer
Masttrennschalter *m* pole-type disconnector
Mastübergangswiderstand *m* structure footing resistance
MAT *Abk. für* microalloy transistor
Material *n*:
M. mit direktem Bandabstand *(Halbl)* direct band gap material
M. mit höchstem Reinheitsgrad highest-purity material
M. mit hohem spezifischem Widerstand high-resistivity material
M. mit indirektem Bandabstand *(Halbl)* indirect band gap material
aktives M. active material
energieabsorbierendes M. energy-absorbing material
feuerfestes M. refractory material
halbleitendes M. semiconducting material
hochnickelhaltiges M. high-nickel-content material
kriechstromfestes M. non-tracking material
leitfähiges M. conductive (conducting) material
lichtempfindliches M. photosensitive (sensitized) material
n-leitendes M. *(Halbl)* n[-type] material
p-leitendes M. *(Halbl)* p[-type] material
radioaktives M. [radio]active material
schallabsorbierendes M. sound-absorbing material, acoustic-absorbing material, sound-deadening material
spaltbares M. fissionable material
materialabhängig material-dependent
Materialbearbeitung *f* material processing
Materialbearbeitungslaser *m* machining laser
Materialdämpfung *f* material damping
Materialdispersion *f* dispersion of the material
materialeigen *(Halbl)* intrinsic
Materialfehler *m* material defect, flaw
Materialfehlerprüfung *f* defectoscopy
Materialinneres *n* bulk
Materialkenngröße *f* material parameter (value)
Materialkonstante *f* material constant
Materialprüfvorschrift *f* material test specification
Materialwanderung *f* creep of material; contact transfer
Materialwiderstand *m* bulk resistivity
Materiewelle *f* matter (de Broglie) wave
Matrix *f* matrix
Matrixalgebra *f* matrix algebra
Matrixdarstellung *f* matrix representation
Matrixdruck *m* matrix printing
Matrixdrucker *m* wire (stylus) printer
Matrixeinheit *f* matrix unit
Matrixexponentialfunktion *f* matrix exponential function *(Fundamentalmatrix)*
Matrixinversion *f* matrix inversion
Matrixkodierer *m* matrix encoder
Matrixprodukt *n* matrix product
Matrixröhre *f* matrix storage tube
Matrixschaltkreis *m* matrix [integrated] circuit *(Festkörperschaltkreis)*
Matrixschreibweise *f* matrix representation
Matrixspeicher *m* matrix memory (store)
magnetischer M. magnetic matrix memory
Matrixstromkreis *m* matrix circuit
Matrixtransformation *f* matrix transformation
Matrize *f* matrix; die; stamper *(für Schallplatten)*
positive M. *(Galv)* positive matrix
Matrizen *fpl* / **unsymmetrische** non-symmetrical matrices
Matrizenrechnung *f* matrix calculation (arithmetic)
Matrizenspalte *f* matrix column
Matrizenzeile *f* matrix line
matt mat[t], dull *(Oberfläche)*; flat *(z. B. Farbe)*; frosted *(Glas)*; tarnished *(Metall)*
mattätzen to frost *(Glas)*
Matte *f (Ak)* blanket
Mattglas *n* frosted (ground) glass
Mattglasglocke *f* frosted-glass globe
Mattglaskolben *m* frosted[-glass] bulb
Mattglaslampe *f* frosted lamp
Mattglasscheibe *f* frosted-glass pane
mattiert frosted; mat[t]
Mattierungsharz *n* matting resin
Mattscheibe *f* ground glass plate, ground glass [viewing] screen; focussing screen

Maximalamplitude *f* maximum amplitude
Maximalanodenspannung *f* **in Durchlaßrichtung** peak forward anode voltage
Maximalarbeit *f* maximum work
Maximalauslenkung *f* maximum deflection *(Zeiger)*
Maximalauslösung *f* overcurrent circuit breaking
Maximalausschalter *m* overload circuit breaker
Maximalausschlag *m* maximum deflection *(Zeiger)*
Maximalelektrodenstrom *m* peak electrode current
Maximalfeld *n* peak field
Maximalflußdichte *f* peak flux density
Maximalfrequenz *f* maximum frequency
Maximalhub *m* peak deviation, maximum amplitude
Maximalinduktion *f* peak induction
Maximalleistung *f* maximum [available] power; maximum output
Maximal-Minimal-Relais *n* over-and-under-current relay
Maximalrelais *n* maximum [current] relay, overcurrent relay
Maximalschalter *m* maximum current circuit breaker, overload switch
Maximalschwärzung *f (Licht)* maximum density
Maximalstrom *m* maximum current
Maximalstromrelais *n s.* Maximalrelais
Maximaltemperatur *f* maximum temperature
Maximalverstärkung *f (Ak)* maximum (full-on) gain
Maximalwert *m* maximum [value], peak value
Maximalwertmodulationsmesser *m* peak modulation meter
Maximierung *f* maximization
Maximum *n* maximum; peak ● **mit zwei Maxima** double-humped
M. der Elektrokapillarkurve electrocapillary maximum
breites M. broad maximum
flaches M. flat maximum
steiles M. sharp peak
Maximumanzeige *f* maximum indication
Maximumanzeiger *m* peak-reading indicator; demand attachment *(eines Zählers)*
M. mit aussetzender Registrierung restricted hour maximum demand indicator
Maximumdetektor *m* maximum detector *(z. B. zur Zeichenerkennung)*
Maximum-Minimum-Thermometer *n* maximum and minimum thermometer
Maximum-Minimum-Verhältnis *n* peak-to-valley ratio
Maximumpeilung *f* maximum direction finding
Maximumprinzip *n* [Pontrjagin] maximum principle *(Optimierung)*
Maximumregistriergerät *n* maximum recording attachment
Maximumthermometer *n* maximum thermometer
Maximumzähler *m* maximum demand meter
schreibender M. meter with maximum demand recorder
Maximumzeiger *m* maximum pointer
Maxwell-Brücke *f* Maxwell bridge
Maxwell-Feld *n* Maxwell field
Maxwell-Verteilung *f* Maxwell distribution
Maxwell-Wien-Brücke *f* Maxwell-Wien bridge
MAYDAY *(Nrt)* MAYDAY *(internationales Notrufzeichen)*
M-Darstellung *f* M-display *(Radar)*
mechanisch-elektrisch mechanoelectrical, mechanical-electrical
mechanisieren to mechanize
Mechanisierung *f* mechanization
Mechanismus *m* / **servobetätigter** servo-actuated mechanism
Medium *n* medium
M. für Schallausbreitung sound-propagating medium
brechendes M. refracting medium
fließendes M. fluid
gasförmiges M. gaseous medium
geschichtetes M. stratified medium
turbulentes M. turbulent medium
Meeresecho *n (FO)* sea returns
Megafon *n* megaphone
Meg[a]ohmmeter *n* megohmmeter *(Messung von Isolationswiderständen)*
Mehrabschnittsrichtfunksystem *n* multirelay transmission system
Mehrabschnittsrichtfunkverbindung *f* multirelay link
Mehradressenbefehl *m (Rech)* multiple-address instruction, multiaddress instruction
Mehradressenkode *m (Rech)* multiple-address code
Mehradressenruf *m (Fmt)* multiaddress (multiple-address) call
mehradrig multicore, multiwire
Mehranodengleichrichter *m* multianode rectifier
mehranodig multianode
Mehrbandantenne *f* multiband aerial
Mehrbandbetrieb *m (Nrt)* multiband operation
Mehrbereichsinstrument *n* multirange instrument (meter)
mehrdeutig ambiguous; multivalued, many-valued
Mehrdeutigkeit *f* ambiguity
M. der Relaiskennlinie ambiguity of relay characteristic *(z. B. bei Hysterese)*

Mehrdrahtantenne *f* multiple-wire aerial
Mehrdrahtauslegeverfahren *n s.* Mehrdrahtlegeverfahren
mehrdrähtig multiple-wire
Mehrdrahtlegeverfahren *n* multiwire processing *(Leiterplattenherstellung)*
Mehrdrahtleiterplatte *f* multiwire circuit board
Mehrdrahtleiterzug *m* multiwire conductor
Mehrdrahtschaltung *f* multiwire circuit
Mehrdrahtschaltungsplatte *f s.* Mehrdrahtleiterplatte
Mehrdrahtsteuerung *f* multiwire control
Mehrdrahtverbindungsplatte *f* multiwire interconnection board
Mehreinheitenrechner *m* multi-unit computer
Mehrelektrodenofen *m* multielectrode furnace
Mehrelektrodenröhre *f* multielectrode valve
Mehrelektrodensystem *n* multielectrode system
Mehrelektrodenzählröhre *f* multielectrode counter tube
Mehrelektronenproblem *n* multielectron problem
Mehrelementantenne *f* multi-unit aerial
Mehretagenverbindung *f (Halbl)* multilayer interconnection
Mehrfachabstimmkondensator *m* gang tuning capacitor
Mehrfachabstimmungskreise *mpl* ganged circuits *(im Gleichlauf)*
Mehrfachadresse *f (Rech)* multiple address
Mehrfachanregung *f* multiple excitation
Mehrfachanschlußapparat *m (Fmt)* multiple-line apparatus
Mehrfachantenne *f* multi-unit aerial
Mehrfachantennenpeiler *m* spaced aerial direction finder
Mehrfachausbreitung *f s.* Mehrwegeausbreitung
Mehrfachausnutzung *f (Fmt)* multiplexing, channelling
M. durch Zeitteilung time division multiplex
hochfrequente M. von Teilnehmerleitungen high-frequency multiple use of subscriber's lines
Mehrfachbelichtung *f* multiple exposure
Mehrfachbeschichtung *f* multilayer coating
Mehrfachblitz *m* multiple stroke
Mehrfachdrehkondensator *m* gang[ed] capacitor
Mehrfachdruckmaschine *f* multiple printing machine
Mehrfachecho *n (FO)* multiple (flutter) echo
Mehrfacheinspeisung *f* multiple feed
Mehrfachelektrode *f* multiple electrode, polyelectrode
Mehrfachemittertransistor *m* multiemitter transistor
Mehrfachempfang *m (Nrt)* multipath (multiplex) reception; diversity reception
Mehrfacherdschluß *m* multiple earth (ground) fault
Mehrfacherregung *f* multiple excitation
Mehrfachfestkondensator *m* capacitor bank
Mehrfachfilter *n* compound filter
Mehrfachfrequenzumtastung *f (Fmt)* multiple frequency shift keying
Mehrfachfunkenstrecke *f* multiple spark gap
Mehrfachfunktelegramm *n* multiple radiotelegram
Mehrfachfunktionselement *n* multifunction device
Mehrfachgleichrichter *m* multiple rectifier
Mehrfachimpulsgenerator *m* multiple-pulse generator
Mehrfachinstrument *n s.* Mehrfachmeßgerät
Mehrfachinterferenz *f* multiple-beam interference
Mehrfachionisierung *f* multiple ionization
Mehrfachkabelanordnung *f* multicable arrangement
Mehrfachkondensator *m* multiple[-unit] capacitor, gang[ed] capacitor
Mehrfachkontakt *m* multiple contact; *(Fmt)* hunting contacts
Mehrfachleitung *f* multiple (multiwire) line
Mehrfachleitungswähler *m (Fmt)* private branch exchange final selector
Mehrfachmeßgerät *n* universal measuring instrument, multipurpose instrument (meter), multimeter
Mehrfachmodulation *f (Nrt)* multiple (compound) modulation, multiplex modulation *(Frequenzfilterung)*
Mehrfachnebenstellenanlage *f (Fmt)* multi-PBX
Mehrfachnebenwiderstand *m* universal (Ayrton) shunt *(für Galvanometer)*
Mehrfachplayback *n* multi-playback
Mehrfachpotentiometer *n* gang[ed] potentiometer
Mehrfachprogramm *n (Rech)* multiprogram
automatisches M. automatic multiprogram
Mehrfachprogrammierung *f (Rech)* multiprogramming
Mehrfachprozessoranordnung *f* multiple-processor configuration
Mehrfachpunktschreiber *m* multipoint recorder
Mehrfachrahmenpeiler *m* spaced loop direction finder
Mehrfachreflexion *f* multiple (zigzag) reflection, multireflection

Mehrfachrhombusantenne *f* multiple rhombic aerial
Mehrfachröhre *f* multiple[-unit] valve, multi-unit valve
Mehrfachsammelschiene *f* multiple [omni]bus bar
Mehrfach-Scanning *n* multiple-spot scanning
Mehrfachschalter *m* multiple switch, gang[ed] switch
Mehrfachschicht *f* multilayer
dielektrische M. multilayer dielectric coating
Mehrfachschreiber *m* multiple recorder
Mehrfachskale *f* combination scale
Mehrfachsprengeinheit *f* multiple-shot blast unit
Mehrfachsteckdose *f* multiway socket outlet
Mehrfachstecker *m* multiple [outlet] plug, multicontact plug *(Kontaktleiste)*; multipoint (multiway) connector; socket-outlet adapter
Mehrfachsteckverbinder *m* multipoint (multiway) connector; multipoint (multicontact) plug *(Kontaktleiste)*
Mehrfachstrahlinterferenz *f* multiple-ray interference
Mehrfachstreuung *f* multiple scattering
Mehrfachstromkreis *m* multiple circuit
Mehrfachtarif *m* multiple rate (tariff)
Mehrfachtarifschalter *m* multirate (multiple tariff) switch
Mehrfachtarifzähler *m* multiple tariff meter
Mehrfachtelefonie *f* multiple (multiplex) telephony
Mehrfachtelegraf *m* multiple (multiplex, multichannel) telegraph
M. in Gabelschaltung split-multiplex telegraph
M. in Staffelschaltung series multiplex telegraph
Mehrfachtelegrafie *f* multiple telegraphy
wechselseitige M. time-division multiplex telegraphy
Mehrfachträgerfrequenz-Fernsprecheinrichtung *f* multichannel carrier telephone system
Mehrfachübertragung *f* 1. *(Nrt)* multiplex (multiple) transmission; 2. multipath transmission
Mehrfachverarbeitung *f (Rech)* multiprocessing
Mehrfachverbindung *f (Fmt)* multipoint link
Mehrfachverkehr *m (Nrt)* multiplexing
Mehrfachverstärker *m* multiple (multistage) amplifier
Mehfachverteiler *m (Fmt)* multiplex distributor mechanism
Mehrfachwicklung *f* multiple winding
Mehrfachzählung *f (Fmt)* multimetering, multiple metering (registration)
M. durch Impulse pulse multimetering

Mehrfachzuleitung *f* multiple feeder
Mehrfadenlampe *f* multiple-filament lamp, multi-filament light bulb
Mehrfrequenzenzeichen *n (Fmt)* compound signal
Mehrfrequenzkodewählverfahren *n (Fmt)* multifrequency code signalling method
Mehrfrequenzrufgenerator *m (Fmt)* multifrequency ringing generator
Mehrfrequenzsignalgabesystem *n (Fmt)* multifrequency signalling system
Mehrfrequenzsystem *n (Fmt)* multifrequency system
Mehrfrequenztastenwahl *f (Fmt)* voice frequency key sending
Mehrgitterröhre *f* multigrid (multiple-grid) valve; multielectrode valve
Mehrgrößenregelung *f* multivariable control *(System mit mehreren Regelgrößen)*
Mehrgrößenregelungssystem *n* multivariable control system, multidimensional system
Mehrgrößenregler *m* / **selbsttätiger** *(Syst)* automatic combination controller
Mehrheitslogik *f (Rech)* majority logic
Mehrheitsträger *m s.* Majoritätsträger
Mehrkabelanordnung *f* multicable arrangement
Mehrkammerelektronenstrahlofen *m* multichamber electron beam furnace
Mehrkammerklystron *n* multicavity klystron
Mehrkammermagnetron *n* multicavity (multisegment) magnetron
Mehrkanalanalysator *m* multichannel analyzer
Mehrkanalbetrieb *m (Nrt)* multiplexing, multiplex operation
Mehrkanaleinrichtung *f* multiplexing equipment
Mehrkanalfernmeldesystem *n* multichannel communication system
Mehrkanalfernsehen *n* multichannel television
Mehrkanalfernsprechen *n* multichannel telephony
Mehrkanalfunkenerosionstechnik *f* multichannel electroerosion technique
Mehrkanalgerät *n (Nrt)* multiplex[ing] equipment, multichannel equipment
mehrkanalig multichannel
Mehrkanalkabel *n* multichannel cable
Mehrkanallautsprecheranlage *f* multichannel loudspeaker [system]
Mehrkanalmagnetbandgerät *n* multichannel tape recorder
Mehrkanalmeßschreiber *m* multichannel recorder
Mehrkanalsystem *n* **mit unabhängigen Seitenbändern** *(Nrt)* independent sideband multichannel system

Mehrkanalträgerfrequenztelefonie *f* multiplex carrier-current telephony
Mehrkanalübertragung *f* multichannel transmission
Mehrkanalverstärker *m* multichannel amplifier
Mehrkomponentenplasma *n* multicomponent plasma
Mehrkontaktrelais *n* multicontact relay
Mehrkörperproblem *n* many-body problem
Mehrkreisempfänger *m* multituned circuit receiver
Mehrkreisfilter *n* multicircuit filter, multisection filter [circuit]
Mehrladungszustand *m (Halbl)* multiple-charge state
Mehrlagenfotokatode *f* multilayer photocathode
Mehrlagenleiterplatte *f* multilayer printed circuit (wiring) board, multilayer [circuit] board, multilayer pc board
  M. mit einfacher Durchkontaktierung simple through-hole board
  M. mit Innenlagenverbindung through-hole board with intermediate connections
  durchkontaktierte M. plated through-hole multilayer printed circuit board
  gemaserte M. measled multilayer printed circuit board
  verpreßte M. composite board, laminate
Mehrlagenleiterplattendicke *f* multilayer board thickness
Mehrlagenleiterplattenloch *n* multilayer hole
Mehrlagenleiterplattensteckkarte *f* multilayer printed circuit daughter board
Mehrlagenleiterplattentechnik *f* multilayer board technology, multi-layering
Mehrlagenplatte *f s.* Mehrlagenleiterplatte
Mehrlagenrückverdrahtungsplatte *f* multilayer back panel, grandmother board
Mehrlagenschaltung *f* multilayer circuitry; multilayer circuit
Mehrlagenspule *f* multilayer coil
Mehrlagenwicklung *f* multilayer winding
mehrlagig multilayer[ed], multi-ply
Mehrlampenleuchte *f* multiple-lamp fitting
Mehrleiterantenne *f* multiple-wire aerial
Mehrleitergleichstromnetz *n* multiple-wire d. c. system
Mehrleitergürtelkabel *n* belted [insulation] cable
Mehrleiterkabel *n* multiconductor (multicore) cable
Mehrleitersystem *n* multiconductor (multiple-conductor, multiwire) system
Mehrlochferritkern *m* multiaperture ferrite core
Mehrlochkanal *m (Fmt)* multiple-duct conduit, multiple-way duct
Mehrlochkern *m* multiaperture core, transfluxor
Mehrlochkernlogik *f* transfluxor logic
Mehrmotorenantrieb *m* multimotor drive
Mehrphasengenerator *m* polyphase generator
Mehrphasengleichrichter *m* polyphase rectifier
Mehrphasenimpulsgenerator *m* polyphase pulse generator
Mehrphaseninduktionsmotor *m* polyphase induction motor
Mehrphasenleistungsmesser *m* polyphase power meter
Mehrphasenmaschine *f* polyphase machine
Mehrphasenmotor *m* polyphase motor
Mehrphasennebenschlußmotor *m* polyphase shunt commutator motor
  ständergespeister M. double-fed polyphase shunt commutator motor
Mehrphasennetz *n* polyphase power system
Mehrphasenreihenschlußmotor *m* polyphase series commutator motor
  M. mit Zwischentransformator polyphase series commutator motor with rotor transformer
Mehrphasenrelais *n* polyphase relay
Mehrphasensammelschiene *f* polyphase bus
Mehrphasenschaltung *f* polyphase circuit
Mehrphasensteller *m* polyphase chopper
Mehrphasenstrom *m* polyphase current
Mehrphasenstromkreis *m* polyphase circuit
Mehrphasensynchrongenerator *m* polyphase synchronous generator
Mehrphasensystem *n* / **symmetrisches** symmetrical polyphase system
Mehrphasentransformator *m* polyphase transformer
Mehrphasenwattmeter *n* polyphase wattmeter
Mehrphasenwechselstrom *m* polyphase alternating current
Mehrphasenwicklung *f* polyphase winding
Mehrphasenzähler *m* polyphase watt-hour meter
mehrphasig polyphase, multiphase, many-phase
Mehrplättchengehäuse *n*, **Mehrplättchenpackung** *f (Halbl)* multichip package
Mehrplättchenuntersystem *n (Halbl)* multichip subsystem
Mehrpol *m* multipole
mehrpolig multipolar, multipole
Mehrpolleitwertmatrix *f* multipole admittance matrix
Mehrprogrammbetrieb *m (Rech)* multiprogramming
Mehrpunktregelung *f (Syst)* multipoint control
Mehrpunktregler *m (Syst)* multipoint (multistep) controller

Mehrpunktsignal *n (Syst)* multipoint signal
Mehrpunktverbindung *f (Fmt)* multipoint network
Mehrpunktverhalten *n (Syst)* multipoint (multistep) action
Mehrrohrdurchführung *f* composite bushing *(aus mehreren Dielektrika)*
Mehrröhrenempfänger *m* multivalve receiver
Mehrscheibenkupplung *f* multidisk clutch
Mehrschichtenfilter *n* multilayer filter
Mehrschichtenkonstruktion *f* sandwich construction
Mehrschichtenplatte *f* sandwich panel
Mehrschichtenstruktur *f* multilayer structure
Mehrschichtenwicklung *f* multilayer winding
mehrschichtig multilayer[ed], multi-ply; laminated
Mehrschichtkatode *f* multilayer cathode
Mehrschichttechnik *f* multilayer technique
Mehrschlitzmagnetron *n* multislot magnetron
Mehrschrittalgorithmus *m (Rech)* multistep algorithm
Mehrsondenmanipulator *m* multiprobe manipulator
Mehrsondentester *m* multiprobe tester
Mehrsondenvorrichtung *f* multiprobing fixture (tool)
Mehrspulenrelais *n* multicoil relay
Mehrspuraufzeichnung *f* multitrack recording
mehrspurig multitrack, multiple-track, multitrace
Mehrspurmagnetkopf *m* multitrack head, multiple [magnetic] head, head stock
Mehrstabdipolantenne *f* multirod dipole aerial
Mehrstellenwiderstandsschweißung *f* multiple resistance welding
Mehrstrahlelektronenröhre *f* multigun cathode-ray tube
Mehrstrahloszillograf *m* multibeam oscillograph (oscilloscope)
Mehrstrahlröhre *f* multibeam tube
Mehrstromgenerator *m* multiple-current generator
Mehrstufenentscheidungsprozeß *m (Syst)* multistage decision process
Mehrstufenröhre *f* multistage tube
Mehrstufenverstärker *m* multistage (cascade) amplifier, multiple-stage amplifier
Mehrstufenvervielfacher *m* multistage multiplier
mehrstufig multistage, multistep
Mehrsystemröhre *f* multisection valve; multiple[-unit] valve, multi-unit valve
Mehrtarifzähler *m* multirate meter
Mehrteilchensystem *n* many-particle system
Mehrwegeausbreitung *f (Nrt)* multipath propagation
Mehrwegeempfang *m* multipath reception
Mehrwegereflexion *f* multipath reflection
Mehrwegeschalter *m* multiple-unit switch
Mehrwegeübertragung *f (Nrt)* multipath transmission
Mehrwegeübertragungssystem *n (Nrt)* multipath communication system
Mehrwegeverzerrung *f (Nrt)* multipath distortion
mehrwegig multipath *(Ausbreitung)*; multichannel
Mehrwegvielpolschalter *m* multichannel multipole switch
Mehrwortbefehl *m (Rech)* multiword instruction
Mehrzeilendruck *m*, **Mehrzeilenschreibung** *f (Rech)* multiple-line printing
Mehrzonendurchlaufofen *m* multizone continuous furnace
Mehrzweckkernspeicher *m* general-purpose core memory
Mehrzweckleuchte *f* multipurpose fitting
Mehrzweck-Mehrbereich-Instrument *n* universal measuring instrument
Mehrzweckpunktschweißmaschine *f* multipurpose spot welding machine
Mehrzweckrechner *m (Rech)* multipurpose (universal) computer
Mehrzweckstudio *n* multipurpose studio *(für Musik- und Sprachaufnahmen)*
Mehrzweckverdrahtungsplatte *f* universal wiring board
Mehrzweckverstärker *m* general-purpose amplifier
Mehrzweckverwendung *f* general-purpose use
Meißner-Oszillator *m* Meissner oscillator
Meißner-Schaltung *f* Meissner circuit, feedback oscillator circuit
Meisterkarte *f (Rech)* master (guide, register) card
Meisterschalter *m* master controller (switch); auxiliary controller
Meisterwalze *f* master controller; barrel controller *(bei Anlaßschaltern)*
Mel *n* mel *(Kennwort für frequenzabhängige empirisch ermittelte Tonhöhenempfindungen; Kurzzeichen: mel)*
Melaminharz *n* melamine resin
Meldeamtsbetrieb *m (Fmt)* direct record working
Meldefernplatzbetrieb *m (Fmt)* combined line and recording operation
Meldelampe *f* lamp repeater
Meldeleitung *f (Fmt)* control line (circuit), record [operator's] line, record circuit
  M. zur Bildkontrolle vision control circuit
Meldeleuchte *f* signal lamp; indicating lamp
melden to signalize, to signal; to indicate
  sich m. *(Fmt)* to answer

Meldeplatz *m (Fmt)* [trunk] record position
Melderelais *n* signal (indicator) relay *(Anzeigerelais)*; *(Fmt)* supervisory (pilot) relay
Meldeschalter *m* auxiliary switch; *(Fmt)* pilot switch
Meldesignal *n* reply [signal]
Meldestromkreis *m* signal circuit
Meldetafel *f* signal board; indicator board (panel)
Meldetisch *m (Fmt)* recording desk
Meldeverteiler *m (Fmt)* position distributor
Meldeverzug *m (Fmt)* answering delay
Meldezeichen *n (Fmt)* alarm signal
Meldung *f (Nrt)* message
M. über Nichtzustellbarkeit advice of non-delivery
Membran *f* membrane, diaphragm
eingespannte M. stretched diaphragm
semipermeable M. semipermeable membrane
Membranakkumulator *m* diaphragm accumulator, membrane battery
Membranantrieb *m* diaphragm actuator (drive) *(z. B. Stellmotor)*
Membranbruchsicherung *f (Anl)* pressure-relief diaphragm
Membrandeckel *m* diaphragm cap
Membranelektrode *f* membrane electrode
Membrangleichgewicht *n* membrane equilibrium
Membrankondensator *m* membrane capacitor
Membranlautsprecher *m* diaphragm loudspeaker
Membranmotor *m* diaphragm motor *(Pneumatik)*
Membranpotential *n* membrane potential
Membranrelais *n* diaphragm relay
Membranschwingung *f* diaphragm oscillation
Membransteifigkeit *f* diaphragm stiffness
Membranstellglied *n* membrane actuating mechanism
Membranventil *n* diaphragm (membrane) valve
Membranverstärker *m* membrane amplifier *(Pneumatik)*
Membranwiderstand *m* membrane resistance
Memistor *m* memistor
Menge *f* 1. quantity, quantum, amount; 2. collection *(Mathematik)*
abzählbare M. countable collection (set), enumerable collection (ensemble)
auf einmal bearbeitete M. batch
unscharfe M. fuzzy set
Mengenlehre *f* set theory
Mengenmesser *m* quantity meter; flow meter (gauge)
Mengenregelung *f* quantity control; flow control
Meniskus *m* / **sammelnder** converging (concavo-convex) meniscus
streuender M. divergent (convexo-concave) meniscus
Mensch-Maschine-Beziehung *f (Rech)* man-machine relationship
Mensch-Maschine-System *n (Rech)* man-machine system
Merkmal *n* feature; characteristic [sign]; criterion
Merkmalsextraktion *f*, **Merkmalsgewinnung** *f (Rech)* feature extraction
meromorph meromorphic *(Funktionentheorie)*
Mesaanordnung *f (Halbl)* mesa configuration
Mesadiode *f* mesa diode
Mesastruktur *f (Halbl)* mesa structure
Mesatechnik *f (Halbl)* mesa technique
Mesatransistor *m* mesa transistor
Mesatransistortechnik *f* mesa transistor technology
MESFET *Abk. für* metal silicon field effect transistor
Meßader *f* pilot wire *(Kabel)*; pressure wire *(im Druckkabel)*
Meßanlage *f* measuring equipment
Meßanordnung *f* measuring arrangement (set-up), test (experimental) set-up
Meßanschluß *m* test connector
Meßantastspitze *f* probe
Meßantenne *f* test aerial
Meßanzapfung *f* **einer Kondensatordurchführung** capacitor bushing tap
Meßausrüstung *f* measuring (measurement) equipment
Meßbatterie *f* test[ing] battery
Meßbereich *m* measuring range, range of measurement
M. des Instruments instrument (meter) range; [meter] scale range *(einer Skale)*
effektiver M. effective (measuring, working) range *(im Gegensatz zum Anzeigebereich)*; effective part of scale
Meßbereichseinstellung *f* / **automatische** autoranging
Meßbereichsendwert *m* full-scale reading, rating *(auf der Skale)*
Meßbereichserweiterung *f* range extension
Meßbereichsgrenze *f* / **obere** maximum capacity
untere M. minimum capacity
Meßbereichsnennwert *m* rating
Meßbereichs[um]schalter *m* meter [scale] switch, range switch
Meßbereichsumschaltung *f* range shifting
Meßblende *f* orifice [plate]
Meßbrücke *f* [measuring] bridge
M. für Gegeninduktivitäten mutual induction bridge
M. mit dekadischer Unterteilung decade bridge

M. mit Digitalanzeige digital read-out bridge
Maxwellsche M. Maxwell bridge
Maxwell-Wiensche M. Maxwell-Wien bridge
selbstabgleichende M. self-balancing bridge
Meßbrückenverstärker *m* bridge amplifier
Meßbürste *f* pilot brush
Meßdaten *pl* measurement data
Meßdatenauswertung *f* measurement data evaluation
Meßdiagonale *f* galvanometer arm *(Meßbrücke)*
Meßdorn *m* feeler
Meßdraht *m* pilot wire *(Kabel)*; slide wire *(Brückenschaltung)*
Meßeinheit *f* measuring (measurement) unit *(einer technischen Einrichtung)*
Meßeinrichtung *f* measurement device (equipment, facility, set-up), measuring apparatus (equipment)
M. für Impulslärm impact-noise analyzer
akustische M. sound-measuring instrumentation (instrument, device)
automatische M. automatic measuring device
Meßelektrode *f* measuring electrode
Meßelement *n* measuring element; sensor, sensing element
Meßempfindlichkeit *f* measuring sensitivity
messen to measure, to meter; to gauge; to sense
den Pegel m. to measure the level
die Zeit m. to time
Licht m. to photometer
Messen *n* / **berührungsloses** non-contacting measurement
Meßerdleiteranschluß *m* measuring earth-terminal
Meßergebnis *n* result of measurement, measuring (test) result, test reading
korrigiertes M. corrected result [of a measurement]; measured value [of a quantity]
rohes M. uncorrected result of a measurement
Messerkontakt *m* knife [blade] contact
Messerleiste *f* male multipoint connector; multipoint (multiple) plug
Messerschalter *m* knife [blade] switch
Meßfehler *m* measuring (metering) error, error of (in) measurement
wahrscheinlicher M. probable measuring error
Meßfilter *n (Nrt)* reference filter
Meßfläche *f* measuring face, testing surface
Meßfleck *m* measuring dot *(Mikroelektronik)*
Meßfrequenz *f* measuring frequency; test frequency
Meßfühler *m* [measuring] sensor, measuring (sensing, detecting, primary) element, detector; [measuring] probe, sensing head; *(Syst)* pick-off, pick-up *(im Sinne von Geber)*
M. ohne Hilfsenergie self-generating sensor, detecting element
fotoelektrischer M. photoelectric gauge
Meßfunkenstrecke *f* measuring (calibrated) spark gap
horizontale M. horizontal [ball] spark gap
Meßgeber *m* 1. *(Ak)* pick-up; 2. *s.* Meßwertgeber
Meßgenauigkeit *f* measurement accuracy (precision), measuring accuracy
Meßgenerator *m* measuring generator, [standard-]signal oscillator, test signal oscillator, signal generator
M. mit einem Bereich single-range signal generator
Meßgerät *n* measuring device (instrument, apparatus, unit), meter; gauge (*s. a. unter* Meßinstrument)
M. für Spitzenmodulation peak modulation meter
M. mit Gleichrichter rectifier instrument
analog anzeigendes M. analogue [measuring] instrument
anzeigendes M. indicating [measuring] instrument
digital anzeigendes M. digital [measuring] instrument
direktanzeigendes M. direct-reading meter, indicating instrument
eingebautes M. built-in meter
elektronisches M. electronic instrument
integrierendes M. integrating [measuring] instrument
kombiniertes M. *(Halbl)* integrated circuit tester
registrierendes (schreibendes) M. recording [measuring] instrument, graphic (self-registering) meter, recorder
summierendes M. totalizing [measuring] instrument
thermoelektrisches M. thermocouple instrument, thermoinstrument
tragbares M. portable instrument
Meßgeräteanzeige *f* meter indication (reading)
Meßgeräteeichung *f* instrumentation calibration
Meßgerätekorrektur *f* instrumentation correction
Meßgerätesatz *m* set of instruments, measuring set
kombinierbarer M. test gear
Meßgerätverstärker *m* meter amplifier
Meßgleichrichter *m* measuring rectifier, meter rectifier
Meßglied *n (Syst)* measuring (pick-off) element; detector (*s. a.* Meßfühler); discriminating element

M. für die Regelabweichung error-sensing device
Meßgröße *f* quantity being (to be) measured, measurable variable, measurand; measured quantity (value)
Meßgrößenwandler *m* measuring transformer
piezoelektrischer M. piezoelectric transducer
Meßimpedanz *f* detection impedance
Meßimpuls *m* test pulse
Messing *n* brass
Messingblech *n* sheet brass
Messinggehäuse *n* brass housing
Messinglot *n* brass solder
Messingnetz *n* brass gauze
Meßinstrument *n* measuring instrument, meter (*s. a. unter* Meßgerät)
M. für absolute Messungen instrument for absolute measurement
M. für wissenschaftliche Zwecke scientific measuring instrument
M. mit rechteckigem Frontrahmen edgewise instrument
M. mit unterdrücktem Nullpunkt suppressed-zero measuring instrument, inferred-zero instrument, set-up scale instrument
eisengeschirmtes M. instrument with magnetic screening
eisengeschlossenes M. iron-core instrument
elektrisches M. electric meter
elektromagnetisch geschirmtes M. instrument with electromagnetic screening
elektrostatisch geschirmtes M. instrument with electrostatic screening
idiostatisches M. idiostatic instrument
indirekt arbeitendes M. indirect-acting instrument
träges M. sluggish measuring instrument
unabhängiges M. self-contained instrument
Meßinstrumentenkonstante *f* [instrument] constant
Meßkabel *n* measuring cable; test lead (cable)
Meßkante *f* metering edge
Meßkette *f* measuring sequence
Meßklemme *f* test terminal
Meßkoffer *m* test set, measurement kit
Meßkondensator *m* precision capacitor (*Kapazitätsnormal)*
Meßkondensatorenbatterie *f* capacitance box *(im geschlossenen Gehäuse)*
Meßkondensatorsatz *m* **in Kurbelschaltung** switch capacitance box
Meßkopf *m* measuring head; sensing head, sensor; gauging head; probe
aperiodischer M. untuned measuring head
Meßkopfhörer *m* audiometer earphone
Meßkreis *m* measuring circuit; test[ing] circuit, pilot circuit
Meßleitung *f* measuring line; *(Fmt)* s-wire, c-wire
geschlitzte M. slotted line *(Wellenleiter)*
schlitzlose M. non-slotted line *(Wellenleiter)*
symmetrische M. balanced measuring line
Meßleitungsdetektor *m* / **mitlaufender** travelling detector
Meßmarke *f* measuring mark; strobe marker
Meßmembran *f* measuring diaphragm
Meßmethode *f* measuring method (technique)
M. mit direktem Vergleich direct-comparison method of measurement
absolute M. absolute (fundamental) method of measurement
direkte M. direct method of measurement
indirekte M. indirect method of measurement
Meßmikrofon *n* measuring (measurement) microphone
Meßmittel *npl* measuring instruments
Meßmittelart *f* category of measuring instruments
Meßmittelbauart *f* pattern of a measuring instrument
Meßmittelfehler *m* instrumental error
Meßmittelkonstante *f* instrument constant, constant of a measuring instrument
Meßmodulator *m* measuring modulator
Meßnebenwiderstand *m* instrument shunt
Meßnormal *n* laboratory standard
Meßokular *n* measuring eyepiece
Meßort *m* measuring position, measurement (test) location
Meßpegel *m* test level; absolute level
Meßperiode *f* measuring period
Meßplan *m* **für periodische Messungen** schedule of periodic tests
Meßplatz *m* measuring set[-up]
Meßpotentiometer *n* [range] potentiometer *(Pegelschreiber)*
Meßpraxis *f* testing technique
Meßprinzip *n* principle of measurement, measuring principle
Meßpunkt *m* measuring (test) point
Meßrad *n* [h]odometer
Meßraum *m* measuring room; test room
Meßreihe *f* measurement series; series of readings; run
M. zur Bestimmung der Frequenzabhängigkeit frequency run
Meßrelais *n* measuring (metering) relay
unverzögertes M. instantaneous measuring relay
Meßschallplatte *f* gliding-frequency record

Meßschalter *m* measuring switch; instrument switch *(am Instrument)*
Meßschaltung *f* measuring (metering) circuit; gauging circuit
Meßschaltzeit *f* measured switch time
Meßschleife *f* measuring loop; test loop
Meßschnur *f* instrument lead
Meßschreiber *m* recording [measuring] instrument
Meßsender *m s.* Meßgenerator
Meßserie *f* series of measurements
Meßshunt *m* instrument shunt
Meßsignal *n* measuring signal
Meßskale *f* meter scale
Meßsonde *f* measuring (sensing) probe; test probe
Meßspannung *f* measurement (measuring) voltage
Meßspannungsteiler *m* measurement voltage divider
Meßspion *m* feeler gauge
Meßspitze *f* [measuring] tip; probe tip
Meßspule *f* measuring coil
Meßspulensatz *m* **in Kurbelschaltung** switch inductance box
Meßstelle *f* point of measurement, measuring point (position); measuring junction *(eines Thermopaars)*; monitoring point
Meßstellenschalter *m* selector (check) switch, multipoint (channel) selector, point switch box
  automatischer M. automatic selector
Meßstellenumschalter *m s.* Meßstellenschalter
Meßstellung *f* measuring position; gauging position
Meßstift *m* [measuring] stylus; test pin
Meßstöpsel *m* test plug
Meßstreifen *m* strip chart
Meßstrom *m* measurement (measuring) current
Meßsystem *n* measurement (measuring, metering) system
Meßtechnik *f* measurement (measuring) technique
  elektronische M. electronic measurement technique
  rechnergestützte M. computerized measurement technique
Meßteil *m* measuring unit *(einer technischen Einrichtung)*
Meßthermoelement *n* measuring thermocouple
Meßtisch *m* measuring (instrument) table, test board (desk)
Meßtoleranz *f* measurement tolerance, permissible limits
Meßton *m* test tone
Meßtonbandgerät *n* instrumentation [magnetic] tape recorder
Meßtransduktor *m* measuring transductor
Meßtransformator *m* measurement (measuring) transformer (*s. a.* Meßwandler)
Meßtrupp *m* testing crew
Meßumfang *m* measuring range; scale range *(einer Skale)*
Meßumformer *m* measuring transducer (transformer)
Messung *f* measurement, metering
  M. am [geschlossenen] Regelkreis *(Syst)* closed-loop measurement
  M. der Knochenleitungsschwelle *(Ak)* bone-conduction audiometry
  M. der Luftleitungsschwelle *(Ak)* air-conduction audiometry
  M. der Restdämpfung overall attenuation measurement
  M. des Gleichstromwiderstands ohmic resistance test
  M. durch Kondensatorentladung loss-of-charge method
  M. im Freien outdoor measurement
  M. mit Echolot acoustic sounding
  M. nach der Punktmethode point-by-point measurement
  M. unter Betriebsbedingungen field measurement
  abschnittsweise M. sectionalization test *(z. B. zur Fehlereingrenzung)*
  akustische M. acoustical measurement
  direkte M. direct measurement
  indirekte M. indirect measurement
  kalorimetrische M. calorimetric measurement
  lichtelektrische M. photoelectric measurement
  potentiometrische M. potentiometric measurement
  pyrometrische M. pyrometric measurement
  rückkopplungsfreie M. *(Syst)* open-loop measurement
  statische M. steady-state measurement
Meßunsicherheit *f* uncertainty (inaccuracy) of measurement; measurement accuracy
Meßvalenzen *fpl (Licht)* matching stimuli *(Farbmessung)*
Meßverfahren *n* measuring (metering) method, measurement method (technique); testing technique
Meßverstärker *m* measuring amplifier; meter amplifier; test amplifier
  M. mit Schwingkondensator dynamic capacitor electrometer
  magnetischer M. measuring transductor
Meßvorgang *m* measurement (measuring) process, measuring operation
Meßvorrichtung *f* measuring device
Meßwagen *m* instrument car, testing van; *(Fmt)* test trolley (van)
Meßwandler *m* measuring (measurement) transformer, [measuring] transducer, instrument (control) transformer, instrument converter

M. in Sparschaltung instrument autotransformer
M. ohne Hilfsenergie self-generating transducer
kompensierter M. compensated instrument transformer
piezoelektrischer M. piezoelectric transducer
Meßwandlerverschiebung *f* transducer displacement
Meßwandlerzähler *m* measuring transformer meter
Meßwarte *f* control room (station, centre)
Meßwerk *n* instrument (meter) movement, measuring (movement) system
Meßwerkdämpfung *f* meter damping
Meßwerkspule *f* movement coil
Meßwert *m* measuring (measured) value; measurable value
Meßwertaufnehmer *m* sensor (*s. a.* Meßwertgeber)
Meßwertdrucker *m* data printer
Meßwerte *mpl* data
abgetastete M. sampled data
Meßwerterfassung *f* data acquisition
Meßwertfernübertragung *f* telemetry, telemetering
Meßwertgeber *m* [data] transmitter; primary [measuring] element, detecting element, measuring converter; sensing device, pick-up
Meßwertreihe *f s.* Meßreihe
Meßwertschreiber *m* [data] recorder, logger
Meßwertsender *m* data transmitter
Meßwertspeicherung *f* data storage
Meßwertspur *f* data track
Meßwertübertragung *f* data transmission
Meßwertumformer *m* [measuring] transducer
Meßwertumsetzer *m* measuring converter
Meßwertverarbeitung *f* data processing
digitale M. digital data processing
Meßwertverstärker *m* data amplifier
Meßwesen *n* metrology
gesetzliches M. legal metrology
technisches M. engineering metrology
Meßwiderstand *m* measuring (precision) resistor; instrument shunt
koaxialer M. coaxial shunt *(für Stoßstrommessungen)*
Meßwiderstandssatz *m* **in Kurbelschaltung** switch resistance box
M. in Stöpselschaltung resistance box with plugs
Meßzeitpunkt *m* time of measurement (taking a reading)
Meßzentrale *f s.* Meßwarte
Meßzuleitung *f* instrument lead
Metadyne *f* metadyne
Metadyngenerator *m* metadyne generator
Metall *n* metal
anodisch behandeltes M. anodized metal
plattiertes M. clad metal
schwammiges M. *(Galv)* spongy metal
Woodsches M. Wood's alloy (metal)
Metallabscheidung *f* 1. deposition of metal; 2. metal deposit
Metallabschirmung *f* metal screening
Metallanfärbung *f* **/ galvanische** galvanic metal colouring
Metallätzen *n* metal etching
Metallauflösung *f* **/ aktive** active metal-dissolution
Metallauftrag *m* 1. deposition of metallic coating; 2. metallic coating
Metallbasis *f (Halbl)* metal base
Metallbasistransistor *m* metal-base transistor
Metallbearbeitung *f* **/ elektroerosive** electroerosion metal working [process]
Metallbedampfungsanlage *f* metallizing machine
Metallbelag *m* metal coat[ing]
Metallbindung *f* metallic bond
Metallblechgehäuse *n* sheet metal box
Metallbürste *f* metal brush
Metalldampf *m* metal vapour
Metalldampfbogen *m* metal vapour arc
Metalldampfionenlaser *m* metal vapour ion laser
Metalldampflampe *f* metal vapour lamp
Metalldampflaser *m* metal vapour laser
Metalldraht *m* metal wire; metal[lic] filament *(Lampe)*
Metalldrahtelektrode *f* metal wire electrode
Metalldrahtlampe *f* metal filament lamp
Metalleiter *m* metallic conductor
Metallelektrode *f* metal[lic] electrode
Metallfaden *m* metal[lic] filament
Metallfadenglühlampe *f* metallic filament [incandescent] lamp
Metallfilmmaske *f (Halbl)* metal film mask
Metallfolie *f* metal[lic] foil, foil metal
Metallfolienmaske *f (Halbl)* metal foil mask
Metallgehäuse *n* metal[lic] case, metal housing; *(Halbl)* metal package ● **mit M.** metal-cased
metallgekapselt metal-clad *(Gerät)*
Metallgewinnung *f* **/ elektrolytische** electrowinning
Metall-Glas-Tinte *f (Rech)* metal-glass composition ink
Metallgleichrichter *m* metal rectifier
Metallgraphit *m* metal graphite *(für Schleifkohlen)*
Metallgraphitbürste *f* metal graphite brush
Metall-Halbleiter-Grenzfläche *f* metal-semiconductor interface
Metall-Halbleiter-Sperrschicht *f* metal-semiconductor barrier
Metall-Halbleiter-Übergang *m* metal-semiconductor junction

Metall-Halogen-Allgebrauchslampe *f* halarc lamp
Metallhalogenidbogen *m* metal halide arc
Metallhinterlegung *f* metal backing
Metallichtbogen *m* metal[lic] arc
Metallichtbogenschweißen *n* metal-arc welding
Metallinterferenzfilter *n* metal-dielectric interference filter
Metallionenelektrode *f* metal-ion electrode
Metallionenpotential *n* metal-ion potential
metallisieren to metallize
Metallisieren *n* metallizing; metal coating *(Tauchverfahren)*; plating-through *(Leiterplattenherstellung)*
Metallisierung *f* metallization
galvanische M. electrodeposition
Metallisierungsbahn *f (Halbl)* metallization path
Metallisierungsmuster *n (Halbl)* metallization pattern
Metall-Isolator-Halbleiter-Feldeffekttransistor *m* metal-insulator-semiconductor field-effect transistor, MISFET
Metall-Isolator-Halbleiter-Struktur *f* metal-insulator-semiconductor structure, MIS structure
Metallkappe *f* metal end cap
metallkaschiert metal-clad
Metallkaschierung *f* metal cladding
Metallkeramik *f* 1. metal ceramics, cer[a]met; 2. *s.* Pulvermetallurgie
metallkeramisch metal-ceramic, cerametallic
Metallkernleiterplatte *f* metal printed wiring board
Metallkolbenröhre *f* metal-envelope tube
Metallkolloid *n* colloidal metal
Metallkonusbildröhre *f* metal-cone picture tube
Metall-Luft-Batterie *f* metal-air battery
Metallmantel *m* metal sheath (shell)
Metallmaske *f (Halbl)* metal mask
Metallmembran *f* metal[lic] membrane
Metallnebel *m* metal mist (fog)
Metallniederschlag *m* metal deposit
Metall-Nitrid-Oxid-Feldeffekttransistor *m* metal-nitride-oxide silicon field-effect transistor, MNOSFET
Metall-Nitrid-Oxid-Halbleiter *m* metal-nitride-oxide semiconductor, MNOS
Metalloriginal *n* metal master *(Schallplattenherstellung)*
Metalloxid *n* metal oxide
Metall-Oxid-... *s.* Metall-Oxid-Halbleiter-...
Metall-Oxid-Halbleiter *m* metal-oxide semiconductor, MOS
komplementärer M. complementary metal-oxide semiconductor, CMOS
Metall-Oxid-Halbleiterbauteil *n* **mit nitriertem Gate** metal-nitride-oxide semiconductor, MNOS
Metall-Oxid-Halbleiter-Feldeffekttransistor *m* metal-oxide-semiconductor field-effect transistor, MOSFET
Metall-Oxid-Halbleiter-Kondensator *m* metal-oxide-semiconductor capacitor, MOS capacitor
Metall-Oxid-Halbleiter-Struktur *f* metal-oxide-semiconductor structure, MOS structure
Metall-Oxid-Halbleiter-Transistor *m* metal-oxide-semiconductor transistor, MOST
Metalloxidkatode *f* incandescent metallic oxide cathode
Metall-Oxid-Silizium-Feldeffekttransistor *m* metal-oxide-silicon field-effect transistor, MOSFET
Metall-Oxid-Silizium-Transistor *m* metal-oxide-silicon transistor, MOS transistor
Metalloxidvaristor *m* metal-oxide varistor
Metalloxidwiderstand *m* metal oxide resistor
Metallpapierkondensator *m* metallized-paper capacitor, MP capacitor
Metallpapierpackung *f* **/ galvanische** electrodeposited metallic paper packing
metallplattiert metal-clad
Metallpulver *n* metal[lic] powder, powder[ed] metal
Metallresist *m* metal etch resist *(z. B. für Leiterplatten)*
Metallröhre *f* metal tube, metal envelope tube (valve)
Metallrohrstrahler *m* metal tube radiator *(Infrarotstrahler)*
Metallscheidung *f* **/ elektrolytische** electrolytic parting
Metallschicht *f* metal[lic] film, metal coating
aufgedampfte M. evaporated metal layer, coat of evaporated metal
Metallschichtwiderstand *m* metal film resistor
Metallschirm *m* metal screen
Metallschleifstück *n* metal shoe
Metallschutzrohr *n* **/ biegesteifes** rigid metal conduit *(für Kabelverlegungen)*
Metallschwamm *m (Galv)* spongy metal
Metall-Silizium-Feldeffekttransistor *m* metal silicon field-effect transistor, MESFET
Metallspiegel *m* metal[lic] mirror
Metallspitzenkontakt *m* metal point contact
Metallträger *m* metal base *(des Metallbasistransistors)*
metallüberzogen metal-coated, metal-clad, plated
Metallüberzug *m* metal coat[ing]
M. auf Kunststoff plastics plating
nach dem Tauchverfahren hergestellter M. *(Galv)* cementation coating

metallumflochten metal-braided *(Kabel)*
metallumkleidet metal-cased
metallumsponnen metal-spun *(Kabel)*
Metallverbindungs[leitungs]muster *n* *(Halbl)* metal·interconnection pattern
Metallwiderstand *m* metallic resistor
Metamerie *f* metamerism *(bedingte Gleichheit von Farben)*
Metamerieindex *m* index of metamerism
Meter-Kilogramm-Sekunde-Ampere-System *n s.* MKSA-System
Meterwelle *f* metric (metre) wave, very-high-frequency wave, VHF-wave *(1 bis 10 m)*
Meterwellenbereich *m* metric wavelength range, very-high-frequency range, VHF-range
Meterwellenfrequenz *f* very high frequency *(30 bis 300 MHz)*
Methode *f* method, procedure, technique
  M. der Beschreibungsfunktion describing-function method
  M. der harmonischen Linearisierung method of harmonic balance, describing-function method
  M. der Integralfehler integral error method
  M. der kleinen Variationen small variations method *(Störungsrechnung)*
  M. der kleinsten Fehlerquadrate method of least error squares
  M. der kleinsten Quadrate least squares method
  M. der Linearprogrammierung *(Rech)* linear programming method
  M. der Phasenebene method of phase-plane, velocity-phase method
  M. der symmetrischen Komponenten *(Masch)* symmetrical-component method
  M. der Wurzelortskurve root-locus method
  M. des kleinen Parameters small parameter method
  M. des kritischen Weges critical path method *(Netzplantechnik)*
  M. des steilsten Abstiegs method of steepest descent *(Optimierung)*
  M. des systematischen Probierens trial-and-error method
  M. des zusätzlichen Halbschrittes supplementary half-step method *(z. B. bei der Abtastregelung)*
  M. trapezförmiger Frequenzcharakteristiken method of trapezoidal frequency responses
  M. zur Festlegung des Stabilitätsbereichs method of determining stability domain *(z. B. einer Kennlinie)*
  Ljapunowsche M. method of Liapunov *(Stabilitätsuntersuchung)*
  numerische M. numerical method
  numerisch-grafische M. numerical-graphical method
  stochastische M. stochastic method
  stroboskopische M. stroboscopic method
  symbolische M. symbolic method *(Wechselstromlehre)*
Metrologie *f* metrology
MHD *s.* Magnetohydrodynamik
MHD-Generator *m* magnetohydrodynamic (MHD) generator
Mie-Streuung *f* Mie scattering
Mietleitung *f (Fmt)* leased circuit (wire), private wire circuit, rented circuit (line)
Mietleitungsdienst *m (Fmt)* leased (rented) circuit service
Migration *f* migration; electromigration *(Wanderung im elektrischen Feld)*
Migrationsenergie *f* energy of migration
Migrationsgeschwindigkeit *f* migration speed (velocity)
Migrationslänge *f* migration length
Migrationsstrom *m* migration current
Mikaband *n s.* Glimmerband
Mikafolium *n* mica folium *(Isolierstoff)*
Mikanit *n* micanite *(Isolierstoff)*
Mikanitpapier *n* micanite paper
Mikapapier *n* mica paper
Mikroamperemeter *n* microammeter
Mikroanalyse *f* microanalysis
Mikroanzeige *f* microindication
Mikroätzung *f* microetching
Mikroaufnehmer *m* microsensor
Mikroausscheidung *f* microsegregation
mikrobearbeiten / maschinell to micromachine
Mikrobearbeitung *f* micromachining
Mikrobefehl *m (Rech)* microinstruction
Mikrobefehlskode *m (Rech)* microcode, microinstruction code
Mikrobilderzeugung *f* microimaging
Mikrobogen *m* microarc
Mikrocomputer *m* microcomputer, MIC
  M. der n-ten Generation n-generation microcomputer
Mikrocomputeranwendung *f* microcomputer application
Mikrocomputerprogramme *npl* microcomputer software
Mikrodraht *m* microwire
Mikrodrahtbonder *m* lead bonder
Mikroelektrode *f* microelectrode
Mikroelektronik *f* microelectronics
Mikroelektronikbaustein *m* microelectronic component (element, device)
mikroelektronisch microelectronic
Mikroelement *n* microelement *(Baustein)*
Mikroelemente *npl (Halbl)* very small devices, VSD
Mikrofiche *n (m)* microfiche
Mikrofilmausgabe *f* microfilm output
Mikrofilmlesegerät *n* microfilm reader
Mikrofon *n* microphone, [electroacoustic] transmitter
  M. für diffusen Schalleinfall random incidence microphone

M. für Nahbesprechung close-talking microphone
M. mit achtförmiger Richtcharakteristik bilateral (bidirectional) microphone
M. mit beweglicher Spule moving-coil microphone
M. mit kugelförmiger Richtcharakteristik *s.* ungerichtetes M.
M. mit niedriger Ausgangsleistung low-power microphone
M. mit nierenförmiger Richtcharakteristik cardioid microphone
M. mit Richtwirkung directional microphone
M. mit Störschallunterdrückung antinoise (noise-cancelling) microphone
auf den Schalldruck ansprechendes M. *s.* druckempfindliches M.
bewegliches M. following microphone
druckempfindliches M. [sound] pressure-actuated microphone, pressure microphone
dynamisches M. dynamic (electrodynamic, moving-coil, moving-conductor) microphone
elektrodynamisches M. *s.* dynamisches M.
elektromagnetisches M. *s.* magnetisches M.
elektrostatisches M. electrostatic (capacitor) microphone
ionisches M. ionic microphone
keramisches M. ceramic (piezoelectric) microphone
lineares M. line microphone *(mit scharfer Richtwirkung)*
magnetisches M. magnetic (electromagnetic, moving-iron, variable-reluctance) microphone
magnetostriktives M. magnetostriction microphone
membranloses M. diaphragmless microphone
piezoelektrisches M. piezoelectric (ceramic) microphone
schnelleempfindliches M. velocity microphone
störschallunterdrückendes M. antinoise (noise-cancelling) microphone
thermisches M. thermal microphone
ungerichtetes M. omnidirectional (nondirectional) microphone

Mikrofonanlage *f* microphone system, sound pick-up outfit
Mikrofonanschluß *m* microphone connection
Mikrofonaufnahme *f* microphone recording
Mikrofonausrüstung *f* / **wetterfeste** outdoor microphone system
Mikrofonbatterie *f* microphone battery
Mikrofoneichgerät *n* microphone calibrator (calibration apparatus)
Mikrofoneinheit *f* microphone assembly (unit)
wetterfeste M. outdoor microphone unit, weatherproof microphone system (station)
Mikrofonersatz *m* dummy microphone
Mikrofongalgen *m* [microphone] boom, microphone gallows
Mikrofongehäuse *n* microphone housing
Mikrofongeräusch *n* microphone noise
Mikrofonie *f* microphonics, microphonism, microphony, microphonic effect
Mikrofonieeffekt *m s.* Mikrofonie
Mikrofoniestörung *f* microphonic trouble
mikrofonisch microphonic
Mikrofonkabel *n* microphone cable (cord)
Mikrofonkappe *f* microphone blanket
Mikrofonkapsel *f* microphone capsule (inset)
Mikrofonkohle *f* microphonic carbon
Mikrofonkopplung *f* microphone coupling
Mikrofonkreis *m* microphone circuit
Mikrofonmembran *f* microphone diaphragm
Mikrofonnetzgerät *n*, **Mikrofonnetzteil** *n* microphone power supply
Mikrofonort *m* microphone location
Mikrofonrauschen *n* microphone noise
Mikrofonregelpult *n* microphone control desk (console)
Mikrofonsender *m* microphone transmitter
Mikrofonspeisung *f* microphone feed (supply)
Mikrofonstativ *n* microphone tripod (stand)
Mikrofonstrom *m* microphone current
Mikrofonstromkreis *m* microphone circuit
Mikrofonstromversorgung *f s.* Mikrofonspeisung
Mikrofonsystem *n* / **trägerfrequentes** microphone carrier system
Mikrofontaste *f* microphone button (key)
Mikrofontrichter *m* microphone mouthpiece
Mikrofonübersteuerung *f* sound overload (overshooting, overshoot)
Mikrofonübertrager *m* microphone transformer
Mikrofonverstärker *m* microphone (speech-input) amplifier
Mikrofonvorverstärker *m* microphone preamplifier; cathode follower *(mit Röhren)*
Mikrofotografie *f* microphotography
Mikrofotometer *n* microphotometer
Mikrogefüge *n* microstructure
Mikroinstruktion *f (Rech)* microinstruction *(Befehl eines Mikroprogramms)*
Mikrokühler *m* microcooler *(für Josephson-Bausteine)*
Mikrolegierungsdiffusionstransistor *m* microalloy diffused transistor, MADT

Mikrolegierungstransistor *m* microalloy transistor, MAT
Mikroleistungsverstärker *m* micropower amplifier
Mikroleuchtfleck *m* microspot
Mikrologik *f* micrologic
Mikromanometer *n* micromanometer
Mikrometerfunkenstrecke *f* micrometer spark gap
mikrominiaturisieren to microminiaturize
Mikrominiaturisierung *f* microminiaturization
Mikrominiaturschaltung *f* microminiature circuit
Mikromodul *m* micromodule, microcircuit module
Mikromodulbauelement *n* microelement
Mikromodulbaustein *m s.* Mikromodul
Mikromodultechnik *f* micromodule technique
Mikromomentschalter *m* sensitive switch
Mikromontage *f* microassembly
Mikroplanfilm *m* microfiche
Mikroplasma *n* microplasma
Mikroplasmabrenner *m* microplasma burner
Mikroplasmagenerator *m* microplasma generator
Mikroplasmaschweißen *n* microplasma welding
Mikroplasmastrahl *m* microplasma jet
Mikroplättchen *n (Halbl)* wafer
Mikropotentiometer *n* micropotentiometer
Mikroprogramm *n (Rech)* microprogram
mikroprogrammierbar *(Rech)* microprogrammable
Mikroprogrammierbarkeit *f (Rech)* microprogrammability
Mikroprogrammierung *f (Rech)* microprogramming
Mikroprogrammsteuerung *f* microprogrammed control
Mikroprozessor *m (Rech)* microprocessor, MIP
Mikroprozessorbefehlssatz *m* microprocessor instruction set
Mikroprozessoreinheit *f* microprocessor unit, MPU
Mikroprozessoreinteilung *f* microprocessor classification
Mikroprozessorelement *n* microprocessor slice
Mikroprozessorentwicklungssystem *n* microprocessor development system, MDS
Mikroprozessorkompilierer *m* microprocessor compiler
Mikroprozessormonitor *m* microprocessor monitor
Mikroprozessorsteuereinheit *f* microprocessor control unit, MCU
Mikrorechner *m* microcomputer, MC
monolithischer M. *s.* Einchipmikrorechner
Mikrorechnersystem *n* / **verteiltes** distributed microcomputer system
Mikrorille *f* microgroove, fine groove *(Schallplatte)*
Mikrorillenplatte *f* microgroove record
Mikroröhre *f* microtube
Mikroschalter *m* microswitch
elektronischer M. electronic microswitch
Mikroschaltung *f* microcircuit
Mikroschaltungsbaustein *m* micromodule, microcircuit module
Mikroschaltungsentwurf *m* microcircuit design
Mikroschaltungstechnik *f* microcircuit engineering
Mikroschaltungsverpackung *f* microcircuit packaging
Mikroschrittmotor *m* microstep motor
Mikrosensor *m* microsensor
Mikroskale *f* microdial
Mikroskopierleuchte *f* microscope illuminator (lamp)
Mikroskoplaser *m* microscope laser
Mikrosonde *f* microprobe
Mikrospektrofotometer *n* microspectrophotometer
Mikrostrahl *m* microbeam
Mikrostreifen[leiter] *m* microstrip
Mikrostreifenleitung *f s.* Mikrostripleitung
Mikrostripleitung *f* microstrip transmission line
Mikrostriptechnik *f* microstrip technique
Mikrostruktur *f* microstructure
Mikrotaster *m* micro key, micro-key button
Mikrotelefon *n* hand microtelephone
Mikroübertrager *m* microtransducer
Mikrovoltmeter *n* microvoltmeter
Mikrowelle *f* microwave
Mikrowellenanwendung *f* microwave application
Mikrowellenausbreitung *f* microwave propagation
Mikrowellenbauelement *n* microwave component
Mikrowellenbereich *m* microwave region
Mikrowellendiathermie *f* microwave diathermy *(Elektromedizin)*
Mikrowellendiode *f* microwave diode
Mikrowellenelektronik *f* microwave electronics
Mikrowellenenergie *f* microwave energy
Mikrowellenenergieerzeuger *m* microwave energy generator *(für 300 bis 30 000 MHz)*
Mikrowellenerwärmung *f* microwave heating
Mikrowellenerwärmungsanlage *f* microwave heating installation
Mikrowellenfeldeffekttransistor *m* microwave field-effect transistor
Mikrowellenfrequenz *f* microwave frequency
Mikrowellengasentladung *f* microwave gas discharge

Mikrowellengenerator *m* microwave generator
Mikrowellengleichrichter *m* microwave detector
Mikrowellenhalbleiter *m* microwave semiconductor
Mikrowellenhalbleiterbauelement *n* microwave semiconductor component
Mikrowellenheizung *f* microwave heating
Mikrowellenherd *m* microwave cooker
Mikrowellenkanal *m* microwave channel
Mikrowellenleistung *f* microwave power
Mikrowellenlinsenantenne *f* microwave lens aerial
Mikrowellenmagnetron *n* microwave magnetron
mikrowellenmoduliert microwave-modulated
Mikrowellenofen *m* microwave oven (stove)
Mikrowellenoszillator *m* microwave oscillator
Mikrowellenröhre *f* microwave valve (tube)
Mikrowellenschaltkreis *m s.* Mikrowellenschaltung
Mikrowellenschaltung *f* microwave circuit
  gedruckte M. microwave printed circuit
  integrierte M. integrated microwave circuit
Mikrowellenstrahlung *f* microwave radiation
Mikrowellenstrahlungsgefahr *f* microwave radiation hazard
Mikrowellenstreifenleitung *f* / **zweiseitig abgeschirmte** double-screened strip line
Mikrowellenstreustrahlung *f* microwave leakage *(Verlust)*
Mikrowellenstreustrahlungsgrenze *f* microwave leakage limit
Mikrowellenstreustrahlungsleistungsdichte *f* microwave leakage power density
Mikrowellentechnik *f* microwave technique; microwave engineering
Mikrowellentransistor *m* microwave transistor
Mikrowellentrocknung *f* microwave drying
Mikrowellenübertragungskreis *m* microwave transmission circuit
Mikrowellenverriegelung *f* microwave interlock
Mikrowellenverstärker *m* microwave amplifier
Mikrowellenwärmetechnik *f* microwave heating technique
Mikrowellenzirkulator *m* microwave circulator
Milchglas *n* milk (opal) glass
Miller-Brücke *f* Miller bridge
Miller-Kreis *m* Miller circuit
Milliamperemeter *n* milliammeter
Millimeterwelle *f* millimetre wave *(1 bis 10mm)*
Millimeterwellenbereich *m* millimetre-wavelength range
Millivoltmeter *n* millivoltmeter
Millivoltschreiber *m* millivolt recorder
Millivoltskale *f* millivolt scale
Milliwatt *n* milliwatt
Minderheitsladungsträger *m s.* Minoritätsladungsträger
Minderung *f* **der Übertragungsgüte** *(Nrt)* transmission impairment
  M. der Übertragungsgüte durch Bandbegrenzung transmission impairment due to bandwidth limitation
  M. der Übertragungsgüte durch Frequenzbandbeschneidung [frequency] distortion transmission impairment, cut-off impairment
Mindest... *s.a.* Minimal...
Mindestabstand *m* minimum clearance
  M. gegen Erde minimum clearance to earth
Mindestanfangskraft *f (App)* minimum starting force
Mindestausgangsspannung *f* minimum output voltage
Mindestbeleuchtungsstärke *f* minimum illuminance
Mindestbetätigungskraft *f (App)* minimum actuating force *(Schaltfunktion)*
Mindestbetriebswerte *mpl* minimum ratings
Mindestdruck *m* minimum pressure
Mindestdurchschlagspannung *f* minimum breakdown voltage
Mindestelektrizitätsmenge *f* minimum amount of electricity
Mindestenergie *f* minimum energy
Mindestgeschwindigkeit *f* minimum speed
Mindestisolation *f* minimum insulation
Mindestlebensdauer *f* least life
Mindestrückstellzeit *f* minimum reset time
Mindestschmelzstrom *m* minimum fusing current *(Sicherung)*
Mindestschutzabstand *m* minimum protection clearance
Mindestsicherheitsabstand *m (FO)* nearest approach
Mindestsuchzeit *f (Rech)* minimum-access time, minimum latency
Mindestwarmhalteleistung *f* minimal holding power *(Induktionsofen)*
Mindestwasserstand *m* minimum water level
Mindestzugriffszeit *f* minimum-access time
Mineralwolle *f* mineral wool
Miniaturbauelement *n* miniature component
Miniaturbürste *f* miniature brush
Miniaturgerät *n* miniature device
Miniaturgestell *n* minirack
miniaturisieren to miniaturize
Miniaturisierung *f* miniaturization

Miniaturkern *m* miniature core
Miniaturleistungsschalter *m* miniature circuit breaker
Miniaturlötgerät *n* miniature soldering instrument
Miniaturmagnetbandgerät *n* miniature [tape] recorder
Miniaturmeßfühler *m* miniature sensing element
Miniaturmikrofon *n* miniature microphone
Miniaturpotentiometer *n* miniature potentiometer
Miniaturröhre *f* bantam tube
Miniaturschaltung *f* miniature circuit[ry]
Miniaturscheibenkondensator *m* miniature disk capacitor
Miniaturschreiber *m* miniature recorder
Miniaturschweißkopf *m* miniature welding head
Miniatursockel *m* miniature cap (base)
Miniatur[steck]verbinder *m* miniature connector
Minikassette *f* minicartridge
Minimal... *s. a.* Mindest...
Minimalauslöser *m* minimum cut-out
Minimalfrequenz *f* minimum frequency
Minimalphasensystem *n (Syst)* minimum-phase system
Minimalrelais *n* minimum relay
Minimalschalter *m* minimum circuit breaker
Minimalspannung *f* minimum voltage
Minimalstrom *m* minimum current
Minimalstromdichte *f* minimum-current density
Minimalstromrelais *n* minimum-current relay, undercurrent relay
Minimalüberschlagspannung *f* minimum flash-over voltage
Minimalwert *m* minimum value
Minimaxprinzip *n* minimax principle *(Spieltheorie)*
Minimaxtheorem *n* minimax theorem
minimieren to minimize
Minimierung *f* minimization
Minimierungsmethode *f* minimizing technique (method)
Minimum *n* minimum; valley *(z. B. einer Kurve)*
M. der mittleren Fehlerquadrate mean-square-error minimum
Minimumanzeige *f* minimum reading
Minimum-Maximum-Prinzip *n* minimax principle *(Spieltheorie)*
Minimumpeilung *f* minimum direction finding, zero-signal direction finding
Minimumthermometer *n* minimum thermometer
Minoritätselektron *n* minority electron
Minoritätsemitter *m (Halbl)* minority emitter
Minoritäts[ladungs]träger *m (Halbl)* minority [charge] carrier
Minoritätsträgerbauelement *n* minority carrier device
Minoritätsträgerdichte *f* minority carrier density
Minoritätsträgerdiffusionslänge *f* minority carrier diffusion length
Minoritätsträgerdiffusionsstrom *m* minority carrier diffusion current
Minoritätsträgerdriftstrom *m* minority carrier drift current
Minoritätsträgeremitter *m* minority carrier emitter
Minoritätsträgerextraktion *f* minority carrier extraction
Minoritätsträgergeschwindigkeit *f* minority carrier velocity
Minoritätsträgerinjektion *f* minority carrier injection
Minoritätsträgerlaufzeit *f* minority carrier transit time
Minoritätsträgerlebensdauer *f* minority carrier lifetime
Minoritätsträgerspeicherung *f* minority carrier storage
Minoritätsträgerstrom *m* minority carrier current
Minoritätsträgertransportwirkungsgrad *m* minority carrier transport efficiency
Minoritätsträgerverteilung *f* minority carrier distribution
Minusbürste *f* negative brush
Minusdraht *m* negative (minus) wire
Minuselektrode *f* negative electrode, cathode
Minusimpuls *m* negative pulse
Minusklemme *f* negative terminal
Minusleiter *m* negative conductor
Minusleitung *f* negative (minus) wire
Minusplatte *f* negative plate *(Batterie)*
Minuspol *m* 1. negative pole (terminal); 2. cathode *(z. B. eines Gleichrichters)*
MIPS *Abk. für* millions of instructions per second
Mired *n* microreciprocal degree, mired, mrd *(Einheit der reziproken Farbtemperatur)*
MIS *Abk. für* metal-insulator semiconductor
MIS-... *s.* Metall-Isolator-Halbleiter-...
Mischatelier *n* rerecording room *(Studiotechnik)*
Mischbarkeit *f* miscibility
Mischbildentfernungsmesser *m* double-image range finder, superposed-image range finder
Mischeinheit *f* mixing (mixer) unit
Mischeinrichtung *f* [audio] mixer
Mischelektrode *f* mixed electrode
mehrfache M. multiple mixed electrode
mischen 1. to mix; to blend; 2. *(Rech)* to collate, to merge *(Lochkarten)*
Mischen *n* 1. mixing; blending; 2. *(Rech)* collating, merging *(von Lochkarten)*

Mischer *m* 1. *(Nrt)* mixer; 2. *(Rech)* collator
Mischerdiode *f* mixer diode
Mischfarbe *f* blended colour
Mischfrequenzzeichen *n (Fmt)* mixed-frequency signal
Mischgaslaser *m* mixed gas laser
Mischgatter *n* [inclusive] OR circuit
Mischgerät *n (Nrt)* mixer, converter
Mischgitter *n* injection grid *(einer Röhre)*
Mischglied *n (Syst)* mixing element, mixer
Mischhalbleiter *m* mixed semiconductor
Mischheizung *f* combined heating
Mischheptode *f* pentagrid [converter]
Mischkreis *m* mixer circuit
Mischkristall *m* mixed crystal, solid solution
Mischleistungsrelais *n* arbitrary phase-angle power relay
Mischleiter *m* mixed conductor
Mischleitung *f* mixed conduction
Mischlicht *n* mixed (blended) light
Mischlichtanlage *f* blended light installation
Mischlichtbeleuchtung *f* mixed lighting
Mischlichtlampe *f* mixed (blended) light lamp, mercury-tungsten lamp
Mischoxid *n* mixed oxide
Mischoxidglas *n* mixed-oxide glass
Mischphase *f* mixed phase
Mischpotential *n* mixed potential *(z.B. einer mehrfachen Elektrode)*
Mischpotentialbildung *f* mixed potential formation
Mischpult *n* [audio] mixer, mixer (mixing) console, control (monitoring) desk *(Studiotechnik)*
zentrales M. master control [desk]
Mischraum *m* mixing (rerecording) room *(Studiotechnik)*
Mischrauschmaß *n* mixing noise figure
Mischröhre *f* mixer (frequency changer) valve, converter tube
M. mit fünf Gittern pentagrid [converter]
selbstschwingende M. self-heterodyning mixer
Mischschalter *m* load-distributing switch
Mischschaltung *f* mixing (mixer) circuit
Mischsteilheit *f* conversion [trans]conductance
Mischstrahlung *f* complex (polychromatic, compound) radiation
Mischstrecke *f* mixing path
Mischstrom *m* pulsating d.c. current; undulatory current
Mischstufe *f* mixing stage, mixer [stage]
M. in Gitterbasisschaltung grounded-grid mixer
Mischung *f* 1. mixing; blending; 2. mixture, mix, blend
M. mit Beschleuniger accelerated stock *(bei Gießharzen)*
additive M. 1. additive mixing; 2. additive mixture *(Farben)*
homogene M. *(Fmt)* homogeneous grading
multiplikative M. multiplicative mixing
transponierte M. *(Fmt)* transposed multiple
Mischungsplan *m (Fmt)* grading plan
Mischungsproblem *n* blending problem *(Optimierung)*
Mischungsreihe *f* blended series *(Farben)*
Mischungsverhältnis *n* 1. mixing (blending) ratio; 2. *(Fmt)* mean interconnecting number
Mischungszahl *f* **/ mittlere** *(Fmt)* mean interconnecting number
Mischverlust *m* conversion loss *(Röhren)*
Mischwähler *m (Fmt)* load distribution matrix (switch)
Mischweg *m* mixing path
MIS-Feldeffekttransistor *m* metal-insulator-semiconductor field-effect transistor, MISFET
MISFET *s.* MIS-Feldeffekttransistor
MIS-Schaltkreis *m* metal-insulator-semiconductor circuit
MIS-Struktur *f* metal-insulator-semiconductor structure, MIS structure
Mißweisung *f* **/ magnetische** magnetic declination
MIS-Technik *f* metal-insulator-semiconductor technique, MIS technique
Mitabscheidung *f (Galv)* codeposition
Mitfeld *n* positive-sequence field
Mitflußschleppe *f* pulse tail
Mitgang *m* 1. mobility, mechanical admittance; 2. contact follow *(der Kontaktfedern)*
akustischer M. acoustic admittance
spezifischer M. specific acoustic admittance
Mithöreinrichtung *f (Nrt)* monitoring equipment (device), monitor
mithören *(Nrt)* to monitor; *(Fmt)* to listen in, to tap [the wire]
in einer Leitung verstärkt m. *(Fmt)* to listen in on a repeater
Mithören *n (Nrt)* monitoring; *(Fmt)* listening-in; overhearing *(zufällig)*
Mithörklinke *f (Fmt)* listening (monitoring, branching) jack
Mithörregler *m (Fmt)* monitoring control
Mithörschalter *m (Fmt)* listening (monitoring) key
Mithörschaltung *f (Fmt)* listening (monitoring) circuit
Mithörschrank *m (Fmt)* monitoring board
Mithörstellung *f (Fmt)* listening (monitoring) position
Mithörtaste *f (Fmt)* listening (monitoring) key, monitoring button
Mitkapazitanz *f* positive-sequence capacitive reactance

Mitkomponente *f* positive-sequence component
Mitkopplung *f* positive (regenerative) feedback, feedforward
äußere M. separate self-excitation *(beim Transistor)*
innere M. auto self-excitation *(beim Transistor)*
Mitlauf *m* pulling *(Frequenz)*
Mitlaufeffekt *m* pulling effect *(Frequenz)*
mitlaufend *(Rech)* on-line
Mitlauffilter *n* tracking (slave) filter
mitläufig *(El)* positive-sequence
Mitlaufwähler *m (Fmt)* discriminating (repeating) selector
Mitleistung *f* positive-sequence power
Mitlesestreifen *m (Fmt)* local (home) record
Mitnahme *f* pull-in *(Frequenz)*
Mitnahmebereich *m* pulling[-in] range
Mitnahmeeffekt *m* pulling (locking) effect
Mitnahmeoszillator *m* lockable (locked) oscillator
Mitnahmeoszillatorfrequenzteiler *m* locked-oscillator frequency divider
Mitnahmeschaltung *f* intertripping *(Relais)*
Mitnehmer *m* dog *(mechanisch)*
Mitnetz *n* positive-sequence network *(des Mit-, Gegen- und Nullsystems)*
Mitreaktanz *f* positive-sequence [inductive] reactance
mitschneiden *(Ak)* to record
Mitschnitt *m (Ak)* record[ing]
Mitschreibeeinrichtung *f (Rech, Meß)* logger
Mitschreiben *n (Fmt)* local recording
mitschwingen to resonate, to covibrate
mitschwingend resonant
Mitschwingung *f* resonance, resonant vibration, covibration, sympathetic oscillation
Mitselbstadmittanz *f* self-admittance of positive-sequence network
Mitselbstimpedanz *f* self-impedance of positive-sequence network
Mitsprechen *n (Nrt)* side-to-phantom cross talk
Mitsprechkopplung *f (Nrt)* phantom-to-side unbalance
Mitsprech- und Aufschalteeinrichtung *f (Fmt)* preference facility
Mitsystem *n* positive phase-sequence system *(symmetrische Komponenten eines Mehrphasensystems)*
mehrphasiges M. positive-sequence polyphase system
Mitteilung *f* message
telefonische M. telephone message
Mitteilungssystem *n* message system
rechnerunterstütztes M. computer-based message system
Mittel *n* 1. mean, average (*s. a.* Mittelwert); 2. medium; agent; means
arithmetisches M. arithmetic mean (average)
sauerstoffabgebendes M. oxygen developing agent
Mittelabgriff *m* centre (central, midpoint) tap
M. am Heizfaden filament centre tap
mittelangezapft centre-tapped, central-tapped, midpoint-tapped
Mittelanschluß *m s.* Mittelanzapfung
Mittelanzapfung *f* centre (central, midpoint) tap; ● **mit M.** *s.* mittelangezapft
M. am Transformator transformer centre tap
Mittelbereich *m* / **aufgeweiteter** expanded centre
Mitteldruck *m* medium pressure, MP
Mitteldruckteil *m(n) (Anl)* medium-pressure part
Mitteleinströmung *f (Eerz)* centre inflow
Mittelelektrode *f (Hochsp)* centre (central) electrode
Mittelfrequenz *f* medium frequency, m.f.
Mittelfrequenzband *n* medium-frequency band
Mittelfrequenzbereich *m* medium-frequency range *(500 bis 10 000 Hz)*
Mittelfrequenzerwärmung *f* medium-frequency heating
Mittelfrequenzgenerator *m* medium-frequency generator
Mittelfrequenzlötanlage *f* medium-frequency soldering plant
Mittelfrequenzsender *m* medium-frequency transmitter
Mittelfrequenzstrom *m* medium-frequency current
Mittelfrequenztransformator *m* medium-frequency transformer
Mittelfrequenzumformer *m* medium-frequency converter
Mittelintegration *f* medium-scale integration
Mittelintegrationsschaltung *f* medium-scale integrated circuit
Mittelkern *m* central core *(beim Transformator)*
Mittelkontakt *m* centre contact
Mittelleistungstransistor *m* medium-power transistor
Mittelleiter *m* neutral wire (conductor), middle wire *(Nulleiter)*; centre (inner) conductor *(Kabel)*; centre bar *(Sammelschiene)*
geerdeter M. earthed neutral
nichtgeerdeter M. floating neutral
Mittelleiterstrom *m* neutral conductor current
Mittelmarkierung *f* middle marker beacon
Mittelmastbauweise *f (Eüb)* centre-tower arrangement

mitteln to average
Mitteln *n* averaging
M. von Signalen signal averaging
Mittelpunkt *m* 1. centre [point], mid-point; 2. *(El)* neutral point
akustischer M. acoustic centre
geerdeter M. centre point of earth potential
herausgeführter M. *(Anl)* neutral brought-out
Mittelpunktanschluß *m* neutral terminal
Mittelpunktanzapfung *f* midpoint tap
Mittelpunktlage *f* position of the centre
Mittelpunktschaltung *f* centre tap connection
Mittelpunktspeisung *f* centre feed *(Antennentechnik)*
Mittelpunkttransformator *m* static balancer
Mittelschiene *f* centre conductor rail
Mittelspannung *f* medium voltage
Mittelspannungselektrodenkessel *m* medium-voltage electrode boiler
Mittelspannungsleitung *f* medium-high-voltage line; *(Eüb)* intermediate-high-voltage line
Mittelspannungsnetz *n* medium-high-voltage system; *(Eüb)* intermediate-high-voltage system
Mittelstellung *f* mid-position; dead-centre position *(z. B. der Bürsten)*
Mittelstrahl *m* central (mid) ray
Mittelstromschiene *f* centre conductor rail
Mitteltemperaturheizkörper *m* medium-temperature heater
Mitteltemperaturkammerofen *m* medium-temperature box furnace
Mittelwelle *f* medium[-frequency] wave
Mittelwellenband *n* medium-wave band
Mittelwellenbereich *m* medium-frequency range *(100 bis 1000 m)*
Mittelwellenfunkfeuer *n* medium-frequency transmitter, m.f. radio beacon
Mittelwert *m* mean value, average [value]
M. der Halbwelle half-period average value
M. des Durchlaßstroms average value of on-state current, average on-state current *(des Thyristors)*
M. des Rauschens average noise
arithmetischer M. arithmetic mean, average value
gewichteter (gewogener) M. weighted average (mean)
quadratischer M. root mean square [value], rms value
quadratischer M. des Fehlers root-mean-square error
räumlicher M. spatial (space) average
zeitlicher M. mean time value, time-average[d] value, temporal (time) average
Mittelwertanzeiger *m* average value indicator
Mittelwertbildner *m* signal averager *(zum Ausmitteln von Signalen)*
Mittelwertbildung *f* averaging [process], taking of the mean
zeitliche M. averaging in time
Mittelwertkriterium *n* **/ quadratisches** *(Syst)* root mean square [estimation] criterion, root-mean-square error minimum criterion *(z. B. für die Regelgüte)*
Mittelwertrechner *m* average computing device
Mittelwertsatz *m* mean value theorem, law of mean
Mittelwertvoltmeter *n* average voltmeter
Mittenabstand *m* centre distance, distance from centre to centre
Mittenanschluß *m* mid-connection
Mittenfrequenz *f* centre (mean, mid-band) frequency, mid-frequency
Mittenverstärkung *f* midrange amplification
mittönen to resound
Mitverbunderregung *f* cumulative compound excitation
Mitzieheffekt *m* pulling effect
Mitziehen *n* pull-in *(Frequenz)*
MKSA-System *n* Giorgi system [of units], m.k.s.a. system, MKSA system
MMK *s.* Kraft / magnetomotorische
Mnemonik *f (Rech)* mnemonics
MNOS *Abk. für* metal-nitride-oxide semiconductor
MNOS-Feldeffekttransistor *m* metal-nitride-oxide silicon field-effect transistor, MNOSFET
MNOSFET *s.* MNOS-Feldeffekttransistor
Mobilität *f* mobility *(z. B. von Ladungsträgern)*
Mobilometer *n* mobilometer *(zur Festigkeitsbestimmung von Plasten)*
Mode *f* mode
optische M. optical mode
polare M. polar mode
Modekoppler *m* mode coupler
Modell *n* 1. model; 2. prototype
M. im Originalmaßstab full-scale model
analoges M. analogue model *(eines Gliedes)*
elektronisches M. electronic model
idealisiertes M. idealized model *(Kybernetik)*
internes M. *(Syst)* internal model
kybernetisches M. cybernetic simulator (model)
mathematisches M. mathematical model
physikalisches M. physical model
Modellanlage *f* pilot plant
Modelleitung *f (Eüb)* variable experimental system
Modellierung *f* **/ mathematische** *(Rech)* mathematical simulation

Modellmethode *f* model method
Modellrechner *m* model computer
Modellregelkreis *m (Syst)* [control system analogue] simulator, model control system
Modellschaltbild *n* model circuit
Modellverfahren *n* scale-model technique *(in verändertem Maßstab)*
Modellversuch *m* model study (test); scale-model test (experiment) *(in verändertem Maßstab)*
modeln to modulate
Modelung *f* modulation
MODEM *s.* Modulator-Demodulator
Modenblende *f (Laser)* mode shutter (blind)
Modendichte *f* mode density
Modenfilter *n* mode filter
Modenfunktion *f* mode function
Modenkoppler *m* mode coupler
Modenkopplungstheorie *f (Laser)* mode coupling theory
Modenstruktur *f* mode structure
Modenumkehrung *f* mode conversion
Modenwandler *m* mode changer (transducer, transformer)
Moderierung *f* moderation *(z. B. von Neutronen)*
Modifikation *f* modification *(z. B. von Kristallen)*
modifizieren to modify
modifiziert modified
Modifizierung *f* modification
Modler *m s.* Modulator
Modul *m* 1. module, building block [module]; package; 2. modulus
modular modular
Modulation *f* 1. modulation; 2. *(Ak)* inflection
M. mit unterdrücktem Träger suppressed-carrier modulation
additive M. *(Fmt)* upward modulation
fehlerhafte M. faulty modulation
lineare M. linear modulation
mehrfache M. multiple modulation
nichtlineare M. non-linear modulation
verzerrungsfreie M. linear modulation
Modulationsbandbreite *f* modulation bandwidth
Modulationsbegrenzung *f* modulation limiting
Modulationsbrücke *f* modulation bridge
Modulationsdrossel *f* modulating (modulator) choke
Modulationseinrichtung *f* modulating equipment
Modulationselektrode *f* modulator electrode
Modulationselement *n* modulation element
Modulationsempfindlichkeit *f* modulation sensitivity
modulationsfähig capable of being modulated
Modulationsfähigkeit *f* modulation capability
Modulationsfaktor *m* modulation factor
Modulationsfrequenz *f* modulation frequency
Modulationsfrequenzgang *m* modulation-frequency response
Modulationsfunktion *f* modulating function
Modulationsgrad *m* modulation factor, degree of modulation
Modulationshöchstfrequenz *f* maximum modulating frequency
Modulationsimpuls *m* modulation pulse
Modulationsindex *m* modulation index
Modulationskennlinie *f* modulation characteristic
Modulationsklirrfaktor *m* modulation distortion factor
Modulationskreis *m* modulation circuit
Modulationskurve *f* modulation characteristic
Modulationsleistung *f* audio frequency driving power, modulation power
Modulationsrauschen *n* modulation noise
Modulationsschaltung *f* **nach Harbig, Pungs und Gerth** *s.* HAPUG-Modulation
Modulationssignal *n* modulation signal
Modulationsspannung *f* modulating voltage
Modulationsspiegel *m (Laser)* mirrored radiation chopper
Modulationssteilheit *f* modulation slope
Modulationsstrom *m* modulating current
Modulationsstufe *f* modulation stage
Modulationssystem *n* modulation system
Modulationstiefe *f* modulation depth
einstellbare M. variable modulation depth
Modulationstransformator *m* modulation transformer
Modulationsübertragungsfunktion *f (Ferns)* remodulation function
Modulationsverstärker *m* modulation amplifier
Modulationsverzerrung *f* modulation distortion
Modulationswelle *f* modulation wave
Modulator *m* modulator
additiver M. upward modulator
asymmetrischer M. asymmetrical modulator
doppelsymmetrischer M. *(Nrt)* double-balanced modulator
elektromechanischer M. chopper
multiplikativer M. product modulator
symmetrischer M. symmetrical modulator
Modulator-Demodulator *m* modulator-demodulator, modem
Modulatorkette *f* modulator chain

Modulatorröhre *f* modulator valve
Modulbauelement *n* modular unit, module
Modulbaustein *m* module component
Modulbauweise *f* modular construction (design)
Modulierbarkeit *f* modulation capability
modulieren to modulate
moduliert / sinusförmig sinusoidally modulated
Modulkarte *f* module card
Modulschaltung *f* modular circuit
Modultechnik *f* modular technique
Modulumschaltung *f (Fmt)* changing-over of index
Moiré-Effekt *m* moiré effect *(Interferenz)*
Moiré-Interferenzbild *n* moiré [interference] pattern
Moiré-Muster *n* moiré pattern *(Interferenz)*
Molektronik *f s.* Molekularelektronik
Molekülaktivierung *f* molecular activation
Molekülanregung *f* molecular excitation
Molekularakustik *f* molecular acoustics
Molekularbewegung *f* molecular motion (movement)
Molekulardruckmanometer *n* molecular [pressure] gauge
Molekularelektronik *f* molecular electronics, molectronics
Molekulargeschwindigkeit *f* molecular velocity
Molekularkraft *f* molecular force
Molekularleitfähigkeit *f* molecular conductivity
Molekularmanometer *n* molecular [pressure] gauge
Molekularrefraktion *f* molecular (molar) refraction
Molekularschaltung *f* molecular circuit
Molekularsieb *n* molecular sieve
Molekularspeicherung *f (Rech)* molecular storage
Molekularströme *mpl* **/ Ampèresche** molecular Ampere currents
Molekularstromtheorie *f* **/ Ampèresche** Ampere's theory of magnetization
Molekulartechnik *f* molecular engineering
Molekularvakuummeter *n* molecular [vacuum] gauge
Molekularverstärker *m* molecular amplifier
optischer M. laser amplifier, optical maser amplifier
Molekülemissionskontinuum *n* continuous molecular emission spectrum
Molekülniveau *n* molecular [energy] level, molecular term
Molekülrekombinationsspektrum *n* molecular recombination spectrum
Molekülrotation *f* molecular rotation, rotation of molecules
Molekülschicht *f* molecular layer
Molekülschwingung *f* molecular vibration
Molekülspektroskopie *f* molecular spectroscopy
Molekülspektrum *n* molecular spectrum
Mollier-Diagramm *n* Mollier diagram
Molybdändisilizidheizelement *n* molybdenum disilicide heating element
Molybdändrahtheizelement *n* molybdenum wire [heating] element
Molybdänelektrode *f* molybdenum electrode
Molybdänheizleiterband *n* molybdenum [heating] tape
Moment *m* instant *(zeitlich)*
Moment *n* 1. moment, momentum; 2. torque *(Drehmoment)*
M. der Zufallsfunktion moment of random function
elektrisches M. electrical moment
inneres magnetisches M. intrinsic magnetic moment
magnetisches M. magnetic moment
synchronisierendes M. synchronizing torque
zentrales M. central moment *(einer stochastischen Größe)*
Momentananzeige *f* instantaneous display
Momentanbelastung *f* instantaneous load
Momentanbeschleunigung *f* instantaneous acceleration
Momentanfehler *m* instantaneous error
Momentanfrequenz *f* instantaneous frequency
Momentangeschwindigkeit *f* instantaneous velocity
Momentanleistung *f* instantaneous power
Momentanschallpegel *m* instantaneous sound level
Momentanspannung *f* instantaneous voltage
Momentanstrom *m* instantaneous current
Momentanumschalter *m* instantaneous change-over switch
Momentanwert *m* instantaneous value
Momentaufnahme *f* instantaneous exposure
Momentenempfänger *m* synchro (selsyn) receiver
Momentensatz *m* momentum theorem
Momentrelais *n* instantaneous relay
Momentschalter *m* quick-action switch, quick-break switch, quick-make-and-break switch
Momentschaltung *f* instantaneous connection
Momentunterbrechung *f* quick break
monaural *(Ak)* monaural
Monitor *m* monitor
Monitordrucker *m (Rech)* monitor printer
Monitordruckwerk *n* **/ mitlaufendes** *(Rech)* on-line monitor printer
Monitorprogramm *n (Rech)* monitor program (routine)
Monochipcomputer *m* monochip (one-chip) computer

Monochiptechnik *f* monochip (one-chip) technique
Monochromatfilter *n* monochromatic filter
monochromatisch monochromatic, single-frequency
Monochromator *m* monochromator, monochromatic illuminator
Monochromübertragung *f* monochrome (black-and-white) transmission
Monoflop *m(n)* one-shot multivibrator, monoflop
monolithisch monolithic
Monomodefaser *f* single-mode optical fibre
Monopol *m* monopole *(elektrisch oder magnetisch)*
Monopolschwingung *f* monopole oscillation
Monopulsradarsystem *n* monopulse radar system
Monoschicht *f* monolayer, monomolecular layer (film)
Monoskop *n* monoscope *(Bildsignalwandlerröhre)*
monostabil monostable
monoton monotonous, monotonic
Monotonie *f* monotony, monotonousness
Monotron *n* monotron
Monozelle *f* single cell, single-cell battery
Montage *f* 1. installation; mounting; assembly; 2. editing, cutting *(Tonband, Film)*
feste M. fixed mounting
Montageanordnung *f* mounting arrangement
Montageanweisung *f* mounting instruction
Montageausbeute *f (Halbl)* attachment yield
Montageband *n* assembly line
Montagedraht *m* mounting wire
Montageebene *f* mounting base
Montagegruppe *f* assembly
Montagemaß *n* mounting dimension
Montageplatte *f* mounting plate (panel), mounting (assembly) board
Montageschema *n* mounting diagram
Montagetechnik *f* assembly technique
Montagezeichnung *f* mounting (assembly) drawing
Monte-Carlo-Methode *f* Monte-Carlo method
montieren 1. to install; to mount; to assemble; 2. to edit, to cut *(Tonband, Film)*
Moore-Licht *n* Moore light *(Entladungslampe mit Stickstoff- oder Kohlendioxidfüllung)*
Morsealphabet *n* Morse code (alphabet)
Morseapparat *m* Morse telegraph
Morseempfänger *m* Morse receiver
Morsegeber *m* Morse sender
Morsekurve *f (Chem)* Morse curve *(Potentialkurve)*
morsen to morse, to key
Morsepunkt *m* Morse dot, dot
Morsesender *m* Morse transmitter
Morsestreifen *m* Morse strip (tape)
Morsestrich *m* Morse dash, dash
Morsetaste *f* Morse (telegraph) key
Morsetelegraf *m* Morse telegraph
Morsetelegrafie *f* Morse telegraphy
Morsezeichen *n* Morse signal (character)
MOS *Abk. für* metal-oxide semiconductor
MOS-... *s. a.* Metall-Oxid-Halbleiter-...
Mosaik *n (Ferns)* mosaic *(z. B. der Rasterschicht)*
Mosaikelektrode *f* mosaic electrode
Mosaikfilter *n* mosaic filter
Mosaikschirm *m* mosaic screen
Mosaiktelegrafie *f* mosaic telegraphy
MOS-Anreicherungstransistor *m* enhancement-mode MOS transistor
MOS-Feldeffekttransistor *m* metal-oxide-semiconductor field-effect transistor, MOS field-effect transistor, MOSFET
M. mit vergrabenem Kanal buried-channel MOSFET
MOSFET *Abk. für* metal-oxide-semiconductor field-effect transistor
MOST *s.* MOS-Transistor
MOS-Technik *f* / **komplementäre** complementary MOS, CMOS
MOS-Technologie *f* MOS technology
MOS-Transistor *m* metal-oxide-semiconductor transistor, MOS transistor, MOST
M. in V-förmig geätzter Vertiefung V-shaped metal-oxide semiconductor, vertically etched MOS
MOS-Transistor-Schwellspannung *f* MOS-transistor threshold voltage
Motor *m* motor
M. für den Streifenvorschub chart motor
M. für Drehzahlstellung adjustable-speed motor
M. für mehrere Drehzahlen (Geschwindigkeiten) multiple-speed motor, multi-speed motor
M. für veränderliche Drehzahl variable-speed motor
M. in Dreieckschaltung D-connected motor
M. mit Achsaufhängung nose-and-axle-suspended motor
M. mit Anlaufkondensator capacitor-start motor
M. mit Doppelschlußverhalten motor with compound characteristic
M. mit Doppelschlußwicklung compound-wound motor
M. mit Drehzahländerung change-speed motor
M. mit Drehzahlregelung variable-speed motor
M. mit drei Drehzahlen three-speed motor
M. mit druckfester Kapselung flange-protected motor

M. mit Eigenbelüftung self-ventilated motor
M. mit einer Wicklung single-winding motor
M. mit einstellbarer konstanter Drehzahl adjustable constant-speed motor
M. mit Fremdbelüftung forced-ventilated motor
M. mit gedruckter Wicklung printed-circuit motor
M. mit jalousieartig geschlitzten Schildlagern motor with louvre-type end shields
M. mit Kompensationswicklung compensated motor
M. mit Kondensatorhilfsphase capacitor start motor
M. mit konstantem Moment constant-torque motor
M. mit konstanter Drehzahl constant-speed motor
M. mit mehreren Drehzahlen multiple-speed motor
M. mit metrischen Abmessungen metric motor
M. mit Nebenschlußkennlinie motor with shunt characteristic
M. mit Nebenschlußverhalten shunt-conduction motor
M. mit regelbarer Drehzahl adjustable-speed motor
M. mit Reihenschlußkennlinie motor with series characteristic
M. mit Selbstkühlung self-cooled motor
M. mit Widerstandshilfsphase resistance-start motor
ankerstromgesteuerter M. armature-controlled motor
belüfteter M. ventilated motor
blockierter M. stalled motor
direktgekoppelter M. direct-coupled motor
drehzahlveränderlicher M. varying-speed motor
druckknopfgesteuerter M. push-button-controllod motor
explosionsgeschützter M. explosion-proof motor
flammgeschützter M. flameproof motor
fremdbelüfteter M. forced-ventilated motor
geeichter M. calibrated motor
gekapselter M. cased (enclosed) motor
geschlossener M. totally enclosed motor
geschlossener M. mit Außenbelüftung enclosed ventilated motor
geschlossener M. mit Mantelkühlung fully enclosed motor with jacket ventilation
geschützter M. protected motor
hydraulischer M. hydraulic motor
kompensierter M. compensated motor
mantelgekühlter M. *s.* geschlossener M. mit Mantelkühlung
offener M. open motor *(ohne Wasserschutz)*
polumschaltbarer M. pole-changing motor
schlagwettergeschützter M. flameproof motor
spritzwassergeschützter M. splash-proof motor
stufenlos regelbarer M. infinitely variable-speed motor
tropfwassergeschützter M. drip-proof motor
unbelüfteter M. totally enclosed motor
wassergekühlter M. water-cooled motor
wassergeschützter M. watertight motor
zweipoliger M. bipolar motor

Motoranker *m* motor armature
Motoranlasser *m* motor starter
Motoranlaßschalter *m* motor-starting switch
Motoranschluß *m* / **fester** fixed motor connection
Motorantrieb *m* motor drive ● **mit M.** motor-driven
Motorausschalter *m* motor cut-out switch
motorbetätigt motor-operated
motorbetrieben motor-driven
Motorbremslüfter *m* motor-type brake magnet
Motordrehmoment *n* motor torque
Motordrehzahl *f* motor speed
Motorerregerfehlerrelais *n* motor-field failure relay
Motorerregerschutzrelais *n* motor-field protective relay
Motorfahrschalter *m* motor controller
Motorfeld *n* motor field
Motorfeldregelung *f* motor-field control
Motorgehäuse *n* motor frame
Motorgenerator *m* motor generator, genemotor
Motorgetriebe *n* motor gearbox
motorgetrieben motor-operated, motor-driven
Motorgruppenschalter *m* motor grouping switch
Motorisolator *m* motor insulator
Motorklemmkasten *m* motor-box connector
Motorkontroller *m* [electric] motor controller
Motorkontrolloszillograf *m (Meß)* engine analyzer
Motorleistung *f* motor output (rating)
Motorlocher *m* motor drive punch *(für Lochkarten)*
Motorlochprüfer *m* motor drive verifier *(für Lochkarten)*
Motormagnetfeld *n* magnetic-motor field
Motorregler *m* motor governor
Motorschalter *m* motor switch, electric motor controller

M. zum Direkteinschalten across-the-line starter
direkt in das Netz geschalteter M. direct-on-line starter
Motorschutz *m* motor protection
Motorschutzschalter *m* motor protection switch
Motorsteller *m* motor controller
Motorsteuerung *f* motor-speed control
Motorstromkreis *m* motor circuit
Motorstromzweig *m* motor branch circuit
Motorstufe *f* motor stage *(z. B. in einem Übertragungssystem)*
Motorteil *m* motor part
Motorumsteuergerät *n* motor reverser
Motorwähler *m (Fmt)* motor-driven selector
Motorwählersystem *n* machine-switching telephone system
Motorzähler *m* motor (commutator) meter *(zur Energiemessung)*
MP *s.* Mikroprozessor
MP-Kondensator *m s.* Metallpapierkondensator
MR *s.* Mikrorechner
M-Schirm *m* M scope *(Radar)*
MSI *Abk. für* medium-scale integration
Muffe *f* sleeve; [conduit] coupling
Muffelofen *m* / **elektrischer** electric muffle furnace
Muffenvergußmasse *f* box compound
Mulde *f* well; trough
Müller-Brücke *f* Mueller bridge *(zur Messung von Vierpolwiderständen)*
Multichip *m* multichip
Multichipbauelement *n* multichip component
Multifilamentleiter *m* multifilament conductor
Multifunktionsbaustein *m* / **programmierbarer** programmable multifunction universal asynchronous receiver transmitter, MUART
Multilayerchip *m* multilayer chip
Multimodefaser *f* multimode optical fibre
Multimodenbetrieb *m (Laser)* multimode operation
Multiplett *n* multiplet
normales (reguläres) M. normal (regular) multiplet
umgekehrtes M. inverted multiplet
Multiplettaufspaltung *f* multiplet splitting
Multipletterm *m* multiplet level (term)
Multiplettlinie *f* multiplet line
Multiplettserie *f* multiplet series
Multiplettstruktur *f* multiplet structure
Multiplexanlage *f* **mit unterdrücktem Träger** *(Nrt)* suppressed-carrier multiplex equipment
Multiplexeingang *m (Nrt)* multiplexed input
Multiplexer *m (Rech)* multiplexer *(Ein- und Ausgabegerät)*
Multiplexgerät *n (Nrt)* multiplexing equipment
Multiplexkanal *m (Nrt)* multiplex channel
Multiplexleitung *f (Nrt)* highway, multiplex lead
Multiplexsystem *n (Nrt)* multiplex system
Multiplextechnik *f (Nrt)* multiplex technique
Multiplexweg *m (Nrt)* highway
Multiplikation *f* **mit beliebiger Stellenzahl** arbitrary-precision multiplication
Multiplikationsoperator *m (Rech)* multiplying operator *(ALGOL 60)*
Multiplikationsschaltung *f (Rech)* multiplication circuit
Multiplikationsstelle *f* multiplication point *(z. B. im Regelsystem)*
Multiplikationszeit *f (Rech)* multiplication time
Multiplikator *m* / **Euler-Lagrangescher** Euler-Lagrange multiplier
Multiplikatorausgang *m (Rech)* multiplicator output
Multiplikatorregister *n (Rech)* multiplier register
Multipliziereinrichtung *f* multiplying device
mechanische M. mechanical multiplying device
Multiplizierer *m (Rech)* multiplier
Multiplizierglied *n (Rech)* multiplier
Multipliziertrieb *m (Rech)* mechanical multiplying device
Multiplizierwerk *n (Rech)* multiplication unit
Multipol *m* multipole
multipolar multipolar
Multipolmoment *n* / **magnetisches** magnetic multipole moment
Multipolstrahlung *f* multipole radiation
Multiprocessing *n (Rech)* multiprocessing *(Datenaufbereitung)*
Multiprogramm *n (Rech)* multiprogram
Multiprogrammierung *f*, **Multiprogramming** *n (Rech)* multiprogramming
Multiprozessor *m (Rech)* multiprocessor
Multistabilität *f* multistability *(z. B. bei kybernetischen Systemen)*
Multi-Vari-Karte *f* multi-vari-chart *(Leiterplatte)*
Multivibrator *m* multivibrator
M. mit negativer Vorspannung negative-biased multivibrator
astabiler M. astable multivibrator
bistabiler M. bistable (scale-of-two) multivibrator, flip-flop
durchstimmbarer M. variable-frequency multivibrator
freischwingender M. astable multivibrator
monostabiler M. monostable (one-shot) multivibrator
selbsterregter M. free-running multivibrator

Multivibratorkippschaltung *f* multivibrator circuit
Multiwiretechnik *f* multiwire technique *(Leiterplattenherstellung)*
Multizellularelektrometer *n*, **Multizellularvoltmeter** *n* multiple electrometer, multicellular voltmeter
Mundstück *n* mouthpiece; nozzle
M. des Mikrofons microphone mouthpiece
Munsell-Farbsystem *n* Munsell [colour] system
Münzbehälter *m* coin box
Münzeinwurf *m* coin slot
Münzfernsehen *n* coin television
Münzfernsprecher *m* coin-box telephone, prepayment coin box [telephone]
Münzfernsprechsystem *n* **mit Zahlung bei Antwort** *(Fmt)* pay-on-answer coin-box system
Münzguthabenanzeige *f (Fmt)* coin credit indication
Münzrückgabebecher *m (Fmt)* coin return cup
Münzsichtspeicher *m (Fmt)* coin storage window
Münzzähler *m* prepayment (slot) meter
Murray-Schleife *f* Murray loop *(Kabelfehlerortsmessung)*
Muschel *f* ear cap *(Hörer)*
Musik *f* / **elektronische** electronic music
musikbespielt music-loaded *(Tonband)*
Musiktruhe *f* radiogramophone
Musikwiedergabetreue *f* music fidelity
Muster *n* 1. sample, specimen; 2. pattern; 3. prototype, model; master [standard]
Musteranalysator *m (Rech)* pattern analyzer
Mustererzeugung *f (Halbl)* pattern generation
Mustererzeugungstechnik *f (Halbl)* pattern generating technique
Mustergenerator *m (Halbl)* pattern generator
mustern *(Halbl)* to pattern *(mit Muster versehen)*
Mustertonspur *f* master sound track
Musterwähler *m* pattern selector
Mutterblechanode *f (Galv)* stripper anode
Mutterblechbad *n (Galv)* stripper tank
Mutterblechkatodenblech *n* mother blank *(elektrolytische Raffination)*
Mutterfeld *n* master panel *(Schaltanlage)*
Mutterkompaß *m* master compass
Mutteroszillator *m* master oscillator
Mutterplatte *f* mother, mould *(Schallplattenherstellung)*
Muttersender *m* mother transmitter
Mutterstation *f (Fmt)* master station
Muttersteckverbinder *m* female connector *(Buchse)*
Mutterteil *m(n)* female part (piece) *(Buchse)*
Mutteruhr *f* master clock
mW *s.* Milliwatt
MW-Bereich *m s.* Mittelwellenbereich
My-Meson *n* muon, mu meson
Myriameterwelle *f* myriametre (myriametric) wave *(über 10000 m)*

N

N *s.* Newton
nachabgleichen to readjust, to rebalance
Nachablenkung *f* postdeflection
Nachanhebung *f (Ak, Nrt)* post-emphasis, deemphasis
Nachbaratom *n* neighbouring atom
Nachbarbildträger *m (Ferns)* adjacent picture (vision) carrier
Nachbarbildträgersperre *f* adjacent-picture carrier trap
Nachbarfilter *n* contiguous filter
Nachbarfrequenz *f* adjacent frequency
Nachbarkanal *m* adjacent (flanking) channel
Nachbarkanalauswahl *f (Nrt)* adjacent-channel selection
Nachbarkanalbetrieb *m (Nrt)* adjacent-channel operation
Nachbarkanalunterdrückung *f (Nrt)* adjacent-channel rejection
Nachbarplatz *m* neighbouring site *(Kristallgitter)*
Nachbarschaftseffekt *m* proximity effect *(Stromverdrängung)*
Nachbartonträger *m* adjacent sound carrier
nachbehandeln to aftertreat, to re-treat
Nachbehandlung *f* aftertreatment, secondary (additional) treatment
Nachbelichtung *f* postexposure, re-exposure
Nachbeschleunigung *f* post-acceleration, postdeflection acceleration, after-acceleration *(bei Katodenstrahlröhren)*
spiralige N. helical postdeflection acceleration
Nachbeschleunigungselektrode *f* post-acceleration electrode, postdeflection accelerating electrode, intensifier electrode, post-accelerator *(Katodenstrahlröhre)*
Nachbeschleunigungsröhre *f* post-acceleration tube
N. großer Helligkeit high-brilliance post-acceleration tube
Nachbild *n* afterimage
nachbilden to imitate, to simulate; to reproduce; to copy
Nachbildfehler *m (Nrt)* balancing fault
Nachbildfehlerdämpfung *f* active balance return loss *(einer Leitung)*
Nachbildmesser *m* return-loss measuring set

Nachbildplatten *fpl (Fmt)* balancing network panels
Nachbildprüfer *m (Nrt)* balance tester, impedance [unbalance] measuring set
Nachbildschiene *f (Fmt)* balancing network panel
Nachbildsucher *m (Nrt)* balance tester, impedance unbalance finder
Nachbildung *f* 1. simulation, model; reproduction; 2. *(Nrt)* balance, balancing network
  analoge N. analogue simulation
  angenäherte N. *(Nrt)* compromise balance
  genaue N. close imitation
  veränderbare N. *(Fmt)* adjustable line balance
Nachbildungsfehler *m (Fmt)* balancing fault
Nachbildungsgerät *n* simulation equipment
Nachbildungsgestell *n (Fmt)* balancing network rack
Nachbildungsgüte *f (Fmt)* quality of balance
Nachbildungsimpedanz *f (Fmt)* balancing network
Nachbildungsmesser *m (Fmt)* return-loss measuring set
nachdunkeln to darken
Nachdurchschlagverhalten *n* post-breakdown behaviour
Nachecho *n* retarded echo
nacheichen to recalibrate, to check the calibration
Nacheichung *f* check[ing] of the calibration, field calibration, recalibration, subsequent verification
  periodische N. periodic verification
nacheilen to lag
nacheilend lagging
Nacheilkontakt *m* lagging contact
Nacheilung *f* 1. lag, lagging; 2. retardation
  zeitliche N. time lag
Nacheil[ungs]winkel *m* lag angle
Nacheinanderverfahren *n (Fmt)* one-at-a-time principle
Nachentzerrung *f (Ak, Nrt)* post-equalization, deemphasis
nachfolgen to follow
Nachformeinrichtung *f* contour follower
Nachfrage *f (Fmt)* inquiry
Nachführeinrichtung *f* follow-up device
nachführen to track; to follow
Nachführung *f* / **automatische** automatic tracking
Nachführungssystem *n* tracking system
Nachfülleinheit *f* refill unit
nachfüllen to refill
Nachgiebigkeit *f* / **akustische** acoustic compliance
Nachglühen *n* afterglow; glow after discharge *(Gasentladung)*
Nachhall *m* reverberation, reverberant sound, echo
Nachhalldauer *f* reverberation time (period)
nachhallen to reverberate, to echo
nachhallend reverberant
Nachhallkurve *f* reverberation decay curve
Nachhallraum *m* reverberation room
Nachhallzeit *f* reverberation time (period)
Nachhallzeitmesser *m* reverberation-time meter, reverberation processor (timer, calculator)
Nachhallzeitmessung *f* reverberation [time] measurement
Nachhallzeitschablone *f* protractor
Nachhärtung *f* postcure *(Isolierstoffe)*
Nachhinken *n* **der Fotozelle** lag of the photocell
Nachimpuls *m* afterpulse
Nachjustierung *f* readjustment
nachkalibrieren to recalibrate
Nachkalibrierung *f* recalibration, calibration (sensitivity) check
Nachkompensation *f* aftercompensation
Nachkontrast *m* successive contrast
Nachkriechen *n* / **elastisches** elastic lag *(z. B. bei Spannbändern)*
Nachkühlung *f* aftercooling
Nachladeerscheinung *f* residual charge phenomenon
nachladen to recharge *(z. B. Sammler)*
Nachlauf *m* 1. overtravel *(Weg nach vollzogener Schaltfunktion)*; 2. *(Elk)* hunting
Nachlaufeinrichtung *f* follow-up device
nachlaufen to follow; to track
Nachlaufregelkreis *m (Syst)* servo loop
Nachlaufregelung *f (Syst)* follow-up control [system]
Nachlaufregler *m (Syst)* follow-up controller, follower
Nachlaufschaltung *f* tracking circuit
Nachlaufsteuerung *f* aided tracking *(Radar)*
Nachlaufsynchronisierschaltung *f* follow-up synchronizing circuit
Nachlaufsystem *n (Syst)* follow-up control
Nachleuchtbild *n* residual image
Nachleuchtcharakteristik *f* persistence characteristic
Nachleuchtdauer *f* persistence [time]; afterglow duration
Nachleuchteffekt *m* afterglow effect *(Bildfehler)*
Nachleuchten *n* persistence; afterglow *(Röhren)*; phosphorescence
nachleuchtend persistent; phosphorescent
Nachleuchtschirm *m* long-persistence screen, persistent screen
Nachleuchtzeit *f* persistence [time]
nachmessen to check; to verify
Nachoxydation *f* postoxidation

Nachpotential *n* afterpotential
nachprüfen to check [up], to recheck; to verify
Nachprüfung *f* check, recheck; verification
nachregeln to readjust
Nachregelung *f* **auf den Nennwert** readjustment to the nominal value
Nachregler *m* adjustment control
Nachricht *f* 1. information; 2. *(Nrt)* message, communication
N. hoher Priorität high-priority message, high-precedence message
abgehende N. outgoing message
ankommende N. incoming message
diskrete N. discrete message
mit Vorrang zu übertragende N. *s.* N. hoher Priorität
verschlüsselte N. code message
Nachrichten *fpl* **variabler Länge** variable-length messages
Nachrichtenaufzeichnungsgerät *n* message-recording device
Nachrichtendienst *m* news (communication) service
Nachrichtenelektronik *f* communication electronics
Nachrichtengerät *n* communication[s] equipment
hochwertiges N. high-class communication set
Nachrichtenkabel *n* communication cable
Nachrichtenkanal *m* communication channel
benachbarter N. adjacent channel
Nachrichtenkennung *f* transmission identification
Nachrichtenkode *m* message code
Nachrichtennetz *n* communication system, communication net[work]
digitales N. digital communication network (system)
Nachrichtenregistrierungssystem *n* / **automatisches** *(Rech)* automatic message registering system, AMR-system
Nachrichtensatellit *m* communications satellite
Nachrichtensatellitensystem *n* communications-satellite system
Nachrichtensendung *f* news broadcast, newscast
Nachrichtensenke *f (Fmt)* information drain (sink)
Nachrichtenspeicherung *f* message storage (storing)
Nachrichtenstelle *f* message centre
Nachrichtensystem *n* communication system
N. mit troposphärischer Streuausbreitung tropospheric scatter communication system
inneres N. interior communication system
Nachrichtentechnik *f* communication engineering
optische N. *(Fmt)* optical telecommunication[s]
Nachrichtentheorie *f* communication theory
Nachrichtenübermittlung *f* communication, information transmission
N. durch optische Maser optical maser communications
N. über Satelliten satellite communication
außerirdische N. extraterrestrial communications
optische N. light-beam communication
Nachrichtenübertragung *f s.* Nachrichtenübermittlung
Nachrichtenübertragungstheorie *f* communication theory
Nachrichtenverbindung *f* communication link
N. mit Raketen missile communication
Nachrichtenverkehr *m* communication [traffic], telecommunication traffic
N. zwischen Erde und Satellit earth-to-satellite communication
direkter N. real-time communication
terrestrischer N. earth-bound communication
Nachrichtenverkehrssender *m* communication transmitter
Nachrichtenwellenleiter *m* waveguide for communication
Nachruf *m (Fmt)* ring-back signal
Nachrufen *n (Fmt)* re-ring
Nachsättigungsgebiet *n (Halbl)* postsaturation region
Nachschaltturbine *f* condensing turbine
Nachschwingen *n* postoscillation
nachstellbar adjustable
nachstellen to readjust; to reset
Nachstellschraube *f* adjusting screw
Nachstellung *f* readjustment; resetting
Nachstellzeit *f (Syst)* reset time, integral[-action] time
Nachstellzeitgeber *m* reset timer
nachstimmen to retune
Nachstimmkondensator *m* vernier capacitor
Nachstimmung *f* [variable] tuning, fine tuning
Nachstrom *m* post-arc current *(Schalter)*; follow current; back current
Nachsynchronisation *f (Ak)* dubbing
nachsynchronisieren *(Ak)* to dub
Nachtalarmschalter *m* night alarm key (switch)
Nachtbelastung *f* night (off-peak) load
Nachtdienstplatz *m (Fmt)* night service position
Nachteffekt *m (FO)* night effect (error)
Nachtplatz *m (Fmt)* night position

Nachtrufnummer *f (Fmt)* night service number
Nachtschalter *m (Fmt)* night service key
Nachtschaltung *f (Fmt)* night switching, night service connection
Nachtsichtweite *f* night-time visibility range
Nachtstrom *m* night current
Nachtstromverbraucher *m* night-current consumer
Nachtstromwärmespeicherung *f* night (off-peak) electric thermal storage
Nachttarif *m* night rate, off-peak tariff
Nachtverbindung *f (Fmt)* night service connection
Nachtwecker *m (Fmt)* night bell
Nachverstärker *m* postamplifier
Nachwahl *f (Fmt)* postselection
Nachwähler *m (Fmt)* private branch exchange final selector
Nachwärme *f* afterheat
Nachwärmofen *m* reheating furnace
Nachweis *m* detection, identification; verification
nachweisbar detectable
Nachweisbarkeit *f* detectability
nachweisen to detect, to identify; to verify
Nachweisfühler *m* detector probe
Nachweisgerät *n* detector
  N. mit großem Auflösungsvermögen high-resolution detector
  schnelles N. fast detector
Nachweisgrenze *f* detection limit
  untere N. threshold of detectability
Nachweisimpedanz *f* detection impedance
Nachweiskopf *m* detector probe
Nachwirkung *f* aftereffect; persistence
  dielektrische N. dielectric relaxation phenomenon, dielectric fatigue (viscosity), anomalous displacement *(Zeitabhängigkeit durch Isolationswiderstand)*
  elastische N. residual elasticity, elastic lag *(z. B. in Spannbändern)*
  magnetische N. magnetic aftereffect (viscosity, lag, creeping), anomalous magnetization
Nachwirkungsbild *n* retained image *(Bildfehler)*
Nachwirkungsstrom *m* transient decay current
Nachwirkungsverlust *m* residual loss
Nachwirkungszeit *f (Nrt)* hangover time
Nachzieheffekt *m*, **Nachziehen** *n (Ferns)* streaking [effect]
Nachzündung *f* reignition
Nadel *f* needle; stylus *(Plattenspieler)*
Nadelabnutzung *f* stylus wear
Nadelauslenkung *f* stylus excursion
Nadelbewegungslinie *f* stylus trajectory
Nadeldruck *m* stylus pressure (force)
Nadelelektrode *f* needle electrode
Nadelfunkenstrecke *f* needle[-point] spark gap
Nadelgalvanometer *n* needle galvanometer
  astatisches N. Broca galvanometer
Nadelgeräusch *n* needle scratch, surface noise
Nadelgeräuschfilter *n* scratch filter
Nadelgleichrichter *m (Hochsp)* mechanical rectifier
Nadelhalter *m* needle (stylus) holder
Nadelimpuls *m* needle pulse, Dirac pulse
Nadelkörper *m* needle body *(Wasserturbine)*
Nadelkristall *m* whisker, spicule (acicular) crystal
Nadellager *n* needle bearing
Nadelrückstellkraft *f* stylus drag
Nadelschaft *m* needle shaft *(Wasserturbine)*
Nadelschnelle *f* stylus velocity
Nadelspitze *f* needle point; stylus tip
Nadeltonaufzeichnung *f* disk recording
Nadeltonschneidgerät *n* disk recorder
Nadeltonverfahren *n* disk-recording method, mechanical recording method, sound-on-disk method (system)
Nadelträger *m s.* Nadelhalter
Nadelventil *n* needle valve
Nadelverschleiß *m* stylus wear
Nagelkopfbonder *m (Halbl)* nail-head bonder
Nagelkopfverbindung *f (Halbl)* nail-head bonding
Nahbereich *m* short (close) range; near zone *(Antenne)*; *(Fmt)* direct service area
Nahbereichausrüstung *f* close-range equipment
Nahbesprechung *f* close-up miking *(Mikrofon)*
Nähe *f* vicinity, proximity
Nahecho *n* near echo
Nahechodämpfung *f (Fmt)* anti-clutter gain control
Nahempfang *m (Nrt)* short-distance reception
nähern to approach; to approximate
  sich einem Grenzwert n. to approach to a limit
  sich Null n. to go to zero
Näherung *f* approach; approximation
  N. im Zeitbereich time domain approach
  erste N. first[-order] approximation
  Hartreesche N. Hartree approach
  Rayleighsche N. Rayleigh approximation
  schrittweise N. stepwise approximation
  statische N. static approximation
  statistische N. statistical approach
  stochastische N. stochastic approximation
Näherungsanalyse *f* / **quantitative** approximate quantitative analysis
Näherungsbeziehung *f* approximate relationship

Näherungsdarstellung *f* approximate representation
Näherungseffekt *m* proximity effect *(Stromverdrängung bei benachbarten Leitern)*
Näherungsfehler *m* error of approximation
Näherungsformel *f* approximation (approximate) formula
Näherungsgleichung *f* approximation (approximate) equation
Näherungsgröße *f* approximate quantity
Näherungslösung *f* approximate solution
halbfrequente N. half-frequency approximate solution
Näherungsmethode *f* approximation (approximate) method, trial-and-error method
Näherungsrechnung *f* approximate computation (calculation)
Näherungssatz *m* approximation argument
Näherungsschalter *m* proximity switch
Näherungsverfahren *n* approximation method, approximate [analytical] method
Näherungswert *m* approximate value
Nahfeld *n* near field
Nahkurzschluß *m (Anl)* short circuit close to the generator terminal
Nähmaschinenmotor *m* sewing-machine motor
Nahnebensprechabstand *m (Nrt)* near-end signal-to-cross-talk ratio
Nahnebensprechdämpfung *f (Nrt)* near-end cross-talk attenuation
Nahnebensprechen *n (Nrt)* near-end cross talk, intersymbol interference
Nahordnung *f (Halbl)* short-range order
Nahpeilung *f* short-path bearing
Nahpunkt *m* near point *(Optik)*
Nahschwund *m (Nrt)* short-range fading
Nahschwundantenne *f* short-range fading aerial, low-angle fading aerial
Nahschwundzone *f* close-range fading area
Nahsender *m* short-distance transmitter
Nahstörung *f* close-range disturbing effect
Nahtschweißen *n* seam welding
Nahverkehr *m (Nrt)* short distance traffic; *(Fmt)* toll (junction) traffic
Nahverkehrsamt *n (Fmt)* toll exchange
Nahverkehrsgespräch *n (Fmt)* toll (junction) call
Nahverkehrsleitung *f (Fmt)* toll circuit
Nahverkehrsnetz *n (Fmt)* toll network
Nahverkehrsträgerfrequenzsystem *n (Nrt)* short-haul carrier system
Nahwirkungseffekt *m* proximity effect
Nahwirkungseinfluß *m* proximity influence
Nahwirkungsfehler *m* proximity effect error
Nahwirkungskraft *f* short-range force
Nahwirkungstheorie *f* proximity theory
Nahwirkungsverhältnis *n* proximity effect ratio
Namengebergerät *n (Fmt)* answer-back unit
Namengeberzeichen *n (Fmt)* answer-back signal (code)
Namentaster *m (Fmt)* repertory dialler
NAND NOT-AND, NAND *(Schaltalgebra)*
NAND-Funktion *f* NAND function
NAND-Gatter *n* NAND gate
NAND-Glied *n* NAND element
NAND-Schaltung *f* NAND circuit
NAND-Verknüpfung *f* NAND operation
Nanoamperemeter *n* nanoammeter *(Verstärkervoltmeter)*
Nanosekundenimpuls *m* nanosecond pulse *(Impuls im Nanosekundenbereich)*
Nanosekundenimpulsgeber *m* nanosecond pulse generator
Napfelektrode *f* dished electrode
narbig pitted *(z. B. Oberfläche)*
Narbung *f* pitting
Nase *f* aligning plug *(Röhrensockel)*
Nasenkonus *m* nose cone *(für Mikrofon)*
Naßbehandlung *f* wet treatment
Naßdampf *m* wet steam
Nässe *f* wetness, moisture, dampness
Naßelektrolytkondensator *m* wet electrolytic capacitor
Naßelement *n* wet (hydroelectric) cell *(mit flüssigem Elektrolyten)*
Naßentwicklung *f* liquid development
Naßfestigkeit *f* wet strength *(z. B. von Laminaten)*
naßgewickelt *(Masch)* wet-wound *(Bänder bei Hochspannungsisolation)*
Naßkontakt *m* wet contact
Naßvergoldung *f* wet-gilding, water-gilding
Naßverzinkung *f* wet galvanizing
Natriumdampflampe *f* sodium [vapour] lamp
Natrium-D-Linie *f* sodium-D line, D-line of sodium
natriumgekühlt sodium-cooled
Natriumhochdrucklampe *f* high-pressure sodium discharge lamp
Natriumhochdruckplasma *n* high-pressure sodium vapour plasma
Natriumlicht *n* sodium light
Natriumperoxidkalorimeter *n* sodium peroxide calorimeter
Natriumspiegel *m* sodium mirror *(in Natriumdampflampen)*
Natriumverteilung *f* sodium distribution
natriumverunreinigt sodium-contaminated
Natriumverunreinigung *f* sodium contamination
Naturglimmer *m* natural mica
Naturumlaufkessel *m* natural circulation boiler
Naturzugkühlturm *m* cooling tower with natural draught
Navigationsfunkhilfe *f* aids to navigation radio control, anrac

Navigationsleitsystem *n* navigational guidance system
Navigationsradar *n* navigational radar
Navigationsrechner *m* navigation computer
Navigationssatellit *m* navigational satellite
NB *s.* Nennbetrieb
N-bewertet *(Ak)* N-weighted
N-Bewertung *f (Ak)* N-weighting
n-Bit-Speicher *m* n-bit memory
NC-Maschine *f* numerically controlled machine
NC-Steuerung *f* numerical control system
N-Darstellung *f* N display *(Radar)*
ND-Teil *m s.* Niederdruckteil
Nebelalarmanlage *f* fog-bell device
Nebelalarmglocke *f* fog bell
Nebelhorn *n* fog-horn, [fog] siren
Nebelisolator *m (Hochsp)* fog-type insulator
Nebelkammer *f* cloud (Wilson) chamber
Nebelkappe *f*, **Nebelkappenisolator** *m (Hochsp)* fog-type insulator
Nebellampe *f* fog lamp
Nebelleuchtdichte *f* fog luminance
Nebelprüfung *f* fog test *(bei Isolatoren)*
Nebelscheinwerfer *m* fog [head-]lamp
Nebelsichtweite *f* visibility in fog
Nebenachse *f* secondary axis *(Kristalle)*; minor axis *(Geometrie)*
Nebenamt *n (Fmt)* satellite exchange
Nebenanlagen *fpl* auxiliary installation
Nebenanode *f* auxiliary anode
Nebenanschluß *m* 1. side terminal; *(Fmt)* private branch extension, extension station *(Nebenstelle)*; 2. *(Fmt)* extension set *(Apparat)*
Nebenanschlußdichte *f (Fmt)* extension station density
Nebenapparat *m (Fmt)* extension set
Nebenausstrahlung *f* spurious radiation
Nebenbedingung *f* secondary (supplementary) condition
Nebenbefehl *m (Rech)* branch order
Nebenbetrieb *m (Rech)* branch operation
Nebenbild *n* parasitic (ghost) image
Nebendienst *m (Fmt)* auxiliary service
nebeneinandergeschaltet parallel-connected
nebeneinanderschalten to connect in parallel, to shunt
Nebeneinanderschaltung *f* parallel connection
Nebeneinheit *f* slave unit
Nebenelektrode *f* secondary electrode
Nebenentladung *f* secondary (stray) discharge
Nebenerscheinungen *fpl* / **unerwünschte** parasitics
Nebenfehler *m* minor defect
Nebengeräusch *n* 1. room (ambient) noise; 2. *(Nrt)* sidetone *(Störschall)*
Nebenimpuls *m* satellite pulse
Nebenkeule *f* minor (side, secondary) lobe *(Richtcharakteristik)*
Nebenkeulenecho *n* side echo
Nebenkeulenpegel *m* side lobe level
Nebenkopplung *f* stray coupling
Nebenkreis *m* subcircuit, branch circuit
Nebenleitung *f* side (subsidiary) line
Nebenlinie *f (Fmt)* secondary (side) line
Nebenpeilstelle *f* associate direction-finder station
Nebenprogramm *n (Rech)* auxiliary program (routine)
Nebenquantenzahl *f* second[ary] quantum number, orbital (rotation) quantum number
Nebenresonanz *f* subordinate resonance
Nebenschleife *f* minor loop
nebenschließen to shunt, to bypass
Nebenschluß *m* shunt, bypass ● **in N.** bridge-connected
induktionsfreier N. non-inductive shunt
induktiver N. inductive shunt
kapazitiver N. capacitive shunt
magnetischer N. 1. magnetic shunt; 2. shading wedge *(in Spaltpolmotoren)*
Nebenschlußauslösung *f* shunt release
Nebenschlußbildung *f* shunting
Nebenschlußbogenlampe *f* shunt arc lamp
Nebenschlußbremse *f* shunt brake
Nebenschlußcharakteristik *f* shunt characteristic
Nebenschlußdrossel *f* shunt (inductor) reactor, substitutional induction coil
nebenschlußerregt shunt-excited
Nebenschlußerregung *f* shunt excitation
Nebenschlußfeld *n* shunt field
Nebenschlußgenerator *m* shunt[-wound] generator, self-excited generator
Nebenschlußglied *n* shunt element
Nebenschlußkapazität *f* shunt capacitance, shunting capacity
parasitäre N. shunt parasitic capacitance
Nebenschlußklemme *f* shunt terminal
Nebenschlußkommutatormotor *m* shunt[-wound] commutator motor
Nebenschlußkreis *m* shunt circuit, self-excited circuit
Nebenschlußleitung *f* shunt lead
Nebenschlußlichtbogenlampe *f* shunt-type arc lamp
Nebenschlußmotor *m* shunt[-wound] motor, self-excited motor
Nebenschlußregelung *f* shunt control
Nebenschlußrelais *n* shunt relay
Nebenschlußspule *f* shunt coil
Nebenschlußstrom *m* shunt current
Nebenschlußstromkreis *m* shunt circuit
Nebenschlußsummer *m* shunted buzzer
Nebenschlußübergangsschaltung *f* shunt transition circuit
Nebenschlußübertrag *m (Rech)* bypass carry

Nebenschlußübertragung *f* shunt transition
Nebenschlußverhalten *n* shunt characteristic
Nebenschlußverhältnis *n* shunt ratio
Nebenschlußweg *m* shunting path
Nebenschlußwicklung *f* shunt winding
Nebenschlußwiderstand *m* shunt [resistor]
● **mit N.** shunt[ed]
Nebenschlußwirkung *f* shunting effect
Nebenschwingung *f* spurious oscillation
Nebensender *m* slave station (transmitter)
Nebenskalenteilung *f* minor graduation
Nebenspannung *f* spurious voltage
Nebenspeicher *m (Rech)* auxiliary store
Nebenspeiseleitung *f* subfeeder
Nebensprechabstand *m* signal-to-cross-talk ratio
Nebensprechausgleich *m* cross-talk balance
Nebensprechdämpfung *f* cross-talk attenuation
Nebensprechdämpfungsmesser *m* cross-talk meter
Nebensprecheinheit *f* cross-talk unit
Nebensprechen *n (Fmt)* cross talk, intersymbol interference
N. zwischen Hin- und Rückweg go-[and-]return cross talk
lineares N. linear cross talk
nichtlineares N. cross modulation
unverständliches N. unintelligible (inverted) cross talk, babble
verständliches N. intelligible (uninverted) cross talk
nebensprechfrei cross-talk-proof
Nebensprech-Kompensationsnetzwerk *n (Fmt)* anti-induction network
Nebensprechkopplung *f* cross-talk coupling
Nebensprechmessung *f* cross-talk measurement
Nebensprechpegel *m* cross-talk volume
Nebensprechsperrfilter *n* cross-talk suppression filter
Nebensprechstörung *f* cross-talk trouble
Nebensprechstrom *m* cross-talk current
Nebensprechträgerunterdrückung *f* cross-talk carrier suppression
Nebensprechverlust *m* cross-talk loss
Nebensprechweg *m* cross-talk path
Nebenstelle *f* 1. *(Fmt)* extension station, branch exchange (extension), PBX [extension]; *(Nrt)* slave station; 2. *s.* Nebenstellenapparat
N. mit freier Amtswahl subscriber's extension station
außenliegende N. outside [PBX] station
halb amtsberechtigte N. partially restricted extension
nicht amtsberechtigte N. completely restricted extension
voll amtsberechtigte N. unrestricted extension
Nebenstellenanlage *f (Fmt)* private branch exchange, PBX
N. mit Direktzugriff *(Fmt)* intercom system
N. mit Handbetrieb private manual branch exchange, PMBX
N. mit Wählbetrieb private automatic branch exchange, PABX
elektronische N. private electronic branch exchange, PEBX
Nebenstellenapparat *m (Fmt)* extension telephone (set)
Nebenstellenleitung *f (Fmt)* extension line (circuit)
Nebenstellenzentrale *f (Fmt)* private branch exchange, PBX
Nebenstrahlung *f* spurious radiation
Nebenstromkreis *m* branch circuit
Nebenstudio *n* satellite studio
Nebenübertrag *m (Rech)* bypass carry
Nebenuhr *f* slave clock
Nebenweg *m (Ak)* flanking path
Nebenweganode *f* bypass anode
Nebenwegübertragung *f (Ak)* flanking transmission
Nebenwellenpegel *m* spurious frequency level
Nebenwiderstand *m s.* Nebenschlußwiderstand
Nebenzipfel *m s.* Nebenkeule
Nebenzyklus *m* minor cycle
Negation *f* negation
logische N. logical negation
Negationsoperation *f* NOT function
negativ negative
n. gegen negative [with respect] to
elektrisch n. negative
optisch n. optically negative
Negativ *n (Galv)* negative matrix *(Form)*; negative *(Fotografie)*
Negativimpuls *m* negative pulse
Negativkohle *f* negative carbon
Negativleitungsverstärker *m* negative impedance repeater
Negativmodulation *f (Ferns)* negative modulation
Negativwiderstandsdiode *f* negative resistance diode
negativwirkend negative-acting *(z. B. Fotolack)*
Negator *m* negator, NOT gate
Negatorschaltung *f* inverse (inverting) gate
Negatron *n* negatron *(zur Erzielung negativer Widerstände)*
Negierbefehl *m (Rech)* ignore instruction
negieren to deny, to negate
negiert denied, negated
Negierung *f* denial, negation
neigen to tilt, to incline
Neigung *f* 1. tilt, slope; inclination; 2. tendency, trend

Neigungsfehler *m* tilt error
Neigungskoeffizient *m* slope coefficient *(z. B. einer Kurve)*
Neigungsmesser *m* 1. [in]clinometer; 2. declinometer, magnetometer
Neigungswinkel *m* tilt angle, angle of slope; angle of inclination
Nennabgabe *f s.* Nennleistung
Nennabschaltleistung *f* contact interrupting rating
Nennanschlußspannung *f* rated supply voltage
Nennanstieg *m* nominal rate of rise; nominal steepness *(z. B. bei Stoßspannungswellen)*
Nennarbeitsbedingungen *fpl* rated operating conditions
Nennaufnahmeleistung *f* rated input
Nennausschaltleistung *f* rated breaking (interrupting) capacity
Nennaussetzbetrieb *m* intermittent-duty rating
Nenn-„Aus"-Spannung *f* rated off voltage
Nennbedingungen *fpl* ratings
Nennbeginn *m* **der Stoßspannung** virtual origin of an impulse
N. des Spannungszusammenbruchs virtual instant of chopping *(Stoßspannungsprüftechnik)*
Nennbelastbarkeit *f* power (load) rating; wattage rating
Nennbelastung *f* rated load
Nennbelastungsdauer *f* rated loading time
Nennbeleuchtungsstärke *f* service illuminance
Nennbereich *m* rated (nominal) range
Nennbetrieb *m* [normal] rating
Nennbetriebsart *f* rated duty, duty cycle rating
Nennbetriebsleistung *f* rated operational power, nominal operation power
Nennbetriebsspannung *f* rated operational voltage
Nennbetriebsstrom *m* rated operational current
Nennbetriebswert *m* nominal operating value
Nennbürde *f* rated burden *(bei Spannungswandlern)*; rated impedance *(bei Stromwandlern)*
Nenndauerlast *f* continuous rating
Nenndauerleistung *f* continuous load rating; continuous-duty rating
Nenndauerstrom *m* rated continuous current
Nenndrehmoment *n* rated torque
Nenndrehzahl *f* rated speed
Nenndurchlaßstrom *m* rated (mean) forward current
mittlerer N. average forward-current rating
Nenndurchschlagstoßspannung *f* nominal breakdown impulse voltage
100%-Nenndurchschlagstoßspannung *f* 100% rated breakdown impulse voltage
Nenneinschaltstrom *m* rated making current
Nenn-„Ein"-Spannung *f* rated on voltage
Nenner *m* denominator *(z. B. einer Übertragungsfunktion)*
Nennerregerrelais *n* full-field relay
Nennerregerspannung *f* rated field voltage
Nennerregung *f* rated excitation
Nennfrequenz *f* rated (nominal) frequency
Nenngenauigkeit *f* rated accuracy
Nenngleichspannung *f* rated direct voltage
Nenngleichstrom *m* rated direct current
Nenngröße *f* rated quantity; rated size
Nenngrundlast *f* basic load rating
Nennhaltewert *m* hold *(Relais)*
Nennimpedanz *f* rated impedance *(bei Stromwandlern)*
Nennisolation *f* rated (nominal) insulation
Nennisolationsklasse *f* rated insulation class
Nennisolationsniveau *n* rated insulation level
Nennisolierspannung *f* rated insulation voltage
Nennkapazität *f* rating *(Akkumulator)*
Nennkontaktstrom *m* contact current-carrying rating
Nennkurzschlußspannung *f* rated impedance voltage *(Transformator)*
Nennkurzschlußstrom *m* rated short-circuit current
Nennkurzschlußverhältnis *n* full-load short-circuit ratio
Nennkurzzeitstrom *m* rated short-time current
Nennlast *f* rated (nominal) load, load rating
thermische N. thermal burden rating
Nennlebensdauer *f* rated life
Nennleistung *f* rated power [output], nominal power, [nominal] rating, rated output; wattage rating *(in Watt)*; rated capacity; *(Anl)* rated (nominal) load; rated burden *(bei Spannungswandlern)*; switch capacity *(eines Schalters)*
abgegebene N. output rating
Nennleistungseinspeisung *f* rated power supply
Nennleistungsfaktor *m* rated power factor
Nennmeßbereich *m* **eines Instruments** rating of an instrument
Nennmeßgenauigkeit *f* rated accuracy
Nennmoment *n* rated torque
Nennpegel *m*/**relativer** nominal relative level
Nennphasenspannung *f* rated line-to-ground voltage, rated phase voltage
Nennprimärspannung *f* rated primary voltage
Nennprimärstrom *m* rated primary current

Nennquerschnitt *m* rated cross section *(eines Leiters)*
Nennreichweite *f* rated (nominal) range
Nennröhrenstrom *m* / **mittlerer** rated average tube current
Nennscheinleistungsanschluß *m* rated kilovolt-ampere tap
Nennsekundärspannung *f* secondary voltage rating, rated secondary voltage
Nennsekundärstrom *m* secondary current rating, rated secondary current
Nennspannung *f* rated (nominal) voltage
N. einer Lampe lamp rating
maximale N. rated maximum voltage
primäre N. rated primary voltage
sekundäre N. rated secondary voltage
Nennspannungsabfall *m* rated voltage drop
Nennspannungsanlasser *m* full-voltage starter
Nennspannungsbereich *m* range of nominal voltage
Nennsperrspannung *f* recommended crest working voltage
Nennspielraum *m* nominal margin
Nennspitzensperrspannung *f* / **wiederkehrende** repetitive peak reverse-voltage rating
Nennstehspannung *f* rated withstand voltage
Nennstehstoßspannung *f* rated (nominal) impulse withstand voltage
Nennstehstrom *m* rated withstand current
Nennstehwechselspannung *f* rated withstand alternating voltage
Nennstrom *m* 1. rated (nominal) current; 2. recommended average on-state current *(Thyristor)*
N. bei Dauerbetrieb continuous rated current
primärer N. rated primary current
sekundärer N. rated secondary current
thermischer N. rated thermal current, thermal current rating
Nennstrombelastung *f* rated current load
Nennstrombereich *m* current rating
Nenntemperatur *f* rated (nominal) temperature
Nenntemperaturbeiwert *m* nominal temperature coefficient
Nennüberschlagstoßspannung *f* nominal spark-over impulse voltage
100 %-Nennüberschlagstoßspannung *f* 100% rated spark-over impulse voltage
Nennübersetzung *f* rated (nominal) transformation ratio, nominal ratio
Nennwechselspannung *f* rated alternating voltage
Nennwechselstrom *m* rated alternating current
Nennwert *m* rated (nominal) value, rating
N. einer Maßverkörperung nominal value of a material measure
elektrischer N. electrical rating
Nennwerteinstellung *f* nominal adjustment
Nennwiderstand *m* nominal resistance
Nennwirkleistung *f* rated power
Nennwirkungsgrad *m (Masch)* declared efficiency
Nennzeilenbreite *f* nominal line width
Nennzeilenteilung *f* nominal line pitch
Nennzuverlässigkeit *f* nominal reliability
Neodymlaser *m* neodymium laser
Neongasanzeigeröhre *f* neon indicator tube
Neon[leucht]röhre *f* neon tube, cold-cathode [fluorescent] tube
Nernst-Brenner *m* Nernst burner
Nernst-Brücke *f* Nernst bridge *(Kapazitätsmeßbrücke)*
Nernst-Effekt *m* Nernst effect *(thermomagnetischer Effekt)*
Nernst-Lampe *f* Nernst lamp
Nernst-Stift *m* Nernst glower
Nettofallhöhe *f* net head *(Wasserkraftwerk)*
Nettofluß *m* net flux
Nettoladung *f* net charge
Nettostörstellendichte *f (Halbl)* net impurity density
Netz *n* 1. electrical network, mains; power supply system *(Starkstrom)*; *(Nrt)* network; 2. *s.* Netzwerk
N. im Inselbetrieb isolated system
N. mit Erde als Rückleitung earth return system
N. mit geerdetem Nullpunkt earthed neutral system (network)
N. mit isoliertem Sternpunkt isolated neutral system
N. mit starr geerdetem Sternpunkt system with solidly earthed neutral
N. mit Vermittlung *(Fmt)* switched network
N. mit Wählbetrieb *(Fmt)* dial exchange area, automatic [telephone] area
N. ohne eigene Vermittlungsstelle *(Fmt)* no-exchange area
baumförmig ausgelegtes N. *(Fmt)* tree-shaped network
digitales N. *(Fmt)* digital network
elektrisches N. electric network
geerdetes N. earthed neutral system (network)
gelöschtes N. resonant earthed system
genulltes N. multiple-earthed system
hierarchisches N. *(Fmt)* hierarchical network
integriertes N. *(Fmt)* integrated network
kompensiertes N. resonant earthed system
kräftiges N. strong network
ober- und unterirdisches N. *(Fmt)* overhead-underground system
öffentliches N. public electricity supply
passives N. passive electric network

phasenminimales N. *(Syst)* minimum-phase network
ringförmig betriebenes N. ring-operated network (system)
serienparalleles N. series-parallel network
speisendes N. supply network
starres N. rigid network
strahlenförmig betriebenes N. radially operated network (system)
synchrones N. synchronous network
synchrones logisches N. *(Rech)* synchronous logic net
überlagertes N. *(Fmt)* overlay network
vermaschtes N. mesh-operated network, network circuit
vermitteltes N. *(Fmt)* switched network
zusammengeschaltetes N. interconnected system
netzabhängig mains-dependent
Netzabschaltung *f* mains disconnection
Netzabzweigung *f* line tap
Netzanalysator *m* **[/ dynamischer]** transient [network] analyzer
Netzanalyse *f* network analysis
Netzanode *f* B-eliminator, battery eliminator
Netzanschluß *m* power supply, mains connection ● **mit N.** mains-operated, mains-powered
Netzanschlußgerät *n* mains unit, power [supply] unit
Netzanschlußimpedanz *f* supply impedance
Netzanschlußleitung *f* mains lead
Netzanschlußschnur *f* supply (power, line) cord
Netzanschlußstelle *f* mains tapping point
Netzanschlußteil *n* [mains] power pack, power supply unit
stabilisiertes N. stabilized power supply unit
Netzantenne *f* mains aerial
Netzanzapfungspunkt *m* mains tapping point
Netzausfall *m* mains (power) failure; power-line failure *(Energienetz)*
Netzausläufer *m* spur line, line tap
Netzausschaltrelais *n* network relay
Netzautomatisierung *f (Anl)* network automation
Netzberechnung *f* network study
Netzbereich *m* **/ verdeckt numerierter** *(Fmt)* multi-exchange area
Netzbetrieb *m* mains operation
netzbetrieben mains-operated, mains-powered, mains-energized
Netzbrumm *m*, **Netzbrummen** *n* [mains] hum, power-line hum (noise), a.c. hum
Netzbrummfilter *n* hum eliminator
Netzdaten *pl* line parameters
Netzdienst *m* distribution service *(Energieversorgung)*
Netzebene *f* 1. *(Fmt)* network level; 2. lattice plane *(Kristall)*
Netzeinspeisung *f* 1. power supply; 2. network feeder
Netzelektrode *f* net-shaped electrode, [wire-]gauze electrode
Netzempfänger *m* mains-operated receiver
Netzentkopplung *f* system disconnection
Netzersatzanlage *f (Fmt)* emergency power plant
Netzfilter *n* line filter
Netzfrequenz *f* mains frequency, power[-line] frequency
Netzfrequenzbetrieb *m* mains frequency operation
Netzfrequenzmodulation *f* mains frequency modulation
Netzfrequenzplasmabrenner *m* mains frequency plasma torch
Netzfrequenztransformator *m* mains frequency transformer
Netzführung *f (Fmt)* network management
Netzgerät *n* mains unit (pack), power [supply] unit, power pack
Netzgeräusch *n* mains (line) noise
netzgespeist mains-fed, supplied from the mains
Netzgestaltung *f (Fmt)* trunk switching scheme
Netzgleichrichter *m* power (mains) rectifier
Netzgruppe *f (Fmt)* network group, subzone
Netzgruppenamt *n (Fmt)* subzone centre
Netzgruppenendamt *n (Fmt)* subzone terminal exchange
Netzgruppenkanal *m (Fmt)* subzone channel
Netzgruppenwähler *m (Fmt)* code selector
Netzimpedanzrelais *n* **/ lineares** linear impedance relay
Netzkapazität *f* net load capability
Netzkennlinie *f (Anl)* normal system-regulating characteristic
Netzkennlinienregelung *f (Anl)* load-frequency control of interconnected system, system characteristic control
Netzknotenpunkt *m (Anl)* network junction point; *(Fmt)* network centre
Netzkonfiguration *f* system configuration
Netzkopplung *f* system interconnection (tie)
Netzkurzschluß *m* system short circuit
Netzkurzschlußleistung *f* system short-circuit capacity
Netzkurzschlußstrom *m* prospective current [of a circuit]
Netzladeleistung *f* line-charging capacity
Netzladestrom *m* line-charging current
Netzleistung *f* net output
Netzleiter *m* line conductor
Netzleitstelle *f* system dispatching centre
Netzleitung *f* power line, mains lead

Netzmodell *n* 1. *(Rech)* network [analogue] computer, circuit (network) analyzer *(zur Nachbildung von Netzen)*; 2. simulated network, artificial-mains network
Netzparallelschaltung *f* system (network) interconnection *(Zusammenschaltung von Teilnetzen)*
Netzphasenrelais *n* network phasing relay
Netzplan *m (Fmt)* exchange area layout, network map
Netzplanung *f* system planning; *(Fmt)* network planning
Netzquelle *f* line source
Netzrauschen *n* mains (line) noise
Netzregelung *f* system regulation, line[-voltage] regulation; network control
Netzregler *m* line[-voltage] regulator
Netzruf *m (Fmt)* net call
Netzschalter *m* mains (power) switch
Netzschaltfeld *n* power panel
Netzschnur *f* line (power, supply) cord
Netzschutz *m* network limiter *(Strombegrenzer, Sicherung)*
Netzschutzrelais *n* network master relay
Netzschwankung *f* mains fluctuation, line voltage variation
Netzspannung *f* mains (supply, line, net) voltage
Netzspannungsänderung *f* mains voltage variation
Netzspannungsbereich *m* range of supply voltage
Netzspannungsregler *m* line [voltage] regulator
Netzspannungsschwankung *f* mains (line) voltage variation, variation in mains supply voltage
Netzspeiser *m* network feeder
netzstabilisiert mains-stabilized
Netzstecker *m* mains (power) plug; wall plug; electric coupler plug
Netzstörung *f* mains-borne interference
Netzstrom *m* mains (power-line) current
Netzstromversorgung *f* mains supply
Netzstruktur *f* system configuration
Netzsynchronisation *f* mains synchronization
Netzteil *n* power pack (supply unit)
  getaktetes N. clocked power supply [unit]
Netztheorie *f* network theory
Netzton *m* mains (line) noise
Netztransformator *m* power (mains) transformer
Netzüberwachung *f (Fmt)* transmission maintenance
Netzumschalter *m* power switch, mains [supply] switch
Netzumwandlung *f* system transformation
netzunabhängig mains-independent
Netzunterteilung *f* subdivision of network
Netzverbindung *f* mains connection
Netzverbund *m* [system] interconnection
Netzverkehr *m* net communication
Netzverlust *m* net loss
Netzversorgung *f* mains supply
Netzversorgungsgerät *n* mains supply unit
Netzwerk *n* network
  N. mit Integral-Differential-Verhalten *(Syst)* integro-differentiating network
  N. mit konzentrierten Parametern network with concentrated parameters (constants)
  N. mit konzentrierten Schaltelementen lumped network
  N. mit verteilten Parametern network with distributed parameters (constants)
  N. mit Schleifen loop network
  N. zur Tonanhebung accentuator
  aktives elektrisches N. active electric network
  differenzierendes N. differentiating (differential) network
  dreipoliges N. three-terminal network
  duales N. dual (reciprocal) network
  ebenes N. planar network *(zweidimensional)*
  gleichwertiges N. equivalent network
  integrierendes N. integrating (integral) network
  korrigierendes N. compensating network
  lineares N. linear network
  nichtlineares N. non-linear network
  nichtumkehrbares N. non-reciprocal network
  passives N. passive network
  sternförmiges N. star layout (network)
  summierendes N. adding network
  symmetrisches N. symmetrical network
  unsymmetrisches N. dissymmetrical network
  verlustbehaftetes N. lossy network
  verlustloses N. non-dissipative network
  vermaschtes N. network circuit
  vierpoliges N. quadripole network
  vorhaltgebendes N. *(Syst)* lead [time] network
  zeitabhängiges N. time-dependent network
  zeitunabhängiges N. time-independent network
  zugeordnetes N. associated network
Netzwerkanalysator *m* network analyzer
Netzwerkanalyse *f* network analysis
Netzwerkbildner *m* network former
Netzwerkkenngröße *f* network parameter
Netzwerknachbildung *f* network model
Netzwerkparameter *m* network parameter
Netzwerkplanung *f* network planning
Netzwerksynthese *f* network synthesis
Netzwerktheorie *f* network theory
Netzzusammenbruch *m* system split-up, [major] shut-down
Netzzuverlässigkeit *f* system reliability

Netzzweig *m* network branch
Neuabgleich *m* readjustment
Neuausleuchtung *f* relighting
Neueinstellung *f* repositioning
Neuinstallation *f* rewiring
Neujustierung *f* readjustment
Neukurve *f* virgin curve *(Magnetisierung)*
Neumagnetisierung *f* remagnetization
Neunerkomplement *n* nines complement
Neuordnung *f* **von Kristallen** rearrangement of crystals
Neuristor *m* neuristor
Neusilber *n* nickel (German) silver
neutral / elektrisch [electrically] neutral; uncharged
Neutralfilter *n* neutral [density] filter
Neutralgebiet *n (Halbl)* neutral region
Neutralisation *f* neutralization
Neutralisationskondensator *m* neutralizing capacitor
Neutralisationskreis *m* neutralizing circuit
Neutralisationsschaltung *f* neutralizing circuit
neutralisieren to neutralize
Neutralisierung *f* **/ induktive** inductive neutralization
Neutralisierungstransformator *m* neutralizing transformer
Neutralität *f* neutrality
Neutralitätsgleichung *f* neutrality equation
Neutralitätsniveau *n* neutrality level *(Energiebändermodell)*
Neutralkeil *m* neutral [density] wedge
Neutrodyn *n s.* Neutrodynschaltung
Neutrodynkondensator *m* neutrodyne (neutralizing) capacitor
Neutrodynschaltung *f* neutrodyne circuit
Neutron *n* neutron
Neutronenabsorber *m* neutron absorber
Neutronenaktivierung *f* neutron activation
Neutronenbeschuß *m* neutron bombardment
Neutroneneinfang *m* neutron capture
Neutronenfänger *m* neutron absorber
Neutronenfluß *m* neutron flux
Neutronengenerator *m* neutron generator
Neutronennachweis *m* neutron detection
Neutronenquelle *f* neutron source
Neutronenstrahler *m* neutron emitter
Neutronenstrahlung *f* neutron radiation
Neutronenübergang *m* neutron transition
Neuverdrahtung *f* rewiring
Neuverteilung *f* redistribution
Neuwachstum *n* regrowth *(Kristalle)*
Newton *n* newton, N *(SI-Einheit der Kraft)*
NF *s.* Niederfrequenz-
n-Gebiet *n (Halbl)* n-region
n-Gitter-Thyristor *m* n-gate thyristor
n-Halbleiter *m* n-type semiconductor
Nichols-Diagramm *n (Syst)* Nichols chart, frequency-phase characteristic
Nichols-Ortskurve *f (Syst)* Nichols locus

nichtabgeschirmt unshielded, unscreened
nichtabgestimmt untuned, non-tuned
nichtabsorbierend non-absorbing
nichtadressierbar *(Rech)* non-addressable
nichtaktiv inactive
nichtangepaßt mismatched
Nichtbegrenzer *m (Rech)* non-delimiter
nichtberührend non-contacting
nichtbesetzt unoccupied *(z. B. Energieband)*
nichtbestrahlt unirradiated
nichtbrennbar non-combustible, incombustible
Nichtbrennbarkeitsrate *f* fire resistance rating
Nichtelektrolyt *m* non-electrolyte
nichtelektrolytisch non-electrolytic
nichtentartet *(Halbl)* non-degenerate
nichtentflammbar non-[in]flammable, flameproof
nichtepitaxial non-epitaxial
NICHT-Funktion *f* NOT function *(Schaltfunktion)*
nichtgebunden unbound
nichtgeerdet non-earthed; *(Am)* non-grounded
nichtgelötet solderless
nichtgesättigt non-saturated
nichtgleichförmig non-uniform
Nichtgleichgewichtsladung *f (Halbl)* non-equilibrium charge
Nichtgleichgewichtspotential *n* non-equilibrium potential
Nichtgleichgewichtsprozeß *m (Halbl)* non-equilibrium process
Nichtgleichgewichtsstruktur *f (Halbl)* non-equilibrium structure
nichtgleichrichtend non-rectifying
NICHT-Glied *n* NOT element
nichtharmonisch anharmonic
nichtideal non-ideal
nichtinjizierend non-injecting
nichtinvertierend non-inverting
nichtionisiert unionized
nichtkodiert uncoded
nichtkomplementär non-complementary
Nichtkomprimierbarkeit *f* incompressibility
nichtkorrodierend non-corroding, non-corrosive, corrosion-resistant
nichtkristallin non-crystalline
nichtleitend non-conducting, non-conductive, insulating
Nichtleiter *m* non-conductor, dielectric [material], [electrical] insulator
  echter N. true dielectric
  gasförmiger N. gaseous dielectric
  vollständiger N. ideal dielectric
nichtleuchtend non-luminous
nichtlinear non-linear
Nichtlinearität *f* non-linearity
  N. mit eindeutiger Kennlinie *(Syst)* single-valued non-linearity

N. mit Hysterese non-linearity with memory
N. mit mehrdeutiger Kennlinie *(Syst)* multivalued non-linearity
N. mit unsymmetrischer Kennlinie *(Syst)* asymmetric non-linearity
N. mit zweideutiger Kennlinie *(Syst)* double-valued non-linearity
glatte N. *(Syst)* smoothed non-linearity
natürliche N. natural non-linearity
schiefsymmetrische N. odd-symmetrical non-linearity
schwache N. slight non-linearity
ungerade N. odd-symmetrical non-linearity
unsymmetrische N. asymmetric non-linearity
nichtlokal non-local
nichtlöschbar *(Rech)* non-erasable
nichtlöschend *(Rech)* non-destructive
nichtneutralisiert unneutralized
NICHT-ODER *s.* NOR
nichtohmsch non-ohmic
nichtoxydierend non-oxidizing
nichtoxydiert unoxidized
nichtparametrisch non-parametric
nichtperiodisch non-periodic, aperiodic
nichtplanar non-planar
nichtpolar non-polar
nichtpolarisierbar non-polarizable
nichtpolarisierend non-polarizing
nichtpolarisiert non-polarized, unpolarized
nichtquantisiert non-quantized
nichtrastend non-locking
nichtredundant irredundant
nichtreflektierend 1. non-reflecting; 2. *(Ak)* hard
nichtreversibel irreversible, non-convertible
nichtrostend stainless, rustproof
Nichtrückkehr *f* **zu Null** *(Rech)* non-return-to-zero, NRZ
NICHT-Schaltung *f* NOT (inverter) circuit
nichtschwingend non-oscillating
nichtsperrend non-blocking
nichtsphärisch non-spherical, aspherical
nichtstabil unstable, astable
nichtstarr non-rigid
nichtstationär non-steady, unsteady; non-stationary; transient
nichtstetig non-steady, unsteady
nichtstrahlend non-radiative
nichtsymmetrisch non-symmetric[al], asymmetric, unsymmetric, dissymmetric
nichtumhüllt non-encapsulated
nichtumkehrbar non-reversible, irreversible
nichtumkehrend non-inverting
NICHT-UND *s.* NAND
nichtunterscheidbar indistinguishable
nichtverriegelnd non-locking
nichtvorgespannt unbiased
nichtvormagnetisiert unbiased
nichtzyklisch non-cyclic[al], acyclic
Nickelanode *f (Galv)* nickel anode
Nickelbad *n (Galv)* nickel bath
Nickelbelag *m* nickel plating (facing)
Nickel-Chrom-Widerstandsdraht *m* calido wire
Nickel-Chrom-Widerstandsheizelement *n* nickel-chromium resistance element
Nickel-Eisen-Akkumulator *m* nickel-iron accumulator, storage battery of iron-nickel type, Edison accumulator
Nickel-Eisen-Batterie *f* nickel-iron battery
Nickel-Eisen-Element *n*, **Nickel-Eisen-Zelle** *f* nickel-iron cell
Nickel-Kadmium-Akkumulator *m*, **Nickel-Kadmium-Sammler** *m* nickel-cadmium accumulator, cadmium-nickel storage battery
nickelplattiert nickel-clad
Nickelzwischenschicht *f* nickel intermediate layer
Niederdruck *m* low pressure
Niederdruckdampfkraftwerk *n* low-pressure plant
Niederdruckentladung *f* low-pressure discharge
Niederdruckgehäuse *n* low-pressure casing
Niederdruckkessel *m* low-pressure boiler
Niederdrucklampe *f* low-pressure [discharge] lamp
Niederdruckplasma *n* low-pressure plasma
Niederdruckpreßverfahren *n* low-pressure moulding, contact pressure moulding *(für Isolierstoffe)*
Niederdrucksäule *f* low-pressure column
Niederdruckteil *m (Anl)* low-pressure section, LP part
Niederdruckturbine *f* low-pressure turbine
Niederdruckwasserkraftwerk *n* low-head [hydroelectric power] plant
niederfrequent low-frequency
Niederfrequenz *f* low frequency, LF, l.f., audio frequency, AF, a.f. *(30 bis 300 kHz)*
Niederfrequenzanalysator *m* audio-frequency analyzer (spectrometer)
Niederfrequenzausgleich *m* low-frequency compensation
Niederfrequenzband *n* audio-frequency band
Niederfrequenzbereich *m* low-frequency range, audio-frequency range
Niederfrequenzbeschleunigungsmesser *m* low-frequency acceleration pick-up
Niederfrequenzdrossel[spule] *f* low-frequency choke (coil)
Niederfrequenzeingangsstufe *f* audio-frequency preamplifier stage
Niederfrequenzeinrichtung *f (Fmt)* voice-frequency equipment
Niederfrequenzelektrowärmeeinrichtung *f* low-frequency electric-heating appliance
Niederfrequenzfernsprechen *n* voice-frequency telephony, audible telephony

Niederfrequenzfernsprechübertragungstechnik *f* audio-frequency telephone transmission technique
Niederfrequenzfilter *n* low-frequency filter
Niederfrequenzgang *m* audio-frequency response
Niederfrequenzgenerator *m* low-frequency generator, audio-frequency generator
Niederfrequenzinduktionserwärmungsgerät *n* low-frequency induction heater
Niederfrequenzinduktionsofen *m* low-frequency induction furnace
Niederfrequenzinduktionswärmebehandlung *f* low-frequency induction heat treatment
Niederfrequenzisolierspannung *f* low-frequency withstand voltage
Niederfrequenzkabel *n* low-frequency cable
Niederfrequenzkenngröße *f* low-frequency characteristic
Niederfrequenzkennwert *m* low-frequency characteristic value
Niederfrequenzkurve *f* low-frequency characteristic
Niederfrequenzlage *f (Fmt)* voice-frequency range
Niederfrequenznaßüberschlagspannung *f* low-frequency wet flash-over voltage
Niederfrequenzofen *m* low-frequency furnace
Niederfrequenzquelle *f* low-frequency source
Niederfrequenzröhre *f* low-frequency valve
Niederfrequenzrufsatz *m (Fmt)* low-frequency ringer
Niederfrequenzrufumsetzer *m (Fmt)* ringing repeater
Niederfrequenzschwebungsoszillator *m* low-frequency beat oscillator
Niederfrequenzschweißen *n* low-frequency welding
Niederfrequenzspektrograf *m* audio-frequency spectrum recorder
Niederfrequenzspektrometer *n* audio-frequency spectrometer
Niederfrequenzsperre *f* low-frequency filter (rejection)
Niederfrequenzsperrkreis *m* high-pass selective circuit
Niederfrequenzstehspannung *f* low-frequency withstand voltage
Niederfrequenzsteuerleistung *f* audio-frequency driving power
Niederfrequenzstörung *f* low-frequency disturbance (interference)
Niederfrequenzstrom *m* low-frequency [alternating] current
Niederfrequenzstromverstärkung *f* low-frequency current gain
Niederfrequenztechnik *f* low-frequency engineering, audio-frequency engineering
Niederfrequenztransformator *m* low-frequency transformer
Niederfrequenztransistor *m* audio-frequency transistor
Niederfrequenztrockenüberschlagspannung *f* low-frequency dry flash-over voltage
Niederfrequenzüberschlagspannung *f* low-frequency flash-over voltage
Niederfrequenzverstärker *m* low-frequency amplifier, audio[-frequency] amplifier
gegengekoppelter N. audio-frequency feedback amplifier
Niederfrequenzzeichengabe *f (Fmt)* low-frequency signalling
Niederführung *f* / **abgeschirmte** screened down-lead *(Antenne)*
niederohmig low-resistance
Niederohmwiderstand *m* low resistor, LR
Niederschlag *m (Chem)* deposit, precipitate, sediment; condensate *(Dampf)*
angebrannter N. *(Galv)* burnt deposit
elektrolytischer (galvanischer) N. electrodeposit
radioaktiver N. radioactive deposit
niederschlagen to deposit, to precipitate, to sediment; to condense *(Dampf)*
chemisch n. to deposit chemically
elektrolytisch (galvanisch) n. to electrodeposit
Niederschlagselektrode *f* precipitation electrode
Niederspannung *f* low voltage (tension), l.v., L.V.
Niederspannungsanlage *f* low-voltage installation; low-voltage [power] plant, low-voltage system
Niederspannungsbeleuchtung *f* low-voltage lighting
Niederspannungsbogen *m* low-voltage arc
Niederspannungselektrode *f* low-voltage electrode
Niederspannungsheizung *f* low-voltage heating
Niederspannungshochleistungssicherung *f* low-voltage HBC fuse
Niederspannungsinstallation *f* low-voltage wiring
Niederspannungsisolator *m* low-voltage insulator
Niederspannungskraftwerk *n* low-voltage power station
Niederspannungskreis *m* low-voltage circuit
Niederspannungslampe *f* low-voltage lamp
Niederspannungslastschalter *m*, **Niederspannungsleistungsschalter** *m* low-voltage circuit breaker, low-voltage switch
Niederspannungsleitung *f* low-voltage line
Niederspannungslichtbogen *m* low-voltage arc
Niederspannungsnetz *n* low-voltage system

Niederspannungsporzellan *n* low-voltage [electrical] porcelain
Niederspannungssammelschiene *f* low-voltage bus bar
Niederspannungsschaltanlage *f* low-voltage switchgear
metallgekapselte N. low-voltage metal-clad switchboard unit
Niederspannungsschalter *m* low-voltage switch
Niederspannungsschaltgerät *n* low-voltage switchgear (switching device)
kontaktgebendes N. contacting low-voltage switchgear
Niederspannungsschutz *m* low-voltage protection
Niederspannungsschutzeinrichtung *f* low-voltage protection unit
Niederspannungsseite *f* low-voltage side (end)
Niederspannungssicherung *f* low-voltage fuse
Niederspannungsstelltransformator *m* low-voltage regulating transformer
Niederspannungsstrom *m* low-voltage current
Niederspannungstechnik *f* low-voltage engineering
Niederspannungstransformator *m* low-voltage transformer
Niederspannungsversorgung *f* low-voltage supply
Niederspannungsversorgungsnetz *n* low-voltage supply system
Niederspannungsverteilung *f* low-voltage distribution
Niederspannungsverteilungsanlage *f* / **gußgekapselte** iron-clad low-voltage distribution system
Niederspannungsverteilungsleitung *f* low-voltage distribution line
Niederspannungsverteilungsnetz *n* low-voltage distribution system
Niederspannungsvoltmeter *n* low-voltage voltmeter
Niederspannungswicklung *f* low-voltage winding
Niederspannungszweig *m* low-voltage arm *(z. B. einer Meßbrücke)*
Niedertastung *f* down-sensing
Niedertemperaturbrennstoffelement *n* low-temperature fuel cell
Niedertemperaturheizkörper *m* low-temperature heater
Niedertemperaturheizung *f* / **eingebaute** built-in radiation heating *(z. B. Wandheizung, Deckenheizung)*
Niedertemperaturofen *m* low-temperature oven (furnace)
Niedertemperaturstrahlungsheizung *f* low-temperature radiant heating
niedertourig low-speed
Niedervakuumröhre *f* low-vacuum valve, soft valve
Niedervoltbatterie *f* low-voltage battery
Niedervoltbogen *m* low-voltage arc
Niedervoltlampe *f* low-voltage lamp
Niedrigimpedanzeingang *m* low-impedance input
Nierencharakteristik *f* cardioid characteristic (diagram), apple-shaped diagram
Nierenmikrofon *n* cardioid microphone
Nierenplattenkondensator *m* square-law capacitor
Nife-Akkumulator *m s.* Nickel-Eisen-Akkumulator
Nipkow-Scheibe *f* Nipkow disk
Nippel *m* / **kegeliger** taper joint *(zum Anstücken von Graphitelektroden)*
Nippelgewinde *n* nipple threading *(bei Graphitelektroden)*
Nitrolack *m* cellulose nitrate varnish *(für Isolierzwecke)*
ni-Übergang *m (Halbl)* n-i junction
Niveau *n* level
angeregtes N. excited level
entartetes N. degenerate level
leeres N. vacant level
metastabiles N. metastable level
tiefes N. deep-lying level
Niveauabstand *m* level distance
Niveauaufspaltung *f* level splitting
Niveaudiagramm *n* level diagram
Niveaudichte *f* level density
Niveaufläche *f* level surface; equipotential (potential energy) surface
Niveauindikator *m* level indicator
Niveaulinie *f* equipotential line
Niveauregler *m* level controller
Niveauschema *n* energy-level diagram, energy[-level] scheme
Niveauverbreiterung *f* level broadening
Niveauverschiebung *f* level shift
nivellieren to level
Nivellierinstrument *n* leveller
Nivellierschraube *f* levelling screw
Nivellierung *f* levelling
n-Kanal-Feldeffekttransistor *m* n-channel field effect transistor
n-Kanal-Metall-Oxid-Halbleiter *m* n-channel metal-oxide semiconductor, n-channel MOS
N-Kurve *f (Ak)* noise-rating curve, N-curve, N-weighting curve
n-leitend *(Halbl)* n-conducting
n-Leiter *m (Halbl)* n-type conductor, electron conductor
n-Leitfähigkeit *f (Halbl)* n-type conductivity
n-Leitung *f (Halbl)* n-type conduction
NLT-Verstärker *m s.* Negativleitungsverstärker
NMOS *Abk. für* n-doped metal-oxide semiconductor
nn$^+$-Übergang *m (Halbl)* n-n$^+$ junction

Nockenantrieb *m* cam drive
nockenbetätigt cam-operated
Nockenbetätigung *f* cam operation
Nockenfahrschalter *m* cam controller
nockengesteuert cam-controlled
Nockenkontakt *m* cam[-actuated] contact
Nockenrad *n* cam wheel
Nockenschalter *m* cam[-operated] switch, camshaft switch
Nockenschaltwerk *n* camshaft gear
Nockenscheibe *f* cam disk
Nockensteuerung *f* cam control
Nockentrieb *m* cam gear
Nockenverteiler *m* cam distributor
Nockenwelle *f* camshaft
Nomografie *f* nomography
nomografisch nomographic[al]
Nomogramm *n* nomogram, nomograph, nomographic (alignment) chart
NOR NOT-OR, NOR *(Schaltalgebra)*
nordmagnetisch north-magnetic
Nordpol *m* / **magnetischer** north magnetic pole, magnetic north pole
NOR-Funktion *f* NOR (dagger) function
NOR-Gatter *n* / **exklusives** exclusive NOR gate
NOR-Glied *n* NOR element
NOR-Logikschaltung *f* NOR logical circuit
Normal *n* [measuring] standard; master (*s. a.* Normalgerät)
Normalabgabe *f* normal output
Normalatmosphäre *f* standard atmosphere; *(Nrt)* standard [radio] atmosphere
Normalaufnehmer *m* reference pick-up
Normalausbreitung *f (Nrt)* standard propagation
Normalausrüstung *f* regular equipment
Normalbatterie *f* standard cell
Normalbedingungen *fpl* normal (standard) conditions *(Prüftechnik)*
atmosphärische N. standard atmospheric conditions *(z. B. in der Hochspannungsprüftechnik)*
Normalbeleuchtung *f* standard lighting
Normalbeobachter *m* / **fotometrischer** photometric standard observer
Normalbeschleunigungsaufnehmer *m* reference accelerometer
Normalbetriebszustand *m* normal condition of use
Normalbrechung *f* standard refraction
Normaldispersion *f* normal dispersion
Normaldruck *m* standard (normal) pressure
Normalelektrode *f* normal electrode
Normalelement *n* standard (normal) cell
ungesättigtes N. unsaturated standard cell
Normal-EMK *f* standard electromotive force
Normalenergieniveau *n* normal energy level
Normalform *f* canonical form *(z. B. eines Gleichungssystems)*
Jordansche N. Jordan canonical form *(Zustandsgleichung)*
Normalfrequenz *f (Meß)* standard (normal, calibration) frequency
Normalfrequenzdienst *m (Nrt)* standard frequency service
Normalfrequenzempfänger *m* standard frequency receiver
Normalfrequenzgenerator *m* standard frequency generator
Normalfrequenzmonitor *m* standard frequency monitor
Normalgebühr *f (Fmt)* off-peak rate
Normalgerät *n (Meß)* standard (calibration) instrument
Normalinstrument *n s.* Normalgerät
normalisieren to normalize
Normalkalomelelektrode *f* normal calomel electrode
Normalklima *n* standard climate
Normalkode *m* standard code
Normalkomponente *f* normal component
Normalkondensator *m (Meß)* standard (calibration) capacitor; reference capacitor
Normalkraft *f* normal force
Normallage *f* normal position
Normallampe *f* standard (normal) lamp
Normallast *f* normal load
Normalleistung *f* normal power (output)
Normalleiter *m* normal conductor
Normallinearität *f* normal linearity; independent linearity *(Potentiometer)*
Normalmagnet *m* magnetic standard, standard magnet
Normalmaß *n* standard measure
Normalmikrofon *n* standard microphone (transmitter); reference microphone
Normalpotential *n* standard [chemical] potential, standard electrode potential
Normalpotentiometer *n* master potentiometer
Normalrauschgenerator *m* standard noise generator
Normalredoxpotential *n* standard redox potential
Normalschwingung *f* normal vibration (mode)
Normalsockel *m* standard cap
Normalspannung *f* normal (standard) voltage
Normalspannungsquelle *f* standard voltage source
Normalspule *f* standard solenoid *(Induktivität)*
Normalstellungskontakt *m* home contact *(Schalter)*
Normalstrahler *m* standard radiator
Normalsubstanz *f* reference material
Normal-Swan-Sockel *m* standard bayonet cap

Normaltaktimpuls *m* standard clock pulse
Normaltastenfeld *n* universal keyboard
Normaltemperatur *f* normal temperature
Normalton *m* reference tone
Normaluhr *f* standard clock
Normalverteilung *f* normal (Gaussian) distribution *(Statistik)*
N. von zwei Größen *(Syst)* bivariate normal distribution
Normalwasserstoffelektrode *f* normal (standard) hydrogen electrode
Normalweg *m (Fmt)* normal route
Normalweiß *n (Ferns)* reference white
Normalwiderstand *m* standard (calibration) resistor
Normalzähler *m* / **tragbarer** portable standard meter
Normalzeit *f* standard time
Normalzeitanlage *f* standard time system
Normalzeitgenerator *m* time-base generator
Normalzelle *f* standard cell
Normalzubehör *n* standard equipment
Normbaustein *m* standard modular unit
Normbauteil *n* standardized component (part), standard component
Normbedingungen *fpl* normal conditions *(Prüftechnik)*
Normbetriebsbeanspruchung *f* standard operating duty
Normbezugslage *f* standard reference position *(z. B. bei Schaltgeräten)*
Normblatt *n* standard sheet
normen to standardize
Normfarbtafel *f* standard chromaticity diagram *(CIE-System)*
Normfarbwertanteile *mpl* chromaticity coordinates
Normfarbwerte *mpl* tristimulus values
Normflachrelais *n* standard flat relay
Normformat *n* standard size
Normgestell *n* standard rack
Normhammerwerk *n* standard impact generator *(für Trittschallmessungen)*
Normhörschwelle *f* standard (normal) threshold of audibility
normieren to normalize
normiert normalized
Normierung *f* normalization
Normkabel *n* standard cable
Normkugelfunkenstrecke *f* standard sphere gap
Normlichtart *f* standard illuminant *(CIE-System)*
Normluftstrecke *f* standard rod gap
Normpegeldifferenz *f* normalized level difference
Normspektralwerte *mpl* CIE distribution coefficients *(im CIE-System)*
Normteil *n* standard part
Normtrittschall *m* normalized (standardized) impact sound
Normtrittschallpegel *m* normalized (adjusted) impact-sound level
Normüberschlagweite *f* standard rod gap
Normung *f* standardization
Normvergleichsfrequenz *f* standard reference frequency
Normvollimpulsspannungswelle *f* standard full-impulse voltage wave
Normvorschrift *f* standard specification
Normwelle *f* standard waveform *(bei Stoßspannungen)*
Normwellenfehler *m* standard-wave error
Normwellenform *f* standard waveform
Normwert *m* standard [value]
Normzeit *f* standard time
NOR-Schaltung *f* NOR circuit
NOR-Tor *n* NOR gate
NOR-Verknüpfung *f* NOR operation
Notabschaltung *f (Anl)* emergency shutdown
Notamt *n (Fmt)* temporary exchange
Notantenne *f* emergency aerial
Notation *f* / **polnische** *(Rech)* Polish notation
umgekehrte polnische N. inverse Polish notation
Notauslöser *m (App)* emergency release push
Notausschalter *m* emergency [stop] switch
Notausschaltung *f* emergency switching
Notbatterie *f* emergency battery
Notbelastung *f* emergency load
Notbeleuchtung *f* emergency lighting
Notbeleuchtungsanlage *f* emergency lighting installation
Notbeleuchtungsbatterie *f* emergency lighting [storage] battery
Notbremsschalter *m* emergency braking switch *(Elektrotraktion)*
Notdruckknopf *m (App)* emergency release push
Noteingriff *m* emergency intervention
Notendschalter *m (Anl)* emergency limit switch
Notgespräch *n (Fmt)* distress call
Notizblockspeicher *m*, **Notizbuchspeicher** *m (Rech)* scratch-pad memory
Notlaufeigenschaften *fpl* antifriction properties
Notleistung *f* emergency power; emergency rating
Notleitung *f* emergency line
Notleuchte *f* emergency luminaire (lantern)
Notlicht *n* emergency light
Notreparatur *f* emergency maintenance
Notruf *m (Nrt)* emergency (distress) call
Notrufnummer *f (Fmt)* emergency number
Notsammelschiene *f* emergency bus bar
Notschalter *m* emergency [stop] switch
Notschalttafel *f* emergency switchboard
Notsender *m* emergency transmitter

Notsignal *n* **im Funksprechdienst** radiotelephone distress call
Notstrom *m* emergency power, standby current
Notstromaggregat *n* emergency power generating set, standby generator set
Notstromanlage *f* emergency power plant
Notstrombatterie *f* floating battery
Notstrombeleuchtung *f* emergency lighting
Notstromgenerator *m* emergency (standby) generator
Notstromkreis *m* emergency circuit
Notstromsystem *n* emergency [electric] system
Notstromversorgung *f* emergency (standby) power supply
unterbrechungsfreie N. no-break emergency power supply
Notwelle *f (Nrt)* distress wave
Notzeichen *n (Nrt)* distress signal
npin-Transistor *m* n-p-i-n transistor
npn-Flächentransistor *m* n-p-n-junction transistor
n-Pol-Netzwerk *n* n-terminal network
np-Übergang *m (Halbl)* n-p junction
NRZ-Verfahren *n (Rech)* non-return-to-zero recording
N-Schirm *m* N scope *(Radar)*
NTC-Widerstand *m* NTC-resistor *(Heißleiter)*
n-Typ-Halbleiter *m* n-type semiconductor
Null *f* zero; null ● **über N.** above zero ● **von N. abweichend** non-zero
gestörte N. disturbed zero
Nullabgleich *m* zero balance (balancing), null balance
automatischer N. automatic zero balancing
Nullabgleichanzeiger *m* null-balance indicator
Nullabgleichmeßmethode *f* null-method of measurement
Nullabgleichmethode *f* zero-balancing method
Nullabgleichverstärker *m* null-balance amplifier
Nullablesung *f* zero reading
Nulladmittanz *f* zero-phase admittance
Nulladreßbefehl *m (Rech)* zero-address command
Nulladungspotential *n* zero charge potential, Lippmann potential
Nulladungspunkt *m* zero point of charge, point of zero charge
Nullanzeige *f* zero indication
Nullanzeigegerät *n*, **Nullanzeiger** *m* null (zero) indicator, null-point indicator (detector)
Nullastrelais *n* underpower relay
Nullausgang *m* zero output
ungestörter N. undisturbed zero output
Nullausschalter *m* zero cut-out
Nulldrift *f* null (zero) drift
Nulldurchgang *m* zero passage (transition), passing through zero; bridge balance point
Nulleinstellung *f* zero adjustment (setting)
selbsttätige N. automatic zero adjustment
Nulleistung *f* homopolar power *(Starkstromtechnik)*
Nulleiter *m* zero (neutral) conductor, neutral [wire]; third wire *(Gleichstrom)*
geerdeter N. earthed neutral [conductor]
nichtgeerdeter N. floating neutral
Nulleiterdraht *m* neutral wire
Nulleiterstrom *m* neutral current
Nullelektrode *f* neutral electrode
nullen to zero, to reset [to zero], to null; to neutralize
Nullfehler *m* zero error
Nullfeldmaser *m* zero-point field maser
Nullfolgesystem *n* zero-[phase-]sequence system
Nullfolgewiderstand *m* zero-sequence resistance
Nullfrequenz *f* zero frequency
Nullgeschwindigkeitskurve *f* zero velocity curve
Nullimpedanz *f* zero-sequence [field] impedance, zero-phase-sequence impedance
Nullindikator *m* null indicator (detector)
Nullinstrument *n* null (central-zero) indicator, balance [point] indicator, balancing apparatus, balance galvanometer
Nullkapazitanz *f* zero-sequence capacitive reactance
Nullkapazität *f* zero capacitance, self-capacitance
Nullkomponente *f* zero-[phase-]sequence component
Nullkontrolle *f* / **automatische** *(Rech)* automatic zero check
Nullkoordinate *f* homopolar coordinate *(Starkstromtechnik)*
Nullmarke *f* zero mark
N. der Skale scale zero
Nullmatrix *f* zero (null) matrix
Nullmenge *f* null set
Nullmethode *f (Meß)* null (zero) method
Nullnetz *n* zero-sequence network *(des Mit-, Gegen- und Nullsystems)*
Nullode *f* nullode, electrodeless tube *(Sperröhre)*
Nullpegel *m* zero level
Nullpegeladresse *f* zero level address
Nullphasenwinkel *m* zero phase angle
Nullphasenwinkelmodulation *f* zero phase modulation
Nullpotential *n* zero (earth) potential
Nullpunkt *m* 1. zero point, zero [mark]; 2.

neutral point, earthed neutral; 3. origin *(Koordinatensystem)*
N. der Skale scale zero
absoluter N. absolute zero *(der Temperatur)*
elektrischer N. electrical zero
freier N. floating zero
herausgeführter N. *(Anl)* neutral brought-out
künstlicher N. artificial neutral point
mechanischer N. mechanical zero
unterdrückter N. suppressed zero
Nullpunktabgleich *m* zero balance
Nullpunktabweichung *f* zero deviation (variation); null (zero) drift
bleibende N. residual deviation
Nullpunktbewegung *f* zero-point motion
Nullpunktdrift *f* null (zero) drift
Nullpunktdrossel *f* absorption coil
Nullpunkteinstellung *f* zero adjustment (setting)
Nullpunkteinstellvorrichtung *f* zero adjusting device
Nullpunktempfindlichkeit *f* zero relative level sensitivity
Nullpunktenergie *f* zero-point energy, zero-temperature energy, energy of absolute zero
Nullpunkterdung *f* neutral earthing
Nullpunktfehler *m* zero error; origin distortion
Nullpunktkorrektur *f* zero[-point] correction (*s. a.* Nullpunkteinstellung)
Nullpunktsicherheit *f* zero stability
Nullpunktunruhe *f* zero-point motion
Nullpunktunterdrückung *f (Meß)* zero (range) suppression
Nullpunktverschiebung *f* zero displacement; zero shift
Nullpunktverschiebungsfehler *m* zero shift error
Nullpunktwanderung *f* zero drift (shift)
Nullreaktanz *f* zero-[phase-]sequence reactance, zero-sequence inductive reactance
Nullregelung *f* zero control
Nullrückstellmechanismus *m* zero-reset mechanism
Nullrückstellung *f* re-zeroing
N. eines Zählers counter reset[ting]
selbsttätige N. automatic reset
Nullschwebung *f* zero beat
Nullschwebungsfrequenz *f* zero beat frequency
Nullselbstadmittanz *f* self-admittance of zero-sequence network
Nullselbstimpedanz *f* self-impedance of zero-sequence network
Nullsignal *n* zero signal
Nullspannung *f* zero voltage
Nullspannungsauslöser *m* no-voltage trip, zero cut-out
Nullspannungsauslösung *f* no-voltage release
Nullspannungsausschalter *m* no-voltage circuit breaker
Nullspannungsrelais *n* no-voltage relay
Nullspannungsschalter *m* zero-voltage switch
Nullspannungsschalterprinzip *n* zero cross-over technique
Nullstelle *f* zero [value]
N. der Funktion zero of function
Nullstellenauffüllung *f* null fill-in
Nullstellenkompensation *f* zero compensation
Nullsteller *m* zero adjuster (adjusting device)
Nullstellung *f* zero (null) position
Nullstellungspotentiometer *n* set-zero potentiometer
Nullstrom *m* zero current
Nullstromausschalter *m* zero current cut-out
Nullstromrelais *n* zero current relay
Nullsystem *n* zero-[phase-]sequence system
Nullsystemrelais *n* zero-phase-sequence relay
Nullsystemschutz *m* zero-phase-sequence protection
Nulltemperaturkoeffizient *m* zero temperature coefficient
Nullung *f* protective multiple earthing; *(Anl)* neutralization
Nullungsglied *n* null-balance device
Nullunterdrückung *f* zero suppression
Nullvektor *m* zero (null) vector
Nullverstärker *m* null amplifier
Nullwiderstand *m* zero resistivity
Nullzählrate *f* zero count rate
Nullzustand *m* zero state; neutral state
numerieren to number
falsch n. to misnumber
fortlaufend n. to number consecutively (serially)
Numeriermaschine *f* numbering machine
Numerierung *f* numbering
variable N. *(Fmt)* variable numbering
Numerierungsplan *m (Fmt)* numbering plan (scheme)
Numerierungszone *f (Fmt)* numbering area
numerisch numerical
Nummer *f* number
falsche N. *(Fmt)* wrong number
laufende N. consecutive (serial) number
nichtzugeteilte N. *(Fmt)* unalloted number
Nummernansagegerät *n (Fmt)* call announcer
Nummernanzeiger *m (Fmt)* call indicator
Nummernanzeigetafel *f* **[/optische]** display panel
Nummernbezeichnung *f* numbering

Nummerngabeschlußzeichen *n (Fmt)* end-of-pulsing signal
Nummerngeber *m (Fmt)* number indicating system
Nummerngebung *f (Fmt)* numbering
Nummernprüfer *m (Rech)* number-checking unit *(Tabelliermaschine)*
Nummernquittungszeichen *n (Fmt)* number-received signal
Nummernschalter *m (Fmt)* dial
Nummernschalterarbeitskontakt *m (Fmt)* switching contacts
Nummernschalterimpuls *m (Fmt)* dial plate pulse
Nummernschalterimpulskontakt *m* impulsing contacts
Nummernschalterkontakt *m (Fmt)* dial contact
Nummernschalterwahl *f (Fmt)* number plate dialling, dial pulsing
Nummernscheibe *f (Fmt)* dial
Nummernscheibeninformation *f (Fmt)* digital information
Nummernscheibenwahl *f (Fmt)* rotary dialling, dial switching
Nummernschlucker *m (Fmt)* digit-absorbing selector
Nummernwahl *f (Fmt)* impulse action (stepping)
gesteuerte N. numerical selection
reine N. all numerical dialling
verzerrte N. irregular selection
Nummernwähler *m (Fmt)* numerical selector
Nummernwahlzeichen *n (Fmt)* pulsing signal
Nummernwerk *n (Rech)* numberer
Nur-Lese-Speicher *m (Rech)* read-only memory, ROM (*s. a.* Festwertspeicher)
Nusselt-Zahl *f* Nusselt number *(thermisches Ähnlichkeitskriterium)*
Nußisolator *m* egg[-shaped] insulator
Nut *f* slot; groove
geschrägte N. skewed slot
halboffene N. half-open slot
ringförmige N. circular groove
Nutanker *m* slotted armature
Nutauskleidung *f* slot cell
Nutbeilage *f* slot packing
Nutbreite *f* slot width
Nutenkeil *m* slot closer
Nutenquerfeld *n* slot field
Nutenschritt *m* slot (coil) pitch *(Wicklungsschritt)*
Nutenverschlußkeil *m* slot closer, dovetail key, [slot] wedge
Nutenwicklung *f* slot winding ● **mit N.** slot-wound
Nutfrequenz *f* slot-ripple frequency
Nutfüllfaktor *m* slot space factor
Nutgrund *m* bottom of the slot
Nuthülse *f* slot liner
Nutisolation *f* slot insulation
Nutisolierhülse *f* slot liner
Nutkeil *m* [slot] wedge
Nutoberwellen *fpl* slot ripple
Nutraumentladung *f* slot discharge
Nutraumentladungsanzeiger *m* slot-discharge analyzer
Nutschlitzbreite *f* slot opening
Nutstreifen *m* coil side separator *(Isolation zwischen verschiedenen Spulen einer Nut)*
Nutstreuung *f* slot leakage
Nutteilung *f* slot pitch
Nutthermometer *n* embedded temperature detector
Nuttiefe *f* slot depth
Nutzarbeit *f* usefull (effective) work
Nutzausgangsleistung *f* working power output
Nutzaussendung *f (Fmt)* wanted emission
Nutzband *n (Nrt)* useful band
Nutzbildfläche *f (Ferns)* useful screen area
Nutzbremsumschalter *m* regeneration switchgroup *(elektrischer Antrieb)*
Nutzbremsung *f (Masch)* regenerative braking, recuperation
Nutzdämpfung *f (Nrt)* effective transmission equivalent
Nutzeffekt *m* [net] efficiency, working efficiency
N. der Erwärmung efficiency of heating
optischer N. optical efficiency
thermischer N. thermal utilization factor
Nutzfeld *n (Nrt)* useful (signal) field
Nutzfeldstärke *f* useful field intensity
Nutzinformation *f (Fmt)* useful information
Nutzkapazität *f* useful capacity; service capacity *(Batterie)*
Nutzlebensdauer *f* useful life [period]
Nutzleistung *f* effective power; actual output *(abgegebene Leistung)*; service output *(Batterie)*
Nutzlichtstrom *m* effective luminous flux, utilized flux
Nutzschall *m* useful sound
Nutzsignal *n* useful signal
Nutzspalt *m* front gap *(Tonkopf)*
Nutzspannung *f* useful voltage, volt efficiency
Nutzstrahl *m* useful beam
Nutzstrom *m* useful current
Nutzungsdauer *f* utilization period
Nutzwärme *f* useful heat
N-Welle *f* N-wave *(Überschallknall)*
Nutzwiderstand *m* useful resistance
Nyquist-Cauchy-Kriterium *n (Syst)* [generalized] Nyquist-Cauchy criterion
Nyquist-Flanke *f (Ferns)* Nyquist slope
Nyquist-Ortskurve *f (Syst)* Nyquist diagram (plot) *(Stabilitätsanalyse)*
n-Zone *f (Halbl)* n-region

O

OB *s.* Ortsbatterie
Obach-Element *n* Obach cell *(Batterie)*
Oberbecken *n* upper pool, head pond *(Wasserkraftwerk)*
Oberbeleuchtung *f s.* Oberlichtbeleuchtung
Oberbereich *m* time domain (function range) *(Laplace-Transformation)*
Oberfläche *f* surface; area
aktivierte O. activated surface
beheizte O. heated surface
belüftete O. ventilated surface
diffus strahlende O. diffusing surface
gerippte O. ribbed surface
glänzende O. bright (glossy) surface
homogene O. homogeneous surface
inhomogene O. non-homogeneous surface
innere O. inside surface *(z. B. eines Hohlraums)*
leitende O. conducting surface
matte O. matt (dead) surface
metallplattierte O. metal-clad surface
polierte O. polished surface
spiegelnde O. reflective surface
wirksame O. active (effective) surface
Oberflächenableitung *f* surface leakage
Oberflächenabtaster *m* surface analyzer
Oberflächenadmittanz *f* surface admittance
Oberflächenbarriere *f (Halbl)* surface barrier
Oberflächenbearbeitung *f* surface treatment, surfacing, finish[ing]
Oberflächenbedeckung *f* surface coverage
Oberflächenbehandlung *f s.* Oberflächenbearbeitung
Oberflächenbelag *m* surface layer
Oberflächenbelastung *f* **/ spezifische** [specific] surface loading
zulässige spezifische O. permissible intensity of [specific] surface loading
Oberflächenbeschichtung *f* surface coating
Oberflächenbeschichtungsverfahren *n* coating process
Oberflächenbestrahlung *f* surface irradiation
Oberflächenbeweglichkeit *f* surface mobility
Oberflächenbildung *f (Galv)* surface generation
Oberflächendichte *f* **der Ladung** surface charge density
Oberflächendiffusion *f* surface diffusion
Oberflächendipol *m* surface dipole
Oberflächendipolschicht *f* surface dipole layer
Oberflächendonator *m (Halbl)* surface donor
Oberflächendotierung *f (Halbl)* surface doping
Oberflächendurchschlag *m* surface breakdown
Oberflächenebenheit *f* surface flatness
Oberflächeneffekt *m* surface effect
lichtelektrischer O. surface photoeffect (photoelectric effect)
oberflächenempfindlich surface-sensitive
Oberflächenenergie *f* surface energy
Oberflächenenergieniveau *n* surface level
Oberflächenentladung *f* surface discharge
Oberflächenerdung *f* surface earthing
Oberflächenerscheinung *f* surface phenomenon
Oberflächenerwärmung *f* **/ hochfrequente** high-frequency surface heating
induktive O. inductive surface heating
Oberflächenerzeugung *f* surface generation *(von Ladungsträgern)*
Oberflächenfaktor *m* surface factor
Oberflächenfangstelle *f (Halbl)* surface trap
Oberflächenfarbe *f* surface (object) colour
Oberflächenfehler *m* surface defect (*s. a.* Oberflächenstörung)
Oberflächenfeldeffekt *m* surface field effect
Oberflächenfeldeffekttransistor *m* surface field effect transistor
Oberflächenfilm *m* [surface] film
Oberflächenfotoverhalten *n* surface photoresponse
oberflächengekühlt surface-cooled
Oberflächengitter *n* surface lattice
Oberflächengitterlücke *f* surface vacancy
Oberflächenglanz *m* surface gloss
Oberflächenglätte *f* surface smoothness
Oberflächengrenzschichttransistor *m* surface barrier transistor
Oberflächengüte *f* quality of surface finish, surface quality (finish)
Oberflächenhaftstelle *f* surface trap
Oberflächenhärte *f* surface hardness
Oberflächenhärtung *f* surface hardening
Oberflächenheterogenität *f* surface heterogeneity
Oberflächeninduktionserwärmung *f* superficial induction heating
Oberflächeninversion *f* surface inversion
Oberflächenion *n* surface ion
Oberflächenionenbewegung *f* surface ion motion
Oberflächenisolationsstrom *m* surface leakage current
Oberflächenkanal *m* surface channel
Oberflächenkonzentration *f* surface concentration
Oberflächenkratzer *m* surface scratch
Oberflächenkühlung *f* surface cooling
Oberflächenladung *f* surface charge
Oberflächenladungsdichte *f* surface charge density, electric surface density
Oberflächenladungstransistor *m* surface-controlled transistor
Oberflächenlaser *m* surface laser

Oberflächenleerstelle *f* surface vacancy
Oberflächenleistung *f* surface (superficial) power, surface capacity
Oberflächenleitfähigkeit *f* surface conductivity
Oberflächenleitung *f* surface conduction
Oberflächenleitwert *m* surface conductance
Oberflächenlücke *f* surface vacancy
Oberflächenmagnetisierung *f* skin magnetization
Oberflächenmeßgerät *n* surface measuring instrument
oberflächenmontiert surface-mounted
Oberflächennachbehandlung *f* surface finish[ing]
Oberflächennetzebene *f* surface plane *(Kristall)*
Oberflächenorientierung *f* surface orientation
oberflächenpassiviert surface-passivated
Oberflächenpassivierung *f* surface passivation
Oberflächenpotential *n* surface potential
Oberflächenpotentialschwelle *f* surface potential barrier
Oberflächenprüfgerät *n* surface[-finish] tester
Oberflächenrauh[igk]eit *f* surface roughness
Oberflächenrekombination *f* surface recombination
Oberflächenrekombinationsgeschwindigkeit *f* surface recombination velocity
Oberflächenriß *m* surface crack
Oberflächenschicht *f* surface layer
Oberflächenschutz *m* surface protection
Oberflächenschwingung *f* surface oscillation (vibration)
Oberflächenspannung *f* surface tension (stress)
Oberflächenspannungsprüfer *m* tensimeter
Oberflächensperrschicht *f (Halbl)* surface depletion layer (region), surface junction
Oberflächenspiegel *m* surface-coated mirror, front-surface mirror, front-coated mirror
Oberflächensteuerelektrode *f* surface control electrode
Oberflächenstörstelle *f (Halbl)* surface impurity
Oberflächenstörung *f* surface imperfection (irregularity) *(Kristallgitter)*
Oberflächenstrahldichte *f* surface radiance
Oberflächenstreuung *f* surface scattering
Oberflächenstrom *m* surface current
Oberflächenstruktur *f* surface structure (texture)
Oberflächentemperatur *f* surface temperature
Oberflächentemperaturmessung *f* surface temperature measurement
Oberflächenterm *m* surface term (level)
Oberflächenthermostat *m* surface-type thermostat
Oberflächentrapniveau *n* surface trap level
Oberflächenüberzug *m* surface coating
Oberflächenumordnung *f* surface rearrangement
Oberflächenunipolartransistor *m* surface unipolar transistor
Oberflächenunregelmäßigkeit *f* surface irregularity *(Kristall)*
Oberflächenvaraktor *m*, **Oberflächenvaraktordiode** *f* surface varactor diode
Oberflächenverarmungsschicht *f (Halbl)* surface depletion region
Oberflächenveredlung *f* surface refinement
oberflächenvergütet surface-coated
Oberflächenvergütung *f* [surface] coating, blooming
Oberflächenverlust *m* surface loss *(z. B. durch Abstrahlung)*
Oberflächenverunreinigung *f* surface contamination (impurity)
Oberflächenvorbehandlung *f* surface preparation (pretreatment)
Oberflächenwanderung *f* surface migration
Oberflächenwelle *f* surface wave
Oberflächenwellenfilter *n* surface acoustic wave filter
Oberflächenwellenleitung *f* surface-wave transmission line
Oberflächenwiderstand *m* / **spezifischer** surface resistivity
Oberflächenwirkleitwert *m* surface conductance
Oberflächenwirkwiderstand *m* surface resistance
Oberflächenzentrum *n* surface centre
Oberflächenzustand *m* surface state *(für Elektronen im Energiebändermodell)*
Oberflächenzustandsdichte *f* surface state density
Oberfunktion *f* time domain function
Obergraben *m* headrace *(Kraftwerk)*
oberhalb [gelegen] upstream *(Wasserkraftwerk)*
Oberkantegründung *f* top of footing *(Wasserkraftwerk)*
Oberlage *f* upper coil side *(einer Spule)*
Oberleitung *f* overhead line, aerial contact line; trolley wire
Oberleitungsanlage *f* overhead contact system
Oberleitungsbus *m* trolley bus
Oberleitungsdraht *m* overhead wire
Oberleitungsfahrzeug *n* trolley coach
Oberlicht *n* skylight, overhead light
Oberlichtbeleuchtung *f* sky (top, overhead) lighting
Oberschwingung *f* harmonic [oscillation] (*s. a.* Oberwelle); *(Ak)* [harmonic] overtone

charakteristische O. significant overtone
harmonische O. [higher] harmonic; *(Ak)* overtone
Oberschwingungen *fpl* / **geradzahlige** even harmonics
ungeradzahlige O. odd harmonics
Oberschwingungsfreiheit *f* freedom from harmonics
Oberschwingungsfrequenz *f* harmonic frequency; overtone frequency
Oberschwingungsgehalt *m* harmonic content, [harmonic] distortion factor
Oberschwingungsquarz *m* harmonic mode crystal, overtone crystal
Oberschwingungsstörung *f* harmonic interference
Oberseite *f* top face (side)
Oberseitenanschluß *m* face[-down] bonding, flip-chip bonding *(Verbindungstechnik integrierter Schaltungen mit dem Verdrahtungssubstrat)*
Oberseitendiffusion *f (Halbl)* top side diffusion
Oberspannung *f (Anl)* high-side voltage, upper voltage
Oberspannungsseite *f* high-voltage side
Oberstab *m (Masch)* top coil side
Oberstrich *m (Nrt)* maximum telegraphy output *(Leistung)*
Oberstrichleistung *f*, **Oberstrichwert** *m (Nrt)* peak power output
Oberteil *n* top *(z. B. eines Mastes)*
Oberton *m* overtone
Oberwasserbecken *n* headwater pond *(Kraftwerk)*
Oberwasserpegel *m* headwater level *(Kraftwerk)*
Oberwelle *f* harmonic [wave]; ripple
Oberwellen *fpl* **hoher Ordnungszahl** high harmonics
geradzahlige O. even harmonics
ungeradzahlige O. odd harmonics
Oberwellenanalyse *f* harmonic analysis
Oberwellenanhebung *f* accentuation of harmonics
Oberwellenanteil *m* harmonic content; percent ripple
Oberwellenbelastbarkeit *f (Anl)* ability to withstand overstressing by harmonics
Oberwellenerzeugung *f* harmonic generation
Oberwellenfilter *n* harmonic filter (trap)
Oberwellenfreiheit *f* freedom from harmonics
Oberwellenfrequenz *f* harmonic frequency
Oberwellenfunkentstörung *f* harmonic interference suppression
Oberwellengehalt *m* harmonic content, [harmonic] distortion factor
Oberwellengenerator *m* harmonic generator
Oberwellenleistung *f* harmonic power
Oberwellenmesser *m* distortion bridge
Oberwellenprüfung *f* harmonic test
Oberwellenquarz *m* harmonic mode crystal, overtone crystal
oberwellenreich rich in harmonics
Oberwellenrufstromgeber *m* harmonic telephone ringer
Oberwellensieb *n* harmonic filter
Oberwellenspannung *f* ripple voltage
relative O. percent ripple voltage
Oberwellensperre *f* harmonic suppressor
Oberwellenstörung *f* harmonic interference
Oberwellenstrom *m* ripple current
Oberwellenvergleich *m* harmonics comparison
Oberwellenverlust *m* harmonics loss
Oberwellenverminderung *f* suppression of harmonics
Oberwellenwandlungsübertrager *m* harmonic conversion transducer
Objektbefehl *m (Rech)* object command
Objektbeleuchtung *f* object illumination
Objektiv *n* objective; lens
Objektivfassung *f* lens mount
Objektivkalibrierung *f* lens calibration
Objektivleistung *f* lens performance
Objektivöffnung *f* lens aperture (opening)
Objektprogramm *n (Rech)* object program
Objektrechner *m* object (target) computer
Objektträger *m* [microscope] slide
OB-Klappenschrank *m (Fmt)* magneto switchboard
Obus *m* trolley bus
ODER *n* OR *(Schaltalgebra)*
ausschließendes O. exclusive OR
einschließendes O. inclusive OR
verdrahtetes O. wired OR
ODER-Element *n* OR element
ODER-Funktion *f* OR function
ODER-Gatter *n* OR gate
exklusives O. exclusive OR gate
ODER-Glied *n* OR element
ODER-NICHT-Glied *n* NOR element
ODER-NICHT-Schaltung *f* NOR circuit
ODER-Operation *f* OR operation
negierte O. NOR operation
ODER-Schaltkreis *m* OR circuit
ODER-Schaltung *f* [logical] OR circuit
ausschließende O. exclusive OR circuit
einschließende O. inclusive OR circuit
invertierte (negierte) O. NOR circuit
ODER-Tor *n* OR gate
Odometer *n* odometer
Ofen *m* furnace; oven
O. für dielektrische Erwärmung dielectric furnace
O. für kontinuierlichen Betrieb continuous furnace
O. für Kristallzüchtung crystal-growing furnace, crystal-pulling furnace

O. für Thermoelemente thermocouple oven *(Eichvorrichtung)*
O. mit Abschmelzelektrode consumable-electrode furnace
O. mit erzwungener Luftumwälzung forced-air circulation furnace
O. mit Kettenförderer [continuous] chain-conveyor type furnace
O. mit sich verzehrender Elektrode consumable-electrode furnace
O. mit verdecktem Lichtbogen submerged-arc furnace
O. zur direkten Erwärmung mit Elektroden direct electrode furnace
O. zur direkten Widerstandserwärmung direct resistance furnace
automatisch arbeitender O. automatically operated furnace
elektrischer O. electric furnace (oven)
fahrbarer O. mobile furnace
technischer O. furnace
temperaturgeregelter O. temperature-controlled furnace
Ofenanlage *f* furnace system
Ofendurchsatz *m* furnace throughput
ofengetrocknet kiln-dried
Ofenkühlsystem *n* furnace cooling system
Ofenleistung *f* furnace output
Ofenleistungsschalter *m* furnace power switch
Ofenregelung *f* furnace control
Ofenröhre *f* furnace tube *(z.B. Gasentladungsröhre)*
Ofenspule *f* furnace inductor
Ofenstromkreis *m* / **abgestimmter** tuned furnace electric circuit
Ofentemperatur *f* furnace temperature
Ofentransformator *m* furnace transformer
offen 1. open; open-type *(Gerät)*; non-protected; 2. open-ended *(Leitungsende)*; 3. uncoded *(Nachricht)*
Offenrohrdampfoxydation *f (Halbl)* open-tube steam oxidation
Offenrohrdiffusion *f (Halbl)* open-tube diffusion
Offenrohroxydation *f* / **thermische** *(Halbl)* open-tube thermal oxidation
Offenschleifenspannungsverstärkung *f* open-loop voltage gain
Off-line-Betrieb *m (Rech)* off-line operation
Off-line-Datenübertragung *f* off-line data transmission
Off-line-Speicherung *f* off-line storage
Off-line-Verarbeitung *f* off-line [data] processing
öffnen to open; to break *(z.B. Kontakte)*
einen Stromkreis ö. to open a circuit
öffnend / schnell quick-break *(z.B. Schalter)*
Öffner *m s.* Öffnungskontakt
Öffnung *f* opening, hole; aperture, orifice, vent
freie Ö. effective aperture *(z.B. eines Objektivs)*
volle Ö. maximum aperture *(z.B. der Blende)*
Öffnungsblende *f* aperture stop (diaphragm)
Öffnungsfeder *f* break spring
Öffnungsfehler *m (Licht)* spherical aberration; aperture aberration *(z.B. einer Linse)*; aperture distortion *(einer Elektronenlinse)*
Öffnungsfunke *m* break spark, spark at break
Öffnungsimpuls *m (Elk)* break pulse
Öffnungskontakt *m* normally closed contact (interlock), break-contact unit (element), break (space) contact; opening contact
Öffnungsperiode *f* opening period
Öffnungsstrom *m* opening current
Öffnungsverhältnis *n (Licht)* relative aperture; aperture ratio *(z.B. eines Objektivs)*
Öffnungsvorgang *m* opening operation
Öffnungsweg *m (App)* clearance between contacts, contact gap
Öffnungswinkel *m* beam angle (aperture, width), spread angle *(Strahl)*; angular aperture *(Objektiv)*; angle of aperture (beam) *(Antennentechnik)*
Ö. eines Radarstrahls beam (angular) width of a radar beam
Öffnungszahl *f* aperture [ratio] number, f-number *(Optik)*
Öffnungszeit *f* opening time; break time *(Kontakt)*
Offsetspannung *f* offset voltage
Offsetstrom *m* offset current
Ohm *n* ohm *(SI-Einheit des elektrischen Widerstands)*
Ohmmeter *n* ohmmeter
Ohmwert *m* ohmage
Ohne-Rückkehr-zu-Null-Aufzeichnung *f (Rech)* non-return-to-zero recording
Ohr *n* / **elektrisches** electric ear
künstliches O. artificial ear
Ohrbügel *m* ear clip *(beim Hörgerät)*
Ohreingangsimpedanz *f* / **akustische** ear acoustical impedance
ohrumfassend circumaural *(Hörerkissen)*
okkludieren to occlude
Okklusion *f* occlusion
Oktalfassung *f* octal socket
Oktalsockel *m* octal base
Oktalstecker *m* octal plug
Oktalzahl *f* octal number
Oktalzahlensystem *n* octal [number] system
Oktalziffer *f* octal digit
Oktavband *n* octave band
Oktavbandanalysator *m* octave-band analyzer

Oktavbandschalldruck *m* octave-band [sound] pressure
Oktavbandschalldruckpegel *m* octave-band [sound] pressure level
Oktave *f* octave
Oktavfilter *n* octave[-band] filter
Oktavpegel *m* octave-band pressure level
Oktode *f* octode
 O. mit Beschleunigungsgitter velogrid octode
Okular *n* eyepiece, ocular
 Huygenssches O. Huygens eyepiece
Okularblende *f* eyepiece diaphragm
Okularfilter *n* eyepiece (ocular) filter
Okularlinse *f* eyepiece lens, eyelens, eyeglass, ocular
Okularprisma *n* ocular prism, prismatic eyepiece
Ölabstreifer *m* oil slinger (scraper)
Ölabstreifring *m* oil scraper ring
Ölanlasser *m* oil[-cooled] starter
Ölatmungsvermögen *n* oil breathing capacity *(Kabel)*
Ölauffanggrube *f* oil pit
Ölausdehnungsgefäß *n* oil expansion tank
Ölausgleichsgefäß *n* oil conservator *(Ölkabel)*
Ölauslaß *m* oil outlet
Ölaustritt *m* oil leak[age]
Ölbad *n* oil bath
Ölbadheizkörper *m* oil-bath heater
Ölbehälter *m* oil pot, oil feeding reservoir; oil tank *(z. B. bei Transformatoren)*
ölbespült oil-blast
ölbeständig oil-resistant
Ölbrenner *m* oil burner
Öldämpfer oil buffer
öldicht oil-tight, oilproof
Öldichtung *f* oil seal
Öldocht *m* oil wick
Öldruck *m* oil pressure
Öldruckbremse *f* hydraulic brake
Öldrucklager *n* oil-pad bearing
Öldurchführung *f* oil-filled bushing
ölen to oil
Ölfänger *m* oil catcher
Ölfanggrube *f* oil catch basin
Ölgefäß *n* oil tank *(z. B. bei Transformatoren)*
ölgefüllt oil-filled
ölgekühlt oil-cooled
ölgetaucht oil-immersed
ölgetränkt, ölimprägniert oil-impregnated
Ölkabel *n* oil-filled [pipe] cable
Ölkabelendverschluß *m* oil cable head
Ölkesselschalter *m* dead-tank oil circuit breaker
Ölkondensator *m* oil-filled capacitor, oil dielectric capacitor
Ölkühler *m* oil cooler
Ölleckverlust *m* oil leakage
Ölleitung *f* oil line *(in hydraulischen Einrichtungen)*
Ölnut *f* oil groove
Ölpapier *n* oiled (oil) paper
Ölring *m* oil (oiling) ring
Ölringführung *f* oil ring guide
Ölringlager *n* oil ring bearing
Ölschalter *m* oil[-break] switch, oil circuit breaker; dead-tank oil circuit breaker
Ölschalteranschluß *m* oil switch connection
Ölschütz *n* oil contactor
Ölseide *f* oiled silk
Ölsicherung *f* oil-break fuse
Ölstand *m* oil level
Ölstandanzeiger *m* oil level gauge (indicator)
Ölstrahlschalter *m* orthojector circuit breaker
Ölströmungsschalter *m* oil-blast circuit breaker
Ölstutzen *m* oil cup
Öltransformator *m* oil-immersed transformer, oil[-filled] transformer
Öltrennschalter *m* oil-break switch
Ölumlaufkühlung *f* forced oil cooling
Ölumlaufschmierung *f* oil-circulating lubrication
Ölversorgung *f* oil supply
Ölvorwärmer *m* oil preheater
Ölzufuhr *f* oil supply
ON *s.* Ortsnetz
Ondograf *m* ondograph
Ondoskop *n* ondoscope
On-line-Datenübertragung *f* on-line data transmission
On-line-Datenverarbeitung *f* on-line data processing
On-line-Einheit *f* on-line equipment
On-line-Messung *f* on-line measurement
On-line-System *n* on-line system
On-line-Verarbeitung *f* on-line [data] processing
opak opaque
Opaleszenz *f* opalescence
Opalglas *n* opal glass
opalisieren to opalesce
opalisierend opalescent
Opallampe *f* opal lamp
Opazität *f* opacity
Operand *m (Rech)* operand
 logischer O. logical operand
Operandenadresse *f (Rech)* operand address
Operandenkanal *m (Rech)* operand channel
Operandenregister *n (Rech)* operand register
Operation *f* operation
 O. einer Taktzeit single-shot operation
 arithmetische O. arithmetic operation
 Boolesche O. Boolean operation

logische O. logical operation
symbolische O. symbolic operation
zweifelhafte O. doubtful operation
Operationsbefehl *m (Rech)* operation instruction (command)
Operationsfolge *f (Rech)* operational sequence
Operationsforschung *f* operations (operational) research
Operationsgeschwindigkeit *f (Rech)* operation (operating) speed
Operationskode *m (Rech)* operation (function) code
Operationsleuchte *f* operating lighting unit
Operationsperiode *f (Rech)* operation cycle
Operationspfad *m* operation path *(Schaltungstechnik)*
Operationsregister *n (Rech)* operation register
Operationsschema *n* operational chart *(Programmierung)*
Operationsspeicher *m* working memory
O. mit wahlfreiem Zugriff random-access memory, RAM
Operationsverstärker *m* operational amplifier
O. mit Verzögerungsglied *(Syst)* delay amplifier
freier O. uncommitted amplifier *(bei Analogrechnern)*
Operationszeit *f* operation time, [instruction] execution time
Operationszyklus *m* operation cycle
Operator *m* operator *(Mathematik)*
adjungierter O. adjoining operator
Boolescher O. Boolean operator
Hamiltonscher O. Hamilton operator
hermitescher O. Hermitian operator
Laplacescher O. Laplacian, Laplace [differential] operator
Operatorenrechnung *f* operational calculus
Heavisidesche O. Heaviside operational calculus
Operatorverstärker *m* operator amplifier
Optik *f* / **geometrische** geometrical (ray) optics
nichtlineare O. non-linear optics
Optimalbedingungen *fpl* optimum conditions
Optimalbetrieb *m* optimum operation
Optimalfilter *n* optimum filter
Optimalitätskriterium *n* optimality (optimal) criterion *(für die Regelgüte)*
Optimalitätsprinzip *n (Syst)* optimality principle
Optimalprogramm *n* optimal (optimally coded) program
Optimalregelung *f (Syst)* optimum control
Optimalwert *m* optimum value
Optimalwertregelung *f (Syst)* optimum value control, optimizing control
Optimalwertregler *m (Syst)* optimizing controller
optimieren to optimize
Optimierung *f (Syst)* optimization
parametrische O. parametric optimization
statische O. static optimization
Optimierungsbedingungen *fpl* optimization conditions
Optimierungseinrichtung *f* optimizer
Optimierungskriterium *n* optimization criterion
Optimierungsproblem *n* optimization problem
Optimierungsregel *f* optimization rule
Optimisator *m* optimizer, optimum value circuit
Optimum *n* optimum
asymptotisches O. asymptotic optimum
optisch-elektronisch opto-electronic, optical-electronic
Optoelektronik *f* opto-electronics
optoelektronisch opto-electronic
Optokoppler *m* opto-electronic [signal] coupler, optical coupler
Optotransistor *m* optical transistor, optotransistor
Optronik *f s.* Optoelektronik
Ordinatenachse *f* Y-axis, ordinate axis
Ordnung *f* order
nullte O. zeroth order
Ordnungszahl *f* **der Harmonischen** harmonic number, order of harmonics
Organ *n (Meß)* organ, element
aperiodisch gedämpftes O. aperiodic element
astatisches O. astatic element
bewegliches O. moving element
gedämpft schwingendes O. damped periodic element
Organisationsprogramm *n (Rech)* monitor program (routine), executive (steering) program
Orientierbarkeit *f* orientability
orientieren to orient[ate]
Orientierung *f* orientation *(Kristallografie)*; alignment
bevorzugte O. preferred (privileged) orientation *(Kristall)*
nichtbevorzugte (regellose) O. random orientation
Orientierungsdreieck *n* orientation triangle
Orientierungsordnung *f* orientation ordering
Orientierungsverfahren *n* survey method *(Verfahren geringer Genauigkeit)*
Orientierungswinkel *m* orientation angle
Originaladresse *f* original address *(Speicher)*
Originalaufnahme *f* direct pick-up *(Schallplatte)*
Originalbereich *m* time domain (function range) *(der Laplace-Transformation)*

Originalfarbe *f* original perceived colour.
Originalfernsehaufnahme *f* direct pick-up
Originalmuster *n* master pattern
Originalsendung *f* live broadcast
Originalvorlage *f* master pattern
Originalzeichnung *f* master drawing
Ort *m* locus, position, location
gefährdeter O. hazardous location
geometrischer O. [geometrical] locus
orten 1. to locate, to position; 2. to track
einen Fehler o. to locate a fault (trouble)
Orthikon *n* orthicon [tube] *(speichernde Bildaufnahmeröhre)*
orthochromatisch orthochromatic
orthogonal orthogonal
Orthogonalitätsbeziehung *f* orthogonality relation
orthonormal, orthonormiert orthonormal
Orthozustand *m* ortho state
ortsabhängig locus-dependent, space-depending
Ortsamt *n (Fmt)* local (minor) exchange
kleines automatisches O. community automatic exchange, CAX
Ortsamtsgruppenwähler *m (Fmt)* local exchange group selector
Ortsbatterie *f (Fmt)* local battery, LB
Ortsbatterieamt *n (Fmt)* local battery exchange
Ortsbatterieapparat *m* local battery telephone set
Ortsbatteriebetrieb *m (Fmt)* local battery working
ortsbesetzt *(Fmt)* locally busy, engaged in local call
Ortsbestimmung *f* localization; position determination
Ortsdienstleitung *f (Fmt)* local order wire
Ortsempfänger *m (Fmt)* local receiver
Ortsfaktor *m* location parameter
Ortsfernleitungswähler *m (Fmt)* long-distance and local connector
Ortsfernsprechnetz *n (Fmt)* local exchange area
Ortsfernsprechverkehr *m* local telephone traffic
Ortsgespräch *n (Fmt)* local call
Ortsgruppenumschalter *m (Fmt)* local group switch
Ortskabel *n (Fmt)* local cable
Ortskennzahl *f (Fmt)* network selection code, trunk code
Ortsknotenvermittlung *f (Fmt)* local junction exchange
Ortskurve *f* locus [diagram]; *(Reg)* circle diagram
O. des Frequenzgangs transfer locus, harmonic response diagram
O. des Leitwerts conductance locus diagram
O. des Widerstands resistance locus diagram
negative O. negative locus [diagram]
Ortskurvenanalyse *f* root-locus analysis
Ortskurvendiagramm *n* locus diagram
Ortsleitung *f (Fmt)* local line
Ortsnetz *n* 1. *(Fmt)* local exchange (telephone) network, local network; local [telephone] area *(Bereich)*; 2. *(Eüb)* urban network, local [distribution] system
O. mit einer Vermittlungsstelle single-exchange network
O. mit mehreren Vermittlungsstellen multi-exchange network
Ortsnetzbereich *m (Fmt)* local telephone area, local [exchange] area
Ortsnetzkennzahl *f (Fmt)* area code *(Selbstwählfernverkehr)*
Ortsnetzstation *f* substation *(Umspannstation)*
Ortsnetztransformator *m* substation transformer
Ortsnetzübersicht *f (Fmt)* local plant diagram
Ortssender *m (Nrt)* local (short-distance) transmitter
Ortsteilnehmer *m (Fmt)* local subscriber
Ortsvektor *m* radius vector
ortsveränderlich mobile, non-stationary; portable
Ortsverbindung *f (Fmt)* local connection
Ortsverbindungskabel *n (Fmt)* local junction cable
Ortsverbindungsleitung *f (Fmt)* local junction line (circuit)
Ortsverbindungsnetz *n (Fmt)* local junction network
Ortsverkehr *m (Fmt)* local communication (traffic)
Ortsverlängerungsleitung *f (Fmt)* local extension circuit
Ortsvermittlungsstelle *f (Fmt)* local exchange
Ortszeiger *m* position vector
Ortung *f (FO)* location; position (direction) finding
Ortungsbake *f (FO)* localizer transmitter
Ortungsfunkdienst *m* radio determination service
Ortungsgerät *n (FO)* location (position) finder
akustisches O. acoustic detector (detecting apparatus), aural detector, auditory direction finder
Ortungssystem *n (FO)* tracking system
Öse *f* eyelet, lug, ear
Ösenbolzen *m* eye bolt
Osmiumlampe *f* osmium lamp
Osmiumwendel *f* osmium filament
Ostwald-System *n* Ostwald [colour] system
Oszillation *f* oscillation
Oszillator *m* oscillator

durchstimmbarer O. variable-frequency oscillator
elektronengekoppelter O. electron-coupled oscillator
freischwingender O. ringing oscillator
geschwindigkeitsmodulierter O. velocity-modulated oscillator
harmonischer O. harmonic oscillator
phasengekoppelter (phasenstarrer) O. phase-locked oscillator
quarzgeeichter O. crystal-calibrated oscillator
quarzgesteuerter O. crystal-controlled oscillator
quarzstabilisierter O. crystal-stabilized oscillator
selbsterregter O. self-excited oscillator
spannungsgesteuerter O. voltage-controlled oscillator
verzerrungsarmer O. low-distortion oscillator
Oszillatorabgleich *m* oscillator alignment
Oszillatordrift *f* oscillator drift
Oszillatoren *mpl* / **gekoppelte** coupled oscillators
Oszillatorfrequenz *f* oscillator frequency
Oszillatorgegenkopplung *f* oscillator feedback
Oszillatorklystron *n* oscillating klystron
Oszillatorröhre *f* oscillator valve
Oszillatorschaltung *f* oscillator circuit
Oszillatorserienkondensator *m* oscillator padder
Oszillatorspule *f* oscillator coil
Oszillatorstärke *f* oscillator strength
Oszillatorstufe *f* oscillator stage
Oszillatorsynchronisation *f* oscillator synchronization
Oszillatortransistor *m* oscillator transistor
oszillieren to oscillate
mit der gleichen Frequenz o. to oscillate in the same frequency
oszillierend oscillatory
Oszillistor *m* oscillistor *(Halbleiterbauelement)*
Oszillograf *m* oscillograph, cathode-ray oscillograph
O. mit Kalziumwolframatleuchtschirm blue-glow oscillograph
O. zum Aufzeichnen von Einschwingvorgängen transient recording oscillograph
elektromagnetischer O. electromagnetic oscillograph
Oszillografenröhre *f* cathode-ray tube, oscillograph tube
Oszillografenschirm *m* oscillograph screen
Oszillogramm *n* oscillogram
Oszilloskop *n* oscilloscope, cathode-ray oscilloscope, scope
O. mit automatischer Bildeinstellung no-hands oscilloscope
lang nachleuchtendes O. long-persistence oscilloscope
Oszilloskopschirm *m s.* Oszillografenschirm
Output *m* output
Outputmeter *n* output meter
Ovalgitter *n* oval grid
Ovalkatode *f* oval cathode
Ovaltaster *m* oval control push button
OVL *s.* Ortsverbindungsleitung
Owen-Meßbrücke *f* Owen bridge *(Induktivitätsmessung)*
Oxidausschnitt *m (Halbl)* oxide cut[-out]
oxidbedeckt oxide-covered
Oxidbildung *f* oxide formation
Oxiddicke *f* oxide thickness
Oxideinfangzentrum *n (Halbl)* oxide trap
Oxidelektrode *f* oxide electrode
Oxidentfernung *f* oxide removal
Oxiderzeugung *f (Halbl)* oxide growth
Oxidfangstelle *f (Halbl)* oxide trap
Oxidfenster *n (Halbl)* oxide window, oxide cut[-out]
Oxidfilm *m* oxide film
oxidfrei oxide-free
Oxidisolation *f (Halbl)* oxide isolation
Oxidkapazität *f (Halbl)* oxide capacitance
Oxidkatode *f* oxide[-coated] cathode
Oxidkeramik *f* oxide ceramics, oxide-ceramic products
Oxidladung *f (Halbl)* oxide charge
Oxidleitung *f (Halbl)* oxide conduction
Oxidmaskierung *f (Halbl)* oxide masking
Oxidnetzwerk *n (Halbl)* oxide network
oxidpassiviert oxide-passivated
Oxidpassivierungsschicht *f* oxide passivation layer
Oxidpolarisationsstrom *m (Halbl)* oxide polarization current
Oxidpolarisierung *f (Halbl)* oxide polarization
Oxidschicht *f* oxide layer (film); oxide coating *(Überzug)*
anodisch erzeugte O. anodized [oxide] layer
Oxidschichtbildung *f* formation of an oxide layer
Oxidschichtkapazität *f (Halbl)* oxide capacitance
Oxid-Silizium-Grenzfläche *f (Halbl)* oxide-silicon interface
oxidüberzogen oxide-coated
Oxidüberzug *m* oxide coating *(z. B. auf Metallen)*
Oxidwachstum *n (Halbl)* oxide growth
Oxidwiederherstellung *f (Halbl)* oxide regrowth
Oxyarc-Brennschneiden *n* oxy-arc cutting, arc-oxygen cutting
Oxyarc-Elektrode *f* oxy-arc cutting electrode

Oxydation *f* / **anodische** anodic (electrolytic) oxidation, anodization
elektrochemische (elektrolytische) O. *s.* Oxydation / anodische
thermische O. thermal oxidation
Oxydationsanlage *f* / **induktive** inductive oxidation plant
Oxydationsbehandlung *f* oxidizing treatment
Oxydationsbereich *m* oxidation range
oxydationsbeständig oxidation-resistant
Oxydationsbeständigkeit *f* oxidation resistance (stability)
Oxydationsfilm *m* oxidation film
Oxydationsgeschwindigkeit *f* oxidation rate
Oxydationsmittel *n* oxidizing agent (substance)
Oxydationspotential *n* oxidation potential
Oxydations-Reduktions-Elektrode *f* oxidation-reduction electrode
Oxydations-Reduktions-Potential *n* oxidation-reduction potential
Oxydationsschicht *f* oxidation layer (film)
Oxydationsverfahren *n* oxidation process
Oxydationsvorgang *m* oxidation process
oxydierbar oxidizable
oxydieren to oxidize
anodisch o. to anodize
Oxydoreduktion *f* oxidation-reduction, redox reaction
Ozon *n* ozone
Ozonerzeuger *m*, **Ozonisator** *m* ozonizer, ozone generator
ozonisieren to ozonize
Ozonmesser *m* ozonometer
Ozonröhre *f* ozone tube
Ozonstrahler *m* air purifier ozone lamp
Ozonwiderstand *m* ozone resistance
O-Zustand *m* O-state, zero-state *(binärer Schaltkreis)*

P

Paarbildung *f* pair production (formation, generation); pairing
paaren to pair; to match *(z. B. Dioden)*
paarig paired, in pairs
Paarumwandlung *f* pair conversion
Paarung *f s.* Paarbildung
Paarvergleich *m* pair comparison test
Paarvernichtung *f* pair annihilation *(z. B. durch Rekombination)*
paarweise paired, in pairs
P-Abweichung *f (Syst)* proportional offset (*s. a.* Proportionalabweichung)
Packung *f* 1. packing, package *(z. B. von Kristallen, Bauteilen)*; 2. packing piece *(Dichtung)*
P. hoher Dichte high-density packaging *(Bauteile)*
dichteste P. closest (close) packing *(Kristall)*
Packungsdichte *f* packing density *(z. B. Speicher)*; packaging density *(Mikroelektronik)*
Packungsmaterial *n* packing material
Packungstechnik *f* packaging technique *(Mikroelektronik)*
Packungsverlustleistung *f* package dissipation
Padding-Reihenkondensator *m* oscillator padder
Paket *n* package *(z. B. Teil eines Blechpakets zwischen zwei Luftschlitzen)*
Paketnockenschalter *m* multisection (built-up) rotary switch, packet cam-operated switch
Paketschalter *m* cam disk switch, gang switch
Paketvermittlung *f* packet switching *(z. B. in Rechnernetzen)*
PAL *Abk. für* phase-alternation lines
PAL-Verfahren *n (Ferns)* PAL-technique, PAL-method
PAM *s.* Pulsamplitudenmodulation
Panoramadarstellung *f* panoramic display
Panoramaempfänger *m* panoramic receiver
Panoramagerät *n* panorama [radar] device
Panoramasichtgerät *n* panorama scope
Panzergalvanometer *n* shielded galvanometer
Panzerkabel *n* armoured (shielded) cable
Panzerrohrkabel *n* pipe-type cable
Panzerung *f* armour *(von Kabeln)*
Papier *n* / **leitendes** conductive paper
metallisiertes P. metallized paper
paraffiniertes P. paraffined paper
wachsbeschichtetes P. waxed (wax-coated) paper
Papierabschlußkabel *n* tight-core cable
Papierantrieb *m* paper drive *(Registrierstreifen)*
Papierband *n* paper tape
Papierbaumwollkabel *n* paper-cotton-covered cable
P. mit Bleimantel paper-cotton-covered cable with lead covering
Papierelektrophorese *f* paper electrophoresis
Papierführung *f* paper guide
Papierfutterbauweise *f* paper-lined construction *(Batterie)*
Papiergeschwindigkeit *f* paper [feed] speed *(Registrierstreifen)*
Papierhohlkernkabel *n* air-core cable
Papierhohlraumkabel *n* air-space paper-core cable, aspc cable
Papierkabel *n* paper[-insulated] cable
Papierkondensator *m* [fixed-]paper capacitor
Papierkopie *f (Rech)* hard copy

Papierluftraumisolierung *f* air-space paper insulation *(Kabel)*
Papierluftraumkabel *n* air-core cable, dry core cable
Papierrohrkondensator *m* paper tubular capacitor
Papierscheiderbauweise *f* paper-lined construction *(Batterie)*
Papierstreifen *m* paper strip; paper tape
Papiertransport *m* paper transport
Papiervorschub *m* paper feed; tape feed
Papiervorschubfinger *m* paper-feeding cam
Papiervorschubwerk *n* paper feed mechanism
Papierzwischenschicht *f* paper interleaf
Pappe *f* cardboard, [paper]board
geharzte P. blank moulding *(Isoliermaterial)*
Parabel *f* parabola, parabolic curve
kritische P. cut-off parabola *(eines Magnetrons)*
Parabolantenne *f* parabolic [reflector] aerial
Parabolhornstrahler *m* parabolic horn (feeder) *(zur Mikrowellenerwärmung)*
Parabolreflektor *m* parabolic (paraboloidal) reflector
Parabolspiegel *m* parabolic (paraboloid) mirror
Parabolspiegellampe *f* parabolic mirror lamp
Paraffin *n* paraffin [wax]
chloriertes P. chlorinated paraffin
paraffiniert paraffined, paraffin-coated
Paraffinpapier *n* paraffined (wax) paper
Parallaxe *f* parallax
Parallaxenausgleich *m* parallax compensation (correction)
Parallaxenfehler *m* parallax error
parallaxenfrei parallax-free
Parallaxenwinkel *m* parallactic angle
Parallelabtastung *f* parallel scanning
Paralleladdierer *m (Rech)* parallel adder
Paralleladdition *f (Rech)* parallel addition
Parallelanschluß *m* parallel connection
Parallelarbeit *f (Rech)* parallel (concurrent) operation; time-shared operation *(Multiplextechnik)*
Parallelausgang *m (Rech)* parallel output
entschlüsselter P. decoded parallel output
Parallelbetrieb *m* parallel (concurrent) operation, operation in parallel
Parallelbewegung *f* parallel motion
Paralleldigitalrechner *m* parallel digital computer
Paralleldrahtleitung *f* parallel wire (conductor) line, Lecher (double) line; twin lead (feeder)
Paralleldrahtspeiseleitung *f* balanced feeder
Paralleldrossel *f* shunt reactor
Paralleldrucker *m* line printer
Parallele *f* parallel
Paralleleingabe *f (Rech)* parallel input
Paralleleinspeisung *f* shunt feed
Parallelentzerrer *m* parallel equalizer
Parallelentzerrung *f* parallel equalization
Parallelfiltermethode *f* parallel-filter method *(Sprachanalyse)*
Parallelfluß *m* parallel flow
Parallelfugenschweißen *n* parallel gap welding
Parallelfunkenstrecke *f* parallel discharger (spark gap)
parallelgeschaltet parallel-connected
Parallelimpedanz *f* shunt (leak) impedance
Parallelinduktivität *f* shunt inductor
Parallelkapazität *f* shunt capacitance
Parallelklinkenstreifen *m* bunching strip
Parallelkompensation *f* shunt compensation *(durch Querdrosseln)*
Parallelkondensator *m* parallel capacitor
Parallelkreis *m* parallel (shunt) circuit
Parallellauf *m* / **idealer** ideal parallel[l]ing
Parallelplattenelektroden *fpl* parallel plate electrodes
Parallelplattenkondensator *m* parallel plate capacitor
Parallelprogrammierung *f (Rech)* parallel programming
Parallelprojektion *f* parallel projection
Parallelrecheneinheit *f* parallel arithmetic unit
Parallelregler *m* parallel run controller
Parallelreihenschaltung *f* parallel-series connection
Parallelresonanz *f* parallel [phase] resonance, antiresonance
Parallelresonanzfrequenz *f* parallel [phase] resonance frequency
Parallelresonanzkreis *m* parallel resonant (resonance) circuit, antiresonant circuit, branched resonant circuit; tank circuit *(Anodenschwingkreis)*
parallelschalten to connect in parallel, to parallel, to shunt; to synchronize and close *(Synchronmaschine)*
Parallelschalter *m* parallel switch
Parallelschaltung *f* parallel (shunt) connection, shunting, parallel[l]ing; parallel grouping *(z. B. von Motorengruppen)*
● **in P.** in parallel; in bridge
Parallelschwingkreis *m* parallel resonant circuit (*s. a.* Parallelresonanzkreis)
Parallelserienschaltung *f* parallel-series connection
Parallel-Serien-Umsetzer *m*, **Parallel-Serien-Wandler** *m* parallel-to-serial converter, dynamicizer
Parallelspeicher *m* parallel memory (store)
Parallelspeicherung *f* parallel storage
Parallelspeisung *f* shunt feed

Parallelspursystem *n* parallel-track system
Parallelstrahl *m* parallel beam
Parallelstrahlenbündel *n* pencil of parallel rays, parallel bundle of rays
Parallelstromkreis *m* parallel (shunt) circuit
Parallel-T-Glied *n s.* Parallelverzweiger
Parallel-T-Oszillator *m* parallel-T oscillator
Paralleltransduktor *m* parallel transductor
Parallelübertrag *m (Rech)* carry lookahead
Parallelübertragung *f* parallel transmission
Parallelverarbeitung *f (Rech)* parallel processing
Parallelverzweiger *m* shunt-T [junction] *(beim Wellenleiter)*
Parallelvielfachklinke *f* branching jack
Parallelwicklung *f* parallel (shunt) winding
  mehrgängige P. multiple parallel winding
Parallelwiderstand *m* 1. parallel (shunt) resistance; 2. bleeder resistor
Parallelzuführung *f* parallel feeder
Paramagnetikum *n* paramagnetic [material]
paramagnetisch paramagnetic
Paramagnetismus *m* paramagnetism
Parameter *m* parameter
  dimensionsloser P. non-dimensional parameter
  freier P. arbitrary parameter
  kinetischer P. kinetic parameter
  konzentrierter P. lumped parameter
  optimaler P. optimal parameter
  verallgemeinerter P. generalized parameter
  vorgegebener P. preset parameter
Parameter *mpl* / **verteilte** distributed parameters
Parameterdarstellung *f* parametric representation
Parameterdrift *f* parameter drift
Parameterempfindlichkeit *f* parameter sensitivity
Parameterfestlegung *f* parameter setting
Parametergebiet *n* parameter region
Parametergleichung *f* parametric equation
Parameterkonverter *m* parametric converter
Parameteroptimierung *f* parameter optimization
Parameterraum *m* parametric space
Parametersatz *m* set of parameters
Parameterstreuung *f* parameter scattering
Parametervariation *f* parameter variation
Parameterverstärker *m* parametric amplifier
parametrisch parametric
Parametron *n* parametron *(parametrischer Verstärker)*
Parametronlogikschaltung *f* parametron logic circuit
Parametronrechner *m* parametron computer
Parasit *m* parasitic *(parasitäres Element)*
parasitär parasitic
Pardune *f* guy wire
Pardunenisolator *m* guy insulator
Paritätsänderung *f* parity change
Paritätsbit *n* parity bit
Paritätskontrolle *f (Rech)* parity check, odd-even check
  geradzahlige P. even parity check
  horizontale P. horizontal parity check
  ungeradzahlige P. odd parity check
  vertikale P. vertical (lateral) parity check
Paritätsprüfung *f (Rech)* parity check, odd-even check
Paritätsziffer *f* parity digit
Parkflächenbeleuchtung *f* parking area lighting
Parkleuchte *f* parking lamp
Parklicht *n* parking light
Partialbruchzerlegung *f* partial-fraction expansion, decomposition into partial fractions
Partialschwingung *f* partial oscillation (vibration)
Partialstrom *m* half-current, partial current
Partialwelle *f* partial wave, subwave
Partikelstrahlung *f* particle (corpuscular) radiation
Partyline-System *n (Rech)* Partyline system
Paschen-Bolometer *n* Paschen bolometer
passen to fit
Paßfeder *f* adjusting spring
passieren to pass [through]; to traverse
Passivator *m s.* Passivierungsmittel
Passivbereich *m* passive region
Passivfilm *m s.* Passivschicht
passivieren to passivate
Passivierung *f* passivation
  anodische P. anodic passivation
  chemische P. chemical passivation
Passivierungsmittel *n* passivating agent, passivator
Passivierungspotential *n (Chem)* passivation potential
Passivierungsstromdichte *f (Chem)* passivation current density
  minimale P. minimum current density for passivation
Passivierungszeit *f* passivation time
Passivität *f* passivity
  chemische P. chemical passivity
  mechanische P. mechanical passivity
Passivitätsbereich *m* passivity region
Passivschicht *f* passive film (layer), passivating film
  porenfreie P. non-porous passive layer
Passivzustand *m* passive state
Paßstift *m* set (alignment) pin
Paßteil *n* adapter, mating (fitting) part
Pastekatode *f* paste cathode, pasted filament

Pasteplatte *f* / **gesinterte** pasted sintered plate
pastieren to paste *(Akkumulator)*
Paternosterofen *m* / **widerstandsbeheizter** resistance-heated paternoster furnace
Patrize *f (Galv)* negative matrix
Patrone *f* cartridge
Patronenheizkörper *m* cartridge-type heater
Patronensicherung *f* cartridge (enclosed) fuse
Pauling-Stickstoffofen *m* Pauling furnace
Pauli-Prinzip *n* Pauli exclusion principle
Pauschalgebührenanschluß *m (Fmt)* flat-rate subscription
Pauschalgebührensystem *n (Fmt)* flat-rate system
Pauschaltarif *m* flat-rate tariff, fixed charge tariff
Pauschalzählung *f (Fmt)* flat-rate metering
Pause *f* interval, break, off time
spannungslose P. dead time interval
Pausenfehler *m* interval error
Pausenkode *m (Nrt)* space code
Pausenkodierung *f (Nrt)* space (gap) coding
Pausenschalter *m* pause selector (switch) *(Plattenwechsler)*
Pausenzeichen *n* interval (station break) signal, station identification *(Rundfunk)*
P-Bereich *m s.* Proportionalbereich
PCM *Abk. für* pulse-code modulation
PCM-Kanal *m* pulse-code modulation channel
PCM-Multiplexsystem *n* PCM multiplex system
PCM-Übertragungslinie *f* PCM transmission line
PCM-Zeitmultiplexsystem *n* PCM time multiplex system
PCM-Zeitvielfachsystem *n* PCM time multiplex system
PD-... *s.* Proportional-Differential-...
PEARL *Abk. für* process and experiment automation real-time language
Pedal *n* pedal
Pedalschalter *m* foot switch
Pegel *m* level
P. des Gleichlaufimpulses synchronizing signal level
P. in einem Frequenzband band level
absoluter P. absolute level
relativer P. relative level
relativer P. Null zero relative level point
unveränderter P. unaffected level
Pegelabnahme *f* **je Zeiteinheit** rate of [level] decay
Pegeländerung *f* level change
Pegelanstieg *m* [available] gain *(Antennengewinn)*
Pegelanzeige *f* level indication
Pegelanzeiger *m* transmission level indicator
Pegelausgleich *m* equalization of levels
Pegelband *n* level band
Pegelbereich *m* level range
Pegelbereichsschalter *m* level range switch
Pegelbildempfänger *m* level tracing receiver
Pegelbildgerät *n* [frequency] response tracer
Pegeldämpfung *f (Ak)* volume loss
Pegeldiagramm *n* level diagram
Pegeldifferenz *f* level difference
Pegeleinregelung *f* level adjustment
Pegeleinstellung *f* levelling, level control
Pegelempfänger *m* pilot receiver
Pegelfunkenstrecke *f* protector gap *(an einer Durchführung)*
Pegelgeber *m* level generator (oscillator)
pegelgesteuert level-controlled
Pegelhaltediode *f* clamping diode
Pegelhäufigkeitsanalyse *f* statistical [level] distribution analysis
Pegelklassiergerät *n* statistical [level] distribution analyzer
Pegelklassierung *f* statistical [level] distribution analysis
Pegelkompensator *m* level compensator
Pegelmesser *m (Nrt)* level-measuring set, [transmission] level indicator, level (decibel) meter; logarithmic output meter *(am Ausgang)*
Pegelmeßgerät *n s.* Pegelmesser
Pegelmessung *f* level measurement
Pegelminderung *f* level reduction; *(Ak)* insertion loss *(Einrichtung)*
Pegelregelung *f* level control (adjustment); *(Ak)* volume control
automatische P. automatic level control
verzögerte automatische P. *(Ak)* delayed automatic volume control
Pegelregler *m* level controller; *(Ak)* volume controller
Pegelschreiber *m* level recorder
Pegelschrieb *m* [graphic] level record
Pegelschwankung *f* / **plötzliche** sudden variation of level
zeitabhängige P. variation of level with time, time-dependent level variation
Pegelsender *m* level generator (oscillator, transmitter)
Pegelsollwert *m* nominal level
Pegelspannung *f (Nrt)* level voltage
Pegelstabilität *f* level stability
Pegelstatistikgerät *n* statistical processor, noise level analyzer
Pegelüberwachung *f* level monitoring
Pegelumsetzung *f* level conversion
Pegelverschiebung *f* level shift
Peilablesung *f (FO)* observed bearing
Peilabschnitt *m (FO)* sector

Peilabweichungsanzeigegerät *n (FO)* bearing deviation indicator
Peilacht *f (FO)* figure-eight diagram, cosine diagram
Peilanlage *f (FO)* direction-finding system
Peilantenne *f (FO)* direction-finding aerial
Peilbereich *m (FO)* detection range
Peilempfänger *m (FO)* direction finder
peilen *(FO)* to take a bearing, to find a direction
Peilen *n (FO)* direction finding
Peiler *m (FO)* direction finder (*s.a. unter* Peilgerät)
P. mit selbsttätiger Ablesung direction finder with automatic read-out
automatischer P. automatic direction finder, ADF; radio magnetic indicator, RMI
umlaufender P. rotating direction finder
Peilernetz *n (FO)* direction-finder network
Peilfehler *m (FO)* direction-finding error, error in bearing
P. durch Ionosphärenübertragung ionospheric[-path] error
Peilfunkempfänger *m* direction-finding receiver
Peilgenauigkeit *f (FO)* accuracy of bearing
Peilgerät *n (FO)* direction finder, direction-finding set
P. mit Festrahmenantenne fixed-loop direction finder
akustisches P. acoustic direction finder
automatisches P. automatic direction finder, ADF
Peilinformation *f (FO)* bearing information
Peilkorrektur *f s.* Peilungskorrektur
Peillinie *f (FO)* bearing line
Peilmaximum *n (FO)* position of maximum signal
Peilminimum *n (FO)* position of minimum signal
Peilrahmen *m (FO)* direction-finding loop
Peilrose *f* azimuth dial
Peilschärfe *f (FO)* precision of bearing
Peilschwankung *f (FO)* bearing fluctuation
Peilseite *f (FO)* bearing sense
Peilsender *m (FO)* direction-finding transmitter
Peilsignal *n (FO)* direction-finder signal
Peilstörungen *fpl (FO)* direction-finding disturbances
Peilstrahl *m (FO)* bearing ray, beam
Peilung *f (FO)* bearing, direction finding, DF
P. mit Horchgerät auditory direction finding
akustische P. acoustic direction finding
entgegengesetzte P. reciprocal bearing
magnetische P. magnetic bearing
mißweisende P. aberrational (magnetic) bearing
rechtweisende P. true [compass] bearing
unmittelbare P. direct bearing
wahre P. *s.* rechtweisende P.
Peilungsanzeiger *m (FO)* bearing indicator
Peilungskorrektur *f* bearing (direction-finding) correction
Peilungsmeßlinie *f* bearing measuring line
Peilverfahren *n* / **aktives** *(FO)* active bearing method
Peilwertberichtigung *f s.* Peilungskorrektur
Peirce-Funktion *f* Peirce function *(Schaltlogik)*
Peitschenantenne *f* whip aerial
Peitschenausleger *m* upsweep (davit) arm
Peitschenmast *m* upsweep (davit) arm column
doppelseitiger P. twin-bracket davit arm column
Peltier-Effekt *m* Peltier effect *(thermoelektrischer Effekt)*
Peltier-Element *n (Halbl)* Peltier element
Peltier-Koeffizient *m* Peltier coefficient
Peltier-Kühlung *f* Peltier cooling
Peltier-Wärme *f* Peltier heat
Peltier-Zelle *f* Peltier cell *(Energieumwandler)*
Pelton-Turbine *f* Pelton wheel (turbine)
Pendelangleichungsverfahren *n* method of tracking *(Lautheitsmessung)*
Pendelaufhängung *f* pendulum suspension
Pendelausschlag *m* pendulum swing
Pendelbeschleunigungsmesser *m* pendulous accelerometer
Pendelbewegung *f* pendulum motion (movement)
Pendelfehler *m (Syst)* hunting loss *(bei Optimierung)*
Pendelfrequenz *f* quench[ing] frequency
Pendelfrequenzerzeuger *m* quench generator
Pendelgenerator *m* electric dynamometer *(Belastungsgenerator)*
Pendelgleichrichter *m* vibrating[-reed] rectifier
Pendelkontakt *m* pendulum contact
Pendelkugellager *n* self-aligning ball bearing
Pendelleuchte *f* pendant [lighting] fitting, pendulum fitting
Pendelmagnetometer *n* pendulum magnetometer
pendeln to swing; to oscillate; to hunt
pendelnd pendulous
Pendeloszillator *m (Ferns)* squegging oscillator, squegger; *(Nrt)* quenching oscillator
Pendelperiode *f (Syst)* hunting period *(bei Optimierung)*
Pendelregler *m* pendulum governor
Pendelrollenlager *n* spherical roller bearing, self-aligning ball bearing
Pendelrückkopplung *f* superregeneration

Pendelrückkopplungsaudion *n* superregenerative detector
P. mit selbsterzeugter Pendelfrequenz self-quenched detector
Pendelrückkopplungsempfang *m* superregenerative reception
Pendelrückkopplungsempfänger *m* superregenerative (quench, self-heterodyne) receiver, superregenerator
Pendelrückkopplungsfrequenz *f* quenching frequency
Pendelrückkopplungsschaltung *f* superregenerative circuit
Pendelrückkopplungsverstärker *m* superregenerative amplifier
Pendelschnur *f* pendant [cord], flexible cord *(für Leuchten)*
Pendelschutz *m* out-of-step protection
Pendelschwingung *f* pendulum motion *(mechanisch)*; hunting oscillation *(im Regelkreis)*
Pendelsperre *f* surge guard *(Schutzrelais)*
Pendelung *f* oscillation; hunting, cycling [movement]
Pendelzähler *m* oscillating (pendulum, clock) meter
Pendelzone *f (Syst)* hunting zone *(bei Optimierung)*
Penning-Effekt *m* Penning effect
Penning-Entladung *f* Penning discharge
Penning-Manometer *n* Penning (Philips) gauge
Pentade *f* pentad *(Folge von fünf Binärziffern)*
Pentagrid-Mischröhre *f* pentagrid [converter]
Pentatron *n* pentatron *(Elektronenröhre)*
Pentode *f* pentode, five-electrode valve
abgeschirmte P. screened pentode
als Triode geschaltete P. triode-connected pentode
Pentodengebiet *n* pentode region
Perforation *f* perforation
Perforationsgeräusch *n* sprocket[-hole] noise
Perforationsloch *n* sprocket hole
perforieren to perforate
Pergamentmembran *f* parchment membrane
Periode *f* period; cycle [of oscillation]
P. der Grundwelle fundamental (wave) period
konstante P. fixed period
positive nichtleitende P. positive non-conducting period
veränderliche P. alternating period
Periodendauer *f* cycle duration
P. der Eigenschwingung natural period of vibration
P. eines Instruments *(Meß)* period of an instrument
veränderliche P. alternating period
Periodendauermessung *f* period[-duration] measurement *(bei Schwingungen)*
Periodengleichung *f (Syst)* equation of periods
Periodenlänge *f s.* Periodendauer
Periodenzahl *f* periodicity; number of periods (cycles)
periodisch periodic; cyclic
periodisch-fortschreitend-binär cyclic progressive binary
Periodizität *f* periodicity
Periodizitätsbedingungen *fpl* conditions of periodicity
peripher peripheral
Peripherie *f* periphery
Peripherieeinheit *f (Rech)* peripheral (off-line) equipment
Peripheriegerät *n (Rech)* peripheral [device]
Peripherie-Interface-Anpassung *f (Rech)* peripheral interface adapter, PIA
Perle *f* bead *(Isolation)*; *(Halbl)* pellet
Perlkondensator *m* bead-type capacitor
Perlschnurblitz *m* bead lightning
Perlwand *f* beaded [projection] screen
Permalloy *n* permalloy *(Magnetwerkstoff)*
permanentdynamisch permanent dynamic
Permanentmagnet *m* permanent magnet
Permanentmagnetfeld *n* permanent-magnetic field
Permanentspeicher *m (Rech)* permanent memory (store), non-volatile memory
Permatron *n* permatron *(magnetisch gesteuerte Elektronenröhre)*
permeabel permeable
Permeabilität *f* 1. permeability; 2. *s.* Permeabilitätszahl
P. des leeren Raumes space permeability
absolute P. absolute permeability
differentielle P. differential permeability
hohe P. high permeability
irreversible P. irreversible permeability
magnetische P. [magnetic] permeability
magnetische P. des Vakuums permeability of vacuum (free space)
relative P. relative permeability
Permeabilitätsabstimmung *f* permeability tuning
Permeabilitätsbrücke *f* permeability bridge
Permeabilitätsmesser *m* permeameter
Permeabilitätszahl *f* relative permeability
Permeameter *n* permeameter
P. mit magnetischer Anziehung traction permeameter
Permeanz *f* permeance
Permutation *f* permutation
zyklische P. cyclic permutation
Permutationsindex *m (Rech)* permutation index
permutierbar permutable
permutieren to permute
Persistatron *n* persistatron

Persistor *m* persistor *(supraleitendes Speicherelement)*
Personenlärmdosimeter *n* personal sound exposure meter, personal noise dosimeter (dosemeter)
Personenrufanlage *f (Fmt)* personal signalling device, paging system
drahtlose P. pocket bell personal signalling device
Perspektivitätszentrum *n* perspective centre, centre of perspectivity (projection)
PERT *Abk. für* program evaluation and review technique
Perzeptron *n* perceptron *(Aufnahmegerät zur Zeichenerkennung)*
Petersen-Spule *f (Hochsp)* Petersen (arc-suppression) coil, earth-fault neutralizer
Pfad *m* path
Pfadlänge *f* path length
P-Faktor *m* P-factor *(konstante Bauelementausfallrate)*
Pfeifabstand *m (Nrt, Ak)* singing (stability) margin
Pfeife *f (Ak)* whistle; pipe
Galtonsche P. Galton whistle
pfeifen to howl *(durch Rückkopplung)*; to whistle
Pfeifen *n* 1. *(Nrt)* [local] singing, self-oscillation *(z.B. eines Verstärkers)*; 2. howl
pfeiffrei free of singing
Pfeifgrenze *f* singing limit
Pfeifneigung *f* tendency to sing, near-singing [condition]
Pfeifpunkt *m* singing point, singing (stability) limit *(rückgekoppeltes System)*
Pfeifpunkteichung *f* feedback-type calibration
Pfeifpunktmesser *m* singing point test set
Pfeifsicherheit *f* singing stability
Pfeifsperre *f* singing suppressor
Pfeifton *m* singing tone, whistle
Pfeiler *m* pillar; column
Pfeilrichtung *f* arrow-head direction
Pflanzenstrahler *m* plant-growth lamp
Pflegedienst *m* maintenance service
pflegen to maintain, to service; to attend *(Anlagen)*
Pflichtenheft *n* specifications
Pflichtenheftsforderungen *fpl* standard requirements
Pflichtenheftsmuster *n* model specification
PFM *s.* Pulsfrequenzmodulation
p-Gebiet *n (Halbl)* p-region
P-Gitter-Thyristor *m* p-gate thyristor
P-Glied *n s.* Proportionalglied
p-Halbleiter *m* p-type semiconductor
Phanotron *n* phanotron
Phantom *n (Fmt)* phantom
Phantomausnutzung *f (Fmt)* use of phantom circuits
Phantombildung *f (Fmt)* phantoming
Phantomgruppe *f (Fmt)* phantom group
Phantomkreis *m (Fmt)* phantom circuit
P. mit Erdrückleitung earth return phantom circuit
Phantomleitung *f (Fmt)* phantom circuit
Phantompupinspule *f (Fmt)* phantom circuit loading coil
Phantomschaltung *f (Fmt)* phantom connection
Phantomspule *f (Fmt)* phantom [circuit loading] coil
Phase *f* 1. phase *(Schwingung)*; 2. phase conductor (wire) *(Leiter)*; phase winding *(Wicklung)* ● **außer P.** out-of-phase, dephased ● **in P.** in-phase; in step ● **ungleiche P. haben** to differ in phase
leitende P. conducting phase
nacheilende P. lagging phase
scharfe P. wild phase *(Drehstromlichtbogenofen)*
tote P. dead phase *(Drehstromlichtbogenofen)*
veränderliche P. variable phase
verschobene P. displaced phase
voreilende P. leading phase
Phasen *fpl* / **gleichmäßig belastete** equally loaded phases
verkettete P. interlinked phases
Phasenabgleichkondensator *m* phasing capacitor
phasenabhängig phase-dependent
Phasenabstand *m* phase spacing
Phasenabweichung *f* phase deviation (excursion)
Phasenänderung *f* phase change (shift)
Phasenanpassung *f* phase matching
Phasenanschluß *m* phase connection
Phasenanschnitt[s]steuerung *f* phase-angle control
Phasenanzeiger *m* phase indicator (meter), power-factor indicator
Phasenauflösung *f* phase resolution
Phasenaufspaltung *f* phase splitting
Phasenausfall *m* phase failure
Phasenausfallrelais *n* phase failure relay
Phasenausgleich *m* phase compensation (correction)
Phasenaussortierung *f* phase selection
Phasenbahn *f (Syst)* [phase] trajectory
P. mit konstanter Beschleunigung constant-acceleration trajectory
optimale P. optimum phase trajectory
Phasenbahnbild *n (Syst)* phase portrait
Phasenbedingung *f* phase condition
Phasenbelag *m* phase (wavelength) constant
Phasenbereich *m* region of phase
Phasenbestimmer *m* phase localizer
Phasenbeziehung *f* phase relation[ship]
Phasenbildpunkt *m* representative point
Phasendetektor *m* phase detector
Phasendiagramm *n* phase [locus] diagram

Phasendifferenz *f* phase difference; space phasing *(Antennentechnik)*
Phasendiskriminator *m* phase discriminator
Phasendispersion *f* phase-frequency characteristic
Phasendrehung *f* phase rotation (displacement), [angular] phase shift
Phasenebene *f (Syst)* phase [extension] plane
Phaseneinstellung *f* phasing
phasenempfindlich phase-sensitive
Phasenentzerrer *m* phase equalizer (corrector)
Phasenentzerrung *f* phase equalization (correction)
Phasenerdschluß *m* one-phase earthing
phasenfalsch misphased
Phasenfehler *m* phase error
Phasenfokussierung *f* phase focussing, bunching
Phasenfolge *f* phase sequence
Phasenfolgeprüfung *f* phase-sequence test
Phasenfolgeumkehr *f* phase-sequence reversal
Phasengang *m* phase response, phase-frequency characteristic
Phasengeschwindigkeit *f* phase velocity (speed), wave velocity
phasengleich in-phase, in the same phase; in step ● **p. sein** to be in phase
Phasengleichheit *f* phase coincidence (balance), synchronism of phases
Phasenglied *n* phase-shifting unit
Phasengrenze *f* phase boundary
Phasengrenzfläche *f* interface, boundary surface
Phasengrenzpotential *n* phase-boundary potential, interfacial potential difference
Phasenhub *m* phase deviation
Phasenhubregelung *f* / **unverzögerte** instantaneous deviation control
Phasenimpuls *m (Fmt)* phase signal
Phasenindikator *m* phase indicator
Phasenintegralbeziehung *f* phase integral relation
Phaseninverterschaltung *f* phase inverter circuit
Phasenisolierung *f* phase coil insulation *(bei elektrischen Maschinen)*
Phasenkette *f* phasing network
Phasenkettenoszillator *m* phase shift oscillator
Phasenklemmenspannung *f* terminal voltage of phase
phasenkohärent phase-coherent
Phasenkompensation *f* phase compensation
Phasenkonstante *f* phase constant (coefficient) (*s. a.* Phasenmaß)
Phasenkonstanz *f* stability in phase
Phasenkopplung *f* phase coupling
Phasenkorrektor *m* phase corrector
Phasenkorrektur *f* phase correction
Phasenkurve *f* phase trajectory
Phasenlage *f* phase position ● **in gleicher P.** cophasal
Phasenlampe *f* phase lamp
Phasenlaufzeit *f* phase delay
Phasenleiter *m* phase conductor
Phasenleitung *f* phasing line *(Antennentechnik)*
Phasenmaß *n* image phase constant (factor), wavelength constant
Phasenmesser *m* phase meter, power-factor indicator
Phasenmeßschleife *f* phase sampling loop
Phasenminimumsystem *n (Syst)* minimum phase[-shift] system
Phasenmittelpunkt *m* phase centre
Phasenmodulation *f* phase modulation, PM
Phasenmodulationsaufzeichnung *f* phase modulation recording
Phasenmodulationssystem *n* phase modulation system
Phasenmodulator *m* phase modulator
  tonfrequenter P. audio-frequency phase modulator
Phasenmodulatorröhre *f* phasitron
Phasennacheilung *f* phase lag, lagging of phase
Phasenopposition *f* phase opposition
Phasenorter *m* phase localizer
Phasenquadratur *f* [phase] quadrature *(90°-Phasenverschiebung)*
Phasenrand *m (Syst)* phase margin *(Maß der dynamischen Güte)*
Phasenraum *m* phase space
  P. höherer Ordnung higher-order phase space, higher-dimensional phase space
  Gibbsscher P. gamma space
Phasenraumelement *n* phase-space cell
Phasenrauschen *n* phase jitter
Phasenregel *f* phase rule
Phasenregelkreis *m* phase-lock loop
Phasenregelung *f* phase control
  automatische P. automatic phase control
Phasenregler *m* phase controller; phase shifter
phasenrein free from phase shift
Phasenreinheit *f* freedom from phase shift
Phasenrelais *n* phase relay, [network] phasing relay
phasenrichtig in-phase
Phasenschieber *m* phase shifter (advancer, modifier); asynchronous capacitor *(rotierend)*; reactive current compensator *(zur Blindleistungskompensation)*
  asynchroner P. asynchronous phase compensator
  digitaler P. digital phase shifter
  Leblancscher P. Leblanc exciter

rotierender P. rotary phase changer (converter)
Phasenschieberkondensator *m* phase-shifting capacitor, power-factor capacitor
Phasenschieberkreis *m* quadrature circuit
Phasenschiebernetzwerk *n* phase shift network
Phasenschieberschaltung *f* phase shift circuit
Phasenschieberspule *f* quadrature coil
Phasenschiebertransformator *m* phase-shifting transformer
Phasenschwingen *n* phase swinging
Phasenspalter *m* phase splitter
Phasenspaltung *f* phase splitting
Phasenspannung *f* phase voltage; line-to-neutral voltage, voltage to neutral
Phasenspektrum *n* phase spectrum *(eines Signals)*
Phasensprung *m* phase jump, [sudden] phase shift
phasenstarr phase-locked
Phasensteller *m* phase shifter
phasensynchronisiert phase-synchronized
Phasenteiler *m* phase splitter, phase-splitting device
Phasenteilerschaltung *f* phase-splitting circuit (network)
Phasenteilung *f* phase splitting
Phasentransformator *m* phase[-shifting] transformer
Phasentrenner *m* phase separator
Phasenübergangswahrscheinlichkeit *f* phase transition probability
Phasenumformer *m* phase converter
Phasenumformung *f* phase transformation
Phasenumkehr *f* phase inversion, reversal of phase
Phasenumkehrrelais *n* phase reversal relay
Phasenumkehrröhre *f* phase inverter valve
Phasenumkehrschalter *m* phase inverter
Phasenumkehrschaltung *f* phase inverter circuit
Phasenumkehrschutz *m* phase reversal protection
Phasenumkehrstufe *f* phase-inverting stage
Phasenumkehrverstärker *m* phase inverter amplifier, paraphase (phase-inverting) amplifier
Phasenumtastung *f* phase shift keying
Phasenumwandlung *f* 1. *(El)* phase transformation; 2. phase change (transition)
Phasenungleichheit *f* phase unbalance
Phasenunterbrechungsrelais *n* open-phase relay, phase balance relay
Phasenunterschied *m* phase difference, difference in (of) phase
Phasenunterspannungsrelais *n* phase undervoltage relay
Phasenunterspannungsschutz *m* phase undervoltage protection
Phasenvektor *m* phase vector
phasenveränderlich variable in phase
Phasenvergleich *m* phase comparison
Phasenvergleicher *m* phase comparator
Phasenvergleichsschaltung *f* phase comparison circuit
Phasenverhältnis *n* phase relation[ship]
phasenverkehrt misphased
phasenverriegelt phase-locked
Phasenverriegelung *f* phase locking
Phasenverschiebung *f* phase shift (displacement, difference), difference (shift) in phase, angular displacement
P. des Verstärkers amplifier phase shift
P. um 90° phase quadrature
zeitliche P. time-phase displacement
phasenverschoben out-of-phase, outphased, dephased, displaced (shifted, offset) in phase ● **p. sein** to be out of phase ● **um** $^{\pi}/_{2}$ **p.** in [phase] quadrature
Phasenverzerrung *f* phase distortion
Phasenverzögerung *f* phase retardation (delay, lag)
Phasenverzögerungszeit *f* phase delay time
Phasenvoreilung *f* phase advance (lead), leading of phase
Phasenvorentzerrung *f* phase pre-equalization
Phasenvorlaufkompensation *f* phase lead compensation
Phasenwähler *m* phase selector
Phasenwechsel *m* phase change
Phasenwelle *f* phase wave
Phasenwicklung *f* phase winding
gespaltene P. split phase winding
Phasenwinkel *m* phase angle
dielektrischer P. dielectric phase angle
nacheilender P. phase angle of lag
voreilender P. leading [phase] angle
Phasenwinkelabhängigkeit *f* phase-angle response
Phasenwinkeleinfluß *m (Meß)* power-factor influence
Phasenwinkelfehler *m* phase-angle error, displacement error
Phasenwinkelkorrekturfaktor *m* phase-angle correction factor *(bei Wandlern)*
Phasenwinkelmeßbrücke *f* phase-angle measuring bridge
Phasenwinkelmessung *f* phase-angle measurement
Phasenwinkelvergleichsschutz *m* phase comparison protection
Phasenzahl *f* number of phases
P. des Gleichrichters number of rectifier phases
Phasitron *n* phasitron
Phenolformaldehydharz *n* phenolformadehyde resin
Phenolharz *n* phenolic resin

Phenolharzkleber *m* phenolic cement (adhesive)
Phenolharzkunststoff *m* phenoplast, phenolic plastic
Phenolharzlaminat *n* phenolic laminate
Phenolharzpapier *n* phenolic resin paper
Phenolharzpreßmasse *f* phenolic moulding compound
Phenolharzschichtstoff *m* phenolic laminate
pH-Meßgerät *n* pH meter (instrument)
pH-Meßzelle *f* pH measuring cell
pH-Meter *n* pH meter (instrument)
Phon *n* phon *(Kennwort für die Lautstärkeempfindung)*
Phonograf *m* phonograph
Phonokardiogramm *n* phonocardiogram
Phonon *n* phonon *(Schallquant)*
Phononenvielfachprozeß *m* multiphonon process
Phononenwelle *f* phonon wave
Phonon-Phonon-Wechselwirkung *f* phonon-phonon interaction
Phonskala *f* phon-scale
Phosphor *m* 1. phosphorus; 2. phosphor *(Leuchtstoff)*
Phosphordiffusion *f* phosphorus diffusion
phosphordotiert phosphorus-doped
Phosphoreszenz *f* phosphorescence
phosphoreszieren to phosphoresce
phosphoreszierend phosphorescent
phosphorglasiert phosphorus-glazed
Phosphoroskop *n* phosphoroscope *(zur Phosphoreszenzbestimmung)*
Photon *n* photon *(Lichtquant)*
Photonenabsorption *f* photon absorption
Photonenenergie *f* photon energy
Photonenfeld *n* photon field
Photonenfluß *m* photon flux
Photonenflußdichte *f* photon flux density
Photonengas *n* photon gas
Photonenimpuls *m* photon momentum
Photonenrauschen *n* photon noise *(bei lichtelektrischen Empfängern)*
Photonenstrahlung *f* photon radiation
Photonenstrom *m* photon flux
Photonenübergang *m* photon transition
Photon-Phonon-Wechselwirkung *f* photon-phonon interaction
Photon-Photon-Streuung *f* photon-photon scattering, scattering of light by light, Delbrück scattering
pH-Wert *m* pH value (number)
pH-Wert-Messung *f* pH measurement
pH-Wert-Regler *m* pH controller
PI-... *s.* Proportional-Integral-...
PID-... *s.* Proportional-Integral-Differential-...
Pierce-Geometrie *f* Pierce geometry *(Elektrodensystem für Elektronenkanonen)*
Piezoaufnehmer *m* piezoelectric pick-up
Piezobauelement *n* piezoelectric[-crystal] element
Piezodiode *f* piezoelectric diode, piezodiode
Piezoeffekt *m* piezoelectric effect
Piezoelektrikum *n* piezoelectric
piezoelektrisch piezoelectric
Piezoelektrizität *f* piezoelectricity
Piezokeramik *f* piezoelectric ceramics, piezo-ceramics
Piezokristallscheibe *f* piezoelectric[-crystal] plate
piezomagnetisch piezomagnetic
Piezomagnetismus *m* piezomagnetism
Piezometer *n* piezometer
piezoresistiv piezoresistive
Piezoresonator *m* piezoelectric resonator
Piezowiderstand *m* piezoresistance
Pi-Filter *n* pi-type filter
Pikoamperemeter *n* micromicroammeter *(für Messungen bis 10^{-9} A)*
Pilotanlage *f* pilot plant
Pilotbogen *m* pilot arc
Pilotbogenleistung *f* pilot arc power
Pilotempfänger *m (Nrt)* pilot receiver
Pilotfrequenz *f (Fmt)* pilot frequency
Pilotkanal *m (Fmt)* pilot channel
Pilotkreis *m* pilot circuit
Pilotpegel *m (Fmt)* pilot level
Pilotregler *m* pilot controller
Pilotschalter *m* pilot switch
Pilotschwingung *f (Fmt)* pilot
  frequenzvergleichende P. frequency-comparison pilot
Pilotton *m* pilot reference
Pilzisolator *m* mushroom insulator, umbrella[-type] insulator
Pilzlautsprecher *m* mushroom loudspeaker
Pilztaster *m*, **Pilztastvorsatz** *m* mushroom [control] push button
Pinch-Effekt *m* pinch effect
  magnetischer P. magnetic pinch effect
Pinch-in-Effekt *m* pinch-in-effect *(Einschnüreffekt)*
Pinch-off-Spannung *f (Halbl)* pinch-off voltage
Pinch-off-Strom *m (Halbl)* pinch-off current
pin-Diode *f* p-i-n diode
pin-Gleichrichter *m (Halbl)* p-i-n rectifier
pin-kompatibel *(Rech)* pin-compatible
pin-Kompatibilität *f (Elk)* pin-compatibility *(gleiche Anschlüsse)*
pin-Übergang *m (Halbl)* p-i-n junction
Pirani-Manometer *n* Pirani gauge
Pistonfon *n* pistonphone *(zur Schalldruckmessung)*
pixel *s.* Bildpunkt
p-Kanal *m (Halbl)* p-channel
p-Kanal-Feldeffekttransistor *m* p-channel field effect transistor
p-Kanal-Metall-Oxid-Halbleiter *m* p-chan-

nel metal-oxide semiconductor, p-channel MOS, PMOS
p-Kanal-MOSFET *m* / **angereicherter** p-channel enhancement-mode MOSFET
p-Kristall *m* p-type crystal
PLA *Abk. für* programmable logic array
plan plane; flat
Plan *m* 1. schedule, program[me]; scheme *(Schaltplan);* 2. design *(Entwurf);* layout
P. für die laufende Wartung program of routine maintenance
P. für regelmäßige Messungen schedule of periodic tests
logischer P. functional diagram
planar planar
Planarbauelement *n (Halbl)* planar device
Planardiode *f* planar diode
Planar-Epitaxie-Struktur *f (Halbl)* planar epitaxial structure
Planar-Epitaxie-Transistor *m* planar epitaxial transistor
Planarprozeß *m (Halbl)* planar process
Planarstruktur *f (Halbl)* planar structure
Planartechnik *f (Halbl)* planar technique
Planartechnologie *f (Halbl)* planar technology
Planartransistor *m* planar transistor
Planartriode *f* planar triode
Planarübergang *m (Halbl)* planar junction
Planelektrode *f* plane electrode
Planende *n* flat end *(eines Laserstabs)*
Planetengetriebe *n* planetary [reduction] gear, epicyclic gear
Plangitter *n* plane [diffraction] grating
Plankatode *f* plane cathode
plankonkav plano-concave
plankonvex plano-convex
planparallel plane-parallel, parallel-plane
Planparallelität *f* plane parallelism
Planschirm *m* flat face *(z. B. einer Elektronenstrahlröhre)*
Planschirmröhre *f* flat-faced tube
Planschliff *m* plane ground joint
Planspiegel *m* plane (flat) mirror
Plantrog *m* flat tank *(elektrolytischer Trog)*
Planungsdämpfung *f* ascertained attenuation
Plasma *n* plasma
elektronenstrahlerzeugtes P. electron-beam generated plasma
ionisiertes P. ionized plasma
Plasmaanzeige *f* plasma display
Plasmaarbeitsgas *n* plasmogenic gas
Plasmaätzung *f* plasma etching
plasmabildend plasma-forming
Plasmabogen *m* plasma arc
Plasmabrenner *m* plasma torch (burner), arc stream burner, electronic torch
elektrisch betriebener P. electrically operated plasma torch
Plasmachemie *f* plasma chemistry
Plasmadichte *f* plasma density
Plasmaelektronenstrahl *m* plasma electron beam
Plasmaerwärmung *f* plasma heating
plasmaerzeugt plasma-produced
Plasmafackel *f* plasma torch
laminare P. laminar plasma torch
nichtübertragene P. non-transferred [arc] plasma torch
turbulente P. turbulent plasma torch
Plasmafackelleistung *f* plasma torch power
Plasmafaden *m* plasma column
Plasmaflamme *f* plasma flame
Plasmafrequenz *f* plasma frequency
Plasmagas *n* plasma gas
Plasmagenerator *m* plasma generator
elektrodenloser P. electrodeless plasma generator
induktiver P. inductive plasma generator
Plasmagleichgewicht *n* plasma balance
Plasmagrenzfläche *f* plasma boundary
Plasmagrenzschicht *f* plasma boundary layer
Plasmahülle *f* plasma sheath
Plasmainjektion *f* plasma injection, injection of plasma
Plasmainjektor *m* plasma injector
Plasmainstabilität *f* instability of plasma
Plasmaionenquelle *f* plasma ion source
Plasmakugel *f* plasma sphere
Plasmalegieren *n* plasma alloying *(Plasmabehandlung von Metallen)*
Plasmaleitfähigkeit *f* plasma conductivity
Plasmalichtbogenbrenner *m* plasma arc torch
Plasmaofen *m* plasma furnace
Plasmaphysik *f* plasma physics
Plasmaresonanz *f* plasma resonance
Plasmaring *m* plasma annulus
Plasmarotation *f* plasma rotation
Plasmasäule *f* plasma column
Plasmaschlauch *m* streamer *(Gasentladungsstadium)*
Plasmaschmelzofen *m* plasma melting furnace
P. mit offenem Herd open-hearth-type plasma melting furnace
Plasmaschneiden *n* plasma cutting
Plasmaschweißen *n* plasma welding
Plasmaschwingung *f* plasma oscillation
Plasmaspritzen *n* plasma spraying
Plasmastrahl *m* plasma jet (beam)
katodischer P. cathodic plasma jet
Plasmastrahlgeschwindigkeit *f* velocity of the plasma jet
Plasmastrom *m* plasma current
Plasmaströmung *f* plasma flow
Plasmatechnologie *f* plasma technology
Plasmatemperatur *f* plasma temperature
Plasmatron *n* plasmatron *(Plasmastrahlerzeuger)*
Plasmaumschmelzanlage *f* plasma remelting equipment

Plasmaumwandlung *f* plasma conversion
Plasmawechselwirkung *f* plasma interaction
Plasmazerstäubung *f* [plasma] sputtering
Plast *m* plastic [material]
verstärkter P. reinforced plastic
Plastfolie *f* plastic foil, thin-sheet plastic
Plastgehäuse *n* casing of plastic material, plastic package
Plastikeffekt *m (Ferns)* plastic effect *(Bildfehler)*
Plastiksteckgehäuse *n* plastic plug-in package
plastisch plastic
Plastizität *f* plasticity
Plastkabel *n* plastic cable
Plastmantelkabel *n* plastic-sheathed cable
Plastometer *n* plastometer *(zur Bestimmung der plastischen Eigenschaften von Stoffen)*
plastüberzogen plastic-coated
Plastüberzug *m* plastic coat (covering)
plastverkappt plastic-encapsulated
Plastverpackung *f* plastic package
Plateau *n* plateau
Plateausteilheit *f* / **normierte** normalized plateau slope *(Röhren)*
Platinanode *f* platinum anode
Platinblech *n* platinum sheet
Platindraht *m* platinum wire
Platinelektrode *f* platinum electrode
Platinerstarrungskurve *f* platinum freezing curve
platinieren to platinize, to platinate, to platinum-plate
Platinieren *n* platinization, platinum plating
Platinkontakt *m* platinum contact
Platinotron *n* platinotron
Platinsilizid *n* platinum silicide
Platinüberzug *m* / **galvanisch abgeschiedener** platinum plate
Platinwiderstandsthermometer *n* platinum resistance thermometer
Plättchen *n* 1. wafer, slice *(Kristall)*; *(Halbl)* chip; die; 2. lamina
λ/4-Plättchen *n* quarter-wave plate
Plättchenausbeute *f (Halbl)* die sort yield
Plättchenbefestigung *f (Halbl)* chip bonding
Plättchenbonden *n (Halbl)* chip bonding
Plättchenfassung *f* wafer socket
Plättchenfläche *f (Halbl)* chip area
Platte *f* 1. plate, slab, sheet; board; panel; 2. record, disk *(Schallplatte)*
bedruckte P. printed board
durchkontaktierte (durchmetallisierte) P. through-hole plated board *(Leiterplatte)*
einseitig geätzte P. single-sided etched board *(Leiterplatte)*
flexible P. flexible board
formierte P. formed plate *(Sammler)*
gesinterte P. pasted sintered plate
negative P. negative plate *(Batterie)*
pastierte P. Faure plate
positive P. positive plate *(Batterie)*
Plattenanode *f* plate anode
Plattenbatterie *f* layer-built battery
Plattenbauweise *f* panel construction
Plattenbetriebssystem *n (Rech)* disk operating system
Plattenblitzableiter *m* plate lightning arrester
Plattendatei *f (Rech)* disk file
Plattendicke *f* board thickness
Plattenelektrode *f* plate electrode
Plattenelektrometer *n* plate electrometer
Plattenerder *m* earth plate
Plattenführung *f* board guide *(Leiterplatte)*
Plattengeräusch *n* record noise
Plattengitter *n* plate grid *(Batterie)*
Plattengleichrichter *m* dry disk rectifier
Plattengummi *m* sheet rubber
Plattenkondensator *m* plate[-type] capacitor, parallel-plate capacitor
Plattenkurzschluß *m* short-circuit between plates *(Batterie)*
Plattenlaufwerk *n* disk drive
Plattenleiter *m* plate[-shaped] conductor
Plattenmikrofon *n* vane microphone
Plattenpaar *n* couple *(der Batterie)*
Plattenrahmen *m* frame of plate *(Sammler)*
Plattenrauschen *n* record noise
Plattensatz *m* pile of plates
Plattensatzpolarisator *m* pile-of-plates polarizer
Plattenschwinger *m* / **absorbierend wirkender** *(Ak)* panel absorber
Plattenspeicher *m (Rech)* disk memory (store, file)
Plattenspeicheradressenregister *n (Rech)* disk-memory address register
Plattenspeichereinrichtung *f (Rech)* disk storage device
Plattenspeichersystem *n (Rech)* disk file system
Plattenspieler *m* record (disk) player, gramophone, phonograph
Plattenspielermotor *m* gramophone (phonograph, turntable) motor
Plattenspielerverstärker *m* gramophone amplifier
Plattenspielerzusatz *m* gramophone attachment
Plattenstapel *m (Rech)* disk pack
Plattenteller *m* record turntable, [phonograph] turntable
Plattentellerantrieb *m* disk drive unit
Plattentellerauflage *f* record support pad
Plattentellermitte *f* middle of turntable
Plattenwechsler *m* record changer, autochanger
plattieren to plate; to clad

elektrolytisch p. to electroplate
mit Gold p. to gold-plate
plattiert plated; clad
Plattierung *f* 1. plating; cladding *(Vorgang)*; 2. plate
P. im Loch in-hole plating *(Leiterplattenherstellung)*
P. mit bewegten Elektroden mechanical electroplating
feine P. close plating
stromlose P. electroless (autocatalytic) plating
Plattierungswerkstoff *m* plating (cladding) material
Platymeter *n* platymeter *(zum Messen von Kapazitäten und Dielektrizitätskonstanten)*
Platz *m* 1. place, spot, location; position; site *(z. B. im Kristallgitter)*; 2. *(Fmt)* [operator's] position
P. für den internationalen Verkehr *(Fmt)* international position
besetzter P. *(Fmt)* occupied position
erster P. der Warteschlange *(Fmt)* head of the queue
freier P. *(Fmt)* reserve position
leerer P. empty state *(im Energiebändermodell)*; vacant site *(Kristallgitter)*
unbesetzter P. *(Fmt)* unoccupied position
ungenutzter P. *(Rech)* dead space
Platzanzeige *f (Rech)* place indication
Platzbelegung *f (Fmt)* position wiring
Platzbeleuchtung *f* local lighting
Platzbuchung *f* / **elektronische** *(Rech)* electronic space reservation
Platzbuchungssystem *n (Rech)* space reservation system
Platzlampe *f (Fmt)* [position] pilot lamp
Platzlampenrelais *n (Fmt)* pilot relay
Platzleistungsmesser *m (Fmt)* position meter
Platzreservierungssystem *n (Rech)* space reservation system *(Speicher)*
Platzrundenführungsfeuer *n* circling guidance light
Platzschalter *m s.* Platzumschalter
Platzschnur *f (Fmt)* switchboard cord
platzsparend space-saving
Platzumschalter *m (Fmt)* position switching (coupling) key, position switch
Platzverbindungsleitung *f (Fmt)* interposition trunk
Platzverteilung *f (Rech)* space sharing *(Speicher)*
Platzwähler *m (Fmt)* position selector
Platzwechsel *m (Fmt)* [phantom] transposition
Platzwechselfolge *f (Fmt)* transposition scheme
Platzzähler *m (Fmt)* position meter
Platzzusammenschaltung *f (Fmt)* position coupling
Playback *n* playback
Playback-Verfahren *n* playback [method]
Plazierung *f* placement
p-leitend *(Halbl)* p-conducting
p-Leiter *m (Halbl)* p-type conductor, hole (defect) conductor
p-Leitfähigkeit *f (Halbl)* p-type conductivity
p-Leitung *f (Halbl)* p-type conduction, hole (defect) conduction
Pliotron *n* pliotron *(Dreielektrodenröhre)*
PLL-Schaltkreis *m* phase-locked loop
PLL-Schaltkreiselement *n* phase-locked loop component
PLM *s.* Pulslängenmodulation
Plombierdraht *m* sealing wire
plombieren to seal
Plusbürste *f* positive brush
Plusdraht *m* positive (plus) wire
Pluselektrode *f* positive electrode, anode
Plusklemme *f* positive terminal
Plusleiter *m* positive (plus) wire
Plusplatte *f* positive plate *(Batterie)*
Pluspol *m* 1. positive pole (terminal); 2. anode *(z. B. eines Gleichrichters)*
Plus-und-Minus-Abweichung *f* bilateral tolerance
Plutoniumerzeugungsreaktor *m* plutonium[-producing] reactor
Plutoniumreaktor *m* plutonium reactor
PM *s.* Phasenmodulation
PME-Effekt *m* photomagnetoelectric effect
PMOS *Abk. für* p-doped metal-oxide semiconductor
pneumatisch pneumatic[al]; air-powered, air-operated
Pneumotransmitter *m* pneumatic transmitter
pn-Flächentransistor *m* p-n junction transistor
pnip-Transistor *m* intrinsic barrier transistor
pn-Isolation *f (Halbl)* p-n junction isolation
pnp-Transistor *m* p-n-p transistor
pn-Sperrschicht *f (Halbl)* p-n junction
pn-Übergang *m (Halbl)* p-n junction (transition)
allmählicher pn-Ü. graded p-n junction
gleichrichtender (sperrender) pn-Ü. rectifying p-n junction
PN-Verteilung *f s.* Pol-Nullstellen-Bild
Pockels-Effekt *m* Pockels effect, longitudinal (linear) electrooptical effect
Pockels-Zelle *f* Pockels cell
Poggendorf-Kompensator *m* thermoelectric emf-free potentiometer
Poisson-Gleichung *f* Poisson equation
Poisson-Verteilung *f* Poisson distribution *(Statistik)*
Pol *m* 1. electric pole *(im Stromkreis)*; terminal; 2. pole *(Mathematik, Physik)*;
P. der Übertragungsfunktion *(Syst)* transfer function pole

P. des geschlossenen Regelkreises closed-loop pole *(einer Übertragungsfunktion)*
P. einer Funktion function pole
P. eines Schaltgeräts pole of a switching device
ausgeprägter P. *(Masch)* salient pole
dominierender P. dominant pole *(der Übertragungsfunktion)*
elektrischer P. electric pole
geblechter P. laminated pole
gemeinsamer P. common leg *(Netzwerktheorie)*
geomagnetischer P. geomagnetic pole
konjugierter P. conjugate pole
lamellierter P. laminated pole
magnetischer P. magnetic pole
mehrfacher P. multiple pole
negativer P. *s.* Minuspol
positiver P. *s.* Pluspol
Polabstand *m* pole distance; *(Masch)* pole clearance
Polachse *f (Masch)* magnetic axis
Polanker *m* pole armature
polar polar
Polardiagramm *n* polar diagram (plotting), circular-chart diagram
Polardiagrammschreiber *m* polar recorder (plotter), circular-chart recorder
Polarisation *f* polarization
anodische P. anodic polarization
chemische P. chemical polarization
dielektrische P. dielectric polarization
elektrische P. electric polarization
elektrolytische P. electrolytic polarization
elliptische P. elliptic polarization
galvanische P. *s.* elektrolytische P.
geradlinige P. linear polarization
katodische P. cathodic polarization
magnetische P. intrinsic induction, magnetic polarization
molekulare P. molar polarization
partielle P. partial polarization
remanente P. remanent polarization
Polarisationsblindwiderstand *m* polarization reactance
Polarisationsebene *f* plane of polarization
Polarisationseffekt *m* polarization effect
Polarisationselement *n* polarization cell
Polarisationsenergie *f* polarization energy
Polarisationsfehler *m* 1. polarization error; 2. *(FO)* night effect [error]
Polarisationsfilter *n* polarizing (polarization) filter, polarizer
Polarisationsfolie *f* polarization foil (sheet)
Polarisationsgrad *m* polarization degree
Polarisationsimpedanz *f* polarization impedance
Polarisationsindex *m* polarization index *(bei Isolationsmessungen)*
Polarisationsinterferenzfilter *n* polarization interference filter, Lyot filter
Polarisationsinterferometer *n* polarizing interferometer
Polarisationskapazität *f* polarizing capacitance (capacity)
Polarisationsladung *f* polarization charge
Polarisationsmagnet *m* polarizing magnet
Polarisationsmikroskop *n* polarizing (polarization) microscope
Polarisationsoptik *f* 1. polarizing optical system *(Anlage)*; 2. polarizing (polarization) optics, optics of polarized light
Polarisationspotential *n* polarization potential
Polarisationsprisma *n* polarizing (polarization) prism
Polarisationsreaktanz *f* polarization reactance
Polarisationsrichtung *f* polarization direction
Polarisationsscheinwerfer *m* polarized headlight
Polarisationsschlitz *m* polarizing slot
Polarisationsschwelle *f* polarization threshold
Polarisationsschwund *m* polarization fading
Polarisationsspannung *f* polarization (polarizing) voltage
Polarisationsspektrometer *n* polarizing spectrometer
Polarisationsstrom *m* polarization (polarizing) current
Polarisationsstromversorgung *f* polarizing power supply
Polarisationsvermögen *n* polarizing power
Polarisationswärme *f* polarization heat
Polarisationswicklung *f* bias winding
Polarisationswiderstand *m* polarization resistance
Polarisationswinkel *m* polarization (Brewster) angle
Polarisationswirkwiderstand *m* polarization resistance
Polarisationszeit *f* polarization time
Polarisationszustand *m* polarization state
Polarisator *m* polarizer
Polarisatoren *mpl* / **gekreuzte** crossed polarizers
polarisierbar polarizable
ideal (vollständig) p. ideally polarizable
Polarisierbarkeit *f* / **molekulare elektrische** molar electric polarizability
polarisieren to polarize
polarisiert / linear plane-polarized, linearly polarized
teilweise p. partially polarized
zirkular p. circularly polarized
Polarisierung *f* polarization
Polarität *f* polarity
magnetische P. magnetic polarity
Polaritätsanzeige *f* polarity (sign) indication

Polaritätsanzeiger *m* 1. polarity (sign) indicator, pole detector; 2. current direction indicator
Polaritätsfolge *f* polarity sequence
Polaritätsprüfung *f* polarity test
Polaritätsumschlag *m* **der Thermospannung** thermoelectric inversion
Polaritätsunterscheidung *f* polarity discrimination
Polarkoordinaten *fpl* polar coordinates
Polarkoordinatendarstellung *f* polar display
Polarkoordinatennavigation *f* omnibearing distance navigation, rho-theta navigation
Polarkoordinatenoszillograf *m* polar coordinate oscilloscope, cyclograph
Polarkoordinatenröhre *f* polar coordinate [oscillographic] tube
Polarkristall *m* polar crystal
Polarlichtzone *f* auroral belt
Polarograf *m* polarograph
Polarografie *f* polarography
oszillografische P. oscillographic polarography
polarografisch polarographic
Polarogramm *n* polarogram
Polaron *n* polaron
Polarplanimeter *n* polar planimeter
Polarpotentiometer *n* polar (bias) potentiometer
Polarschreiber *m s.* Polardiagrammschreiber
Polarstrahlungsdiagramm *n* polar radiation pattern
Polbefestigungsschraube *f* pole bolt
Polblech *n* polar strip
Polbogen *m* pole arc
Polbolzen *m* terminal pillar
Polbreite *f* pole width
Polbrücke *f* cell connector *(Batterie)*
Pole *mpl* / **gleichnamige** like poles
konjugiert-komplexe P. conjugate complex poles
ungleichnamige P. unlike (opposite, antilogous) poles
polen to polarize
Polfläche *f* pole surface (face)
wirksame P. active pole surface
Polhorn *n* pole horn (tip)
polieren to polish
Polieren *n* / **anodisches** anodic polishing
elektrolytisches P. electropolishing, electrolytic polishing
Poliergerät *n* / **elektrolytisches** electrolytic polisher
Poliermaschine *f* polishing machine, polisher
Poliermittel *n* polishing agent, polish
poliert / auf Hochglanz highly polished, bright-polished
Polizeifunk *m* police radio

Polkante *f* 1. pole edge, edge of pole; 2. pole tip (horn) *(Polschuhspitze)*
ablaufende P. trailing pole horn (tip)
auflaufende P. leading pole horn (tip)
Polkern *m* pole body
Polkernisolation *f* pole-body insulation
Polklemme *f* 1. pole terminal; electrode (cell) terminal *(Batterie)*; 2. binding post
Pollücke *f* pole gap
Polluftspalt *m* pole air gap
Pol-Nullstellen-Bild *n (Syst)* pole-zero configuration
Polpaar *n* pole pair, pair of poles
Polpapier *n* pole-finding paper, pole [reagent] paper, polarity indicating paper
Polpreßplatte *f* pole end plate
Polprüfer *m* pole tester (finder), polarity indicator
Polradspannung *f* synchronous internal voltage, synchronous electromotive force *(bei Synchronmaschinen)*
Polradwinkel *m* rotor displacement angle *(bei Synchronmaschinen)*
Polreagenzpapier *n s.* Polpapier
Polschaft *m* pole shank
Polschritt *m* pole step
Polschuh *m* pole shoe (piece)
konischer P. tapered pole piece
Polschuhfläche *f* pole face
Polschuhformgebung *f* pole face shaping
Polschuhschrägung *f* pole face bevel
Polschuhspitze *f* pole tip
Polschuhstreufluß *m* peripheral pole leakage flux
Polspitze *f* pole tip (horn)
Polspule *f* exciter coil
Polstärke *f* pole strength
Polster *n* cushion, pad
Polstrahl *m* radius vector
Polstreuung *f* pole leakage
Polstück *n* pole piece
Polstutzen *m* terminal pillar
Polteilung *f* pole pitch
Polumkehr *f* pole (polarity) reversal
Polumschalter *m* pole changing switch
Polumschaltung *f* pole changing, reversal of poles
Polung *f* polarity
umgekehrte P. reversed polarity
Polverbindung *f* cell connector *(Batterie)*
Polwechsel *m* pole changing, change (alternation) of polarity
Polwechselfeder *f* pole changing spring
Polwechselschalter *m* pole changer (changing switch), polarity reversing switch
Polwechsler *m s.* Polwechselschalter
Polwender *m* polarity inverter
Polwendeschalter *m* pole-reversing switch
polyamidbeschichtet polyamide-coated *(z. B. Isolierung)*
Polyäthylen *n* polyethylene, polythene, PE

polyäthylenisoliert polyethylene-insulated
Polyäthylenkabelmantel *m* polyethylene cable sheath
Polydimethylsiloxan *n* polydimethyl siloxane *(für flüssige Dielektrika, Kühlmittel und Trennmittel)*
Polyelektrode *f* polyelectrode
Polyesterdielektrikum *n* polyester dielectric
Polyesterimid *n* polyester imide *(für Isolierlacke)*
Polyesterkondensator *m* polyester capacitor
Polygonschaltung *f* polygonal connection
Polyisobut[yl]en *n* polyisobutylene *(für transparente Folien)*
polykristallin polycrystalline
Polymer[es] *n* polymer
Polymerisation *f* polymerization
polymerisieren to polymerize
Polymorphie *f* polymorphism
Polynomentwicklung *f* polynomial expansion
Polynomgleichung *f* polynomial equation
Polyoxymethylen *n* polyoxymethylene *(Thermoplast)*
Polyoxypropylenglykol *n* polyoxypropylene glycol *(Flexibilisator für Lackharze)*
Polypyromellitsäureimid *n* polypyromellitic imide *(hochtemperaturbeständige Folie)*
Polysiliziumtechnologie *f* / **halbisolierende** *(Halbl)* semi-insulated polycrystalline silicon technology, SIPOS
Polysiloxan *n* polysiloxane
Polystyrol *n* polystyrene
Polystyrolkondensator *m* polystyrene[-film dielectric] capacitor
Polytetrafluoräthylen *n* polytetrafluoroethylene *(hochtemperaturbeständiger Plast)*
Polyurethan *n* polyurethane
Polyvinylchlorid *n* polyvinyl chloride, PVC
Polyvinylidenfluorid *n* polyvinylidene fluoride *(Thermoplast)*
Polzahl *f* number of poles
Pore *f* pore, void
Porendichte *f* pore density
porenfrei non-porous, pore-free
Porengröße *f* pore size
Porenleitfähigkeit *f* pore conductivity
Porenleitung *f* pore conduction
Porenraum *m* pore space
Porenvolumen *n* pore volume
porig pored
Porometer *n* porometer *(Gerät zum Messen von Porengrößen)*
porös porous, poriferous; pored
Porosimeter *n s.* Porositätsmesser
Porosität *f* porosity
Porositätsgrad *m* porosity factor, degree of porosity
Porositätsmesser *m* porosimeter, porosity meter
Porro-Prisma *n* Porro prism
Portalbauweise *f* portal design *(Freileitungsanlagen)*
Portalmast *m* portal-type steel tower, portal structure
Porzellanfassung *f* porcelain lamp holder
Porzellanisolator *m* porcelain insulator
Porzellanleuchte *f* porcelain (ceramic) fitting
Porzellanreflektor *m* porcelain reflector
Porzellanspulenkörper *m* porcelain coil former
Porzellanüberwurf *m* porcelain jacket (container) *(einer Durchführung)*
Position *f* position
Positioner *m (Syst)* positioner, positioning device *(Stellungsregler)*
positionieren to position, to locate
Positioniergenauigkeit *f* positioning accuracy
Positionierung *f* positioning
Positionierungsloch *n* location hole *(Leiterplatte)*
Positionierungsschlitz *m* location (indexing) notch *(Leiterplatte)*
Positionsanzeige *f* positional indication
Positionsbestimmung *f (FO)* position finding
Positionsfernanzeiger *m* remote position indicator
Positionsfolgesystem *n (Syst)* positional servo system
Positionsgeber *m* position sensor
Positionskode *m (FO)* position code
Positionslampe *f* marker light indicator, positional lamp
Positionslichter *npl* position (navigation, running) lights *(bei Schiffen und Flugzeugen)*
Positionsmarkierung *f* sighting legend *(Leiterplatten)*
Positionsmeldung *f* position report
Positionsschalter *m* position switch
positiv [/ elektrisch] positive
  optisch p. optically positive
Positiv *n (Galv)* positive matrix; positive *(Fotografie)*
Positivimpuls *m* positive pulse
Positivkohle *f* positive carbon
Positivkrater *m* positive crater
Positivlack *m* positive resist *(Fotolack)*
Positivmodulation *f* positive modulation
positivwirkend positive-acting *(z. B. Fotolack)*
Positron *n* positron
Post *f* / **elektronische** electronic mail
Posten *m (Rech)* item
Postleitung *f (Fmt)* post-office line
Post-mortem-Programm *n (Rech)* post-

mortem program (routine) *(Fehlersuchprogramm)*
Postsystem *n* / **internationales elektronisches** international electronic mail system, IEMS
Potential *n* potential ● **auf einem P. erhalten** to maintain at a potential ● **von gleichem P.** equipotential
P. bei offenem Stromkreis open-circuit potential
P. einer Elektrode electrode potential
P. einer stromdurchflossenen Elektrode dynamic electrode potential
anziehendes P. attractive potential
äußeres elektrisches P. outer (external) electric potential, voltaic potential
chemisches P. chemical potential
elektrisches P. electric potential
elektrochemisches P. electrochemical potential
elektrokinetisches P. electrokinetic (zeta) potential
elektroosmotisches P. electroosmotic potential
elektrophoretisches P. electrophoretic potential
gleitendes P. floating potential
inneres elektrisches P. inner (internal) electrical potential, Galvani potential
magnetisches P. magnetic [field] potential
reales P. real potential
reversibles P. reversible potential
spezifisches P. specific potential
stationäres P. steady potential
thermodynamisches P. thermodynamic potential, free enthalpy
vektorielles P. vector potential
Potentialabfall *m* potential drop, fall of potential
ohmscher P. ohmic overvoltage *(in der Phasengrenzschicht einer Elektrode)*
Potentialabhängigkeit *f* potential dependence
Potentialänderung *f* potential change (variation)
Potentialanstieg *m* potential rise, increase in potential
Potentialausgleich *m* potential equalization
Potentialbarriere *f* [potential] barrier (*s.a.* Potentialwall)
Potentialberg *m s.* Potentialwall
Potentialbild *n* potential diagram, electrical image
Potentialdifferenz *f* potential difference
absolute P. absolute potential difference
elektrische P. electric potential difference
elektrostatische P. electrostatic potential difference
Potentialebene *f* / **mittlere** bisector potential
Potentialerdung *f* potential earthing
Potentialfeld *n* [scalar] potential field
Potentialfunktion *f* potential function
Potentialgebirge *n* potential profile (relief)
Potentialgefälle *n* potential gradient
Potentialgleichung *f* potential equation
Potentialgradient *m* potential gradient
Potentialkasten *m s.* Potentialtopf
Potentialkurve *f* potential-energy curve
Potentialmulde *f* potential well (depression)
Potentialplateau *n* potential plateau
Potentialring *m s.* Potentialsteuerring
Potentialsattel *m* potential saddle
Potentialschwankung *f* fluctuation of potential
Potentialschwelle *f s.* Potentialwall
Potentialsenke *f* potential well
Potentialsprung *m* potential jump
P. zwischen zwei Elektrolytlösungen liquid-junction potential
Potentialsteuerring *m* potential grading (equalizing) ring, grading shield ring, potential ring
Potentialströmung *f* irrotational motion
P. ohne Zirkulation acyclic irrotational motion
zirkulatorische P. cyclic irrotational motion
Potentialstufe *f* potential step
Potentialtopf *m*, **Potentialtrog** *m* potential well (pot, trough)
Potentialunterschied *m* potential difference
Potentialverlauf *m* potential curve
Potentialverteilung *f* potential distribution
Potentialwall *m* potential[-energy] barrier, barrier, potential wall (hill)
potentiell potential
Potentiometer *n* potentiometer
P. der Regeleinrichtung servo potentiometer
P. mit Folgeregelantrieb servo-driven potentiometer
P. mit Mittelabgriff centre-tapped potentiometer
elektronisches P. electronic potentiometer
feststellbares P. locking potentiometer
gepoltes P. bias potentiometer
induktives P. inductive potentiometer
konusförmiges P. tapered potentiometer
logarithmisches P. logarithmically wound potentiometer
mehrgängiges P. multiturn potentiometer
rechtsdrehendes P. right-hand taper *Widerstand zeigt bei Drehung im Uhrzeigersinn)*
selbstabgleichendes P. self-balancing potentiometer
selbstregistrierendes P. self-recording potentiometer
Potentiometereinstellung *f* potentiometer setting

Potentiometergeber *m* potentiometer pick-up
Potentiometermeßkreis *m* potentiometer measuring circuit
Potentiometerregelung *f* potentiometer control
Potentiometerstreifen *m* potentiometer band
Potentiometertemperaturregler *m* potentiometric temperature controller
Potentiometerwiderstand *m* potentiometer-type resistor
Potentiostat *m* potentiostat
potentiostatisch potentiostatic
Potenz *f* power *(Mathematik)*
Potenzexponent *m* exponent of power
Potenzfilter *n* Butterworth filter
Potenzgesetz *n* power law
potenzieren to raise to a [higher] power
Potenzreihe *f* power (exponential) series
Potenzreihenentwicklung *f* power series expansion, expansion in powers
Potier-Diagramm *n* Potier diagram
Potier-EMK *f* Potier electromotive force
Potier-Reaktanz *f* Potier reactance *(von Synchronmaschinen)*
Poulsen-Lichtbogen *m* Poulsen arc
Pourbaix-Diagramm *n (Chem)* Pourbaix diagram
PPM *s.* Pulsphasenmodulation
pp$^+$-Übergang *m (Halbl)* p-p$^+$ junction
Prädikatenlogik *f* predicate logic *(Schaltlogik)*
Prägemaschine *f* embossing machine
Prägung *f* embossed wiring *(gedruckte Schaltung)*
Prallblech *n* baffle plate *(Sekundärelektronenvervielfacher)*
Prallelektrode *f* counter electrode
Prallplatte *f* baffle plate; flapper *(Pneumatik)*
Prallwand *f (Ak)* live end
Prallzeit *f* bounce (chatter) time *(Kontakt)*
Prandtl-Zahl *f* Prandtl number *(Ähnlichkeitskriterium)*
Prasselgeräusch *n* crackling (frying, rattling) noise
Präzisionsabstimmung *f* precision tuning
Präzisionsanalogrechner *m* precision analogue computer
Präzisionsanflugradar *n* precision approach radar
Präzisionsbauelement *n* precision component
Präzisionselektroofen *m* precision electric furnace
Präzisionserwärmung *f* precision heating
Präzisionsfolienkondensator *m* / **abgleichbarer** adjustable precision polystyrene capacitor
präzisionsgewickelt precision-wound
Präzisionsgitter *n* precision grid
Präzisionsimpulsschallpegelmesser *m* precision impulse sound level meter
Präzisionsinstrument *n* [high-]precision instrument
Präzisionskondensator *m* precision capacitor
Präzisionsmeßbrücke *f* precision bridge
Präzisionsmeßinstrument *n* precision measuring instrument
Präzisionsmessung *f* precision (high-accuracy) measurement
Präzisionsoffset *n (Ferns)* precision offset
Präzisionsschallpegelmesser *m* precision sound level meter
Präzisionsstecker *m* / **allgemeiner** general precision connector
Präzisionsverstärker *m* precision amplifier
Präzisionswicklung *f* precision winding
Präzisionswiderstand *m* precision resistor, precistor
Präzistor *m s.* Präzisionswiderstand
Preemphasis *f* pre-emphasis
P-Regelung *f s.* Proportionalregelung
Prelldauer *f* [contact] bounce time
prellen to bounce [back], to chatter *(Kontakt, Relais)*
Prellen *n* bounce, bouncing, chattering *(Kontakt, Relais)*
prellsicher chatter-proof *(Schalter)*
Prellzeit *f* bounce (chatter) time *(Kontakt)*
pressen to press; to squeeze [out]; to mould *(z. B. Plastteile)*
Pressenbeheizung *f* press heating
Presser *m s.* 1. Dynamikregler; 2. Dynamikkompressor
Preßgaskondensator *m* [precision] compressed-gas capacitor *(Hochspannungsmeßtechnik)*
Preßgasschalter *m* gas-blast switch
Preßgehäuse *n* moulded housing
Preßglaslampe *f* pressed-glass lamp
Preßglassockel *m* pressed-glass base
Preßglimmer *m* micanite
Preßharz *n* [compression-]moulding resin
Preßkabelschuh *m* stamped terminal
Preßkernspule *f* iron-dust core coil
Preßling *m* moulding, moulded (pressed) blank
Preßluft *f* compressed air
Preßluftantrieb *m* pneumatic (compressed-air) drive ● **mit P.** air-driven
Preßluftarmatur *f* compressed-air fitting
preßluftgesteuert air-powered
Preßluftkondensator *m* compressed-air capacitor
Preßluftnormalkondensator *m* compressed-air standard capacitor
Preßluftschalter *m* air-blast breaker
Preßluftsteuerung *f* compressed-air control
Preßmasse *f* moulding compound (material)
Preßpappe *f* pressboard

Preßpassung *f* press fit
Preßplatte *f* core end plate *(des Blechpakets)*
Preßring *m* commutator vee ring *(Stromwender)*
Preßschmelzschweißen *n* fusion welding with pressure
Preßschweißen *n* pressure welding
P. in fester Phase solid-phase welding
Preßsitz *m* press fit
Preßspan *m* pressboard, presspahn, strawboard
Preßstoffgehäuse *n* casing of plastic material, moulded [bakelite] jacket
Preßstoffplatte *f* / **kupferkaschierte** copper-clad laminate
Preßstück *n*, **Preßteil** *n* moulding, moulded (pressed) part
Pressung *f* compression
in Lagern zulässige P. bearing value
Pressung-Dehnung *f (Ak)* companding *(der Dynamik)*
Preßzylinder *m* squeezing cylinder
Primärabstimmspule *f* primary tuning coil
Primäranker *m* primary armature
Primärausfall *m* primary fault
Primärauslösung *f* direct release *(Relais)*
Primärbatterie *f* primary (galvanic) battery
Primärelektron *n* primary electron
Primärelement *n* primary cell
Primäremission *f* primary emission
Primärfarbe *f* primary [colour]
Primärfeld *n* primary field
Primärgruppe *f (Fmt)* [primary] group
Primärgruppenabschnitt *m (Fmt)* group section
Primärgruppendurchschaltefilter *n (Fmt)* through group filter
Primärgruppendurchschaltepunkt *m (Fmt)* through group connection point
Primärgruppenumsetzer *m (Fmt)* group translating equipment
Primärgruppenverbindung *f (Fmt)* group link
Primärgruppenverteiler *m (Fmt)* group distribution frame
Primärgruppenvoramt *n (Fmt)* group control station
Primärionisation *f* primary ionization
Primärklemme *f* primary terminal, terminal of primary winding
Primärkondensat *n* primary condensate *(Kraftwerk)*
Primärkondensatkühler *m* primary condensate cooler *(Kraftwerk)*
Primärkreis *m* primary circuit
Primärkristall *m* primary crystal
Primärkühlkreis[lauf] *m* primary coolant circuit
Primärleitung *f* primary wire
Primärlichtquelle *f* primary source [of light]
Primärnetz *n* primary network
Primärnormal *n* primary standard
Primärradar *n(m)* primary radar
Primärreinigungssystem *n* primary cleaning system *(Kraftstoff)*
Primärrelais *n* primary (main current) relay
Primärspannung *f* primary voltage
Primärspule *f* primary coil
Primärstandard *m* primary standard
Primärstrahler *m (Licht)* primary radiator; radiating element *(Antennentechnik)*
Primärstrahlung *f* primary radiation
Primärstrom *m* primary current
Primärstromkreis *m* primary (main) circuit
Primärstromverhältnis *n* primary current ratio
Primärteilchen *n* primary particle
Primärtrennelement *n* primary disconnecting device *(bei Schaltern)*
Primärvalenzen *fpl* reference stimuli, primaries *(Farbvalenzen)*
Primärversorgungsbereich *m (Fmt)* primary service area
Primärwasserzusatz *m* primary water make-up *(Kraftwerk)*
Primärwicklung *f* primary winding
P. des Transformators transformer primary [winding]
Primärzelle *f* primary cell
Prinzip *n* principle
P. der konstanten Leuchtdichte constant-luminance principle
P. des detaillierten Gleichgewichts principle of detailed balance (balancing)
biquinäres P. biquinary principle
Huygenssches P. Huygens principle
Prinzipschaltbild *n* schematic (basic) circuit diagram, circuit (wiring) diagram, elementary connection diagram, circuit principle
Priorität *f* priority *(Programmierung)*
Prioritätensteuerung *f (Rech)* priority rule
Prioritätsauswähler *m (Rech)* priority encoder
Prioritätsprogramm *n (Rech)* priority program (routine)
Prisma *n* / **strahlenteilendes** beam-splitting prism
totalreflektierendes P. total-reflecting prism
Prismenbasis *f* prism base
Prismenmonochromator *m* prism monochromator
Prismensatz *m* compound prism
Prismenspektrograf *m* prism spectrograph
Prismenspektroskop *n* prism spectroscope
Prismenspektroskopie *f* spectroscopy by prism
Prismenspektrum *n* prism (prismatic, dispersion) spectrum
Prismenstrahlteiler *m* prism-type beam splitter

Prismenwinkel *m* prism (refracting) angle
Prison-Bolzen *m* alignment pin
Prisonierstift *m* jack bolt; alignment pin
Privatanschluß *m (Fmt)* private (house) connection
Privatfernsprechanlage *f* private telephone plant (installation)
Privatfernsprechleitung *f* private telephone wire
Privatgespräch *n (Fmt)* private call
Privatnebenstelle *f (Fmt)* subscriber's extension station
Privatnebenstellenanlage *f* **mit Wählbetrieb** *(Fmt)* dial private branch exchange
Privattelefon *n (Fmt)* residence telephone
Probe *f* 1. sample, specimen; 2. *s.* Prüfung
Probeanruf *m (Fmt)* test call
Probebelichtung *f* trial (test) exposure
Probebetrieb *m*, **Probedurchlauf** *m* trial run
Probefahrt *f* test drive
Probekörper *m* test specimen (object), [test] sample
Probelauf *m* trial run, test[ing] run
Probenahme *f* sampling
Probenbehälter *m* sample container
Probenehmer *m* sampler
Probenfunktion *f* sample function *(als Teil einer Menge)*
Probentemperatur *f* sample temperature
Probeverbindung *f* trial connection; *(Fmt)* test call
Problem *n* / **logisches** logical problem *(z. B. beim Entwurf einer Steuerung)*
Problemkreis *m* problem area
Problemlösungsprogramm *n (Rech)* problem-solving program
problemorientiert *(Rech)* problem-oriented
Produkt *n*:
- **äußeres P.** *s.* vektorielles P.
- **Boolesches P.** Boolean (logic) product
- **inneres P.** *s.* skalares P.
- **skalares P.** scalar (dot) product
- **vektorielles P.** vector (cross) product

Produktion *f* / **rechnergesteuerte** computer-aided manufacturing, CAM
Produktionsbad *n (Galv)* commercial tank
Produktionsendkontrolle *f* final production testing
Produktionssteuerung *f* production control
Produktrelais *n* product relay
Profil *n* profile; contour; section
- **Gaußsches P.** Gaussian profile

Profilbeleuchtung *f* outline lighting
Profildraht *m* profile (section) wire; shaped conductor
Profilleiter *m* shaped conductor
Profilschnittverfahren *n* silhouetting section method *(Halbleiterfertigung)*
Programm *n* 1. programme *(Rundfunk, Fernsehen)*; *(Rech)* program, routine; 2. schedule *(Zeitplan)*
- **P. für die Kodeerzeugung** code generating routine
- **abgeschlossenes P.** closed program
- **ablaufendes P.** running program
- **adressenfreies P.** symbolic program
- **allgemeines P.** general program
- **allgemeines interpretierendes P.** general interpretative program
- **ausgegebenes P.** written-out program
- **äußeres P.** external program
- **automatisches P.** automatic routine
- **dynamisch verschiebbares P.** dynamic relocatable program
- **erzeugendes P.** *s.* kompilierendes P.
- **externes P.** external program
- **falsches (fehlerhaftes) P.** incorrect program
- **gespeichertes P.** stored program
- **internes P.** internal program
- **interpretierendes P.** interpretative program, interpreting routine, interpreter
- **kodiertes P.** coded program
- **kompilierendes P.** compiling program, compiler
- **laufendes P.** running program
- **logarithmisches P.** logarithmic program
- **logisches P.** logical program
- **maschinenübersetztes P.** object program
- **optimales (optimal kodiertes) P.** optimally coded program, minimum-access routine
- **residentes P.** resident program
- **simuliertes P.** simulated program
- **symbolisches P.** symbolic program
- **umgewandeltes P.** transformed program
- **unabhängiges P.** independent program
- **verschlüsseltes P.** coded program
- **von Hand eingegebenes P.** hand-set program
- **vorbereitendes P.** preparatory program
- **vorgegebenes P.** predetermined program
- **vorläufiges P.** preliminary program
- **zuordnendes P.** interpretative program
- **zusammensetzendes P.** assembly routine (*s. a.* kompilierendes P.)
- **zyklisches P.** cyclic program

Programmablauf *m* 1. *(Rech)* program flow; pass; 2. *(Syst)* control sequence
Programmablaufplan *m* program flow chart
Programmausprüfung *f* program checking (testing)
Programmaustausch *m* program exchange
Programmband *n* program tape; sequence control tape
Programmbearbeiter *m* programmer, coder
Programmbefehl *m* program instruction (command)
Programmbeginn *m* [program] beginning
Programmbibliothek *f* program library
Programmende *n* program end

Programmfehler *m* program fault
Programmfolge *f* program sequence
Programmfolgesystem *n* sequential programming system
Programmfortschaltung *f* program advance
Programmgeber *m (Syst)* control timer
P. mit Nockensteuerung camshaft timer
programmgesteuert program-controlled; sequence-controlled
Programmherstellung *f* **/ automatische** *(Rech)* self-programming
programmierbar programmable
programmieren *(Rech)* to program
neu p. to reprogram
Programmieren *n (Rech)* programming (*s. a. unter* Programmierung)
flexibles P. flexible programming
rechnerorientiertes P. computer-oriented programming
Programmierer *m* programmer, coder
Programmiergerät *n* programming device, programmer
pneumatisches P. pneumatic programming device
Programmiersprache *f (Rech)* programming language, [coding] language
P. für Simulation simulation coding language
höhere P. high-level programming language
niedrige P. low-level programming language
problemorientierte P. problem-oriented language
Programmiersymbol *n* programming symbol
Programmierung *f (Rech)* programming
P. für wahlfreien Zugriff random-access programming
P. in Maschinensprache machine-language programming
P. mit minimaler Zugriffszeit minimum-access programming
adressenfreie P. symbolic programming
automatische P. automatic programming
dynamische P. dynamic programming
kommerzielle P. commercial programming
komplexe P. complex programming
konvexe P. convex programming
lineare P. linear programming
mathematische P. mathematical programming
modulare P. modular programming
nichtlineare P. non-linear programming
optimale P. optimum programming, minimum-access programming
parametrische P. parametric programming
quadratische P. quadratic (square) programming
symbolische P. symbolic programming
zeitoptimale P. time-optimal programming
zugriffszeitunabhängige P. random-access programming
Programmierungsfehler *m (Rech)* programming error
Programmierungsfeld *n (Rech)* program board, patch bay *(Analogrechner)*
Programmierungshilfsmittel *npl* software *(programmtechnischer Teil einer elektronischen Datenverarbeitungsanlage)*
Programmierungsmethode *f (Rech)* programming method
Programmierungssprache *f (Rech)* programming language, [coding] language
Programmierungssystem *n (Rech)* programming system
Programmierverfahren *n (Rech)* programming method
Programmkarte *f (Rech)* program card
Programmlauf *m (Rech)* program run
Programmnumerierung *f (Rech)* program numbering
programmorientiert *(Rech)* program-oriented
Programmplatte *f s.* Programmtafel
Programmprüfung *f (Rech)* program checking (testing)
Programmregelung *f* program control; time[-pattern] control
Programmregister *n (Rech)* program (control) register
Programmregler *m* program controller
Programmschalter *m (Rech)* program switch, controller
Programmschaltwerk *n (Rech)* microcontroller
Programmschleife *f (Rech)* program loop (cycle)
Programmschritt *m (Rech)* program step
Programmschrittzähler *m (Rech)* sequence counter
Programmsegment *n (Rech)* control section
Programmspeicher *m (Rech)* program memory (store)
Programmspeicherung *f (Rech)* program storage
Programmsprache *f (Rech)* program language
tabellarische P. tabular program language
Programmsprung *m* 1. *(Rech)* jump; 2. *(Syst)* transfer of control
Programmsteuerung *f* program control
P. des Rechners computer program control
Programmsteuerwerk *n (Rech)* program control unit
Programmstoppschalter *m (Rech)* program stop switch

Programmstreifen *m (Rech)* program tape
Programmstufe *f (Rech)* program level
Programmtafel *f (Rech)* program panel (table, board)
austauschbare P. replaceable program panel
Programmtest *m (Rech)* program check (test)
Programmübersetzung *f (Rech)* program compilation (translation), compiling
programmüberwacht program-controlled
Programmumwandlung *f. s.* Programmübersetzung
Programmunterbrechung *f (Rech)* program interruption (stop), interrupt
bedingte P. 1. *(Rech)* conditional breakpoint; 2. conditional control sequence interruption *(Vorrangsteuerung)*
Programmunterbrechungssystem *n (Rech)* program interruption system
Programmverzweigung *f (Rech)* program jump
Programmvorbereitung *f (Rech)* program preparation
Programmvorwahl *f (Rech)* program preselection
Programmzähler *m (Rech)* program (sequence) counter
Programmzuführung *f* program supply
Programmzustand *m* program status
Projektierung *f* **des Regelungsvorgangs** control process design
Projektion *f* projection
diaskopische P. diascopic projection
episkopische P. episcopic projection
flächentreue P. equal-area projection
konforme (winkeltreue) P. conformal projection
Projektionsbild *n* screen image (picture), projected image
Projektionsbildröhre *f* projection-type television tube
Projektionsentfernung *f* projection (screen) distance
Projektionsgerät *n* projector, projection instrument (equipment)
Projektionslampe *f* projection (projector) lamp
Projektionslampengestell *n* projector lamp filament support
Projektionslicht *n* projecting light
Projektionsmaskierung *f (Halbl)* projection (out-of-contact) masking
Projektionsröhre *f* projection tube
Projektionsschirm *m* projection screen
Projektionsskaleninstrument *n (Meß)* projected-scale instrument
Projektor *m* projector
projizieren to project
Propellerturbine *f* propeller-type turbine
Proportion *f* proportion
proportional proportional
direkt p. directly proportional
umgekehrt p. inversely proportional
Proportionalabweichung *f (Syst)* position error, [proportional] offset
Proportionalbereich *m (Syst)* proportional-control zone (band), proportional band (range), P-band
Proportional-Differential-Regelung *f (Syst)* proportional-derivative[-action] control, PD[-action] control
Proportional-Differential-Regler *m (Syst)* proportional-derivative[-action] controller, PD controller
Proportionalglied *n (Syst)* proportional element
Proportional-Integral-Differential-Glied *n (Syst)* proportional-integral-derivative[-action] element, PID element
elektrisches P. integro-differentiating network
Proportional-Integral-Differential-Regelung *f (Syst)* proportional-integral-derivative[-action] control, PID[-action] control
Proportional-Integral-Differential-Regler *m (Syst)* proportional-integral-derivative[-action] controller, PID controller
Proportional-Integral-Glied *n (Syst)* proportional-integral element, PI element
Proportional-Integral-Regelung *f (Syst)* proportional-integral[-action] control, PI[-action] control
Proportional-Integral-Regler *m (Syst)* proportional-integral[-action] controller, PI controller
Proportionalitätsbereich *m s.* Proportionalbereich
Proportionalitätsfaktor *m (Syst)* proportionality (proportional-action) factor
Proportionalitätsgrenze *f* proportionality limit
Proportionalregelung *f (Syst)* proportional[-action] control, P[-action] control
Proportionalregler *m (Syst)* proportional[-action] controller, P controller
Proportionalverhalten *n (Syst)* proportional [controller] action, P action; offset behaviour *(Regelabweichung)*
Proportionalverstärker *m* proportional amplifier
Proportionalzähler *m* proportional counter
Proportionalzählrohr *n* proportional counter tube
Protokoll *n (Rech)* listing
logisches P. logic protocol *(Rechnernetze)*
Proton *n* proton
Prozeduranweisung *f (Rech)* procedure statement
Prozedurvereinbarung *f (Rech)* procedure declaration
Prozentdifferentialrelais *n* percentage differential relay

Prozentrelais *n* biased relay
Prozentsatz *m* **der ausgeführten Anmeldungen** *(Fmt)* percentage of effective calls
Prozentvergleichsschutz *m* percentage differential protection, biased differential protection (protective system) *(Relais)*
Prozeß *m* process
elektrothermischer P. electrothermal process
Gaußscher P. Gaussian process *(Zufallsvorgang)*
gesteuerter P. controlled action
irreversibler P. irreversible process
Markowscher P. Markov process *(Zufallsvorgang)*
numerischer P. numerical action
stochastischer P. stochastic (random) process
Prozeßautomatisierung *f* automatic process control, process automation
Prozeßfolge *f* sequence of processes
prozeßgesteuert process-controlled
Prozeßkorrelator *m* / **automatischer** *(Syst)* automatic process correlator
Prozeßmeßtechnik *f* process measuring technique
Prozeßoptimierung *f* process optimization
Prozessor *m* processor, central processing unit
Prozessorelement *n* central processing element, CPE, chip slice
Prozessorentwicklungsmodul *m* processor evolution module
Prozessorunterbrechung *f* processor interrupt
Prozeßprogrammschalter *m* process timer
Prozeßrechentechnik *f* process data control
Prozeßrechner *m* process [control] computer
analog arbeitender P. analogue process computer
digital arbeitender P. digital process computer
Prozeßrechnersteuerung *f* computer-directed process control
Prozeßrechnersteuerungstechnik *f* computer-directed process control technique
Prozeßregelung *f* **[/ automatische]** automatic process control
Prozeßregelungssystem *n* process control system
Prozeßsteuerung *f (Syst)* process control
P. mit Rechner computer-directed process control
industrielle P. industrial process control
Prozeßsteuerungstechnik *f* process control technique
Prozeßüberwachung *f* process monitoring
Prüfabdeckung *f* test cap
Prüfablauf *m* test procedure
Prüfabschnitt *m (Fmt)* test section
Prüfader *f (Fmt)* test wire, C-wire
Prüfanlage *f* testing plant; test equipment (set)
Prüfanleitung *f* test chart (instruction)
Prüfarm *m* test wiper
Prüfattest *n* test certificate
Prüfaufgabe *f* check problem
Prüfautomat *m* automatic test equipment, ATE
Prüfbatterie *f* testing battery
Prüfbedingung *f* / **allgemeine** general test condition
Prüfbefund *m* test result
Prüfbelastung *f* test load
Prüfbericht *m* test report
Prüfbit *n* check bit; parity bit, guard digit *(Datenübertragung)*
Prüfbits *npl* / **zyklische** *(Rech)* cyclic check bits
Prüfbitspeicher *m* test bit store
Prüfblatt *n* inspection sheet
Prüfdaten *pl* test data
Prüfdraht *m* test (pilot) wire; *(Fmt)* C-wire
Prüfeinrichtung *f* testing equipment (device, fixture), test rig (outfit), checking device, check instrument
P. für automatische Prüfungen *(Rech)* automatic routine test equipment
P. für Nummernschalter *(Fmt)* dial testing equipment
automatische P. automatic test equipment; *(Fmt)* routiner
Prüfelektrode *f* testing electrode
Prüfempfänger *m* test receiver
prüfen to test; to check, to control; to inspect; to verify
auf Besetztsein p. *(Fmt)* to verify a busy report
auf Fehler p. to check for faults
auf Pfeifsicherheit p. *(Fmt)* to test the stability
auf Stabilität p. *(Syst)* to prove stability, to make check on stability
den Ruf p. *(Fmt)* to test the signalling
die Verständigung p. *(Fmt)* to test the quality of conversation
mit Sonden p. to probe-test
noch einmal p. to retest
vorher p. to pretest
Prüfen *n* **der Eichung** checking of the calibration
hauptkartengesteuertes P. *(Rech)* master card control of verification
Prüfergebnis *n* test result
Prüffeld *n* 1. test department (laboratory), proving ground; 2. test panel
Prüffinger *m* test finger *(Gerät zur Prüfung des Berührungsschutzes)*
kombinierter P. joined test finger
starrer P. rigid test finger
Prüffrequenz *f* test frequency
Prüfgegenstand *m s.* Prüfobjekt

Prüfgenerator *m* test (signal) generator; alignment generator (oscillator)
Prüfgerät *n* testing apparatus (instrument, device), test set, tester, check (inspection) instrument
Prüfgestell *n* test board; *(Fmt)* test desk
Prüfgleichspannung *f* / **negative** reverse test d.c. voltage *(Thyristor)*
Prüfimpuls *m* test pulse
Prüfkammer *f* test cabinet (chamber)
Prüfkarte *f* test certificate
Prüfkaskade *f* cascaded testing transformer
Prüfklemme *f* test (calibrating) terminal
Prüfklemmenblock *m* test terminal box *(z. B. für Zähler)*
Prüfklima *n* test climate
Prüfklinke *f (Fmt)* test jack
Prüfklinkenfeld *n (Fmt)* test jack panel
Prüfklinkenrahmen *m (Fmt)* test jack frame
Prüfkode *m* test (check) code
Prüfkontaktarm *m (Fmt)* private wiper, P-wiper
Prüfkopf *m* test (probe) head
Prüflabor *n* testing (experimental) laboratory
Prüflampe *f* test lamp
Prüflast *f* test load
Prüfleiter *m (Fmt)* third wire
Prüfleiterplatte *f* test circuit board
Prüfleitung *f* test line; *(Fmt)* test wire, C-wire
Prüfleitungswähler *m (Fmt)* test connector
Prüfling *m* test piece (specimen, sample, component), check sample (*s.a.* Prüfobjekt); *(App)* device under test
Prüflingskapazität *f* specimen capacitance
Prüflocher *m* control punch *(Lochkarte)*
Prüfmethode *f* testing technique, method of test[ing]
Prüfmuster *n* 1. check sample, test piece; 2. test pattern
Prüfnachricht *f (Fmt)* test pattern message
Prüfnormalien *pl* standard rules
Prüfobjekt *n* test object (item), specimen [under test] (*s.a.* Prüfling)
Prüfplatte *f* test panel (board)
einseitig kupferkaschierte P. single-sided copper-clad test panel
Prüfplatz *m (Fmt)* test[ing] position
Prüfproblem *n* check problem
Prüfprogramm *n* test program (routine, schedule), check program
Prüfprotokoll *n* test certificate, inspection sheet; *(Rech)* test log
Prüfraum *m* test (check, inspection) room
Prüfregeln *fpl* standard rules
Prüfregister *n (Rech)* check register
Prüfreiz *m* test stimulus
Prüfrelais *n* test relay
Prüfschablone *f* inspection overlay *(für Leiterplatten)*
Prüfschallplatte *f* test record
Prüfschallquelle *f* 1. reference noise generator *(Schalleistungsnormal)*; 2. acoustic (sound level) calibrator *(Mikrofonkalibrierung)*
Prüfschalter *m* test[ing] switch; *(App)* feeler switch
Prüfschaltung *f* test (check) circuit
einpolig geerdete P. asymmetric connection
symmetrische P. symmetrical connection
synthetische P. synthetic testing scheme *(z. B. bei Schalterprüfung)*
Prüfschärfe *f* severity of inspection
Prüfschein *m* test certificate
Prüfschema *n (Meß)* test program; test diagram
Prüfschneide *f* testing edge
Prüfschnur *f* test (patch) cord
Prüfschrank *m* test board (cabinet, desk)
Prüfschritt *m* test (check) step
Prüfsender *m* test (signal) generator
Prüfsignal *n* test signal
gemischtes P. composite test signal
Prüfsignalgeber *m* test signal oscillator
Prüfsignalgemisch *n* composite test signal
Prüfsignalgenerator *m* test signal oscillator
Prüfsonde *f* test probe
Prüfspannung *f* test voltage, testing potential; *(Hochsp)* isolation voltage
endgültige (tatsächliche) P. final test voltage
zulässige P. withstand test voltage
Prüfspannungsendwert *m* final test voltage
Prüfspannungserzeugung *f* generation of test voltage
Prüfspannungszeichen *n* test voltage symbol
Prüfspitze *f* [test] prod
Prüfspitzenbuchse *f* tip jack
Prüfspule *f* test (search) coil
magnetische P. magnetic test coil
Prüfstand *m* test stand (bay, floor, rig); check room
Prüfstandversuch *m* bench test
Prüfstelle *f* test point
Prüfstoß *m* test pulse
Prüfstrom *m* test[ing] current; minimum fusing current *(Sicherung)*
kleiner P. limiting no-damage current
Prüfstromkreis *m* test circuit
Prüfstück *n* test piece (specimen, sample)
Prüftaste *f* test key
Prüftelefon *n* test handset
Prüftisch *m* test bench (desk)
Prüftoleranz *f* test tolerance
Prüfton *m* test tone
Prüftransformator *m* test transformer
Prüfung *f* check; test, trial; inspection; *(Rech)* numerical check
P. auf Benetzbarkeit wettability test

P. auf Betriebsfähigkeit *(Rech, Fmt)* clear test
P. auf Gasdichtigkeit gas-tight test
P. auf Umgebungseinflüsse environmental test
P. auf unzulässige Kodekombinationen *(Rech)* forbidden combination check
P. bei aussetzender Entladung intermittent test *(Batterie)*
P. bei Dauerbelastung continuous test
P. bei feuchter Wärme damp heat test
P. bei künstlichem Regen test under artificial rain
P. der Lärmentwicklung noise [emission] test
P. eines Meßmittels examination of a measuring instrument
P. im beregneten Zustand test under wet conditions
P. im trockenen Zustand dry test
P. mit paarweisem Vergleich pair comparison test
P. unter realen Einsatzbedingungen field test
P. von Isolierstoffen testing of insulating materials
arithmetische P. arithmetic check
audiometrische P. audiometric test[ing]
automatische P. automatic check[ing]
dielektrische P. dielectric test
eingebaute P. built-in check
logische P. logical check
mathematische P. mathematical check
programmierte P. programmed check[ing]
rechnerische P. arithmetic check
reduzierte P. reduced inspection
regelmäßige P. routine test
verschärfte P. tightened inspection
zerstörungsfreie P. non-destructive test
Prüfungsauswertung *f* evaluation of test
Prüfunterprogramm *n (Rech)* checking subroutine
Prüfverbindung *f (Fmt)* test call
Prüfverfahren *n* test[ing] method, testing technique; test (inspection) procedure
P. mit gebogener Katode *(Galv)* bent-cathode test
allgemeines P. general test method
direktes P. direct testing scheme *(z. B. bei Schalterprüfung)*
synthetisches P. synthetic testing scheme *(z. B. bei Schalterprüfung)*
Prüfverkehr *m (Fmt)* test traffic
Prüfvorgang *m* operation of testing
Prüfvorrichtung *f* testing equipment (device, apparatus)
Prüfvorschrift *f* test specification (instruction)
Prüfwähler *m (Fmt)* test selector
Prüfwert *m* test value; measured value
Prüfzeichen *n* 1. test mark *(zur Abnahmekennzeichnung)*; 2. check character (digit) *(für Prüfzwecke)*
Prüfzeit *f* test (inspection) time, duration of test
Prüfzelle *f* 1. pilot cell *(der Batterie)*; 2. test cell *(für Durchschlagsprüfungen an Flüssigkeiten)*
Prüfziffer *f (Rech)* check digit
Prüfzugang *m (Fmt)* test access
Prüfzugangspunkt *m*, **Prüfzugangsstelle** *f (Fmt)* test-access point
Prüfzwischensockel *m* test adapter
Prüfzyklus *m* test cycle
Pseudoabgleich *m* pseudobalance
Pseudoadresse *f (Rech)* pseudoaddress, symbolic (floating) address
Pseudobefehl *m (Rech)* pseudoinstruction
Pseudoeffekt *m* pseudoeffect
Pseudokode *m (Rech)* pseudocode, abstract code
Pseudokodeprogramm *n (Rech)* pseudocode program
pseudolinear pseudolinear
Pseudopotential *n* pseudopotential
Pseudoprogramm *n (Rech)* pseudoprogram, symbolic program
Pseudoternärkode *m (Rech)* pseudoternary code
pseudozufällig pseudorandom
Pseudozufallsfolge *f (Rech)* pseudorandom sequence
Pseudozufallsrauschen *n* pseudorandom noise
Psophometer *n* psophometer
Psychoakustik *f* psychoacoustics
Psychogalvanometer *n* psychogalvanometer
PTC-Widerstand *m* PTC resistor, positive temperature coefficient resistor
p-Typ-Halbleiter *m* p-type semiconductor
Puffer *m (El, Rech)* buffer
impulsbildender P. pulse-forming buffer
Pufferbatterie *f* buffer battery
Pufferbaustein *m* buffer module
Pufferbetrieb *m* buffer-battery system
Pufferdiode *f* buffer diode
Pufferfeder *f* buffer spring
Puffergerät *n* buffer unit
Pufferkondensator *m* buffer capacitor
Pufferkontakt *m* buffer contact
Pufferkreis *m* buffer circuit
Pufferladegerät *n* battery booster *(für Batterien)*
Pufferladung *f* trickle (compensating) charge *(Batterie)*
puffern *(El, Rech)* to buffer; to dampen
Pufferregister *n (Rech)* buffer register
Pufferspeicher *m (Rech)* buffer memory (store), temporary (intermediate) store, cache
örtlicher P. local buffer store

Pufferstufe *f (El, Rech)* buffer stage, buffer
Pufferverstärker *m (El, Rech)* buffer amplifier
Pufferverzweiger *m (Fmt)* buffer cabinet
Pufferwirkung *f* buffer action
Puls *m (El, Elk)* pulse, [im]pulse train, train of [successive] pulses (*s. a. unter* Impuls)
Pulsabfallzeit *f* pulse fall time
Pulsamplitude *f* pulse amplitude
Pulsamplitudenmodulation *f* pulse-amplitude modulation, PAM
Pulsanstiegszeit *f* pulse rise time
Pulsation *f* pulsation
Pulsationsverlust *m* pulsation loss
Pulsbelastung *f* pulse loading
Pulsbetrieb *m* pulsing duty
Pulsbreite *f* pulse width
Pulsbreitenabtastung *f* pulse-width sampling
Pulsbreitenerfassung *f* pulse-width recording
Pulsbreitenmodulation *f* pulse-width modulation
Pulsbreitenmodulator *m* pulse-width modulator
Pulscodemodulation *f s.* Pulskodemodulation
Pulsdauer *f* pulse duration (length)
Pulsdauermodulation *f* pulse-duration modulation, PDM, pulse-length modulation
pulsen to pulse; to chop *(z. B. Gleichstrom)*
Pulser *m* chopper *(für Gleichstrom)*
Pulserzeugung *f* pulse generation
Pulsfolge *f* series of pulses (*s. a.* Impulsfolge)
Pulsfolgefrequenz *f s.* Pulsfrequenz
Pulsformer *m* pulse shaper
Pulsformerleitung *f* pulse-forming line
Pulsformung *f* pulse forming (shaping)
Pulsfrequenz *f* pulse frequency (rate), [pulse] repetition frequency, [pulse] repetition rate
Pulsfrequenzfernmessung *f* pulse rate telemetering
Pulsfreqenzmodulation *f* pulse-frequency modulation, PFM
Pulsgeber *m*, **Pulsgenerator** *m* pulser, pulse generator [im]pulse sender
Pulshöhe *f* pulse height
pulsieren to pulsate
Pulsieren *n* pulsation, pulsing
pulsierend pulsating; intermittent
Pulskode *m* pulse code
Pulskodemodulation *f* pulse-code modulation, PCM
Pulslagenmodulation *f* pulse-position modulation, PPM
Pulslänge *f* pulse length (duration)
Pulslängenkode *m* pulse-length code
Pulslängenkodierung *f (Fmt)* [pulse] duration coding
Pulslängenmodulation *f* pulse-length modulation, pulse-duration modulation, PDM
Pulsleistung *f* pulse power
Pulsmodulation *f* pulse modulation, PM
  quantisierte P. quantized pulse modulation
Pulsphasenmodulation *f* pulse-phase modulation, pulse-position modulation, PPM
Pulsradar *n (FO)* pulsed radar
Pulsregenerierung *f* pulse regeneration
Pulsschaltsystem *n* / **periodisches** cyclic pulse switching system
Pulsschaltung *f* pulse circuit
Pulsspeicher *m* / **periodischer** cyclic pulse store
Pulssteigungsmodulation *f* pulse-slope modulation, PSM
Pulssteller *m* chopper *(für Gleichstrom)*
Pulswiederholungshäufigkeit *f s.* Pulsfrequenz
Pulszahl *f* pulse number
Pulszahlmodulation *f* pulse-code modulation, PCM
Pulszeit *f* / **mittlere** mean pulse time
Pulszeitmodulation *f* pulse-time modulation, PTM
Pulver *n* / **braunes** brown powder *(Fremdschicht auf Palladium-Kontaktwerkstoff)*
Pulvereisenkern *m* dust-iron core
pulverförmig powdered, powdery
Pulverfritter *m* powder coherer
Pulverglühkatode *f* powder cathode
pulverisiert powdered
Pulverkern *m* powder core
Pulvermetallurgie *f* powder metallurgy
pulvermetallurgisch powder-metallurgical
Pumpanschluß *m* exhaust port *(Lampe)*
Pumpdiagramm *n (Laser)* pump[ing] diagram
Pumpe *f* pump
  elektromagnetische P. electromagnetic pump
  hydraulische P. hydraulic pump
pumpen to pump
Pumpen *n (Laser)* pumping
  optisches P. optical pumping
Pumpenergie *f (Laser)* pump[ing] energy
Pumpfrequenz *f (Laser)* pump[ing] frequency
Pumplampe *f (Laser)* pump[ing] lamp
Pumpleistung *f (Laser)* pump[ing] power
Pumplicht *n (Laser)* pump[ing] light
Pumplichtabsorption *f (Laser)* pump light absorption
Pumplichtintensität *f (Laser)* pumping light intensity
Pumplichtquelle *f (Laser)* pumping [light] source
  optische P. optical pumping light source

Pumpquelle *f (Laser)* pump[ing] source, pump
Pumprohr *n* exhaust tube (stem) *(an einer Lampe)*
Pumpsignal *n (Laser)* pump signal
Pumpspannung *f (Laser)* pump[ing] voltage
Pumpspeicher[kraft]werk *n* pumped-storage [hydro] station, pumped-storage hydro power station, storage power station
Pumpspitze *f* pip, tip *(zum Evakuieren einer Röhre)*
Pumpstrom *m* pump current
Pumpsystem *n (Laser)* pump[ing] system
Pumpturbine *f* pump turbine
Pumpwellenlänge *f (Laser)* pumping wavelength
Pumpwerk *n* pumping plant
Punkt *m* point; dot; spot
eutektischer P. eutectic point
fester P. fixed point
isoelektrischer P. isoelectric point
kritischer P. critical point; break point
singulärer P. singular point
toter P. dead point (centre); *(Nrt)* dead spot *(ohne Funkempfang)*
unkritischer P. *(Syst)* non-critical point
Punktbauelement *n* dot component *(scheibenförmiges Bauelement)*
Punktbeleuchtung *f* point lighting
Punktberechnungsmethode *f* point-by-point [calculation] method
Punktberührung *f* point contact
Punktbeschleunigung *f* spot acceleration
Punktdefekt *m (Halbl)* point defect
Punktdiode *f* point diode
Punkte-Balken-Generator *m (Ferns)* dot-bar generator
Punktelektrode *f* tip (point) electrode, spot [welding] electrode
punkten *s.* punktschweißen
Punktentladung *f* point discharge
Punktfolge *f (Ferns)* dot sequence
Punktfolgefarbenverfahren *n* dot-sequential [colour television] system
punktförmig punctiform, point-shaped
Punkt-für-Punkt-Messung *f* point-by-point measurement
Punktgenerator *m (Ferns)* dot generator
Punkthelle *f (Licht)* point brilliance
punktiert dotted
Punktkontakt *m* point (spot) contact
Punktkontaktdiode *f* point contact diode
Punktkontakttransistor *m* point contact transistor
Punktladung *f* point charge
Punktlichtquelle *f* point light source
Punktlichtscheinwerfer *m* spotlight
punktlöten to spot-solder
Punktmatrixdrucker *m* dot matrix printer
Punktoxydation *f* **von MOS-Halbleitern** local oxidation of metal oxide semiconductors, LOCMOS *(Maskentechnik)*
P. von Silizium local oxidation of silicon, LOCOS *(Maskentechnik)*
Punktpol *m* point pole
Punktprodukt *n* dot product
Punkt-Punkt-Steuerung *f* point-to-point control
Punktquelle *f* 1. point source *(Strahlung)*; 2. *s.* Punktstrahler
Punktscheinwerferbeleuchtung *f* spotlighting
Punktschreiber *m* point (dotting) recorder
Punktschweißelektrode *f s.* Punktelektrode
punktschweißen to spot-weld
Punktschweißen *n* spot welding
kurzzeitiges P. shot welding
Punktschweißgerät *n* spot-welding equipment
Punktschweißmaschine *f* spot welder (welding machine)
Punktsprung *m (Ferns)* dot interlace
Punktsprungabtastung *f (Ferns)* dot interlace scanning
Punktsprungsystem *n (Ferns)* dot interlace system
Punktsprungverfahren *n (Ferns)* dot interlace [scanning] system
Punktsteuerung *f (Syst)* point-to-point [positioning] control
Punktstrahler *m (Ak)* monopole source, point emitter (source)
Punkt-Strich-Verfahren *n* dot-dash mode
Punkt-zu-Punkt-Verbindung *f (Nrt)* point-to-point communication (connection)
pupinisieren *(Fmt)* to pupinize, to coil-load
pupinisiert *(Fmt)* coil-loaded
Pupinisierung *f (Fmt)* pupinization, coil (Pupin, series) loading
leichte P. light loading
Pupinkabel *n (Fmt)* Pupin cable, coil-loaded cable
Pupinleitung *f (Fmt)* coil-loaded circuit
Pupinpunkt *m (Fmt)* loading point
Pupinspule *f (Fmt)* Pupin (loading) coil
P. für Luftkabel aerial-cable loading coil
Pupinspulenkasten *m (Fmt)* loading coil case
Pupinspulenpunkt *m (Fmt)* pupinization point
Pupinspulensatz *m (Fmt)* loading coil unit
Pupinverfahren *n (Fmt)* coil loading
Puppe *f* dolly *(Batterie)*
Purpurgerade *f* purple boundary *(Farbmetrik)*
Putz *m* / **schallabsorbierender** acoustic plaster
PVC polyvinyl chloride, PVC
PVC-Isolation *f* PVC insulation
PVC-Kabelmantel *m* PVC cable sheath
PVC-Überzug *m* PVC sheathing
P-Verhalten *n s.* Proportionalverhalten

Pyramidenantenne *f* pyramidal aerial
Pyramidenhorn *n* pyramidal horn
Pyranometer *n* pyranometer *(zur Messung der Globalstrahlung)*
pyroelektrisch pyroelectric
Pyroelektrizität *f* pyroelectricity
Pyrolyse *f* pyrolysis
pyrolytisch pyrolytic
Pyrometer *n* pyrometer *(zur berührungslosen Temperaturmessung)*
  optisches P. optical pyrometer
  thermoelektrisches P. thermoelectric pyrometer
Pyrometerlampe *f* pyrometer lamp
Pyrometrie *f* pyrometry
p-Zone *f (Halbl)* p-region

Q

Q *s.* 1. Elektrizitätsmenge; 2. Q-Faktor
Q-Achse *f (Masch)* quadrature axis
QAM *s.* Quadraturamplitudenmodulation
Q-Band *n* Q-band
Q-Faktor *m* Q factor, quality factor
Q-Faktor-Meßgerät *n* Q-meter
Q-Gruppe *f (Nrt)* Q-group
Q-Schalter *m* Q-switch *(Güteschalter)*
Q-Schlüssel *m* Q-code
Q-Signal *n* Q signal, coarse chrominance primary *(Farbfernsehen)*
Quadrantenelektrometer *n* quadrant electrometer
  Q. nach Kelvin Kelvin electrometer
Quadrantenschaltung *f* heterostatic circuit (method) *(bei elektrostatischen Instrumenten)*
Quadrantfehler *m* quadrantal deviation (error)
quadratisch quadratic; square
  q. abhängig in proportion to the square
Quadratskale *f* square scale
Quadratur *f* quadrature *(90°-Phasenverschiebung)*
Quadraturamplitudenmodulation *f (Nrt)* quadrature amplitude modulation, QAM
Quadraturausgang *m* quadrature output
Quadraturoszillator *m* quadrature oscillator
Quadraturverzerrung *f (Ferns)* quadrature distortion
Quadratwurzel *f* square root
Quadratwurzelabhängigkeit *f* square-root dependence
quadrieren to square
Quadrierschaltung *f* squaring circuit (network), squarer
Quadrofonie *f* quadrophony
Quadruplexbetrieb *m (Fmt)* quadruplex working
Quadruplextelegraf *m* quadruplex telegraph
Quadrupol *m* quadrupole
Quadrupolabsorption *f* / **elektrische** quadrupole electric absorption
Quadrupolantenne *f* quadrupole aerial
Quadrupolfrequenz *f* quadrupole frequency
Quadrupolkopplung *f* quadrupole coupling
Quadrupolresonanz *f* quadrupole resonance
Quadrupolschwingung *f* quadrupole oscillation
Quadrupolstrahlung *f* quadrupole radiation
Quadrupolübergang *m* quadrupole transition
Quadrupolverstärker *m* quadrupole amplifier
Qualität *f* quality; class
  Q. des Fernsehbilds television picture quality
  minderwertige Q. inferior quality
Qualitätskontrolle *f* quality control (checking)
  statistische Q. statistical quality control
Qualitätsmerkmal *n* quality characteristic
Qualitätsminderung *f* reduction in quality, deterioration
Qualitätssicherung *f* quality assurance
Quant *n* quantum
quanteln to quantize
Quantelung *f* quantization
Quantenausbeute *f* quantum efficiency (yield)
Quantenbahn *f* quantum orbit (path)
Quantenbedingung *f* quantum condition
Quanteneigenschaft *f* quantum character (structure, property)
Quantenelektrodynamik *f* quantum electrodynamics
Quantenelektronik *f* quantum electronics
Quantenenergie *f* quantum energy, energy content of quanta
Quantenfeld *n* quantum field
Quantenfeldtheorie *f* quantum (quantized) field theory
Quantenfluktuation *f* quantum fluctuation
Quantenfrequenz *f* quantum frequency
Quantenfrequenzwandler *m* quantum frequency converter
Quantengenerator *m* quantum oscillator, molecular oscillator (generator)
Quantenmechanik *f* quantum mechanics
quantenmechanisch quantum-mechanical
Quantenniveau *n* quantum level
Quantenoptik *f* quantum optics
Quantenoszillator *m* quantum oscillator
Quantenphysik *f* quantum physics
Quantenrauschen *n* quantum noise
Quantenresonanz *f* quantum resonance
Quantensprung *m* quantum jump (transition, leap)
Quantenstatistik *f* quantum statistics
Quantenstrahlung *f* quantum radiation
Quantenstreuung *f* quantum scattering

Quantenstromdichte *f* quantum flux density
quantentheoretisch quantum-theoretical
Quantentheorie *f* quantum theory *(z. B. des Lichts)*
Quantenübergang *m* quantum transition (jump)
Quantenvernichtung *f* quantum annihilation; photon annihilation
Quantenverstärker *m* aser (*Kurzwort für* amplifier based on stimulated emission of radiation)
optischer Q. laser amplifier
paramagnetischer Q. paramagnetic maser [amplifier]
Quantenzahl *f* quantum number
Quantenzustand *m* quantum state
quantisieren to quantize
Quantisiergerät *n* quantizer
Quantisierung *f* quantization
lineare Q. uniform quantizing *(Pulskodemodulation)*
nichtlineare Q. non-uniform quantizing *(Pulskodemodulation)*
Quantisierungseffekt *m (Nrt)* quantization effect
Quantisierungsfehler *m (Nrt)* quantization error
Quantisierungsrauschen *n (Nrt)* quantization noise
Quantisierungsstufe *f (Nrt)* quantization level
Quantisierungsverzerrung *f (Nrt)* quantization distortion
Quantisierungsverzerrungsleistung *f (Nrt)* quantization distortion power
Quantometer *n* quantometer *(elektronisches Spektralanalysengerät)*
Quartärgruppe *f (Fmt)* supermastergroup, quaternary group
Quartärgruppenabschnitt *m (Fmt)* supermastergroup section
Quartärgruppenumsetzer *m (Fmt)* supermastergroup translating equipment
Quartärgruppenverbindung *f (Fmt)* supermastergroup link
Quarz *m* 1. quartz; 2. quartz [crystal], crystal
geschmolzener Q. fused quartz
synthetischer Q. synthetic quartz
Quarzbedampfungsanlage *f* crystal coating plant
Quarzbeschichtung *f* crystal coating
Quarzblockfilter *n* crystal block filter
Quarzbrenner *m* quartz burner
Quarzdemodulator *m* crystal demodulator
Quarzeichgenerator *m* quartz calibrator
Quarzfadendosimeter *n* quartz fibre dosimeter
Quarzfaser *f* quartz fibre
Quarzfassung *f* crystal mounting
Quarzfenster *n* quartz window
Quarzfilter *n* quartz (crystal, piezoelectric) filter
Quarzfrequenz *f* crystal frequency
quarzgeeicht crystal-calibrated
Quarzgenerator *m* crystal generator
quarzgesteuert crystal-controlled
Quarzglas *n* quartz glass, fused quartz (silica)
Quarzglaslampe *f* quartz lamp
Quarzgrundlage / auf silica-based
Quarzhalter *m* crystal holder
Quarz-Jod-Lampe *f* quartz-iodine lamp
Quarzkondensor *m (Licht)* quartz condenser
Quarzkristall *m* quartz crystal
Quarzlampenstrahler *m* quartz lamp emitter
Quarzlinse *f* quartz lens
Quarzmarkengeber *m* crystal marker [generator]
Quarzmonochromator *m* quartz monochromator
Quarzofen *m* crystal oven
Quarzoszillator *m* crystal (quartz) oscillator
Quarzprisma *n* quartz prism
Quarzquetschung *f* quartz pinch
Quarzresonator *m* quartz[-crystal] resonator
Quarzrohr *n* quartz tube
Quarzrohrstrahler *m* quartz tube radiator *(Infrarotstrahler)*
Quarzschwinger *m* quartz[-crystal] resonator
Quarzspektrograf *m* quartz spectrograph
Quarzstab *m* quartz rod
quarzstabilisiert quartz-stabilized, crystal-stabilized
Quarzsteuerung *f* quartz (crystal) control
Quarzstufe *f* crystal oscillator
Quarzuhr *f* quartz (crystal) clock
Quarzverzögerungsleitung *f* quartz delay line
quasiadiabatisch quasi-adiabatic
Quasieffektivwertgleichrichter *m* quasi-r.m.s. rectifier (detector)
Quasieffektivwertmesser *m* quasi-r.m.s. detector
quasielastisch quasi-elastic
Quasi-Fermi-Niveau *n* quasi Fermi level *(Energiebändermodell)*
Quasigleichgewicht *n* quasi-equilibrium
Quasiimpulsrauschen *n* quasi-impulse noise
quasikomplementär quasi-complementary
quasineutral quasi-neutral
Quasineutralität *f* quasi-neutrality
Quasischeitelwert *m* quasi-peak value
Quasischeitelwertspannungsmesser *m* quasi-peak voltmeter
Quasispitzenwert *m* quasi-peak value
quasistabil quasi-stable
quasistationär quasi-stationary

quasistatisch quasi-static
quasistetig quasi-continuous
quasitransversal quasi-transverse
Quecksilberbatterie *f* mercury battery (cell)
Quecksilberbogen *m* mercury arc
Quecksilberbogenlampe *f* mercury[-arc] lamp
Quecksilberdampf *m* mercury vapour
Quecksilberdampfdruck *m* mercury vapour pressure
Quecksilberdampfentladungsröhre *f* mercury vapour tube
Quecksilberdampfgleichrichter *m* mercury-arc rectifier, mercury[-vapour] rectifier
Q. mit Eisenkammer steel-tank mercury-arc rectifier *(für den Lichtbogen)*
Q. mit flüssiger Katode mercury-pool-type rectifier
Q. mit Metallkolben metal-tank mercury-arc rectifier
Q. mit Zündelektroden ignition rectifier
gesteuerter Q. controlled mercury-arc rectifier
Quecksilberdampflampe *f* mercury-vapour lamp, mercury discharge lamp
Quecksilberdampfmenge *f* quantity of mercury vapour
Quecksilberdampfventil *n s.* Quecksilberdampfgleichrichter
Quecksilberdampfwechselrichter *m* mercury-arc inverter
Quecksilberdiffusionspumpe *f* mercury diffusion pump
Quecksilberelektrode *f* mercury electrode
tropfende Q. dropping mercury electrode
Quecksilberelement *n* mercury cell
Quecksilberfreisetzung *f* mercury release
Quecksilbergleichrichter *m* mercury rectifier
Quecksilberhochdruckentladung *f* high-pressure mercury [vapour] discharge
Quecksilberhochdrucklampe *f* high-pressure mercury [vapour] lamp, HPMV-lamp
Quecksilberhöchstdrucklampe *f* very-high pressure mercury lamp, extra-high pressure mercury lamp
Quecksilberkatode *f* mercury[-pool] cathode
Quecksilberkontakt *m* mercury[-wetted] contact
Quecksilberkontaktröhre *f* mercury-contact tube
Quecksilberkontaktthermometer *n* mercury-contact thermometer
Quecksilberlampe *f* mercury[-vapour] lamp
farbkorrigierte Q. colour-corrected mercury lamp
Quecksilberlampenbeleuchtung *f* mercury lighting
Quecksilberlampenlicht *n* mercury light
Quecksilberlinie *f* mercury line *(Spektrum)*
Quecksilbermotorzähler *m* mercury motor meter
Quecksilberniederdruckentladung *f* low-pressure mercury discharge
Quecksilberniederdrucklampe *f* low-pressure mercury [-vapour] lamp
Quecksilbernormalelement *n* mercury cell
Quecksilberoxidelement *n* oxide-of-mercury cell
Quecksilberrelais *n* mercury relay
Quecksilberresonanzlinie *f* mercury resonance line
Quecksilberresonanzstrahlung *f* mercury resonance radiation
Quecksilberröhrchenschalter *m s.* Quecksilberschalter
Quecksilbersäule *f* mercury column
Quecksilberschalter *m* mercury [tilt] switch
magnetischer Q. magnetic mercury switch
Quecksilberschaltrelais *n* mercury switching relay
Quecksilberschaltröhre *f* mercury-switch valve (tube), mercury-in-glass switch, mercury-contact tube
Quecksilberspeicher *m (Rech)* mercury memory (store)
Quecksilberspektrallampe *f* mercury spectral lamp
Quecksilberspektrum *n* mercury spectrum
Quecksilberspiegel *m* mercury mirror
Quecksilberstrahlgleichrichter *m* mercury jet rectifier
Quecksilbertropfelektrode *f* dropping mercury electrode
Quecksilberumlaufzähler *m* mercury motor meter
Quecksilberumschalter *m* mercury switch
Quecksilberunterbrecher *m* mercury interrupter (breaker)
Quecksilberverzögerungsleitung *f* mercury delay line
Quecksilberwattmeter *n* mercury watt-hour meter
Quecksilberwippe *f* mercury switch, mercury-contact tube
Quecksilberzähler *m* mercury motor meter
Quelldichte *f* source density, density of source distribution
Quelle *f* source
gesteuerte Q. controlled source
Quellenelektrode *f* source [electrode] *(eines Feldeffekttransistors)*
Quellenelektrodenkontakt *m (Halbl)* source contact
Quellenerde *f* source earth
Quellenergiebigkeit *f* availability of sources *(z. B. Wärmequellen)*
quellenfrei source-free
Quellengebiet *n (Halbl)* source region
Quellenimpedanz *f* source impedance
Quellenkodierung *f* source coding

Quellenleitwert *m* source admittance
Quellenprogramm *n* source program
Quellenrauschen *n* source noise
Quellensprache *f s.* Quellsprache
Quellenwiderstand *m* source resistance
Quellprogramm *n* source program
Quellsprache *f (Rech)* source language *(Programmierung)*
Quellsprachenübersetzung *f* source language translation
Querableitung *f* shunt impedance
Querachse *f (Masch)* quadrature (transverse) axis
Queranordnung *f* transverse arrangement
Queraufhängung *f* vertical mounting
Queraufstellung *f* transverse arrangement
Queraufzeichnung *f* / **magnetische** perpendicular magnetization
Querausgleich *m (Fmt)* capacitance balance
Querbelastung *f* transverse load
Querbewegung *f* transverse motion
Querdifferentialschutz *m* transverse differential protection
Querdrosselspule *f* reactor *(bei Freileitungen)*
Querelement *f* shunt element
Quer-EMK *f* quadrature-axis component of the electromotive force
Querempfindlichkeit *f* transverse [axis] sensitivity, cross-axis sensitivity
Querentzerrer *m* parallel equalizer, shunt admittance[-type] equalizer
Querentzerrung *f* parallel equalization, shunt admittance[-type] equalization
Querfeld *n* transverse (cross) field
Querfeldemitter *m* field-injection gate *(bei steuerstromverstärkenden Thyristoren)*
Querfeldgenerator *m* / **Rosenbergscher** Rosenberg [crossed-field] generator
Querfeldinstrument *n* transverse-field instrument
Querfeldmaschine *f* armature-reaction excited machine
Querfeldreaktanz *f* quadrature-axis [armature] reactance
Querfeldschaltsystem *n* cross-field switching system
Querfeldspannung *f* quadrature-field voltage
Querfeldwanderfeldröhre *f* transverse-field travelling-wave tube
Querflußinduktionserwärmung *f* transverse flux induction heating
quergerichtet transverse, transversal
Querglied *n* shunt component (element, arm) *(Vierpoltheorie)*
Querimpedanz *f* shunt (leak) impedance
synchrone Q. quadrature-axis synchronous impedance
Querimpuls *m* transverse momentum
(senkrecht zur Bewegungsrichtung eines Teilchens)
Querinduktivität *f* shunt (leak) inductance
Querkabel *n (Fmt)* link cable *(zwischen zwei Verzweigern)*
Querkomponente *f* transverse (cross) component
Querkondensator *m* shunt capacitor; transversely mounted capacitor
Querkopplung *f (Nrt)* cross coupling
Querlagenrelais *n* aileron positioning relay *(beim Flugzeug)*
Querleitfähigkeit *f* transverse conductivity
Querleitwert *m* transverse conductance
komplexer Q. shunt admittance
Quermagnetisierung *f* transverse (perpendicular) magnetization
Querreaktanz *f* quadrature reactance
Querrechnung *f* cross-checking
Querresonanz *f* transverse resonance
Querschnitt *m* cross section ● **mit kreisförmigem (rundem) Q.** circular sectioned (in section)
Q. des Strahlenbündels beam cross section
absoluter Q. absolute cross section
aktiver Q. effective cross-sectional area *(z. B. eines Kabels)*
kreisförmiger Q. circular [cross] section
quadratischer Q. square cross section
rechteckiger Q. rectangular cross section
Querschnittsänderung *f* cross-sectional variation
Querschnittsfläche *f* cross-sectional area
Querschnittsübergang *m* change in [cross] section *(Wellenleiter)*
Querschwingung *f* transverse vibration
Querspannung *f* quadrature-axis component of the voltage
Querspule *f* leak coil
Querspuraufzeichnung *f* transverse track recording
Querstab *m*, **Querstange** *f* cross-bar
Querstörsignalunterdrückung *f* transverse stray rejection *(Streifenschreiber)*
Querstrahler *m* broadside [aerial] array
Q. mit flachem Reflektor billboard aerial
Querstrahlung *f* broadside radiation *(Antenne)*
Querstrahlwanderfeldröhre *f* transverse-beam travelling-wave tube
Querstrom *m* shunt (leakance) current
Quersummenprüfung *f* transverse sum checking
Querträger *m* cross (pole) arm *(am Mast)*; cross-bar
Querübersprechen *n* transverse cross talk
Querurspannung *f* / **subtransiente** quadrature-axis subtransient electromotive force
transiente Q. quadrature-axis transient electromotive force

querverbinden to cross-connect
Querverbindung *f* cross connection
Q. zwischen zwei privaten Nebenstellenanlagen *(Fmt)* private branch exchange tie line
Querverbindungsleitung *f (Fmt)* inter-switchboard line
Querverkehr *m (Fmt)* cross connection traffic
Querweg *m (Fmt)* high-usage route
Querwelle *f* transverse wave
Querwiderstand *m* shunt resistor
Querzweig *m* shunt arm *(Vierpoltheorie)*
Quetschausrüstung *f* crimping equipment *(zum Quetschen von Kerbkabelschuhen)*
quetschen to squeeze, to squash; to crimp
Quetschfuß *m* pinched base, pinch, squash *(Röhren)*
Quetschhohlleiter *m* squeezable waveguide
Quetschhülse *f* ferrule
Quetschkondensator *m* book (compression) capacitor
Quetschkontakt *m* crimped contact, crimp[-type] contact
Quetschleitung *f* squeeze section *(Hohlleiter)*
Quetschung *f* pinch *(des Lampenfußes)*
Quetschverbindung *f* pressure-type connection *(von Drähten)*; crimped joint
Quetschwalze *f* squeegee
Quetschzone *f* crimp area
quietschen to squeal
Quirl *m* curl *(Maß der Wirbelgröße)*
Quirlantenne *f* turnstile aerial
quittieren *(Nrt)* to receipt
Quittierschalter *m (Fmt)* revertive signal switch; *(Anl)* discrepancy switch
Quittierung *f s.* Quittung
Quittung *f* acknowledg[e]ment
negative Q. negative acknowledgment
Quittungsbetrieb *m (Nrt)* handshaking
Quittungskreis *m* acknowledging circuit *(elektrische Anlagen)*
Quittungsschalter *m* acknowledging switch (contactor), acknowledger *(elektrische Anlagen)*
Quittungssteuerschalter *m* indicating control switch
Quittungszeichen *n (Fmt)* acknowledg[e]ment signal
Quotientenmesser *m* ratio meter
Quotientenregister *n (Rech)* quotient register
Quotientenrelais *n* quotient relay
Q-Wert *m* Q-value

R

Radantenne *f* cartwheel aerial
Radar *n(m)* radar (*Kurzwort für* radio detection and ranging)
R. mit Doppler-Effekt Doppler radar
frequenzmoduliertes R. frequency-modulated radar, FM radar
Radarabtaster *m* scanner [unit]
R. vom G-Typ G scanner
Radaranlage *f* radar [set]
Radarantenne *f* radar aerial
umlaufende R. rotating radar aerial
Radarantwortbake *f* radar beacon (responder, replier)
Radaranzeige *f* radar display (presentation)
Radarbake *f* ramark
Radarband *n* radar band, K band
Radarbild *n* radar [screen] image
Radarbild-Registriergerät *n* radarscope recorder
Radarbildschirm *m* radarscope
R. vom Typ A A-scope
Radarbildspur *f* radar trace
Radarecho *n* radar echo (response)
Radarentfernungsmessung *f* radar ranging
Radargerät *n* radar [set]
weitreichendes R. long-range radar
Radargeschwindigkeitsmesser *m* radar speed meter
radargesteuert radar-controlled
Radarhöhenmessung *f* radar height finding
Radarimpuls *m* radar pulse
Radarimpulsgerät *n* radar pulse instrument
Radarkuppel *f* radar dome, radome *(Antennenschutzgehäuse)*
Radarlandegerät *n* approach control radar, acr
Radarmodulator *m* radar modulator
Radarnetz *n* radar net[work], chain-radar system, CR system
Radarquerschnitt *m* radar cross section
Radarreflektor *m* radar reflector
Radarreichweite *f* radar range
Radarschatten *m* radar shadow
Radarschirmbild *n* radar screen picture, radar display
Radarsignal *n* / **reflektiertes** return radar signal
Radarstrahl *m* radar beam
Radarstreuungsmessung *f* radar scattering measurement
Radarsuchgerät *n* radar search unit
Radartarnung *f* radar camouflage
Radartechnik *f* radar engineering
Radarverfolgungssystem *n* radar tracking system
Radarzeichen *n* radar trace
Radarzielverfolgung *f* radar tracking
Radechon-Speicherröhre *f* Radechon [storage tube], barrier-grid storage tube
Radeffekt *m (FO)* spoking
Radialanker *m* radial armature
Radialbelüftung *f* radial ventilation
Radialbeschleunigung *f* radial acceleration
Radialblechung *f* radial lamination
Radialflügelgebläse *n* radial-blade blower

Radialgebläse *n* centrifugal blower (fan)
radialhomogen radially homogeneous *(z. B. ein Feld)*
Radiallüfter *m* centrifugal blower (fan)
Radialstrahlröhre *f* radial-beam tube
radialsymmetrisch radially symmetric
Radialturbine *f* radial-flow turbine
Radialverdichter *m* centrifugal compressor
Radiator *m* radiator
Radio *n s.* Rundfunkempfänger
Radio... *s. a. unter* Funk...
radioaktiv radioactive ● **r. machen** to radioactivate
stark r. highly radioactive, hot
Radioaktivität *f* radioactivity
Radioapparat *m* radio receiver (set), radio
Radioastronavigation *f* radio astronavigation
Radio-Doppler *m* radio-Doppler
Radiofeldstärke *f* radio field strength
Radio-Fono-Gerät *n* radiogramophone
Radiofotogramm *n* radiophotogram
Radiogoniometer *n* radiogoniometer
Radiokompaß *m* radio compass, automatic direction finder, ADF, radio magnetic indicator, RMI
Radiologie *f* radiology
Radiolumineszenzlichtquelle *f* radioluminescent light source, radioactive lamp
Radiometer *n* radiometer, radiation meter
Radiometrie *f* radiometry, radiation measurement
radiometrisch radiometric
Radio-Phono-Gerät *n* radiogramophone
Radioröhre *f* radio valve
Radioskop *n* radioscope
Radioskopie *f* radioscopy
Radiosonde *f* radiosonde
Radiosondenverfahren *n* radio-sounding technique
Radiospektrometer *n* radio spectrometer
Radiospektroskop *n* radio spectroscope *(Anzeigegerät für die Belegung von Funkfrequenzbändern)*
Radiotelegramm *n* radiotelegram
Radioteleskop *n* radio telescope
Radiotheodolit *m* radiotheodolite *(Höhenwinkelpeiler)*
Radiowelle *f* radio wave
Radiowellenausbreitung *f* radio wave propagation
Radiowellenspektrometer *n* radio spectrometer
Radius *m* **/kritischer** critical radius *(eines Kristallkeims)*
Radiusvektor *m* radius vector
Radkranz *m* rim *(der Synchronmaschine)*
Radmagnetron *n* cavity magnetron
Raffination *f* **/elektrolytische** electrolytic refining, electrorefining
Raffinationsofen *m* refining furnace
Rahmen *m* 1. frame, [apparatus] rack; framework; 2. *s.* Rahmenantenne
einseitiger R. single-sided rack
Rahmenantenne *f* frame (loop, coil) aerial
drehbare R. moving frame [aerial]
rhombische R. diamond frame aerial
Rahmenaufhängung / mit frame-supported
Rahmenebene *f* plane of frame
Rahmenempfang *m (Nrt)* frame reception
Rahmengestell *n* rack; framework
Rahmenimpuls *m* framing pulse *(zur Kennzeichnung eines vollständig übertragenen Impulsrahmens)*
Rahmenkennzeichnung *f (Nrt)* frame marking
Rahmenpeiler *m (FO)* frame (loop) direction finder
kompensierter R. compensated loop direction finder
Rahmenplatte *f* [pasted] frame plate *(Bleiakkumulator)*
Rahmensynchronisation *f (Nrt)* framing
gebündelte R. bunched framing
verteilte R. distributed framing
Rahmensynchronismus *m (Nrt)* frame synchronism
Rahmenzeit *f* frame time *(z. B. Zeit für die Durchführung einer kompletten Rechenoperation)*
Rakete *f* rocket
Raketenmotor *m* rocket motor
RALU *Abk. für* register and arithmetic and logic unit
RAM *Abk. für* random-access memory
Raman-Bande *f* Raman band
Raman-Effekt *m* Raman effect
induzierter (stimulierter) R. induced (stimulated) Raman effect
Raman-Linie *f* Raman line
Raman-Maser *m* Raman maser
Raman-Spektrograf *m* Raman spectrograph
Raman-Spektroskopie *f* Raman spectroscopy
Raman-Spektrum *n* Raman spectrum
Raman-Streuung *f* Raman scattering
Raman-Verschiebung *f* Raman shift
RAM-Freigabe *f (Rech)* RAM enable
Rampe *f* ramp
Rampenantwort *f (Syst)* ramp response
Rampenfunktion *f (Syst)* ramp function
Rampenlicht *n* footlights
Rampensignal *n* ramp signal
Rand *m* edge, border; rim; margin; boundary
R. eines Feldes fringe of a field
abreißbarer R. tear-off edge *(eines Schreibstreifens)*
Randaufhellung *f (Ferns)* edge flare
Randauflockerung *f* diffuse edge
Randauflösung *f (Ferns)* edge resolution
Randausleuchtung *f* edge (marginal) illumination

Randbedingung *f* boundary (edge) condition
erzwungene R. imposed boundary condition
vorgegebene R. predetermined boundary condition
Randdämpfung *f (Ak)* edge (surface) damping
Randeffekt *m* fringe effect *(z. B. Streufeld am Plattenkondensator)*; edge effect *(Kanteneffekt)*
Randeinschnürung *f* fringing *(in Transistoren)*
Rändelschraube *f* knurled[-head] screw
Randentladung *f* marginal discharge
Randfeld *n* boundary field; fringing field
Randfeuer *n* boundary light
Randfläche *f* / **absorbierende** absorbing boundary
zylindrische R. cylindrical boundary
Randgebiet *n* marginal zone (region); fringe area
Randhelligkeit *f* edge brightness
Randisolator *m* edge insulator
Randkontakt *m* rim contact; edge connector, connection portion *(bei Leiterplatten)*
Randlochkarte *f* edge (marginal) punched card
Randlochung *f* marginal perforation
Randmaximum *n* boundary maximum *(Optimierung)*
Randpunkt *m* end point
Randschärfe *f (Ferns)* edge acuity (definition)
Randschicht *f (Halbl)* barrier [layer], [barrier] surface layer
innere R. internal barrier layer
isolierende R. insulating barrier
Schottkysche R. Schottky barrier *(ideal funktionierender Metall-Halbleiter-Übergang)*
Randschichtleitwert *m* barrier admittance
Randschichtpotential *n* boundary potential
Randspannung *f* peripheral stress
Randspur *f* marginal (edge) track *(Magnetband)*
Randstrahl *m* marginal (edge) ray
Randverarmungszone *f (Halbl)* depletion region
Randverdunkelung *f* limb darkening *(Optik)*
Randverschmierung *f* diffuse edge
Randverzeichnung *f* marginal distortion
Randwert *m* boundary (marginal) value
Randwertaufgabe *f* boundary value problem
Randwertbedingung *f* marginal condition
Randwertbedingungen *fpl* / **gemischte** mixed boundary conditions
Randwertkontrolle *f* marginal check[ing]
Randwertproblem *n* boundary value problem
Randwertprüfung *f* marginal check[ing]
Rang *m* rank *(einer Matrix)*
Rangfolge *f* **der Sendungen** *(Nrt)* priority of communications
Rangierfeld *n (Nrt)* plug board
Raphael-Brücke *f* Raphael bridge *(zur Kabelfehlerortsmessung)*
Rapidstartlampe *f* quick-start lamp, rapid-start lamp
Raser *m* raser (*Kurzwort für* radio wave amplification by stimulated emission of radiation)
Rasselgeräusch *n* rattling noise *(Elektronenröhren)*
Rastenwerk *n* locating device
Raster *m* screen; grid; *(Ferns)* raster; *(Licht)* spill shield, louvre
Rasterabstand *m* grid space (spacing) *(z. B. auf Leiterplatten)*
Rasterabtastung *f (Ferns)* raster (frame) scanning
elektronische R. electronic raster scanning
Rasteraustastung *f (Ferns)* frame suppression
Rasterblende *f* scanning diaphragm
Rasterdeckenleuchte *f* fitting for grid ceiling
Rasterdeckung *f* image registration *(gedruckte Schaltung)*
Rasterelektronenmikroskop *n* scanning electron microscope
Rasterelement *n (Licht)* louvre cell
Rasterfeinheit *f (Ferns)* definition of image, fineness of scanning; *(Nrt)* scanning density *(Faksimile)*
Rasterfrequenz *f (Ferns)* frame frequency, vertical [frame-]scanning frequency
Rasterfrequenzsender *m* frame-frequency transmitter
Rasterfrequenzteiler *m (Ferns)* frame divider
Rasterkonstruktion *f (Licht)* louvre construction
Rasterleuchtdecke *f* louvred [luminous] ceiling
Rasterleuchte *f* louvred fitting
Rastermaß *n* reference grid
Rastermikroskop *n* scanning microscope
Rasterpapier *n* cross-section paper
Rasterplatte *f* screen; grid [plate]
Rasterpunkt *m* scanning element
Rasterscheibe *f* scanning disk *(Oszillografenröhre)*
Rastersystem *n* [base] grid system *(Leiterplatten)*
Rastertiefstrahler *m* concentrating louvred downlighter
Rasterverstärker *m* scanning (frame-frequency) amplifier
Rasterwechselfrequenz *f s.* Rasterfrequenz

Rasterzähler *m* **für Gespräche** *(Fmt)* peg count meter
Rasterzählkarte *f (Fmt)* peg count summary
Rasterzählung *f (Fmt)* peg count
Rastfeder *f* stop spring
Rastknopf *m* release button
Rastpunkt *m* click-stop position
Rastrelais *n* latch-in relay
Raststift *m* click-stop detent
Rastvorrichtung *f* click-stop device
Rastzapfen *m* drop-in pin
Ratiodetektor *m* ratio detector
rattern to rattle
ratternd rattling
Rauchmelder *m* smoke sensor, smokometer *(elektronische Warnanlage)*
rauh rough[-surfaced]
Rauheit *f* roughness *(Oberfläche, Ton)*
Rauheitsprüfer *m* roughness meter (tester), roughometer, profilometer
Rauhigkeit *f s.* Rauheit
Rauhigkeitsfaktor *m* roughness factor
Rauhreifniederschlag *m* hoarfrost deposit *(auf Freileitungen)*
Rauhtester *m s.* Rauheitsprüfer
Rauhtiefe *f* peak-to-valley depth (height) *(Oberflächengüte)*
Raum *m* 1. space; 2. room
abgeschirmter R. screened room
abstrakter R. abstract space
affiner R. affine space
aktiver R. active section *(Reaktor)*
beschränkter R. confined space
Euklidischer R. Euclidean space
feldfreier R. field-free space
feuchter R. damp room
freier R. empty (free) space
hallender (halliger) R. [acoustically] live room
lichter R. clear space, clearance
luftleerer R. absolute vacuum
luftverdünnter R. partial vacuum
reflexionsfreier R. anechoic chamber (room), [acoustically] dead room
schallisolierter R. soundproof chamber
schalltoter R. *s.* reflexionsfreier R.
staubfreier R. clean room
Raumakustik *f* 1. architectural (room) acoustics; 2. acoustic properties of a room
einstellbare R. adaptable acoustics [of a room]
Raumausbreitungsdiagramm *n* free-space diagram
Raumbeleuchtung *f* room illumination
Raumbeleuchtungsstärke *f (Licht)* room illuminance
äquivalente R. equivalent sphere illumination, ESI
Raumbild *n* stereoscopic image
Raumbildentfernungsmesser *m* stereoscopic range finder
Raumbildmesser *m* stereocomparator
Raum-Diversity-Empfang *m (Nrt)* space diversity [reception]
Raumeindruck *m* stereoscopic (spatial) impression
Raumempfindung *f* space perception
Raumfahrtelektronik *f* space electronics
Raumfahrtfernmessung *f* aerospace telemetry *(Meßwertfernübertragung im kosmischen Raum)*
Raumfahrzeug *n* space vehicle, spacecraft
Raumfaktor *m* space factor *(Antennentechnik)*; *(Licht)* utilance
Raumfrequenz *f* space frequency
Raumgeräusch *n* room noise
Raumgitter *n* space lattice *(Kristall)*
Raumheizgerät *n* room heating appliance (device)
Raumheizung *f* **in Schwachlastzeiten** off-peak room heating
elektrische R. electric room heating
konvektive R. convection room heating
Raumindex *m (Licht)* room index (ratio)
Raumkohärenz *f* space coherence *(Lichtwellen)*
Raumkomponente *f* space component
Raumkoordinaten *fpl* space coordinates
Raumkrümmung *f* space curvature
Raumkurve *f* space curve
Raumladung *f* space charge
Raumladungsänderung *f* space-charge variation
Raumladungsaufbau *m* space-charge build-up
raumladungsbegrenzt space-charge-limited
Raumladungsbegrenzung *f* space-charge limitation
Raumladungsdichte *f (Halbl)* space-charge density
R. der beweglichen Ladungsträger mobile-carrier space-charge density
Raumladungseffekt *m* space-charge effect
Raumladungsfaktor *m* space-charge factor
Raumladungsgebiet *n* space-charge region
raumladungsgesteuert space-charge-controlled
Raumladungsgitter *n* space-charge grid
Raumladungsgitterpentode *f* beam pentode
Raumladungsgitterröhre *f* space-charge tube
Raumladungsgrenzschicht *f* space-charge boundary
Raumladungskapazität *f* space-charge capacitance
Raumladungskonstante *f* space-charge factor, perveance
Raumladungsleitung *f* space-charge conduction
raumladungsneutral space-charge-neutral
Raumladungsneutralität *f* space-charge neutrality

Raumladungspolarisation *f* space-charge polarization
Raumladungsröhre *f* space-charge tube
Raumladungsschicht *f* space-charge layer
Raumladungsschichtkrümmung *f* space-charge layer curvature
Raumladungsschichtverbreiterung *f* space-charge layer widening
Raumladungsstrom *m* space-charge current
Raumladungswelle *f* space-charge wave
freie R. free space-charge wave
Raumladungszerstreuung *f* space-charge debunching
Raumladungszone *f* space-charge region
räumlich three-dimensional; spatial
Räumlichkeit *f s.* Raumwirkung / akustische
Raummehrfachempfang *m* space diversity [reception]
Raumquantelung *f* space quantization
Raumresonanz *f* room resonance
Raumschall *m* surround sound
Raumsonde *f* space probe
raumsparend space-saving
Raumstrahlung *f* space radiation
Raumtemperatur *f* room (ambient) temperature
Raumton *m* stereophonic sound
Raumtoneffekt *m,* **Raumtonwirkung** *f* stereophonic (binaural) effect
Raumüberdeckung *f (Nrt)* volumetric coverage
Raumvektor *m* space vector
Raumvielfachsystem *n (Nrt)* space-division system
Raumwelle *f* space wave; *(Nrt)* sky (ionospheric, indirect) wave
Raumwellenkorrektur *f* sky-wave correction
Raumwellenverzerrung *f* sky-wave contamination
Raumwinkel *m* solid angle
Raumwinkelprojektion *f* solid-angle projection
Raumwirkung *f* spatial effect
akustische R. auditory perspective (ambiance)
Raumwirkungsgrad *m (Licht)* room utilization factor
Raum-Zeit-Kontinuum *n* space-time continuum
raumzentriert body-centred, space-centred *(Kristall)*
kubisch r. body-centred cubic
Rauschabstand *m* signal-to-noise ratio
Rauschabstimmung *f* noise tuning
Rauschamplitude *f* noise amplitude
mittlere R. average noise amplitude
Rauschanregung *f* random noise excitation
Rauschanzeige *f* noise indication
rauscharm low-noise
Rauschausgleichsschaltung *f* noise-balancing circuit
Rauschbandbreite *f* noise bandwidth
Rauschbewertungsfilter *n* [random] noise filter
Rauschbild *n* noise pattern
Rauschcharakteristik *f* noise characteristic
Rauschdiode *f* noise [generator] diode
ideale R. ideal noise diode
Rauschdiodentechnik *f* noise diode technique
Rauschdispersion *f* noise dispersion *(Statistik)*
Rauscheffekt *m* noise (shot) effect, shot noise
Rauschen *n* noise
R. mit beschnittenem Spektrum clipped noise
R. mit beschränkter Bandbreite band-limited noise
atmosphärisches R. atmospheric [radio] noise, atmospherics
bandbegrenztes Gaußsches R. band-pass limited Gaussian noise
bewertetes R. weighted noise
Gauß-Markowsches R. Gauss-Markoff noise
Gaußsches R. Gaussian noise
impulsartiges R. *(Nrt)* burst
kosmisches R. cosmic (extraterrestrial) noise
magnetisches R. magnetic noise
schwaches R. low noise
statistisches R. random noise
thermisches R. thermal (resistance, Johnson) noise
unbewertetes R. unweighted noise
weißes R. white noise
rauschend noisy
Rauschersatzbandbreite *f* equivalent noise bandwidth
Rauschersatzschaltung *f* equivalent noise circuit
Rauschersatzstrom *m* equivalent noise current
Rauscherzeugung *f* noise generation
Rauschfaktor *m* noise figure (factor)
Rauschfilter *n* noise filter
rauschfrei noiseless, noise-free
Rauschgenerator *m* [random-]noise generator
Rauschimpuls *m* noise pulse
Rauschkennlinie *f* noise characteristic
Rauschkennwert *m* noise parameter
rauschkompensiert noise-compensated
Rauschkomponente *f* noise component
Rauschleistung *f* noise power
Rauschleistungsspektrum *n* noise power spectrum
Rauschleistungsverhältnis *n* noise power ratio
Rauschmessung *f* noise measurement
Rauschminimum *n* noise minimum, minimum noise
rauschmoduliert noise-modulated

Rauschnormal *n* noise standard
Rauschpegel *m* noise level; background level
Rauschquelle *f* noise source
Rauschsignal *n* noise signal; *(Nrt)* contaminating signal
R. mit Festpegel fixed-level noise signal
Rauschsignalgenerator *m* noise signal generator
Rauschspannung *f* noise voltage
Rauschspannungsgenerator *m* noise voltage generator
Rauschspektrum *n* noise spectrum
Rauschsperre *f* muting
Rauschstrom *m* noise current
Rauschstromanteil *m* noise current component
Rauschstromgenerator *m* noise current generator
Rauschtemperatur *f* noise temperature
Rauschträger *m* noise carrier
Rauschunempfindlichkeit *f* noise immunity
Rauschunterdrückung *f* noise suppression (rejection, cancellation)
Rauschuntergrund *m* noise background
Rauschvektor *m* noise vector
Rauschverhalten *n* noise performance
Rauschverminderung *f* noise reduction
Rauschverteilung *f* noise distribution
Rauschvierpol *m* noise twoport, noisy (four-terminal) network
Rauschzahl *f* noise figure (factor, ratio)
zusätzliche R. excessive noise figure
Rauschzahlanzeiger *m* noise figure indicator
Räuspertaste *f* mute switch
Rayleigh-Fading *n* Rayleigh fading
Rayleigh-Scheibe *f (Ak)* Rayleigh disk
Rayleigh-Streuung *f* Rayleigh scattering *(Lichtstreuung)*
Rayleigh-Stromwaage *f* Rayleigh current balance
Rayleigh-Verteilung *f* Rayleigh distribution
Rayleigh-Welle *f* Rayleigh wave
RC-. . . *s. a.* Widerstands-Kapazitäts-. . .
RC-Brücke *f* resistance-capacitance bridge, RC bridge
RC-Differenzierglied *n* resistance-capacitance differentiator, RC differentiator
RC-Filter *n* resistance-capacitance filter, RC filter
aktives R. RC active filter
RC-gekoppelt resistance-capacitance-coupled, RC-coupled
RC-Glied *n* resistance-capacitance element, RC element
RC-Integrierglied *n* resistance-capacitance integrator, RC integrator
RC-Kopplung *f* resistance-capacitance coupling, RC coupling
RC-Netzwerk *n* resistance-capacitance network, RC network
RC-Oszillator *m* resistance-capacitance oscillator, RC oscillator
RC-Schaltung *f* resistance-capacitance circuit, RC circuit
RC-Schwinger *m* resistance-capacitance oscillator, RC oscillator
RC-Schwingkreis *m* RC oscillator circuit
R-C-Teiler *m* mixed[-type] voltage divider
RCTL *s.* Widerstand-Kondensator-Transistor-Logik
RCT-Technik *f* RCT technique
RC-Verstärker *m* resistance-capacitance coupled amplifier, RC amplifier
R-Darstellung *f* R-display *(Radar)*
Read-Diode *f* Read diode
reagieren auf to react to; to respond to
reagierend reacting, reactive
Reaktanz *f* 1. reactance *(Blindwiderstand)*; 2. reactor *(Spule)*
R. des Mitsystems positive-sequence reactance
akustische R. acoustic reactance
kapazitive R. capacitive (negative) reactance, condensance
mechanische R. mechanical reactance
spezifische akustische R. specific acoustic reactance
subtransiente R. subtransient reactance
synchrone R. synchronous reactance
transiente R. transient reactance
Reaktanzdiode *f* reactance diode
Reaktanzkreis *m* reactance circuit
Reaktanzrelais *n* reactance relay
Reaktanzröhre *f* reactance valve
Reaktanzrotor *m* reactance rotor
Reaktanzschaltung *f* reactance circuit
Reaktanzschutz *m* reactance protection
Reaktanzspule *f* reactor
Reaktanzverlauf *m* reactance characteristic
Reaktanzverstärker *m* reactance (parametric) amplifier
Reaktanzvierpol *m* reactance quadripole
Reaktion *f* reaction; response
anodische R. anodic (anode) reaction
erzwungene R. forced response
exotherme R. exothermic reaction
katodische R. cathodic (cathode) reaction
langsame R. sluggish response
potentialbestimmende R. *(Chem)* potential-determining reaction
Reaktionsarbeit *f (Chem)* work of reaction
Reaktionsaustauschgeschwindigkeit *f* reaction exchange rate
Reaktionsaustauschstromdichte *f* reaction exchange current density
Reaktionsenergie *f* / **chemische freie** chemical free energy of reaction
Reaktionsenthalpie *f (Chem)* reaction enthalpy
Reaktionsentropie *f (Chem)* reaction entropy
reaktionsfähig reactive; responsive

Reaktionsgenerator *m* reaction generator
Reaktionsgeschwindigkeit *f* reaction rate; speed of response *(eines Regelkreisgliedes)*
reaktionsgeschwindigkeitsbegrenzt reaction-rate limited
Reaktionsgrenzstromdichte *f* limiting reaction current density
Reaktionsimpedanz *f* reaction impedance
Reaktionskammer *f* reaction chamber
Reaktionskapazität *f* reaction capacity
Reaktionskette *f* reaction chain
Reaktionskinetik *f* reaction kinetics
Reaktionsmotor *m* reaction motor
Reaktionsordnung *f* / **elektrochemische** electrochemical reaction order
Reaktionspolarisation *f* reaction polarization
Reaktionsraum *m* reaction chamber
Reaktionsschicht *f* reaction layer
Reaktionsschichtdicke *f* thickness of the reaction layer
Reaktionsstrom *m* reaction (kinetic) current
Reaktionsüberspannung *f (Chem)* reaction overtension (overvoltage)
Reaktionswiderstand *m* reaction resistance
Reaktionszeit *f* reaction time; response time
reaktiv reactive
reaktivieren to reactivate
Reaktivierung *f* reactivation
Reaktivität *f* reactivity *(Kernreaktor)*
Reaktivitätsänderung *f* reactivity change
Reaktivitätsrechner *m* reactivity computer
Reaktor *m* reactor; nuclear reactor, [atomic] pile
  druckwassergekühlter R. pressurized water reactor
  graphitmoderierter R. graphite-moderated reactor
  langsamer R. slow (thermal) reactor
  natriumgekühlter R. sodium[-cooled] reactor
  schneller R. fast [neutron] reactor
  überkritischer R. supercritical reactor
  unterkritischer R. subcritical reactor
Reaktordotierung *f* reactor doping
Reaktorgefäß *n* reactor vessel
Reaktorleistung *f* reactor power
Reaktorregelung *f* reactor control
Reaktorsicherheitshülle *f* reactor containment
Realisierbarkeit *f* / **physikalische** physical realizability
Realkristall *m* real (imperfect, non-ideal) crystal
Realstruktur *f* real structure *(Kristall)*
Realteil *m* real part (component)
  R. des spezifischen Standwerts *(Ak)* unit-area acoustic resistance
  positiver R. positive real part
Realzeitbetriebssystem *n (Rech)* real-time system
Realzeitprogrammierung *f (Rech)* real-time programming
Rechenalgorithmus *m* computing algorithm
Rechenanlage *f (Rech)* computing machinery, computer (*Zusammensetzungen s. a. unter* Rechner)
  R. mit Programmsteuerung *s.* programmgesteuerte R.
  automatische R. automatic computer
  digitale R. digital computer
  numerische R. digital computer
  programmgesteuerte R. sequential computer, automatic sequence-controlled computer
  speicherprogrammierte R. stored-program computer
Rechenanweisung *f (Rech)* calculation statement
Rechenaufwand *m* computing expenditure
Rechenautomat *m s.* Rechner
Rechenbaustein *m* computing element (unit, component)
Rechenbefehl *m (Rech)* calculation statement, arithmetic instruction
Recheneinheit *f* arithmetic unit
  zentrale R. *(Rech)* central processing unit
Recheneinrichtung *f* computing device
Rechenelement *n (Rech)* computing (arithmetic) element
  einzelnes R. individual computing element
Rechenergebnis *n* / **unsinniges** garbage
Rechenfehler *m* computing error, mistake in calculation
Rechengang *m* method of calculation
Rechengenauigkeit *f* accuracy of calculation
Rechengerät *n* computing element *(als Teil einer Automatisierungseinrichtung)*
Rechengeschwindigkeit *f (Rech)* computing (calculating, arithmetic) speed, computation rate
  mittlere R. average calculating speed
Rechenkondensator *m* computing capacitor
Rechenkontrolle *f* computing (numerical) check
Rechenkreis *m* / **logischer** logical computer circuit
Rechenleistung *f (Rech)* calculating power
Rechenlocher *m (Rech)* calculating punch
Rechenmaschine *f (Rech)* business computer, calculator (*s. a.* Rechner)
  automatische R. automatic computer
  dekadische R. decadic computer
  digitale R. digital computer
  elektromechanische R. electromechanical computer

elektronische R. electronic computer
halbautomatische R. semiautomatic calculating machine
kartengesteuerte R. card-controlled calculator
Rechenoperation *f (Rech)* computing (arithmetic) operation, [calculating] operation
mittlere R. average calculating operation
Rechenplan *m (Rech)* computing plan; flow chart
Rechenprobe *f* computing (numerical) check
Rechenrelais *n* calculating relay
Rechenschaltung *f* computing (arithmetic) circuit
Rechenspeicher *m (Rech)* computer memory (store), computing memory
R. mit Serienzugriff serial-access computer store
Rechentechnik *f* computer engineering; calculating (computing) technique
Rechenverfahren *n* / **iteratives** *(Rech)* trial calculation
symbolisches R. complex quantity notation (representation)
Rechenverstärker *m* computing (operational) amplifier
Rechenwerk *n* arithmetical and logical unit, ALU, arithmetical element (organ)
R. mit Registern register and arithmetic and logic unit, RALU
Rechenwerkspeicher *m* internal memory
Rechenwiderstand *m* computing resistor
Rechenzeit *f (Rech)* computing (calculating) time; machine time
effektive R. effective calculating time
elementare R. basic machine time
Rechenzentrum *n* computing (computation) centre, data processing centre
rechnen *(Rech)* to compute, to calculate; to count
Rechnen *n (Rech)* computation, calculation
R. mit doppelter Stellenzahl double-length calculation
R. mit gleitendem Komma floating-point calculation
Rechner *m* computer, calculator, computing (calculating) machine
R. für militärische Aufgaben military computer
R. für Prozeßsteuerung process control computer
R. für wissenschaftliche Probleme scientific computer
R. mit großer Speicherkapazität large-scale digital computer
R. mit Massenspeicher calculator-mass memory system
R. mit mehreren Eingängen multiaccess computer
R. mit Zeitteilung time-shared computer
R. zur Signalverarbeitung signal processor
bionischer R. bionic computer
dekadischer R. decadic computer
elektronischer R. electronic computer
externer R. external computer
kommerzieller R. commercial (business) computer, business calculating machine
kryogenischer R. cryogenic computer
lochkartengesteuerter R. card-controlled computer
lochkartenorientierter R. card-oriented computer
mikroprogrammierter R. microprogrammed computer
mittelschneller R. medium-speed computer
optischer R. optical computer
programmgesteuerter R. program-controlled computer
repetierender R. repetitive computer
schneller R. fast (high-speed) computer
universeller automatischer R. universal automatic computer
zentraler R. central computer
Rechneranlage *f* computer system
Rechneranordnung *f* computer arrangement
Rechneranweisung *f* computer instruction
Rechneranwendung *f* computer application
Rechnerarchitektur *f* computer architecture
Rechnerausfallzeit *f* computer down-time
Rechnerband *n* computer tape
Rechnerbaugruppe *f* computer component *(Element eines Rechners)*
Rechnerbaustein *m* calculator chip
Rechnerbefehl *m* computer instruction
Rechnerbelastung *f* computer loading
Rechnerbenutzergebühren *fpl* computer user charges
Rechnerbetrieb *m* computer operation
Rechnerdiagramm *n* computer diagram
Rechnereinsatz *m* computer application
Rechnerentwicklungssystem *n* computer development system
Rechnerfernsteuerung *f* computer remote control
rechnergesteuert computer-controlled
Rechnergleichung *f* computer equation
Rechnerkode *m* computer code
Rechnerkonzept *n* computer concept (structure)
Rechnerleitprogramm *n* computer master program
Rechnerlogik *f* computer logic
Rechnermagnetbandgerät *n* computer tape unit
Rechnermodellierung *f* emulation *(Softwarenachbildung eines Rechners)*
Rechnernachbildung *f* computer simulation
Rechnernetz *n* computer network

aufgewertetes R. value-added [computer] network
Rechnernetzgerät *n* computer power pack
Rechneroperation *f* computer operation
Rechnerprogramm *n* computer program (routine)
Rechnerprogrammierung *f* computer programming
Rechnerprogrammierungssprache *f* computer-programming language
problemorientierte R. beginners all purpose symbolic instruction code, BASIC
Rechnerprüfprogramm *n* computer check program (routine)
Rechnerschaltung *f* computer (computing) circuit
logische R. computer logic circuit
Rechnersimulierung *f* computer simulation
Rechnersprache *f* computer language
Rechnersteuerung *f* / **direkte** direct digital control *(eines Prozesses)*
Rechnerstrichkode *m* computer bar code
Rechnerstruktur *f* computer structure
hybride R. hybrid computer structure
Rechnersystem *n* computer system
R. mit Zeitteilung time-sharing computer system
Rechnersysteme *npl* / **zusammenarbeitende** concurrently operating computer systems
Rechnertechnik *f* computer technique
rechnerunterstützt computer-aided, computer-assisted
Rechnerverbundnetz *n* interconnected computer network (system)
Rechnerverträglichkeit *f* computer compatibility
Rechnerwort *n* computer (information) word
Rechnung *f (Rech)* computation, calculation
komplexe R. complex analysis; symbolic method *(Wechselstromlehre)*
kovariante R. covariant calculation
Rechnungsart *f* / **Boolesche** Boolean calculation
Rechnungsgang *m* method of calculation
Rechteckdraht *m* rectangular wire
Rechteckferrit *m* rectangular (square-loop) ferrite
Rechteckformgüte *f* loop rectangularity *(z. B. der Hysteresekurve)*
Rechteckformung *f* squaring
Rechteckfunktion *f* rectangular function
Rechteckgeber *m* squarer
Rechteckgenerator *m* square-wave generator
rechteckig rectangular, square
Rechteckigkeitsverhältnis *n* square ratio
Rechteckimpuls *m* rectangular [im]pulse, square[-wave] pulse
idealer R. ideal rectangular (square) pulse
Rechteckimpulsgeber *m* square-wave generator, rectangular pulse generator
Rechteckintegration *f (Rech)* rectangular integration
Rechteckkatode *f* rectangular cathode
Rechteckkurve *f* flat-topped curve
Rechteckleiter *m* rectangular conductor
Rechtecksignal *n* square-wave signal
Rechteckspannung *f* square-wave voltage
Rechteckspannungsgenerator *m* square-wave generator, rectangular waveform generator
Rechteckspule *f* rectangular (square-core) coil
Rechteckwelle *f* rectangular (square) wave *(Folge von Rechteckimpulsen)*
Rechteckwellenanalysator *m* square-wave analyzer
Rechteckwellenantwort *f* square-wave response
Rechteckwellengenerator *m* square-wave generator, rectangular waveform generator
freilaufender R. free-running square-wave generator
Rechteckwellenimpuls *m* square-wave [im]pulse
Rechteckwellenleiter *m* rectangular guide
rechteckwellenmoduliert square-wave-modulated
Rechteckwellenoszillator *m* square-wave oscillator
Rechteckwellensignal *n* square-wave signal
Rechteckwellenspannung *f* square-wave voltage
Rechteckwellenträger *m* square-wave carrier
Rechteckwellenverhalten *n* square-wave response
Rechte-Hand-Regel *f* right-hand rule, corkscrew rule
Rechtsbewegung *f* right-hand motion (movement)
rechtsdrehend 1. clockwise; 2. dextrorotatory, dextrogyratory, dextrogyric *(optische Aktivität)*
Rechtsdrehung *f* 1. clockwise (right-hand) rotation; 2. dextrorotation *(optische Aktivität)*
Rechtsgang *m* right-hand motion (movement)
rechtsgängig right-hand[ed]
Rechtsgewinde *n* right-hand thread
rechtsläufig *s.* rechtsgängig
rechtspolarisiert right-handed polarized, clockwise polarized
Rechtsquarz *m* right-handed quartz
Rechtsrotation *f* right-handed rotation
Rechtsschraube *f* right-hand screw

Rechtssystem *n* right-handed system *(z. B. Koordinatensystem);* clockwise rotating system
Rechtswicklung *f* right-handed winding
rechtszirkular right-handed circular
rechtwinklig rectangular, right-angle[d], orthogonal
recken to stretch
Reckung *f* stretch
redigieren to edit *(z. B. Informationen)*
Redoxbrennstoffelement *n* redox fuel cell
Redoxelektrode *f* redox (oxidation-reduction) electrode
Redoxelektrodenreaktion *f* redox electrode reaction
Redoxpaar *n* redox couple
Redoxpotential *n* redox (oxidation-reduction) potential
Redoxreaktion *f* redox (oxidation-reduction) reaction
Reduktion *f* reduction
  elektrolytische R. electrolytic reduction
Reduktionsatmosphäre *f* reducing atmosphere
Reduktionsätzmittel *n (Galv)* reduction discharge agent
Reduktionselektrode *f* reducing electrode
Reduktionsfaktor *m (Anl)* derating factor
Reduktionskurve *f (Anl)* derating curve
Reduktionsofen *m* **/ elektrischer** electric reduction furnace
Reduktions-Oxydations-... *s.* Redox...
Reduktionspotential *n* reduction potential
Reduktionsvermögen *n* reducing power
Reduktionswärme *f* reduction heat
redundant redundant
Redundanz *f (Rech)* redundancy *(Informationstheorie)*
  aktive (funktionsbeteiligte) R. active (functional) redundancy
  heiße R. hot redundancy
  nichtfunktionsbeteiligte R. non-functional redundancy, standby redundancy
  relative R. relative redundancy
Redundanzprüfung *f (Rech)* redundancy check
Redundanzschaltung *f* redundant circuit
Redundanztechnik *f* redundancy technique
Redundanzverhältnis *n* redundancy ratio
Redundanzverminderung *f* redundancy reduction
reduzieren to reduce, to decrease
  den Druck r. to reduce (decrease) the pressure
reduzierend reductive
Reduzierfassung *f* reduction socket
Reduzierhülse *f* adapter sleeve
Reduzierstück *n* [reducing] adapter, reducer
Reduziertransformator *m* reducing transformer
Reduzierventil *n* reducing valve
Reduzierverbindung *f* reducing joint
Reduzierwiderstand *m* dropping resistor
Reedkontakt *m* [dry-]reed contact
Reedkontakt-Koppelfeld *n (Fmt)* reed cross-point system
Reedrelais *n* [dry-]reed relay
  R. mit eingeschmolzenen Kontakten sealed reed relay
Reedschalter *m* reed switch
reell real *(z. B. Zahl, Bild)*
Referenzauflistung *f (Rech)* reference listing
Referenzdiode *f* reference (Zener) diode
Referenznormal *n (Meß)* standard
Referenzspannung *f* reference voltage
Referenzträger *m (Elk)* reference carrier
reflektieren to reflect [back]
reflektierend reflective, reflecting; *(Ak)* reverberatory
  stark r. highly reflecting
reflektiert / partiell partially reflected
Reflektometer *n* reflectometer
Reflektor *m* 1. reflector *(Antennentechnik)*; 2. *s.* Reflektorelektrode
  R. mit durchbrochener Oberfläche interrupted-surface reflector
  R. mit durchgehender Oberfläche continuous-surface reflector
  breitstrahlender R. extensive reflector
  fokussierender R. focussing reflector
  gemeinsamer R. interlocking reflector
  gespeister R. driven (fed) reflector
  lichtstreuender R. dispersive reflector
  optischer R. optical reflector
  parabolischer R. parabolic (paraboloidal) reflector
  spiegelnder R. specular reflector
  strahlungsgekoppelter (ungespeister) R. parasitic reflector
Reflektorelektrode *f* repeller [electrode] *(Elektronenröhre)*
Reflektorelement *n* reflector element
Reflektorgitter *n* reflector grid
Reflektorglühlampe *f* incandescent reflector lamp
Reflektorlampe *f* reflector lamp
Reflektorleuchte *f* reflector[-type] fitting
Reflektorleuchtstofflampe *f* fluorescent reflector lamp, internal-reflector fluorescent lamp
Reflektormarke *f* reflector spot
Reflektorschale *f* paraboloid dish
Reflexbild *n* ghost (parasitic) image *(Optik)*
Reflexblendung *f (Licht)* reflected glare
Reflexempfang *m (Nrt)* reflex (dual) reception
Reflexempfänger *m (Nrt)* reflex (dual) receiver
reflexfrei flare-free (*s. a.* reflexionsfrei)
Reflexion *f* reflection
  diffuse R. diffuse reflection
  gemischte R. mixed reflection

gerichtete R. specular (direct, regular) reflection
innere R. internal reflection
mehrfache R. multiple reflection
partielle R. partial reflection
selektive R. selective reflection
spiegelnde R. *s.* gerichtete R.
totale R. total reflection
vollkommen gestreute R. uniform diffuse reflection
Reflexionsabtastung *f* reflected-light scanning
Reflexionsebene *f* plane of reflection
reflexionsfähig reflective
Reflexionsfähigkeit *f s.* Reflexionsvermögen
Reflexionsfaktor *m* 1. reflection (transition, mismatch) factor, reflectance *(Anpassung)*; 2. *s.* Reflexionskoeffizient
Reflexionsfehler *m* reflection error
Reflexionsfilter *n* reflection filter
Reflexionsfläche *f* reflecting surface
reflexionsfrei reflection-free, reflectionless, non-reflecting
Reflexionsgitter *n* reflecting (reflection) grating
Reflexionsgoniometer *n* reflecting goniometer
Reflexionsgrad *m* reflection coefficient, reflecting factor, [radiant] reflectance (*s. a.* Reflexionskoeffizient)
spektraler R. spectral reflectance (reflection factor)
Reflexionshologramm *n* reflection hologram
Reflexionsklystron *n* reflex klystron
Reflexionskoeffizient *m* reflection (reflecting) coefficient (*s. a.* Reflexionsgrad)
Reflexionsleistungsmesser *m* reflecting wattmeter
Reflexionslichthof *m* halation
Reflexionsmaser *m* reflection-type cavity maser
Reflexionsmatrix *f* reflection matrix
Reflexionsmesser *m* reflectometer, reflectivity meter
Reflexionsmikroskop *n* reflecting (reflected-light) microscope
Reflexionsoberwellen *fpl* reflected harmonics
Reflexionspolarisation *f* polarization by reflection
Reflexionspolarisator *m* reflection polarizer
Reflexionsprisma *n* reflecting (reflex) prism
Reflexionsquantenverstärker *m* / **paramagnetischer** reflection paramagnetic maser amplifier
Reflexionsrichtung *f* direction of reflection
Reflexionsspektroskopie *f* reflection (reflectance) spectroscopy
Reflexionsspektrum *n* reflection (reflectance) spectrum
Reflexionsstelle *f* 1. point of reflection; 2. transition point *(einer Leitung)*
Reflexionsstörung *f* reflection interference
Reflexionsstrahlungskeule *f* reflection lobe *(Antennentechnik)*
Reflexionstarget *n* reflection target
Reflexionsverhältnis *n* reflection ratio
Reflexionsverlust *m* reflection loss, loss by reflection
Reflexionsvermögen *n* reflectivity, reflecting power
R. der Oberfläche surface reflectivity
Reflexionsverstärker *m* reflection amplifier
Reflexionswand *f (Ak)* live end
Reflexionswattmeter *n* reflecting wattmeter
Reflexionswelle *f* reflected wave
Reflexionswellentypfilter *n* reflection mode filter
Reflexionswinkel *m* angle of reflection, reflection angle
Reflexionsziffer *f* reflective index
Reflexklystron *n* reflex klystron
Reflexlicht *n* reflected light
Reflexlichtschranke *f* reflected light barrier
Reflexminderung *f* glare (reflectance) reduction
Reflexstoff *m* retroreflecting material, retroreflective medium (material)
Reflexverstärkung *f (Nrt)* dual amplification
Reflexwirkung *f* reflecting effect
Refraktion *f* **des Lichts** refraction of light
atmosphärische R. atmospheric refraction
Refraktometer *n* refractometer
Regallautsprecher *m* bookshelf loudspeaker
Regel *f*:
Cramersche R. *(Syst)* Cramer's rule
erste Kirchhoffsche R. Kirchhoff's current law
Hallsche R. Hall rule *(Hall-Effekt)*
Lenzsche R. Lenz's law (rule)
zweite Kirchhoffsche R. Kirchhoff's voltage law
Regelabweichung *f (Syst)* control deviation, [controlling] error
R. des geschlossenen Regelkreises closed-loop error
R. im Übergangszustand transient error (deviation)
bleibende R. steady-state deviation, position (steady-state) error, [steady-state] offset
größte R. maximum deviation
quadratische R. root-mean-square deviation
vorübergehende R. dynamic error (offset)
zulässige R. admissible error (offset)
Regelanlage *f (Syst)* [automatic] control system; control assembly

Regelanlasser *m* starter (starting) rheostat, adjustable starter
Regelantrieb *m* variable-speed drive; *(Syst)* control drive
regelbar *(Syst)* controllable; adjustable
getrennt r. separately controllable
gleitend r. smoothly controllable
stetig r. continuously (infinitely) controllable
stufenlos r. continuously (infinitely) controllable; steplessly variable
Regelbaustein *m* control component
Regelbereich *m* control (regulating) range
Regelcharakteristik *f* control characteristics
Regeldauer *f* control time
Regeldiode *f* [automatic] control diode
Regeldrossel *f* regulating (variable) inductor
Regeleinheit *f* control unit
Regeleinrichtung *f (Syst)* control assembly (device), [automatic] control system, automatic regulator (controller), servomechanism
R. mit hoher Genauigkeit high-accuracy servomechanism
R. mit polarisiertem Relais polarized-relay servomechanism
R. mit Rückführung feedback controller
R. mit unstetigem Glied contactor servomechanism
R. ohne Hilfsenergie self-operated controller
rotierende R. rotating control unit (device) *(bei bürstenlosen Erregeranordnungen)*
träge R. sluggish servomechanism
Regelelement *n* / **pneumatisches** pneumatic control element
Regelfaktor *m (Syst)* control factor, control-action coefficient *(Kennwert der Regelgenauigkeit)*
Regelfehler *m* / **bezogener** unit control error
Regelfernplatz *m (Fmt)* point-to-point position
Regelfläche *f (Syst)* control area *(Maß für die Regelgüte)*
Regelfrequenzumrichter *m* regulating frequency changer
Regelgenauigkeit *f (Syst)* control accuracy (precision)
hohe R. high-accuracy performance
Regelgerät *n (Syst)* [automatic] controller, control device (unit), regulating unit (device)
Regelgeschwindigkeit *f (Syst)* control rate
Regelgrenze *f (Syst)* control limit
Regelgröße *f (Syst)* controlled value (variable)
Regelgüte *f (Syst)* control performance, regulating quality
Regelhexode *f* variable-mu hexode
Regelkennlinie *f* control characteristics
Regelkreis *m* [closed loop] control system, feedback control system; [control] loop, [automatic] control circuit
anpassungsfähiger R. adaptive loop [control system]
aufgeschnittener R. open-loop control system
autonomer R. non-interacting control system (loop, circuit)
geschlossener R. closed loop [control system]
innerer R. inner loop [control system]
kontinuierlicher R. continuous feedback control system
offener R. open loop [control system]
vermaschter R. multiloop control system (circuit)
Regelkreisglied *n* control system element (component)
Regellage *f (Fmt)* erect sideband
regellos random; stochastic
Regellosigkeit *f* irregularity
regelmäßig regular
Regelmäßigkeit *f* regularity
Regelmikrofon *n* regulation (control) microphone *(zum Konstanthalten des Schalldruckpegels)*
regeln *(Syst)* to control, to regulate; to govern
Regelorgan *n* controlling element
Regelpentode *f* variable-mu pentode, remote cut-off pentode
Regelpilot *m (Fmt)* regulating pilot
Regelpotentiometer *n* control potentiometer
Regelpult *n* control board; monitoring desk *(Studiotechnik)*
Regelrelais *n* regulating relay
Regelröhre *f* variable-mu tube (valve), variable-mutual conductance tube, supercontrol tube, remote cut-off tube
Regelschalter *m* regulating switch
Regelschaltung *f* regulating circuit
Regelschleife *f (Syst)* loop; *(Ak)* compressor loop *(Pegelregelung)*
automatische phasenstarre R. automatic phase-locked loop
Regelsiebglied *n* variable filter section
Regelsignal *n (Syst)* control signal
Regelspannung *f* control voltage
Regelspartransformator *m* regulating autotransformer
Regelstrecke *f (Syst)* open-loop control system, controlled system (process)
Regelstrom *m* control current
Regelsystem *n s.* Regelungssystem
Regeltetrode *f* variable-mu tetrode
Regelthermostat *m* adjustable thermostat, thermoregulator
Regeltrafo *m s.* Regeltransformator

Regeltransformator *m* regulating (control) transformer, variable-voltage transformer (*s. a.* Stelltransformator)

Regelung *f (Syst)* automatic (closed-loop) control, [feedback] control, [automatic] regulation

R. der Bildhelligkeit brightness (brilliance) control

R. der Kippfrequenz *(Ferns)* hold control

R. der Übertragungsleistung transfer power control

R. des Leistungskreises power-circuit control

R. durch eine dritte Bürste third-brush control

R. durch Polumschaltung pole-changing control

R. durch Reihenparallelschaltung series-parallel control

R. durch veränderbare Widerstände rheostatic control

R. im Betriebszustand steady-state regulation

R. mit angezapfter Feldwicklung tap[ped]-field control

R. mit D-Regler derivative[-action] control (*s. a.* Differentialregelung)

R. mit Hilfsenergie indirect control

R. mit I-Regler integral[-action] control (*s. a.* Integralregelung)

R. mit optimaler Ausregelzeit time-optimum control

R. mit PD-Regler proportional-derivative[-action] control, PD[-action] control

R. mit PID-Regler proportional-integral-derivative[-action] control, PID[-action] control

R. mit PI-Regler proportional-integral[-action] control, PI[-action] control

R. mit P-Regler proportional[-action] control (*s. a.* Proportionalregelung)

R. mit Relais relay control

R. mit Spannungsänderung varying-voltage control

R. mit Vorhalt *s.* Differentialregelung

R. mit Zweipunktglied on-off control

R. ohne Hilfsenergie direct (self-acting, self-operated, pilot-operated) control

R. von Hand manual (hand) control

abgeschaltete R. switched-off control

adaptive R. adaptive control

automatische R. automatic control (regulation)

autonome R. independent control

digitale R. digital control

direkte R. direct control

drahtlose R. wireless control

duale R. dual control

elektrische R. electrical control

elektronische R. electronic control

empfindliche R. sensitive control

entkoppelte R. non-interacting control *(Mehrgrößenregelung)*

gekoppelte R. interacting control

grobe R. coarse control

indirekte R. indirect control

kontinuierliche R. continuous control

mechanische R. mechanical control

nichtlineare R. non-linear control

pendelfreie R. antihunting control

pneumatische R. pneumatic control

schrittweise R. regulation in steps

stabile R. stable control

stationäre R. steady-state regulation

stetige R. continuous control

stufenweise R. step-by-step regulation

thermostatische R. thermostatic control

unstetige R. discontinuous (intermittent) control

vermaschte R. multiloop control

Regelungsalgorithmus *m* control algorithm

Regelungsgüte *f s.* Regelgüte

Regelungsintervall *n (Syst)* control interval

Regelungspilot *m (Fmt)* regulating pilot

Regelungsstabilität *f (Syst)* control stability

Regelungssystem *n (Syst)* [automatic] control system, feedback control system, regulating system

R. mit einseitiger Wirkungsrichtung unilateral control system

R. mit geschlossenem Kreis closed-loop control system

R. mit getastetem Signal der Regelabweichung error-sampled control system

R. mit Hilfsenergie control system with power amplification, indirect control system

R. mit hoher Regelgüte high-performance [control] system

R. mit Rückführung feedback control system

R. mit Totzeit control system with dead time, control system with time delay

R. mit Verzögerung control system with retardation

R. mit Verzögerungsgliedern retarded control system

einschleifiges R. single-loop feedback system

geschlossenes R. closed-loop [control] system

mehrschleifiges R. multiloop [control] system

selbsttätiges R. automatic control system

vermaschtes R. complex automatic system, interconnected (multivariable) control system, interacting [automatic] control system, multiloop control system

Regelungstechnik *f* [automatic] control engineering

Regelungstheorie *f* [automatic] control theory

Regelventil *n (Syst)* controlling (regulating) valve

R. mit Düse und Prallplatte flapper-nozzle control valve *(Pneumatik)*
Regelverbrauchstarif *m* block tariff
Regelverhalten *n* control behaviour
Regelverstärker *m* automatic gain control amplifier, AGC amplifier, variable-gain amplifier, regulating amplifier
Regelverzerrung *f (Nrt)* characteristic distortion
Regelverzögerung *f* delay of automatic control
Regelvorgang *m* control action
Regelvorrichtung *f* control device (apparatus)
Regelwarte *f* control centre
Regelweg *m (Fmt)* high-usage circuit (route), normal (primary) route
Regelwegbündel *n (Fmt)* high-usage group
Regelwiderstand *m* variable (adjustable, regulating) resistor, rheostat
regelwidrig anomalous
Regelwidrigkeit *f* anomaly
Regelwirkung *f* control action
Regelzelle *f* regulating cell *(Batterie)*
Regenbogenfarbmuster *n (Ferns)* colour rainbow display
regendicht rainproof
Regenecho *n* rain echo *(Radar)*
Regeneration *f* regeneration; recovery
Regenerationsspeicher *m (Rech)* volatile memory (store)
Regenerationstheorie *f (Syst)* regeneration theory *(Stabilitätsuntersuchung)*
Regenerationszyklus *m (Rech)* regeneration cycle
regenerativ regenerative
Regenerativbrennstoffelement *n* regenerative fuel cell
Regenerativverstärker *m (Nrt)* [regenerative] repeater
regenerieren to regenerate; to recover
Impulse r. to reshape pulses
regenerierend regenerative
Regenerierung *f* regeneration; recovery
Regenerierungsintervall *n* regeneration period; scan period (phase) *(bei Röhren)*
Regenerierungsverstärker *m* regenerative amplifier
Regenprüfung *f (Isol)* rain test, test under artificial rain
Regenstörung *f* rain clutter *(Radar)*
Regieanlage *f*, **Regieeinrichtung** *f* cueing device *(Studiotechnik)*
Regiepult *n* central control [desk], master control [desk]
Regieraum *m* central (master) control room, control room (cubicle)
Regiesignal *n* cue
Register *n* 1. *(Rech, Fmt)* register; 2. index
R. mit automatischer Fortschaltung self-sequencing register
R. mit Flipflops register of flip-flops
R. mit Umwerter *(Fmt)* register-translator
akkumulierendes R. accumulator register
assoziatives R. associative register
dynamisches R. delay-line register
Registerauslösung *f (Fmt)* register release
Registerdruckwerk *n (Rech)* register printer
Registererkennungszeichen *n (Fmt)* register code signal
Registergestell *n (Fmt)* register bay
registergesteuert *(Fmt)* register-controlled
Registerlänge *f (Rech)* register length
Registermarke *f (Rech)* register mark
Registerspeicherkapazität *f (Rech)* register storage capacity
Registerstellenzahl *f (Rech)* register length
Registersucher *m (Fmt)* register finder, sender selector
Registersystem *n (Fmt)* register system
R. mit Rückwärtsimpulssteuerung revertive control system
Registerumlauf *m (Rech)* register rotation
Register- und Arithmetik-Logikeinheit *f (Rech)* register and arithmetic and logic unit, RALU
Registerwahl *f (Fmt)* director switching
Registerwähler *m (Fmt)* register finder, sender selector
numerisch gesteuerter R. numerical-controlled selector
Registerzeichen *n (Fmt)* register signal
Registerzeichengabe *f (Fmt)* register signalling
Registrierballon *m* sounding balloon
Registrierblatt *n* record chart
Registrier-Buchungsautomat *m (Rech)* automatic register accounting machine
Registriereinrichtung *f* recording device (unit); [data] logger (*s. a.* Registriergerät)
registrieren to record; to register; to plot
fotografisch r. to record photographically
in Listen r. to list
Registrierfeder *f* recorder (recording) pen
Registrierfehler *m* recording error
Registrierfläche *f* record surface
Registriergalvanometer *n* recording galvanometer
Registriergenauigkeit *f* recording accuracy
Registriergerät *n* recorder, recording (graphic) instrument, [graph] plotter, graphic display unit (*s. a. unter* Schreiber)
R. für Polardiagramme circular-chart recorder
direkt betätigtes R. direct-acting recording instrument
direkt schreibendes R. direct-writing recorder
indirekt arbeitendes R. indirect-acting recording instrument
mechanisches R. mechanical recorder

Registriergeschwindigkeit *f* recording speed
Registrierglied *n* recording unit
Registrierkanal *m* / **schneller** fast recording channel
Registrierkasse *f* / **elektrische** electric cash-register
Registrierlaufwerk *n (Meß)* recording clockwork
Registriermarke *f* registration mark
Registriermaschine *f* **mit Addierwerk** add-list machine
Registriermaßstab *m* chart scale
Registrierpapier *n* recording paper, [recorder] chart paper
frequenzbedrucktes R. frequency-calibrated [recording] paper
Registrierpapierträger *m* chart mechanism
Registrierregler *m* recording controller
Registrierscheibe *f* recording disk, round chart
Registrierschreiber *m* chart recorder
Registrierstreifen *m* record (strip) chart, recorder (paper) tape
R. mit Frequenzeinteilung frequency-calibrated [recording] paper
Registrierstreifenrolle *f* roll of recording paper
Registrierthermometer *n* thermograph, recording thermometer
Registriertinte *f* recorder ink
Registriertrommel *f* recording drum
Registrierung *f* recording; registration; [graphic] record
elektrothermische R. electrothermal recording
grafische R. graphic recording
punktweise R. chopper bar recording *(z. B. Fallbügelregistrierung)*
Registrierzähler *m (Fmt)* recording meter
Registrierzeit *f* recording time
Regler *m (Syst)* [automatic] controller, control[ling] unit; regulator; governor *(für Motoren)*
R. an der Frontplatte panel controller
R. mit D-Verhalten derivative[-action] controller (*s. a.* Differentialregler)
R. mit getastetem Ausgangssignal output sampling controller
R. mit Hilfsenergie power-assisted controller
R. mit I-Verhalten integral[-action] controller (*s. a.* Integralregler)
R. mit P-Verhalten proportional[-action] controller (*s. a.* Proportionalregler)
R. mit starrer Rückführung rigid-feedback controller
R. mit vibrierender Spannung oscillating voltage regulator
R. mit Vorhalt *s.* Differentialregler
R. ohne Hilfsenergie direct (self-acting, self-actuated, self-operated, pilot-operated) controller
adaptiver R. adaptive controller
automatischer R. automatic [feedback] controller, automatic regulator
direkter R. direct-acting controller, self-operated controller
diskontinuierlicher R. discontinuous[-action] controller
elektrischer R. electric controller
elektrohydraulischer R. electrohydraulic controller
elektromechanischer R. electromechanical controller
elektropneumatischer R. electropneumatic controller
freiprogrammierbarer R. [free-]programmable controller
halbautomatischer R. semiautomatic controller
hydraulischer R. hydraulic regulator
kontinuierlicher R. continuous[-action] controller
mechanischer R. mechanical-operated controller
parallel wirkender R. parallel run controller
pneumatischer R. pneumatic controller
proportional-differential-wirkender R. proportional-derivative[-action] controller, PD controller
proportional-integral-differential-wirkender R. proportional-integral-derivative [-action] controller, PID controller
proportional-integral-wirkender R. proportional-integral[-action] controller, PI controller
registrierender R. recording controller
selbsttätiger R. automatic [feedback] controller
statischer R. static controller
stetiger R. continuous controller
Reglerbaustein *m* packaged control unit
Reglerfunktion *f* control law
reglergesteuert governor-controlled *(Motoren)*
Reglergetriebe *n* governor gear *(für Motoren)*
Reglerstruktur *f (Syst)* controller figuration
Reglerverhalten *n* controller action
Regression *f* regression *(Statistik)*
regulieren to regulate, to control; to adjust
Regulierschleifringläufer[motor] *m* slip-regulator induction motor
Regulierspule *f* regulating coil
Regulierung *f* regulation, control; adjustment
zeitliche R. timing
Regulierwicklung *f* regulating winding
Reibkontakt *m* rubbing contact
Reibkupplung *f* friction clutch
magnetische R. magnetic friction clutch
Reibprüfung *f* rubbing test *(Isolierstoffprüfung)*

Reibradantrieb *m* friction drive
Reibung *f* friction
R. der Bewegung kinetic friction
R. der Ruhe static (resting) friction, friction at (of) rest
Coulombsche R. *s.* trockene R.
gleitende R. sliding friction
hydraulische R. hydraulic friction
innere R. internal friction
kinetische R. *s.* R. der Bewegung
ruhende R. *s.* R. der Ruhe
trockene R. dry (solid, Coulomb) friction
viskose R. viscous friction
Reibungsbeiwert *m* friction factor
Reibungsbremse *f* friction brake
Reibungsdämpfung *f* frictional (Coulomb) damping
reibungselektrisch triboelectric
Reibungselektrisiermaschine *f* frictional electric machine, friction machine
Reibungselektrizität *f* triboelectricity, frictional electricity, electricity by friction
negative R. resinous electricity *(Harzelektrizität)*
positive R. vitreous electricity *(Glaselektrizität)*
Reibungsfaktor *m s.* Reibungskoeffizient
Reibungsfehler *m* frictional error
Reibungsgetriebe *n* friction gear
Reibungsgewicht *n* [static] adhesive weight
Reibungskoeffizient *m* friction coefficient (factor), coefficient of friction
Reibungskraft *f* friction[al] force
Reibungskupplung *f* friction clutch
Reibungsleistung *f* friction power
Reibungslumineszenz *f* triboluminescence, friction luminescence
Reibungsmasse *f* adhesive weight
Reibungsmesser *m* tribometer
Reibungsmoment *n* friction torque
Reibungsrelais *n* friction relay
Reibungsströmung *f* viscous flow
Reibungsverlust *m* friction loss
Reibungsverschleiß *m* frictional (abrasive) wear
Reibungswärme *f* friction heat
Reibungswiderstand *m* frictional resistance
Reibungswinkel *m* angle of friction (repose)
Reichweite *f* range; *(Nrt)* working distance, range of transmission, coverage
● **außer R.** out-of-range
endliche R. finite range
kleine R. short range
quasioptische R. line-of-sight coverage
tatsächliche R. actual range
wirksame R. effective range
Reichweite-Energie-Beziehung *f* range-energy relation[ship]
Reichweitekorrektur *f (FO)* range correction
Reichweitenvorhersage *f* range prediction
Reihe *f* series; progression *(Mathematik)*; row; sequence ● **in R.** in series ● **in einer R. [liegend]** in-line
binomische R. binomial series
Fouriersche R. Fourier series
harmonische R. harmonic series
konvergente R. convergent series
logarithmische R. logarithmic series
Taylorsche R. Taylor series
unendliche R. infinite series
Reihenanlage *f (Fmt)* series telephone set, intercommunication system
R. mit Linientasten house exchange system
Reihenapparat *m (Fmt)* series telephone set
Reihenbelüftung *f* series ventilation
Reihenbetrieb *m (Fmt)* tandem operation
Reihendarstellung *f* series representation
Reihendrossel *f* series reactor
Reihenentwicklung *f* series expansion (development), expansion in series *(Mathematik)*
Reihenentwicklungslösung *f* development solution
Reihenfolge *f* sequence; order
bevorzugte R. preferred order *(Informationsverarbeitung)*
Reihenfolgeprogrammierung *f (Rech)* sequential programming
Reihenfolgespeicher *m (Rech)* sequential memory (store)
Reihenfolgeverarbeitung *f (Rech)* sequential processing
Reihenfolgewahl *f (Rech)* sequential (serial) selection *(Programmierung)*
Reihenfolgezugriff *m (Rech)* serial access
Reihengegenkopplung *f* series [negative] feedback
reihengeschaltet series-connected
Reihengespräch *n (Fmt)* sequence call
Reihenimpedanz *f* series impedance
Reihenklemme *f* series terminal, terminal block
Reihenkompensation *f* series compensation
Reihenkondensator *m* series capacitor
Reihenleitwert *m* series admittance
Reihenmaschine *f* tandem engine
Reihenmodulation *f* series modulation
Reihenparallelanlassen *n* series-parallel starting
Reihenparallelanlasser *m* series-parallel starter
Reihenparallelmatrix *f* series-parallel matrix
Reihenparallelregler *m* series-parallel controller
Reihenparallelschaltung *f* series-parallel connection (circuit)
Reihenparallelwicklung *f* series-parallel winding

Reihenprüfung *f* series test
Reihenreaktanz *f* series reactance
Reihenrelais *n* series relay
Reihenresonanz *f* series (voltage) resonance
Reihenresonanzfrequenz *f* series resonance frequency
Reihenresonanzkreis *m* series resonant circuit
Reihenresonanzspule *f* series peaking coil
Reihenschalter *m* series (multicircuit) switch
Reihenschaltung *f* series connection
R. von Heizfäden series connection of filaments *(bei Röhren)*
Reihenschaltungsbogenlampe *f* series-arc lamp
Reihenschluß *m* series circuit
Reihenschlußanlasser *m* series starter
Reihenschlußbogenlampenregler *m* series-arc lamp regulator
Reihenschlußcharakteristik *f* series characteristic
Reihenschlußerregung *f* series excitation
Reihenschlußgenerator *m* series[-connected] generator, series-wound generator
Reihenschlußkennlinie *f* series characteristic
Reihenschlußkommutatormotor *m* series commutator motor
Reihenschlußleitwert *m* series admittance
Reihenschlußmaschine *f* series[-wound] machine
Reihenschlußmotor *m* series[-wound] motor
kompensierter R. compensated series[-wound] motor
Reihenschlußspule *f* series coil
Reihenschlußverhalten *n* series characteristic
Reihenschlußwicklung *f* series winding
● **mit R.** series-wound
Reihenschwingkreis *m s.* Reihenresonanzkreis
Reihenspannung *f* series voltage
Reihenspeisung *f* series feed
Reihenspule *f* series coil
Reihentransformator *m* series transformer
Reihen- und Spaltenabtastung *f* row-and-column scanning
reihenweise serial
Reihenwicklung *f* series winding
Reihenwiderstand *m* series resistance
rein clean; undoped *(Kristall)*
Reinabsorptionsgrad *m* internal absorptance (absorption factor)
Reinheit *f* purity; cleanliness *(z. B. von Oberflächen)* ● **von höchster R.** hyperpure ● **von hoher R.** high-purity
spektrale R. spectral purity
Reinheitsgrad *m* degree of purity *(Kristalle, Isolieröle)*
Reinheitsspule *f* purity coil *(Farbbildröhre)*
reinigen to clean; to purify
mit dem Staubsauger r. to vacuum-clean
Reiniger *m s.* Reinigungsmittel
Reinigung *f* cleaning; purification
R. mit alkalischen Lösungsmitteln alkaline cleaning
R. mit Lösungsmitteln solvent cleaning
R. mit Ultraschall ultrasonic cleaning
anodische R. *(Galv)* anodic (reverse-current) cleaning
elektrolytische R. electrolytic cleaning, electrocleaning
katodische R. cathodic (cathode) cleaning
Reinigungsbad *n* / **elektrolytisches** electrocleaner
Reinigungseffekt *m* purifying effect *(Halbleiterherstellung)*
Reinigungsmittel *n* cleaning (purifying) agent, cleaner, purifier
alkalisches R. alkaline cleaner
oberflächenaktives R. detergent
Reinigungsvorrichtung *f* **für das Zonenschmelzverfahren** floating-zone refining unit
Reinkohle *f* pure (retort, homogeneous) carbon
reinst hyperpure, superpure
Reinstoff *m* pure substance
Reintonaudiogramm *n* pure-tone audiogram
Reintonaudiometer *n* pure-tone audiometer
Reintransmissionsgrad *m* internal transmittance (transmission factor)
reißen to tear; to rupture, to break; to crack
Reißlack *m* brittle lacquer
Reißlast *f* maximum tensile load
Reiter *m* / **verstellbarer** adjustable cam
Reiz *m* stimulus
optischer R. optical stimulus
Reizdauer *f* duration of stimulus
Reizschwelle *f* threshold of sensation (perception)
Reklamebeleuchtung *f* advertising (sign) lighting
Rekombination *f* recombination *(von Ladungsträgern)*
R. in der Raumladungszone space charge recombination
Rekombinationsgeschwindigkeit *f* recombination rate
Rekombinationsgesetz *n* recombination law
Rekombinationskinetik *f* recombination kinetics
Rekombinationskoeffizient *m* recombination coefficient
Rekombinationskontinuum *n* recombination continuum

Rekombinationsleitwert *m* recombination conductance
Rekombinationsleuchten *n* recombination luminescence
Rekombinationsniveau *n* recombination level
Rekombinationsprozeß *m* recombination process
Rekombinationsquerschnitt *m* recombination cross section
Rekombinationsrate *f* recombination rate
Rekombinationsspektrum *n* recombination spectrum
Rekombinationsstelle *f* recombination site
Rekombinationsstrahlung *f* recombination radiation
Rekombinationsstrom *m* recombination current
Rekombinationsverlust *m* recombination loss
Rekombinationswahrscheinlichkeit *f* recombination probability
Rekombinationszentrum *n* recombination centre (trap)
rekombinieren to recombine
Rekristallisation *f* recrystallization
Rekristallisationsglühen *n* recrystallization annealing
rekristallisieren to recrystallize
Relais *n* relay
R. **für Gegensystem** negative-phase-sequence relay
R. **mit Abfallverzögerung** slow-release relay
R. **mit Annäherungsverschluß** approach relay
R. **mit Ansprechverzögerung** slow-acting relay, slow-operating relay
R. **mit Bremszylinder** dashpot relay
R. **mit Federlagerung** relay with flexible armature
R. **mit L-Anker** angle-armature relay
R. **mit magnetischem Nebenschluß** shunt-field relay
R. **mit Quecksilberkontakten** mercury-contact relay
R. **mit Schneidenlagerung** knife edge [armature] relay
R. **mit Schutzgaskontakt** dry-reed relay (switch), sealed-contact relay
R. **mit thermischer Verzögerung** thermal-delay relay
R. **mit Totzone** relay with dead band
R. **mit verzögerter Auslösung** slow-release relay
R. **mit zwei stabilen Stellungen** side-stable relay
R. **mit zwei Trennkontakten** double-break relay
R. **mit zwei Wechselkontakten** double-break-and-make relay
R. **mit zwei Wicklungen** double-wound relay
ankerloses R. relay without armature
astabiles R. astable relay
bistabiles R. bistable relay
doppelgespeistes R. two-element relay
doppelpolarisiertes R. double-biased relay
einpoliges R. single-contact relay
einseitig eingestelltes R. biased relay
einspuliges R. single-coil relay
elektrodynamisches R. electrodynamic relay
elektrodynamisches R. mit Eisenschluß ferrodynamic relay
elektromagnetisches R. electromagnetic[ally operated] relay
elektromechanisches R. electromechanical relay
elektronisches R. electronic relay
elektrostatisches R. electrostatic relay
empfindliches R. sensitive relay
ferngesteuertes R. remote-controlled relay
ferrodynamisches R. ferrodynamic relay
gedämpftes R. dashpot relay
idealisiertes R. perfect relay
induktionsfreies R. non-reactive relay
integrierendes R. integrating relay
koaxiales R. coaxial relay
kontaktloses R. solid-state relay
langsam abfallendes R. *s.* verzögertes R.
lichtelektrisches R. photoelectric relay
magnetisches R. magnetic relay
magnetodynamisches R. magnetodynamic (magnetoelectric) relay
magnetostriktives R. magnetostrictive relay
mechanisch verriegeltes R. mechanical latching relay
mechanisches R. mechanical relay
monostabiles R. monostable relay
motorgetriebenes R. motor-driven relay
neutrales R. neutral (non-polarized) relay
piezoelektrisches R. piezoelectric relay
polarisiertes R. polarized (centre-zero) relay
rückfallendes R. self-reset relay
schnell ansprechendes R. fast-acting relay, fast-operate relay
spannungsempfindliches R. voltage-sensitive relay
statisches R. static relay
steckbares R. plug-in relay
thermisches R. temperature relay
thermoelektrisches R. electrothermal relay
trägerfrequenzgesteuertes R. carrier-actuated relay
unpolarisiertes R. neutral (non-polarized) relay
verzögertes R. time-delay relay; slow-release relay, slow-operated relay
vibrierendes R. oscillating relay

volltransistorisiertes R. fully transistorized relay
zweispuliges R. double-coil relay
Relaisabdeckung *f* relay housing
Relaisabfallwert *m* relay just-release value
Relaisabfallzeit *f* relay dropping (release) time
Relaisanker *m* relay armature
Relaisankeraufsatz *m* relay armature stud *(zur Kontaktbetätigung)*
Relaisankerkontakt *m* relay armature contact
Relaisankerluftspalt *m* relay armature gap
Relaisankerverzögerung *f* relay armature hesitation
Relaisanrufsucher *m (Fmt)* relay line finder
Relaisanschlag *m* relay backstop
Relaisansprechwert *m* relay just-operate value
Relaisauslösesignal *n* relay actuating signal
Relaisauslösezeit *f* relay release (releasing) time
Relaisautomatik *f* relay servomechanism
relaisbetätigt relay-actuated, relay-operated
Relaisbetätigungszeit *f* relay actuation time
Relaisbetrieb *m* relay operation
Relaisbetriebszyklus *m* relay duty cycle
Relaisdämpfungsring *m* relay damping ring
Relaisdeckel *m* relay cover
Relaisdurchschaltzeit *f* relay bunching time
Relaiserregungsdiagramm *n* relay working diagram
Relaisfernsprechsystem *n (Fmt)* all-relay system *(Wählanlage)*
Relaisfolgesystem *n* contactor servosystem
Relaisgeber *m (Nrt)* direct-point repeater
Relaisgehäuse *n* relay housing
Relaisgeräusch *n* relay hum
Relaisgestell *n* relay bay (rack)
Relaisglied *n* relay element
Relaisgrundplatte *f* relay mounting plate
Relaisgruppe *f* relay group
Relaisheizfühler *m* relay heater-sensor
Relaisjustage *f* relay adjustment
Relaiskennlinie *f* relay characteristic
R. mit Totzone relay characteristic with dead zone
statische R. static relay characteristic
Relaiskern *m* relay core
Relaiskette *f* relay chain
Relaiskettenschaltung *f* relay chain circuit
Relaiskleben *n* relay freezing
Relaiskombination *f s.* Relaissatz
Relaiskontakt *m* relay contact
Relaiskontaktanordnung *f* relay contact arrangement
Relaiskontaktansprechzeit *f* relay contact-actuating time
Relaiskraftkennlinie *f* relay load curve
Relaisluftspalt *m* relay air gap
Relaismagnet *m* relay magnet
Relaisprüfgerät *n* relay tester
Relaisrahmen *m* relay frame
Relaisrechenmaschine *f* relay calculating machine
Relaisregelungssystem *n* relay[-operated] control system
Relaisregler *m* relay[-operated] controller, on-off controller, contactor servomechanism
Relaisröhre *f* trigger tube
Relaissatz *m* relay set (group, assembly, unit)
Relaisschaltung *f* relay circuit (network)
Relaisschaltzeit *f* relay transfer time
Relaisschirm *m* relay screen
Relaisschrank *m (Fmt)* relay frame (box)
Relaisschutz *m* relay protection
Relaissender *m (Nrt)* relay transmitter, relay [broadcasting] station
Relaisspeicher *m (Rech)* relay memory (store)
Relaisspule *f* relay coil
Relaisspulenabdeckung *f* relay coil serving
Relaisspulenanschluß *m* relay coil terminal
Relaisspulenkasten *m* relay coil tube
Relaisspulenverluste *mpl* relay coil dissipation
Relaisspulenwiderstand *m* relay coil resistance
Relaisstation *f (Nrt)* repeater (relay) station *(einer Richtfunkverbindung)*
Relaisstelle *f s.* Relaisstation
Relaissteuerung *f* relay control
Relaisstift *m* relay stud
Relaisstromkreis *m* relay circuit
Relaisstufe *f* relay stage
vorwärts- und rückwärtszählende R. bidirectionally counting relay stage
Relaissuchwähler *m (Fmt)* relay finder matrix, register connector
Relaissystem *n* relay system
Relaistelefonsystem *n (Fmt)* all-relay system *(Wählanlage)*
Relaisübertragung *f (Fmt)* relay transmission, relaying
Relaisumschalter *m* relay switch
Relaisunterbrecher *m* relay interrupter
Relaisverstärker *m* relay amplifier, amplifying relay
Relaisverzögerung *f* relay hesitation
Relaisvorwähler *m* relay preselector
Relaiswähler *m (Fmt)* [all-]relay selector
Relaiswirkung *f* relay action
Relaiszahlengeber *m (Fmt)* relay sender
Relaiszähler *m* relay (magnetic) counter
Relaiszählkette *f* relay counting chain
Relaiszeitgeber *m* relay cycle timer
Relativempfindlichkeit *f* relative response (sensitivity)

Relativgeschwindigkeit *f* relative velocity
Relativregistrierung *f* percentage registration
Relaxation *f* relaxation
Relaxationsoszillator *m* relaxation oscillator
Relaxationsschwingung *f* relaxation oscillation
Relaxationszeit *f* relaxation time
Relevanzfilterung *f (Nrt)* relevance filtering
Reliefwirkung *f (Ferns)* relief effect
Reluktanz *f* [magnetic] reluctance, magnetic resistance
Reluktanzbrücke *f* [magnetic] reluctance bridge
Reluktanzgenerator *m* reluctance generator
Reluktanzmotor *m* reluctance motor
remagnetisieren to remagnetize
remanent remanent, residual
Remanenz *f* remanence, remanent magnetization (magnetism), residual magnetization (induction, flux density)
  scheinbare R. apparent remanence, [magnetic] retentivity
  wahre R. true remanence, retentiveness
Remanenzfehler *m* remanence error *(eines Instruments)*
Remanenzfeld *n* residual field
Remanenzverlust *m* magnetic residual loss
Remission *f (Licht)* [diffuse] reflectance
Remissionsansatz *m* reflectance attachment *(beim Spektrofotometer)*
Remissionsfaktor *m* diffuse reflection factor
Remissionsgrad *m* diffuse reflectance
Remissionsnormal *n* reflectance standard
Renkfassung *f* bayonet holder
Reparatur *f* repair; overhaul; maintenance
Reparaturzeit *f* / **mittlere** mean time to repair
reparierbar repairable
reparieren to repair; to overhaul; to recondition
Repeater *m (Nrt)* repeater *(einer Richtfunkverbindung)*
Repetierbetrieb *m* repeat chart mode [of operation] *(Pegelschreiber)*
Repetiergerät *n* reset generator
Reproduktion *f* reproduction
Reproduzierbarkeit *f* reproducibility; repeatability
reproduzieren to reproduce; to repeat
Reproduzierfehler *m* repeatability error
Repulsion *f* repulsion
Repulsionsgerät *n* repulsion-type instrument
Repulsionsmeßwerk *n* repulsion-type meter movement *(spezielles Kreuzspulinstrument für Wechselgrößen)*
Repulsionsmotor *m* repulsion[-induction] motor
  kompensierter R. compensated repulsion motor
Reserve *f* reserve
  einschaltbereite R. hot reserve *(Kraftwerk)*
  installierte R. *(Anl)* installed reserve
  umlaufende R. spinning reserve
Reserveader *f (Fmt)* reserve wire
Reservebatterie *f* standby battery *(Notstrombatterie)*; reserve (spare) battery *(Ersatzbatterie)*
Reservebauelement *n* standby component
Reservegenerator *m* standby generator
Reservegerät *n* standby
Reservekabel *n* spare cable
Reservekanal *m (Nrt)* reserve (spare) channel
Reserveleistung *f* standby power
Reserveleitung *f (Fmt)* spare circuit (line), reserve circuit
Reserveleitungsverstärker *m (Fmt)* spare line repeater
Reservenummer *f (Fmt)* unallotted number
Reserveplatz *m (Fmt)* reserve position
Reservesatz *m* spare set
Reserveschaltung *f* spare circuit
Reserveschutz *m* reserve (back-up) protection *(Relais)*
Reservespeicher *m (Rech)* standby store
Reservezustand *m* standby condition
reservieren to reserve
Resetsignal *n (Rech)* reset signal
Resident-Assembler *m (Rech)* resident assembler
Resident-Kompiler *m (Rech)* resident compiler
Resident-Makroassembler *m (Rech)* resident macroassembler
Residuenmethode *f* method of residues *(Laplace-Transformation)*
Residuensatz *m* residue theorem *(Laplace-Transformation)*
Residuentheorie *f* theory of residues *(Laplace-Transformation)*
Resist *m* resist *(fotoempfindlicher Lack)*
Resistanz *f* / **akustische** acoustic resistance
  mechanische R. mechanical resistance
  spezifische akustische R. specific acoustic resistance
Resistanzrelais *n* resistance relay
Resistanzschutz *m* resistance protection *(eines Relais)*
Resistfilm *m* resist film
Resistron *n* resistron *(Bildaufnahmeröhre)*
Resolver *m* resolver *(Vektorzerleger)*
Resonanz *f* resonance • **bei R.** at resonance • **in R. befindlich** resonant • **in R. geraten** to resonate • **in R. sein [mit]** to be resonant
  R. bei Schwingungsanregung vibration resonance
  optische R. optical resonance
  scharfe R. sharp resonance

subharmonische R. subharmonic resonance
unerwünschte R. spurious resonance
Resonanzabsorber *m* resonance absorber
Resonanzabsorption *f* resonance absorption
Resonanzabsorptionsmessung *f* resonance absorption measurement
Resonanzabstimmung *f* resonance tuning
Resonanzansauggeräuschdämpfer *m* resonator intake silencer
Resonanzanstieg *m* resonant rise
Resonanzanzeige *f* resonance indication
Resonanzanzeiger *m* resonance indicator
Resonanzbedingung *f* resonance condition
Resonanzbereich *m* resonance range
Resonanzbeschleuniger *m* resonance accelerator
Resonanzbreite *f* resonance (resonant) width
Resonanzbrücke *f* resonance bridge
Resonanzeffekt *m* resonance effect (phenomenon)
Resonanzfeld *n* resonance field
Resonanzfluoreszenz *f* resonance fluorescence
Resonanzform *f* mode of resonance
Resonanzfrequenz *f* resonance (resonant) frequency
R. im eingebauten Zustand mounted resonant frequency
Resonanzfrequenzmesser *m* resonance frequency meter
resonanzgeerdet resonant-earthed
Resonanzgrundfrequenz *f* first resonating frequency
Resonanzhohlraum *m* resonant cavity
Resonanzkreis *m* resonant (resonance, resonating) circuit; tuned circuit
Resonanzkreisfrequenz *f* angular resonance frequency
Resonanzkurve *f* resonance curve
R. mit zwei Maxima double-hump resonance curve
Resonanzleitung *f* line resonator
Resonanzleitwert *m* resonance conductance
Resonanzlinie *f* resonance [spectrum] line
Resonanzmaximum *n* resonance peak
Resonanzmesser *m*, **Resonanzmeßgerät** *n* resonance instrument
Resonanzmeßmethode *f* resonance method of measurement
Resonanznähe *f* vicinity of resonance
Resonanznebenschluß *m* resonant shunt
Resonanzniveau *n* resonance level (state) *(Elementarteilchen)*
Resonanzpotential *n* resonance potential
Resonanzprüfung *f* resonance test
Resonanzpunkt *m* [self-]resonance point
Resonanzrelais *n* resonance relay; tuned-reed relay
Resonanzringschalter *m* ring switch *(Mikrowellentechnik)*
Resonanzschalldämpfer *m* reactive (resonant-absorption) silencer
Resonanzschaltung *f* **mit Eisenkernspule** ferroresonant circuit
Resonanzschärfe *f* sharpness of resonance
Resonanzschwingung *f* resonance vibration, covibration
Resonanzschwingungstyp *m* resonance mode
Resonanzspalt *m* resonance gap
Resonanzspektrum *n* resonance spectrum
Resonanzstelle *f* resonance point
Resonanzstrahlung *f* resonance radiation
Resonanzstromkreis *m* resonant (resonance) circuit
Resonanztachometer *n* vibrating-reed tachometer
Resonanzüberhöhung *f* overvoltage of resonance, resonant rise
Resonanzüberspannung *f* resonance overvoltage
Resonanzübertragung *f* resonance transfer
Resonanzverstärker *m* resonance amplifier; single-tuned amplifier *(für eine Frequenz)*
Resonanzverstärkung *f* resonance amplification
Resonanzwellenlänge *f* resonance wavelength
Resonanzwellentyp *m* resonance mode
Resonanzwellentypfilter *n* resonance-mode filter
Resonanzzustand *m s.* Resonanzniveau
Resonator *m (Ak)* resonator; *(Laser)* [cavity] resonator, [resonant] cavity
konfokaler R. *(Laser)* confocal resonator
konzentrischer R. *(Laser)* concentric resonator
piezoelektrischer R. piezoelectric resonator
schwach gedämpfter R. persistent resonator
Resonatorbedingung *f (Laser)* resonant cavity condition
Resonatorlänge *f (Laser)* cavity length
Resonatorspiegel *m (Laser)* resonator (cavity) mirror
Resonatorstrom *m* resonator current
Restablenkung *f* remanent deviation
Restabnehmer *m (Anl)* remainder *(verbleibender Abnehmer nach einer Störung)*
Restbrumm *m* residual hum
Restbrummspannung *f* residual hum voltage
Restdämpfung *f* net (overall) attenuation, overall [transmission] loss
R. am Pfeifpunkt *(Fmt)* singing point equivalent
Restdämpfungsmessung *f* net loss mea-

surement, [overall] attenuation measurement
Restdurchlässigkeit *f* off-peak transmission *(bei Interferenzfiltern)*
Restenergie *f* residual energy
Restfehler *m* residual (remaining) error
Restfehlerrate *f* residual error rate
Restflußdichte *f* residual flux density
Restgas *n* residual gas
Restgasbindung *f* gettering *(Elektronenröhren)*
Restgleichstrom *m* **in Durchlaßrichtung** continuous off-state current *(Thyristor)*
R. in Sperrichtung continuous reverse blocking current *(Thyristor)*
Restglied *n* remainder, remaining term *(Mathematik)*
Restgliedformel *f* **von Lagrange** Lagrange's remainder formula
Restimpuls *m* residual [im]pulse
Restinduktion *f* residual induction
Restinduktivität *f* residual inductance
Restkapazität *f* residual capacity
Restkraft *f* residual force
Restladung *f* residual (remanent) charge
Restmagnetisierung *f s.* Remanenz
Restoberwellen *fpl* residual ripple
Restpotential *n* afterpotential
Restrückstrom *m* residual reverse current
Restseitenband *n (Nrt)* vestigial sideband, VSB
Restseitenbanddatenübertragung *f* vestigial sideband data transmission
Restseitenbandfilter *n* vestigial sideband filter
Restseitenbandmodulation *f* vestigial sideband modulation
Restseitenbandübertragung *f (Nrt, Ferns)* vestigial (asymmetrical) sideband transmission
Restspannung *f* residual voltage
R. eines Ableiters *(Hochsp)* residual voltage of an arrester; *(Am)* discharge voltage of an arrester
Reststörpegel *m* net level of interference *(Funkstörung)*
Reststrahlen *mpl* residual rays, reststrahlen
Reststrahlung *f* residual radiation
Reststrahlverfahren *n* residual radiation method
Reststrom *m* residual current
Reststromstoß *m* residual pulse
Restträger *m (Ferns)* residual carrier
Restüberspannung *f* residual overvoltage
Restwelligkeit *f* residual ripple
Restwert *m* residual *(Mathematik)*
Restwiderstand *m* residual resistance
Resynchronisationszeit *f* timing recovery time *(Pulskodemodulation)*
retardiert retarded *(z. B. Argument)*
Retardierung *f* retardation
Retention *f* retention
Retentionszeit *f* retention (holding) time
Retortengraphit *m*, **Retortenkohle** *f* retort (gas) carbon
Retroreflexion *f (Licht)* reflex reflection *(Reflexion vorzugsweise in die Einfallsrichtung)*
Reusenantenne *f* cage aerial, eel-buck-shaped aerial
Reusenstrahler *m* pyramidal horn
reversibel reversible
Reversibilität *f* reversibility
Reversierbetrieb *m* reversing (reversible) operation
reversieren to reverse
Reversiermotor *m*, **Reversionsmotor** *m* reversing (reversible) motor
Revolver *m* [rotating] turret *(Kamera)*
Revolverblende *f* disk (rotating) diaphragm
Reynolds-Zahl *f* Reynold's number
Rezipient *m* vacuum chamber
reziprok reciprocal, inverse
Reziprozität *f* reciprocity
Reziprozitätseichgerät *n* reciprocity calibrator *(z. B. für Mikrofone)*
Reziprozitätseichung *f* reciprocity calibration
Reziprozitätseichverfahren *n* reciprocity calibration method, reciprocity method of calibration
Reziprozitätsgesetz *n* reciprocity law
Reziprozitätsparameter *m* reciprocity coefficient
Reziprozitätsprinzip *n* reciprocity principle
Reziprozitätssatz *m*, **Reziprozitätstheorem** *n* reciprocity (reciprocal) theorem
Reziprozitätsverfahren *n* reciprocity method
R-Gespräch *n (Fmt)* reversed-charge call
Rheostat *m* rheostat, variable resistor
rheotaxial rheotaxial *(Kristall)*
Rhodinieren *n* **[/ galvanisches]** rhodanizing, rhodium plating
rhodiumplattiert rhodium-plated
Rhodiumüberzug *m* **/ galvanisch abgeschiedener** rhodium plate
rhomboedrisch rhombohedral
Rhombusantenne *f* rhombic aerial, diamond[-shaped] aerial
Rho-Theta-Navigationssystem *n* rho-theta navigational system *(Polarkoordinatensystem)*
Rhumbatron *n* rhumbatron, cavity resonator
Rhysimeter *n* rhysimeter *(zum Messen von Strömungsgeschwindigkeiten)*
Rhythmusmesser *m* rhythmometer
Ribaud-Effekt *m (Wärm)* Ribaud effect *(ungleichmäßige Stromdichteverteilung in Kreisplatten)*
Richtantenne *f* directional (beam) aerial
einseitige R. unidirectional aerial

Richtantennengruppe *f* aerial array
Richtantennensystem *n* **mit einstellbarem Strahlungswinkel** multiple-unit steerable aerial system *(Musa-Antenne)*
Richtcharakteristik *f* directional pattern (characteristic, diagram) (*s. a.* Antennencharakteristik); *(Ak)* directivity characteristic (diagram), polar response (pattern)
achtförmige R. figure-eight [directional] pattern
kugelförmige R. omnidirectional (nondirectional) characteristic, omnidirectional response
nierenförmige R. cardioid characteristic, apple-shaped [directional] pattern
zweiseitige R. bidirectional characteristic
Richtdiagramm *n* directive (directivity) pattern *(Schallabstrahlung)*
Richtempfang *m* directional [wireless] reception, directive beam reception
Richtempfänger *m* [uni]directional receiver
richten 1. to direct; 2. to straighten; 3. to level
direkt r. auf to aim directly at *(z. B. Laser)*
Richtfähigkeit *f* directionality, directivity *(Antennentechnik)*
Richtfaktor *m* 1. coefficient of directivity *(Antennentechnik)*; 2. *(Ak)* directivity factor; 3. rectification factor *(Gleichrichter, Diode)*
Richtfeuer *n* directing (leading) light
Richtfunk *m (Nrt)* directional (directive) radio
Richtfunkabschnitt *m* radio relay section
Richtfunkbake *f* directive radio beacon
Richtfunkbetriebsstelle *f s.* Richtfunkbake
Richtfunkempfänger *m* directional radio receiver
Richtfunkfeuer *n* directional radio beacon
Richtfunkkanal *m* directional radio channel
Richtfunklinie *f* radio [relay] link
Richtfunknetz *n* radio link network
Richtfunkrelaisstelle *f* directional radio repeater
Richtfunksender *m s.* Richtfunkstation
Richtfunkstation *f* radio relay station
Richtfunkstrecke *f* radio [relay] link
Richtfunksystem *n* radio relay system
Richtfunkverbindung *f* radio [relay] link
R. auf Sichtweite line-of-sight radio relay link
R. mit troposphärischer Streuausbreitung tropospheric-scatter radio relay link
R. mit vielen Funkfeldern multi-hop radio relay link
Richtfunkzubringerlinie *f* radio link
Richtigkeit *f* **eines Meßmittels** freedom from bias of a measuring instrument
Richtkoppler *m* directional coupler, directive feed [assembly]
elektromagnetischer R. directional electromagnetic coupler
Richtkraft *f (Meß)* deflecting force
Richtmagnet *m* directing magnet, control[ling] magnet
Richtmikrofon *n* [uni]directional microphone
scharf bündelndes R. narrow acceptance-angle microphone
Richtmoment *n (Meß)* deflecting torque
Richtschärfe *f (Ak)* sharpness of directivity
Richtsendeanlage *f (Nrt)* beam transmitting station
Richtsendung *f (Nrt)* beam emission, directional transmission
Richtstrahl *m* directional (directed, radio) beam
Richtstrahlantenne *f* beam (directional) aerial
drehbare R. rotary beam aerial
Richtstrahlbake *f* beacon transmitter
Richtstrahlempfangsanlage *f* directional receiver
Richtstrahler *m* 1. *s.* Richtstrahlantenne; 2. *s.* Richtstrahlsender; 3. *(Wärm)* directional radiator
Richtstrahlsender *m* beam (directional) transmitter
Richtstrahlsystem *n (FO)* beam system
Richtstrahlung *f* directional (directive) radiation
Richtung *f* 1. direction; 2. bearing *(einer Peilung)* ● **in alle Richtungen** omnidirectional ● **in zwei Richtungen** bidirectional
bevorzugte R. preferential direction
richtunggebend directive, directional
Richtungsabhängigkeit *f* directional dependence, directional (angular) response
Richtungsanzeige *f* indication of direction
Richtungsanzeiger *m* direction indicator
magnetischer R. magnetic direction indicator
Richtungsauflösungsvermögen *n (FO)* bearing resolution
Richtungsbetrieb *m (Fmt)* directional operation
Richtungsbündelung *f* directionality *(z. B. eines Laserstrahls)*
Richtungsdämpfungsmaß *n* angular deviation loss
Richtungsdaten *pl* directional data; *(FO)* bearing data
Richtungseigenschaft *f* directional property
Richtungseindruck *m (Ak)* directional impression
Richtungsempfindlichkeit *f* directional sensitivity
Richtungsfähigkeit *f s.* Richtfähigkeit
Richtungsfaktor *m (Ak)* directivity factor
Richtungsfeld *n* directional field
Richtungsfokussierung *f (Laser)* direction focus[s]ing
Richtungsgabel *f s.* Zirkulator
Richtungsglied *n* directional element *(Relais)*

Richtungsindikator *m* directional detector
Richtungskennzeichen *n* / **falsches** *(Fmt)* improper routing character
Richtungskoppler *m* *(Fmt)* route matrix (*s. a.* Richtkoppler)
Richtungsmaß *n* *(Ak)* directivity index, directional gain
Richtungsnull *f* directional null
Richtungspfeil *m* arrow
Richtungsrelais *n* [current] directional relay
Richtungsschalter *m* direction switch
Richtungsschreiben *n* *(Fmt)* simplex telegraphy
Richtungsschrift *f* non-return-to-zero recording
Richtungssender *m* radio (transmitter) beacon
richtungsunabhängig non-directional, non-directive
Richtungsverkehr *m* *(Fmt)* simplex operation
Richtungsverteilung *f* directional distribution
Richtungsvorwahl *f* directional preselection
Richtungswahl *f* *(Fmt)* route selection
Richtungswähler *m* directional selector; *(Fmt)* route connector (selector)
R. für Hauptvermittlungen sectional centre route selector
Richtungswahlschaltung *f* *(Fmt)* route switching network
Richtungswahlstufe *f* *(Fmt)* route (group) selection stage
Richtungswahrnehmung *f* *(Ak)* directional perception
Richtungswechsel *m* change of (in) direction
R. des Stroms reversal of current
Richtungswechsler *m* *(Fmt)* reversing switch
Richtungswender *m* reverser
Richtungsziffer *f* *(Fmt)* routing digit
Richtverbindung *f* *(Nrt)* radio [relay] link
Richtverhältnis *n* 1. directivity *(Antennentechnik)*; 2. blocking-to-forward resistance *(Stromrichter)*
Richtvermögen *n* directionality, directivity *(Antennentechnik)*
Richtverstärkungsfaktor *m* directive gain *(Antenne)*
Richtwandler *m* unidirectional transducer
Richtwert *m* recommended (guide) value; approximate value
Richtwirkung *f* 1. directional effect, directional (directive) efficiency *(Antennentechnik)*; 2. *s.* Richtfähigkeit
einseitige R. unidirectional action
Richtwirkungsgrad *m* *(Srt)* rectification efficiency
Rieke-Diagramm *n* Rieke diagram
Riemenantrieb *m* belt (strap) drive
Riemenscheibe *f* [belt] pulley
Riementrieb *m* belt (strap) drive
Riesenfangstelle *f*, **Riesenhaftstelle** *f* *(Halbl)* giant trap
Riesenimpulserzeugung *f* giant-pulse generation (laser action)
Riesenimpulslaser *m* giant-pulse laser
Riffelglas *n* ribbed glass
riffeln to ripple; to corrugate
Riffelung *f* corrugation
RIGFET *Abk. für* resistive insulated gate field effect transistor
Righi-Leduc-Effekt *m* Righi-Leduc effect *(thermomagnetischer Effekt)*
Rille *f* groove *(z. B. einer Schallplatte)*
V-förmige R. V-shaped groove
Rillenabstand *m* groove spacing *(Schallplatte)*
Rillenbreite *f* groove width
Rillendurchmesser *m* groove diameter
Rillenfahrdraht *m* grooved wire
Rillenform *f* groove shape
Rillengeschwindigkeit *f* groove speed
Rillenisolator *m* corrugated insulator
Rillenoberfläche *f* groove face
Rillenprofil *n* groove profile (contour)
Rillenquerschnittsform *f* groove shape
Rillenwand *f* groove wall
Rillenwinkel *m* groove angle
Ring *m* ring; collar; washer
Grammescher R. Gramme ring
Landoltscher R. Landolt circle
Ringanker *m* *(Masch)* ring[-wound] armature
Grammescher R. Gramme ring armature
Ringantenne *f* ring aerial
Ringblitz *m* ring (circular) flash
Ringdemodulator *m* ring demodulator
Ringdichtung *f* ring seal *(Elektronenröhren)*
Ringdipol *m* ring dipole
Ringe *mpl* / **Haidingersche** Haidinger (constant-angle, constant-deviation) fringes *(Interferenz)*
Ringelektrode *f* ring (annular) electrode
Ringeln *n* curl *(des Bandes)*
Ringentladung *f* ring (toroidal) discharge
Ringfläche *f* ring surface
ringförmig ring-shaped, annular; toroidal
Ringheizkörper *m* ring-type heater
Ringinduktor *m* ring (annular) inductor *(z. B. zum Induktionshärten)*
Ringkabelanschluß *m* ring main cable connection; two-way supply
Ringkabelstation *f* ring main substation
Ringkern *m* toroid[al] core, ring core *(z. B. einer Spule)*
Ringkernmagnetometer *n* ring-core magnetometer
Ringkernpermeabilität *f* toroidal-core permeability
Ringkernschaltung *f* toroidal-core network

Ringkernspeicher *m* toroidal-core store
Ringkerntransformator *m*, **Ringkernwandler** *m* toroidal[-core] transformer
Ringkontakt *m* annular contact
Ringkoordinaten *fpl* toroidal coordinates
Ringkopf *m* ring head *(Tonbandgerät)*
Ringkreis *m* ring circuit *(Mikrowellentechnik)*
Ringlampe *f* circular [fluorescent] lamp
Ringlaser *m* ring laser
Ringleiter *m* [microwave] circulator
Ringleitung *f (Eüb)* ring mains (system), closed-loop network, loop [feeder]
Ringleuchtstofflampenleuchte *f* circular fluorescent lamp fitting
Ringmagnet *m* ring (annular) magnet
Ringmodulator *m* ring-type modulator
Ringmuster *n* ring pattern
Ringofen *m* annular furnace, ring kiln
Ringöler *m* ring oiler
Ringoszillator *m* ring oscillator
Ring-Punkt-Elektrode *f (Halbl)* ring-dot electrode
Ringquantengenerator *m* / **optischer** ring laser
Ringsammelschiene *f* ring bus [bar]
Ringschaltung *f (Fmt)* closed-circuit arrangement
Ringschiften *n (Rech)* register rotation, circular (cyclic, ring) shift
Ringschmierlager *n* ring-oil bearing
Ringschmierung *f* ring lubrication
Ringskale *f* ring dial, dial scale
Ringspeicher *m* toroidal-core store
Ringspiegel *m* ring mirror
Ringspiegellinse *f* ring mirror lens
Ringspule *f* toroidal (annular) coil
Ringstromwandler *m* ring current transformer
Ringstruktur *f* annular structure
Ringthermoelement *n* ring-shaped thermocouple
Ringtransformator *m* 1. ring (toroidal) transformer; 2. *s.* Ringübertrager
Ringübertrager *m (Fmt)* [toroidal] repeating coil, phantom coil
Ringverbinder *m* lead collar
Ringverschiebung *f (Rech)* roll down [stack] *(z. B. bei polnischer Notation)*
Ringverschmelzung *f* ring seal *(Elektronenröhren)*
Ringwaage *f* ring balance
  selbstschreibende R. recording ring balance
Ringwandler *m* toroidal-core transformer
Ringwicklung *f* ring winding
  geschlossene R. closed-coil armature
Ringzähler *m* ring counter, closed counting chain
  R. mit gasgefüllten Röhren gas-tube ring counter
  R. mit überkreuzten Zusammenschaltungen switch-tail ring counter
  in zwei Richtungen arbeitender R. bidirectional ring counter
  mehrstufiger R. multistage ring counter
  umsteuerbarer R. reversible ring counter
Rippe *f* rib, gill *(Heizkörper)*; fin *(Kühlrippe)*
Rippenheizkörper *m* finned-type heating element, ribbed heating unit
Rippenleitwert *m (Wärm)* fin conductance
Rippenring *m* gill *(Heizkörper)*
Rippenrohr *n* gilled pipe *(Heiz- oder Kühlkörper)*
Risikopunkt *m* risk point
Riß *m* crack, flaw
  feiner R. fissure
  interkristalliner R. intercrystalline (grain boundary) crack
Rißausbreitung *f* crack propagation
Rißbildung *f* cracking, crack formation
Rißdetektor *m* crack detector
Rißempfindlichkeit *f* susceptibility to cracking
Rißprüfer *m* crack detector
Rißprüfung *f* crack detection
ritzen to scratch; to scribe
Ritzmaschine *f* scribing machine
R-Karte *f* control chart for ranges
RLC-Brücke *f* resistance-inductance-capacitance bridge, RLC bridge, universal bridge
RLC-Stromkreis *m* simple series circuit
RL-Netzwerk *n* resistance-inductance network, RL network
RL-Phasenbrücke *f* resistance-inductance phase-angle bridge
Röbel-Anordnung *f* Roebel transposition *(bei Leiterstäben in elektrischen Maschinen)*
Roboter *m* robot
Robustheit *f* ruggedness
Rocky-Point-Effekt *m* Rocky-Point effect *(plötzlicher Anstieg der Elektronenemission in Senderöhren)*
Rogowski-Elektrode *f* uniform-field electrode
Rohelektrolyt *m* crude electrolyte
Rohglimmer *m* natural mica
Rohr *n* tube, pipe; conduit; duct
  [ab]geschlossenes R. sealed tube
  Kundtsches R. *(Ak)* Kundt's tube, standing wave apparatus
Rohrabdichtung *f* duct sealing
Rohranfang *m* duct entrance
rohrbelüftet / geschlossen totally enclosed pipe-ventilated
Röhrchenplatte *f* tubular (tube-type) plate *(Batterie)*
Röhrchensicherung *f* glass-enclosed fuse
Rohrdipolantenne *f* sleeve-dipole aerial
Rohrdistanzstück *n* duct spacer

Röhre *f* 1. valve, tube *(Elektronenröhre)*; 2. *s.* Rohr
R. großer Steilheit *s.* steile R.
R. mit aufgespritztem Metallüberzug spray-shielded valve (tube)
R. mit ausgedehntem Sperrbereich extended cut-off valve (tube)
R. mit automatischer Gittervorspannungserzeugung self-biased valve (tube)
R. mit Elektronenbündelung aligned-grid valve (tube)
R. mit Geschwindigkeitsmodulation velocity-modulated valve (tube)
R. mit großem Verstärkungsfaktor high-mu valve (tube)
R. mit hochwertiger Gradation high-gamma valve (tube)
R. mit induktiver Auskopplung inductive-output valve (tube)
R. mit Loktalsockel loktal-base valve (tube)
R. mit Metallüberzug metallized valve (tube)
R. ohne Regelcharakteristik sharp cut-off valve (tube)
abgeschmolzene R. sealed-off valve (tube)
antimikrofonische R. antimicrophonic valve (tube)
auseinandernehmbare R. demountable valve (tube)
Braunsche R. Braun valve (tube)
direktgeheizte R. directly heated valve (tube)
elektrodenlose R. electrodeless valve (tube)
gasgefüllte R. gas-filled valve (tube)
gasgefüllte lichtelektrische R. gas phototube
Geißlersche R. Geissler valve (tube)
geschwindigkeitsmodulierte R. velocity-modulated valve (tube)
harte R. hard valve (tube)
hochbeheizte R. bright valve (tube)
hochohmige R. high-internal-resistance valve (tube)
klingfreie R. non-microphonic valve (tube)
kommerzielle R. industrial valve (tube)
Kundtsche R. *s.* Rohr / Kundtsches
luftgekühlte R. air-cooled valve (tube)
quetschfußfreie R. loktal-base valve (tube)
rauscharme R. low-noise valve (tube)
rückgekoppelte R. back-coupled valve (tube)
selbsterregte R. self-excited valve (tube)
selbstgleichrichtende R. self-rectifying valve (tube)
sockellose R. footless valve (tube)
sofort betriebsfähige R. instant-heating filament valve (tube)
steile R. high-mu valve (tube), high-slope valve, high-transconductance valve
taube R. deaf valve (tube)
undichte R. leaky valve (tube)
ungeregelte R. sharp cut-off valve (tube)
weiche R. soft valve (tube)
Röhrenabschirmung *f* valve (tube) shield
Röhrenanheizzeit *f* valve (tube) heating time
Röhrenausfall *m* valve (tube) failure
röhrenbestückt valved
Röhrenbestückung *f* valve (tube) complement
röhrenbetrieben valve-operated, tube-operated
Röhrenbrückenschaltung *f* two-valve bridge circuit
Röhrenbrumm *m* valve (tube) hum
Röhrendaten *pl* ratings of the valve (tube)
Röhrendiode *f* thermionic diode
Röhrenelektrometer *n* valve (tube) electrometer
Röhrenelektronik *f* valve (tube) electronics
Röhrenempfänger *m* valve (tube) receiver
Röhrenfassung *f* valve (tube) socket, valve holder
federnde R. antivibration socket (valve holder), antimicrophonic socket
Röhrenfehlstrom *m* valve (tube) fault current
Röhrenfenster *n* valve (tube) window
Röhrenfotometer *n* valve (tube) photometer
Röhrenfuß *m* valve (tube) base, stem *(einer Elektronenröhre)*
Röhrengenerator *m* valve generator (oscillator), tube (thermionic) generator
röhrengesteuert valve-controlled, tube-controlled
Röhrengleichrichter *m* valve (vacuum-tube, discharge-tube) rectifier
Röhrenhalter *m* valve (tube) clamp
n-poliger R. n-pin valve holder
Röhrenheizfaden *m* valve (tube) heater
Röhreninnenwiderstand *m* differential anode resistance
Röhrenisolator *m* tubular insulator
Röhrenkabel *n (Fmt)* duct (conduit) cable
Röhrenkennlinie *f* valve (tube) characteristic
Röhrenkleinsignalkennwert *m* valve (tube) small-signal parameter
Röhrenklingen *n* microphonic effect
Röhrenkolben *m* valve (tube) envelope; bulb
metallisierter R. metallized bulb
Röhrenkopplung *f* [inter]valve coupling
Röhrenlebensdauer *f* valve (tube) life
Röhrenleistung *f* valve power (output), tube power
Röhrenlinearmotor *m* tubular linear motor
röhrenlos valveless, tubeless

Röhrenmagnet *m* tubular magnet
Röhrenmodulator *m* valve (tube) modulator
Röhrenprüfgerät *n* valve (tube) tester
Röhrenprüfung *f* valve (tube) testing, valve checking; filament activity test
Röhrenrauschen *n* valve (tube) noise, valve hiss
Röhrenrelais *n* valve (tube) relay
Röhrenschalter *m* tubular switch
Röhrenschaltung *f* **für Frequenzmodulation** valve (tube) reactor modulator
Röhrenschirm *m* tube face
Röhrensender *m* valve (tube) transmitter
Röhrensicherung *f* tubular (tube) fuse
Röhrensockel *m* valve (tube) base
Röhrensockelstift *m* valve (tube) pin
Röhrenspeicher *m* cathode-ray tube memory (store)
Röhrenstabilisator *m* valve (tube) stabilizer
Röhrensummer *m* [electron] tube generator
Rohrentladung *f* pipe discharge
Röhrentyp *m* valve type
Röhrenverstärker *m* valve (tube) amplifier
Röhrenvoltmeter *n* valve (thermionic) voltmeter, [electron] tube voltmeter, electronic voltmeter
  R. mit Anodengleichrichtung anode bend voltmeter
  R. mit Gittergleichrichtung grid leak voltmeter
  R. mit Spitzenwertanzeige electronic peak-reading voltmeter
Röhrenwand *f* tube wall
Röhrenwechsel *m* valve (tube) replacement
Röhrenwicklung *f* / **konzentrische** concentric winding
Röhrenwiderstand *m* / **innerer** plate resistance, a.c. resistance
Röhrenzeitschalter *m* electronic timer
Röhrenzwischenstecker *m* valve (tube) adapter
Rohrerder *m* earth rod
Rohrerdsammelleitung *f* tubular earthing bus
rohrförmig tubular
Rohrgarnitur[en *pl*] *f* conduit fittings
rohrgekühlt duct-ventilated, [inlet-]pipe-ventilated
Rohrheizkörper *m* tubular heater
Rohrkabel *n* pipe[-type] cable
Rohrkondensator *m* tubular capacitor
Rohrleitung *f* tubing, piping, conduit
  konzentrische R. coaxial (concentric) tube
Rohrmast *m* tubular mast
Rohrmuffe *f* conduit coupling
Rohrofen *m* / **elektrischer** electric tubular furnace
Rohrpostleitung *f* [pneumatic] dispatch tube
Rohrrippe *f* gill *(Heizkörper)*
Rohrschelle *f* conduit clip
Rohrschlitzantenne *f* pylon aerial
Rohrschweißen *n* / **induktives** inductive tube welding
  konduktives R. conductive tube welding
Rohrspirale *f* pipe coil
Rohrteiler *m* cut-off attenuator *(Wellenleiter)*
Rohrturbine *f* bulb-type turbine
Rohrverbindungsstück *n* tube (pipe) joint, conduit coupling
Rohrverzweigung *f* pipe branching, manifold
Rollbahnbefeuerung *f* taxiway lighting
Rollbahnfeuer *n* taxiway light
Rolle *f* roll[er]; spool, reel *(z. B. Tonband, Film)*
Rollenboden *m* roller base *(Elektroofen)*
Rollenelektrode *f* roller electrode
  R. zum Elektroschweißen contact roller for electric welding
Rollenherddurchlaufofen *m* continuous-roller hearth-type oven (furnace)
Rollenindikator *m (Rech)* roll indicator *(Informationsverarbeitung)*
Rollenisolator *m* spool insulator
Rollenkontakt *m* roller contact
Rollenlager *n* roller bearing
  vorgespanntes R. spring-loaded bearing
Rollenzählwerk *n* drum-type counter mechanism
Rollkondensator *m* roll-type capacitor
Rollwiderstand *m* rolling resistance
ROM *Abk. für* read-only memory
röntgen to X-ray
Röntgenanlage *f* X-ray equipment
Röntgenapparat *m* X-ray apparatus
Röntgenaufnahme *f* X-ray photograph, radiograph, radiogram
Röntgenbestrahlung *f* X-ray irradiation, X-irradiation
Röntgenbeugung *f* X-ray diffraction
Röntgenbild *n* X-ray image (pattern), radiograph, radiogram
Röntgenbildverstärker *m* X-ray image amplifier (intensifier)
Röntgenblitz *m* X-ray flash
Röntgenblitzröhre *f* X-ray flash tube
Röntgendiagramm *n* X-ray pattern
Röntgendurchleuchtung *f* radioscopy, fluoroscopy
Röntgenfilm *m* X-ray film
Röntgenkristallstrukturanalyse *f* X-ray crystal-structure analysis, crystallographic analysis
Röntgenlaser *m* X-ray laser, XRASER
Röntgenmeßgerät *n*, **Röntgenmeter** *n* roentgen meter, r-meter, roentgenometer
Röntgenoskopie *f* radioscopy, fluoroscopy
Röntgenröhre *f* X-ray tube

Röntgenschirm *m* X-ray screen, fluorescent roentgen screen
Röntgenschutzschirm *m* X-ray shield
Röntgenspektrograf *m* X-ray spectrograph
Röntgenspektrum *n* X-ray spectrum (diffraction pattern)
Röntgenstrahl *m* X-ray beam
Röntgenstrahlen *mpl* X-rays
Röntgenstrahlendiagramm *n* X-ray pattern
Röntgenstrahlenlaser *m s.* Röntgenlaser
Röntgenstrahlenquelle *f* X-ray source
Röntgenstrahlenschutz *m* X-ray protection
Röntgenstrahler *m* X-ray source
Röntgenstrahlung *f* X-radiation, X-rays
Rosa-Filter *n (Ak)* pink-noise filter *(Filter mit 3 dB Abfall je Oktave)*
Rosa-Rauschen *n (Ak)* pink noise
Rosenberg-Generator *m* Rosenberg generator
rostbeständig rust-resistant, stainless
Rostbeständigkeit *f* rust (stain) resistance
Rostermüdung *f* corrosion fatigue
rostfrei rustless, stainless
Rostnarbe *f* corrosion pit
Röstofen *m* roasting furnace (kiln)
Rostschutzanstrich *m* anticorrosive (rust-protective) coating
Rostschutzmittel *n* rust preventive (inhibitor), anticorrosive (rust-protecting) agent
rostverhindernd rust-preventing, rust-protective, anticorrosive
Rotanteil *m (Licht)* red content
Rotation *f* rotation; curl *(eines Vektors)*
Rotationsabsorptionslinie *f* rotational absorption line
Rotationsabsorptionsspektrum *n* rotational absorption spectrum
Rotationsbande *f* rotational band
Rotationsbandenspektrum *n* rotational band spectrum
Rotationsbeschleunigung *f* rotational acceleration
Rotationsbewegung *f* rotational (rotary) motion
Rotations-EMK *f* rotational electromotive force, rotational emf
Rotationsenergie *f* rotation[al] energy; angular kinetic energy
Rotationsfeinstruktur *f* rotational fine structure
rotationsfrei irrotational
Rotationsgeber *m* rotating capacitor-type generator *(zur Gleichspannungserzeugung)*
Rotationsgeschwindigkeit *f* des Plasmabogens rotation speed of the plasma arc
Rotationsindex *m (Rech)* rotational index *(Informationsverarbeitung)*
Rotationsmagnetismus *m* rotation magnetism
Rotationsniveau *n* rotational level
Rotationsquantenzahl *f* rotational quantum number
Rotationsrelais *n* rotary relay
Rotationsschwingungsbande *f* rotation-vibration band
Rotationsschwingungsspektrum *n* rotation-vibration spectrum
Rotationsspektrum *n* rotational spectrum
Rotationsstehwellendetektor *m* rotatory standing-wave detector
Rotationssymmetrie *f* rotational symmetry
Rotationsterm *m* rotational level
Rotationstermschema *n* rotational level diagram, rotational term scheme
Rotationsvakuumpumpe *f* rotary vacuum pump
Rotationsverdichter *m* rotary compressor
Rotationsvoltmeter *n* rotary voltmeter
Rotationswärme *f* rotational heat
Rotationszentrum *n* rotation centre
Rotationszustand *m* rotational state
Rotationszustandssumme *f* rotational partition function
rotatorisch rotational
rotempfindlich red-sensitive
Rotfilter *n* / **dunkles** deep red filter
rotieren to rotate; to revolve
rotierend rotating; revolving
Rotor *m* 1. *(Masch)* rotor; armature *(z. B. bei Gleichstrommaschinen)*; 2. curl *(Mathematik)*
  R. eines Vektorfelds curl of a vector field
  R. mit großem Blindwiderstand high-reactance rotor
  R. mit massivem Polschuh solid-pole rotor
  aus Segmenten aufgebauter R. segmental rotor
  blockierter R. locked rotor
  geteilter R. split rotor
  gezahnter R. toothed-ring armature
  massiver R. solid-iron rotor
  segmentierter R. segmental rotor
  stillstehender R. locked rotor
Rotorbandage *f* armature bandage
Rotorblech *n* armature core disk, armature lamination (stamping)
Rotorbuchse *f* rotor bushing
Rotorkörper *m* rotor body
Rotorkranz *m* spider rim
Rotorpaket *n* rotor (moving) plates *(Drehkondensator)*
Rotorplatte *f* rotor (moving) plate *(Drehkondensator)*
  geschlitzte R. slotted rotor plate
Rotorspannung *f* rotor (armature) voltage
Rotorspindel *f* rotor shaft
Rotorstern *m* spider
Rotorstillstandsprüfung *f* locked-rotor test
Rotorwelle *f* rotor shaft
Rotorwicklung *f* rotor (armature) winding
Rousseau-Diagramm *n (Licht)* Rousseau diagram

Routh-Kriterium *n* Routh criterion
Routinekontrolle *f* routine check
Routinemessung *f* routine measurement
Routinewartung *f* routine maintenance
R-Schirm *m* R-scope *(Radar)*
RSM *s.* Ruf- und Signalmaschine
RTL *Abk. für* resistor-transistor logic
RT-Modul *m* resistor-transistor module
Rubinglimmer *m* ruby mica
Rubinlasersender *m* ruby laser transmitter
Rubrik *f (Rech)* column
Ruck *m* jerk *(Ableitung der Beschleunigung)*
Rückansicht *f* rear view
Rückantwort *f (Nrt)* reply, reanswer
Rückarbeitsprüfverfahren *n (Masch)* back-to-back test
elektrisches R. electrical back-to-back test
mechanisches R. mechanical back-to-back test
Rückarbeitsverfahren *n (Masch)* back-to-back method
ruckartig jerky
Rückauslösung *f* back release
rückbilden to reshape *(z. B. Impulse)*
Rückbildung *f* restitution *(von Zeichen)*
Rückdiffusion *f* back diffusion *(z. B. von Elektronen)*
Rückdiffusionsverlust *m* back-diffusion loss
Rückdrehmoment *n* restoring moment
Rückdruck *m* back pressure
Rückdruckfeder *f* **für den Anker** armature return spring
Rückdruckregler *m* back-pressure regulator
Ruckeffekt *m* jump phenomenon, stick-and-slip effect *(bei trockener Reibung)*
Rückemission *f* reverse emission
Rücken *m* tail *(eines Impulses)*; *(Hochsp)* wave tail (back) *(einer Stoßspannungswelle)*
Rücken-an-Rücken-Aufstellung *f (Fmt)* back-to-back installation
Rückenhalbwertszeit *f* virtual time to half value *(Stoßspannungsprüftechnik)*
Rückfahrscheinwerfer *m* back-up lamp
Rückfalleigenzeit *f (Anl)* inherent drop-off time
Rückfallrelais *n* step-back relay
Rückfallverhältnis *n s.* Rückgangsverhältnis
rückfedernd springy; resilient, elastic
Rückflächenspiegel *m* second (rear) surface mirror
Rückflanke *f* trailing edge *(Impuls)*
steile R. steep trailing edge
Rückflußdämpfung *f (Nrt)* reflection loss, active (structural) return loss
Rückflußdämpfungsmesser *m* reflection measuring set
Rückflußrelais *n* reverse power relay
Rückflußspannung *f* return voltage
Rückflußstrom *m* return current
Rückflußweg *m* **der Kraftlinien** flux return path
Rückfrage *f (Fmt, Nrt)* inquiry, request
R. nach jedem Wort automatic request
Rückfrageapparat *m (Fmt)* call-back apparatus
Rückfrageeinrichtung *f (Fmt, Nrt)* request apparatus
Rückfragehäufigkeit *f (Nrt)* repetition rate; *(Fmt)* call-back frequency
Rückfrageknopf *m (Fmt, Nrt)* request button
rückfragen *(Fmt)* to inquire, to call back
Rückfragesignal *n (Fmt, Nrt)* request signal
Rückfragevorrichtung *f (Fmt)* call-back facility
Rückfrageweg *m (Fmt)* call-back circuit
Rückfragezeit *f (Fmt, Nrt)* request time
ruckfrei jerk-free
Rückführfeder *f* restoring spring; controlling spring
Rückführglied *n (Syst)* feedback element
Rückführkreis *m* feedback loop
Rückführrelais *n (Fmt)* clear-out relay
Rückführschaltung *f* feedback circuit
Rückführung *f* 1. *(Syst)* feedback *(im Regelkreis)*; 2. recycling
R. mit Verzögerung *s.* verzögerte R.
R. mit Vorzeichenumkehr degenerative feedback
äußere R. external (monitoring) feedback
automatische R. automatic feedback
geschwindigkeitsabhängige R. derivative feedback
innere R. inherent feedback *(ohne Regler)*
nachgebende R. elastic feedback
negative R. degenerative feedback
positive R. regenerative feedback
stabilisierende R. stabilizing feedback
stabilisierte R. stabilized feedback
verzögerte R. delayed (lagged) feedback
vorhalterzeugende R. rate feedback
Rückführungsbeanspruchung *f* restoration stress
Rückführungsregelung *f* feedback control
Rückführungsschaltung *f* feedback circuit
Rückführungsschleife *f* feedback (control) loop
Rückgang *m* 1. *(Masch)* return [motion, travel] (*s. a.* Rücklauf 1.); 2. decrease
Rückgangsverhältnis *n* reset[ting] ratio *(Relais)*
Rückgangswert *m* reset[ting] value *(Relais)*
Rückgangszeit *f* reset[ting] time *(Relais)*
Rückgewinnung *f* 1. recuperation; 2. recovery
Rückhaltebecken *n* retaining basin, storage reservoir
Rückhaltezeit *f* retention (storage) time
Rückholfeder *f* return (pull-off) spring; controlling spring

Rückholmoment *n* restoring moment
Rückhörbezugsdämpfung *f (Fmt)* sidetone reference equivalent
Rückhördämpfung *f (Fmt)* anti-sidetone
Rückhördämpfungsschaltung *f (Fmt)* anti-sidetone device
Rückhören *n (Fmt)* sidetone
Rückhörweg *m* sidetone path
Rückkante *f* back edge *(eines Impulses)*
Rückkehr *f* return
R. in Ruhestellung homing [action] *(z. B. Zeiger)*
R. zu Null return to zero
Rückkehradresse *f (Rech)* return address *(Programmierung)*
Rückkehrbefehl *m (Rech)* return command (instruction)
Rückkehr-zu-Null-Aufzeichnung *f* return-to-zero recording
Rückkehr-zu-Null-Verfahren *n* return-to-zero method
Rückkeulenecho *n (Fmt)* back echo
rückkoppeln to feedback
Rückkopplung *f* feedback, back coupling (*s. a. unter* Rückführung)
akustische R. acoustic feedback (breakthrough)
induktive R. inductive feedback
kapazitive R. capacitive (electrostatic) feedback
negative R. negative feedback *(Gegenkopplung)*
positive R. feedforward, positive feedback *(Mitkopplung)*
wilde R. stray reaction effect
Rückkopplungsaudion *n* regenerative [valve] detector, feedback detector
Rückkopplungsbinärdekade *f* feedback binary decade
Rückkopplungseffekt *m* back-coupling effect
Rückkopplungselement *n* feedback element
Rückkopplungsempfänger *m (Nrt)* regenerative (feedback) receiver
Rückkopplungsempfangsschaltung *f (Nrt)* feedback receiving circuit
Rückkopplungsfaktor *m* feedback factor
Rückkopplungsfilter *n* feedback filter
rückkopplungsfrei non-regenerative, without feedback
Rückkopplungsgenerator *m* feedback oscillator
Rückkopplungsgrad *m* feedback coefficient
Rückkopplungskanal *m* feedback channel
Rückkopplungskondensator *m* reaction capacitor
Rückkopplungskreis *m* regenerative circuit
Rückkopplungspfeifen *n* howl
Rückkopplungsschaltung *f* feedback circuit
induktive (Meißnersche) R. Meissner circuit
Rückkopplungssignal *n* feedback (return) signal
Rückkopplungssperre *f (Nrt)* reaction (singing) suppressor, anti-reaction device
Rückkopplungsspule *f* feed (tickler) coil
Rückkopplungsstrecke *f* feedback path
Rückkopplungstransformator *m* reaction transformer
Rückkopplungsverstärker *m* feedback (regenerative) amplifier
Rückkopplungsverstärkung *f* feedback (regenerative) amplification
Rückkopplungsverzerrung *f* distortion due to feedback
Rückkopplungsweg *m* feedback path; singing path
Rückkopplungswicklung *f* feedback winding; *(Masch)* self-excitation winding
Rückkopplungswiderstand *m* feedback resistor
Rückkopplungszweig *m* feedback path; singing path
Rückkühlbetrieb *m (Anl)* return cooling operation
rückkühlen to cool back
Rücklauf *m* 1. return (backward) movement; return, reverse [motion]; return (back) stroke *(Mechanik)*; 2. reverse run[ning], rewind, run-back *(z. B. Magnetband)*; 3. return trace, retrace, flyback *(Elektronenstrahl)*; 4. reflux
R. der Nummernscheibe *(Fmt)* return of dial
automatischer R. auto-rewind *(Magnetband)*
schneller R. fast reverse (rewind) *(Magnetband)*
Rücklaufaustastung *f (Ferns)* flyback blanking
Rücklaufdifferenz *f* return difference
rücklaufen lassen to rewind *(Magnetband)*
Rücklaufgeschwindigkeit *f* return speed; rewind speed *(Magnetband)*
Rücklaufhemmung *f* reversal prevention, escapement mechanism *(bei Elektrizitätszählern)*
Rücklaufhochspannung *f (Ferns)* flyback extra-high tension
Rücklaufintervall *n* return interval
Rücklaufmotor *m* rewind motor *(Magnetbandgerät)*
Rücklaufrelais *n* homing relay
Rücklaufschaltung *f* return circuit
Rücklaufspule *f* rewind spool *(Magnetbandgerät)*
Rücklaufspur *f* return trace *(Elektronenstrahl)*
Rücklaufstrahl *m* return beam
Rücklauftaste *f* rewinding key *(Magnetbandgerät)*
Rücklaufzeile *f (Ferns)* retrace (return) line
Rücklaufzeit *f* retrace (return) time

Rückleistung *f* reverse power
Rückleistungsauslösung *f* reverse power circuit-breaking
Rückleistungsrelais *n* reverse power relay
Rückleistungsschutz *m* reverse power protection
Rückleiter *m* return conductor (wire)
  gemeinsamer R. common return wire
Rückleitung *f* return line (circuit)
  magnetische R. magnetic yoke
  metallische R. metallic return wire
Rückleitungskabel *n* return cable
Rückmeldeanlage *f (Fmt)* revertive communication apparatus
Rückmeldefeld *n (Fmt)* revertive signal panel
Rückmeldeglocke *f (Fmt)* reply bell
Rückmeldelampe *f (Anl)* ancillary lamp
Rückmeldesignal *n (Fmt)* repeating signal
Rückmeldung *f (Fmt)* reply, audible ringing signal
Rücknahmetaste *f* cancellation (cancelling) key (*s. a.* Löschtaste)
rückordnen to re-sort *(z. B. Lochkarten)*
Rückpeilung *f (FO)* back bearing
Rückprall *m* rebound, recoil, repercussion
rückprallen to bounce
Rückprojektierung *f* back (rear) projection
Rückprojektions[bild]wand *f* rear projection screen
Rückprowand *f s.* Rückprojektions[bild]-wand
Rückprüfen *n (Fmt)* number verification
Rückprüfzeichen *n* / **automatisches** *(Fmt)* automatic retest signal
Rückruf *m (Fmt)* ring back
Rückrufbetrieb *m (Fmt)* delay working
Rückruftaste *f (Fmt)* recall (ring-back) key
Rückrufwähler *m (Fmt)* reverting call switch
Rückschaltzeichen *n (Fmt)* change-back signal
Rückschaltzeit *f* backspacing time
Rückschlag *m* backstroke, rebound
Rückschlagimpuls *m* kick-back pulse
Rückschluß *m* / **magnetischer** magnetic yoke
Rückschnappdiode *f* step-recovery diode
Rückseite *f* back [side], rear *(z. B. eines Geräts)*
Rückseitenätzung *f (Halbl)* back etching
Rückspannung *f* inverse voltage
Rückspeisung *f* rear feed *(Antennentechnik)*
rückspielen to play back *(Platte, Magnetband)*
Rücksprechkanal *m* talk-back channel *(zum Gegensprechen)*
Rücksprungadresse *f (Rech)* return address *(Programmierung)*
rückspulen to rewind *(Magnetband)*
Rückspulen *n* rewinding, reverse run[ning]
Rückspulmotor *m* rewind motor *(Magnetbandgerät)*
Rückstand *m* residue; *(Galv)* slime
Rückstellanode *f* reset anode
Rückstellbarkeit *f* resettability
Rückstelleinrichtung *f* reset[ting] device
rückstellen to reset, to clear *(z. B. einen Zähler)*
Rückstellfeder *f* return spring
Rückstellimpuls *m* reset pulse
Rückstellklappe *f (Fmt)* self-restoring drop (indicator)
Rückstellklappenschrank *m (Fmt)* switchboard with plug-restored indicator
Rückstellknopf *m* reset button
Rückstellkonstante *f (Meß)* restoration (control) constant
Rückstellkraft *f* restoring force
Rückstellmagnet *m* resetting magnet
Rückstellmoment *n* restoring moment (torque)
Rückstellmomentgradient *m* restoring torque gradient
Rückstellrelais *n* resetting relay
Rückstellschalter *m* reset[ting] switch
Rückstellschaltung *f* resetting (restoring) circuit
Rückstelltaste *f* resetting key
Rückstellung *f* resetting; reset
  R. auf Null zero reset *(Speicher, Zähler)*
  R. eines Zählers counter reset[ting]
  automatische R. automatic reset, self-resetting
  elektrische R. electrical reset
  manuelle R. manual reset
Rückstellvorgang *m* clearing action *(z. B. im Speicher); (Fmt)* recovery procedure
Rückstellvorrichtung *f* reset[ting] device
Rückstellwicklung *f* reset winding
Rückstellzeit *f* reset[ting] time
Rückstellzeitgeber *m* reset timer
Rückstoß *m* recoil, rebound
Rückstoßelektron *n* recoil (Compton) electron
Rückstoßkraft *f* repulsive force, repelling force (power)
Rückstrahlaufnahme *f* [Laue] back-reflection pattern
rückstrahlen to reradiate; to reflect
rückstrahlend retroreflective
Rückstrahler *m* reflector, rear (reflex) reflector, retroreflector; *(FO, Nrt)* reradiator
Rückstrahlfehler *m (Nrt)* reradiation error; *(FO)* quadrantal deviation (error)
Rückstrahlfläche *f* reflecting surface
Rückstrahlortung *f s.* Radar
Rückstrahlquerschnitt *m (FO)* reflecting cross section
Rückstrahlung *f* reflection; back radiation *(z. B. eines Heizwiderstands)*
  R. an Wolken *(FO)* cloud return

Rückstrahlungsvermögen *n* reflectivity, reflecting power; *(Licht)* albedo
Rückstreudiagramm *n (Nrt)* backscatter diagram
Rückstreu-Echolot *n* backscatter ionospheric sounder
Rückstreufaktor *m* backscattering coefficient
Rückstreuung *f* backscatter[ing]
R. von Strahlung backscattering of radiation
direkte R. short-distance backscatter
indirekte R. long-distance backscatter
Rückstrom *m* reverse (return, inverse) current; back[ward] current
Rückstromabschaltung *f* reverse-current cut-out
Rückstromauslöser *m (App)* directional tripping magnet
Rückstromauslösung *f* reverse-current release, reverse-power release
Rückstromautomat *m* discriminating cut-out
Rückstromleitung *f* return circuit; negative feeder
Rückstromrelais *n* reverse-current relay, discriminating (directional) relay
Rückstromschalter *m* reverse-current switch, discriminating (directional) circuit breaker
Rückstromselbstschalter *m* reverse-current circuit breaker
Rücktaste *f* resetting key; *(Fmt)* backspacer
Rücktransformation *f* retransformation, inverse transformation
rücktransformieren to retransform
Rücktransformierte *f* inverse transform
rückübertragen to retransfer
Rückübertragung *f (Nrt)* retransfer, retransmission
automatische R. *(Rech)* automatic retransmission
Rückumformer *m (Syst)* inverse converter
rückumsetzen *(Rech)* to convert back
rückumwandeln to reconvert
Rückumwandlung *f* reconversion
Rückverdrahtung *f* back wiring
Rückverdrahtungs-Mehrlagenleiterplatte *f* multilayer pc (printed circuit) platter
Rückverdrahtungsplatte *f* mother board *(Leiterplatte)*
Rückwand *f* back [plate], rear panel *(z. B. eines Gehäuses)*
Rückwandecho *n* back-face reflection
Rückwandler *m (Syst)* inverse converter
Rückwandlung *f* reconversion
Rückwandverdrahtung *f* back-panel wiring *(Leiterplatte)*
Rückwärtsabtastung *f* rear scanning method
Rückwärtsauslösung *f (Fmt)* called-party release
Rückwärtsbesetztzeichen *n (Fmt)* backward busy signal
Rückwärtsbewegung *f* backward (retrograde) motion
Rückwärtsdiode *f* backward diode
Rückwärts-Erdumlaufecho *n (Nrt)* backward round-the-world echo
Rückwärtserholungszeit *f* reverse recovery time
rückwärtsgerichtet backward, retrograde
Rückwärtskurzschlußstrom *m* reverse short-circuit current
Rückwärtslesen *n (Rech)* reverse reading
Rückwärtsregler *m* backward-acting regulator
Rückwärtsrichtung *f* back[ward] direction, reverse direction
Rückwärtsscheinleitwert *m* backward transfer admittance
Rückwärtsschwankung *f* fluctuation in reverse direction
Rückwärtssignal *n (Fmt)* backward signal
Rückwärtssteuerung *f (Fmt)* backward supervision
Rückwärtsstrom *m (Halbl)* reverse[-blocking] current (*s. a. unter* Sperrstrom)
Rückwärtsstromverstärkung *f (Halbl)* reverse-current gain
R. in Basisschaltung reverse common-base current gain
Rückwärtsverfolgen *n (Fmt)* call tracing
Rückwärtswellenmagnetfeldröhre *f* M-carcinotron, M-type backward-wave [oscillator] tube
Rückwärtswellenoszillator *m* backward-wave oscillator, b.w.o.
Rückwärtswellenröhre *f* carcinotron, backward-wave [oscillator] tube
R. ohne Querfeld O-type carcinotron [tube]
Rückwärtszähleinrichtung *f* count-down facility, down counter
rückwärtszählen to count down
Rückwärtszählen *n* count-down *(von Zeiteinheiten z. B. beim Start)*
Rückwärtszähler *m* down-counter
binärer R. binary down-counter
Rückwärtszeichen *n (Fmt)* backward signal
Rückweg *m* return path; *(Fmt)* return circuit
Rückwicklung *f* rewind
rückwirken to react
rückwirkend reacting, reactive
Rückwirkung *f* 1. reaction; repercussion; 2. *(Syst)* feedback
innere R. internal feedback
rückwirkungsfrei non-reactive
Rückwirkungskapazität *f* reverse transfer capacitance
Rückwirkungsleitwert *m* reaction conductance
Rückwirkungsspannung *f* back voltage

Rückwirkungswiderstand *m* reaction impedance
Rückzerstäubung *f (Halbl)* reverse sputtering
Rückzipfelecho *n (FO)* back echo
Rückzugfeder *f* restoring spring
rückzünden to arc back, to backfire
Rückzündung *f (Srt)* arcing (arc) back, backfire
Ruf *m (Fmt)* ring, ringing ● **beiderseits kein R.** no ring each way
R. mit verabredeten Zeichen code ringing
abgestimmter R. tuned ringing
automatischer R. keyless ringing
erster R. immediate ringing
halbselbsttätiger R. semiautomatic ringing, manually started machine ringing
handbetätigter R. manual ringing
intermittierender R. interrupted ringing
mangelhafter R. defective ringing
maschinell erzeugter R. power ringing
periodischer R. interrupted ringing
selbsttätig wiederholter R. interrupted ringing
selbsttätiger R. keyless (machine) ringing
Rufabschaltrelais *n* tripping (ringing trip) relay
Rufabschaltung *f* / **automatische** automatic ring trip
Rufadresse *f (Rech)* call address *(für Unterprogramm)*
Rufanlage *f* personnel calling system
Rufanschaltleitung *f* automatic trunk
Rufanschaltrelais *n* ringing relay
Ruf-Antwort-System *n (Rech)* call-reply system
Rufbefehl *m (Rech)* call[ing] instruction, call command *(für Unterprogramm)*
Rufeinrichtung *f* signalling set
rufen *(Fmt)* to ring; *(Rech)* to call [up]
Rufen *n (Fmt)* ringing; *(Rech)* calling
R. in Schleifenschaltung loop ringing
R. mit [gleichstrom]überlagertem Wechselstrom superposed ringing
Rufgenerator *m* ringing generator
Rufkontrollampe *f* ringing pilot lamp
Rufmaschine *f* ringing (signalling) unit
Rufnummer *f* telephone (call, subscriber's) number
Rufnummernanzeiger *m* call indicator
akustischer R. call announcer
Rufnummernspeicher *m* **und -geber** *m* drum information assembler and dispatcher
Rufnummernverteilung *f* numbering scheme
Rufordner *m* alotter
Rufpegel *m* ringing level
Rufprüfeinrichtung *f* signal testing apparatus
Rufprüfung *f* signalling test
Rufrelais *n* ringing (signalling) relay; calling relay
Rufrelaissatz *m* ringing relay unit
Rufsatz *m* ringing set, signalling equipment (set), [telephone] ringer
Rufschalter *m* ringing key
Rufspannung *f* ringing voltage
Ruf-Sprech-Schalter *m* ringing and speaking key
Rufstellung *f* ringing position
Rufstörungen *fpl* ringing failures, signalling faults
Rufstrom *m* ringing (signalling) current
gleichstromüberlagerter R. *s.* überlagerter R.
niederfrequenter R. low-frequency ringing current
überlagerter R. superposed ringing current
Rufstromanzeiger *m* ringing current indicator
Rufstromerzeuger *m s.* Rufstromgenerator
Rufstromfrequenz *f* ringing (signalling) frequency
Rufstromgenerator *m*, **Rufstrommaschine** *f* ringing [current] generator, ringing machine, ringer
Rufstromquelle *f* ringing source
Rufstromschaltung *f* ringing connection
Ruftaste *f* ringing key
R. mit Rücksignal repeating bell push
Rufübertragung *f* / **trägerfrequente** carrier signalling
Rufüberwachungslampe *f* ringing pilot lamp
Rufumleitung *f* call forwarding
Rufumsetzer *m* ringer, ringing equipment
Rufumsetzung *f* ringing
Ruf- und Signalmaschine *f* ringing and signalling machine
Rufversuch *m* ringing (signalling) test
Rufverzug *m* post-dialling delay
Rufweiterleitung *f* **bei besetztem Anschluß** busy line transfer
Rufweiterschaltung *f* automatic transfer of ringing
Rufzeichen *n* ring-forward signal (*s. a.* Anrufzeichen)
hörbares R. audible signal
Rufzeichenfolge *f* series of call signs
Rufzustand *m* ringing condition
Ruhe *f* 1. rest; 2. silence, quietness ● **in R.** at rest
Ruheanschlag *m (Fmt)* spacing stop
Ruhebereich *m* region of non-operation *(Relais)*
Ruhegalvanispannung *f* zero-current Galvani tension
R. einer Elektrode static electrode potential
Ruhegeräusch *n (Fmt)* break noise

Ruhehörschwelle *f* resting threshold
Ruhekontakt *m* rest[ing] contact, normally closed contact (interlock)
Ruhelage *f* rest position; equilibrium position; home position *(z. B. Zeiger)*
falsche R. *(App)* off-normal contact rest condition
Ruheleistung *f* standby power
Ruhemasse *f* rest mass
ruhend 1. at rest; non-operative; 2. stationary
Ruhepotential *n* open-circuit potential, static electrode potential; rest[ing] potential
Ruhepunkt *m (Syst)* rest point *(z. B. im Zustandsraum)*; point of stagnancy *(Phasenebene)*
Ruhereibung *f* static friction
Ruheschiene *f (Fmt)* spacing stop
Ruhespannung *f* open-circuit voltage, static (off-load) voltage *(galvanische Zelle)*
Ruhestellung *f* rest position; home position, off position *(z. B. Schalter)*; idle position
Ruhestrom *m* closed-circuit current, rest (quiescent) current; zero-signal current
Ruhestromalarmgerät *n* closed-circuit alarm device
Ruhestromanlage *f* closed-circuit system
Ruhestrombatterie *f* closed-circuit battery
Ruhestrombetrieb *m* closed-circuit working
Ruhestrombuchse *f (Nrt)* open-circuit jack
Ruhestromkreis *m* closed circuit
Ruhestromprinzip *n* closed-circuit principle
Ruhestromrelais *n* idle-current relay
Ruhestromschaltung *f* closed-circuit connection; idle-current connection *(Relais)*
Ruhestromtelefonklinke *f* open-circuit jack
Ruheverlustleistung *f* standby power dissipation
Ruhewert *m* quiescent (steady) value
Ruhezellspannung *f s.* Ruhespannung
Ruhezustand *m* quiescent (rest) state; *(Fmt)* free-circuit condition
ruhig quiet; silent, noiseless
Rührbewegung *f* stirring motion *(z. B. von Schmelzen)*
Rühreffekt *m* stirring effect
rühren to agitate, to stir
Rühren *n /* **elektrisches** electrical stirring *(z. B. von Schmelzbädern)*
Rührer *m* agitator, stirrer
induktiver R. induction stirrer
Rührgeschwindigkeit *f* stirring rate
Rührspule *f* stirring coil
Rührwerk *n* agitator, stirrer, stirring device
induktives R. inductive stirrer
Rumpelfilter *n* rumble filter
Rumpelgeräusch *n* rumble noise
Rumpeln *n* rumble *(Störgeräusch beim Plattenspieler)*
Rundblech *n* circular laminating *(bei elektrischen Maschinen)*
Runddraht *m* round wire
Runddrahtgeflecht *n* wire braid *(für Kabel)*
Rundfeuer *n (Masch)* flash[ing]-over
Rundfeuerschutz *m* flash barrier *(gegen Überschläge)*
Rundfunk *m* radio, broadcasting *(zusammenfassender Oberbegriff)*; broadcast *(Sendung)*
Rundfunkanlage *f* radio installation
Rundfunkband *n* broadcast band
Rundfunkdienst *m* broadcast service
Rundfunkeingang *m* broadcast [frequency] input *(Tonbandgerät)*
Rundfunkempfang *m* radio reception
Rundfunkempfänger *m* radio receiver (set), receiving set, broadcast receiver
transistorisierter R. transistorized [broadcast] receiver
Rundfunkempfangsgerät *n s.* Rundfunkempfänger
Rundfunkempfangsstation *f* broadcast receiving station
Rundfunkentstörungsdienst *m* radio interference suppression service
Rundfunkgerät *n s.* Rundfunkempfänger
Rundfunkhörer *m* radio (broadcast) listener
Rundfunkkabel *n* radio (broadcast) transmission cable
Rundfunkkanal *m* radio transmission channel
Rundfunkkreis *m* broadcast circuit
Rundfunkkundendienst *m* radio service
Rundfunkleitung *f s.* Rundfunkübertragungsleitung
Rundfunknetz *n* broadcasting network
Rundfunkschaltstelle *f* programme switching centre
Rundfunksender *m* radio (broadcasting) transmitter
Rundfunksendung *f* [radio] broadcast, radio transmission
Rundfunksonderdienste *mpl* special broadcasting messages
Rundfunkstation *f* broadcasting station
Rundfunkstudio *n* broadcast (radio) studio
Rundfunktechnik *f* 1. radio engineering; 2. broadcasting technique *(Sendetechnik)*
Rundfunkübertragung *f* [radio] broadcasting, radio (programme) transmission, broadcast [transmission]
Rundfunkübertragungsleitung *f* broadcasting wire, programme line (circuit), music circuit
Rundfunkübertragungstechnik *f* broadcast transmission technique
Rundfunkverbindung *f* programme link
Rundfunkwellen *fpl* type A4 waves
Rundfunkzwischenübertragung *f* broadcast relaying *(Relaissender)*

Rundhohlleiter *m* circular waveguide *(Wellenleiter)*
gekrümmter R. curved circular waveguide
Rundkabel *n* round cable
Rundkupfer *n* circular copper
Rundlauf *m* concentricity, true running
Rundlauffehler *m* run-out
Rundlauftoleranz *f* concentricity tolerance
Rundleiter *m* round conductor
Rundmagnetisierung *f* circular magnetization
Rundschreibeinrichtung *f (Fmt)* broadcast telegraph system
Rundschreibverbindung *f (Fmt)* multiaddress circuit
Rundsichtanzeigegerät *n (FO)* plan-position indicator, P.P.I.
Rundsichtdarstellung *f (FO)* plan-position indicator display
R. mit Mittelpunktsvergrößerung expanded-centre plan display
Rundsichtpeiler *m* rotating aerial direction finder
Rundsichtradar *n(m)* surveillance (panorama) radar
Rundsichtradaranlage *f* surveillance radar element
Rundspulinstrument *n* round-coil measuring instrument
Rundstecker *m* circular connector
Rundstrahlantenne *f* omnidirectional (omni) aerial, non-directional aerial
Rundstrahlbake *f* omnidirectional radio beacon
rundstrahlend omnidirectional
Rundstrahler *m s.* Rundstrahlantenne
Rundstrahlfestfeuer *n* omnidirectional fixed light
Rundstrahlfunkfeuer *n* omnidirectional radio beacon
Rundstrahlung *f* circular radiation *(Antennentechnik)*
Rundsuchradar *n(m) s.* Rundumsuchradar
Rundumfunkfeuer *n* omnidirectional radio beacon
Rundumleuchte *f* rotating flashing beacon
Rundumsuchradar *n(m)* panorama (all-around search) radar
Rundungsfehler *m (Rech)* rounding (truncation) error
Runge-Kutta-Verfahren *n* Runge-Kutta method
Russell-Winkel *m* Russell angle
Rußkohle *f* sooty coal
Rutildiode *f* rutile diode
Rutilkristall *m* rutile crystal
rutschen to slip, to slide
Rutschkupplung *f* slip friction clutch, [safety] slipping clutch
Rüttelfestigkeit *f* vibration resistance
Rütteltisch *m* vibration table (exciter), shaker
Rüttelversuch *m* vibration test
Rydberg-Formel *f* Rydberg series formula
Rydberg-Konstante *f* Rydberg constant
RZ-Speicherverfahren *n (Rech)* return-to-zero recording method
RZ-Verfahren *n (Rech)* return-to-zero recording

S

S *s.* Siemens
Saalgeräusch *n (Ak)* room (hall, crowd) noise
Saalregler *m (Ak)* remote volume control
Saatelement *n* seed element *(Reaktor)*
Sabin *n (Ak)* sabin *(Einheit der Schallabsorptionsfläche)*
Sägezahnantenne *f* zigzag aerial
sägezahnartig, sägezahnförmig sawtooth-shaped, saw-toothed
Sägezahngenerator *m* sawtooth generator
Sägezahnimpuls *m* sawtooth (serrated) pulse
Sägezahnmodulation *f* sawtooth modulation
Sägezahnmodulationsspannung *f* sawtooth modulation voltage
Sägezahnoszillator *m* sawtooth oscillator
Sägezahnschwingung *f* sawtooth oscillation, sawtooth wave[form]
Sägezahnsignal *n* sawtooth signal
Sägezahnspannung *f* sawtooth voltage
Sägezahnstrom *m* sawtooth current
Sägezahnverschlüsselung *f* sweep-time encoding
Sägezahnverschlüßler *m* sweep-time encoder
Sägezahnwellenform *f* sawtooth waveform
Sägezahnzeitablenkung *f* sawtooth sweep
Sagittalschnitt *m* sagittal focus *(Optik)*
Saha-Gleichung *f* Saha['s] equation, Saha ionization formula
Saisontarif *m* seasonal tariff
Saite *f* string, chord
Saitenelektrometer *n* string electrometer
Saitengalvanometer *n* string galvanometer
Saldenwähler *m (Rech)* balance selector
Saldiergerät *n* **/ elektronisches** *(Rech)* electronic balancing unit
Saldiermaschine *f (Rech)* balancing machine
Saldierzähler *m (Rech)* accumulating counter
Saldo *m (Rech)* balance
Salmiakelement *n* Leclanché [dry] cell
Salz *n* **/ geschmolzenes** fused salt
Salzbad *n* salt bath, bath of molten salt
Salzbadelektrodenofen *m* salt-bath electrode furnace
Salzbadofen *m* salt-bath furnace
S. mit eingetauchten Elektroden salt-

bath furnace with immersed electrodes
Salzbadwiderstandsofen *m* salt-bath resistance furnace
Salzbrücke *f (Chem)* salt bridge
Salzfehler *m (Chem)* salt error
Salzgehalt *m* salt content; salinity
Salzgehaltanzeiger *m* salinity indicator [system]
Salzgehaltmesser *m* / **elektrischer** electrical salinometer
Salzkruste *f (Galv)* crust
Salznebel *m* salt mist *(Klimaprüfung)*
Salzschmelze *f* fused salt
Salzsprühversuch *m* salt [spray] test *(zur Bestimmung der Porosität von Metallüberzügen)*
Sammelanode *f* collecting (gathering) anode
Sammelanschluß *m (Fmt)* collective line
Sammeldienstleitung *f (Fmt)* omnibus speaker circuit, split-order wire
Sammelelektrode *f* collecting electrode, collector *(Elektronenröhre)*
Sammelfehler *m* accumulative error
Sammelfernplatz *m (Fmt)* trunk concentration position
Sammelgefäß *n* collecting pot *(Akkumulator)*
Sammelgespräch *n (Fmt)* conference call
Sammelgesprächseinrichtung *f (Fmt)* conference call installation, multiphone system
Sammelleitung *f (Fmt)* party line, omnibus circuit (bar), concentration line
Sammelleitungssystem *n (Fmt)* omnibus system
Sammelleitungswähler *m (Fmt)* private branch exchange final selector
Sammellinse *f* convergent (converging, positive) lens
sammeln to collect; to accumulate
Sammelnummer *f (Fmt)* collective number
Sammelraum *m* catcher space *(Klystron)*; collecting space *(Akkumulator)*
Sammelschalter *m (Fmt)* concentration switch
Sammelschaltung *f (Nrt)* multiplex connection; *(Fmt)* omnibus circuit, conference connection
Sammelschiene *f* bus [bar]; collecting bar; *(Rech)* bus
  S. für Daten *(Rech)* bus
  S. für gesteuerte Abnehmer *(Rech)* control bus
  doppelte S. double bus [bar]
  durchgehende S. continuous (through) bus bar
  einfache S. single bus bar
  flüssigkeitsgekühlte S. liquid-cooled bus bar
  gekapselte S. isolated-phase bus [bar]
  gesicherte S. fail-safe bus [bar]
Sammelschienenanlage *f* bus-bar installation
Sammelschienendifferentialrelais *n* bus-bar differential relay
Sammelschienendifferentialschutz *m* bus-bar differential protection
Sammelschienendrossel *f* bus-bar choke (inductor)
Sammelschienenisolator *m* bus-bar insulator
Sammelschienenkanal *m* bus way
  gekapselter S. *(Anl)* isolated-phase bus bar
Sammelschienenkasten *m* bus-bar box
Sammelschienenkraftwerk *n* bus-bar [power] station
Sammelschienenkupplung *f* bus-bar coupling, *(Am)* bus tie
Sammelschienenlängstrenner *m* bus-bar sectionalizing switch
Sammelschienenlängstrennung *f* bus-bar sectionalizing
Sammelschienennetz *n (Anl)* gridiron
Sammelschienenquerverbindung *f* bus-bar coupling, *(Am)* bus tie
Sammelschienenraum *m* bus-bar chamber
Sammelschienenschutzrelais *n* bus protection relay
Sammelschienenschutzsystem *n* bus-bar protective system
Sammelschienentrennung *f* bus-bar sectionalizing
Sammelspule *f* concentration coil
Sammelteilungsfehler *m* accumulated pitch error *(z. B. optisches Gitter)*
Sammelwirksamkeit *f (Halbl)* collection efficiency
Sammelzähler *m* total counter
Sammler *m* accumulator, accumulator [storage] battery, secondary cell, storage battery (cell) (*s. a. unter* Akkumulator)
  alkalischer S. alkaline storage battery
  gasdichter S. sealed storage battery
Sammlerbatterie *f s.* Sammler
Sammlergefäß *n* accumulator container, containing cell
Sammlerglas *n* accumulator jar
Sammlerplatte *f* accumulator plate
Sammlerzelle *f* accumulator cell, storage [battery] cell
Sammlung *f* collection
Sampling-Diode *f* sampling diode
Sampling-Kontakt *m* sampling contact
Sampling-Oszilloskop *n* sampling oscilloscope
Sampling-Theorem *n* sampling theorem
Sandfüllung *f* sand filling *(Sicherungseinsatz)*
Sandwichbauweise *f* sandwich construction
Sandwichelement *n* sandwich element
Sandwichplatte *f* sandwich panel (board)

Sandwichstruktur *f (Halbl)* sandwich structure
Saphir *m* sapphire
Satellit *m* satellite
künstlicher S. artificial satellite
Satellitenrechner *m* satellite computer
Satellitenrelaisstation *f (Nrt)* satellite repeater
Satellitensender *m (Nrt)* satellite transmitter
Satellitenübertragungsweg *m (Nrt)* satellite circuit
Satellitenübertragungswege *mpl* / **hintereinandergeschaltete** *(Nrt)* tandem satellite circuits
Satellitenverbindung *f (Nrt)* satellite link (circuit)
Satellitenverkehr *m (Nrt)* satellite communication
Satellitimpuls *m* satellite pulse
satt saturated, deep *(Farbe)*
Sattdampf *m* saturated steam
Sattelmoment *n* pull-up torque *(bei hochlaufender Asynchronmaschine)*
Sattelpunkt *m* dip *(Drehmomentsattel)*; *(Syst)* saddle point
Sattelspule *f* saddle coil
sättigen to saturate
Sättigung *f* saturation
S. des Verstärkers amplifier saturation
magnetische S. magnetic saturation
Sättigungsbedingung *f* saturation condition
Sättigungsbereich *m* saturation range; *(Syst)* zone of saturation *(z. B. einer Kennlinie)*
Sättigungsbetrieb *m* saturation operation
Sättigungsdefizit *n* saturation deficit
Sättigungsdichte *f* saturation density
Sättigungsdiode *f* saturated diode
Sättigungsdriftgeschwindigkeit *f (Halbl)* saturation drift velocity
Sättigungsdrossel *f* saturable[-core] reactor
Sättigungsdrosselverstärker *m* saturable reactor amplifier
Sättigungsemission *f* saturation emission
sättigungsfähig saturable
Sättigungsfaktor *m* saturation factor
Sättigungsfeldstärke *f* saturation field intensity (strength)
Sättigungsflußdichte *f* saturation flux density
Sättigungsgebiet *n* saturation region
Sättigungsgleichrichter *m* saturated rectifier
Sättigungsgrad *m* degree of saturation
Sättigungsinduktivität *f* saturation inductance
Sättigungsionenstrom *m* saturation ion current
Sättigungskennlinie *f* saturation characteristic
Sättigungsknie *n* saturation bend *(Magnetisierungskennlinie)*
Sättigungskonzentration *f* saturation concentration
Sättigungskurve *f* saturation curve
Sättigungsmagnetisierung *f* saturation magnetization
Sättigungsmittel *n* saturant *(für Isolierstoffe)*
Sättigungspegel *m* saturation level
Sättigungspermeameter *n* saturation permeameter
Sättigungspunkt *m* saturation point
Sättigungsrauschen *n* saturation noise
Sättigungsspannung *f* saturation voltage
Sättigungssperrstrom *m (Halbl)* reverse saturation current
Sättigungsstrom *m* saturation current
Sättigungstemperatur *f* saturation temperature
Sättigungswiderstand *m* saturation resistance
Sättigungszustand *m* saturation state
Satz *m* 1. set *(z. B. Maschinensatz)*; 2. law, theorem
S. von Cauchy Cauchy's theorem *(Funktionentheorie)*
S. von der Erhaltung der elektrischen Ladung law of conservation of [electric] charge
S. von der Erhaltung der Energie energy principle
S. von der Erhaltung der Leistung law of conservation of power
erster Kirchhoffscher S. current-balance equation *(Knotenpunktsatz)*
Gaußscher S. Gaussian theorem *(Vektoranalysis)*
Helmholtzscher S. Thévenin (Helmholtz) theorem
Laplacescher S. Laplace (Ampère) law
symmetrischer S. symmetrical set
Thomsonscher S. Thomson['s] theorem *(Elektrostatik)*
zweiter Kirchhoffscher S. mesh rule *(Maschensatz)*
Satzlänge *f (Rech)* record length
feste S. fixed record length
variable S. variable record length
Satzlücke *f (Rech)* record gap, end-of-record gap
Satzpotentiometer *n* ganged potentiometer
Satzverständlichkeit *f (Ak, Nrt)* intelligibility of phrases, phrase intelligibility, sentence articulation
sauber clean
sauer *(Chem)* acid, acidic; sour
Sauerstoff *m* / **aktiver** active oxygen
Sauerstoffabsorption *f* oxygen absorption
sauerstoffangereichert oxygen-enriched, oxygenated

Sauerstoffanreicherung *f* oxygenation
Sauerstoffelektrode *f* oxygen electrode
Sauerstoffentwicklung *f* oxygen formation (evolution)
sauerstofffrei oxygen-free
Sauerstoffgehalt *m* oxygen content
Sauerstoffionenleerstelle *f (Halbl)* oxygen-ion vacancy
Sauerstoffkonzentration *f* oxygen concentration
Sauerstoffleerstelle *f (Halbl)* oxygen vacancy
Sauerstoff-Lichtbogen-Schneiden *n* oxy-arc cutting
Sauerstoffmangel *m* oxygen deficiency
Sauerstoffnaßoxydation *f* wet oxygen oxidation
Sauerstoffträger *m* oxygen carrier
Sauerstoffüberspannung *f (Chem)* oxygen overvoltage
sauerstoffverunreinigt oxygen-contaminated
Sauerstoffverunreinigung *f* oxygen contamination
Sauerstoff-Wasserstoff-Zelle *f* oxygen-hydrogen cell
Sauganode *f* accelerator, suction (first) anode *(Katodenstrahlröhre)*
Saugbelüftung *f* induced ventilation
Saugdrossel *f* drainage coil
saugen to suck
Saugfähigkeit *f* absorbability, absorptive power (capacity)
Saugkreis *m* acceptor circuit, series-tuned wave trap; absorption (absorber) circuit, trap circuit
Sauglüfter *m* exhauster, exhaust[ing] fan
Saugrohr *n* suction pipe; draft tube *(Kraftwerk)*
Saugspule *f* series reactor
Saugtransformator *m* draining (booster) transformer
Saugventilator *m* air extraction fan
Saugvermögen *n s.* Saugfähigkeit
Saugzug *m* induced (suction) draught
Saugzuglüfter *m s.* Sauglüfter
Säule *f* 1. post, pillar; 2. pile *(Batterie)*; stack *(z. B. bei Stoßanlagen)*
positive S. positive column *(Gasentladung)*; arc stream
Voltasche S. Voltaic column (battery), voltaic (galvanic) pile
Säulenausführung *f (App)* column type
Säulendiagramm *n* histogram
Säulenisolator *m* post insulator
Säulenschalter *m* column circuit breaker *(Hochspannungsleistungsschalter)*
Säulentemperatur *f* column temperature
Saum *m* fringe; border; edge
Säure *f* acid
Säureakkumulator *m* lead[-acid] accumulator
Säurebad *n (Galv)* acid bath
Säurebeschleuniger *m* acid catalyst *(z. B. Härter für Harze)*
säurebeständig acid-resistant, acid-proof, resistant (stable) to acid
Säuredichte *f* acid density *(beim Akkumulator)*
säurefest *s.* säurebeständig
säurefrei acid-free, acidless
Säuregehalt *m* 1. acid content; 2. *s.* Säuregrad
Säuregrad *m* [degree of] acidity
säurehaltig acid-containing, acidic, acidiferous
Säurehärter *m s.* Säurebeschleuniger
Säureharz *n* acidic resin
Säureheber *m* acid siphon; battery syringe
Säuremesser *m* acidimeter
Säuremessung *f* acidimetry
Säuretauchung *f (Galv)* acid dip
Säuretiter *m* acid titer *(Potentiometrie)*
SAW-Ableiter *m* non-linear resistor-type arrester
SBD *s.* Sendebezugsdämpfung
SB-Draht *m s.* Seidenbaumwolldraht
Scanistor *m* scanistor *(Halbleiter aus über hundert Diodenpaaren)*
Scattering-Übertragung *f (Nrt)* scattering transmission
Scatter-System *n* / **troposphärisches** *(Nrt)* tropospheric scatter communications system
Schabefestigkeit *f* scrape resistance
Schablone *f* pattern; template *(auf Kopiermaschine)*; stencil *(für Schriftbild)*; *(Halbl)* mask; puppet *(Schaltungsentwurf)*
schablonenartig stencil-like
Schablonenätzung *f* groove etching
Schablonenspule *f* preformed (diamond-type) coil, Eikmeyer coil
Schablonenwicklung *f* preformed winding
Schacht *m* shaft, duct, canal
Schachtdeckel *m* shaft (manhole) cover
Schachtelung *f* nesting; frequency overlap
Schachtofen *m* / **elektrischer** electric shaft furnace
Schachttürkontakt *m (App)* gate switch
Schachttürkontakt-Überbrückungsschalter *m (App)* gate bypass switch
Schaden *m* damage, defect
schadhaft damaged, defective, faulty
schädigen to damage, to impair
Schädigung *f* damage, impairment
Schädlichkeitskriterium *n* damage-risk criterion
Schaftisolator *m* pin-type insulator
Schäkelisolator *m* shackle insulator
Schale *f* 1. cup, pan; dish; 2. shell *(Atom)*
abgeschlossene (vollbesetzte) S. closed (completed) shell
Schalenaufbau *m* shell structure *(Atom)*

Schalenbezeichnung *f* shell designation
Schalenelektrode *f* dished electrode
Schalenelektrometer *n* cup electrometer
Schalenkern *m* pot core *(HF-Technik)*
Schalenleerstelle *f* shell vacancy
Schalenstruktur *f* shell structure
Schalentheorie *f* shell theory
Schalenverteilung *f* shell distribution
Schall *m* sound
S. in Festkörpern structure-borne sound
S. in Flüssigkeit fluid-borne sound
S. in Luft airborne sound
diffuser S. diffuse sound
unhörbarer S. inaudible sound
Schallabsorber *m* sound (acoustic) absorber
schallabsorbierend sound-absorptive, sound-absorbing, sound-absorbent
Schallabsorption *f* sound (acoustic) absorption
molekulare S. molecular sound absorption
Schallabsorptionsgrad *m* sound (acoustic) absorption coefficient, sound (acoustic) absorption factor, sound (acoustical) absorptivity
S. für diffusen Schalleinfall reverberant (reverberation) absorptivity, reverberant absorption coefficient
S. für senkrechten Schalleinfall normal-incidence acoustic absorptivity (absorption coefficient)
S. nach Sabine Sabine coefficient
Schallabsorptionsmaterial *n*, **Schallabsorptionsstoff** *m* sound-absorbing material, sound absorbant (absorber)
Schallabstrahlung *f* sound radiation (emission, projection), emission of sound
Schalladmittanz *f* acoustic admittance
Schallamplitude *f* acoustic amplitude
Schallanalysator *m* sound analyzer
Schallaufnehmer *m* sound receiver
Schallaufzeichnung *f* sound recording
Schallaufzeichnungsgerät *n* sound recorder
Schallausbreitung *f* sound propagation
Schallausstrahlung *f* sound radiation (emission, projection), emission of sound
Schallbereich *m* sound range
schallbetätigt sound-operated
Schallbeugung *f* sound diffraction
Schallbrechung *f* sound (acoustic) refraction
Schallbündel *n* sound (acoustic) beam
Schallbündelung *f* sound focussing (concentration), acoustic focussing
Schallbündelungsgrad *m* acoustic power concentration
Schalldämmaß *n* sound reduction index, [sound] transmission loss
mittleres S. average transmission loss
schalldämmend sound-insulating, soundproof
Schalldämmplatte *f* acoustic board, acoustical plate
Schalldämmstoff *m* sound-insulating material
Schalldämmung *f* 1. sound (acoustical) insulation, soundproofing; 2. sound transmission loss *(Kennwert)*
Schalldämmzahl *f s.* Schalldämmung 2.
schalldämpfend sound-damping, silencing
Schalldämpfer *m* silencer, [sound] damper, muffler, mute, acoustical filter
Schalldämpfung *f* sound (acoustic) damping, sound attenuation (deadening)
schalldicht soundproof[ed] ● **s. machen** to deafen
Schalldichte *f* sound energy density
spektrale S. spectral noise density
Schalldissipationsgrad *m* sound dissipation factor
Schalldose *f* sound box, acoustic pick-up
Schalldruck *m* sound (acoustic, sonic) pressure
S. in einem Frequenzband band pressure
S. in einem Oktavband octave-band pressure
S. in einem Terzband third-octave band pressure
momentaner S. instantaneous sound pressure
Schalldruckdichtepegel *m* **[/ spektraler]** pressure spectrum level
Schalldruckpegel *m* sound pressure level, SPL
S. in einem Frequenzband band-pressure level
A-bewerteter S. A-weighted sound level, sound level A
bewerteter S. [weighted] sound level
Schalldruckpegelmessung *f* sound level measurement
Schalldurchgang *m* sound transmission, transmission of sound
Schalldurchlaßgrad *m* sound transmission coefficient
schalldurchlässig sound (acoustically) transparent
Schalldurchlässigkeit *f* sound permeability (transmittance)
Schallehre *f* acoustics
Schalleinfall *m* sound incidence
senkrechter S. normal sound incidence
streifender S. grazing sound incidence
Schalleinwirkung *f* sound exposure
Schalleistung *f* sound (acoustic) power
abgestrahlte S. radiated sound power
momentane S. instantaneous acoustic power
Schalleistungsdichte *f* sound energy flux density
Schalleistungsdichtepegel *m* **[/ spektraler]** power spectrum level
Schalleistungsmessung *f* sound-power

measurement, acoustic-power measurement
Schalleistungspegel *m* sound-power level
Schalleistungspegelmessung *f* sound-power measurement, acoustic-power measurement, sound emission measurement
Schalleistungsspektrum *n* sound-power spectrum
schalleitend sound-conducting
Schalleiter *m* sound conductor
Schalleitfähigkeit *f* sound conductivity
Schalleitung *f* sound conduction
Schalleitungsvermögen *n* sound conductivity
Schallemission *f* sound (acoustic) emission
Schallempfang *m* sound (acoustic) reception
Schallempfänger *m* sound (acoustic) receiver
elektroakustischer S. electroacoustic receiver
magnetostriktiver S. magnetostriction sound receiver
Schallempfindung *f* acoustical perception (sensation)
schallen to [re]sound; to bang
schallend sounding
Schallenergie *f* sound energy
Schallenergiedichte *f* sound energy density, energy density of sound
momentane S. instantaneous sound energy density
Schallenergiefluß *m* sound energy flux
Schallereignis *n* acoustic action; noise event
Schallerregung *f* sound excitation (generation)
schallerzeugend sound-generative
Schallerzeuger *m* sound (acoustic) generator
Schallerzeugung *f* sound generation
Schallfeld *n* sound field
diffuses S. reverberant (diffuse) sound field, reverberant field
freies S. free [sound] field
frontales (frontal einfallendes) S. frontal (frontally incident) sound field
ungestörtes S. undisturbed sound field
Schallfeldgröße *f* sound field quantity
Schallfluß *m* [acoustical] volume velocity, [acoustical] volume current
Schallgeber *m* / **magnetostriktiver** magnetostriction sound generator
Schallgeschwindigkeit *f* sound (sonic) speed, sound (sonic) velocity, speed (velocity) of sound
schallgesteuert sound-operated
Schallgrenze *f* sound (sonic) barrier
schallhart sound-reflecting, [acoustically] hard
Schallimpedanz *f* acoustic impedance
spezifische S. specific (unit-area) acoustic impedance
Schallimpuls *m* sound pulse (impulse, burst)
Schallintensität *f* sound intensity, sound energy flux density, acoustic intensity [per unit area], acoustic power [per unit area]
momentane S. instantaneous acoustic intensity [per unit area]
schallisoliert sound-insulated, soundproof[ed]
Schallisolierung *f* sound (acoustical) insulation, soundproofing, sound deadening, quieting
Schallkennimpedanz *f* characteristic acoustic impedance
Schallmauer *f* sound (sonic) barrier
Schallmerkmal *n* acoustic cue
Schallmeßmikrofon *n* sound ranging microphone
Schallmeßstation *f* sound ranging station
Schallmessung *f* sound (acoustical) measurement
Schalloch *n*, **Schallöffnung** *f* sound hole (aperture), louvre *(Lautsprecher)*
Schallortung *f* sound location (ranging, direction finding)
Schallortungsgerät *n* sound locator, sound (acoustic) direction finder
Schallpegel *m* sound [pressure] level
bewerteter S. weighted sound level
Schallpegelanzeige *f* sound level indication (reading, read-out)
Schallpegelanzeiger *m* sound level indicator
Schallpegeleichgerät *n* sound level calibrator
Schallpegelmesser *m* sound level meter, SLM
S. geringer Genauigkeit sound (noise) survey meter
S. normaler Genauigkeit ordinary sound level meter
integrierender S. integrating sound level meter, noise average meter
Schallpegelmeßgerat *n s.* Schallpegelmesser
Schallpegelmessung *f* sound level measurement
Schallpegelverteilung *f* sound level distribution
Schallplatte *f* record, disk, gramophone (phonograph) record
Schallplattenabtaster *m* [gramophone] pick-up
Schallplattenaufnahme *f* disk recording
Schallplattenaufnahmegerät *n* disk recorder
Schallplattenoriginal *n* lacquer original
Schallplattenschneidgerät *n* disk recorder

Schallplattenverstärker *m* gramophone (pick-up) amplifier
Schallquant *n* phonon, sound quantum
Schallquelle *f* sound (acoustic) source, source of sound (acoustic energy)
punktförmige S. point source
ungerichtete S. simple sound source
Schallquellenleistung *f* sound source energy
Schallreaktanz *f* / **spezifische** specific (unit-area) acoustic reactance
schallreflektierend sound-reflecting, [acoustically] hard
Schallreflexion *f* sound (acoustic) reflection
Schallreflexionsfaktor *m* sound reflection factor
Schallreflexionsgrad *m*, **Schallreflexionskoeffizient** *m* sound (acoustic) reflection coefficient
Schallreiz *m* sound (acoustic) stimulus
Schallresistanz *f* / **spezifische** specific (unit-area) acoustic resistance
Schallrille *f* sound groove *(Schallplatte)*
Schallschatten *m* sound (acoustic) shadow
Schallschirm *m* baffle board; gobo *(Mikrofon)*
schallschluckend sound-absorptive, sound-absorbing, sound-absorbent, sound-deadening
Schallschlucker *m* sound (acoustic) absorber
Schallschluckgrad *m s.* Schallabsorptionsgrad
Schallschluckstoff *m* sound-absorbing material, sound absorbant (absorber)
Schallschluckung *f* sound (acoustic) absorption, sound deadening
Schallschnelle *f* sound [particle] velocity, acoustic velocity
Schallschnellepotential *n* sound velocity potential
Schallschutz *m* noise prevention, soundproofing; deadening of noise[s]
Schallschutzforderung *f* noise-control requirement
Schallschutzkabine *f* acoustic booth
Schallschutzverfahren *n* soundproofing method
Schallschwingung *f* sound oscillation (vibration), acoustic oscillation
Schallsender *m* sound (audio) transmitter; sound (acoustic) source, sound generator (projector)
Schallsonde *f* sound probe
Schallspektrogramm *n* sound (acoustic) spectrogram
Schallspektroskopie *f* sound spectroscopy
Schallspektrum *n* sound (acoustic) spectrum
Schallspektrumanalysator *m* sound spectrum analyzer
Schallspiegel *m* sound mirror
Schallstärke *f* sound intensity, [sound] volume
Schallstärkemeßgerät *n* phonometer
Schallstärkepegel *m* sound intensity level
Schallstrahl *m* sound (acoustic) ray, sound beam
Schallstrahlung *f* sound radiation (emission)
Schallstrahlungsdruck *m* sound radiation pressure
Schallstrahlungsdruckmesser *m* acoustic radiometer
Schallstrahlungsimpedanz *f*, **Schallstrahlungsstandwert** *m* sound radiation impedance
Schallstreuung *f* sound (acoustic) scattering
Schallsystemeinrichtung *f* sound system equipment
Schalltechnik *f* acoustics, acoustic engineering
Schalltheorie *f* theory of sound
Schalltilgung *f* sound absorption (deadening)
schalltot aphonic, acoustically inactive (inert); anechoic, acoustically dead *(reflexionsfrei)*
Schalltrichter *m* acoustic horn (trumpet), [loudspeaker] horn, sound funnel
Schallübertragung *f* sound transmission; noise transmission *(unerwünscht)*
Schallumfang *m* sound range
Schallunterdrückung *f* sound suppression
Schallverstärkung *f* acoustic gain; sound reinforcement *(mit Lautsprecheranlage)*
Schallverteilung *f* sound distribution
Schallvolumen *n* [sound] volume
Schallwahrnehmung *f* acoustical perception (sensation)
Schallwand *f* sound panel, baffle board; loudspeaker (deflecting) baffle
Schallwandler *m* sound (electroacoustic) transducer *(Mikrofon)*
Schallweg *m* sound path
Schallweglänge *f* sound-path length
Schallwelle *f* sound (acoustic) wave
Schallwellenbündel *n* sound beam
Schallwellenlänge *f* acoustic wavelength
Schallwellenverstärkung *f* acoustic-wave amplification
Schallwiedergabe *f* sound (acoustic) reproduction
Schallzeichen *n* acoustic signal
Schallzerstreuung *f* sound diffusion
Schaltader *f* jumper wire
Schaltalgebra *f* switching (circuit, logic, Boolean) algebra
Schaltanlage *f* switchgear [assembly]
S. mit getrennten Phasen isolated-phase switchgear
gekapselte S. encapsulated (enclosed) switchgear

geschottete S. compartment-type switchgear
gußgekapselte S. metal-enclosed switchgear, armoured switchgear
masseisolierte S. compound-filled switchgear
offene S. open-type switchgear
Schaltanlagenanordnung *f* switchgear assembly
Schaltanordnung *f* switching arrangement
Schaltanwendung *f* switching application
Schaltarm *m* wiper, actuating arm
Schaltarmwelle *f* wiper shaft
Schaltart *f* switching mode
Schaltauftrag *m (Fmt)* circuit connection order
schaltbar switchable
Schaltbedingung *f* switching criterion *(z. B. eines Relais)*
Schaltbetätigung *f* switching operation
Schaltbetriebsart *f* switching mode
Schaltbewegung *f* switching motion
Schaltbild *n* [schematic] circuit diagram, connection diagram; wiring diagram *(Verdrahtungsbild)*
Schaltbogen *m* switch arc
Schaltbrett *n* switchboard, switch (prepatch) panel, plug board
Schaltbuchse *f* jack
Schaltdiode *f* switching diode
Schaltdraht *m (Fmt)* connecting (jumper, hook-up) wire
Schaltdrahtverbindung *f (Fmt)* jumper connection, jumpering
Schalteinheit *f (Fmt)* bank
Schalteinrichtung *f* switching equipment (facility)
schlagwettergeschützte S. flame-tight switchgear
Schaltelement *n* switching element (*s.a.* Schaltungselement)
konzentriertes S. lumped element
Schaltempfindlichkeit *f* switching sensitivity
schalten 1. to switch; to connect *(Verbindung herstellen)*, 2. to change over *(Getriebe)*
aufeinanderfolgend s. to switch sequentially
eine andere Leitung s. *(Fmt)* to change to another line
eine Leitung wieder normal s. *(Fmt)* to restore a circuit
hintereinander s. *s.* in Reihe s.
in Brücke s. to tee across, to bridge
in Dreieck s. to connect in delta (mesh)
in Kaskade s. to connect in cascade
in Nebenschluß s. to shunt
in Reihe (Serie) s. to connect in series
neu s. to rearrange
normal s. to set at normal
parallel s. *s.* parallelschalten
simultan s. *(Fmt)* to superimpose
zur Schleife s. *(Fmt)* to loop
zwei Leitungen zur Schleife s. *(Fmt)* to loop two circuits
Schalten *n* switching (*s. a.* Schaltvorgang)
S. bei Phasenverschiebung out-of-phase switching
S. mit konstantem Strom constant-current switching
funkenloses S. sparkless breaking
gleichzeitiges S. simultaneous switching
prellfreies S. bounce-free operation
unbeabsichtigtes (zufälliges) S. accidental switching
Schalter *m* switch; circuit breaker *(für große Leistungen)*; contactor
S. an der Frontplatte front-panel switch
S. an der Lampenfassung lamp-holder switch
S. für die Platzlampe *(Fmt)* pilot-lamp switching key
S. für drei Heizstufen three-heat switch *(Elektroherd)*
S. für Geräuschsperre muting switch
S. für kleine Stromstärke low-level switch
S. für Nachtwecker *(Fmt)* night bell switch
S. mit Anzeigeglimmröhre glow switch
S. mit Doppelunterbrechung double-break switch
S. mit Fernregelung remote-control switch
S. mit Freiauslösung free-handle circuit breaker
S. mit fünf Ausgängen five-point switch
S. mit geschichteten Bürsten laminated-brush switch
S. mit Magnetantrieb electromagnetic switch, electromagnetically operated switch
S. mit magnetischer Blasung magnetic blow-out circuit breaker
S. mit Minimalauslösung minimum circuit breaker
S. mit Mittelpunktslage [der Kontakte] contre-break switch
S. mit rückseitigem Anschluß back-connected switch
S. mit Schauzeichen indicating switch
S. mit Schnappeffekt snap-action switch
S. mit Schutzkasten protected switch[-gear]
S. mit Sperre locking switch
S. mit Sperrgehäuse locked-cover switch
S. mit UMZ-Auslösung *(App)* definite time-lag circuit breaker
S. mit verzögerter Auslösung delay-action circuit breaker
S. mit vorderseitigem Anschluß front-connected switch
S. mit waagerechter Schaltstrecke horizontal break switch

S. mit Wiedereinschaltvorrichtung automatic reclosing circuit breaker
S. ohne Freiauslösung fixed-handle circuit breaker
akustischer S. acoustical switch
automatisch ausgelöster S. automatic tripping contactor
automatischer S. automatic switch; mechanically operated [circuit] breaker
automatischer elektronischer S. electronic automatic switch
berührungssicherer S. all-insulated switch
dekadischer S. decade switch
dreipoliger S. three-pole switch (circuit breaker)
einpoliger S. single-pole switch
einpoliger S. für Aufputzinstallation single-pole surface switch
einpoliger S. für Unterputzinstallation single-pole flush switch
elektrischer S. electric switch
elektromagnetischer S. electromagnetic switch
elektronischer S. electronic switch (contactor)
fremderregter S. shunt-trip recloser
gekapselter S. enclosed switch
geräuschloser S. no-noise switch
geschützter S. protected switch[-gear]
gittergesteuerter S. gate-controlled switch
halbversenkter S. semiflush (recessed) switch
handbetätigter S. [manually operated] switch
kapazitätsarmer S. anticapacitance switch
mehrpoliger S. multipole (multiple-contact) switch
nichtrastender S. non-locking switch, spring-return switch
normaler S. general-use switch
offener S. open switch
ölarmer S. small-oil-volume circuit breaker, live-tank oil circuit breaker
prellfreier S. no-bounce switch
schlagwettergeschützter S. flameproof switch
stoßfester S. shock-proof switch
verschlossener S. *s.* S. mit Sperrgehäuse
versiegelter S. secret switch
zehnstufiger S. ten-position switch
zweipoliger S. two-pole switch, double-pole switch (circuit breaker), double-break switch
zweiseitig wirkender S. double-action switch
Schalter *mpl* / **gekoppelte** linked switches
gekuppelte S. coupled switches
Schalteramt *n (Fmt)* cross-bar exchange
Schalteranlassen *n* switch starting
Schalteranschluß *m* switch connection
Schalterauslösung *f* **durch Zwischenrelais** indirect tripping of a circuit breaker
Schalterbetätigung *f* actuation of switch
Schalterbetätigungsplatte *f* **mit Griff** faceplate (cover plate) and handle
Schalterdeck *n (App)* contact plate
Schalterdeckel *m* switch cover
Schalterdiode *f* booster (damping, efficiency) diode
Schalterebene *f* switch deck; *(App)* contact plate
Schaltereinbau *m* circuit-breaker mounting
Schalterelement *n* switching element
Schalterfassung *f (App)* key holder
Schalterfeder *f* switch spring
Schaltergestell *n* switch frame
Schaltergetriebe *n* circuit-breaker mechanism
Schalterglimmlampe *f* glow lamp for switch
Schaltergrundplatte *f* switch base
Schaltergruppe *f* switch train *(gleichzeitig geschaltete Schalter)*
Schalterkappe *f* switch cover
Schalterkontakt *m* switch contact
Schalterlampe *f* switch lamp
Schalterleitung *f* switch lead
Schalteröl *n* switch (circuit-breaker) oil
Schalterprellen *n* chatter of switch, bounce
Schalterröhrenschalter *m* vacuum-tube switch
Schaltersockel *m* switch base
Schalterstellung *f* switch position
Schaltersteuernocken *m* sequence switch cam
Schalterstromkreis *m* switch circuit
Schaltfähigkeit *f* switching capability
Schaltfassung *f* switch socket (lampholder)
Schaltfeder *f* interrupter spring; switch spring
Schaltfehlerschutz *m* switch fault protection, incorrect switching protection; protective device to prevent switching errors
Schaltfeld *n* switchboard [section], [switch] panel, switch (patch) bay
ausschwenkbares S. swing-out panel
Schaltfeldeinheit *f* switchboard unit
Schaltfeldüberwachungslampe *f* switchboard supervisory lamp
Schaltfeldüberwachungsrelais *n* switchboard supervisory relay
Schaltfolge *f* switching sequence *(z. B. bei einem Zweipunktglied)*; duty cycle
Schaltfunke *m* spark at break
Schaltfunkenstrecke *f* triggered spark gap
Schaltfunktion *f* switching function; *(Rech)* logical function
kanonische S. canonical switching function
Schaltgerät *n* switchgear, switching device

ausfahrbares S. *(Anl)* draw-out switchgear
automatisch betätigtes S. automatically operated switchgear
berührungsloses S. proximity switchgear
fahrbares S. truck-type switchgear
feuchtigkeitsgeschütztes S. moisture-proof switchgear
ganz gekapseltes S. fully enclosed switchgear
gußgekapseltes S. iron-clad switchgear
kontaktloses S. contactless switchgear
mechanisches S. mechanical switchgear
metallgekapseltes S. metal-clad switchgear
nichtausfahrbares S. non-draw-out switchgear
offenes S. open-type switchgear
sekundäres S. secondary switchgear
staubdicht gekapseltes S. dustproof switchgear
tropfwassergeschütztes S. drip-proof switchgear
ungeschütztes S. open-type switchgear
Schaltgeräusch *n* switch click, switching noise
Schaltgerüst *n* frame-type switchboard, switch framework, switching structure
Schaltgeschwindigkeit *f* switching speed (rate); speed of operation
Schaltgestell *n (Fmt)* switching rack
Schaltgetriebe *n* change-speed gear (mechanism), gear box
Schaltglied *n* switching element; contact element (mechanism); *(Rech)* logical element
S. mit Doppelunterbrechung double-break contact element
S. mit Einfachunterbrechung single-break contact element
Schaltglieder *npl* / **elektrisch voneinander unabhängige** electrically independent contact elements
Schaltgruppe *f* vector group *(Transformator)*
Schaltgruppenbezeichnung *f* vector group symbol
Schalthäufigkeit *f* switching frequency (rate), frequency of operating cycles; *(App)* duty classification
S. je Stunde *(App)* operations per hour
Schalthäuschen *n (Anl)* switch hut, kiosk
Schalthebel *m* switch (change) lever, key, actuating arm *(eines Schalters)*; *(Masch)* operating (control) lever; trip lever
nichtrastender S. non-locking key
Schalthub *m* length of travel
Schalthysterese *f (Syst)* overlap
Schaltimpuls *m* switching pulse
Schaltkammer *f* arc [quenching] chamber; explosion chamber *(bei ölarmen Schaltern)*
Schaltkammerzylinder *m* switch chamber cylinder
Schaltkapazität *f* switching capacity; wiring capacity
Schaltkarte *f* circuit board (card)
Schaltkasten *m* switch box
Schaltkenngröße *f* switching characteristic
Schaltkennzeichen *n (Fmt)* switching signal
S. rückwärts backward signal
S. vorwärts forward signal
Schaltkern *m* switching core
Schaltklinke *f* jack; *(Masch)* pawl
Schaltknagge *f* stop dog
Schaltknopf *m* button
Schaltkoeffizient *m* switching coefficient
Schaltkontakt *m* switching contact
Schaltkreis *m* [switching] circuit
bipolarer integrierter S. bipolar integrated circuit
breitbandgekoppelter S. broad-band-coupled circuit
elementarer S. elementary circuit
externer S. external switching circuit
hochintegrierter S. large-scale integrated circuit, LSI
integrierter S. integrated circuit, IC
integrierter S. mit mehreren Chips multichip integrated circuit
integrierter logischer S. integrated logic circuit
integrierter magnetischer S. integrated magnetic circuit
kundenspezifischer S. custom-design integrated circuit
linearer integrierter S. linear integrated circuit, LIC
magnetischer S. magnetic circuit
monolithisch integrierter S. monolithic integrated circuit
ternärer S. ternary switching circuit
Schaltkreisanalyse *f* circuit analysis
Schaltkreisanordnung *f* circuit layout
Schaltkreisdichte *f* circuit density
Schaltkreise *mpl* / **doppelte** duplicate circuitry
Schaltkreisemulator *m* incircuit emulator
Schaltkreisentwurf *m* [switching] circuit design
Schaltkreisfamilie *f* [switching] circuit family
Schaltkreisfläche *f* circuit area *(Mikroelektronik)*
Schaltkreislage *f* circuit position
Schaltkreislogik *f* circuit logic
Schaltkreisplatte *f* circuit board (card, plaque) *(Leiterplatte)*
Schaltkreisprüfung *f* circuit testing
Schaltkreistechnik *f* circuit technique
S. des Rechners computer circuitry
Schaltkreistechnologie *f* circuit technology
Schaltkupplung *f* clutch [coupling], shifting clutch

Schaltleiste *f* connecting block
Schaltleistung *f* switching (breaking, rupturing) capacity *(eines Schalters)*
Schaltleistungsprüfung *f* switching performance test
Schaltlichtbogen *m* switch arc
Schaltlinie *f (Syst)* switching line
Schaltlitze *f* stranded hook-up wire
Schaltlogik *f* switching (circuit) logic
Schaltmagnet *m* switching (driving) magnet
Schaltmaschine *f* switching machine
Schaltmechanismus *m* switching mechanism; circuit-breaker mechanism
Schaltmesser *n* switch (contact) blade *(Messerkontakt)*
Schaltmotor *m* timing (time) motor
Schaltnetz *n* switching network; *(Rech)* combinatory circuit
Schaltnetzteil *n* switching power supply
Schaltnetzteilübertrager *m* switching power-supply transformer
Schaltnocken *m (Masch)* trip (trigger) cam
Schaltorgan *n* switching member
Schaltpause *f* switch interval
Schaltphase *f* switching phase
Schaltplan *m* [schematic] circuit diagram, connection diagram, circuit layout
Schaltplatte *f* circuit board (card)
gedruckte S. printed circuit board
Schaltpult *n* switch[ing] desk, control console (desk), desk [switchboard]
Schaltpunkt *m (Syst)* switching point *(z.B. im Kennlinienfeld)*
Schaltpyramide *f* pyramid *(logische Schaltung)*
Schaltrate *f* switching rate
Schaltraum *m* switch room
Schaltregler *m* switching controller
Schaltrelais *n* switching (contactor) relay
S. mit eingeschmolzenen Kontakten sealed switching relay
Schaltrichtung *f* direction of switching
Schaltrichtungsbedingung *f (Syst)* direction of switching condition
Schaltröhre *f* switch[ing] tube, contact tube, electronic switch
Schaltsatz *m* spring assembly
Schaltsäule *f* switch box pillar (column), switchgear pillar, pillar[-type] switchgear, [distribution] pillar
Schaltschema *n s.* Schaltbild
Schaltschloß *n* latch
Schaltschrank *m* switch cabinet, cubicle
Schaltschritt *m* 1. make-and-break cycle; 2. front pitch *(bei Wicklungen)*
Schaltschütz *n* contactor
Schaltschwelle *f* switching threshold
Schaltsicherung *f* switch fuse
Schaltsignal *n* switch[ing] signal
Schaltspannung *f* switching voltage
Schaltspannungsstehfestigkeit *f* switching surge withstand strength
Schaltspiel *n* switching cycle; operation *(Relais)*
lastfreies S. no-load operating cycle *(z.B. bei der mechanischen Lebensdauerprüfung)*
Schaltspiele *npl (App)* alternations
Schaltspielzahl *f (App)* alternation number; *(Masch)* operation cycle number
Schaltstange *f* operation (operating) pole, hook (switch) stick, switch (actuating) rod
Schaltstangenbetätigung *f* hook-stick operation
Schaltstelle *f (Fmt)* switching centre
Schaltstellung *f* switch (operating) position *(beim Schalter)*
Schaltstoß *m* switching surge (transient)
Schaltstrahl *m* gate beam *(Elektronenröhren)*
Schaltstrecke *f* clearance between contacts, contact-break distance, length of gap (break)
Schaltstrom *m* switching current
Schaltstück *n* contact element (piece, stud, member); contactor
bewegliches S. moving (movable) contact member
festes S. fixed contact [member]
Schaltstücklebensdauer *f* contact [member] life
Schaltstufe *f* 1. switching stage *(beim Stufenschalter)*; 2. *s.* Schaltstellung; 3. *(App)* controller notch
Schaltsymbol *n* circuit (wiring) symbol (*s.a.* Schaltzeichen)
Schaltsystem *n* switching system; circuitry
binäres S. binary [switching] system
optimales S. optimum switching system
ruhendes S. static switching system
ultraschnelles S. ultrarapid switching system
zentralgesteuertes S. *(Nrt)* common-collector circuit
Schalttabelle *f* [switching] sequence table
Schalttafel *f* switchboard, panel [board], control panel (board); *(Rech)* plugboard, patchboard *(für Programme)*
freistehende S. free-standing switchboard, floor-mounted switchboard; self-supporting switchboard
geschlossene (verschalte) S. enclosed switchboard
Schalttafelanschluß *m* switchboard connection
Schalttafeleinbau *m* panel mounting
Schalttafelfeld *n* switchboard panel
Schalttafelfront *f* / **berührungssichere** dead-front switchboard
Schalttafelinstrument *n* switchboard (panel) instrument, panel meter
Schalttafellampe *f* switchboard lamp
Schalttafelmeßgerät *n* switchboard [measuring] instrument, panel meter

Schalttafelmontage *f* switchboard mounting, panel[-frame] mounting
Schalttafelprogrammierung *f* switchboard programming
Schalttafelschalter *m* panel switch
Schalttafelstecker *m* panel plug
Schalttafelsteuerung *f* panel control
Schalttakt *m* switching cycle
Schalttaste *f* switching key
Schalttechnik *f* switching technique; circuit engineering
Schalttheorie *f* switching theory
Schalttisch *m* switch[ing] desk
Schalttransistor *m* switching transistor, transistor switch
S. mittlerer Arbeitsgeschwindigkeit medium-speed switching transistor
Schaltüberspannung *f* overvoltage due to switching transients, switching surge
Schaltüberspannungsstehfestigkeit *f* switching surge withstand strength
Schaltuhr *f* switch clock, timer, clock relay
S. für Elektroherde range timer
Schalt- und Arretierbewegung *f* switch-and-lock movement
Schalt- und Schwingtransistor *m* switching and swinging transistor
Schaltung *f* 1. circuit; connection; 2. circuit arrangement (configuration), circuitry; 3. *(App)* switching (actuating) operation
S. für automatische Suche automatic search circuit
S. für Entschlüsselung decoding circuit
S. für Paritätsprüfung parity check circuit
S. für Phasenregelung *(Syst)* phase-control circuit
S. mit Einzelbauelementen discrete-component circuit
S. mit hoher Eingangsimpedanz high-input impedance circuit
S. mit konzentrierten Parametern lumped-constant network
S. mit mitlaufender Ladespannung bootstrap circuit
S. mit Widerständen resistance circuit
S. mit zwei stabilen Lagen bistable circuit
S. nach Kundenwunsch custom circuit
S. von Starkströmen power-circuit control
S. zur Begrenzung des weißen Rauschens white noise clip circuit
S. zur Erzeugung von Impulsen pulse-forming circuit
S. zur Mittelwertbildung von Impulsen pulse-averaging circuit
S. zur Unterscheidung von Impulsen pulse discrimination circuit
analoge S. analogue circuit
äquivalente S. equivalent network
arithmetische S. arithmetic circuit
bistabile S. bistable circuit
differenzierende S. differentiating circuit
digitale logische S. digital logic circuit
doppelseitige gedruckte S. double-sided printed circuit
ebene S. planar network *(zweidimensional)*
eingelegte S. flush circuit *(Leiterplatte)*
einseitige gedruckte S. single-sided printed circuit
elektrische S. electric network
elektronische S. electronic circuit
festverdrahtete logische S. hard-wired logic [circuit]
flexible gedruckte S. flexible printed circuit
freischwingende S. free-running circuit
geätzte S. etched circuit
gedruckte S. printed circuit, pc; ceramic-based circuit *(nach der Einbrennmethode hergestellt)*
geräuschvermindernde S. anti-sidetone circuit
geschlossene S. packaged circuit
gestanzte S. stamped wiring
großintegrierte S. *(Elk, Halbl)* large-scale integration, LSI
heterostatische S. heterostatic circuit (method) *(bei elektrostatischen Instrumenten)*
idiostatische S. idiostatic circuit (method) *(bei elektrostatischen Instrumenten)*
innere S. internal circuit
integrierende S. integrating circuit
integrierte S. *(Elk, Halbl)* integrated circuit, IC
integrierte logische S. integrated logic circuit
logische S. logic[al] circuit
logische S. mit Mehrlochkernen multi-aperture core logic
lötaugenlose S. mini-pad circuit *(bei Leiterplatten)*
mehrlagige (mehrschichtige) gedruckte S. multilayer printed circuit
mikroelektronische S. microelectronic circuit, microcircuit
mittelintegrierte S. *(Elk, Halbl)* medium-scale integration, MSI
molekularelektronische S. molecular circuit
monostabile S. monostable circuit
monostabile S. mit einstellbarer Periode variable-period monostable circuit
nichtstabile S. astable circuit
passive S. passive circuit
phasenminimale S. minimum-phase network
schnell wirkende S. fast-acting circuit
sehr hoch integrierte S. *(Elk, Halbl)* very large-scale integration, VLSI
speziell zugeschnittene S. *(Rech)* dedicated circuit

steckbare gedruckte S. plug-in printed circuit [board]
symmetrische S. symmetrical connection; balanced circuit
symmetrisch-heterostatische S. symmetrical heterostatic circuit *(z. B. von Elektrometern)*
tiefgelegte S. impressed circuit *(gedruckte Schaltung)*
umgekehrte S. inverted circuit
ungedruckte S. unprinted circuit *(z. B. Multiwireplatte)*
unsymmetrische S. asymmetric connection; unbalanced circuit
vergossene S. potted circuit
versetzte S. staggered circuit
verzögerte S. time-delay connection
volltransistorisierte S. all-transistor circuit
vorverdrahtete S. prewired circuit
zugeordnete S. associated circuit
zweiseitige gedruckte S. double-sided printed circuit
Schaltungsanalysator *m* circuit analyzer
Schaltungsanalyse *f* circuit analysis
Schaltungsanordnung *f* circuit arrangement (configuration, layout), circuitry
Schaltungsart *f* connection system
Schaltungsaufbau *m* circuitry; circuit design *(z. B. bei Leiterplatten)*
gedruckter S. printed circuitry
Schaltungsauslegung *f* circuit layout
Schaltungsbaustein *m* circuit module (element)
Schaltungsbeschreibung *f* description of circuit
Schaltungsbild *n* circuit configuration
Schaltungsbrettchen *n* circuit plaque
Schaltungsdiagramm *n* interconnection diagram
Schaltungsebene *f* circuit level
Schaltungseingang *m* circuit input
Schaltungseinheit *f* circuit module
Schaltungselement *n* circuit element
aktives S. active circuit element
akustisches S. acoustic circuit element
Schaltungsentwurf *m* circuit design (concept), design of circuits
Schaltungsfehler *m* circuit failure
Schaltungsfläche *f* circuit area *(Mikroelektronik)*
Schaltungsfrequenz *f* circuit frequency
Schaltungsfunktion *f* circuit function
Schaltungsgruppe *f* circuit array
Schaltungskapazität *f* wiring capacity
Schaltungskarte *f* circuit plaque
Schaltungskenngröße *f* circuit parameter
Schaltungskonstrukteur *m* circuit designer
Schaltungslogik *f* circuit logic
Schaltungsmodul *m* circuit module
Schaltungsmuster *n* circuit pattern
Schaltungsparameter *m* circuit parameter
Schaltungsplatte *f* circuit board (card)
gedruckte S. printed circuit board, p.c.
Schaltungsprüfung *f* circuit test[ing]
Schaltungsserie *f* set of circuits
Schaltungsstruktur *f* circuit configuration (arrangement), network configuration
Schaltungstechnik *f* circuit engineering, circuitry
Schaltungsverdrahtung *f* circuit wiring
Schaltungszeichnung *f* circuit blue-print *(Kopie)*
Schaltungszweig *m* leg
Schaltvariable *f* logic (switching) variable
Schaltverbindung *f* 1. interconnection, wiring; 2. cell connector *(Batterie)*
Schaltverlust *m (Fmt)* switching loss
reiner S. net switching loss
Schaltvermögen *n* switching capability; breaking capacity
asymmetrisches S. asymmetric breaking capacity
Schaltverstärker *m* switching amplifier
Schaltverzögerung *f* switching delay, time delay of switch
Schaltvorgang *m* 1. switching, switching action (process, operation); notching *(Relais)*; 2. [switching] transient *(Übergangsvorgang)*
Schaltvorrichtung *f* switchgear, switching equipment (device)
Schaltwagen *m (App)* truck-type switchgear, carriage-type switchgear
Schaltwalze *f (App)* controller drum
Schaltwalzenstellung *f* controller position
Schaltwarte *f* switchboard gallery, switch gallery (station); control room
Schaltwärter *m* switchboard attendant
Schaltweg *m (App)* contact travel
Schaltwelle *f* interrupter (wiper) shaft; *(Fmt)* selector shaft
Schaltwerk *n* 1. switch (intermittent) mechanism; 2. *(Rech)* sequential circuit (logic)
Schaltwerkhebel *m* stepping pawl *(Telegrafie)*
Schaltwert *m* switching value
Schaltzahl *f* number of operations
Schaltzeichen *n* circuit (graphic) symbol *(in Stromlaufplänen)*; logical symbol *(für logische Schaltungen)*
Schaltzeit *f* switching time
Schaltzeitkonstante *f* switching time constant
Schaltzelle *f* cubicle, cell [of switchboard]; regulating cell *(Batterie)*
Schaltzentrale *f* central control room
Schaltzunge *f* reed *(Reedrelais)*
Schaltzyklus *m* switching cycle
Scharfabbildung *f* focus[s]ing; [sharp] definition
Scharfabstimmung *f* sharp (fine) tuning
automatische S. automatic tuning,

automatic frequency (tuning) control, AFC
Scharfätzung *f (Galv)* final etching
Schärfe *f* sharpness; definition *(Optik)*; acuity *(z. B. Hörschärfe)*
gestochene S. *(Ferns, Licht)* crisp definition
größte S. sharpest focus
Scharfeinstellung *f* 1. focus[s]ing adjustment, sharp focussing *(z. B. Elektronenstrahl)*; critical focussing; 2. fine tuning control, critical adjustment *(Frequenzabstimmung)*
Scharfeinstellungsregler *m* focus [automatic] controller, focus control (regulator)
Schärfentiefe *f* depth of focus *(im Bildraum)*
Schärferegler *m s.* Scharfeinstellungsregler
scharfkantig sharp-edged; keen-edged
Schatten *m* shadow, shade
harter S. harsh shadow
tiefer S. deep shadow
weicher S. soft shadow
Schattenbereich *m s.* Schattengebiet
Schattenbild *n* shadow image
Schattenbildverfahren *n* shadowgraph technique
Schattengebiet *n (FO)* shadow region (area), blind area
Schattengrenze *f* shadow border
Schattenkegel *m* shadow cone
Schattenmaske *f (Ferns)* shadow (aperture, lens) mask
Schattenmaskenröhre *f (Ferns)* shadow mask tube (valve), aperture (lens) mask tube *(Farbbildröhre)*
Schattenstelle *f (Nrt)* blind spot *(Empfangsloch)*
Schattenwinkel *m* shadow angle *(z. B. einer Anzeigeröhre)*
Schattenwirkung *f* shadow effect
Schattenwurf *m* shadow cast, cast shadows
Schattenzone *f* shadow zone
Schatter *m (Licht)* window screen
Schatterfehler *m (Licht)* screen [shadow] error
schattieren to shade
Schattierung *f* shading; shade
Schätzung *f* estimation, evaluation, assessment
Schätzwert *m* estimated value
Schaubild *n* diagram, graph; operational chart *(Programmierung)*
Schaufensterbeleuchtung *f* shop window lighting
Schaufensterlicht *n* shop window light
Schaukastenbeleuchtung *f* showcase (display-case) lighting
schaukeln to rock, to swing
Schaukelschwingung *f* rocking vibration *(Spektroskopie)*

Schaumfeuerlöscher *m* foam extinguisher
Schaumgummi *m* foam (froth, sponge) rubber, rubber sponge
Schaumkeramik *f* foam ceramics
Schaumkohlenstoff *m* foam carbon
Schaumregulierungsmittel *n* foam control agent
Schaumstoff *m* foamed (expanded) plastic
Schauzeichen *n* annunciator; flag; visual signal (indicator)
S. mit Signalkontakt indicator with alarm contact
Schauzeichenkästchen *n (Fmt)* indicator box
Scheibchen *n* wafer, slice, die *(Kristall)*
Scheibe *f* 1. disk; 2. *(Halbl)* wafer
stroboskopische S. stroboscopic disk
Scheibenanker *m* disk armature
Scheibenankerrelais *n s.* Scheibenrelais
Scheibenantenne *f* disk-type aerial
Scheibenausbeute *f (Halbl)* wafer yield
Scheibenbearbeitungskosten *pl (Halbl)* wafer processing cost
Scheibendiode *f* disk-seal diode
Scheibeneinschmelzung *f* disk seal *(Röhren)*
Scheibenelektrode *f* disk electrode
Scheibenfeder *f* plate spring
Scheibenfunkenstrecke *f* disk discharger
Scheibengehäuse *n* disk case
Scheibenhalter *m (Halbl)* slide holder
Scheibenisolator *m* disk insulator
Scheibenkondensator *m* disk[-type] capacitor
Scheibenkonusantenne *f* discone aerial
Scheibenkupplung *f* disk (plate) clutch
Scheibenläufer *m* disk armature
Scheibenmagnet *m* induction disk *(beim Scheibenrelais)*
Scheibenmotor *m* disk (pancake) motor
Scheibenrelais *n* movable-disk relay, induction disk relay
Scheibenritzen *n (Halbl)* wafer scribing
Scheibenröhre *f* disk-seal valve (tube), parallel-plane tube, coplanar grid tube
Scheibenschalter *m* wafer switch
Scheibenspeicher *m (Rech)* disk [file] memory, floppy disk
Scheibenspeicherung *f* disk data storage
Scheibenspule *f* disk (flat, plane, pancake) coil; sandwich-wound coil *(Transformator)*
Scheibenstromwender *m* disk (plate) commutator
Scheibenthyristor *m* disk-seal thyristor
Scheibenträger *m (Halbl)* slice carrier
Scheibentriode *f* disk-seal triode
Scheibenumschalter *m* plate commutator
Scheibenwicklung *f* disk winding; sandwich winding *(Transformator)*
Scheibenwischermotor *m* screen wiper motor

Scheider *m* separator *(Batterie)*
Scheidewand *f* separating wall, partition [wall]; diaphragm
Scheidung *f* separation
elektrolytische S. electroparting
elektromagnetische S. electromagnetic separation
Schein *m* shine
scheinbar apparent; virtual
Scheinenergiezähler *m* apparent-energy meter
Scheinkomponente *f* apparent component
Scheinleistung *f* apparent power (voltamperes, voltamps), vector power
Scheinleistungsmesser *m* voltammeter, volt-ampere meter
Scheinleistungszähler *m* apparent power meter
Scheinleitwert *m* admittance
Scheinspannung *f* apparent voltage
Scheinstrom *m* apparent current
Scheinverbrauchszähler *m* volt-amperehour meter, kilovolt-ampere-hour meter
Scheinwerfer *m* floodlight; headlight; searchlight; [beam] projector
asymmetrischer S. asymmetric projector
Scheinwerferbeleuchtung *f* floodlighting; searchlight illumination
Scheinwerfereinstellung *f* aim[ing] of headlamps
Scheinwerferfotometrie *f* searchlight photometry
Scheinwerferlampe *f* headlamp, headlight lamp
Scheinwerferlicht *n* floodlight; searchlight beam
Scheinwerferspiegel *m* searchlight mirror (reflector)
Scheinwerferstrahl *m* searchlight beam
Scheinwerfersystem *n* headlight unit, headlighting system
Scheinwiderstand *m* 1. impedance; 2. impedor *(Bauelement)*
akustischer S. acoustic impedance
äußerer S. im Anodenkreis plate load impedance
komplexer S. complex impedance
mechanischer S. mechanical impedance
spezifischer akustischer S. specific acoustic impedance
statischer S. steady-state impedance
übertragener S. reaction impedance
Scheinwiderstandsangleicher *m* impedance corrector
Scheinwiderstandsanpassung *f* impedance match[ing]
Scheinwiderstandsbrücke *f* impedance bridge
Scheinwiderstandskompensator *m* impedance compensator
Scheinwiderstandsmatrix *f* impedance matrix
Scheinwiderstandsmeßbrücke *f* impedance bridge
Scheinwiderstandsmesser *m*, **Scheinwiderstandsmeßgerät** *n* impedance meter, impedometer
Scheinwiderstandsverhältnis *n* impedance ratio
Scheinwirkung *f* pseudoeffect
Scheitel *m* crest, peak; apex, vertex
Scheitelbrechwert *m* vertex power
Scheitelbrechwertmesser *m* focimeter
Scheitelfaktor *m* crest (peak) factor; amplitude factor *(Schwingung)*
Scheitelfaktormeßbrücke *f* crest (peak) factor bridge
Scheitelpunkt *m* vertex, apex
Scheitelpunktspeisung *f* vertex feed *(Antennentechnik)*
Scheitelspannung *f* crest (plate) voltage
Scheitelspannungsmesser *m* crest (peak) voltmeter
registrierender S. recording peak voltmeter
Scheitelstrom *m* peak current
Scheitelwert *m* peak [value], crest value; mode *(Statistik)*
S. der Sperrspannung peak inverse (blocked) voltage
S. des Durchlaßstroms peak-repetitive on-stage current *(Thyristor)*
S. des Einschaltstroms peak making current
S. des Katodenstroms peak cathode current
S. des Stroms peak value of current, maximum current
S. einer Kurve peak of a curve
Scheitelwertmeßeinrichtung *f* peak value measuring equipment
Scheitelwertmesser *m* crest voltmeter
Scheitelzeit *f* peak delay *(Lichtblitz)*
Schellack *m* shellac
Schelle *f* 1. clamp [fitting], clip; brace; anchor log *(am Mast)*; 2. sliding tap *(am abgreifbaren Widerstand)*
Schellenanschluß *m* **für Drahtwiderstände** clamp terminal for wire-wound resistors
Schema *n* scheme; diagram; pattern
S. für die Phasenregelung *(Syst)* phasecontrol circuit
Schemadiagramm *n (Rech, Syst)* block diagram
schematisieren to schematize
Schenkel *m* leg; limb *(z. B. eines Magnetkerns)*
Schenkelpolläufer *m* salient-pole rotor
Schenkelwicklung *f* coil of the inductor
Scherbeanspruchung *f* shear[ing] stress
Scherbius-Kaskade *f* Scherbius cascade (system)
Scherbius-Phasenschieber *m* Scherbius advancer

Scherenarmwandleuchte *f* extending wall lamp
Scherenstromabnehmer *m* pantograph
Scherfestigkeit *f* shear[ing] strength
Schering-Brücke *f (Meß)* Schering bridge, power-frequency bridge
Scherschwinger *m* shear vibrator (resonator), shear-design pick-up
Scherschwingung *f* shear vibration
Scherung *f* shear[ing]
Scherungsmodul *m* shear modulus
Scherwelle *f* shear (distortional, rotational) wave
Schicht *f* layer; film; coat[ing]
adsorbierte S. adsorbed layer
anodisch erzeugte S. anodized layer (coating)
anodische S. anode layer
aufgedampfte S. evaporated film
begrabene S. *(Halbl)* buried layer
chemisch aufgebrachte S. chemically deposited film
dielektrische S. dielectric layer
diffundierte S. diffused layer
dünne S. [thin] film
dünne ferroelektrische S. ferroelectric thin film
einlagige S. unilayer
galvanisch aufgebrachte S. electrodeposit
im Vakuum aufgedampfte S. vacuum-evaporated layer
infrarotempfindliche S. infrared-sensitive film
ionisierte S. ionized layer
katodische S. cathode layer
leitende S. conducting coat[ing], conductive layer
lichtempfindliche S. light-sensitive layer, photosensitive film
magnetische S. magnetic layer
monomolekulare S. monomolecular layer
periphere S. peripheral layer
reflexmindernde S. antireflection coating (film)
vergrabene S. *(Halbl)* buried layer
Schichtanordnung *f* sandwich structure
Schichtbauelement *n* junction electronic component
schichtbildend film-forming
Schichtbildung *f* film formation, formation of layers
Schichtbürste *f* laminated brush
Schichtdicke *f* layer (film) thickness; coating thickness
Schichtenbildung *f* lamination
Schichtendetektor *m* sandwich detector
Schichtengitter *n* layer lattice *(Kristall)*
Schichtenkatode *f* layer cathode
Schichtenleiter *m* laminated conductor (line)
Schichtenspaltung *f* delamination
Schichtenströmung *f* laminar flow
Schichtenwicklung *f* layer winding
Schichthöhe *f* layer altitude
Schichtkatode *f* coated filament *(bei Röhren)*
Schichtkern *m* laminated core
Schichtkristalltransistor *m* junction transistor
Schichtladung *f* layer charge
Schichtpreßpapier *n* laminated paper
Schichtpreßstoff *m s.* Schichtstoff
Schichtschalttechnik *f* film circuitry
Schichtseite *f* 1. *(Isol)* coated side; 2. emulsion side (surface) *(Film)*
Schichtstoff *m* laminate, laminated plastic (material)
kupferkaschierter S. copper-clad laminate
Schichtstoffherstellung *f* **unter Druck** contact laminating *(Isoliermaterial)*
Schichtstruktur *f* sandwich structure
Schichttechnik *f* substrate technique *(zur Herstellung integrierter Schaltkreise)*
Schichtträger *m* substrate, [film] base
Schichttransistor *m* junction transistor
Schichtung *f* lamination *(Preßstoffe)*
Schichtverband *m* interlaminar bonding *(Plastwerkstoffe)*
Schichtwachstum *n* layer growth
Schichtwiderstand *m* 1. film resistor, filmistor; 2. sheet (film) resistance
Schiebeeinheit *f (El, Rech)* shift unit
Schiebeeinrichtung *f* shifter, shift unit
Schiebeimpuls *m* shift pulse
Schiebekontakt *m* sliding (slide) contact
Schiebekupplung *f* sliding coupling
Schiebekurzschlußkreis *m* sliding short circuit
Schieber *m* slider, runner
Schieberegister *n (Rech)* shift register
binäres S. binary shift register
dynamisches S. dynamic shift register
k-stufiges S. k-stage shift register
Schieberegler *m* sliding control[ler]
Schieberstange *f* slide rod
Schiebeschalter *m* sliding (slide) switch
Schiebespule *f* slide coil, sliding inductance
Schiebetastenschalter *m* sliding key switch
Schiebewelle *f* sliding (slide) shaft
Schiebewicklung *f* shift winding
Schiebewiderstand *m* sliding (slide) resistor, [variable] rheostat
Schiebezahnrad *n* sliding gear
schief oblique
Schieflast *f* load unbalance, unbalanced load
Schieflastrelais *n* negative-phase-sequence relay
Schieflastschutz *m* load unbalance protection, negative-sequence protection

Schieflastschutzrelais *n* negative-phase-sequence protection relay
Schieflaststrom *m* unbalanced current *(durch Unsymmetrie verursacht)*
schiefwinklig oblique[-angled]
Schielen *n* **der Antenne** squint of aerial *(Winkelfehler)*
Schielwinkel *m* squint angle *(Antennentechnik)*
Schiene *f* rail; bar
gekapselte S. enclosed bus
metallgekapselte S. metal-enclosed bus, metal-clad bus
Schienenbremse *f* shoe brake
elektromagnetische S. electromagnetic shoe brake
Schienenbus *m* rail car
Schienenhebelkontakt *m* electrical depression bar
Schienenklemme *f* rail clamp
Schienenkontakt *m* rail (track) contact; electrical depression bar
Schienenrückleitung *f* rail return
Schienenstrom *m* rail current
Schienenstromabnehmer *m* track sliding contact
Schienenstromkreis *m* track circuit
Schienenstromwandler *m* bar-type [current] transformer, bank-type current transformer
Schienenverbinder *m* rail bond
Schienenverbindung *f* rail joint
Schiffchen *n* boat
Schiffsantenne *f* shipboard aerial
Schiffsfunksprechanlage *f* shipboard radiotelephone system
Schiffsgenerator *m* marine (ship) generator
Schiffspeilanlage *f* ship direction finding installation
Schiffsradar *n* ship-borne radar, marine radar
Schiffsscheinwerfer *m* shipboard (naval) searchlight
Schild *m* shield
schillern to opalesce
Schillern *n* opalescence
schillernd opalescent
Schirm *m* 1. screen *(z. B. einer Elektronenstrahlröhre)*; [protective] screen, shield; *(Ak)* acoustic shield; 2. [lamp] shade
S. einer Farbbildröhre *(Ferns)* colour picture screen
S. mit aufgedampfter Aluminiumhaut aluminized screen
S. mit langer Nachleuchtdauer long-persistence screen
elektromagnetischer S. electromagnetic screen *(gegen äußere Wechselfelder)*
elektrostatischer (kapazitiver) S. electrostatic screen
magnetischer S. magnetic screen (shield)
metallisierter S. metallized screen
Schirmantenne *f* umbrella aerial
Schirmbecher *m* shielding can
Schirmbild *n* screen (fluorescent) image; pattern *(z. B. bei Oszillografen)*
Schirmbildaufnahme *f* screen photograph
Schirmbreite *f* screen width
Schirmelektrode *f* shield grid (electrode)
Schirmfaktor *m* screen[ing] factor, degree of screening
Schirmgewebespeicher *m* woven-screen memory (store)
Schirmgitter *n* screen grid *(Elektronenröhre)*
Schirmgitterendröhre *f* screen grid output valve
Schirmgitterleitung *f* screen grid lead
Schirmgittermodulation *f* screen grid modulation
Schirmgitterröhre *f* screen grid valve (tube)
S. mit veränderlichem Durchgriff variable-mu screen grid valve
Schirmgitterröhrenoszillator *m* tri-tet oscillator
Schirmgitterrückkopplung *f* screen grid feedback
Schirmgitterspannung *f* screen grid voltage
Schirmgitterstrom *m* screen [grid] current
Schirmgitterverlust *m* screen grid loss
Schirmgitterverlustleistung *f* screen grid dissipation
Schirmgittervorspannung *f* screen grid bias
Schirmgitterwiderstand *m* screen grid resistance
Schirmgitterzuführung *f* screen grid lead
Schirmhelligkeit *f* screen brightness
Schirmisolator *m* umbrella[-type] insulator
Schirmkabel *n* screened cable
Schirmkrümmung *f* screen curvature
Schirmleuchte *f* shade fitting
Schirmnutzfläche *f (Ferns)* useful screen area
Schirmträger *m* faceplate *(einer Katodenstrahlröhre)*
Schirmwirkung *f* screening (shielding) effect
magnetische S. magnetic screening effect
Schlackenwolle *f* slag wool
Schlag *m* 1. shock *(Stromunfall)*; 2. stroke, impact, blow; 3. eccentricity, run-out; *(Ak)* wobble *(exzentrischer Lauf)*
elektrischer S. [electric] shock
schlagartig sudden, abrupt *(z. B. Entladung)*
schlagen to strike, to blow; to beat; to wobble *(exzentrisch laufen)*
einen Funken s. to strike a spark
heftig s. to bang

zu Plättchen s. to foliate
Schlagfestigkeit *f* impact resistance (strength)
Schlaggeräusch *n* / **dumpfes** thump
Schlaghärte *f* impact hardness
Schlagprüfung *f* electric shock test *(für Bauelemente)*
Schlagschatten *mpl* deep (umbra) shadows
Schlagspaltung *f* impact cleaving
Schlagweite *f* sparking distance *(eines Funkens)*
schlagwettergeprüft firedamp-tested
schlagwettergeschützt firedamp-proof
Schlagwetterschutz *m* firedamp protection
Schlagwetterschutzkapselung *f* firedamp enclosure
Schlagzähigkeit *f* impact strength
Schlamm *m (Galv)* sludge, mud, slime
Schlammablagerung *f (Galv)* sludge deposition
Schlammbeseitigung *f (Galv)* sludge removal
Schlammbildung *f (Galv)* sliming; sludge formation *(z. B. bei Isolierölen)*
Schlauch *m* hose; [flexible] tubing
  S. mit geflochtenen Einlagen bobbin hose
Schlauchfolie *f* blown tubing (film)
  flachgelegte S. lay-flat tubing
Schlauchleitung *f* hose [line]
Schlechtzahl *f* rejection number *(Prüflos)*
Schleichdrehmoment *n* crawling torque
Schleichdrehzahl *f* crawling speed
schleichen to crawl *(mit Schleichdrehzahl laufen)*
Schleier *m* fog, haze
Schleierbildung *f* fogging *(auf Film)*; *(Licht)* veiling effect
Schleierblendung *f* veiling glare
Schleierleuchtdichte *f* veiling luminance
Schleierschwärzung *f* fog density
Schleifabnutzung *f* abrasion wear
Schleifarm *m* wiper arm
Schleifbahn *f* grinding trace
Schleifbürste *f* brush
Schleifdraht *m* slide wire
  eingeteilter S. *s.* graduierter S.
  graduierter S. graduated (calibrated) slide wire
Schleifdrahtkompensator *m* slide-wire potentiometer
Schleifdrahtmeßbrücke *f* slide-wire bridge, slide-meter bridge
Schleifdrahtwiderstand *m* slide-wire resistor
Schleife *f* loop
  S. des Programms *(Rech)* loop of the routine
  geöffnete S. opened loop
  geschlossene S. closed loop
  innere S. internal loop (circuit) *(eines Systems)*
  offene S. open loop
schleifen / eine Leitung *(Fmt)* to loop a line
Schleifendämpfung *f (Fmt)* loop loss (attenuation)
Schleifendipol *m* folded dipole
Schleifengalvanometer *n* loop galvanometer
Schleifengang *m* loop response
Schleifeninduktor *m* loop inductor
Schleifenkapazität *f* wire-to-wire capacity *(Doppelleitung)*
Schleifenmessung *f (Fmt)* loop measurement (transmission test), go-and-return measurement
Schleifennetzwerk *n* loop network
Schleifenoszillograf *m* moving-coil oscillograph, Duddell (loop, galvanometer) oscillograph
Schleifenoszillogramm *n* loop oscillogram, oscillographic record
Schleifenprobe *f (Rech)* echo checking
Schleifenprüfung *f s.* Schleifenmessung
Schleifenrichtkoppler *m* loop directional coupler
Schleifenstrom *m* loop current
Schleifenverfahren *n* loop test *(z. B. bei Fehlerortbestimmung)*
Schleifenverstärkung *f* loop gain
Schleifenwahl *f (Fmt)* loop dialling
Schleifenwicklung *f (Masch)* lap (parallel) winding
  eingängige S. simplex lap winding, simple parallel winding
  gekreuzte S. reversed lap (parallel) winding
  mehrgängige S. multiplex (multiple) lap winding, multiplex parallel winding
Schleifenwiderstand *m* loop resistance
Schleifenwiderstandsmessung *f* loop resistance measurement
Schleifer *m* slider; wiper
Schleiferlogik *f (Elk)* brush logic
Schleiferschiene *f* collector bar *(Potentiometer)*
Schleifkohle *f* carbon strip
Schleifkontakt *m* 1. sliding (friction, rubbing) contact; continuity-preserving contact *(Relais)*; 2. wiper
Schleifleisten *fpl* contact strips *(Kohlekontakt)*
Schleifleitung *f* contact wire (conductor)
Schleifring *m* slip (collector) ring
Schleifringankermotor *m* slip-ring induction motor
Schleifringbürste *f* slip-ring brush
Schleifringläufer *m* slip-ring rotor, wound-rotor motor
Schleifringläufermotor *m* slip-ring [induction] motor, wound-rotor [induction] motor
Schleifringmotor *m* slip-ring motor

Schleifringseite *f* slip-ring side
Schleifringspannung *f* slip-ring voltage
Schleifringstrom *m* slip-ring current
Schleifstück *n* shoe *(eines Stromabnehmers)*
Schleppantenne *f* trailing [wire] aerial
Schleppantennenfehler *m* aircraft effect
Schleppdrahtantenne *f* trailing wire aerial
Schleppkabel *n* trailing cable
Schleppkante *f* back edge *(Impuls)*
Schleppkontakt *m* trailing contact *(Relais)*
Schlepplötmaschine *f* drag-soldering machine
Schleppschalter *m* continuity switch
Schleuder *f* centrifuge
Schleuderdeckelschalter *m* lid-operated switch for spin dryer
Schleuderdrehzahl *f* overspeed
Schleuderfestigkeit *f* centrifugal forces resistance *(von Lack)*
schleudern to centrifuge, to centrifugate
Schleudertrommel *f* centrifugal drum
Schleuse *f* sluice *(Wasserkraftwerk)*
Schliere *f* schliere; stria, streak
Schlierenbildung *f* striation
Schlierentechnik *f* schlieren method
schließen to close *(z. B. Stromkreis)*; to lock
einen Kontakt s. to close a contact
einen Schalter s. to close a switch
wieder s. to reclose
Schließen *n* closing *(z. B. eines Kontakts)*
S. und Unterbrechen *n* make and break
schließend / schnell quick-make *(z. B. Schalter)*
Schließer *m* closer, normally open contact (interlock), NO contact
Schließkontakt *m* operating contact, closer, make contact *(Relais)* (*s. a.* Schließer)
Schließperiode *f* closing period
Schließspannung *f* closing voltage
Schließspule *f* closing coil
Schließstrom *m* closing current
Schließungsfunke *m* spark at make
Schließungsimpuls *m* make impulse
Schließvorgang *m* closing operation
Schließvorrichtung *f* closing device
Schließzeit *f* closing time; make time *(Kontakt)*
Schlinge *f* curl
Schlingenisolator *m* Hewlett insulator
Schlitten *m* carriage; slide
Schlitz *m* slit, slot
Schlitzanode *f* split anode
Schlitzanodenmagnetron *n* split-anode magnetron
Schlitzantenne *f* slot aerial
Schlitzbild *n* slit image
Schlitzblende *f* slit diaphragm, slot[ted] diaphragm
Schlitzdipol *m* slotted dipole
Schlitzelektrode *f* slotted electrode
Schlitzführung *f* slit guidance, slotted guide
Schlitzgruppenstrahler *m* slot array
Schlitzkoppelfaktor *m* slot coupling factor
Schlitzleitung *f* strip line, strip-type transmission (waveguide) line
Schlitzmaske *f* slot (split) mask
Schlitzmaskenröhre *f* split[-mask] anode tube
Schlitzrohrstrahler *m* slotted cylinder aerial
Schlitzscheibe *f* slotted disk
Schlitzschweißen *n* slot welding
Schlitzspeisung *f (Nrt)* Cutler feed
Schlitzstrahler *m* slot radiator
Schlitzstrahleranordnung *f* slot array
Schlitzstrahlerkombination *f* slot array
Schlitzstromverhältnis *n* slot current ratio
Schlitz- und Lochmagnetron *n* hole-and-slot magnetron
Schlitzverschluß *m* focal-plane shutter, slotted shutter
Schlömilch-Zelle *f* electrolytic detector
Schloß *n* lock
Schloßkontakt *m* key switch
schluckend *(Ak)* absorbent, absorbing, absorptive
Schluckgrad *m (Ak)* absorption coefficient (factor), acoustical absorptivity
Schluckleitung *f (Nrt)* ballast line
Schluckvermögen *n (Ak)* absorbing (absorptive) power, absorptivity
Schlupf *m (Masch)* slip, slippage; *(Ak)* drift
schlüpfen to slip
Schlüpfen *n* pole slipping *(der Synchronmaschine)*
Schlupfmotor *m* cumulative compound motor
Schlupfregler *m* slip regulator
Schlupfreibung *f* slip friction
Schlupfrelais *n* slip relay
Schlupfspule *f* slip coil
Schlupfwiderstand *m* slip resistance
Schlußbetätigungszeichen *n (Fmt)* clearing confirmation signal
Schlußdraht *m* end wire
Schlüssel *m* 1. key; 2. code; cipher
alphabetischer S. alphabetic code
Schlüsseladresse *f (Rech)* key (leading) address
Schlüsselinformation *f* key information
Schlüsseltaster *m* key-operated control push button
Schlüsseltasterschalter *m* push-button key switch
Schlüsseltastvorsatz *m* key-operated push button
Schlüsselwort *n* 1. code (clue, key) word; 2. *(Rech)* index word, descriptor
Schlußimpuls *m* terminal pulse *(letzter Impuls einer Serie)*

Schlußklappe *f (Fmt)* supervisory (ring-off) indicator
Schlußlampe *f (Fmt)* supervisory (clearing) lamp
Schlußleuchte *f* tail lamp
Schlußlicht *n* tail light
Schlußprüfung *f* final inspection
Schlußrelais *n (Fmt)* clearing relay
Schlußwort *n* **außerhalb des Kontextes** *(Nrt)* key word out-of-context, KWOC
Schlußzeichen *n* sign-off signal; *(Fmt)* disconnect (on-hook, clear-back) signal
Schlußzeichengabe *f (Fmt)* clearing
Schlußzeichenrelais *n (Fmt)* supervisory (clearing) relay
Schmalband *n (Nrt)* narrow band
Schmalbandanalysator *m* narrow-band analyzer
S. mit konstanter Bandbreite constant-bandwidth narrow-band analyzer
S. mit konstanter relativer Bandbreite constant-percentage bandwidth narrow-band analyzer
Schmalbandempfang *m (Nrt)* narrow-band reception
Schmalbandfernsehen *n* narrow-band television
Schmalbandfilter *n* narrow-band filter
magnetostriktives S. narrow-band magnetostrictive filter
schmalbandig narrow-band
Schmalbandinterferenz *f* narrow-band interference
Schmalbandkabel *n* narrow-band cable
Schmalbandkanal *m* narrow-band channel
Schmalbandrauschen *n* narrow-band [radio] noise
Schmalbandrauschgenerator *m* narrow-band noise generator
Schmalbandsignal *n* narrow-band signal
Schmalbandspektrum *n* narrow-band spectrum
Schmalbandsystem *n* narrow-band system
Schmalbandübertragung *f* narrow-band transmission
Schmalbandverhalten *n* narrow-band response
Schmalbandverstärker *m* narrow-band amplifier
Schmalbasisdiode *f* narrow-base diode
Schmalbündelantenne *f* pencil-beam aerial
Schmalfilm-Lichtwurflampe *f* home cinema lamp
Schmalfilmprojektor *m* substandard (narrow-gauge) projector
Schmelzbad *n* molten bath
schmelzbar meltable, fusible
leicht s. low-melting, easily fusible (meltable)
schwer s. high-melting
Schmelzdauer *f* melting (fusing) time
Schmelzdotierung *f (Halbl)* melt doping
Schmelzdraht *m* fuse (fusible) wire
Schmelzdrahtsicherung *f* wire fuse
Schmelze *f* melt, fusion; melting bath; liquid *(Zonenschmelzen)*
Schmelzeinsatz *m* fuse link (member), fusible element *(Sicherung)*
Schmelzelektrolyse *f s.* Schmelzflußelektrolyse
Schmelzelement *n* fusible element *(Sicherung)*
schmelzen to melt, to fuse; to liquefy
Schmelzen *n* melting, fusing, fusion; liquefaction *(Zonenschmelzen)*
S. durch Elektronenbeschuß electron-bombardment melting
tiegelfreies S. melting without [use of a] crucible *(Kristallzüchtung)*
Schmelzfluß *m* melt, fusion
Schmelzflußelektrolyse *f* electrolysis of fused (molten) electrolytes, fused-salt electrolysis
Schmelzflußelektrolysezelle *f* electrolytic furnace
Schmelzflußelektrolyt *m* fused electrolyte
Schmelzgeschwindigkeit *f* speed of melting, melting rate
Schmelzkanal *m* melting (fusion) channel
Schmelzkurve *f* melting (fusion) curve
Schmelzlackierung *f* hot-melt enamelling
Schmelzlegierung *f* fusible alloy
Schmelzleiter *m* fuse (fusible) element, fusing conductor *(Sicherung)*
Schmelzmittel *n* flux, fluxing agent
Schmelzofen *m* melting furnace
S. mit verdecktem Lichtbogen submerged-arc furnace
elektrischer S. electric melting furnace
Schmelzperle *f* bead
Schmelzplasmatron *n* melting plasmatron
Schmelzpunkt *m* melting point
Schmelzraum *m* melting chamber *(des Ofens)*
Schmelzrinne *f* melting channel *(Induktionsrinnenofen)*
Schmelzschweißverfahren *n* fusion welding process
Schmelzsicherung *f* [safety] fuse, fuse (fusible) cut-out, blow-out fuse
S. mit Signalgabe alarm fuse
Schmelzspannung *f* melting voltage
Schmelzstreifen *m* fusible metal strip
Schmelzstrom *m* melting current
Schmelztemperatur *f* melting temperature
Schmelztiegel *m* [melting] crucible, melting pot
Schmelzwärme *f* melting heat, heat of fusion
Schmelzzone *f* 1. melting zone *(des Ofens)*; 2. molten (float) zone *(Zonenschmelzen)*
Schmelzzonenrichtung *f* direction of zoning (zone travel) *(Zonenschmelzen)*

Schmerzgrenze *f*, **Schmerzschwelle** *f (Ak)* threshold of pain, upper threshold of hearing
Schmetterlingsantenne *f* superturnstile aerial, batwing aerial
Schmetterlingskreis *m (Ferns)* butterfly circuit
Schmidt-Leistungsdiagramm *n (Meß)* Schmidt chart
Schmieranlage *f* lubrication system; oiling system
Schmiereigenschaften *fpl* lubricating properties
schmieren to lubricate; to grease *(mit Fett)*
Schmierfähigkeit *f* lubricity
Schmierfett *n* [lubricating] grease
Schmierfilm *m* lubricant (lubricating) film
Schmiermittel *n* lubricant, lubricating agent
Schmiernippel *m* lubricating nipple, grease fitting
Schmierpistole *f* grease gun
Schmierring *m* oiling ring, collar oiler
Schmiersystem *n* lubrication (oiling) system
Schmierung *f* lubrication
Schmitt-Trigger *m* Schmitt trigger
Schmitt-Triggerschaltung *f* Schmitt trigger circuit
schmoren to scorch *(z. B. Kabel)*
Schmorzeit *f* scorch time
Schmutzsignal *n (Nrt)* contaminating signal *(z. B. Verzerrungen)*
Schnappkontakt *m* snap-action contact; instantaneous make-and-break contact
Schnappmagnet *m* snap magnet
Schnappschalter *m* snap[-action] switch
Schnappstift *m* locking pin
Schnecken[an]trieb *m* worm drive
Schnee *m (Ferns)* snow *(Bildstörung)*; grass *(Radar)*
schneeweiß high-white
Schneidabziehverfahren *n* cut-and-peel method, cut-and-strip method *(Leiterplattenherstellung)*
Schneiddose *f* cutter, mechanical recording head *(Film, Tonband)*
Schneide *f* 1. cutting edge; knife edge *(Meßschneide)*; 2. [slit] jaw *(Monochromator)*
schneiden 1. to cut *(z. B. Kristalle)*; 2. to record *(aufzeichnen)*; 3. to edit, to cut *(Film, Tonband)*
  in Scheiben s. to slice *(z. B. Kristalle)*
  in Würfel s. to dice
  sich s. to intersect *(z. B. Strahlen)*
Schneiden *n* **mit Laser** cutting with laser
Schneidenanker *m* knife-edge armature
Schneidenankerrelais *n* knife-edge [armature] relay
Schneider *m* cutter
Schneidetisch *m* cutting table; [sound-]editing table, [sound-]editing machine *(Studiotechnik)*
Schneidgerät *n* **mit Abhörmöglichkeit** editing [tape] recorder
Schneidkante *f* cutting edge
Schneidklemm-Steckverbinder *m* insulation displacement connector
Schneidnadel *f s.* Schneidstichel
Schneidscheibe *f* cutting wheel
Schneidstichel *m* [sound-]recording cutter, cutting stylus
Schneidstift *m s.* Schneidstichel
schnell quick, fast, rapid, high-speed
Schnellabschalter *m* high-speed switch (circuit breaker)
Schnellabschaltung *f* high-speed disconnection (switching-off)
Schnelladung *f* quick (boost) charge, rapid charging *(Batterie)*
Schnellalterungsprüfung *f* accelerated aging test
Schnellamt *n (Fmt)* no-delay exchange, toll exchange (*s. a. unter* Schnellverkehrsamt)
Schnellamtsleitung *f (Fmt)* no-delay exchange line, toll line
schnellansprechend fast-response, fast-acting, quick-operating
Schnellaufzeichnung *f* high-speed recording
Schnellauslöser *m* instantaneous trip
  magnetischer S. tripping magnet
Schnellauslösung *f* instantaneous tripping *(einer Schaltung)*; quick release
Schnellbetätigung *f* quick operation
Schnellbetrieb *m (Fmt)* no-delay service, demand service
Schnelldivision *f (Rech)* high-speed division
Schnelldrucker *m (Rech, Fmt)* high-speed printer, rapid printer
Schnelleaufnehmer *m (Ak)* velocity pick-up
Schnelleinschaltsystem *n* rapid-starting system
Schnellentladung *f* rapid discharge
Schnellepegel *m (Ak)* velocity level
Schnellepotential *n (Ak)* velocity potential
Schnellerregereinrichtung *f* field forcing device
Schnellerregung *f* high-speed excitation
Schnellerwärmung *f* high-speed heating, rapid (fast) heating
Schnelleser *m (Rech)* high-speed reader
Schnellfotometer *n* rapid photometer
Schnellgang *m* rapid travel
Schnellgespräch *n (Fmt)* no-delay call
schnellhärtend fast-setting, fast-curing
Schnellmethode *f* quick method
Schnellmontage *f* quick method of mounting
Schnellmultiplikation *f (Rech)* high-speed multiplication
Schnellnachrichtentechnik *f* high-speed telecommunication

Schnellocher *m (Rech)* high-speed punch
Schnellprogrammieren *n (Rech)* forced coding
Schnellrechenanlage *f s.* Schnellrechner
Schnellrechenelement *n (Rech)* high-speed computing element
Schnellrechner *m (Rech)* high-speed computer, fast computer
Schnellregelung *f* fast control
Schnellregler *m* fast (high-speed) controller, high-speed regulator; *(App)* automatic regulator
Schnellrelais *n* high-speed relay, quick-acting relay, fast-operating relay
Schnellrücklauf *m* quick (rapid) return; high-speed rewind *(Magnetband)*
Schnellschalter *m* high-speed switch, fast-action switch
Schnellschaltrelais *n s.* Schnellrelais
Schnellschlußventil *n (Anl)* quick-operating valve, rapid shut-off valve; interceptor valve
Schnellschreiber *m* high-speed [pen] recorder
Schnellspeicher *m (Rech)* high-speed memory (store), rapid memory (*s. a.* Schnellzugriffsspeicher)
Schnellspeicherblock *m* high-speed memory block
Schnellspeichersystem *n* high-speed storage system
Schnellstanzen *n (Rech)* [straight] gang punching
Schnellstanzer *m (Rech)* gang punch
Schnellstartlampe *f* quick-start lamp, rapid-start lamp
Schnellstartschaltung *f (Licht)* quick-start circuit
Schnellsteuerrelais *n* booster relay
Schnellstopptaste *f* [temporary] stop button, stop key
Schnelltelegraf *m* high-speed telegraph, automatic telegraph
Schnelltelegrafie *f* high-speed telegraphy
Schnelltrennrelais *n* fast-release relay
Schnelltrennschalter *m* quick-break switch
schnelltrocknend quick-drying, fast-drying
Schnellüberzug *m (Galv)* flash plate
Schnellunterbrecher *m* ticker
Schnellunterbrechung *f* quick break
Schnellverbindungsbuchse *f* quick-connect receptacle
Schnellverkehr *m (Fmt)* no-delay operation (service, working), toll traffic
Schnellverkehrsamt *n (Fmt)* no-delay exchange, toll exchange
Schnellverkehrsleitung *f (Fmt)* no-delay circuit, toll circuit
Schnellverkehrsnetz *n (Fmt)* no-delay network, toll network
Schnellverkehrsplatz *m (Fmt)* toll switching position
Schnellverkehrsschrank *m (Fmt)* toll switchboard
Schnellverkehrswähler *m (Fmt)* toll final selector
Schnellvorlaufsteuerung *f* fast-forward control
Schnellwiedereinschalter *m* fast-reclose circuit breaker
Schnellwiedereinschaltrelais *n* fast-reclose relay
Schnellwiedereinschaltung *f* fast (rapid, high-speed) reclosing *(einer Leitung)*; fast automatic reclosing
Schnellwiedereinschaltzyklus *m (Anl)* fast (rapid) auto-reclosing cycle
schnellwirkend quick-acting, fast-operate
Schnellzähler *m* high-speed counter, fast counter
Schnellzählkreis *m* fast counting circuit
Schnellzählsystem *n* fast counting system
Schnellzugriff *m (Rech)* fast (immediate) access
Schnellzugriffsspeicher *m (Rech)* quick-access memory (store), fast-access memory, immediate-access memory, zero-access memory (*s. a.* Schnellspeicher)
Schnitt *m* 1. section; intersection; 2. editing, cutting *(Film, Tonband)*
senkrecht zur elektrischen Achse verlaufender S. perpendicular cut *(Quarz)*
Schnittansicht *f* sectional view
Schnittebene *f* section[al] plane
Schnittgeschwindigkeit *f* cutting speed
Schnittpunkt *m* intersection [point] *(z. B. der Peilstrahlung)*; crossing *(von Kurven)*
Schnittstelle *f* interface
Schnittstellenadapter *m* interface adapter
peripherer S. *(Rech)* peripheral interface adapter, PIA
Schnittstellenleitung *f* interface circuit
Schnittverlust *m* kerf loss *(Dynamoblech)*
Schnittweite *f (Licht)* back focus (focal distance)
Schnittzeichnung *f* sectional drawing
Schnur *f* [flexible] cord
S. mit zwei Steckern double plugged cord
einadrige S. single-conductor cord
zweiadrige S. double-conductor cord, twin flex (flexible cord)
schnurlos cordless
Schnurpaar *n (Fmt)* cord pair, pair of cords
Schnurschalter *m* pendant switch
Schnurschaltung *f (Fmt)* cord circuit
S. mit Zeichengabe über a/b-Ader bridge-control cord circuit
S. mit Zeichengabe über c-Ader sleeve-control cord circuit
vereinfachte S. sleeve-control cord circuit
Schnurstecker *m* cord connector

Schnurverstärker *m (Fmt)* cord circuit repeater
Schnurverstärkerplatz *m (Fmt)* cord repeater position
Schock *m* / **akustischer** acoustic shock
Schongangkontakt *m* overdrive contact
Schottky-Barriere *f (Halbl)* Schottky barrier
Schottky-Defekt *m (Halbl)* Schottky defect
Schottky-Diode *f* Schottky [barrier] diode
Schottky-Effekt *m (Halbl)* Schottky effect
Schottky-Emission *f (Halbl)* Schottky emission
Schottky-Fehlordnung *f (Halbl)* Schottky disorder (defect)
Schottky-Feldeffekttransistor *m* Schottky [barrier] field effect transistor
Schottky-Gleichrichterdiode *f* Schottky rectifier diode
Schottky-Rauschen *n* Schottky noise
Schottky-Schaltung *f* Schottky circuit
Schottky-Transistor-Transistor-Logik *f* Schottky transistor-transistor logic, Schottky TTL (T^2L)
schräg oblique; inclined; sloping
Schrägabstand *m* slant distance
Schrägbeleuchtung *f* oblique illumination
Schrägblattgebläse *n* inclined-blade blower
Schrägentfernung *f* slant distance
Schrägfehler *m* skew error
Schrägkante *f* chamfer; bevel
Schräglager *n* angular bearing
Schräglichtbeleuchtung *f* oblique illumination
Schrägstellung *f* obliquity; inclination
Schrägstrahler *m* angle lighting fitting
Schrägungsfaktor *m* skew factor *(einer Wicklung)*
Schrank *m* cabinet *(für Geräte)*; *(Fmt)* switchboard
  gegen elektromagnetische Felder abgeschirmter S. screened cubicle
  schnurloser S. *(Fmt)* cordless switchboard
Schranke *f* barrier; bound *(Mathematik)*
  obere S. upper bound, superior limit
Schrankherbeiruf *m (Fmt)* operator re-call, flashing
Schrankreihe *f (Fmt)* suite
Schraubanschluß *m* screw terminal
Schraubendrehereinstellung *f* screwdriver adjustment
Schraubenfeder *f* helical (coil) spring
schraubenförmig helical, screw-shaped
Schraubengewinde *n* screw thread
Schraubenlinie *f* helix, helical line
Schraubenlinienabtastung *f* helical scanning
Schraubenverbinder *m* bolted joint
Schraubenversetzung *f* screw dislocation *(Kristallbaufehler)*
Schraubfassung *f* screwed socket, screwed [lamp] holder
Schraubkern *m* 1. threaded core *(Kern mit Gewinde)*; 2. screw core *(Abstimmspule)*
Schraubklemme *f* screw[-type] terminal
Schraubkontakt *m* screwed contact
Schraubkopf *m* fuse carrier *(Stöpselsicherung)*
Schraubkopplung *f* threaded coupling
Schraubmodul *m* module with stud *(für leistungselektronische Bauelemente)*
Schraubschieberabstimmer *m* slide screw tuner *(Hohlrohrleiter)*
Schraubsicherung *f* screwed-type fuse, screw-plug fuse
Schraubsockel *m* screw base, [Edison] screw cap
Schraubstecker *m* screw[ed] plug
Schraubstöpselsicherung *f* screw-plug fuse
Schraubverschluß *m* screw plug
Schreibarm *m* writing arm
Schreibautomat *m* automatic typewriter, writing automaton
  bandgesteuerter S. tape-operated electric typewriting machine
Schreibdichte *f* recording (packing) density *(z. B. Lochband)*
Schreibelektrode *f* recording electrode
Schreibempfang *m (Fmt)* recorder (visual) reception
schreiben to write; to record; to plot; to trace; to rewrite *(z. B. Speicherinformationen)*
Schreiben *n* **ohne Speicherung** *(Rech)* non-storage writing
Schreib-Endverstärker *m* final writing amplifier
Schreiber *m* recorder, plotter, grapher, graph (chart) recorder (*s. a. unter* Registriergerät)
  S. für Polardiagramme polar plotter (recorder)
  automatischer S. autoplotter
  durch Servomotor gesteuerter S. servo-operated recorder
  elektromechanischer S. electromechanical recorder
  elektronischer S. electronic recorder
  mechanischer S. mechanical recorder
  pneumatischer S. pneumatic recorder
Schreiberanschluß *m* recorder connection
Schreiberfeder *f* recorder pen
Schreibermechanismus *m* recorder mechanism
Schreiberpapier *n* recording paper (chart)
Schreiberstreifen *m* paper tape, [recorder] chart
Schreibfeder *f* recording (plotting) pen
Schreibfläche *f* record surface
Schreibgerät *n s.* Schreiber
Schreibgeschwindigkeit *f* recording (writing, pen response) speed, recording rate; slewing rate *(XY-Schreiber)*

Schreibimpuls *m* write pulse
voller S. full write pulse *(Speicher)*
Schreibkopf *m* record[ing] head, write head
Schreib-Lese-Kopf *m (Rech)* write-read head
Schreib-Lese-Speicher *m (Rech)* write-read memory, random-access memory, RAM
Schreiblocher *m* print punch
Schreibmaschine *f* / **elektrische** electric typewriter
Schreibröhrchen *n* siphon pen
Schreibruhezustand *m* idle-circuit condition *(Telegrafie)*
Schreibspindel *f* **für Blattempfänger** *(Fmt)* helix scroll
Schreibspirale *f (Fmt)* scroll, helix
Schreibspitze *f* stylus
Schreibspur *f* recording track, trace
Schreibstift *m* stylus, [recorder] pen
beheizter S. hot stylus
Schreibstiftabhebevorrichtung *f* pen lifting device
Schreibstiftauslenkung *f* pen deflection
Schreibstifthub *m* pen lift
Schreibstrahl *m* writing beam
Schreibstreifen *m s.* Schreiberstreifen
Schreibstrom *m* write (record) current
Schreibsystem *n* writing system
Schreibtakt *m* write cycle *(Speicher)*
Schreibtelegraf *m (Fmt)* recording telegraph
automatischer S. ticker
Schreibtelegrafie *f* signal recording telegraphy
Schreibtischleuchte *f* desk fitting
Schreibtrommel *f* recording drum
Schreibverfahren *n* recording mode *(z. B. bei Magnetbändern)*
Schreibverstärker *m (Rech)* record[ing] amplifier
Schreibwagensteuerung *f* carriage control
Schreibwalze *f* platen roller
Schreibweise *f (Rech)* notation; representation
biquinäre S. biquinary notation
halblogarithmische S. floating-point representation
ingenieurtechnische S. engineering notation
komplexe S. complex quantity notation
symbolische S. symbolic notation
Schreibwerk *n* recording mechanism
Schreibwicklung *f* write winding *(Speicher)*
Schreibzeit *f* writing time
Schrieb *m* [graphic] record
S. des Schleifenoszillografen oscillographic record
Schriftzeichen *n (Rech)* character, letter
Schriftzeichenmatrix *f* print character matrix

Schritt *m* 1. step; interval; 2. pitch *(Wicklung)*; 3. *(Fmt)* signal element; elementary interval *(Telegrafierschritt)*
S. eines Telegrafiezeichens code element
Schrittakt *m (Fmt)* signal element timing
Schrittbetätigung *f* notching *(Relais)*
Schrittelement *n (Fmt)* unit element
Schrittfehlerquote *f (Fmt)* element error rate
Schrittfunktion *f* step function
Schrittgeschwindigkeit *f (Fmt)* modulation rate; telegraph[ic] speed, signalling speed
Schrittlänge *f (Fmt)* [unit] duration of signal
Schrittlaständerung *f* step load change
Schrittmacherbatterie *f* pacemaker battery
Schrittmesser *m* hodometer, pedometer; step counter
Schrittmotor *m* stepping motor
Schrittregelung *f (Syst)* step[-by-step] control
Schrittregler *m (Syst)* step[-by-step] controller, step regulator
Schrittschaltrelais *n* stepping relay
Schrittschaltelektromagnet *m (Fmt)* stepping electromagnet
Schrittschalter *m s.* Schrittschaltwerk
Schrittschaltmagnet *m (Fmt)* stepping magnet
Schrittschaltmechanismus *m (Fmt)* stepping mechanism
Schrittschaltrad *n* step wheel
Schrittschaltrelais *n* stepping relay
S. für beide Drehrichtungen add-and-subtract relay
Schrittschaltspule *f* stepping coil
Schrittschaltsystem *n (Fmt)* step-by-step system
Schrittschalttelegraf *m* step-by-step telegraph
Schrittschaltung *f (Fmt)* step-by-step action
Schrittschaltwähler *m (Fmt)* step-by-step selector (switch)
Schrittschaltwähleramt *n (Fmt)* step-by-step office
Schrittschaltwählersystem *n (Fmt)* step-by-step automatic system
Schrittschaltwerk *n* step-by-step switch[gear], stepping mechanism (switch)
Schrittspannung *f* step (pace) voltage
Schrittsteuerung *f* step-by-step control
Schrittumsetzer *m (Fmt)* code converter
Schrittverfahren *n* step-by-step process
Schrittverkürzung *f (Fmt)* pulse-length reduction
Schrittverlängerung *f (Fmt)* pulse-length extension
Schrittverzerrung *f* step distortion
Schrittwahl *f (Fmt)* step-by-step selection

Schrittwähler *m s.* Schrittschaltwähler
schrittweise step-by-step, stepwise
Schrittzähler *m* pedometer; step counter
Schroteffekt *m* shot effect (*s. a.* Schrotrauschen)
Schrotrauschen *n* shot[-effect] noise, Schottky noise
Schrotstrom *m* shot current
schrumpfen to shrink
Schrumpfglied *n* shrink link
Schrumpfring *m* retaining ring
Schrumpfriß *m* shrinkage crack
Schrumpfspannung *f* shrinkage stress
Schrumpfung *f* shrinkage
lineare S. linear shrinkage
Schrumpfzugabe *f* shrinkage allowance
Schub *m* 1. thrust; 2. shear
Schubbeanspruchung *f* shear strain
Schubfestigkeit *f* shear[ing] strength
Schubkraft *f* 1. propelling power, thrust [force]; 2. shearing force
Schubspannung *f* shear[ing] stress
Schubstange *f* push rod
Schubzahl *f* shearing coefficient
Schuko... *s.* Schutzkontakt...
Schulterkugellager *n* deep-groove ball bearing
Schultertragriemen *m* shoulder strap bracket
Schuppengraphit *m* flaky graphite
Schuppenlochstreifen *m (Rech)* chadless tape
Schuppenlochung *f* chadless perforation
Schußschweißen *n* shot welding
Schüttelbewegung *f* shaking motion
Schüttelprüfung *f* vibration test[ing], shake test
Schüttelresonanz *f* vibration resonance
Schutz *m* protection
S. des Energiesystems power system protection
S. gegen Berühren protection against [accidental] contact
S. gegen Spritzwasser protection against splash[ed] water
S. gegen Tropfwasser protection from (against) dripping water
S. gegen Überhitzung protection against overheating
S. gegen zu hohe Berührungsspannungen protection against electric shock [hazard]
anodischer S. plate protection
elektrischer S. electrical protection
katodischer S. cathodic protection
mechanischer S. mechanical protection
überlagerter S. reserve (back-up) protection *(Relais)*
verzögerter S. time-delay protection, time-lag protection
Schütz *n* 1. contactor; 2. *(Eerz)* control gate
einpoliges S. single-pole contactor
elektronisches S. solid-state contactor
verriegeltes S. latched contactor
Schutzabdeckung *f* protection (protecting) cover
Schutzabschirmung *f* guard shield
Schützanlasser *m* contactor starter
Schutzanstrich *m* protective coating (layer)
Schutzart *f* protective system; type of enclosure
S. e protection e *(erhöhte Sicherheit)*
Schutzband *n* 1. *(Nrt)* [interference] guard band; 2. protective tape *(z.B. aus Thermoplast)*
Schutzbeleuchtung *f* protective lighting
Schutzbeschaltung *f* reverse voltage divider *(von Thyristoren)*
Schutzblech *n* protecting sheet
Schutzdeckplatte *f* protective cover plate
Schutzdiode *f (Elk)* damping diode
Schutzdose *f* protection box
Schutzdraht *m* guard (sheathing) wire *(Kabel)*
Schutzdrossel *f* choke (line choking) coil, protective inductor, screening reactor
Schutzeinrichtung *f* protector, protective equipment
S. gegen Bremsmomente antiplugging protection
Schutzelektrode *f* guard electrode
schützen 1. to protect; to guard; 2. to shield
schützend protective
Schützenfahrschalter *m* contactor controller
Schützenfeld *n* contactor panel
Schützensteuerschalter *m* contactor controller
Schützensteuerung *f* 1. contactor control; 2. contactor equipment (control system)
Schützensteuerwalze *f* contactor controller
Schutzerdung *f* protection (protective) earthing
Schutzfärbung *f (Galv)* protective colouration
Schutzfunkenstrecke *f* protective [spark] gap, voltage discharge gap
Schutzgas *n* protective (inert) gas
Schutzgasatmosphäre *f* protective atmosphere, inert [gas] atmosphere
Schutzgaskontakt *m* dry-reed contact, [sealed] reed contact
Schutzgaskontaktrelais *n* [dry-]reed relay
Schutzgaslichtbogenschweißung *f* inert-gas[-shielded] arc welding
Schutzgasofen *m* protective-atmosphere furnace
Schutzgasrelais *n* [dry-]reed relay
Schutzgasschweißung *f* inert-gas-shielded [arc] welding
Schutzgehäuse *n* protective casing (enclosure)

Schutzgitter *n* protecting grid *(z. B. Mikrofon)*; guard *(z. B. Leuchte)*
Schutzglas *n* protecting glass
Schutzglimmröhre *f* protector tube
Schutzgrad *m* degree of protection
Schutzgradkennzeichen *n* interelement protection, IP
Schutzhaube *f* protecting cap, protection cover
Schutzhorn *n* arcing horn
Schutzhülle *f* protecting sheathing (covering); plastic enclosure
Schutzisolierung *f* protective insulation
Schutzkabel *n* protection cable
Schutzkappe *f* protecting cap, protection cover, fender
Schutzkasten *m* protecting case, protective box
Schutzkennlinie *f* selectivity characteristic *(z. B. eines Relais)*
Schutzklasse *f* protection class
Schutzklasseneinteilung *f* protection classification
Schutzkleinspannung *f* protection low voltage
Schutzkondensator *m* protective capacitor
Schutzkontakt *m* 1. earthing (grounding) contact; 2. protective (sealed) contact
Schutzkontaktbuchse *f* socket outlet with earthing contact
Schutzkontaktstecker *m* plug with earthing contact, earthing contact-type plug, safety plug
Schutzkühlung *f* protective cooling
Schutzlack *m* protective lacquer
Schutzlage *f* shield layer
Schutzleiter *m* protective (earthed) conductor
Schutzleiteranschluß *m* protective earth-terminal
S. nach TGL connection for the earthing conductor according to TGL
Schutzleitungssystem *n* protective conductor (line) system; *(Anl)* equipment earth
Schutzmantel *m* protective sheath[ing]
Schutzmaßnahme *f* safety precaution, protective measure
Schutzmast *m* stay guard
Schutzmittel *n* protective, protecting agent, protectant
Schutzmuffe *f* protecting (protective) sleeve
Schutznetz *n (Hochsp)* guard cradle
Schutzpfahl *m* stay guard
Schutzrelais *n* protection (protective, guard) relay
S. mit Vormagnetisierung biased relay
Schützrelais *n* contactor relay
sofort ansprechendes S. instantaneous contactor relay
verzögertes S. time-delay contactor relay
Schutzring *m* guard ring
Schutzringelektrode *f* guard-ring electrode
Schutzringelektrodenanordnung *f* guard-ring electrode arrangement *(für Meß- und Prüfzwecke)*
Schutzringkondensator *m* guard-ring capacitor
Schutzrohr *n* protective (protection) tube; conduit
Schutzrohrkontakt *m* [dry-]reed contact
Schutzrohrkontaktrelais *n* [dry-]reed relay, sealed contact relay
Schutzschalter *m* protective (safety) switch, automatic circuit breaker; *(App)* earth-leakage trip (circuit breaker)
thermischer S. self-resetting thermal cut-out
Schutzschaltung *f* protection (protective, safety) circuit
Schutzschicht *f* protective coating (layer, film)
keramische S. ceramic coating
Schutzschild *m* guard shield
Schutzschirm *m* protective screen; baffle *(Ionenröhren)*
Schutzsignal *n* guard signal
Schutzstoff *m* protective substance
Schutzstrecke *f* gap section
Schutzstromkreis *m* protective (guard) circuit
Schutzsystem *n* / **gestaffeltes** overlap protective system
Schutzüberzug *m* protective coating
Schutzverhältnis *n* protective ratio
Schutzverkleidung *f* protective enclosure
Schutzverzögerung *f* guard delay
Schutzvorrichtung *f* protective device; safeguard
elektrische S. electric protection device
Schutzwand *f* flash barrier *(gegen Überschläge)*; protective wall (screen, shield)
Schutzwiderstand *m* 1. protecting (protective, guard) resistor, bleeder [resistor] *(Bauelement)*; 2. protective resistance *(Größe)*
Schutzwinkel *m* angle of protection
Schutzziffer *f (Rech)* guard digit
schwächen to attenuate, to damp; to diminish; to muffle *(Schall)*
schwächer werden to fade *(Funkwellen)*
Schwachfeldbeweglichkeit *f* low-field mobility
Schwachlast *f* low load
Schwachlasttarif *m* low-load rate
Schwachlastzeit *f* light-load period
Schwachstrom *m* weak (light) current, low[-voltage] current
Schwachstromkabel *n* weak-current cable
Schwachstromkontakt *m* light-duty contact
Schwachstromleistungskreis *m* low-energy power circuit

Schwachstromleitung *f* weak-current line
Schwachstromtechnik *f* light-current engineering
Schwächung *f* attenuation; fading
geometrische S. geometric attenuation
Schwächungsgesetz *n (Licht)* extinction law
Schwalbenschwanzkeil *m* dovetail key
Schwallöten *n* flow (wave) soldering *(Leiterplattenherstellung)*
Schwallötmaschine *f* wave-soldering machine
Schwallötverfahren *n* flowsolder method (principle) *(für Leiterplatten)*
Schwammgummi *m* sponge rubber
Schwanenhals *m* flexible conduit (extension rod), goose neck *(für Mikrofon)*
schwanken to fluctuate *(z. B. Strom, Spannung)*; to vary
schwankend fluctuating; non-steady
Schwankung *f* fluctuation; variation, change; swing
S. der Versorgungsspannung change in supply voltage
absolute S. absolute fluctuation
kurzzeitige S. short-term fluctuation
statistische S. statistical fluctuation
zeitliche S. [time] fluctuation
zufällige S. random fluctuation
Schwarzabhebung *f (Ferns)* pedestal
schwärzen to blacken; to darken
Schwarzglas *n* black glass
Schwarzimpuls *m* black signal
Schwarzlichtlampe *f* black[-light] lamp
Schwarzlichtleuchtstofflampe *f* black fluorescent lamp
Schwarzlichtstrahler *m* black-light lamp
Schwarzlücke *f (Ferns)* blanking interval
Schwarzpegel *m (Ferns)* black level
Schwarzpegelaussteuerung *f (Ferns)* black-level modulation
Schwarzpegelklemmung *f (Ferns)* black-level clamping
Schwarzschulter *f (Ferns)* porch
vordere S. front porch
Schwarzsender *m (Nrt)* unregistered (illegal) transmitter, radio pirate
Schwarzsignal *n* dark spot signal
Schwarzsteuerdiode *f* d.c. restorer (clamp diode)
Schwarzsteuerung *f (Ferns)* d.c. restoration (restoring)
Schwarzstrahler *m* black radiator
Schwarztreppe *f (Ferns)* porch
Schwärzung *f* 1. blackening; 2. optical (photographic) density
Schwärzungsbelag *m* colloidal graphite *(Elektronenröhren)*
Schwärzungskurve *f* optical density curve, densitometric curve
Schwärzungsmesser *m* [optical] densitometer
fotoelektrischer S. photoelectric densitometer
Schwärzungsmessung *f* densitometry
Schwärzungsskala *f* density reference scale
Schwärzungsumfang *m* density range
Schwarzvorläufer *m (Ferns)* leading black
Schwarzweißbildröhre *f (Ferns)* monochrome (picture) tube
Schwarzweißempfang *m (Ferns)* black-and-white reception
Schwarzweißempfänger *m* monochrome (black-and-white) receiver
Schwarzweißfernsehen *n* monochrome (black-and-white) television
Schwarzweißfernsehübertragung *f* monochrome television transmission
Schwarzweißfilm *m* black-and-white film
Schwarzweißkanal *m (Ferns)* monochrome channel
Schwarzweißkanal-Bandbreite *f* monochrome channel bandwidth
Schwarzweißsignal *n* monochrome (black-and-white) signal
Schwarzweißsprung *m* black-to-white transition
Schwarzweißübertragung *f* black-and-white transmission
Schwarzwert *m (Ferns)* black level
Schwarzwerthaltung *f (Ferns)* black-level alignment (*s. a.* Schwarzsteuerung)
Schwarzwertimpuls *m (Ferns)* pedestal
Schwebegate *n* floating gate
Schwebegate-MOST *m* floating gate avalanche MOST, FAMOST
schweben to float; to suspend *(Teilchen in Flüssigkeit)*; to levitate *(z. B. im elektromagnetischen Feld)*
Schwebeschmelzen *n* levitation melting
Schwebespannung *f* floating voltage
Schwebesystem *n* levitation system
Schwebeteilchen *n* suspended particle
Schwebezone *f* float[ing] zone *(Zonenschmelzen)*
Schwebezonenreinigung *f* floating-zone refining *(Kristallzüchtung)*
Schwebezonenschmelzen *n* floating-zone melting *(Kristallzüchtung)*
Schwebstoff *m* suspended matter (material)
Schwebung *f* beat [vibration]
Schwebungsamplitude *f* beat amplitude
Schwebungsanzeige *f* beat indication
Schwebungsempfang *m* beat reception
Schwebungserscheinung *f* beat effect
Schwebungsfrequenz *f* beat frequency
S. Null zero beat frequency
Schwebungsgenerator *m* beat frequency oscillator, heterodyne oscillator
Schwebungslücke *f s.* Schwebungsnull
Schwebungsmethode *f* beat method
Schwebungsnull *f* zero beat, beat note zero

Schwebungsperiode *f* beat cycle (period)
Schwebungssignal *n* beat note signal; audio-frequency signal
Schwebungssummer *m* beat buzzer (frequency oscillator), low-frequency beat oscillator, [audio-frequency] heterodyne generator
Schwebungston *m* beat note, difference (differential) tone
Schwebungsverfahren *n* beat method
Schwebungsvorgang *m* beat[ing] effect
Schwefelsäure *f* sulphuric acid
Schwefelwasserstoffdampf *m* hydrogen sulphide vapour
Schweigezone *f (Nrt)* silent zone (area), shadow (silent) region
Schweißaggregat *n* welding set
Schweißanlage *f* welding unit (installation)
Schweißautomat *m* automatic welder
Schweißeinrichtung *f* / **dielektrische** dielectric welding equipment
Schweißelektrode *f* welding electrode
  getauchte S. dipped (coated) electrode
schweißen / autogen to weld autogenously
  elektrisch s. to weld electrically, to electroweld
Schweißen *n* welding
  S. mit konstanter Leistung constant-power welding
  S. thermoplastischer Kunststoffe welding of thermoplastic material
Schweißgenerator *m* [arc] welding generator
Schweißgerät *n* welding equipment (set)
  halbautomatisches S. semiautomatic welding equipment
Schweißgeschwindigkeit *f* welding speed, rate of welding
Schweißgrenzstromstärke *f* critical welding current
Schweißkreis *m s.* Schweißstromkreis
Schweißleitung *f* welding lead
Schweißlichtbogen *m* welding arc
Schweißlichtbogenspannung *f* welding arc voltage
Schweißlöten *n* braze welding
Schweißnahtfestigkeit *f* weld strength
Schweißprüfeinrichtung *f* weld tester
Schweißpunkt *m* welding spot
Schweißraupe *f* [welding] bead
Schweißrolle *f* welding roll[er], wheel[-shaped] electrode
Schweißspur *f* weld signature
Schweißstrom *m* welding current
Schweißstromkreis *m* welding [current] circuit
Schweißstromquelle *f* welding current source (supply)
Schweißtransformator *m* welding transformer
Schweißumformer *m* welding converter (motor generator)
Schweißumspanner *m* welding transformer
Schweißverbindung *f* weld[ed] joint
Schweißvorgang *m* welding operation
Schweißzeitbegrenzung *f* welding-time control
Schweißzeitgeber *m*, **Schweißzeitsteuergerät** *n* welding timer
Schwelle *f (Elk)* threshold; threshold value
  fotoelektrische S. photoelectric threshold
Schwellenaudiogramm *n* threshold audiogram
Schwellenbedingung *f* threshold condition
Schwellenbestimmung *f* threshold determination
Schwellendosis *f* threshold dose
Schwellenenergie *f* threshold energy
Schwellenfeld *n* threshold field
Schwellenfeuer *n* threshold lights *(Landebahnbefeuerung)*
Schwellengerade *f* threshold (Hartree) line *(Röhren)*
Schwellenleuchtdichte *f* threshold luminance
Schwellenlogiknetzwerk *n* threshold logic network
Schwellenpegel *m (Ak)* threshold level
Schwellenpotential *n* threshold potential
Schwellenspannung *f* threshold voltage (potential)
Schwellenstrom *m* threshold current
Schwellenwert *m s.* Schwellwert
Schwellenwertdosis *f* threshold dose
Schwellton *m* swelling tone
Schwellwert *m* threshold [value]
  S. der Torspannung threshold gate voltage
  einstellbarer S. adjustable threshold [value]
Schwellwertabstand *m* backlash
Schwellwertbedingung *f* threshold condition
Schwellwertdetektor *m* threshold detector
Schwellwertelement *n* threshold element
Schwellwertgeber *m* threshold value indicator, sector alignment indicator
Schwellwertkurve *f (Ak)* increasing-value curve
Schwellwertmeßfühler *m* threshold detector
Schwellwertmessung *f* threshold measurement
Schwellwertregelung *f* threshold control
Schwellwertschaltung *f* threshold circuit
Schwellwertsignal *n* threshold signal
Schwellwertspannung *f* threshold voltage
Schwellwertstrom *m* threshold current
Schwellwertverschiebung *f* threshold shift
Schwenk *m* tilt *(Kamera)*
Schwenkarm *m* swing lever, swinging arm
Schwenkbereich *m* swinging range *(Scheinwerfer)*

schwenken to swing, to swivel; to tilt
Schwenkhebel *m (App)* joystick
S. für Wahlschaltungen joystick selector *(bei Befehlsgeräten)*
Schwenkmikrofon *n s.* Abtastmikrofon
Schwenkzapfen *m* pivot pin
Schwere *f* gravity
Schwerebeschleunigung *f* gravitational (gravity) acceleration, acceleration of (due to) gravity
Schwerefeld *n* gravitational field
Schwerelektronik *f* heavy electronics *(Thyristortechnik)*
schwerelos gravity-free
Schwerhörigenfernsprecher *m* impaired hearing telephone
Schwerhörigkeit *f* deafness, hearing loss, hardness of hearing
berufsbedingte S. occupational deafness (hearing loss)
Schwerkraft *f* gravity, gravitational (gravity) force, force of (due to) gravity
Schwerkraftregler *m* gravity regulator *(Drehzahlregler mit Fliehkraftpendel)*
Schwerpunkt *m* centre of gravity *(Masse)*
S. der spektralen Empfindlichkeit spectral centroid
schwimmend *(El, Rech)* floating
Schwimmer *m* float[er] *(Meßglied für den Flüssigkeitsstand)*
Schwimmerregel *f* / **Ampèresche** Ampere's rule, Amperian float law
Schwimm[er]schalter *m* float switch, liquid level switch
schwinden 1. *(Nrt)* to fade; 2. to shrink *(Werkstoffe)*
zeitweilig s. to fade out at intervals
Schwindmaß *n* measure (degree) of shrinkage
Schwindspannung *f* shrinkage stress
Schwindung *f* shrinkage *(Werkstoffe)*
Schwindungsriß *m* shrinkage crack
Schwindzugabe *f* shrinkage allowance
Schwinganker *m* swinging lever *(Arm eines Magnetsystems)*
Schwingankerhörer *m* rocking armature receiver
Schwingaudion *n (Nrt)* autodyne (self-heterodyne) detector, self-heterodyne receiver
Schwingaudionempfang *m (Nrt)* self-heterodyne reception
Schwingbeschleunigung *f* vibration[al] acceleration
Schwingdrossel *f* swinging choke
Schwinge *f* rocker, swinging arm
schwingen 1. to oscillate, to vibrate; 2. to swing; to rock
mit der gleichen Frequenz s. to oscillate in the same frequency
mit hoher Frequenz s. to oscillate at a high frequency
pendelnd s. to sway
schwingend oscillating, vibrating; swaying *(pendelnd)*
Schwinger *m* oscillator; vibrator
schwingfähig oscillatory
Schwinggeschwindigkeit *f* vibration[al] velocity
Schwinggrenze *f* oscillation limit
Schwinggröße *f* oscillating quantity
Schwinghebel *m* rocker, rocking lever
Schwingherd *m* shaking hearth
Schwingkammer *f* resonant cavity
Schwingkondensator *m* vibrating capacitor
Schwingkondensatorelektrometer *n* vibrating-capacitor electrometer
Schwingkondensatorverstärker *m* vibrating-capacitor amplifier
Schwingkontakt *m* oscillating (vibrating) contact
Schwingkraft *f* vibrating force
Schwingkreis *m* resonating circuit; oscillating (oscillator, oscillatory) circuit
geschlossener S. closed oscillating circuit
koaxialer S. coaxial resonant circuit
Schwingkreisanregung *f* resonant-circuit excitation
Schwingkreiswechselrichter *m* oscillating-circuit inverter
Schwingleistung *f* oscillatory power
Schwingmagnet *m* vibrating magnet
Schwingquarz *m* quartz[-crystal] oscillator, oscillator (oscillating) crystal
S. mit kleinem Temperaturkoeffizienten low-drift crystal
Schwingröhre *f* oscillating valve (tube), oscillator (generator) valve
selbsterregte S. self-excited oscillator tube
Schwingspiegel *m* oscillating mirror
Schwingspule *f* oscillator coil; moving coil, voice (speech) coil *(Lautsprecher)*
Schwingspulenzähler *m* oscillating meter
Schwingstärke *f (Masch)* vibration severity
Schwingstärkemesser *m* vibration severity meter
Schwingstrom *m* oscillating (oscillatory) current
Schwingtisch *m (Ak)* vibratory (vibration) table, shake table, shaker
elektrodynamischer S. electrodynamic (moving-coil) vibration table
elektromagnetischer S. electromagnetic shaker (vibration exciter)
Schwingtischsteuerung *f* shaker (vibration exciter) control
Schwingtopf *m* cavity resonator
Schwingung *f* oscillation, vibration; swing
● **in S. geraten** to self-oscillate
abklingende S. dying-out oscillation, dead-beat oscillation, decaying oscillation
akustische S. acoustic (sound) vibration

anharmonische S. anharmonic vibration (oscillation)
aperiodische S. aperiodic (dead-beat) oscillation
aufklingende S. increasing oscillation
elastische S. elastic vibration
elektromagnetische S. electromagnetic oscillation
erzwungene S. forced oscillation (vibration)
freie S. free oscillation
gedämpfte S. damped oscillation
harmonische S. harmonic oscillation (vibration)
kollektive S. collective oscillation
langperiodische S. long-period oscillation
longitudinale S. longitudinal vibration (oscillation)
mechanische S. mechanical vibration
parasitäre S. parasitic oscillation
polare S. polar mode vibration
selbsterregte S. self-sustained oscillation, self-oscillation
sinusförmige S. sine (harmonic) oscillation
stabile S. stable oscillation
stationäre S. steady-state oscillation
subharmonische S. subharmonic oscillation
transversale S. transversal vibration (oscillation)
ungedämpfte S. undamped (continuous, sustained) oscillation
unharmonische S. anharmonic vibration (oscillation)
unkontrollierte S. free oscillation
wilde S. parasitic (spurious) oscillation
Schwingungen *fpl* / **gekoppelte** coupled oscillations
symmetrische S. symmetrical oscillations
wilde S. parasitics
Schwingungsamplitude *f* vibration[al] amplitude, amplitude of oscillation
Schwingungsanalyse *f* modal analysis
Schwingungsanregung *f* vibrational excitation
Schwingungsanzeiger *m* oscillation detector (indicator), vibration indicator
Schwingungsart *f* mode of oscillation (vibration), [vibrational] mode
Schwingungsaufnehmer *m* vibration pick-up
berührungsloser S. non-contacting vibration pick-up
[elektro]dynamischer S. electrodynamic (moving coil) vibration pick-up
induktiver S. variable-inductance vibration pick-up
magnetischer S. magnetic (variable-reluctance) vibration pick-up
piezoelektrischer S. piezoelectric vibration pick-up
Schwingungsbauch *m* antinode, [vibration] loop
Schwingungsbereich *m* oscillation range
Schwingungsbeschleunigung *f s.* Schwingbeschleunigung
schwingungsdämpfend vibration-absorbing, antivibration
Schwingungsdämpfer *m* vibration absorber (isolator, damper), buffer; conductor vibration damper *(in Übertragungsleitungen)*
Schwingungsdämpfung *f* vibration damping, absorption of vibration
Schwingungsdauer *f* vibration (oscillation) period; *(Meß)* period of an instrument
Schwingungsdrehimpuls *m* vibrational angular momentum
Schwingungsebene *f* plane of oscillation (vibration)
Schwingungseinsatz *m* start of oscillations
Schwingungseinsatzpunkt *m* point of self-oscillation, singing point
Schwingungsenergie *f* vibrational energy
schwingungserregend vibration-exciting, vibromotive
Schwingungserreger *m* vibration exciter (generator), vibrator; shake table, shaker
S. für Eichzwecke *(Ak)* vibration calibrator
[elektro]dynamischer S. electrodynamic (moving-coil) vibration pick-up
elektromagnetischer S. electromagnetic shaker
Schwingungserregeranlage *f* vibration-exciting equipment
Schwingungserregung *f* starting of oscillations
Schwingungserzeuger *m* oscillator, vibration generator
Schwingungserzeugung *f* oscillation generation
schwingungsfähig oscillatory
Schwingungsfähigkeit *f* oscillation capability, ability to vibrate
schwingungsfest vibration-proof, vibration-resistant
Schwingungsfestigkeit *f* vibration resistance
Schwingungsform *f* mode of oscillation (vibration), modal shape
schwingungsfrei 1. vibration-free, non-oscillating; 2. aperiodic *(z. B. Zeiger eines Meßinstruments)*
Schwingungsfreiheit *f* absence of vibration
Schwingungsfrequenz *f* vibrational (oscillation) frequency, frequency of vibration (oscillation)
Schwingungsgeber *m s.* Schwingungsaufnehmer
Schwingungsgenerator *m* oscillator, vibration generator
Schwingungsgrenze *f* oscillation limit

Schwingungsisolator *m* vibration (shock) isolator
schwingungsisoliert vibration-isolated
Schwingungsknoten *m* node, nodal point [of vibration]
S. ohne vollständige Auslöschung partial node
schwingungskohärent vibration-coherent
Schwingungskreis *m s.* Schwingkreis
Schwingungsmagnetometer *n* oscillation magnetometer
Schwingungsmaximum *n* peak of oscillation
Schwingungsmesser *m* vibration meter, vibrometer
schreibender S. *s.* Schwingungsschreiber
Schwingungsmode *f* vibrational mode
Schwingungsmodell *n (Syst)* transient analyzer
Schwingungspegel *m* oscillation level
Schwingungsperiode *f* period of oscillation
Schwingungsphase *f* oscillation phase
Schwingungsprüfung *f* vibration test[ing]
S. mit gleitender Frequenz sweep-sine vibration test[ing], swept frequency vibration test
Schwingungsrelais *n* vibration relay
Schwingungsrichtung *f* vibration direction
Schwingungsschreiber *m* vibrograph
mechanischer S. [mechanical] vibrograph
Schwingungsschutz *m* vibration protection; vibration insulation
Schwingungssystem *n* oscillation system
Schwingungstechnik *f* vibration engineering
Schwingungstheorie *f* theory of vibrations
Schwingungstilger *m* [dynamic-]vibration absorber
Schwingungstyp *m* [vibrational] mode, mode of oscillation (vibration)
abklingender S. evanescent mode
polarer S. polar mode
Schwingungsverhalten *n* oscillatory response
Schwingungsverstärker *m* vibration amplifier
Schwingungsversuch *m* vibration test
Schwingungswächter *m* vibration sentinel (guard)
Schwingungswandler *m* vibration transducer
Schwingungsweite *f* amplitude of oscillation (vibration), amplitude
Schwingungswellentyp *m s.* Schwingungstyp
Schwingungszahl *f* frequency, vibration number
Schwingungszug *m* oscillation train (pattern)
Schwingungszustand *m* vibrational state, oscillating regime
Schwingweg *m* vibration[al] displacement
Schwingweite *f s.* Schwingungsweite
Schwingzunge *f* vibrating reed
Schwund *m* 1. *(Nrt)* fading [effect]; 2. shrinkage ● **S. haben** to fade *(Funkwellen)*
S. mit Rayleigh-Charakteristik Rayleigh fading
frequenzselektiver S. frequency-selective fading
selektiver S. selective fading
Schwundausgleich *m* / **selbsttätiger** automatic volume control, AVC
Schwundausgleicher *m* antifading device
Schwundausgleichskreis *m* automatic volume (gain) control circuit
Schwundcharakteristik *f* fading characteristic
Schwundeffekt *m* fading effect
schwundfrei fading-free
Schwundfrequenz *f* fading (loss) frequency
Schwundminderer *m* antifading device
schwundmindernd antifading
Schwundminderung *f* reduction of fading
Schwundperiode *f* fading period
Schwundregelung *f* fading control, automatic gain control
verzögerte automatische S. delayed (biased) automatic volume control
Schwundriß *m* shrinkage crack *(Gießharze)*
Schwungkraftanlasser *m* inertia starter
Schwungmasse *f* centrifugal (gyrating) mass
S. der Antriebsrolle drive capstan flywheel
Schwungmomentfaktor *m* factor of inertia
Schwungrad *n* flywheel
Schwungradbus *m* gyrobus
Schwungradschaltung *f* flywheel circuit
Schwungradsynchronisierung *f* flywheel synchronization
Schwungradsynchronisierungsschaltung *f* flywheel synchronization circuit
Schwungscheibe *f* flywheel
Scott-Schaltung *f* Scott connection
Scott-Transformator *m* Scott-connected transformer
Screening-Audiometer *n* screening audiometer
sechseckig hexagonal
Sechselektrodenröhre *f* six-electrode tube
Sechsfarbenschreiber *m* six-colour recorder
Sechsphasengabelschaltung *f* fork connection
Sechsphasengleichrichter *m* six-phase rectifier
Sechsphasenschaltung *f* fork connection
Sechsphasenstrom *m* six-phase current
Sechsphasenstromkreis *m* six-phase circuit
sechsphasig hexaphase
Sechspol *m* six-terminal network
Sechspolröhre *f* hexode

Sechsskalenpotentiometer *n* six-dial potentiometer
Sechsstufenfilter *n* six-step filter
sechsstufig six-stage
Sechzehnerleitung *f (Fmt)* quadruple phantom circuit
Sedimentationspotential *n (Galv)* sedimentation potential
Seebeck-Effekt *m* Seebeck (thermoelectric) effect
Seebeck-Zelle *f* Seebeck cell *(Energiewandler)*
See-Echo *n (FO)* sea returns
Seefernsprechkabel *n* submarine telephone cable
Seefunk *m* maritime radio
Seefunkdienst *m* maritime (marine) radio service
Seefunkstelle *f* marine radio station
Seegangecho *n*, **Seegangsreflex** *m (FO)* sea clutter (echo)
Seekabel *n* submarine (ocean, undersea) cable
Seekabelmorsekode *m* cable Morse code *(Dreielementekode)*
Seele *f* core *(Kabel)*
Seelenelektrode *f* cored (flux-cored) electrode, flux core type electrode *(Lichtbogenschweißen)*
Seenachrichtenverbindung *f* naval communication
Seenotfrequenz *f* / **internationale** international distress frequency
Seenotruf *m* distress call
Seenotverkehr *m* distress work (traffic)
Seenotwelle *f* [naval] distress wave, distress frequency
Seenotzeichen *n* distress signal
Seesprechfunkdienst *m* maritime radiotelephone system
beweglicher S. maritime mobile radiotelephone service
seewasserbeständig sea-water-resistant, saltwater-proof
Seezeichenbeleuchtung *f* sea marks lighting
Segment *n* segment *(z. B. des Stromwenders)* ● **aus Segmenten** segmental
Segmentantenne *f* pillbox aerial
Segmentauflage *f* segmental shoe *(Segmentlager)*
Segmentblech *n* segmental core disk
Segmentdrucklager *n* horseshoe bearing
Segmentlager *n* pad-type bearing *(z. B. bei Hydrogeneratoren)*
Segmentspannung *f* segment (bar) voltage *(am Stromwender)*
Segmentteilung *f* segment pitch
Segregation *f* segregation
Segregationskoeffizient *m* segregation coefficient *(Zonenschmelzen)*
Sehen *n* / **räumliches** stereoscopic vision
Sehfeld *n* visual field, field coverage; *(Ferns)* camera coverage
Sehne *f* chord *(Mathematik)*
Sehnenverfahren *n* chord method *(zur Dickenbestimmung galvanischer Überzüge)*
Sehnenwicklung *f (Masch)* chord (fractional-pitch) winding
Sehnung *f (Masch)* chording
Sehnungsfaktor *m* pitch factor [of winding], chording factor
Sehschwelle *f* visual threshold
Sehweite *f* visual (sight) distance
Sehwinkel *m* visual angle
seideisoliert / **einfach** single-silk-covered *(Draht)*
Seidenbaumwolldraht *m* silk-and-cotton-covered wire
Seidenlackdraht *m* varnished-silk braided wire
seideumsponnen / **doppelt (zweifach)** double-silk-covered *(Draht)*
Seifenbildung *f* formation of soaps *(z. B. bei Isolierölen)*
Seignettesalzkristall *m* Seignette electric crystal
Seil *n* rope, cable
Seilantrieb *m* rope drive
Seilaufhängung *f* catenary suspension
Seilbahn *f* cableway, cable railway
Seilbremse *f* cable brake
Seildraht *m* rope wire
Seildurchhang *m* sag of rope
Seilscheibe *f* rope pulley
Seilschwebebahn *f* aerial (overhead) ropeway, cableway
Seilschwingungen *fpl* conductor vibrations *(Leiterseile)*
Seilspanner *m* rope winder
Seilsteuerung *f* rope control
Seiltanzen *n* conductor dancing, galloping *(Leiterseile)*
Seiltrieb *m* rope drive
Seiltrommel *f* rope (cable) drum
Seilwinde *f* rope (cable) winch
Seismograf *m* seismograph
Seismometer *n* seismometer
Seite *f* / **beschichtete** *(Isol)* coated side
geerdete S. earthed end *(z. B. einer Spule)*
Seitenadressierung *f (Rech)* page addressing
Seitenanker *m* side guy *(eines Mastes)*
Seitenanschluß *m* side terminal; side contact *(einer Elektronenröhre)*
Seitenband *n (Nrt)* sideband
S. in der Regellage erect sideband
invertiertes S. inverted sideband
oberes S. upper sideband
unerwünschtes S. unwanted sideband
unteres S. lower sideband
Seitenbandanalysator *m* sideband analyzer

Seitenbandbeschneidung *f* sideband reduction
Seitenbänder *npl* / **störende** *(Nrt)* spurious sidebands *(z. B. durch Verzerrung entstehend)*
Seitenbandfrequenz *f* sideband [component] frequency
Seitenbandinterferenz *f* sideband (adjacent-channel) interference
Seitenbandleistung *f* sideband power
Seitenbandmodulation *f* sideband modulation
Seitenbandstörung *f s.* Seitenbandinterferenz
Seitenbandunterdrückung *f* sideband suppression
Seitenbeleuchtung *f* side lighting
Seitenbestimmer *m (FO)* sense finder
Seitenbestimmung *f (FO)* sense finding (determination)
Seitenbestimmungsantenne *f* sense (sensing) aerial
Seitendruck *m* side thrust *(z. B. beim Tonarm)*
Seitenecho *n (FO)* side echo
Seitenfläche *f* side (lateral) face; facet
Seitenfrequenz *f* side frequency
Seitenführung *f* side guiding
Seitenisolator *m* lateral insulator
Seitenkante *f* lateral edge
Seitenkennung *f (FO)* sensing
Seitenlänge *f* leg length *(einer Rhombusantenne)*
Seitenleiter *m* lateral conductor
Seitenlicht *n* side light
Seitenmarkierungsleuchte *f* side marker lamp
Seitenpeilung *f (FO)* relative bearing
Seitenplatte *f* side panel
Seitenschalter *m (FO)* sense finder
Seitenschneider *m* side-cutting pliers
Seitenschrift *f (Ak)* lateral recording *(Nadeltontechnik)*
Seitensperre *f* side lock
Seitenspiel *n* side play
seitenverkehrt laterally inverted, reversed
Seitenverstellung *f* lateral adjustment
Seitenvorschub *m* page feed *(Schreiber)*
Seitenwandfläche *f* sidewall area
Seitenwandkapazität *f* sidewall capacitance *(Mikroelektronik)*
Seitenzipfel *m* side lobe *(Antennentechnik)*
Seitenzipfelecho *n (FO)* side echo
Sekantenbussole *f* secant compass
Sekantenmethode *f (Syst)* secant method *(Linearisierung)*
Sekretäranlage *f (Fmt)* executive secretary system
Sektor *m* sector; compartment
rotierender S. *(Licht)* rotating sector
Sektorabtasten *n (FO)* sector scanning
Sektorabtastungsfunkfeuer *n* sector-scanning beacon
Sektoranzeige *f*, **Sektordarstellung** *f (FO)* sector display
Sektorenblende *f* / **verstellbare** *(Licht)* variable shutter
Sektorenfotometer *n* sector photometer
Sektorenöffnung *f* sector aperture
Sektorenscheibe *f* sector disk
Sektorhorn *n* sectoral horn
Sektorkabel *n* sector cable
Sektorleiter *m* segmental conductor
Sekundäranker *m* secondary armature
Sekundärbatterie *f* secondary (storage) battery
Sekundärdurchbruch *m (Halbl)* secondary breakdown
Sekundärecho *n (FO)* second-trace echo
Sekundäreffekt *m* secondary effect
Sekundärelektron *n* secondary electron
Sekundärelektronenausbeute *f* secondary electron yield
Sekundärelektronenemission *f s.* Sekundäremission
Sekundärelektronenleitung *f* secondary electron conduction
Sekundärelektronenvervielfacher *m* secondary electron multiplier, [electron-]multiplier phototube, photomultiplier
Sekundärelement *n* secondary element (cell)
Sekundäremission *f* secondary [electron] emission
Sekundäremissionsbildverstärker *m* secondary emission image intensifier
Sekundäremissionscharakteristik *f* secondary emission characteristic
Sekundäremissionskatode *f* dynode
Sekundäremissionsverhältnis *n* secondary emission ratio
Sekundärfehler *m* secondary fault (failure)
Sekundärgruppe *f (Fmt)* supergroup
Sekundärgruppenabschnitt *m (Fmt)* supergroup section
Sekundärgruppenumsetzer *m (Fmt)* supergroup translating equipment, supergroup modulator
Sekundärgruppenverbindung *f (Fmt)* supergroup link
Sekundärion *n* secondary ion
Sekundärionisation *f* secondary ionization
Sekundärklemme *f* secondary terminal
Sekundärkreis *m* 1. *s.* Sekundärstromkreis; 2. harmonic suppressor *(bei Sendern)*
Sekundärkühlkreis[lauf] *m* secondary coolant circuit
Sekundärlichtquelle *f* secondary source [of light]
Sekundärnetz *n* secondary network
Sekundärnormal *n (Meß)* secondary standard
Sekundärnormallampe *f* secondary standard lamp
Sekundärprogramm *n (Rech)* secondary program

Sekundärradar *n (m)* secondary radar
Sekundärrelais *n* secondary relay
Sekundärschiene *f* reaction plate, secondary *(bei Linearmotoren)*
Sekundärsicherung *f* secondary fuse
Sekundärspannung *f* secondary voltage
Sekundärspeicherung *f (Rech)* secondary storage
Sekundärspule *f* secondary coil
Sekundärstrahler *m* secondary radiator
Sekundärstrahlung *f* secondary radiation
Sekundärstrom *m* secondary current
Sekundärstromkreis *m* secondary circuit
Sekundärteilchen *n* secondary particle
Sekundärteilchengleichgewicht *n* charged-particle equilibrium
Sekundärversorgungsbereich *m (Fmt)* secondary service area
Sekundärverteileranschlüsse *mpl* secondary distribution mains
Sekundärverteilereinspeisung *f* secondary distribution feeder
Sekundärwasserkreislauf *m* secondary water circuit *(Kraftwerk)*
Sekundärwicklung *f* secondary winding, secondary
  S. des Transformators transformer secondary [winding]
Sekundärzelle *f s.* Sekundärelement
Selbstabgleich *m* self-adjustment; automatic balancing, auto-balancing
selbstabgleichend self-adjusting; self-balancing
Selbstabsorption *f* self-absorption
selbstadjungiert self-adjoint, hermitian
Selbstadmittanz *f* **des Gegensystems** self-admittance of negative-sequence network
  S. des Mitsystems self-admittance of positive-sequence network
  S. des Nullsystems self-admittance of zero-sequence network
selbständig self-sustaining, self-sustained, self-maintained *(z. B. elektrische Entladung)*
selbstangetrieben self-propelled
Selbstanlagerung *f* self trapping
Selbstanlasser *m* self-starter, automatic starter
Selbstanlauf *m* self-starting
selbstanlaufend self-starting
selbstanpassend self-adapting, self-adaptive
Selbstanschlußbetrieb *m (Fmt)* automatic telephone working
Selbstanschlußfernsprechamt *n* automatic telephone exchange
Selbstanschlußsystem *n* automatic telephone system
Selbstantrieb / mit self-propelled
Selbstaufheizkatode *f* ionic-heated cathode
Selbstaufheizung *f* internal heating
Selbstausgleich *m (Syst)* inherent regulation, self-regulation *(einer Strecke)*
Selbstauslöseeinrichtung *f* automatic tripping device
Selbstauslöser *m* automatic release, delayed action mechanism (release)
Selbstauslösung *f* automatic (delayed action) release
Selbstausschalter *m* automatic circuit breaker
Selbstaustausch *m* self-exchange
selbstbelüftet dry-type self-cooled *(Transformator)*
Selbstdiffusion *f* self-diffusion
Selbstdotierung *f (Halbl)* autodoping
Selbsteichung *f* self-calibration
selbsteinstellend self-adjusting
Selbsteinstellung *f* self-adjustment, automatic adjustment
Selbstemissionselektrode *f* self-electrode
Selbstenergie *f* self-energy
Selbstentladung *f* self-discharge, spontaneous (self-sustained) discharge
Selbstentzündung *f* self-ignition, spontaneous ignition
Selbsterhitzung *f* self-heating
selbsterregend self-exciting
Selbsterregerwicklung *f* self-excitation winding
selbsterregt self-excited
Selbsterregung *f* self-excitation
  direkte S. auto self-excitation
  getrennte S. separate self-excitation
  kritische S. critical self-excitation
Selbsterregungsfähigkeit *f* self-excitation capability
Selbsterregungsschaltung *f* self-excited circuit
selbsterzeugt self-generated
selbstfokussierend self-focus[s]ing, autofocussing, autofocus
Selbstfokussierung *f* / **elektrostatische** electrostatic self-focussing
selbstgekühlt self-cooled, natural-cooled
selbstgelöscht self-commutated
selbstgetrieben self-propelled
Selbsthaltekontakt *m* self-holding contact, lock-type contact
Selbsthalterelais *n* latching relay
selbsthärtend self-curing *(z. B. Vergußmasse)*
Selbstheilung *f* self-healing *(z. B. von Kondensatoren, Bauelementen)*
Selbstheizung *f* internal heating
selbsthemmend self-locking
Selbstimpedanz *f* **des Gegensystems** self-impedance of negative-sequence network
  S. des Mitsystems self-impedance of positive-sequence network
  S. des Nullsystems self-impedance of zero-sequence network

Selbstinduktion *f* [self-]induction
Selbstinduktivität *f* [self-]inductance
dekadisch einstellbare S. *(Meß)* decade inductance box
Selbstionisation *f* autoionization
Selbstkapazität *f* self-capacitance
Selbstklemme *f* self-clipping device
Selbstkontrolle *f* automatic check[ing]
Selbstkühlung *f* self-cooling
selbstleuchtend self-luminous, self-lighting
Selbstleuchter *m* self-luminous body, primary radiator
selbstlöschend self-quenching *(Speicher)*; self-extinguishing *(bei Teilentladungen)*
nicht s. non-self-quenching
Selbstlöschung *f* self-extinction *(bei Teilentladungen)*
Selbstmischer *m s.* Selbstüberlagerer
selbstoptimierend *(Syst)* self-optimizing
Selbstoptimierung *f (Syst)* self-optimization
Selbstorganisation *f* self-organization *(z. B. von Automaten)*
Selbstprogrammierung *f (Rech)* self-programming, automatic programming
Selbstprüfung *f (Rech)* self-checking
Selbstregelung *f* self-regulation, inherent regulation; automatic control
selbstregistrierend self-recording
Selbstregler *m* automatic controller (control unit)
selbstreinigend self-cleaning; self-wiping *(Kontakt)*
Selbstreinigungswirkung *f* wiping action *(Kontakt)*
Selbstreparatur *f* self-repair *(z. B. von Automaten)*
selbstreparierend self-repairing
Selbstreproduktion *f* self-reproduction *(von Automaten)*
Selbstrückstellung *f* self-resetting
Selbstsättigung *f* self-saturation
Selbstschalter *m* automatic cut-out, automatic circuit breaker
selbstschließend self-closing
selbstschmierend self-lubricating
Selbstschmierung *f* self-lubrication
selbstschreibend self-recording
Selbstschreiber *m* self-recording unit
selbstschwingend self-oscillating, self-oscillatory
selbstsperrend self-locking
Selbstsperrung *f* self-locking
Selbststarter *m* self-starter
Selbststartlampe *f* self-starting lamp
Selbststeuergerät *n* automatic (robot) pilot, autopilot, gyropilot *(Flugregler)*
Selbststeuerung *f (Syst)* automatic control; automatic flight control *(Flugzeug)*
Selbststreuung *f* self-scattering
selbsttätig self-acting, automatic
Selbsttriggerung *f* internal triggering
Selbstüberlagerer *m (Nrt)* auto-heterodyne, autodyne *(beim Superhetempfang)*
selbstüberlagernd *(Nrt)* autodyne, autoheterodyning
Selbstüberlagerungsempfang *m (Nrt)* autodyne reception
Selbstüberwachungseinrichtung *f* self-test facility
Selbstumkehr *f* self-reversal, self-inversion
selbstunterbrechend self-interrupting
Selbstunterbrecher *m* automatic interrupter
Selbstunterbrecherschaltung *f* self-interrupting circuit
Selbstunterbrechung *f* self-interruption, automatic interruption
selbstverlöschend self-extinguishing
Selbstwählferndienst *m (Fmt)* trunk dialling service (*s. a.* Selbstwählfernverkehr)
Selbstwählferngespräch *n (Fmt)* dialled trunk call
Selbstwählfernverkehr *m (Fmt)* subscriber trunk (distance) dialling, long-distance dialling, direct distance dialling
internationaler S. international dialling
Selbstwartung *f* self-maintenance
selbstzündend self-ignitible
Selbstzündung *f* self-ignition, autoignition
Selektion *f* selection
Selektionsgrad *m* degree of selectivity
selektiv selective
Selektivempfänger *m* selective detector (receptor)
Selektivfilter *n* selective filter; *(FO)* fixed-target rejection filter
Selektivität *f* selectivity
kontinuierlich regelbare S. continuously variable selectivity
spektrale S. spectral selectivity
Selektivitätskurve *f* selectivity characteristic
Selektivitätsregelung *f* selectivity control
Selektivrelais *n* selective relay
Selektivruf *m (Rech)* selective call[ing]; *(Fmt)* selective ringing
Selektivrufzeichen *n* selective call signal
Selektivschutz *m* selective protection
Selektivschutzsystem *n* discriminating protective system
Selektivstrahler *m (Licht)* selective (non-full) radiator
Selektode *f* variable mutual conductance tube, selectode *(Elektronenröhre)*
Selektor *m* selector
Selektorkode *m (Rech)* selector code
Selektron *n* selectron *(Speicherröhre)*
Selektronspeicher *m* selectron memory (store)
Selen[foto]element *n* selenium cell (photocell)
Selengleichrichter *m* selenium rectifier
Selenschütz *n* selenium relay

Selensperrschichtzelle *f* selenium barrier layer cell, selenium photovoltaic cell
Selenzelle *f* selenium [photo]cell (*s. a.* Selensperrschichtzelle)
Selsyn *n* selsyn, synchro *(Meßwandler für Winkel)*
Selsynempfänger *m* selsyn repeater
Selsyngeber *m* selsyn transmitter
Semantik *f* semantics *(Beziehung zwischen Zeichen und deren Bedeutungen)*
semantisch semantic
semiempirisch semiempirical
semipermeabel semipermeable
semipolar semipolar
Sendeabruf *m (Fmt)* polling
Sendeanlage *f* transmitting plant
Sendeantenne *f* transmitting aerial
Sendeaufforderungszeichen *n (Fmt)* proceed-to-transmit signal
Sendeband *n* transmission band
Sendebezugsdämpfung *f (Fmt)* sending reference equivalent
Sendediagramm *n* transmission diagram
Sendeeinrichtung *f* transmitting equipment
Sendeempfänger *m s.* Sende-Empfangs-Gerät
Sende-Empfangs-Gerät *n* transmitting and receiving set, transmitter-receiver, transceiver
tragbares S. handy-talkie
Sende-Empfangs-Kontakt *m* transmit-receive contact
Sende-Empfangs-Relais *n* transmit-receive relay
Sende-Empfangs-Schalter *m* transmit-receive switch
Sende-Empfangs-Umschalter *m* transmit-receive switch, transmitting and receiving switch
Sende-Empfangs-Weiche *f* transmitter-receiver filter (circuit); *(FO)* duplexer
Sendeendstelle *f* transmitting terminal
Sendegebäude *n* transmitter house
Sendegerät *n* transmitting apparatus (set), transmitter
Sendegeschwindigkeit *f* transmission speed
Sendekanal *m* transmission (transmit) channel
Sendekontrolle *f* check of transmission
Sendelaser *m* transmitting laser
Sendeleistung *f* transmitting (sending) power
Sendeleitung *f* transmitter cable
Sendemast *m* radio mast
senden to send, to transmit; to broadcast *(Rundfunk)*; *(Ferns)* to televise, *(Am)* to telecast
drahtlos s. to transmit by radio
gleichzeitig s. *(Nrt)* to multiplex
nochmals s. to rebroadcast *(Rundfunk, Fernsehen)*
Trennstrom s. *(Fmt)* to space
Wechsel s. *(Nrt)* to send reversals
Sendepegel *m* transmitting (output) level
Sendepulsnullfleckspur *f (FO)* main bang
Sender *m* transmitter, sender; projector *(Ultraschall)*
S. für automatische Telegrammnumerierung *(Fmt)* automatic numbering transmitter
fremdgesteuerter S. controlled (driven) transmitter
gepeilter S. tuned-in transmitter
quarzgesteuerter S. crystal-controlled transmitter
transportabler S. transportable transmitter
Senderausfall *m* transmitter outage (failure)
Senderdämpfung *f* transmitter attenuation
Senderegieraum *m* continuity apparatus room *(Rundfunk)*
Sendereichweite *f* transmission range, range [of transmission], coverage
Sendereingang *m* transmitter input
Sendereinstellknopf *m* tuning knob
Sender-Empfänger *m s.* Sende-Empfangs-Gerät
Senderendröhre *f* transmitter output valve (tube), main transmitting direction valve
Senderendstufe *f* power amplifier
Senderenergie *f* transmitter energy
Senderfrequenz *f* transmitter frequency
Senderichtung *f (Nrt)* direction of transmission, transmitting (sending) direction
Senderkontakt *m* transmitter contact
Senderleistung *f* transmitter power
Sendernetz *n* radio network
Senderöhre *f* transmitting (sending) valve, transmitter valve (tube)
S. mit Anodenkühlung cooled-anode transmitting valve, CAT valve
Senderrelais *n* transmitter relay
Senderröhre *f s.* Senderöhre
Senderschaltung *f* transmitter circuit
Senderschwingkreis *m* tank circuit
Senderseite *f s.* Sendeseite
senderseitig at the transmitting (sending) end, transmitting-end, sending-end
Senderspeisung *f* transmitter current supply
Sendersperröhre *f* anti-transmit-receive tube
Sendersperrzelle *f* transmitter-blocker cell
Senderstromversorgung *f* transmitter current supply
Senderstufe *f* transmitting stage, stage
Senderverstärker *m* transmitter amplifier
Senderverzerrung *f* transmitter distortion
Senderweiche *f* transmitter filter (cell)
Sendesaal *m* studio
Sendeseite *f* transmitting (transmitter, sending) end

Sendespannung *f* transmitting voltage
Sendestärke *f* transmitting power ● **mit voller S.** on full power
Sendestation *f* transmitting (sending) station, transmitter station; *(Fmt)* master station
S. im gleichen Kanal *(Ferns)* co-channel station
Sendestelle *f s.* Sendestation
Sendestrom *m* transmitting current
Sendestromverhalten *n* transmitting current response
Sendesystem *n* transmitting system
Sendetechnik *f* transmitting engineering
Sendetrommel *f* drum transmitter
Sendeverstärker *m* transmitting amplifier
Sendeverzerrung *f* transmission distortion
Sendewählschiene *f (Fmt)* combination bar
Sendewelle *f* transmitting wave
Sendewirkungsgrad *m* transmitting efficiency
Sendezähler *m* meter relay
Sendezeit *f* time of transmission; broadcasting time *(Rundfunk)*
Sendung *f* 1. transmission; 2. programme *(Sendefolge)*
computergenerierte (mittels Computer erzeugte) S. electronic computer-originated message, ECOM
Senke *f* 1. *(Halbl)* drain *(Elektrode eines Feldeffekttransistors)*; 2. sink; dip, notch *(im Kurvenzug)*
Senkengebiet *n (Halbl)* drain region
Senkenspannung *f (Halbl)* drain voltage
Senkenstrom *m (Halbl)* drain current
Senkrechtimpuls *m* vertical pulse
Senkrechtleiter *m* vertical conductor
Sensibilisator *m* sensitizer
sensibilisieren to sensitize
Sensibilisierung *f* sensitization
Sensibilisierungsmittel *n* sensitizer
Sensibilisierungsvorgang *m* sensitizing process
Sensistor *m (Halbl)* sensistor *(temperaturempfindliches Bauelement)*
Sensitometer *n* sensitometer
Sensitometerlampe *f* sensitometric lamp
Sensitometrie *f* sensitometry
Sensor *m* / **induktiver** variable-inductance sensing element
integrierter S. integrated sensor
Separator *m* separator *(Batterie)*
Separatrix *f (Syst)* separatrix *(Trennphasenbahn)*
separieren to separate
Sequenzmultiplex *n* sequence-multiplexing
Sequenzspeicher *m* sequence memory (store)
Serie *f* series
Serienablesung *f* serial read-out
Serienbauelement *n* series element
Serienbetrieb *m* series (serial) operation
Seriendrucker *m* serial printer
Serieneinspeisung *f* series supply
Serienelement *n* series element
Serienfeld *n* series field
Serienfertigung *f* series (large-scale, quantity) production
Serienfunkenstrecke *f* multiple spark gap
seriengefertigt mass-produced
Seriengegenkopplung *f* series feedback
Seriengenerator *m* series-wound generator
Seriengerät *n* standard set
Seriengesetz *n* series law
Seriengrenze *f* series limit *(z. B. von Spektrallinien)*
Serienkondensator *m* series capacitor
Serienlampe *f* series lamp *(Glühlampe für Reihenschaltung)*
Serienleitwert *m* series admittance
Serienlinie *f* series line *(Spektrum)*
Serienmaschine *f* series-wound machine
Serienmodell *n* standard model
Serienmodulation *f* series (serial) modulation
Serienmotor *m* series-wound motor
Serien-Parallel-Kombination *f* mixed grouping
Serien-Parallel-Umsetzer *m* series-to-parallel converter
Serien-Parallel-Wandler *m* staticizer
Serien-Parallel-Wicklung *f* series-parallel winding
Serienproduktion *f s.* Serienfertigung
Serienreaktanz *f* series reactance
Serienrechenmaschine *f s.* Serienrechner
Serienrechenwerk *n (Rech)* serial arithmetic unit
Serienrechner *m* serial (sequential) computer
Serienrelais *n* series relay
Serienresonanz *f* series (voltage) resonance
Serienresonanzkreis *m* series resonance circuit
Serienschalter *m* multicircuit switch
Serienschaltung *f* series connection (*s. a.* Reihenschaltung)
Serienschwingkreis *m* series resonance (tuned) circuit
Seriensignal *n (Syst)* series signal
Serienspardiode *f* booster diode
Serienspeicher *m* serial (sequential) store
Serienspeicherung *f* serial storage
Serienspeisung *f* series feeding (supply), serial feed
Serienspule *f* series coil
Serientransduktor *m* series transductor
Serientrimmer *m* padding capacitor, padder
Serienverbindung *f (Fmt)* polling call
Serienverfahren *n* serial operation
Serienverknüpfung *f (Rech)* serial configuration

Serienverteilersystem *n* series distribution system
Serienwiderstand *m* series resistor
S. mit vernachlässigbarem Temperaturkoeffizienten *(Meß)* swamping resistance
Serienwortdarstellung *f (Rech)* serial word representation
Serienzugriff *m (Rech)* serial access
Service *m* service, servicing
servicefreundlich easy to service
Service-Ingenieur *m* field engineer
Service-Prüfprogramm *n* service checking routine
servoähnlich servolike
Servoanwendung *f* servo application
Servogerät *n* servo unit
servogeregelt servo-controlled
Servomechanismus *m (Syst)* servomechanism
mehrstufiger S. multicascade servomechanism
zweistufiger S. two-stage servomechanism
Servomotor *m* servomotor, servo *(in Regelsystemen)*
Servoregelung *f* servo control
hydraulische S. hydraulic servo
Servosteuersystem *n (Syst)* servo control system
Servoventil *n* servo valve
hydraulisches S. hydraulic servo valve
Servoverstärker *m* servo amplifier
Servozylinder *m* slave cylinder
setzen:
außer Betrieb s. to put out of operation, to take out of service; to stop
eine Stange s. to set a pole
in Betrieb s. to put (set) into operation, to start [up], to actuate
unter Druck s. to pressurize
unter Spannung s. to apply a voltage
unter Strom s. to energize
wieder in Gang s. to re-engage
Setzimpuls *m* set pulse
Setzimpulseingang *m* set pulse input
Setzschwelle *f* setting threshold
Setzwicklung *f* setting coil
SFET *s.* Sperrschichtfeldeffekttransistor
Shannon-Fano-Huffmann-Kode *m (Rech)* Shannon-Fano-Huffmann code
Sheffer-Funktion *f* Sheffer stroke function *(Schaltlogik)*
Sheffer-Strich *m* Sheffer stroke *(NAND-Funktion)*
SHF *s.* Superhochfrequenz
Shunt *m* shunt [resistor]
induktiver S. inductive shunt
Shunt-Verlust *m* shunt loss
SI *s.* Einheitensystem / Internationales
sicher safe, proof; reliable *(betriebssicher)*
geometrisch s. geometrically safe *(Reaktortechnik)*
Sicherheit *f* safety; reliability
S. gegen Abhören *(Fmt)* safety from interception
erhöhte S. increased safety *(Ex-Schutz)*
zweifache S. twofold safety
Sicherheitsabstand *m* 1. clearance; 2. *s.* Sicherheitsband
Sicherheitsanforderungen *fpl* safety requirements
Sicherheitsauslösung *f* safety release
Sicherheitsausschalter *m* safety cut-out
Sicherheitsband *n* [interference-]guard band *(zwischen Frequenzbändern)*
Sicherheitsbestimmungen *fpl* safety regulations
Sicherheitsbügel *m* retaining clip
Sicherheitseinrichtung *f* safety device
Sicherheitsfaktor *m* safety factor
Sicherheitsfilm *m* safety [base] film
Sicherheitsfunkenstrecke *f* safety [spark] gap
Sicherheitsgrenze *f* safety limit
Sicherheitsgrenzschalter *m* safety limit switch
Sicherheitshalterung *f* security mounting
Sicherheitsindex *m (Syst)* certainty index; confidence index *(Statistik)*
Sicherheitsklemme *f* safety terminal
Sicherheitskode *m (Rech)* error-correcting code
Sicherheitskoeffizient *m* safety factor
Sicherheitskontrolle *f* safety control
Sicherheitsleuchte *f* safety lamp
Sicherheitsmaßnahme *f* safety precaution
Sicherheitsmeldung *f* safety message
Sicherheitsöffnung *f (Masch)* relief door
Sicherheitsregler *m* safety governor
Sicherheitsriegel *m* safety catch
Sicherheitsring *m* retaining ring
Sicherheitsschalter *m* safety switch
Sicherheitsschaltung *f* safety circuit
Sicherheitsschleife *f* safety loop
Sicherheitssignal *n* safety signal
Sicherheitsspielraum *m* margin of safety
Sicherheitsstarter *m (Licht)* safety starter switch
Sicherheitsüberwachung *f* safety control
Sicherheitsüberwachungsmerkmal *n* safety control feature
Sicherheitsvorrichtung *f* safety device
Sicherheitsvorschriften *fpl* safety regulations
Sicherheitswinkel *m (Srt)* margin of commutation
sichern 1. to secure; to guard, to protect; 2. to fuse
Sicherung *f* 1. fuse [unit]; 2. [fuse] protection; 3. safeguard
S. mit freiliegendem Schmelzdraht open-wire fuse
S. mit Löschflüssigkeit liquid-quenched fuse

S. mit Unterbrechungsmelder indicating fuse
dünndrähtige S. fine-wire fuse
durchgebrannte S. blown fuse
einpolige S. single-pole fuse
flinke S. instantaneous (fast, quick-break, quick-trip) fuse
flüssigkeitsgefüllte S. liquid-filled fuse
geschlossene S. enclosed fuse
granulatgefüllte S. granular-filled fuse [unit]
halbgeschlossene S. semienclosed fuse
mehrpolige S. multipole fuse
nichtverwechselbare S. non-interchangeable fuse
offene S. open-wire fuse
regenerierbare S. factory-renewable fuse
schnellabschaltende S. *s.* flinke S.
strombegrenzende S. current-limiting fuse
träge S. time-delay fuse, time-lag fuse, delay[-action] fuse, slow-blow fuse
überflinke S. high-speed fuse [link]
vorgeschaltete S. *(Anl)* back-up fuse, line[-side] fuse
zweipolige S. bipolar fuse, double-pole fuse
Sicherungsalarmanlage *f* fuse alarm device
Sicherungsanlage *f* protective device
Sicherungsanschluß *m* fuse terminal
Sicherungsautomat *m* automatic circuit breaker
Sicherungsbemessung *f* fuse rating
Sicherungsbolzen *m* safety bolt
Sicherungsdraht *m* fuse wire
Sicherungseinrichtungen *fpl* fusegear
Sicherungseinsatz *m* fuse cartridge (link)
Sicherungselement *n* fuse link *(Schmelzeinsatz);* fuse block (unit)
Sicherungsfassung *f* fuse holder
Sicherungsfüllung *f* fuse filler
Sicherungsgriff *m* fuse carrier *(Rohrpatronensicherung)*
Sicherungsgrundplatte *f* fuse support
Sicherungshalter *m* fuse holder
Sicherungshebel *m* safety catch
Sicherungskasten *m* fuse (cut-out) box
Sicherungsklemme *f* fuse clip *(Einsteckkontakt)*
Sicherungskontakt *m* fuse contact
Sicherungskoordinierung *f* coordination of fuse
Sicherungskörper *m* fuse body
Sicherungsleiste *f* fuse strip
Sicherungsnormal *n (Meß)* duplicate (reserve) standard
Sicherungspatrone *f* fuse cartridge, cartridge (enclosed) fuse
Sicherungsrohr *n* fuse tube
Sicherungsschalter *m* fuse[-disconnecting] switch
Sicherungsschraube *f* locking screw
Sicherungssockel *m* fuse socket, cut-out base
Sicherungsstift *m* securing pin
Sicherungstafel *f* fuse panel (board)
Sicherungszange *f* fuse tongs
Sicht *f* sight; visibility
Sichtanzeige *f* visible indication, [visual] display
helle S. bright display
Sichtanzeigegerät *n* visual indicator
Sichtausbreitung *f (FO)* sight (line-of-sight) propagation
sichtbar visible ● **s. machen** to render visible; to display
Sichtbarkeit *f* visibility
Sichtbarkeitsgrad *m* visibility factor
Sichtbarkeitsgrenze *f*, **Sichtbarkeitsschwelle** *f* visibility threshold, threshold of visibility
Sichtbarkeitsverhältnisse *npl* conditions of visibility
Sichtbegrenzung *f* limited vision
Sichtdarstellung *f* visual presentation
Sichteinheit *f* viewing unit, display *(z. B. einer Datenverarbeitungsanlage)*
Sichtfunkpeiler *m s.* Sichtpeiler
Sichtgerät *n* display unit (equipment, console); indicator; oscilloscope, CRT (cathode-ray tube) display system, visual display unit, VDU
Sichtlinie *f* line of sight
Sichtmesser *m* visibility meter
Sichtminderung *f* visibility loss
Sichtpeiler *m* optical (cathode-ray) direction finder, bearing indicator
Sichtpeilverfahren *n* optical (cathode-ray) direction finding
Sichtreichweite *f* [range of] visibility
Sichtröhre *f* character display (indicator) tube
Sichtscheibe *f* window
Sichtspeicherröhre *f* character (viewing) storage tube
S. mit Dunkelschrift dark-trace tube
Sichtweite *f* visibility [range], visual (optical) range
deutliche S. distance of distinct vision
optische S. optical distance
Sichtwiedergabe *f* video representation
Sickenverbindung *f* crimped joint
Sieb *n* 1. *(El)* filter, eliminator; 2. screen *(z. B. für Siebdrucktechnik)*
Siebaudiometer *n* screening audiometer
Siebblende *f* diaphragm with marginal holes
Siebdrossel *f* filter (smoothing) choke
Siebdruck *m* [silk-]screen printing
Siebdruckeinrichtung *f* screen printer
Siebdruckfarbe *f* silk-screen ink, screen [printing] ink
Siebdruckpaste *f* silk-screen paste
Siebdruckrahmen *m* silk-screen frame

Siebdruckverfahren *n* [silk-]screen printing, screening method
sieben *(El)* to filter
siebenlitzig seven-strand *(z. B. Draht)*
Siebenpolröhre *f* heptode
Siebglied *n (El)* filtering unit, filter [element]
Siebkette *f (El)* filter [network], wave[-band] filter, band (selective) filter
Siebkondensator *m* filter capacitor
Siebkreis *m* selective (harmonic suppression) circuit
Siebschaltung *f* filter circuit
Siebung *f (El)* filtering
Siebwiderstand *m* filter resistor
Siedepunktserhöhung *f* boiling point elevation (rise)
Siederohr *n* boiling tube
Siedewasserkühlung *f* cooling by boiling water
Siegellack *m* sealing wax
Siemens *n* siemens, S, reciprocal ohm, *(Am)* mho *(SI-Einheit des elektrischen Leitwerts)*
Signal *n* signal
S. mit begrenzter Bandbreite bandwidth-limited signal
S. mit beschränkten Werten bounded signal
S. mit großer Bandbreite wide-band signal
S. mit hohem Pegel high-level signal
S. mit unbegrenzter Bandbreite infinite-bandwidth signal
abgehendes S. *(Fmt)* go-signal
akustisches S. sound (acoustic, audible) signal
analoges S. analogue signal
aufgeprägtes S. insert signal *(z. B. für Prüfzwecke)*
auslösendes S. command signal
bandbegrenztes S. bandwidth-limited signal
binär bewertetes S. weighted binary signal
binäres S. binary signal (command)
bipolares S. bipolar signal *(umgetastetes Signal)*
deterministisches S. deterministic signal
digitales S. digital signal
diskontinuierliches S. discontinuous signal
diskretes S. discrete signal
dreieckförmiges S. triangular signal
elektrisches S. electric signal
entschlüsseltes S. decoded signal
externes S. external signal
getastetes S. sampled signal
gleichphasiges S. in-phase signal
großes S. high-level signal
halbautomatisches S. semiautomatic signal
hörbares S. *s.* akustisches S.
kodiertes S. code[d] signal
kontinuierliches S. continuous signal
mehrdimensionales S. multiple signal *(mindestens zwei Informationsparameter)*
nichtdeterministisches S. non-deterministic signal
numerisches S. numerical signal
optisches S. visual (optical) signal
rauschfreies S. noise-free signal
rechteckförmiges S. square signal
regelloses S. random signal
sägezahnförmiges S. sawtooth signal
schwaches S. low-level signal
sinusförmiges S. sinusoidal signal
undeutliches S. *(Nrt)* mushy signal
unerwünschtes S. unwanted signal
ungestörtes S. undisturbed signal
unipolares S. unipolar signal
unsymmetrisches S. dissymmetrical signal
willkürliches S. arbitrary signal
zufälliges S. random signal
zurückkommendes S. return signal
zusammengesetztes S. composite signal
Signalabschwächung *f* signal attenuation
Signalader *f (Fmt)* signal wire
Signalalphabet *n (Fmt)* signalling alphabet
Signalamplitude *f* signal amplitude
Signalanalysator *m* signal analyzer
Signalanzeiger *m* / **registrierender** recording signal indicator
Signalaufzeichnung *f* signal recording
Signalausfall *m (Fmt)* drop-out
Signalausgang *m* signal output
Signalausgangsstrom *m* signal output current
Signalauswertezeit *f (Fmt)* signal recognition time
Signalbatterie *f* signalling battery
Signalbegrenzer *m (Syst)* signal limiter (clipper)
Signaldämpfung *f* signal attenuation
Signale *npl* **mit Frequenzabstand** frequency-spaced signals
optimale S. optimal signals
Signaleingang *m* signal input
Signaleinrichtung *f* signal device
Signalelektrode *f* signal electrode *(Bildaufnahmeröhre)*
Signalempfänger *m* signal receiver
Signalerneuerung *f* signal regeneration
Signalfarbe *f* signal colour
Signalfilter *n* signal filter
Signalflügelkontakt *m* arm contact
Signalfluß *m (Syst)* signal flow, flow of signals
Signalflußdiagramm *n s.* Signalflußplan
Signalflußplan *m (Syst)* signal-flow diagram (graph), [functional] block diagram
linearer S. linear signal-flow graph

Signalfolge *f* signal sequence (train)
Signalformung *f* signal shaping
Signalformungsschaltung *f* signal-shaping network
Signalformungsverstärker *m* signal-shaping amplifier
Signalfrequenz *f* signal frequency
Signalgabe *f (Fmt)* signalling
S. außerhalb des Bandes outband signalling
abschnittsweise S. link-by-link signalling
Signalgabeplan *m (Fmt)* signalling plan
Signalgabesystem *n (Fmt)* signalling system
Signalgenerator *m* signal generator (oscillator)
Signalgerät *n* signal device
Signalgeschwindigkeit *f* signal velocity, speed of signalling
Signalgleichrichter *m* detector
Signalgleichrichtereinheit *f* detection unit
Signalgleichrichterschaltung *f* detector circuit
Signalhupe *f* electric hooter (horn) *(Kraftfahrzeug)*
Signalimpuls *m* signal pulse
signalisieren to signal, to signalize
Signalisierung *f* **außerhalb der Zeitlagen** *(Fmt)* out-slot signalling
S. innerhalb der Zeitlagen in-slot signalling
Signalisierungskanal *m (Fmt)* signalling channel
Signalkanal *m* signal channel
Signalkompression *f* signal compression
analoge S. analogue [signal] compression
Signalkontrast *m* signal contrast
Signalladung *f* signal charge
Signallampe *f* signal (indicator, pilot, annunciator) lamp; panel indicator lamp *(an Schalttafeln)*; alarm lamp
Signallampentafel *f* signal lamp board
Signalleistung *f* signal power
verfügbare mittlere S. available mean signal power
Signalleitung *f* signal line
Signallicht *n* signal (indicator) light
Signalmarkierer *m* signal tracer
Signal-Nebensprechverhältnis *n (Fmt)* signal-to-cross talk ratio
Signalpegel *m* signal level; logic level *(in Logikschaltungen)*
Signalpegelmeßgerät *n* signal strength meter
Signalprozessor *m (Rech)* signal processor
Signalquelle *f* signal source
Signalrahmen *m (Fmt)* signalling shelf
Signal-Rausch-Charakteristik *f* signal-to-noise characteristic
Signal-Rausch-Verhältnis *n* signal-to-noise ratio
Signalröhre *f* signal (glow-discharge) tube
Signalrücklicht *n* signal back light
Signalrückmelder *m (Fmt)* signal indicator
Signalscheibe *f (Nrt)* signal shutter
Signalschwankung *f* jitter
Signalsirene *f* coding siren
Signalspannung *f* signal voltage
Signalspeicherröhre *f* signal converter storage tube
Signalspeicherung *f* signal storage
digitale S. digital signal storage
Signalstabilisierung *f (Syst)* signal stabilization
Signalstärke *f* signal strength (intensity)
Signalstärkemesser *m* signal meter
Signalsteuerrelais *n* signal control relay
Signalstrom *m* signal current
Signalstromkreis *m* signal circuit
Signaltafel *f* signal board, annunciator
Signalteil *m* **des Einschwingvorgangs** transient component [of signal]
erzwungener S. forced component [of signal]
flüchtiger (freier) S. free component [of signal], transient component (part)
niederfrequenter S. low-frequency component [of signal]
stationärer S. steady-state component [of signal]
Signalthermometer *n* alarm thermometer
Signalübertragung *f* signal transmission
Signalübertragungsgeschwindigkeit *f* signal transmission rate
Signalübertragungszeit *f (Fmt)* signal transfer time
Signalüberwachung *f* signal control
Signalumformer *m* signal transducer
Signalumformung *f* signal conversion
Signalumsetzer *m* signal converter
Signalumwandlung *f* signal conversion
Signalverarbeitung *f* signal processing (conditioning)
S. nach Demodulation post-detection signal processing
Signalverfolger *m* signal tracer
Signalvergleicher *m* comparing element
Signalverstärker *m* signal amplifier
Signalverstärkung *f* signal amplification
Signalverzerrung *f* signal distortion
Signalverzögerung *f* signal delay
Signalwähler *m* signal selector
Signalwandler *m* signal converter (transducer)
Signalweg *m* signal path
Signalwegenetz *n (Fmt)* signal network
Signalwelle *f* signal wave
Signalwicklung *f* signal winding
Signalwiedergabe *f* signal reproduction
Signaturanalysator *m* signature analyzer
signieren to sign
Silan *n* silane
Silbenabschneidung *f* mutilation of syllables

Silbenverständlichkeit *f* syllable articulation (intelligibility), intelligibility of syllables
Silberbelag *m* silver coating
silberbelegt silver-surfaced
Silberbromidelektrode *f* silver bromide electrode
Silberchloridbatterie *f* silver chloride battery
Silberchloridelektrode *f* silver chloride electrode
Silberdraht *m* silver wire
Silberelektrode *f* silver electrode
Silberfilm *m* silver film
Silberglimmerkondensator *m* silvered-mica capacitor
Silberjodidelektrode *f* silver iodide electrode
Silber-Kadmium-Element *n* silver-cadmium cell
Silberoxidelement *n* silver oxide cell
silberplattieren to silver-plate
silberplattiert silver-clad, silver-plated
Silberpreßverfahren *n* pressed-powder method *(für Leiterplatten)*
Silber-Silberchlorid-Elektrode *f* silver-silver chloride electrode
Silber-Zink-Akkumulator *m* silver-zinc storage battery, zinc-silver accumulator
Silber-Zink-Element *n* silver-zinc cell
Silber-Zink-Sammler *m* silver-zinc storage battery
Silber-Zink-Trockenelement *n* **/ alkalisches** alkaline silver-zinc dry cell
Silent-Block *m (Ak)* silent block *(Gummilager)*
Silikatglas *n* silicate glass
Silikon *n* silicone
Silikonfett *n* silicone grease
Silikongummi *m* silicone rubber
Silizium *n* silicon
  S. auf Saphir silicon on sapphire, SOS *(Dünnschichttechnik)*
  hochreines S. high-purity silicon
Siliziumanreicherungs-N-Kanal-MOS-Transistor *m* enhancement n-channel silicon MOS-transistor
Siliziumanreicherungs-P-Kanal-MOS-Transistor *m* enhancement p-channel silicon MOS-transistor
Siliziumbauelement *n (Halbl)* silicon device
Siliziumdiode *f* silicon diode
Siliziumdioxid *n* silicon dioxide, silica
Siliziumflächendiode *f* silicon junction diode
Siliziumflächengleichrichter *m* silicon junction rectifier
Siliziumflächenleistungsdiode *f* silicon junction power diode
Siliziumfotoelement *n* silicon photovoltaic cell
Siliziumgitter *n* silicon lattice
Siliziumgleichrichter *m* silicon rectifier
  gesteuerter S. silicon controlled rectifier
Siliziumgleichrichterdiode *f* **/ schnelle** fast-recovery silicon rectifier diode
Siliziumkarbid *n* silicon carbide *(Widerstandswerkstoff)*
Siliziumkarbidheizelement *n* silicon carbide heating element
Siliziumkarbidstab *m* silicon carbide rod *(Heizelement)*
Siliziumkarbidstein *m* silicon carbide brick
Siliziumkleinflächengleichrichter *m* small-area silicon rectifier
Siliziumkristallgleichrichter *m* silicon crystal rectifier
Siliziumlegierungstransistor *m* silicon alloy transistor
Siliziummonoxid *n* silicon monoxide
Siliziumnitrid *n* silicon nitride
Siliziumnitridpassivierung *f* silicon nitride passivation
Siliziumoxid *n* silicon oxide
Siliziumplanar-npn-Fototransistor *m* silicon planar n-p-n phototransistor
Siliziumplättchen *n* silicon wafer
Silizium-pn-Diode *f* silicon p-n diode
Silizium-pn-Sperrschicht *f* silicon p-n junction
Silizium-pn-Übergang *m (Halbl)* silicon p-n junction (transition)
Siliziumscheibe *f* silicon wafer (slice)
Siliziumschmelze *f* silicon melt
Siliziumsolarelement *n* silicon solar cell
Siliziumsperrschichtfotoelement *n* silicon photovoltaic cell
Siliziumstab *m* silicon rod
Siliziumstromtor *n (Halbl)* silicon thyratron
Siliziumstückchen *n* silicon dice
Siliziumsubstrat *n* silicon substrate
Siliziumtemperaturaufnehmer *m* silicon temperature sensor
Siliziumthyristor *m* silicon-controlled rectifier
Siliziumtortechnik *f* silicon-gate technique *(für integrierte MIS-Schaltungen)*
Siliziumtransistor *m* silicon transistor
Siliziumunterlage *f* silicon substrate
Siliziumwiderstand *m* silicon resistor
Siliziumzelle *f* silicon cell
Silumin *n* silumin *(Aluminium-Silizium-Legierung)*
Simplexbetrieb *m (Nrt)* simplex operation (working), one-way operation
Simplexverbindung *f (Nrt)* simplex circuit
Simplexverkehr *m (Nrt)* simplex operation (working)
SIMULA *Abk. für* simulation language
Simulation *f* simulation
Simulationsgeschwindigkeit *f* simulation speed
Simulationsmedium *n* simulating medium
Simulationsprogramm *n* simulation program (routine)

Simulationsprüfung *f* simulation testing
Simulationssprache *f (Rech)* simulation language
Simulator *m* simulator
simulieren to simulate
Simulierung *f* simulation
simultan simultaneous
Simultanbetrieb *m* simultaneous (composite) working
Simultanblendung *f* simultaneous glare
Simultaniteration *f* simultaneous iteration
Simultankontrast *m* simultaneous contrast
Simultanleitung *f* bunched circuit
Simultanrechner *m* time-shared computer
Simultanschaltung *f (Nrt)* composite (superposed) circuit
Simultansteuerung *f* / **elektronische** simultaneous electronic control
Simultantelegraf *m* superposed telegraph
Simultantelegrafenleitung *f* telegraph superposed circuit
Simultantelegrafie *f* simultaneous telegraphy
Simultanübertragung *f (Nrt)* simultaneous transmission
Simultanverarbeitung *f (Rech)* simultaneous (parallel) processing
Simultanverfahren *n* simultaneous colour television system
Singularität *f* singularity
wesentliche S. essential (significant) singularity
Singulett *n* singlet
Singulettsystem *n* singlet system
Singulettzustand *m* singlet state
sin^2-Impuls *m* sin-squared impulse
sinken to drop, to fall, to decrease *(z. B. Spannung, Temperatur)*
Sinterelektrode *f* self-baking electrode
Sinterhartmetall *n* [cemented] hard metal
Sinterkatode *f* self-baking cathode
Sinterkontaktwerkstoff *m* sintered[-powder metal] contact material
Sinterlegierung *f* sintered alloy (metal)
Sintermetall *n* sintered[-powder] metal
sintern to sinter
Sinterplatte *f* sintered plate
Sintertränktechnik *f* sinter metal impregnation
Sinterung *f* sintering
Sinusablenkung *f* sine-wave sweep
Sinusbedingung *f* sine condition
Abbesche S. Abbe's sine condition
Sinusbewegung *f* sine movement
Sinusbussole *f* sine galvanometer
Sinusdiagramm *n* sinusoidal diagram
Sinusfeld *n* sinusoidal field
sinusförmig sinusoidal, sine-shaped
Sinusfunktion *f* sine (sinusoidal) function
abklingende S. damped sine [function]
exponentiell abklingende S. exponentially damped sine [function]
Sinusfunktionsgenerator *m* sine function generator
Sinusgenerator *m s.* Sinuswellengenerator
Sinusgröße *f* sinusoidal quantity
Sinuskompensator *m* sine potentiometer
Sinus-Kosinus-Kompensator *m s.* Sinus-Kosinus-Potentiometer
Sinus-Kosinus-Potentiometer *n* sine-cosine potentiometer, flat card resolver
Sinuspotentiometer *n* sine potentiometer
Sinusprogramm *n (Rech)* sine program (routine)
Sinusrauschgenerator *m* sine-random generator
Sinusschwingung *f* sinusoidal vibration (oscillation), sine[-wave] oscillation, harmonic oscillation
gedämpfte S. damped sine-wave oscillation
Sinusspannung *f* sinusoidal voltage, sine[-wave] voltage
Sinusstrom *m* sine (sinusoidal) current, simple harmonic current
Sinustransformation *f* sine transform
Sinuswelle *f* sine (sinusoidal, harmonic) wave
S. mit kontinuierlich einstellbarer Phase continuously variable-phase sine wave
Sinuswellenablenkung *f* sine-wave sweep
Sinuswellenform *f* sine-wave form
Sinuswellengenerator *m* sine-wave generator (oscillator), sinusoidal (harmonic) oscillator
Sinuswellenschwingung *f* sine-wave oscillation
gedämpfte S. damped sine-wave oscillation
sin φ-Vergleichsschaltung *f* sin φ-comparator
SIPOS *s.* Polysiliziumtechnologie / halbisolierende
Sirene *f* siren
Sitz *m* 1. seat[ing]; 2. fit
sitzend / straff close-fit *(eng toleriert)*
Skala *f* scale
skalar scalar
Skalar *m* scalar [quantity]
Skalarfeld *n* scalar field
Skalarfunktion *f* scalar function
Skalarpotential *n* scalar potential
Skalarprodukt *n* scalar product
Skale *f (Meß)* scale, dial
S. aus empirischen Größenwerten reference-value scale
S. mit konstantem Abstand der Teilungsmarken equidistant scale
S. mit konstantem Skalenwert constant-interval scale
gleichmäßig geteilte S. evenly divided scale
kombinierte S. semi-digital scale, semi-numerical scale

lineare S. linear scale
logarithmische S. logarithmic scale
nichtlineare S. non-linear scale
regelmäßige S. regular scale
Skalenablesung *f* scale reading
Skalenabschnitt *m* scale zone
Skalenanfangswert *m* minimum scale value
Skalenanpassung *f* **durch gesteuerte Division** scaling by controlled division *(z. B. bei Meßgrößenwandlern)*
Skalenausschlag *m* scale deflection, swing on the dial
Skalenbeleuchtung *f* dial illumination
Skalenbereich *m* scale range, [measuring] range
Skalenbezifferung *f* scale numbering
Skalenblatt *n* [indicator] dial
Skaleneinheit *f* scale unit
Skaleneinteilung *f* graduation, scale division, scale
Skalenendmarke *f* scale end mark
Skalenendwert *m* maximum (end, full) scale value
Skalenfaktor *m* 1. deflection factor *(reziproke Empfindlichkeit eines Meßgeräts)*; 2. scale factor *(Umrechnungsverhältnis)*
Skalenfehler *m* scale error
Skalenform *f* scale shape
Skalengalvanometer *n* scale galvanometer
Skaleninstrument *n* direct-reading instrument
Skalenintervall *n* scale interval (spacing)
Skalenkontrolle *f* ranging
Skalenlampe *f* dial lamp
Skalenlänge *f* scale length (span)
lineare S. linear scale length
Skalenmarke *f* scale mark, graduation line (mark)
Skalenparameter *m* scale parameter
Skalenscheibe *f* [graduated] dial
Skalenseil *n* drive cord
Skalenstrich *m* scale mark (line)
Skalenteilung *f* scale division, graduation, scale
Skalenteilungsfehler *m* scale error
Skalenträger *m* dial
Skalentrieb *m* dial drive
Skalenumfang *m* scale span
Skalenverlauf *m* scale characteristic
Skalenverzerrung *f* scale distortion *(Ablesefehler bei Instrumenten)*
Skalenvollausschlag *m* full scale
Skalenwert *m* value of a scale division, scale interval; [scale] reading
kleinster S. minimum scale value
Skalenzeiger *m* dial pointer
S-Karte *f* control chart for standard deviations
Skiaskop *n* skiascope
Skiatron *n* skiatron
Skineffekt *m* skin effect *(Stromverdrängung)*
Skintiefe *f* skin depth
Smith-Diagramm *n* Smith chart
Sockel *m* 1. socket, lamp base (cap); base *(Elektronenröhren)*; fuse base *(Sicherung)*; [mounting] plug *(Relais)*; 2. pedestal
achtpoliger S. eight-pin base
schwingungsfreier S. antivibration base *(Elektronenröhren)*
stiftloser S. side [contact] base
Sockeladapter *m* valve adapter
Sockelanschlußklemme *f* terminal of lampholder
Sockelart *f* type of lamp cap
Sockelkitt *m* basing (capping) cement *(z. B. für Röhren)*
Sockelmantel *m* base covering
sockeln to base, to cap *(Elektronenröhren)*
Sockelschaltung *f* pin connection; basing *(Elektronenröhren)*
Sockelstift *m* base prong, [base] pin
Sockel[übergangs]widerstand *m* socket resistance
Sockelwulst *m(f)* cap skirt
Söderberg-Elektrode *f* Söderberg (self-baking, continuous) electrode *(Reduktionsofen)*
Soffittenlampe *f* tubular [line] lamp
Sofortdurchschlag *m* instantaneous breakdown
Sofortruf *m (Fmt)* immediate ringing
Sofortsperre *f (Fmt)* immediate busy
Sofortverkehr *m (Fmt)* no-delay operation (service, working), demand traffic (service), no-hang-up service
Sofortzugriff *m (Rech)* immediate access
Software *f (Rech)* software *(gesamter programmtechnischer Teil einer Datenverarbeitungsanlage)*
Software-Ausstattung *f (Rech)* software package
Software-Emulation *f (Rech)* software emulation
Software-Entwicklung *f (Rech)* software development
Software-Entwicklungssystem *n (Rech)* software development system
software-kontrolliert *(Rech)* software-controlled
Software-Paket *n (Rech)* software package
Software-Treiber *m (Rech)* software driver
Software-Unterstützung *f (Rech)* software support
Sohn *m* stamper *(Zwischenstufe bei der Schallplattenherstellung)*
solarbatterie[n]gespeist solar-powered
Solarelement *n* solar cell
Solarkonstante *f* solar constant
Solarkonverter *m* solar energy converter
Solarstrahlung *f* solar radiation
Solarzelle *f* solar cell
Solarzellenanordnung *f* solar-cell array

Solenoid *n* solenoid
ideales zylindrisches S. ideal solenoid
Solenoidkern *m* solenoid core
Solenoidmagnet *m* solenoid magnet
Solenoidrelais *n* solenoid relay
Solion *n* solion *(elektrochemisches Bauelement)*
Solistenmikrofon *n* soloist's microphone
Sollabmessung *f* nominal dimension
Sollfrequenz *f (Nrt)* listed (assigned) frequency
zugeteilte S. allocated frequency
Sollgeschwindigkeit *f* set (desired) speed
Sollmaß *n* required dimension
Sollstellung *f* required position
Sollstrom *m* desired current
Sollwert *m* 1. *(Syst)* reference input (value), control value (input) *(Führungsgröße)*; 2. *(Rech)* set value (point)
S. der Regelgröße final controlled condition
Sollwertanzeiger *m* deviation indicator
registrierender S. *s.* Sollwertschreiber
Sollwertbereich *m* set value range
Sollwerteingang *m (Syst)* reference input
Sollwerteinsteller *m (Syst)* set-point adjuster, setting (set-point) device
Sollwerteinstellung *f (Syst)* set-point adjustment
Sollwertferneinstellung *f* remote set-point adjustment
Sollwertgeber *m* set-point adjuster, setting (set-point) device, reference input element
Sollwertschreiber *m* deviation recorder
Sollwertsignal *n (Syst)* reference input signal
Sonagramm *n* sonagram *(Frequenz-Zeit-Intensität bei Sprachanalyse)*
Sonar *n* sonar (*Kurzwort für* sound navigating and ranging)
Sonarausrüstung *f* sonar [detection] equipment, sonar [set]
Sonarbereich *m* sonar range
Sonarempfänger *m* sonar receiver (detector)
Sonarkuppel *f* sonar dome
Sonarrichtungsanzeiger *m* bearing deviation indicator for sonar
Sonarschreiber *m* sonar recorder
Sonde *f* [sensing] probe, sensor, measuring probe; sonde *(Radiosonde)*; search electrode *(z.B. im elektrolytischen Trog)*
akustische S. acoustic (sonic) probe
aperiodische S. untuned probe
auf- und niedergehende S. hunting probe
magnetische S. magnetic field probe
verschiebbare S. travelling probe
Sondenabstand *m* probe spacing
Sondenankopplung *f* probe coupling
Sondengerät *n* prober, probe unit
Sondenkennlinie *f* probe characteristic
Sondenmessung *f* probe measurement
Sondenmikrofon *n* probe microphone
Sondenröhre *f* dissector tube, image dissector [tube]
Sondenspitze *f* probe tip
Sondenspule *f (Meß)* pick-up coil
Sondenstellung *f* probe position
Sonderausrüstung *f* special equipment
Sonderbauart *f* special type (version)
Sonderfernmeldenetz *n (Fmt)* functional communications network
Sonderfunkspruch *m* special radio message
Sonderkonstruktion *f* special construction (design)
Sonderlampe *f* special-purpose lamp
Sonderleitung *f (Fmt)* special circuit
Sonderprüfung *f* special test
Sonderzeichen *n* special character
Sondierballon *m* sounding balloon
sondieren to probe
Sondierung *f* probing
Sone *n* sone *(Kennwort zur Angabe der Lautheit)*
Sone-Skala *f* sone scale
Sonik *f* sonics *(technische Anwendung von Schallschwingungen)*
Sonnenatmosphäre *f* solar atmosphere
Sonnenbatterie *f* solar cell
Sonnenbatteriesystem *n* solar power system
Sonneneinstrahlung *f* insolation
Sonnenenergie *f* solar energy
Sonnenenergiewandler *m* solar energy converter
Sonnenflecken *mpl* sunspots
Sonnenfleckenaktivität *f* sunspot activity
Sonnenfleckenhäufigkeit *f* sunspot frequency
Sonnenkraftwerk *n* solar power plant (station), helioelectric power plant
Sonnenlicht *n* sunlight
Sonnenrauschen *n* solar noise
Sonnenstrahlmagnetron *n* rising-sun magnetron
Sonnenstrahlung *f* solar radiation
Sonnentemperatur *f* solar temperature
Sonometer *n* sonometer
sortieren *(Rech)* to sort [out]
neu s. to re-sort
Sortieren *n* / **blockweises** *(Rech)* block sort[ing]
Sortierer *m (Rech)* sorter
Sortiergerät *n* 1. *(Rech)* sorting unit; 2. grading apparatus
Sortiergeschwindigkeit *f (Rech)* sorting speed
Sortierleser *m (Rech)* sorter reader
Sortiermaschine *f (Rech)* sorting machine, sorter
Sortiermethode *f (Rech)* sorting procedure
Sortierproblem *n (Rech)* sorting problem

Sortierung *f (Rech)* sorting
topologische S. topological sorting
Sortiervorgang *m (Rech)* sorting operation
Sortierzeichen *n (Rech)* selection character
SOS-Technik *f* silicon on sapphire technique, SOS technique *(Dünnschichttechnik)*
SOS-Zeichen *n (Nrt)* SOS call
Source-Basisschaltung *f (Halbl)* grounded-source circuit
Source-Basisverstärker *m (Halbl)* grounded-source amplifier
Source-Elektrode *f* source *(Feldeffekttransistor)*
Source-Folger *m (Halbl)* source follower
Source-Folgerschaltung *f (Halbl)* source follower circuit
Source-Gebiet *n (Halbl)* source region
Source-Impedanz *f (Halbl)* source impedance
Source-Kontakt *m (Halbl)* source contact
Source-Schaltung *f (Halbl)* [grounded-]source circuit
Source-Strom *m (Halbl)* source current
Source-Substrat *n (Halbl)* source substrate
Source-Verstärker *m (Halbl)* [grounded-]source amplifier
Spacistor *m (Halbl)* spacistor *(Verstärkerelement)*
Spalt *m* 1. gap; slit *(Optik)*; 2. crack, fissure; cleavage *(z. B. Kristall)*
Spaltausfluchtung *f* gap alignment
Spaltausleuchtung *f* slit illumination
Spaltbacke *f* slit jaw *(z. B. eines Monochromators)*
spaltbar fissionable; cleavable *(Kristall)*
Spaltbarkeit *f* fissionability; cleavability *(z. B. von Kristallen)*
Spaltbild *n* slit image
Spaltblende *f* slit diaphragm
Spaltbreite *f* gap width (clearance, spacing) *(Luftspalt)*; gap length *(Magnetkopf)*; slit width, width of slit *(Optik)*
effektive S. effective slit width; effective gap length
Spaltbürste *f* split brush
Spaltdurchbruchspannung *f* gap breakdown voltage
Spalte *f* column *(Matrix, Lochkarte)*
Spaltebene *f* cleavage plane *(Kristall)*
spalten to split *(z. B. Phasen oder Pole)*; to cleave *(Kristall)*
Spaltenapproximation *f (Rech)* column approximation
Spaltenergie *f* fission energy *(Kernenergie)*
Spaltenvektor *m* column vector (matrix)
spaltfähig fissionable; cleavable *(Kristall)*
Spaltfeld *n* gap field *(Magnetkopf)*
Spaltfestigkeit *f* cleavage strength; interlaminar strength *(von Plasten)*
Spaltfläche *f* cleavage face *(Kristall)*
Spaltglimmer *m* laminated (sheet) mica, mica splitting

Spalthöhe *f* slit height
Spaltkappe *f* slit cover
Spaltkorrosion *f* crevice corrosion
Spaltkristall *m* cleavage crystal
Spaltlampe *f* slit lamp
Spaltlänge *f* slit height (length)
Spaltleiterschutz *m* divided-conductor protection
Spaltmaterial *n s.* Spaltstoff
Spaltphase *f* split phase
Spaltphasenmotor *m* split-phase motor
Spaltphasensystem *n* split-phase system
Spaltpol *m* split (shaded) pole
Spaltpolkeil *m* shading wedge
Spaltpolmotor *m* shaded-pole motor
Spaltpolumformer *m* split-pole converter
Spaltprodukt *n* fission product *(Kernspaltung)*
Spaltstoff *m* fissionable material (fuel), fissile material *(Kernbrennstoff)*
Spalttiefe *f* gap depth *(Magnetkopf)*
Spaltung *f* 1. *(Phys)* fission; 2. splitting; cleavage *(Kristalle)*; delamination *(Schichtstoffe)* 3. separation *(z. B. von Niveaus)*
S. im Vakuum vacuum cleavage
Spaltungsenergie *f* fission energy *(Kernenergie)*
Spaltungstechnik *f* cleavage technique
Spannanker *m* strainer *(Antennenmast)*
Spannarm *m* tape tensioning arm
Spannband *n* taut (tension) band
Spannbandaufhängung *f* taut (strained) suspension
Spannbandgalvanometer *n* Einthoven galvanometer
Spannbandhalterung *f*, **Spannbandlagerung** *f* taut-band suspension
Spannbügelvorrichtung *f* taut-tape attachment
Spanndraht *m* bracing (span, anchoring) wire, tension cable
Spanndrahtaufhängung *f* taut-wire suspension *(z. B. von Meßinstrumenten)*
Spanndrahtschelle *f* anchor log
spannen to strain, to stress; to tension; to stretch *(längen)*
Spannfeld *n (Eüb)* line section, span
Spanngitterröhre *f* frame grid valve
Spannhülse *f* clamping sleeve
Spannklemme *f* anchor clamp
Spannring *m* clamp collar
Spannrolle *f* idle pulley, idler [pulley]
Spannseil *n* guy *(Mast)*
Spannung *f* 1. *(El)* voltage, potential difference; 2. stress; strain; tension *(mechanisch)* ● **unter S. [befindlich]** live, alive, voltage-carrying
S. am Arbeitspunkt bias voltage
S. bei Belastung on-load voltage *(an den Klemmen)*
S. bei maximaler Leistung maximum power point voltage

S. des Polradfeldes synchronous electromotive force *(bei Synchronmaschinen)*
S. durch Wärmerauschen thermal agitation voltage
S. gegen Erde voltage to earth
S. in ausgeschaltetem Zustand off-state voltage
S. in Durchlaßrichtung forward (on-state) voltage
S. in Rückwärtsrichtung reverse voltage
S. zwischen Anode und Katode anode-to-cathode voltage
angelegte S. applied voltage
äußere S. external voltage
bioelektrische S. bioelectric potential
bleibende S. remanent voltage
effektive S. effective (root-mean-square) voltage
eingeprägte S. impressed voltage
elektrische S. [electric] voltage, [electric] potential difference
erdsymmetrische S. balanced [-to-earth] voltage
fotoelektrische S. photoelectric voltage, photovoltage
galvanische S. *(Chem)* Galvani tension
gleichbleibende S. steady voltage
gleichphasige S. in-phase voltage
hochfrequente S. radio-frequency voltage
höchstzulässige S. maximum permissible voltage
induzierte S. induced voltage
influenzierte S. electrostatic voltage
innere S. internal stress *(mechanisch)*
konstante S. constant voltage
magnetische S. magnetomotive force, m.m.f.
mittlere S. average voltage
obere S. top voltage
positive S. forward voltage
pulsierende S. pulsating voltage
reduzierte S. abated voltage
rotatorisch induzierte S. rotational electromotive force
stabilisierte S. stabilized voltage
stufenförmige S. step voltage
subtransiente S. subtransient voltage
thermische S. thermal strain
transformatorisch induzierte S. transformer electromotive force
transiente S. transient voltage, transient electromotive force
treibende S. der Phase source voltage of phase
treppenförmige S. staircase voltage
ultrahohe S. ultrahigh voltage *(1 000 bis 1 500 kV)*
unsymmetrische S. unbalanced voltage
untere S. bottom voltage
verbrauchte S. absorbed voltage
verkettete S. phase-to-phase voltage, line-to-line voltage, voltage between lines, mesh (line) voltage
verschleppte S. vagabond voltage
vorgegebene S. predetermined voltage
wattlose S. idle voltage
wellige S. ripple voltage
wiederkehrende S. recovery voltage

spannungführend live, alive, voltage-carrying, hot

Spannungsabfall *m* voltage (potential) drop, fall (drop) of potential; voltage loss
S. am Kontakt contact voltage drop
S. einer Röhre valve (tube) voltage drop
S. in der Zuleitung lead voltage drop
S. in Durchlaßrichtung forward (on-state) voltage drop *(Thyristor, Diode)*
S. zwischen Anode und Katode anode-[to-]cathode voltage drop
induktiver S. inductive voltage drop
innerer S. internal voltage drop
ohmscher S. ohmic voltage drop, ohmic (resistance) drop

Spannungsabgriff *m* voltage tap[ping]
Spannungsabsenkung *f* voltage dip
Spannungsachse *f* voltage axis
Spannungsänderung *f* voltage change (variation)
Spannungsänderungsgeschwindigkeit *f* rate of voltage change
Spannungsanstieg *m* voltage increase (rise)
S. in Durchlaßrichtung rise of off-state voltage
Spannungsanzapfung *f* voltage tap[ping]
Spannungsanzeiger *m* voltage indicator (detector)
Spannungsaufbau *m* voltage build-up
Spannungsausbeute *f* voltage efficiency
Spannungsausfall *m* voltage breakdown
Spannungsausgleich *m* compensation of voltage
Spannungsausgleicher *m* voltage balancer
Spannungsauslösung *f* shunt tripping *(Relais)*
Spannungsbauch *m* potential antinode
Spannungsbeanspruchung *f* voltage stress
Spannungsbegrenzer *m* voltage limiter
Spannungsbereich *m* voltage range
Spannungsdauerfestigkeit *f* voltage life
Spannungs-Dehnungs-Kurve *f* stress-strain curve
Spannungsdifferenz *f* voltage difference
Spannungsdurchführung *f* bushing
Spannungsdurchschlag *m* dielectric (disruptive, voltage) breakdown
Spannungseffektivität *f* voltage efficiency
Spannungseinfluß *m* voltage influence
Spannungseinkopplung *f* voltage feed
Spannungseinstellung *f* voltage control
spannungsempfindlich voltage-sensitive
Spannungsempfindlichkeit *f* voltage sensitivity (response)
Spannungsentlastung *f* strain relief *(mechanisch)*

Spannungserhöher *m* booster
Spannungserholungszeit *f* voltage recovery time
Spannungserzeugung *f* induction *(erstes Maxwellsches Gesetz)*
Spannungsfeld *n* strain field
Spannungsfernmeßgerät *n* televoltmeter
spannungsfest voltage-proof
Spannungsfestigkeit *f* dielectric strength (rigidity), disruptive strength
Spannungsflackern *n* voltage flicker
spannungsfrei stress-free, strain-free, unstressed *(mechanisch)*
Spannungs-Frequenz-Wandler *m* voltage-to-frequency converter
Spannungsgefälle *n* voltage (potential) gradient
Spannungsgegenkopplung *f* inverse (negative) voltage feedback
Spannungsgenauigkeit *f* voltage accuracy
Spannungsgenerator *m* voltage generator
spannungsgespeist voltage-fed
spannungsgesteuert voltage-controlled
spannungsgleich equipotential
Spannungsgleichhalter *m* constant-voltage regulator
Spannungsgleichhaltung *f* voltage stabilization (regulation, control)
Spannungsgradient *m* / **kritischer** critical rate-of-rise off-stage voltage *(Thyristor)*
Spannungsgrenze *f* voltage limit
Spannungsimpuls *m* voltage [im]pulse
spannungsinduziert strain-induced
Spannungskennlinie *f* voltage characteristic
Spannungsklasse *f* voltage class
Spannungsknoten *m* potential node
Spannungskoeffizient *m* **des spezifischen Widerstandes** tension coefficient of resistivity
Spannungskomparator *m* voltage comparator
Spannungskonstanthalter *m* voltage stabilizer (regulator)
Spannungskonctanthaltung *f* voltage stabilization
Spannungskorrosion *f* stress corrosion
Spannungskreis *m* voltage circuit
spannungslos dead
Spannungsmaximum *n* voltage maximum
Spannungsmesser *m* voltmeter
  S. nach dem Generatorprinzip generator voltmeter
  digitaler S. digital voltmeter
  elektrostatischer S. electrostatic voltmeter
  magnetischer S. magnetic potentiometer
  rotierender S. rotary (generating) voltmeter
Spannungsmittelwert *m* / **arithmetischer** average voltage
Spannungsnennwert *m* voltage rating
Spannungsnormal *n* voltage standard
Spannungspegel *m* voltage level
Spannungspegeldiagramm *n* voltage level diagram
Spannungspfad *m* voltage path; shunt (voltage) circuit
Spannungsprüfer *m* voltage (potential) tester, voltage detector (indicator), circuit (live-line) tester
Spannungsprüfung *f* [high-]voltage test; [dielectric] withstand-voltage test, dielectric test
Spannungsquelle *f* voltage source (supply)
  S. für Gittervorspannung grid bias supply
  stabilisierte S. voltage-stabilizing circuit
Spannungsreferenzdiode *f* voltage reference diode
Spannungsregelkennlinie *f* voltage regulation curve
Spannungsregelrelais *n* voltage-regulating relay
Spannungsregelsystem *n* voltage-regulating system
Spannungsregeltransformator *m* voltage-regulating transformer
Spannungsregelung *f* voltage control
  einstellbare S. adjustable voltage control
Spannungsregler *m* 1. voltage control[ler], voltage regulator; 2. constant-voltage regulator, stabilized-voltage regulator *(Spannungskonstanthalter)*; variable-voltage regulator *(für wählbare Spannungswerte)*; 3. line drop compensator *(für Übertragungsleitung)*
  direktwirkender S. direct-acting voltage control[ler]
  induktiver S. induction voltage regulator
Spannungsreihe *f* **[/ elektrochemische]** electrochemical series, electromotive [force] series
  Voltasche S. Volta electromotive series
Spannungsrelais *n* voltage[-control] relay
Spannungsresonanz *f* voltage (parallel) resonance
Spannungsrichtverhältnis *n* detector voltage efficiency
Spannungsrißkorroslon *f* ctress-crack corrosion
Spannungsrückkopplung *f* voltage feedback
Spannungsrückwirkung *f* voltage reaction
Spannungsschnellregler *m* automatic voltage regulator
Spannungsschreiber *m* voltage recorder
Spannungsschutz *m* voltage protection
Spannungsschwankung *f* voltage variation
Spannungsspeisung *f* voltage feed, end-feed, end-fire *(Antennentechnik)*
Spannungsspitzen *fpl* glitches *(Störimpulse)*
Spannungssprung *m* voltage transient; voltage jump (step)

Spannungsstabilisator *m* constant-voltage regulator, stabilized-voltage regulator, voltage stabilizer
Spannungsstabilisatorröhre *f* voltage regulator (stabilizing) tube
Spannungsstabilisierung *f* voltage stabilization
Spannungsstabilisierungsschaltung *f* voltage-stabilizing circuit
Spannungsstabilität *f* voltage stability
Spannungssteilheit *f* / **höchstzulässige** maximum allowable rate of rise of applied forward voltage
kritische S. critical rate of rise of reapplied voltage *(bei Thyristoren)*
Spannungssteller *m* [automatic] voltage regulator, voltage control[ler]
elektronischer S. electronic voltage regulator
Spannungsstoß *m* voltage impulse, [voltage] surge
S. auf der Leitung *(Fmt)* line surge
Spannungs-Strom-Charakteristik *f* voltage-current characteristic (plot)
Spannungs-Strom-Messung *f* voltmeter-ammeter method
Spannungs-Strom-Verhältnis *n* voltage-to-current ratio
Spannungsstufe *f* voltage step
Spannungsstufenregler *m* step-voltage regulator
Spannungssymmetrieüberwachung *f* voltage phase-balance protection
Spannungsteiler *m* voltage (potential) divider; potentiometer *(meist Niederspannung)*; static balancer *(Transformator)*; attenuator
S. mit nichtlinearen Widerständen nonlinear-resistive potential divider
abgeschirmter S. shielded voltage divider
aufsteckbarer S. plug-on voltage divider
gemischter S. mixed[-type] voltage divider
gesteuerter ohmscher S. shielded resistor[-type] voltage divider
induktiver S. inductive potential divider
kapazitiver S. capacitive (capacitor) voltage divider, capacitance potential divider
nichtlinearer S. tapered (graded) potentiometer, function generating potentiometer, non-linear attenuator
ohmscher S. resistance voltage divider, resistor-type [voltage] divider
Spannungsteilerregel *f* Kirchhoff's voltage law
Spannungsteilerwiderstand *m* voltage-dividing resistor
Spannungsteilungsverhältnis *n* ratio of voltage division
Spannungstransformator *m* voltage (potential) transformer
Spannungsübergangszustand *m* voltage transient
Spannungsüberlagerung *f* voltage superposition
Spannungsüberschwingen *n* voltage overshoot
Spannungsübersetzung *f* voltage transformation (transfer)
Spannungsübersetzungsverhältnis *n* voltage [transformation] ratio
Spannungsverdoppler *m* voltage doubler
Spannungsverdopplerschaltung *f* voltage-doubling circuit, cascade voltage doubler, Greinacher circuit
Spannungsvergleich *m* voltage comparison
Spannungsvergleichsdiode *f* voltage reference diode
Spannungsverhalten *n* voltage response
Spannungsverlauf *m* voltage curve, potential gradient
Spannungsverlust *m* voltage loss
Spannungsversorgung *f* voltage supply
Spannungsverstärker *m* voltage amplifier, booster
Spannungsverstärkerröhre *f* voltage amplifying valve (tube)
Spannungsverstärkerstufe *f* voltage amplifying stage
Spannungsverstärkung *f* voltage amplification (gain)
Spannungsverstärkungsfaktor *m* voltage amplification factor (ratio)
Spannungsverteilung *f* voltage distribution *(z. B. an Isolatoren)*
Spannungsvervielfacher *m* voltage multiplier
Spannungsvervielfacherschaltung *f* voltage multiplication circuit, Bouwer's circuit, Cockcroft-Walton cascade generator *(Greinacher-Schaltung mit Villard-Grundstufe)*
Spannungswähler *m* voltage selector
Spannungswählerfeld *n* **des Netztransformators** mains tapping panel
Spannungswählertafel *f* tapping panel
Spannungswahlschalter *m* line voltage selector
Spannungswandler *m* voltage (potential) transformer
S. in Topfausführung insulator-type transformer
kapazitiver S. capacitor transformer
kapazitiver S. in Resonanzschaltung resonance capacitor transformer
Spannungswelle *f* 1. voltage wave; 2. stress wave
Spannungswellenform *f* voltage waveform
Spannungszeiger *m* voltage vector *(komplexe Rechnung)*
Spannungs-Zeit-Fläche *f* voltage-time area
Spannungs-Zeit-Kennlinie *f* voltage-time to breakdown characteristic

S. des Ableiters arrester discharge voltage-time curve
Spannungs-Zeit-Umwandlung *f* voltage-time conversion
Spannungs-Zeit-Verhalten *n* voltage-time response
Spannungszunahme *f* increase of potential
Spannungszusammenbruch *m* voltage collapse (dip)
Spannungszustand *m* state of stress
homogener S. homogeneous stress
Spannvorrichtung *f* clamping device *(für Kühlkörper von Halbleiterbauelementen)*
Spannweite *f* span [length] *(Freileitungen)*
S. der Anzeigen *(Meß)* spread (range of the dispersion) of indications
horizontale S. span length *(Freileitungen)*
Spanplatte *f* chipboard
Sparbeize *f (Galv)* pickling inhibitor
Spardiode *f* efficiency (booster) diode
Sparkatode *f* low-consumption cathode; economy filament *(direkt geheizte Katode)*
Sparlampe *f* economical lamp
Sparschaltung *f* economizing circuit
Spartransformator *m* autotransformer
Sparwiderstand *m* economy resistor
Speicher *m* 1. *(Rech)* memory, store, storage device (unit); 2. *(Fmt)* director; 3. accumulator
S. mit adressierbarem Inhalt content-addressable memory (store)
S. mit Auswahlansteuerung selectively addressable memory (store)
S. mit beliebigem (direktem) Zugriff *s.* S. mit wahlfreiem Zugriff
S. mit geringer Zugriffszeit low-access memory (store)
S. mit großer Kapazität bulk memory (store), file memory
S. mit kurzer Zugriffszeit fast-access memory (store), short-access memory, immediate-access memory
S. mit langer Zugriffszeit slow-access memory (store), slow memory
S. mit Lichtpunktabtastung flying-spot memory (store)
S. mit mehreren stabilen Lagen multi-stable memory (store)
S. mit seriellem Zugriff serial memory (store)
S. mit wahlfreiem Zugriff random-access memory (store), RAM
S. mit Wortstruktur word-structured memory (store)
S. mit zwei [verschiedenen] Zugriffszeiten two-level memory (store)
S. nach Kundenwunsch custom[-made] memory
adressierbarer S. addressable memory (store)
adressierter S. addressed memory (store)
assoziativer S. associative memory (store)
äußerer S. external memory (store)
bitorganisierter S. bit-organized memory (store)
dynamischer S. dynamic (delay-line) memory, dynamic store
eingebauter S. internal memory (store)
einseitiger S. one-sided memory (store)
elektrostatischer S. electrostatic memory (store)
energieabhängiger S. volatile memory (store)
externer S. external memory (store); peripheral memory (store)
ferroelektrischer S. ferroelectric memory (store)
ferromagnetischer S. ferromagnetic memory (store)
fotochemischer S. photochemical memory (store)
freier S. free memory (store)
holografischer S. holographic memory (store)
innerer (interner) S. internal memory (store)
kryoelektrischer S. cryoelectric memory (store)
kryogen[isch]er S. cryogenic memory (store)
langsamer S. slow-access memory (store), slow memory
linearer S. linear memory (store)
löschbarer S. erasable memory (store)
magnetischer S. magnetic memory (store)
nichtflüchtiger S. non-volatile memory (store)
n-stufiger S. n-stage memory (store)
peripherer S. peripheral memory (store)
permanenter S. permanent memory (store), non-volatile memory
primärer S. primary memory (store), general memory
regenerativer S. regenerative memory (store)
serieller S. serial memory (store)
statischer S. static memory (store)
supraleitender S. cryogenic memory (store)
volladressierter S. addressed memory (store)
wortorganisierter S. word-organized memory (store)
zeichenorganisierter S. character-organized memory (store)
zentraler S. central memory (store), accumulator
zentraler S. und Umrechner *m (Fmt)* controlling register-translator
ziffernorganisierter S. digit-organized memory (store)

zugriffszeitfreier S. zero-access memory (store)
Speicherabruf *m* memory recall, MR
Speicheradresse *f* memory (storage) address
Speicheradressenregister *n* memory address register
Speicheradressenzähler *m* memory address counter
Speicheranordnung *f* memory array
Speicheransteuerungsschaltung *f* memory selection circuit
Speicherauffüllung *f (Rech)* character fill
Speicheraufruf *m* memory recall, MR
Speicherausdruck *m (Rech)* dump
Speicherbaugruppe *f* memory element (component)
Speicherbecken *n* [storage] reservoir *(Wasserkraftwerk)*
oberes S. elevated reservoir, headwater pond
Speicherbetrieb *m* storage operation
Speicherbildröhre *f* display storage tube
Speicherblock *m* memory block (stack)
Speicherbus *m* memory bus
Speicherdichte *f* recording density *(Magnetband); (Rech)* storage (bit) density
Speicherdiode *f* storage diode
Speichereffekt *m* storage effect
Speichereinheit *f* memory module (unit)
Speicherelektrode *f* accumulation electrode, [energy] storage electrode
Speicherelektrodenkapazität *f* capacitance of storage electrode
Speicherelement *n* memory (store) element
binäres S. binary storage element, binary cell
schnell schaltendes S. fast-switching storage element
statisches S. static memory (storage) element
Speicherenergie *f* stored energy
Speicherfähigkeit *f* storage capacity
Speicherfeld *n* memory field
Speicherfeldeffekttransistor *m* field-effect memory transistor
Speicherfernsehen *n* storage television
Speichergeber *m* storage transmitter
Speichergerät *n* storage device
Speicherglied *n* storage element *(Regelkreis)*
Speichergruppe *f* memory array
Speicherheizgerät *n* storage heater
Speicherheizung *f* [thermal] storage heating
Speicherinhalt *m* 1. *(Rech)* memory contents; 2. reservoir capacity *(Wasserkraftwerk)*
Speicherintegrator *m* storage integrator
Speicherkamera *f* storage camera
Speicherkapazität *f* memory (storage) capacity
Speicherkatode *f* storage cathode
Speicherkatodenstrahlröhre *f* storage cathode-ray tube
Speicherkondensator *m* storage (reservoir) capacitor
Speicherkraftwerk *n* storage power station
Speicherkreis *m* memory circuit
Speicherladung *f* stored charge
Speicherleiterplatte *f* memory board
Speichermatrix *f* memory matrix
Speichermedium *n* storage medium, data recording medium
Speichermosaik *n (Ferns)* mosaic screen
speichern 1. to store, to accumulate; 2. *(Rech)* to store
auf Band s. to store on tape
Datengruppen s. to pack
Informationen s. to store information
Wärme s. to store heat
Speichern *n* **von Fernsehsendungen** television recording
Speicheroberfläche *f* storage surface
Speicheroperation *f* storage operation
Speicherorganisation *f* memory (store) organization, storage architecture
Speicheroszilloskop *n* storage oscillograph (oscilloscope)
Speicherpaket *n* memory stack
Speicherplatte *f (Rech)* store disk; *(Ferns)* [storage] target; mosaic screen
Speicherplatz *m* memory (store) location, storage location (position)
Speicherplätze *mpl* / **nicht mehr benötigte** not-more-needed memory
Speicherplatzrückführung *f* memory recovery
dynamische S. dynamic memory recovery
Seicherprogrammierung *f* memory programming
Speicherprogrammsteuerung *f* stored-program control
Speicherprüfbit *n* memory check bit
Speicherpumpe *f* storage pump *(Pumpspeicherwerk)*
Speicherregister *n* memory [data] register, store register
Speicherrelais *n* memory (storage) relay
Speicherröhre *f* memory (storage) tube, cathode-ray memory tube
bistabile S. bistable storage tube
elektrostatische S. electrostatic memory tube
Speicherschaltdiode *f* snap-off diode
Speicherschaltung *f* memory (store) circuit
Speicherschleife *f* storage loop
Speichersender *m* storage transmitter
Speicherstation *f* storage station *(z. B. eines Pumpspeicherwerks)*
Speicherstelle *f s.* Speicherplatz
Speicherstrom *m* memory current
Speichersuchregister *n* memory search register

Speichersystem *n* memory system; filing system *(für Magnetkarten)*
wortorganisiertes S. word-organized memory system
Speichertakt *m* storage cycle
Speichertrommel *f* storage (magnetic) drum
Speicherung *f* 1. storage, accumulation; 2. *(Rech)* storage; 3. capture, hold *(eines Momentanzustands)*
S. des Spitzenwerts peak (maximum) hold
S. in Serie serial storage
S. mit hoher Informationsdichte high-density information storage
dynamische S. dynamic storage
elektromagnetische S. electromagnetic storage
elektrostatische S. electrostatic storage
explizite S. explicit storage *(z. B. von Überträgen)*
löschbare S. erasable storage
magnetische S. magnetic storage
statische S. static storage
unlöschbare S. non-erasable storage
zugriffszeitfreie S. zero-access storage
Speicherungsschwelle *f* storage threshold
Speicherungszeitraum *m* storage period
Speichervermittlung *f (Fmt)* relay switching centre; perforated tape exchange
Speicherwärme *f* stored heat
Speicherwasserkraftwerk *n* power station with reservoir
Speicherwirkung *f (Syst)* storage function
Speicherwirkungsgrad *m* storage efficiency
Speicherzähler *m* storage counter
Speicherzeit *f (Rech)* storage (retention) time; holding time *(bei Sichtspeicherröhren)*
Speicherzeitkonstante *f* storage time constant
Speicherzelle *f* memory (storage) cell; register *(Wortspeicher)*
S. mit Schreib- und Lesemöglichkeit read-write memory cell
binäre S. binary cell
Speicherzone *f* storage zone
Speicherzugriff *m* / **direkter** direct memory access, DMA
Speicherzugriffszeit *f* store access time
Speicherzyklus *m* memory cycle
Speicherzykluszeit *f* memory cycle time
Speiseabschnitt *m* supply section
Speisebatterie *f* supply battery
Speisebrücke *f* feeding (battery supply) bridge
Speisedämpfung *f* feeding loss
Speisedrossel *f* feed coil
Speisekabel *n* feeder cable
Speiseleitung *f* feeder [line], feed (supply) line
abgehende S. outgoing feeder
konzentrische S. concentric (coaxial) feeder, concentric transmission line
symmetrische S. balanced feeder
speisen to feed, to supply; to power; to energize
Speisepumpe *f* feed pump
Speisepunkt *m* feeding point
Speisequelle *f* supply
direkte S. direct feeder
Speiserelais *n* feeding relay, [battery] supply relay
Speiserohr *n* feed pipe
Speiseschiene *f* feeder bar
Speisespannung *f* supply (energizing) voltage
Speisestrom *m* supply (feeding, energizing) current
Speisestromkreis *m* supply circuit
Speisestromverlust *m* feeding current loss, battery supply loss
Speiseübergangsspannung *f* supply transient voltage
Speisewasser *n* feed water
Speisewasseraufbereitung *f* feed-water conditioning, boiler-water treatment
Speisewasserbehälter *m* feed-water container
Speisewasserprüfer *m* / **elektrolytischer** electrolytic water tester
Speisewasservorwärmer *m* feed-water heating plant, boiler feed preheater, economizer
Speisung *f* feeding, supply; energization
S. des Reglers regulator supply
S. einer Wicklung excitation of a winding
S. in Reihenschlußschaltung series feeding
S. mit Trägerfrequenz carrier excitation
Spektralanalysator *m* spectrum analyzer
Spektralanalyse *f* spectral (spectrum, spectrographic) analysis
Spektralanteil *m* spectral (spectrum) component
Spektralapparat *m* spectroscopic instrument, dispersing system
Spektralaufnahme *f*, **Spektralaufzeichnung** *f* spectrogram, spectrum chart; spectrum recording
Spektralbande *f* spectral band
Spektralbandverfahren *n* spectral band method
Spektralbereich *m* spectral region (range)
kurzwelliger S. short-wave spectral range
sichtbarer S. visible spectral range (region), visible part [of the spectrum]
Spektralcharakteristik *f* spectral-response characteristic
Spektraldichte *f* spectral (spectrum) density
Spektralfarbe *f* spectral colour

Spektralfarbenzug *m* spectrum locus
Spektralfilter *n* spectral filter
Spektralfluorometer *n* spectrofluorimeter
Spektralfotometer *n* spectrophotometer
lichtelektrisches S. photoelectric spectrophotometer
registrierendes S. recording spectrophotometer
Spektralfotometrie *f* spectrophotometry
Spektralfunktion *f* spectral function
Spektralgebiet *n s.* Spektralbereich
Spektralkomponente *f* spectral (spectrum) component
Spektrallampe *f* spectral (spectrum, spectroscopic) lamp
Spektrallinie *f* spectral (spectrum) line
Spektrallinienaufspaltung *f* line splitting
Spektrallinienbreite *f* spectral-line width
Spektralmaskenverfahren *n* dispersion and mask method
Spektralordnung *f* spectral order, order of spectrum
Spektralpegel *m* spectrum level
Spektralröhre *f* Geissler [discharge] tube
Spektralschablone *f* spectrum template
Spektralschwerpunkt *m* [wavelength] spectral centroid
Spektralserie *f* spectral[-line] series
Spektralverschiebung *f* spectrum shift
Spektralwerte *mpl* distribution coefficients
Spektralwertfunktion *f* colour-matching function
Spektrenprojektor *m* projection comparator
Spektrofluorometer *n* spectrofluorimeter
Spektrofotometer *n* spectrophotometer
Spektrograf *m* spectrograph
magnetischer S. magnetic spectrograph
Spektrografie *f* spectrography
spektrografisch spectrographic
Spektrogramm *n* spectrogram
Spektrometer *n* spectrometer
Spektrometrie *f* spectrometry
Spektroradiometer *n* spectroradiometer
Spektroskop *n* spectroscope
Spektroskopie *f* spectroscopy
spektroskopisch spectroscopic
Spektrum *n* spectrum
diskontinuierliches S. discontinuous spectrum
elektromagnetisches S. electromagnetic spectrum
energiegleiches S. equal-energy spectrum
Fraunhofersches S. Fraunhofer spectrum
gleichförmiges S. uniform spectrum
harmonisches S. harmonic spectrum
infrarotes S. infrared spectrum
kontinuierliches S. continuous[-frequency] spectrum, continuum
sichtbares S. visible spectrum
Spektrumformer *m* spectrum shaper

Sperrableitstrom *m* reverse leakage current
Sperrbandbreite *f* [filter] stop band
Sperrbereich *m* 1. non-conducting zone *(Thyristor)*; 2. suppressed frequency band, [filter] stop band, [filter] attenuation band
Sperrdämpfung *f* blocking attenuation; stop band attenuation, attenuation in suppressed band *(eines Filters)*; *(Ak)* out-of-band rejection
Sperrdauer *f* blocking period *(bei positiver Anodenspannung)*; *(Fmt)* stop pulse period
Sperrdiode *f* blocking (inverse) diode
Sperrdurchbruchkennlinie *f* reverse breakdown characteristic
Sperre *f* 1. [inter]lock, locking device; latch; 2. *(Nrt)* blackout, suppressor; 3. gate *(Vakuumröhren, Gasentladungsröhren)*
selbsthaltende S. holding interlock
Sperreigenschaft *f (Halbl)* blocking property
Sperreingang *m (Rech)* inhibiting input
Sperrelais *n* locking (lock-in, latching) relay *(selbsthaltend)*; guard relay
sperren 1. to lock, to interlock; to block; 2. *(Rech)* to inhibit; 3. *(Fmt)* to take out of service, to intercept, to suspend *(einen Anschluß)*
Sperren *n* **der Pilotschwingung** *(Fmt)* pilot blocking
Sperrerholungszeit *f* reverse recovery time *(Thyristor)*
Sperrreststrom *m* reverse leakage current
Sperrfeder *f* retaining (click) spring
Sperrfilter *n* suppression (absorbing) filter; [band-]rejection filter, band-elimination filter; blocking filter (network)
Sperrflüssigkeit *f* sealing liquid
Sperrfrequenz *f* stop frequency *(eines Filters)*
Sperrgatter *n* inhibition gate, inhibiting circuit
Sperrgebiet *n* cut-off region (*s. a.* Sperrbereich)
Sperrgitter *n* barrier grid *(Röhren)*
Sperrgitteroszillator *m* blocking grid oscillator
Sperrgitterröhre *f* barrier-grid tube
Sperrgitterspeicherröhre *f* barrier-grid storage tube, Radechon [storage tube]
Sperrglied *n* blocking element, inhibitor
Sperrichtung *f* blocking direction; *(Halbl)* reverse (inverse, backward, high-resistance) direction
S. eines Gleichrichterkontakts back direction of a rectifying contact
Sperrimpuls *m* inhibitory (inhibiting) pulse
Sperrkennlinie *f* blocking characteristic; *(Halbl)* reverse (inverse) characteristic

Sperrkette *f (Nrt)* higher limiting filter
Sperrklinke *f* blocking pawl; latch
Sperrklinkenrelais *n* lock relay
Sperrkondensator *m* blocking (isolating) capacitor
Sperrkontakt *m* blocking contact
Sperrkreis *m* rejection (rejector, stopper, antiresonance) circuit, wave trap; parasitic stopper (suppressor) *(zur Unterdrückung wilder Schwingungen)*
Sperrkreisfilter *n* suppression filter
Sperrleitung *f* inhibit line
Sperrleitwert *m* back conductance
Sperrmagnet *m* locking (blocking) magnet, electric lock
Sperrmauerkrone *f* weir crest *(Staubecken)*
Sperrmuffe *f* barrier joint *(für Massekabel)*; stop joint *(für Druckkabel)*
Sperrnocken *m (Fmt)* stop cam
Sperröhre *f* nullode, electrodeless tube
Sperrperiode *f* reverse period
Sperrsättigungsstrom *m (Halbl)* reverse (inverse) saturation current
Sperrschalter *m* holding key
Sperrschaltung *f* rejection (inhibiting, stopper) circuit; muting circuit
Sperrschicht *f* blocking layer; *(Halbl)* barrier layer, depletion layer (region), junction
eigenleitende S. intrinsic barrier layer
magnetische S. magnetic barrier layer
Sperrschichtberührungsspannung *f* depletion-layer contact voltage
Sperrschichtbreite *f (Halbl)* junction width
Sperrschichtdicke *f (Halbl)* junction thickness
Sperrschichteffekt *m* photovoltaic effect
Sperrschichtelement *n* barrier-layer [photo]cell, photovoltaic cell
Sperrschichtfeldeffekttransistor *m* junction field effect transistor, JFET
Sperrschichtfläche *f (Halbl)* junction area
Sperrschichtfotoeffekt *m* photovoltaic effect, barrier-layer photoeffect, depletion-layer photoeffect
Sperrschichtfotozelle *f* photovoltaic cell, barrier-layer [photo]cell
Sperrschichtgleichrichter *m (Halbl)* barrier-layer rectifier, junction rectifier; [electronic] contact rectifier
S. mit Dauerkontakt welded-contact rectifier
Sperrschichtgrenze *f* depletion-layer boundary
Sperrschichthöhe *f* junction height
Sperrschichtkapazität *f (Halbl)* barrier[-layer] capacitance, junction (transition) capacitance
S. bei Vorspannung Null zero-bias junction capacitance
Sperrschichtlaufzeit *f (Halbl)* depletion-layer transit time, transition-layer transit time
Sperrschichtspannung *f (Halbl)* junction (depletion-region) voltage
Sperrschichttemperatur *f* junction (barrier-layer) temperature
Sperrschichtzelle *f s.* Sperrschichtfotozelle
Sperrschritt *m (Fmt)* stop signal
einfacher S. single stop signal
Sperrschwinger *m* blocking [tube] oscillator, self-blocking oscillator, squegger
quarzblockierter S. crystal-locked blocking oscillator
Sperrsignal *n* inhibiting signal; *(Fmt)* blocking signal
Sperrspannung *f* off-state voltage *(Thyristor)*; *(Halbl)* back (reverse, inverse, blocking) voltage
S. einer Elektrode cut-off voltage of an electrode
effektive S. root-mean-square reverse voltage
maximale effektive S. maximum root-mean-square reverse voltage
positive S. forward off-state voltage
Sperrspannungsscheitelwert *m* peak inverse voltage
Sperrspannungssprung *m* initial inverse voltage *(Gasentladungsröhren)*
Sperrstift *m* catch pin
Sperrstrom *m* off-state current *(Thyristor)*; *(Halbl)* reverse[-blocking] current, inverse (back) current; inverse leakage current; anode rest current *(Gefäßgleichrichter)*
positiver S. forward off-state current
Sperrtaste *f* locking button (key)
Sperrtastenvorsatz *m* locked push button
Sperrtopfantenne *f* folded-top aerial
Sperrübergangsstrom *m* reverse recovery current
Sperrübertragung *f (Fmt)* joint access
Sperrung *f* 1. interlock; blocking; 2. *(Fmt)* suspension *(eines Anschlusses)*
rückwärtige S. *(Fmt)* extended engaged condition, backward busying
Sperrventil *n* stop valve
Sperrverhalten *n* rejection characteristic
Sperrverhältnis *n* reverse ratio
Sperrverlust *m (Halbl)* reverse [direction] loss
S. in Schaltrichtung forward off-state loss
Sperrverlustleistung *f* reverse power loss
Sperrverzögerung[szeit] *f (Halbl)* reverse recovery time; *(Fmt)* splitting time
Sperrverzugsladung *f (Halbl)* recovery charge
Sperrverzugszeit *f (Halbl)* reverse recovery time
Sperrvorrichtung *f* locking device; *(Nrt)* plugging-up device
Sperrvorspannung *f (Halbl)* reverse bias
Sperrwandler *m* reverse converter

Sperrwicklung *f* inhibit winding
Sperrwiderstand *m (Halbl)* reverse resistance
Sperrwirkung *f* 1. blocking action; 2. stop band effect *(eines Filters)*
Sperrzeichen *n (Fmt)* blocking signal
Sperrzeit *f* off-period *(Thyristor);* blocking period (time); dead time *(Zähler)*; idle period *(Stillstand)*
Sperrzustand *m* off state *(Thyristor);* cut-off state; blocking state *(z. B. Relais)*
Spezialausführung *f* special design (construction)
Spezialgerät *n* special-purpose instrument
Spezialmikroprozessor *m* special-purpose microprocessor
Spezialmotor *m* special-purpose motor
Spezialnutmotor *m* double squirrel-cage motor
Spezialprozessor *m* special[-purpose] processor
Spezialrechner *m* special-purpose computer, single-purpose computer; special processor
Spezifikation *f* specification
spezifizieren to specify
sphärisch spherical
Sphärometer *n* spherometer
Spiegel *m* mirror, reflector
parallaxenfreier S. parallax-free mirror, antiparallax mirror
sphärischer S. spherical [reflecting] mirror
teildurchlässiger S. semitransparent (semireflecting, two-way) mirror
Spiegelanordnung *f* arrangement of mirrors
Spiegelantenne *f* reflector aerial
Spiegelbelag *m* mirror (reflecting) coating
Spiegelbild *n* mirror (reflected) image
Spiegelbildantenne *f* image aerial
Spiegelbildmethode *f (El)* method of electric images
Spiegeldämpfung *f (Nrt)* image attenuation
Spiegeldämpfungskoeffizient *m* image attenuation coefficient
Spiegelebene *f* mirror (reflecting) plane
Spiegeleffekt *m* mirror effect
Spiegelelement *n* reflector element
Spiegelfläche *f* mirror (reflecting) surface
Spiegelfrequenz *f (Nrt)* image frequency
Spiegelfrequenzband *n (Nrt)* image band
Spiegelfrequenzselektion *f* image frequency selection
Spiegelfrequenzstörung *f* second-channel interference *(Überlagerungsempfänger)*
Spiegelfrequenzverhalten *n*, **Spiegelfrequenzwiedergabe** *f* image response *(Überlagerungsempfänger)*
Spiegelgalvanometer *n* mirror (reflecting) galvanometer
Spiegelinstrument *n* mirror instrument
Spiegelmetall *n* speculum metal
Spiegelmonochromator *m* mirror (reflecting) monochromator
spiegelnd specular
Spiegelöffnung *f* reflector aperture
Spiegeloptik *f* mirror (reflecting) optics
Spiegelquelle *f* image source
Spiegelrasterleuchte *f* mirror screen fitting
Spiegelreflektor *m* mirror reflector
Spiegelskale *f* mirror scale
Spiegelsymmetrie *f* mirror symmetry
Spiegeltrommel *f* mirror drum
Spiegelungsprinzip *n* image principle *(Feldtheorie)*
Spiegelverhältnis *n (Nrt)* image ratio *(Verhältnis der Empfangsfrequenz zur Spiegelfrequenz)*
Spiegelwirkung *f* mirror (reflecting) effect
Spiel *n* 1. *(Masch, App)* duty cycle; 2. [mechanical] play, backlash; clearance; 3. game *(Kybernetik)*
kontinuierliches S. continuous game
strategisches S. strategic game
wärmemechanisches S. thermal-mechanical cycling
zulässiges S. permissible clearance
Spielflächenbeleuchtung *f* acting-area [spot] lighting
Spielmatrix *f* pay-off matrix *(Mathematik)*
Spielpartnermaschine *f* game playing machine
Spielraum *m* 1. play, backlash; clearance; allowance; 2. margin
S. des Springschreibers margin of start-stop apparatus
regelmäßiger S. *(Fmt)* net margin
theoretischer S. theoretical margin
Spielregel *f* rule of the game *(Kybernetik)*
Spieltheorie *f* theory of games, game theory *(Kybernetik)*
Spielwert *m* game value, worth of a game *(Kybernetik)*
Spikeemission *f (Laser)* spike mode emission
Spin *m* spin, [intrinsic] angular momentum
ganzzahliger S. integer spin
halbzahliger S. half-integral spin
Spin-Bahn-Kopplung *f* spin-orbit[al] coupling
Spin-Bahn-Term *m* spin-orbit coupling term
Spin-Bahn-Wechselwirkung *f* spin-orbit interaction
Spindel *f* lead screw *(z. B. zur Bewegung des Supports)*
Spindeltrieb *m* worm drive
Spinentartung *f* spin degeneracy
Spinentartungsfaktor *m* spin degeneracy factor
Spinmultiplett *n* spin multiplet
Spinne *f* spider *(Armstern)*
Spinor *m* spinor

Spinquantenzahl *f* spin quantum number
Spin-Raman-Effekt *m* spin Raman effect
Spinresonanz *f* spin resonance
Spinrichtung *f* spin direction
Spinterm *m* spin term
Spinthariskop *n* spinthariscope
Spinvektor *m* spinor
Spinwelle *f* spin wave
Spiralabtastung *f* spiral (helical, circular) scanning *(Bildabtastung)*
Spiralantenne *f* helical (helix) aerial
S. in gedruckter Schaltungstechnik printed circuit spiral aerial
spiralförmig spiral[-shaped], helical
Spiralheizelement *n* helical [heating] element
Spiralkontraktometer *n (Galv)* spiral contractometer *(zur Prüfung der inneren Spannungen von Überzügen)*
Spirallochscheibe *f* spiral disk
Spiralplatte *f* helical plate *(Batterie)*
Spiralrohrstrahlungskühler *m* spiral-tube radiator cooler
Spiralspule *f* spiral coil
Spiraltrimmer *m* cone capacitor
Spiralversetzung *f* spiral dislocation *(Kristall)*
Spiralwindung *f* spiral turn
Spirituslack *m* alcoholic varnish *(Isolierlack)*
Spitze *f* 1. tip; pivot *(z. B. bei Lagern in Meßinstrumenten)*; top *(z. B. eines Mastes)*; 2. peak; maximum; crest ● **mit scharfer S.** sharp-pointed
absolute S. absolute peak *(Energieversorgung)*
scharfe S. sharp peak
Spitzenabstand *m* peak separation
Spitzenarbeitsspannung *f* peak working voltage
Spitzenausgangsleistung *f* peak output power, maximum power output
Spitzenbegrenzer *m* peak clipper
Spitzenbelastung *f* peak (maximum) load
Spitzenbelastungszeit *f* peak time *(Energieversorgung)*
Spitzenbetriebsspannung *f* peak working voltage
Spitzenbetriebssperrspannung *f* working peak reverse voltage
Spitzendetektor *m* peak detector
Spitzendiode *f* point contact diode
Spitzendurchgangsspannung *f* peak forward voltage
Spitzendurchlaßstrom *m* peak forward current
nicht wiederkehrender S. non-repetitive peak on-state current
wiederkehrender S. repetitive peak on-state current
Spitzendurchzündspannung *f* peak restriking voltage
Spitzeneinschaltstrom *m* peak switching current
Spitzenelektrode *f* point (peak) electrode
Spitzenentlader *m* point discharger
Spitzenentladung *f* point discharge
Spitzen-Flächen-Transistor *m* point-junction transistor
Spitzenfunkenentladung *f* needle-point discharge
Spitzenfunkenstrecke *f* needle-point spark gap, needle gap
Spitzengleichrichter *m* peak[-responsive] rectifier, peak-type rectifier; point contact rectifier
Spitzengleichrichtung *f* point rectification
Spitzenhaltigkeit *f* peakiness *(Signal)*
Spitzenkapazität *f* peak capacity
Spitzenkontakt *m* point contact
Spitzenladekennlinie *f* peak charge characteristic
Spitzenlager *n* point (conical) bearing
Spitzenlast *f* peak (maximum) load *(z. B. des Netzes)*
Spitzenlastkraftwerk *n* peak-load plant (power station), peaking power station
Spitzenlaststrom *m* peak load current
Spitzenlastzeit *f* peak load period
Spitzenleistung *f* 1. peak output (power); 2. peak performance *(Güte)*
Spitzenmodulationshubmesser *m* peak modulation deviation meter
Spitzennennbetriebssperrspannung *f* working peak reverse voltage rating
Spitzennennstrom *m* peak forward current rating
Spitzenpegel *m* peak level
Spitzenpegelanzeiger *m (Ak)* peak noise indicator
Spitzenschalldruck *m* peak sound pressure
Spitzensonde *f* point probe
Spitzenspannung *f* ceiling voltage *(Erregermaschine);* peak (crest) voltage
höchstzulässige S. maximum peak applied voltage
nicht wiederkehrende S. non-repetitive peak off-state voltage *(Thyristor)*
wiederkehrende S. repetitive peak voltage
Spitzenspannungsabfall *m* **[in Durchlaßrichtung]** peak forward voltage drop *(Thyristor)*
Spitzenspannungsmesser *m* peak[-reading] voltmeter, crest voltmeter
Spitzensperrspannung *f* peak inverse (reverse) voltage, crest reverse voltage, peak blocked voltage
höchstzulässige negative periodische S. maximum repetitive peak reverse voltage
höchstzulässige positive periodische S. maximum repetitive peak off-state voltage
negative S. repetitive peak reverse voltage

nicht wiederkehrende S. non-repetitive peak reverse voltage
periodische S. repetitive peak off-state voltage
positive S. peak blocked voltage
wiederkehrende S. *s.* periodische S.
Spitzensperrstrom *m* maximum off-state current
höchstzulässiger nichtperiodischer S. maximum non-repetitive peak reverse current
Spitzenstreuleistung *f (Nrt)* spike leakage power
Spitzenstreuung *f* spike leakage
Spitzenstrom *m* peak current
S. in Durchlaßrichtung peak forward current
höchstzulässiger S. beim Ansprechen der Sicherung peak current allowable during fusing
höchstzulässiger periodischer S. peak repetitive forward current
höchstzulässiger periodischer S. in Durchlaßrichtung maximum forward peak repetitive on-state current
Spitzentransformator *m* series peaking transformer
Spitzentransistor *m* point [contact] transistor
Spitzenverbrauch *m* peak consumption
Spitzenverkehr *m (Nrt)* peak traffic
Spitzenvoltmeter *n* peak[-reading] voltmeter
Spitzenwert *m* peak (crest) value
S. der Anodenspannung in Durchlaßrichtung peak forward anode voltage
S. der Störgröße *(Syst)* interference peak
Spitzenwertanzeige *f* peak reading
Spitzenwertanzeiger *m* peak indicator
Spitzenwertbegrenzung *f* [peak] clipping
Spitzenwertgleichrichter *m* peak value rectifier
Spitzenwertmesser *m* peak meter
Spitzenwertschaltung *f* peak-reading circuit
Spitzenwertspeicherung *f* peak (maximum) hold
Spitzenzähler *m (Meß)* demand (peak) meter
Spitzenzeit *f* peak [load] period ● **außerhalb der S.** off-peak
Spitze-Platte-Anordnung *f (Hochsp)* point-to-plane arrangement, peak-to-plane arrangement
Spitze-Platte-Entladung *f (Hochsp)* point-to-plane discharge, peak-to-plane discharge
Spitze-Spitze-Anordnung *f (Hochsp)* point-to-point arrangement, peak-to-peak arrangement
Spitze-Spitze-Entladung *f (Hochsp)* point-to-point discharge, peak-to-peak discharge
Spitze-Spitze-Gleichrichtung *f* peak-to-peak rectification
Spitze-Spitze-Voltmeter *n* peak-to-peak voltmeter
Spitze-Spitze-Wert *m* peak-to-peak value
Spitze-zu-Spitze-... *s.* Spitze-Spitze-...
Spitzlichtbeleuchtung *f* spot lighting
spleißen to splice *(Kabel)*
Spleißstelle *f* splice (cable) joint
Spleißung *f* splice, splicing
Sprachanalysator *m* speech analyzer
Sprachanalyse *f* / **elektronische** electronic speech analysis
Sprachaudiometer *n* speech audiometer
Sprachaudiometrie *f* speech (recorded-voice) audiometry
Sprachaufnahme *f*, **Sprachaufzeichnung** *f* speech (voice) recording
Sprachaufzeichnungsgerät *n* speech recording equipment
Sprachausgabe *f (Rech)* language output
gepufferte S. buffered language output
Sprachausgabeeinheit *f*, **Sprachausgabegerät** *n (Rech)* speech output unit
Sprachbeschneidung *f* speech clipping
sprachbetätigt voice-actuated
Sprachdeutlichkeit *f (Ak, Fmt)* articulation
Sprache *f (Ak)* speech; *(Rech)* language
S. mit stark angehobenen Tiefen boomy speech
amplitudenbegrenzte S. peak-clipped speech
anwenderorientierte S. user-oriented language
chiffrierte S. *(Fmt)* coded (cipher) language
deutliche S. clear (clearly articulated) voice
künstliche S. artificial language; *(Ak)* vocoderized speech
maschinenorientierte S. machine-oriented language
offene S. *(Fmt)* ordinary (plain) language
problemorientierte S. problem-oriented language *(Programmierung)*
rechnerorientierte S. computer-oriented language
sichtbare S. visible speech
spezielle S. special-purpose language
symbolische S. symbolic language
undeutliche S. blurred voice
universelle rechnerorientierte S. universal computer-oriented language
verfahrensorientierte S. procedure-oriented language
verschlüsselte S. 1. *s.* chiffrierte S.; 2. scrambled (inverted) speech *(durch Umkehrung des Sprachfrequenzbandes)*
verzerrte S. blurred voice
Sprachebene *f* language level
Spracheditor *m (Rech)* language editor
Spracheingabe *f* **für Rechner** speech (voice) computer input

Spracherkennung *f* speech (voice) recognition
automatische S. automatic speech recognition
Sprachfrequenz *f* speech (voice) frequency
Sprachfrequenzband *n* speech (voice) band
Sprachfrequenzkennlinie *f (Fmt)* telephone frequency characteristic
sprachgesteuert voice-operated, voice-controlled
Sprachgüte *f* quality of speech
Sprachkanal *m* voice channel
Sprachkennziffer *f (Fmt)* language digit
Sprachlautstärke *f* speech volume
Sprachleitung *f* voice line
Sprachmodulation *f* speech (voice) modulation
sprachmoduliert speech-modulated, voice-modulated
Sprachpegel *m* speech (voice) level
Sprachrohr *n* megaphone, speaking tube
Sprachschutz *m (Fmt)* voice protection
Sprachschutzfaktor *m (Fmt)* guard circuit coefficient
Sprachschwingung *f* speech oscillation
Sprachsichtgerät *n* visible speech analyzer
Sprachsignal *n* speech (voice) signal
Sprachsignalverarbeitung *f* speech [signal] processing
Sprachsteuerungsgerät *n (Fmt)* voice-operated device
Sprachstörpegel *m* speech interference level, SIL
Sprachstörung *f* speech impairment
Sprachsynthese *f* speech synthesis
elektronische S. electronic speech synthesis
Sprachübersetzung *f* / **automatische** *(Rech)* automatic language translation
Sprachübersetzungsmaschine *f* language translation computer
Sprachübertragung *f* speech (voice) transmission
digitale S. speech digit signalling *(Pulskodemodulation)*
Sprachverschlüsselung *f* scrambling *(durch Verzerrung)*
Sprachverschlüsselungseinrichtung *f s.* Sprachverschlüßler
Sprachverschlüßler *m* 1. speech (voice) encoder; 2. secrecy device, [speech] scrambler
Sprachverständlichkeit *f* 1. [speech] intelligibility, speech articulation (discrimination); 2. articulation index *(Zahlenwert)*
prozentuale S. percentage [speech] intelligibility
Sprachverständlichkeitsprüfung *f* **mit Einzelsilben** articulation test
S. mit Sätzen (Wörtern) intelligibility (listening) test
Sprachverzerrer *m* [speech] scrambler
Sprachwiedergabe *f* voice reproduction
Spratzprüfung *f* crackling test *(Isolieröl)*
Sprechader *f (Fmt)* speaking wire
Sprechadern *fpl (Fmt)* speaking pair
Sprechanlage *f* interphone (intercommunication) system, intercom
Sprechbatterie *f* speaking battery
Sprechbereich *m* speaking range
sprechbereit ready to talk (speak)
Sprechen *n* / **rauschfreies** *(Fmt)* noise-free speech
Sprecherecho *n* talker echo
Sprecherleitung *f* speaker wire
Sprechfrequenz *f* speech (voice) frequency
Sprechfrequenzbereich *m* speech frequency range
Sprechfrequenzverluste *mpl* telephonic frequency losses
Sprechfunkgerät *n* radiotelephone, walkie-talkie
Sprechfunknetz *n* radiotelephony network
Sprechgarnitur *f (Fmt)* operator's [telephone] set
Sprechgeschwindigkeit *f* speech velocity
Sprech-Hör-Kopf *m* record-playback head *(für kombinierte Aufnahme und Wiedergabe)*
Sprech-Hör-Vergleichsmessung *f* voice-ear measurement
Sprech-Hör-Vergleichsprüfung *f* voice-ear test
Sprechkanal *m* voice channel
Sprechkapsel *f* telephone transmitter capsule (inset), transmitter capsule; microphone capsule
Sprechkreis *m (Fmt)* talking (speaking) circuit
Sprechleistung *f (Fmt)* speech power
Sprechleitung *f (Fmt)* speaking wire
S. für die Telegrammübermittlung phonogram circuit
Sprechpegel *m* speech (vocal) level
Sprechprobe *f* voice test[ing]; *(Fmt)* talking test
Sprechreichweite *f* speaking range
Sprechschalter *m (Fmt)* talking (speaking) key; microphone switch
Sprechspule *f* voice (moving) coil *(Lautsprecher)*
Sprechstelle *f (Fmt)* telephone (subscriber's) station
S. mit Rückhördämpfung anti-sidetone set
bewegliche S. mobile telephone station
öffentliche S. public telephone station
umschaltbare S. alternative telephone station
Sprechstellendichte *f* telephone density
Sprechstellung *f (Fmt)* talking (speaking) position
Sprechstrom *m* speech (voice) current; *(Fmt)* speaking current

Sprechstromkreis *m (Fmt)* speaking circuit
Sprechtaste *f (Fmt)* speaking key; microphone key (switch); press-to-talk switch *(Handmikrofon)*
Sprechtrichter *m* inlet (mouthpiece) of microphone, mouthpiece of transmitter
Sprechumschalter *m (Fmt)* combined listening and speaking key
Sprech- und Mithörschalter *m s.* Sprechumschalter
Sprech- und Rufschalter *m (Fmt)* talking-ringing key
Sprechverbindung *f* speech (voice) communication
gestörte S. distorted communication
Sprechverstärker *m* speech amplifier
Sprechversuch *m (Fmt)* talking (speech) test
Sprechweg *m (Fmt)* speech path (circuit, channel), speaking circuit, talking path
Sprechwegdurchschaltung *f (Fmt)* speech-path switching
Sprechwegenetzwerk *n (Fmt)* speech-path network, switching network
Sprechzeit *f (Fmt)* conversation time
Sprechzeug *n (Fmt)* operator's headset, operator's [phone] set
Spreizfederbefestigung *f (App)* expanding spring fixing
Sprengring *m* lock washer
Springblende *f* **[/ automatische]** [full-]automatic diaphragm
Springeinrichtung *f* / **hauptkartengesteuerte** *(Rech)* master-card-controlled skipping feature
Springen *n* 1. hopping *(Festkörperphysik)*; 2. *s.* Sprung
Springschreiber *m (Fmt)* start-stop teleprinter (apparatus)
Springstarter *m* snap starter
spritzen 1. to sputter; 2. to spray
Spritzgießen *n*, **Spritzguß** *m* injection moulding *(Plast)*; [pressure] die-casting *(Metall)*
Spritzgußform *f* injection mould *(Plast)*; die-casting mould (die) *(Metall)*
Spritzgußgehäuse *n* injection-moulded case; die-cast box (case)
Spritzgußmasse *f* injection-moulding compound *(für Isolierungen)*
Spritzgußteil *n* injection-moulded part *(Plast)*; die casting *(Metall)*
Spritzlackieren *n* paint spraying, spray varnishing
Spritzlackiertechnik *f* paint spraying technique
Spritzmasse *f* spraying compound
spritzverzinkt galvanized by spraying
spritzwassergeschützt splash-proof
Sprödbruch *m* brittle fracture
spröde brittle ● **s. werden** to embrittle
Sprödigkeit *f* brittleness

Sprossenschrift *f* variable-density [sound] track
sprühen 1. to spark; to sputter; 2. to spray
Sprühentladung *f* corona discharge (brushing), spray discharge
Sprühentwickler *m* spray developer
Sprühfestigkeit *f* spray-proofness
Sprühgerät *n* sprayer
Sprühspitze *f* spray point *(z. B. bei Bandgeneratoren)*
Sprühverlust *m (Hochsp)* corona loss
Sprung *m* 1. *(Rech, Syst)* jump, step *(z. B. Unstetigkeit im Signalverlauf)*; transfer [of control]; 2. hop *(Funkwellen)*; 3. transition *(Elektronen)*; jog *(Kristallgitter)*; 4. crevice; crack, flaw
S. zum Unterprogramm *(Rech)* jump to subroutine
bedingter S. *(Rech)* conditional jump (transfer)
bedingter S. in der Steuerbefehlsfolge *(Rech)* conditional transfer of control
unbedingter S. *(Rech)* unconditional jump (transfer), necessary jump
Sprungantwort *f (Syst)* step (jump) response, step-function [time] response
Sprungantwortzeit *f (Syst)* step response time
Sprunganweisung *f (Rech)* "go to"-statement
Sprunganzeige *f* intermittent display
Sprungausfall *m* sudden failure *(z. B. eines Bauteils)*
Sprungbedingung *f (Rech)* jump condition
Sprungbefehl *m (Rech)* jump instruction (order, command), transfer (branching) instruction
bedingter S. conditional jump order
Sprungbewegung *f* jump motion
Sprungcharakteristik *f* step-function response characteristic, transient characteristic
Sprungeingang *m* step input
Sprungfrequenz *f* jump frequency
Sprungfunktion *f* step (jump) funtion; unit step [function], Heaviside unit function
Sprungfunktionsantwort *f* step-function response
Sprunghäufigkeit *f* jump frequency
Sprungkennlinie *f* step-function response characteristic
Sprungkontakt *m* snap-action contact
Sprungmagnet *m* snap magnet
Sprungprogramm *n* jump program (routine)
Sprungschaltglied *n* snap-action contact element
Sprungspannung *f* step voltage; initial inverse voltage *(Gasentladungsröhren)*
Sprungspannungsprüfung *f* step-voltage test
Sprungstelle *f* discontinuity *(Mikrowellentechnik)*

Sprungtemperatur *f* transition temperature *(Supraleiter)*
Sprungübergangsfunktion *f (Syst)* unit step response, indicial response
Sprungverzerrung *f* transient distortion
Sprungwelle *f* surge
Sprungwellendämpfungsschaltung *f* surge suppression network
Sprungwellentest *m (Masch)* waveform test
Sprungwert *m* level-change value
Sprungzone *f (Nrt)* skip area
Spule *f* 1. coil, inductance coil; 2. reel, spool *(z. B. für Tonband)*
S. in Kleinstausführung midget coil
S. mit einem Gleitkontakt single-slider coil
S. mit einer Windung single-turn coil
S. mit Eisenkern iron-core coil
S. mit Hochfrequenzeisenkern powdered (dust) iron-core coil
S. mit mehreren Windungen multiturn coil
S. mit Mittelanzapfung centre-tapped coil, mid-tap coil
S. mit Verlusten resistive coil (inductor)
S. mit Wabenwicklung honeycomb (lattice-wound) coil
S. mit zwei Gleitkontakten double-slider coil
angezapfte S. tapped coil
astatische S. astatic coil
auswechselbare S. plug-in coil
blank gewickelte S. blank-wound coil
blinde S. idle coil
drehbare S. rotatable (revolving) coil
eingängige S. single-turn coil
einlagige S. single-layer coil
eisenlose S. air-cored coil (solenoid)
feste S. fixed coil
gestürzte S. back-wound coil *(Transformator)*
kernlose S. air-cored coil; coreless coil
kreuzgewickelte S. lattice-wound coil, cross-wound coil
krumme S. curved coil
luftgekühlte S. air-cooled coil (solenoid)
mehrlagige S. multilayer coil
nicht angeschlossene S. open-ended coil
offene S. open coil
quadratische S. square-core coil
ringförmige S. annular coil
schablonengewickelte S. form[er]-wound coil
scheibengewickelte S. sandwich-wound coil
sechseckige S. hexagonal coil
tote S. dummy coil
verlustarme S. low-loss coil
verschiebbare S. sliding coil
vieleckige S. polygonal coil
vorgeformte S. preformed coil
zweiteilige S. split coil
zylindrische S. cylindrical coil
spulen to reel, to wind, to spool
Spulenabbindung *f* coil lashing
Spulenabgleich *m* coil alignment
Spulenabgriff *m* coil tap
Spulenabschnitt *m s.* Spulenfeld
Spulenabstand *m* loading coil distance (spacing), coil (load) spacing
Spulenanschluß *m* coil terminal; coil tap
Spulenanschlußdraht *m* coil lead
Spulenanzapfung *f* coil tap[ping]
Spulenbandgerät *n* open-reel [tape] recorder
Spulendraht *m* coil (magnet) wire
Spuleneinbindemaschine *f* coil taping machine
Spulenenergieaufnahme *f* coil consumption
Spulenentfernung *f* coil spacing
Spulenfeld *n* 1. *(Fmt)* loading section, pupinization section *(Pupinspule)*; 2. coil section *(Abschnitt)*
Spulenfeldergänzung *f (Fmt)* building-out network
Spulenflansch *m* coil flange; spool flange (head)
Spulenform *f* coil configuration
Spulenformfaktor *m* coil shape factor
Spulenformmaschine *f* coil forming machine
Spulengalvanometer *n* coil galvanometer
Spulengestell *n* coil rack
Spulengröße *f* reel size
Spulengruppe *f* coil group
Spulengüte *f* coil quality, coil Q, coil figure of merit, coil [magnification] factor
Spulenhalter *m* coil holder (support, mount)
oberer S. upper coil support
Spulenisolation *f* coil insulation
Spulenkabel *n (Fmt)* coil-loaded cable
Spulenkasten *m (Fmt)* coil box, loading coil pot
S. für Freileitungen loading pot for overhead lines
Spulenkern *m* core
einstellbarer S. slug
Spulenkette *f* low-pass filter, upper limiting filter
Spulenkontakt *m* coil contact
Spulenkopf *m* coil end, end winding, overhang
Spulenkörper *m* coil shell (form), [coil] former; bobbin [core]
Spulenkreis *m* coil circuit
Spulenlack *m* coil varnish
Spulenleistungsaufnahme *f* coil consumption
Spulenmuffe *f* coil piece
Spulenplan *m (Fmt)* loading scheme
Spulenpotentiometer *n* inductive potentiometer, ipot

Spulenpresse *f* coil press
Spulenpunkt *m (Fmt)* loading point
Spulenrahmen *m* coil form
Spulensatz *m* bank of coils, coil set (assembly); *(Fmt)* loading unit
Spulenschalter *m* coil switch
Spulenscheibe *f* coil flange
Spulenschenkel *m* coil side
Spulenseite *f* 1. coil side; 2. *(Masch)* group of conductors
Spulenseiten *fpl* **je Nut** coil sides per slot
Spulensystem *n* coil system
Spulentonbandgerät *n* open-reel machine (tape recorder)
Spulenträger *m* bobbin, coil brace
Spulenträgerisolation *f* coil insulation
Spulentrommelachse *f* coil-turret shaft
Spulenunterlage *f* lower coil support
Spulenvorwiderstand *m (Meß)* swamping resistor *(zur Temperaturkompensation)*
Spulenweite *f* coil span (width), coil pitch *(in Nutteilungen)*
Spulenwickelmaschine *f* coil winder, coil winding machine (bench)
Spulenwicklung *f* coil winding
konzentrische S. concentric winding
Spulenwiderstand *m* coil resistance
Spur *f* trace; track *(z. B. auf Tonband)*
einfache S. single trace
feinfokussierte S. finely focussed trace
frequenzmodulierte S. frequency-modulated track
kontrastreiche S. high-contrast trace
verriegelte S. locked trace
Spurabstand *m* track spacing
Spuramplitude *f* amplitude of trace
Spuranpassung *f (Ak)* coincidence [effect], wave coincidence
Spurauswahl *f* track selection, selection of tracks *(Speicher)*
Spurbreite *f* track width
Spurelement *n* track element *(Lochband, Magnetband)*
Spurenanordnung *f* / **versetzte** interlaced track arrangement
Spurenelement *n* trace element
Spurenkennzeichnung *f* trace identification
Spurenmenge *f* trace amount
Spurenverunreinigung *f* trace impurity
Spurenzugriff *m* track selection
Spurfehler *m* track[ing] error
Spurhaltevermögen *n* trackability *(Lochband, Magnetband)*
Spurkennzeichner *m* trace indentifier
Spurnachführung *f* / **dynamische** dynamic track following
Spurumschaltmatrix *f (Rech)* track switch matrix
SSI *Abk. für* small-scale integration
Stab *m* 1. bar, rod; 2. armature bar (conductor)
S. einer Anlaufwicklung amortisseur bar
Stabanker *m* bar-wound armature
Stabanode *f* bar anode
Stabantenne *f* rod aerial; whip aerial
ausziehbare S. telescopic rod aerial
Stabantrieb *m* rod drive
Stabausdehnungstemperaturregler *m* rod-type thermostat
Stabbatterie *f* cylindrical (tubular) cell, torch battery
Stabdurchführung *f* rod seal
Stabeinbindemaschine *f (Isol)* bar-taping machine
Stabelektrode *f* bar (pencil) electrode
Stabelement *n* cylindrical (torch) cell
Staberder *m* earth[ing] rod
Stabfunkenstrecke *f* rod spark gap
Stabgleichrichter *m* cartridge-type rectifier
stabil stable; rigid
s. bei offenem Regelkreis *(Syst)* open-loop-stable
bedingt s. conditionally stable
dynamisch s. dynamically (transiently) stable
nicht s. instable
Stabilbrennspannung *f* tube voltage drop *(Stabilisator)*
Stabilisation *f* stabilization
Stabilisator *m* 1. stabilizer; voltage stabilizer, constant-voltage regulator; 2. voltage regulator tube (valve), voltage reference tube; bias clamping tube *(einer Glimmröhre)*
stabilisieren to stabilize *(z. B. Strom)*
stabilisiert / durch Dämpfung *(Syst)* damper-stabilized
Stabilisierung *f* stabilization
S. des kleinen Regelkreises *(Syst)* minor-loop stabilization
S. durch Hintereinanderschaltung *(Syst)* series stabilization
S. durch Rückführung *(Syst)* feedback [method of] stabilization
S. durch Vorhaltglied *(Syst)* series phase lead stabilization
Stabilisierungsbereich *m* stabilization range
Stabilisierungseinrichtung *f (Syst)* stabilizer, stabilizing element (network)
Stabilisierungsnetz[werk] *n (Syst)* stabilizing network
Stabilisierungsschaltung *f (Syst)* stabilizing (antihunting) circuit
Stabilisierungssignal *n* stabilizing signal
Stabilisierungstransformator *m* stabilizing transformer
Stabilisierungsverfahren *n* method of stabilization
Stabilisierungswicklung *f* stabilizing winding
Stabilisierungswiderstand *m* stabilizing resistor

Stabilität *f* 1. stability *(z. B. einer Regelung);* 2. stability, rigidity *(mechanisch)*
S. der Entladung stability of discharge
S. der geschlossenen Schleife *(Syst)* closed loop stability
S. des Plasmas plasma stability
S. eines Systems system stability
S. im Großen *(Syst)* stability in the large
S. im Kleinen *(Syst)* stability in the small
S. linearer Systeme stability of linear systems
aperiodische S. *(Syst)* aperiodic stability
asymptotische S. *(Syst)* asymptotic stability
bedingte S. *(Syst)* conditional stability
dynamische S. dynamic (transient) stability
kurzzeitige S. short-time stability
lokale S. local stability *(im Zustandsraum)*
natürliche dynamische S. natural dynamic (transient) stability
statische S. steady-state stability
thermische S. thermal stability
Stabilitätsabschätzung *f (Syst)* stability estimation
Stabilitätsanalyse *f (Syst)* stability analysis
Stabilitätsbedingung *f* stability condition
Stabilitätsbereich *m* stability domain *(im Zustandsraum)*
Stabilitätsgebiet *n* stability (stable) region *(im Kennlinienfeld)*
Stabilitätsgrenze *f* stability limit
dynamische S. dynamic (transient) stability limit
natürliche S. natural stability limit
Stabilitätsgüte *f (Syst)* degree of stability
Stabilitätskennlinie *f (Syst)* stability characteristic
Stabilitätskonstante *f* stability constant
Stabilitätskontrolle *f (Syst)* stability check
Stabilitätskriterium *n (Syst)* stability criterion
S. nach Michailow-Leonhard Leonhard criterion [of stability], Michailov criterion
S. nach Nyquist-Cauchy Nyquist-Cauchy criterion [of stability]
algebraisches S. algebraic stability criterion
Hurwitzsches S. Hurwitz criterion [of stability]
stabilitätsmindernd destabilizing
Stabilitätsrand *m* stability limit, borderline of stability *(eines Regelungssystems)*
absoluter S. *(Syst)* absolute stability margin
Stabilitätsregler *m* stability controller
Stabilitätsreserve *f* stability margin *(Kenngröße zur Beurteilung der Stabilität)*
Stabilitätssatz *m* / **Ljapunowscher** Liapunov theorem of stability
Stabilitätsspielraum *m* margin of stability
Stabilitätsuntersuchung *f (Syst)* stability analysis
Stabilitätsverhalten *n* stability behaviour
Stabinduktor *m* rod inductor *(Induktionshärten)*
Stabisolator *m* rod (stick) insulator
Stabkondensator *m* cylindrical capacitor
Stabmagnet *m* bar (rod) magnet, magnetic bar
Stab-Platte-Anordnung *f* rod-plate system
Stab-Platte-Funkenstrecke *f* rod-plate spark gap
Stabreflektor *m* rod mirror
Stabregelung *f* rod control *(Reaktor)*
Stabstrahler *m* / **keramischer** ceramic rod radiator *(Infrarotstrahler)*
Stabstromwandler *m* bar-type [current] transformer, bank-type current transformer
Stabstruktur *f (Halbl)* bar structure
Stabtaschenleuchte *f* electric torch
Stabwandler *m* single-turn transformer, bar transformer
Stabwicklung *f* bar winding
Stabwiderstand *m* rod resistor *(z. B. Heizwiderstand)*
Stadionbeleuchtung *f* stadium illumination
Stadtbeleuchtung *f* municipal lighting
Staffel *f (Fmt)* progressive grading
Staffelgruppe *f (Fmt)* grading group
staffeln to stagger; *(Fmt)* to grade
Bürsten s. to stagger brushes
Zeit s. to stagger time
Staffelschutz *m* stepped-curve distance-time protection
Staffeltarif *m* step tariff
Staffelung *f* staggering; *(Fmt)* grading
S. von Gruppen grading of groups
Staffelungsplan *m (Fmt)* grading diagram (scheme)
Stahl *m* / **unmagnetischer** non-magnetic steel
Stahlaluminium *n* steel-cored aluminium *(für Freileitungen)*
Stahlbandbewehrung *f* steel tape armour
Stahlbehälter *m* steel container *(der Batterie)*
Stahlbetonfundament *n* reinforced concrete foundation
Stahlblech *n* steel plate
Stahlblechgehäuse *n* sheet steel box
Stahlblechverkleidung *f* sheet steel panelling
Stahlblechzellenkasten *m* steel container *(der Batterie)*
Stahlgittermast *m* lattice steel mast
Stahlmast *m* steel tower
Stahlpanzer *m* steel armour
Stahlpanzerrohr *n* steel (metal) conduit
Stahlröhre *f* all-metal valve (tube)
Stahlröhrensockel *m* all-metal tube base
Stahlrohrkabel *n* pipe-type cable

Stahlseil *n* steel cable (rope)
Stahlstäbchen *n* **zur Blitzstrommessung** magnetic indicator for lightning currents, surge-crest ammeter link, surge current indicator
Staketenphänomen *n* railing phenomenon *(Radarstörung)*
Stammkapazität *f (Fmt)* side circuit capacitance
Stammleitung *f (Fmt)* side (physical) circuit
Stammspule *f (Fmt)* side circuit loading coil
Stand *m* 1. level *(z. B. von Flüssigkeiten)*; 2. position
S. der Technik state of the art
fahrbarer S. trolley *(für Geräte)*
Standard *m* standard
Standardabweichung *f (Meß)* standard deviation; root-mean-square deviation *(Statistik)*
Standardausrüstung *f* standard equipment
Standardbauelement *n* / **elektronisches** standard electronic component
Standardbaugruppe *f* standard assembly
Standardbaustein *m* standard module (modular unit), general-purpose component
Standardbauweise *f* unitized construction
Standardbezugsspannung *f* standard reference voltage
S. einer Elektrode standard electrode potential
Standardeinheit *f* standard unit
Standardelektrode *f* standard electrode (half-cell)
Standardelektrodenpotential *n* standard [electrode] potential
Standard-EMK *f* standard electromotive force
Standardfehler *m* standard error
Standardfeld *n (Eüb)* unit panel
Standardgalvanispannung *f* standard Galvani tension
Standardgehäuse *n* standard casing
Standardgröße *f* standard size
Standardhammerwerk *n* standard impact generator *(für Trittschallmessungen)*
Standardimpulsgenerator *m* clock
standardisieren to standardize
standardisiert standard[ized); unitized
Standardisierung *f* standardization
Standardkalomelelektrode *f* standard calomel electrode
Standardleiterplatte *f* standard-pattern printed circuit board
Standardmodul *m* standard module
Standardpegel *m* standard level
Standardplatte *f* blank board *(Leiterplattenherstellung)*
Standardpotential *n* / **[elektro]chemisches** standard chemical potential
Standardschaltkreis *m* standard circuit
Standardschaltung *f* standard circuit
Standardscheibe *f* master slice
Standardschnittstelle *f* standard interface
Standardspeicher *m (Rech)* standard memory
Standardwasserstoffelektrode *f* standard hydrogen electrode
Standardwelle *f* standard waveform *(bei Stoßspannungen)*
Standard-Weston-Element *n* standard Weston cell
Ständer *m* 1. *(Masch)* stator; 2. pillar, post
Ständeranlasser *m* reduced-voltage starter, stator resistance starter *(mit Widerständen)*
induktiver S. primary reactor starter *(bei Asynchronmaschinen)*
ohmscher S. primary resistor starter *(bei Asynchronmaschinen)*
Ständerblech *n* stator [core] lamination
Ständerblechpaket *n* stator core
Ständererdschlußschutz *m* stator earth-fault protection
Ständerjoch *n* stator (frame) yoke
Ständerplatte *f* stator plate
Ständerspule *f* stator coil
Ständerstrom *m* stator current
Ständerwickelmaschine *f* stator winding machine
Ständerwicklung *f* stator winding
Ständerwicklungskupfer *n* stator winding copper
Ständerwicklungsprüfung *f* stator winding test
Ständerwiderstandsanlassen *n* stator resistance starting
Standhöhe *f* level *(z. B. von Flüssigkeiten)*
Standlicht *n* parking light; marker light *(Kraftfahrzeug)*
Standort *m* location, position
Standortbestimmung *f (FO)* position finding
Standortfehler *m* site error
Standortfehlerempfindlichkeit *f* site error susceptibility
Standortmeldung *f* position report
Standortpeilung *f (FO)* position fixing
Standverbindung *f (Fmt)* dedicated line
Standverbindungsnetz *n (Fmt)* station-to-station system
Standwächter *m* level controller
Standwert *m* **einer akustischen Masse** acoustic inertance
S. für die Auslenkung displacement impedance
akustischer S. acoustic impedance
mechanischer S. mechanical (velocity) impedance
spezifischer S. specific (unit-area) acoustic impedance
Stange *f* bar, rod; pole

angeschuhte S. shoed pole
verstrebte S. strutted pole
Stangenabstand *m (Fmt)* pole distance *(Freileitung)*
Stangenanode *f* bar anode
Stangenausrüstung *f (Fmt)* pole fittings *(Freileitung)*
Stangenbild *n (Fmt)* pole diagram *(Freileitung)*
Stangenfuß *m (Fmt)* pole footing
Stangenschalter *m* rod-operated switch
Stangenstromabnehmer *m* trolley
Stangenwähler *m (Fmt)* panel selector
Stangenwählersystem *n (Fmt)* panel system
Stanniol *n* tin foil, foil tin
Stanniolband *n* tin foil tape
Stanniolbelag *m* tin foil coating
Stanniolelektrode *f* tin foil electrode
Stanniolkondensator *m* tin foil capacitor
Stanniolpapier *n* tin foil paper
Stanniolsicherung *f* tin fuse
Stanniolüberzug *m* tin foil sheathing
Stanzabfall *m* chad *(beim Lochen)*
Stanzautomat *m (Rech)* automatic punch
stanzen to punch, to stamp
Stanzen *n* / **blindes** touch-typing *(Telegrafie)*
direktes S. straight gang punching
Stanzer *m (Rech)* punch, [tape] perforator
Stanzgeschwindigkeit *f* punch velocity, punching speed (rate)
Stanzloch *n* punched hole
Stanzmagnet *m* punching magnet
Stanzmatrize *f* cutting die plate
Stanzrest *m* chad *(beim Lochen)*
Stanzschablone *f* punching template
Stanzstift *m* perforating pin
Stanztechnik *f* stamped wiring *(für gedruckte Schaltungen)*
Stanzteil *n* stamping *(z. B. Elektroblech)*
Stanzvorrichtung *f* punching device
Stapel *m (Rech)* stack
Stapelbetrieb *m (Rech)* batch processing
Stapelfehler *m* stacking fault *(Kristall)*
Stapelfehlordnung *f* stacking disorder *(Kristall)*
Stapelfernverarbeitung *f (Rech)* remote batch processing
Stapelfolge *f (Halbl)* stacking sequence
Stapelglasseide *f (Isol)* chopped strands
Stapelspeicher *m (Rech)* stack memory, stack
Stapelung *f* stacking
Stapelverarbeitung *f (Rech)* batch processing
Stapelzeiger *m (Rech)* stack pointer
Stärke *f* **des elektrischen Felds** intensity of the electric field
S. des Empfangssignals received signal strength
S. des magnetischen Felds intensity of the magnetic field
Stark-Effekt *m* Stark effect
quadratischer S. quadratic Stark effect
Stark-Effekt-Aufspaltung *f* Stark [effect] splitting
Stark-Effekt-Modulation *f* Stark modulation
Stark-Effekt-Verbreiterung *f* Stark [effect] broadening
Stärkefunktion *f* strength function
Starkfeld *n* high field
Stark-Schwach-Verhalten *n* high-low action *(Kybernetik)*
Starkstrom *m* power[-line] current, heavy current
Starkstromanlage *f* power installation
Starkstromgeräusch *n (Nrt)* [power-]induced noise, power-induction noise
Starkstromgleichrichter *m* power rectifier
Starkstromkabel *n* [electric] power cable
S. mit Hilfsadern [power] cable with pilot cores
Starkstromkondensator *m* heavy-current capacitor
Starkstromkreis *m* power (heavy-current) circuit
Starkstromkreuzung *f* power-line crossing
Starkstromleitung *f* power (heavy-current) line; power circuit
Starkstromnetz *n* heavy-current system, power mains
Starkstromnetzanschluß *m* power supply system
Starkstromrelais *n* heavy-duty relay
Starkstromschalter *m* heavy-current switch
Starkstromstörungen *fpl (Nrt)* interference from power lines
Starkstromtechnik *f* heavy-current engineering
Starkstromübertragungsnetz *n* power transmission system
Starkstromverteilerkabel *n* power distribution cable
Starkstromwecker *m* power bell
starr rigid
nicht s. flexible
Starrheit *f* rigidity
Start *m* start
Startdrehmoment *n* initial torque
starten to start
startend / schnell rapid-starting
Starter *m* starter; *(Licht)* starter [switch]; *(Srt)* trigger electrode
Starteranode *f* starter anode
Starterbatterie *f* starter battery
Starterbetrieb *m (Licht)* starter switch operation
Starterfassung *f (Licht)* starter holder
Startgeschwindigkeit *f* starting velocity

Startimpuls *m* 1. starting (initiating) pulse, start[ing] impulse; 2. *(FO)* main bang
Startpolarität *f* start polarity
Startsignal *n* start signal
Start-Stopp-Apparat *m (Fmt)* start-stop apparatus
Start-Stopp-Betrieb *m* start-stop operation
Start-Stopp-Kommando *n (Fmt)* start-stop command
Start-Stopp-Multivibrator *m* start-stop multivibrator
Start-Stopp-System *n* start-stop system
Start-Stopp-Tastung *f (Fmt)* start-stop modulation
Start-Stopp-Übertragung *f (Fmt)* start-stop transmission
Start-Stopp-Verzerrungsgrad *m (Fmt)* degree of start-stop distortion
Startvorrichtung *f* starting device
Startzeichen *n* start signal
Startzeit *f* start time
Station *f*:
automatische S. automatic station
gerufene S. *(Fmt)* called station
ortsfeste S. *(Fmt)* base (fixed) station
rufende S. *(Fmt)* calling station
transportable S. [trans]portable station
zeitweise bemannte S. *(Fmt)* semi-attended station
stationär 1. steady-state; 2. stationary
Stationaritätsbedingung *f* steady-state condition
Stationsableiter *m* station-type arrester *(Ableitstrom ~ 10 kA)*
Stationsaufforderung *f (Fmt)* query
Stationsruf *m* code ringing *(Eisenbahn)*
Stationsschalter *m* station key
Stationsschaltzelle *f* station-type cubicle switchgear
Stationstaste *f* station key
Stationswahl *f* / **automatische** *(Fmt)* automatic station selection
Stationswähler *m (Fmt)* station selector
statisch static[al]
Statistik *f* 1. statistics *(Wissenschaft)*; 2. statistic *(Zusammenfassung, Tabelle)*
statistisch statistical
Stativ *n* stand; tripod
Stativgewinde *n* tripod mounting thread
Stator *m (Masch)* stator, frame[work]
bewickelter S. wound stator core
drehbarer S. rotatable frame
verschiebbarer S. end-shift frame
Statorblechpaket *n* stator iron core
Statoreisen *n* stator iron
Statorfeld *n* stator field
Statorgehäuse *n* stator frame
Statorisolation *f* stator insulation
Statorplatten *fpl* fixed plates *(Drehkondensator)*
Statorspulenstützisolator *m* stator coil pin
Stator-Stab-Isolation *f* stator-bar insulation
Status *m (Rech)* state, status
Statussignal *n (Rech)* state signal
Statuswort *n (Rech)* status word
Statuswortregister *n (Rech)* status word register
Staubabdichtung *f* dust seal
Staubablagerung *f* dust deposit, dust settling[s]
Staubabscheider *m* dust separator (collector, precipitator)
Staubabscheidung *f* / **elektrostatische** electrostatic [dust] precipitation
Staubbekämpfung *f* dust control (suppression)
staubdicht dustproof, dust-tight
Staubdichtung *f* dust seal
Staubecken *n* storage reservoir
staubfrei dust-free, dustless
Staubgehalt *m* dust content (loading)
Staubgehaltsmesser *m s.* Staubmeßgerät
Staubgenerator *m* / **elektrostatischer** dust flow-type electrostatic generator *(zur Gleichspannungserzeugung)*
staubgeschützt dustproof, sealed against dust
staubhaltig dusty, dust-laden
Staubhaube *f* dust cover
Staubmeßgerät *n* konimeter, dust counter (sampler)
Staubsauger *m* vacuum-cleaner
Staubschutz *m*, **Staubschutzkappe** *f* dust cover *(z. B. am Mikrofon)*
staubsicher dustproof
Staubteilchen *n* dust particle
staubtrocken dust-dry *(z. B. Lackschicht)*
Staudruck *m* dynamic (impact) pressure; *(Ak)* back pressure
Staudrucktachometer *n* velocity-head tachometer
Staufferbüchse *f* grease cup
Stauscheibe *f* orifice plate
Steckanschluß *m* plug and socket connection, plug-in connection, push-on termination, quick connector ● **mit S.** plug-connected
steckbar pluggable, plug-in
Steckbaugruppe *f* plug-in unit
Steckbaustein *m* plug-in module
Steckbügel *m (Fmt)* U-link
Steckdose *f* socket, [electric] coupler socket, plug connector (box), [socket] outlet, [convenience] receptacle
S. an der Frontplatte front-panel socket
mehrpolige S. multicontact socket
Steckeinheit *f* plug-in unit *(einsteckbares Bauelement)*
herausziehbare S. draw-out unit
stecken to plug
Stecker *m* plug; connector [plug], male connector; attachment plug, coupler
S. für Wandsteckdosen wall plug
S. mit Schutzkontakt earthing contact-type plug

berührungssicherer S. shock-proof plug
dreipoliger S. three-pin plug
einpoliger S. single-pole plug
gekoppelter S. mated connector
gepolter S. polarized plug
konzentrischer S. concentric (coaxial) connector
mehrpoliger S. multipole connector; multipin plug *(Steckerleiste)*
n-poliger S. n-pin plug
unverwechselbarer S. non-interchangeable plug
zweipoliger S. two-pin plug, biplug
Steckeranschluß *m s.* Steckanschluß
Steckerkabel *n* patch (attachment) cord
Steckerkontakt *m s.* Steckkontakt
Steckerkörper *m* plug body
Steckerleiste *f* multipoint (multiway) connector, frame connector
Steckerleitung *f s.* Steckerschnur
Steckerloch *n* [connector] receptacle, plug hole
Steckerpaar *n* connector pair
Steckerschalter *m* plug switch
Steckerschnur *f* patch cord, cord and plug
Steckerspitze *f* plug tip
Steckerstift *m* plug (contact) pin, male plug
Steckerteil *m(n)* male connector *(eines Steckverbinders)*
Steckfassung *f* plug[-in] socket
S. mit Mittelkontakt central contact cap
Steckfeld *n* pin (plug-in) board; *(Rech)* patch (control) panel *(eines Analogrechners)*
Steckhülse *f* pin bushing
Steckkarte *f* plug-in card (board)
Steckklemme *f* plug clamp
Steckkontakt *m* plug (connector) contact, male [housing] contact
Steckkontaktleiste *f* multipoint (multiway) connector, rack-and-panel connector
Steckkopplung *f* adapter jack
Stecklampe *f (Fmt)* jack lamp
Steckplatte *f* breadboard
Steckrelais *n* plug-in relay
Steckschalter *m* plug-in switch
Stecksockel *m* plug base
Stecksockelrelais *n* plug-in relay
Steckspule *f* plug-in coil
Steckstift *m* pin
Stecktafel *f* plug board, pin (plug-in) board; *(Fmt)* peg board; *(Rech)* patch (control) board *(für Programme)*
Steckverbinder *m* connector, plug-and-socket connector, plug-and-socket [connection]
S. mit Koaxialanschluß coaxial connector
S. mit Schalter switch plug
S. mit Wickelanschluß wire-wrap connector
direkter S. edge[board] connector
luftdicht verschlossener S. hermetic sealed connector
unverwechselbarer S. non-reversible connector
zweipoliger S. two-way connector
Steckverbinderleiste *f* multipoint (multiway) connector
Steckverbinderpaar *n* connector pair
Steckverbinderstift *m* connector pin (plug)
Steckverbindung *f* plug[-and-socket] connection, connector assembly (pair), connector
S. für gasgefüllte Leitungen pressurized connector
S. für Thermoelemente thermocouple connector
S. mit Schutzkontakt plug and socket with earth contact
S. mit Sperre restrained plug and socket
elektrische S. electric pin-and-socket coupler
konzentrische S. concentric plug and socket
Steckverlust *m* insertion loss *(bei Leiterplatten)*
Steckvorrichtung *f* plug and socket, socket outlet and plug, coupler
Steg *m* 1. land *(Schallplatte)*; 2. cell connector *(Batterie)*
Steghohlleiter *m* ridged waveguide *(Wellenleiter)*
Stegleitung *f* [/ **zweiadrige**] twin lead
Stegmagnetron *n* vane magnetron
Stegspannung *f* segment voltage
Stehbildprojektion *f* still (slide) projection
Stehbildprojektor *m*, **Stehbildwerfer** *m* still (slide) projector
stehen / in Verbindung 1. to contact; 2. *(Nrt)* to [inter]communicate
in Wechselwirkung s. to interact
stehenbleiben to stall, to run down *(Motor)*
in einer Stellung s. to stop at a position
stehend / unter Spannung (Strom) live
untereinander in Beziehung s. interrelated
Stehlager *n* pillow block, pedestal bearing
geneigtes S. angle pillow block
Stehlagerisolation *f* pedestal bearing insulation
Stehlampe *f*, **Stehleuchte** *f* floor [standard] lamp
Stehlichtbogen *m* permanent arcing
Stehspannung *f* withstand voltage
Stehstoßspannung *f (Hochsp)* withstand impulse voltage, impulse-withstand voltage; dry impulse-withstand voltage *(im trockenen Zustand)*; wet impulse-withstand voltage *(im beregneten Zustand)*
Stehstoßspannungsprüfung *f (Isol)* impulse-withstand voltage test
Stehwechselspannung *f* withstand alternating voltage

Stehwellenmesser *m* standing wave meter
Stehwellenverhältnis *n* [voltage] standing wave ratio, v.s.w.r.
Stehwellenverhältnismesser *m* standing wave meter (ratio bridge)
steif stiff, rigid
Steife *f* stiffness, rigidity
akustische S. acoustic stiffness
Steifigkeit *f s.* Steife
Steifigkeitsreaktanz *f* stiffness reactance
Steigeisen *npl* [pole] climbers, lineman's climbers
Steigeleitung *f s.* Steigleitung
steigen to rise, to increase
quadratisch s. mit to increase as a square of
steigern to increase, to enhance; to raise *(z. B. Temperatur)*; to boost
Steigerung *f* increase, enhancement; raise
Steigerungstempo *n* advanced keying speed *(Telegrafie)*
Steigleitung *f* rising main, riser cable (wire), riser
Steig- und Sinkgeschwindigkeitsanzeiger *m* rate-of-climb indicator
Steigung *f* 1. pitch *(Gewinde)*; 2. inclination; gradient, slope
S. eines Gitters grid pitch
Steigungsfehler *m* pitch error
steil steep; abrupt
Steilheit *f* transconductance, mutual conductance, transadmittance *(Elektronenröhre)*; slope *(Maß des Kennlinienanstiegs)*
S. der Impulsfront pulse front slope
S. der Kennlinie dynamic slope *(Elektronenröhre)*
dynamische S. mutual conductance under dynamic conditions
komplexe S. transadmittance
Steilheitsgrenzfrequenz *f* transconductance cut-off frequency
Steilheitskennlinie *f* mutual characteristic
Steilheitsmesser *m* mutual conductance meter
Steilheitsrelais *n* rate of change relay
Steilstrahlung *f (FO)* high-angle radiation
Steinlager *n* jewel[led] bearing *(z. B. in Meßinstrumenten)*
Steinwolle *f* rock (mineral) wool
Stellantrieb *m (Syst)* servo (motor) drive, actuating mechanism, actuator, motor element
stellbar / stufenlos infinitely adjustable
Stellbereich *m (Syst)* control (operating) range
Stelldruck *m (Syst)* control (actuating) pressure
Stelle *f* 1. *(Rech)* digit; column; 2. site *(z. B. im Kristallgitter)*; 3. place, position; location
aktive S. active centre
binäre S. binary position
heiße S. hot spot
niedrigstwertige S. least-significant digit
undichte S. leak
ungelochte S. *(Rech)* blank
Stelleinrichtung *f* servo unit (equipment)
stellen / auf Null to zero *(z. B. Meßgerät)*; to reset
in eine Reihe s. to line up
Kontakte enger s. to close up the contacts
Stellenauslesesystem *n (Rech)* digit reading system
Stellenschreibweise *f (Rech)* positional notation
Stellenverschiebung *f* **im Akkumulator (Speicher)** accumulator shift
Stellenverschiebungsregister *n (Rech)* shift[ing] register
binäres S. binary shift register
Stellenwert *m (Rech)* place (local) value
Stellenwertverschiebung *f (Rech)* arithmetic shift
zyklische S. cyclic shift
Stellenwertversetzung *f* / **zyklische** *(Rech)* cyclic shift
Stellenzahl *f* number of digits
Stellgeschwindigkeit *f (Syst)* control (regulating) speed; floating speed *(beim I-Regler)*
Stellgetriebe *n* control gear
Stellglied *n* actuating mechanism, actuator; *(Syst)* control (controlling, positioning) element; final control element *(z. B. am Ausgang einer Meßeinrichtung)*; executing (correcting) device
S. mit Antrieb motor-driven final controlling element
akustisches S. acoustic controller
hydraulisches S. hydraulic [power] actuator
pneumatisches S. pneumatic actuator
Stellgröße *f (Syst)* regulated quantity, correcting (manipulated, actuating) variable
Stellgrößenvektor *m (Syst)* control vector *(Mehrgrößensystem)*
Stellhebel *m* adjusting lever
Stellknopf *m* adjusting knob
Stellkolben *m* piston operator *(hydraulisch)*
Stellkondensator *m* adjustable capacitor
Stellmagnet *m* controlling (operating) magnet
Stellmotor *m (Syst)* servomotor; control motor
S. für lineare Bewegung linear motion servomotor
S. mit konstanter Geschwindigkeit constant-speed servomotor
S. mit veränderlicher Geschwindigkeit variable-speed servomotor

asynchroner S. asynchronous servomotor
hydraulischer S. hydraulic servomotor
pneumatischer S. pneumatic servomotor
Stellort *m (Syst)* control point
Stellpotentiometer *n* variable potentiometer
Stellrad *n* handwheel
Stellrelais *n* positioning relay
Stellring *m* adjusting ring (collar)
Stellschraube *f* adjusting screw
Stelltransformator *m* adjustable (adjusting) transformer, [voltage-]regulating transformer, variable[-ratio] transformer
Stellung *f* position; placement
nichterregte S. de-energized position
Stellungsanzeigelampe *f (Anl)* ancillary lamp
Stellungsfehler *m* position error
Stellungsfernanzeiger *m* remote position indicator
Stellungsgeber *m (Syst)* position indicator; *(FO)* position encoder
Stellungslichter *npl* aircraft navigation lights
Stellungsregler *m (Syst)* positioner *(z. B. bei Stellmotoren)*
Stellungsrückkopplung *f* position feedback
Stellventil *n* regulating valve
Stellvorrichtung *f* adjusting device
Stellwicklung *f* regulating winding
Stellwiderstand *m* regulating resistor, rheostat
Stellzeit *f* regulating time
Stempel *m* piston
Steradiant *m* steradian *(Einheit des Raumwinkels)*
Stereoadapter *m* stereo adapter
Stereoaufnahme *f* 1. *(Ak)* stereo recording; 2. stereo photograph
Stereoaufnahmegerät *n* stereophonic recorder
Stereobild *n* stereo[scopic] image
Stereobildpaar *n* stereo[scopic] pair
Stereodekoder *m* stereo decoder
Stereoeffekt *m* stereo[phonic] effect; stereoscopic effect
Stereoempfänger *m* stereo receiver
stereofon stereophonic
Stereofonie *f* stereophonics
stereofonisch stereophonic
Stereografie *f* stereography
stereografisch stereographic
Stereokomparator *m* stereocomparator
Stereometer *n* stereometer
Stereomikroskop *n* stereo[scopic] microscope
Stereomischpult *n* stereo[phonic] mixer
Stereopaar *n s.* Stereobildpaar
Stereoschallplatte *f* stereo record
Stereosignal *n* stereo[phonic] signal
stereoskopisch stereoscopic
Stereoton *m* stereo[phonic] sound
Stereotonbandgerät *n* stereo recorder
Stereotonwiedergabe *f* stereophonic reproduction of sound
Stereoübertragungsanlage *f* stereo[phonic] sound system
Stereoverstärker *m* stereo[phonic] amplifier
Sterilisator *m* / **elektrischer** electric sterilizer (sterilizing apparatus)
Sternantenne *f* star aerial
Sternblende *f* star-shaped diaphragm
Stern-Dreieck *n* star-delta, wye-delta
Stern-Dreieck-Anlasser *m* star-delta starter
Stern-Dreieck-Anlauf *m* star-delta starting, wye-delta starting
Stern-Dreieck-Schalter *m* star-delta switch (starter), wye-delta switch
Stern-Dreieck-Schaltung *f* star-delta connection, wye-delta connection
sterngeschaltet star-connected, wye-connected, Y-connected
Sterngleichrichterstromkreis *m* star rectifier circuit
Sterngriff *m* star knob
Sternkabel *n* spiral-eight cable
Sternnetz *n* star layout (network, structure), Y-network; *(Fmt)* radial network
Sternpunkt *m* star (neutral) point
geerdeter S. earthed neutral
herausgeführter S. neutral brought-out
künstlicher S. artificial neutral point
offener S. open neutral point
Sternpunktanschluß *m* neutral terminal
Sternpunktdrossel *f* / **dreiphasige** three-phase neutral electromagnetic coupler
Sternpunkterdung *f* / **induktive** inductive [neutral] earthing
Sternpunkterdungsdrossel *f* / **einphasige** single-phase neutral earthing reactor
Sternpunktklemme *f* neutral terminal
Sternpunktleiter *m* neutral conductor
Sternpunkttransformator *m* earthing transformer
Sternschaltung *f* star (wye) connection, Y-connection
Sternschauzeichen *n (Fmt)* star indicator
Sternspannung *f* star voltage, Y-voltage
Stern-Stern-Schaltung *f* star-star connection
Sternverbindung *f* star (wye) junction
Sternvierer *m (Fmt)* star quad
Sternviererkabel *n* spiral-four quad, [star] quad cable
Sternviererverseilung *f* spiral-four twisting
stetig continuous, steady[-state]
Stetigbahnsteuerung *f* continuous-path control
S. von Maschinen continuous machine control
Stetigbahnsteuerungsanlage *f* continuous-path system

Stetigkeit *f* continuity, steadiness; smoothness *(Kurve)*
Stetigkeitsbedingung *f* continuity condition
Stetigkeitskontrolle *f* smoothness check
Steuerader *f (Fmt)* control wire
Steueralgorithmus *m* control algorithm
Steuerapparat *m (App)* control-circuit apparatus
Steuerausbeute *f* control ratio *(Röhre)*
Steuerband *n (Rech)* control (pilot) tape
Steuerbarkeit *f* controllability *(eines Systems)*
Steuerbefehl *m (Rech)* control command (instruction)
Steuerbefehlsregister *n (Rech)* control register
Steuerbefehlsspeicher *m (Rech)* control register *(Programmregister)*
Steuerbewegung *f* controlling motion
Steuerbit *n* control bit
Steuerbrücke *f* control bridge
Steuerbus *m* control bus
Steuerdruck *m (App)* control load
Steuereinheit *f* control unit
Steuereinrichtung *f* control element (device), control[ling] mechanism
Steuerelektrode *f* control (modulator) electrode; gate *(Transistor)*
abgesetzte S. offset gate
Steuerelektronik *f* control electronics
Steuerelement *n* control[ling] element *(des Regelkreises)*
elektrochemisches S. electrochemical control element
Steuerempfänger *m* control receiver
Steuerfrequenz *f* pilot frequency, clock rate; drive frequency
Steuerfrequenzempfänger *m* pilot receiver
Steuergenerator *m* control (pilot) generator
Steuergerät *n* controller, control unit
automatisches S. automatic controller
Steuergestänge *n* control mechanism (linkage)
Steuergetriebe *n* control gear
Steuergitter *n* control grid *(Elektronenröhren)*
negatives S. negative control grid
Steuergittereinsatzspannung *f* grid base voltage
Steuergittermodulation *f* control-grid modulation
Steuergitterverlustleistung *f* control-grid dissipation
Steuergittervorspannung *f* grid bias voltage, control-grid bias
Steuergleichspannung *f* direct-current control voltage
Steuerglied *n* control[ling] element *(des Regelkreises)*
Steuerhebel *m* control lever
Steuerimpuls *m* control (master) pulse
Steuerkabel *n* control cable
Steuerkennlinie *f* control characteristic; transfer characteristic *(Stromrichter)*
Steuerkette *f* 1. *(Syst)* open-loop system; 2. timing chain *(mechanisch)*
Steuerkolben *m* actuating piston
Steuerkontakt *m* control contact; gate *(Transistor)*
Steuerkontaktfeder *f* moving contact spring
Steuerkreis *m (Syst)* control circuit (*s. a.* Steuerstromkreis)
Steuerleistung *f (Syst)* control power; *(Elk)* gate power *(z. B. beim Thyristor)*
mittlere S. average gate power
Steuerleitung *f* control wire (line); pilot wire
Steuerlochung *f* control punching
Steuerlogik *f* control logic
S. des Druckwerks *(Rech)* printer control logic
Steuermagnet *m* control[ling] magnet
Steuermatrix *f (Syst)* control matrix; distribution matrix *(Zustandsgleichung)*
steuern to control; to steer
mit Relais s. to relay
Steueroszillator *m* master oscillator
Steuerpotential *n* control potential
Steuerprogramm *n (Rech)* 1. control program (routine); steering program; 2. main (executive, master) program, main routine *(Leitprogramm)*
Steuerpult *n* control console (desk), control [switch]board, operator console
Steuerquarz *m* control crystal
Steuerquittungskreis *m* acknowledging circuit
Steuerquittungsschalter *m* acknowledgement switch, acknowledger
Steuerraum *m* active region *(von Steuerbauelementen)*; buncher space *(Elektronenröhren)*
Steuerregister *n (Rech)* control register
Steuerrelais *n* control (pilot) relay
magnetisches S. magnetic control relay
Steuerring *m* grading shield [ring] *(zur Potentialsteuerung)*
Steuerröhre *f* control valve; master oscillator valve
Steuersäule *f* control column
Steuerschalter *m* control switch[group], controller; pilot switch; *(Masch)* camshaft controller; sequence switch *(Folgeschalter)*; *(Fmt)* register controller
S. mit elektromagnetischer Betätigung full magnetic controller
elektromagnetischer S. electromagnetically operated control switch
elektropneumatischer S. electropneumatic controller
handbetätigter S. manual controller

indirekt angetriebener S. pilot controller
Steuerschaltkreis *m*, **Steuerschaltung** *f* control circuit
Steuerschieber *m* control valve
druckentlasteter S. reaction-compensated valve
hydraulischer S. hydraulic valve piston
Steuerschwingung *f* drive oscillation
Steuersender *m* master (pilot) oscillator, control transmitter, driver [transmitter]
eigenerregter S. self-excited master oscillator
Steuersignal *n (Syst)* control signal; driving signal
binäres S. *(Rech)* binary command
sinusförmiges S. driving sinusoidal signal
Steuerspannung *f* control[-circuit] voltage *(z. B. am Kontakt eines Befehlsgeräts)*; gate voltage *(Thyristor)*; trigger voltage
Steuerspeicher *m (Rech)* control memory (store), control read-only memory, CROM
Steuerspur *f* control track *(z. B. bei Tonaufzeichnung)*
Steuerstrom *m* control current; gate current *(Thyristor)*
Steuerstromkreis *m* pilot[-wire] circuit; control circuit (loop)
Steuerstromkupplung *f* control current connector
Steuerstromschalter *m* control switch
Steuerstromtaste *f* enabling key
Steuerstromunterbrecher *m* control cutout switch *(im Leistungskreis)*
Steuerstufe *f* control stage; master oscillator stage *(Steuersender)*
Steuersystem *n* control system
Steuertafel *f* control board (panel)
Steuerteil *n* master control unit
Steuerträger *m (Nrt)* pilot carrier
Steuerung *f* 1. *(Syst)* control; open-loop control; *(Fmt)* directing, routing; excitation *(von Sendestufen)*; 2. control mechanism
S. der Heizlast control of heat load
S. durch Lochband tape control
S. nach der Lage positioning control
S. von Hand manual (hand) control
automatische S. automatic control
duale S. dual control
elektronische S. electronic control
hydraulische S. hydraulic control
kaskadengeschaltete S. concatenated control
lichtelektrische S. photoelectric control
lokale S. local control
magnetische S. magnetic control
numerische S. numerical control
optimale S. optimal control
rechnergeführte numerische S. computerized numerical control, CNC
selbstanpassende S. auto-adaptive control, self-adaptive control
Steuerungsalgorithmus *m* control algorithm
Steuerungsoperation *f* control operation
Steuerungsschaltung *f* control circuit
automatische S. automatic control circuit
Steuerungssystem *n* control system
automatisches S. automatic control system
numerisches S. numerical control system
Steuerungstechnik *f* control engineering
Steuervektor *m* control[-force] vector *(Zustandsgleichung)*
Steuerventil *n* control (pilot) valve; servo valve
hydraulisches S. hydraulic pilot valve
Steuerverluste *mpl* gate losses *(Thyristor)*
Steuerverstärker *m* control amplifier
Steuerwagen *m* driving trailer
Steuerwalze *f* barrel (drum-type) controller
Steuerwarte *f* [central] control room
Steuerwechselspannung *f* alternating-current control voltage
Steuerwelle *f (Masch)* camshaft
Steuerwerk *n* control unit
Steuerwicklung *f* control winding; drive winding *(für Magnetkerne)*
Steuerwirkung *f* control action
Steuerwort *n (Rech)* control word
Steuerzeichen *n (Rech)* control character
Steuerzentrale *f* central control station
Steuerzylinder *m* control (modulator) electrode *(Elektronenröhren)*
Stichanschluß *m* stub feeder
Stichbonder *m* stitch bonder *(Mikroelektronik)*
Stichleitung *f* stub [line], dead-end feeder; branch line; [matching] stub *(Antennentechnik)*
durch Kurzschlußbügel abgeschlossene S. closed stub
Stichleitungsantenne *f* stub-matched aerial
Stichleitungsfilter *n* / **koaxiales** coaxial stub filter
Stichprobe[nkontrolle] *f* sampling (random) test, spot check, sample lot inspection
Stichprobenmittelwert *m* sample mean
Stichprobenprüfung *f* sampling test, sampling [inspection]
einfache S. single sampling
Stichtag *m* key-day
Stichverbindung *f* stitch bond *(Mikroelektronik)*
Stichversorgungsleitung *f* stub feeder
Stichwort *n* key word; *(Rech)* index word
Stickstoffatmosphäre *f* / **trockene** dry nitrogen atmosphere
stickstoffhaltig nitrogeneous
Stickstoff-Kohlendioxid-Laser *m* nitrogen-carbon dioxide laser
Stickstofflampe *f* nitrogen lamp
Stickstoffmikrowellenentladung *f* nitrogen microwave discharge

Stickstoffplasma *n* nitrogen plasma
Stielstrahler *m* rod radiator *(Antenne)*
Stift *m* pin; stud; prong
 elektronischer S. electronic pencil
 federnder S. spring pin
Stiftanordnung *f* pin allocation *(Aufnahmestift)*
Stiftaufhängung *f* pin suspension
Stiftdrucker *m* stylus (wire) printer
Stiftführung *f* pin guide
Stifthalterung *f* pin support
Stiftklemme *f* prong terminal
Stiftkontakt *m* pin contact
Stiftkopplung *f* pin coupling
Stiftsockel *m* pin-type socket, pin base
Stiftsockellampe *f* pin-type socket lamp
Stiftstecker *m* pin plug; connector plug *(einer Steckverbindung)*
Stiles-Crawford-Effekt *m* Stiles-Crawford effect
Stille *f* silence, quietness
stillegen, stillsetzen to close down, to shut down *(z. B. eine Anlage)*
Stillstand *m* stop, stoppage, standstill; rest
 ● **im S. und abgeschaltet** rest and de-energized
Stillstandskleben *n (Masch)* standstill locking
Stillstandsmoment *n* stalled torque
Stillstandszeit *f* outage (idle) time, downtime
Stimme *f* voice
 künstliche S. artificial voice
Stimmengewirr *n* **durch Nebensprechen** *(Fmt)* babble
Stimmgabelmodulator *m* tuning-fork frequency modulator
Stimmgabeloszillator *m* [tuning-]fork oscillator
Stimulation *f* stimulation
Stirndurchschlag *m (Hochsp)* front-of-wave flash-over
Stirnfläche *f* [end] face, front [sur]face
 faseroptische S. fibre-optic face plate *(Vidikonröhre)*
Stirnkopf *m s.* Stirnverbindung
Stirnseite *f* front [end]
Stirnsteilheit *f* [virtual] steepness of the front *(Stoßspannung)*
Stirnstoßspannungsprüfung *f (Hochsp)* front-of-wave impulse spark-over test
Stirnüberschlag *m (Hochsp)* front-of-wave flash-over
Stirnverbindung *f (Masch)* end winding, overhang
Stirnzeit *f* [virtual] front time, rise time *(Stoßspannung)*
stochastisch stochastic
Stöchiometrie *f* stoichiometry
stöchiometrisch stoichiometric
Stockpunkt *m* setting (solidification) point *(Öl)*
Stockung *f* stoppage
Stockwerkanzeiger *m* lift floor annunciator *(Aufzug)*
Stockwerkrelais *n* cab-hold relay
Stockwerkschalter *m* floor[-stop] switch, cab-hold switch
Stockwerkschaltung *f* / **automatische** automatic floor-stop operation
Stoff *m*:
 adsorbierender S. adsorbent, adsorbing substance
 adsorbierter S. adsorbate, adsorbed substance
 diamagnetischer S. diamagnetic [material]
 eigenleitender S. intrinsic material
 elektrisch wirksamer S. electrically active substance
 ferroelektrischer S. ferroelectric [material]
 ferromagnetischer S. ferromagnetic [material]
 fester S. solid
 filmbildender S. film former, film-forming substance
 fluoreszenzerregender S. fluorogen
 fluoreszierender S. fluorescent material
 nichtleitender S. non-conducting material
 paramagnetischer S. paramagnetic [material]
 piezoelektrischer S. piezoelectric [material]
 reiner S. pure substance
 supraleitender S. superconductor
Stoffaustausch *m* mass transfer
Stoffbespannung *f* cloth covering
Stoffkennzahl *f* / **lichttechnische** characteristic of illuminating engineering material
Stoffkonstante *f* material constant
Stofftransport *m*, **Stoffübergang** *m* mass transfer
Stopfbüchse *f* compression gland
Stopfbüchsenöl *n* gland-seal oil
Stoppbefehl *m (Rech)* breakpoint (halt, stop) instruction
 bedingter S. conditional breakpoint instruction
stoppen to stop; to halt *(z. B. Programm)*
Stoppflächenbefeuerung *f* stopway lighting
Stoppimpuls *m* stop pulse
Stopplampe *f* stop lamp
Stopplicht *n* stop light
Stopptaste *f* stop button
Stoppweg *m* stop distance *(z. B. eines Bandlesers)*
Stoppzeit *f* stop time
Stöpsel *m* plug; peg
Stöpselfeld *n (Nrt)* plug (patch) board
Stöpselinduktivität *f* plug inductance box, inductance box with plugs *(Meßspulensatz in Stöpselschaltung)*

Stöpselkondensator *m* plug capacitance box, capacitance box with plugs *(Meßkondensatorsatz in Stöpselschaltung)*
Stöpselmeßbrücke *f* plug-type measuring bridge
stöpseln to plug
Stöpselumschalter *m* plug switch
Stöpselunterbrecher *m* infinity plug
Stöpselverbindung *f* plug connection
Stöpselwiderstand *m* plug resistance box, resistance box with plugs *(Meßwiderstandssatz in Stöpselschaltung)*
Störabstand *m* signal-to-noise ratio
Störamplitudenmodulation *f* incidental (unwanted) amplitude modulation
störanfällig interference-prone
Störanfälligkeit *f* liability (susceptibility) to interference, liability to noise
Störansprechen *n* unwanted response
Störaufnahme *f* stray pick-up
Störausgangsgröße *f* spurious output
Störausgangssignal *n (Syst)* noise output [signal], disturbance output
Störband *n (Halbl)* impurity (defect) band
Störbandleitung *f (Halbl)* impurity band conduction
Störbeeinflussung *f* / **induktive** inductive interference
Störbefreiung *f s.* Störbeseitigung
Störbefreiungskondensator *m* anti-interference capacitor
Störbegrenzer *m* noise (interference) limiter
Störbegrenzung *f* noise (interference) limitation
Störbereich *m* disturbance range
Störbeseitigung *f* interference elimination
Störcharakteristik *f* interference characteristic
Störecho *n* unwanted echo
Störeffekt *m* interference (parasitic, spurious) effect
Störeinbruch *m* / **totaler** *(Fmt)* clustered error
Störeingangssignal *n (Syst)* disturbance input [variable], unwanted input
Stör-EMK *f* parasitic electromotive force
stören to trouble, to disturb; to interfere [with] *(durch Überlagerung)*; *(Nrt)* to jam *(durch Störsender)*
Störer *m (Nrt)* disturbing station (*s. a.* Störsender)
Störfaktor *m* noise factor (figure); interference factor *(bei Überlagerungsstörungen)*
Störfeld *n* noise (interference) field
Störfeldabstand *m* field-to-noise ratio
Störfeldstärke *f* noise-field intensity
Störfestigkeit *f* noise immunity, immunity from disturbance (noise)
Störfilter *n* noise filter
Störflecke *mpl (FO)* clutter
störfrei noise-free, interference-free, undisturbed
Störfreiheit *f* freedom from interference
Störfrequenz *f* interfering (disturbance, parasitic) frequency
Störfrequenzgang *m* interfering frequency response
Störfrequenzmodulation *f* incidental frequency modulation
Störfunkstelle *f* radio jamming station, jammer
Störfunktion *f (Syst)* disturbance (disturbing, perturbation) function
Störgebiet *n (Nrt)* interference area; mush area *(speziell bei Gleichwellenbetrieb)*
Störgeräusch *n* disturbing (undesired, parasitic, background, ambient) noise, parasitics; interfering noise *(Interferenzstörungen)*
  S. durch Übersprechen cross (crosstalking) noise
Störgeräuschgenerator *m* interference generator
Störgeräuschsignal *n* background noise signal
Störgröße *f (Syst)* disturbance [variable], perturbation [variable]
  sinusförmige S. harmonic disturbance [variable]
Störgrößenaufschaltung *f (Syst)* disturbance-variable compensation, disturbance [variables] feedforward
Störhalbleiter *m s.* Störstellenhalbleiter
Störimpuls *m* interference pulse
Störkraft *f* disturbing force
Störleistung *f* interference power
Störmeßgerät *n* interference measuring apparatus
Störmessung *f* interference measurement
Störmodulation *f* unwanted (spurious) modulation; jamming modulation
Stornierungstaste *f* cancellation key
Störniveau *n* 1. noise (interference) level; 2. *(Halbl)* impurity (defect) level
Störpegel *m* disturbance (background, noise) level; interference level *(bei Interferenzstörungen)*
Störquelle *f* disturbing (noise) source
Störrauschen *n* background (spurious) noise
Störreflexion *f* undesired reflection
Störschall *m* wind noise *(Mikrofon)*
Störschallunterdrückung *f* noise cancellation
Störschutz *m* 1. noise suppression, radio shielding; 2. noise-suppression anti-interference device
Störschutzfilter *n* noise (anti-interference) filter; interference trap, noise killer
Störschutzkondensator *m* noise suppression capacitor, antinoise (anti-interference) capacitor, radio-interference capacitor

Störschwelle *f (Ak)* threshold of discomfort (annoyance)
Störschwingung *f* undesired (parasitic) oscillation
Störschwingungsunterdrücker *m* parasitic stopper (suppressor)
Störsender *m* unwanted (interfering) transmitter; jamming transmitter (station)
Störsendung *f* jamming
störsicher interference-proof
Störsicherheit *f* noise immunity
Störsignal *n* disturbance (unwanted, parasitic, interfering, spurious) signal; *(Rech)* drop-in [signal] *(Datenverarbeitung);* extraneous signal *(Umwelteinfluß);* hit *(in Übertragungsleitungen)*
  S. im hohen Frequenzbereich high-frequency interference signal
  elektronisches S. electronic hash
  künstlich erzeugtes S. man-made noise
  überlagertes S. superposed interference signal
Störsignalkompensation *f (Ferns)* shading correction
Störspannung *f* interference (disturbing, noise) voltage
  induktive S. inductive interference voltage
Störspannungsgenerator *m* noise generator
Störspannungsmesser *m* interference voltage meter
Störspannungsmeßmethode *f* radio interference test method *(z. B. bei Teilentladungsmessung)*
Störspannungsmessung *f* noise-level measurement
Störspannungsverhalten *n* signal-to-noise characteristic
Störspannungsverhältnis *n* signal-to-noise ratio
Störsperre *f* atmospheric suppressor *(bei atmosphärischen Störungen)*; interference suppressor *(bei Interferenzstörungen)*
Störspitze *f* pulse spike
Störstelle *f* 1. *(Halbl)* [crystal] impurity, imperfection; lattice (crystal) defect; 2. fault
  atomare S. point defect (imperfection)
  chemische S. chemical impurity
  eindimensionale S. line defect
  flache S. shallow impurity
  ionisierte S. ionized impurity
  konzentrierte S. localized irregularity *(Leitungstheorie)*
  kristalline S. crystalline imperfection
  linienhafte S. line defect
  Schottkysche S. Schottky defect
Störstellenatom *n* impurity (foreign) atom
Störstellenausscheidung *f* impurity segregation
Störstellenband *n* impurity (defect) band
Störstellenbeweglichkeit *f* impurity (defect) mobility
Störstellendichte *f* impurity density (concentration)
Störstellendiffusion *f* impurity diffusion
Störstellendotierung *f* impurity doping
Störstellenelement *n* impurity element
Störstellenfluß *m* impurity flux
Störstellenfotoleitung *f* extrinsic photoconduction
störstellenfrei impurity-free
Störstellengehalt *m* impurity content
Störstellengradient *m* impurity gradient
Störstellenhalbleiter *m* impurity (extrinsic, defect) semiconductor
störstellenhaltig impurity-bearing
Störstellenion *n* impurity ion
Störstellenionisationsenergie *f* impurity ionization energy
Störstellenkonzentration *f* impurity concentration
Störstellenladung *f* impurity charge
störstellenleitend extrinsic
Störstellenleitfähigkeit *f* impurity (extrinsic) conductivity
Störstellenleitung *f* impurity (extrinsic, defect) conduction
Störstellenniveau *n* impurity (defect) level
Störstellenplatz *m* impurity (defect) site
Störstellenprofil *n* impurity (doping) profile
Störstellenquelle *f* impurity supply
Störstellenstoßionisation *f* impurity impact ionization
Störstellenstreuung *f* impurity scattering
Störstellenterm *m* impurity (defect) term, impurity level (state)
Störstellenverarmung *f* impurity depletion
Störstellenverteilung *f* impurity distribution
Störstellenzentrum *n* impurity (defect) centre
Störstellenzustand *m* impurity state
Störstrahlung *f* spurious emission (radiation), stray radiation, radiated interference
Störstrom *m* disturbance (disturbing) current; interference current *(bei Interferenzstörungen)*
Störterm *m s.* Störstellenterm
Störton *m* interfering tone
Störung *f* 1. failure, fault, trouble; malfunction; line fault, interruption; 2. disturbance, interference; interfering (parasitic) noise; jamming *(durch Störsender)*; mush *(beim Funkbetrieb)*; 3. imperfection, disorder *(Kristall)*
  S. der Sprachverständigung speech (communication) interference
  S. durch Belastung *(Syst)* load disturbance

S. durch den Nachbarkanal *(Fmt)* adjacent-channel interference
S. durch Einheitssprung *(Syst)* unit-step disturbance
S. durch Elektrogeräte *(Nrt)* industrial radio interference, man-made interference
S. durch Schwund propagation disturbance
S. durch Übersprechen cross-talk trouble
S. durch Zündfunken ignition interference
S. innerhalb eines Systems intrasystem interference
S. mit beschränkter Bandbreite *(Syst)* band-limited disturbance (noise)
atmosphärische S. atmospheric (static) interference, atmospheric [radio] noise, atmospherics
äußere S. external (extraneous) disturbance
außerirdische S. *(Nrt)* extraterrestrial disturbance
aussetzende S. intermittent failure
binäre S. *(Syst)* binary disturbance
elektromagnetische S. electromagnetic disturbance; diathermy interference *(durch elektromedizinische Geräte)*
gegenseitige S. mutual interference
größere S. severe disturbance
induktive S. inductive disturbance
industrielle S. man-made noise
ionosphärische S. ionospheric disturbance
kurzzeitige S. *(Syst)* momentary disturbance; transient disturbance
magnetische S. magnetic disturbance
schädliche S. harmful interference
sinusförmige S. *(Syst)* sinusoidal disturbance
sprungartige S. *(Syst)* step disturbance
stochastische S. stochastic disturbance
technische S. trouble
zufällige S. random disturbance
Störungsabstand *m* mean time between malfunctions, mtbm
störungsanfällig accident-sensitive
Störungsanfälligkeit *f* fault liability, susceptibility to trouble
Störungsanzeige *f* failure (malfunction) indication, trouble alarm
Störungsaufzeichner *m* trouble recorder
Störungsaufzeichnung *f* fault recording
Störungsausfall *m* accidental breakdown
Störungsaustaster *m* noise silencer
Störungsbericht *m* fault report
Störungsbeseitigung *f* fault clearance (clearing); *(Am)* debugging
Störungsdauer *f* fault duration, malfunction time
Störungsdienst *m* fault clearing (complaint) service, repair service
Störungseingrenzung *f* fault localization
störungsfrei trouble-free; *(Fmt)* free from (of) unwanted signals
Störungsglocke *f* trouble bell
Störungskarte *f* fault card
Störungsmeldeleitung *f (Fmt)* trouble junction
Störungsmeldung *f (Fmt)* failure indication
Störungsplatz *m (Fmt)* trouble desk
Störungsrechnung *f* perturbation calculation (method) *(Systemanalyse)*
Störungsrelais *n* trouble relay
Störungsrest *m (FO)* clutter residue
störungssicher fail-safe
Störungssignal *n (Nrt)* trouble signal (tone)
Störungsspeicher *m (Rech)* off-normal memory
Störungsstatistik *f* fault statistics
Störungsstelle *f* 1. fault section; 2. *(Fmt)* fault-clearing service
Störungssuchaufgabe *f* trouble-location problem
Störungssuche *f* trouble location (shooting, tracking); interference location
Störungssucher *m (Fmt)* faultsman, trouble man
S. im Außendienst external faultsman
S. im Innendienst internal faultsman
Störungssuchgerät *n* interference locator
Störungssuchprogramm *n (Rech)* trace (tracing) routine
Störungstheorie *f* perturbation theory
Störungsübertragungsfunktion *f (Syst)* disturbance transfer function
Störungsüberwachungsplatz *m (Fmt)* trouble (exchange testing) position
Störungsvektor *m (Syst)* disturbance[-force] vector
Störungsverhinderung *f* interference prevention
Störungszeichen *n (Nrt)* trouble tone, interfering signal; *(FO)* clutter signal
Störungszeit *f (Fmt)* fault time
Störunterdrückung *f* interference (noise) suppression
Störwelle *f (Nrt)* interference (disturbing) wave
Störzentrum *n* s. Störstellenzentrum
Stoß *m* 1. impact; shock, push; impulse; 2. [voltage] surge; burst *(z. B. Strahlung)*; collision *(Teilchen)*
S. erster Art collision of the first kind, endoergic collision
S. identischer Teilchen identical particle collision
S. mit Impulsübertragung momentum transfer collision
S. zweiter Art collision of the second kind, exoergic collision
elastischer S. elastic collision
mechanischer S. [mechanical] shock, bump

plötzlicher S. jerk
unelastischer S. inelastic collision
Stoßamplitude *f* surge amplitude
Stoßanalysator *m* shock spectrum analyzer
Stoßanregung *f* collision excitation *(Teilchen)*; shock (impulse, impact) excitation *(Schwingung)*
Stoßansprechkennlinie *f* impulse spark-over characteristic *(Ableiter)*
Stoßantwort *f* impulse response
Stoßausbreitungserdwiderstand *m* pulse-current propagation earth resistance *(Stromstoß)*
Stoßbelastung *f* shock (impact) load
Stoßbeschleunigungsaufnehmer *m* shock accelerometer
Stoßbewegung *f* shock motion
stoßdämpfend shock-absorbing
Stoßdämpfer *m* shock absorber, buffer, dashpot
Stoßdämpfung *f* shock absorption; collision damping *(z. B. bei Spektrallinien)*
Stoßdämpfungskomponente *f* shock-absorbing component
Stoßdauer *f* shock duration
Stoßdruck *m* impact pressure
Stoßdurchgangsstrom *m* surge on-state current *(Thyristor)*
Stoßdurchschlag *m* impulse breakdown
Stoßdurchschlagspannung *f* impulse breakdown voltage, flash-over impulse voltage
stoßempfindlich sensitive to shock
Stoßentladung *f* impulse discharge
Stoßentladungsschweißen *n* electrostatic percussion welding
Stoßerregung *f* shock (impulse) excitation
Stoßerwärmung *f* shock heating
Stoßerzeuger *m* impulse generator
stoßfest impact-resistant, shock-resistant, shockproof
Stoßfestigkeit *f* impact resistance, shock resistance (strength)
Stoßfolgeprüfung *f* bump test[ing]
stoßfrei shock-free
Stoßfrequenz *f* collision frequency
Stoßfunktion *f* impulse function
Stoßgalvanometer *n* ballistic galvanometer
Stoßgenerator *m* impulse generator
stoßgeschützt shockproof
Stoßhäufigkeit *f* collision frequency
Stoßionisation *f* collision (impact) ionization
Stoßionisationswahrscheinlichkeit *f* impact-ionization probability
Stoßkennlinie *f* volt-time curve, impulse flash-over volt-time characteristic
Stoßklinke *f* driving pawl
Stoßkreis *m* impulse circuit
Stoßkurzschluß *m* sudden short circuit
Stoßkurzschlußstrom *m* instantaneous (asymmetric) short-circuit current
dreiphasiger S. asymmetric three-phase short-circuit current
Stoßkurzschlußwechselstrom *m* initial [alternating] short-circuit current, subtransient [alternating] short-circuit current; initial (subtransient) symmetrical three-phase short-circuit current *(im Drehstromnetz)*
Stoßlast *f* shock load
Stoßmagnet *m* thrust-type solenoid
Stoßmagnetisierung *f* flash magnetization
Stoßofen *m* [continuous] pusher-type furnace, push heating furnace
Stoßparameter *m* impact parameter
Stoßpegel *m* impulse level
Stoßprüfung *f* shock test
Stoßquerschnitt *m* collision cross section
Stoßreaktanz *f* transient reactance
flüchtige S. subtransient reactance
Stoßrelais *n* rate-of-change relay
stoßsicher impact-resistant, shockproof
Stoßspannung *f* impulse (pulse, surge) voltage
abgeschnittene S. chopped impulse voltage
Stoßspannungsanlage *f* / **mehrstufige** multistage impulse generator
Stoßspannungsansprechspannung *f* impulse spark-over voltage *(Ableiter)*
Stoßspannungsbeanspruchung *f* impulse voltage stress
Stoßspannungscharakteristik *f* impulse flash-over volt-time characteristic
Stoßspannungsdurchschlag *m* impulse breakdown
Stoßspannungserzeugung *f* impulse voltage generation
Stoßspannungsfestigkeit *f* resistance to surge (pulse) voltage
Stoßspannungsgenerator *m* impulse [voltage] generator, surge (pulse) voltage generator
einstufiger S. single-stage impulse [voltage] generator
Marxscher S. Marx generator
mehrstufiger S. multistage impulse voltage generator
Stoßspannungskaskade *f* impulse voltage cascade
Stoßspannungskreis *m* impulse circuit
Stoßspannungspegel *m* impulse level
Stoßspannungsprüfanlage *f* impulse voltage testing plant
Stoßspannungsprüftechnik *f* impulse voltage test technique
Stoßspannungsprüfung *f* impulse (surge) voltage test, impulse test
Stoßspannungsschaltung *f* / **Marxsche** Marx circuit
Stoßspannungsschreiber *m* impulse (surge) voltage recorder

Stoßspannungsschutzpegel *m* impulse protective level
Stoßspannungsteiler *m* surge potential divider
Stoßspannungsüberschlag *m* impulse spark-over, impulse flash-over
Stoßspannungsvollwelle *f* full-impulse voltage
Stoßspannungswelle *f* voltage surge
abgeschnittene S. chopped impulse voltage
Stoßspektrum *n* impact spectrum
Stoßsperrspannung *f* reverse surge voltage
Stoßspitzensperrspannung *f* / **höchstzulässige nichtperiodische** maximum non-repetitive peak reverse voltage
Stoßstärke *f* shock strength
Stoßstelle *f* reflection point
Stoßstrahlung *f* collision radiation
Stoßstrom *m* impulse (pulse, surge) current
S. in Durchlaßrichtung forward surge current
S. während einer Periode one-cycle surge [forward] current
höchstzulässiger nichtperiodischer S. maximum non-repetitive peak on-state surge current, maximum peak forward non-repetitive surge current
Stoßstromgenerator *m* impulse current generator, surge [current] generator, pulse [current] generator, high-current impulse generator
Stoßstromkreis *m* impulse circuit
Stoßübergangswahrscheinlichkeit *f* collision-transition probability
Stoßüberschlag *m* impulse flash-over
Stoßüberschlagspannung *f* impulse spark-over voltage *(Ableiter)*
Stoßüberspannung *f* voltage surge
Stoßverbreiterung *f* collision broadening (widening), impact broadening *(von Spektrallinien)*
Stoßverhalten *n* impulse response
Stoßverhältnis *n* impulse ratio
Stoßversuch *m* [im]pulse test
Stoßwahrscheinlichkeit *f* collision probability
Stoßwelle *f* shock wave
Stoßwinkel *m* shock angle
Stoßwirkungsquerschnitt *m* collision cross section
Stoßzahl *f* collision coefficient
Stoßzeit *f* collision time
Strahl *m* 1. ray; beam *(gebündelt)*; 2. jet
abgelenkter S. deflected beam
achsenparalleler S. axial parallel beam
auftreffender S. impinging beam
außeraxialer S. abaxial (extraaxial) ray
außerordentlicher S. extraordinary ray
dicht gebündelter S. tight beam
einfallender S. incident ray
einzelner S. individual beam
energiereicher S. high-energy beam
fächerförmiger S. fan beam *(Antenne)*
gebündelter S. focussed beam
kegelförmiger S. conical beam
konvergenter S. convergent beam
phasenkohärenter S. phase-coherent beam
reflektierter (rücklaufender) S. reflected (reverse) beam
scharf begrenzter S. sharply defined beam
scharf fokussierter S. well-focussed beam
scharfer S. sharp ray
schräger S. skew ray
stark gebündelter S. highly collimated beam
zerhackter S. chopped beam
Strahlaberration *f* ray (beam) aberration
Strahlablenker *m* jet deflector *(für Flüssigkeiten oder Gase)*
Strahlablenkung *f* ray (beam) deflection
akustooptische S. acousto-optic beam steering
Strahlablösung *f* jet separation *(Hydraulik)*
Strahlabschwächung *f* beam attenuation, attenuation in the beam
Strahlabtastung *f* beam scanning
Strahlachse *f* beam axis
Strahlapertur *f* beam aperture (width, angle)
Strahlauftrefffleck *m* beam spot
Strahlausrichtung *f* beam collimation (alignment, centring)
Strahlaustrittsgeschwindigkeit *f* jet velocity *(Hydraulik)*
Strahlbegrenzer *m* beam-limiting device, beam limiter
Strahlbegrenzung *f* beam limiting, limitation of the beam
Strahlbelastung *f* beam load
Strahlbreite *f* beam width
Strahlbündelung *f* beam focus[s]ing (convergence), concentration of the beam, focus[s]ing
Strahldefokussierung *f* beam defocus[s]ing
Strahldichte *f* radiant intensity; radiance
reduzierte S. basic radiance
Strahldichtenormal *n* radiance standard
Strahldivergenz *f* beam divergence (spread)
Strahldruck *m* jet pressure *(Hydraulik)*
Strahleinstellung *f* beam positioning
Strahlelektrode *f* beam-forming electrode *(Elektronenröhre)*
strahlen to radiate, to emit rays
Strahlen *mpl* / **dunkle** invisible rays
harte S. hard rays
konvergierende S. converging rays
kosmische S. cosmic rays

Strahlenaustrittsfenster *n* transparent window; tube window (aperture) *(Röntgenröhre)*
Strahlenbahn *f* ray path
Strahlenbegrenzungsblende *f* limitation diaphragm
strahlenbrechend refracting
Strahlenbrechung *f* refraction
atmosphärische S. atmospheric refraction
Strahlenbündel *n* 1. beam [of rays], bundle (pencil, cone) of rays; 2. *(Hochsp)* brush of rays
breites S. broad beam
enges S. narrow beam
Strahlenbündelung *f* beam focus[s]ing
strahlend 1. radiative, radiant, radiating; 2. brilliant *(Klang, Bild)*
Strahlendosis *f* radiation dose (dosage)
Strahlendurchgang *m* radiation passage
strahlendurchlässig [radiation-]transparent
Strahlendurchlässigkeit *f* transparency
Strahleneinwirkung *f* radiation effect
Strahlenemission *f* emission [of radiation]
Strahlenergie *f* beam energy
Strahlenfalle *f* beam trap *(Auffängerelektrode der Katodenröhre)*
Strahlenfilter *n* ray filter
Strahlengang *m* ray (light, beam) path, path of rays; optical path (train)
Strahlengefährdung *f* radiation hazard
Strahlenintensität *f* radiation (radiant) intensity, intensity of radiation
Strahlenkegel *m* ray cone, cone of rays
Strahlenkonvergenz *f* beam convergence
Strahlennachweisgerät *n* radiation detector
Strahlennetz *n (Anl)* radial network, radially operated network (system)
Strahlenoptik *f* geometrical (ray) optics
Strahlenrelais *n* radiation relay
Strahlenschaden *m* irradiation injury, radiation damage
Strahlenschranke *f s.* Lichtschranke
Strahlenschutz *m* radiation protection, protection against radiation
Strahlenselektion *f* radiation selection
strahlensicher radiation-proof
Strahlenstruktur *f* ray structure
Strahlenteiler *m* beam splitter (divider)
Strahlenteilung *f* beam splitting (division)
Strahlenteilungsprisma *n* beam division prism
Strahlenüberwachung *f* radiation monitoring (survey)
Strahlenunterbrecher *m* beam chopper
Strahlenvereinigung *f* fusion of ray
Strahlenverlauf *m* course of beam; path of rays
Strahlenwarngerät *n* radiation monitor
Strahlenwirkung *f* radiation effect
Strahler *m* 1. emitter; radiator, radiation source; 2. radiation (radiating) element *(für Heizzwecke)*; 3. aerial; 4. *(Ak)* projector *(Ultraschall)*
S. nullter Ordnung zero-order radiator, zero-order source [of radiation]
aktiver S. primary radiator *(Antenne)*
dielektrischer S. dielectric radiator *(Antenne)*
drahtförmiger S. wire-type radiator
grauer (nichtselektiver) S. grey body, non-selective radiator
passiver S. parasitic (passive) aerial
Planckscher S. Planckian radiator
plattenförmiger S. plate-type radiator
schwarzer S. black body, black[-body] radiator, full (complete) radiator
selektiver S. selective radiator
stroboskopischer S. stroboscopic lamp (light source)
weicher S. soft radiator
Strahlerabstand *m* element spacing *(Antenne)*
Strahlerband *n* beam array *(Antenne)*
Strahlerebene *f* array, bay, layer *(Antenne)*
Strahlerfläche *f (Wärm)* radiator surface
Strahlergruppe *f* multiple aerial
Strahlerkopf *m* bracket *(Antenne)*
Strahlerpaar *n* two-element array *(Antenne)*
Strahlerwand *f* curtain, multielement array *(Antenne)*
Strahlerweiterung *f* spread of beam
Strahlerzeugungsraum *m* beam generation compartment
Strahlerzeugungssystem *n* beam generation system
Strahlfleck *m* beam spot
Strahlfokussierung *f* beam focus[s]ing, focus[s]ing
elektrostatische S. electrostatic beam focus[s]ing
Strahlgeometrie *f* beam geometry
Strahlinstabilität *f* beam instability
Strahlintensität *f* beam intensity
Strahlkonvergenz *f* beam convergence
Strahlkörper *m (Wärm)* radiator
Strahlleistung *f* beam power
Strahllöschspannung *f (Nrt)* blackout point
Strahlmodulationsfaktor *m* beam-modulation percentage *(Superorthikon)*
Strahlpentode *f* beam pentode
Strahlperveanz *f* beam perveance *(Elektronenstrahl)*
Strahlprofil *n* beam profile
Strahlprüfung *f (Galv)* jet test *(Dickenbestimmung von Überzügen)*
Strahlpumpe *f* jet pump *(Vakuumpumpe)*
Strahlquerschnitt *m* beam cross section
Strahlregelelektrode *f* ray-control electrode
Strahlrichtung *f* beam (ray) direction
Strahlröhre *f* beam tube
Strahlrücklauf *m (Ferns)* beam return; flyback *(Elektronenstrahlröhre)*

Strahlschalter *m* beam switch
Strahlspannung *f* beam voltage
Strahlsperrung *f (Ferns)* gating
Strahlstärke *f* radiant intensity
Strahlsteuerelektrode *f* ray-control electrode
Strahlsteuerung *f* ray control
Strahlstreuung *f* beam divergence
Strahlstrom *m* beam current
Strahlsystem *n* gun *(Katodenstrahlröhre)*
Strahlteiler *m* beam splitter (*s. a.* Strahlungsteiler)
Strahlteilung *f* beam splitting (division)
Strahlteilungssystem *n* beam splitting system
Strahltetrode *f* beam power valve
Strahltriebwerk *n* jet engine (power plant)
Strahlturbine *f* turbo-jet
Strahlung *f* 1. radiation; 2. emission
annähernd monochromatische S. quasi-monochromatic radiation
charakteristische S. characteristic radiation
direkt ionisierende S. directly ionizing radiation
durchdringende S. penetrating radiation
elektromagnetische S. electromagnetic radiation
energiereiche S. energetic (high-energy, high-level) radiation
fotochemische S. photochemical radiation
gestreute S. scattered radiation
gleichmäßig dichte S. uniformly dense radiation
graue S. grey-body radiation
harte S. hard (penetrating) radiation
indirekt ionisierende S. indirectly ionizing radiation
infrarote S. infrared radiation
ionisierende S. ionizing radiation
keimtötende S. bactericidal radiation
kontinuierliche S. continuous (steady) radiation
kosmische S. cosmic radiation
kurzwellige S. short-wave[length] radiation
langwellige S. long-wave[length] radiation
monochromatische S. monochromatic radiation
nichtkohärente S. non-coherent radiation
nichtpolarisierte S. unpolarized radiation
polarisierte S. polarized radiation
primäre S. primary radiation
quasimonochromatische S. pseudo-monochromatic radiation
radioaktive S. radioactive radiation
rückwärtige S. backward radiation
schwarze S. black-body radiation
selektive S. selective radiation
sichtbare S. visible radiation, light [radiation]
stimulierte S. stimulated (induced) radiation
thermische S. thermal radiation
ultraviolette S. ultraviolet radiation
unsichtbare S. invisible radiation
weiche S. soft radiation
zirkular polarisierte S. circularly polarized radiation
zusammengesetzte S. complex radiation
Strahlungsabsorption *f* radiation absorption
Strahlungsabsorptionsvermögen *n* / **gesamtes** radiant total absorptance
Strahlungsanalysator *m* radiation analyzer
strahlungsangeregt radiation-induced
Strahlungsanregung *f* radiation excitation, excitation by electromagnetic radiation *(z. B. eines Gases)*
Strahlungsanteil *m* fraction (portion) of radiation
Strahlungsäquivalent *n* / **fotometrisches** luminosity factor [of radiation]
Strahlungsart *f* type of radiation
Strahlungsausbeute *f* radiating (radiant) efficiency
Strahlungsaustausch *m* radiation interchange
Strahlungsbedingung *f* radiation condition
strahlungsbeheizt radiation-heated
Strahlungsbereich *m* radiation range
Strahlungsbolometer *n* bolometer
Strahlungscharakteristik *f* radiation pattern (diagram) *(Antenne);* radiation characteristic
Strahlungsdetektor *m* radiation detector
thermischer S. thermal radiation detector
Strahlungsdiagramm *n* radiation pattern (diagram), field pattern *(Antenne)*
S. in polarer Darstellung polar radiation pattern
Strahlungsdichte *f* radiation density
Strahlungsdosis *f* radiation dosage (dose)
maximale S. maximum permissible [radiation] dose
Strahlungsdruck *m* radiation pressure
Strahlungsdurchgang *m* radiation transmission
Strahlungseffekt *m* radiation effect
Strahlungseinfang *m* radiative capture
Strahlungseinwirkung *f* radiation action
Strahlungselement *n* radiating element *(Antennentechnik)*
Strahlungsemission[sstärke] *f* radiant emittance
Strahlungsempfänger *m* radiation detector
lichtelektrischer S. photodetector, photocell [receiver]
thermischer S. thermal detector
strahlungsempfindlich radiation-sensitive, sensitive to radiation
Strahlungsempfindlichkeit *f* radiant sensitivity

Strahlungsenergie *f* radiant (radiation) energy
Strahlungsenergieband *n* radiation energy band
Strahlungsenergiedichte *f* radiant energy density, energy density of radiation
Strahlungsenergiefluß *m* radiation energy flux
Strahlungsenergieverteilung *f* radiation energy distribution
Strahlungsfaktor *m* radiation factor
Strahlungsfeld *n* radiation field
starkes S. high-radiation field
Strahlungsfläche *f* radiating area (surface); emitting area (surface)
Strahlungsfluß *m* radiant flux; radiant power
gleichmäßiger S. uniform radiant flux
spezifischer S. specific radiant flux
Strahlungsflußdichte *f* radiant flux density
strahlungsfrei radiationless, radiation-free
Strahlungsfrequenz *f* radiation frequency
Strahlungsfunktion *f (Licht)* relative spectral energy distribution
Strahlungsgefährdung *f* radiation hazard
strahlungsgekühlt radiation-cooled
strahlungsgeschützt radiation-proof
Strahlungsgesetz *n* law of [thermal] radiation, radiation law
Kirchhoffsches S. Kirchhoff radiation law, Kirchhoff's law of emission
Plancksches S. Planck's radiation law (equation)
Rayleigh-Jeanssches S. Rayleigh-Jeans law (equation)
Stefan-Boltzmannsches S. Stefan-Boltzmann law [of radiation]
Wiensches S. Wien's [radiation] law
Strahlungsgleichgewicht *n* radiation (radiative) equilibrium
Strahlungsgröße *f* radiometric quantity
Strahlungsgürtel *m* radiation belt
Strahlungsheizkörper *m* radiant heater (heating element)
Strahlungsheizung *f* radiant heating
S. durch Wandheizplatten radiant panel heating
Strahlungsheizwiderstand *m* radiant resistor
Strahlungshöhe *f* equivalent (radiation) height, effective height of aerial
Strahlungsimpedanz *f* radiation impedance
strahlungsinduziert radiation-induced
Strahlungsintensität *f* radiation intensity, intensity of radiation
Strahlungsionisation *f* radiation ionization *(z. B. eines Gases)*
Strahlungskalorimeter *n* radiation calorimeter
Strahlungskegel *m* radiation cone
Strahlungskennlinie *f* radiation pattern
Strahlungskeule *f* [radiation] lobe *(Antenne)*
Strahlungskochplatte *f* / **elektrische** electric radiant type of hot-plate
Strahlungskonstante *f* radiation constant
Strahlungskopplung *f* radiation coupling
Strahlungskühlung *f* radiation cooling
Strahlungslappen *m s.* Strahlungskeule
Strahlungsleistung *f* 1. radiation (radiant) power; 2. luminous efficiency *(Lichtausbeute)*; 3. radiated power *(Antenne)*
auftreffende mittlere S. mean impinging radiation power
empfangene S. received radiation power
spektrale S. spectral radiant power
strahlungslos radiationless, non-radiative
Strahlungsmaximum *n* radiation peak
Strahlungsmenge *f* [quantity of] radiant energy, quantity (amount) of radiation
Strahlungsmesser *m* radiometer
Strahlungsmeßtechnik *f* radiation measuring technique
Strahlungsmessung *f* radiometry, radiation measurement
Strahlungsnormal *n* radiation standard
Strahlungsofen *m* radiation furnace (stove)
widerstandsbeheizter S. radiation resistance furnace
Strahlungspyrometer *n* radiation pyrometer
S. mit Thermoelement thermocouple pyrometer
Strahlungsquant *n* photon, radiation quantum
Strahlungsquelle *f* radiation source, source [of radiation]
gleichförmige punktartige S. uniform point source
punktförmige S. point source [of radiation]
Strahlungsrekombination *f* radiative recombination
Strahlungsrichtung *f* direction of radiation
Strahlungsrohrofen *m* radiant tube furnace
Strahlungsschaden *m* radiation damage
Strahlungsschirm *m* radiation shield
Strahlungsschutz *m* 1. protection against radiation; 2. radiation shield
Strahlungsschwächung *f* radiation attenuation
Strahlungsschwächungskoeffizient *m* radiation attenuation coefficient
Strahlungsschwankung *f* fluctuation in radiation
Strahlungssicherheit *f* radiation safety
Strahlungssonde *f* radiation probe
Strahlungsstärke *f* radiation intensity, level of radiation
Strahlungsteiler *m* beam splitter, radiation divider, beam-dividing element
Strahlungsteilerfläche *f* beam divider face
Strahlungstemperatur *f* radiation temperature
Strahlungsthermometer *n* pyrometer

Strahlungsübergang *m* radiative transition
Strahlungsübergangswahrscheinlichkeit *f* radiative transition probability
Strahlungsüberwachungsgerät *n* radiation monitor
Strahlungsverlust *m* radiation (radiative) loss
Strahlungsvermögen *n* emissivity, emissive (radiative) power, radiating capacity
Strahlungsverteilung *f* distribution of radiation
Strahlungswärme *f* radiant (radiating) heat
Strahlungswärmeaustausch *m* radiant heat exchange (interchange)
Strahlungswarngerät *n* radiation alarm monitor
Strahlungswiderstand *m* radiation resistance *(Antenne)*
Strahlungswinkel *m* angle of radiation *(Antenne)*
Strahlungswirkungsgrad *m* radiation efficiency
Strahlungszähler *m* radiation counter
Strahlungszipfel *m s.* Strahlungskeule
Strahlverbreiterung *f* spreading [of beam], beam spread
Strahlverlauf *m* beam trajectory (path)
Strahlverschlucker *m* beam trap *(Auffängerelektrode in Katodenröhren)*
strahlwassergeschützt hose-proof
Strahlwelligkeit *f* beam ripple
Strahlwinkel *m* beam angle
Strahlzentrierung *f* beam alignment
Strahlzone *f* beam zone
Strang *m* 1. strand *(Leiter aus grobem Draht)*; 2. *(Masch)* phase winding
Strangklemme *f* phase (line) terminal
Strangspannung *f (Masch)* phase voltage
S-Transistor *m* switching and swinging transistor, S-transistor
Straßenbeheizung *f* / **elektrische** electric road warming
Straßenbeleuchtung *f* street (road) lighting
Straßenbeleuchtungspraxis *f* street lighting practice
Straßenleuchtdichtemesser *m* street lighting luminance meter
Straßenleuchte *f* street lighting lantern (fixture, luminaire)
Straßenmischlichtleuchte *f* blended-light street lighting lantern
Strategie *f* / **optimale** optimal strategy *(z.B. von Automaten)*
Streamer *m* streamer *(Gasentladungsstadium)*
Streamer-Entladung *f* streamer discharge
Streamer-Kanal *m* streamer channel
Strebe *f* brace, strut; tie *(Mast)*
streckbar extensible, stretchable
Strecke *f* / **elektrifizierte** electrified track
strecken to extend, to stretch
Streckenausrüstung *f (Fmt)* line equipment
Streckenblock *m* / **automatischer** automatic line (section) block *(Eisenbahn)*
Streckendämpfung *f (Nrt)* path attenuation
Streckendämpfungsmessung *f (Fmt)* transmission efficiency test, path attenuation test
Streckenfernsprecher *m* portable telephone [set]
Streckenfeuer *n* route beacon, course light *(Flugwesen)*
Streckenmarkierungsfunkfeuer *n* en-route marker beacon
Streckenmessung *f (Fmt)* end-to-end measurement (test)
Streckenradar *n(m)* en-route radar
Streckenschalter *m* track (sectionalizing) switch *(Eisenbahn)*
  S. mit Hornkontakten horn-break switch
Streckenschutz *m* pilot protection *(Relais)*
  S. mit direktem Vergleich pilot protection with direct comparison
  S. mit Funkverbindung radio link protection
  S. mit Hilfsleitung *(App)* pilot-wire protection
  S. mit indirektem Vergleich pilot protection with indirect comparison
  S. mit Trägerfrequenzverbindung carrier-current protection
Streckensteuerung *f (Nrt)* straight-cut control [system]; *(Syst)* straight-line control
Streckentelefon *n* portable telephone [set]
Streckentrenner *m* section insulator, sectionalizing switch, air section break
Streckenüberwachungszeichen *n (Fmt)* route monitoring signal
Streckgrenze *f* yield point
Streckmetall *n* expanded metal
Streckspannung *f* yield stress
Streckung *f* elongation; stretch[ing], extension
streichen 1. to coat; to paint; 2. *(Fmt)* to cancel *(Anmeldung)*
Streichung *f* cancellation
streifen to graze
Streifen *m* strip; chart; tape (*s. a. unter* Lochstreifen)
Streifen *mpl* / **Fizeausche** Fizeau fringes
Streifenabtastung *f* rectilinear scanning
Streifenabwickelvorrichtung *f* tape unreeling device
Streifenanschluß *m* strip terminal
Streifenaufhängung *f* strip suspension
Streifenbreite *f* chart [paper] width; tape width
Streifendichtung *f* strip sealing
Streifendruck *m* tape printing
Streifendrucker *m* tape printer
Streifenende *n* tape outage, end of tape
Streifenentladung *f* striated discharge
Streifenfernschreiber *m* tape teleprinter

Streifengeber *m* [perforated] tape transmitter
Streifengeschwindigkeit *f* chart speed *(beim Vorschub)*
streifengesteuert tape-controlled, tape-operated
Streifenidentifizierung *f* lane identification *(Navigation)*
Streifeninformation *f* tape information
Streifenkennung *f* lane identification *(Navigation)*
Streifenkode *m* tape code
Streifenlaser *m* stripe-geometry laser
Streifenleitung *f* strip [transmission] line, microstrip, microwave strip line
Streifenlesekopf *m* tape reading head
Streifenleser *m s.* Bandleser
Streifenlocher *m* [paper] tape punch, tape perforator
S. mit Tastensteuerung keyboard-actuated tape punch
[loch]kartengesteuerter S. card-controlled tape punch, card-to-tape punch
schneller S. high-speed paper tape punch
Streifenschneider *m* strip cutter
Streifenschreiber *m* [strip] chart recorder, tape printer
Streifenschrittvorschub *m* tape-feed stepping mechanism
Streifentransport *m* tape transport
Streifentransportmechanismus *m* tape transport mechanism
Streifenvorschub *m* tape transport, tape (paper) feed
streifig striated
Streiflicht *n* sided light, light glance
Streifung *f* striation
Streuausbreitung *f (Nrt)* scatter
ionosphärische S. ionospheric scatter
troposphärische S. tropospheric scatter
Streuausbreitungsverfahren *n (Nrt)* scatter-propagation method
Streubereich *m* 1. scattering region; 2. spread; zone of dispersion
S. der Peilung *(FO)* spread (range) of bearings
Streubild *n (FO)* dispersion diagram
Streuecho *n (FO)* scatter echo
Streueffekt *m* scattering effect
Streuelektron *n* scatter (stray) electron
Streuemission *f* stray emission
Streu-EMK *f (Masch)* spurious electromotive force
streuen to scatter, to stray; to disperse; to leak
streuend scattering; divergent *(Optik)*
Streufaktor *m* scattering factor; [magnetic] leakage factor
Streufeld *n* leakage field, [magnetic] stray field
elektrostatisches S. stray electrostatic field
magnetisches S. magnetic stray field
Streufeldeffekt *m* stray-field effect
Streufeldtransformator *m* leak transformer
Streufluß *m* leakage (stray) flux
magnetischer S. magnetic leakage flux
Streufrequenz *f* scattering frequency
Streugrenze *f (Meß)* limit of scattering (variation)
Streuimpedanz *f* leakage (stray) impedance
Streuindikatrix *f* scattering (diffusion) indicatrix
Streuinduktion *f* leakage (stray) induction
Streuinduktivität *f* leakage (stray) inductance
Streukapazität *f* leakage (stray, spurious) capacitance
S. der Verdrahtung wiring capacitance
Streukegel *m (Licht)* cone of dispersion, scattering cone
Streukoeffizient *m* [magnetic] leakage coefficient, leakage factor; scattering coefficient
Streukopplung *f* stray coupling; spurious (undesired) coupling
Streukörper *m* diffuser, scattering element
Streukraft *f (Galv)* throwing power
Streukurve *f* scattering curve
Streulastverluste *mpl (Masch)* leakage (stray) load loss
Streulicht *n* stray (scattered) light
Streulichtquelle *f* stray light source
Streulichtverfahren *n* scattered-light method
Streumatrix *f* scattering matrix
Streupfad *m* leakage path
Streuquerschnitt *m* scattering cross section
Streureaktanz *f* leakage reactance
Streuscheibe *f (Licht)* diffusion disk
Streuschirm *m (Licht)* diffusing screen (sheet)
Streuschwund *m* scatter fading
Streuspalt *m* leakage air gap *(Magnet)*
Streuspanne *f* **der Anzeigen** *(Meß)* spread (range of the dispersion) of indications
Streustrahlen *mpl* scattered rays
Streustrahlübertragung *f (Nrt)* scattering transmission
Streustrahlübertragungssystem *n* / **troposphärisches** *(Nrt)* tropospheric scatter communications system
Streustrahlung *f* leakage (stray) radiation; scattered (spurious, undesired) radiation
Streustrom *m* leakage (stray) current
Streustromkorrosion *f* leakage (stray) current corrosion, electrocorrosion
Streutheorie *f* scattering theory
Streutransformator *m* constant-current transformer
Streuung *f* 1. scatter[ing]; dispersion; leakage; *(Licht)* diffusion; 2. spread[ing]; variance

S. an beweglichen Ladungsträgern *(Halbl)* mobile-carrier scattering
S. an ionisierten Störstellen ionized impurity scattering
S. an optischen Gitterschwingungen optical mode scattering
S. der Anzeigen *(Meß)* dispersion of indications, scatter
S. der Kennwerte spread in characteristics
S. der Peilung spread of bearings
S. der Verteilung variance of distribution
S. der Zufallsgröße variance of random value
S. des magnetischen Kraftflusses magnetic leakage
S. des Rauschens noise dispersion
S. durch polare Schwingungen polar mode scattering
S. elektromagnetischer Wellen scattering of electromagnetic waves
S. neutraler Teilchen neutral particle scattering
doppelt verkettete S. double-linkage leakage
elastische S. elastic scattering
kohärente S. coherent scattering
magnetische S. magnetic leakage
strahlende unelastische S. radiative inelastic scattering
troposphärische S. tropospheric scattering
unelastische S. inelastic scattering
vollkommene S. perfect diffusion
Streuungsbild *n* dispersion diagram
Streuungswinkel *m s.* Streuwinkel
Streuverlust *m* leakage (stray) loss; scatter[ing] loss
Streuvermögen *n* scattering power; diffusibility, diffusing power; *(Galv)* throwing power
Streuweg *m* leakage path
Streuwelle *f* / **Coulombsche** Coulomb scattering wave
Streuwiderstand *m* stray resistance
Streuwinkel *m* angle of scattering, divergence angle
maximaler S. maximum scattering angle
Streuwirkung *f* scattering effect
Streuzentrum *n* scattering centre
Strich *m* line; dash *(Morsealphabet)*
Shefferscher S. Sheffer stroke *(NAND-Funktion)*
Strichgitter *n* ruled (groove) grating, graticule
Strichlänge *f* dash length
strichpunktiert dash-dotted
Strichpunktlinie *f* dash-dotted line, dash-and-dot line
Strichraster *m (Ferns)* bar pattern
Strichsignal *n* dash signal
Strichteilung *f* [line] graduation *(Skale)*
Strichzahl *f* number of grooves per unit length *(Beugungsgitter)*
Stroboskop *n* stroboscope, motion analyzer
elektrisches S. electric stroboscope
Stroboskopie *f* stroboscopy, motion analysis
Stroboskopimpuls *m* strobe pulse
stroboskopisch stroboscopic
Stroboskoplampe *f* stroboscopic lamp (light source)
Stroboskopscheibe *f* stroboscopic disk
Strom *m* 1. [electric] current; 2. stream, flow, flux ● **ohne S.** currentless (*s. a.* stromlos) ● **unter S.** live, current-carrying
S. am Arbeitspunkt bias current
S. bei Begrenzungsspannung current at clamp voltage
S. bei maximaler Leistung maximum power point current
S. bei Torspannung Null *(Halbl)* zero-gate-voltage current
S. der Querachse quadrature-axis current
S. in Durchlaßrichtung *(Halbl)* forward (on-state) current
S. in einer Richtung one-directional current
S. in Sperrichtung *(Halbl)* reverse (off-state) current
abklingender S. decaying current
anodischer S. anodic current
augenblicklicher S. instantaneous current
ausgeglichener S. smoothed current
dielektrischer S. dielectric current
eingeprägter S. impressed (applied, load-dependent) current
eingeschwungener S. stationary (steady-state) current
einwelliger S. single-wave current
elektrischer S. electric current
erdsymmetrischer S. balanced-to-earth current
faradischer S. faradic current
fotoelektrischer S. photocurrent, photoelectric current
galvanischer S. galvanic (voltaic) current
geglätteter S. smoothed current
geringer S. low current
gleichgerichteter S. rectified current
gleichphasiger S. in-phase current
in einer Richtung fließender S. unidirectional (one-directional) current
induzierter S. induced current
innerer S. internal current
kapazitiver S. capacitance current
katodischer S. cathodic current
konstanter S. constant current
kritischer S. critical current *(Supraleitung)*
lückender S. discontinuous current
magnetischer S. magnetic current

maximal zulässiger S. safe (maximum permissible) current
mittlerer S. average current
nacheilender S. lagging current
nichtfaradischer S. non-faradic current *(z. B. kapazitiver Strom)*
nichtstationärer S. non-stationary current, non-steady-state current
parasitärer S. parasitic current
phasenverschobener S. dephased (out-of-phase) current
polarografischer S. polarographic current
pulsierender S. pulsating current; pulsed current
quasistationärer S. quasi-stationary current
raumladungsbegrenzter S. space-charge-limited current
schwacher S. low current
schwingender S. oscillating current
sinusförmiger S. sinusoidal (simple harmonic) current
starker S. intense (strong) current
stationärer S. stationary (steady-state) current
subtransienter S. subtransient current
thermisch angeregter S. thermally stimulated current
thermisch erzeugter S. thermally generated current
thermoelektrischer S. thermocurrent, thermoelectric current
überlagerter S. super[im]posed current
unterbrochener S. discontinuous current
vagabundierender S. stray (leakage, vagabond) current
verketteter S. line (interlinked) current
voreilender S. leading current
wandernder S. *s.* vagabundierender S.
wattloser S. wattless (reactive) current

Stromabfall *m* decrease (decay, fall) of current
Stromabgabe *f* current delivery
Stromabgleich *m* current balance
stromabhängig current-dependent; current-controlled
Stromabnahme *f s.* Stromabfall
Stromabnehmer *m* 1. current collector (pick-up); trolley [current collector], pantograph *(für Elektrofahrzeuge mit Oberleitungsbetrieb)*; brush; 2. current consumer
Stromabnehmerarm *m* trolley arm
Stromabnehmerbügel *m* sliding (collector) bow
Stromabnehmerkopf *m* trolley head
Stromabnehmerrolle *f* trolley wheel
Stromabnehmerstange *f* trolley boom
Stromabriß *m* current chopping
Stromabschwächung *f* current attenuation
stromabwärts downstream
Stromänderung *f* current change
Stromänderungsgeschwindigkeit *f* rate of current change
Stromanschlußstelle *f* [power] supply point
Stromanstieg *m* current rise, increase (build-up) of current
S. in Durchlaßrichtung rise of forward (on-state) current
Stromanstiegsgeschwindigkeit *f* rate of current rise, rate of rise of forward (on-state) current
höchstzulässige S. maximum allowable rate of rise of forward current
Stromanstiegsrelais *n* rate of change relay
Stromanteil *m* current component
Stromanzeigelampe *f* current indicator lamp
Stromanzeiger *m* current (circuit) indicator
Stromart *f* current type (class), kind (type) of current
stromaufwärts upstream
Stromausbeute *f* current gain; *(Chem)* current efficiency
anodische S. anode efficiency
katodische S. cathode efficiency
Stromausfall *m* power (electric supply) failure
Stromausgleich *m* compensation (balance) of current, current balance
Stromausgleichsbatterie *f* floating trickle
Stromausgleichsrelais *n* current-balance relay
Stromaustrittszone *f (Galv)* positive (anodic) area
Strombahn *f* current path
Strombauch *m* current antinode (loop)
Strombedarf *m* current demand (requirement)
strombegrenzend current-limiting
Strombegrenzer *m* current limiter, current-limiting device; demand limiter
elektronischer S. electronic current limiter
Strombegrenzung *f* current limitation (limiting); current-limit control
Strombegrenzungsdrossel *f* current-limiting reactor (coil), series reactor, protective reactance coil
Strombegrenzungsschalter *m* current-limiting circuit breaker
Strombegrenzungssicherung *f* current-limiting fuse
Strombegrenzungswiderstand *m* current-limiting resistor
Strombelag *m* electric loading; *(Masch)* current coverage
Strombelastbarkeit *f* current-carrying capacity *(Leiter, Kabel)*; ampacity *(in Ampere)*
Strombelastung *f* current load[ing]
Strombereich *m* current range
Strombereichsgrenze *f* / **obere** upper limit of current range

strombetrieben current-operated
Strombilanzgleichung *f s.* Satz / erster Kirchhoffscher
Stromdichte *f* [electric] current density
  gleichförmige S. uniform current density
  kapazitive S. capacitive current density
  kritische S. critical current density
Stromdichteverlauf *m* current density distribution
Stromdifferentialrelais *n* phase-balance relay
Stromdifferentialschutz *m (App)* current phase-balance protection
stromdurchflossen current-carrying
Stromdurchfluß *m*, **Stromdurchgang** *m* current flow, passage of current
Ströme *mpl* / **verzweigte** branched currents
Stromeintritt *m* current intake
Stromeintrittszone *f (Galv)* negative (cathodic) area
Stromempfindlichkeit *f* current sensitivity (response)
strömen to stream, to flow
Stromentnahme *f* current drain
Stromentnahmeschiene *f* conductor rail
Stromerzeuger *m* electric generator
Stromerzeugung *f* electric power generation
  thermoelektrische S. thermoelectric generation of current
Stromerzeugungsanlage *f* generating plant
Stromfluß *m* current flow, flow of current
  S. in einer Richtung unidirectional current flow
  überlagerter S. superimposed current flow
Stromflußrelais *n* power direction relay
Stromflußwinkel *m* angle of current flow; *(Srt)* conducting period
stromführend current-carrying, live
Stromführungszeit *f* current conduction time
Stromgattung *f s.* Stromart
Stromgegenkopplung *f* current feedback
stromgekoppelt current-fed
stromgesteuert current-controlled
Stromgleichung *f* current equation
Stromgrenze *f* current limit
Stromgrenzwert *m* / **zulässiger oberer und unterer** limit of effective current range
Stromimpuls *m* current impulse, pulse of current
  nichtabklingender S. steady current impulse
Stromimpulsgenerator *m* current pulse generator
Stromindikator *m* current indicator
Strominstabilität *f* instability of current
Stromkennlinie *f* **der Sicherung** fuse time-current characteristic
Stromkippgerät *n* current sweep generator *(Ablenkgerät)*
Stromklemme *f* current terminal, feeder clamp
Stromknoten *m* current node
Stromkomponente *f* current component
Stromkopplung *f* current feed *(Antennentechnik)*
Stromkorrosion *f* anodic corrosion
Stromkreis *m* [electric] circuit
  S. mit Erdrückleitung earth return circuit
  S. mit konzentrierten Schaltelementen lumped circuit
  S. mit Schienenrückstromleiter loop circuit
  abgezweigter S. branched (derived) circuit
  angekoppelter S. coupled circuit
  angeschlossener S. associated circuit
  aperiodischer S. aperiodic circuit
  äußerer S. external circuit *(bei Teilentladungsmessungen)*
  eingeschalteter S. closed circuit
  geerdeter S. earthed circuit
  geregelter S. controlled circuit
  geschlossener S. closed circuit
  in Reihe geschalteter S. series circuit
  induktiver S. inductive circuit
  innerer S. internal circuit
  kapazitiver S. capacitive circuit
  offener S. open circuit
  parallelgeschalteter S. shunt circuit
  steckbarer S. receptacle circuit *(am Analogrechner)*
  unabgeglichener S. unbalanced wire circuit
  verlustloser S. zero-loss circuit
  verzweigter S. branched circuit
Stromkreisentkopplung *f* decoupling of circuits
Stromkreisparameter *m* circuit parameter
Stromlaufplan *m* [schematic] circuit diagram, wiring diagram
Stromleiter *m* [electric] conductor
Stromleitung *f* [current] conduction
Stromlieferung *f* current supply
Stromlinienbild *n* flow pattern
stromlinienförmig streamlined
stromlos dead, de-energized, currentless, zero-current, balanced *(Meßbrücke)* ● **s. machen** to de-energize
Stromlosigkeit *f* absence of current
Strommenge *f* quantity of electricity, amount of current
Strommeßbereich *m* current [measuring] range
Strommesser *m* current measuring instrument, amperemeter, ammeter
Strommessung *f* current measurement
Strommeßwiderstand *m* current sensing resistor
Strommittelwert *m* **in Durchlaßrichtung** mean forward current
Stromnennwert *m* current rating

Strompegel *m* current level
Strompfad *m* current path
gemeinsamer S. common path (branch)
Stromphase *f* current phase
Strompulsgenerator *m* current pulse generator
Stromquelle *f* source [of current], current (power) source, current supply
konstante S. stable current source
Stromquellenerde *f* source earth
Stromrauschen *n* current noise
Stromrauschleistung *f* current noise power
Stromrauschpegel *m* current noise level
Stromregelröhre *f* series regulator valve (tube); ballast tube
Stromregelung *f* current control
S. durch eine dritte Bürste third-brush current control
Stromregler *m* current regulator (control)
Stromrelais *n* current relay
Stromresonanz *f* current resonance
Stromresonanzfrequenz *f* antiresonance (parallel-resonant) frequency
Stromresonanzkreis *m* antiresonant (parallel-resonant) circuit; series resonance circuit
Stromresonanzpunkt *m* antiresonance peak *(bei Filtern)*
Stromrichter *m* rectifier, [current] converter, static converter
gittergesteuerter S. grid-controlled rectifier
netzgeführter S. line-commutated converter
ruhender S. static converter
Stromrichtergruppe *f* rectifier group
Stromrichtertechnik *f* rectifier engineering (technique)
Stromrichtung *f* current direction, direction of current [flow]
Stromrichtungsrelais *n* current directional relay, power direction relay
Stromrichtungsschutz *m* **mit Hilfsader** *(App)* duplex protective system
Stromrückgang *m s.* Stromabfall
Stromrückgewinnung *f* recuperation of current
Stromrückkopplung *f* current feedback
Stromrückkopplungskreis *m* current feedback circuit
Stromrückkopplungsmultivibrator *m* current feedback multivibrator
Stromrückkopplungsschaltung *f* current feedback circuit
Stromrücklauf *m* return of current
Stromrückleitungskabel *n* return cable
Stromschalter *m* current switch
Stromschiene *f* line (current) bar, bus [bar] *(in Schaltanlagen)*; contact (conductor, third) rail *(Elektrotraktion)*
seitliche S. side contact (conductor) rail
Stromschienenisolator *m* third-rail insulator
Stromschleife *f* current loop
Stromschleifenantenne *f* slotted-ring aerial
Stromschließer *m* circuit closer
Stromschluß *m* circuit closing
Stromschritt *m (Fmt)* marking signal, signal element
Stromschutz *m* current protection
gerichteter S. directional current protection
nichtgerichteter S. non-directional current protection
Stromschwächung *f* weakening of current
Stromschwankung *f* current fluctuation
Stromschwingung *f* current oscillation
Strom-Spannungs-Beziehung *f* current-voltage relationship
Strom-Spannungs-Kennlinie *f* current-voltage characteristic (curve), volt-ampere characteristic, I-V characteristic; anode characteristic *(einer Röhre)*
S. des Ableiters arrester discharge voltage-current characteristic
S. des Thyristors anode-to-cathode voltage-current characteristic
S. in Durchlaßrichtung forward characteristic
S. in Sperrichtung reverse characteristic
statische S. static volt-ampere characteristic
unsymmetrische S. asymmetric characteristic
Strom-Spannungs-Kurve *f s.* Strom-Spannungs-Kennlinie
Stromspeisung *f* current (centre) feed *(Antennentechnik)*
Stromspitzenwert *m* peak value of current
Stromsprung *m* step of current
Stromspule *f* current coil
Stromstabilisierung *f* current stabilizing
Stromstärke *f* current intensity (strength); amperage *(in Ampere)*
Stromstärkebereich *m* **für höchste Meßgenauigkeit** effective current range [of a meter], accurate current range
Stromstärkefernmeßgerät *n* teleammeter
Stromstärkemesser *m s.* Strommesser
Stromstoß *m* current [im]pulse, current surge (rush)
kurzer S. temporary current surge
Stromstoßspeicher *m* impulse storing device
Stromstoßübertrager *m* [im]pulse repeater
Stromstoßunterdrücker *m (Fmt)* digit absorber
stromteilend current-sharing
Stromteiler *m* current divider
Stromteilerdrossel *f* current-dividing coil
Stromteilerfaktor *m* current division factor *(Transistor)*
Stromteilernetzwerk *n* current-dividing network
Stromteilerregel *f* Kirchhoff's current law

Stromteilung *f* current division
Stromtor *n* thyratron, hot-cathode gas-filled tube (valve); gas tube switch, electronic relay
Stromträger *m* current carrier
beweglicher S. mobile current carrier
Stromüberlagerung *f* **auf einen Plasmastrahl** superimposition of a current on a plasma jet
Stromübernahme *f* current transfer *(Elektronenröhre)*
Stromübersetzung *f* current transformation *(Transformator)*
Stromübersetzungsverhältnis *n* current [transformation] ratio
Stromüberwachungsanzeiger *m* current monitoring meter
Stromumkehr *f* reversal of current, current reverse
Strömung *f* flow, stream
hydrodynamische S. hydrodynamic flow
isotherme S. isothermal flow
laminare S. laminar (streamline) flow
stationäre S. steady flow
turbulente (verwirbelte) S. turbulent flow [motion]
viskose S. viscous flow
wirbelfreie S. non-vortical flow
zweidimensionale S. two-dimensional flow
Strömungsart *f* flow regime
Strömungsbild *n* flow pattern (diagram)
Strömungsfeld *n* flow field
stationäres elektrisches S. steady-state electric field
turbulentes S. turbulent flow field
Strömungsgeräusch *n* turbulence-induced noise, aerodynamically induced noise
Strömungsgeschwindigkeit *f* flow rate, velocity of flow
S. eines Luftstroms air-blast velocity
Strömungslinie *f* flow line, streamline
Strömungsmesser *m* flow (rate-of-flow) meter
Strömungsplasmatron *n* **zur Gasaufheizung** stream plasmatron for gas heating
Strömungspotential *n* stream[ing] potential
Strömungsrelais *n* flow relay
Strömungsrichtung *f* flow direction
Strömungswächter *m (Meß)* air[foil] flowmeter
Strömungswiderstand *m* flow resistance
Stromunterbrecher *m* current interrupter; contact (circuit) breaker
Stromunterbrechung *f* current interruption
Stromverbrauch *m* current (power, electricity) consumption
Stromverbraucher *m* current consumer
Stromverbrauchsberechnung *f* calculation of the current consumption
Stromverbrauchszähler *m* [electric-]supply meter, energy meter
Stromverdrängung *f* current displacement, skin effect; proximity effect
Stromverdrängungsfaktor *m* current displacement factor
Stromverhältnis *n* current ratio
Stromverlauf *m* current path (flow)
Stromverlust *m* current loss, leakage
Stromversorgung *f* power (current) supply; power feeding
S. des Senders transmitter supply
S. für das Gitter C power supply *(Röhren)*
S. für Gatter gate supply
S. mit Sonnenbatterien solar cell power supply
konstante (stabilisierte) S. stabilized power supply, stable [power] supply
Stromversorgungseinrichtung *f* power supply equipment
Stromversorgungsgerät *n* power supply unit
Stromversorgungsgeräusch *n* ripple noise, hum; battery supply circuit noise
Stromversorgungsnetz *n* power [supply] system, supply network, mains
Stromversorgungsstation *f* power supply station
Stromversorgungssystem *n* power supply system
Stromverstärker *m* current amplifier
Stromverstärkung *f* current amplification (gain)
S. bei niedrigem Pegel *(Halbl)* low-level current gain
S. in Basisschaltung *(Halbl)* common-base current gain, grounded-base current gain
S. in Emitterschaltung *(Halbl)* common-emitter current gain, grounded-emitter current gain
S. in Kollektorschaltung *(Halbl)* common-collector current gain, grounded-collector current gain
inverse S. *(Halbl)* inverse current gain
Stromverstärkungsfaktor *m* current amplification factor
Stromverstimmung *f* pushing
Stromverstimmungsmaß *n* pushing figure
Stromverteilung *f* current distribution
primäre S. primary current distribution
Stromverteilungsrauschen *n* current distribution noise, partition noise
Stromverteilungssteuerung *f* current distribution control
Stromvervielfachung *f* current multiplication
Stromverzweigung *f* current branching
Stromverzweigungspunkt *m* [current] node (*s. a.* Knotenpunkt)

Stromwaage *f* electrodynamic (ampere, current) balance
S. nach Helmholtz Helmholtz [ampere] balance
S. nach Kelvin Kelvin [ampere] balance
S. nach Rayleigh Rayleigh [ampere, current] balance
Stromwächter *m* current relay
Stromwandler *m* current transformer
S. mit Zusatzmagnetisierung compound-wound current transformer, auto-compounded current transformer
Stromwärme *f* Joule heat
Stromwärmeverlust *m* copper loss[es], I^2R loss
Stromwechsel *m* alternation
Stromweg *m* current path
Stromwelle *f* current wave
Stromwellen *fpl* current ripples
Stromwender *m* commutator
eingegossener S. moulded commutator
mechanischer S. commutator rectifier
Stromwenderanker *m* commutator armature
Stromwenderanschluß *m* commutator lug
Stromwenderbohrung *f* commutator bore
Stromwenderbuchse *f* commutator sleeve
Stromwenderbürste *f* commutator brush
Stromwenderfahne *f* commutator lug (riser)
Stromwenderglimmer *m* commutator mica
Stromwenderisolierhülse *f* commutator shell insulator
Stromwenderisoliermanschette *f* commutator vee-ring insulator
Stromwenderkonstruktion *f* commutator design
Stromwenderkörper *m* commutator shell
Stromwenderkranz *m* commutator riser
Stromwenderlamelle *f* commutator segment (bar)
Stromwenderlötmaschine *f* commutator soldering machine
Stromwendermotor *m* commutator motor
Stromwendernabe *f* commutator hub
Stromwenderoberfläche *f* commutator [sur]face
Stromwenderpreßring *m* commutator vee ring
Stromwenderschritt *m* commutator pitch
Stromwenderschrumpfring *m* commutator shrink ring
Stromwendersegment *n* commutator segment (bar)
Stromwenderspannung *f* commutator voltage
Stromwenderteilung *f* commutator pitch
Stromwendung *f* commutation [of current]
erzwungene S. forced commutation
funkenfreie S. sparkless commutation
Stromwert *m* current value
Stromzähler *m s.* Stromverbrauchszähler
Stromzeiger *m* current pointer
Stromzufuhr *f* [electric] current supply, supply [of current]
Stromzuführung *f* 1. *s.* Stromzufuhr; 2. power supply conductor, supply lead; contact system *(Oberleitung, Stromschiene)*; leading-in wire
Stromzunahme *f s.* Stromanstieg
Stromzweig *m* current branch (path), branch circuit
Strophotron *n* strophotron *(Höchstfrequenzelektronenröhre)*
Strowger-Wähler *m (Fmt)* Strowger selector (switch)
Strudelpunkt *m (Syst)* focus *(Phasenebene)*
instabiler S. unstable focus
Struktur *f* structure; configuration
S. des Informationswortes *(Rech)* information word format (structure)
S. eines Wortes *(Rech)* word format
S. mit kurzgeschlossenem Emitter shorted-emitter structure
elektronische S. electronic structure
geordnete S. ordered structure
gestörte S. imperfect (defect) structure
innere S. internal structure
körnige S. granular structure, granularity
kristallografische S. crystallographic structure
Strukturdipol *m* structural dipole
strukturempfindlich structure-sensitive
Strukturerkennung *f* pattern recognition *(Optoelektronik)*
Strukturfehler *m* structural defect
strukturieren to structure, to pattern
Strukturinstabilität *f (Syst)* structural instability
Strukturmodell *n (Syst)* structure model
Strukturproblem *n* structure problem
Strukturschema *n* block schematic diagram
Struktursynthese *f* structural (structure) synthesis *(eines Regelungssystems)*
Stück *n* part; patch
Stückliste *f* parts list, table of [replaceable] parts
Stückprüfung *f* routine test
Stückprüfungseinrichtung *f* routine test equipment
Studio *n* studio
S. mit Nachhall live studio
S. mit sehr kurzer Nachhallzeit [acoustically] dead studio
S. ohne Nachhall dead studio
schalltotes S. [acoustically] dead studio
Studioabhöreinrichtung *f* monitoring studio station
Studioaufnahme *f* studio recording (pick-up)
Studioausrüstung *f* studio equipment
Studiobeleuchtung *f* studio lighting

Studiobetrieb *m* studio operation
Studioeinrichtung *f* studio equipment
Studioleuchte *f* studio fitting (luminaire)
Studiosendung *f* studio broadcast
Studiotechnik *f* studio technics
Studioverstärker *m* programme amplifier
Stufe *f* step; stage; grade
S. in Basisschaltung *(Halbl)* common-base stage
S. in Emitterschaltung *(Halbl)* common-emitter stage
anodische S. anodic wave *(Polarografie)*
kinetische S. kinetic wave *(Polarografie)*
polarografische S. polarographic wave
vorhergehende S. preceding stage
zeitgesteuerte S. timed step
Stufenabschwächer *m* stepped attenuator
Stufenbatterie *f* cascade battery
Stufenbeleuchtung *f* stair lighting
Stufendrehschalter *m* rotary stepping switch
Stufenfolge *f* sequence of steps *(z.B. in einem Prozeß)*
Stufenfrequenz *f* step frequency
Stufenfunktion *f (Syst)* step (inter-stage) function *(bei Kennlinien)*
stufengezogen rate-grown *(Kristall)*
Stufenkeil *m* step (discontinuous) wedge *(Graukeil)*
Stufenkennlinie *f* stepped curve
Stufenkompensator *m* deflection potentiometer
Stufenlänge *f* step length
Stufenlinse *f* Fresnel (stepped, corrugated) lens
Stufenlinsenkleinscheinwerfer *m* Fresnel spotlight
stufenlos stepless
Stufenmeßmarke *f* step-strobe marker
Stufenprozeß *m* step process
Stufenrolle *f* stepped roller
Stufenschalter *m* step[ping] switch, tap[ping] switch, [on-load] tap changer; multicontact (multiple-contact) switch
Stufenschaltung *f* step switching
Stufenscheibe *f* stepped [cone] pulley
Stufenscheibenantrieb *m* cone pulley drive
Stufenschütz *n* tapping contactor
Stufenspannung *f* step voltage
Stufenspule *f* bank-wound coil
Stufenteiler *m* step attenuator
Stufentransformator *m* step transformer
Stufenübergang *m (Halbl)* step junction
Stufenversetzung *f* edge dislocation *(Kristall)*
Stufenverstärker *m* cascade amplifier
Stufenverstärkung *f* stage gain
Stufenvielfachschalter *m* multicontact gang switch *(zur Wellenumschaltung)*
Stufenwachstum *n* step growth *(Kristall)*
stufenweise step-by-step, stepwise
Stufenwicklung *f* bank[ed] winding
Stufenzahl *f* step number
Stufenziehen *n* rate growth *(Kristall)*
Stufung *f* **der Hörempfindung** auditory sensation scale
S. der Isolation coordination of insulation
Stummabstimmung *f* 1. quiet tuning; 2. tuning silencer, interstation noise suppressor
automatische S. interstation (intercarrier) noise suppression
Stummschaltung *f* muting
Stumpfkabel *n* stub cable
Stumpfnahtschweißen *n* butt seam welding
stumpfschweißen to butt-weld
Stumpfstoß *m* butt joint *(Schweißen)*
Stundenbetrieb *m* one-hour duty
Stundendrehmoment *n* one-hour torque
Stundendrehzahl *f* one-hour speed
Stundenleistung *f* one-hour output (rating), hourly output
Stundenzugkraft *f* tractive effort at one-hour rating
Sturzspule *f* back-wound coil *(Transformator)*
Stütze *f* support; brace, bracket; prop, strut
stützen to support; to back
Stützenisolator *m* pin[-type] insulator, rigid-type insulator, cap-and-pin insulator
zusammengesetzter (zweiteiliger) S. double-section pin-type insulator
Stützer *m* insulated support
Stützerstromwandler *m* bushing-type current transformer
Stützisolator *m s.* Stützenisolator
Stützkörper *m* supporting body *(an Leitungen)*
Stützmast *m* anchor tower
styroflexisoliert styroflex-insulated *(z.B. Kabel)*
Styroflexkondensator *m* styroflex-insulated capacitor
Styrol *n* styrene
subharmonisch subharmonic
Subharmonische *f* subharmonic
Sublimation *f* sublimation
Sublimationstemperatur *f* sublimation temperature
Sublimationswärme *f* sublimation heat
sublimieren to sublimate, to sublime
Subminiaturbauteil *n* subminiature component
Subminiaturbauweise *f* subminiature construction
subminiaturisiert subminiaturized
Subminiaturkonstantstromröhre *f* current reference ion chamber, curpistor
Subminiaturrechner *m (Rech)* subminiature (microminiature) computer
Subminiaturröhre *f* subminiature valve (tube); bantam tube

Subminiatursteckverbinder *m* subminiature connector
Subminiaturtechnik *f* subminiature engineering
Suboptimierung *f (Syst)* suboptimization *(z. B. eines Teilsystems)*
Substanz *f* substance, matter, material (*s. a. unter* Stoff)
  anionenaktive S. anionic surfactant
  gelöste S. dissolved substance, solute
  kationenaktive S. cationic surfactant
  oberflächenaktive S. surface-active agent, surfactant
substituieren to substitute
Substitution *f* substitution
substitutionell substitutional
Substitutionsbefehl *m (Rech)* extract instruction
Substitutionseichung *f* substitution method of calibration, calibration by substitution
Substitutionsleitfähigkeit *f* substitution conductivity
Substitutionsleitung *f* substitution conduction
Substitutionsmeßmethode *f* substitution method of measurement
Substitutionsplatz *m*, **Substitutionsstelle** *f* substitutional site *(Mischkristall)*
Substitutionsstörstelle *f* substitutional impurity *(Mischkristall)*
Substitutionsverfahren *n* substitution method (technique)
Substrat *n* substrate
  polykristallines S. *(Galv)* polycrystalline substrate
Substratdotierung *f (Halbl)* substrate doping
Substrathalter *m* substrate holder
Substratheizer *m* substrate heater
Substratkapazität *f (Halbl)* substrate capacitance
Substrattemperatur *f* substrate temperature
Substrattiefe *f (Halbl)* substrate depth
Substratwiderstand *m* / **spezifischer** *(Halbl)* substrate resistivity
Subtrahierimpuls *m (Rech)* subtract pulse
Subtraktionsübertrag *m (Rech)* subtract carry
Subtraktivdurchkontaktierungsverfahren *n* etched-foil through-hole process *(Leiterplattenherstellung)*
Subtraktivverfahren *n* subtractive (etched-foil) process; *(Am)* copper clad process *(Leiterplattenherstellung)*
Subtransientreaktanz *f* subtransient reactance
Suchalgorithmus *m (Rech)* search algorithm
Suchantenne *f* sensing aerial
Suchbereich *m (FO)* detection range
Suchempfang *m (Nrt)* search reception
suchen to search; *(Fmt)* to hunt
  einen Fehler s. to trace a fault, to locate a fault (trouble); to diagnose faults
Sucher *m* viewfinder *(Optik)*; *(Fmt)* line selector (finder)
Sucherparallaxe *f* viewfinder parallax
Sucherstrahl *m* finder beam
Suchfilter *n (Syst)* detecting element
Suchgerät *n* detector, locator
Suchimpuls *m (FO)* transmitted pulse, main bang
Suchkreis *m* / **automatischer** *(Syst)* automatic search circuit
Suchmethode *f s.* Suchverfahren
Suchradar *n(m)* search radar
Suchschalter *m (Fmt)* finder
Suchscheinwerfer *m* searchlight, spotlight; adjustable spot light (lamp) *(Kraftfahrzeug)*
Suchsonde *f* hunting probe
Suchspule *f* search (exploring) coil *(z. B. zur Kabelortung)*; *(Meß)* probe (pick-up) coil
Suchstellung *f (Fmt)* choice
Suchsystem *n (Rech)* search system
Suchton *m* search tone
Suchverfahren *n (Rech)* search[ing] method, search procedure
Suchvorgang *m (Rech)* search[ing] process
Suchwähler *m (Fmt)* finder switch
Suchzeichen *n (Fmt)* inquiry signal
Suchzeit *f (Rech)* search[ing] time; access time
Südpol *m* / **magnetischer** south magnetic pole
Sukzessivkontrast *m* successive contrast
Summand *m (Rech)* addend
  erster S. augend
  zweiter S. addend
Summandenregister *n (Rech)* addend register
Summationsoperator *m (Rech)* adding operator
Summationsschaltung *f (Syst)* adding (summing) network *(für Signale)*
Summationsverstärker *m* summing amplifier
Summator *m (Rech)* summator
Summe *f* sum
  Boolesche S. logic sum
  vektorielle S. vector sum
summen to buzz; to hum
Summenausgabe *f* sum output
Summendruck *m (Rech)* total printing
Summenerfassung *f* bulk registration
Summenfehler *m* cumulative error
Summenfrequenz *f* sum frequency
Summenhäufigkeit *f* [absolute] cumulative frequency *(Statistik)*
Summenkennlinie *f* overall characteristic
Summenklirrfaktor *m* total distortion

Summenkontrolle *f (Rech)* summation check, total checking
Summenlautheit *f* summation loudness
Summenlocher *m (Rech)* summary punch
Summenlochung *f (Rech)* total punching
Summenprüfung *f s.* Summenkontrolle
Summenregel *f*, **Summensatz** *m* sum rule
Summensignal *n* composite signal
Summenstanzer *m (Rech)* summary punch
Summentabulator *m (Rech)* total tabulator
Summentrieb *m (Rech)* mechanical adding device
Summenübertragung *f (Rech)* total transfer
Summenwerk *n (Rech)* total mechanism
Summenwirkung *f* cumulative effect
Summenzähler *m* summation meter
Summenzeitkonstante *f* total time constant
Summer *m* buzzer
Summerempfang *m (Fmt)* reception by buzzer
Summergerät *n (Fmt)* buzzer set
Summerrelais *n* buzzer relay
Summerschauzeichen *n (Fmt)* buzzer indicator
Summerton *m (Fmt)* buzzer sound (tone)
S. zur Anzeige unbenutzter Leitungen dead-number tone
Summerzeichen *n (Fmt)* buzzer signal
summieren to sum, to add [up]
Summierer *m* summator
Summiergeschwindigkeit *f* accumulating speed
Summierglied *n (Syst)* summing element *(z. B. im Regelkreis)*
Summierstelle *f (Syst)* summing point *(im Signalflußplan)*
Summierstufe *f* mixing stage
Summiertrieb *m (Rech)* mechanical adding device
Summierung *f* summation
Summierverstärker *m* summation amplifier
Summierzähler *m* accumulating counter
Summstreifen *m* buzz track
Summton *m*, **Summzeichen** *n (Fmt)* humming sound (tone)
Superakzeptor *m (Halbl)* superacceptor
Superhet *m s.* Überlagerungsempfänger
Superhet[erodyn]empfang *m* superheterodyne reception
Superhochfrequenz *f* superhigh frequency, SHF, s.h.f. *(3 000 bis 30 000 MHz)*
Superikonoskop *n* supericonoscope *(Bildaufnahmeröhre)*
Superorthikon *n* image orthicon *(speichernde Bildaufnahmeröhre)*
Superposition *f* superposition
Superpositionsprinzip *n* superposition principle
Superpositionssatz *m* superposition theorem
Superregenerativverstärker *m* superregenerative amplifier
Superturnstile-Antenne *f* batwing (superturnstile) aerial
Supplement *n* supplement *(Mathematik)*
Supplementwinkel *m* supplementary (adjacent) angle
Supraelektron *n* superelectron
supraflüssig superfluid, superliquid
Supraionenleiter *m* superionic conductor
supraleitend superconducting, superconductive
Supraleiter *m* superconductor
harter S. hard superconductor
idealer S. ideal superconductor
weicher S. soft superconductor
supraleitfähig *s.* supraleitend
Supraleitfähigkeit *f* superconduction, superconductivity, supraconductivity
Supraleitungselektron *n* superconducting electron, superelectron
Supraleitungsstrom *m* supercurrent
Surface-Barrier-Transistor *m* surface barrier transistor
Suspension *f* suspension
Suszeptanz *f* susceptance
induktive S. inductive susceptance
Suszeptanzrelais *n* susceptance relay
Suszeptibilität *f* susceptibility
diamagnetische S. diamagnetic susceptibility
paramagnetische S. paramagnetic susceptibility
Swan-Sockel *m* bayonet base (cap)
SWF, SWFV *s.* Selbstwählfernverkehr
Syllogismus *m* syllogism
Symbol *n* character, symbol, sign
S. einer Einheit unit symbol
binäres S. binary symbol
logisches S. logical symbol
Symboldruck *m* symbol printing
Symbolsprache *f (Rech)* symbolic language
Symistor *m (Halbl)* bidirectional triode thyristor
Symmetrie *f* symmetry; balance *(z. B. von Gegentaktverstärkern)*
S. der Spannung symmetry of voltage
S. der Ströme symmetry of currents
Symmetrieachse *f* symmetry axis, axis of symmetry *(Kristall)*
Symmetriedämpfung *f* balanced attenuation
Symmetriedetektor *m* balance detector
Symmetrieebene *f* symmetry plane, plane of symmetry *(Kristall)*
Symmetrieeigenschaft *f* symmetry property
Symmetriefaktor *m* symmetry factor *(elektrochemische Kinetik)*
Symmetrierdrossel *f* current-balancing reactor

Symmetriereinrichtung *f* balancing equipment
symmetrieren to balance *(z. B. Gegentaktverstärker)*
Symmetrierglied *n* balanced-to-unbalanced transformer, balun
Symmetrierkondensator *m* hash-filter capacitor
Symmetrierleitung *f* balancing line
Symmetrierschaltung *f* balancing circuit
Symmetrierstufe *f* balancer
Symmetrierung *f* balancing
Symmetrierungsschleife *f* balancing loop
Symmetrierwiderstand *m* balancing resistor
Symmetrieübertrager *m* balanced-to-unbalanced transformer, balun
symmetrisch symmetric[al]; balanced
s. gegen Erde balanced to earth
s. zu einer Achse symmetrical about an axis
Symmistor *m s.* Symistor
Synchro *n* synchro, self-synchronous device, selsyn
Synchrodrehmomentempfänger *m* synchro torque receiver *(mit mechanischem Ausgangssignal)*
Synchroempfänger *m* synchro receiver
Synchrogeber *m* synchro transmitter
Synchroindikator *m* synchro indicator
synchron synchronous
Synchronantrieb *m* synchronous drive
Synchrondigitalrechner *m* synchronous digital computer
Synchrondrehmoment *n* synchronous torque
Synchrondrehzahl *f* synchronous speed
Synchroneinrichtung *f* synchronizing facility
Synchronfunkenstrecke *f* synchronous [rotating] spark gap
Synchrongenerator *m* synchronous generator, [synchronous] alternator
Synchrongeschwindigkeit *f* synchronous speed
Synchrongleichrichter *m* synchronous rectifier
Synchronimpedanz *f* synchronous impedance
Synchronisation *f* synchronization
Synchronisationsbereich *m (Masch)* pull-in range
Synchronisationsfehler *m* synchronization error; *(Ferns)* jitter
Synchronisationsglied *n* synchronizer
Synchronisationsimpuls *m* synchronizing pulse
Synchronisationsröhre *f* synchronizing valve (tube)
Synchronisationssignal *n* synchronizing (synchronization) signal
gebündeltes S. *(Nrt)* bunched synchronizing signal
Synchronisationsstufe *f* synchronization set
Synchronisator *m* synchronizer
Synchronisiereinrichtung *f* synchronizer; *(Rech)* interlock
synchronisieren to synchronize; *(El)* to lock
Synchronisiergerät *n* synchronizer, synchronization (sync) set
elektronisches S. electronic synchronizer
Synchronisierimpuls *m* **für die Zeilenablenkung** *(Ferns)* horizontal synchronizing pulse
Synchronisierrelais *n* synchronizing relay
Synchronisierschaltung *f* synchronizing circuit
Synchronisiersignal *n* synchronizing (sync) signal
Synchronisiersystem *n* synchronizing (sync) system
Synchronisierung *f* synchronizing, synchronization
S. des Trägers carrier synchronization
automatische S. automatic synchronizing
Synchronisierungsbereich *m* synchronizing (retaining) range *(eines Oszillators)*
Synchronisierungsorgan *n (Rech)* interlock
Synchronisierungsschaltung *f* synchronizing circuit
S. für Horizontalablenkung line timebase synchronization circuit
Synchronisierungssystem *n* synchronizing (sync) system
Synchronisiervorrichtung *f* synchronizer
Synchronisierwelle *f* timing shaft
Synchronismus *m* synchronism
Synchronkabel *n* synchronization (flash) lead
Synchronkomparator *m (Ferns)* synchronous comparator
Synchronlinearmotor *m* synchronous linear motor
Synchronmaschine *f* synchronous machine
S. mit Klauenpolen homopolar synchronous machine
Synchronmesser *m* synchronometer
Synchronmotor *m* synchronous motor
Synchronoskop *n* synchronoscope
Synchronphase *f* synchronous phase
Synchronphasenschieber *m* synchronous phase advancer
Synchronschalter *m* synchronous switch
Synchronsignal *n* synchronizing signal
Synchronsignalgeber *m* synchronizing pulse generator
Synchronsignalregenerator *m* synchronizing pulse regenerator
Synchronsteuerung *f* synchronization control
Synchrontaktgeber *m* synchronizer
Synchrontelegraf *m* synchronous telegraph
Synchrontelegrafie *f* synchronous telegraphy

Synchronuhr *f* synchronous clock (timer)
Synchronverstärker *m* synchronous amplifier
Synchronwert *m* synchronous value *(von Bildsignalen)*
Synchronzeitgeber *m* synchronous timer
Synchronzerhacker *m* synchronous vibrator
Synchrophasenmesser *m* synchro phase meter
Synchrophasenschieber *m* synchro phase shifter
Synchroübertrager *m* synchro transmitter
Syntaxalgorithmus *m (Rech)* syntactic algorithm
Syntaxprüfung *f (Rech)* syntactic checking
Synthese *f* synthesis
  S. von Strahlungscharakteristiken aerial pattern synthesis
Syntheseproblem *n* synthesis problem *(Netzwerktheorie)*
Synthesizer *m* synthesizer
synthetisch synthetic[al], artificial, man-made
System *n* system
  S. der Einheitsbohrung basic-hole system *(Leiterplatten)*
  S. erster Ordnung first-order system
  S. mit automatischer Stabilisierung automatic stabilization system
  S. mit Dämpfung system with damping
  S. mit diskreten kontinuierlichen Signalen discrete-continuous system
  S. mit einem Freiheitsgrad one-degree-of-freedom system, single-degree-of-freedom system
  S. mit endlicher Ausregelzeit finite-settling-time system
  S. mit fester Wortlänge *(Rech)* fixed-length system
  S. mit hintereinandergeschalteten Gliedern cascade system
  S. mit hohem Verstärkungsfaktor high-gain system
  S. mit konstanten Koeffizienten constant-coefficient system
  S. mit konzentrierten Parametern lumped-parameter system
  S. mit mehreren Freiheitsgraden many-degree-of-freedom system, multiple-degree-of-freedom system
  S. mit mehrfacher Rückkopplung multiloop feedback system
  S. mit Nachlaufregelung positioning [control] system
  S. mit niedrigem Verstärkungsfaktor low-gain system
  S. mit Parameternachführung parameter-tracking system
  S. mit Rückführung feedback [control] system, closed-loop [control] system
  S. mit rückwärtiger Stromstoßgabe *(Fmt)* revertive pulsing system
  S. mit Schaltglied switched system
  S. mit selbsterregten Schwingungen autooscillation (hunting) system, self-sustained oscillations system
  S. mit Stromschiene third-rail system
  S. mit überkritischer Dämpfung overdamped system
  S. mit unterkritischer Dämpfung underdamped system
  S. mit variablen Koeffizienten variable-coefficient system
  S. mit veränderlicher Dämpfung variable-damped system
  S. mit verteilten Parametern distributed-parameter system, system with distributed parameters
  S. mit verteilter Intelligenz distributed-intelligence system
  S. mit Verzögerung zweiter Ordnung second-order system
  S. mit zeitlich nicht veränderlichen Parametern time-invariant parameter system
  S. mit zeitlich veränderlichen Parametern time-varying parameter system
  S. mit Zeitplanregelung time-pattern control system
  S. mit zufallsverteilter Abtastung randomly sampled system
  S. mit zwei stabilen Zuständen two-state system
  S. zur Steuerung von Datenflüssen *(Rech)* data flow control system
  S. zweiter Ordnung second-order system
  abbildendes S. image-forming system
  adaptives S. adaptive system
  additives S. additive system *(Leiterplatten)*
  akustisches S. acoustical system
  annähernd lineares S. quasi-linear system
  anoptisches S. *(Ferns)* anoptic system
  anpassungsfähiges S. adaptive system
  arhythmisches S. *(Fmt)* start-stop system
  astatisches S. *(App)* astatic system
  autonomes S. autonomous system
  berührungsloses S. non-contact system
  bezogenes S. unity-ratio system
  binärdigitales logisches S. binary digital logic system
  binäres S. binary (two-state) system
  dekadisches S. decade system
  diskontinuierliches S. discontinuous system
  dyadisches S. dyadic system *(zur Darstellung von Werten)*
  dynamisches S. dynamic system
  einschleifiges S. one-loop system *(Regelung)*
  elektronisches S. zur Schweißzeitbegrenzung electronic welding-time control

fast lineares S. almost linear system
fehlererkennendes S. error-detecting system
fotoelektrisches S. photoelectric system
gedämpftes S. damped system
geerdetes S. earthed system
gegenläufiges S. negative-phase-sequence system
geräuschempfindliches S. sound detection system
geregeltes S. [automatic] controlled system
geschlossenes S. closed-loop [control] system
gestörtes S. faulty (perturbated) system
gut ausgelegtes S. well-engineered system
hexagonales S. hexagonal system *(Kristall)*
impulsmoduliertes S. pulse-modulated system
integriertes S. integrated system
klassisches S. classical system
konservatives S. conservative system
lernendes S. learning system
lineares S. linear system
mehrschleifiges S. multiloop system
metrisches S. metric system [of units]
mittelgroßes S. medium-scale system
nichtlineares S. non-linear system
nichtschwingendes S. non-oscillating system
offenes S. open-loop system
optisches S. optical (lens) system
phasenminimales S. minimum-phase [control] system
physikalisch-realisierbares S. physically realizable system
pneumatisches S. pneumatic (air-operated) system
quasiharmonisches S. quasi-harmonic system *(mit annähernd sinusförmigen Signalen)*
quasilineares S. quasi-linear system
rechnergesteuertes S. computer-controlled system
rückführungsfreies S. open-loop system
rückgekoppeltes S. feedback control system
schwingfähiges S. oscillation system
selbstanpassendes S. [self-]adapting system, self-adaptive [control] system
selbsteinstellendes S. self-adjusting system
selbstkorrigierendes S. self-correcting system
selbstorganisierendes S. self-organizing system
selbstregelndes S. adaptive control system
selbsttätiges S. self-acting [control] system
stabiles S. stable system
stetiges S. continuous[-time] system
stochastisches S. stochastic system
strukturinstabiles S. structurally unstable system
ternäres S. ternary system
trichromatisches S. trichromatic system
unbeobachtbares S. unobservable system
ungedämpftes S. non-damped system
ungesättigtes S. unsaturated system
unscharfes S. fuzzy system
verlustbehaftetes S. lossy system
verlustloses S. lossless system
vermaschtes S. multiloop (multiple) system
vierstelliges S. four-figure system *(Telefonie)*
völlig verkabeltes S. *(Fmt)* system wholly in cable
zeitdiskretes S. discrete-time system
zeitinvariantes S. time-invariant system
zeitvariables S. time-varying system
zu schwach gedämpftes S. underdamped system

Systemabweichung *f* / **relative** percent system deviation
Systemanalyse *f* system analysis
systematisieren to systematize
Systemaufteilung *f (Halbl)* partitioning *(auf einzelne Schaltungen)*
Systembandbreite *f* system bandwidth
Systembelastung *f* system load
Systembetriebszuverlässigkeit *f* system operational reliability
Systemblockade *f (Rech)* dead lock, deadly embrace
Systemebene *f* system level
Systemelement *n* system element
Systemerder *m (Eüb)* earth[ing] mat
Systemerdleiter *m* system earthing conductor
Systemerholungszeit *f* system recovery time
Systemfehler *m* system error
Systemfrequenz *f* system frequency
Systemfunktion *f* system-driving function
Systemintegration *f* system integration
Systemkabel *n (Fmt)* switchboard cable; internal cable *(für Amtsverdrahtung)*
Systemkopplung *f* system interconnection
Systemmatrix *f* system (transition) matrix
Systemparameter *m* system parameter
Systemplanung *f* system planning
Systemprogramm *n (Rech)* system program
Systemprogrammierung *f (Rech)* system programming
Systemprüfung *f* system testing
Systemrauschen *n* system noise
Systemsimulation *f* system simulation *(durch Analogtechnik)*
Systemsimulator *m* system simulator

Systemstabilität *f* system stability
Systemstruktur *f* system structure
Systemsynthese *f* system synthesis; network synthesis
Systemtechnik *f* system[s] engineering
Systemteil *m* / **linearer** linear portion of a system
Systemtheorie *f* system theory
Systemträger *m* **des Zählers** meter frame (support)
Systemüberschwingen *n* system overshoot
Systemunterlagen *fpl (Rech)* software
Systemverhalten *n* system behaviour (performance)
Systemverlust *m* system loss
Systemverstärkung *f* system gain
Systemverwirklichung *f* system implementation
Systemverzögerungszeit *f* system delay time
Systemwirksamkeit *f* system effectiveness
Systemzusammenbruch *m* system split-up
Systemzuverlässigkeit *f* system reliability
Szintillation *f* scintillation
Szintillationsblitz *m* scintillation
Szintillationsdetektor *m* scintillation counter (detector)
Szintillationsmeßkopf *m* scintillation head
Szintillationsschirm *m* scintillation screen
Szintillationsschwund *m* scintillation fading
Szintillationszähler *m* scintillation counter
Szintillatorwerkstoff *m* scintillator material

T

T *s.* Tesla
tabellarisch tabular
tabellarisieren to tabulate
Tabellarisierung *f* tabulation
Tabellarisierungskontrolle *f* tabulation control
Tabelle *f* table; list; chart
Tabellenlocen *n* table look-up
Tabellensichtgerät *n (Rech)* tabular display equipment
Tabellensuchbefehl *m (Rech)* table search instruction (order)
Tabellenwert *m* tabulated (tabular) value
Tabellenwerte *mpl* tabulated data
tabellieren to tabulate, to tab
Tabelliermaschine *f* tabulator, tabulating machine
  alphabetische T. alphabetic[al] tabulator
  druckende T. printing tabulator
  elektronische T. electronic tabulating machine
Tabulator *m* tabulator
Tabulatorknopf *m* tabulator button
Tachodynamo *m*, **Tachogenerator** *m* tachogenerator, tachometer generator, tachodynamo
Tachograf *m* tachograph
Tachometer *n* tachometer; speedometer *(für Fahrzeuge)*
  elektronisches T. electronic tachometer
Tachometeranzeiger *m* / **elektrischer** electric tachometer indicator
Tachometerprüfer *m* tachometer tester
Tachometerrückführung *f* tachometer feedback
Tafel *f* 1. panel, board *(Schalttafel)*; 2. plate; slab; sheet *(z. B. Dynamoblech)*; 3. chart, table *(z. B. für Aufzeichnungen)*
Tagesbelastung *f (Anl)* daily load
Tageslicht *n* daylight, natural light
  T. im Innenraum interior daylight
  künstliches T. artificial daylight
Tageslichtbeleuchtung *f* daylight illumination
Tageslichtbeleuchtungsstärke *f* daylight illuminance
Tageslichtberechnung *f* daylight calculation
Tageslichtblendung *f* daylight glare
Tageslichtergänzungsbeleuchtung *f* permanent supplementary artificial lighting
Tageslichtfilter *n* daylight filter
Tageslichtfotometer *n* hemeraphotometer
Tageslichtlampe *f* daylight lamp
Tageslichtleuchtstofflampe *f* daylight fluorescent lamp
Tageslichtprojektion *f* daylight projection
Tageslichtprojektor *m* daylight projector
Tageslichtquotient *m* daylight factor
Tageslichtschirm *m* daylight screen *(Projektionsschirm)*
Tagesreichweite *f* daylight service range *(Funkverkehr)*
Tagessichtweite *f* daytime visibility range
Tageszeittarif *m* time-of-day tariff
Takt *m* 1. cycle; stroke *(Verbrennungsmotor);* clock [cycle] *(Zeitmaß)*; 2. *(Ak)* measure
Takterzeugung *f* / **externe** external clocking
Taktfeuer *n* rhythmic light *(z. B. Leuchtfeuer)*
Taktfrequenz *f* clock frequency (rate), clock (timing) pulse rate; repetition rate *(z. B. bei der Abtastung)*
Taktfunken *m* timed spark
Taktgeber *m* clock (timing) generator; timing (synchronizing) pulse generator, timer; master clock; *(Fmt)* cadence tapper *(Telegrafie)*
  quarzstabiler T. crystal clock
Taktgeberbetrieb *m* synchronous operation; fixed-cycle operation
Taktgeberfrequenz *f* clock (master) frequency
Taktgeberimpuls *m* clock pulse

Taktgeberimpulsfrequenz *f* clock-pulse frequency
Taktgeberkette *f* timing chain
T. mit Verzögerungsleitung delay-line timing chain
Taktgebung *f* cadence *(Telegrafie)*
Taktgenerator *m s.* Taktgeber
Taktgewinnung *f* timing *(Pulskodemodulation)*; timing recovery
Taktik *f* tactics *(Kybernetik)*
Taktimpuls *m* clock (timing) pulse
Taktimpulsfolge *f* clock rate
Taktimpulsgeber *m*, **Taktimpulsgenerator** *m* clock-pulse generator
Taktimpulsquelle *f* clock-pulse source, source of clock pulses
Taktinformation *f* timing information
Taktjitter *n* phase jitter
Taktlochreihe *f* sprocket channel *(Lochband)*
Taktmarkierspur *f* clock [marker] track
Taktoperation *f* clock operation
Taktprogramm *n* clock program
Taktrichter *m* aligner *(Pulskodemodulation)*
Taktspur *f* clock [marker] track, timing track; sprocket track *(Lochband)*
Taktstabilität *f* timing stability
Taktwiederherstellung *f* timing recovery
Taktzeit *f* cycle time
Taktzeitfehler *m* timing error
Taktzyklus *m* clock cycle
Talpunkt *m (Halbl)* valley point *(Tunneleffekt)*
Talspannung *f (Halbl)* valley [point] voltage
Talsperre *f* [hydro]dam, barrage
Talstrom *m (Halbl)* valley [point] current
Talwert *m (Halbl)* trough value
Tamm-Niveau *n* Tamm level
Tandemantrieb *m* tandem drive
Tandemheizelement *n* coiled-coil heating element
Tandemmotor *m* tandem motor
Tandemverbindungsleitung *f (Fmt)* tandem junction
Tandemvermittlungsstelle *f (Fmt)* tandem exchange
Tandemwähleinrichtung *f (Fmt)* tandem dial system
Tandemwahlstufe *f (Fmt)* tandem stage
Tangentenbussole *f* tangent galvanometer
Tangentenmethode *f* tangents method *(Systemanalyse)*
Tangentenskale *f* tangent scale
Tangentialbeschleunigung *f* tangential acceleration
Tangentialbürste *f (Masch)* tangent brush
Tangentialgeschwindigkeit *f* tangential velocity
Tangentialkomponente *f* tangential component
Tangential[schub]kraft *f* tangential force
Tangentialwellenpfad *m* tangential wave path
Tankkreis *m* tank circuit
Tannenbaumantenne *f* pine-tree aerial, Christmas-tree aerial
T-Anpassungsglied *n* T-matching network
Tantalanode *f* tantalum anode
Tantalelektrolytkondensator *m* tantalum electrolytic capacitor
Tantalgleichrichter *m* tantalum rectifier
Tantalheizelement *n* tantalum heating element
Tantallampe *f* tantalum lamp
Tantalschicht *f* tantalum film
T-Antenne *f* T-aerial, T-shaped aerial
Tanzen *n* trembling *(des Bildes)*
T. der Leiterseile *(Eüb)* conductor dancing, galloping
Tänzerwalze *f* dancer roll *(Meßeinrichtung für mechanische Spannungen in Materialbahnen)*
Target *n* target
Targetabschaltspannung *f* target cut-off voltage
Targetkapazität *f* target capacitance
Targetteilchen *n* target particle
Tarif *m* rate, tariff
T. für die Landwirtschaft rural rate
T. für Hochspannungsabnehmer high-tension customers' rate
T. für Industrieabnehmer industrial rate
T. für Kleinabnehmer small customers' rate
eingliedriger T. one-part tariff
mehrgliedriger T. several-part tariff
Tarifform *f* type (form) of rate
Tarifgleichung *f* rate formula
Tarifschaltuhr *f* tariff switching clock
Taschenakkumulator *m* pocket accumulator
Taschenbeleuchtungsstärkemesser *m* pocket illumination photometer, pocket-size illuminance meter
Taschendosimeter *n* pocket dosimeter
Taschenempfänger *m* pocket [radio] set
Taschengerät *n* pocket instrument
Taschenlampe *f s.* Taschenleuchte
Taschenlampenbatterie *f* torch battery
Taschenlampenglühlampe *f* torchbulb
Taschenlampenhülse *f* torchcase
Taschenleuchtdichtemesser *m* pocket-size luminance meter
Taschenleuchte *f* electric torch, battery (pocket) lamp
Taschenrechner *m* **[/ elektronischer]** pocket calculator (computer)
Taschensender *m* pocket transmitter
Tastanordnung *f* keying system
Tastatur *f* keyboard
T. mit Buchstaben-Ziffern-Sperre shift-lock keyboard
Tastaturabfrage *f* keyboard inquiry

Tastatureingabe *f* keyboard entry
Tastaturkodierer *m* keyboard encoder
Tastaturlocher *m* keyboard punch
druckender T. printing keyboard perforator
Tastaturschalter *m* keyboard switch
Tastaturtonwahl *f (Fmt)* touch-tone calling (dialling)
Tastaturwahl *f* keyboard selection
Tastbetrieb *m (App)* inching, jogging
Taste *f* key; [push] button
T. mit magnetischer Auslösung locking push button with magnetic release
eigene T. *(Fmt)* home key
halbautomatische T. semiautomatic key
tasten 1. *(Nrt)* to key; 2. to scan; to trace
einen Sender t. to key a transmitter
Tastenanschlag *m* key stroke
Tastenbetätigungszeit *f* push-button operating time
Tasteneinheit *f* push-button unit
Tastenfeld *n* keyboard
Tastenhebel *m* key lever
Tastenhub *m* lift of key
Tastenknopf *m* key button
Tastenlocher *m* key punch; *(Fmt)* keyboard perforator
druckender T. printing keyboard perforator
Tastenreihe *f* bank (row) of keys, bank of buttons
Tastensatz *m* key set
Tastenschalter *m* push-button switch, key switch
Tastenschalterkontakt *m* keyboard contact
Tastensperre *f* keyboard lock[ing]
Tastensteuerung *f* button control
Tastenstreifen *m (Fmt)* key strip
Tastenwahl *f* key selection; *(Fmt)* key pulsing, push-button dialling, touch-tone dialling
Tastenwerk *n (Fmt)* keyboard unit
Tastenzählung *f* key metering
Taster *m* 1. push-button switch, key switch; 2. feeler [pin], tracer [finger]; *(Meß)* probe
Tasterdraht *m* feeler wire
Tastfilter *n* keying filter
Tastfrequenz *f (Fmt)* keying frequency; scanning frequency
Tastgerät *n* **mit Speicher** *(Fmt)* keying unit with memory
Tastgeräusch *n* key click
Tastgeschwindigkeit *f* keying speed
Tasthub *m (Nrt)* frequency shift *(Frequenzumtastung)*
Tastimpuls *m* gate (gating) pulse
Tastimpulsgenerator *m* gating pulse generator
Tastklick *m* key click
Tastkopf *m* scanning (sensing) head; *(Meß)* probe
Tastkreis *m* keying circuit
Tastleitung *f (Fmt)* keying circuit
Tastrelais *n* keying relay
Taströhre *f* keying valve
Tastspitze *f* probe (feeler, tracer) tip, prod
Tastspule *f* exploring (search, magnetic test) coil
Taststift *m* feeler [pin], contact feeler (stylus); tracer finger, [contour] tracer
Tastung *f* keying; sampling [action]
T. im Primärkreis primary keying *(des Anodenspannungstransformators)*
Tastverhältnis *n* keying ratio; *(Syst)* make-to-break ratio; *(Nrt)* mark-to-space ratio; pulse duty factor *(von Impulsfolgen)*; duty cycle *(Magnetron)*
Tastvoltmeter *n* probe[-type] voltmeter *(Röhrenvoltmeter mit Tastkopf)*
Tastwelle *f (Fmt)* keying (marking) wave
Tastzeit *f* sampling time
Tastzwischenraum *m (Fmt)* keying space
tatzgelagert nose[-and-axle]-suspended
Tatzlager *n* axle bearing
Tatzlagerantrieb *m* nose suspension drive
Tatzlageraufhängung *f* nose suspension
Tatzlagerbehälter *m* axle-bearing-cap cover
Tatzlagermotor *m* nose[-and-axle]-suspended motor, axle-hung motor
Tatzlagerschale *f* axle-bearing cap
Tatzlagerung *f* nose suspension
taub machen to deafen *(durch Lärmeinwirkung)*
Taubheit *f* deafness
Tauchanlage *f* dipping plant
Tauchätzeinrichtung *f* immersion etching equipment *(für Leiterplatten)*
Tauchbad *n* dipping bath *(z. B. zum Löten)*
Tauchbadofen *m* bath furnace
Tauchbatterie *f* plunge (plunging) battery
Tauchbeschichten *n* dip coating
Tauchelektrode *f* immersion (dipped, dip-coated) electrode
T. mit Flußmittel fluxed electrode
tauchen to immerse, to dip, to plunge
tauchfähig submersible
Tauchflüssigkeit *f* dipping fluid
Tauchheizkörper *m* immersion heater
T. mit herausziehbarem Heizkörpereinsatz withdrawable type immersion heater
Tauchhülse *f* thimble
Tauchkern *m* plunger
Tauchkernrelais *n* plunger relay
Tauchkernspule *f* plunger coil (solenoid), sucking coil (solenoid)
Tauchkerntransformator *m* telescoping coil transformer
Tauchkolben *m* plunger
Tauchkondensator *m* plunger-type capacitor
Tauchlack *m* dipping varnish

Tauchlackiersystem *n* dipping (dip-varnishing) system
Tauchlösung *f* dipping solution
Tauchlötbad *n* dip-soldering bath
tauchlöten to dip-solder
Tauchlöten *n* dip soldering
Tauchlötprüfung *f* dip solder test
Tauchlöttechnik *f* dip-soldering technique
Tauchlötverfahren *n* dip-soldering method
Tauchplattierung *f* electroless plating
Tauchrelais *n* dipper relay, dipping contactor
Tauchsieder *m* immersion heater
Tauchsonde *f* immersion (depth) probe
Tauchspule *f* plunger-type coil; moving (voice) coil *(z. B. für Lautsprecher)*
Tauchspulenregler *m* immersion-coil regulator
Tauchspulmikrofon *n* moving-coil microphone
Tauchthermoelement *n* immersion (dip) thermocouple
Tauchthermostat *m* immersion thermostat
Tauchtrimmer *m* plunger-type trimmer
Tauchtrommel *f (Galv)* dipping drum
Tauchüberzug *m (Galv)* immersion deposit
Tauchverfahren *n* dipping process (method), immersion technique
tauchverzinken to hot-dip galvanize
Tauchverzinken *n* galvanizing by dipping
Taupunkt *m* dew point
Taupunkthygrometer *n* dew-point hygrometer
Taupunktunterschreitung *f* fall below the dew point
Täuschung *f* / **optische** optical (visual) illusion
Tausenderamt *n (Fmt)* three-figure exchange
Tausendersystem *n (Fmt)* three-digit system
Tausenderwahlstufe *f (Fmt)* thousands digit
Taxeinheit *f (Fmt)* unit charge
Taylor-Schaltung *f* Taylor connection
T-Dämpfungsglied *n* T-pad
Teachware *f (Rech)* teachware *(Unterrichtsprogramme)*
Technik *f* 1. engineering *(Wissenschaft)*; technology *(Wissenschaft von der Anwendung im Produktionsprozeß)*; 2. technique, method, procedure *(Herstellungsweise)*
  T. unterteilter Bits split-bit technique
  keramische T. ceramic-based circuit method *(zur Herstellung gedruckter Schaltungen)*
  thermionische T. thermionic technique
Technologie *f* technology
  T. integrierter Schaltungen integrated circuit technology
technologisch technologic[al]
teigartig, teigig dough-like, pasty
Teil *m* part, portion, section
  diffuser T. der Doppelschicht diffuse double layer
  gekrümmter T. der Kennlinie curved portion of the characteristic
  gerader T. der Kennlinie straight portion of the characteristic
  gerätetechnischer T. einer Datenverarbeitungsanlage hardware
  inhomogener T. inhomogeneous part *(eines elektrischen Feldes)*
  nichtbestrahlter T. unirradiated portion
  regulärer T. regular part *(z. B. einer Funktion)*
Teil *n* part, component, element, member
  abnehmbares T. removable element
  bewegliches T. movable (moving) element
  leitendes T. conducting part
  lösbares T. detachable link
  spannungführendes T. live part
  stromführendes T. current-carrying part
  unbewegliches T. stationary part
Teilabsorptionsvermögen *n* fractional absorbancy
Teilabtastung *f* partial scanning
Teiladditivverfahren *n* semi-additive process *(Leiterplattenherstellung)*
Teilamt *n (Fmt)* satellite (dependent) exchange, subexchange
Teilausfall *m* partial failure
Teilausfallrate *f* part[ial] failure rate
teilautomatisch partial automatic
Teilautomatisierung *f* part automation
Teilband *n* sub-band
Teilbarkeit *f* divisibility
Teilbelichtung *f* partial exposure
Teilbereich *m* subrange
Teilbereichsumschalter *m (Nrt)* radio area switch-over
Teilbetriebszeit *f* partial operating time
Teilbild *n* partial image; *(Ferns)* field
Teilbildfrequenz *f (Ferns)* field frequency (repetition rate)
Teilbildkontrollröhre *f (Ferns)* field monitoring tube
Teilblechpaket *n (Masch)* core package, package core *(zwischen zwei Luftschlitzen)*
Teilblock *m (Rech)* subblock
Teilchassissystem *n* sectional chassis system
Teilchen *n* particle
  adsorbiertes T. adsorbed particle
  beschichtetes T. coated particle *(Reaktortechnik)*
  beschleunigtes T. accelerated particle
  direkt ionisierendes T. directly ionizing particle
  emittiertes T. ejected particle
  energiereiches T. high-energy particle

festes T. solid particle
geladenes T. charged particle
getroffenes T. struck (target) particle
neutrales T. neutral (uncharged) particle
suspendiertes T. suspended particle
ungeladenes T. uncharged (neutral) particle
Teilchenausschlag *m (Ak)* particle displacement
Teilchenbeschleuniger *m* particle accelerator
linearer T. linear [particle] accelerator
Teilchenbewegung *f* particle motion
Teilchendefizit *n* particle deficiency
Teilchendichte *f* particle density
Teilchenfeld *n* particle field
Teilchengeschwindigkeit *f* particle velocity
Teilchengröße *f* particle size
Teilchengrößenanalysator *m* particle size analyzer
Teilchenimpuls *m* particle momentum
Teilchenladung *f* particle charge
Teilchenpaar *n* pair of particles *(z. B. Elektron und positives Ion)*
Teilchenstoß *m* particle impact
Teilchenstrahlung *f* particle (corpuscular) radiation
Teilchenstrom *m* particle flow
Teilchentransport *m*, **Teilchenübertragung** *f* particle transfer
Teilchenübertragung *f* particle transfer
Teilchenverschiebung *f* particle shift; *(Ak)* particle displacement
Teilchenzahl *f* number of particles
Teildruck *m* partial pressure
teildurchlässig partially transmitting, semitransparent
Teildurchschlag *m* partial (incomplete) breakdown
Teilefamilie *f* part family
teilen 1. to split; 2. to graduate *(z. B. Skalen)*; 3. to divide *(Mathematik)*
t. durch to divide by
in Abschnitte t. to section[ize]
in zwei Teile t. to bisect
Teilentladung *f* partial discharge; *(Hochsp)* corona
äußere T. external discharge
innere T. internal discharge
Teilentladungseinsatz *m* discharge inception
Teilentladungseinsatzspannung *f* ionization point
teilentladungsfrei discharge-free
Teilentladungsimpuls *m* / **erster** *(Hochsp)* initial corona pulse
Teilentladungsimpulsladung *f (Hochsp)* corona charge
Teilentladungsmessung *f (Hochsp)* corona measurement
Teilentladungsnachweisgerät *n (Hochsp)* corona detector
Teilentladungsnormal *n* discharge standard
Teilentladungsschwelle *f* ionization level
Teilentladungswiderstandsfähigkeit *f (Hochsp)* corona resistivity
Teilentladungszerstörung *f (Hochsp)* corona damage
Teiler *m* 1. divider; voltage divider; 2. divisor *(Mathematik)*
Teilerdkapazität *f* partial earth capacity
Teilergerät *n* divider unit
Teilerkette *f* divider chain *(zur Frequenzteilung)*
Teilerschaltung *f* divider circuit
Teilerstufe *f* dividing stage
T. im Verhältnis 1:2 divide-by-two stage *(Oszillator)*
teilevakuiert partially evacuated
Teilfuge *f* joint; frame split; [mould] parting line
verzahnte T. serrated joint
Teilgalvanisierung *f* partial plating
Teilgitter *n* sublattice
Teilionisation *f* partial ionization
Teilkapazität *f* partial capacitance; *(Am)* direct capacitance
T. zwischen Elektroden direct interelectrode capacitance
Teilknoten *m (Ak)* partial node
Teilkreis *m* graduated (divided) circle
Teillast *f* partial load, subload
Teillastgebiet *n* partial-load region
Teillastprüfung *f* partial-load test, light-load test
Teilleiter *m* conductor element
Teilleitfähigkeit *f* partial conductivity
Teilleseimpuls *m (Rech)* partial read pulse
Teillesestrom *m (Rech)* partial read current
Teilmatrix *f* submatrix
Teilmenge *f* subset
Teilnehmer *m (Fmt)* subscriber, party
T. mit Nebenanschlüssen subscriber having extension stations
angerufener T. called subscriber
anmeldender (anrufender) T. calling subscriber
beweglicher T. mobile subscriber
verlangter T. called (wanted) subscriber
Teilnehmerabfrageklinke *f (Fmt)* local jack
Teilnehmeranlage *f (Fmt)* subscriber's installation
Teilnehmeranschluß *m (Fmt)* subscriber's station
Teilnehmeranschlußleitung *f (Fmt)* subscriber's line
Teilnehmerapparat *m* subscriber's [telephone] set, subset
Teilnehmeraußenstelle *f (Fmt)* outstation
Teilnehmerbeobachtung *f (Fmt)* subscriber observation
Teilnehmereinführung *f (Fmt)* subscriber's lead-in

Teilnehmereinrichtung *f (Fmt)* subscriber's equipment
Teilnehmerfernschreibdienst *m* telex service
Teilnehmerfernschreibsystem *n* telex system
Teilnehmerfernwahl *f (Fmt)* subscriber distance dialling
Teilnehmerhauptanschluß *m (Fmt)* subscriber's main station, main telephone station
Teilnehmerinformation *f (Fmt)* subscriber's control information
Teilnehmerkabel *n (Fmt)* subscriber's cable
Teilnehmerkennung *f (Fmt)* subscriber's identification
Teilnehmerklasse *f (Fmt)* subscriber's class
Teilnehmerklinke *f (Fmt)* subscriber's (answering) jack
Teilnehmerleitung *f (Fmt)* subscriber's line
T. auf dem Lande rural subscriber's line
T. zum Fernamt long-distance loop
Teilnehmernebenanschluß *m,* **Teilnehmernebenstelle** *f (Fmt)* subscriber's extension station
Teilnehmernummer *f (Fmt)* subscriber's number
Teilnehmerrechnung *f (Fmt)* subscriber's account
Teilnehmerrufnummer *f* subscriber's telephone number
Teilnehmerschaltung *f (Fmt)* [subscriber's] line circuit, line termination circuit
Teilnehmerschleife *f (Fmt)* subscriber's loop
Teilnehmersprechstelle *f (Fmt)* 1. subscriber's station, substation; 2. *s.* Teilnehmerapparat
Teilnehmersystem *n (Fmt)* subscriber's local system
Teilnehmerverbindung *f* **/ durchgeschaltete** *(Fmt)* user-to-user connection
Teilnehmerverfahren *n* time sharing *(Zeitmultiplexverfahren)*
Teilnehmerverhalten *n (Fmt)* subscriber behaviour
Teilnehmerverzeichnis *n* telephone directory
Teilnehmervielfach[feld] *n (Fmt)* subscriber's multiple
Teilnehmervielfachklinke *f (Fmt)* subscriber's multiple jack
Teilnehmerwahl *f (Fmt)* subscriber dialling
Teilnehmerwahlstufe *f (Fmt)* subscriber's stage
Teilnehmerzentrale *f (Fmt)* private branch exchange
Teilniveau *n* sublevel
Teilplatte *f* graduated plate
Teilplattierung *f* partial plating; selective plating *(für gedruckte Schaltungen)*
Teilpolarisation *f* partial polarization
teilpolarisiert partially (partly) polarized
Teilprogramm *n (Rech)* subprogram, subroutine
geschlossenes T. closed subroutine
teilprogrammiert partial-programmed
Teilprüfung *f* partial [system] test
Teilraster *m (Ferns)* frame; *(Am)* field
Teilschaltung *f* subcircuit
Teilscheibe *f* graduated disk; index plate (disk)
Teilschreibimpuls *m* partial write pulse
Teilschreibstrom *m* partial write current
Teilschritt *m* partial pitch *(Wickeltechnik)*
Teilschrittanlasser *m* incremental starter
Teilschwingung *f* partial oscillation (vibration)
harmonische T. harmonic [component]
Teilsignal *n* partial signal
Teilspannung *f* partial voltage
Teilstrahlung *f* partial radiation
Teilstrahlungstemperatur *f* luminance (brightness) temperature *(eines strahlenden Körpers)*
Teilstreckenvermittlungsnetz *n (Fmt)* section-by-section switching network
Teilstrich *m* graduation line (mark), division mark; scale division, index graduation
Teilstrichabstand *m* scale spacing (interval), length of a scale division
Teilstrom *m* partial (component) current
Teilstromdichte *f* partial current density
Teilsystem *n* partial system, subsystem
Teilsystemprüfung *f* partial system test
Teilton *m* partial tone
Teiltonkomponente *f (Ak)* formant
teiltransistorisiert partly transistorized
Teilübertrag *m (Rech)* partial carry
Teilübertragungsverlust *m* incremental transmission loss
Teilung *f* 1. splitting; partition; 2. pitch *(z. B. Polteilung)*; 3. graduation *(Skale)*; 4. division *(Mathematik)*
logarithmische T. logarithmic graduation *(einer Skale)*
Teilungsfehler *m* 1. error of division, dividing error; 2. graduation (index) error *(Skale)*; 3. pitch error
Teilungsgenauigkeit *f* accuracy in graduating
Teilungsmarke *f* scale (gauge) mark
Teilungsverhältnis *n* division ratio
Teilungswürfel *m (Licht)* beam-splitting cube
Teilvakuum *n* partial vacuum
Teilvermittlungsstelle *f (Fmt)* sub-centre; dependent exchange
Teilversetzung *f* partial dislocation *(Kristall)*
Teilvielfachfeld *n (Fmt)* partial multiple
Teilwelle *f* partial wave (mode), subwave
Teilwicklungsanlasser *m* part-winding starter

Teilzone *f* subzone
Telefon *n* telephone, phone
 batterieloses (dynamisches) T. sound-powered telephone
 lautsprechendes T. loudspeaker telephone [set]
 tragbares T. portable telephone
Telefon... *s.a.* Fernsprech...
Telefonabhören *n* [tele]phone-tapping
Telefonadapter *m* telephone adapter
Telefonanruf *m* telephone call
Telefonantwortgerät *n* telephone answering equipment, telephone answerer
Telefonbuch *n* telephone directory
Telefonbuchse *f* telephone jack
Telefondraht *m* telephone wire
Telefongespräch *n* telephone call (conversation)
Telefonhörer *m* telephone earphone (receiver), handset
Telefonie *f* telephony
 drahtlose T. radiotelephony
Telefonieempfang *m* telephone reception
Telefoniekonzentrator *m* speech concentrator
telefonieren to telephone, to phone
Telefoniestrom *m* telephone current
Telefonieträgerstrom *m* telephone carrier current
telefonisch by telephone, telephonic[al]
Telefonist *m*, **Telefonistin** *f* telephone operator, [phone] operator
Telefonkabine *f* telephone booth
Telefonlampe *f* calling (call) lamp
Telefonnummer *f s.* Rufnummer
Telefonograf *m* telephonograph
Telefonscheibe *f s.* Wählscheibe
Telefonschnur *f* telephone cord
Telefonsignal *n* telephone signal
Telefonstecker *m* telephone[-type] plug, phone plug
Telefonzelle *f* telephone cabin (box, booth)
Telefonzentrale *f* telephone exchange (central office)
Telefotometrie *f* telephotometry
Telegraf *m* telegraph
Telegrafenalphabet *n* telegraph alphabet (code)
Telegrafenamt *n* telegraph station (office)
Telegrafenanschlußkabel *n* telegraph terminal cable
Telegrafenarbeiter *m* wireman
Telegrafenbau *m* telegraph construction
Telegrafendienst *m* telegraph service
Telegrafendraht *m* telegraph wire
Telegrafengebühr *f* telegraph charge
Telegrafengleichung *f* telegraphic equation
Telegrafenkabel *n* telegraph cable
Telegrafenkanal *m* telegraph channel
Telegrafenkode *m* telegraph code (alphabet)
 bivalenter T. two-condition telegraph code
Telegrafenleitung *f* telegraph circuit (line)
 T. mit Sprechbetrieb phonogram circuit
Telegrafenlinie *f s.* Telegrafenleitung
Telegrafenmast *m* mast, telegraph pole
Telegrafenmodler *m* telegraph modulator
Telegrafennetz *n* telegraph network
Telegrafenordnung *f* telegraph regulations
Telegrafenrelais *n* telegraph relay
Telegrafenstelle *f* telegraph station (centre)
Telegrafentaste *f* telegraph key
Telegrafentechnik *f* telegraph engineering
Telegrafenverbindung *f* telegraph connection
Telegrafie *f* telegraphy
 T. auf Achterkreisen telegraphy on double phantom circuits
 T. auf Viererkreisen telegraphy on single phantom circuits
 T. im Sprachband intraband telegraphy
 alphabetische T. alphabetic telegraphy
 drahtlose T. radiotelegraphy
 optische T. visual telegraphy
Telegrafiedrucker *m* **für Spezialkodes** direct printer
Telegrafieempfang *m* telegraphy reception
Telegrafieempfangsfunktion *f* telegraph arrival curve
Telegrafiefunker *m* radiotelegraph operator
Telegrafiegerät *n* telegraph apparatus
telegrafieren to telegraph, to send a telegram (cable)
 drahtlos t. to radiotelegraph
Telegrafierfrequenz *f* telegraphic (signalling, dot) frequency
Telegrafiergeräusch *n* telegraphic noise, thump
Telegrafiergeschwindigkeit *f* telegraph (signalling) speed, modulation rate
Telegrafiernebensprechen *n* telegraph cross talk
Telegrafierstrom *m* telegraph (signalling) current
Telegrafierstromschritt *m* telegraph signal element
Telegrafiertastung *f* telegraphic keying
Telegrafierweg *m* telegraph route
Telegrafierzeichen *n* telegraph signal
Telegrafiesender *m* telegraph transmitter (sender)
Telegrafieübertrager *m* telegraph repeater
Telegrafieübertragungseinrichtung *f* / **entzerrende** telegraph regenerative repeater
Telegrafievermittlung *f* / **allgemeine** general telegraphy exchange, gentex
Telegrafieverstärker *m* telegraph repeater
Telegrafieverteiler *m* telegraph distributor
Telegrafieverzerrung *f* telegraph distortion
Telegrafieverzerrungskontrollinstrument *n* telegraph distortion monitor
Telegrafiewählvermittlungsstelle *f* telegraph dial exchange

Telegrafiewort *n* telegraph word *(fünf Zeichen plus Pause)*
Telegrafiezeichenentzerrer *m* regenerative telegraph repeater
Telegrafiezeichenverzerrung *f* telegraph signal distortion
telegrafisch by telegram, telegraphic[al]
Telegrafist *m* telegraph operator
Telegramm *n* telegram, message; cable *(Überseetelegramm)*
T. mit bezahlter Rückantwort reply-paid telegram
dringendes T. urgent telegram
über Telex aufgegebenes T. printergram
zugesprochenes T. phonogram
Telegrammannahme- und -durchsageplatz *m* phonogram position
Telegrammanschrift *f* telegraphic (cable) address
Telegrammaufnahme *f* phonogram position
Telegrammformular *n* telegram blank, message form
Telegrammlaufzeit *f* telegram (message) transition delay
Telegrammschlüssel *m* [telegraph] code
Telegrammvordruck *m* telegram (message) blank
Telegrammzusprechdienst *m* phonogram service
Teleleuchtdichtemesser *m (Licht)* telephotometer
Telemeter *n* telemeter
spannungsgekoppeltes T. voltage-type telemeter
Telemetrie *f* telemetry
Teleskopantenne *f* telescopic aerial
Teleskopelektrodenständer *m* telescope electrode pole *(Lichtbogenofen)*
Teleskopstoßdämpfer *m* telescopic damper (shock absorber)
Teletext *m* 1. teletex *(über Datensichtgerät übertragenes Fernschreiben)*; 2. *s.* Bildschirmtext
Telex *n Abk. für* teleprinter exchange service *(internationaler Teilnehmerfernschreibdienst)*
Telexamt *n* telex exchange
elektronisches T. electronic telex exchange, Eltex
Telexanschluß *m* telex connection
Telexleitung *f* telex line (circuit)
Telexnetz *n* telex network
Telexnetzübertragung *f (Rech)* telex interface
Telexplatz *m* telex position
Telexteilnehmer *m* telex subscriber
Telexverbindung *f* telex connection
telezentrisch telecentric
Telleranode *f* plate (disk) anode
Tellerisolator *m* plate insulator
Tellerrohr *n* stem tube *(Glühlampe)*
TEM-Mode *f*, **TEM-Modus** *m* transverse electromagnetic (electric and magnetic) mode, TEM mode *(Wellenleiter)*
Temperatur *f* temperature
T. der Kontaktstelle junction temperature *(Thermoelement)*
absolute T. absolute temperature
eingestellte konstante T. constant predetermined temperature *(z. B. am Temperaturregler)*
erhöhte T. elevated temperature
eutektische T. eutectic temperature
konstante T. constant (steady) temperature
kritische T. critical temperature *(Supraleitung)*
mittlere T. mean (medium) temperature
thermodynamische T. thermodynamic temperature
wahre T. true temperature
Temperaturabfall *m* temperature drop (fall, decrease)
temperaturabhängig temperature-dependent
Temperaturabhängigkeit *f* temperature dependence
Temperaturänderung *f* temperature change (variation), change in temperature
plötzliche T. thermal shock
Temperaturanstieg *m* temperature rise (increase)
innerer T. internal temperature rise
Temperaturanstiegsgeschwindigkeit *f* temperature rise rate
Temperaturanzeiger *m* temperature indicator; heat detector *(z. B. in Alarmanlagen)*
Temperaturausgleich *m* temperature equalization (compensation)
automatischer T. automatic temperature compensation
Temperaturbedingungen *fpl* / **gleichmäßige** uniform temperature conditions
Temperaturbegrenzer *m* temperature limiter
temperaturbegrenzt temperature-limited
Temperaturbeiwert *m* / **abgestimmter** matched temperature coefficient
bestimmter (vorgeschriebener) T. specified temperature coefficient
Temperaturbereich *m* temperature range (region)
temperaturbeständig temperature-resistant, thermally stable
Temperaturbeständigkeit *f* temperature resistance (stability)
Temperaturcharakteristik *f* temperature characteristic
Temperaturdifferenz *f* temperature difference
Temperaturdrift *f* temperature drift

Temperatureinfluß *m* temperature effect (influence)
Temperatureinstellung *f* temperature setting
Temperaturempfindlichkeit *f* temperature sensitivity
Temperaturerhöhung *f s.* Temperaturanstieg
Temperaturfehler *m* temperature error
Temperaturfeld *n* temperature field
inturbides T. inturbide temperature field
räumliches T. spatial temperature field
Temperaturfestigkeit *f* temperature resistance
Temperaturfühler *m* temperature sensor (detector), temperature-sensing device (element), thermometer (pyrometer) probe
T. mit Schutzrohr thermometer tube
eingebetteter T. embedded temperature detector
Temperaturgang *m* temperature variation
Temperaturgeber *m* temperature transmitter
Temperaturgefälle *n* temperature gradient
temperaturgeregelt temperature-controlled, thermostatically controlled
Temperaturgleichgewicht *n* temperature balance
Temperaturgradient *m* temperature gradient
Temperaturgrenze *f* temperature limit
Temperaturkoeffizient *m* temperature coefficient
T. des elektrischen Widerstands temperature coefficient of resistance
T. erster Ordnung first-order temperature coefficient
negativer T. negative temperature coefficient
negativer T. des elektrischen Widerstands negative electric resistance temperature coefficient
positiver T. positive temperature coefficient
Temperaturkompensation *f* temperature compensation
halbautomatische T. semiautomatic temperature compensation
temperaturkompensiert temperature-compensated
in sich t. self-temperature-compensated
temperaturkonstant 1. constant-temperature; 2. thermally stable *(Materialeigenschaft)*
Temperaturkorrektur *f* / **automatische** automatic temperature compensation
Temperaturleitfähigkeit *f*, **Temperaturleitzahl** *f* thermal conductivity (diffusivity)
Temperaturmeßfarbe *f* colour for temperature measurement; temperature-indicating paint
Temperaturmeßgerät *n* temperature measuring instrument (equipment)
T. mit Berührungsthermoelement thermocouple thermometer
Temperaturmeßtechnik *f* thermometry
Temperaturmessung *f* temperature measurement
Temperaturniveau *n* temperature level
Temperaturprofil *n* temperature profile (distribution)
Temperaturregelbaustein *m* temperature control module
Temperaturregeleinrichtung *f* / **automatische** automatic temperature control device
Temperaturregelelement *n* temperature-controlling element
Temperaturregelsystem *n* temperature control system
Temperaturregelung *f* temperature control
automatische T. automatic temperature control
Temperaturregistrierung *f* temperature recording
Temperaturregler *m* temperature controller, thermoregulator, [high-sensitivity] thermostat
Temperaturrelais *n* thermal relay
Temperaturrückgang *m s.* Temperaturabfall
Temperaturschalter *m* temperature switch; thermal relay
Temperaturschreiber *m* temperature recorder, thermograph
elektronischer T. electronic temperature recorder
Temperaturschwankung *f* temperature variation (swing), variation in temperature
periodische T. cyclic temperature variation
Temperatursenkung *f* reduction in temperature
Temperaturskale *f* temperature scale
absolute T. absolute temperature scale
thermodynamische T. thermodynamic temperature scale
Temperaturspannung *f* 1. voltage equivalent of thermal energy; 2. thermal stress
Temperaturspiel *n* temperature cycle *(z. B. bei Aussetzbetrieb)*
temperaturstabil temperature-stable, temperature-resistant
temperaturstabilisiert temperature-stabilized
Temperaturstabilität *f* temperature stability
Temperaturstellglied *n* temperature controller
Temperaturstrahler *m* temperature radiator, thermal radiator (source)
Temperaturstrahlung *f* temperature radiation, thermal (heat) radiation

Temperaturumkehr *f* temperature inversion
temperaturunabhängig temperature-independent
Temperaturunabhängigkeit *f* independence of temperature
temperaturunempfindlich temperature-insensitive
Temperaturverlauf *m* temperature variation
Temperaturverteilung *f* temperature distribution
  T. im stationären Zustand steady-state temperature distribution
  gleichmäßige T. uniform temperature distribution
  radiale T. radial temperature distribution
Temperaturvorspannungsbeanspruchung *f* temperature-bias stressing
Temperaturwächter *m* temperature [indicator] controller, thermostat
Temperaturwahlschalter *m* temperature selector
Temperaturwechsel *m* temperature change; temperature cycling
Temperaturwechselbeständigkeit *f* thermal-shock resistance, resistance to temperature changes
Temperaturwirbel *m* temperature eddy
Temperatur-Zeit-Programm *n* time-temperature program
Temperaturzunahme *f s.* Temperaturanstieg
TEM-Typ *m* transverse electric and magnetic mode, TEM mode *(Wellenleiter)*
TEM-Welle *f* transverse electromagnetic wave, TEM wave
Tendenz *f* tendency, trend
  fallende T. downward tendency
  steigende T. upward tendency
Tensimeter *n* tensimeter *(Dampfdruckmesser)*
Tensionsthermometer *n* vapour-pressure thermometer, vapour-actuated thermometer
Tensor *m* tensor
Term *m* term, [energy] level
  anomaler T. anomalous term
  langsam abklingender T. der Übertragungsfunktion *(Syst)* slowly decaying transient term
  variabler T. variable (current) term
Termabstand *m* level distance
Termaufspaltung *f* term splitting (separation)
Terminal *n (Rech)* terminal *(Datenendstation)*
  intelligentes T. intelligent terminal
Terminal-Interface *n (Rech)* terminal interface
Termordnung *f* / **umgekehrte** inverse order of terms
Termschema *n* term scheme (diagram), [energy-]level diagram
Termstruktur *f* term structure
Termsystem *n* term system
Termverschiebung *f* term displacement, [energy] level shift
Ternärsystem *n* ternary system
Ternärzahl *f* ternary number
T-Ersatzschaltung *f* T-equivalent circuit, equivalent T-network
Tertiärgruppe *f (Fmt)* mastergroup
Tertiärgruppenabschnitt *m (Fmt)* mastergroup section
Tertiärgruppenumsetzer *m (Fmt)* mastergroup translating equipment
Tertiärgruppenverbindung *f (Fmt)* mastergroup link
Tertiärwicklung *f* tertiary winding
Terzanalysator *m (Ak)* third-octave band analyzer
Terzband *n* third-octave band
Terzbandschalldruck *m* third-octave band pressure
Terzbandschalldruckpegel *m* third-octave band pressure level
Terzbereich *m* third-octave band
Terzfilter *n* third-octave [band] filter
Terzpegel *m* third-octave band pressure level
Terzschalldruckpegel *m* third-octave band [sound] pressure level
Tesla *n* tesla, T *(SI-Einheit der magnetischen Induktion)*
Tesla-Röhre *f* Tesla tube
Tesla-Spule *f* Tesla coil
Tesla-Transformator *m* Tesla transformer (induction coil)
Test *m* / **logischer** logical test
Testadapter *m* check adapter *(Prüftechnik)*; *(Rech)* in-circuit emulator
Testbild *n (Ferns)* test pattern
Testbildgeber *m*, **Testbildgenerator** *m* [television] pattern generator
Testbildröhre *f* monotron, monoscope *(Bildsignalwandlerröhre)*
Testbitspeicher *m* test bit store
Testfarbe *f* test colour [sample]
Testfarbenverfahren *n* test colour method
Testgenerator *m* test generator
  niederfrequenter T. low-frequency test generator
Testgerät *n* test set
Testmuster *n* test pattern
Testmustergenerator *m* test-pattern generator
Testprogramm *n (Rech)* test routine (program), check routine
Testreiz *m* test stimulus
Teströhre *f* test electron tube
Testscheibe *f* test slice
Testsignal *n* test signal
Test- und Setzoperation *f (Rech)* test and set operation, TAS-operation

Testzuverlässigkeit *f* test reliability
Tetrachlorkohlenstoff *m* carbon tetrachloride
Tetrachromatbad *n (Galv)* tetrachromate bath
Tetrade *f* tetrad *(Folge von vier Binärziffern)*
Tetradenkode *m* tetrad code, four-line binary code
tetraedrisch tetrahedral *(Kristall)*
Tetrahalogenid *n* tetrahalide
Tetrode *f* tetrode, four-electrode valve
Tetrodentransistor *m* tetrode transistor
TE-Welle *f* transverse electric wave, H-wave
  zylindersymmetrische T. circular electric wave
Textbearbeitungsprogramm *n (Rech)* editor program, text editor *(Hilfsprogramm)*
Texteditor *m (Rech)* text editor
Textformatierungssystem *n (Rech)* text formatting system
Textilbewehrung *f* textile armouring *(Kabel)*
Textur *f* texture
Texturtyp *m* / **feldorientierter** field-oriented texture type *(Kristall)*
TF-... *s.* Trägerfrequenz...
T-förmig tee-shaped
T-Glied *n* T-section
  überbrücktes T. *(Elk)* bridged-T network
Thalliumsulfid-Widerstandsfotozelle *f*, **Thallofidzelle** *f* thalofide cell
Theorem *n* / **Parsevalsches** *(Syst)* Parseval theorem
Theorie *f*:
  T. der begrenzten Automaten *(Syst)* finite-automata theory
  T. der Impulssysteme *(Syst)* pulse circuits theory
  T. der logischen Netze *(Syst)* theory of logical nets
  T. der Massenbedienung *(Rech, Syst)* mass servicing theory
  T. der Punktmengen point-set theory
  T. der Regelung control theory
  T. der zufälligen Fehler random errors theory
  T. endlicher Automaten *(Syst)* finite-automata theory
  elektromagnetische T. des Lichts electromagnetic (Maxwell) theory of light
Thermion *n* thermion
thermionisch thermionic
thermisch thermal
Thermistor *m* thermistor; thermally sensitive resistor (*s. a.* Heißleiter)
Thermistormeßfühler *m* thermistor mount
Thermistormotorschutz *m* thermistor motor protection
Thermistorschutz *m* thermistor protection circuit
Thermoamperemeter *n* thermoammeter
Thermoauslöser *m* thermal cut-out
Thermobatterie *f* thermoelectric battery
thermochemisch thermochemical
Thermodiffusion *f* thermal diffusion, thermodiffusion
Thermodruckbindung *f* thermocompression bond
Thermoeffekt *m* thermal effect
thermoelastisch thermoelastic
thermoelektrisch thermoelectric
Thermoelektrizität *f* thermoelectricity
Thermoelektron *n* thermoelectron, thermionic electron
Thermoelektronenemission *f* thermionic emission
Thermoelement *n* thermocouple, thermoelectric element (couple)
  T. mit kleiner Eigenzeit fast-response thermocouple
  T. mit quadratischer Charakteristik square-law thermocouple
  hochempfindliches (schnellansprechendes) T. fast-response thermocouple
Thermoelementstecker *m* thermocouple plug
Thermoelementthermometer *n* thermocouple thermometer
Thermoelementvakuummeter *n* thermocouple vacuum gauge
Thermoelementverstärker *m* thermocouple amplifier
Thermoemissionsenergieumformer *m* thermionic energy converter
Thermo-EMK *f* thermoelectromotive force, thermal (thermo) emf
Thermofon *n* thermophone
Thermogalvanometer *n* thermocouple galvanometer, thermogalvanometer
Thermograf *m* thermograph, temperature recorder
Thermogramm *n* thermogram
Thermokompression *f* thermocompression, thermal compression
Thermokompressionsbindung *f (Halbl)* thermocompression bond
Thermokompressionsbonder *m (Halbl)* thermal compression bonder
Thermokompressionsverbindung *f (Halbl)* thermocompression bond
Thermokontakt *m (Halbl)* thermojunction
Thermokraft *f* thermoelectric power (force)
Thermokraftmessung *f* thermal emf measurement
Thermokreuz *n* thermal (thermoelectric) cross, thermocross
thermolabil thermolabile
Thermolumineszenz *f* thermoluminescence, thermal luminescence
thermomagnetisch thermomagnetic
Thermometer *n* thermometer
  T. für tiefe Temperaturen low-temperature thermometer

T. mit Sofortanzeige instant-reading thermometer
eingebautes T. embedded temperature detector
elektronisches T. electronic thermometer
thermoelektrisches T. thermoelectric (thermocouple) thermometer
Thermometerregler *m* thermometer controller
Thermometerwiderstand *m* thermometer resistance
Thermopaar *n* thermocouple
Thermoplast *m* thermoplastic [material]
Thermoregler *m* thermal controller
Thermorelais *n* thermal (thermoelectric, electrothermal) relay
Thermosäule *f* thermopile, thermoelectric battery
Thermoschalter *m* thermal circuit breaker
Thermoskop *n* thermoscope
Thermospannung *f* thermoelectric voltage (potential), thermovoltage, thermoelectromotive force, thermo emf
Thermospannungskurve *f* thermovoltage curve
Thermospannungsmesser *m* thermal voltmeter
Thermospannungsumformer *m* thermal voltage converter
thermostabil thermostable, thermoresistant
Thermostarter *m* thermal starter [switch]
Thermostat *m* thermostat, temperature controller
T. mit spiralförmigen Bimetallstreifen helical bimetal-strip thermostat
T. zur Messung an Oberflächen surface-type thermostat
Thermostateinstellung *f* thermostat setting
thermostatgeregelt thermostatically controlled
thermostatisch thermostatic
Thermostatregler *m* thermostatic controller
Thermostatschalter *m* thermostat switch
thermostimuliert thermostimulated
Thermostrom *m* thermoelectric current, thermocurrent
Thermostromumformer *m* thermocurrent converter
Thermoübergang *m* *(Halbl)* thermojunction
Thermoumformer *m* thermoconverter, thermal (thermocouple) converter
Thermoumformerinstrument *n* thermocouple instrument
Thermoumlaufkühlung *f* natural circulation water cooling
Thermovoltmeter *n* thermovoltmeter, thermocouple voltmeter
Thermowattmeter *n* thermowattmeter, thermocouple wattmeter
Thomson-Brücke *f* Thomson (Kelvin, double) bridge
Thomson-Effekt *m* Thomson effect *(thermoelektrischer Effekt)*
Thomson-Kabel *n* Thomson cable
Thomson-Meßbrücke *f s.* Thomson-Brücke
Thomson-Wärme *f* Thomson heat
thorieren to thoriate
thoriert thorium-coated, thoriated
T-Hybride *f* hybrid (magic) tee, hybrid-junction, hybrid T *(Wellenleiter)*
Thyratron *n* thyratron, hot-cathode gas-filled tube (valve); gas tube switch, electronic relay
Thyratronrelais *n* thyratron relay
Thyratronröhre *f* thyratron [valve]
thyratronstabilisiert thyratron-stabilized
Thyristor *m* thyristor, silicon controlled rectifier, SCR
T. mit extrem kurzer Freiwerdezeit ultrafast turn-off thyristor
ausschaltbarer T. turn-off thyristor
luftgekühlter T. air-cooled thyristor
niedersperrender schneller T. low-voltage fast thyristor
rückwärtsleitender T. reverse-conducting thyristor
Thyristorbaugruppe *f*, **Thyristorbaustein** *m* thyristor module
Thyristorbrückenschaltung *f* / **vollgesteuerte** fully controlled thyristor bridge circuit
Thyristordiode *f* / **rückwärts leitende** reverse-conducting diode thyristor
rückwärts sperrende T. reverse-blocking diode thyristor
Thyristordrehzahlsteller *m* thyristor speed controller
Thyristoreinheit *f* thyristor unit
Thyristoren *mpl* / **antiparallel geschaltete** back-to-back thyristors, thyristors in antiparallel connection
Thyristorfrequenzumrichter *m* thyristor cycle converter
Thyristorgerät *n* **mit Phasenanschnittssteuerung** phase-controlled thyristor unit
thyristorgeregelt thyristor-controlled
thyristorgespeist thyristor-fed
Thyristorhelligkeitssteuergerät *n* thyristor light level controller
Thyristorkonverter *m* thyristor converter
Thyristormodul *m* thyristor module
Thyristorstarter *m* thyristor starter switch
Thyristorstromrichter *m* thyristor converter
Thyristortriode *f* / **rückwärts leitende** reverse-conducting triode thyristor
rückwärts sperrende T. reverse-blocking triode thyristor
Thyristorwechselrichter *m* thyristor frequency converter
statischer T. static thyristor inverter
Thyristorwechselstromsteller *m* thyristor alternating-current regulator *(mit Regelglied)*

Thyristorzündung *f* thyristor firing
ticken to tick, to click
Ticker *m (Fmt)* ticker
tief deep; low; *(Ak)* low-pitched *(Tonhöhe)*
Tiefätzung *f (Galv)* final etching
Tiefbasiselement *n (Halbl)* deep-base element
Tiefenabtastung *f* depth scan
Tiefenanhebung *f* bass emphasis (boost), low-note accentuation (compensation, emphasis), low-frequency accentuation
Tiefenaufzeichnung *f* hill-and-dale recording, vertical recording *(Schallplatte)*
Tiefenausgleich *m* bass (low-frequency) compensation
tiefenbeschnitten high-passed
Tiefenbetonung *f* **[/ unerwünschte]** *(Ak)* boominess
Tiefeneinstellung *f* depth adjustment
Tiefenentzerrer *m* bass compensator
Tiefenmeßgerät *n* depth measuring appliance
Tiefenregler *m* bass control, [tone] control for bass
Tiefenschlucker *m (Ak)* low-frequency absorber
Tiefenschreiber *m* **/ elektrischer** electric depth recorder
Tiefenschrift *f* depth recording, Edison track *(Schallplatte)*
Tiefenwiedergabe *f (Ak)* low-note response
tiefgefrieren to deep-freeze
Tiefgefriertechnik *f* deep-freezing technique
Tiefkühlanlage *f* deep-freezing plant
tiefkühlen to deep-freeze; to refrigerate
Tiefkühlschrank *m* deep-freezer, food-freezer
Tiefkühltruhe *f* deep-freeze chest, [food] freezer
tiefliegend deep-lying
Tiefnutläufer *m* deep-bar rotor
Tiefpaß *m (Ak, Nrt)* low pass [filter], LP, LPF
  akustischer T. low-pass acoustical filter
  linearer T. linear low-pass filter
  normierter T. normalized low-pass filter
Tiefpaßfilter *n* low-pass filter
Tiefpaßkettenleiter *m* low-pass delay network
Tiefpaßverstärker *m* low-pass amplifier
Tiefseekabel *n* deep-sea cable, submarine cable
Tiefseeverstärker *m (Nrt)* deep-water submerged repeater
Tiefsperre *f (Ak)* low-frequency suppression filter
Tiefstrahl *m* lower beam *(bei asymmetrischem Abblendlicht)*
Tiefstrahler *m* downlighter, narrow-angle lighting fitting
Tiefstromabnehmer *m* plough *(an Elektrofahrzeugen)*
Tieftemperaturbereich *m* low-temperature range (region)
Tieftemperaturfestigkeit *f* resistance to low temperature
Tieftemperaturforschung *f* cryogenics
Tieftemperaturmaser *m* cryogenic maser
Tieftemperaturphysik *f* cryophysics
Tieftemperaturspeicherelement *n* low-temperature storage element
Tieftemperaturstrahler *m* low-temperature radiator
Tieftemperaturtechnik *f* cryogenic engineering
Tieftemperaturverstärker *m* cryogenic amplifier
Tieftonempfindlichkeit *f (Ak)* bass response
tieftönend low-pitched
Tieftonlautsprecher *m* bass (low-frequency) loudspeaker, boomer, woofer [loudspeaker]
Tieftonregler *m* bass control, [tone] control for bass
Tieftonwiedergabe *f* low-note response
Tieftrog *m* deep tank *(elektrolytischer Trog)*
Tiegel *m* crucible
  leitender T. conducting crucible
Tiegelofen *m* crucible [melting] furnace
  elektrischer T. electric crucible furnace
Tiegelwand *f* crucible wall
Tier *n* **/ kybernetisches** *(Syst)* cybernetical animal
tilgen to quench; *(Rech)* to erase
Tilgung *f* quenching *(Lumineszenz)*
Tinte *f* **/ leitfähige** conductive (electrographic) ink
  magnetische T. magnetic ink
Tintenpatrone *f* ink cartridge *(für Meßschreiber)*
Tintenschreiber *m* ink recorder (writer)
Tintenstrahlaufzeichnung *f* ink-vapour recording
Tintenstrahldrucken *n* ink-jet printing
Tippbetrieb *m (App)* inching, jogging
Tirill-Regler *m* Tirill (automatic) regulator, oscillating voltage regulator
Tischanalogrechner *m* analogue desk computer
Tischempfänger *m* table receiver
Tischfernsprechapparat *m* table telephone [set], desk [telephone] set
Tischgerät *n* table instrument (set), table top unit, bench-mounted instrument
Tischgrill *m* **/ elektrischer** electric table-type roaster (grill)
Tischinstrument *n s.* Tischgerät
Tischleuchte *f* table [standard] lamp
Tischlötgerät *n* bench soldering machine
Tischmodell *n* table mounting model
Tischprojektor *m* table projector
Tischrechenmaschine *f* desk calculation machine, desk calculator

Tischrechner *m* desk computer (calculator), desk-sized computer
elektronischer T. electronic desk computer
Tischtelefon *n s.* Tischfernsprechapparat
Titration *f* / **amperometrische** *(Chem)* amperometric titration
coulometrische T. coulometric titration
konduktometrische T. conductometric titration
potentiometrische T. potentiometric (electrometric) titration
Titrationscoulometer *n* titration voltameter
Titrationskurve *f* titration curve
T-Klemme *f* tee (branch) joint
T²L *s.* Transistor-Transistor-Logik
T-Muffe *f* tee joint
TM-Welle *f* transverse magnetic wave, TM wave, E wave
zylindersymmetrische T. circular magnetic wave
T-Netzwerk *n* / **überbrücktes** *(Elk)* bridged-T network
Tochtergerät *n* slave set (unit)
Tochtersender *m* slave transmitter
Tochterstation *f* slave station
Tochteruhr *f* slave clock
Tochtervermittlungsstelle *f (Fmt)* slave exchange
Toleranz *f* tolerance, allowance, allowable (permissible) variation, allowable (permissible) limits
Toleranzanzeiger *m* limit pointer
Toleranzbereich *m* tolerance range, permissible variation
Toleranzbrücke *f s.* Toleranzmeßbrücke
Toleranzgrenze *f* tolerance limit
obere T. upper tolerance limit
Toleranzkarte *f* tolerance chart
Toleranzmaß *n* limit gauge
Toleranzmeßbrücke *f* limit (deviation) bridge
Toleranzmeßgerät *n* / **elektrisches** electrolimit gauge
Toleranzprüfung *f* marginal check[ing], marginal testing
Toleranztabelle *f* tolerance chart
Ton *m* 1. [pure] tone, note; sound; 2. accent *(Tonfall)*
halber T. half-tone
reiner T. pure tone (sound)
Tonabnehmer *m* pick-up [arm], sound pick-up, gramophone (phonograph) pick-up
T. nach dem Kohlemikrofonprinzip carbon contact pick-up
[elektro]dynamischer T. [electro]dynamic pick-up, moving-coil pick-up
elektromagnetischer T. electromagnetic (variable-reluctance) pick-up
kapazitiver T. capacitor pick-up
magnetischer T. magnetic (moving-iron, variable-reluctance) pick-up
Tonabnehmeranker *m* pick-up cartridge
Tonabnehmereinsatz *m* pick-up inset (cartridge)
Tonabnehmerkopf *m* playback head, pick-up
Tonabnehmerzusatz *m* gramophone (phonograph) attachment
Tonabstimmung *f* sound (tone) tuning
Tonabtastspalt *m* sound-scanning slit
Tonabtaststelle *f* sound pick-up point
Tonabwandlung *f (Ak)* inflection
Tonalarm *m* aural alarm
Tonalarmgerät *n* audio warning unit
Tonarm *m* tone (pick-up) arm
Tonarmlager *n* tone arm bearing
Tonassistent *m* boom operator
Tonatelier *n* sound studio
Tonaufnahme *f* [sound] record
Tonaufnahmeanlage *f* sound-recording system
Tonaufnahmegerät *n* sound recorder
Tonaufnahmelampe *f* [sound-]recording lamp
Tonaufnahmesystem *n* sound-recording system
Tonaufnahmeverstärker *m* sound-recording amplifier
Tonaufzeichnung *f* 1. [sound] recording; 2. record, phonogram
Tonausfall *m* loss of sound, drop-out
Tonband *n* magnetic [recording] tape
vorbespieltes T. prerecorded tape
Tonbandarchiv *n* [magnetic] tape archive
Tonbandaufnahme *f* 1. [magnetic] tape recording; 2. tape record
Tonbandgerät *n* [magnetic] tape recorder
Tonbandkopie *f* dub, [magnetic] sound copy
Tonbandkopieranlage *f* magnetic sound-record copying machine
Tonbandmotor *m* tape drive motor, capstan motor
Tonbandschneidgerät *n* **mit Abhörmöglichkeit** editing tape recorder
Tonbandspule *f* tape spool
Tonblende *f* tone control, sound corrector
Tonempfänger *m* tone receiver
tönen 1. *(Ak)* to sound, to generate (emit) sound; 2. to tone, to tint *(Farbton)*
tönend sounding; sonorous
tonerzeugend sound-generative
Tonerzeugung *f* sound generation
Tonfall *m (Ak)* accent
Tonfärbung *f* colour, timbre
Tonfenster *n* sound gate *(Filmtechnik)*
Tonfilm *m* sound (talking) film, talking movies
Tonfilmlampe *f* sound-film exciter lamp
Tonfilmprojektor *m* sound [picture] projector
Tonfilter *n* tone filter
Tonfrequenz *f* audio frequency, AF, a.f.,

sound (sonic) frequency; *(Fmt)* voice (speech) frequency
Tonfrequenzband *n* audio-frequency band
Tonfrequenzbereich *m* audio-frequency range
Tonfrequenzfernwahl *f (Fmt)* voice-frequency dialling
Tonfrequenzfernwahleinrichtung *f (Fmt)* voice-frequency selecting system
Tonfrequenzfilter *n* audio[-frequency] filter
Tonfrequenzgang *m* audio-frequency response
Tonfrequenzgebiet *n* audio-frequency range
Tonfrequenzgenerator *m* audio-frequency oscillator, audio[-frequency] generator; *(Fmt)* voice-frequency generator
Tonfrequenzrelais *n (Fmt)* voice-frequency relay, buzzer relay
Tonfrequenzruf *m (Fmt)* voice-frequency ringing (signalling)
Tonfrequenzrufsatz *m (Fmt)* voice-frequency ringer
Tonfrequenzspektrograf *m* audio-frequency spectrum recorder
Tonfrequenzspektrometer *n* audio-frequency spectrometer
Tonfrequenzspektrum *n* audio (audible) spectrum
Tonfrequenztelegrafie *f* voice-frequency telegraphy
Tonfrequenzträger *m* audio-frequency carrier
Tonfrequenzübertrager *m* audio-frequency transformer
Tonfrequenzverstärker *m* audio[-frequency] amplifier, audio-output amplifier
Tonfrequenzzeichengabe *f (Fmt)* voice-frequency signalling
Tonfülle *f (Ak)* tone fullness
Tongemisch *n* complex sound
Tongenerator *m* audio-frequency signal generator, tone oscillator
Tonhöhe *f* tone pitch, [musical] pitch
hohe T. high pitch
niedrige T. low pitch
Tonhöhenempfindung *f* pitch perception
Tonhöhenmaßstab *m* pitch-scale, mel-scale
Tonhöhenschwankung *f* pitch fluctuation
langsame T. wow
schnelle T. jitter, flutter
Tonhöhenschwankungen *fpl* [wow and] flutter
Tonhöhenschwankungsmesser *m* pitch variation indicator
Tonhöhenverhältnis *n* pitch interval
Tonimpuls *m* tone burst
Tonimpulsfolge *f s.* Tonpuls
Toningenieur *m* audio-control engineer, sound engineer (technician)
Tonkamera *f* sound[-recording] camera
Tonkameramann *m* recordist
Tonkanal *m (Ferns)* sound channel
Tonkardiogramm *n* phonocardiogram
Tonkonserve *f* [sound] record
Tonkopf *m* sound head, pick-up
Tonkopfgruppe *f* head stack
Tonleitung *f* programme line
tonlos soundless
Tonmeister *m* [sound] monitoring operator, recordist, monitor man (*s. a.* Toningenieur)
Tonmischeinrichtung *f* sound mixer
Tonmischung *f* sound mixing, dubbing
Tonmodulation *f* sound modulation
tonmoduliert sound-modulated, tone-modulated
Tonmontagegerät *n* editing [tape] recorder
Tonnenverzeichnung *f (Ferns)* barrel distortion *(einer Bildröhre)*
horizontale T. horizontal barrel distortion
vertikale T. vertical barrel distortion
Tonpuls *m* repeated tone burst, sequence of [tone] bursts
Tonqualität *f* sound (tone, tonal) quality
Tonquelle *f* tone source
Tonreinheit *f* purity of tone
tonrichtig tone-compensated *(frequenzgangkompensiert)*
Tonrille *f* sound groove *(Schallplatte)*
Tonrolle *f* capstan *(Magnetbandgerät)*
Tonrollenantrieb *m* capstan drive
Tonsäule *f* loudspeaker (sound) column, public-address pillar, multiple [loud]speaker
Tonschrift *f* tone print
Tonschwingung *f* sound (audio, acoustic, sonic) vibration
Tonselektor *m* sound (tone) selector
Tonsender *m* sound (audio, acoustic) transmitter
Tonsendung *f* sound broadcasting
Tonsignal *n* sound (aural) signal
Tonsignalrhythmus *m (Fmt)* tone cadence
Tonskala *f* tone scale
Tonspektrum *n* audio-frequency spectrum
Tonsperrkreis *m* sound (audio) trap
Tonspur *f* sound track
T. in Amplitudenschrift variable area sound track
T. in Sprossenschrift variable density sound track
T. in Zackenschrift variable area sound track
Tonspurabtastung *f* sound track scanning
Tonstärke *f* loudness *(in Phon)*
Tonstreifen *mpl* sound track *(Film)*; *(Ferns)* sound interference band
Tonstudio *n* sound studio
Tontechnik *f* sound (acoustic) engineering
Tontechniker *m* sound technician (engineer)
Tonträger *m* sound carrier

tonmodulierter T. tone-modulated sound carrier
Tonüberblendung *f* sound fading (change-over)
Tonübertrager *m* tone transmitter
Tonumfang *m* tone (tonal) range
Tönung *f* [colour] tint, tone, hue
Tonunterdrückung *f* sound suppression
Tonverstärker *m* sound amplifier, audio[-frequency] amplifier
Tonverstärkung *f* sound amplification, audio[-frequency] amplification; sound reinforcement *(mit Lautsprecheranlage)*
Tonwiedergabe *f* sound reproduction
Tonwiedergabegerät *n* sound reproducer
Tonwiedergabeoptik *f* sound-head lens *(Filmtechnik)*
Tonwirkung *f* sound effect
Tonzeitdehnung *f* acoustic slow motion
Tonzeitraffung *f* acoustic fast motion
Topf *m* well *(Potentialtopf)*; pot *(z. B. Magnettopf)*
Topfanode *f* can anode
Topfkern *m* cup core
Topfkreis *m* cavity resonator, coaxial resonant cavity *(Höchstfrequenztechnik)*
Topfmagnet *m* pot magnet; screened (shielded) electromagnet
Topfmagneterregerspule *f* pot magnet coil
Topfmeßwandler *m* potted measuring transformer
Topfsockel *m* shaped base
Topfspulung *f* pack winding
Topfwandler *m* insulator-type transformer
Topfzeit *f* potlife *(Gießfähigkeitszeit bei Harzen)*
Topografie *f* topography
Topogramm *n* topogram
Topologie *f* topology
topologisch topological
Topplicht *n* top light
Tor *n* gate
Toranschluß *m* gate terminal
Torbaustein *m* gate (gating) unit
Torelektrode *f* gate electrode *(Feldeffekttransistor)*
Torelement *n* gate (gating) element
Torfeld *n* gate field
Torimpuls *m* gate pulse
Torisolation *f* gate insulation
Tor-Kanal-Diode *f* gate-channel diode
Tor-Kanal-Kapazität *f* gate-to-channel capacitance
Torkapazität *f* gate capacitance
Torkreis *m* gate circuit
Tornisterempfänger *m (Nrt)* portable (kit bag) receiver
Tornistergerät *n (Nrt)* portable set, portable
Toroid *n* toroid, toroidal coil
Torröhre *f* gate (gating) valve
Torschaltung *f* gate (gating) circuit
Torschaltungselement *n* gate (gating) element
Torsignal *n* gate signal
Torsion *f* torsion, twist
Torsionsanzeiger *m* torsion indicator
Torsionsdynamometer *n* torsion dynamometer
Torsionsfeder *f* torsion spring
Torsionsgalvanometer *n* torsion galvanometer
Torsionshohlleiter *m* twisted waveguide
Torsionskopf *m* torsion head
Torsionskraft *f* torsional (twisting) force
Torsionsmodul *m* torsion[al] modulus
Torsionsmoment *n* torsion[al] moment, torsion[al] torque
Torsionsschwingung *f* torsional vibration
Torsionsspannung *f* torsion[al] stress
Torsionsstab *m* torsion rod (bar)
Torsionssteifigkeit *f* torsional rigidity (stiffness)
Torsionswattmeter *n* torsion-head wattmeter
Torsionswelle *f* torsion[al] wave
Torsionswinkel *m* angle of torsion
Torspannung *f* gate voltage
Torstrom *m* gate current
Torsystem *n* gating system
Torwellenform *f* gating waveform, gate *(Radar)*
Torzeitgenauigkeit *f* gating accuracy *(eines Schnellzählers)*
Totalausfall *m* blackout [failure]
Totaldurchgang *m (Ak)* total transmission
Totalreflexion *f* total reflection
verhinderte T. frustrated total [internal] reflection *(Lichtleiter)*
Totalreflexionsprisma *n* [totally] reflecting prism
Totalschwund *m* blackout, fade-out *(Funktechnik)*
Totalstrom *m (Rech)* full current
totlegen to dead-end *(Leitung)*
Totmannknopf *m*, **Totmannkurbel** *f* dead-man's handle, safety control handle; canopy switch
Totpunkt *m* dead point (centre)
oberer T. upper dead point
unterer T. bottom dead point
Totraum *m (Nrt, FO)* zone of silence
Tötung *f* **durch elektrischen Strom** electrocution
Totzeit *f (Syst)* dead (delay) time, lag [time] *(z. B. bei der Signalübertragung)*
T. zur Korrektur correction lag *(eines Signals)*
Totzeitglied *n (Syst)* dead-time element, lagging element; *(Masch)* backlash element
Totzeitkorrektion *f* dead-time correction, coincidence correction
Totzone *f (Syst)* dead zone (band), inert

zone *(z. B. einer Relaiskennlinie); (Nrt, FO)* zone of silence
Tourenzahl *f* rotational speed, speed [of revolution], number of revolutions per unit time
Tourenzähler *m* revolution (speed) counter, speedometer
Townsend-Entladung *f* Townsend discharge
Townsend-Koeffizient *m* Townsend coefficient
Townsend-Lawine *f* Townsend avalanche
T-Profil *n* T-section
Trabant *m* / **künstlicher** artificial satellite
Trabantenstation *f (Fmt)* tributary station
Tracermethode *f* tracer (indicator) method
Trafo *m s.* Transformator
tragbar portable *(Gerät)*
träge sluggish, slow[-acting]
Tragekoffer *m* carrying case
tragen to carry; to support, to bear
einen Strom t. to carry a current
Träger *m* 1. carrier *(z. B. Ladungsträger, Signalträger)*; 2. base, substrate; support[ing material]; 3. bracket; arm
eingeschwungener T. steady carrier
hochfrequenter T. radio-frequency carrier
sprachgesteuerter T. voice-controlled carrier
unmodulierter T. unmodulated carrier
unterdrückter T. suppressed (quiescent) carrier
versetzter T. offset carrier *(Trägerfrequenz)*
Trägerabschaltzeit *f* carrier stop time
Trägeramplitude *f* carrier amplitude
Trägeramplitudenabweichung *f (Nrt)* carrier shift
Trägeranlaufzeit *f* carrier start time
Trägeranreicherungsschicht *f (Halbl)* carrier accumulation layer
Trägerarm *m* bracket
Trägerart *f (Halbl)* carrier species
Trägerbesetzung *f (Halbl)* carrier population (occupancy)
optimale T. optimum carrier population
Trägerbetrieb *m* transmitted carrier operation
Trägerbeweglichkeit *f (Halbl)* carrier mobility
Trägerbildung *f (Halbl)* carrier generation
Trägerdichte *f (Halbl)* carrier density
Trägerdicke *f* base material thickness
Trägerdiffusion *f (Halbl)* carrier diffusion
Trägerdurchbruch *m (Halbl)* carrier breakthrough
Trägereinfang *m (Halbl)* carrier trapping
Trägerelektrode *f (Meß)* supporting electrode
Trägerelektrolyt *m* supporting electrolyte
Trägererzeugung *f (Halbl)* carrier generation
Trägerextraktion *f (Halbl)* carrier extraction
Trägerfalle *f (Halbl)* carrier trap
Trägerfluß *m (Halbl)* carrier flow
Trägerfrequenz *f (Nrt)* carrier frequency
mittlere T. mean carrier frequency
virtuelle T. virtual carrier frequency
Trägerfrequenzbausteinsystem *n (Fmt)* building block carrier system
Trägerfrequenzbereich *m* carrier-frequency range
Trägerfrequenzbespulung *f (Fmt)* carrier loading
trägerfrequenzbetrieben carrier-excited *(z. B. Schwingungsaufnehmer)*
Trägerfrequenzbrücke *f* carrier-frequency bridge
Trägerfrequenzeinrichtung *f (Fmt)* carrier[-frequency] equipment
Trägerfrequenzendeinrichtung *f (Fmt)* carrier terminal equipment
Trägerfrequenzfernsprechen *n* carrier telephony
Trägerfrequenzfreileitung *f (Fmt)* open-wire carrier circuit
Trägerfrequenzgerät *n (Fmt)* carrier-frequency telephone set
Trägerfrequenzgestell *n (Fmt)* carrier system rack
Trägerfrequenzgrundeinrichtung *f (Fmt)* basic carrier telephone equipment
Trägerfrequenzgrundleitung *f (Fmt)* carrier line link
koaxiale T. coaxial line link
Trägerfrequenzgrundleitungsabschnitt *m (Fmt)* carrier line section
Trägerfrequenzimpuls *m* carrier-frequency pulse
Trägerfrequenzkabel *n (Fmt)* carrier-frequency cable (lead), carrier cable
angepaßtes T. balanced carrier cable
Trägerfrequenzkanal *m* carrier channel
Trägerfrequenzkoaxialkabelsystem *n (Fmt)* carrier-frequency coaxial cable system
Trägerfrequenzkoppelkondensator *m* carrier-current coupling capacitor *(Energieversorgung)*
Trägerfrequenzleitung *f (Fmt)* carrier line (circuit)
Trägerfrequenznachrichtenübermittlung *f s.* Trägerfreqenzübertragung
Trägerfrequenzsystem *n (Fmt)* carrier[-frequency] system
T. für Nahverkehr short-haul carrier telephone system
koaxiales T. coaxial carrier system
Trägerfrequenztechnik *f* carrier-current technique
Trägerfrequenztelefonie *f* carrier[-frequency] telephony
T. auf Starkstromleitungen carrier telephony on power circuits
Trägerfrequenztelegrafie *f* carrier telegraphy

Trägerfrequenzübertragung *f* carrier-current communication, carrier transmission
Trägerfrequenzumtastung *f (Fmt)* carrier-frequency shifting
Trägerfrequenzunterdrückung *f* carrier suppression
Trägerfrequenzverbindung *f (Fmt)* carrier link
Trägerfrequenzverstärker *m* carrier amplifier
Trägerfrequenzverstärkergerät *n* carrier amplifier unit
Trägergas *n* carrier (basic) gas
Trägergaszusammensetzung *f* carrier gas composition
Trägergeschwindigkeit *f* carrier velocity
Trägerhafteffekt *m (Halbl)* carrier trap effect
Trägerinjektion *f (Halbl)* carrier injection
Trägerkonzentration *f (Halbl)* carrier density
Trägerkonzentrationsgefälle *n (Halbl)* carrier concentration gradient
Trägerlaufzeit *f* carrier transit time
Trägerlawine *f (Halbl)* carrier avalanche
Trägerlebensdauer *f (Halbl)* carrier lifetime
Trägerleistung *f (Fmt)* carrier power
Trägerleitung *f (Fmt)* carrier line (circuit)
Trägermaterial *n* base (supporting) material, base, substrate
metallkaschiertes T. metal-clad base material
Trägermaterialdicke *f* base material thickness
Trägermodulation *f* carrier modulation
Trägernebenschluß *m* carrier bypass
Trägerplatte *f* supporting (mounting) plate
Trägerrekombination *f (Halbl)* carrier recombination, recombination of carriers
Trägerrest *m* carrier remainder (leak), residual carrier
Trägerrückgewinnung *f* carrier recovery
Trägerschwingungsamplitude *f* carrier amplitude
Trägersignal *n* carrier signal
Trägerspeicherung *f* carrier storage
Trägerstatistik *f* carrier statistics
Trägerstreuung *f* carrier scattering
Trägerstrom *m* carrier current
Trägerstromkanal *m* carrier-current channel
Trägerstromtelegrafie *f* carrier[-current] telegraphy
Trägerstromverstärker *m* carrier repeater
Trägerstromweg *m* carrier-current channel
Trägersubstanz *f* carrier substance (*s. a.* Trägermaterial)
Trägertelefonie *f* carrier[-frequency] telephony
Trägerunterdrückung *f* carrier suppression
Trägerverarmung *f (Halbl)* carrier depletion
Trägerverstärker *m* carrier amplifier
Trägervervielfachung *f (Halbl)* carrier multiplication
Trägerwelle *f* carrier wave
Trägerwellenoszillator *m* carrier-wave oscillator
Trägerwellensystem *n* / **versetztes** offset carrier system
Trägerwerkstoff *m s.* Trägermaterial
Trägerwert *m* carrier value
Trägerzusatz *m* reinsertion of carrier
Tragetasche *f* carrying case
Tragfähigkeit *f* [load-]carrying capacity; bearing capacity (strength)
Tragfläche *f* bearing area (surface) *(Lager)*
Tragflächenantenne *f* wing aerial
Trägheit *f* inertia
T. der Belastung load inertia *(Störgröße)*
akustische T. acoustic inertia (inertance, mass)
mechanische T. mechanical inertia
thermische T. thermal inertia
trägheitsarm low-inertia
Trägheitsfehler *m* inertial error
trägheitsfrei inertialess
Trägheitskraft *f* inertia (inertial) force, force of inertia
Trägheitsmoment *n* moment of inertia
T. der Belastung load inertia *(Störgröße)*
axiales T. axial moment of inertia
Trägheitsradius *m* radius of inertia
trägheitsstabilisiert inertially stabilized
Tragkabel *n* messenger (bearer) cable *(Kabeltragseil)*
Tragkraft *f* load[-carrying] capacity; portative force *(Magnet)*
Traglager *n* angular (journal) bearing
Traglast *f* burden, ultimate load
Tragmast *m* straight-line support *(Freileitung)*; supporting pole (mast)
Tragöse *f* eye bolt
Tragriemen *m* carrying strap
Tragring *m* support ring; thrust collar *(des Traglagers)*
Tragringisolator *m* support-ring insulator
Tragseil *n* messenger (bearer) cable *(Kabeltragseil)*; catenary (suspending) wire *(Freileitung)*
Tragstern *m* / **oberer** upper bracket *(Wasserkraftgenerator)*
Tragvermögen *n s.* Tragfähigkeit
Training *n* / **computerunterstütztes** computer-assisted training
Traktion *f* traction
elektrische T. electric traction
Traktionsbatterie *f* traction battery
tränken to impregnate, to steep, to soak
Tränkharz *n* impregnating resin
Tränklack *m* impregnating (insulating) varnish
Tränkmittel *n* impregnating agent
Tränkmittelbeständigkeit *f* resistance to impregnants

Tränkung *f (Isol)* impregnation, steeping, steep[age], soaking
Tränkverfahren *n* impregnating procedure
Transatlantikwahl *f (Fmt)* TAT signalling
Transduktor *m* transductor, magnetic amplifier
T. in Reihenschaltung series transductor
spannungssteuernder T. amplistat
Transduktordrossel *f* transductor choke
Transduktorelement *n* transductor element
Transduktorregler *m* transductor controller
Transduktorverstärker *m* transductor [amplifier], magnetic amplifier
Transferbefehl *m (Rech)* transfer instruction (command)
Transferkontrolle *f (Rech)* transfer check
Transferstrom *m (Rech)* transfer current
Transfluxor *m* transfluxor
Transfluxorlogik *f* transfluxor logic
Transfluxorregister *n* transfluxor register
Transformation *f* transformation
Fouriersche T. Fourier transformation
inverse T. inverse transformation
kanonische T. canonical transformation
Laplacesche T. Laplace transformation
leistungsinvariante T. power-invariant transformation
Transformationsgleichung *f* transformation equation
Transformationsglied *n* matching pad *(Anpassungsübertrager)*
T. für Deltaanpassung delta-matching transformer *(Antennentechnik)*
Transformationskodierung *f* / **adaptive** *(Rech)* adaptive transform coding
Transformationsmatrix *f (Syst)* transform matrix *(z.B. von Zustandsgrößen)*
Transformationsstück *n* transforming section
Transformationstheorie *f* transformation theory
Transformator *m* transformer
T. für Beleuchtungszwecke light transformer
T. mit Anzapfungen tapped transformer
T. mit Fremdbelüftung *s.* T. mit Luftkühlung
T. mit geteilter Wicklung split transformer
T. mit Luftkühlung air-cooled transformer, air-blast transformer
T. mit offenem Eisenkreis open-core transformer
T. mit Scheibenwicklung sandwich winding-type transformer
T. zur Spannungserhöhung step-up transformer
abgeschirmter T. shielded (screened) transformer
abgestimmter T. tuned transformer
flüssigkeitsgekühlter T. liquid-cooled transformer
gepanzerter T. shielded transformer
ölgekapselter T. oil-immersed transformer
selbstgekühlter T. self-cooled transformer
überkoppelter T. overcoupled transformer
λ/4-Transformator *m* quarter-wave transformer
Transformatoranzapfung *f* transformer tap
Transformatorbank *f* three-phase [transformer] bank
Transformatorblech *n* transformer sheet
gestanztes T. core lamination, stamping
kornorientiertes T. grain-oriented transformer sheet
Transformatorbrücke *f* transformer bridge
Transformatoren *mpl* **in Kaskadenschaltung** cascaded transformers
Transformatoren... *s.* Transformator...
Transformatorerdungsschalter *m* transformer earthing switch
Transformatorersatzschaltung *f* equivalent circuit of a transformer
Transformatorfahrzeug *n* transformer carriage
transformatorgekoppelt transformer-coupled
Transformatorgleichrichter *m* transformer rectifier
Transformatorhaus *n* transformer house
Transformatorkabelanschlußkasten *m* transformer cable-terminating box
Transformatorkaskade *f* cascaded transformers
Transformatorkern *m* transformer core
Transformatorkessel *m* transformer tank
Transformatorkopplung *f* transformer coupling
Transformatorleistung *f* transformer capacity
Transformatornennwert *m* transformer rating value
Transformatoröl *n* transformer oil
Transformatorprimärnennspannung *f* transformer primary voltage rating
Transformatorrelais *n* transformer relay
Transformatorrückkopplung *f* transformer feedback
Transformatorsekundärnennstrom *m* transformer secondary current rating
Transformatorspannung *f* transformer voltage
Transformatorspule *f* transformer coil
Transformatorstation *f* transformer station
Transformatorstufenschalter *m* [transformer] tap changer
Transformatorverlustleistung *f* transformer loss
Transformatorverstärker *m* transformer amplifier
Transformatorwagen *m* transformer carriage

Transformatorwicklung *f* transformer winding
Transformatorzelle *f* transformer vault
transformieren to transform
Transinformation *f (Rech)* transinformation *(tatsächlich übermittelter Informationsgehalt)*
Transinformationsbelag *m* / **mittlerer** average transinformation content per symbol
Transinformationsfluß *m* / **mittlerer** average transinformation rate per time
Transinformationsgehalt *m* transinformation content
  mittlerer T. average transinformation content
Transistor *m* transistor
  T. in integrierter Schaltung integrated circuit transistor
  T. mit diffundiertem Kollektor diffused collector transistor
  T. mit diffundierter Basis diffused base transistor
  T. mit eigenleitender Zwischenschicht intrinsic barrier transistor
  T. mit einem pn-Übergang unijunction transistor
  T. mit exponentiellem Driftfeld exponential drift field transistor
  T. mit graduierter Basis graded-base transistor
  T. mit homogen dotierter Basis uniform-base transistor
  T. mit homogener Basis homogeneous-base transistor
  T. mit inhomogen dotierter Basis graded-base transistor
  T. mit npn-Übergang n-p-n junction transistor
  T. mit Oberflächenfeldeffekt surface field effect transistor
  T. mittlerer Leistung medium-power transistor, intermediate-power transistor
  T. mittlerer Schaltgeschwindigkeit medium-speed switching transistor
  diffundierter T. diffused transistor
  diffundiert-legierter T. diffused-alloy transistor
  integrierter T. integrated circuit transistor
  legierungsdiffundierter T. alloy-diffused transistor
  rauschender T. noisy transistor
  superschneller T. high electron movement transistor, HEMT
  unipolarer T. unipolar transistor
Transistoralterung *f* transistor aging
Transistorausfall *m* transistor failure
Transistorbasis *f* transistor base
Transistorbaugruppe *f* transistor assembly
transistorbestückt transistorized
Transistorbestückung *f* transistorization
Transistorblitzgerät *n* transistorized flash unit
Transistorbrückenschaltung *f* transistor bridge circuit
Transistor-Dioden-Logik *f* transistor diode logic, TDL
Transistordriftbeweglichkeit *f* drift mobility of transistor
Transistorempfänger *m* transistor radio, transistorized radio [receiver]
Transistorentwurf *m* transistor design
Transistorersatzschaltung *f* transistor equivalent circuit
Transistorgebiet *n* transistor region
Transistorgehäuse *n* transistor can
transistorgesteuert transistor-controlled
transistorgetrieben transistor-driven
Transistorgleichung *f* transistor equation
Transistorglied *n* / **statisches logisches** static logic transistor element
Transistorgrenzfrequenz *f* transistor cut-off frequency
Transistorgrundschaltung *f* basic transistor circuit
Transistorhochfrequenzersatzschaltung *f* transistor high-frequency equivalent circuit
Transistorhörgerät *n* transistor hearing aid
transistorieren *s.* transistorisieren
Transistorinverter *m* transistor inverter
transistorisieren to transistorize
Transistorisierung *f* transistorization
Transistorkennlinienschreiber *m* transistor characteristic (curve) tracer
Transistorkühlkörper *m* transistor heat sink
Transistorleistung *f* transistor performance
Transistorlogik *f* transistor logic [circuit]
  direktgekoppelte T. direct-coupled transistor logic [circuit], DCTL
  emittergekoppelte T. emitter-coupled transistor logic [circuit], ECTL
  lastkompensierte diodengekoppelte T. load-compensated diode-transistor logic [circuit], LCDTL
Transistorlogikschaltung *f s.* Transistorlogik
Transistormultivibrator *m* / **monostabiler** transistor monostable multivibrator
Transistornetzgerät *n* transistor power supply
Transistornetzwerk *n* transistor network
Transistoroszillator *m* transistor oscillator
Transistorradio *n s.* Transistorempfänger
Transistorrauschen *n* transistor noise
Transistorrelais *n* transistor relay
Transistorschalter *m* transistor switch
Transistorschaltstufe *f* transistor switching stage
Transistorschaltung *f* transistor circuit
  T. für Motorzündung transistor circuit for engine ignition
Transistorschaltungsentwurf *m* transistor circuit design

Transistorschieberegister *n* transistor shift register
Transistorsender *m* transistor transmitter
Transistorspannungskonstanthalter *m* transistor constant-voltage controller
Transistorsperrschwinger *m* transistor blocking oscillator
Transistorstabilisierungsnetzwerk *n* transistor stabilization network
Transistorstromversorgung *f* transistor power supply
Transistorstufe *f* transistor stage
gegengekoppelte T. transistor feedback stage
Transistortetrode *f* transistor tetrode
Transistor-Transistor-Logik *f* transistor-transistor logic, TTL
Transistortriode *f* transistor triode
Transistortyp *m* transistor type
Transistorverlustleistung *f* transistor dissipation
Transistorverstärker *m* transistor amplifier
Transistorverstärkung *f* transistor gain
Transistorvideoverstärker *m (Ferns)* transistor video amplifier
Transistorvorspannungsschaltung *f* transistor bias circuit
Transistorvorverstärkung *f* transistor preamplification
Transistorwechselrichter *m* transistor inverter
Transistor-Widerstand-Logik *f* transistor-resistor logic, TRL
Transistorwirkung *f* transistor action
Transistorzerhacker *m* transistor chopper
Transitamt *n (Fmt)* transit exchange (centre)
Transitbelegungszeichen *n (Fmt)* transit seizing signal
Transitblockierung *f (Fmt)* transit failure
Transitfrequenz *f (Halbl)* transition frequency
Transitionszeit *f* transition (rise) time *(bei Einschaltvorgängen)*
Transitleitung *f* transit line (circuit)
Transitregister *n (Fmt)* transit register
Transitron *n* transitron
Transitverkehr *m (Fmt)* transit traffic
Transitvermittlung *f (Fmt)* transit switching
Translation *f* translation
Translationsbewegung *f* translatory motion
Translationswelle *f* translational wave
translatorisch translatory
Transmission *f* / **gemischte** *(Licht)* mixed transmission
vollkommen gestreute T. uniform diffuse transmission
Transmissionsdynamometer *n* transmission dynamometer
Transmissionsgitter *n* transmission grating
Transmissionsgrad *m* transmittance, transmission factor
spektraler T. spectral transmittance
Transmissionshohlraummaser *m* transmission-type cavity maser
Transmissionskoeffizient *m* transmission coefficient (factor)
Transmissionsmeßgerät *n* transmissometer
Transmissionsstufengitter *n* transmission echelon
Transmitter *m* transmitter
T. mit Vorhalt *(Syst)* differential transmitter
transparent transparent
Transparenz *f* transparence, transparency
Transpazifikkabel *n (Fmt)* transpacific telephone cable
Transponder *m* transponder, transmitter responder
Transponierungsempfang *m (Nrt)* supersonic heterodyne reception *(Superhet)*
Transponierungsempfänger *m* superheterodyne receiver
Transport *m* transport; transfer
transportabel transportable; portable
Transportfaktor *m (Halbl)* transport factor
Transportgleichung *f (Halbl)* transport equation
transportieren to transport; to transfer
Transportmodell *n (Halbl)* transport model
Transportspur *f* sprocket channel *(Lochband)*
Transportverzug *m* transport delay
Transportwalze *f* feed roll
Transportzeit *f* transport time
transversal transverse, transversal
Transversalaufzeichnung *f* / **magnetische** transverse magnetization
Transversalbewegung *f* transverse motion
Transversalschwingung *f* transverse vibration (oscillation)
Transversalschwingungsmode *f* angular mode
Transversalwelle *f* transverse wave
magnetische T. transverse magnetic wave
Trap *m (Halbl)* trap
Trapezentzerrung *f* keystone correction
Trapezfehler *m* keystone distortion
Trapezintegration *f* trapezoidal integration
Trapezverzeichnung *f*, **Trapezverzerrung** *f* keystone distortion
Trapezwelle *f* trapezoidal wave *(aus trapezförmigen Impulsen)*
Trapezzeilensignalform *f (Ferns)* line keystone waveform
Trapezzeilensignalkorrektur *f (Ferns)* line keystone correction
Trasse *f* route *(Kabel, Leitung)*; *(Fmt)* artery
Trassieren *n* tracking *(Leiterplatten)*
Träufelharz *n* trickle resin
Träufelimprägnierung *f* trickle impregnation

Traverse *f* cross bar, side arm
Treffaktor *m (Rech)* recall factor *(Informationswiederauffindung)*
Treffer *m (Rech)* hit
treiben 1. *(Masch)* to drive, to propel; 2. to drift
Schaltelemente t. to drive switching elements
Treiber *m* driver; exciter *(Elektronenröhrentechnik)*
Treiberimpuls *m* drive pulse
Treiberröhre *f* driver tube
Treiberschaltung *f* drive (driving, driver) circuit
Treibersignal *n* drive (driving) signal
Treiberstufe *f* driver (driving) stage
Treibertransistor *m* driver [driving] transistor
Treiberverstärker *m* driver (drive) amplifier
Treiberwicklung *f* drive winding *(für Magnetkern)*
Treibimpulsgenerator *m* drive pulse generator
Treibkreis *m* drive circuitry
Treibriemen *m* driving belt
Treibrolle *f* capstan *(Magnetbandgerät)*
Treibseil *n* driving rope
Treibstrom *m* drive current
trennbar *(El)* disconnectible; separable
Trenndiode *f* buffer diode
Trenneinrichtung *f* interrupt facility
Trennelement *n* separator *(Batterie)*
trennen 1. *(El)* to disconnect; to break, to interrupt; to open, to isolate *(Stromkreis)*; *(Nrt)* to clear, to cut off; 2. to cut *(Kristalle)*; 3. to separate; to grade *(nach Korngrößen)*
eine Verbindung t. *(Fmt)* to break (interrupt, clear) a connection
Trennendverschluß *m* cable distribution head
Trenner *m s.* Trennschalter
Trennerdungsschalter *m (Anl)* combination isolating earthing switch
Trennfaktor *m* separation factor
Trennfestigkeit *f* rupture strength
Trennfilter *n (Nrt)* channel (separation) filter *(Kanalweiche)*
Trennfläche *f* interface; parting (cleavage) plane *(Kristall)*
Trenngüte *f* separation efficiency
Trennimpuls *m* break pulse *(Schaltgerät)*; *(Nrt)* mark[ing] pulse
Trennkipper *m (Fmt)* splitting key
Trennklinke *f (Fmt)* interruption (break) jack
Trennkondensator *m* separating (isolating) capacitor; blocking capacitor
Trennkontakt *m* break contact; blocking contact; *(Fmt)* spacing contact
Trennkreis *m* buffer
Trennlasche *f* disconnecting (isolating) link
Trennrelais *n* cut-off relay
Trennröhre *f* buffer valve (tube)
Trennschalter *m* isolating switch, [isolator] switch; disconnecting switch, disconnector; *(Fmt)* interruption key
T. mit Schaltstangenbetätigung hookstick disconnecting switch
einpoliger T. single-pole switch
Trennschaltung *f* isolation network
trennscharf selective
nicht t. unselective
Trennschärfe *f (Nrt)* selectivity; discrimination
T. eines Filters filter selectivity
T. gegen den Nachbarkanal adjacent-channel selectivity
Trennscheibe *f* cutting wheel
Trennschicht *f* interlayer, separating layer
dielektrische T. dielectric wall
Trennschritt *m (Fmt)* spacing interval
Trennschrittfrequenz *f (Fmt)* space frequency
Trennschutzschalter *m* isolating switch
trennseitig *(Fmt)* on the spacing side
Trennsicherung *f* bridge fuse *(in Steckdosen)*
Trennstelle *f* separation point; *(Fmt)* break-jack point, test[ing] point
Trennstellung *f (Fmt)* splitting position
Trennstrecke *f* air break
Trennstrom *m (Fmt)* spacing current
Trennstromwelle *f (Fmt)* spacing wave
Trennstück *n* separator
Trennstufe *f* separator stage; buffer (isolating, decoupling) stage
Trennsubstanz *f (Galv)* stripping compound *(zur Erzeugung abstreifbarer Überzüge)*
Trennsymbol *n (Rech)* sentinel
Trenntaste *f* cut-off key
Trenntransformator *m* isolating transformer
Trennumschalter *m* double-throw disconnecting switch
Trennung *f* 1. *(El)* disconnection; interruption; opening; isolation; *(Fmt)* cut-off; spacing; 2. separation; 3. grading *(nach Korngröße)*
T. der Eisenverluste separation of iron losses
T. durch Ionenaustausch ion-exchange separation
elektrolytische T. electrolytic separation, electroparting
elektromagnetische T. electromagnetic separation
räumliche T. der Sender *(Nrt)* non-co-siting of transmitters
sofortige T. quick release
unscharfe T. indistinct selectivity
verzögerte T. slow release
vorzeitige T. *(Fmt)* premature disconnection

zwangsläufige T. *(Fmt)* compulsory disconnection
Trennungsgrad *m (Nrt)* degree of selectivity
Trennungskontakt *m (Fmt)* spacing contact
Trennungslinie *f* line of separation
Trennverfahren *n* / **analytisches** *(Syst)* segregation procedure
Trennvermögen *n* selectivity
Trennverstärker *m* buffer (isolating) amplifier; *(Fmt)* trap amplifier; distribution amplifier *(Antennentechnik)*
Trennwand *f* partition [wall]; dividing (separating) wall
halbhohe T. partial-height partition
versetzbare T. demountable partition
zweischalige T. double partition
Trennwiderstand *m* isolating resistor
Trennwirkungsgrad *m* separation efficiency
Trennzeichen *n (Fmt)* break (cut-off) signal; *(Rech)* separator
Trennzeit *f (Fmt)* splitting (spacing) time
Treppenbeleuchtung *f* stairway lighting
treppenförmig stepped
Treppenfunktion *f* staircase (step) function
Treppenfunktionssignal *n* staircase signal
Treppengenerator *m* staircase generator
Treppenhausbeleuchtung *f* staircase lighting
Treppenschalter *m* landing switch *(für Treppenhausautomaten)*
Treppenspannung *f* staircase voltage
Treppenspannungsgenerator *m* staircase generator
Treppenwellenform *f* staircase waveform
Treppenwicklung *f* stepped winding, split[-throw] winding
Tretdynamo *m* pedal dynamo
treten / in Wechselwirkung to interact
Tretgenerator *m* pedal generator
Triac *m* triac *(Zweirichtungsthyristor)*
Trial-and-error-Methode *f* trial-and-error method *(Kybernetik)*
Triaxialaufnehmer *m* triaxial accelerometer
triboelektrisch triboelectric
Triboelektrizität *f* triboelectricity
Tribolumineszenz *f* triboluminescence
Tribometer *n* tribometer
Trichter *m* [acoustic] horn
T. des Hochtonlautsprechers cellular horn
Trichterantenne *f* horn aerial
Trichterhals *m* [flared] throat *(Lautsprecher)*
Trichterlautsprecher *m* exponential-horn loudspeaker, horn[-type] loudspeaker
Trichteröffnung *f* mouth of horn *(Lautsprecher)*
Trichterstrahler *m* horn aerial
Tricktaste *f* trick button (key)
Triduktor *m* triductor *(statischer Frequenzwandler)*
Triduktorwirkungsgrad *m* triductor efficiency
Trieb *m* drive
Triebachse *f* driving (drive) axle
Triebeinheit *f* motive power unit *(Motor)*
Triebkraft *f* driving force
Triebrad *n* driving (drive) wheel
Triebstange *f* driving bar
Triebsystem *n* **eines Induktionszählers** driving element of an induction meter
Triebwageneinheit *f* motor train unit, multiple-unit stock
Triebwagenzug *m* / **vielfachgesteuerter** multiple-unit train
Triebwerk *n* 1. *(Masch)* driving mechanism, power transmission equipment; 2. engine *(Antriebsanlage für Luftfahrzeuge, Raketen)*
Triebwerksregelung *f* jet-engine control
Trigatron *n* trigatron *(Impulsmodulationsröhre)*
Trigger *m* trigger
symmetrischer T. symmetrical trigger
Triggerbaustein *m* trigger module
Triggerdiode *f* trigger diode
bidirektionale (in zwei Richtungen arbeitende) T. diode alternating-current switch, diac
Triggereingang *m* trigger input
Triggereinrichtung *f* triggering facility
Triggerelektrode *f* trigger electrode
Triggerimpuls *m* trigger (triggering) pulse
Triggerimpulsdauer *f* trigger pulse duration
Triggerkennlinie *f* triggering characteristic
Triggerkreis *m* trigger [circuit] *(zur Erzeugung von Schaltimpulsen)*
triggern to trigger
eine Röhre t. to trigger a tube
umschichtig t. to trigger alternately
Triggern *n* **am Kollektor** collector triggering
Triggerpegel *m* trigger (triggering) level
Triggerpegeleinstellung *f* trigger level setting
Triggerpegelregelung *f* trigger level control
Triggerröhre *f* trigger tube
Triggerschalter *m* trigger switch
Triggerschaltung *f* trigger [circuit] *(zur Erzeugung von Schaltimpulsen)*; *(Rech)* toggle circuit
monostabile T. single-shot trigger circuit
Triggersignal *n* trigger signal
Triggerspannung *f* trigger voltage
Triggerung *f* triggering, trigger action
T. des Vorgangs event triggering
T. mit einstellbarem Triggerpegel adjustable trigger-level triggering
Triggerzähler *m (Rech)* toggle counter
Triggerzündanlage *f* trigger starting system *(z. B. bei Leuchtstoffröhren)*
trimmen to trim

Trimmen *n* trimming
Trimmer *m* trimmer [capacitor], trimming capacitor
Trimmschleife *f* adjusting loop *(an Spulen)*
Trimmstab *m* shim rod *(Reaktorbetrieb)*
Trimmstift *m* trimming tool
Trinistor *m* trinistor *(steuerbarer Si-Gleichrichter)*
Triode *f* triode, three-electrode valve (tube), triode valve
T. für Katodensteuerung grounded-grid triode
T. mit planparallelen Elektroden plane-electrode triode
luftgekühlte T. air-cooled triode
steile T. high-mu triode, hi-mu triode
Triodengebiet *n* triode region
Triodenoszillator *m* triode oscillator
Triodenröhre *f s.* Triode
Triodenschaltung *f* triode connection
Triodenverstärker *m* triode amplifier
Triplet *n* triplet [lens] *(Dreilinsensystem)*
Triplett *n* triplet *(Atomspektrum)*
Tripletterm *m* triplet term (level)
Triplettfeinstruktur *f* triplet fine structure
Triplettstreuung *f* triplet scattering
Triplettzustand *m* triplet state
Triplexbetrieb *m (Fmt)* triplex operation
Triplexrechenmaschine *f (Rech)* triplex calculator
Tripolantenne *f* tripole aerial
Tritium *n* tritium
Tritt *m* 1. step; 2. footstep, footfall *(hörbar)* ● **außer T.** *(Masch)* out-of-step
Trittschall *m* impact sound (noise), footfall (footstep) sound
Trittschalldämmung *f* impact-sound insulation, footfall (footstep) sound insulation
Trittschalldämpfung *f (Ak)* footfall sound attenuation (absorption)
Trittschallpegel *m* impact-sound level
Trittschallschutz *m* impact-sound insulation
Trochotron *n* trochotron *(Schaltröhre)*
trocken 1. dry; 2. *(Ak)* aphonic, acoustically inactive (inert), [acoustically] dead
Trockenanlage *f s.* Trocknungsanlage
Trockenapparat *m* drying apparatus, dryer
Trockenätzen *n* dry etching
Trockenbatterie *f* dry[-cell] battery
Trockendrossel *f* dry-type reactor
Trockeneis *n* dry ice, carbon dioxide ice (snow)
Trockenelement *n* dry cell
Trockengleichrichter *m* dry (metallic) rectifier, dry plate (contact) rectifier
Trockengleichrichtergruppe *f* metallic rectifier stack [assembly]
Trockenkammer *f* drying chamber
Trockenkondensator *m* dry-type capacitor
Trockenkurve *f* curing diagram *(bei Isolierlacken)*
Trockenmittel *n* drying agent, drier
Trockenofen *m* drying oven (stove)
Trockenprozeß *m* drying process
Trockenschleuder *f* centrifugal (spin) dryer
Trockenschrank *m* drying cabinet, [electric] dryer
Trockentransformator *m* dry-type transformer
T. mit Luftkühlung air-blast [dry-type] transformer
Trockentrommel *f* drying drum (roll); rotary dryer
Trockenüberschlagprüfung *f* dry spark-over test
Trockenwärmeprüfung *f* dry heat test *(Klimatest)*
Trockenzeit *f* stoving time *(bei ofentrocknenden Lacken)*
Trockenzentrifuge *f* centrifugal dryer
trocknen to dry; to dehumidify; to cure *(Isolierlacke)*
Trockner *m* drying apparatus, dryer
T. mit Widerstandsheizung resistance dryer
Trocknung *f* / **elektrische** electrodesiccation
Trocknungsanlage *f* drying plant (installation)
dielektrische T. dielectric drying installation
elektrische T. electric drying plant
Trog *m* trough; tank; tray
elektrolytischer T. electrolytic tank
Trogzelle *f* tank-type cell
T-Rohr *n* tee pipe
Trommel *f* drum; barrel
Trommelabtastung *f* drum scanning
Trommeladresse *f (Rech)* drum address
Trommeladressenregister *n (Rech)* drum address register
Trommelanker *m* drum[-wound] armature, drum rotor
Trommelbelegungsplan *m (Rech)* drum layout chart
Trommelblende *f* drum shutter
Trommeldrehgeschwindigkeit *f* drum rotation speed
Trommeldurchmesser *m* drum diameter
Trommelfaktor *m* drum factor
Trommelfernsehkanalwähler *m* turret-type television tuner
Trommelgalvanisierung *f* barrel [electro]plating, drum metal plating
Trommelgeschwindigkeit *f* drum speed
Trommelläufer *m* drum rotor, non-salient pole rotor
Trommelmarke *f (Rech)* drum mark
Trommelnutzlänge *f (Nrt)* usable drum length *(Faksimile)*
Trommelnutzumfang *m (Nrt)* usable drum circumference *(Faksimile)*
Trommelofen *m* / **elektrischer** electric drum furnace

Trommelrotor *m* drum rotor
Trommelschnellspeicher *m (Rech)* high-speed drum store
Trommelschreiber *m* drum[-chart] recorder
Trommelspeicher *m (Rech)* drum memory (store)
Trommelwicklung *f* drum winding
Tropenausführung / in tropical-finished
tropenfest tropic-proof, tropicalized, resistant to tropical conditions
tropengeeignet suitable for tropical climate (service)
Tropenisolation *f* insulation for tropics
Tröpfchenbildung *f* droplet formation
Tropfelektrode *f* dropping electrode
Tropfenmethode *f* **zur Dickenbestimmung von Überzügen** *(Galv)* dropping test for thickness
tropfwasserdicht drip-tight, drip-proof
Tropfwasserprüfung *f* drip-proof test
Tropfwasser- und Berührungsschutz / mit drip-proof screen-protected
Trübglas *n* opal glass
Trübheit *f*, **Trübung** *f* opacity; cloudiness
Trübungspunkt *m* cloud point
T-Schaltung *f* T network, tee network
T-Schaltungen *fpl* / **parallele** parallel-T network
T-Stück *n* T-piece, tee junction (connector), conduit tee *(Rohrverbindung)*
TTL *s.* Transistor-Transistor-Logik
Tuchbespannung *f* cloth (fabric) covering
Tumblerschalter *m* tumbler switch
Tungar-Gleichrichter *m* tungar rectifier
Tungar-Röhre *f* tungar tube *(argongefüllte Glühkatodengleichrichterröhre)*
Tunnelbeleuchtung *f* tunnel lighting
Tunneldiode *f* tunnel (Esaki) diode
Tunneldiodenkennlinie *f* tunnel diode characteristic
Tunneldiodenspeicher *m (Rech)* tunnel diode memory (store)
Tunneldiodenverstärker *m* tunnel diode amplifier
Tunneleffekt *m* tunnel effect, tunnelling [effect] *(Durchgang eines Ladungsträgers durch einen Potentialwall)*
Tunneleffektwiderstand *m* tunnelling resistance
Tunnelelektrolumineszenz *f* tunnel electroluminescence
tunneln to tunnel
Tunneln *n* tunnelling
Tunnelofen *m* / **elektrischer** electric tunnel furnace
Tunnelstrom *m* tunnel current
Tunneltransistor *m* tunnel transistor
Tunneltriode *f* tunnel triode
Tunnelübergang *m* tunnel junction
Tunnelungswahrscheinlichkeit *f* tunnelling probability
Tür *f* / **halbautomatische** semiautomatic gate *(Aufzug)*
Turbine *f* turbine
Turbinenwelle *f* turbine shaft (spindle)
Turbodynamo *m* turbo-dynamo
Turbogebläse *n* turbo-blower
Turbogenerator *m* turbo-generator, turbine-generator, turbo-alternator, inductor-type synchronous generator
Turbogeneratoreinheit *f* turbo-generator unit
Turbogeneratorsatz *m* turbo-generator set
Turbospeisepumpe *f* turbo feed pump
turbulent turbulent
Turbulenz *f* turbulence
turbulenzfrei non-turbulent
Turbulenzskala *f* scale of turbulence
Turing-Maschine *f (Rech)* Turing machine
Türklingel *f* [electric] door bell
Türkontakt *m* door contact; car-door electric contact *(Kraftfahrzeug)*
Turm *m* tower *(Antenne)*
Turner-Filter *n (Licht)* frustrated total-reflection interference filter
Türöffner *m* / **lichtelektrischer** photoelectric door opener
Türschalter *m* door switch
Türschließer *m* door closer
Türsicherungsschalter *m* safety door-interlock switch
Türverluste *mpl* door losses *(Wärmeverluste eines Ofens an der geöffneten Tür)*
Türverriegelung *f* door latch (interlock)
T-Verzweigung *f* T-junction
Twistor *m* twistor *(Festkörperspeicherbauelement)*
Twistorspeicher *m (Rech)* twistor memory (store)
TW-Vermittlungsstelle *f s.* Telegrafiewählvermittlungsstelle
Typendruck *m* type printing
Typendrucker *m* type printer (printing apparatus)
Typenrad *n* type (print) wheel
Typenreinigung *f* cleaning of types
Typenrolle *f* type wheel
Typenschild *n* type plate
Typgenehmigung *f* type approval
Typotron *n* typotron *(Sichtspeicherröhre)*
Typprüfung *f* type acceptance test; prototype test
Typvereinbarung *f (Rech)* type declaration
T-Zuleitung *f* tee feeder

U

Überanpassung *f* overmatching
überbeanspruchen to overstress; to overstrain; to overload
überbelasten to overload; to overstress
überbelichten to overexpose
Überbelichtung *f* overexposure
Überbereichmessung *f* overrange measurement

überblenden 1. to fade (change) over, to fade out and in, to fade up and down *(Ton)*; 2. to dissolve *(Film)*
Überblender *m s.* Überblendregler
Überblendregler *m (Ferns, Ak, Nrt)* fading regulator, fader control[ler], fader
Überblendung *f* 1. *(Ferns, Ak, Nrt)* fading, fade-over, cross-fading; 2. dissolve *(Film)*
scharfe Ü. cutting
weiche Ü. fade-over; lap dissolve
Überblendungsstufe *f* fade-over stage
überbrücken to bridge; to shunt, to bypass; to jumper *(durch Schaltdraht)*
durch Kurzschluß ü. to short [out]
überbrückt bridged [across]
Überbrückung *f* [/ **elektrische**] bridging; bypass
Überbrückungsdraht *m* jumper
Überbrückungsfilter *n* bypass filter
Überbrückungskabel *n* jumper cable; *(Fmt)* interruption cable
Überbrückungskondensator *m* bypass capacitor
Überbrückungsschalter *m* bypass switch; field breaking (discharge) switch
Überbrückungsschwingkreis *m* resonant shunt
Überbrückungsstück *n* bridging connector
Überbrückungsverstärker *m (Fmt)* switching selector repeater
Überbrückungswiderstand *m (Anl)* by-pass resistance
überdämpft overdamped
Überdämpfung *f* overdamping
überdecken 1. to sweep *(einen Bereich)*; 2. to cover; to mask; to overlap
Überdeckung *f* overlap[ping], lap; covering; *(FO, Nrt)* blanketing *(durch Störsender)*
Überdeckungslänge *f* overlapping length
Überdeckungsverhältnis *n (Licht)* percentage overlap
überdimensionieren to oversize
Überdrehzahl *f* overspeed
Überdrehzahlschutz *m* overspeed protection
Überdrehzahlwächter *m* overspeed monitor
Überdruck *m* overpressure
übereinandergeschichtet stacked
übereinanderliegend overlapping
übereinstimmend conformal, conformable; corresponding; in accordance; matching
nicht ü. discordant
Übereinstimmung *f* conformity; agreement; correspondence; coincidence; match
exakte Ü. exact match *(Informationsverarbeitung)*
genaue Ü. *(Ak)* [high] fidelity *(mit dem Original)*
Übereinstimmungskontrolle *f (Rech)* consistency check
überempfindlich hypersensitive, ultrasensitive
Überempfindlichkeit *f* hypersensitivity
überentwickeln to overdevelop
Überentwicklung *f* overdevelopment
übererregt overexcited
Übererregung *f* overexcitation
Überfall *m* overflow, overfall *(Wasserkraftwerk)*
Überfallgleichung *f* weir equation
Überfangglas *n* flashed glass
Überfangglasglocke *f* flashed glass globe
überflüssig superfluid, superliquid
überfluten to flood
Überfrequenzschutz *m* overfrequency protection
überführen to transfer; to convert
Überführung *f* transfer; transmission; conversion
bedingte Ü. *(Rech)* conditional transfer
Überführungswärme *f* heat of transfer
Überführungszahl *f* transference (transport) number
Übergabeleitung *f (Fmt)* interposition trunk
Übergang *m* 1. transition; change[-over]; 2. *(Halbl)* junction *(Übergangszone)*
Ü. zu einem tieferen Niveau down transition
Ü. zwischen Energiebändern interband (band-to-band) transition
Ü. zwischen Niveaus interlevel transition
abrupter Ü. step junction
diffundierter Ü. diffused junction
direkter Ü. direct transition
dotierter Ü. doped junction
erlaubter Ü. permitted (allowed) transition *(zwischen Energieniveaus)*
exponentieller Ü. exponential transition
gezogener Ü. grown junction
induzierter Ü. induced (stimulated) transition
kegelförmiger Ü. conical transition *(Hohlleiter)*
linearer Ü. linear-graded junction
optisch erlaubter Ü. optically allowed transition
stimulierter Ü. stimulated (induced) transition
strahlender Ü. radiative (emission) transition
strahlungsloser Ü. radiationless transition
stufenförmiger Ü. step junction
verbotener Ü. forbidden transition *(zwischen Energieniveaus)*
Übergangsabweichung *f* / **relative** percent transient deviation
Übergangsbedingung *f* transient condition
Übergangsbereich *m* transition region (range)
Übergangsbewegung *f* transient motion
Übergangsbildung *f (Halbl)* junction formation

Übergangsbreite *f (Halbl)* junction width
Übergangsdicke *f (Halbl)* junction thickness
Übergangselement *n* transition element
Übergangserscheinung *f* transient effect
Übergangsfassung *f* reduction socket
Übergangsfläche *f* interface
Übergangsform *f* transitional form
Übergangsformstück *n* connecting duct *(Kabel)*
Übergangsfrequenz *f (Nrt)* transition (turnover, cross-over) frequency; *(Halbl)* transition frequency
Übergangsfunktion *f* transfer function; *(Syst)* transient function (response), [unit] step response
Übergangsgebiet *n* transition region (*s.a.* Übergangszone)
Übergangsgeschwindigkeit *f* transition speed
Übergangsgradient *m (Halbl)* junction gradient
Übergangskapazität *f* transition capacitance; *(Halbl)* junction capacitance
Ü. bei Vorspannung Null zero-bias junction capacity
Übergangskennlinie *f* transition characteristic
dimensionslose Ü. *(Syst)* non-dimensional response curve (characteristic)
Übergangskontaktwiderstand *m* contact resistance
Übergangskriechen *n* transient creep
Übergangslast *f* transition load
Übergangsmatrix *f (Syst)* transition matrix *(Zustandsgröße)*
Übergangsmetall *n* transition metal
Übergangsperiode *f* transition period
Übergangspotential *n (Halbl)* junction potential
Übergangsprozeß *m (Syst)* transient process
erwünschter Ü. desired transient process
Übergangspunkt *m* transition point
Übergangsrand *m (Halbl)* junction edge
Übergangsreaktanz *f* transient reactance
Übergangsschalter *m* transient switchgroup
Übergangsschicht *f* transient layer
Übergangsspannung *f (Halbl)* junction voltage
innere Ü. subtransient internal voltage
Übergangsstecker *m* adapter plug, plug adapter
Übergangsstrom *m* transient current
Übergangsströmung *f* transient flow
Übergangsstück *n* adapter
Übergangsstufe *f* transition stage; intermediate step
Übergangstemperatur *f* transition temperature
Übergangstiefe *f (Halbl)* junction depth
Übergangsverarmungsschicht *f (Halbl)* junction depletion layer
Übergangsverhalten *n (Syst)* transient response (behaviour, performance); transient characteristic, characteristic (unit step) response *(Kenngröße)*
monotones Ü. monotonous transient response
optimales Ü. optimum transient response
Übergangsverlauf *m* transfer curve *(Vierpol)*
Übergangsverlust *m* transition loss; contact loss
Übergangsverschiebung *f (Halbl)* junction lag
Übergangsverzerrung *f* transient distortion
Übergangsvorgang *m* transient [phenomenon]; transient process
Übergangsvorgänge *mpl* **beim Ein- und Ausschalten** make-and-break transients
Übergangswahrscheinlichkeit *f* transition probability
Einsteinsche Ü. Einstein [probability] coefficient
Übergangswiderstand *m* transition resistance; contact resistance; structure footing resistance *(Freileitungsmast); (Halbl)* junction resistance
Übergangszeit *f* transition time (period); transient time
Übergangszone *f* transition region (zone, range); *(Halbl)* junction region (area)
Übergangszustand *m* 1. transient [regime]; 2. activated state
übergehen / auf eine andere Welle to shift to another wave
übergießen [/ mit Isoliermasse] to cover by pouring
Überglasung *f* glaze *(Isolierkeramik)*
Übergruppe *f (Fmt)* supergroup
Übergruppenträger *m (Fmt)* supergroup carrier
Überhang *m* overhang *(z.B. bei Straßenleuchten)*
Überheizungsalarm *m* overheating warning
Überhitzerleistung *f* superheater capacity
lokale (örtliche) Ü. local overheating
Überhitzungsschutz *m* overheating protection
Überhöhungsfaktor *m* advantage factor *(Reaktortechnik)*
überholen to overhaul, to recondition
Überholprogramm *n (Rech)* overhaul program
Überholung *f* overhaul[ing], reconditioning
Überhörfrequenz *f* ultrasonic (superaudible) frequency
Überhorizontübertragung *f (Nrt)* over-the-horizon transmission
Überhorizontverbindung *f (Nrt)* transhorizon link

Überkompensation *f* overcompensation
überkompensieren to overcompensate
Überkompoundierung *f* overcompounding
überkoppelt overcoupled
Überkopplung *f* overcoupling
Überkorrektion *f*, **Überkorrektur** *f* overcorrection
überkorrigieren to overcorrect
überkreuzen [/ sich] to cross-over
Überkreuzung *f* cross-over; overhead crossing *(beim Fahrdraht)*
Überkreuzungsstelle *f* cross-over point
überkritisch supercritical, hypercritical
überladen to overload; to overcharge *(z. B. Batterie)*
Überladung *f* overload; overcharge, overcharging *(Akkumulator)*
Überlagerer *m s.* Überlagerungsoszillator
überlagern to super[im]pose; *(Nrt)* to heterodyne
überlagert / mit Gleichstrom superposed with direct current
Überlagerung *f* super[im]position, interference *(von Wellen)*; *(Nrt)* [super]heterodyning
  Ü. von Stoßspannungen *(Ferns)* black-level shift
Überlagerungsanalysator *m* heterodyne analyzer
Überlagerungsdetektor *m* heterodyne (beat) detector
Überlagerungseffekt *m* super[im]position effect; beat effect
Überlagerungsempfang *m (Nrt)* [super]heterodyne reception, beat (double-detector) reception
Überlagerungsempfänger *m (Nrt)* [super]heterodyne receiver, superhet, beat receiver
Überlagerungsfrequenz *f* heterodyne (beat) frequency; *(Fmt)* supertelephone frequency
Überlagerungsfrequenzmesser *m* heterodyne frequency meter
Überlagerungsgenerator *m* heterodyne generator (oscillator)
Überlagerungskode *m* superimposed code
Überlagerungskomponente *f* beat component
Überlagerungskreis *m* superposed circuit
Überlagerungsoszillator *m* heterodyne oscillator, beat[-frequency] oscillator, BFO; local oscillator
Überlagerungsoszillatorröhre *f* local-oscillator tube
Überlagerungspfeifen *n* heterodyne whistle
Überlagerungsprinzip *n* superposition principle; heterodyne principle
Überlagerungssatz *m* superposition theorem
Überlagerungsschaltung *f* superheterodyne circuit
Überlagerungsschwingung *f* heterodyne oscillation; local oscillation
Überlagerungssteilheit *f* conversion transconductance
Überlagerungsstörung *f* heterodyne interference
Überlagerungsstrom *m* superposed current
Überlagerungssummer *m* heterodyne generator
Überlagerungstechnik *f* heterodyne technique
Überlagerungstelefonie *f* superposing telephony
Überlagerungstelegrafie *f* super[im]posed telegraphy, superaudio telegraphy
Überlagerungston *m* beat note
Überlagerungsunempfindlichkeit *f* immunity to interference
Überlagerungsverfahren *n* beat method
Überlagerungsvorsatzgerät *n (Nrt)* superheterodyne converter
Überlagerungswellenmesser *m* heterodyne wavemeter (frequency meter)
Überlagerungswirkung *f* beat effect
Überlagerungswirkungsgrad *m* conversion efficiency *(eines Klystronoszillators)*
Überlandfreileitung *f* overhead transmission line
Überlandzentrale *f (Eüb)* rural (long-distance) power station
überlappen [/ sich] to overlap
Überlappung *f* overlap[ping], lap *(z. B. in der Isolierwickeltechnik)*
  Ü. von Kanälen overlap of channels
Überlappungsintegral *n* overlap integral
Überlappungsschalter *m* make-before-break switch
Überlappungswinkel *m* overlap angle
Überlappungszeit *f* overlap time
Überlassen *n* **von Leitungen** *(Fmt)* leased-circuits service
Überlast *f* overload; overcharge *(Akkumulator)*
  Ü. eines Meßmittels overload of a measuring instrument
Überlastanzeiger *m* overload indicator
Überlastausschalter *m* overload circuit breaker
Überlastbarkeit *f* overload capability (capacity)
  elektrische Ü. electric overload capacity
  thermische Ü. thermal overload capacity
Überlastbarkeitsbereich *m* overload margin
Überlastdrehmoment *n* excess torque
überlasten to overload
überlastgeschützt overload-protected
Überlastgrenze *f* overload limit
Überlastkupplung *f* safety clutch
Überlastniveau *n* overload level
Überlastprüfung *f* overload test

Überlastrelais *n* overload (overcurrent) relay
thermisches Ü. overload temperature relay, thermal overload capacity relay
Überlastschalter *m* overload circuit breaker
Überlastschutz *m s.* Überlastungsschutz
Überlaststrom *m* overload current
Überlastung *f* overload[ing]; overstrain
Überlastungsauslöser *m* overload release
Überlastungsauslösung *f* overload release
Überlastungsfähigkeit *f s.* Überlastbarkeit
Überlastungsfaktor *m* overload factor
Überlastungsgrenze *f* overload limit
Überlastungsschutz *m* 1. overload protection; 2. overload protector (protective device) ● **mit Ü.** overload-protected
Überlastungsstoßstrom *m* overload surge current
Überlauf *m* 1. spill-over, spillway, overflow *(Wasserkraftwerk)*; 2. *(Rech)* overflow *(z. B. des Zahlenbereichs, der Speicherkapazität)*
Überlaufanzeige *f (Rech)* overflow indication
Überlaufanzeigeeinrichtung *f (Rech)* overflow detector
Überlaufbit *n (Rech)* overflow bit
Überlaufempfangslocher *m (Fmt)* overflow reperforator
Überlaufen *n* **von elf Schritten** *(Fmt)* racing over eleven steps
Überlaufkontakt *m (Fmt)* overflow contact
Überlaufplatz *m (Fmt)* overflow position
Überlaufschalter *m (Rech)* overflow switch
Überlaufsystem *n* overflow system
Überlaufverkehr *m (Fmt)* overflow traffic
Überlaufweg *m (Fmt)* overflow route
Überlaufzähler *m (Fmt)* analysis meter
Überlebensfähigkeit *f* **von Fernmeldenetzen** survivability of communication networks
Überlebenswahrscheinlichkeit *f* survival probability *(z. B. von Bauteilen, Einrichtungen)*
bedingte Ü. conditional probability of survival
Überlebenswahrscheinlichkeitsverteilung *f* survival probability distribution
Überleitungsamt *n (Fmt)* transfer exchange
überlesen to ignore *(Informationsverarbeitung)*
Überloch *n* overpunch *(Lochkarte)*
überlochen to overpunch *(Lochkarte)*
Überlochung *f* overpunching *(Lochkarte)*
übermitteln to transmit
funktelefonisch ü. to radiotelephone
funktelegrafisch ü. to radiotelegraph
Übermittlung *f (Fmt)* transmission
Ü. als Doppel transmission by ampliation
Ü. in Reihen transmission in series
Ü. von Gleichstromzeichen direct-current transmission, d.c. transmission
nochmalige Ü. retransmission
wechselweise Ü. alternate operation
Übermittlungsabschnitt *m (Fmt)* transmission section
Übermittlungsfehler *m (Fmt)* message error
Übermittlungsschlußzeichen *n (Fmt)* end-of-message signal
Übermittlungssicherheit *f (Fmt)* transmission security
Übermodulation *f* overmodulation
übermodulieren to overmodulate
Übernahme *f* taking-over
Übernahmebericht *m* taking-over report
Übernahmekennlinie *f* transition characteristic *(Thyratron)*
überprüfen to check
Überprüfung *f* check; *(Rech)* check-back *(der auf Band eingeschriebenen Information)*
Überputzdose *f* surface-type box
Überputzsteckdose *f* surface socket
Überrahmen *m* multiframe *(Pulskodemodulation)*
Überregelung *f (Syst)* overshooting
Überregelungsfaktor *m (Syst)* overshooting ratio *(Verhältnis der Überregelung zum stationären Wert)*
Überreichweite *f* overshoot, overrange, over-coverage
Überreichweitenverbindung *f (Nrt)* over-the-horizon link
Überrückkopplung *f* superregeneration
übersättigen to supersaturate
Übersättigung *f* supersaturation
Überschallgeschwindigkeit *f* supersonic (hypersonic) speed, supersonic velocity
Überschallichtzelle *f* supersonic light relay
Überschallknall *m* sonic boom
Überschallplasmabrenner *m* supersonic plasma burner
Überschallstrom *m* supersonic flow (stream)
Überschaltdrossel *f* transition coil
Überschaltwiderstand *m* transition resistance
Überschlag *m* 1. arc-over, spark-over, flash-over, breakover *(z. B. Funken, Lichtbogen)*; 2. estimate, estimation
überschlagen 1. to spark over, to flash over *(Lichtbogen)*; 2. to estimate
Überschlagen *n* **eines Funkens** spark-over
Überschlaglöscheinrichtung *f* flash suppressor
Überschlagprüfung *f* flash-over test, spark-over test
trockene Ü. dry spark-over test
Überschlagschutz *m* flash guard
Überschlagspannung *f* arcing (sparking, spark-over, flash-over) voltage; needle-point voltage *(Spitzenfunkenstrecke)*

50 %-Überschlagspannung *f* critical impulse flash-over voltage
Überschlagstoßspannung *f* spark-over impulse voltage, impulse flash-over voltage
50%ige Ü. 50 % impulse flash-over voltage, critical impulse flash-over voltage
Überschlagstrecke *f* spark-over path (distance), flash-over distance
Überschlagweite *f* sparking distance (gap) *(eines Funkens)*
überschneiden to overlap; to intersect
Überschneiden *n (Ak)* cut-over
Überschneidungsfrequenz *f* cross-over frequency
überschreiben *(Rech)* to overwrite
Überschreibung *f* **eines Fernsprechanschlusses** transfer of a telephone agreement
überschreiten to exceed; to overshoot; to overtravel
Überschreitung *f* exceeding; overrange *(z. B. des Meßbereichs)*; overtravel; *(Rech)* overflow *(z. B. des Zahlenbereichs, der Speicherkapazität)*
Überschreitungspegel *m* exceedance level
Überschuß-Drei-Kode *m (Rech)* excess-three code
Überschußelektron *n* excess electron
Überschußenergie *f* excess (surplus) power
Überschußhalbleiter *m* excess (n-type) semiconductor
Überschußinformation *f* redundant information
Überschußladung *f* excess charge
Überschußladungsträger *m (Halbl)* excess carrier
überschußleitend *(Halbl)* n-conducting
Überschußleitung *f (Halbl)* excess (n-type) conduction
Überschußloch *n* excess hole
Überschußtechnik *f* redundancy technique
Überschußträger *m (Halbl)* excess carrier
Überschwingbegrenzer *m* anti-overshoot *(in Regelkreisen)*
überschwingen to overshoot
Überschwingen *n (Syst)* overshoot[ing]; *(Ferns)* ringing
maximales Ü. peak overshoot
Überschwingung *f (Meß)* ballistic (damping) factor *(relative Größe)*
Überschwingweite *f (Syst)* transient overshoot; *(Meß)* maximum overshoot
Überschwingzeit *f (Syst)* overshoot period *(z. B. bei einer Übergangsfunktion)*
Überseefernwahl *f (Fmt)* overseas dialling
Überseekabel *n (Nrt)* transoceanic cable
Überseeverbindung *f (Nrt)* transoceanic communication
Überseeverkehr *m* / **drahtloser** *(Nrt)* transoceanic radio traffic (service)
übersetzen to translate *(Daten, Informationen)*
Übersetzer *m* 1. *(Rech)* translator; interpreter; compiler *(Programme)*; 2. *(Rech)* transcriber *(Kodeumsetzer)*; 3. *(Nrt)* coder; decoder
elektrooptischer Ü. electrooptical translator
Übersetzung *f* 1. translation; 2. *(El)* transformation ratio; *(Masch)* transmission (gear) ratio *(Getriebe)*
Ü. von Algorithmen *(Rech)* algorithm translation
automatische Ü. automatic translation
mechanische Ü. mechanical translation
Übersetzungsfehler *m (El)* ratio error *(in Prozenten)*
Übersetzungsgetriebe *n* transmission gear
Übersetzungsprogramm *n (Rech)* translating program (routine), compiling program (routine)
Übersetzungsverhältnis *n* 1. *(El)* transformation (voltage) ratio *(Transformator)*; turn[s] ratio *(der Windungen)*; 2. *(Masch)* transmission (gear) ratio *(Getriebe)*
Ü. eines Transformators transformer [voltage] ratio, transformation ratio of a transformer
tatsächliches Ü. true transformation ratio
Übersicht *f* survey
Übersichtsleuchtdiagramm *n* luminous flow line diagram
Übersichtsplan *m (Fmt)* communication chart
Übersichtsverfahren *n* survey method *(Verfahren geringer Genauigkeit)*
Übersichtszeichnung *f* general drawing
Überspannung *f* overvoltage, excess[ive] voltage
atmosphärische (äußere) Ü. overvoltage of atmospheric origin
konzentrationsbedingte Ü. concentration overvoltage
Überspannungsabfall *m* decrease in overvoltage
Überspannungsableiter *m* overvoltage (surge) arrester; [lightning] arrester
elektrolytischer Ü. electrolytic lightning arrester
Überspannungsart *f* type of overvoltage
Überspannungsauslösung *f* overvoltage release (tripping)
Überspannungsbegrenzer *m* overvoltage suppressor, voltage surge protector *(Leistungselektronik)*
überspannungsfest overvoltage-proof
Überspannungsprüfung *f* overvoltage test
Überspannungsrelais *n* overvoltage relay
Überspannungsschalter *m* overvoltage circuit breaker

Überspannungsschutz *m* overvoltage (excess voltage) protection; surge protection *(Wanderwellenschutz)*
Überspannungsschutzeinrichtung *f* overvoltage protector (protective device)
Überspannungsschutzschalter *m* overvoltage safety switch
überspannungssicher overvoltage-proof
Überspannungsstoß *m* overvoltage transient, surge
Überspannungs[stoß]welle *f* overvoltage (excess voltage) wave, surge
überspielen to rerecord *(Tonband)*
Überspielen *n* rerecording *(Tonband)*
Übersprechdämpfung *f* cross-talk attenuation
Übersprechen *n (Ak, Fmt)* cross talk, cross feed ● **ohne Ü.** cross-talk-proof
Ü. der Seitenfrequenzen sideband splash
Ü. zwischen den Kanälen interchannel cross talk
Übersprechkopplung *f (Fmt)* cross coupling, side-to-side unbalance
Übersprechstörung *f* cross-talk interference
überspringen 1. to spark (flash) over *(Funken)*; 2. *(Rech)* to skip *(z. B. Befehle, Programmteile)*
Überspringen *n* 1. spark-over, flash-over *(Funken)*; 2. mode shift *(Magnetron)*
Ü. von Rillen groove skipping *(Schallplatte)*
überstanzen *(Rech)* to overpunch
übersteuern to overmodulate, to overdrive *(z. B. Elektronenröhren)*; to override *(Impuls)*; to overload
Übersteuerung *f* overmodulation, overdriving; overload[ing]
Übersteuerungsanzeiger *m* overload (clipping) indicator
Übersteuerungspunkt *m* overload point
Ü. des Verstärkers *(Fmt)* amplifier saturation point
Übersteuerungsreserve *f* power-handling capacity, crest factor capability, overload margin
Übersteuerungsschalter *m* override switch
Übersteuerungsschutzrelais *n* signal overload relay
Überstrahlung *f (Nrt)* overshoot (overthrow) distortion; *(Ferns)* bloom[ing]
überstreichen to sweep [over], to cover; to scan
einen Bereich ü. to cover a range
Überstreichung *f* / **kontinuierliche** continuous coverage *(eines Bereichs)*
Überstrom *m* overcurrent, excess[ive] current; surge current *(Stoßstrom)*; forward overload current *(beim Thyristor)*
Ü. bei Aussetzbetrieb overload current during intermittent operation
Überstromauslöser *m* overcurrent trip (release), overload trip; series [overcurrent] trip *(mit direkter Strommessung)*
zeitabhängig verzögerter Ü. *(App)* inverse time-lag overcurrent release
zeitunabhängig verzögerter Ü. *(App)* definite time-lag overcurrent release
Überstromauslöserelais *n* **mit Wiedereinschaltautomatik** recycling overcurrent relay
Überstromauslösung *f* overcurrent (overload) release, overcurrent circuit breaking
dynamische Ü. inverse-time overcurrent tripping
Überstromausschalter *m* overcurrent circuit breaker
Überstromautomat *m* overload trip (tripping device)
Überstromfaktor *m* overcurrent factor
Überstromklasse *f* overcurrent class
Überstromrelais *n* overcurrent (overload, maximum current) relay
magnetisches Ü. magnetic overload relay
richtungsabhängiges Ü. directional overcurrent relay
Überstromschalter *m* overcurrent (overload) switch; overcurrent (maximum) circuit breaker; line contactor (circuit breaker)
einpoliger Ü. single-pole overcurrent circuit breaker
Überstromschutz *m* overcurrent (overload) protection
gerichteter (richtungsabhängiger) Ü. *(Anl)* directional overcurrent protection
Überstromschutzschalter *m* overcurrent (maximum) circuit breaker
Überstromspule *f* overcurrent (overload) coil
Überstrom-Unterspannungs-Schalter *m* overcurrent-undervoltage circuit breaker
Überstromventil *n* overcurrent valve
Überstromzeitauslöser *m* / **begrenzt abhängiger** inverse time-lag overcurrent trip with definite minimum
Überstromzeitrelais *n* overcurrent time relay, time overcurrent relay
Überstromzeitschutz *m* overcurrent time protection
abhängiger Ü. inverse-time overcurrent protection
übersynchron supersynchronous
Übertemperatur *f* excess temperature, overtemperature
Übertonfrequenz *f* superaudible frequency
Übertrag *m (Rech)* carry[-over]
automatischer Ü. self-instructed carry
künstlicher Ü. artificial carry
lokaler Ü. local carry
selbsttätiger Ü. self-instructed carry

teilweiser Ü. partial carry
vollständiger Ü. complete carry
Übertragbarkeit *f* transmissibility; transferability
übertragen 1. to transfer; to transmit; 2. to radio *(durch Funk)*; to broadcast *(Rundfunksendung)*; 3. *(Rech)* to carry over
durch Fernsehen ü. to televise, to telecast
durch Relaisstationen ü. to relay
durch Rundfunk ü. to broadcast
elektrische Energie ü. to transmit electric energy
Energie ü. auf to transfer (transmit) energy to
im Fernsehen ü. to televise, to telecast
nochmals ü. to rebroadcast *(eine Sendung wiederholen)*
wieder ü. to retransfer
Übertrager *m* transmitter; transformer; *(Fmt)* repeating coil
angepaßter Ü. matched transformer
fahrbarer Ü. mobile transmitter
quarzstabilisierter Ü. crystal-stabilized transmitter
symmetrischer Ü. *(Fmt)* three-coil transformer
Übertrageramt *n (Fmt)* repeating station
Übertragerbrücke *f* transformer bridge
Übertragergestell *n (Fmt)* repeating coil rack
Übertragerpaar *n (Fmt)* matched repeating coils
Übertragerprüfgestell *n (Fmt)* repeater test rack
Übertragerspule *f (Fmt)* repeating coil
Übertragerstreuung *f* leakage of transformer
Übertragerverlust *m* transformer loss
Übertragerverzerrung *f* transformer distortion
Übertragskontakt *m (Rech)* carry-over contact
Übertragssignal *n (Rech)* carry-over signal
Übertragszeit *f (Rech)* carry-over time
Übertragung *f* 1. transfer[ence]; transmission, transmitting; 2. *(Rech)* translation; transcription *(vom Band)*
Ü. auf Kabeln cable transmission
Ü. bei schrägem Einfall oblique-incidence transmission
Ü. des Impulsdaches pulse top transmission
Ü. des Zählerstandes count transmission
Ü. großer Datenmengen bulk transmission of data
Ü. innerhalb eines Netzes intrapool transmission
Ü. mit einer [einzigen] Reflexion *(Nrt)* one-hop transmission
Ü. mit Gleichstromanteil *(Fmt)* direct-current transmission, d.c. transmission
Ü. mit negativer Modulation negative transmission
Ü. mit unterdrückter Trägerwelle *(Nrt)* suppressed-carrier transmission
Ü. ohne Gleichstromanteil *(Fmt)* alternating-current transmission, a.c. transmission
Ü. sehr breiter Frequenzbänder *(Nrt)* transmission of very wide frequency bands
Ü. über Nebenwege *(Ak)* flanking transmission
Ü. von elektrischer Energie electric energy transmission
abschnittsweise Ü. *(Fmt)* retransmission
abschnittsweise Ü. mittels Lochstreifen *(Fmt)* perforated tape retransmission
asynchrone Ü. *(Fmt)* asynchronous transmission
aufeinanderfolgende Ü. serial transfer
blockweise Ü. block transfer *(von Daten)*
direkte Ü. direct transmission
drahtlose Ü. radio transmission
elektrische Ü. electric transmission *(Kraft)*
fernmeldetechnische Ü. telecommunication
frequenzgetastete Ü. frequency shift transmission
gleichzeitige Ü. simultaneous transmission
kodetransparente Ü. *(Fmt)* code transparent transmission
schlechte Ü. poor transmission
simultane Ü. simultaneous transmission
trägerfrequente Ü. carrier transmission
wiederholte Ü. retransmission
Übertragungsabschnitt *m (Fmt)* transmission link
Übertragungsadmittanz *f* transfer admittance
Übertragungsanlage *f (Ak)* sound [transmission] system
stereofone Ü. stereophonic sound system
Übertragungsart *f* mode of transmission
Übertragungsband *n* transmission band; communication band
Übertragungsbefehl *m (Rech)* transfer command (instruction)
bedingter Ü. conditional transfer instruction
Übertragungsbereich *m* transmission range
Übertragungsbestätigungszeichen *n (Fmt)* transmission confirmation signal
Übertragungsblockierung *f (Fmt)* transmission failure
Übertragungscharakteristik *f* transfer characteristic
Übertragungsdämpfung *f* transmission loss

Übertragungseinheit *f (Fmt)* transmission unit
Übertragungseinrichtung *f (Fmt)* transmission equipment
Übertragungsfähigkeit *f* transmitting capacity
Übertragungsfaktor *m* 1. transmission factor; *(Syst)* transfer coefficient (factor); 2. gain *(im Sinne von Verstärkung)*
Ü. bei hohen Frequenzen *(Ak)* treble (high-frequency) response
Ü. bei naher Besprechung *(Ak)* close-talking response (sensitivity)
Ü. bei tiefen Frequenzen *(Ak)* bass (low-frequency) response
Ü. des D-Gliedes *s.* differentieller Ü.
Ü. eines Vierpols quadripole propagation factor (constant)
Ü. für das freie Schallfeld *(Ak)* free-field response (sensitivity)
Ü. im diffusen Schallfeld *(Ak)* random[-incidence] response, random[-incidence] sensitivity
Ü. in Querrichtung *(Ak)* transverse axis response (sensitivity), transverse response
axialer Ü. *(Ak)* axial response (sensitivity)
differentieller Ü. *(Syst)* derivative-action factor, differential-action factor
elektroakustischer Ü. electroacoustic transmission factor
integraler Ü. *(Syst)* integral-action factor
proportionaler Ü. *(Syst)* proportional-action factor
relativer Ü. *(Ak)* relative response
Übertragungsfehler *m (Fmt, Nrt)* [line] transmission error, message error
Übertragungsfilter *n* transmission filter
Übertragungsfolgeschalter *m (Fmt)* transfer sequence switch
Übertragungsfrequenz *f* transmission frequency
Übertragungsfrequenzband *n* transmission band
Übertragungsfrequenzgang *m (Ak)* frequency response
Übertragungsfunktion *f* 1. *(Syst)* transfer function; 2. performance operator *(Operatorenrechnung)*
Ü. der Rückführung feedback transfer function
Ü. des Ausgangssignals output transfer function *(Regelkreis)*
Ü. des geschlossenen Regelkreises closed-loop transfer function, transfer function of the closed-loop system
Ü. des Gliedes component transfer function
Ü. des offenen Regelkreises open-loop transfer function
Ü. des Regelkreises output transfer function
Ü. des Stellglieds actuating transfer function
Ü. des Vorwärtszweigs forward transfer function *(Regelkreis)*
Ü. für zwei Frequenzen bifrequency transfer function *(bei Gliedern mit zeitlich veränderlichen Parametern)*
optimale Ü. optimum transfer function
verallgemeinerte Ü. generalized transfer function
Übertragungsfunktionsrechner *m* transfer function computer
Übertragungsgenauigkeit *f* transmission accuracy
Übertragungsgeschwindigkeit *f* transmission rate (speed); *(Nrt)* transfer rate, signalling speed
Übertragungsgewinn *m* transmission gain; transducer gain
Übertragungsgleichung *f* transfer equation
Übertragungsglied *n (Syst)* transmission (transfer) element; block [link] *(im Blockschema)*
Ü. mit Feder und Dämpfungskörper spring-dashpot element
elektrohydraulisches Ü. electrohydraulic component
lineares Ü. linear transmission element
nichtlineares Ü. non-linear transmission element; non-linear gain element
Übertragungsgüte *f* transmission quality (performance), transfer quality; merit *(im Funksprechbetrieb)*
Ü. für Sprache quality of speech, voice quality
Übertragungsimpedanz *f* / **mechanische** mechanical transfer impedance
Übertragungsimpuls *m* transmitting pulse
Übertragungskanal *m (Nrt)* communication channel, [transmission] channel
Übertragungskennlinie *f* transfer characteristic (curve) *(Vierpol)*; gain characteristic
Übertragungskennung *f* transmission identification
Übertragungskonstante *f* transmission (transfer) constant
Übertragungskontrolle *f (Rech)* transfer check
Übertragungskreis *m* transmission (transfer) circuit
Übertragungskurve *f (Ak)* response (fidelity) curve
Übertragungslage *f* **von TF-Gruppen** *(Fmt)* group allocation
Übertragungsleistung *f* transmission efficiency; transmission (transfer) power
Übertragungsleitung *f* transmission line
abgeschirmte Ü. shielded transmission line
angepaßte Ü. matched transmission line
symmetrische Ü. balanced transmission line

Übertragungsleitwert *m* transfer conductance, transconductance
Ü. rückwärts reverse transfer admittance
Ü. vorwärts forward transfer admittance
Übertragungsmaß *n* 1. transmission (transfer) constant; image transfer constant *(des Vierpols)*; propagation factor; 2. *(Ak)* sensitivity level
Ü. eines Vierpols quadripole propagation factor (constant), quadripole image transfer constant
Übertragungsmatrix *f (Syst)* transfer matrix
Übertragungsmedium *n* transmitting medium
Übertragungsmeßeinrichtung *f* / **automatische** *(Fmt)* automatic transmission measuring equipment, ATME
Übertragungsmittel *n (Nrt)* communication medium
Übertragungsmodell *n* transmission model
Übertragungsnetz *n* transmission network, primary transmission network, primary system
Übertragungspegel *m* transmission level
Übertragungsplanung *f* transmission layout
Übertragungsprüfeinrichtung *f (Fmt)* transmission-testing equipment
Übertragungsprüfung *f (Rech)* transfer check
Übertragungsrichtung *f (Nrt)* direction of transmission
Übertragungsschalter *m* transfer switch
Übertragungsschnittstellenbaustein *m* / **programmierbarer** programmable communications interface
Übertragungsschnittstellenschaltung *f* / **asynchron arbeitende** asynchronous communications interface adapter, ACIA
Übertragungssicherheit *f* transmission reliability
Übertragungsspannung *f* transfer voltage
Übertragungsstrecke *f* / **zweiseitig benutzbare** *(Nrt)* bidirectional line
Übertragungsstromkreis *m (Nrt)* communication[s] circuit
Übertragungssystem *n* transmission system; *(Nrt)* communication system
quellenloses Ü. sourceless transmission system
Übertragungstechnik *f (Fmt)* transmission technique
Übertragungs- und Vermittlungsnetz *n* / **integriertes digitales** *(Fmt)* integrated digital transmission and switching network
Übertragungsverfahren *n* transmission mode
Übertragungsverhalten *n* transient response (characteristic)
Übertragungsverhältnis *n* transfer ratio
Übertragungsverlust *m* transmission loss, loss in transmission
Übertragungsverzerrung *f* transmission distortion
Übertragungsverzögerung *f* transmission lag; *(Syst)* transfer lag
Übertragungswagen *m* mobile unit (substation)
Übertragungsweg *m* transmission path; *(Nrt)* communication path (*s. a.* Übertragungskanal)
Ü. für den Begleitton *(Fmt)* effects circuit
Ü. für hohe Geschwindigkeiten *(Fmt)* high-speed circuit
automatisch betriebener Ü. automatically operated circuit
drahtgebundener Ü. *(Fmt)* land line
überlagerter Ü. *(Fmt)* superposed circuit
Übertragungswiderstand *m* transfer resistance
Übertragungswinkel *m* transmission angle
Übertragungswirkungsgrad *m* transmission efficiency
Übertragungszahl *f (Chem)* transference number
Übertragungszeit *f (Nrt)* transmission time
Überverbrauch *m* overload consumption
Überverbrauchszähler *m* excess meter
Überverbunderregung *f* overcompound excitation
Überverdichtung *f* overcompression, overpressure
überwachen to monitor; to supervise, to observe; to control
die Aussteuerung ü. to monitor the [transmission] level
getrennt ü. to monitor separately
nach Gehör ü. to monitor aurally
Überwachung *f* monitoring; supervision, observation; control; checking
Ü. der Aussteuerung [transmission] level control, dynamic-range control
Ü. der Besetzt- und Verlustfälle *(Fmt)* congestion supervision
Ü. durch Stichproben sampling observations
laufende Ü. routine test
technische Ü. der Maschine machine attendance
zyklische Ü. sequential monitoring
Überwachungsbauteil *n* control element
Überwachungseinrichtung *f* supervisory equipment (system); monitor[ing] equipment
Überwachungsempfänger *m* monitoring [radio] receiver
Überwachungsfrequenz *f (Nrt)* monitoring frequency; control frequency
Überwachungsgebiet *n* observation area
Überwachungsgerät *n* monitoring instrument, monitor; surveillance instrument (device)

Überwachungsgestell *n (Fmt)* supervisory rack
Überwachungsglied *n* monitoring (supervisory) element
Überwachungskontakt *m* controlling contact *(am Schaltgerät)*; detector contact *(in Regelanlagen)*
Überwachungskreis *m* supervising circuit
Überwachungslampe *f (Fmt)* supervisory (pilot) lamp
Überwachungsplatz *m (Fmt)* observation desk, supervisor's position (desk)
  zentraler Ü. central monitoring position, C.M.P.
Überwachungsprogramm *n (Rech)* supervising program (routine), tracing routine; check[ing] routine
  allgemeines Ü. general [monitor] checking routine
Überwachungspult *n* control desk; *(Fmt)* monitor[ing] desk
Überwachungsradar *n (m)* surveillance radar
Überwachungsradargerät *n* surveillance radar unit
Überwachungsrelais *n* supervisory relay
Überwachungsschalter *m* monitoring switch
Überwachungsschrank *m (Fmt)* service-observing board
Überwachungsspeicher *m (Rech)* guard memory (store)
Überwachungsstation *f* control station
Überwachungssystem *n* supervisory system
Überwachungsthermometer *n* / **magnetisch haftendes** magnetically attached monitoring thermometer
Überwachungszeichen *n (Fmt)* supervisory (pilot) signal
überweisen to transfer
Überweisung *f* transfer
Überweisungsfernamt *n (Fmt)* transfer exchange
Überweisungsleitung *f (Fmt)* transfer line, trunk junction
Überweisungswähler *m (Fmt)* allotting switch
Überwurfmutter *f* / **unverlierbare** captive coupling ring *(Steckverbindung)*
überzählig redundant
überziehen to coat, to cover; to clad *(z. B. mit Metall)*
  mit Aluminium ü. to aluminize
  mit Graphit ü. to graphitize
  mit Iridium ü. to iridize
  mit Kupfer ü. to copper
  mit Metall ü. to metallize, to metal-coat
  mit Platin ü. to platinize
Überziehen *n* **durch Heißtauchen** hot-dip coating
  galvanisches Ü. [electro]plating
überzogen / mit Paraffin paraffined
  mit Polyamid ü. polyamide-coated
Überzug *m* coat[ing], cover; film; cladding *(z. B. Metall)*
  anodischer Ü. anodic coating
  aufgespritzter Ü. sprayed coating
  elektrophoretisch abgeschiedener Ü. electrophoretic coating
  galvanischer Ü. electrodeposit, [electro]plate
  gelartiger Ü. gel-coat finish
  glänzender Ü. *(Galv)* bright plate
  lichtempfindlicher Ü. photosensitive coating
  nichtmetallischer Ü. non-metallic coating
  verbrannter Ü. *(Galv)* burned (burnt) deposit
Überzugsharz *n* coating resin
Überzugslack *m* coating (finishing) varnish, finish
Überzugsleitfähigkeit *f (Galv)* coating conductivity
Überzugsmaterial *n* coating material
Übungsgerät *n* training device
U-Graben-MOS-Transistor *m* U-groove metal-oxide semiconductor field-effect transistor, U-groove MOSFET, UMOSFET
UHF *s.* Ultrahochfrequenz
UHF-Senderfrequenz *f* ultrahigh-frequency transmitter frequency
UHP-Lichtbogenofen *m* ultrahigh-power arc furnace
Uhr *f* / **elektrische** electric clock
  quarzgesteuerte U. crystal[-controlled] clock
Uhrenbatterie *f* watch cell
Uhrenschaltkreis *m* crystal-clock integrated circuit, crystal-clock IC
Uhrfederstahl *m* clock-spring steel
Uhrprogramm *n* clock program
Uhrwerk *n* clockwork driver *(z. B. für Meßschreiber)*
Uhrzeigersinn *m* clockwise direction
UI-Charakteristik *f s.* Spannungs-Strom-Charakteristik
U-Karte *f* control chart for numbers of defects per unit *(Leiterplattenherstellung)*
UKW *s.* Ultrakurzwelle
UKW-Bereich *m* very high frequency range, v. h. f. range (region)
UKW-Drehfunkfeuer *n* VHF omnidirectional radio range, VOR
UKW-Empfänger *m* very high frequency receiver, v. h. f. receiver
UKW-Frequenzmesser *m* very high frequency meter
UKW-Hilfssender *m* / **unbemannter** unattended v. h. f. satellite transmitter
UKW-Sender *m* very high frequency transmitter, v. h. f. transmitter
UKW-Sprechfunkdienst *m* very high frequency radiotelephone service

UKW-Träger *m* very high frequency carrier
U-Lampe *f* U-shaped lamp
Ulbricht-Kugel *f* Ulbricht (integrating) sphere
ultraakustisch ultra-acoustic
ultrahoch ultrahigh
Ultrahochfrequenz *f* ultrahigh frequency, u.h.f., UHF *(300 bis 3000 MHz)*
Ultrahochfrequenzband *n* ultrahigh-frequency band
Ultrahochfrequenzbereich *m* ultrahigh-frequency range
Ultrahochfrequenzerwärmung *f* ultrahigh-frequency heating, hyper-frequency heating
Ultrahochfrequenzmischer *m* ultrahigh-frequency mixer
Ultrahochfrequenzofen *m* ultrahigh-frequency furnace, hyper-frequency furnace
Ultrahochvakuum *n* ultrahigh vacuum
Ultrakurzwelle *f* very high frequency, v.h.f., VHF *(30 bis 300 MHz)*, ultrashort wave *(Zusammensetzungen s. unter* UKW)
Ultrarot *n s.* Infrarot
Ultraschall *m* ultrasonic (supersonic) sound, ultrasound
Ultraschallakustik *f* ultrasonics
Ultraschallbereich *m* ultrasonic range
Ultraschallbestrahlung *f* exposure to ultrasonic waves
Ultraschallbonden *n (Halbl)* ultrasonic bonding
Ultraschalldämpfung *f* ultrasonic attenuation
Ultraschalldefektoskop *n s.* Ultraschallprüfgerät
Ultraschalldetektor *m* ultrasonic detector
Ultraschalldickenmesser *m* ultrasonic thickness gauge
Ultraschallecholot *n* ultrasonic [echo] sounder
Ultraschallecholotgerät *n* ultrasonic echo sounding device
Ultraschallecholotung *f* ultrasonic echo sounding, supersonic [echo] sounding
Ultraschallehre *f* ultrasonics
Ultraschalleistung *f* ultrasonic power
Ultraschallempfänger *m* ultrasonic receiver
Ultraschallentfettung *f* ultrasonic degreasing
Ultraschallerwärmungsgerät *n* ultrasonic heater
Ultraschallfrequenz *f* ultrasonic (supersonic, superacoustic, ultra-audible) frequency
Ultraschallgeber *m* ultrasonic generator
Ultraschallgenerator *m* ultrasonic [power] generator
Ultraschallintensität *f* ultrasonic intensity
Ultraschallkreuzgitter *n* ultrasonic cross grating
Ultraschallnachweis *m* ultrasonic detection *(z. B. von Teilentladungen)*
Ultraschallöteinrichtung *f* ultrasonic soldering equipment
Ultraschallöten *n* ultrasonic soldering
Ultraschallöteinrichtung *f* ultrasonic soldering equipment
Ultraschallotung *f* ultrasonic sounding
Ultraschallprüfgerät *n* ultrasonic (supersonic) flaw detector, ultrasonic analyzer (material tester)
Ultraschallprüfung *f* ultrasonic (supersonic) testing, ultrasonic flaw detection *(zerstörungsfreie Werkstoffprüfung)*
Ultraschallquelle *f* ultrasonic (supersonic) source
Ultraschallreiniger *m* ultrasonic cleaner
Ultraschallreinigung *f* ultrasonic cleaning
Ultraschallreinigungsanlage *f* ultrasonic cleaning equipment
Ultraschallschwächung *f* ultrasonic attenuation
Ultraschallschwinger *m* ultrasonic vibrator (crystal)
Ultraschallsender *m* ultrasonic (supersonic) transmitter
Ultraschallsignal *n* ultrasonic signal
Ultraschallsonde *f* ultrasonic probe
Ultraschallstrahl *m* ultrasonic (supersonic) beam, ultrasonic ray
Ultraschallstroboskop *n* ultrasonic (supersonic) stroboscope
Ultraschallverbindung *f (Halbl)* ultrasonic bond
Ultraschallverzögerungsleitung *f* ultrasonic (supersonic) delay line
Ultraschallwandler *m* **mit Schwingquarz** ultrasonic quartz transducer
Ultraschallwelle *f* ultrasonic (supersonic) wave
Ultraschallwerkstoffprüfgerät *n s.* Ultraschallprüfgerät
ultraschnell ultrafast
ultrastabil *(Syst)* ultrastable
Ultraviolett *n* ultraviolet, UV
Ultraviolettabsorption *f* ultraviolet absorption
Ultraviolettabsorptionsbande *f* ultraviolet absorption band
Ultraviolettabsorptionsspektrum *n* ultraviolet absorption spectrum
Ultraviolettanregung *f* ultraviolet excitation, excitation by ultraviolet
Ultraviolettbereich *m* ultraviolet region
Ultraviolettbestrahlung *f* ultraviolet irradiation
Ultraviolettemission *f* ultraviolet emission
ultraviolettempfindlich ultraviolet-sensitive, sensitive to ultraviolet
Ultraviolettfilter *n* ultraviolet filter
Ultraviolettlaser *m* ultraviolet laser, UVASER

Ultraviolettspektrografie *f* ultraviolet spectrography
Ultraviolettspektrometer *n* ultraviolet spectrophotometer
Ultraviolettspektroskopie *f* ultraviolet spectroscopy
Ultraviolettspektrum *n* ultraviolet spectrum
Ultraviolettstrahler *m* ultraviolet lamp
Ultraviolettstrahlung *f* ultraviolet radiation
Ultraviolettstrahlungsmeßgerät *n* ultraviolet radiation measuring instrument
ultrazuverlässig ultrareliable
Umbauzeit *f (App)* modification time
Umbruchfestigkeit *f (Isol)* cantilever strength
Umdrehung *f* revolution, turn, rotation
vollständige U. turnover
Umdrehungen *fpl* **je Minute** revolutions per minute *(technische Kenngröße für Drehzahlen oder Umlauffrequenzen)*
U. je Stunde revolutions per hour *(technische Kenngröße für Drehzahlen oder Umlauffrequenzen)*
Umdrehungsdauer *f* time of revolution
Umdrehungsgeschwindigkeit *f* speed of revolution
Umdrehungsperiode *f* revolution period
Umdrehungspunkt *m* centre of revolution (rotation)
Umdrehungszahl *f* number of revolutions
Umdrehungszähler *m* revolution (speed) counter
Umfang *m* 1. circumference, periphery; 2. dimension; volume; amount; 3. range; coverage
U. des Dynamikbereichs volume-range ratio
Umfangsgeschwindigkeit *f* circumferential velocity, peripheral velocity (speed)
Umfangslinie *f* peripheral line
Umfangsspannung *f* peripheral stress
umfassen / einen Bereich to cover a range
Umfeld *n (Licht)* surround [field] *(z.B. zu einem Vergleichsfeld)*
Umfeldblendung *f* indirect glare
Umfeldhelligkeit *f* surrounding brightness
Umfeldleuchtdichte *f* surroundings luminance
umflechten to braid *(Litze)*
Umflechtung *f* braiding
umformen *(El)* to convert; to transform
den Signalflußplan u. *(Syst)* to rearrange the block diagram
Umformer *m* converter *(z.B. für Energie)*; transducer; transformer
asynchroner U. induction motor-generator
rotierender U. rotary converter
Umformergruppe *f* motor-generator set
Umformung *f (El)* conversion; transformation
algebraische U. *(Syst)* algebraic manipulation
statische U. static conversion
umgeben to surround; to enclose *(einschließen)*
umgebend ambient, surrounding
Umgebung *f* environment, vicinity, surrounding
U. des Koordinatenursprungs environment of origin
elektromagnetische U. electromagnetic environment
staubige U. dusty environment
Umgebungsbedingungen *fpl* ambient (environmental) conditions
Umgebungsbeleuchtung *f* ambient lighting
Umgebungsdruck *m* ambient pressure
Umgebungseinfluß *m* ambient influence
Umgebungsfeld *n* ambient field
Umgebungsfeuchtigkeit *f* ambient (surrounding) humidity
Umgebungsgeräusch *n*, **Umgebungslärm** *m* ambient (environmental) noise
Umgebungslärmpegel *m* ambient [noise] level
Umgebungslicht *n* ambient light
Umgebungsluft *f* ambient (surrounding) air
Umgebungsmedium *n* ambient medium
Umgebungsprüfbedingung *f* environmental test condition
Umgebungsschutz *m* environmental protection
umgebungsstabilisiert environment-stabilized
Umgebungsstrahlung *f* radiation background
Umgebungstemperatur *f* ambient (environmental) temperature
umgehen to circumvent; to bypass
Umgehungsfilter *n* bypass filter
Umgehungsleitung *f* bypass line
Umgehungsschalter *m* shunt switch
Umgehungsschaltung *f* bypass connection
Umgehungssystem *n* bypass system
umgekehrt reverse, inverse; reciprocal
Umgrenzungslinie *f* circumferential (peripheral) line, contour
umgruppieren to regroup *(z.B. Übertragungsglieder)*, to rearrange
Umgruppierung *f* **an der Oberfläche** surface rearrangement
umhüllen to cover, to coat, to sheath; to case, to jacket
Umhüllende *f* envelope *(Kurvenzug)*
umhüllt / mit Isoliermaterial coated with insulating material
Umhüllung *f* covering, coat[ing], sheathing, jacket[ing]; casing, enclosure
halbgeschlossene U. semiprotected enclosure
nichtleitende U. insulating cover
wasserdichte U. waterproof enclosure

Umkapselung *f* canning
Umkehr *f* reversal
Umkehranlasser *m* reversing starter
umkehrbar reversible; invertible
nicht u. irreversible
Umkehrbarkeit *f* reversibility; invertibility
Umkehrbetrieb *m s.* Reversierbetrieb
Umkehreinrichtung *f* reverser
umkehren to reverse, to invert; to return
die Polarität u. to reverse the polarity
Umkehrformel *f* inversion formula
Umkehrfrequenz *f* inversion frequency
Umkehrfunktion *f* inverse function
Umkehrgleichrichter *m* two-way rectifier
Umkehrgruppierung *f (Fmt)* reversed trunking scheme
Umkehrhebel *m* reversing lever
Umkehrintegral *n* inversion integral
Umkehrintegrator *m* inverse integrator
Umkehrkontakt *m* reverse contact
Umkehrkontroller *m* drum[-type] controller *(Elektromotor)*
Umkehrmaschine *f* reversing machine
Umkehrmodulation *f* negative modulation
Umkehrmotor *m* reversible (bidirectional) motor
Umkehrmultiplett *n* inversion multiplet
Umkehrprisma *n* [image] erecting prism, inverting prism
Umkehrpunkt *m* / **thermischer** inversion temperature
Umkehrreaktion *f* reverse reaction
Umkehrschalter *m* reversing switch
Umkehrschaltung *f* reversing circuit
Umkehrspanne *f (Meß)* hysteresis error
Umkehrspannung *f* turnover voltage
Umkehrspiegel *m* reversing mirror
Umkehrstromrichter *m* two-way rectifier
Umkehrstufe *f* inverter stage
Umkehrtaste *f (Fmt)* reversing key
Umkehrtemperatur *f* inversion temperature
Umkehrung *f* reversal, reversion, inversion
U. des Sprachfrequenzbandes speech inversion *(Kodierverfahren)*
U. des Vorzeichens reversal of sign
Umkehrverbindung *f (Fmt)* revertive call
Umkehrverstärker *m* inverting (inverter) amplifier
Umkehrzeit *f* reverse time
umkippen to flip *(Multivibrator)*
umklöppeln to braid *(Litze)*
Umklöppeln *n* braiding
umkodieren *(Rech)* to convert
Umkodierer *m (Rech)* [code] converter
Umkodierung *f (Rech)* code conversion
umkristallisieren to recrystallize
Umkristallisierung *f* recrystallization
Umladung *f (El)* recharge
Umladungsprozeß *m* recharging process
Umlagerung *f* rearrangement *(z. B. von Kristallen)*
innermolekulare U. intramolecular rearrangement
Umlauf *m* rotation; revolution, turn[over]; circulation; *(Rech)* cycle
U. gegen den Uhrzeigersinn counterclockwise rotation
U. im Uhrzeigersinn clockwise rotation
natürlicher U. natural circulation
vollständiger U. complete rotation
Umlaufbahn *f* orbit, trajectory
Umlaufblende *f* rotating[-disk] shutter
Umlaufdauer *f* time of rotation
umlaufen to rotate; to revolve; to circulate
umlaufend rotating, rotary; revolving; [re]circulating, circulatory
Umlauffrequenz *f* rotational frequency; circulation frequency
Umlaufgeschwindigkeit *f* rotation[al] speed; circulation speed, speed of circulation *(z. B. der Kühlflüssigkeit)*; *(Rech)* cycle rate
U. eines Zeichens character cycle rate
Umlaufintegral *n* circulatory (contour) integral, line integral round a circuit
Umlaufkühlung *f* closed-circuit cooling (ventilation)
Umlaufpeiler *m* rotating aerial direction finder
Umlaufpotentiometer *n* rotating potentiometer
Umlaufpumpe *f* circulation pump
Umlaufrichtung *f* direction of rotation; circulation direction
Umlaufschmierung *f* circulation lubrication
Umlaufspeicher *m (Rech)* circulating memory (store)
Umlaufunterbrecher *m* rotation interrupter
Umlaufvakuumpumpe *f* rotary vacuum pump
Umlaufverteiler *m (Fmt)* rotary-type distributor
Umlaufweg *m* path encircling *(Feldberechnung)*
U. um eine Masche path round a mesh
U. um eine Schleife path around the loop
Umlaufzahl *f* number of revolutions
Umlaufzähler *m (Rech)* cycle counter
Umlaufzeit *f* rotation (turn-around) time; circulation time
umlegen *(Fmt)* to transfer *(ein Gespräch)*
eine Verbindung u. to transfer a connection
einen Anruf auf einen anderen Apparat u. to transfer a call to another number
Umlegen *n* **auf Prüfeinrichtung** *(Fmt)* plugging-up
Umlegungszeichen *n (Fmt)* transfer signal
umleiten to bypass
Umleitung *f* bypass, by-pass; *(Fmt)* alternative routing *(Verkehr)*
Umleitungsventil *n* bypass valve
Umleitungswähler *m (Fmt)* director selector

Umlenkkasten *m* turn-back box
Umlenkrolle *f* idler (idle) pulley, idler
Umlenkspiegel *m* 1. *(Laser)* deflecting reflector, deviating mirror; 2. passive (plane) reflector *(Antennentechnik)*
Umlöten *n* changing of soldering connections
Umluftheizung *f* heating by circulating air
Ummagnetisierung *f* remagnetization, magnetic reversal, reversal of magnetism; cyclic magnetization
Ummagnetisierungsarbeit *f* [magnetic] hysteresis energy
Ummagnetisierungsverlust *m* [magnetic] hysteresis loss
Ummagnetisierungszeit *f* remagnetization time
ummanteln to jacket, to sheath *(z. B. Kabel)*; to [metal-]clad (*s. a.* umhüllen)
Ummantelung *f* jacketing, sheathing; cladding *(Metall)*; jacket, envelope, enclosure (*s. a.* Umhüllung)
umordnen to rearrange
Umordnung *f* rearrangement
Umorientierung *f* reorientation
U-MOSFET *s.* U-Graben-MOS-Transistor
umpolen to change (reverse) the polarity; to commutate
Umpolen *n* pole changing, reversal of poles *(Polumschaltung)*
Umpolung *f* 1. pole changing, change (alternation) of polarity, polarity reversal *(Polwechsel)*; 2. *s.* Umpolen
Umpolungsschalter *m* pole changing switch, polarity reversing switch
Umpolungsspannung *f* turnover voltage
umrechenbar convertible
umrechnen to convert; *(Fmt)* to translate
auf Normalbedingungen u. to correct to standard [atmospheric] conditions
Umrechner *m (Fmt)* translator, translating equipment; coder; decoder
Umrechnerzählwerk *n (Fmt)* director meter
Umrechnung *f* conversion; *(Fmt)* translation
Umrechnungsfaktor *m* conversion factor
Umrechnungskonstante *f* conversion constant
Umrechnungstabelle *f* conversion table
Umrichter *m* converter, inverter; frequency changer (converter)
Umrißbeleuchtung *f* outline lighting
Umrüststecker *m* convertible connector
Umrüststeckverbinder *m* convertible connector
Umsatz *m* conversion *(z. B. Energieumsatz)*
umschaltbar switchable
Umschaltdauer *f* switching period *(z. B. eines Zweipunktgliedes)*
Umschaltdoppelkontakt *m* twin change-over contact
Umschalteinheit *f* switchboard unit; change-over unit
Umschaltekontakt *m s.* Umschaltkontakt
umschalten to switch over; to change over; to commutate *(Stromwendung)*; to reverse
Umschalten *n* **der Kerne** *(Rech)* core switching
Umschalter *m* change-over switch, double-throw switch (circuit breaker); two-way switch *(für zwei Stromkreise)*; selector switch
einpoliger U. single-pole double-throw switch
elektronischer U. electronic commutator
zweipoliger U. double-pole double-throw switch, double-pole two-way switch
Umschaltfeld *n* / **automatisches** automatic change-over panel
Umschalthebel *m* change lever *(eines Schalters)*
Umschaltklinke *f (Fmt)* transfer jack
Umschaltkontakt *m* change-over contact [element], double-throw contact, transfer (two-way) contact
U. mit neutraler Stellung two-way contact with neutral position
U. mit Unterbrechung *(App)* break-before-make contact; two-way break-before-make contact *(Relais)*
dreipoliger U. three-pole change-over contact
einpoliger U. single-pole change-over contact
unterbrechungsloser U. two-way make-before-break contact *(Relais)*
Umschaltpause *f* switch interval
Umschaltperiode *f* reversing cycle
Umschaltpunkt *m (Syst)* switch point *(z. B. auf Kennlinien)*
Umschaltrelais *n* switching (change-over) relay
Umschaltscheibe *f* shift disk *(bei Schaltgeräten)*
Umschaltschrank *m (Fmt)* local battery switchboard
Umschaltschütz *n* change-over contactor
Umschalttaste *f* shift key *(bei Schaltgeräten)*
Umschaltung *f* switching; change-over, changing-over; commutation *(Stromwendung)*
U. auf Bescheiddienst *(Fmt)* intercepting
U. auf Ersatzstromversorgung *(Fmt)* change-over to standby power supply
automatische U. automatic change-over
Umschaltungsfolge *f* switching (change-over) sequence *(z. B. bei einem Zweipunktglied)*
Umschaltventil *n* switching valve
Umschaltvorrichtung *f* change-over facility
Umschaltwalze *f* reversing switch drum
Umschaltzeichen *n* commutation signal
Umschaltzeit *f* switching (change-over) time

U. in Flächendioden switching time in junction diodes
Umschaltzeitkonstante *f* reverse time constant
Umschlag *m* [sudden] change
Umschlagfarbe *f* changing colour *(Temperaturmessung)*
Umschlagpunkt *m* transition point *(Kennlinie)*
Umschlagrelais *n* throw-over relay
Umschlagzeit *f* transit time *(z. B. eines Relais)*
umschmelzen to remelt, to re-fuse
Umschmelzen *n* repeated melting
Umschmelzverfahren *n* remelting process
umschneiden to dub, to rerecord *(Magnettonband)*
Umschnitt *m* dubbing, rerecording *(Magnettonband)*
umschreiben *(Rech)* to transcribe, to copy
Umschreiben *n* **von Daten** *(Rech)* transcription of data
Umschreiber *m (Rech)* transcriber
umsetzen to convert; to transform; to translate *(z. B. Daten)*; to transpose *(Telegrafie)*
digital u. to digitize
elektrische Energie nutzlos in Wärme u. to waste watts (power)
in Energie u. to convert into power
Sonnenstrahlung in elektrische Leistung u. to convert solar radiation into electrical power
Umsetzer *m (El)* converter [unit]; transformer; *(Rech, Fmt)* converter, translator; coder
logarithmischer U. logarithmic converter
optischer U. optical converter
Umsetzereinheit *f* conversion unit
Umsetzereinrichtung *f (Fmt)* translating (modulating) equipment
Umsetzung *f* conversion; transformation; *(Rech, Fmt)* translation
U. von Wärme in elektrische Energie heat-electric energy conversion
Umsetzungseinrichtung *f* transductor
Umsetzungsverlust *m (Rech, Fmt)* translation loss
umspannen to transform
Umspanner *m* transformer
Umspannerverluste *mpl* transformer losses
Umspannung *f* transformation
Umspannungsverhältnis *n* transformation ratio
Umspannwerk *n* [electric] power substation, transformer (transforming) station
automatisches U. automatic substation
bedienungsloses U. unattended substation
ferngesteuertes U. remote-controlled substation

umspeichern *(Rech)* to dump, to exchange *(Informationen)*
Daten u. to exchange data
Umspeicherung *f (Rech)* exchange
umspielen to dub, to rerecord *(Magnettonband)*
umspinnen to braid *(Litze)*
Umspinnung *f* braiding, covering
umsponnen / mit Baumwolle cotton-covered *(Draht)*
Umspringen *n* mode shift *(Magnetron)*
umspulen to rewind
Umspulen *n* rewind[ing]
Umspuler *m* rewinder
Umspulzeit *f* rewind time
Umstellung *f* change-over; conversion
U. auf automatischen Fernsprechbetrieb conversion to automatic telephone working
U. eines Amtes auf Wählbetrieb *(Fmt)* conversion of an exchange to dial working
umsteuerbar reversible
Umsteuerbarkeit *f* reversibility
Umsteuergröße *f (Rech)* modifier
Umsteuergruppenwähler *m (Fmt)* routing group selector
Umsteuerhebel *m* reversing lever
umsteuern to reverse
Umsteuerung *f* reversal, reversion *(der Drehrichtung)*
Umsteuerungshebel *m* reversing lever
Umsteuerwähler *m (Fmt)* routing selector
U. mit Mitlaufwerk discriminating selector repeater
umströmen to circumflow
umtasten to shift
umtelegrafieren to retransmit
Umtelegrafieren *n* retransmission
Umverteilung *f* redistribution
Umwälzpumpe *f* recirculation (circulating) pump
Umwälzung *f* circulation
umwandelbar convertible
nicht u. non-convertible
umwandeln to convert, to change; to transform; to translate *(Informationen)*
Daten u. to convert data
Elektrizität in Wärme u. to convert electricity to heat
in ein Signal u. to convert into a signal
in Rechteckwellen u. to square
irreversibel u. to convert irreversibly
wieder u. to reconvert
Umwandler *m* converter [unit]
Umwandlung *f* conversion; transformation; translation *(von Informationen)*; change
U. eines Schlüssels in eine Adresse *(Rech)* key-to-address transformation
U. von Elektrizität in Wärme conversion of electricity into heat

innere U. internal conversion
statische U. static conversion
Umwandlungsgeschwindigkeit *f* conversion speed (rate)
Umwandlungskoeffizient *m* conversion factor
Umwandlungsleistung *f* conversion power
Umwandlungslinie *f* conversion line
Umwandlungsprogramm *n (Rech)* conversion (change) program
Umwandlungspunkt *m* transformation point (temperature), transition point (temperature)
magnetischer U. magnetic transition point
Umwandlungstemperatur *f s.* Umwandlungspunkt
Umwandlungsverlust *m* conversion loss *(bei Energieumwandlungsprozessen)*
Umwandlungswärme *f* heat of transformation (transition)
Umwandlungswirkungsgrad *m* conversion efficiency
Umwandlungszeit *f (Rech)* conversion time
Umwegecho *n (FO)* mirror (multiple) reflection echo
Umwegleitung *f* phasing line *(Antenne)*
λ/2-Umwegleitung *f* [half-wave] balun *(Antenne)*
Umweglenkung *f*, **Umwegverkehr** *m (Fmt)* alternate (alternative) routing, rerouting
Umweltbedingungen *fpl* environmental conditions
Umwelteinfluß *m* environmental influence (effect)
Umwelteinflußprüfung *f* environmental test
umwenden to turn [over]
Umwerter *m (Fmt)* director, translator
U. zur Leitweg- und Zonenbestimmung translator for route and zone determination
Umwertung *f (Fmt)* translation
umwickeln 1. to wrap around; 2. to rewind *(neu wickeln)*
mit Band u. to tape
Umwickler *m* rewinder
Umwicklung *f* 1. wrapping; covering; 2. rewinding
UMZ-Relais *n (App)* independent (constant) time element, independent (definite) time-lag relay *(Spannungsmeldezeitrelais)*
unabgeglichen unbalanced, out-of-balance *(z. B. eine Brücke)*
unabgeschirmt unshielded, unscreened
unabgestimmt untuned
unabhängig independent; self-contained; *(Rech)* off-line
linear u. linearly independent
stochastisch u. statistically independent
Unausgeglichenheit *f* unbalance
unaustauschbar non-interchangeable
Unauswechselbarkeit *f* non-interchangeability
unbeansprucht unloaded *(mechanisch)*
unbeeinflußt unaffected
unbegrenzt unbounded; unlimited; infinite
Unbehaglichkeitsschwelle *f* threshold of discomfort
unbelastet non-loaded, unloaded, off-load
unbelichtet unexposed
unbeschädigt undamaged
unbeschichtet uncoated
unbeschleunigt non-accelerated
unbesetzt vacant *(z. B. Gitterplatz)*; unoccupied, unfilled *(z. B. Energieniveau)*; *(Fmt)* clear, free, disengaged, idle
unbespult non-loaded
unbeständig instable, unstable, unsteady
Unbeständigkeit *f* instability
unbestimmt undeterminate; uncertain
statisch u. statically indeterminate
Unbestimmtheit *f* indeterminacy; uncertainty
Unbestimmtheitsprinzip *n* uncertainty principle
unbestrahlt unirradiated
unbeweglich immobile, motionless; stationary
unbewehrt unarmoured, non-armoured *(z. B. Kabel)*
unbunt achromatic *(im farbmetrisch vereinbarten Sinne)*
Unbuntbereich *m* achromatic region
Unbuntempfindung *f* achromatic sensation
Unbuntpunkt *m* achromatic point
UND *n* AND *(Schaltalgebra)*
logisches U. AND operator
verdrahtetes U. wired AND
undeutlich indistinct, blurred; illegible unreadable; *(Nrt)* inarticulate, unintelligible
UND-Funktion *f* AND function
UND-Gatter *n* AND gate
invertiertes U. AND-NOT gate
UND-Glied *n* AND element
undicht leaky; porous ● **u. sein** to leak
Undichtheit *f*, **Undichtigkeit** *f* leakiness
Undichtigkeitsgrad *m* leak rate; degree of porosity
undissoziiert undissociated
UND-NICHT-Gatter *n* AND-NOT gate
UND-NICHT-Schaltung *f*, **UND-NICHT-Tor** *n* AND-NOT gate, inhibitory gate, inhibiting circuit
UND-ODER-Schaltung *f* AND-OR circuit
UND-Operation *f* / **negierte** NAND operation
UND-Operator *m* AND operator
undotiert undoped
UND-Schaltung *f* AND (coincidence) circuit
UND-Tor *n* AND gate

Undulator *m (Fmt)* undulator
undurchdringbar, undurchdringlich impermeable, impervious, impenetrable, proof
Undurchdringlichkeit *f* impermeability, imperviousness
undurchlässig impermeable, impenetrable, impervious; tight; *(Licht)* opaque
u. für Röntgenstrahlen opaque to X-rays, radiopaque
u. für Wärme[strahlung] athermanous, adiathermic, heat-tight
Undurchlässigkeit *f* impermeability, impenetrability, imperviousness; tightness; *(Licht)* opacity
undurchsichtig opaque
Undurchsichtigkeit *f* opacity, opaqueness
uneingeschränkt unconditional *(z. B. Gültigkeit eines Kriteriums)*
unempfindlich insensitive; robust *(z. B. Gerätekonstruktion)*
u. gegen Schwingungen insensitive to vibration
Unempfindlichkeit *f* insensitiveness, insensitivity; immunity *(z. B. gegen Störungen)*; robustness
Unempfindlichkeitszone *f (Syst)* dead zone (band) *(z. B. in Kennlinien)*
unendlich infinite ● **u. werden** to approach infinity
Unendlicheinstellung *f* infinity adjustment
Unendlichkeit *f* infinity
unentwickelt undeveloped
unerwünscht unwanted; spurious; parasitic
Unfall *m* accident
Unfallbericht *m* accident report
Unfallgefahr *f* accident hazard
unfallsicher accident-proof
ungedämpft undamped, non-damped, non-attenuated
ungeerdet non-earthed, unearthed, floating *(ohne Erdpotential)*; *(Am)* ungrounded
ungefiltert unfiltered
ungeglättet unsmoothed
ungehindert free
ungekühlt uncooled
ungeladen uncharged, neutral
Ungenauigkeit *f* inaccuracy
Ungenauigkeitswinkel *m (FO)* bad-bearing area (sector)
ungeordnet disordered, disarranged *(z. B. Kristall)*; random
ungepaart unpaired
ungerade odd, uneven
Ungerade-gerade-Prüfung *f (Rech)* odd-even check
ungeradzahlig odd-numbered
ungeregelt uncontrolled
ungerichtet non-directional, undirectional, omnidirectional; scalar *(Mathematik)*
ungesättigt unsaturated, non-saturated
ungeschaltet *(Laser)* non-Q-switched
ungeschützt unguarded, non-protected; bare *(z. B. Draht)*; open-type *(Gerät)*
ungesichert 1. uncoded *(Nachricht)*; 2. unfused
ungesteuert uncontrolled
ungestört undisturbed; undistorted *(z. B. Kristallgitter)*
ungestreut unscattered
ungleich unequal
ungleichartig heterogeneous, inhomogeneous
ungleichförmig non-uniform, discontinuous; non-steady
Ungleichförmigkeit *f* non-uniformity, discontinuity; notching ratio *(beim Anfahren über stufenweise Spannungsänderung)*
U. des Wellenwiderstands impedance irregularity
Ungleichheit *f* inequality; diversity; disparity *(Pulskodemodulation)*
ungleichmäßig uneven; non-uniform
Ungleichmäßigkeit *f* unevenness; non-uniformity
Ungleichung *f* inequality *(Mathematik)*
ungültig non-valid, invalid ● **u. machen** to nullify; to cancel
unharmonisch anharmonic, unharmonious; *(Ak)* discordant
unhörbar inaudible
Unhörbarkeit *f* inaudibility
Unijunction-Transistor *m* unijunction transistor, double-base diode
unipolar unipolar, monopolar; homopolar
Unipolarfeldeffekttransistor *m* unipolar field effect transistor
Unipolargenerator *m* unipolar (homopolar) generator
Unipolarität *f* unipolarity
Unipolarmaschine *f* unipolar (homopolar) machine, acyclic machine
Unipolarsystem *n* monopolar system
Unipolartransistor *m* unipolar transistor *(Feldeffekttransistor)*
unisoliert uninsulated
UNIVAC *s.* Rechner / universeller automatischer
Universalgestell *n (Fmt)* miscellaneous apparatus rack
Universalmaschine *f* general-purpose machine
Universalmeßbrücke *f* universal bridge
Universalmeßgerät *n*, **Universalmeßinstrument** *n* universal [measuring] instrument, multipurpose [measuring] instrument, multipurpose (universal) meter, multimeter
Universalmotor *m* universal motor
Universalrechner *m* general-purpose computer, universal (multipurpose) computer, main frame
Universalschalter *m* general-use switch

Universalschweißmaschine *f* universal welding machine
Universalsicherungshalter *m* universal fuse link
Universalverstärker *m* universal amplifier
Univibrator *m* univibrator, monostable (one-shot) multivibrator, monoflop
Univibratorkippschaltung *f* single-shot trigger circuit
unklar confused; blurred *(Sprache)*
Unklarheit *f* obscurity
unkompensiert unbalanced, uncompensated
unlesbar, unleserlich unreadable, illegible
unmagnetisch non-magnetic; unmagnetized
unmaskiert unmasked
unmoduliert unmodulated
unpaarig unpaired
unperiodisch non-periodic
unplattiert unplated; unclad
unpolarisierbar non-polarizable
unpolarisiert non-polarized, unpolarized
unregelmäßig irregular; erratic *(Bewegung)*
Unregelmäßigkeit *f* irregularity
unrein impure; *(Ak)* out-of-tune
Unrichtigkeit *f* **eines Meßmittels** bias error, total systematic error
Unruhe *f* **der Tachometeranzeige** tachometer ripple *(Störgröße)*
unrund non-circular, out-of-round, out-of-truth
Unrundheit *f* non-circularity, out-of-roundness
U. des Strahlungsdiagramms circularity ratio *(Antenne)*
unscharf unsharp; blurred *(z.B. Fernsehbild)*; out-of-focus *(Optik)*; broad *(Rundfunk)*
Unschärfe *f* unsharpness; blurring *(z.B. des Fernsehbilds)*; loss (lack) of definition *(Optik)*
Unschärfe[n]kreis *m (Licht)* circle of confusion, confusion disk
Unschärferelation *f* uncertainty principle (relation)
unschmelzbar infusible, non-fusible
unsicher uncertain
Unsicherheit *f* uncertainty
Unsicherheitsfaktor *m* uncertainty factor
unsichtbar invisible
unstabil unstable, astable
thermisch u. thermally unstable
unstetig unsteady, discontinuous
Unstetigkeit *f* unsteadiness, discontinuity
Unstetigkeitsstelle *f* [point of] discontinuity *(Mikrowellentechnik)*
Unsymmetrie *f* asymmetry, dissymmetry; unbalance *(in Gegentaktverstärkern)*
Unsymmetrien *fpl* / **gleichzeitige** simultaneous unbalances
Unsymmetriespannung *f* asymmetric voltage
unsymmetrisch asymmetric[al], unsymmetric[al], non-symmetrical; unbalanced
Unterabteilung *f* subgroup
Unteramt *n (Fmt)* subexchange, subcentre, satellite (minor) exchange, dependent station
Unterätzeffekt *m* undercutting effect *(Leiterplattenherstellung)*
unterätzen to undercut
Unterätzung *f* undercut
Unterbelag *m* bottom plate *(eines Dünnschichtkondensators)*
unterbelastet underload; underrun
Unterbelastung *f* underload[ing]
unterbelichten to underexpose
Unterbelichtung *f* underexposure
Unterbereich *m* 1. *(Meß)* subrange; 2. Laplace domain, S plane *(Laplace-Transformation)*
unterbrechen to interrupt, to disconnect; to break; to open; to cut off *(Stromversorgung)*; *(Rech)* to halt *(Programm)*
ein Gespräch u. to intercept a conversation
eine Leitung u. to break a line
einen Stromkreis u. to break a circuit
zeitweilig u. to intermit
Unterbrecher *m* interrupter, disconnector; [circuit] breaker; contact breaker; cut-out
elektrolytischer U. electrolytic interrupter
magnetischer U. magnetic contactor
selbsttätiger U. automatic breaker
umlaufender U. rotary interrupter
Unterbrecherfeder *f* breaker spring
Unterbrecherfunke *m* interrupter spark
Unterbrecherkontakt *m* interrupter (interrupting) contact, break[ing] contact
Unterbrechermesser *n* interrupter blade
Unterbrechernocken *m* interrupter cam
Unterbrecherschalter *m s.* Unterbrechungsschalter
Unterbrecherscheibe *f* interrupter disk (wheel)
Unterbrecherspule *f* trip coil
Unterbrecherwelle *f* interrupter shaft
Unterbrechung *f* interruption, disconnection; break[ing] *(Kontakt)*; cut-out, cut-off; *(Rech)* interrupt; *(Nrt)* spacing *(Trennzeit)* ● **mit U. [auftretend]** intermittent
U. des Ausgangskreises direct-current interruption *(Gleichrichterinstrument)*
gerichtete U. *(Rech)* vectored interrupt
längere U. sustained interruption
langsame U. slow interruption
maskierbare U. *(Rech)* maskable interrupt
nichtmaskierbare U. *(Rech)* non-maskable interrupt
plötzliche U. sudden interruption
selbsttätige U. automatic interruption
zeitweilige U. intermittent disconnection

Unterbrechungsanforderung *f (Rech)* interrupt request
Unterbrechungsfunke *m* break spark
Unterbrechungsklinke *f* break jack
Unterbrechungsleitung *f (Rech)* interrupt line
Unterbrechungslichtbogen *m* interruption arc
Unterbrechungsmöglichkeit *f (Rech)* interrupt facility
Unterbrechungsprogramm *n (Rech)* interrupt program, interrupt (service) routine
Unterbrechungsrelais *n* interruption relay
Unterbrechungsschalter *m* break switch; interrupter switch
Unterbrechungssteuerung *f (Rech)* interrupt control
Unterbrechungstaste *f* break key; *(Fmt)* interruption (cut-off) key
Unterbrechungsventil *n* interceptor valve
unterbringen to accommodate; to place
unterbrochen interrupted, intermittent; discontinuous; chopped-up *(Übertragung)*
Unterdämpfung *f* underdamping
Unterdruck *m* diminished pressure, partial vacuum
unterdrücken to suppress; to damp out *(Schwingungen)*
Unterdrückerkreis *m* squelch circuit
Unterdrückung *f* suppression
U. der Konvektion inhibition of convection
U. des Seitenbandes sideband suppression
U. von Eigenschwingungen *(Syst)* self-oscillation elimination, suppression (quenching) of self-oscillations
U. von Funkstörungen radio interference control
U. von Wählimpulsen *(Fmt)* digit absorption
asynchrone U. asynchronous quenching *(in nichtlinearen Systemen)*
Unterdrückungsfaktor *m* rejection factor *(Maß für die Gleichtaktunterdrückung in Gegentaktmeßverstärkern)*; *(Fmt)* cancellation ratio
Unterdrückungsschaltung *f* squelch circuit
Untereinheit *f* subassembly *(Baueinheit)*
untererregt underexcited
Untererregungsschutz *m* underexcitation protection
Unterflurfeuer *n* [runway] flush-marker light *(Luftfahrt)*
Unterflurkontakt *m* underground contactor *(Kabel)*
Unterfrequenzrelais *n* underfrequency relay
Unterfrequenzschutz *m* underfrequency protection
Unterführungsleuchte *f* underpass fitting
Untergalvanisierung *f* strike deposit
untergebracht / in Gestellen bay-mounted
Untergitter *n* sublattice
Untergrenze *f* lower limit
Untergrund *m* background
störender U. interfering background
Untergrundbeleuchtung *f* background lighting (illumination), back-lighting
Untergrundhelligkeit *f* background brightness
Untergrundrauschen *n* background noise
Untergrundstrahlung *f* background radiation
Untergrundterm *m* background term
Untergruppe *f* subgroup, subassembly
unterhalten to maintain; to service
Unterhaltung *f* maintenance *(z. B. von Anlagen)*
laufende (regelmäßige) U. routine maintenance
Unterhaltungselektronik *f* entertainment (consumer) electronics
Unterhaltungsgebühren *fpl* maintenance charges
Unterhaltungskosten *pl* maintenance cost
Unterimpedanz *f* underimpedance
Unterimpedanzanregungsrelais *n* underimpedance starting relay
unterirdisch underground
Unterkanal *m* lower canal *(Kraftwerk)*
Unterkompoundierung *f* undercompounding
Unterkorrosion *f* underfilm corrosion *(z. B. unter galvanischen Überzügen)*
Unterkreuzung *f (Halbl)* cross-under
unterkühlen to supercool, to subcool, to undercool
Unterkühler *m* subcooler, undercooler
Unterkühlung *f* supercooling, subcooling, undercooling
Unterkupferung *f* copper undercoating, pre-copper plating *(Leiterplattenherstellung)*
Unterlage *f* 1. base, support; substrate; 2. low layer, low[er] coil side *(Wicklung, Spule)*
federnde U. elastic foundation
polykristalline U. *(Galv)* polycrystalline substrate
Unterlagen *fpl* / **technische** engineering data
Unterlager *n* **des Zählers** meter bottom bearing
Unterlagerungsfernwahl *f (Fmt)* low-frequency dialling
Unterlagerungsfrequenz *f* subaudio frequency
Unterlagerungstelegrafie *f* subaudio telegraphy, superacoustic (infra-acoustic) telegraphy
Unterlast *f* underload
Unterlastausschalter *m* underload circuit breaker

Unterlastrelais *n* underpower relay
Unterlaststufenschalter *m* underload tap changer
Unterlastung *f* derating
Unterlastungsfaktor *m* derating factor
Unterlastungskurve *f* derating curve
Untermenge *f* subset
Untermodulation *f* undermodulation
Unterniveau *n* sublevel
unternormal substandard
Unternormalbrechung *f (Nrt)* subrefraction, substandard refraction
unteroxydiert underoxidized
Unterprogramm *n (Rech)* subroutine, subprogram
U. bei Unterbrechung interrupt (service) routine
U. für elementare Funktion elementary function subroutine
U. für logische Operation logical subroutine
U. für mathematische Funktionen mathematical function subroutine
U. zur Dezimal-Binär-Umsetzung decimal-to-binary conversion subroutine
dynamisches U. dynamic subroutine
geschlossenes U. closed subroutine
logisches U. logical subroutine
offenes U. open (in-line) subroutine
zusammenhängendes U. linked subroutine
Unterprogrammaufruf *m (Rech)* subroutine call
Unterprogrammbibliothek *f (Rech)* subroutine library, library of subroutines
Unterputzanlage *f* buried installation
Unterputzdose *f* flush device box
Unterputzschalter *m* flush (recessed) switch
einpoliger U. single-pole flush switch
Unterputzschalterplatte *f* flush plate
Unterputzverlegung *f* buried (concealed) wiring
Unterraum *m* subspace
Unterrichtsprogramme *npl (Rech)* teachware
Untersatz *m* pedestal; [console] base, support
Unterschallfrequenz *f* subsonic frequency
Unterschallgeschwindigkeit *f* subsonic speed (velocity)
unterscheidbar distinguishable, discernible
nicht u. indistinguishable
unterscheiden to distinguish, to discriminate; to differentiate
Unterscheidung *f* discrimination; differentiation
Unterscheidungsimpuls *m s.* Kennpuls
Unterscheidungsschwelle *f* discrimination threshold
Unterscheidungston *m* discriminating tone
Unterscheidungsvermögen *n* discrimination *(Frequenzmodulation)*
Unterschicht *f* 1. *(Isol)* back-up material; 2. *s.* Unterlage 2.
Unterschiedsempfindungsgeschwindigkeit *f* speed of contrast perception
Unterschiedsschwelle *f* discrimination (difference, differential) threshold
Unterschuß *m* deficiency
Unterschwingen *n* undershoot
Unterschwingung *f* / **harmonische** subharmonic
Unterseekabel *n* submarine (ocean) cable
Unterseeleitung *f* submarine line
Unterseeverstärker *m (Fmt)* submerged repeater
Untersetzer *m* scaler
Untersetzereinheit *f* scaling unit
Untersetzerschaltung *f* scaling circuit, scaler
Untersetzerstufe *f* scaling stage
U. 4:1 count-by-four circuit
Untersetzung *f* 1. scaling; 2. [gear] reduction; reduction gear *(Getriebe)*
Untersetzungsfaktor *m* scaling factor
Untersetzungsgetriebe *n* reduction gear[ing]
Untersetzungsverhältnis *n* step-down ratio *(Transformator);* reduction ratio *(Getriebe)*
Unterspannung *f* undervoltage
Unterspannungsauslöser *m* undervoltage trip (release)
Unterspannungsauslösung *f* undervoltage release (tripping), low-voltage release
Unterspannungsrelais *n* undervoltage (low-voltage, minimum voltage) relay
Unterspannungsschalter *m* undervoltage circuit breaker
Unterspannungsschutz *m* undervoltage protection
Unterspannungsschütz *n* undervoltage contactor, minimum cut-out
Unterspannungszeitschutz *m* time undervoltage protection
Unterstation *f* [distribution] substation *(Umspannstation)*
Unterstromauslösung *f* undercurrent release
Unterstromausschalter *m* undercurrent circuit breaker
Unterstromrelais *n* undercurrent (underload) relay
Unterstromschalter *m* undercurrent circuit breaker
Unterstromschutz *m* undercurrent protection
untersuchen to investigate, to examine, to analyze; to test
auf Stabilität u. *(Syst)* to check for stability
mit Sonden u. to probe
Untersuchung *f* investigation, examination; inspection; analysis; test

untersynchron subsynchronous
Untersystem *n* subsystem
untertauchen to submerge, to immerse, to dip
Unterteil *n* base; fuse base *(einer Sicherung)*
unterteilen to subdivide; to sectionalize; to split up
in mehrere Kanäle u. to multiplex *(Übertragungskanal)*
in Module u. to modularize
unterteilt / gleich evenly divided
Unterteilung *f* subdivision; sectionalization
untertonfrequent infrasonic, subsonic
Untertonfrequenz *f* subaudio frequency
Untervermittlung *f (Fmt)* subexchange
Unterverteiler *m* subsidiary distribution box; *(Fmt)* secondary cross-connection point
Unterverteilerstation *f* [electric] power substation
Unterverteilungsstelle *f* subsidiary distribution point
Unterverzweiger *m (Fmt)* subcabinet
Unterwasseranstrahlung *f* underwater [flood-]lighting
Unterwasserbecken *n* tailwater pond *(Kraftwerk)*
Unterwasserfernsehen *n* underwater television
Unterwasserfernsehkamera *f* underwater television camera
Unterwassergraben *m* tailrace *(Kraftwerk)*
Unterwasserkabel *n* submarine (ocean) cable
Unterwassermikrofon *n* hydrophone
Unterwasserortung *f* underwater echo ranging
Unterwasserortungsgerät *n* sonar
Unterwasserschall *m* underwater sound
Unterwasserschallempfänger *m* sonar receiver (detector)
Unterwasserschallsender *m* sonar transmitter, underwater sound transmitter (projector)
Unterwasserschallzeichen *n* submarine sound signal
Unterwasserverstärker *m (Fmt)* submerged repeater
Unterwegsverstärker *m (Fmt)* wayside repeater station
Unterwerk *n* substation
automatisches U. automatic substation
bedienungsloses U. unattended substation
fahrbares U. mobile substation
ferngesteuertes U. remote-controlled substation
untrennbar inseparable; undetachable
ununterbrochen uninterrupted; continuous, steady-state
ununterscheidbar indistinguishable
unveränderlich invariable, constant; fixed, stable
zeitlich u. time-invariant
unverändert unchanged, unaltered
unvereinbar incompatible
unverlötet solderless
unverschlüsselt plain *(Telegramm)*; *(Rech)* absolute *(Programmierung)*
unverständlich unintelligible ● **u. machen** to obscure
Unverständlichkeit *f (Nrt)* unintelligibility
unverstärkt unamplified
unverstellbar non-adjustable
unvertauschbar non-interchangeable
unverträglich incompatible
unverwechselbar non-interchangeable; non-reversible *(z. B. Steckvorrichtung)*
unverzerrt undistorted, distortionless
unverzinkt ungalvanized
unverzögert undelayed, instantaneously operating
unverzweigt unbranched, non-branched
unvollständig incomplete, imperfect
unwirksam ineffective; inactive
Unwucht *f* unbalance, out-of-balance
unzerlegt undispersed *(Licht)*
unzerstörbar indestructible
unzugänglich inaccessible
Unzustellbarkeitsmeldung *f (Fmt)* advice of non-delivery
Unzuverlässigkeit *f* unreliability
Urband *n* master tape *(Studiotechnik)*
Ureichkreis *m* **für die Bestimmung der Bezugsdämpfung / neuer** *(Fmt)* new fundamental system for the determination of reference equivalents, NOSFER
Urlader *m (Rech)* bootstrap (initial program) loader *(Ladeprogramm)*
Urmodell *n* master form *(Elektrotypie)*
ursamat-System *n Bezeichnung für ein in der DDR entwickeltes universelles System von Geräten und Einrichtungen für die Regelung und Steuerung technologischer Prozesse*
Urspannung *f* **im Querkreis** quadrature-axis electromotive force
elektrische U. electromotive force, internal voltage
magnetische U. magnetomotive force
Urspannungsquelle *f* voltage generator
Ursprung *m* 1. origin; 2. source *(Spannungsquelle)*
Ursprungsfunkstelle *f* station of origin
Ursprungspunkt *m* point of origin
Ursprungsvermittlungsstelle *f (Fmt)* originating exchange
Urstromquelle *f* current generator
Urtyp *m* prototype
UT *s.* Unterlagerungstelegrafie
ÜT *s.* Überlagerungstelegrafie
UV-... *s.* Ultraviolett...
Uviolglas *n* uviol glass

Ü-Wagen *m s.* Übertragungswagen

V

V *s.* Volt
VA *s.* Voltampere
Vakuum *n* vacuum
  aufrechterhaltenes V. maintained vacuum
  echtes V. real vacuum
  niedriges V. low vacuum
Vakuumablagerung *f* vacuum deposition
Vakuumableiter *m* vacuum arrester
Vakuumanlage *f* vacuum plant (system); evacuating equipment
Vakuumaufdampfung *f s.* Vakuumbedampfung
vakuumbedampft vacuum-deposited, vacuum-evaporated
Vakuumbedampfung *f* vacuum deposition (evaporation, metallizing)
Vakuumbedampfungsanlage *f* vacuum evaporation (coating) plant
Vakuumbehandlung *f* vacuum treatment, treatment in vacuum
vakuumbeschichtet vacuum-coated
Vakuumblitzableiter *m* vacuum lightning arrester (protector)
vakuumdicht vacuum-tight
Vakuumdichtung *f* vacuum seal
Vakuumdielektrikum *n* vacuum dielectric
Vakuumdruckimprägnierung *f* vacuum pressure impregnation
Vakuumdurchschlag *m* vacuum breakdown
Vakuumeffekt *m* vacuum effect (phenomenon)
Vakuumelektronenkanone *f* vacuum electron gun
Vakuumemissionsfotozelle *f* vacuum photo-emissive tube
Vakuumentgasung *f* vacuum degassing (outgassing)
Vakuumentkopplung *f* vacuum decoupling
Vakuumfenster *n* vacuum window
Vakuumflasche *f* vacuum flask
Vakuumfotoelement *n*, **Vakuumfotozelle** *f* vacuum photocell (phototube)
Vakuumfunken *m* vacuum spark
Vakuumgefäß *n* vacuum tank (flask)
vakuumgeglüht vacuum-annealed
Vakuumgleichrichter *m* vacuum[-tube] rectifier
Vakuumglühlampe *f* vacuum [tungsten-filament] lamp
Vakuumimprägnierung *f* vacuum impregnation (impregnating)
Vakuuminduktionsofen *m* vacuum induction furnace
Vakuumkammer *f* vacuum chamber
Vakuumkapillare *f* vacuum capillary
Vakuumkessel *m* vacuum reservoir
Vakuumkolben *m* vacuum envelope
Vakuumkondensator *m* vacuum capacitor
Vakuumkryostat *m* vacuum cryostat
Vakuumleitung *f* vacuum line
Vakuumlichtbogenofen *m* vacuum arc furnace
  V. mit Abschmelzelektrode consumable-electrode vacuum arc [melting] furnace
Vakuumlichtbogenumschmelzofen *m* vacuum-arc refining furnace
Vakuumlichtgeschwindigkeit *f* velocity of light in vacuo (free space)
Vakuummanometer *n* / **thermoelektrisches** thermocouple vacuum gauge (meter)
Vakuummeßgerät *n s.* Vakuummeter
Vakuummetallbedampfer *m* vacuum metallizer (metallizing machine)
Vakuummetallisierung *f* vacuum metallizing, vacuum coating by evaporation
Vakuummeter *n* vacuum gauge (meter), vacuometer
Vakuumofen *m* / **elektrischer** electric vacuum furnace
Vakuumpermeabilität *f* permeability of vacuum
Vakuumpumpanlage *f* vacuum pump system
Vakuumpumpe *f* vacuum pump
Vakuumrelais *n* vacuum relay
Vakuumröhre *f* vacuum tube (valve)
Vakuumröhrenschaltung *f* vacuum-tube circuit
Vakuumröhrenstabilisator *m* vacuum tube (valve) stabilizer
Vakuumröhrenverstärker *m* vacuum-tube amplifier
Vakuumsaugkopf *m* vacuum chuck
Vakuumschalter *m* vacuum switch (interrupter)
Vakuumschaltlichtbogen *m* vacuum switching arc
Vakuumschlauch *m* vacuum tubing
Vakuumschmelzen *n* vacuum melting
Vakuumschmelzofen *m* vacuum melting furnace
Vakuumspaltung *f* vacuum cleavage
Vakuumspektrograf *m* vacuum spectrograph
Vakuumsystem *n* vacuum system; evacuated system
Vakuumtechnik *f* vacuum engineering
Vakuumtechnologie *f* vacuum technology
Vakuumthermoelement *n* vacuum thermocouple
Vakuumthermosäule *f* vacuum thermopile
Vakuum-Ultraviolett *n* vacuum (extreme) ultraviolet
Vakuum-Ultraviolettlaser *m* vacuum ultraviolet laser
Vakuum-Ultraviolettspektroskopie *f* vacuum ultraviolet spectroscopy

Vakuumumschmelzen *n* vacuum remelting
Vakuumverdampfer *m* vacuum evaporator
Vakuumverdampfungsanlage *f* vacuum evaporation plant
Vakuumverfahren *n* vacuum process
Vakuumverschluß *m* vacuum sealing
Vakuumwärmebehandlung *f* vacuum heat treatment
Vakuumwellenlänge *f* vacuum wavelength
Valenz *f* valence, valency
Valenzband *n* valence band *(Energiebändermodell)*
Valenzbandenergieniveau *n* valence band energy level
Valenzbandkante *f* valence band edge
Valenzband-Leitungsband-Anregung *f* intrinsic excitation
Valenzbandstreuung *f* valence band scattering
Valenzbandstruktur *f* valence band structure
Valenzbandverzerrung *f* valence band distortion
Valenzbandzustand *m* valence band state
Valenzbindung *f* valence bond
Valenzbindungsmethode *f* valence-bond method
Valenzelektron *n* valence (bonding, outer-shell) electron
Valenzelektronenband *n* valence electron band
Valenzfunktion *f* valence orbital
valenzgesättigt valency-saturated
valenzgesteuert valency-controlled *(Reaktion)*
Valenzhalbleiter *m* valence semiconductor
Valenzschale *f* valence shell
Valenzschwingung *f* stretching (valence) vibration
Valenzschwingungsbande *f* stretching band
Valenzschwingungsfrequenz *f* stretching frequency
Valenzstufe *f* valence stage
Valenzwinkel *m* valence angle
Valenzzustand *m* valence state
VA-Meter *n s.* Voltamperemeter
Van-de-Graaff-Beschleuniger *m* van de Graaff accelerator
Van-de-Graaff-Generator *m* van de Graaff generator, [electrostatic] belt generator
V-Antenne *f* vee aerial, V aerial
  senkrechte (umgekehrte) V. inverted-V aerial
Vaporimeter *n* vaporimeter
Var volt-ampere reactive *(Einheit der elektrischen Blindleistung)*
Varaktor *m* varactor, variable-capacitance diode, voltage-variable capacitor diode *(Halbleiterdiode mit spannungsabhängiger Kapazität)*
Varaktordiode *f s.* Varaktor
variabel variable
Variabilität *f* variability
Variable *f* variable
  V. mit Index subscripted variable
  abhängige V. dependent variable
  komplexe V. complex variable
  künstliche V. artificial variable
  linear unabhängige V. linearly independent variable
  stochastische V. random variable
  unabhängige V. independent variable
  zufallsabhängige V. random variable
Variablenprüfung *f* inspection by variables *(Gütekontrolle)*
Variablensubstitution *f* change of the variable
Variablentransformation *f* transformation of variables
Varianz *f* variance *(Statistik)*
Variation *f* variation
  parametrische V. parametric variation
Variationsbedingung *f* variational condition
Variationskoeffizient *m (App)* coefficient of variation
Variationslösung *f* variational solution
Variationsprinzip *n* variational principle
Variationsproblem *n* variational problem *(z. B. bei der Optimierung)*
Variationsrechnung *f* variational calculus, calculus of variations
Variationsverfahren *n* variational method
variierend / mit der Zeit time-varying
Variodenregler *m* variode regulator
Varioilluminator *m* varioilluminator
Variokoppler *m* variocoupler
Variometer *n* variometer, variable (continuously adjustable) inductor, inductometer
  magnetisches V. magnetic variometer
Varioobjektiv *n* [variable-focus] zoom lens *(Objektiv mit veränderlicher Brennweite)*; varifocal lens, [variable-power] zoom lens *(Objektiv mit veränderlicher Vergrößerung)*
Varioplex *m (Fmt)* varioplex
Varistor *m* varistor *(spannungsabhängiger Halbleiterwiderstand)*
Varmeter *n* varmeter, reactive volt-ampere meter
Vaterplatte *f* original master, [metal] master *(Schallplattenmatrize)*
Vektor *m* vector
  V. der Abweichungen *(Syst)* error vector
  V. der elektrischen Feldstärke electric field vector
  V. der Leistungsdichte Poynting['s] vector
  V. der Störgrößen *(Syst)* disturbance[-force] vector
  magnetischer V. magnetic vector
  Poyntingscher V. Poynting['s] vector

umlaufender V. rotating vector
Vektordarstellung *f* vector[ial] representation, vector display
Vektordiagramm *n* vector diagram
Vektorfeld *n* vector field
röhrenförmiges V. tubular vector field
Vektorgenerator *m* vector generator
Vektorgleichung *f* vector equation
Vektorgraf *m* vectorscope unit
Vektorkomponente *f* vector component
Vektoroperator *m* vector operator
Vektorpotential *n* vector potential
Vektorpotentialfeld *n* vector potential field
Vektorprodukt *n* vector (cross, outer) product
Vektorraum *m* vector space
Vektorrichtung *f* vector direction
Vektorschreibweise *f* vector notation
Vektorunterbrechung *f (Rech)* vector interrupt
Vektorzerleger *m* resolver
Velozitron *n* time-of-flight [mass] spectrograph, velocity spectrograph
Ventil *n* 1. valve *(hydraulisch, pneumatisch)*; throttle; 2. *s.* elektrisches V.
V. mit Eisengefäß steel-armour rectifier
V. mit flüssiger Katode pool rectifier
V. mit Stellmotorantrieb servo-operated valve
abgeschmolzenes V. sealed rectifier
druckluftbetätigtes V. air-operated valve
elektrisch betätigtes V. electrically operated valve
elektrisches V. rectifier, electric valve
elektrochemisches (elektrolytisches) V. electrolytic rectifier
elektropneumatisches V. electropneumatic valve
hydraulisches V. hydraulic valve
von Hand einstellbares V. manually operated valve
Ventilableiter *m* valve[-type] arrester, non-linear resistance (resistor-type) arrester
Ventilationsweg *m* ventilating passage
Ventilator *m* blower, [ventilating] fan, ventilator, cooling fan
transportabler V. portable blower
Ventilatorabdeckung *f* fan cover
Ventilatorflügel *m* fan blade (vane)
Ventilatorgehäuse *n* fan housing (casing)
Ventilatorkühler *m* fan cooler
Ventilatormotor *m* fan motor
Ventilatorwind *m* fan blast
Ventilatorwirkung *f* fanning action
Ventileinstellung *f* valve setting; throttle setting
ventilgesteuert valve-controlled
Ventilkegel *m* valve cone
Ventilkennlinie *f* valve characteristic
Ventilklappe *f* flapper
Ventilkolben *m* valve piston
Ventilschieber *m* / **hydraulischer** hydraulic valve piston (actuator)
Ventilstellungsregler *m* valve positioner
Ventilwinkel *m* valve angle
Ventilwirkung *f* valve action
Venturimesser *m* Venturi meter *(Strömungsmesser)*
Venturirohr *n* Venturi tube
veraltet / technisch technically obsolete
veränderlich variable; adjustable
periodisch v. periodic[al]
zeitlich v. time-variable
Veränderliche *f s.* Variable
verändern to vary, to change, to alter
Veränderung *f* variation, change, alternation
Veränderungsgeschwindigkeit *f* rate of change
verankern to anchor; to tie
Verankerung *f* anchorage, bracing
Verankerungsdraht *m* anchoring wire
veranschlagen to rate; to estimate
verarbeiten to process, to work; to handle
Impulse v. to accept pulses
parallel v. to process in parallel
Verarbeitung *f* processing, working; handling
V. großer Informationsmengen *(Rech)* bulk information processing
abschnittweise V. *(Rech)* batch[-bulk] processing
automatische V. automatic processing
blockweise V. *s.* abschnittweise V.
mitlaufende V. *(Rech)* in-line processing
planlose V. *(Rech)* random processing
Verarbeitungseinheit *f* processing unit, processor *(für Daten)*
zentrale V. central processing unit, CPU
Verarbeitungsgerät *n* processor
Verarbeitungsgeschwindigkeit *f* processing speed
Verarbeitungstemperatur *f* processing temperature
verarmen to deplete
Verarmung *f* depletion
V. an Ladungsträgern carrier depletion
Verarmungsbereich *m (Halbl)* depletion (exhaustion) region
Verarmungsbetrieb *m (Halbl)* depletion mode
Verarmungsgebiet *n (Halbl)* depletion region
Verarmungsladung *f (Halbl)* depletion charge
Verarmungs-MISFET *m* depletion MISFET
Verarmungs[rand]schicht *f (Halbl)* depletion region (layer), depletion layer of barrier, exhaustion layer
Verarmungsschichtbreite *f* depletion-layer width
Verarmungszone *f (Halbl)* depletion region (layer)

verästeln to ramify *(z. B. ein Kriechweg auf einer Isolation)*
Verästelung *f* ramification, treeing
Verbacken *n* bonding *(Isolierlack)*
verbessern 1. to improve; 2. to correct
die Übergangsgüte v. *(Syst)* to improve the dynamic response
Verbesserung *f* improvement
verbinden 1. *(El)* to connect *(leitend)*; to interconnect; *(Elk)* to interlink; *(Fmt)* to put through; *(Halbl)* to bond; 2. to link; to couple; to join; 3. *(Chem)* to combine
v. mit to link with
durch Löten v. to solder-bond
durch Schaltdraht v. to jumper
elektrisch leitend v. to bond together
galvanisch v. to connect directly
mit Erde v. to connect to earth
miteinander v. to interconnect, to intercouple
paarweise v. to couple
Verbinden *n* **der Kabeladern** *(Fmt)* cable-conductor splicing
Verbinder *m* connector
elektrischer V. electric connector
innerer V. internal connector
zweipoliger V. twin connector
Verbindung *f* 1. *(El)* connection; interconnection; *(Elk)* interlinking *(z. B. von Systemen)*; *(Halbl)* bonding; 2. linking; coupling; joining; 3. connection; junction; link[age]; join[t]; bond; 4. *(Nrt)* [inter]communication; 5. *(Chem)* combination *(Vorgang)*; compound ● **V. bekommen** *(Fmt)* to get through
V. auf Sicht *(Nrt)* line-of-sight communication
V. durch ein Amt *(Fmt)* connection through an exchange
V. mit Masse mass connection
V. ungenügender Güte *(Fmt)* unsatisfactory call
V. zwischen Ämtern *(Fmt)* interoffice connection
V. zwischen Studio und Sender studio-to-transmitter link
V. zwischen Substraten intersubstrate connection
abgelehnte V. *(Fmt)* refused call
abgelötete V. unsoldered joint
ankommende V. *(Fmt)* incoming (incident) circuit
digitale V. *(Fmt)* digital link
direkte V. *(Fmt)* direct connection
drahtlose V. radio communication
durchkontaktierte V. plated-through interconnection, through-hole plated joint *(Leiterplatten)*
einseitig betriebene V. *(Fmt)* one-way link
einseitige V. *(Nrt)* unilateral connection
elektrische V. connection, electrical joint, contact, junction
flexible V. flexible connection
galvanische V. direct (metallic) connection
gekennzeichnete V. *(Fmt)* flagged call
gewickelte V. wire-wrap connection
gleichrichtende V. rectifying junction
innere V. internal connection
intermetallische V. intermetallic compound
leitungsgebundene V. *(Fmt)* line communication
lötfreie V. solderless connection
metallorganische V. organometallic compound
nicht zustande gekommene V. *(Fmt)* ineffective (uncompleted) call
nichtgelötete V. solderless connection
nichtlösbare V. permanent junction
niederohmige V. low-resistance connection
thermoelektrisch wirkende V. thermojunction
überlagerte V. *(Fmt)* superposed circuit
unausführbare V. *(Fmt)* unobtainable number
unmittelbare V. *(Fmt)* direct [circuit] connection
verzögerte V. *(Fmt)* delayed call
wasserdichte V. watertight joint
wechselseitig betriebene V. *(Fmt)* two-way link
zeitweilige V. *(Fmt)* temporary connection
zugentlastete V. non-tension joint *(z. B. bei Freileitungen)*
zurückgestellte V. *(Fmt)* deferred call
zustande gekommene V. *(Fmt)* effective (completed) call
Verbindungsabbau *m (Fmt)* clearing of a connection
Verbindungsanforderung *f (Fmt)* call request
Verbindungsaufbau *m (Fmt)* trunking scheme
nicht schritthaltender V. common-control switching
schritthaltender V. step-by-step operation, stage-by-stage switching
Verbindungsdose *f* joint box, access fitting
Verbindungsdraht *m* jumper, [inter]connecting wire; *(Halbl)* bonding lead
Verbindungsfeld *n* 1. *(Fmt)* patch[ing] bay; 2. bonding pad *(Mikroelektronik)*
Verbindungsgestell *n (Fmt)* patching bay
Verbindungsglied *n* [connecting] link
Verbindungshalbleiter *m* compound semiconductor
aus zwei Elementen bestehender V. binary compound semiconductor
Verbindungshülse *f* jointing sleeve *(Kabel)*
Verbindungskabel *n* [inter]connection cable, connecting (junction) cable

Verbindungsklemme *f* connecting terminal, lead clamp, bonding clip; binding post
Verbindungsklinke *f (Fmt)* multiple jack
Verbindungslasche *f* connecting link; splice piece
Verbindungsleiste *f* terminal yoke
Verbindungsleitung *f* connecting lead (wire), interconnection line; *(Fmt)* junction [line], trunking circuit, link (tie) line
V. für Dienstleitungsbetrieb *(Fmt)* orderwire junction
V. für Tandembetrieb *(Fmt)* tandem junction
V. für Wechselverkehr *(Fmt)* two-way junction
abgehende V. *(Fmt)* outgoing junction
freie V. *(Fmt)* idle junction (trunk)
koaxiale V. *(Fmt)* coaxial line link
Verbindungsleitungsbetrieb *m (Fmt)* trunking
Verbindungsleitungsbündel *n (Fmt)* junction (trunk) group
V. für alle Abgangsplätze outgoing trunk multiple
V. für einen Teil der Abgangsplätze split trunk group
Verbindungsleitungsfeld *n (Fmt)* junction line panel
Verbindungsleitungsmuster *n (Halbl)* interconnection pattern
Verbindungsleitungsnetzwerk *n* interconnection network
Verbindungsleitungsschicht *f (Halbl)* interconnection layer
Verbindungsleitungssucher *m (Fmt)* junction finder
Verbindungsleitungsverkehr *m (Fmt)* trunking traffic
Verbindungsleitungsvielfachfeld *n (Fmt)* junction multiple
Verbindungslöten *n* joint soldering
Verbindungsmuffe *f* connecting sleeve; cable-jointing sleeve
Verbindungsmuster *n (Halbl)* interconnection pattern
Verbindungsnippel *m* connecting pin *(z. B. zum Anstücken von Graphitelektroden)*
Verbindungsplan *m* interconnection scheme; *(Fmt)* junction (connection) diagram
Verbindungsplatte *f* joint plate
Verbindungsplatz *m (Fmt)* B-position, incoming (inward) position
Verbindungspunkt *m* connection (junction) point
Verbindungsregeln *fpl* link control protocol *(Rechnernetze)*
Verbindungssatz *m (Fmt)* junctor
Verbindungsschalter *m (Fmt)* position grouping key
Verbindungsschiene *f* connection (connecting, terminal) bar
Verbindungsschnur *f* connecting (flexible) cord, flex, cord
steckbare V. patch[ing] cord
Verbindungsstange *f* connecting rod
Verbindungsstecker *m* connecting plug, connector
Verbindungsstelle *f* 1. *(Halbl)* bonding site; junction; joint; 2. cable joint *(von Kabeln)*; 3. thermojunction *(eines Thermoelements)*
geklemmte V. clinched joint
Verbindungsstellentemperatur *f* junction temperature *(Thermoelement)*
Verbindungsstift *m* connecting pin
Verbindungsstöpsel *m* connecting plug; *(Fmt)* calling plug
Verbindungsstück *n* connecting (joining) piece; coupling; link; tie; bridging connector *(in Meßbrücken)*
Verbindungsstufe *f* connecting stage
Verbindungssystem *n* interconnection (link) system; *(Halbl)* bonding system
Verbindungstechnik *f (Halbl)* bonding technique
Verbindungsübergang *m* junction *(Wellenleiter)*
Verbindungsversuch *m* / **wiederholter** *(Fmt)* repeated call
Verbindungsvielfach *n (Fmt)* connecting multiple
verblassen to fade *(Farbe)*
verbleiben / auf Nullpotential to remain at ground
verbleien to lead-coat
galvanisch v. to lead-plate
Verbleien *n* leading, lead-coating
galvanisches V. lead-plating
verblocken to interlock
Verblockung *f* interlock[ing]
elektromagnetische V. electromagnetic locking
Verblockungsrelais *n* interlocking relay
Verbrauch *m* / **spezifischer** specific consumption
verbrauchen / Leistung to consume power; to dissipate power
Spannung v. to absorb voltage
Strom v. to consume current
Verbraucheranlage *f* consumer's installation
Verbraucherkreis *m* load circuit
Verbraucherleitung *f* consumer's (service) main; service cable
Verbraucherstromkreis *m* load circuit
Verbraucherwiderstand *m* load resistance
verbraucht dissipated; exhausted *(Batterie)*; used up
verbrennbar combustible
Verbrennung *f* combustion
Verbrennungskraftmaschine *f* internal combustion engine
Verbrennungsluft *f* combustion air

Verbrennungsmaschine *f* combustion engine
Verbrennungsmotor *m* [internal] combustion engine
Verbrennungsraum *m* combustion chamber
Verbrennungsregelung *f* combustion control *(z. B. bei Dampferzeugern)*
Verbrennungswärme *f* combustion heat, heat of combustion
Verbundanweisung *f (Rech)* compound statement
Verbundbauweise *f* sandwich construction
verbunden connected, linked; *(Rech)* on-line ● **v. werden** *(Fmt)* to get through
direkt v. direct-connected
falsch v. *(Fmt)* wrong number
galvanisch v. direct-coupled
leitend v. conductively connected
mit der Erde v. earth-connected
nicht v. *(Rech)* off-line
Verbunderregung *f* compound excitation
V. mit lastabhängig sinkender Spannung undercompound excitation
V. mit lastabhängig steigender Spannung overcompound excitation
V. zur Spannungskonstanthaltung level compound excitation
Verbundglas *n* laminated glass
Verbundkarte *f (Rech)* dual punch card
Verbundlage *f* bond[ing] layer *(Leiterplatten)*
Verbundlagendicke *f* bond layer thickness
Verbundlampe *f* mixed (blended) light lamp
Verbundleiterplatte *f* printed circuit board sandwich
Verbundleitung *f (Eüb)* tie line
Verbundlochkarte *f (Rech)* dual punch card
Verbundmetall *n* clad metal
Verbundmotor *m* compound motor
Verbundnetz *n* 1. *(Eüb)* integrated transmission system, intrasystem; interconnection *(Verbindung von Energieversorgungsnetzen)*; 2. *(Fmt)* mixed network
Verbundplatte *f* sandwich panel; composite board *(Leiterplatte)*
Verbundröhre *f* multisection (multi-unit) valve, multiple[-unit] valve
Verbundskale *f* combination scale
Verbundspule *f* compound coil
Verbundstoff *m (Isol)* combined plastic, composite
Verbundsystem *n (Eüb)* grid system
Verbundtransistor *m* compound transistor
Verbundüberzug *m (Galv)* composite plate
Verbundwerkstoff *m* composite, compound material; clad material
Verbundwicklung *f* compound winding
Verbundwirkung *f* compound effect
verchromen to chromize; *(Galv)* to chromium-plate
Verchromung *f* [/ **galvanische**] chromium-plating
verdampfbar evaporable, vaporizable
leicht v. volatile
Verdampfbarkeit *f* evaporability, vaporizability
verdampfen to evaporate, to vaporize; to volatilize
zusammen v. to coevaporate
Verdampfer *m* evaporator, vaporizer
Verdampfung *f* evaporation, vaporization
V. durch Elektronenbeschuß electron bombardment evaporation
gleichzeitige V. coevaporation
plötzliche V. flash evaporation
Verdampfungsanlage *f* vaporizing plant
Verdampfungsenergie *f* evaporation energy
verdampfungsfähig *s.* verdampfbar
Verdampfungsgeschwindigkeit *f* evaporation (vaporization) rate
Verdampfungsheizfaden *m* evaporating filament
Verdampfungskühlung *f* evaporation cooling
Verdampfungspunkt *m* evaporating (vaporization) point
Verdampfungsquelle *f* evaporation (evaporating, vaporizing) source
Verdampfungsrückstand *m* evaporation residue
Verdampfungssubstanz *f* evaporant
Verdampfungstemperatur *f* evaporating (vaporization) temperature
Verdampfungswärme *f* evaporation (vaporization) heat
verdecken to cover; to mask
Verdeckung *f (Ak)* [auditory] masking
Verdeckungseffekt *m* masking effect
Verdeckungsgeräusch *n* masking noise, masker
Verdeckungsschwelle *f* masked threshold
Verdeckungswirkung *f* masking effect
verdichtbar condensable *(Dampf)*; compressible
Verdichtbarkeit *f* condensability *(Dampf)*; compressibility
verdichten to compress; to condense; to compact
Daten v. *(Rech)* to condense data
Verdichten *n (Rech)* packing, condensing *(von Informationen)*
Verdichter *m* compressor
rotierender V. rotary compressor
zweistufiger V. two-stage compressor
Verdichtung *f* compression; condensation
Verdichtungsgrad *m* degree of compression; *(Rech)* condensation degree *(von Informationen)*
Verdickungsmittel *n* thickening agent, thickener *(z. B. für Isolierlacke)*
Verdoppler *m* doubler

Verdopplerschaltung *f* two-stage multiplier circuit
Verdopplerstufe *f* doubler stage
Verdopplung *f* doubling
Verdopplungsröhre *f* frequency doubler valve
verdrahten to wire [up]
nach Kundenwunsch v. to custom-wire
neu v. to rewire
verdrahtet wired
Verdrahtung *f* wiring, circuit (interconnection) wiring
V. nach Kundenwunsch customized wiring
blanke V. bare wiring
feste V. permanent wiring
flexible V. flexible wiring
flexible gedruckte V. flexible printed wiring (circuitry)
geätzte V. etched wiring
gedruckte V. printed wiring
hitzebeständige V. heat-resisting wiring
sekundäre V. secondary wiring
starre V. *s.* feste V.
Verdrahtungsbild *n* wiring pattern (configuration), wire pattern
Verdrahtungsdichte *f* wiring density
Verdrahtungsebene *f* wiring plane (level)
flexible V. flexible wiring plane
Verdrahtungskapazität *f* wiring capacity
Verdrahtungsliste *f (Rech)* wiring list
Verdrahtungsmaschine *f* wiring machine
Verdrahtungsmuster *n s.* Verdrahtungsbild
Verdrahtungsplan *m* wiring diagram (scheme, list)
Verdrahtungsplatte *f* wiring board
zweiseitige gedruckte V. double-sided printed wiring board
Verdrahtungsschablone *f* wiring jig
Verdrahtungsschema *n. s.* Verdrahtungsplan
Verdrahtungsstelle *f* wiring point
Verdrahtungsstreukapazität *f* stray wiring capacity
verdrängen to displace; to deplete
Verdrängen *n (Fmt)* pre-emption
Verdrängung *f* displacement *(z. B. Strom)*
verdrehen to twist
Verdrehspannung *f* torsional (twisting) stress
Verdrehsteifigkeit *f* torsional rigidity (stiffness)
Verdrehung *f* torsion, twist
Verdrehungskraft *f* torsional (twisting) force
Verdrehungsmoment *n* torsion (twisting) moment
Verdrehungswinkel *m* torsion angle, angle of twist
Verdreifacherstufe *f* tripler stage
verdrillen to twist; to transpose *(Drähte)*
Verdrillung *f* twisting; transposition *(Roebelstab)*
Verdrillungsabschnitt *m* transposition interval
Verdrillungsisolator *m* transposition insulator
Verdrillungsmast *m* transposition pole *(Holz)*; transposition tower *(Stahl)*
Verdrillungszyklus *m* transposition cycle
Verdrosselung *f* choking, installation of chokes
verdunkeln to black-out; to darken; to obscure; to dim
Verdunk[e]lung *f* black-out; darkening, obscuration
Verdunklungscharakteristik *f* dimmer-light output characteristic
Verdunklungsschalter *m* dimming switch
Verdunklungsvorrichtung *f* dimmer *(z. B. bei Lampen)*
verdünnen to dilute *(z. B. Flüssigkeiten)*; to rarefy *(Gase)*; to thin; to attenuate
Verdünner *m* diluent, diluting agent; thinner
reaktiver V. *(Isol)* reactive diluent
verdünnt dilute
Verdünnung *f* dilution; rarefaction *(Gase)*
Verdünnungsgrad *m* degree of dilution; rarefaction *(bei Gasen)*
Verdünnungsmittel *n s.* Verdünner
verdunsten to evaporate, to vaporize, to volatilize
Verdunstung *f* evaporation, vaporization, volatilization
Verdunstungsgeschwindigkeit *f* rate of evaporation
Verdunstungskühlung *f* evaporative (evaporation) cooling
Vered[e]lung *f* refinement; finishing *(Oberflächen)*
vereinbar [/ miteinander] compatible
Vereinbarkeit *f* compatibility
Vereinbarung *f (Rech)* declaration *(Programmierung)*
Vereinbarungssymbol *n,* **Vereinbarungszeichen** *n (Rech)* declarator
vereinfachen to simplify
stark v. to oversimplify
Vereinfachung *f* simplification
vereinheitlichen to standardize; to unify
Vereinheitlichung *f* standardization; unification
vereinigen to combine; to unite; to join, to assemble *(z. B. Teile)*
im Brennpunkt v. to focus
vereinzeln to single; to separate
Vereisung *f* icing
verengen to narrow, to restrict; to contract
Verengung *f* narrowing, constriction; contraction
Verfahren *n* process; method; procedure, technique
V. der Wurzelortskurve *(Syst)* root-locus technique

V. mit Frequenzdurchlauf swept frequency method
V. mit periodischer Stromumkehr *(Galv)* periodic reverse process
fehlerkorrigierendes V. error-correcting procedure
pneumatisches V. pneumatic method
subtraktives V. subtractive method
vektorielles V. vectorial method
verkürztes V. short cut
Verfahrensentwicklung *f* process development
Verfahrensfehler *m (Meß)* error of approximation
Verfahrensforschung *f* operations (operational) research
Verfahrensschritt *m* processing step
Verfahrensüberwachung *f* process control
verfärben to discolour; to stain; to colour *(Kristalle)*
elektrolytisch v. to colour electrolytically
Verfärbung *f* discolouration; staining; colouration *(Kristalle)*
elektrolytische V. electrolytic colouration
Verfärbungsgrad *m* degree of colouration
Verfeinerung *f* refinement; improvement
verfestigen 1. to strengthen; to stiffen; 2. to harden
sich v. to solidify
Verfestigung *f* strengthening; solidification
V. durch Recken strain-hardening
Verfestigungspunkt *m* solidification point
Verfestigungsverlauf *m* solidification process
verflechten to interweave *(Litze)*; to interlace *(z. B. Speicheradressen)*
verflüchtigen [/ sich] to volatilize
Verflüssiger *m* liquefier *(für Gase)*; condenser *(Kälteanlagen)*
verfolgen to track; to trace
das Minimum v. to track the minimum *(Optimalwertregelung)*
Verfolgung *f* tracking; tracing
Verfolgungsradar *n (m)* tracking radar
verformbar / plastisch plastically deformable
warm v. thermoplastic
Verformbarkeit *f* deformability; plasticity
Verformung *f* deformation; strain; distortion
Verformungsgrad *m* degree of deformation
Verformungspotential *n* deformation potential
verfügbar available
Verfügbarkeit *f* availability
Verfügbarkeitsfaktor *m* availability factor
Verfügbarkeitsrate *f* availability rate *(z. B. eines Generators)*
Verfügbarkeitsspeicher *m* availability store
Verfügbarkeitszeitraum *m (Fmt)* up-time
Verfügungsfrequenz *f (Nrt)* assigned (allotted) frequency
vergießbar castable, pourable
vergießen to cast, to pour; to seal *(z. B. Batterie)*; to grout *(mit Zement)*
Vergiftung *f* poisoning
Vergiftungseffekt *m* poisoning effect
verglast glass-encapsulated, glass-enclosed
Vergleich *m* comparison ● **im V. zu** compared to
V. von Bit zu Bit bit-to-bit comparison
vergleichbar comparable
Vergleichbarkeit *f* reproducibility *(von Messungen)*
vergleichen to compare; *(Rech)* to collate
Vergleicher *m* comparator
Vergleicherschaltung *f* / **elektronische** electronic comparator circuit
Vergleichsbedingungen *fpl* reference conditions
Vergleichsblock *m* reference block *(bei numerischer Steuerung)*
Vergleichsbrücke *f* comparison bridge
Vergleichsbrückenschaltung *f* comparison bridge circuit
Vergleichseichung *f* comparison [method of] calibration
Vergleichseinrichtung *f* comparator [unit]
Vergleichselektrode *f* comparison (reference) electrode
Vergleichsfeld *n (Licht)* comparison field
Vergleichsfläche *f* comparison surface; reference surface
Vergleichsfrequenz *f* comparison (comparative) frequency; reference frequency
Vergleichsgenerator *m* reference oscillator
Vergleichsglied *n (Syst)* comparison (comparing) element *(beim Regler)*; deviation detector
Vergleichsinstrument *n* reference instrument
Vergleichskalibrierung *f* comparison [method of] calibration
Vergleichskondensator *m* reference capacitor
Vergleichslampe *f* comparison lamp
Vergleichsleitung *f (Fmt)* reference line
Vergleichsmaßstab *m* comparison standard; reference standard
Vergleichsmesser *m* comparometer
Vergleichsmessung *f* comparison [method of] measurement
Vergleichsmethode *f* comparison (comparative) method
Vergleichspegel *m* reference level
Vergleichsprüfung *f* comparison test, comparator check; *(Rech)* cross validation
Vergleichspunkt *m* reference point *(im Regelkreis)*
Vergleichsschallquelle *f* reference sound source
Vergleichsschaltung *f* 1. *(Meß)* comparator circuit; 2. differential connection *(Relais)*

Vergleichsschutz *m* differential protection *(Relaisschutzsystem)*
Vergleichsspannung *f* reference voltage
Vergleichsspannungsröhre *f* voltage reference tube
Vergleichsspektrum *n* comparison spectrum; reference (standard) spectrum
Vergleichsstelle *f* reference junction *(eines Thermoelements)*
V. für die Umgebungstemperatur ambient reference junction
Vergleichsstrahl *m* reference beam
Vergleichsstrahlengang *m* reference beam; comparison path
Vergleichsstrom *m* reference current
Vergleichsstromkreis *m (Fmt)* reference telephone circuit
Vergleichstemperatur *f* reference temperature
Vergleichsthermoelement *n* reference thermocouple
Vergleichston *m* comparison tone
Vergleichsvorrichtung *f* comparator [unit]
Vergleichswiderstand *m* reference resistance
Vergleichszahl *f* comparative figure (number)
vergolden to gild; to gold-coat; *(Galv)* to gold-plate, to electrogild
vergoldet gilt; gold-coated
Vergoldung *f* / **galvanische** gold-plating, electrogilding
vergossen sealed-in, potted
vergrößern to magnify; to enlarge; to increase
maßstäblich v. to scale up
Vergrößerung *f* magnification; enlargement; increase
laterale V. lateral magnification
lineare V. linear magnification
nutzbare V. useful magnification
Vergrößerungsfaktor *m* magnification factor *(Optik)*; enlargement factor
Vergrößerungsglas *n* magnifying glass (lens), magnifier
Vergrößerungslampe *f* enlarger (magnifying) lamp
Vergrößerungsmaßstab *m* scale of enlargement
Vergußmasse *f* sealing compound (material), potting compound; cast[ing] compound
vergütet antireflection-coated *(Optik)*
verhallen *(Ak)* to die away
Verhallungseinrichtung *f s.* Hallgerät
Verhalten *n* behaviour; performance; response, action *(Regelung)*
V. bei Hochfrequenz high-frequency response
V. des Reglers controller action
V. gegenüber Stoßspannung impulse response
anodisches V. anodic behaviour
asymptotisches V. asymptotic behaviour
differenzierendes V. *(Syst)* derivative action, D action
differenzierendes V. zweiter Ordnung *(Syst)* second-derivative action
dynamisches V. *(Syst)* dynamic behaviour (performance)
integrierendes V. *(Syst)* integral action, I action
kurzschlußflinkes V. short-circuit quick response
lineares V. linear performance *(z. B. eines Stromkreises)*
optimales V. optimum behaviour; optimal response *(des Regelkreises)*
periodisches V. periodic behaviour
proportionales V. *(Syst)* proportional action, P action
stationäres V. *(Syst)* steady-state behaviour (performance)
statisches V. *(Syst)* static behaviour
tatsächliches V. *(Syst)* actual behaviour (operation)
unerwünschtes V. spurious response
vorgeschriebenes V. desired performance *(einer Regelung)*
zeitliches V. time behaviour
Verhältnis *n* ratio; proportion; relation
V. der Oberflächengröße zum Volumen surface-to-volume ratio
V. Ladung-Masse charge-mass ratio
relatives V. percent ratio
Verhältnisarm *m* ratio arm *(einer Brückenschaltung)*
Verhältniskode *m (Nrt, Rech)* fixed-ratio code, fixed-count code
Verhältnisnetzwerk *n* ratio network
Verhältnisrechner *m* ratio computer
Verhältnisregelung *f (Syst)* ratio control
Verhältnisregler *m (Syst)* ratio controller
Verhältnistelemeter *n* ratio-type telemeter *(Fernmeßeinrichtung mit getrennten Kanälen für Phase und Amplitude)*
Verhältniswiderstand *m* ratio resistor *(Brückenschaltung)*
Verhältniszahl *f* ratio
Verhältniszweig *m* ratio arm *(Brückenschaltung)*
Verharrungsdauer *f* standing time
verhindern to prevent, to inhibit
Laserwirkung v. to block laser action
Unfälle v. to avoid accidents
Verhinderung *f* **des Buszugriffs** *(Rech)* bus locking
Verhinderungsimpuls *m* inhibitory pulse
Verifizierung *f* verification
verjüngen / sich to taper
verjüngt tapered, conic[al]
Verjüngung *f* taper[ing]
verkabeln to cable
Verkabelung *f* cabling

verkadmen [/ galvanisch] to cadmium-plate
Verkanten *n* tilting
verkapseln to encapsulate
Verkapselungsstoff *m* encapsulant
verkaufsorientiert sales-oriented
Verkehr *m (Nrt)* communication; *(Fmt)* traffic
V. mit dem Hilfsplatz assistance traffic
V. mit Mehradressennachrichten multi-address traffic
V. zwischen zwei festen Punkten point-to-point communication
abgehender V. outgoing (originating) traffic
ankommender V. incoming traffic
doppeltgerichteter V. both-way traffic (operation)
einseitiger V. one-way traffic
fehlgeleiteter V. misrouted traffic
gegenseitiger V. intercommunication
geglätteter V. smooth[ed] traffic
gemischter V. mixed traffic
gerichteter V. one-way traffic (operation)
interaktiver V. *(Rech)* interactive mode
künstlicher V. artificial (simulated) traffic
schwacher V. slack traffic
simulierter V. simulated traffic
starker V. heavy traffic
wechselweiser V. simplex communication
zufallsverteilter V. pure-chance traffic
verkehren / miteinander *(Nrt)* to [inter]communicate
Verkehrsabwicklung *f (Fmt)* handling of traffic
Verkehrsangaben *fpl (Fmt)* traffic data
Verkehrsangebot *n (Fmt)* traffic offered
Verkehrsanstieg *m (Fmt)* traffic growth
Verkehrsausgleich *m (Fmt)* traffic balancing
Verkehrsausscheidungszahl *f (Fmt)* prefix
Verkehrsauswertung *f (Fmt)* traffic analysis
Verkehrsbelastung *f (Fmt)* traffic load (carried)
Verkehrsbeobachtung *f (Fmt)* traffic observation
Verkehrsbewegung *f (Fmt)* traffic fluctuations
Verkehrsbeziehung *f (Fmt)* traffic relation
Verkehrseinheit *f (Fmt)* traffic unit
Verkehrsfehlergrenzen *fpl (Fmt)* maximum permissible errors in service
Verkehrsfluß *m (Fmt)* traffic flow
Verkehrsfrequenz *f (Fmt)* traffic frequency; *(Nrt)* working frequency
Verkehrsgüte *f (Fmt)* grade of service
Verkehrsintensität *f s.* Verkehrsstärke
Verkehrskapazität *f (Fmt)* traffic capacity
Verkehrsklassenkontrollzeichen *n (Fmt)* class-of-traffic check signal
Verkehrskontrollsystem *n (Fmt)* traffic control system
Verkehrsleistung *f (Fmt)* traffic capacity
Verkehrslichter *npl* traffic lights *(Straßenverkehr)*
Verkehrsmenge *f (Fmt)* traffic amount (volume)
Verkehrsmesser *m (Fmt)* traffic (demand) meter
Verkehrsmessung *f (Fmt)* traffic metering
Verkehrsquellendichte *f (Fmt)* density of traffic sources
Verkehrsradar *n* vehicular radar
Verkehrsregistrierung *f (Fmt)* call-count record
Verkehrsrückgang *m (Fmt)* reduction of traffic
Verkehrsschreiber *m (Fmt)* [telephone] traffic recorder, recording demand meter
Verkehrsschwankung *f (Fmt)* traffic variation
Verkehrssignalanlage *f* **/ rechnergesteuerte** computer-controlled traffic signal system
Verkehrssimulation *f (Fmt)* traffic simulation
Verkehrsspitze *f (Fmt)* traffic peak, peak of traffic
Verkehrsstärke *f (Fmt)* traffic flow, intensity of traffic
Verkehrsstatistik *f (Fmt)* traffic statistics
Verkehrsstauung *f (Fmt)* traffic congestion
Verkehrstheorie *f (Fmt)* traffic engineering
Verkehrsübersicht *f (Fmt)* traffic record
Verkehrsüberwachung *f (Fmt)* traffic supervision
Verkehrsüberwachungsgerät *n (Fmt)* traffic supervision device
Verkehrsumfang *m (Fmt)* traffic volume (flow, load)
Verkehrsverlust *m (Fmt)* traffic loss
Verkehrsweg *m (Fmt)* traffic route (channel)
Verkehrswelle *f (Nrt)* communication wave
allgemeine V. general communication wave
Verkehrswert *m s.* Verkehrsstärke
Verkehrswertschreiber *m s.* Verkehrsschreiber
Verkehrszahlen *fpl (Fmt)* traffic data
Verkehrszähler *m (Fmt)* traffic meter
Verkehrszählung *f (Fmt)* traffic metering (recording)
Verkehrszeichenbeleuchtung *f* traffic sign lighting *(Straßenverkehr)*
Verkehrszunahme *f (Fmt)* traffic growth (increase)
verketten to [inter]link
einen Fluß v. to link a flux
verkettet [inter]linked
Verkettung *f* 1. interlinkage, interlinking *(von Systemen)*; 2. *(Rech)* daisy chain
elektromagnetische V. electromagnetic linkage

verkitten to cement *(z.B. Isolatoren)*; to lute, to seal
verkleben to cement, to glue, to bond
verkleiden 1. to case, to cover, to sheath; 2. to lag, to line *(mit Dämmstoff)*
Verkleidung *f* 1. casing, cover[ing], sheath[ing]; 2. lagging, lining *(mit Dämmstoff)*
schalldämmende V. blimp *(z.B. für Kamera)*
Verkleidungsblech *n* fairing plate
verkleinern to reduce, to diminish; to decrease
maßstäblich v. to scale down
Verkleinerung *f* reduction [in size], diminution; scaling-down
fotografische V. photoreduction
Verkleinerungsfaktor *m* reduction (demagnification) factor
verklemmen [/ sich] to jam
verklingen *(Ak)* to die away
verknüpfen to [inter]link; to interconnect
durch ein Gatter v. to gate
durch eine ODER-Operation v. to OR
durch eine UND-Operation v. to AND
Verknüpfung *f* linkage; interconnection
logische V. logical interconnection
programmierte V. programmed interconnection
Verknüpfungsbefehl *m (Rech)* connective instruction
Verknüpfungsglied *n* switching (logical) element
Verknüpfungsglieder *npl* **mit Halbleiterdioden** semiconductor diode gates
Verknüpfungsschaltung *f* switching circuit
V. mit direktgekoppelten Transistoren direct-coupled transistor logic
V. mit Kollektorverstärker emitter follower logic
sehr schnelle V. high-speed logic circuit
Verknüpfungszeichen *n* link *(Informationsverarbeitung)*
verkohlen to carbonize, to char
verkoppeln to couple
Verkopplung *f* coupling; interconnection
verkupfern to copper; *(Galv)* to copperplate
Verkupferung *f* coppering; *(Galv)* copperplating
verkürzen to shorten; to cut down
elektrisch v. to shorten
Verkürzung *f* shortening
Verkürzungskapazität *f* shortening capacity
Verkürzungskondensator *m* shortening capacitor
verlagern to displace; to shift
Verlagerung *f* displacement; shift
verlängern to extend; to elongate
eine Leitung v. to extend a line
Verlängerung *f* extension; elongation; prolongation *(z.B. zeitlich)*
Verlängerungsfaktor *m* filter (multiplying) factor *(Optik)*
Verlängerungskabel *n* extension cable
Verlängerungsleitung *f* extension line (lead), continuation lead
künstliche V. *(Fmt)* artificial extension line, pad
nichtverzerrende V. *(Fmt)* distortionless pad
Verlängerungsschnur *f* extension cord
Verlängerungswelle *f* extension shaft
Verlängerungswiderstand *m* pad[ding] resistor
verlangsamen to slow [down]; to decelerate
Verlangsamung *f* slowing down; deceleration
verlassen / die Reichweite *(Nrt)* to pass out of range
Verlauf *m* 1. course, behaviour *(z.B. einer Kurve, einer Funktion)*; 2. run *(Kabel)*; 3. curve, characteristic
V. der Ausfallrate failure rate curve
V. der Feldlinien field pattern
V. der Restdämpfung overall attenuation curve
V. des Anodenstroms anode current envelope
exponentieller V. exponential character
optimaler V. optimum behaviour
spektraler V. spectral distribution (characteristic)
stetiger V. continuity
zeitlicher V. variation with time
verlaufen / im Zickzack to zigzag
logarithmisch v. to proceed logarithmically
verlaufend / in einer Richtung unidirectional
nach einem Quadratgesetz v. square-law
radial v. radial
Verlauffilter *n* graduated [density] filter, variable-density filter *(Optik)*
verlegen to lay [out] *(Kabel)*; to string, to wire *(z.B. Drähte)*; to install
ein Kabel v. to run a cable
eine Leitung v. to erect (install) a line
in die Erde v. to bury *(Kabel)*
oberirdisch v. to run [a wire] overhead
über Putz v. to wire on the surface
Verlegung *f* laying *(Kabel)*; wiring *(Leitungen)*; installation
V. eines Fernsprechanschlusses transfer of a subscriber's phone
Verlegungsplan *m* **für Fabrikationslängen** *(Fmt)* factory length allocation
verletzen to injure; to violate *(z.B. Regeln)*
Verletzung *f* **der Bipolarregel** *(Fmt)* bipolar violation
Verletzungsspannung *f* injury potential *(für Lebewesen)*
verlieren / Energie to lose energy

verlitzen to strand *(Draht)*
Verlust *m* 1. loss; wastage; 2. dissipation
V. am Übertragungsfaktor loss in gain
V. durch Konvektion convection loss
V. in Durchlaßrichtung forward power loss
V. in Sperrichtung reverse power loss
innerer V. internal loss
kapazitiver V. capacitive leak
magnetischer V. magnetic loss
ohmscher V. ohmic (resistance) loss
thermischer V. thermal loss
Verlustanteil *m* dissipative component
verlustarm low-loss
Verlustausgleich *m* loss compensation
Verlustbelegung *f (Fmt)* lost call
Verluste *mpl* loss[es]
V. im Behälter can losses *(magnetische Verluste)*
V. im Eisenkreis iron (core) losses
V. in der Erregermaschine exciter losses
dielektrische V. dielectric losses *(im Kondensator)*
elektrische V. electric losses
konstante V. constant losses
lastabhängige V. load[-depending] losses, variable losses
lastunabhängige V. load-independent losses, constant losses
stationäre V. standing losses
veränderliche V. variable losses
Verlustfaktor *m* loss factor; leakage factor
dielektrischer V. dielectric loss (dissipation) factor; dielectric power factor *(im Dielektrikum)*
mechanischer V. mechanical loss factor
Verlustfaktorkennlinie *f* loss factor characteristic; *(Isol)* power factor-voltage characteristic
Verlustfaktormeßgerät *n* loss factor meter
Verlustfaktormessung *f* loss factor (tangent) test
Verlustfläche *f* loss area
Verlustformel *f* **/ Erlangsche** *(Fmt)* Erlang loss formula
verlustfrei sollfree, lossless; non-dissipative
Verlustkomponente *f* dissipative component
Verlustkonstante *f (Nrt)* damping constant
Verlustleistung *f* dissipation [power], loss [power]; power loss (dissipation); *(Masch)* stray (leakage) power
V. in der Antenne aerial loss
elektrische V. electric loss power
thermische V. thermal loss power
Verlustleitung *f* lossy line
verlustreich lossy
Verluststrom *m* lost current; *(Isol)* leakage current
Verluststromphasenwinkel *m* magnetic loss angle
Verlustsystem *n (Nrt)* loss system
Verlustverkehr *m (Fmt)* lost traffic
Verlustwahrscheinlichkeit *f (Fmt)* loss probability *(eines Anrufs)*
Verlustwärme *f* dissipation heat; waste heat
Verlustwert *m* loss parameter
Verlustwiderstand *m* dissipative resistance, [dissipation] loss resistance
Verlustwinkel *m* [dielectric] loss angle, loss tangent *(bei Dielektrika oder Wandlern)*; insulation power factor
dielektrischer V. dielectric loss angle
Verlustzähler *m* loss meter
Verlustzeit *f* loss (lost) time
Verlustziffer *f* loss factor, coefficient of loss
V. von Gesprächen *(Fmt)* percentage of lost calls
vermaschen to intermesh
vermascht [inter]meshed; *(Syst)* complex, multiloop; interconnected
Vermaschung *f* intermeshing; *(Syst)* interconnection
vermeiden / Unfälle to avoid accidents
vermieten *(Fmt)* to lease *(Leitungen)*
vermindern to decrease; to diminish; to reduce, to lower; to degrade
den Druck v. to reduce the pressure
die abgegebene Leistung v. to reduce (decrease) the output
Verminderung *f* decrease; diminution; reduction; degradation; shortening
V. der Übertragungsgüte durch Leitungsgeräusche *(Fmt)* noise transmission impairment
Verminderungsfaktor *m* maintenance (depreciation) factor *(bei Beleuchtungsanlagen)*
Vermittlung *f (Fmt)* exchange (*s. a.* Vermittlungsstelle)
V. durch Vorbelegung preemptive switching
V. mit Induktoranruf magneto exchange
digitale V. digital switching
Vermittlungseinrichtung *f (Fmt)* switching equipment
Vermittlungsgüte *f (Fmt)* switching quality
Vermittlungskraft *f (Fmt)* operator
Vermittlungsplatz *m (Fmt)* switchboard (junction, operator's) position
Vermittlungspult *n (Fmt)* toll board
Vermittlungsschrank *m (Fmt)* switchboard
V. mit Zeichengabe über a/b-Ader bridge-control switchboard
V. mit Zeichengabe über c-Ader sleeve-control switchboard
Vermittlungsstelle *f (Fmt)* switching centre, exchange
V. mit Handbetrieb manual [telephone] exchange
V. mit Wählbetrieb automatic [telephone] exchange

elektronische V. electronic exchange
private elektronische V. private electronic exchange, PEX
zentrale V. parent exchange
Vermittlungssystem *n* / **elektronisches** *(Fmt)* electronic switching system, ESS
quasi-elektronisches V. quasi-electronic exchange system
zeitgeteiltes V. time division switching system
Vermittlungs- und Prüfamt *n (Fmt)* switching and testing centre, STC
vernachlässigbar negligible
vernachlässigen to neglect
vernehmbar audible
verneinen to negate
verneinend negative
verneint negated
Verneinung *f* negation
vernetzen to cross-link *(z. B. Plaste)*
Vernetzung *f* cross-linkage, [intermolecular] cross linking *(Plaste)*
vernichten to annihilate; to destroy
Vernichtung *f* annihilation; destruction
vernickeln to nickel[ize]; *(Galv)* to nickel-plate
Vernickelung *f* nickel-plating, nickel facing
Vernickelungsbad *n (Galv)* nickel[-plating] bath
Verpackungstechnik *f* packaging technique
Verrastung *f* locating device
verrauscht noisy
Verrechnungseinheit *f* accounting unit
Verrechnungsgebühr *f* customer charge
verriegelbar lockable; fitted with lock and key *(Steckverbindung)*
verriegeln to [inter]lock, to block; to latch
Verriegelung *f* 1. locking, interlock[ing], blocking; latching; 2. locking device (mechanism), latch ● **mit V.** restrained-type
elektrische V. electrical interlock (locking)
elektromagnetische V. *(App)* electromagnetic locking
logische V. logical interlock
magnetische V. magnetic interlocking
mechanische V. mechanical interlock
Verriegelungscharakteristik *f* latching characteristic
Verriegelungseinrichtung *f* interlocking device
Verriegelungskontakt *m* interlocking contact *(elektrische Verriegelung)*
Verriegelungsmechanismus *m* interlocking mechanism
Verriegelungsrelais *n* interlocking relay
Verriegelungsschalter *m* [inter]locking switch, key switch
Verriegelungsschaltung *f* interlock[ing] circuit, blocking circuit
Verriegelungsschraube *f* operating bolt *(bei Steckvorrichtungen)*
Verriegelungsschütz *n* interlocking contactor
Verriegelungsstift *m* locking pin
Verriegelungsstromkreis *m* interlock[ing] circuit, blocking circuit
Verriegelungssystem *n* interlocking system
Verriegelungstaster *m* locked control push button
verringern to decrease, to diminish; to reduce; to attenuate
die Bandbreite v. to compress the bandwidth
die Geschwindigkeit v. to decelerate
die Lautstärke v. to reduce volume
Verringerung *f* decrease, diminution; reduction
V. der Dämpfung damping reduction
V. der Radarreichweite radar performance degradation
Verroebelung *f* transposition
verrußen to soot
versagen to fail, to break down
Versagen *n* failure, breakdown, outage; malfunction
Versatz *m* misalignment
Verschachteln *n (Rech)* interlacing; nesting *(von Programmen)*
verschachtelt nested *(Programmierung)*
verschalen to lag, to line *(mit Dämmstoff)*
Verschalten *n* faulty connection (wiring)
verschiebbar shiftable, movable, slidable, relocatable
Verschiebeankermotor *m* displacement-type armature motor
Verschiebebefehl *m (Rech)* shift[ing] instruction
Verschiebeeinrichtung *f (Rech)* shift unit, shifter
Verschiebefrequenz *f* set-off frequency
Verschiebeimpuls *m* shift pulse
Verschiebeimpulsgenerator *m* shift-pulse generator
verschieben to shift *(z. B. die Phase)*; to set-off; to displace; to slide, to move
den Arbeitspunkt v. *(Syst)* to displace the operating point
Verschiebeoperation *f* shifting operation
Verschiebeoperator *m (Syst)* shift (displacement) operator
Verschieberegister *n (Rech)* shift register
Verschiebestromleistungsfaktor *m* displacement power factor
Verschiebung *f* shift[ing]; displacement
antiferroelektrische V. antiferroelectric displacement
dielektrische V. dielectric (electric) displacement
elektrostatische V. electrostatic displacement
logische V. *(Rech)* logical shift[ing]
magnetische V. magnetic displacement
seitliche V. lateral displacement (shift, translation)

waagerechte V. horizontal displacement
zeitliche V. time displacement
zyklische V. *(Rech)* cyclic (circular, end-around) shift, register rotation
Verschiebungsdiagramm *n* shift diagram
Verschiebungseinheit *f (Rech)* shift unit
Verschiebungsfaktor *m* displacement factor
Verschiebungsfeld *n* displacement field
Verschiebungsfluß *m* electric (displacement) flux
Verschiebungsflußdichte *f* dielectric (electric) flux density
Verschiebungsgesetz *n* / **Wiensches** Wien['s] displacement law
Verschiebungskode *m* **für Zahlen** figure shift code
Verschiebungsoperation *f (Rech)* shift operation *(z. B. eines Schieberegisters)*
Verschiebungsregler *m* shift controller
Verschiebungssatz *m* lag theorem *(der Laplace-Transformation)*
Verschiebungsstrom *m* displacement current, dielectric [displacement] current
Verschiebungsstromdichte *f* displacement current density
elektrische V. electric displacement density
Verschiebungswicklung *f* shift winding
verschieden different; distinct; unequal
verschiedenfarbig heterochromatic, different-coloured
verschlechtern [/ **sich**] to deteriorate
Verschlechterung *f* deterioration; degradation
V. der Güte *(Syst)* deterioration of performance *(z. B. einer Regelung)*
Verschleiß *m* wear; abrasion
V. durch Schleifwirkung abrasion wear
Verschleißausfall *m* wear-out failure
verschleißbeständig wear-resistant; abrasion-resistant
Verschleißbeständigkeit *f* wear resistance; abrasion resistance
verschleißen to wear [out]
verschleißfest *s.* verschleißbeständig
Verschleißfläche *f* wearing surface
Verschleißgeschwindigkeit *f* wearing rate
Verschleißgüte *f* wearing quality
Verschleißprüfung *f* wear[ing] test
Verschleißteil *n* wearing part
verschließen / **hermetisch** to seal [hermetically]
luftdicht v. to close (seal) airtight
verschlossen / **luftdicht** hermetically closed (sealed)
Verschluß *m* 1. lock; seal *(hermetisch);* 2. cover, cap; shutter *(Optik);* 3. closure; locking; sealing
elektrooptischer V. electrooptical shutter
luftdichter V. airtight seal; hermetic sealing
öldichter V. oil seal
Verschlußauslösung *f* shutter release
Verschlußdeckel *m* [cover] lid, lock cover
verschlüsseln to code, to encode, to [en]cipher
verschlüsselt / **binär** binary-coded
biquinär v. biquinary-coded
numerisch v. numerically coded
Verschlüsselung *f* coding, encoding
absolute V. absolute coding
halbautomatische V. semiautomatic coding
numerische V. numerical coding
Verschlüsselungsgerät *n* coder, encoder
Verschlüsselungsmatrix *f* key matrix
Verschlüsselungsskale *f* coding dial
Verschlußgeschwindigkeit *f* shutter speed
Verschlüßler *m* coder, encoder
Verschlußmaterial *n* sealing material
Verschlußstopfen *m* vent plug *(einer Batterie)*
Verschlußzeit *f* shutter speed (interval)
verschmelzen to fuse [together], to melt; to merge; to seal *(Glas)*
Verschmelzung *f* fusion; sealing
Verschmelzungsenergie *f* fusion energy
Verschmelzungsfrequenz *f (Licht)* [critical] fusion frequency
verschmieren to blur *(z. B. Fernsehbild)*
verschmoren to scorch *(z. B. Kabel)*
verschmutzen to contaminate; to pollute
Verschmutzung *f* contamination; pollution
verschränken to interlace; *(Fmt)* to interconnect
Verschränken *n (Fmt)* interconnection, slipping
verschweißen to weld; to seal *(Plaste)*
verschwinden to disappear; to vanish
zeitweilig v. *(Nrt)* to fade out at intervals
Verschwinden *n* disappearance
verschwommen blurred; indistinct
versehen to provide; to equip
mit Farbstoff v. to pigment
mit Gehäuse v. to [en]case
mit Glasur v. to glaze
mit Muster[n] v. to pattern
mit Schutzvorrichtung v. to guard
mit Sicherungsschutz v. to protect
mit Zusätzen v. to dope *(z. B. Isolierstoffe)*
versehen / **mit Heizelementen** provided with heating elements
mit Kern v. cored
mit Knöpfen v. knobbed
mit Konturen v. contoured
mit Kreisrippen v. gilled
mit Maßeinteilung v. graduated
mit Mittelanzapfung v. central-tapped
mit Nutwicklung v. slot-wound
mit scharfer Spitze v. sharp-pointed
mit Silberbelag v. silver-surfaced
mit Skale v. scaled
mit Tasten v. keyed

Verseifung *f* formation of soaps *(z. B. bei Isolierölen)*
verseilen to strand, to twist *(Kabel)*
zum Vierer v. to quad
Verseilmaschine *f* twisting machine
verseilt / kurzdrallig cabled with a short lay
versenkt flush-mounted
versetzen 1. to displace; to offset; to reposition; to stagger; 2. to dislocate *(im Kristallgitter)*
in Schwingung v. to set into vibration
Versetzung *f* 1. displacement; offset; misalignment; staggering; 2. dislocation *(Kristall)*
partielle V. partial dislocation
Versetzungsbewegung *f* dislocation movement
Versetzungsdichte *f* dislocation concentration
Versetzungsenergie *f* energy of dislocation
versetzungsfrei dislocation-free
Versetzungsgehalt *m* dislocation content
Versetzungskonzentration *f* dislocation concentration
Versetzungsmuster *n* dislocation pattern
Versetzungspotential *n* dislocation potential
Versetzungsspirale *f* dislocation spiral
Versetzungssprung *m* [dislocation] jog
Versetzungsstruktur *f* dislocation structure
Versetzungsvervielfachung *f* dislocation multiplication
Versetzungswinkel *m* displacement angle
Verseuchung *f* / **radioaktive** radioactive contamination
Versiegelung *f* / **chemische** chemical deposition *(bei gedruckten Schaltungen)*
versilbern to silver[-coat]; *(Galv)* to silver-plate
versilbert silvered, silver-coated; *(Galv)* silver-plated
Versilberung *f* silver plating
versorgen to supply; to feed
mit Energie v. to power, to energize
Versorgung *f* 1. supply; 2. *(Nrt)* coverage
V. des Reglers *(Syst)* regulator supply *(mit Hilfsenergie)*
V. vom übergeordneten Netz supply from public power system
doppelseitige V. two-way supply
Versorgungsbetriebe *mpl* **[für Elektroenergie]** utilities
Versorgungsgebiet *n* supply area; *(Nrt)* service area, primary coverage area
Versorgungsleitung *f* supply line; feeder
elektrische V. electric supply (power) line
Versorgungsleitungsspannung *f* supply line voltage
Versorgungslücke *f (Nrt)* coverage gap
Versorgungsnetz *n* [supply] mains; supply circuit *(z. B. im Haushalt)*
leistungsstarkes V. powerful supply system, high-power system
Versorgungsplan *m* coverage diagram *(Antennentechnik)*
Versorgungsspannung *f* supply voltage
Versorgungstransformator *m* supply transformer
Versorgungszuverlässigkeit *f* reliability of supply
verspannen to guy *(Maste)*
verspiegeln to aluminize, to silver *(z. B. Reflektoren)*
verspiegelt aluminized, silvered, mirrored
teilweise v. partially silvered (reflecting)
Verspiegelung *f* aluminizing, silvering, mirror coating (lining)
metallische V. metal backing
Versprödungsriß *m* embrittlement crack
versprühen to atomize, to spray
Verständigung *f* / **mangelhafte** *(Fmt)* defective conversation
schlechte V. *(Fmt)* transmission trouble, poor transmission
Verständigungsgüte *f (Fmt)* readability
verständlich intelligible
gut v. highly intelligible
Verständlichkeit *f* intelligibility, articulation; clearness; audibility
prozentuale V. percent intelligibility (articulation)
schlechte V. poor audibility
Verständlichkeitsminderung *f (Ak)* articulation reduction
Verständlichkeitsprüfung *f* intelligibility (articulation, listening) test
Verständlichkeitsverlust *m* discrimination loss
verstärken 1. to amplify; to boost *(z. B. Signal)*; to fade up *(Funkwellen)*; 2. to reinforce, to strengthen; 3. to intensify
durch Resonanz v. to resonate
elektrolytisch (galvanisch) v. to increase by electrodeposition
wieder v. to reamplify
Verstärker *m* 1. amplifier; intensifier; 2. *(Nrt)* repeater *(einer Richtfunkverbindung)*; booster
V. der Regelabweichung *(Syst)* error amplifier
V. für horizontale Ablenkung horizontal amplifier, X-amplifier
V. für vertikale Ablenkung vertical amplifier, Y-amplifier
V. mit automatischer Lautstärkeregelung (Pegelregelung) gain-adjusting amplifier
V. mit automatischer Verstärkungsregelung automatic gain control amplifier
V. mit negativer Rückkopplung negative feedback amplifier
V. mit Rückführung *(Syst)* feedback amplifier
V. mit veränderlichem Verstärkungsfaktor variable-gain amplifier

abgestimmter V. tuned (resonance) amplifier
abstimmbarer V. tunable amplifier
ausgeglichener V. balanced amplifier
direktgekoppelter V. direct-coupled amplifier
dreistufiger V. three-stage amplifier
dreistufiger V. mit Gegenkopplung three-stage feedback amplifier
driftarmer V. low-drift amplifier
driftberichtigter (driftkompensierter) V. drift-corrected amplifier
dynamikbegrenzender V. volume-limiting amplifier, [dynamic] compressor, volume contractor
eingebauter V. integral amplifier
einstufiger V. *(Fmt)* single-stage repeater (amplifier)
elektronisch modulierter V. electronically modulated amplifier
entzerrender V. *(Fmt)* equalizing repeater (amplifier)
fest eingeschalteter V. *(Fmt)* through-line repeater (amplifier)
fotoelektrischer V. photoelectric amplifier
geschwindigkeitsmodulierter V. velocity-modulated amplifier
gleichspannungsgekoppelter V. d.c.-coupled amplifier
hochwertiger V. high-fidelity amplifier
logarithmischer V. logarithmic gain amplifier
magnetischer V. magnetic amplifier, magamp, transductor
magnetischer V. mit Selbstsättigung self-saturated magnetic amplifier
mehrstufiger V. multistage amplifier
mittels Netzwerk abgestimmter V. network-tuned amplifier
modulierter V. modulated amplifier
nullpunktkonstanter V. amplifier with stabilized zero
optoelektronischer V. opto-electronic amplifier
paramagnetischer V. paramagnetic amplifier
parametrischer V. parametric (reactance) amplifier, mavar
parametrischer V. in Wendelform helix parametric amplifier
parametrischer V. mit veränderlicher Kapazität variable-capacitance parametric amplifier
pseudologarithmischer V. pseudologarithmic amplifier
rückgekoppelter V. feedback amplifier
schnellansprechender magnetischer V. high-speed magnetic amplifier
selektiver V. selective amplifier
signalformender V. *(Fmt)* signal-shaping amplifier
symmetrischer V. balanced amplifier
synchronisierter V. synchronous (lock-in) amplifier
thermionischer V. thermionic amplifier
übersteuerter V. overdriven amplifier
unsymmetrischer V. unbalanced (single-ended) amplifier

Verstärkerabschnitt *m (Fmt)* repeater section
Verstärkerabstand *m (Fmt)* repeater spacing
Verstärkeramt *n (Fmt)* repeater station
Verstärkeramtsverdrahtung *f (Fmt)* repeater station cabling
Verstärkerausgang *m* amplifier output; *(Fmt)* repeater output
Verstärkerbandbreite *f* amplifier bandwidth
Verstärkerbatterie *f* booster battery
Verstärkerbetrieb *m* amplifier operation
Verstärkerbucht *f (Fmt)* repeater bay
Verstärkereingang *m* amplifier input; *(Fmt)* repeater input
Verstärkereinheit *f* amplifier unit
Verstärkereinschub *m* plug-in amplifier
Verstärkerfeld *n (Fmt)* repeater section
Verstärkerfeldlänge *f (Fmt)* repeater section length
Verstärkergehäuse *n (Fmt)* repeater housing
Verstärkergeräusch *n* amplifier noise
Verstärkergestell *n (Fmt)* repeater bay (rack)
Verstärkerinstallation *f* amplifier (power-feeding) installation
Verstärkerkette *f* amplifier chain, chain of amplifiers
Verstärkerkreis *m* amplifying circuit
Verstärkermaschine *f* rotating amplifier
Verstärkermeßplatz *m* amplifier test desk; *(Fmt)* repeater test desk
Verstärkerprüfgestell *n (Fmt)* repeater test rack
Verstärkerrauschen *n* amplifier noise
Verstärkerröhre *f* amplifier valve (tube), amplifying valve
V. mit Platinkatodenhülse platinum-cored thermionic valve
Verstärkersaal *m (Fmt)* repeater room
Verstärkersatz *m* amplifier unit
Verstärkerschaltung *f* amplifier circuit; *(Fmt)* repeater circuit
bandfiltergekoppelte V. band-pass amplifier circuit
Verstärkerspule *f* boost coil
Verstärkerstation *f* amplifier (power-feeding) station
Verstärkerstelle *f (Fmt)* repeater station
ferngespeiste V. dependent station
Verstärkerstromkreis *m* amplifier circuit
Verstärkerstufe *f* amplifier (amplifying) stage, stage of amplification

Verstärkerwicklung *f* amplifying winding
Verstärkung *f* 1. amplification; boost[ing]; [transmission] gain; *(Fmt)* repeater gain; 2. [amplifier] gain *(Verstärkungsfaktor)*; 3. reinforcement, strengthening
V. des geöffneten Regelkreises open-loop gain
V. des latenten Bildes latent image intensification
V. im Tonfrequenzbereich audio[-frequency] amplification
V. innerhalb des Durchlaßbands in-band gain
V. mit Gegenkopplung closed-loop gain
V. ohne Rück- und Gegenkopplung open-loop gain
V. von Oberwellen accentuation of harmonics
V. von Radarechos boosting of radar echoes
differentielle V. differential gain
fotoelektronische V. photoelectronic amplification
konstante V. stable gain
lineare V. linear amplification
rauschfreie V. noiseless amplification
regelbare V. variable gain
relative V. relative gain *(Antenne)*
verfügbare V. available gain
zeitgeregelte V. time-controlled gain
Verstärkungsabfall *m (Nrt)* decrease of gain, fall-off in gain
Verstärkungsbandbreiteprodukt *n* gain-bandwidth product
Verstärkungsbereich *m* amplification range
Verstärkungsfaktor *m* amplification factor (coefficient), gain [factor]
V. bei Gegenkopplung closed-loop gain
V. des Vervielfachers multiplier gain
V. Eins unity gain
V. ohne Rück- und Gegenkopplung open-loop gain
mittlerer V. *(Syst)* average gain factor *(bei nichtlinearer Regelung)*
reziproker V. reciprocal of amplification factor
Verstärkungsfestlegung *f (Syst)* gain setting
Verstärkungsgleichung *f* gain equation
Verstärkungsglied *n (Syst)* amplification element, amplifying circuit
Verstärkungsgrad *m* amplification (gain) factor, degree of amplification
V. des geöffneten Regelkreises open-loop gain
Verstärkungskoeffizient *m* amplification coefficient
Verstärkungskonstante *f* amplification constant
Verstärkungskonstanz *f* gain stability
Verstärkungskurve *f* gain characteristic, amplification curve
Verstärkungsmesser *m* gain measuring device (set)
Verstärkungsmessung *f* gain measurement; *(Fmt)* repeater gain measurement
Verstärkungsmode *f* amplification mode
Verstärkungsregelung *f* gain control
automatische V. *(Syst)* automatic gain control (regulation), a.g.c., AGC
sprachgesteuerte V. voice-operated gain control
stufenweise V. step-by-step gain control
unverzögerte automatische V. instantaneous automatic gain control
Verstärkungsregler *m* gain controller
sprachgesteuerter V. voice-operated gain adjusting device
Verstärkungsrippe *f* stiffening rib
Verstärkungsschaltung *f* amplifying circuit
Verstärkungsstufe *f* amplification stage
Verstärkungsverlust *m* gain loss
Verstärkungsziffer *f (Fmt)* repeater gain
versteifen to stiffen, to strengthen; to reinforce; to brace *(mit Stützen)*
Versteifung *f* stiffening, strengthening
Versteifungsmittel *n* stiffening agent
Versteifungsrippe *f* stiffening rib
verstellbar adjustable; variable
Verstellbarkeit *f* adjustability; variability
verstellen to adjust; to shift
Verstellgetriebe *n* variable-speed gear, speeder gear *(Dampfturbine)*
Verstellmotor *m* brush-shifting motor
Verstellung *f* adjustment; shifting
V. des Ventilschiebers valve displacement
seitliche V. lateral adjustment
verstimmen to detune, to mistune
verstimmt detuned, mistuned, off-tune, off-resonance
Verstimmung *f* 1. *(Ak)* detuning; 2. unbalance *(Brücke)*
thermische V. thermal detuning (frequency drift)
Verstimmungsdämpfung *f* off-resonance attenuation
Verstimmungslage *f* detuning position
Verstimmungsmessung *f* detuning measurement
Verstimmungsschutz *m* off-resonance trip
Verstimmungsverfahren *n* detuning method
verstreben to brace, to strut
Verstrebung *f* 1. bracing, strutting; 2. *s.* Strebe
verstreckt / biaxial *(Isol)* biaxially stretched
verstümmeln *(Nrt, Fmt)* to mutilate, to garble
Verstümmelung *f (Nrt, Fmt)* mutilation, garble
Verstümmelungsgrad *m* mutilation rate
Versuch *m* test, experiment, trial; run
Versuchsableiter *m* tentatively selected arrester *(für Versuchszwecke)*

Versuchsamt *n (Fmt)* trial exchange
Versuchsanlage *f* experimental plant; pilot plant
Versuchsanordnung *f* experimental arrangement (set-up, assembly), test set-up
Versuchsaufbau *m* 1. *(Elk)* breadboard[ing] *(Schaltungsaufbau)*; 2. breadboard model *(Versuchsmodell)*
V. einer Schaltung breadboard circuit
Versuchsauswertung *f* evaluation of test
Versuchsdauer *f* duration of test (experiment)
Versuchseinheit *f* experimenting unit
Versuchseinrichtung *f* test rig
Versuchselektrode *f* test electrode
Versuchsergebnis *n* test (experimental) result
Versuchsfehler *m* experimental error
Versuchsfeld *n* test field
Versuchsfunkstelle *f* experimental radio station
Versuchsgerät *n* experimental equipment (device)
Versuchskraftwerk *n* experimental power station
Versuchslabor *m* experimental laboratory
Versuchsmethode *f* experimental method
Versuchsmodell *n* breadboard model
Versuchsmuster *n* laboratory model
Versuchsnetz *n* trial network
Versuchsprotokoll *n* test report
Versuchsreihe *f* series of experiments, test series
Versuchsschaltung *f* experimental circuit; temporary circuit
Versuchsstrecke *f (Fmt)* experimental route
Versuchsverbindung *f (Fmt)* test call
Versuch-und-Irrtum-Methode *f* trial-and-error method *(Kybernetik)*
vertauschbar 1. exchangeable, replaceable; 2. permutable *(Mathematik)*
Vertauschung *f* permutation; commutation
zyklische V. *(Rech)* cyclic permutation
Vertauschungsmeßmethode *f* transposition method of measurement
Vertauschungsrelation *f* commutation relation
verteilen 1. to distribute; 2. to disperse
elektrische Energie v. to distribute electric energy
gleichmäßig v. to distribute uniformly (evenly)
wahllos v. to randomize
Verteiler *m* distributor, distribution board (frame) *(Schaltanlage)*; terminal box *(für Kabel)*; *(Fmt)* junction box, patching bay (*s. a.* Verteilergestell)
gußgekapselter V. iron-clad distribution board
kombinierter V. *(Fmt)* combined distribution frame *(Haupt- und Zwischenverteiler)*
rotierender V. rotary distributor
Verteileramt *n (Fmt)* distribution centre
Verteilerdose *f* distribution (distributing, junction) box
Verteilerfernamt *n (Fmt)* via centre
Verteilergestell *n (Fmt)* repeater distribution frame
V. für HF-Verstärker *(Fmt)* high-frequency repeater distribution frame
Verteilerkabel *n* power distribution cable
Verteilerkanal *m* distributor duct
Verteilerkasten *m* distribution (distributing) box; *(Anl)* link (conduit) box *(Installationstechnik)*
Verteilermast *m* distribution pole
Verteilernocken *m* distributor cam
Verteilerpunkt *m* distributing point; *(Fmt)* switching point
virtueller V. virtual switching point
Verteilerregister *n (Rech)* distributor register
Verteilerrohr *n* distributor duct
Verteilersäule *f* distributing pillar
Verteilerschaltdraht *m (Fmt)* jumper wire
Verteilerschalttafel *f* distribution (branch) switchboard (*s. a.* Verteilertafel)
Verteilerscheibe *f* distributor disk
Verteilerschiene *f* distributing bus bar, bus
Verteilerschrank *m* distributing cabinet (pillar); *(Anl)* link box
Verteilersicherungstafel *f* distribution fuse board
Verteilerstelle *f* distributor point
Verteilerstück *n* manifold *(Rohrleitung)*
Verteilertafel *f* distribution (distributing) board, distribution panel
Verteilerverstärker *m* distributing amplifier
Verteilerwähler *m* distributing selector
Verteilerwelle *f* distributor shaft
Verteilerwerk *n* switching station
Verteilfernamt *n (Fmt)* switching point
verteilt / punktförmig distributed in lumps
statistisch v. statistically distributed
über die Oberfläche v. spaced about the surface
zufällig v. randomly distributed
Verteilung *f* 1. distribution; 2. dispersion
V. der Einfallabstände *(Fmt)* call inter-arrival distribution
V. der Ladungen charge distribution
V. der Photonen im Szintillator scintillator photon distribution
V. der Wahrscheinlichkeitsdichte probability density distribution
V. von Elektroenergie distribution of electrical energy
asymmetrische V. asymmetric distribution
asymptotische V. asymptotic distribution
binomische V. binomial distribution
Boltzmannsche V. Boltzmann distribution
exponentielle V. exponential distribution

Gaußsche V. Gauss[ian] distribution
gleichmäßige (homogene) V. uniform distribution
Maxwellsche V. Maxwell[ian] distribution
Plancksche V. Planck distribution
Poissonsche V. Poisson distribution
radiale V. radial distribution
räumliche V. spatial (geometric) distribution
Rayleighsche V. Rayleigh distribution
spektrale V. spectral distribution
statistische V. statistical distribution
stetige V. continuous distribution
unsymmetrische V. *(Ferns)* skew distribution
zeitliche V. temporal (time) distribution
zufällige V. random distribution

Verteilungsanlage *f* distributing plant
Verteilungscharakteristik *f* **/ spektrale** spectral characteristic *(z. B. eines Bildschirms)*
Verteilungsfaktor *m* distribution factor
Verteilungsfotometer *n* distribution photometer
Verteilungsfotometrie *f* distribution photometry
Verteilungsfunktion *f* distribution function; *(Phys)* partition function
bedingte V. conditional distribution function
Gaußsche V. Gaussian function
Verteilungsgesetz *n* distribution law *(einer stochastischen Größe)*
Verteilungskabel *n* distribution (distributing) cable
Verteilungskabelnetz *n (Fmt)* secondary network
Verteilungskanal *m* distribution conduit *(Kabel)*
Verteilungskode *m* distribution code
Verteilungskoeffizient *m* distribution coefficient; *(Phys)* partition coefficient
Verteilungskurve *f* distribution curve
Verteilungsleitung *f* distribution wire
Verteilungsnetz *n* distribution (distributing) network, distribution system
Verteilungsplan *m (Nrt)* allocation table *(für Frequenzen)*
Verteilungsproblem *n (Rech)* distribution problem
Verteilungspunkt *m* distributing point
Verteilungsrauschen *n* partition noise *(Stromverteilung)*
Verteilungsschalter *m* section switch
Verteilungsschaltgerät *n* distribution switchgear
Verteilungsschalttafel *f* distribution switchboard
Verteilungsschaltung *f* distribution circuit
Verteilungsschiene *f* distributing bus bar, bus
Verteilungssystem *n* distribution system
Verteilungstemperatur *f* distribution temperature
Verteilungsvermögen *n* distributing capacity
Verteilungszentrum *n* distribution centre *(Energieversorgung)*
Vertikalablenkelektrode *f* vertical deflection electrode
Vertikalablenkgerät *n* vertical time-base generator
Vertikalablenkplatte *f* vertical deflection electrode *(Oszilloskop)*
Vertikalablenkung *f* vertical deflection (sweep); *(Ferns)* field sweep
Vertikalabschwächer *m* vertical attenuator
Vertikalantenne *f* vertical aerial (radiator)
V. mit Anzapfspeisung shunt-fed vertical aerial
Vertikalantrieb *m* vertical drive
Vertikalauflösung *f (Ferns)* vertical resolution
Vertikalaustastlücke *f (Ferns)* field blanking interval
Vertikalbeleuchtung *f* vertical illumination
Vertikalbeleuchtungsstärke *f* vertical illuminance
Vertikaldiagramm *n* vertical diagram, vertical [radiation] pattern *(Antenne)*
Vertikaldraht *m* vertical wire *(z. B. einer Kernmatrix)*
Vertikaldrahtantenne *f* vertical wire aerial
Vertikalendstufe *f (Ferns)* vertical final stage
Vertikalfrequenz *f (Ferns)* vertical (field) frequency
Vertikalmaschine *f* vertical machine
Vertikal-MOSFET *m* vertical metal-oxide semiconductor field-effect transistor, vertical MOSFET
Vertikalschalter *m* vertical break switch
Vertikalschalttafel *f* vertical switchboard
Vertikalschweißmaschine *f* vertical welding machine
Vertikalstrahler *m* vertical radiator, vertically polarized aerial
Vertikalstrahlungsdiagramm *n* vertical radiation pattern *(Antennentechnik)*
Vertikalsynchronimpuls *m (Ferns)* vertical synchronization pulse
Vertikalverstärker *m* vertical amplifier, V-amplifier
Vertikalverstärkung *f* vertical gain
verträglich compatible
Verträglichkeit *f* compatibility
Verträglichkeitsbedingung *f* compatibility condition
Vertrauensbereich *m* confidence interval *(Statistik)*
Vertrauensgrenze *f* confidence limit; *(Meß)* limiting error
Vertrauensintervall *n* confidence interval *(Statistik)*

Vertrauenswert *m* confidence level *(Statistik)*
verunreinigen to contaminate; to pollute
Verunreinigung *f* 1. contamination; pollution; 2. impurity, contaminant, foreign substance, admixture
  chemische V. chemical impurity
Verunreinigungsatom *n* impurity atom
verunreinigungsdotiert *(Halbl)* impurity-doped
Verunreinigungselement *n* impurity element
Verunreinigungskonzentration *f* impurity concentration
Verunreinigungsniveau *n (Halbl)* impurity level
Verunreinigungsquelle *f (Halbl)* impurity supply
Verunreinigungsstoff *m s.* Verunreinigung 2.
verursachen / einen [elektrischen] Durchschlag to cause breakdown
  einen Kurzschluß v. to short-circuit
vervielfachen *(El)* to multiply
Vervielfacher *m* **/ fotoelektronischer** photoelectronic multiplier, photomultiplier, multiplier phototube
Vervielfacherdiode *f* multiplier diode
Vervielfacherschaltung *f* multiplier circuit
Vervielfacherstufe *f* multiplier stage
Vervielfachung *f (El)* multiplication
Vervielfachungsfaktor *m* multiplication factor
Vervielfachungsschaltung *f* multiplication circuit
  Marxsche V. Marx multistage generator *(Stoßspannungserzeugung)*
  zweistufige V. two-stage multiplier circuit
Vervielfältigung *f* reproduction; copying
vervierfachen to quadruple, to quadruplicate
Vervierfacher *m* times-four multiplier, quadrupler
Vervollkommnung *f* improvement; refinement
vervollständigen to complete
Vervollständigung *f* completion; complement
verwachsen to intergrow *(Kristalle)*
Verwachsung *f* intergrowth *(Kristalle)*
verwandeln to change; to transform
  in Ozon v. to ozonize
verwaschen smeared out; blurred
Verweiltank *m* delay tank
Verweilzeit *f* time of stay, retention (holding, hold-up) time; *(Masch)* dwell time
verwendbar applicable, usable
verwenden to apply, to use
Verwendung *f* application, use
Verwendungsmöglichkeit *f* applicability, usability, application possibility
verwirbelt turbulent
Verwirbelung *f* turbulence
verwirren to confuse
Verwirrungsgebiet *n (FO)* confusion (interference) region
verwischen to blur *(z. B. Fernsehbild)*; to obscure
verwitternd / nicht non-weathering
Verwitterungsbeständigkeit *f* weathering resistance
verworren confused; blurred
Verzahnung *f* toothing
verzehren [/ sich] to consume *(z. B. Elektrode)*
verzeichnen to distort *(Optik)*
Verzeichnis *n* list; register; schedule, table
  V. der Funkstellen list of stations
Verzeichnung *f* distortion *(Optik)*
  kissenförmige V. *(Ferns)* pincushion (trapezium) distortion
  tonnenförmige V. *(Ferns)* barrel distortion
verzeichnungsfrei distortionless, free from distortion
verzerren to distort; to blur *(Sprache)*
Verzerrung *f* distortion
  V. der Frequenzgangkennlinie amplitude-frequency distortion
  V. der Graustufenskale *(Ferns)* grey-scale distortion
  V. der Kurvenform wave[form] distortion
  V. der Wellenamplitude wave amplitude distortion
  V. dritter Ordnung third-order distortion
  V. durch Mehrwegeübertragung *(Nrt)* multipath distortion
  V. durch ungerade Oberwellen odd-harmonic distortion
  V. durch Zufallsgrößen *s.* zufällige V.
  V. durch Zwischenmodulation *(Nrt)* intermodulation distortion, combination-tone distortion
  V. infolge Quantisierung *(Nrt)* quantization distortion
  allgemeine V. *(Fmt)* general distortion
  arhythmische V. start-stop distortion
  charakteristische V. characteristic distortion
  einseitige V. bias distortion
  geringe V. low distortion
  isochrone V. *(Fmt)* isochronous distortion
  kubische V. cubic (third-harmonic) distortion, distortion of the third order
  laufzeitabhängige V. transit-time dependent distortion
  lineare V. linear distortion
  negative V. negative distortion
  nichtlineare V. non-linear distortion
  quadratische V. quadratic (second-harmonic) distortion, distortion of second order

stationäre V. stationary distortion
trapezförmige V. keystone distortion
unregelmäßige V. irregular distortion
zufällige V. fortuitous (stochastic, irregular) distortion
Verzerrungsausgleich *m* compensation of distortion
Verzerrungsenergie *f* distortion energy
Verzerrungsfaktor *m* distortion factor; harmonic distortion factor
verzerrungsfrei distortion-free, distortionless, non-distorting
Verzerrungsfreiheit *f* freedom from distortion
V. eines Signals signal fidelity
Verzerrungsgeräusch *n* distortion noise
Verzerrungsgrad *m* **bei Prüftext** *(Fmt)* degree of standardized test distortion
konventioneller (zuverlässiger) V. conventional degree of distortion
Verzerrungskompensation *f* distortion compensation
Verzerrungsmesser *m*, **Verzerrungsmeßgerät** *n* distortion meter (analyzer), distortion measuring equipment
Verzerrungsmessung *f* / **regelmäßige** routine distortion test
Verzerrungsnormal *n* distortion standard
Verzerrungspegel *m* level of distortion
Verzerrungsprodukt *n* distortion product
Verzerrungsregelung *f* control of distortion
verziehen [/ sich] to warp, to distort
verzinken to zinc[-coat], to galvanize; *(Galv)* to zinc-plate, to electrogalvanize
Verzinken *n* zinc-coating, galvanization; *(Galv)* zinc-plating, electrogalvanizing
V. im Tauchverfahren galvanizing by dipping
Verzinkung *f s.* Verzinken
Verzinkungsbad *n* galvanizing bath
verzinnen to tin[-coat]; *(Galv)* to tin-plate, to electrotin
Verzinnung *f* tinning, tin-coating; *(Galv)* tin-plating, electrotinning
Verzinnungsbad *n* tin[ning] bath
Verzögerer *m* retarder; slug *(beim Relais)*
verzögern 1. to delay *(zeitlich)*; to retard; 2. to decelerate, to slow [down]
den Phasenwinkel v. to retard the phase
sich v. to lag
verzögert / abhängig inverse time-lag
unabhängig v. definite time-lag
zeitlich v. delayed [in time], time-lag
Verzögerung *f* 1. [time] delay, [time] lag, lagging; retardation; 2. deceleration
V. des Phasenwinkels *(Syst)* phase lag
V. durch magnetische Speicherung magnetic delay *(z. B. von Signalen)*
begrenzt abhängige V. inverse time lag with definite minimum *(Relais)*
exponentielle V. *(Syst)* exponential lag
relative V. relative delay
stromunabhängige V. constant time lag
thermische V. thermal lag
zeitliche V. time delay (lag)
Verzögerungsaufnahme *f* delay pick-off
Verzögerungsbereich *m* delay range, range of delay
Verzögerungsdrossel *f* delay reactor
Verzögerungseinheit *f* delay unit
Verzögerungseinrichtung *f* slow-down device
thermische V. thermal time element
Verzögerungselektrode *f* decelerating electrode *(Elektronenstrahlröhre)*
Verzögerungselement *n* delay element
Verzögerungsentzerrer *m (Syst)* lag-lead equalizer
verzögerungsfrei free from delay (lag)
Verzögerungsgenerator *m* delay generator
Verzögerungsglied *n (Syst, Nrt)* delay element (unit, component), [time-]lag element
V. erster Ordnung *(Syst)* first-order delay element
Verzögerungsinduktivität *f* delay reactor (inductor)
Verzögerungskette *f* low-pass delay network
Verzögerungskraft *f* decelerative force
Verzögerungskreis *m* delay circuit
Verzögerungsleitung *f* delay line; delay cable *(Stoßspannungsmeßtechnik)*
akustische V. acoustic (sonic) delay line
elektrische V. electric delay line
elektromagnetische V. electromagnetic delay line
magnetische V. magnetic delay line
magnetostriktive V. magnetostrictive (magnetostriction) delay line
periodische V. periodic delay line
Verzögerungsleitungsfrequenzteiler *m* delay-line frequency divider
Verzögerungsleitungsverfahren *n* delay-line technique
Verzögerungslinse *f* **für Mikrowellenantennen** path length microwave lens
Verzögerungsmittel *n* delay medium, retarder
Verzögerungsperiode *f* delay period
Verzögerungspotential *n* retarding potential
Verzögerungsrelais *n* 1. time-lag relay, [time-]delay relay; 2. decelerating relay *(in Antriebssystemen)*; restraining relay
Verzögerungsschalter *m* [time-]delay switch
thermischer V. thermal delay switch
Verzögerungsschaltung *f* [time-]delay circuit, delay network, lag circuit; retarder
Verzögerungsspannung *f* delay voltage
Verzögerungsspeicher *m* delay-line memory (store), circulating memory

Verzögerungsspule *f* retardation coil; delay reactor
Verzögerungsstrecke *f* / **akustische** sonic delay line
Verzögerungswinkel *m* lag (delay) angle; retardation angle
Verzögerungszeit *f* 1. delay time, lag time; time delay (lag); retardation time; propagation delay *(in Digitalschaltungen)*; 2. *(Halbl)* recovery time *(Sperrverzögerung)*; 3. decelerating time *(bei Antrieben)*
stromunabhängige V. definite time limit
Verzögerungszeitkonstante *f* time constant of time delay
Verzögerungszeitschalter *m* delay timer
Verzonen *n (Fmt)* zoning
Verzug *m* time lag
Verzugszeit *f s.* Verzögerungszeit
Verzunderung *f* scaling
verzweigen [/ sich] to branch; to ramify *(z. B. Kriechweg auf einer Isolation)*
Verzweiger *m* tee junction; distributor; *(Fmt)* distribution point, D.P.
Verzweigerbereich *m (Fmt)* cross-connection area, cabinet district
verzweigt branched
baumförmig v. dendritic
Verzweigung *f* branch[ing]; junction *(Wellenleiter)*; bypass, by-pass
Verzweigungsadresse *f (Rech)* branch address
Verzweigungsbefehl *m (Rech)* branching instruction (order)
Verzweigungskabel *n (Fmt)* distribution (secondary) cable
Verzweigungsmuffe *f* trifurcating joint; *(Fmt)* multiple cable joint
Verzweigungsprogramm *n (Rech)* branching program (routine)
Verzweigungspunkt *m (El)* branch[ing] point; junction point, node; *(Fmt)* connection point; *(Syst)* take-off point, pick-off point *(im Signalflußplan)*
Verzweigungssteckverbinder *m* cross connector
Verzweigungsstelle *f* branch[ing] point
Verzweigungsverhältnis *n (Anl)* branching ratio
verzwillingen to twin *(Kristalle)*
VFET, V-FET *s.* Feldeffekttransistor / vertikaler
V-Graben-MOSFET *m*, **V-Graben-MOS-Transistor** *m* V-groove metal-oxide semiconductor field-effect transistor, V-groove MOSFET, VMOSFET
Vh *s.* Hauptverteiler
Vibration *f* vibration
Vibrationselektrometer *n* vibrating-reed electrometer
Vibrationsfreiheit *f* absence of vibration
Vibrationsgalvanometer *n* vibration galvanometer
vibrationsgeschützt vibration-protected
Vibrationslinearisierung *f (Syst)* linearization by vibration *(mittels aufgeprägter Schwingung)*
Vibrationsmeßgerät *n* vibrating-reed instrument
Vibrationsregler *m (Syst)* vibrating regulator *(Regler mit Relaissummer)*; Tirill regulator *(für Generatorspannungen)*
Vibrationsrelais *n* vibrating relay
Vibrationsspule *f* vibrating coil
Vibrationszubringer *m* / **elektromagnetischer** electromagnetic vibratory feeder
Vibrator *m* vibrator
Kappscher V. Kapp vibrator
Vibratorschaltung *f* / **modifizierte** modified multivibrator circuit
vibrieren to vibrate
Vibrograf *m* vibrograph
Vibrometer *n* vibration meter, vibrometer
Videoband *n* video band
Videobandaufnahme *f* video tape recording
Videofrequenz *f* video frequency
Videofrequenzband *n* video frequency band
Videofrequenzgang *m* video frequency response
Videofrequenztechnik *f* video frequency technique (engineering)
Videoimpuls *m* video pulse
Videoimpulsgeber *m* video pulse generator
Videokonverter *m* video converter
Videokopf *m* video head
Videomagnetband *n* video [magnetic] tape
Videomagnetkopf *m* video magnetic head
Videooszillograf *m* video oscilloscope
Videoplatte *f* video disk
Videorecorder *m* video recorder
Videosignal *n* video signal
zusammengesetztes V. composite video signal
Videotelefon *n* video telephone
Videotext *m s.* Bildschirmtext
Videoverstärker *m* video [frequency] amplifier
Vidicon *n s.* Vidikon
Vidikon *n* vidicon [tube] *(Bildaufnahmeröhre)*
V. mit hoher Elektronenstrahlgeschwindigkeit high-beam-velocity vidicon
Vidikonaufnahmeröhre *f (Ferns)* vidicon camera (pick-up) tube
Vidikonröhre *f s.* Vidikon
vieladrig multicore, multiwire
Vielbereichsmeßgerät *n* multirange instrument (meter)
Vielchipelement *n* multichip integrated circuit
vieldeutig ambiguous; multivalued
Vieldeutigkeit *f* ambiguity

vieldimensional multidimensional
Vieleckschaltung *f* polygonal connection
Vielelektrodenröhre *f* multielectrode valve
Vielelektronenproblem *n* many-electron problem
vielfach multiple
Vielfachabfrageeinrichtung *f (Fmt)* multiple answering equipment
Vielfachantenne *f* multiple aerial
Vielfachausgang *m (Rech)* multiterminal
Vielfachausnutzung *f (Nrt)* multiplexing
Vielfachbetrieb *m (Fmt)* multiple operation
Vielfachbildumsetzer *m* multi-image pattern
Vielfachdiode *f* multiple diode
Vielfachecho *n* multiple echo
Vielfacheingang *m (Rech)* multiterminal
Vielfachemittertransistor *m* multiemitter (multiple-emitter) transistor
Vielfachempfang *m (Nrt)* multiple reception
Vielfaches *n* multiple *(Mathematik)*
V. einer Maßeinheit multiple unit
ganzzahliges V. integer multiple
Vielfachfeld *n (Fmt)* multiple [field], bank multiple
V. zum Prüfen einer bestehenden Verbindung check multiple
Vielfachfilter *n* multifilter
Vielfachfunkenstrecke *f* multiple spark gap
Vielfachfunktionsplättchen *n (Elk)* multiple-function chip
vielfachgeschaltet *(Fmt)* connected in multiple, multiple-connected
Vielfachgleichrichter *m* multiple rectifier
Vielfachinstrument *n* multipurpose instrument (meter), multirange instrument, multimeter
elektronisches V. electronic volt-ohm-mA meter
Vielfachkabel *n (Fmt)* multiple cable; bank cable *(für Kontaktfeld)*
Vielfachklinke *f (Fmt)* multiple jack
Vielfachkoinzidenz *f (Nrt)* multiple coincidence
Vielfachkontakt *m* multiple contact
Vielfachleitung *f* multiwire line
Vielfachmagnetron *n* multicavity (cavity) magnetron
Vielfachmeßgerät *n s.* Vielfachinstrument
Vielfachprüfgerät *n (Fmt)* multitester
Vielfachpunktschweißen *n* multiple-electrode spot welding, multispot welding
Vielfachrahmen *m* multiframe *(Pulskodemodulation)*
Vielfachreflexion *f* multiple reflection
vielfachschalten *(Fmt)* to multiply
Vielfachschalter *m* multipoint switch
Vielfachschaltung *f (Fmt)* multiple connection (teeing), multiplying
gerade V. straight multiple
gestaffelte V. overlapping (graded) multiple
verschränkte V. slipped multiple
Vielfachschicht *f* multilayer
Vielfachschrank *m (Fmt)* multiple switchboard
Vielfachspur *f* multiple track
Vielfachsteckverbinder *m* multipoint (multiway) connector
Vielfachstoß *m* multiple collision
Vielfachstreuung *f* multiple scattering
Vielfach-TF-Sprecheinrichtung *f* multichannel carrier telephone system
Vielfachtonspur *f* multiple sound track
Vielfachtransistorstruktur *f* multiple transistor structure
Vielfachunterbrechungsklinke *f (Fmt)* series multiple jack
Vielfachverarbeitung *f (Rech)* multiprocessing
Vielfachverdrahtung *f* multiple wiring
Vielfachverkabelung *f (Fmt)* multiple cabling
Vielfachzählung *f* multimetering, multiple metering; *(Fmt)* multiple registration
vielfarbig polychromatic; multicolour[ed]
vielflächig polyhedral
vielgestaltig polymorphic
Vielgitterröhre *f* multigrid valve
Vielkammermagnetron *n* multicavity (multisegment) magnetron
Vielkanalanalysator *m* multichannel analyzer
vielkanalig multichannel
Vielkanalkabel *n* multichannel cable
Vielkanalsystem *n* multichannel system
Vielkanalverstärker *m* multichannel amplifier
Vielkanalwechselstromtelegrafiesystem *n*, **Vielkanal-WT-System** *n* multichannel carrier telegraph system
Vielkontaktrelais *n* multicontact relay
Vielkörperproblem *n* many-body problem
Viellinienspektrum *n* multiline (many-line) spectrum
Viellochgelenkleisten *fpl* multihole joinable strips *(Heizleiterträger)*
Vielniveaurekombination *f (Halbl)* multilevel recombination
Vielniveaustörstelle *f (Halbl)* multilevel impurity
Vielniveausystem *n (Halbl)* multilevel system
Vielniveauverhalten *n* many-level behaviour
Vielphasenwattmeter *n* polyphase wattmeter
Vielphasenwattstundenzähler *m* polyphase watt-hour meter
vielphasig polyphase
Vielphononenstreuung *f* multiphonon scattering
Vielphononenübergang *m* multiphonon transition

Vielpol *m* multipole
vielpolig multipolar, multipole
Vielpunktschweißstraße *f* / **automatische** automatic multiple-spot welding line
Vielschichtenstruktur *f* multilayer structure
vielschichtig multilayer[ed]
Vielschichtkatode *f* multilayer cathode
Vielschichtleiterplatte *f s.* Mehrlagenleiterplatte
Vielschichtverbindung *f* multilayer interconnection
Vielschlitzmagnetron *n* multislot magnetron
vielseitig versatile; multifunctional
Vielseitigkeit *f* versatility, flexibility
Vielsondenmanipulator *m* multiprobing fixture (tool)
Vielsprecher *m (Fmt)* high-calling-rate subscriber
Vielspulenrelais *n* multicoil relay
vielspurig multitrack, multiple-track
Vielspursystem *n (Rech)* multitrack system
vielstellig multidigit
Vielstufenzähler *m* multistage (many-stage) counter
vielstufig multistage
Vieltalhalbleiter *m* multivalley semiconductor
Vielteilchensystem *n* many-particle system
Vieltypwellenleiter *m* multimode waveguide
Vielzellenlautsprecher *m* multicellular loudspeaker
Vielzugriffsrechner *m* multiaccess (multiple-access) computer
Vieradressenbefehl *m (Rech)* four-address instruction
vieradrig four-wire
Vierbuchstabenkode *m* four-letter code
Vierdrahtamt *n (Fmt)* four-wire exchange
Vierdrahtbetrieb *m (Fmt)* four-wire operation
Vierdrahtdämpfung *f (Fmt)* four-wire equivalent
Vierdrahtgabel[schaltung] *f (Fmt)* four-wire termination (terminating set)
Vierdrahtkabel *n* four-wire cable
Vierdrahtleitung *f (Fmt)* four-wire line (circuit)
Vierdrahtschaltung *f (Fmt)* four-wire connection (switching)
Vierdrahtstammleitung *f (Fmt)* four-wire side circuit
Vierdrahtverbindung *f* four-wire connection
Vierdrahtverstärker *m (Fmt)* four-wire repeater
Vierelektrodenofen *m* four-electrode furnace *(Elektroschlackeumschmelzofen)*
Vierelektrodenröhre *f* four-electrode valve
Vierer *m* 1. quad *(Kabel)*; 2. *(Fmt)* phantom circuit
Viererausnutzung *f (Fmt)* phantom utilization
Viererbelastung *f (Fmt)* phantom loading
Viererbespulung *f (Fmt)* phantom loading
Viererbetrieb *m (Fmt)* phantom [circuit] operation, phantom working
Viererbildung *f (Fmt)* phantoming
Viererbündel *n* quadruple (four-conductor) bundle, quadruplex bundle conductor *(Kabel)*
Vierergruppe *f (Fmt)* phantom group
Viererkapazität *f (Fmt)* phantom (side-to-side) capacity
Viererkreisübertrager *m (Fmt)* phantom circuit repeating coil
Viererleitung *f (Fmt)* phantom circuit
viererpupinisiert *(Fmt)* phantom-loaded, composite-loaded
Viererpupinisierung *f (Fmt)* phantom loading
Viererschaltung *f (Fmt)* phantom connection
Viererschleifenkapazität *f s.* Viererkapazität
Viererseil *n* quad
Viererspule *f (Fmt)* phantom circuit loading coil
viererverseilt quadded
Viererverseilung *f* quad formation *(Kabel)*
vierfach quadruple, fourfold
Vierfachbetrieb *m (Fmt)* quadruplex [system]
vierfachdiffundiert *(Halbl)* quad-diffused
Vierfachemitterfolger *m* quadruple emitter follower
Vierfachtelegraf *m* quadruplex telegraph
Vierfachtelegrafie *f* quadruplex telegraphy
Vierfachzwillingskabel *n* quadruple pair cable
vierflächig tetrahedral
Vierfrequenz-Diplextelegrafie *f* four-frequency diplex telegraphy, twinplex
Vierfrequenzfernwahl *f (Fmt)* four-frequency dialling
Viergitterregelmischröhre *f* fading-mix hexode
Viergitterregelröhre *f* fading hexode
Vierkanalbetrieb *m* four-channel [mode of] operation
Vierkanalbinärkode *m* four-channel binary code
Vierkanalstereofonie *f* four-channel stereophonic sound
Vierkursfunkfeuer *n* four-course beacon
Vierleiteranlage *f* four-wire installation (system)
Vierleiterkabel *n* four-conductor cable, four-core cable, cable in quadruples
Vierleiternetz *n s.* Vierleiteranlage
Vierniveau-Festkörperlaser *m* four-level solid-state laser
Vierniveaulaser *m* four[-energy]-level laser
Vierniveaumaser *m* four-level maser

Vierniveausystem *n* four-level [laser] system, four-energy-level system
Vierphasensystem *n* four-phase system
vierphasig quarter-phase
Vierpol *m* quadripole [network], four-pole network (circuit), four-arm network, four-terminal network, two-port [network]
  V. in T-Schaltung T-network
  aktiver V. active quadripole
  äquivalenter V. equivalent four-pole
  elektrischer V. electric quadripole
  magnetischer V. magnetic quadripole
  passiver V. passive quadripole (four-terminal network)
  symmetrischer V. symmetrical (balanced) quadripole
  umkehrbarer V. reciprocal two-port network
Vierpoldämpfung *f*, **Vierpoldämpfungsfaktor** *m* quadripole attenuation factor (constant) *(Dämpfungsmaß)*
Vierpolelement *n* four-terminal device
Vierpolerregung *f* quadripole excitation
Vierpolersatzschaltbild *n* four-pole equivalent circuit
Vierpolfrequenz *f* quadripole frequency
vierpolig quadripolar, four-terminal, four-pole, tetrapolar
Vierpolkopplung *f* quadripole coupling
Vierpolkreuzglied *n* lattice (bridge) network
Vierpolnetzwerk *n* quadripole network
Vierpol-Reihen-Parallel-Ersatzschaltung *f* hybrid equivalent four-pole network
Vierpolresonanz *f* quadripole resonance
Vierpolröhre *f* tetrode, four-electrode valve
Vierpolschaltung *f* quadripole network, four-pole [circuit] network
Vierpoltheorie *f* four-pole theory
Vierpolübergangsfrequenz *f* quadripole frequency
Vierpolübertragungsmaß *n* image transfer constant
Vierpolverstärker *m* quadripole amplifier
Vierschichtbauelement *n* four-layer component (device), p-n-p-n component
Vierschichtdiode *f* four-layer diode, p-n-p-n diode
Vierschichtstruktur *f* four-layer structure, p-n-p-n structure
Vierschichttransistor *m* four-layer transistor, p-n-p-n transistor
Vierschichttriode *f* four-layer triode, p-n-p-n triode
Vierschlitzmagnetron *n* four-segment anode magnetron
Vierspeziesrechner *m (Rech)* four-rules calculator
Vierspitzenmeßkopf *m* four-point probe
Vierspitzenmessung *f* four-point probe measurement
Vierspitzensonde *f* four-point probe
Vierspuraufzeichnung *f* four-track recording
vierspurig four-track *(Tonband)*
Vierspur[magnet]tonband *n* four-track tape
Vierstellungsventil *n* four-position valve
Viertelkreisfehler *m* quadrantal deviation (error)
Viertelspur *f* four track *(Tonband)*
Viertelwelle *f* quarter wave
Viertelwellenabstand *m* quarter-wave gap
Viertelwellenanpassungsglied *n s.* Viertelwellenübertrager
Viertelwellenanpassungstransformator *m* quarter-wave [matching] transformer
Viertelwellenantenne *f* quarter-wave aerial
Viertelwellenkopplung *f* quarter-wave coupling
Viertelwellenleitung *f* quarter-wave [transmission] line, quarter-wave stub
Viertelwellenplättchen *n* quarter-wave plate
Viertelwellensperre *f* quarter-wave attenuator
Viertelwellenübertrager *m*, **Viertelwellenumformer** *m* quarter-wave transformer
Vignettierung *f* vignetting
virtuell virtual *(z. B. Bild)*
Visier *n* **[/ optisches]** sight
viskoelastisch viscoelastic
viskos viscous, viscose
Viskosität *f* viscosity
visuell visual
V-Karte *f* control chart for coefficients of variation *(Leiterplattenherstellung)*
V-Kontakt *m* V-type contact
V-Kurve *f* V-curve
VLSI *Abk. für* very large-scale integration
VMOSFET *s.* V-Graben-MOSFET
Vocoder *m s.* Vokoder
Vokoder *m (Rech)* vocoder *(Kurzwort für* voice encoder; *Kodiergerät für akustische Sprachsignale)*
Vokodersprache *f (Rech)* vocoderized speech
Volladdierer *m (Rech)* full adder
Vollamt *n (Fmt)* main exchange
Vollamtsberechtigung *f (Fmt)* direct outward dialling
Vollanode *f* solid anode (plate)
Vollanodenmagnetron *n* single-anode magnetron
Vollast *f* full load (rating); full-load output
Vollastanlauf *m* full-load starting
Vollastbenutzungsstunden *fpl* full-load utilization
Vollastcharakteristik *f* full-load characteristic
Vollastleistung *f* full-load output
Vollastpumpe *f* full-load pump
Vollastspannung *f* full-load voltage
Vollaststrom *m* full-load current

Vollausfall *m (App)* complete failure
Vollausschlag *m (Meß)* full-scale deflection, full scale
Vollausschlagablesung *f* full-scale reading
Vollaussteuerung *f (Rech)* full scale *(Bereich)*
vollautomatisch full-automatic, fully automatic
Vollautomatisierung *f* full automation
Vollbeaufschlagung *f* full admission *(Turbine)*
Vollbelastung *f* full load
Vollbelegung *f (Fmt)* occupancy
Vollbelegungsverlust *m (Fmt)* loss of occupancies
Vollbetriebszeit *f* full operating time
Vollbrückenschaltung *f (Elk)* full bridge circuit
Volldraht *m* solid wire
vollelektrisch all-electric
vollelektronisch all-electronic
vollenden to complete
Vollfarbe *f* full colour
vollflächig holohedral
Vollgummischnur *f* all-rubber conductor
Vollimpuls *m* full-[im]pulse wave
Vollkabel *n* solid-insulation cable
Vollkernisolator *m* solid-core [suspension] insulator
Vollkernrotor *m* solid-iron rotor
Vollkohlebürste *f* massive carbon brush
vollkristallin holocrystalline
vollmagnetisch all-magnetic
Vollmantelkabel *n* solid-jacket cable
Vollplastausführung *f* all-plastic construction
Vollpolläufer *m* non-salient pole rotor
Vollpolmaschine *f* turbine-type machine
Vollpolsynchronmaschine *f* non-salient pole machine
Vollsperre *f (Fmt)* total barring
Vollspur *f* single (full) track *(Tonband)*
Vollspuraufzeichnung *f* single-track recording
volltönend *(Ak)* deep [sounding], rich in tone
volltransistorisiert all-transistor[ized]
Vollvermittlungsstelle *f (Fmt)* main exchange
Vollwählbetrieb *m (Fmt)* full dial service
Vollweggleichrichter *m* full-wave rectifier
Vollweggleichrichterschaltung *f* full-wave rectifier circuit
Vollwegstromversorgung *f* / **ungeglättete** unsmoothed full-way supply
Vollwelle *f* full wave
Vollwellendemodulator *m* full-wave demodulator
Vollwellenimpuls *m* full-[im]pulse wave
Vollzugsordnung *f* **für den Funkdienst** *(Nrt)* radio regulations
  V. für den Telegrafendienst *(Fmt)* telegraph regulations
Vollzustand *m* full condition *(z. B. eines Zählers)*
Volt *n* volt, V *(SI-Einheit der elektrischen Spannung)*
Volta-Effekt *m* Volta effect
Volta-Element *n* Volta (voltaic) cell
voltaisch voltaic
Voltameter *n* voltameter, coulo[mb]meter *(Ladungsmengenmesser)*
Voltampere *n* voltampere, va, VA *(SI-Einheit der elektrischen Scheinleistung)*
Voltamperemeter *n* volt-ampere meter, voltameter, VA-meter *(Scheinleistungsmesser)*
Voltamperestunde *f* volt-ampere hour, VAh
Voltamperestundenzähler *m* volt-ampere-hour meter
Volta-Potential *n* Volta (voltaic) potential, contact potential (electricity), outer electric potential
Volta-Spannung *f* Volta tension (potential difference), contact potential difference
Voltmeter *n* voltmeter *(Spannungsmesser)*
  V. für zwei Meßbereiche double-range voltmeter
  V. mit Hilfsnebenwiderständen voltmeter multiplier
  V. mit Spitzenwertanzeige peak-reading voltmeter
  absolutes V. absolute voltmeter
  elektronisches V. electronic voltmeter
  elektrostatisches V. electrostatic voltmeter
  elektrostatisches V. für Hochspannung high-voltage electrostatic voltmeter
  hochohmiges V. high-impedance voltmeter, high-resistance voltmeter
  integrierendes V. integrating digital voltmeter
  vergleichendes V. slide-back voltmeter
Voltmeterumschalter *m* voltmeter switch
Voltsekunde *f s.* Weber
Volt-Zeit-Kurve *f* volt-time curve
Volumen *n* volume; bulk *(bei Festkörpern)*
Volumenabsorption *f* volume (bulk) absorption
Volumenänderung *f* volume change
Volumenanregung *f* volume excitation
volumenbegrenzt bulk-limited
Volumenbeweglichkeit *f* bulk mobility
Volumencoulometer *n* volumetric voltameter (coulometer)
Volumendichte *f* volume density
Volumendiffusionskoeffizient *m* volume diffusion coefficient
Volumendilatometer *n* volume dilatometer
Volumendurchschlag *m* bulk breakdown
Volumeneffekt *m* volume (bulk) effect
Volumeneinheit *f* unit [of] volume
Volumenhologramm *n* volume hologram
Volumenkontraktion *f* contraction in volume

Volumenkonzentration *f* volume (bulk) concentration
Volumenladung *f* volume charge
Volumenlebensdauer *f* volume lifetime, bulk [carrier] lifetime
Volumenleistung *f* volume power
spezifische V. specific volume throughput
Volumenleitfähigkeit *f* volume (bulk) conductivity
Volumenleitung *f* volume conduction
Volumenpotential *n* volume (bulk) potential
Volumenregler *m* volume regulator
Volumenrekombination *f* volume (bulk) recombination
Volumenrekombinationshäufigkeit *f* volume recombination rate
Volumenschwindung *f*, **Volumenschwund** *m* volume shrinkage
Volumensperrschicht *f* bulk depletion region
Volumenstörstelle *f* bulk impurity
Volumenstrahldichte *f* volume radiance
Volumenstrahler *m (Licht)* volume radiating (radiation) source
Volumenstreuung *f* bulk scattering
Volumenträgerlebensdauer *f* bulk carrier lifetime
Volumenverluste *mpl* volume losses
Volumenvoltameter *n* volume voltameter
Volumenwiderstand *m* bulk resistance
negativer V. bulk negative resistance
spezifischer V. bulk (volume) resistivity
Volumenzustand *m* volume (bulk) state *(Erregerniveau im Festkörperinneren)*
vorabgestimmt pretuned
Vorabgleich *m* preliminary adjustment
Vorabhörweg *m (Nrt)* closed circuit
Vorablagerung *f s.* Vorbelegung 2.
Voradaptation *f* preadaptation
voraltern to age before use
Voramt *n (Fmt)* control station
Voranhebung *f* pre-emphasis
Voranode *f* first anode
Vorausberechnung *f* advance calculation
voraussagen to forecast, to predict
voraussetzen to assume
Voraussetzung *f* assumption
Vorbedingung *f* precondition; prerequisite
Vorbegehung *f* **einer Linie** *(Fmt)* preliminary inspection of a line
vorbehandeln to pretreat, to prepare, to precondition
Vorbehandlung *f* pretreatment, preparatory treatment, preparation, preconditioning
vorbelasten to preload
Vorbelastung *f* initial load; base load; *(Anl)* preceding load
Vorbelastungswiderstand *m* bleeder resistance *(für Gleichrichter)*
Vorbelegung *f* 1. *(Fmt)* pre-emption; 2. *(Halbl)* predeposition *(Aufdampftechnik)*
Vorbelegungsphase *f* predeposition phase
Vorbelegungsrate *f* predeposition rate
Vorbelegungstemperatur *f* predeposition temperature
Vorbelegungszeit *f* predeposition time
Vorbeleuchtung *f* priming illumination
Vorbelichtung *f* pre-exposure
Vorbereitung *f* preparation; pretreatment
V. einer Verbindung *(Fmt)* preparation of a call
Vorbereitungszeichen *n (Nrt)* prefix signal
Vorbereitungszeit *f* preparation (make ready) time; set-up time
Vorbeschleunigung *f* preacceleration
vorbestimmt predetermined
vorbeugen to prevent
Vorbrennen *n* prebaking
Vorderansicht *f* front view
Vorderblende *f* front shutter *(Optik)*
Vorderelektrode *f* front electrode
Vorderfläche *f* front face
Vorderflächenprojektionsröhre *f* front-surface projection valve
Vorderflanke *f* leading edge *(Impuls)*
Vorderplatte *f* front panel
Vorderseite *f* front [side], face
Vorderwand *f* front panel
Vorderwandzelle *f* front-wall cell *(Fotoelement)*
vordotieren *(Halbl)* to predope
Vordrossel *f* input reactor
Vordruck *m* form, blank
Vordurchschlagstrom *m* prebreakdown [electric] current
voreilen to lead *(Phase)*; to advance
voreilend leading; advancing
Voreilung *f* lead[ing] *(z. B. des Phasenwinkels)*; advance
zeitliche V. time lead
Voreil-Verzögerungs-Netzwerk *n (Syst)* lead-lag network
Voreilwinkel *m* lead (advance) angle
Voreilzone *f* zone of advance
Voreinflugzeichen *n* outer marker [beacon]
voreinstellen to preset
Voreinstellung *f* presetting; *(Meß)* pointing *(von Skalen)*; *(Ferns)* prefocus[s]ing
Voreinstellzähler *m* predetermined counter
Vorentladung *f* predischarge; prebreakdown; pilot streamer *(Beginn eines Durchschlags)*
Vorentladungskanal *m* predischarge track
Vorentladungskreis *m* keep-alive circuit
Vorentladungsstrom *m* preconduction (predischarge) current *(Gasentladungsröhre)*
Vorentwurf *m* preliminary design
Vorentzerrung *f* pre-equalization, pre-emphasis
Vorerhitzer *m* preheater

Vorerhitzung *f* preheating
Vorfeldeinrichtung *f (Fmt)* outside plant equipment
Vorfeldscheinwerfer *m* apron floodlight
Vorfertigungsstadium *n* preproduction stage
Vorfilter *n* prefilter
Vorfilterung *f* prefiltering
Vorfokussierung *f* prefocus[s]ing, preliminary focus[s]ing
vorformen to preform
Vorführapparat *m* demonstration apparatus (set); projection equipment
Vorfunkenstrecke *f* auxiliary spark gap *(in Ableitern)*
Vorgabewert *m* [pre]set point
Vorgabezähler *m* predetermined counter
Vorgalvanisierbad *n* strike bath (solution)
Vorgalvanisierung *f* strike deposit
Vorgang *m* process; action, operation; event *(zufällig)*
aperiodischer V. aperiodic (acyclic) process
bandbegrenzter V. band-limited process
exponentiell verlaufender V. exponential process (action)
monotoner V. *(Syst)* monotonous process
nichtperiodischer V. non-periodic process (action)
nichtumkehrbarer V. irreversible process
periodischer V. periodic (cyclic) process
regelloser V. random process
stetiger V. continuous process
umkehrbarer V. reversible process
vorübergehender V. transient [phenomenon]
vorgeben to predetermine; to preset; *(Rech)* to prestore *(z. B. Anfangswerte)*
Vorgeschichte *f* **/ magnetische** previous magnetic history
vorgespannt biased
durch Feder v. spring-loaded
einseitig v. unilaterally biased
in Durchlaßrichtung v. forward-biased
in Rückwärtsrichtung (Sperrichtung) v. reverse-biased
nicht v. unbiased
Vorgruppe *f (Fmt)* pregroup
Vorgruppenumsetzer *m (Fmt)* pregroup translator
Vorhalt *m (Syst)* derivative (rate) action, [phase] lead
Vorhalteinheit *f (Syst)* prediction unit
Vorhaltfilter *n (Syst)* derivative element (filter)
Vorhaltglied *n (Syst)* derivative (lead) element
Vorhaltregelung *f (Syst)* derivative control (*s.a.* Differentialregelung)
Vorhaltschaltung *f (Syst)* lead network
Vorhaltverhalten *n (Syst)* response to the derivative
Vorhaltwirkung *f (Syst)* derivative (rate) action
Vorhaltzeit *f (Syst)* derivative-action time, derivative (rate) time *(z. B. Kennwert für Regler)*
Vorheizen *n* preheating, preliminary heating
Vorheizzeit *f* preheating time
vorherbestimmbar / nicht unpredictable
vorherbestimmt predetermined
Vorhersagemodell *n* prediction model
vorhersagen to forecast, to predict
vorimprägnieren to preimpregnate; *(Isol)* to precompound
Vorimpuls *m* prepulse; *(Nrt)* prefix signal
verzögerter V. delayed prepulse
Vorionisation *f* preionization *(bei Gasentladungsröhren)*
Vorionisator *m* ignitor
vorionisiert preionized
Vorisolation *f* preinsulation
vorjustiert prealigned
Vorkontakt *m* primary arcing contact
Vorlage *f* artwork; pattern; original; master; copy
Vorlast *f* initial load
Vorlauf *m* advance; pretravel *(bei Schaltelementen);* forward run
V. des Betätigungselements *(App)* pretravel of the actuator
V. des Kontaktelements *(App)* pretravel of the contact element
Vorlaufimpuls *m (Meß)* transmitted (incident) pulse
vorlochen to prepunch *(Lochkarten)*
vormagnetisieren to premagnetize, to bias
Vormagnetisierung *f* magnetic bias[ing], bias magnetization, bias, bias[s]ing; presaturation
Vormagnetisierungsfrequenz *f* bias frequency
Vormagnetisierungsgenerator *m* bias generator (oscillator)
Vormagnetisierungskopf *m* premagnetization (bias) head *(Tonband, Videotechnik)*
Vormagnetisierungsmagnet *m* bias magnet
Vormagnetisierungspegel *m* bias [magnetization] level
Vormagnetisierungsstrom *m* bias[ing] current
Vormagnetisierungswicklung *f* bias winding, biasing coil
Vormeldestromkreis *m (Fmt)* warning circuit
Vormeldung *f (Fmt)* warning
Vormerken *n (Fmt)* booking
Vorortsbereich *m (Fmt)* suburban area
Vorortsgespräch *n (Fmt)* suburban call
Vorortsleitung *f (Fmt)* suburban junction, toll circuit
Vorortsüberwachung *f (Fmt)* suburban (local) supervision

Vorortsverbindung *f (Fmt)* suburban (toll) connection
Vorortsverkehr *m (Fmt)* suburban (toll) traffic
voroxydieren to preoxidize
vorpolarisieren to prepolarize
Vorrang *m* precedence
Vorranglogik *f (Rech)* priority logic
Vorrangprogramm *n (Rech)* priority program (routine)
Vorrangunterbrechung *f (Rech)* priority interrupt *(eines Programms)*
Vorrangverkehr *m (Fmt)* priority traffic
Vorratskabel *n* spare cable
Vorratskatode *f* dispenser cathode
Vorreaktanz *f* series (external) reactance
Vorregler *m* preregulator; *(Ak)* pre-fader
Vorreinigung *f (Galv)* precleaning, cleaning before plating
Vorreinigungsverfahren *n* precleaning process
Vorrichtung *f* device, equipment; appliance
direktanzeigende V. direct-reading device
kontaktlose V. contactless device
lichtelektrische V. photoelectric device
Vorröhrenmodulation *f* series modulation
vorrücken to move forward; to advance *(z. B. Zähler, Lochstreifen)*
den Phasenwinkel v. to advance the phase
um einen Schritt v. to advance one step
Vorrücken *n* advance
Vor-Rück-Verhältnis *n (Nrt)* front-to-back ratio
Vorsättigungsgebiet *n* presaturation region
Vorsatzgerät *n* accessory device, attachment
Vorsatzlinse *f* auxiliary (supplementary) lens
Vorsatzstecksockel *m* valve adapter
Vorschaltdrossel *f* series reactor
vorschalten to connect in series
Vorschalteschrank *m (Fmt)* auto-manual exchange
Vorschaltfunkenstrecke *f* series spark gap
Vorschaltgerät *n (Licht)* series reactor, ballast
V. für Leuchtstofflampen fluorescent lamp ballast
starterloses V. starterless ballast
Vorschaltkondensator *m* series capacitor
Vorschaltlampe *f* ballast lamp
Vorschaltleitung *f (Fmt)* trunk junction circuit
Vorschaltmaschine *f (Anl)* high-pressure machine
Vorschalttransformator *m* series transformer
Vorschaltung *f* / **induktive** inductor (choke) ballast
kapazitive V. capacitor ballast
Vorschaltwiderstand *m* series resistor (*s. a.* Vorwiderstand); compensating resistor *(zur Temperaturkompensation)*
Vorschrift *f* specification; instruction; regulation[s]
Vorschub *m* feed; advance
automatischer V. automatic feed, self-feeding
feinstufiger V. sensitive feed
Vorschubeinrichtung *f* feeder *(z. B. für Lochband)*
Vorschubgeschwindigkeit *f* feed rate (speed)
V. des Papiers paper speed
Vorschubloch *n* feed (centre) hole
Vorschubmagnet *m* spacing magnet
Vorschubmotor *m (Rech)* chart motor *(für Bandvorschub)*
Vorschubregelung *f* feed control
Vorschubregler *m* feed adjuster
Vorschubwerk *n* feed mechanism
Vorschwingung *f* preoscillation
Vorsichtsmaßnahme *f* precaution [measure]
Vorspannband *n* leader tape, tape leader
vorspannen *(Elk)* to bias; to prime *(Gasentladungsröhren)*
in den Aus-Zustand v. to bias-off
in Durchlaßrichtung v. to forward-bias
in Sperrichtung v. to reverse-bias, to back-bias
rückwärts v. to back-bias
Vorspannen *n* bias[s]ing
Vorspannung *f (Elk)* bias [voltage], biasing voltage (potential); priming voltage
V. für C-Betrieb C-bias
automatische V. automatic bias
in Sperrichtung gepolte V. back bias
innere V. internal bias
positive V. keep-alive bias *(bei Nulloden)*
selbsttätige V. automatic bias
Vorspannungskontakt *m* bias [voltage] contact
Vorspannungspegel *m* bias [voltage] level
Vorspannungsregelung *f* bias [voltage] control
Vorspannungsrichtung *f* direction of bias
Vorspannungsstabilität *f* bias [voltage] stability
Vorspannungswiderstand *m (Elk)* bias resistor
Vorspannungszustand *m* **Null** zero-bias condition
vorspeichern to prestore *(Daten)*
vorspringend projecting, protruding; salient
Vorsprung *m* projection; nose
Vorsteckstift *m* cotter pin
Vorsteuerung *f (Rech)* input control
Vorstrom *m* preconduction current *(Gasentladungsröhre)*

Vorstufe *f* prestage, preceeding stage; *(Nrt)* preselector stage
Vorstufenmodulation *f* low-level modulation, low-power modulation
Vortor *n* time-base gate
Vortriebskraft *f* propelling power, thrust
Vortriggerimpuls *m* pretriggering signal
vorübergehend transient; temporary
Vorübertrager *m* *(Nrt)* input transformer
Vorvakuum *n* initial vacuum, forevacuum
Vorvakuumpumpe *f* [vacuum] forepump, backing pump
vorverdrahtet prewired
Vorverkupferung *f* *(Galv)* copper strike
vorverstärken to preamplify
Vorverstärker *m* preamplifier
V. für Schwingungsaufnehmer vibration pick-up preamplifier
ladungsempfindlicher V. charge preamplifier
spannungsempfindlicher V. voltage preamplifier
Vorverstärkertransformator *m* preamplification transformer
Vorverstärkung *f* preamplification
Vorverzerrung *f* predistortion; pre-emphasis; *(Fmt)* precorrection
Vorwahl *f* preselection; presetting
Vorwahldrehzahl *f* preset speed
vorwählen to preselect; to preset
Vorwähler *m* preselector; *(Fmt)* subscriber's uniselector, minor switch
erster V. *(Fmt)* primary line switch
zweiter V. *(Fmt)* secondary line switch
Vorwählergestell *n* *(Fmt)* line switchboard
Vorwahlgeschwindigkeit *f* preset speed
Vorwahlgetriebe *n* / **elektrisches** electric preselector gear
Vorwahlimpuls *m* *(Rech)* preselection pulse
Vorwahlnummer *f* *(Fmt)* prefix
Vorwahlregelung *f* presetting control
Vorwahlstufe *f* presetting stage; *(Fmt)* preselection stage, stage of preselection
Vorwahlzahl *f* *(Rech)* preselection number
Vorwahlzähler *m* preselection counter
Vorwählziffer *f* *(Fmt)* access prefix
Vorwärmanlage *f* preheating station; feed-water heating plant
vorwärmen to preheat, to warm [up]
Vorwärmer *m* preheater
Vorwärmkammer *f* preheating chamber
Vorwärmofen *m* / **elektrischer** electric preheating oven (furnace)
Vorwärmschrank *m* preheating cabinet (cupboard)
Vorwärmtemperatur *f* preheating temperature, feed-heat temperature
Vorwärmung *f* preheating, warming[-up]
Vorwärmzone *f* preheating zone
Vorwärtsanbieten *n* *(Fmt)* trunk offering signal
Vorwärtsauslösung *f* *(Fmt)* calling-party release, calling-subscriber's release
Vorwärtserdumlaufecho *n* *(FO)* forward round-the-world echo
Vorwärtserholungszeit *f* *(Elk)* forward recovery time
Vorwärtsglied *n* *(Syst)* forward element (circuit) *(im Regelkreis)*
Vorwärtskanal *m* *(Syst)* forward channel
Vorwärtspotential *n* *(Elk)* forward potential
Vorwärtsregler *m* forward-acting regulator
Vorwärtsrichtung *f* *(Elk)* forward direction
Vorwärts-Rückwärts-Dekadenzähler *m* bidirectional decade scaler
Vorwärts-Rückwärts-Schieberegister *n* bidirectional shift register
Vorwärts-Rückwärts-Zähler *m* bidirectional (forward-backward) counter
Vorwärtssignal *n* *(Syst)* forward signal *(im Regelkreis)*
Vorwärtsspannung *f* forward voltage
Vorwärtssteilheit *f* forward transadmittance
Vorwärtssteuerung *f* *(Fmt)* forward supervision
Vorwärtsstoßstrom *m* *(Elk)* surge forward current
Vorwärtsstreuung *f* forward scattering
Vorwärtsstrom *m* *(Elk)* forward current
Vorwärtsstromverstärkung *f* forward-current gain
vorwärtstreiben to propel
Vorwärtsübertragungsfunktion *f* *(Syst)* forward transfer function
Vorwärtsvorspannung *f* *(Elk)* forward bias [voltage]
Vorwärtswahl *f* *(Fmt)* forward selection
vorwärtszählen to count up (forwards)
Vorwärtszähler *m* up-counter
Vorwärtszweig *m* *(Syst)* forward path *(im Regelkreis)*
Vorwegänderung *f* premodification *(Programmierung)*
Vorwegparameter *m* preset parameter *(Programmierung)*
Vorwiderstand *m* series resistor, [voltage] dropping resistor; ballast resistor *(bei Elektronenröhren)*; *(Meß)* multiplier
V. der Haltespule economy resistor
äußerer V. *(Meß)* instrument multiplier *(zur Bereichserweiterung)*
induktiver V. inductive stabilizer *(z. B. für Leuchtstofflampen)*
selbstregelnder V. ballast resistor
Vorzeichen *n* sign ● **mit entgegengesetztem V.** opposite in sign ● **mit negativem V.** negative in sign ● **mit positivem V.** positive in sign ● **negatives V. haben** to be negative in sign ● **positives V. haben** to be positive in sign
V. der Ladung sign of charge
Vorzeichenanzeige *f* *(Rech)* sign indication

Vorzeichenanzeiger *m (Rech)* sign [change] indicator
Vorzeichenfestlegung *f* sign convention
Vorzeicheninverter *m* sign inverter (changer)
Vorzeichenkennlochung *f (Rech)* sign [punch] indication
Vorzeichenprüfung *f (Rech)* sign checking
Vorzeichenregister *n (Rech)* sign register
Vorzeichensteuerung *f (Rech)* sign control
Vorzeichenumkehr *f (Rech)* sign reversal
Vorzeichenumkehrglied *n s.* Vorzeicheninverter
Vorzeichenumkehrung *f (Rech)* sign reversal
Vorzeichenvereinbarung *f* sign convention
Vorzeichenvertauscher *m* sign changer (inverter)
Vorzeichenwechsel *m (Rech)* sign change
Vorzeichenziffer *f (Rech)* sign digit
Vorzerleger *m* predisperser
Vorzimmeranlage *f (Fmt)* secretarial system
Vorzugsfrequenz *f* preferred frequency
Vorzugsorientierung *f* preferred orientation *(Kristall)*
Vorzugsreihe *f* preferred series, series of preferred values
Vorzugsrichtung *f* preferential (privileged, easy-axis) direction
Vorzugswert *m* preferred value *(z. B. bei Normreihen)*
Vorzugszeit *f* preferred time
Vorzündung *f* advance ignition
Voutenbeleuchtung *f* cornice lighting
V-Rille *f* V-groove
Vs *s.* Weber
VSD *Abk. für* very small devices
VStH *s.* Vermittlungsstelle mit Handbetrieb
V-Stoß *m* V-joint *(z. B. beim Transformatorkern)*
VStW *s.* Vermittlungsstelle mit Wählbetrieb
Vulkanisationstemperatur *f* vulcanization (curing) temperature
Vulkanisationszeit *f* vulcanization (curing) time
Vulkanisiermittel *n* vulcanizing (curing) agent

W

W *s.* Watt
Waage *f* balance
  Langmuirsche W. Langmuir balance
  magnetische W. magnetic balance
Waagebalkenoszillator *m* rocking beam oscillator
Waagebalkenrelais *n* balanced beam relay
Wabenkondensor *m* honeycomb condenser (lens)
Wabenspule *f* honeycomb (duolateral) coil
Wabenstruktur *f* honeycomb structure
Wabenwicklung *f* honeycomb (duolateral) winding
Wachsbildung *f* formation of wax[es] *(z. B. bei Isolierölen)*
Wachsdraht *m* waxed (paraffined, wax-coated) wire
wachsen to grow *(z. B. Kristalle)*; to increase, to rise
Wachsen *n* growth, growing *(z. B. Kristalle)*; increase
Wachspapier *n* waxed (wax-coated) paper
Wachstum *n* growth *(von Kristallen)*
  dendritisches W. dendritic growth
Wachstumsbedingung *f* growth (growing) condition
Wachstumsfehler *m* growth defect
Wachstumsgeschwindigkeit *f* growth rate
Wachstumsparameter *m* growth parameter
Wachstumsphase *f* growth phase
Wachstumsrate *f* growth rate
Wachstumsrichtung *f* growth direction
Wachstumsschritt *m* growth step
Wachstumsspirale *f* growth spiral
Wachstumsstelle *f* growth site, growing point
Wachstumsstufe *f* growth step
Wachsüberzug *m* wax coating
Wächter *m* automatic controller; sentinel, guard
Wackelkontakt *m* loose connection (contact), defective (poor, intermittent, tottering) contact
Wackeln *n* jitter *(z. B. Bildinstabilität, Tonschwankung)*
Waffeleisen *n* / **elektrisches** electric waffle iron
Wagen *m* carriage *(Büromaschine)*; trolley *(für Geräte)*
Wagenauslösung *f* carriage release *(Schreibmaschine)*
Wagenbeleuchtung *f* coach lighting *(Eisenbahn)*
Wagendrucker *m* carriage typewriter
Wagenherdofen *m* / **elektrischer** electric bogie hearth furnace, electric car-bottom furnace
Wagenlautsprecher *m* in-car speaker *(Kraftfahrzeug)*
Wagenrücklauf *m* carriage return *(Fernschreiber)*
Wagenrücklaufkode *m* carriage return code
Wagenstellungsregister *n* carriage position register
Wagen[vorschub]steuerung *f* carriage control
Wagner-Erdung *f*, **Wagner-Hilfszweig** *m* Wagner earth *(in Meßbrücken)*
Wahl *f* 1. *(Fmt)* dialling; selection; 2. choice

W. in einer Ebene rotary hunting
W. mit Gleichstromimpulsen direct-current dialling (selection)
W. über verschiedene Höhenschritte level hunting
direkte W. direct dialling
erzwungene W. numerical selection
freie W. hunting operation (action), hunting; automatic hunting
systemeigene W. out-of-band dialling
unvollständige W. incomplete dialling, mutilated selection
verkürzte W. abbreviated dialling
zweistufige W. tandem selection
Wahlabrufzeichen *n (Fmt)* proceed-to-select signal
Wählapparat *m (Fmt)* selecting apparatus
Wahlaufforderungszeichen *n (Fmt)* proceed-to-select signal
wählbar / mit Schalter selectable by (with) switch
Wählbeginndauer *f (Fmt)* initial dialling delay
Wählbeginnzeichen *n (Fmt)* start-of-pulsing signal
Wählbetrieb *m (Fmt)* automatic working
Wähleinrichtung *f (Fmt)* automatic (exchange) switching equipment, dial equipment, selective mechanism
wählen *(Rech, Fmt)* to select; to dial *(eine Nummer)*
durch Programm w. to select by program
Wählen *n (Rech, Fmt)* selection; dialling
Wahlendezeichen *n (Fmt)* number-received signal
W. rückwärts end-of-selection signal
W. vorwärts end-of-pulsing signal
Wähler *m (Fmt)* selector [switch]
W. mit freier Wahl hunter
W. mit n-Kontakten n-point switch
W. mit nur einer Bewegungsrichtung uniselector
W. mit Reedkontakten reed selector
W. mit zehn Ausgängen ten-point selector
W. mit Ziffernunterdrückung digit-absorbing selector
großer W. major switch
mehrstufiger W. multipoint selector
schnellaufender W. high-speed selector
zehnteiliger W. ten-point selector
Wählerantrieb *m (Rech, Fmt)* selector drive
Wählerarm *m (Fmt)* wiper
Wählerbank *f (Rech, Fmt)* selector bank
Wählerbetrieb *m (Fmt)* dial service
Wählerbogen *m (Fmt)* selector arc
Wählerbucht *f s.* Wählergestell
Wählergeräusch *n (Fmt)* dialling noise
Wählergestell *n (Fmt)* selector rack (bay)
Wählerheb[e]schritt *m (Fmt)* vertical step of selector
Wählerkamm *m (Fmt)* permutation plate
Wählerkern *m (Fmt)* selector core
Wählerkontaktfeld *n (Fmt)* selector bank
Wählerlauf *m /* **ununterbrochener** *(Fmt)* continuous hunting
Wählermagnet *m (Fmt)* selecting magnet
Wählerprüfeinrichtung *f /* **automatische** *(Fmt)* routiner
Wählerrahmen *m (Fmt)* selector shelf
Wählerraum *m (Fmt)* terminal room, switchroom
Wählerrelais *n* discriminating relay; *(Fmt)* stepping relay
Wählerruhekontakt *m (Fmt)* normal contact of selector
Wählerschaltmagnet *m (Fmt)* selector stepping magnet
Wählerschiene *f (Fmt)* selector (permutation, combination) bar
Wählerstufe *f (Fmt)* rank of selectors
Wählersystem *n* selector system (*s. a.* Wählsystem)
Wählervielfach *n /* **einfaches** *(Fmt)* straight banks
verschränktes W. slipped banks
Wählervielfachfeld *n (Fmt)* selector multiple
Wählfernschalter *m (Fmt)* remote line concentrator
Wählgeschwindigkeit *f (Fmt)* dial speed
Wählimpuls *m (Fmt)* dialling impulse
Wählimpulsgabe *f (Fmt)* dial pulse signalling
Wählimpulsgeber *m (Fmt)* dial pulse generator
Wählimpulsverhältnis *n (Fmt)* dial ratio
Wahlinformation *f (Fmt)* selection (digital) information
Wählleitung *f (Fmt)* automatic circuit
Wählmagnet *m (Fmt)* selecting magnet
Wählnebenstellenanlage *f /* **automatische** *(Fmt)* private automatic branch exchange, PABX
Wählnetzplan *m (Fmt)* switching plan
Wählorgan *n (Fmt)* selecting mechanism
Wahlregister *n (Rech)* selective register
Wahlschalter *m* selector (connector) switch
Wählscheibe *f (Fmt)* [telephone] dial, disk
Wählscheibenapparat *m* dial telephone set
Wählscheibenimpuls *m* dial impulse
Wählscheibeninformation *f* selection (digital) information
Wählschiene *f (Fmt)* code bar
Wählsterneinrichtung *f (Fmt)* line concentrator
Wählsternschalter *m (Fmt)* automatic line connector
Wahlstufe *f* selection (selector, switching) stage
Wählsystem *n (Fmt)* dial (switching) system, automatic telephone system
Wähltastatur *f (Fmt)* dialling keyboard

Wahltaster *m (App)* selecting control push button
Wähltonverzug *m (Fmt)* pre-dialling delay
Wahlumsetzer *m (Fmt)* dial converter
Wählvermittlung *f (Fmt)* dial (automatic) exchange
elektronische W. electronic automatic exchange, EAX
Wählvermittlungsstelle *f* automatic [telephone] exchange
Wählvermittlungssystem *n (Fmt)* dial switching system
Wählvorgang *m (Fmt)* dialling procedure, selective process
Wählwerk *n (Fmt)* selecting (selective) mechanism
Wählzeichen *n (Fmt)* pulsing (digital, numerical) signal
Wählzeichengabe *f (Fmt)* dial pulse signalling
Wahrheitsfunktion *f* truth function *(Schaltlogik)*
Wahrheitsmatrix *f* truth table *(Schaltlogik)*
Wahrheitswert *m* truth value *(Schaltlogik)*
Wahrheitswerttafel *f* truth table *(Schaltlogik)*
wahrnehmbar perceptible; detectable; observable; visible; sensible
Wahrnehmbarkeitsgrenze *f* limit of perceptibility, detection threshold
wahrnehmen to perceive; to detect; to observe; to sense
Wahrnehmung *f* perception; detection; observation; sensation
subjektive W. subjective perception
Wahrnehmungsart *f* form of perception
Wahrnehmungsschwelle *f* threshold of sensation (perception); detection threshold; visual threshold
absolute W. absolute threshold of luminance *(kleinste wahrnehmbare Leuchtdichte)*
Wahrnehmungsvermögen *n* perceptivity
Wahrnehmungsverzögerung *f* delay in perception
Wahrscheinlichkeit *f* probability
W. des Besetztseins *(Phys)* probability of engagement; *(Fmt)* probability of busy
W. einer technischen Störung probability of failure
W. Null zero probability
bedingte W. conditional probability
Wahrscheinlichkeitsbeziehung *f (Syst)* probabilistic relationship
Wahrscheinlichkeitsdekodierung *f (Rech)* probabilistic decoding
Wahrscheinlichkeitsdichte *f* probability density
Wahrscheinlichkeitsdichtefunktion *f* probability density function
Wahrscheinlichkeitsdichteverteilung *f* probability density distribution
Wahrscheinlichkeitsfaktor *m* probability factor
Wahrscheinlichkeitsfunktion *f* probability function
Wahrscheinlichkeitsgesetz *n* probability law, law of probability
Wahrscheinlichkeitskurve *f* probability curve
Wahrscheinlichkeitslogik *f* probability logic
Wahrscheinlichkeitsrechnung *f* probability theory (calculus), calculus of probability
Wahrscheinlichkeitsstrom *m* probability current
Wahrscheinlichkeitstheorie *f s.* Wahrscheinlichkeitsrechnung
Wahrscheinlichkeitsverteilung *f* probability distribution
bedingte W. conditional probability distribution
Wahrscheinlichkeitsverteilungsfunktion *f* probability distribution function
Wahrscheinlichkeitswert *m* probable value
Wall *m* barrier
Walze *f* drum; barrel; roll; cylinder
Walzenanlasser *m (Anl)* drum starter, barrel controller
Walzenbeheizung *f* roll heating
Walzenfahrschalter *m* drum (cylindrical) controller
Walzenschalter *m* drum[-type] controller, controller *(Elektromotor)*; barrel controller (switch), drum switch
Walzenschütz *n* drum gate *(Kraftwerk)*
Wälzkontakt *m* rolling contact
Wälzlager *n* antifriction (rolling-contact) bearing
Walzwerksantrieb *m* / **elektrischer** electric rolling mill drive
Wamoskop *n* wamoscope *(Bildwiedergaberöhre kombiniert mit einer Wanderfeldröhre)*
Wand *f* / **feuerfeste** refractory wall
Wandabsorption *f* wall absorption
Wandapparat *m* wall telephone set
Wandarm *m* wall bracket
Wandaufhängung *f* wall mounting
Wandauskleidung *f* panel lining *(z. B. zur Schalldämmung)*
Wandbefestigung *f* wall mounting
Wanddurchführung *f* wall bushing
Wandeinführung *f* wall entrance
Wandeinführungsisolator *m* wall lead-in insulator
Wanderfeld *n* travelling (moving) field
Wanderfeldendröhre *f* travelling-wave power tube
Wanderfeldlaser *m* travelling-wave laser, travelling-wave optical maser
Wanderfeldmagnetfeldröhre *f*, **Wanderfeldmagnetron** *n* travelling-wave magnetron
Wanderfeldmaser *m* travelling-wave maser
optischer W. *s.* Wanderfeldlaser

Wanderfeldmotor *m* travelling-field motor
Wanderfeldröhre *f* travelling-wave tube, TWT
W. mit Doppelstegwellenleiter double-ladder travelling-wave tube
elektrostatisch fokussierte W. electrostatically focussed travelling-wave tube
wendelgekoppelte W. helix-coupled travelling-wave tube
Wanderfeldröhrenverstärker *m* travelling-wave amplifier
Wanderkontakt *m* travelling contact
wandern to travel *(Feld, Welle)*; to move; to migrate *(z. B. Ionen)*; to drift *(z. B. Nullpunkt)*
Wanderrost *m* travelling grate *(Kraftwerk)*
Wanderstecker *m*, **Wanderstöpsel** *m* wander plug, flit-plug
Wanderung *f* travel; movement; migration
W. der Oszillatorfrequenz oscillator drift
W. im elektrischen Feld electromigration
W. von Versetzungen migration of dislocations *(Kristall)*
Wanderungsenergie *f* migration energy
Wanderungsgeschwindigkeit *f* migration rate (speed, velocity); drift speed
absolute W. absolute velocity of migration
elektroosmotische W. electroosmotic mobility
Wanderungsverluste *mpl* migration loss
Wanderweglänge *f* migration length
Wanderwelle *f* 1. travelling wave; 2. surge *(Überspannungswelle)*
gegenläufige (rücklaufende) W. backward-travelling wave
Wanderwellenantenne *f* travelling-wave aerial
Wanderwelleninduktionspumpe *f* travelling-wave induction pump
Wanderwellenlaser *m* travelling-wave laser, travelling-wave optical maser
Wanderwellenleitung *f* travelling-wave line
Wanderwellensystem *n* travelling-wave system
Wandfernsprecher *m* wall telephone set
Wandheizung *f* panel heating *(Niedertemperaturstrahlungsheizung)*
Wandimpedanz *f (Ak)* wall impedance
Wandinstrument *n* wall[-mounted] instrument
Wandisolator *m* wall insulator
Wandkonsole *f* wall bracket
Wandladung *f* wall charge
Wandladungsdichte *f* wall charge density
Wandleitwert *m* wall admittance
Wandler *m* transducer *(z. B. Signalwandler)*; converter [unit]; transformer *(für Strom oder Spannung)*
W. für Stoßvorgänge impact transducer
W. mit elektrischem Widerstand resistance transducer
W. zur Erzeugung negativer Widerstandskennlinien negative impedance converter
aktiver W. active transducer
bilateraler W. bilateral transducer
dynamischer W. dynamic (moving-coil) transducer
einseitiger W. unilateral transducer
elektroakustischer W. electroacoustic transducer
elektrodynamischer W. electrodynamic transducer
elektromechanischer W. electromechanical transducer
fotoelektrischer W. photoelectric transducer
induktiver W. [variable-]inductance transducer, variable-reluctance transducer
induktiver W. mit bewegter Spule *s.* dynamischer W.
kapazitiver W. [variable-]capacitance transducer, capacitive transducer
linearer W. linear transducer
linear-logarithmischer W. linear-to-logarithmic converter unit
magnetischer W. magnetic (variable-reluctance) transducer
magnetostriktiver W. magnetostrictive transducer
nichtumkehrbarer W. irreversible transducer
ohmscher W. variable-resistance transducer
optoelektronischer W. opto-electronic transducer
passiver W. passive transducer
piezoelektrischer W. piezoelectric transducer
piezoresistiver W. piezoresistive transducer
reziproker W. reciprocal transducer
symmetrischer W. symmetrical transducer
thermionischer W. thermionic [energy] converter
umkehrbarer W. reversible transducer
Wandlerelement *n* transducing (sensing) element *(eines Aufnehmers)*
W. mit einem aktiven Dehnungsmeßstreifen single[-active] arm strain-gauge sensing element
W. mit vier aktiven Dehnungsmeßstreifen four[-active] arm strain-gauge sensing element
Wandlerempfindlichkeit *f* transducer sensitivity
Wandlerspeisung *f* transducer excitation
Wandlerstromauslösung *f* transducer tripping
Wandlerverlust *m* transducer loss
Wandleuchte *f* wall fitting

Wandmontage *f* wall (surface) mounting
Wandphänomen *n* wall effect
Wandplattenheizer *m* / **elektrischer** electric panel heater
Wandreflexion *f* wall reflection
Wandreflexionsgrad *m* wall reflectance (reflection factor)
Wandrekombination *f* wall recombination
Wandschrank *m* wall-mounting cabinet
Wandsteckdose *f* wall receptacle (socket), wall outlet [box]
Wandtafelbeleuchtung *f* blackboard (chalkboard) lighting
Wandtemperatur *f* wall temperature
Wandverkleidung *f* / **schallabsorbierende** sound-absorbing wall draping (lining)
Wandverluste *mpl* wall loss[es]
Wandverschiebung *f* wall displacement; boundary movement
Warenkode *m* / **universeller** *(Rech)* universal product code, UPC
Warmbadhärten *n* hot (high-temperature) quenching
Warmbehandlung *f* heat treatment
Wärme *f* heat
  eigenentwickelte W. self-generated heat
  feuchte W. damp heat *(Klimabeanspruchung)*
  freie W. free (uncombined) heat
  gebundene W. *s.* latente W.
  gespeicherte W. stored (accumulated) heat
  Joulesche W. Joule heat
  latente W. latent heat, heat of transformation (transition)
  spezifische W. specific heat
  strahlende W. radiant heat
  Thomsonsche W. Thomson heat
Wärmeabfuhr *f s.* Wärmeabführung
Wärmeabführung *f* 1. heat dissipation (removal); heat sinking; 2. power dissipation *(Verlustabführung in elektrischen Maschinen und Geräten)*
Wärmeabgabe *f* heat output (emission, delivery); heat release
Wärmeabgabefläche *f* heat-emitting surface
Wärmeableitung *f* heat dissipation (removal)
Wärmeableitvorrichtung *f* heat dissipator, heat-dissipating device; heat sink *(z. B. für Transistoren, Dioden)*
Wärmeabschirmung *f* heat shielding
Wärmeabsorption *f* heat (thermal) absorption
Wärmeabstrahlung *f* radiation of heat
Wärmealterung *f* heat (thermal) aging
Wärmeanzeiger *m* thermoscope
Wärmeäquivalent *n* heat (thermal) equivalent, equivalent of heat
  elektrisches W. electric heat equivalent
  mechanisches W. mechanical heat equivalent
Wärmeaufnahme *f* heat (thermal) absorption
Wärmeaufnahmefläche *f* heat-absorbing surface
Wärmeaufnahmekennlinie *f* heat sink characteristic
Wärmeaufnahmevermögen *n* heat absorption capacity
Wärmeausbeute *f* heat yield
Wärmeausbreitung *f* propagation of heat
Wärmeausdehnung *f* thermal expansion, expansion due to heat
Wärmeausdehnungskoeffizient *m* thermal expansion coefficient, coefficient of thermal expansion
  linearer W. coefficient of linear thermal expansion
Wärmeausgleich *m* heat compensation
Wärmeauslöser *m* thermally operated device
Wärmeausnutzung *f* heat (thermal) efficiency, heat utilization
Wärmeausstrahlung *f* heat (thermal) radiation, heat emission
Wärmeaustausch *m* heat exchange (interchange) ● **ohne W.** adiabatic
  W. durch Strahlung radiant heat exchange
Wärmeaustauscher *m* heat exchanger (interchanger)
  sekundärer W. secondary heat exchanger
wärmebehandeln to heat-treat
Wärmebehandlung *f* heat treatment
  W. durch Elektronenstrahlung heat-treatment by electrons
  W. unter Vakuum vacuum heat treatment
  induktive W. induction (inductive) heat treatment
Wärmebelastung *f* heat load
wärmebeständig heat-resistant, heat-proof; thermally stable, thermostable
Wärmebeständigkeit *f* heat resistance; thermal stability (resistivity), heat-resisting quality
Wärmebeständigkeitsklasse *f* insulation class
Wärmebildung *f* heat generation (development)
wärmedämmend heat-insulating
Wärmedämmstoff *m* heat insulator, heat-insulating material
Wärmedämmung *f* heat (thermal) insulation, thermic protection; insulation against loss of heat
Wärmedehnung *f s.* Wärmeausdehnung
Wärmedetektor *m* thermal detector
Wärmediffusion *f* thermal diffusion, thermodiffusion
Wärmedrift *f* thermal drift
Wärmedurchgang *m* heat transfer
Wärmedurchgangskoeffizient *m* heat-transfer coefficient

Wärmedurchgangswiderstand *m s.* Wärmewiderstand
wärmedurchlässig diathermanous, diathermic
Wärmedurchlässigkeit *f* diatherma[n]cy
Wärmedurchsatz *m* heat throughput
Wärmedurchschlag *m* heat (thermal) breakdown, temperature-induced breakdown, breakdown due to thermal instability
Wärmeeinwirktiefe *f* depth of heat penetration
wärmeelektrisch thermoelectric
Wärmeelektrizität *f* thermoelectricity
wärmeempfindlich heat-sensitive, thermosensitive
Wärmeempfindung *f* sensation of heat
Wärmeenergie *f* heat (thermal) energy
Wärmeenergiewandler *m* thermal power converter
Wärmeentwicklung *f* heat generation (development, evolution)
Wärmeersatzschaltung *f* thermal equivalent circuit
wärmeerzeugend heat-producing, heat-generating
Wärmeerzeugung *f* heat production (generation)
Wärmefestigkeit *f s.* Wärmebeständigkeit
Wärmefluß *m* heat flow (flux), thermal flux
Wärmefortleitung *f* propagation of heat
Wärmegefälle *n* heat gradient; heat drop *(Turbine)*
Wärmegerät *n* / **elektrisches** electric heating apparatus
Wärmegewinn *m* gain of heat
Wärmehaltevermögen *n* heat-retaining capacity
Wärmeimpuls *m* heat pulse
Wärmeimpulsschweißen *n* impulse heat sealing, thermal impulse welding
Wärmeinhalt *m* heat content, enthalpy
Wärmeisolation *f* heat (thermal) insulation
vollständige W. perfect heat insulation
Wärmeisolator *m* heat insulator
wärmeisoliert heat-insulated, thermally insulated
Wärmeisolierung *f* heat (thermal) insulation
Wärmekapazität *f* heat (thermal) capacity, capacity of heat
Wärmekompensation *f* heat compensation
Wärmekontakt *m* heat-operated contact, thermal contact
Wärmekonvektion *f* heat convection
Wärmekraft *f* thermal power
Wärmekraftmaschine *f* heat (thermal) engine
Wärmekraftmaschinensatz *m* thermoelectric generating set
Wärmekraftwerk *n* thermal power station (plant)
wärmelabil thermolabile
Wärmelehre *f* thermodynamics
wärmeleitend heat-conductive
Wärmeleiter *m* heat (thermal) conductor
schlechter W. poor heat conductor
Wärmeleitfähigkeit *f* heat (thermal) conductivity
Wärmeleitfähigkeitskoeffizient *m* coefficient of heat conductivity
Wärmeleitung *f* heat (thermal) conduction
Wärmeleitungsgesetz *n* heat conductivity law
Wärmeleitungsmanometer *n* **[nach Pirani]** Pirani gauge
Wärmeleitwiderstand *m* heat conduction resistance
Wärmeleitzahl *f* coefficient of thermal conduction
Wärmemenge *f* quantity (amount) of heat
Wärmemengenregler *m* heat controller
Wärmemesser *m* heat measuring device, calorimeter
Wärmemessung *f* heat measurement, calorimetric test
wärmen to warm [up], to heat
Wärmeplatte *f* / **elektrische** electric warming plate
Wärmepumpe *f* heat pump
thermoelektrische W. thermoelectric heat pump
Wärmepunkt *m* hot spot *(heißester Punkt)*
Wärmequelle *f* heat source
Wärmequellenverteilung *f* distribution of heat sources
Wärmerauschen *n* thermal [agitation] noise, Johnson (resistance) noise
Wärmerauschgenerator *m* thermal noise generator
Wärmerauschnormal *n* thermal noise standard
Wärmerauschquelle *f* thermal noise source
Wärmerauschspannung *f* thermal noise voltage
Wärmeregelung *f* heat (thermal) control
Wärmeriß *m* thermal crack
Wärmerohr *n* heat pipe
Wärmerückgewinnung *f* heat regeneration, recovery of heat
Wärmerückhaltevermögen *n* heat-retaining capacity
Wärmerückstrahlung *f* heat reflection
Wärmeschaltbild *n* thermal circuit diagram
Wärmeschaltwarte *f* thermal control room
Wärmeschock *m* heat shock
Wärmeschutz *m* 1. heat (thermal, thermic) protection, protection against heat; heat (thermal) insulation; 2. heat insulator; thermal protector
Wärmeschutzfilter *n* heat[-absorbing] filter, heat absorber; heat-protecting filter
Wärmeschutzisolierung *f* heat insulation
Wärmeschutzschirm *m* heat shield

Wärmeschutzstoff *m* heat insulator, heat-insulating material
Wärmeschutzvorrichtung *f* thermal protector
Wärmesenke *f* heat sink
Wärmesenkenkennlinie *f* heat sink characteristic
Wärmespannung *f* thermal stress (strain)
Wärmespeicher *m* / **elektrischer** electric heat accumulator, electric thermal storage heater
wärmespeichernd heat-storing
Wärmespeicherung *f* heat storage
Wärmespeichervermögen *n* heat storage capacity
wärmestabilisiert heat-stabilized
Wärmestoß *m* thermal shock
Wärmestoßprüfung *f* thermal shock test
Wärmestrahler *m* heat radiator
Wärmestrahlung *f* heat (thermal) radiation
  selektive W. selective heat radiation
Wärmestrahlungsheizung *f* radiant heating system
Wärmestrahlungstherapie *f* radiant heat therapy
Wärmestrom *m* heat flow
  Thomsonscher W. Thomson heat flow
Wärmestromdichte *f* heat flow density
Wärmetechnik *f* heat engineering
Wärmetheorie *f* theory of heat
Wärmeträgheit *f* thermal inertia
Wärmeübergang *m* heat transfer (*s. a.* Wärmeübertragung)
Wärmeübergangsformel *f* / **Newtonsche** Newton's heat transmission equation
Wärmeübergangskoeffizient *m* heat-transfer coefficient
Wärmeübergangswiderstand *m* thermal (heat-transfer) resistance
Wärmeübergangszahl *f* heat-transfer coefficient, coefficient of heat transmission, convection coefficient
Wärmeübertragung *f* heat (thermal) transmission, heat transfer (convection)
Wärmeübertragungsdichte *f* heat-transfer density
Wärmeübertragungskoeffizient *m* heat-transfer coefficient
Wärmeübertragungsproblem *n* heat-transfer problem
Wärmeumlauf *m* heat circulation
Wärmeumsatz *m* heat transformation
Wärmeunbeständigkeit *f* thermal instability
wärmeundurchlässig adiathermic, athermanous, impervious to heat
Wärmeverbrauch *m* heat consumption
Wärmeverlust *m* heat loss
  W. durch Konvektion heat loss by convection
  W. durch Strahlung heat loss by radiation
  Joulescher W. Joule heat loss
Wärmeversorgung *f* heat supply
Wärmeverteilung *f* heat distribution
Wärmeverteilungsbild *n* heating pattern
Wärmeverzug *m* thermal lag
Wärmewelle *f* heat wave *(im Infrarotbereich)*
Wärmewiderstand *m* thermal resistance
  äußerer W. external (case-to-cooling-medium) thermal resistance
  innerer W. internal (junction-to-case) thermal resistance
  spezifischer W. specific thermal resistance, thermal resistivity *(Kehrwert der Wärmeleitfähigkeit)*
Wärmewiderstandsfähigkeit *f s.* Wärmebeständigkeit
Wärmewirbel *m* temperature eddy
Wärmewirkungsgrad *m* thermal efficiency
Wärmezeitkonstante *f* thermal time constant
Wärmezone *f* heating zone
Wärmezufuhr *f* heat input; heat supply
Wärmezustand *m* thermal state (condition)
Warmfestigkeit *f* high-temperature strength, hot strength
Warmhalteleistung *f* holding power *(z. B. eines Ofens)*
Warmhalteofen *m* holding furnace
warmlaufen to run hot *(Motor)*
Warmluft *f* warm (hot) air
Warmluftmantel *m* hot-air jacket
Warmluftstrom *m* current of warm air
Warmstartlampe *f* hot-start lamp, hot-cathode lamp, preheat lamp
Warmweiß *n* warm-white *(Leuchtstofftyp)*
Warnanlage *f* warning system (device)
Warnbeleuchtung *f* approach lighting *(Flugsicherung)*
Warngerät *n* warning device
Warnlampe *f* warning (alarm) lamp; [panel] indicator lamp, pilot lamp *(an Schalttafeln)*
Warnmeldung *f* warning notice
Warnpfeife *f* warning whistle
Warnrelais *n* warning (alarm) relay
Warnschild *n* danger sign
Warnsignal *n* warning signal, danger signal
Warnung *f* warning
Warnungsbake *f* airport danger (hazard) beacon *(Flugsicherung)*
Warnungspfeil *m* danger arrow
Warnungsschild *n s.* Warnschild
Warnvorrichtung *f* warning (signalling) device, alarm
Warte *f* control room
  lärmgeschützte W. soundproof cabin; booth
Warteanzeiger *m* **für Passagiere** waiting passenger indicator
Wartebelastung *f (Fmt)* waiting traffic

Wartedauer *f (Fmt)* delay, waiting time
Wartefeld *n (Fmt)* call storing panel
Wartelampe *f (Fmt)* call storage lamp
Warteliste *f (Fmt)* waiting list
warten to maintain, to service
Warten *n* **auf Freiwerden** *(Fmt)* camp (park) on busy
Warteplatz *m (Fmt)* queue place
Warteproblem *n (Rech, Syst)* queue problem
Warteprogramm *n (Rech)* waiting program, queueing routine
Warteschlange *f (Rech, Syst, Fmt)* queue, waiting line
Warteschlangentheorie *f* queueing (waiting line) theory
Wartesignal *n (Fmt)* delay lamp
Wartestation *f (Fmt)* passive station
Wartestellung *f* standby position *(Bereitschaft)*
Wartesystem *n (Rech, Syst)* queueing system; *(Fmt)* delay system
W. mit Anrufreihung *(Fmt)* call queueing system
Warteton *m (Fmt)* hold-on tone
Warteverkehr *m (Fmt)* waiting traffic
Wartewahrscheinlichkeit *f (Fmt)* probability of delay
Wartezeit *f (Fmt)* delay, waiting time
W. nach der Wahl postdialling delay
mittlere W. mean waiting time, average delay
Wartezeitbetrieb *m (Fmt)* delay working
Wartezeitverkehr *m (Fmt)* delayed traffic
Wartezustand *m* 1. standby condition *(Bereitschaft)*; 2. *(Rech)* wait status, wait[ing] state
Wartung *f* maintenance, servicing
laufende W. running maintenance, routine repair work
vorbeugende W. preventive maintenance
Wartungsanforderungen *fpl* maintenance requirement
Wartungsarbeiten *fpl* / **planmäßige** scheduled maintenance
wartungsarm low-maintenance
Wartungsdienst *m* maintenance service
Wartungsfähigkeit *f* maintainability, serviceability
wartungsfrei maintenance-free
Wartungsfreundlichkeit *f* **von Programmen** *(Rech)* program maintainability
Wartungskosten *pl* maintenance charges (cost)
Wartungspersonal *n* maintenance personnel, servicing staff
Wartungsplan *m* maintenance schedule
Wartungsplanung *f* maintenance planning
Wartungsprogramm *n* maintenance program, service routine
Wartungsreparatur *f* corrective maintenance
wartungstechnisch maintenance-engineering
Wartungsteil *n* maintenance part
Wartungszeit *f* maintaining (servicing) time
mittlere W. mean maintenance time
Wäscheschleuder *f* spin dryer
Wäschetrockner *m* [electric] clothes-dryer
Waschmaschine *f* / **elektrische** electric washer (washing machine)
Wasser *n* / **destilliertes** distilled water
schweres W. heavy water
Wasseraufbereitungsanlage *f* water treatment plant
Wasseraufnahme *f* water absorption *(z. B. in Öl)*
wasserbeständig water-resistant
Wasserdampf *m* steam, water vapour
Wasserdampfdurchlässigkeit *f* water vapour permeability
Wasserdampfundurchlässigkeit *f* water vapour resistance
wasserdicht water-tight, waterproof
Wasserdichtung *f* waterproof seal
Wasserdurchlässigkeit *f* water permeability *(z. B. von Isolierungen)*
wassergekühlt water-cooled
Wasserkraftgenerator *m* hydroelectric (waterwheel) generator, hydrogenerator
Wasserkraftmaschinensatz *m* hydroelectric generating set
Wasserkraftwerk *n* hydroelectric power plant (station), water power plant
Wasserkühler *m* water cooler
Wasserkühlmantel *m* [cold] water jacket, water cooling jacket
Wasserkühlung *f* water cooling
Wasserschall *m* waterborne sound, hydrosound
Wasserschallaufnehmer *m*, **Wasserschallempfänger** *m* hydrophone, sonar receiver
Wasserschallortungsgerät *n* sonar
Wasserschallsender *m* sonar transmitter
Wasserschloß *n* [differential] surge tank *(Kraftwerk)*
Wasserschutz *m* water protection
Wasserstoffackel *f* hydrogen torch
wasserstoffähnlich hydrogen-like
Wasserstoffatmosphäre *f* hydrogen atmosphere
Wasserstoffbogen *m* hydrogen arc
Wasserstoffcoulometer *n* hydrogen voltameter
Wasserstoffelektrode *f* hydrogen [gas] electrode
Wasserstoffentladung *f* hydrogen discharge
Wasserstoffentladungslampe *f* hydrogen discharge lamp
Wasserstoffentwickler *m* hydrogen generator

Wasserstoffentwicklung *f* hydrogen evolution (generation), formation of hydrogen *(Elektrolyse)*
Wasserstoffglimmentladung *f* hydrogen glow discharge
wasserstoffhaltig hydrogenous
Wasserstoffkühler *m* hydrogen cooler
Wasserstofflampe *f* hydrogen [discharge] lamp, hydrogen arc lamp
Wasserstoffreduktion *f* hydrogen reduction
Wasserstoff-Sauerstoff-Brennstoffelement *n* hydrogen-oxygen fuel cell, hydrox fuel cell
Wasserstoff-Sauerstoff-Schweißen *n* oxyhydrogen welding
Wasserstoff-Sauerstoff-Zelle *f* hydrogen-oxygen cell
Wasserstoffschweißen *n* hydrogen welding
Wasserstoffthyratron *n* hydrogen thyratron
Wasserstoffüberspannung *f* hydrogen overvoltage
Wasserstoffunkenstrecke *f* hydrogen spark gap
Wasserstoffvoltameter *n* hydrogen voltameter
Wasserturbine *f* hydraulic (water) turbine
Wasserumlauf *m* water circulation (cycle)
Wasserumlaufkühlung *f* circulating water cooling
Wasserumwälzpumpe *f* circulating water pump
wasser- und luftgekühlt water-air-cooled
wasserundurchlässig water-tight, waterproof, impermeable to water
Watt *n* watt, W *(SI-Einheit der elektrischen Leistung)*
Wattkomponente *f* watt (active) component
wattlos wattless
Wattmeter *n* wattmeter, active power meter
  astatisches W. astatic wattmeter
  elektrodynamisches W. electrodynamic (dynamometer-type) wattmeter
  elektronisches W. electronic wattmeter
Wattsekunde *f s.* Joule
Wattstundenwirkungsgrad *m* watt-hour efficiency
Wattstundenzähler *m* watt-hour [demand] meter, [active-]energy meter
Wattzahl *f* wattage
Wb *s.* Weber
Weber *n* volt-second, Vs *(1. SI-Einheit des magnetischen Flusses; 2. SI-Einheit der magnetischen Polstärke)*
Wechsel *m* change; alternation
  W. der Gebührenpflicht *(Fmt)* reverse of charges
Wechsel *mpl (Fmt)* reversals
Wechselanteil *m* alternating (pulsating, oscillating) component *(z. B. einer Spannung, eines Stroms)*
Wechselbestrahlung *f* alternating irradiation
Wechselbetrieb *m (Nrt)* simplex operation (working), simplex; half-duplex operation
Wechsel-EMK *f* oscillating electromotive force
Wechselentladung *f* alternating discharge
Wechselfeld *n* alternating (pulsating) field, a.c. field
  homogenes magnetisches W. homogeneous alternating magnetic field
Wechselfeldfokussierung *f* periodic field focussing
Wechselfeldkreis *m* / **magnetischer** periodic magnetic circuit
Wechselfeuer *n* changing (alternating) light *(Leuchtfeuer)*
Wechselfluß *m* / **magnetischer** alternating [magnetic] flux
Wechselgetriebe *n* change-speed gear
Wechselgröße *f* alternating (oscillating) quantity
  symmetrische W. symmetrical alternating quantity
Wechselimpedanz *f* mutual impedance
Wechselinduktion *f* mutual induction
Wechselinduktivität *f* mutual inductance
Wechselinformation *f* mutual information, [average] transinformation *(Wahrscheinlichkeitstheorie)*
Wechselkomponente *f* alternating (pulsating, oscillating) component
Wechselkontakt *m* change-over contact; double-throw contact
  W. mit neutraler Stellung two-way contact with neutral position
  W. mit Unterbrechung break-before-make contact
  einpoliger W. single-pole double-throw contact
  unterbrechungsloser W. make-before-break contact
Wechselkraft *f* alternating force
Wechselmagnetisierung *f* alternating magnetization
wechseln to change; to alternate; to shift *(Telegrafie)*
  das Vorzeichen w. to change sign; *(El)* to alternate in polarity
wechselnd / **sinusförmig** sinusoidally varying
Wechselpolfeldmagnet *m* heteropolar field magnet
wechselpolig heteropolar
Wechselpotential *n* alternating potential
Wechselrelais *n* polar[ized] relay, centre zero relay
Wechselrichter *m* inverter, d.c.-to-a.c. inverter (converter), inverted rectifier, rectifier inverter

statischer W. static inverter
umkehrbarer W. reversible power converter
Wechselrichtung *f* a.c. conversion
Wechselschalter *m* change-over switch, double-throw switch; two-way switch *(Installationstechnik)*
W. mit Unterbrechung break-before-make switch
unterbrechungsloser W. make-before-break switch
Wechselschaltung *f* two-way wiring *(Installationstechnik)*
Wechselschließer *m* transfer contact
Wechselschreiben *n s.* Wechselbetrieb
wechselseitig mutual; both-way
Wechselspannung *f* alternating voltage (potential), a.c. voltage
periodische W. periodic alternating voltage
Wechselspannungsamplitude *f* alternating-voltage amplitude
Wechselspannungsanalogrechner *m* a.c. [voltage] analogue computer
Wechselspannungsdurchführung *f* a.c. [voltage] bushing
Wechselspannungskomponente *f* alternating component of voltage, a.c. [voltage] component
Wechselspannungsprüfanlage *f* a.c. [voltage] testing plant
Wechselspannungsquelle *f* a.c. [voltage] source
Wechselspannungsröhrenvoltmeter *n* a.c. [voltage] vacuum tube voltmeter
Wechselspannungssignal *n* / **verstärktes** amplified a.c. [voltage] signal
Wechselspannungssteller *m* a.c. [voltage] controller
Wechselspannungsüberschlagspannung *f* power-frequency spark-over voltage
Wechselsperre *f* reciprocal interlocking *(Relais)*
Wechselsprechanlage *f* interphone, two-way telephone system, talk-back device
Wechselsprechbetrieb *m* intercommunication system, intercom, two-way communication
Wechselsprechen *n s.* Wechselbetrieb
Wechselstrom *m* alternating current, a.c., A.C.
einphasiger W. single-phase alternating current
gleichgerichteter W. rectified alternating current
hochfrequenter W. high-frequency alternating current
mehrphasiger W. polyphase alternating current
Wechselstromanlasser *m* alternating-current starter
Wechselstromanodenspannung *f* alternating-current anode voltage
Wechselstromanteil *m* alternating-current component [of current]
wechselstrombetrieben alternating-current operated, a.c.-operated
Wechselstromblinkvorrichtung *f* alternating-current flasher
Wechselstrombogen *m* alternating-current arc
Wechselstrombrücke *f* alternating-current bridge
Wechselstrombrückenschaltung *f* alternating-current bridge circuit
Wechselstromdurchführung *f* alternating-current bushing
Wechselstromeffektivwert *m* **der Nennspannung** alternating-current root-mean-square voltage rating
Wechselstromeinstreuung *f* alternating-current pick-up
Wechselstromentladung *f* alternating-current discharge
Wechselstromentladungsröhre *f* alternating-current discharge tube
Wechselstromerzeuger *m s.* Wechselstromgenerator
Wechselstromfahrbetrieb *m* alternating-current traction
Wechselstromgenerator *m* alternating-current generator (dynamo), alternator
Wechselstromgerät *n* alternating-current device (equipment)
wechselstromgespeist alternating-current-powered, a.c.-powered (*s. a.* wechselstrombetrieben)
Wechselstromgleichrichter *m* alternating-current rectifier
Wechselstrom-Gleichstrom-Umsetzer *m* alternating-current/direct-current converter, a.c.-to-d.c. converter
Wechselstromgröße *f* alternating current quantity
Wechselstrominduktivität *f* alternating-current inductivity
Wechselstromkommutatormotor *m* alternating-current commutator motor
Wechselstromkomponente *f* alternating-current component, a.c. component [of current]
Wechselstromkreis *m* alternating-current circuit
Wechselstromlehre *f* theory of alternating currents
Wechselstromleistung *f* alternating-current power
Wechselstromleistungsschalter *m* alternating-current circuit breaker
Wechselstromleitfähigkeit *f* alternating-current conductivity
Wechselstromleitung *f* alternating-current line
Wechselstromleitungsbetrieb *m* alternating-current line operation

Wechselstromlichtbogen *m* alternating-current arc
Wechselstromlichtbogenschweißen *n* alternating-current arc welding
Wechselstromlokomotive *f* alternating-current electric locomotive
Wechselstromlöschkopf *m* alternating-current erasing head *(Magnetband)*
Wechselstrommehrfachtelegrafie *f* alternating-current multiple telegraphy
Wechselstrommeßbrücke *f* alternating-current [measuring] bridge, a.c. impedance bridge
Wechselstrommesser *m* alternating-current ammeter
Wechselstrommessung *f* alternating-current measurement
Wechselstrommotor *m* alternating-current motor
Wechselstrommotorkondensator *m* alternating-current motor capacitor
Wechselstromnebenschlußmotor *m* alternating-current shunt motor
Wechselstromnetz *n* alternating-current mains (network, system)
Wechselstromnetzmodell *n* alternating-current network analyzer
Wechselstromperiode *f* alternating-current cycle
Wechselstromquelle *f* alternating-current source (supply)
Wechselstromreihenschlußmotor *m* alternating-current series[-wound] motor
Wechselstromrelais *n* alternating-current relay
W. mit einer Betätigungsspannung single-element a.c. relay
Wechselstromruf *m (Fmt)* alternating-current ringing
Wechselstromschweißgerät *n* alternating-current welding set (equipment, unit)
Wechselstromspule *f* alternating-current coil
Wechselstromsynchronübertragung *f (Fmt)* alternating-current synchronous transmission
Wechselstromtachometer *n* alternating-current tachometer
Wechselstromtastung *f (Nrt)* alternating-current keying
Wechselstromtechnik *f* alternating-current engineering
Wechselstromtelegrafie *f* voice-frequency [carrier] telegraphy, VFT
Wechselstromtelegrafieeinrichtung *f* voice-frequency telegraph equipment
Wechselstromtelegrafieempfänger *m* voice-frequency telegraph receiver
Wechselstromtelegrafiegestell *n* voice-frequency telegraph rack
Wechselstromtelegrafiegrundleitung *f* voice-frequency bearer circuit
Wechselstromtelegrafieleitung *f* voice-frequency telegraph line
Wechselstromtelegrafiesystem *n* voice-frequency telegraph system
Wechselstromtraktion *f* alternating-current traction
Wechselstromturbogenerator *m* alternating-current turbo-generator, turbo-alternator
Wechselstromverhalten *n* alternating-current behaviour
Wechselstromverlust *m* alternating-current loss[es]
Wechselstromverstärker *m* alternating-current amplifier
Wechselstromwahl *f (Fmt)* alternating-current dialling
Wechselstromwecker *m (Fmt)* alternating-current ringer, magneto bell
Wechselstromwert *m* magnitude of alternating current
Wechselstromwicklung *f* alternating-current winding
Wechselstromwiderstand *m* alternating-current resistance, [a.c.] impedance, variational resistance
W. der Elektrode electrode a.c. resistance
Wechselstromwiderstände *mpl* conjugate impedances
Wechselstromzähler *m* alternating-current meter
Wechselstromzeichengabe *f (Nrt)* alternating-current signalling
Wechseltaste *f (Fmt)* shift key
Wechseltemperatur *f* alternating temperature
Wechselverkehr *m (Fmt)* simplex operation (telegraphy) (*s. a.* Wechselbetrieb)
Wechselverkehrsleitung *f (Fmt)* simplex circuit, both-way trunk
Wechselvorgang *m* changing operation
Wechselwirkung *f* interaction ● **in W. treten** to interact
Coulombsche W. Coulomb interaction
schwache W. weak interaction
Wechselwirkungsart *f* mode of interaction
Wechselwirkungsbereich *m* interaction range
Wechselwirkungseffekt *m* interaction effect
Wechselwirkungsenergie *f* interaction energy
wechselwirkungsfrei non-interacting
Wechselwirkungskraft *f* interaction force
Wechselwirkungsoperator *m* interaction operator
Wechselwirkungspotential *n* interaction potential
Wechselwirkungsraum *m* interaction space
Wechselwirkungszeit *f* interaction time
Wechselzahl *f* number of cycles (alternations)

Wechselzeichen *n (Fmt)* shift signal, reversal
Wechsler *m s.* Wechselkontakt
Weckdienst *m (Fmt)* wake-up service
wecken *(Fmt)* to ring
Wecken *n (Fmt)* ringing
Wecker *m* [telephone] ringer, bell
W. mit Selbstunterbrechung trembler bell
Weckerausschalter *m (Fmt)* bell stop
Weckerfallklappe *f (Fmt)* bell indicator drop
Weckerumschalter *m (Fmt)* ringing change-over switch
Weckstrom *m (Fmt)* ringing current
Weckstromkreis *m (Fmt)* ringing circuit
Weckuhranschluß *m* sleep timer jack
Weg *m* path; course; route
kritischer W. critical path *(Netzplantechnik)*
wegätzen to etch off
Wegaufnehmer *m* displacement gauge (pick-up)
Wegenetzwerk *n (Fmt)* switching matrix
Wegeprüfung *f (Fmt)* route testing
Wegesuchabschnitt *m (Fmt)* path-finding section
Wegesuchen *n (Fmt)* path finding
Weggeber *m* / **induktiver** inductive displacement pick-up
Weglänge *f* path length
W. der beweglichen Schaltstücke travel of moving contacts
freie W. free path
mittlere freie W. mean free path
optische W. optical path length, optical (light) path, optical distance (length)
Weglängenmesser *m* [h]odometer
weglaufen to drift *(Frequenz)*
Weglaufen *n* drift; runaway
W. der Frequenz frequency drift
Wegmesser *m* [h]odometer
Wegmessung *f* displacement measurement; trajectory measurement
Wegunterschied *m* path difference *(zweier Strahlen)*
Weg-Zeit-Diagramm *n* path-time diagram
Wehnelt-Elektrode *f s.* Wehnelt-Zylinder
Wehnelt-Katode *f* Wehnelt cathode
Wehnelt-Unterbrecher *m* Wehnelt interrupter
Wehnelt-Zylinder *m* Wehnelt cylinder, modulator electrode
Wehr *n* weir, dam *(Wasserkraftwerk)*
Weibull-Verteilung *f* Weibull distribution
Weichblei *n* soft lead
Weiche *f* / **elektrische** cross-over network, [separating] filter
Weicheisenanker *m* soft-iron armature, iron-core armature
Weicheiseninstrument *n* soft-iron instrument, moving-iron instrument, electromagnetic instrument
Weicheisenkern *m* soft-iron core
Weicheisenoszillograf *m* soft-iron oscillograph
Weicheisenvoltmeter *n* moving-iron voltmeter
Weichenriegelkontakt *m* lock circuit contact
Weichenriegelschalter *m* lock circuit controller
Weichgummi *m* soft rubber
Weichkupfer *n* soft copper
Weichlot *n* soft (tin) solder
Weichlöten *n* soft-soldering
Weichmacher *m* softener, plasticizer
weichmagnetisch soft magnetic *(Werkstoff)*
Weichtastung *f (Fmt)* soft keying
Weichzeichner *m (Licht)* umbrella-shaped reflector; diffusing disk
Weidezaun *m* / **elektrischer** electric fence
Weihnachtsbaumbeleuchtung *f* Christmas-tree lighting
Weil-Verfahren *n* Weil scheme *(Schalterprüfschaltung)*
weiß / optisch high-white
Weiß *n* **gleicher Energien** equal-energy white
Weißanteil *m* white content, whiteness
Weißgleichen *fpl* isotints *(im Ostwald-Farbsystem)*
Weißgrad *m* degree of whiteness
Weißgradmesser *m* photoelectric reflectometer (reflection meter)
Weißpegel *m (Ferns)* white level
Weißstandard *m* white reference (reflectance) standard
Weißvorläufer *m (Ferns)* leading white
Weitbereichlautsprecher *m* wide-range loudspeaker
weiterbefördern to retransmit *(Telegrafie)*
weiterführen / eine Leitung to extend a line
weitergeben *(Nrt)* to repeat *(z. B. mit Relais)*; *(Fmt)* to retransmit
Weiterleitung *f* **von Schall** sound conduction
Weiterschaltleitung *f (Fmt)* transfer circuit
Weiterschalttaste *f (Fmt)* transfer key
weitervermitteln *(Fmt)* to retransmit
Nachrichten w. to relay messages
Weitervermitteln *n (Fmt)* retransmission
weitreichend long-range
Weitschirmisolator *m* wide-petticoat insulator
Weitstreckennavigation *f (FO)* long-range navigation [system], loran
Weitverkehr *m (Nrt)* longe-range communication; *(Fmt)* long-distance traffic
Weitverkehrsfernsprechsystem *n* long-distance telephone system, long-haul telephone system
Weitverkehrsgespräch *n (Fmt)* long-distance call

Weitverkehrsleitung *f (Fmt)* long-distance circuit, long-haul circuit
Weitverkehrsnetz *n (Fmt)* long-distance network
Weitverkehrsplatz *m (Fmt)* long-distance trunk position
Weitverkehrs-Trägerfrequenzfernsprechen *n* long-range carrier-frequency telephony
Weitverkehrsverbindung *f (Fmt)* long-distance communication (call), long-range circuit, long-haul circuit
Welle *f* 1. wave; 2. *(Masch)* shaft
abgeschnittene W. chopped [impulse] wave
anodische W. anodic wave *(Polarografie)*
austretende W. outgoing wave
biegsame W. flexible shaft
durchgehende W. through-going shaft *(Turbine)*
durchgelassene W. transmitted wave
ebene W. plane wave
einfallende W. incident (incoming) wave
elektrische W. electric shaft *(Gleichlaufschaltung)*; magslip system, synchro
elektromagnetische W. electromagnetic wave
elliptisch polarisierte W. elliptically polarized mode
fortschreitende W. travelling (propagating, progressive) wave
gebrochene W. refracted wave
gedämpfte W. damped wave
gekoppelte W. coupled wave
harmonische W. harmonic wave
hinlaufende W. forward (progressive) wave
impulsmodulierte W. pulse-modulated wave
indirekte W. *(Nrt)* ionospheric wave *(Fernwelle)*; sky (indirect) wave *(reflektierte Welle)*
katalytische W. catalytic wave *(Polarografie)*
kinetische W. kinetic wave *(Polarografie)*
leitungsgebundene W. guided wave
linksdrehend polarisierte W. left-hand[ed] polarized wave, anticlockwise (counterclockwise) polarized wave
modulierte W. modulated wave
modulierte ungedämpfte W. modulated continuous wave, m.c.w., M.C.W.
periodische W. periodic wave
polarisierte W. polarized wave
rechtsdrehend polarisierte W. right-hand[ed] polarized wave, clockwise polarized wave
reflektierte W. *(Nrt)* reflected (sky, indirect) wave
rückwärtsschreitende W. regressive (backward) wave
senkrecht polarisierte W. vertically polarized wave
sinusförmige W. sine (sinusoidal, harmonic) wave
sprachmodulierte W. speech-modulated wave
stehende W. standing (stationary) wave
tonmodulierte W. sound-modulated wave
transversalelektrische W. transverse electric wave
transversalelektromagnetische W. transverse electromagnetic wave
ungedämpfte W. undamped (continuous) wave
ungedämpfte unterbrochene W. interrupted continuous wave
unsymmetrische W. asymmetric wave
vertikal polarisierte W. vertically polarized wave
vorlaufende W. forward wave
zylindrische W. cylindrical wave
wellen / sich to cup *(z. B. Tonband, Film)*
Wellen *fpl* / **anomal polarisierte** abnormally polarized waves
gemischte W. hybrid waves
getastete modulierte W. keyed modulated waves
getastete tonüberlagerte ungedämpfte W. *(Nrt)* type A2 waves
getastete ungedämpfte W. *(Nrt)* type A1 waves
Hertzsche W. Hertzian waves
tonmodulierte ungedämpfte W. *(Nrt)* type A3 waves
ungedämpfte W. *(Nrt)* type AO waves
Wellenabsorption *f* wave absorption
Wellenanalysator *m* wave analyzer
Wellenanteil *m* wave component
Wellenantenne *f* wave aerial
W. mit waagerechten Querstabantennen fishbone aerial
Wellenanzeiger *m* wave detector, cymoscope
Wellenart *f* type of wave, mode
wellenartig undulatory, wavelike
Wellenausbreitung *f* wave propagation
leitergebundene W. guided wave propagation
Wellenausbreitungsgeschwindigkeit *f* wave velocity
Wellenauslöschung *f* wave quenching
Wellenbahn *f* wave path
Wellenband *n* wave band
Wellenbauch *m* antinode, [wave] loop
Wellenbereich *m* wave range (band) *(Frequenzband)*
Wellenbereichsschalter *m* wave range switch
Wellenberg *m* wave crest, peak of wave
Wellenbeugung *f* wave diffraction
Wellenbewegung *f* wave motion; undulation
Wellenbildung *f* wave generation

Wellenbündel *n* wave beam
Wellenbündelung *f* wave concentration
Wellendämpfungskonstante *f* wave attenuation constant
Wellendetektor *m* wave detector, cymoscope
Wellendichtung *f* labyrinth seal ring
Wellendrehmoment *n* shaft torque
Wellenerzeugung *f* wave generation
Wellenfalle *f* wave trap
Wellenfilter *n* wave filter
  elektrisches W. electric wave filter
Wellenform *f* waveform, wave shape
  verzerrte W. distorted waveform
Wellenformanalysator *m* waveform analyzer
Wellenformgenerator *m* waveform generator
Wellenformverzerrung *f* waveform (wave) distortion
Wellenformwandler *m* waveform converter
Wellenfortpflanzung *f* wave propagation, transmission of waves
Wellenfortpflanzungsvektor *m* wave propagation vector
Wellenfrequenz *f* wave frequency
Wellenfront *f* wave front *(z. B. bei Überspannungen)*
  steile W. steep wave front
Wellenfrontgeschwindigkeit *f* wave-front velocity
Wellenfunktion *f* wave function
Wellengeschwindigkeit *f* wave velocity
Wellengleichung *f* wave equation
  Diracsche W. Dirac wave equation
Wellengruppe *f* wave group (packet)
Wellenhöhe *f* 1. shaft height; 2. amplitude
Welleninterferenz *f* wave interference
Wellenknoten *m* [wave] node, nodal point
Wellenkontakt *m* shaft contact
Wellenkraftwerk *n* wave power station
Wellenlager *n* shaft bearing
Wellenlänge *f* wavelength
  W. des Absorptionsmaximums absorption peak wavelength
  W. im Vakuum vacuum wavelength
  farbtongleiche W. dominant wavelength
  halbe W. one-half wavelength
  komplementäre W. complementary wavelength
  kritische W. critical wavelength
  kürzeste W. shortest wavelength
  maximale W. maximum (peak) wavelength
  minimale W. minimum wavelength
  natürliche W. natural wavelength
wellenlängenabhängig wavelength-dependent
Wellenlängenabhängigkeit *f* wavelength dependence
Wellenlängenänderung *f* wavelength shift (change)
Wellenlängenbereich *m* wavelength range
Wellenlängendehner *m* line stretcher *(Hohlleiter)*
Wellenlängengrenze *f* wavelength limit
Wellenlängenkalibrierung *f* wavelength calibration
Wellenlängenmesser *m* **[nach dem Überlagerungsprinzip]** heterodyne wavemeter
Wellenlängenmessung *f* wavelength measurement
Wellenlängennormal *n* wavelength standard, primary standard of wavelength
Wellenlängenskale *f* wavelength scale
Wellenlängentabelle *f* wavelength table
Wellenleiter *m* waveguide *(Hochfrequenztechnik)*; *(Ak)* wave duct
  angepaßter W. matched waveguide
  dielektrischer W. dielectric waveguide
  geschlitzter W. slotted waveguide
  troposphärischer W. tropospheric radio duct
  wendelförmiger W. für Weitverkehr long-distance helical waveguide
Wellenleiterabschwächer *m* waveguide attenuator
Wellenleiterbeschleuniger *m* waveguide accelerator
Wellenleiterbrücke *f* waveguide bridge
Wellenleiterdämpfung *f* waveguide attenuation
Wellenleiteröffnung *f* nozzle; spout
Wellenleiterschalter *m* waveguide switch
Wellenleitwert *m* wave admittance, [characteristic] admittance
Wellenlinienschreiber *m* ondograph
Wellenmechanik *f* wave mechanics
wellenmechanisch wave-mechanical
Wellenmesser *m* wavemeter, cymometer
Wellennatur *f* **des Lichts** wave character (nature) of light
Wellenoptik *f* wave optics
Wellenpaket *n* wave packet
Wellenparameter *m* wave parameter *(der Leitung)*
Wellenparameterfilter *n* conventional (composite) filter
Wellenparametertheorie *f* wave parameter theory
Wellenperiode *f* wave period
Wellenreflexion *f* wave reflection; *(FO)* wave clutter *(Seegangsstörung)*
Wellenrichter *m* director *(Antenne)*
Wellenschalter *m* wave (band) switch, wave[length] changing switch, frequency-range switch *(Frequenzband)*; change-tune switch
Wellenschlucker *m* wave trap; surge absorber *(bei Übergangsvorgängen)*
Wellenschulter *f* shaft shoulder
Wellenschwanz *m* wave tail
Wellenspannung *f* ripple d.c. voltage, undulatory voltage

Wellenspannungsprüfung *f* shaft voltage test
Wellenspule *f* wave-wound coil
Wellenstirn *f* wave front *(z. B. bei Überspannungen)*
geneigte W. tilted wave front
Wellenstrahlung *f* undulatory radiation
Wellenstrom *m* 1. shaft current *(angetrieben von der in einer rotierenden Welle induzierten Spannung)*; 2. pulsating d.c. current *(Mischstrom)*; ripple (undulatory) current
Wellental *n* wave trough
Wellentheorie *f* **des Lichts** wave theory of light
Wellentyp *m* [wave] mode
vorherrschender W. dominant mode
Wellentypfilter *n* mode filter
Wellentypkoppler *m* mode coupler
Wellentypumformer *m* mode transducer (transformer, changer)
Wellentypumformung *f* [wave] mode conversion
Wellentypwandler *m s.* Wellentypumformer
Wellenübertragungsmaß *n* image transfer constant *(Vierpol)*
Wellenumdrehungsanzeiger *m* shaft revolution indicator
Wellenumformer *m* wave converter
Wellenumschalter *m* wave change (changing) switch, [wave-]band switch
Wellenverkürzung *f* wavelength shortening
Wellenverlängerung *f* 1. wavelength extension; 2. shaft extension
Wellenverteilung *f* allocation of frequencies
Wellenwicklung *f* wave winding, spiral winding
mehrgängige W. multiple-wave winding, multiplex wave winding
Wellenwiderstand *m* [characteristic] wave impedance, characteristic impedance *(Wellenleiter)*; natural impedance *(z. B. von Übertragungsleitungen)*
bezogener W. normalized impedance
differentieller W. differential characteristic impedance
komplexer W. complex characteristic impedance
normierter W. normalized impedance
Wellenzahl *f* wave number *(Kehrwert der Wellenlänge)*
Wellenzapfen *m* shaft journal
Wellenzug *m* wave train, train of waves
Wellenzugfrequenz *f* wave group frequency
Wellenzugunterbrechung *f* wave train interruption
Welle-Teilchen-Dualismus *m* wave-particle duality
wellig rippled; wavy; corrugated
Welligkeit *f* 1. ripple; waviness; corrugation; 2. *s.* Welligkeitsfaktor
W. der Oberfläche surface waviness
W. einer Schallplatte record warp
W. im Durchlaßbereich pass-band ripple
Welligkeitsanteil *m* ripple component
Welligkeitsfaktor *m* ripple factor, voltage standing wave ratio
Welligkeitsfilter *n* ripple filter
Welligkeitsfrequenz *f* ripple frequency
Welligkeitsgrad *m* percentage ripple, ripple percentage
Welligkeitsstrom *m* ripple current
Wellplattenkondensator *m* corrugated plate capacitor
Wellrohr *n* bellows, sylphon *(pneumatisches Meßglied)*
Weltfernsprechnetz *n* world telephone network
Weltleitwegplan *m (Fmt)* world routing plan
Weltraumfunkverkehr *m* space radio communication
Wendefeld *n* commutating (reversing) field
Wendefeldspannung *f* quadrature-field voltage
Wendefeldwicklung *f* commutating winding
Wendegeschwindigkeitsmesser *m* turn meter
Wendel *f* [coiled] filament *(Glühlampe)*; helix; spiral
W. aus Widerstandsdraht coil of resistance wire
W. einer Projektionslampe projection lamp filament
gerade W. line (linear) filament
Wendelabdampfung *f* filament evaporation
Wendelabmessungen *fpl* filament dimensions
Wendelanordnung *f* filament arrangement
Wendelantenne *f* helical aerial
Wendelaufhängung *f* filament mounting (arrangement)
Wendelbild *n* filament image
Wendelbruch *m* filament (spiral) fracture
Wendeldurchhang *m* filament sag, sag in wire
Wendelheizkörper *m* / **freiabstrahlender (nichteingebetteter)** open-type coil heater
Wendelhohlleiter *m* helical (helix) waveguide
Wendelinduktor *m* helical inductor *(Induktionserwärmung)*
Wendelleiter *m* helical conductor
Wendelleitung *f* helical line
Wendelmaschine *f* coiled-filament forming apparatus *(Glühlampenherstellung)*
Wendeln *n* spiralling *(der Lichtsäule in einer Leuchtstofflampe)*
Wendelpotentiometer *n* helical potentiometer

Wendelschnur *f* coiled cord
wenden to commutate *(Strom)*
Wendepol *m* commutating (commutation) pole, interpole; auxiliary pole
Wendepolfeld *n* commutating [pole] field
Wendepolluftspalt *m* interpole air gap
Wendepolwicklung *f* commutating winding
Wendeschalter *m* reversing switch[group], [current] reverser
Wendetangentenverfahren *n* inflectional-tangent method
Wendezeiger *m* turn indicator
Wendezug *m* reversible motor-coach train *(Triebwagen)*
Wendung *f* 1. turn; 2. inflection *(Mathematik)*
Wenn-Anweisung *f (Rech)* if-statement
Werbefernsehen *n* commercial (sponsored) television
„Wer da"-Zeichen *n (Fmt)* "Who are you" signal, WRU signal
Werkstoff *m* material
keramischer W. ceramic material
magnetischer W. magnetic material
metallkeramischer (mischkeramischer) W. cermet, ceramal, ceramet
plattierter W. clad material
thermoplastischer W. thermoplastic
werkstoffabhängig material-dependent
Werkstoffdämpfung *f* material damping, attenuation of the material, mechanical hysteresis [effect]
Werkstoffehler *m* fault in material
Werkstoffermüdung *f* fatigue of materials
Werkstoffprüfgerät *n* material tester (analyzer), flaw detector
Werkstoffprüfung *f* material[s] testing
W. mit Ultraschall ultrasonic (supersonic) flaw detection, ultrasonic material testing
zerstörungsfreie W. non-destructive material testing
Werkzeugmaschine *f* / **numerisch gesteuerte** numerically controlled machine tool
Werkzeugmaschinensteuerung *f* machine-tool control
Wert *m* value *(z. B. einer physikalischen Größe)*; quantity; magnitude; amount *(Betrag)*
W. am stationären Endzustand *(Syst)* steady-state value, final value
W. der Übertragungsgüte *(Nrt)* transmission performance rating
W. des Ausschaltstroms circuit-breaking transient current
W. eines Spiels game value, worth of a game *(Kybernetik)*
W. größter Häufigkeit mode *(Statistik)*
W. im Anfangsbereich lower-range value
aktueller W. *(Rech)* actual value *(ALGOL)*
analoger W. analogue quantity
angezeigter W. *(Meß)* indicated value [of a quantity]; uncorrected result [of a measurement]
experimentell ermittelter W. experimental value
flüchtiger W. der eingeschalteten Spannung instantaneous [total] value of the on-state voltage
gemessener W. *(Meß)* measured value [of a quantity]; corrected result [of a measurement]
geschätzter W. estimated value
gestörter W. disturbed value
kritischer W. critical value *(z. B. der Stabilität)*
reeller W. real value
registrierter W. recorded value
reziproker W. reciprocal [value]
stationärer W. steady[-state] value, stationary value
tatsächlicher W. actual value
vereinbarter W. stipulated value
wahrer W. true value
zu erwartender W. expected value
zulässiger W. tolerable value; admissible value *(z. B. der Regelabweichung)*
Werte *mpl* / **abgetastete** sampled data
aufeinanderfolgende W. succeeding values
Wertheim-Effekt *m* Wertheim effect
Wertigkeit *f* valence, valency
aktive W. *(Chem)* active valence
elektrochemische W. electrochemical valence, electrovalence
Weston-Element *n* Weston cell
Weston-Normalelement *n* Weston normal (standard) cell
wetterfest weather-resistant, weatherproof
Wetterfunkstelle *f* radio weather broadcast station
wettergeschützt weather-protected
Wetterschutzhaube *f* radome *(für Antennen)*
Wetterschutzmantel *m* weather protecting sleeve *(für Antennen)*
Wheatstone-Brücke *f* Wheatstone bridge
Wheatstone-Telegraf *m* Wheatstone telegraph
Whisker *m* [crystal] whisker
Whiskerwachstum *n* whisker growth
Wichtung *f* weighting *(Informationsverarbeitung)*
Wickel *m* reel
Wickelautomat *m* automatic winding (coiling) machine
Wickelbauweise *f* baffle-type construction *(bei magnetischen Kernen)*
Wickelbreite *f* layer width
Wickeldraht *m* wrapping wire *(für Wickelanschlüsse)*; winding wire *(für Spulen)*
runder W. round winding wire
Wickelfaktor *m* winding factor; chording factor
Wickelfläche *f* winding area
Wickelgeschwindigkeit *f* winding speed

Wickelkern *m* bobbin core, [winding] bobbin; mandrel *(Drahtwendelung)*
Wickelkondensator *m* roller-type capacitor, paper capacitor
Wickelkopf *m* winding head, end-winding, overhang
Wickelkopfabdeckung *f* overhang cover
Wickelkopfschutzschild *m* end-winding shield
Wickelkopfträger *m* end-winding support
Wickelkörper *m* former
Wickellockenprüfung *f* mandrel test
Wickellötverbindung *f* wrapped and soldered joint
Wickelmaschine *f* [coil] winding machine, coil winder (winding bench)
Wickelmotor *m* reel (tape-tensioning) motor
wickeln to wind; to coil; to reel *(z. B. auf Spulen)*; to crimp *(Kontakttechnologie)*
in Schichten w. to layer-wind
Wickelraum *m (Masch)* winding space
Wickelschritt *m* winding pitch; back pitch *(Schaltschritt)*
Wickelsinn *m* direction of winding
Wickelspule *f* winding spool
Wickeltechnik *f* wire-wrapping technique *(für Verbindungen)*
Wickelteller *m* [tape] reel
Wickelträger *m* winding support
Wickelverbindung *f* wire-wrap connection, solderless wrapped connection
Wicklung *f* winding ● **mit verteilter W.** distributed-wound
W. mit Schrittverkürzung short-pitch winding, chorded winding
W. mit Schrittverlängerung long-pitch winding
W. mit zwei Polen bipolar winding
äußere W. outer winding
bifilare W. bifilar winding
ebene W. smooth winding
einlagige W. single-layer winding
gesehnte W. chorded (short-pitch) winding
gestürzte W. back-wound coil *(Transformator)*
glatte W. smooth winding
hochohmige W. high-impedance winding
induktionsarme W. poor-induction winding
induktionsfreie W. non-inductive winding
kapazitätsarme W. bank[ed] winding
konzentrierte W. concentrated winding
konzentrische W. concentric winding
kurzgeschlossene W. short-circuited winding
linksumlaufende W. left-handed winding
mehrgängige W. multiplex winding
niederohmige W. low-resistance winding
offene W. open-circuit winding
ohmsche W. resistance winding
polumschaltbare W. pole-changing winding
schrittverkürzte W. *s.* W. mit Schrittverkürzung
verteilte W. distributed winding
wilde W. random winding *(ohne Drahtführung)*
zweipolige W. bipolar winding
Wicklungsfaktor *m* winding factor (coefficient)
Wicklungsinduktivität *f* winding inductance
Wicklungsisolation *f* winding insulation
Wicklungskapazität *f* [inter]winding capacitance, internal capacitance *(Spulen)*
Wicklungsnennspannung *f* winding voltage rating
Wicklungspotential *n* winding potential
Wicklungsprobe *f* check of windings *(z. B. bei der Drahtlackprüfung)*
Wicklungsquerschnitt *m* winding cross section
Wicklungsschema *n* winding diagram
Wicklungsschritt *m* winding pitch
Wicklungssinn *m* sense of winding
Wicklungsträger *m* winding support; bobbin
Wicklungsverluste *mpl* copper losses
Widerhall *m* echo, reverberation
widerhallen to echo, to reverberate, to resound
Widerstand *m* 1. resistance *(Größe)*; 2. resistor *(Bauteil)* ● **mit (von) niedrigem spezifischen W.** low-resistivity
W. bei Stromverdrängung dermal resistance
W. der Batterie battery resistance
W. der Thermoelementzuleitung thermocouple lead resistance
W. des Antennenleiters aerial wire resistance
W. des geerdeten Leiters resistance of earthed conductor
W. je Längeneinheit *(Isol)* resistance per unit length
W. mit Anzapfung tapped resistor
W. Null zero resistivity
abgestufter W. stepped resistance
bezogener W. per-unit resistance
dekadisch einstellbarer W. *(Meß)* decade resistance box
dielektrischer W. dielectric (insulation) resistance
differentieller W. differential (incremental) resistance
drahtgewickelter W. wire-wound resistor
dynamischer W. dynamic resistance
eingebauter W. integrated resistor
eingebetteter W. embedded resistor *(z. B. bei Elektrowärmegeräten)*
einstellbarer W. *s.* regelbarer W.
elektrischer W. electrical resistance

hochbelastbarer W. heavy-duty resistor
hochohmiger W. high-meg resistor, high-value[d] resistor
induktionsfreier W. non-inductive resistor
induktiver W. inductive reactance
induktiver W. des Gegensystems negative-sequence inductive reactance
induktiver W. des Mitsystems positive-sequence inductive reactance
induktiver W. des Nullsystems zero-sequence inductive reactance
innerer W. internal resistance; plate (anode) resistance *(Elektronenröhre)*
innerer W. der Batterie battery resistance
integrierter W. integrated resistor
kapazitiver W. capacitance
komplexer W. impedance
lichtelektrischer W. photoresistor, photoconductive cell
linear veränderbarer W. linear taper *(Potentiometer)*
magnetischer W. 1. magnetic resistance, [magnetic] reluctance; 2. magnetoresistor [device]
mittlerer spezifischer W. mean resistivity
negativer W. negative resistance
niedriger W. low-value resistor
ohmscher W. ohmic (active) resistance
ohmscher W. des Gegensystems negative-sequence resistance
ohmscher W. des Mitsystems positive-sequence resistance
ohmscher W. des Nullsystems zero-sequence resistance
parallelgeschalteter W. shunt resistance
phasenreiner W. ohmic resistance
piezoelektrischer W. piezoresistance
regelbarer W. rheostat, variable (adjustable) resistor, potentiometer
spannungsabhängiger W. voltage-dependent resistor, varistor *(Halbleiterwiderstand)*
spezifischer W. specific resistance, [electrical] resistivity
spezifischer W. der Basis base resistivity
spezifischer W. Null zero resistivity
spezifischer elektrischer W. resistivity
spezifischer magnetischer W. [magnetic] reluctivity, specific reluctance *(Kehrwert der Permeabilität)*
stabförmiger W. rod resistor *(z. B. Heizwiderstand)*
statischer W. static resistance
stetig einstellbarer W. continuously adjustable resistor
tatsächlicher W. actual resistance
temperaturkompensierender W. temperature-compensating resistor
thermischer W. thermal resistance
ummantelter W. sheathed resistor *(Heizwiderstand)*
unsymmetrischer W. asymmetric resistance
verteilter W. distributed resistance *(Widerstandsbelag)*
vorgeschalteter W. series resistor
wellenförmiger W. undulatory (undulated) resistor *(z. B. eines Bandheizleiters)*
wendelförmiger W. helical resistor
winkelfreier W. resistance with zero phase angle

Widerstandsabstimmung *f* resistance tuning
Widerstandsabstufung *f* resistance grading *(auf Wickelköpfen)*
Widerstandsänderung *f* resistance change (variation)
magnetische W. magnetoresistance
Widerstandsanlassen *n* resistance starting
Widerstandsanlasser *m* rheostatic starter
Widerstandsausgleich *m* resistance balance
Widerstandsbank *f* **mit mehreren Schaltungskombinationen** dial resistance box
widerstandsbehaftet resistive
widerstandsbeheizt resistance-heated
Widerstandsbelag *m* 1. distributed resistance; 2. *(Isol)* resistance per unit length
Widerstandsbereich *m* resistance (ohmic) range
Widerstandsbeschleunigung *f* resistance acceleration
Widerstandsbremsung *f* resistance (rheostatic) braking
elektrische W. rheostatic electric braking
Widerstandsbrücke *f* resistance bridge
Widerstandscharakteristik *f* / **fallende** negative resistance characteristic
Widerstandsdämpfung *f* resistance attenuation
Widerstandsdehn[ungs]meßdraht *m* strain-sensitive resistance wire
Widerstandsdehnungsmeßstreifen *m* resistance strain gauge
aufgeklebter W. bonded strain gauge
Widerstands-Dioden-Technik *f* resistor-diode technique
Widerstandsdraht *m* resistance wire
Widerstandselement *n* resistance (resistive) element *(aus Widerstandsmaterial)*; resistor element *(Widerstandskörper)*
Widerstandserdung *f* resistance earthing
Widerstandserhöhung *f* resistance increase
Widerstandserwärmung *f* resistance heating
direkte W. direct resistance heating
indirekte W. indirect resistance heating
widerstandsfähig resistant; stable
Widerstandsfähigkeit *f* resistivity; resistance, stability
W. gegen Temperaturänderungen resistivity to temperature changes

chemische W. chemical resistance (stability)
Widerstandsfilm *m* resistive film
Widerstandsgeber *m* resistance transducer
selbstabgleichender W. potentiometer recorder
widerstandsgekoppelt resistance-coupled
Widerstandsgerade *f* resistance line
Widerstandshalter *m* resistor holder
Widerstandsheizelement *n* resistance heating element
W. für Vakuumofen vacuum-furnace resistance heating element
Widerstandsheizgerät *n* / **direktes** direct resistance heater
indirektes W. indirect resistance heater
Widerstandsheizkörper *m* resistance heating element
Widerstandsheizschicht *f* heating film
Widerstandsheizung *f* resistance heating
direkte W. direct resistance heating
indirekte W. indirect resistance heating
Widerstandskapazität *f* **einer elektrolytischen Zelle** cell constant
Widerstands-Kapazitäts-... *s. a.* RC-...
Widerstands-Kapazitäts-Brücke *f* resistance-capacitance comparison bridge
Widerstands-Kapazitäts-Glied *n* resistance-capacitance element, RC element
Widerstands-Kapazitäts-Kopplung *f* resistance-capacitance coupling, RC coupling
Widerstands-Kapazitäts-Netzwerk *n* resistance-capacitance network, RC network
Widerstands-Kapazitäts-Oszillator *m* resistance-capacitance oscillator, RC oscillator
Widerstands-Kapazitäts-Schaltung *f* resistance-capacitance circuit, RC circuit
Widerstandskasten *m* resistance box *(für Meßzwecke)*
Widerstandskennlinie *f* load line *(bei Elektronenröhren)*
Widerstandskette *f* chain of resistors
Widerstandskomponente *f* resistance (resistive) component
Widerstands-Kondensator-Transistor-Logik *f* resistor-capacitor-transistor logic, RCTL
Widerstands-Kondensator-Transistor-Technik *f* resistor-capacitor-transistor technique, RCT technique
Widerstandskopplung *f* resistance (resistive) coupling
Widerstandskörper *m* resistor core
Widerstandskraft *f* 1. resisting force (power); 2. drag force *(Strömungswiderstand)*
Widerstandslampe *f* resistance lamp
Widerstandslichtbogenofen *m* resistance arc furnace
Widerstandsmagnetometer *n* resistance magnetometer
Widerstandsmanometer *n* resistance manometer
Widerstandsmaterial *n* resistance material
Widerstandsmeßbrücke *f* resistance (Wheatstone) bridge
Widerstandsmeßgerät *n* resistance measuring instrument, ohmmeter
Widerstandsmessung *f* resistance measurement
Widerstandsnebenschluß *m* shunting resistance
Widerstandsnetzwerk *n* resistance network
Widerstandsnormal *n* resistance standard
Widerstandsofen *m* resistance furnace
W. mit erzwungener Konvektion forced-convection resistance furnace
direkter W. direct resistance furnace
indirekter W. indirect resistance furnace
Widerstandsoperator *m* impedance operator, vector (complex) impedance
Widerstandspolarisation *f* resistance (ohmic) polarization
Widerstandspunktschweißen *n* resistance spot welding
Widerstandsrauschen *n* **[/ thermisches]** thermal (resistance, Johnson) noise
Widerstandsregelung *f* resistance control
Widerstandsregler *m* rheostatic controller, rheostat
Widerstandsrelais *n* resistance relay
Widerstandsröhre *f* ballast tube
Widerstandsrückkopplung *f* resistance feedback
Widerstandsschaltung *f* resistive circuit
Widerstandsschicht *f* resistive film
Widerstandsschmelzofen *m* resistance melting furnace
Widerstandsschweißelektrode *f* resistance welding electrode
Widerstandsschweißen *n* resistance welding
induktives W. induction resistance welding
Widerstandsschweißgerät *n* resistance welder (welding unit)
Widerstandsspannungsregler *m* rheostatic-type voltage regulator
Widerstandsspannungsteiler *m* resistance (resistive) voltage divider, resistor-type [voltage] divider
Widerstandsspeicherofen *m* charge resistance furnace
Widerstandsspule *f* resistance coil
Widerstandsstoßschweißen *n* electropercussive welding
Widerstandsstufe *f* resistance step
Widerstandstemperaturanzeiger *m* resistance temperature indicator
Widerstandstemperaturfühler *m* resistance temperature probe (detector), temperature-sensitive resistor
Widerstandstemperaturkoeffizient *m* resistance temperature coefficient

Widerstandsthermometer *n* resistance thermometer (pyrometer), thermometer resistor
Widerstandsthermometerregler *m* resistance thermometer controller
Widerstandstoleranz *f* resistance tolerance
Widerstands-Transistor-Logik *f* resistor-transistor logic, RTL
Widerstands-Transistor-Modul *m* resistor-transistor module
Widerstands-Transistor-Schaltung *f* resistor-transistor circuit
Widerstands-Transistor-Technik *f* resistor-transistor technique, RT technique
Widerstandsüberanpassung *f* overmatching of impedance
Widerstandsüberspannung *f* ohmic overvoltage *(in der Phasengrenzschicht einer Elektrode)*
Widerstandsumformer *m* resistance transducer
Widerstandsverlauf *m* **des Potentiometers** taper of potentiometer
Widerstandsverlust *m* rheostat[ic] loss
Widerstandsvorschaltung *f (Licht)* resistor ballast
Widerstandswannenofen *m* resistance bath furnace
Widerstandswert *m* resistance value, amount of resistance
Widerstandswicklung *f* resistance winding
Widerstandszelle *f* **[/ fotoelektrische)** photoconductive cell, photoresistor
Widerstandszündkabel *n* resistive ignition cable
Wiederabstrahlung *f* reradiation
Wiederanlauf *m (Rech, Fmt)* restart
wiederanlegen to reapply *(z. B. Spannung)*
Wiederanruf *m (Fmt)* recalling, timed recall
Wiederauffinden *n* retrieval *(z. B. von gespeicherten Informationen)*
Wiederauffindungszyklus *m (Rech)* retrieval cycle
wiederaufladbar rechargeable
wiederaufladen to recharge *(z. B. Batterie)*
Wiederaufladestrom *m* recharging current
Wiederaufladezeit *f* recycle time
Wiederaufnahme *f* **der Übertragung** *(Fmt)* put-back of transmission
Wiederbelichtung *f* re-exposure
Wiedereinfangen *n* recapture, retrapping *(z. B. von Elektronen)*
Wiedereinfügen *n* **des Trägers** *(Nrt)* reinsertion of the carrier
wiedereinschalten to reclose
Wiedereinschaltintervall *n* reclosing interval
Wiedereinschaltrelais *n* reclosing relay
automatisches W. autoreclose relay
Wiedereinschaltsicherung *f* reclosing fuse
Wiedereinschaltzeit *f* reclosing time
Wiedereinschaltzyklus *m /* **automatischer** *(Anl)* rapid autoreclosing cycle
Wiedereinstellbarkeit *f* resettability
Wiedereinstellung *f* resetting
Wiedereintakten *n* retiming *(Pulskodemodulation)*
Wiedererhitzung *f* reheating
wiedererkennen to recognize
Wiedererkennen *n* recognition
W. des Gesprochenen speech recognition
Wiedererwärmung *f* reheating
Wiedergabe *f* 1. reproduction; 2. playback, replay *(Platte, Magnettonband)*; display *(optische Anzeige)*; 3. restitution *(Telegrafie)*
W. vom Tonband tape playback
dreidimensionale W. three-dimensional display
farbrichtige W. colour-correct reproduction
fehlerhafte W. *(Fmt)* incorrect restitution
hochwertige W. high-fidelity reproduction
originalgetreue W. *(Ak)* faithful reproduction
vollkommene W. *(Fmt)* perfect restitution
Wiedergabecharakteristik *f* playback (reproducing) characteristic
Wiedergabeeinrichtung *f (Ak)* playback (replay) unit; display device *(Sichtanzeiger)*
Wiedergabeelement *n (Fmt)* restitution element
Wiedergabeentzerrer *m* reproduction equalizer
Wiedergabefrequenzgang *m* playback (reproducing) characteristic, playback frequency response, fidelity curve
Wiedergabegerät *n* reproducer; replay unit
Wiedergabegeschwindigkeit *f* playback (replay, reproduction) speed
Wiedergabegrundfarbe *f (Ferns)* display primary
Wiedergabekopf *m* playback (replay, reproducing) head
Wiedergabekurve *f* playback (reproducing) characteristic, fidelity curve
Wiedergabepegel *m* playback level
Wiedergabetonzeitraffer *m* playback time compressor
Wiedergabetreue *f* fidelity [of reproduction], faithfulness of reproduction
hohe W. high fidelity, hi-fi
Wiedergabeverluste *mpl* playback loss
Wiedergabeverstärker *m* playback (replay, reproducing) amplifier
Wiedergabeverzögerung *f (Fmt)* restitution delay
Wiedergabezeit *f* reading (display) time *(z. B. bei Sichtspeicherröhren)*
wiedergeben 1. to reproduce; 2. to play back, to replay; to display *(visuell)*; 3. to render *(z. B. Farben)*

Wiedergewinnung *f* recovery
wiederherstellen 1. to restore; 2. to repair
eine Leitung w. to restore a circuit
Wiederherstellung *f* restoration; restitution
W. von Signalen signal reproduction (restoration)
Wiederhochfahren *n* **der Spannung** restoration of voltage
wiederholbar repeatable; reproducible
Wiederholbarkeit *f* repeatability *(z. B. von Messungen)*; reproducibility
wiederholen to repeat; *(Rech)* to rerun, to roll back *(Programm)*
eine Sendung w. to rebroadcast
periodisch w. to recycle
wiederholend / sich repetitive
Wiederholerbake *f (FO)* radar (responder) beacon, racon
Wiederholgenauigkeit *f* repeat accuracy
Wiederholkamera *f* repeater camera *(Mikroelektronik)*
Wiederholperiode *f* repetition period
Wiederholprogramm *n (Rech)* rerun program (routine), roll-back routine
Wiederholpunkt *m (Rech)* rerun (rollback) point *(im Programm)*
Wiederholtaste *f* repeat key
Wiederholung *f* 1. repetition; recurrence; 2. *(Rech)* iteration *(des Programmschritts)*
W. der Nachricht message repetition
W. der Übertragung *(Nrt)* rerun of transmission
automatische W. *(Fmt)* automatic repetition
automatische W. des Verbindungsversuchs *(Fmt)* automatic repeat attempt
Wiederholungs... *s.a.* Wiederhol...
Wiederholungsbefehl *m (Rech)* repetition instruction, repetitive command, iterative order
Wiederholungsfehler *m* repetitive error
Wiederholungsfrequenz *f* repetition frequency (rate), recurrence frequency
Wiederholungsklinke *f (Fmt)* ancillary (auxiliary) jack
Wiederholungslampe *f (Fmt)* ancillary lamp
Wiederholungsprüfung *f* periodic test
Wiederholungsschalter *m* repeat switch
Wiederholungssendung *f* rebroadcast
Wiederholungsvorgang *m* repetitive operation
Wiederholungswahrscheinlichkeit *f* repetition probability
Wiederholungszeit *f* recurrence period
Wiederinstandsetzung *f* reconditioning
Wiederkehr *f* **der Rufstromsendung** *(Fmt)* ringing periodicity
wiederkehrend recurrent, recurring
Wiederkehrfrequenz *f* frequency of recurrence
Wiederkehrspannung *f* recovery voltage
Wiederoxydation *f* reoxidation
wiederschreiben to rewrite *(z. B. Speicherinformationen)*
Wiederstarten *n (Rech)* restart
wiederverdrahten to rewire
wiedervereinigen [/ sich] to recombine
Wiedervereinigung *f* recombination
Wiedervereinigungsgesetz *n* recombination law
Wiedervereinigungskoeffizient *m* recombination coefficient
Wiedervereinigungsprozeß *m* recombination process *(Ladungsträger)*
Wiederverfestigung *f* recovery strength *(in Gasentladungsstrecken)*
Wiederverteilung *f* redistribution
Wiederzündspannung *f* reignition (restriking) voltage
Wiederzündung *f* reignition, restriking
Wiederzündzeit *f (Licht)* restarting time
Wiederzuschaltung *f* / **automatische** automatic reclosing
Wiegeanlage *f* / **elektronische** electronic weighing equipment
Wien-Brücke *f* Wien [capacitance] bridge
Wien-Brückenoszillator *m* Wien bridge oscillator
Wiener-Filter *n* Wiener filter *(Optimalfilter)*
Williams-Röhre *f (Rech)* Williams tube *(Speicherröhre)*
willkürlich random; arbitrary
Wilson-Elektroskop *n* Wilson electroscope
Wimmelbewegung *f* random-jump motion, agitation
Wind *m* / **elektrostatischer** convective discharge
Winddruck *m* lateral thrust due to wind *(Antenne)*
Windfahnenrelais *n* wind vane relay
Windgenerator *m* wind-driven [electric] generator, wind generator
Windgeräusch *n* wind (aerodynamically induced) noise *(Mikrofon)*
Windgeschwindigkeit *f* air[-blast] velocity
windgetrieben wind-driven
Windkanal *m* 1. wind tunnel (channel); 2. air duct *(Lüftung)*
Windkraftanlage *f* wind power plant, wind-driven plant
Windkraftgenerator *m s.* Windgenerator
Windkraftwerk *n* wind power station
Windmühle *f* windmill *(Windkraftwerk)*
Windschirm *m*, **Windschutz** *m* windscreen, windshield *(Mikrofon)*
Windung *f* 1. turn *(einer Spule)*; 2. convolution
einzelne W. single turn
gegenläufige W. opposite turn
tote W. dead-end turn, unused (idle) turn
Windungen *fpl* / **benachbarte** adjacent turns

Windungsfläche *f* turn area
Windungsfluß *m* turn flux
Windungsganghöhe *f* pitch of turns
Windungsisolation *f* [inter]turn insulation
Windungskapazität *f* interturn capacitance *(Spule)*; self-capacitance *(zwischen zwei Windungen)*
Windungslänge *f* / **mittlere** mean length per turn
Windungsprüfung *f* coil (interturn) test, turn to turn test
Windungsschluß *m* interturn short circuit
Windungsschlußprüfer *m* interturn short-circuit tester
Windungsschlußschutz *m* protection against interturn short-circuits
Windungsspannung *f* turn to turn voltage
Windungsverhältnis *n* turns ratio, ratio of transformation *(Transformator)*
Windungszahl *f* number of turns
Windungszahlenverhältnis *n* turns ratio
Windungszwischenlage *f* turn separator
Winkel *m* angle
  W. der Abweichung angle of deviation
  angezeigter W. indicated angle
  Brewsterscher W. Brewster's (polarizing) angle
  elektrischer W. electrical angle
  toter W. dead angle (corner); *(Fmt)* clip position
winkelabhängig angle-dependent
Winkelabhängigkeit *f* angular (angle) dependence; *(Ak)* directional (angular) response
Winkelabspannmast *m (Eüb)* dead-end angle structure (tower) *(Stahl)*; dead-end angle pole *(Holz)*
Winkelabweichung *f* angular (angle) deviation
Winkelabweichungsverlust *m* angular deviation loss *(Bündelungsmaß)*
Winkelabzweigdose *f* angle conduit box
Winkeländerung *f* angular change
Winkelantrieb *m* angular drive
Winkelauflösungsvermögen *n* angular resolution
Winkelausschlag *m* angular deflection
Winkelbauweise *f* angular arrangement *(von Schaltanlagen)*
Winkelbeschleunigung *f* angular acceleration
Winkelbeschleunigungsmesser *m* angular accelerometer
Winkelblech *n* gusset
Winkeldispersion *f (Licht)* angular dispersion
Winkeldose *f* angle [conduit] box
Winkelfrequenz *f* angular (radian) frequency, angular velocity, pulsatance
Winkelfunktion *f* angular function
Winkelgenauigkeit *f* angular accuracy
Winkelgeschwindigkeit *f* angular velocity (speed, rate)
Winkelgitterreflektor *m* grid-type [corner] reflector
Winkelgrenzfrequenz *f* angular cut-off frequency
Winkelgröße *f* **im Bogenmaß** arc length in radians
Winkelimpuls *m* angular momentum
Winkelkorrelation *f* angular (angle) correlation
Winkellage *f (Syst)* angular position *(als Signal)*
Winkelmaß *n* 1. angular measure; 2. *(El)* phase constant *(Leitungstheorie)*
Winkelmast *m* angle tower (structure, support)
Winkelmessung *f* angular measurement, measurement of angle[s]
Winkelmodulation *f* angle modulation
Winkelmoment *n* angular momentum
Winkelöffnung *f* angular aperture
Winkelreflektor *m* corner reflector [aerial]
Winkelspiegel *m* corner mirror (reflector), double mirror
Winkelstahlmast *m* angle-iron lattice tower
Winkelstellung *f* angular position, angularity
Winkelstellungsgeber *m* **mit digitalem Ausgang** shaft position digitalizer *(an mechanischer Welle)*
Winkelstück *n* [conduit] elbow *(für Rohrverbindungen)*; angle bar
Winkelstütze *f* bracket
Winkelthermometer *n* angle thermometer
Winkeltreue *f* angular accuracy (correctness), conformality
Winkelumsetzer *m (Meß)* angle-to-digit converter
Winkelvergrößerung *f* angular magnification
Winkelverschiebung *f*, **Winkelversetzung** *f* angular displacement
Winkelverteilung *f* angular distribution
Winkelvoreilung *f*, **Winkelvorlauf** *m* angular advance
Wippanker *m* rocking armature
Wippe *f* rocker
  beleuchtete W. illuminated rocker
Wipp[en]schalter *m* rocker[-dolly] switch, rocker-actuated switch
Wirbel *m* 1. curl *(Vektorfeld)*; 2. eddy, whirl, vortex
Wirbelablösung *f* eddy shedding
Wirbelbett *n* fluidized bed
Wirbelbewegung *f* vortex motion, turbulence
Wirbelbildung *f* formation of eddies, eddying, turbulence
Wirbelfeld *n* curl (rotational, vortex) field, circuital vector field
wirbelförmig vortical
wirbelfrei irrotational, non-turbulent
Wirbelkern *m* vortex core

wirbeln to whirl; to spin
wirbelnd vortical, turbulent
Wirbelpfad *m* vortex path
Wirbelpunkt *m* centre, vortex *(Gleichgewichtspunkt in der Phasenebene)*
Wirbelquelle *f* vortex source
Wirbelsatz *m* vortex (vorticity) theorem
Wirbelschicht *f* fluidized bed
Wirbelschichtverfahren *n* fluid-bed process, fluidized process
Wirbelsintern *n* fluid-bed coating, dip-coating in powder
Wirbelstabilisierung *f* vortex (whirl) stabilization *(z. B. bei Plasmabögen)*
Wirbelstrahl *m* vortical beam
Wirbelstrom *m* eddy (Foucault) current
Wirbelstromaufnehmer *m* eddy-current transducer
Wirbelstrombahn *f* eddy-current circuit
Wirbelstrombremse *f* eddy-current brake
Wirbelstrombremsung *f* eddy-current braking
Wirbelstromdämpfer *m (Masch)* copper damper
Wirbelstromdämpfung *f* eddy-current damping
Wirbelstromdickenmeßgerät *n* eddy-current thickness gauge
Wirbelströme *mpl* eddies
Wirbelstromerwärmung *f* eddy-current heating process
Wirbelstromfehler *m* eddy-current error
Wirbelstromkopplung *f* eddy-current coupling
Wirbelstromtachometer *n* eddy-current tachometer, drag-type tachometer
Wirbelströmung *f* turbulent flow
Wirbelstromverlust *m* eddy-current loss
Wirbelstromwärme *f* eddy-current heat
Wirbelung *f* turbulence
Wirbelvektor *m* vortex vector
Wirbelzentrum *n* vortex centre
Wirkbelastung *f s.* Wirklast
Wirkdämpfung *f* effective attenuation
wirken to act; to operate
  aufeinander w. to interact
wirkend / in einer Richtung unidirectional [acting]
  langsam w. slow-acting
  schnell w. fast-acting
  stetig w. continuously operating
Wirkenergie *f* active energy
Wirkenergiezähler *m* active-energy meter
Wirkfläche *f* active area; effective area *(Nutzfläche)*
Wirkkomponente *f* active (effective, real, in-phase, watt) component
Wirklast *f* resistive (non-inductive) load *(ohmsche Last)*
Wirkleistung *f* active (effective, real, actual, wattful) power, true power (watts); wattage *(Wattzahl)*
  aufgenommene W. active input
Wirkleistungsfrequenzregelung *f (Anl)* load-frequency control
Wirkleistungsmesser *m* active power meter
Wirkleistungsrelais *n* active power relay
Wirkleistungsverbrauch *m* watt consumption
Wirkleistungsverlust *m* resistive loss, loss of watt
Wirkleitwert *m* [effective] conductance, active admittance
Wirkpermeabilität *f* effective permeability
Wirksamkeit *f* effectiveness, efficiency; activity
  W. eines Systems system effectiveness
Wirkschema *n* actual operating diagram
Wirkspannung *f* active voltage
Wirkstrom *m* active (real, in-phase, wattful) current
Wirk- und Blindleistungsschreiber *m* recording watt- and varmeter
Wirkung *f* action; effect
  W. der Strahlungsleistung effect of radiant power
  W. des Halteglieds *(Syst)* holding action
  W. eines P-Glieds *(Syst)* proportional action, P-action
  W. eines Zweipunktglieds *(Syst)* two-level action
  abstoßende W. repelling action
  diskontinuierliche W. discontinuous action
  gleichzeitige W. simultaneous action
  resultierende W. combined effect
  stabilisierende W. stabilizing action
  verzögerte W. *(Syst)* time-lag action
Wirkungsbereich *m* range of effectiveness; sphere of action
Wirkungsfaktor *m* efficiency factor *(z. B. bei Stoßanlagen)*
Wirkungsgrad *m* efficiency [factor] ● **von hohem W.** high-efficiency
  W. bei Vollbelastung full-load efficiency
  W. der Anode anode efficiency
  W. der Energieumwandlung *s.* energetischer W.
  W. der Erwärmung efficiency of heating
  W. der Leistungsumwandlung power conversion efficiency
  W. des Rückwärtswellenoszillators backward-wave oscillator efficiency
  W. in Amperestunden ampere-hour efficiency
  elektrischer W. electric efficiency
  elektrothermischer W. electrothermal efficiency
  energetischer W. energetic (energy conversion) efficiency
  höchster W. peak efficiency
  idealer W. ideal efficiency
  maximaler W. maximum efficiency

mechanischer W. mechanical efficiency
optimaler W. optimal efficiency
relativer W. relative efficiency
thermischer W. thermal efficiency
thermodynamischer W. thermodynamic efficiency
Wirkungsgradkurve *f* utilization curve *(Lichtberechnung)*; efficiency plot
Wirkungsgradtabelle *f* utilization table *(Lichtberechnung)*
Wirkungsgradverfahren *n* utilization method *(Lichtberechnung)*
Wirkungsgröße *f* action quantity
Wirkungskurve *f* / **bakterizide** *(Licht)* bactericidal effect curve
wirkungslos ineffective
Wirkungsquantum *n* [elementary] quantum of action
Plancksches W. Planck's constant [of action]
Wirkungsquerschnitt *m* 1. effective cross section; 2. [nuclear] cross section, cross-section target area
makroskopischer W. macroscopic cross section
partieller W. partial cross section
thermischer W. thermal cross section
totaler W. total (bulk) cross section
Wirkungsweg *m (Syst)* actuating (control) path
Wirkungsweise *f* operational (operating) mode, [mode of] action
gestufte W. *(Syst)* step-by-step action
kontinuierliche W. *(Syst)* permanent action
Wirkverbrauchszähler *m* [kilo]watt-hour meter
Wirkverlust *m* resistive loss
Wirkwiderstand *m* ohmic resistance *(Gleichstromwiderstand)*; active (effective, true) resistance
akustischer W. acoustic resistance
mechanischer W. mechanical resistance
spezifischer akustischer W. specific acoustic resistance
Wirkwiderstandsbelag *m* effective resistance per unit length
Wirtsatom *n* host atom
Wirtschaftlichkeit *f* **der Speicherung** storage economy *(Speicherplatzausnutzung)*
Wirtschaftlichkeitsvergleich *m* economic comparison
Wirtsfestkörper *m* host solid
Wirtsgitter *n* host lattice
Wirtsion *n* host ion
Wirtskörper *m* host body
Wirtskristall *m* host crystal
Wirtsrechner *m* host computer
wischen to wipe
Wischer *m* temporary line fault *(kurzzeitiger Fehler in Leitungen)*
Wischimpuls *m* wipe pulse
Wischkontakt *m* wiping (wipe, momentary) contact
Wischrelais *n* flick contactor, impulse relay
Wismutkatode *f* bismuth cathode
Wismutlot *n* bismuth solder
Wismutspirale *f* bismuth spiral
Witterungsbedingungen *fpl* atmospheric conditions
witterungsbeständig weather-resistant, weatherproof
Witterungsbeständigkeit *f* resistance to atmospheric conditions, weather[ing] resistance
Witterungseinfluß *m* atmospheric influence
Wobbelbereich *m*, **Wobbelbreite** *f* sweep (wobbling) range, sweep width
Wobbelfrequenz *f* sweep (wobbling, warble) frequency
Wobbelgenerator *m* sweep generator (oscillator), wobbulator, wobbler
Wobbelhub *m* sweep range
Wobbelmeßplatz *m* sweep-level measuring set
wobbeln to sweep, to wobble, to warble
Wobbeln *n* sweeping, wobbling
Wobbeloszillator *m s.* Wobbelgenerator
Wobbelschaltung *f* wobble circuit
Wobbelsender *m* wobbulator, wobbler, sweep signal generator
Wobbelton *m* warble tone
Wobbeltonoszillator *m* warble tone generator
Wobbelverfahren *n* sweep frequency method
Wobbelzusatz *m* sweep attachment
Wobbler *m s.* Wobbelgenerator
Wochenschalter *m (Anl)* one-week switch
Wohlauer-Verfahren *n (Licht)* Wohlauer['s] method
Wohnungsinstallation *f* domestic installation
Wölbung *f* curvature
Wölbungsmesser *m* spherometer
Wolfram *n* / **thoriertes** thoriated tungsten
Wolframabscheidung *f* tungsten deposition
Wolframanode *f* tungsten anode
Wolframbandlampe *f* tungsten ribbon lamp
Wolframbogenlampe *f* tungsten arc lamp
Wolframdrahtlampe *f* tungsten filament lamp
Wolframeinkristall *m* single crystal of tungsten
Wolframeinschmelzglas *n* glass for sealing-in tungsten
Wolframelektrode *f* tungsten electrode
Wolframemitter *m* / **thorierter** thoriated tungsten emitter
Wolframfaden *m* tungsten filament
Wolframfadenlampe *f* tungsten filament lamp

Wolfram-Glas-Einschmelzung *f* glass-to-tungsten seal
Wolframgleichrichter *m* tungsten rectifier
Wolfram-Halogen-Kreislauf *m (Licht)* tungsten-halogen cycle, regenerative tungsten cycle
Wolframhalogenlampe *f* tungsten halogen lamp
Wolframheizfaden *m* tungsten filament
Wolframkatode *f* / **thorierte** thoriated tungsten cathode
Wolframkontakt *m* tungsten contact
Wolframpulvermetallurgie *f* tungsten powder metallurgy
Wolfram-Rhenium-Draht *m* tungsten-rhenium wire
Wolframscheibe *f* tungsten disk
Wolframsinterung *f* sintering (hot-pressing) of tungsten
Wolframstabkatode *f* tungsten-rod cathode
Wolframtransport *m* tungsten transport
Wolframverfestigung *f* strengthening of tungsten
Wolframwendel *f* tungsten filament
Wolkenelektrizität *f* cloud (atmospheric) electricity
Wolkenentladung *f* cloud [lightning] discharge, intracloud discharge
Wolkenhöhenmesser *m* / **fotoelektrischer** ceilometer
Wolkenscheinwerfer *m* cloud searchlight
Wollaston-Prisma *n* Wollaston prism
Wort *n (Rech)* word *(Folge von Zeichen)*
ganzes W. full word
Wortabfrage *f s.* Wortauswahl
Wortadresse *f (Rech)* word address
Wortauswahl *f (Rech)* word selection
Wortauswahltechnik *f (Rech)* word selection technique
Wortdarstellung *f (Rech)* word representation
Worte *npl* **je Minute** words per minute, WPM *(Maß für die Telegrafiergeschwindigkeit)*
Wörterblock *m (Rech)* block *(Einheit einer zusammenhängenden Informationsmenge)*
Worterkennungsschaltung *f (Rech)* word recognizer
Wortgeber *m*, **Wortgenerator** *m (Rech)* word generator
Wortlänge *f (Rech)* word length
feste W. fixed word length
variable W. variable word length
Wortlaufzeit *f (Rech)* word time
wortorganisiert *(Rech)* byte-organized
Wortstruktur *f (Rech)* word structure
Wortübertragungszeit *f* word time
Wortverständlichkeit *f (Nrt)* intelligibility of words, word articulation
Wortverstümmelung *f (Nrt)* clipping
Wortwahl *f (Rech)* word selection
Wortwahlspeicher *m (Rech)* word-select store
Wortzähler *m* word counter
Wortzählung *f* word counting
Wortzeit *f (Rech)* word time
Wrapverbindung *f s.* Wickelverbindung
Wright-Zähler *m* Wright meter, reason meter *(elektrolytischer Zähler)*
WT *s.* Wechselstromtelegrafie
wuchten to balance (*s.a.* auswuchten)
Wuchtmaschine *f* balancing machine
Wulf-Elektrometer *n* Wulf (bifilar) electrometer
Würfelantenne *f* cubical aerial
Würgelötstelle *f* soldered twisted joint, twisted soldered joint
Würgemontage *f* twist tab mounting
Wurtzitgitter *n* wurtzite lattice
Wurzelexponent *m* index (order) of a root
Wurzelortskurve *f* root locus
Wurzelrechner *m (Rech)* root calculator

X

X-Ablenkplatten *fpl* X-plates *(Katodenstrahlröhre)*
X-Ablenkung *f* horizontal deflection, X [axis] deflection *(Katodenstrahlröhre)*
X-Achse *f* X axis
X-Achsverstärker *m* X axis amplifier
X-Band *n* X-band *(Radar)*
X-Band-Frequenz *f* X-band frequency
Xenonblitzröhre *f* xenon flash tube
Xenonbogenlampe *f* xenon arc lamp
Xenonentladungslampe *f* xenon discharge lamp
Xenonhochdrucklampe *f* xenon high-pressure lamp
Xenonimpulslampe *f* pulsed xenon lamp
Xenonkurzbogenlampe *f* short-arc xenon lamp, xenon compact-arc lamp
Xenonlangbogenlampe *f* long-arc xenon lamp
Xenonlicht *n* xenon light
Xenonlichtbogen *m* xenon arc
Xerografie *f* xerography
X-Glied *n* lattice section *(Kreuzglied)*
X-Loch *n (Rech)* X punch, eleven punch *(Elferloch)*
X-Matrix-Leiterzug *m* X-matrix conductor *(geradliniger Leiterzug zwischen durchkontaktierten Bohrungen)*
X-Schaltung *f* / **äquivalente** equivalent lattice network
X-Spannungsteiler *m* X potentiometer
X-Verschiebung *f* X shift
X-Verstärker *m* X-amplifier, horizontal amplifier
X-Welle *f* X-wave
XY-Aufnahmeverfahren *n* X-Y technique *(Stereofonie)*

XY-Ausgabe *f* X-Y display
XY-Darstellung *f* X-Y presentation
XY-Drucker *m* X-Y plotter
XY-Registriergerät *n* X-Y recorder
XY-Schalter *m* X-Y switch
XY-Schreiber *m* X-Y plotter, graph (two-axis) plotter
XY-Wähler *m* X-Y selector

Y

Y-Ablenkplatten *fpl* Y-plates *(Katodenstrahlröhre)*
Y-Ablenkung *f* vertical deflection, Y [axis] deflection *(Katodenstrahlröhre)*
Y-Achse *f* Y axis
Y-Achsverstärker *m* Y axis amplifier
Yagi-Antenne *f* Yagi[-Uda] aerial
YAG-Laser *m* YAG laser, yttrium-aluminium-garnet laser
Y-Draht *m* vertical wire *(z. B. einer Kernmatrix)*
Y-Endstufe *f* vertical final stage
YIG-... *Abk. für* yttrium-iron-garnet...
Y-Kanal *m* Y channel *(Oszilloskop)*
Y-Kopplung *f* wye junction
Y-Lage-Regelung *f (Ferns)* vertical centring control
Y-Loch *n (Rech)* Y punch, overpunch *(Zwölferloch)*
Y-Matrix *f* Y-matrix, admittance matrix
Y-Matrix-Leiterzug *m* Y-matrix conductor *(in Y-Richtung zwischen den Bohrungen verlaufender Leiterzug)*
Y-Schaltung *f* Y-connection
Y-Spannungsteiler *m* Y potentiometer
Yttriumeisengranat *m*, **Yttriumferrit** *m* yttrium-iron garnet
Y-Verschiebung *f* Y shift
Y-Verstärker *m* Y-amplifier
Y-Verzweigung *f* wye-branch, Y-branch
Y-Vierpolparameter *m* Y-parameter, admittance parameter
Y-zu-M-Konverter *m* Y-to-M converter

Z

Z-Abschluß *m* match termination
Z-Achse *f* Z axis
Z-Achsverstärker *m* Z axis amplifier
Zacke *f* 1. blip, pip *(Impuls)*; 2. serration *(Verzahnung)*
Zackenschrift *f* variable-area track *(Tonspur)*
Zähigkeit *f* 1. toughness, tenacity *(von Werkstoffen)*; 2. viscosity
  dynamische Z. absolute viscosity
  kinematische Z. kinematic viscosity
  magnetische Z. magnetic viscosity
Zähigkeitsprüfung *f* tenacity test
Zahl *f* number; figure
  Z. der Anrufe *(Fmt)* number of calls
  Z. der gleichzeitigen Anrufe *(Fmt)* number of simultaneous calls
  Z. der Schaltspiele number of operations
  Z. mit doppelter Wortlänge double-length number, double-precision number
  Abbesche Z. Abbe number (value)
  achtstellige Z. eight-digit number
  binäre Z. binary number
  biquinäre Z. biquinary number
  duale Z. binary number
  Faradaysche Z. Faraday constant
  ganze Z. integer [number]
  gerade Z. even number
  imaginäre Z. imaginary number
  komplexe Z. complex number
  konjugiert-komplexe Z. conjugate-complex number
  ungerade Z. odd number
  vorgewählte Z. preset number
  zweiziffrige Z. two-digit number
Zählader *f (Fmt)* meter wire, M-wire; marked wire *(bei Kabeln)*
Zählbereich *m (Rech)* capacity *(maximale Stellenzahl)*; count range
Zählbetragdrucker *m (Rech)* result printer
Zählbetragumsetzer *m (Rech)* result converter
Zähldekade *f* counting decade
Zähleinrichtung *f (Rech)* counter, counting device
  Z. am Kartenmischer *(Rech)* collator counting device
Zähleinsatz *m (Fmt)* start of charging *(Gebührenzählung)*
zählen to count
  falsch z. to miscount
Zahlenbereich *m* / **binärer** *(Rech)* binary number range
Zahlendarstellung *f* number representation (notation)
Zahlenebene *f* / **Gaußsche (komplexe)** Gaussian (complex) plane, plane of complex numbers
Zahleneingabe *f* numerical entry (input)
Zahlenfaktor *m* numerical factor
Zahlenfolge *f* sequence of numbers
Zahlengeber *m (Fmt)* impulse machine, [key] sender
Zahlengeberplatz *m (Fmt)* key sender position
Zahlengeberrelais *n (Fmt)* impulse relay
Zahlengebertaste *f* sender key
Zahlengruppe *f (Rech)* [computer] word
Zahlenkomplement *n* complement
Zahlenschreibweise *f* number notation
Zahlensymbol *n (Rech)* numeral
Zahlensystem *n* number system
  Z. mit der Basis acht octal number system
  binäres (duales) Z. binary number system

hexadezimales Z. hexadecimal number system
Zahlenwert *m* numerical value *(einer physikalischen Größe)*
Zahlenwertanzeige *f* digital display
Zähler *m* 1. counter, counting unit; totalizer; 2. [electric] meter; *(Meß)* integrating meter (instrument), recorder; 3. *(Elk)* scaler *(Impulszählung)*
Z. für die Besetzt- und Verlustfälle *(Fmt)* overflow register, congestion meter
Z. für Durchdreher *(Fmt)* all-trunks-busy register
Z. für fünf Dezimalstellen five-decimal digit counter
Z. für niedrige Drehzahlen low-speed counter
Z. mit Festkörperbauelementen solid-state counter
Z. mit Handrückstellung hand-reset counter
Z. mit Maximumzeiger [meter with] maximum-demand indicator
Z. mit Vorwahleinrichtung predetermining counter *(Digitalmeßtechnik)*
Z. zum Subtrahieren *(Rech)* subtract counter
binärer Z. binary counter
dekadischer Z. decade counter
druckender Z. *(Rech)* scaler-printer
elektrischer Z. electric[-supply] meter
elektrodynamischer Z. Thomson meter
elektronischer Z. electronic counter
fotoelektrischer Z. photoelectric counter
in zwei Richtungen arbeitender Z. *s.* umkehrbarer Z.
langsamer Z. low-speed counter
rückstellbarer Z. resettable counter
schneller Z. high-speed counter
selbstlöschender Z. *(Rech)* self-quenching counter, self-quenched counter
summierender Z. totalizing counter
umkehrbarer Z. bidirectional (reversible) counter
voreingestellter Z. preset counter
zugeordneter Z. associated counter
Zählerablesung *f* meter reading
Zähleranzeige *f* count
Zähleranzeigegerät *n* counter presentation unit
Zählerausgabe *f* counter output reading
Zählerbaustein *m* counting module *(für Digitalmeßgeräte)*
Zählerbelastung *f* / **maximale** maximum load (rating) of a meter
minimale Z. minimum load (rating) of a meter
Zählereinstellvorrichtung *f* meter-adjusting device
Zählerfrequenzmesser *m* counter frequency meter
Zählergebühr *f* meter charge
Zählergehäuse *n* meter case
Zählergestell *n (Fmt)* meter rack
Zählergrundplatte *f* meter base
Zählerkapazität *f* counter capacity
Zählerkappe *f* meter cover
Zählerkonstante *f* meter constant, constant of a meter
Zählerkontrollampe *f (Fmt)* meter pilot lamp
Zählerleerlauf *m* meter creeping, creep
Zählermeßbereich *m* meter range (capacity)
Zählerrelais *n* metering relay
Zählerrückstellung *f* counter reset[ting]
Zählerschaltuhr *f* meter change-over clock, time switch
Zählerschaltung *f* counter (counting) circuit
Zählerschrank *m* meter cupboard
Zählerstand *m* count
Zählerstufe *f* counter stage
Zählertafel *f* meter board (panel)
Zählertaste *f (Fmt)* meter key
Zählerüberwachung *f* metering control
Zählerüberwachungslampe *f (Fmt)* meter pilot lamp
Zählerumschaltwerk *n (Meß)* discriminator
Zählervoreinstellung *f* counter preset
Zählerzeitgeber *m* counter timer
Zählfaktor *m (Elk)* scaling factor
Zählfolge *f* counting sequence
Zählfrequenz *f* counting frequency (rate)
Zählgenauigkeit *f* accuracy of count[ing]
Zählgerät *n* counting instrument (unit), counter
Zählgeschwindigkeit *f* counting speed, count[ing] rate
Zählgeschwindigkeitsmesser *m* counting rate meter
Zählimpuls *m (Fmt)* count[ing] pulse; metering pulse
Zählimpulse *mpl* counts
Z. je Kanal counts per channel
Z. je Sekunde counts per second
Zählimpulsgeber *m (Fmt)* meter pulse sender
Zählkapazität *f* count[ing] capacity
Zählkette *f* counting chain
geschlossene Z. closed counting chain
Zahlknopf *m (Fmt)* pay button
Zählkode *m* counting code
binär-dezimaler Z. binary-decimal counting code
Zählkreis *m* counting (counter) circuit
Zählmagnet *m* magnetic counter
Zählmechanismus *m* counting mechanism
Zähloperation *f* counting operation
Zählperiode *f* count[ing] period
Zählrate *f* count[ing] rate
Zählratemesser *m* counting rate meter
Zählregister *n s.* Zählkette
Zählrelais *n* counting (metering) relay
Zählrichtung *f* counting direction, direction of counting

Zählrohr *n* counting tube, [radiation] counter *(Kernstrahlung)*
Zählröhre *f* counting tube, [decade] counter tube
  Z. mit kalter Katode cold-cathode counting tube, dekatron
  selbstlöschende Z. self-quenched counter tube
Zählröhrenanzeige *f* count[ing] tube readout
Zählrohrfenster *n* counter window
Zählrolle *f* number wheel
Zählschalter *m* count switch
Zählschaltung *f* 1. counting (counter) circuit; 2. *(Elk)* scaling circuit
  integrierende Z. integrating counting circuit
Zählstellung *f* counting position
Zählstoß *m* count *(Impuls)*
Zählstufe *f* counting stage
  binäre Z. binary counting stage
  dekadische Z. decade counting stage
Zählsystem *n* counting system
Zähltechnik *f* counting technique
Zähl- und Druckwerk *n (Rech)* scaler-printer
Zählung *f* count, counting; *(Fmt)* metering; registering
  Z. durch periodische Impulse periodic pulse metering
  Z. durch Stichproben *(Rech)* call count
  Z. durch Stromumkehr *(Fmt)* reverse battery metering
  Z. von Vorgängen event counting
Zählunterdrückung *f (Fmt)* non-metering, non-registering
Zählverhinderungsrelais *n (Fmt)* non-metering relay
Zählverlust *m* counting loss
Zählvorgang *m* counting operation; counting cycle
Zählvorrichtung *f* counting mechanism
Zählwerk *n* count[ing] mechanism, counter; totalizer; meter
  Z. eines Zählers counting mechanism of a meter
  mechanisches Z. mechanical counter (register)
Zahlzeichen *n* character
Zählzeit *f* count[ing] time, counting-operation time
Zählzyklus *m* counting cycle
Zahnanker *m* toothed-ring armature
Zahnfrequenz *f* tooth [pulsation] frequency
Zahninduktion *f* tooth induction
Zahnradanode *f* gear-shaped anode
Zahnradantrieb *m* gear drive
Zahnradbahn *f* rack railroad (railway)
Zahnradgetriebe *n* toothed [wheel] gearing
Zahnscheibe *f* toothed disk
Zahnschiene *f* rack rail
Zahnstangenantrieb *m* rack-and-pinion drive
Zangenbalken *m* grappling beam *(Kraftwerk)*
Zangeninstrument *n* prong-type [measuring] instrument
Zangenverbinder *m* double brace *(Leitung)*
Zangenwandler *m* split-wire type transformer, split-core type transformer
Zapfen *m* pivot *(z. B. bei Lagern in Meßinstrumenten)*; stud
Zapfenaufhängung *f* pivot suspension
Zapfenlager *n* pivot bearing, pillow
Zapfentemperatur *f* stud temperature *(Lagertemperatur)*
Zaponlack *m* zapon lacquer
Zäsium-Antimon-Fotokatode *f* caesium-antimony photocathode
Zäsiumfotozelle *f* caesium phototube (photoelectric cell)
Zäsiumoxidfotozelle *f* caesium-oxide photocell
Zäsiumschicht *f* caesium film
Zaum *m* / **Pronyscher** Prony brake
Zaun *m* / **elektrischer** electric fence
ZB *s.* Zentralbatterie
Z-Bake *f (FO)* zero marker, Z-marker beacon
ZB-Apparat *m s.* Fernsprechapparat mit Zentralbatterie
Z-Diode *f* Z-diode, voltage-regulator diode, reference (Zener) diode
Z-Dioden-Stabilisierung *f* Z-diode stabilization
Zeeman-Aufspaltung *f* Zeeman splitting
Zeeman-Effekt *m* Zeeman effect *(Aufspaltung der Spektrallinien unter Einfluß eines Magnetfeldes)*
  umgekehrter Z. inverse Zeeman effect
Zeeman-Energieniveau *n* Zeeman energy level
Zeeman-Komponente *f* Zeeman component
Zeeman-Triplett *n* Zeeman triplet
Zeeman-Übergang *m* Zeeman transition
Zeeman-Verschiebung *f* Zeeman displacement (shift)
Zehnerkomplementform *f (Rech)* tens complement form
Zehnerlogarithmus *m* common logarithm
Zehnerstufe *f (Fmt)* tens digit
Zehnersystem *n* decimal (decade) system
Zehnerteilschaltung *f* scale-of-ten circuit
Zehnerübertrag *m (Rech)* tens (decimal) carry
Zehnerübertragung *f (Rech)* tens transfer
Zehneruntersetzer *m* / **einfacher** single-decade counting unit
zehnstellig *(Rech)* ten-digit
Zehntausendersystem *n (Fmt)* four-figure system
Zeichen *n* sign; mark; signal; symbol; *(Rech)* character; label
  alphabetisches Z. alphabetical character

alphanumerisches Z. alphanumerical character
bis zur Quittung wiederholt gesendetes Z. *(Fmt)* repeated-until-acknowledged signal
digitales Z. *(Fmt)* digital signal
durch Funkstörung verdecktes Z. clouded (swamped) signal
elektrisches Z. electric signal
falsches Z. *(Fmt)* false signal
logisches Z. logical symbol
nichtnumerisches Z. non-numerical character
sichtbares Z. visible signal
verstümmeltes Z. *(Fmt)* mutilated character
zulässiges Z. admissible character
zusammengesetztes Z. *(Fmt)* compound signal
Zeichen *npl* **je Sekunde** characters per second
aufeinanderfolgende Z. consecutive symbols
Zeichenabstand *m (Fmt)* spacing interval; *(Rech)* character spacing
Zeichenabtastung *f (Rech)* mark sensing
elektronische Z. electronic character sensing
optische Z. *(Rech)* mark scanning
Zeichenanalysator *m* pattern analyzer *(Mustererkennung)*
Zeichenanzeiger *m* signal indicator
Zeichenanzeigeröhre *f* symbol display tube
Zeichenausgang *m* sign output
Zeichendichte *f (Rech)* packing density *(Informationsdichte)*; character density *(Anzahl der Zeichen je Längeneinheit)*
Zeichendrucker *m* character (symbol) printer
Zeichenelement *n (Fmt)* signal element (component), code element; *(Rech)* character element
Zeichenempfänger *m (Fmt)* signal receiver
Zeichenentfernung *f* signal distance
Zeichenentschlüsselung *f (Rech)* decryption
Zeichenerkennung *f (Rech)* character recognition; pattern recognition (detection) *(Mustererkennung)*; *(Fmt)* signal recognition
optische Z. optical character recognition
Zeichenerkennungsgerät *n* pattern recognizer
Zeichenerkennungslogik *f (Rech)* character recognition logic; pattern recognition logic
Zeichenerzeugung *f* character generation
Zeichenfehlerquote *f (Fmt)* character error rate
Zeichenfolge *f (Rech)* character sequence (series); *(Fmt)* signal train
Zeichenfrequenz *f (Fmt)* signal frequency
Zeichengabe *f (Fmt)* signalling
Z. außerhalb des Sprachbandes outband signalling
Z. innerhalb des Sprachbandes in-band signalling
Z. über gemeinsamen Signalkanal common-channel signalling
Z. zwischen Ämtern inter-exchange signalling
Z. zwischen Registern interregister signalling
abschnittsweise Z. link-by-link signalling
blockweise Z. en bloc signalling
erzwungene Z. compelled signalling
leitungsgebundene Z. line signalling
Zeichengabeplan *m (Fmt)* signalling plan
Zeichengabestufe *f* marking stage *(Telegrafie)*
Zeichengabesystem *n (Fmt)* signalling system
Zeichengeber *m (Rech)* character generator
Zeichengebung *f* marking *(Telegrafie)*
Zeichengeschwindigkeit *f (Rech)* character speed
Zeichenintegration *f* signal integration *(im Speicher)*
Zeichenkette *f (Rech)* string
Zeichenkode *m* character code
Zeichenkomponente *f* signal component
Zeichenkontakt *m* marking contact *(Telegrafie)*
Zeichenkontrollgerät *n (Fmt)* signal comparator
Zeichenkorrektur *f* correction *(Telegrafie)*
Z. am Empfänger local correction
Zeichenleser *m (Rech)* character reader
Z. für Kaufhallen supermarket scanner
Zeichenlochung *f (Rech)* mark-sensed punching
Zeichenmaschine *f* drafting (drawing) machine
numerische (numerisch gesteuerte) Z. numerically controlled plotter
rechnergesteuerte Z. computerized drafting machine
Zeichenmenge *f (Rech)* character set
Zeichennachahmung *f (Fmt)* signal imitation
Zeichennachbildung *f (Fmt)* signal simulation
Zeichennormierung *f* sign standardization
Zeichenpegel *m* signal level
Zeichenschreibröhre *f* character-writing tube, character storage (display) tube
Zeichenschritt *m (Fmt)* code pulse, signal element
Zeichenschrittfrequenz *f* mark frequency *(Telegrafie)*
Zeichenspielraum *m (Fmt)* signal margin
Zeichenstärke *f* signal intensity (strength)
Zeichenstrom *m* marking current *(Telegrafie)*

Zeichenstromausfall *m* fade
Zeichentopologie *f (Rech)* character topology
Zeichenübertragung *f (Rech)* character transfer; *(Fmt)* signal transmission
Zeichenübertragungsrate *f (Rech)* character transfer rate
Zeichenübertragungssystem *n (Fmt)* signal transmission system
Zeichenumkehrung *f* mark inversion *(Telegrafie)*
Zeichenumkodierung *f* character code translation
Zeichenunterbrechung *f (Fmt)* split
Zeichenverarbeitung *f* pattern processing *(von Flächenmustern)*
Zeichenverzerrung *f (Fmt)* signal (telegraph) distortion
Zeichenvorrat *m* character fond (set, repertoire)
Zeichenwechsel *m (Fmt)* inversion
Zeichenwelle *f (Fmt)* signal wave; marking wave *(Telegrafie)*
Zeichenwiedergabe *f* signal reproduction
Zeichenwiederholung *f (Rech)* character repetition
Zeichenwiederholungsfrequenz *f* pattern repetition frequency
zeichnen to draw; to plot; to trace
zeichnerisch graphic[al]
Zeichnung *f* drawing; plan; plot
maschinell hergestellte Z. mechanical drawing
Zeichnungsherstellung *f* **/ automatische** automatic drawing
Zeichnungslesemaschine *f* line tracer
Zeiger *m* 1. indicator; [meter] pointer, needle *(Meßgerät)*; 2. phasor *(Zeigerdiagramm)*
feststehender Z. marking pointer
geknickter Z. bent pointer
umlaufender Z. rotating vector
verstrebter Z. truss pointer
Zeigerablesung *f* indicator (pointer) reading
Zeigeranschlag *m* stop
Zeigerauslenkung *f s.* Zeigerausschlag
Zeigerausschlag *m* pointer (needle) deflection, needle throw; pointer excursion
voller Z. full-scale deflection
Zeigerdämpfung *f* pointer damping
Zeigerdarstellung *f* vector representation
Zeigerdiagramm *n* vector diagram; phasor diagram
Zeigerdifferenz *f* phasor difference
Zeigerende *n* tail end of pointer
Zeigerfrequenzmesser *m* pointer (direct-reading) frequency meter
Zeigerfunktion *f* phasor function
Zeigergalvanometer *n* pointer-type galvanometer
Zeigerinstrument *n* pointer (indicating) instrument
Zeigermeßgerät *n* pointer-type meter, pointer instrument
Zeigerprodukt *n* phasor product
Zeigerschreibweise *f* vector notation
Zeigerspitze *f* pointer tip
Zeigerstellung *f* pointer position
Zeigersumme *f* phasor sum
Zeile *f* line; row *(Matrix)*
Zeilenablenkfrequenz *f (Ferns)* line (horizontal) frequency
Zeilenablenkgerät *n (Ferns)* [horizontal] sweep unit
Zeilenablenkoszillator *m (Ferns)* horizontal sweep oscillator
Zeilenablenkschaltung *f (Ferns)* horizontal sweep circuit
Zeilenablenkspule *f (Ferns)* horizontal sweep (scanning) coil
Zeilenablenksystem *n (Ferns)* horizontal deflection system
Zeilenablenkung *f (Ferns)* line (horizontal) sweep, horizontal deflection
Zeilenabstand *m* line[-to-line] spacing, scanning separation
Zeilenabtastung *f (Ferns)* line scanning
Zeilenamplitude *f* line amplitude
Zeilenausreißen *n (Ferns)* tearing
Zeilenaustastimpuls *m (Ferns)* line blanking pulse
Zeilenaustastlücke *f (Ferns)* line blanking interval
Zeilenaustastpegel *m (Ferns)* line blanking level
Zeilenbreite *f (Ferns)* line width
Zeilenbreitenregelung *f (Ferns)* horizontal size control
Zeilenbreitenregler *m (Ferns)* line amplitude control
Zeilendiode *f* damping diode
Zeilendrucker *m* line printer
Zeilenfolgeabtastung *f* sequential scanning
Zeilenfrequenz *f (Ferns)* line[-scanning] frequency, horizontal scanning frequency
Zeilenfrequenzteiler *m (Ferns)* line divider
Zeilengleichlaufimpuls *m (Ferns)* line (horizontal) synchronizing pulse
Zeilenkipp *m (Ferns)* line sweep
Zeilenkippgenerator *m (Ferns)* horizontal time-base generator, horizontal sweep oscillator, line frequency generator
Zeilenkippgerät *n s.* Zeilenkippgenerator
Zeilenkippschaltung *f* line sweep circuit
Zeilenlänge *f* line length
Zeilenoffset *m (Ferns)* line offset *(Versatz)*
Zeilenpaarung *f (Ferns)* pairing, twinning
Zeilenregister *n (Rech)* line register
Zeilenrücklauf *m (Ferns)* horizontal flyback (retrace), line flyback
Zeilenrückschlagspannung *f (Ferns)* [line] flyback voltage
Zeilenschaltung *f* **/ fünffache** *(Rech)* five-fold line spacing

Zeilenschlupf *m (Ferns)* line slip
Zeilenschreiber *m* line tracer
Zeilenschwungradschaltung *f (Ferns)* line flywheel circuit
Zeilensichtbarkeit *f (Ferns)* line visibility
Zeilensprung *m* line jump; *(Ferns)* interlaced scanning
Zeilensprungabtastung *f (Ferns)* interlaced scanning
Zeilensprungverfahren *n (Ferns)* interlaced scanning
Zeilenstellungsregister *n (Rech)* line position register
Zeilensynchronisation *f (Ferns)* line (horizontal) synchronization
Zeilensynchronisiergenerator *m (Ferns)* horizontal synchronizing generator
Zeilensynchronisierimpuls *m (Ferns)* line (horizontal) synchronizating pulse
Zeilentor *n* line gate
Zeilentransformator *m (Ferns)* line transformer
Zeilenüberdeckung *f (Ferns)* overlapping of lines
Zeilenunterdrückung *f (Ferns)* line suppression
Zeilenvektor *m* row vector
Zeilenvorschub *m (Rech, Fmt)* line feed
Zeilenvorschubkode *m* line feed code
Zeilenwähler *m (Ferns)* line selector
Zeilenwechselfrequenz *f (Ferns)* line frequency
Zeilenzahl *f (Ferns)* number of [scanning] lines
Zeilenzähler *m (Rech, Fmt)* line counter
Zeit *f*:
  Z. bis zum Durchschlag *(Hochsp)* time to breakdown
  Z. der Leitungsbelegung *(Fmt)* occupancy
  Z. der Mittelwertbildung averaging time
  Z. des Selbstausgleichs *(Syst)* self-regulating time
  Z. geringer Belastung light-load period
  Z. starker Belastung heavy-load period
  Z. zur Fehlerbeseitigung fault correction time
  Z. zur Fehlerlokalisierung fault location time
  inaktive Z. inactive time
  mittlere Z. bis zum Ausfall mean-time before (to) failure
  mittlere Z. bis zum ersten Ausfall mean-time to first failure
  mittlere Z. bis zur Reparatur mean-time to repair
  mittlere Z. zwischen Ausfällen mean-time between failures
  mittlere Z. zwischen Wartungen mean-time between maintenance
  mittlere freie Z. mean free time
  verkehrsreiche Z. *(Fmt)* busy hours
  verkehrsschwache Z. *(Fmt)* slack (light) hours, slack period
95%-Zeit *f (Syst)* setting time, response time to within 5% *(Kenngröße zur Beurteilung von Übergangsfunktionen)*
zeitabhängig time-dependent
Zeitabhängigkeit *f* time dependence
Zeitablauf *m* lapse [of time]
Zeitablaufanzeigegerät *n* elapsed time indicator
Zeitablenkeinheit *f* sweep unit
Zeitablenkfrequenz *f* sweep frequency
Zeitablenkgenerator *m* sweep generator (oscillator), time-base generator
Zeitablenkgerät *n* time-base device *(Oszillograf)*
Zeitablenkgeschwindigkeit *f* sweep rate (speed) *(Oszillograf)*
Zeitablenkschaltung *f* time-base circuit, sweep circuit
Zeitablenkspannung *f* sweep voltage
Zeitablenkung *f* sweep *(Oszillograf)*; time-base deflection
  einmalige Z. single-shot sweep
  lineare Z. *(Ferns)* linear sweep
Zeitablenkungsbereich *m* sweep (time-base) range
Zeitablenkungsschaltung *f* sweep (time-base) circuit
Zeitablenkverzögerung *f* sweep delay[ing]; delayed sweep
Zeitabschnitt *m* **konstanten Stroms** *(Halbl)* constant-current phase
Zeitabstand *m* time interval (spacing)
  diskreter Z. discrete time interval
Zeitabstufung *f* graded time setting
Zeitachse *f* time axis
Zeitamplitudenwandler *m* time-amplitude converter
Zeitanalysator *m* time analyzer
Zeitansage *f* / **telefonische** speaking clock announcement
Zeitansagedienst *m* / **telefonischer** post-office speaking-clock service
Zeitanzeiger *m* time marker
Zeitauflösung *f* time resolution
Zeitaufteilung *f (Syst)* time-multiplex basis *(zur Übertragung mehrerer Signale auf einem Kanal)*
Zeitauslösung *f* time release
Zeitbasis *f* time base
  kreisförmige Z. circular time base *(Katodenstrahlröhre)*
  nichtlineare Z. non-linear time base
Zeitbasisdehnung *f* time-base extension
Zeitbegrenzung *f* time limit
Zeitbegrenzungsrelais *n* time-limit relay
Zeitbelastungsfestigkeit *f* time load withstand strength
Zeitbereich *m* time range; time domain *(Laplace-Transformation)*
Zeitdauer *f* time duration (period)

Zeitdehner *m* sweep magnifier
Zeitdehnung *f* sweep magnification; time dilatation
Zeitdiagramm *n* time chart, timing chart (diagram)
Zeitdrucker *m* time printer
Zeiteinheit *f* unit [of] time
Zeiteinstellung *f* timing, time adjustment
Zeitelement *n* timing element, [constant-]time element
Zeitfehler *m* timing error
Zeitfolge *f* time sequence; timing cycle
  bestimmte (feste) Z. fixed time sequence
Zeitfolgeverfahren *n (Ferns)* field (frame) sequential system
Zeitfolgezählung *f* elapsed time counting
Zeitfunktion *f* time function
  abklingende Z. decreasing time function
  abgetastete Z. sampled time function
  bandbegrenzte Z. band-limited time function
  kontinuierliche Z. continuous time function
Zeitgeber *m* timing generator (device), timer; master clock
  Z. mit automatischer Rückstellung automatic reset timer
  Z. mit Nockensteuerung camshaft timer
  elektronischer Z. electronic timer
Zeitgeberbetrieb *m* fixed-cycle operation *(Betrieb in konstanten Zyklen)*
Zeitgeberfrequenz *f* clock frequency
Zeitgebergenerator *m* timing generator
Zeitgeberkontakt *m* clock-operated contact
Zeitgeberschaltung *f* timing circuit
Zeitgeberzähler *m* timer counter
zeitgesteuert timed
Zeitglied *n* timing (time) element, time function element
Zeitimpuls *m* timing (time) pulse, clock pulse
Zeitimpulsumwandler *m* time-pulse converter
Zeitimpulszählung *f* time-pulse metering, periodic pulse metering, p.p.m.
Zeitintegral *n* time integral
Zeitintervall *n* time interval; [time] period
zeitinvariant time-invariant
Zeitkanal *m* time slot *(Pulskodemodulation)*
Zeitkanalverschachtelung *f* time-slot interleaving *(Pulskodemodulation)*
Zeitkonstante *f* time constant
  Z. des Gleichglieds *(Syst)* time constant of the aperiodic component
  einstellbare Z. *(Syst)* adjustable time constant
  mechanische Z. mechanical time constant
  subtransiente Z. subtransient time constant; *(Masch)* direct-axis subtransient time constant
  thermische Z. *(Syst)* thermal time constant
  transiente Z. transient time constant
Zeitkonstanz *f* time stability
Zeitkontakt *m* time closing contact
Zeitkontrolle *f* time check
Zeitkontrollimpuls *m* time-control pulse, trigger timing pulse
Zeitlage *f* time slot *(Pulskodemodulation)*
Zeitlagenrückgewinnungsschaltung *f* timing recovery time circuit *(Pulskodemodulation)*
Zeitlagenschieber *m* time-slot interchanger *(Pulskodemodulation)*
Zeitlupe *f* slow motion
Zeitlupenkamera *f* high-speed camera
Zeitlupentechnik *f* time expansion technique
Zeitmarke *f* time mark[er], timing (event) mark
Zeitmarkenabstand *m* time-marker interval
Zeitmarkengabe *f* time (event) marking
Zeitmarkengeber *m*, **Zeitmarkengenerator** *m* time-mark generator, timing (event) marker; clock-pulse generator *(im Oszilloskop)*
Zeitmarkierung *f* event marking
Zeitmaßstab *m* time scale; time base
Zeitmesser *m* 1. time meter; chronometer; 2. time[-interval] measuring instrument, timing unit
  Z. mit Ziffernanzeige digital clock
Zeitmessung *f* time measurement
  kumulative Z. cumulative timing
Zeitmittelwert *m* mean time value, time-averaged value
Zeitmodulation *f* time modulation
zeitmoduliert time-modulated
Zeitmultiplex *n (Nrt)* time [division] multiplex; *(Rech)* time sharing
Zeitmultiplexsystem *n (Nrt)* time-division multiplex system, TDM system; *(Rech)* time sharing system
Zeitmultiplextelegrafie *f* time division [multiplex] telegraphy
Zeitmultiplexübertragung *f* / **asynchrone** asynchronous time-division multiplex transmission
Zeitnahme *f* measurement of time
Zeitnormal *n* standard time
zeitoptimal time-optimal
Zeitphase *f* time phase
Zeitplan *m* [time] schedule, time chart
Zeitplangeber *m* schedule timer
Zeitplanprogrammierung *f* schedule programming
Zeitplanregelung *f* time scheduling; *(Syst)* time [schedule] control, program[med] control
Zeitplanregler *m (Syst)* time schedule controller, program controller; timer
Zeitprogramm *n* timed program

zeitproportional time-proportional
Zeitpunkt *m* **der Signalabtastung** *(Syst)* sampling instant
Z. der Signalaufnahme *(Syst)* pick-up instant
Z. der Störungsmeldung *(Fmt)* fault report time
Z. des ersten Überschwingens *(Syst)* overshoot time *(Kenngröße)*
Z. des Gesprächsbeginns *(Fmt)* time-on
Z. des Gesprächsschlusses *(Fmt)* time-off
diskreter Z. *(Syst)* discrete instant *(z. B. bei der Abtastregelung)*
Zeitquantisierung *f* time quantization *(z. B. bei der Abtastung)*
Zeitraffer *m* time-lapse equipment
Zeitrafferkamera *f* time-lapse camera, camera for time-lapse motion
Zeitraffertechnik *f* time compression technique
Zeitraum *m* period [of time], time interval
Z. der Rufstromsendung *(Fmt)* ringing period
Zeitregistriergerät *n* time recorder
Zeitrelais *n* timing (time-invariant) relay; time-lag relay, time-delay relay
abhängiges Z. dependent time-lag relay
begrenzt abhängiges Z. inverse time-lag relay with definite minimum
elektronisches Z. electronic time-lag relay
magnetisches Z. magnetic time relay
mechanisches Z. mechanical time relay
reziprok abhängiges Z. inverse time-lag relay, inverse time-limit relay
unabhängiges Z. independent (definite) time-lag relay
Zeitrelaisanrufschaltung *f (Fmt)* time-relay call connection
Zeitschachtelung *f (Rech)* time-sharing
asynchrone Z. asynchronous time-sharing
Zeitschachtelungsdatenerfassung *f* time-sharing data acquisition
Zeitschalter *m* time[r] switch, time-limit switch
Z. für die Anzeige *(Rech)* display timer
elektronischer Z. electronic timer
lichtelektrischer Z. phototimer
Zeitschaltung *f* timing (time) circuit
Zeitscheibe *f* time slice
Zeitschreiber *m* time (event) recorder, chronograph
Zeitschwankung *f* time variation
Zeitsignal *n (Nrt)* time signal (tone); *(Elk)* timing signal
Zeitsignalanlage *f* time signalling system
Zeitsignalgenerator *m* timing generator
Zeitstaffelung *f* time grading
Zeitstaffelungsdiagramm *n* timing diagram
Zeitstandprüfung *f* long-run test
Zeitsteuerung *f (Elk)* timing
Zeitsteuerungsimpuls *m* timing [im]pulse
Zeitsteuerungsschaltung *f* timing circuit
Zeitsteuerungssignal *n* timing signal
Zeit-Strom-Kennlinie *f* time-current characteristic
Zeit-Strom-Prüfung *f* time-current test
Zeitsummenzähler *m* elapsed time meter
Zeittaktgeber *m* **für Ortsgespräche** *(Fmt)* local call timer
Zeitteilung *f* time division; *(Rech)* time sharing
Zeitteilungssystem *n s.* Zeitmultiplexsystem
Zeittransformation *f* time-scale change *(mathematische Operation)*
Zeitüberwachung *f (Fmt)* timing supervision
Zeitumkehr *f* time reversal
zeitunabhängig time-independent
Zeitunabhängigkeit *f* time independence
Zeitunterschied *m* time difference
zeitvariabel time-variant
Zeitverhalten *n (Syst)* time (transient) response *(bei Übergangsvorgängen)*; dynamic response (behaviour)
aperiodisches Z. underdamped time response
Zeitverhältnis *n* time ratio
Zeitverlauf *m* time behaviour
Z. der Bussignale *(Rech)* bus timing
Zeitverschiebung *f* time displacement
zeitverzögert time-delayed
Zeitverzögerung *f* time delay (lag); gate-controlled time delay *(beim Einschalten eines Thyristors)*; *(Syst)* dead time *(z. B. bei Signalübertragung)*
abhängige Z. inverse time lag
feste Z. fixed time lag
unterdrückte Z. suppressed time delay
vorgegebene Z. definite time delay, fixed time lag
Zeitverzögerungsrelais *n s.* Zeitrelais
Zeitverzögerungsschaltung *f* time-delay circuit
Zeitverzug *m s.* Zeitverzögerung
Zeitvielfach *n (Fmt)* time multiple
Zeitvielfachsystem *n (Fmt)* time-division system
Zeit-Weg-Kurve *f* time-path curve
zeitweilig temporary; transient
Zeitzähler *m* [elapsed] time meter; hour meter; *(Fmt)* chargeable-time indicator, time check
Zeitzählmechanismus *m* timing mechanism
Zeitzählung *f* timing, time metering
Z. für Ortsgespräche *(Fmt)* local call timing
Zeitzählvorgang *m* time metering operation
Zeitzeichen *n (Nrt)* time signal (tone)
großes Z. major time signal

Zeitzeichendienst *m (Nrt)* time signal service
Zeitzeichengeber *m (Nrt)* signal time transmitter; chronopher
Zeitzonenzähler *m (Fmt)* time [and] zone meter
Zeitzonenzählung *f (Fmt)* time and distance metering, time zone metering
Zeitzyklus *m* timing cycle
Zelle *f* 1. cell; element; 2. booth; cubicle *(Schaltanlage)*; 3. *(Rech)* storage cell (location)
Z. mit Überführung cell with transport
Z. ohne Überführung cell without transport
abgeschirmte Z. shielded cell
alkalische Z. alkaline cell
asymmetrische Z. asymmetric cell
binäre Z. *(Rech)* binary cell
elektrolytische Z. electrolytic cell, [electrolysis] cell
galvanische Z. galvanic (voltaic) cell
gegengeschaltete Z. countercell
heiße Z. hot cell
lichtelektrische Z. photoelectric cell (tube), photocell, phototube
lichtempfindliche Z. light-sensitive cell
optoelektronische Z. opto-electronic cell
ortsfeste Z. stationary cell
Zellenaufbau *m (Galv)* cell construction
Zellenbildschirm *m* multicellular screen
Zellenbrücke *f* intercell connector *(Batterie)*
Zellendeckel *m* [battery] cell lid, cell cover
Zellen-EMK *f* cell electromotive force, cell emf
Zellengefäß *n*, **Zellenkasten** *m* cell box, jar, container *(Batterie)*
Zellenkonstante *f* cell constant
Zellenkühlturm *m* cell cooling tower
Zellenleistung *f* cell performance
Zellenlogik *f (Rech)* cellular logic
Zellenpotential *n* cell potential
Zellenprüfer *m* cell tester *(Akkumulator)*
Zellenreaktion *f* cell reaction
Zellenrohling *m (Galv)* cell blank
Zellenschalter *m* battery [regulating] switch, accumulator switch, end cell switch
Zellenschaltersammelschiene *f* sectionalized bus bar *(Batterie)*
Zellenspannung *f* cell voltage (potential)
Z. bei offenem Stromkreis open-circuit voltage, off-load voltage
Z. bei Stromfluß closed-circuit voltage, on-load voltage, working voltage
Zellenstopfen *m* battery cell plug
Zellenstrom *m* cell current
Zellenverschluß *m* cell cover
Zellenwiderstand *m* cell resistance
Zellenwirkungsgrad *m* cell efficiency
Zellenzusammensetzung *f (Galv)* cell composition
Zellulose *f* cellulose *(Ausgangsmaterial für Isolierstoffe)*
zyanäthylierte Z. cyanoethylated cellulose *(Spezialpapier)*
Zelluloseäther *m* ethylcellulose
Zelluloseazetat *n* cellulose acetate
Zellulosediazetat *n* cellulose diacetate
Zelluloseester *m* cellulose ester
Zellulosenitratlack *m* cellulose nitrate varnish
Zellulosetriazetat *n* cellulose triacetate
Zementkanal *m* cement duct *(Kabeldurchführung)*
Zener-Diode *f s.* Z-Diode
Zener-Durchschlag *m* Zener breakdown
Zener-Durchschlagspannung *f* Zener breakdown voltage
Zener-Effekt *m* Zener effect
Zener-Impedanz *f* Zener impedance
Zener-Knieimpedanz *f* Zener knee impedance
Zener-Prüfstrom *m* Zener test current
Zener-Spannung *f s.* Z-Spannung
Zener-Strom *m s.* Z-Strom
Zentimeterwellen *fpl* centimetre waves
Zentimeterwellenbereich *m* centimetre-wave region
Zentimeterwelleneinrichtung *f* centimetre-wave device (equipment)
Zentimeterwellenerzeuger *m* centimetre-wave oscillator
Zentralbatterie *f (Fmt)* central (common) battery, CB
Zentralbatteriebetrieb *m (Fmt)* common-battery working
Zentrale *f* control room; *(Fmt)* [local] exchange; central station
Zentraleinheit *f (Rech)* central [processing] unit, CPU
Zentralfernsteuerung *f* central remote control
Zentralkompensation *f* central power-factor compensation, central reactive-power compensation
Zentralkontrolle *f* centralized check
Zentralmoment *n* central moment *(einer stochastischen Größe)*
Zentralsteuerung *f (Syst)* central[ized] control; *(Fmt)* common control
Zentraluhrenanlage *f* electrical time-distribution system
Zentralumschalter *m (Fmt)* intercommunication switch
Zentralverschluß *m* between-the-lens shutter *(Optik)*
Zentralverstärker *m* central amplifier
Zentralwert *m* **der Lebensdauer** median life
zentrierbar centrable
Zentriereinrichtung *f* centring device
zentrieren to centre

Zentrierfassung *f* centring (centrable) mount
Zentrierfehler *m* centring (centration) error
Zentriermembran *f* spider *(Lautsprecher)*
Zentrifugalanlasser *m* centrifugal starter (starting switch)
Zentrifugalbeschleunigung *f* centrifugal acceleration
Zentrifugaltachometer *n* centrifugal (fly-ball) tachometer *(mechanischer Drehzahlmesser)*
zentrisch central; centred
nicht z. acentric
Zentrum *n* centre; *(Am)* center
aktives Z. active centre
akustisches Z. [effective] acoustic centre
Zerfall *m* 1. decay, disintegration *(Kernzerfall)*; 2. decomposition
zerfallen 1. to decay, to disintegrate; 2. to decompose
Zerfallsgesetz *n* [radioactive] decay law
Zerfallskonstante *f* decay (disintegration) constant, decay coefficient *(Kernzerfall)*
partielle Z. partial decay constant
Zerfallsprodukt *n* decay (disintegration) product *(Kernzerfall)*
Zerfallsreihe *f* **[/ radioaktive]** decay (disintegration) series, radioactive series
Zerfallswahrscheinlichkeit *f* decay (disintegration) probability *(Kernzerfall)*
Zerfallszeit *f* decay (disintegration) time, decay period *(Kernzerfall)*
Zergliederung *f* analysis
zerhacken to chop
Zerhacker *m* chopper, d.c.-[to-]a.c. chopper; vibratory converter, vibrator
elektromechanischer Z. mechanical chopper
elektronischer Z. electronical chopper
lichtelektrischer Z. photoelectric chopper
Zerhackerfrequenz *f* chopper frequency
Zerhackergleichspannungsverstärker *m* chopper-type direct-current amplifier
Zerhackermodulator *m* chopper modulator
Zerhackerschaltung *f* chopper circuit
Zerhackerscheibe *f* chopper disk
Zerhackertransistor *m* chopper transistor
Zerhackerverstärker *m* chopper amplifier
zerhackt chopped [up]
Zerhackungsfrequenz *f* chopping frequency
Zerkatode *f* cerium cathode
zerlegbar demountable; decomposable
zerlegen 1. to demount, to disassemble *(in Einzelteile)*; 2. to decompose; to dissect; to disperse *(z. B. Licht)*; to separate *(z. B. Spektrum)*; 3. to analyze *(mathematisch)*
einen Vektor in Komponenten z. to resolve a vector into components
elektrolytisch z. to electrolyze
in Abschnitte z. to section[al]ize
in Schichten z. to delaminate
spektral z. to disperse into a spectrum
Zerlegung *f* disassembling; decomposition; dissection; dispersion *(Licht)*; analysis
Z. der Farben dispersion of colours
Z. des Phasenraums *(Syst)* phase-space decomposition (dissection) *(in Teilgebiete)*
zeilenweise Z. line-by-line analysis
Zerreißfestigkeit *f* breaking (ultimate tensile) strength; tearing strength
zerschneiden to cut *(z. B. Kristalle)*
zersetzen [/ sich] to decompose
zersetzlich decomposable
Zersetzung *f* decomposition
chemische Z. chemolysis
elektrolytische Z. electrodissolution, electrolytic dissolution
thermische Z. thermal decomposition
Zersetzungspotential *n (Chem)* decomposition potential
Zersetzungsprodukt *n* decomposition product
Zersetzungsspannung *f (Chem)* decomposition voltage
Zersetzungswärme *f* decomposition heat
Zersetzungszelle *f* decomposition cell, decomposer
zerspalten *s.* spalten
zerspringen to burst
zerstäuben 1. to sputter; 2. to atomize
Zerstäuben *n* 1. sputtering *(mit Ionenstrahl)*; 2. atomization, atomizing
Zerstäubung *f* **mit Getter** getter-sputtering
Z. mit Vorspannung bias-sputtering
reaktive Z. reactive sputtering
Zerstäubungsätzung *f* sputter etching
Zerstäubungstarget *n* sputtering target
Zerstäubungstechnik *f* sputtering technique *(Dünnschichttechnik)*
zerstören to destroy; to corrode *(oberflächlich)*
zerstörend destructive
Zerstörung *f* destruction
zerstörungsfrei non-destructive
Zerstörungstemperatur *f* destruction temperature
zerstreuen to scatter, to spread; to dissipate *(Energie, Wärme)*; to disperse *(z. B. Licht)*
zerstreut scattered; diffuse
Zerstreuung *f* scattering; diffusion; dissipation *(Energie, Wärme)*
Zerstreuungskreis *m (Licht)* circle of confusion
Zerstreuungslinse *f* divergent (diverging, negative) lens
zerteilen / in Plättchen to dice *(Mikroelektronik)*
Zetapotential *n* zeta (electrokinetic) potential
ZF *s.* Zwischenfrequenz

Z-Fehler *m* impedance irregularity
Zickzackdrossel *f* zigzag choke
Zickzackpunktschweißung *f* staggered spot welding
Zickzackreflexion *f* zigzag reflection
Zickzackschaltung *f* zigzag connection [of polyphase circuit], interconnected star
Zickzackstreufluß *m* zigzag leakage flux
Zickzackwendel *f* zigzag [spiral] filament, vee filament
Ziehbereich *m* lock-in range, pull-in range *(bei Frequenzen)*
Ziehbetrieb *m* pulling operation *(Kristallziehen)*
Ziehdüse *f* wire-drawing die, diamond die *(Wendelherstellung)*
Zieheffekt *m* pulling effect, pull-in [effect] *(Frequenzziehen)*
ziehen to draw *(z.B. Draht)*; to pull *(z.B. Kristalle)*
aus der Schmelze z. to pull (grow) from the melt *(Kristalle)*
eine Freileitung z. to string a line
einen Lichtbogen z. to draw an arc
Ziehen *n s.* Zieheffekt
Ziehfrequenz *f* pull-in frequency
Ziehgeschwindigkeit *f* pulling speed (rate), pull rate *(Kristallziehen)*; wire-drawing speed
Ziehkristall *m* pulled crystal
Ziehstab *m* pulling rod *(Kristallziehen)*
Ziehverfahren *n* / **vertikales** vertical-pulling technique *(Kristallziehen)*
Ziehvorgang *m* pulling operation *(Kristallziehen)*
Zielanflugeinrichtung *f (FO)* homing device
Zielauffindung *f (FO)* target location (detection)
Zielausdruck *m* / **einfacher** *(Rech)* simple designation expression *(ALGOL 60)*
Zielerfassung *f (FO)* target acquisition (pick-up)
Zielsuche *f* / **akustische** *(FO)* acoustical homing
Zielsuchgerät *n (FO)* accurate position finder
akustisches Z. acoustical homing device
Zielverfolgung *f (FO)* tracking
Z. mit Suchradar search-radar tracking
Zielverfolgungsgerät *n (FO)* tracker, tracking instrument
automatisches Z. autotracker
Zielverfolgungsradar *n* [target] tracking radar; missile radar *(für Flugkörper)*
Zielverfolgungssystem *n (FO)* tracking system
elektronisch-optisches Z. electronic-optical tracking system
Zielvermittlungsstelle *f (Fmt)* terminating (destination) exchange
Zielzeichen *n (FO)* target blib (pip)
Zierlampe *f* decorative lamp

Ziffer *f* figure; digit
Z. mit höchstem Stellenwert most-significant digit
Z. mit nächsthöherem Stellenwert higher-order digit
Z. mit niedrigem Stellenwert low-order digit
binäre Z. binary digit
geltende Z. significant figure
nächsthöhere Z. higher-order digit
Ziffern *fpl* / **funktionelle** function digits
redundante (überschüssige) Z. redundant digits
Ziffernanzeige *f* digital display (read-out), numerical (digital) indication
einzeilige Z. in-line digital read-out
sechsstellige Z. six-place digital read-out
Ziffernanzeigeeinheit *f* digital display (read-out) unit
Ziffernanzeigeröhre *f* numerical display tube, digital (numerical) indicating tube
Ziffernauswahl *f* digit selection
Zifferndarstellung *f* digital notation (representation)
Z. mit gemischter Basis mixed-base notation (presentation)
einzeilige Z. in-line digital presentation
Ziffernempfänger *m (Fmt)* digit receiver
Ziffernfolgefrequenz *f* digit repetition rate
Ziffernfrequenz *f* digit rate
Ziffernimpuls *m* digit [im]pulse, numerical pulse
Ziffernintegrieranlage *f* digital differential analyzer, DDA
Zifferninterpolator *m* digital interpolator
Ziffernkode *m* digital code
Ziffernleseeinrichtung *f* / **elektronische** figure-reading electronic device
Ziffernlesemaschine *f* numeral reading machine
Ziffernlochung *f* numerical (digit) punching
Ziffernperiode *f* digit period
Ziffernplatz *m s.* Ziffernstelle
Ziffernquittungszeichen *n (Fmt)* digit acknowledg[e]ment signal
Ziffernrad *n* number wheel
Ziffernrechner *m* digital computer
Z. mit Programmsteuerung program-controlled digital computer
elektronischer Z. electronic digital computer
Ziffernrolle *f* number wheel
Ziffernschalter *m* digit switch
Ziffernschaltung *f* figure (numerical) switching
Ziffernschreiber *m* digital recorder
Ziffernsichtgerät *n* digital display unit
Ziffernskale *f* digital (numerical) scale
Ziffernspeicher *m* digital memory (store)
Ziffernspeicherung *f* digital storage
Ziffernspur *f* digit track
Ziffernstelle *f* digit[al] position, digit place

Ziffernsymbol *n* numeral

Zifferntastatur *f* digit (figure) keyboard

Zifferntaste *f* digit (numerical, figure) key

Zifferntastenfeld *n* digit (figure) keyboard

Ziffernteil *m* numerical (digit) section, numerical portion

Zifferntrommel *f* digit drum

Ziffernübermittlung *f (Fmt)* digit transfer

Ziffernübertragung *f (Fmt)* digit transmission

Ziffernumschaltung *f* figure[s] shift (*s. a.* Ziffernschaltung)

Ziffernumschaltungszeichen *n (Fmt)* figure-shift signal

Ziffern- und Zeichenfeld *n (Fmt)* figures case

Ziffern- und Zeichenwechsel *m (Fmt)* figures shift

Ziffern- und Zeichenwechselzeichen *n (Fmt)* figures-shift signal

Ziffernweitergabe *f (Fmt)* digit retransmission

Ziffernzähler *m* digital counter

Ziffernzeit *f* digit time

ZIG *s.* Zählimpulsgeber

Zimmerantenne *f* room (indoor) aerial

Zimmergerät *n* room (indoor) apparatus

Zimmertemperatur *f* room (ordinary) temperature

Zinkanode *f* zinc anode

Zinkanschluß *m* zinc terminal (pole) *(Batterie)*

Zinkätzung *f* zinc etching

Zinkauflage *f (Galv)* zinc coat

Zinkbatterie *f* zinc battery

Zinkblendegitter *n* zinc blende lattice

Zinkdraht *m* zinc wire

Zink-Eisen-Element *n* zinc-iron cell

Zinkelektrode *f* zinc electrode

Zink-Luft-Batterie *f* zinc-air battery

Zinkpol *m* zinc pole (terminal) *(Batterie)*

Zink-Sauerstoff-Element *n* zinc-oxygen cell

Zinkschutzüberzug *m* protecting zinc coating

Zinksulfidschirm *m* zinc sulphide screen

Zinnchloridlampe *f* tin chloride lamp

Zinnenspannung *f* square-wave voltage

Zinnfolie *f* tinfoil

Zinnoxidwiderstand *m* tin-oxide resistor

zinnplattiert tin-plated

Zinnspektrallampe *f* tin spectral lamp

Zinnüberzug *m* tin coating

Zipfel *m* lobe *(im Richtdiagramm)*

Zipfelumschaltung *f* lobe switching

Zirkoniumbogen *m* zirconium arc

Zirkoniumbogenlampe *f* zirconium arc lamp

Zirkoniumgetter *m* zirconium getter

Zirkoniumlampe *f* zirconium arc lamp

Zirkularpolarisation *f* circular polarization

Zirkularpolarisationskoppler *m* circular-polarization coupler

Zirkulationssatz *m* circulation theorem

Zirkulator *m* circulator, microwave (waveguide) circulator

zirkulieren to circulate

Zischeffekt *m* hiss effect

Zischen *n* hiss *(z. B. Mikrofon)*
  Z. des Lichtbogens hissing of the arc

Zitierregister *n (Rech)* citation index

Zitterbewegung *f* trembling (vibratory, oscillatory) motion *(z. B. eines Bildes)*

Zitterelektrode *f* vibrating (vibratory) electrode

Zittern *n (Ferns, Nrt)* jitter *(z. B. eines Signals)*

Z-Markierungsfunkfeuer *n* Z-marker beacon, zero-marker beacon

Z-Matrix *f* Z-matrix, impedance matrix

Zone *f* zone; region
  aktive Z. active section *(Reaktor)*
  empfangslose Z. *(Nrt)* skip zone, silent zone (area); blind spot *(Empfangsloch)*
  funkentstörte Z. radio-frequency interference-free zone
  geschützte Z. protected zone
  instabile Z. unstable zone
  neutrale Z. neutral zone; neutral axis *(bei Gleichstrommaschinen)*
  tote Z. 1. *(Syst)* dead zone (band); 2. *s.* empfangslose Z.
  verbotene Z. forbidden (unallowed) band, energy [band] gap *(im Bändermodell)*

Zonenausleuchtungsmethode *f (Licht)* zonal factor method

zonenbehandelt zone-processed

Zonenbreite *f* phase spread (belt) *(bei Wicklungen elektrischer Maschinen)*

Zonendotierung *f (Halbl)* zone doping

Zonenelektrophorese *f* zone electrophoresis

Zonenfaktor *m (Masch)* spread factor

Zonenfaktormethode *f (Licht)* zonal factor method

Zonenfehler *m* zonal aberration *(z. B. von Spiegeloptiken)*

Zonenfolge *f* sequence of zones (regions)

zonengereinigt zone-purified, zone-refined *(Kristalle)*

zonengeschmolzen zone-melted

Zonenlänge *f* zone length

Zonenlichtstrom *m* zonal [luminous] flux

Zonenlichtstromdiagramm *n* zonal flux diagram

Zonenlichtstromverfahren *n* zonal flux (cavity) method

Zonenlochung *f (Rech)* zone punching

Zonennivellierung *f (Halbl)* zone levelling

Zonenplatte *f* zone (zonal) plate

zonenreinigen to zone-refine, to zone-purify *(Kristalle)*

Zonenreinigung *f (Halbl)* zone refining (purification)

Zonenschmelzen *n* zone melting *(Kristalle)*
tiegelfreies Z. floating-zone melting, zone floating
Zonenschmelzofen *m* zone-melt[ing] furnace
Zonenschmelzverfahren *n* zone-melt[ing] technique
Zonentarif *m* zone rate; block tariff
Zonentemperatur *f* zone temperature
Zonenwirkungsgrad *m (Licht)* zonal cavity coefficient
Z-Schiene *f* Z-rail
Z-Spannung *f* Zener voltage
Z-Strom *m* [continuous] Zener current *(der Z-Diode)*
z-Transformation *f* z-transform *(Laplace-Transformation)*
Zubehör *n* accessories, accessory (associated) equipment; fittings
Zubringerbündel *n (Fmt)* group of incoming lines
Zubringerleitung *f* allotting circuit; *(Fmt)* extension line (circuit); offering trunk
Zubringerspeicher *m (Rech)* auxiliary store
Zubringerteilgruppe *f (Fmt)* grading [sub]group
züchten to grow *(Kristalle)*
durch Ziehen aus der Schmelze z. to grow by pulling from the melt
Zuchtkeim *m* seed *(Kristalle)*
Züchtung *f* growing, growth *(Kristalle)*
Z. aus der Dampfphase vapour-phase growth
Z. dünner Kristallstreifen web crystal growth
Z. im Hochvakuum high-vacuum growing
zuerst eintreten-zuerst austreten *(Rech)* first in-first out, FIFO
zufällig accidental, random
Zufallsausfall *m* random failure
Zufallsauswahl *f* random sampling *(Statistik)*
Zufallsbelegung *f (Fmt)* random occupancy
Zufallsentscheidung *f* chance decision
Zufallsentscheidungsgenerator *m* chance decision generator
Zufallsereignis *n* random event
Zufallsfehler *m* random (accidental) error
Zufallsfunktion *f* random function
Zufallsgesetz *n* law of chance
Zufallsgröße *f* random quantity
Zufallshandlung *f* random action
Zufallsimpuls *m* random pulse
Zufallsimpulsgenerator *m* random pulse generator
Zufallsprogramm *n (Rech)* random program
Zufallsprozeß *m (Syst)* random process
Gaußscher Z. Gaussian random process
nichtstationärer Z. non-stationary random process
stationärer Z. stationary random process
Zufallsrauschen *n (Syst)* random noise
Zufallssignal *n* random signal
Zufallsstichprobe *f* / **einfache** simple random sample
Zufallsstreuung *f* random dispersion
Zufallsvariable *f* random variable
Zufallsverkehr *m (Fmt)* random traffic
reiner Z. pure chance traffic
Zufallszahl *f* random number
Zufallszahlenerzeugung *f* generation of random numbers
Zufuhr *f* feed, supply
zuführen to feed, to supply
Zufuhrmagazin *n* feed hopper *(für Lochkarten)*
Zuführung *f* feed[ing] (*s. a.* Zuleitung)
Zuführungsdraht *m* feed wire, lead[-in] wire, feeder
Zuführungskabel *n* leading-in cable, feeder [cable]
Zuführungskanal *m* inlet duct *(für Kühlluft)*
Zuführungsleitung *f* feed line, supply lead (*s. a.* Zuführungsdraht)
Zuführungsrohr *n* feed (inlet) pipe
Zuführungsvorrichtung *f* feed equipment *(z. B. für Lochkarten)*
Zug *m* 1. traction, tractive force; 2. tension; 3. pull[ing]; draw[ing]
magnetischer Z. magnetic pull
Zugang *m* access; inlet
frontaler Z. front access
linguistischer Z. linguistic approach *(Systemtheorie)*
zugänglich accessible
Zugänglichkeit *f* accessibility
Zugangskennung *f (Fmt)* access code
Zugangsöffnung *f* access opening
Zugangsstelle *f* access point
Zugbeanspruchung *f* tension (tensile) stress
Zug-Druck-Steckverbinder *m* push-pull connector *(besondere Kopplung bei Steckverbindern)*
zugelassen approved *(z. B. den Schutzbestimmungen entsprechend)*
Zugelektrode *f* pull electrode
Zugentlastung *f* pull relief; cord fastener *(Vorrichtung)*
Zugentlastungsschleife *f* pull-relief loop
Zugfeder *f* tensioning (pull-off) spring
Zugfestigkeit *f* tensile strength
Zugförderung *f* / **batterieelektrische** battery-electric traction
elektrische Z. electric traction
Zugklammer *f* cable grip
Zugkontakt *m* pull contact
Zugkraft *f* traction; tractive force *(z. B. des Magneten)*; thrust *(z. B. beim Linearmotor)*
Zugkraftmesser *m* tractive force meter
Zugleistung *f* tractive power *(z. B. des Magneten)*

Zugriff *m (Rech)* access
manueller Z. manual access
quasidirekter Z. quasi-random access
schneller Z. quick access
serienweiser Z. serial access
wahlfreier (willkürlicher) Z. random access
Zugriffsgeschwindigkeit *f* access speed
Zugriffskodierung *f* access coding
Zugriffsperiode *f* access cycle
Zugriffszahl *f* accession number *(z. B. zur Literatursuche)*
Zugriffszeit *f* access time *(Speicher)*
kurze Z. short access time
Zugriffszyklus *m* access cycle
Zugschalter *m* pull (cord) switch
Zugseilschalter *m* slack-rope switch *(Lift)*
Zugspannung *f* tensile (tension) stress
Zugstange *f* drawbar
Zugsteuerung *f* **/ automatische** automatic train control
Zuhaltemechanismus *m* hold-closed mechanism
Zuladung *f* additional charge
zulässig permissible, allowable; tolerable
maximal z. maximum permissible
nicht z. non-permissible
Zulaufrohr *n* inlet (feed, charging) pipe
Zuleitung *f* 1. lead, lead-in [wire]; *(Fmt)* confluent link; 2. feed (supply) line; 3. feeding, supply
Z. zum Nebenschluß shunt lead
freie Z. flying connecting lead
Zuleitungsdraht *m* lead wire, lead[ing]-in wire
Zuleitungsinduktivität *f* lead inductance
Zuleitungskapazität *f* lead capacitance
Zuleitungsschnur *f* flexible lead
Zuleitungswiderstand *m* lead resistance
zuletzt eintreten-zuerst austreten *(Rech)* last in-first out, LIFO
Zuluft *f* inlet (fresh) air
Zunahme *f* increase, rise; growth
Z. der Leitfähigkeit increase in conductivity
Z. um eine Größenordnung order of magnitude increase
zeitliche Z. time increase
Zündanode *f* ignition (igniting, starting) anode; exciting anode
Zündausfall *m* misfire *(bei Elektronenröhren)*
Zündbedingung *f* ignition condition, condition for ignition
Zünddrehzahl *f* firing speed
Zünddrossel *f* ignition choke
Zündeinsatz *m* ignition point
Zündeinsatzsteuerung *f* ignition phase control
Zündelektrode *f* ignition (igniting, starting) electrode, igniter, starter; excitation electrode; *(Hochsp)* central electrode
Zündelektrodenstrom *m* igniter current
zünden to fire; to ignite *(z. B. Röhre, Thyristor)*; to strike *(z. B. Lichtbogen)*
eine Entladung z. to strike a discharge
zündend / schnell rapid-starting
Zündentladung *f* pilot leader *(Blitzforschung)*
Zünder *m* igniter
elektrischer Z. electric detonator (blasting cap) *(für Sprengstoffe)*
zündfähig ignitable
Zündfolge *f* firing order
Zündfunke *m* ignition (igniting) spark
Zündfunkengleichrichter *m* pilot spark arc rectifier
Zündfunkenstrecke *f* ignition spark gap, pilot gap *(in Stoßspannungsanlagen)*
Zündgerät *n* ignition set
Zündgrenze *f* ignition limit
Zündgruppe *f* ignition group
Zündimpuls *m* ignition (starting) pulse
Zündimpulstransformator *m* ignition pulse transformer, peaking transformer
Zündkabel *n* ignition cable; spark plug wire
halbleitendes Z. semiconducting ignition cable
Zündkennlinie *f* firing (control) characteristics *(Ignitron)*; gate characteristic
Zündkerze *f* [spark] plug *(Kraftfahrzeug)*
Zündkreis *m* firing circuit; ignition (starting) circuit; *(Ferns)* unblanking circuit
Zündkreischarakteristik *f* ignition circuit characteristic
Zündkreisschutzwiderstand *m* ignitor-protective resistor
Zündpille *f* ignition tablet *(Blitzlampe)*
Zündpunkt *m* ignition point; breakover point *(z. B. beim Lichtbogen)*
Zündregelung *f* ignition control
Zündschalter *m* ignition (igniter) switch; firing key
Zündschaltung *f* firing circuit
Zündschlüssel *m* firing key
Zündspannung *f* 1. ignition (igniting, starting, firing) voltage *(z. B. Röhre)*; striking voltage (potential) *(z. B. Lichtbogen)*; 2. [gate] trigger voltage *(Thyristor)*; 3. *(Hochsp)* sparking potential; breakdown voltage *(Funkenstrecke)*
oberer Z. maximum gate trigger current *(Thyristor)*
untere Z. minimum gate trigger voltage *(Thyristor)*
Zündspannungsabfall *m* ignition (starting) voltage drop
Zündspitze *f* ignition peak
Zündspule *f* ignition coil
Zündstift *m* ignitor *(Gasentladungsröhre)*
Zündstiftbrenndauer *f* ignitor firing time
Zündstiftelektrode *f* ignitor electrode
Zündstiftentladung *f* ignitor discharge

zündstiftgesteuert ignitor-controlled *(Ignitron)*
Zündstiftröhre *f* ignitron
Zündstiftschwingung *f* ignitor oscillation
Zündstiftsteuerung *f* ignitor control
Zündstörungen *fpl* car (capacity) ignition noises
Zündstoß *m* ignition (starting) pulse *(Thyratron, Gasentladungsröhre)*
Zündstrecke *f* ignition (starting, starter) gap *(Gasentladungsröhre)*
Zündstreifen *m* ignition (starting) strip
Zündstrom *m* 1. ignition (starting, firing) current *(z. B. Röhre)*; arc start[ing] current *(Lichtbogen)*; 2. gate trigger current *(Thyristor)*; 3. breakover current *(Hochspannungsüberschlag)*
oberer Z. maximum gate trigger current *(Thyristor)*
Zündstromkreis *m* ignition circuit
Zündtemperatur *f* ignition temperature
Zündüberspannung *f* ignition overvoltage
Zündung *f* firing; ignition *(z. B. Röhre)*; striking *(z. B. Lichtbogen)*
elektrische Z. electric ignition
sichere Z. certain triggering *(Leistungselektronik)*
unabhängige Z. independent firing
Zündungskontrolloszillograf *m* ignition analyzer
Zündungsregler *m* ignition controller
Zündversager *m* misfire *(bei Elektronenröhren)*
Zündverteiler *m* ignition distributor
Zündverzögerung *f* firing delay; ignition delay (lag), retarded ignition *(Röhre)*; gate-controlled delay [time] *(Thyristor)*
Zündverzögerungswinkel *m* firing delay angle
Zündverzug *m s.* Zündverzögerung
Zündvorrichtung *f* ignition device, igniter
elektrische Z. electrical ignition system
Zündwilligkeit *f* flashability *(Blitzlampe)*
Zündwinkel *m* firing angle
Zündzeit *f* firing time; gate-controlled turn-on time *(Thyristor)*
Zündzeitpunkt *m* firing point; point of ignition
Zunge *f* / **schwingende** vibrating reed
Zungendrehzahlmesser *m* reed tachometer
Zungenfrequenz *f* reed frequency
Zungenfrequenzmesser *m* vibrating-reed frequency meter, [tuned-]reed frequency meter
Zungenfrequenzrelais *n* vibrating-reed relay, tuned-reed relay
Zungenkontakt *m* rubbing (wiping) spring contact; wedge contact; reed contact *(im Schutzrohr)*
Zungenlautsprecher *m* reed loudspeaker
Zungenrelais *n* reed relay
Zungenresonanzrelais *n s.* Zungenfrequenzrelais
Zungenschalter *m* reed switch
Zungenunterbrecher *m* vibrating-reed break
zuordnen *(Rech)* to assign; to allocate *(z. B. Speicherplätze)*
Zuordner *m (Rech)* interpreter, translator; assembler; *(Fmt)* coordinator
Zuordnung *f (Rech)* assignment; allocation *(z. B. von Speicherplätzen)*; coordination
Zuordnungsproblem *n (Rech)* assignment problem
Zuordnungsprogramm *n (Rech)* assignment program (routine)
zurückbleiben to lag; to remain
z. gegen to be behind
zurückbleibend remanent, residual
zurückdrehen to turn back
zurückfallen auf to drop (jump) back to *(z. B. Spannung)*
zurückführen *(Syst)* to feed back *(z. B. Signale)*; to return (*s. a.* zurückstellen)
auf ein Minimum z. to minimize
zurückgewinnen to recover
zurückhalten to retain, to withhold
zurückkehren to return
in die Ruhelage z. to return to normal
zurückleiten to reconduct
zurücklesen to play back *(gespeicherte Information)*
zurückprallen to rebound
zurückrufen *(Fmt)* to call (ring) back, to recall
zurückschalten to switch back
schrittweise z. *(Rech)* to backspace
zurückschlagen to backfire *(z. B. Lichtbogen)*
zurückschwingen to swing back
zurücksetzen to reset
zurückspulen to rewind *(z. B. Magnetband)*
zurückstellen to reset; to restore *(Speicher)*; to clear *(Zähler)*
auf Null z. to return to zero
eine Anmeldung z. *(Fmt)* to hold (defer) a call
Zurückstellung *f* / **selbsttätige** automatic reset *(auf den Anfangswert)*
zurückstoßen to repulse
zurückstrahlen to reradiate
zurückstreuen to scatter back
zurückübertragen to retransfer
zurückverfolgen to trace back
zurückverwandeln to convert back; to retransform
zurückwerfen to reflect [back] *(Strahlung)*; to reverberate *(Schall)*
Zusammenarbeit *f* **mit anderen Systemen** *(Fmt)* interworking with other systems
zusammenballen to agglomerate; to cluster
Zusammenbau *m* assembly, assemblage
automatischer Z. automated assembly
fester Z. permanent assembly

zusammenbauen to assemble
raumsparend z. to package
zusammenbrechen to break down *(Feld, Verbindung)*
Zusammenbruch *m* breakdown *(z. B. Übertragungsstrecke, elektromagnetisches Feld)*
zusammendrängen to compact
zusammendrückbar compressible
nicht z. incompressible
zusammendrücken to compress
zusammenfallen [mit] to coincide
Zusammenfassung *f* **zu einer Baueinheit** *(Halbl)* embodiment
zusammenfügen to join; to fit together *(Steckverbindung)*
Zusammenführung *f* 1. *(Rech)* junction *(Programmierung)*; 2. *(Elk)* fan-in *(am Eingang)*
zusammengesetzt composite; assembled
Zusammenhang *m* / **eindeutiger** nonambiguous relation
zusammenhängend / mehrfach multiply connected
untereinander z. interrelated
zusammenkitten to bond together; to cement together
zusammenklappbar collapsible
zusammenkleben to stick together *(z. B. Kontakte)*
zusammenkoppeln to couple [together]
zusammenlegbar collapsible
zusammenmischen to collate, to merge *(Lochkarten)*
zusammenpassen to match; to fit together
zusammenquetschen to pinch; to squeeze
zusammenrechnen to add up
zusammenschalten to interconnect, to connect together (up); to [inter]couple
vorübergehend z. to patch
zu einem [geschlossenen] Stromkreis z. to loop
Zusammenschaltung *f* interconnection
Z. der Komponentennetze *(Eüb)* interconnection of component networks
Z. von Rechnern interconnection of computers
zusammenschiebbar telescopic; collapsible
zusammenschmelzen to melt (fuse) together
Zusammenschmoren *n* **von Kontakten** scorching of contacts
zusammensetzen to assemble, to mount; to compose
zu einer Einheit z. *(App)* to bank
Zusammensetzung *f* composition
zusammenstellen / tabellarisch to table, to tabulate, to schedule
Zusammenstellung *f* 1. arrangement, composition; 2. assembly; 3. catalogue; schedule
Zusammenstoß *m* impact, impingement, collision
zusammenstoßen to impact, to impinge, to collide
zusammentreffen to coincide
Zusammentreffen *n* coincidence; concurrence
zusammenwirken mit to interact with
zusammenzählen to add up
zusammenziehen [/ sich] to contract
Zusammenziehung *f* contraction; constriction
Zusatz *m* 1. additive [substance]; 2. supplement; attachment
Z. zu Beizbädern pickling compound
Zusatzaggregat *n* additional set
Zusatzausrüstung *f* auxiliary (extra) equipment
Zusatzbatterie *f* booster (subsidiary) battery
Zusatzbauteil *n* additional component (unit)
Zusatzbeleuchtung *f* additional (supplementary) lighting
Zusatzbelichtung *f* additional (extra) exposure
Zusatzblitz *m* booster flash
Zusatzbremswiderstand *m* additional brake resistance
Zusatzeinrichtung *f* additional (auxiliary) equipment
Zusatzfiltersatz *m* extension filter set
Zusatzgenerator *m* booster
Zusatzgerät *n* additional (ancillary) unit, accessory device (instrument), supplementary apparatus
Z. für Bandschleifenbetrieb tape-loop adapter
Zusatzgeräte *npl* 1. additional (ancillary) equipment; 2. *(Rech)* peripheral equipment, peripherals
Zusatzheizung *f* / **elektrische** electric booster heating
Zusatzimpedanz *f* incremental impedance
Zusatzkondensator *m* additional capacitor
Zusatzkontrolle *f (Rech)* additional checking
Zusatzkurzschlußstrom *m* supplementary short-circuit current
Zusatzlampe *f* subsidiary lamp
Zusatzlast *f* additional load
Zusatzleistung *f* additional power
Zusatzlogik *f (Rech)* additional logic
Zusatzmaschine *f* [positive] booster
Z. für Zu- und Gegenschaltung reversible booster
Z. in Gegenschaltung negative booster
Z. mit Differentialerregung differential booster
Zusatzmittel *n s.* Zusatz 1.
Zusatzoptik *f* additional (ancillary) optics
Zusatzpermeabilität *f* incremental permeability
Zusatzpumpe *f* booster pump

Zusatzschalter *m* booster switch
Zusatzschaltung *f* additional circuit
Zusatzsender *m* back-up sender
Zusatzspannung *f* additional (boosting) voltage
Zusatzspeicher *m (Rech)* backing memory (store), secondary store
Zusatzspeicherung *f* backing (secondary) storage
Zusatzstrahler *m* additional radiator
Zusatzteil *n (Rech)* slave unit
Zusatzträger *m* supplementary carrier
Zusatztransformator *m* additional (auxiliary, booster) transformer
Zusatzverlust *m* supplementary loss
Zusatzverstärker *m* additional (booster) amplifier
Zusatzwiderstand *m* 1. additional (supplementary) resistance; 2. instrument multiplier *(zur Bereichserweiterung eines Meßinstruments)*
Zuschalten *n* switching-on
zuschmelzen to seal [up]
zuschneiden / bestimmten Anforderungen entsprechend to tailor *(besonders in der Mikroelektronik)*
Zustand *m* state; condition
  Z. des stabilen Gleichgewichts condition of stable equilibrium
  Z. des Systems system state
  Z. im Arbeitspunkt *(Syst)* reference state
  aktivierter Z. activated state
  analoger Z. analogue state
  angeregter Z. excited state
  ausgeschalteter Z. off state
  betriebsfähiger Z. operative condition
  dynamischer Z. dynamic state; transient state
  eingeschalteter Z. on state
  eingeschwungener Z. steady-state condition, steady state
  energetischer Z. energetic state
  entarteter Z. degenerate state
  erzwungener Z. *(Syst)* forced state
  fester Z. solid state
  gelöschter Z. *(Rech)* clear condition
  gesperrter Z. cut-off condition
  gestörter Z. *(Syst)* disturbed state
  gleichbleibender Z. steady-state condition, steady state
  hochangeregter Z. highly excited state
  kristalliner Z. crystalline state
  leitender Z. conducting condition (state), conductive condition
  logischer Z. *(Elk)* logic state (level)
  nichtleitender Z. non-conducting state
  nichtstationärer Z. non-steady state
  quasistationärer Z. quasi-stationary state
  remanenter Z. remanent state
  sensibilisierter Z. sensitized state
  Shockleyscher Z. Shockley state
  stationärer Z. stationary (steady) state
  supraleitender Z. superconducting state
  symmetrischer Z. symmetrical state, balanced condition
  thermisch stationärer Z. steady thermal state
  thermodynamischer Z. thermodynamic state
  unbelasteter Z. no-load condition
  unbesetzter Z. empty (vacant) state
  unerregter Z. de-energized state
  ungestörter Z. undisturbed condition
  unmodulierter Z. zero modulation [state]
Zustandsänderung *f* / **isoenergetische** isoenergetic change [of state]
Zustandsanzeige-Flipflop *m(n) (Rech)* flag flip-flop
Zustandsdiagramm *n* phase (constitution) diagram
Zustandsdichte *f (Halbl)* density of states
Zustandsdichtefunktion *f* density-of-states function
Zustandsfunktion *f* state function
Zustandsgleichung *f* state (condition) equation, equation of state
Zustandsgröße *f* state value (variable), parameter of state
Zustandsraum *m* state space
Zustandsschätzung *f* state estimation
Zustandssumme *f* state sum, partition function, sum over (of) states
Zustandsvariable *f* state variable
Zustandsvektor *m* state vector
Zustandswahrscheinlichkeit *f* state probability
zustreben / auf Null to go (tend) to zero
Zuteilung *f* assignment, allotting *(z. B. Frequenzband)*; allocation *(z. B. Speicherplätze)*
Zuteilungsproblem *n* allocation problem *(bei der Prozeßoptimierung)*
Zuteilungsvielfachkabel *n (Fmt)* bank cable
zuverlässig reliable, dependable; fail-safe
Zuverlässigkeit *f* reliability, dependability
  Z. der Übertragung transmission reliability
  Z. der Versorgung reliability of supply
  Z. im Betrieb service reliability
  absolute Z. absolute reliability
  höchste Z. maximum reliability
Zuverlässigkeitsdaten *pl* reliability data
Zuverlässigkeitsfaktor *m* reliability factor
Zuverlässigkeitskenngrößen *fpl* reliability characteristics
Zuverlässigkeitsprüfung *f* reliability (dependability) test
Zuverlässigkeitstheorie *f* reliability theory
Zuwachs *m* increment; increase
  erlaubter Z. allowed increment *(z. B. des Phasenwinkels)*
  unerlaubter Z. forbidden increment *(z. B. des Phasenwinkels)*
Zuwachsgröße *f* size of the increment *(z. B. eines Signals)*

Zuwachsinduktor *m* incremental inductor
Zuwachsspeicher *m* increment[al] store
zuweisen *(Rech)* to allocate *(z. B. Speicherplätze)*; to assign, to allot *(z. B. Frequenzen)*
Zuweisung *f* assignment, allocation
optimale Z. optimal allocation *(von Speicherplätzen)*
Z-Vierpolparameter *m* Z-parameter
Zwangsabschaltung *f* forced outage
Z. durch Dauerschaden persistence-cause forced outage
Zwangsauslösung *f* forced release
Zwangsbelüftung *f* forced ventilation
Zwangsdurchlaufkühlung *f* once-through cooling
Zwangsführung *f* restricted guidance
Zwangslauf[gebe]verfahren *n (Fmt)* compelled signalling system
Zwangsumlauf *m* forced circulation [system]
zweiachsig biaxial
Zweiadressenbefehl *m (Rech)* two-address instruction
Zweiadressenbefehlskode *m (Rech)* two-address instruction code
Zweiadressenkode *m (Rech)* two-address code
Zweiadressenmaschine *f* / **elektronische** *(Rech)* electronic two-address machine
Zweiadressensystem *n* two-address system
zweiadrig double-wire, two-core, double-conductor *(Kabel)*
zweiatomig diatomic, biatomic
zweiäugig binocular
Zwei-aus-fünf-Kode *m* two-out-of-five code
Zweibandkabel *n* twin-band [telephone] cable
Zweibitschieberegister *n (Rech)* two-bit shift register
Zweideutigkeit *f* ambiguity
Zweidrahtbetrieb *m (Fmt)* two-wire operation
Zweidrahtgetrenntlagesystem *n* equivalent four-wire system
Zweidrahtklemme *f* two-wire terminal
Zweidrahtleitung *f* two-wire line
Zweidrahtregelung *f* two-wire control
Zweidrahtschaltung *f* two-wire connection
Zweidrahtstromkreis *m* two-wire circuit
Zweidrahtsystem *n* two-wire system
Zweidrahtverbindung *f* two-wire connection
Zweidrahtverstärker *m (Fmt)* two-wire repeater (amplifier)
Zweidrahtwicklung *f* bifilar winding
Zweidrahtzwischenverstärker *m (Fmt)* two-wire [intermediate] repeater
Zweiebenenantenne *f* two-bay aerial, two-level aerial
Zweiebenenleiterplatte *f* two-sided printed-circuit board, double-sided printed-wiring board
Zweiebenenplatte *f* two-sided board
starre Z. rigid two-sided board
Zweiebenenwendelanordnung *f* biplane filament arrangement
Zweielektrodensystem *n* two-electrode system *(Elektronenstrahlerzeugung)*
Zweieranschluß *m (Fmt)* two-party line system, dual subscriber connection
Zweieranschlußleitung *f (Fmt)* shared-service line
Zweieranschlußsystem *n (Fmt)* two-party line system
Zweieranschlußteilnehmer *m (Fmt)* two-party subscriber
Zweierbündel *n* twin conductor
Zweierstoß *m* binary (two-body) collision
Zweifachantenne *f* dual aerial
Zweifach-Fallbügelpunktschreiber *m* duplex chopper-bar recorder
Zweifachisolatorenkette *f* double suspension insulator string *(aus Hängeisolatoren)*
Zweifachkabel *n* twin cable
Zweifachkatodenstrahlerzeuger *m* double gun
Zweifachkondensator *m* two-gang capacitor
Zweifachregelung *f* dual control
Zweifachtelegrafie *f* duplex telegraphy
Zweifachuntersetzungsschaltung *f* scale-of-two circuit
Zweifachzeitablenkung *f* double time base *(Oszillograf)*
Zweifadenelektrometer *n* bifilar electrometer
Zweifadenlampe *f* double (twin) filament lamp
Zweifadenwicklung *f* bifilar winding
zweifädig bifilar
Zweifarbenlumineszenzdiode *f* two-colour light-emitting diode
Zweifarbenpyrometer *n* two-colour pyrometer
zweifarbig two-colour[ed], dichromatic
Zweiflügelblende *f* two-wing shutter
Zweifrequenzantenne *f* dual-frequency aerial
Zweifrequenzbetrieb *m* double-frequency operation
Zweig *m* branch; leg; arm
aufsteigender Z. ascending limb *(z. B. der Hystereseschleife)*
gemeinsamer Z. common branch
kapazitiver Z. capacitive branch
Zweigamt *n (Fmt)* branch exchange
Zweigangkondensator *m* two-gang capacitor
zweigehäusig double-cased
Zweigitterröhre *f* double-grid valve, bigrid valve
Zweigleitung *f* branch line
Zweigprogramm *n (Rech)* branch program (routine)

Zweigschalter *m* branch switch
Zweigstrom *m* branch current
Zweigwiderstand *m* branch resistance
Zweikammerklystron *n* two-cavity klystron
Zweikanalausführung *f* dual-channel version
Zweikanal-Einseitenband-Verfahren *n (Nrt)* independent-sideband transmission
Zweikanalelektronenschalter *m* two-channel electronic switch
Zweikanalfrequenzumtastung *f (Nrt)* double frequency shift keying
Zweikanalimpulsgenerator *m* twin-channel pulse generator
Zweikanaloszilloskop *n* dual-channel oscilloscope
Zweikanalschalter *m* two-channel selector
Zweikanalsichtpeiler *m* double-channel cathode-ray direction finder
Zweikanalsimplex *n (Nrt)* two-way simplex [system]
Zweikanalverstärker *m* two-channel amplifier
Zweikanalvorverstärker *m* twin-channel preamplifier
Zweikomponentenlack *m* two-component varnish, two-part varnish
Zweikomponentenleuchtstoff *m* two-component phosphor (electroluminescent material)
Zweikörperstoß *m* two-body collision
Zweikreisabstimmung *f* two-circuit tuning
Zweikreisbandfilter *n* two-section bandpass filter
Zweikreisempfänger *m* double-circuit receiver
Zweikreisfilter *n* two-section filter
Zweikreisreflexklystron *n* two-circuit reflex klystron
Zweikreisverstärker *m* double-tuned amplifier
Zweikurvenschreiber *m* double-line recorder
Zweilagenwicklung *f* two-layer winding
zweilagig two-layer
Zweilampenleuchte *f* twin-lamp fitting
Zweilaufregler *m (Syst)* two-speed controller *(mit I-Verhalten)*
Zweileiterkabel *n* two-conductor cable, twin-core cable, double-core cable
Zweileiterschnur *f* twin cord
Zweileitersystem *n* two-wire system
Zweileitungsbetrieb *m* two-line service
Zweilinienschreiber *m* double-line recorder
Zweimotorenantrieb *m* double-motor drive
Zweiniveausystem *n (Halbl)* two-level system
zweiohrig *(Ak)* binaural
Zweiphasenanker *m* two-phase armature
Zweiphasenasynchronmotor *m* two-phase asynchronous motor
Zweiphasen-Dreileiter-Netz *n* two-phase three-wire system
Zweiphasen-Fünfleiter-Netz *n* two-phase five-wire system
Zweiphasengebiet *n* two-phase region
Zweiphasengenerator *m* two-phase generator (alternator)
Zweiphasenimpulssignal *n* two-phase pulse signal
Zweiphaseninduktionsmotor *m* two-phase induction motor, Ferraris motor
Zweiphasenkomponente *f* / **Kimbarksche** Kimbark's two-phase component
Zweiphasenmittelpunktschaltung *f* two-phase centre-tap rectifier circuit *(Gleichrichter)*
Zweiphasenmotor *m* two-phase motor
Zweiphasennetz *n* two-phase system
Zweiphasenraum *m* two-phase field
Zweiphasenschaltung *f* two-phase circuit, biphase connection
Zweiphasenstrom *m* two-phase current, biphase current
Zweiphasen-Vierleiter-Netz *n* two-phase four-wire system
Zweiphasenwechselstrom *m* two-phase alternating current, biphase alternating current
Zweiphasenzähler *m* two-phase meter
zweiphasig two-phase, biphase, quarter-phase
Zweiphotonenabsorption *f* two-photon absorption
Zweiphotonenemission *f* two-photon emission
Zweiphotonenionisation *f* two-photon ionization
Zweipol *m* two-terminal network, two-port
Zweipoldarstellung *f* two-port representation, two-terminal representation
zweipolig two-pole, double-pole; two-pin *(Stecker)*; dipolar
Zweipolkondensator *m* two-terminal capacitor
Zweipolnetzwerk *n* two-terminal network
Zweipolquelle *f* Thévenin generator, two-terminal source
Zweipolröhre *f* diode, two-electrode tube
Zweipolstecker *m* two-contact plug, two-pin plug, two-pole plug
Zweipoltheorie *f* Thévenin's theorem *(Satz von der Ersatzspannungsquelle)*; Norton['s] theorem *(Satz von der Ersatzstromquelle)*
Zweipulsgleichrichter *m (Srt)* two-phase rectifier
Zweipunktbetrieb *m* on-off operation
Zweipunktlager *n* two-point bearing
Zweipunktregelung *f (Syst)* two-position control, on-off control, bang-bang control
Zweipunktregler *m (Syst)* two-position [action] controller, two-step action controller, on-off controller, bang-bang servo
Z. mit Hysterese on-off controller with overlap (hysteresis)

Zweipunktrelais *n* on-off relay
Zweipunktsystem *n* on-off system
Zweipunktverhalten *n (Syst)* two-position action, two-level action, on-off action
Zweirichtungsdiode *f* bidirectional diode
Zweirichtungsimpulse *mpl* bidirectional pulses
Zweirichtungsschieberegister *n (Rech)* bidirectional shift register
Zweirichtungsthyristordiode *f* bidirectional diode thyristor
Zweirichtungstransduktor *m* bilateral transductor
Zweirichtungstreppenspannungsgenerator *m* bidirectional staircase generator
Zweirichtungszähler *m (Rech)* bidirectional (reversible) counter
Zweischichtbelag *m* two-layer coating
zweischichtig two-layer
Zweischichtlackdraht *m* dual-coat enamelled wire
Zweischichtwicklung *f* double layer winding
Zweischlitzmagnetron *n* two-split magnetron, two-segment magnetron, split-anode magnetron
Zweischnur[klappen]schrank *m (Fmt)* double-cord switchboard
Zweischrittdiffusion *f (Halbl)* two-step diffusion
Zweiseitenband *n (Nrt)* double sideband
Zweiseitenbandbetrieb *m* double-sideband operation
Zweiseitenbandfernsprechen *n* double-sideband telephony
Zweiseitenbandmodulation *f* double-sideband modulation
Zweiseitenbandmultiplexanlage *f* double-sideband multiplex equipment
Zweiseitenbandsystem *n* double-sideband system
Zweiseitenbandübertragung *f* double-sideband transmission
Zweisignalentfernungsmessung *f* two-signal ranging
Zweisondenverfahren *n* double probe technique *(Ultraschall)*
Zweispiegelsystem *n* two-mirror system
Zweispuraufzeichnung *f* half-track recording, two-track recording
Zweispurbetrieb *m* dual-trace operation
Zweispurgerät *n* s. Zweispurtonbandgerät
zweispurig half-track, two-track
Zweispur-Samplingeinheit *f* dual-trace sampling unit *(Sampling-Oszillograf)*
Zweispurtonbandgerät *n* dual-track [tape] recorder, half-track recorder, two-track recorder
zweistellig two-digit, two-place
Zweistellungsschalter *m* on[-and]-off switch
Zweistiftsockel *m* bipin cap
Zweistiftstecker *m* two-pin connector
Zweistoffmanometer *n* two-fluid manometer
Zweistoffsystem *n* binary (two-component) system
Zweistrahlelektronenstrahlröhre *f* **mit Maschenelektroden** double-beam mesh cathode-ray tube
Zweistrahlflächenspeicherröhre *f* graphechon storage tube
Zweistrahlgerät *n* two-beam instrument, double-beam instrument
Zweistrahlhologramm *n* two-beam hologram
Zweistrahlinterferometrie *f* two-beam interferometry
Zweistrahloszilloskop *n* dual-beam oscilloscope, double-beam oscilloscope
Zweistrahlverfahren *n* double-beam method (technique)
Zweistufenrelais *n* two-step relay
Zweistufenverstärker *m* two-stage amplifier
zweistufig two-stage, two-step
Zweisystemmeßwerk *n* dual-system meter movement
Zweitaktschalter *m* double-action switch
Zweitaktschieberegister *n (Rech)* double-line shift register
Zweitarifzähler *m* dual-tariff-rate hour meter *(Elektrizitätszähler mit Doppelzählwerk)*
Zweiteiler *m* scale-of-two circuit
zweiteilig two-part, two-piece
Zweitontelegrafie *f* two-tone telegraphy
Zweitonverfahren *n (Meß)* intermodulation method
Zweitorgatter *n* two-input gate
Zweiträgerverfahren *n* two-carrier system
Zweitweg *m (Fmt)* secondary route
Zweitwicklung *f* secondary winding
Zweiwattmeterverfahren *n* two-wattmeter method
Zweiweggleichrichter *m* double-way rectifier, full-wave rectifier
Zweiweggleichrichterröhre *f* full-wave rectifier valve
Zweiwegschaltung *f* double-way connection; *(Fmt)* duplex telegraph circuit
Zweiwegverstärker *m (Fmt)* go-and-return repeater
Zweiwertigkeit *f* divalence, two-valuedness *(Schaltlogik)*
Zweiwicklungstransformator *m* two-winding transformer
Zweizeitenverschluß *m* two-speed shutter
zweiziffrig two-digit
Zweizonenofen *m* two-zone furnace
Zweizweckmeßgerät *n* dual-purpose meter
Zwergglühlampe *f* miniature lamp
Zwergmikrofon *n* midget microphone
Zwergrelais *n* midget relay

Zwergröhre *f* microtube, miniature tube, midget valve
Zwergsockel *m* pygmy cap
Zwergtubenkabel *n* small-diameter coaxial cable
Zwickelauffüllung *f* fillers of a cable
Z-Widerstand *m* / **dynamischer** dynamic Zener impedance
Zwillingsantenne *f* twin aerial, pair of aerials
Zwillingsantrieb *m* twin drive
Zwillingsarbeitskontakt *m* twin make contact
Zwillingsbildung *f* twinning, twin formation *(Kristall)*
Zwillingsbogenlampe *f* twin-arc lamp
Zwillingsebene *f* twinning plane *(Kristall)*
Zwillingsgrenze *f* twin boundary *(Kristall)*
Zwillingskabel *n* twin cable; bifilar cable
Zwillingsklinke *f (Fmt)* pair of jacks
Zwillingskondensator *m* twin capacitor
Zwillingskontakt *m* twin (double) contact
Zwillingskontaktarm *m* twin contact wiper
Zwillingskontrolle *f s.* Zwillingsprüfung
Zwillingskristall *m* twin [crystal]
Zwillingsprüfung *f (Rech)* twin (duplication) check
Zwillingsruhekontakt *m* twin break contact
Zwischenablesung *f* intermediate reading
Zwischenabschwächer *m* interstage attenuator
Zwischenabtastbereich *m* interscan range
Zwischenamt *n (Fmt)* intermediate exchange (office)
Zwischenband *n* intermediate band, interband
Zwischenbandrekombination *f (Halbl)* interband recombination
Zwischenbandtelegrafie *f* interband telegraphy
Zwischenbeizen *n (Galv)* interstage pickling
Zwischenbild *n* intermediate image
Zwischenbildfokussierung *f* intermediate-focus[s]ing
Zwischenbildkameraröhre *f* image camera tube
Zwischenbildorthikon *n (Ferns)* image orthicon
Zwischenbildplatte *f* intermediate plate *(Fotolithografie)*
Zwischenechosperre *f (Fmt)* intermediate echo suppressor
Zwischenelektrode *f* interelectrode *(z. B. beim Plasmabrenner)*
Zwischenelektrodenkapazität *f* [direct] interelectrode capacitance *(z. B. von Fotozellen)*
Zwischenelektrodenlaufzeit *f* interelectrode transit time
Zwischenelektrodenleitfähigkeit *f* interelectrode conductivity
Zwischenergebnis *n (Rech)* temporary (intermediate) result, subtotal
Zwischenergebnisspeicherung *f (Rech)* working storage
Zwischenfassung *f* [socket] adapter; lampcap adapter
Zwischenfeld *n* intermediate field
Zwischenfilmverfahren *n (Ferns)* intermediate-film system (technique)
Zwischenflächenladung *f (Halbl)* interface charge
Zwischenflächenzustand *m (Halbl)* interface state
Zwischenfrequenz *f (Nrt)* intermediate frequency, i.f., I.F.
zwischenfrequenzabgestimmt intermediate-frequency-tuned
Zwischenfrequenzabgleich *m* intermediate-frequency alignment
Zwischenfrequenzbandbreite *f* intermediate-frequency bandwidth
Zwischenfrequenzbandfilter *n* intermediate-frequency band filter
Zwischenfrequenzbandpaßübertrager *m* band-pass intermediate frequency transformer
Zwischenfrequenzbildverstärker *m (Ferns)* video intermediate-frequency amplifier
Zwischenfrequenzbreitbandausgang *m* wide-band intermediate-frequency output
Zwischenfrequenzdurchbruch *m* intermediate-frequency breakthrough
Zwischenfrequenzempfänger *m* superheterodyne (transposition) receiver
Zwischenfrequenzempfindlichkeit *f* intermediate-frequency sensitivity
Zwischenfrequenzregelpentode *f* intermediate-frequency remote cut-off pentode
Zwischenfrequenzsaugkreis *m*, **Zwischenfrequenzsperrkreis** *m* intermediate-frequency trap
Zwischenfrequenzstufe *f* intermediate-frequency stage
Zwischenfrequenzstufen *fpl* **mit gemeinsamem Emitter** common-emitter intermediate-frequency stages
Zwischenfrequenzteil *n* intermediate-frequency section
Zwischenfrequenzübertrager *m* intermediate-frequency transformer
Zwischenfrequenzverstärker *m* intermediate-frequency amplifier
linear-logarithmischer Z. linear-logarithmic intermediate-frequency amplifier
Zwischenfrequenzverstärkung *f* intermediate-frequency amplification
zwischengelagert interlayered
Zwischengetriebe *n* intermediate gearing
Zwischengitter *n* interlattice *(Kristall)*
Zwischengitteratom *n* interstitial [atom]
Zwischengitterdefekt *m* interstitial defect

Zwischengitterdiffusion *f* interstitial diffusion
Zwischengitterlage *f* interstitial position
Zwischengitterlücke *f* interstitial void
Zwischengitterplatz *m* interstitial site (position)
Zwischengitterstörstelle *f* interstitial impurity
Zwischengitterwanderung *f* interstitial migration
Zwischenhaftniveau *n (Halbl)* intermediate trap level
Zwischenhören *n (Fmt)* listening-through, listening-in
Zwischenhörrelais *n (Fmt)* listening-in relay
Zwischenklemme *f* intermediate terminal
Zwischenkontakt *m* intermediate contact
Zwischenkreis *m* intermediate circuit, buffer
  abgestimmter Z. tuned intermediate circuit
Zwischenkreisabstimmung *f* intermediate circuit tuning, buffer tuning
Zwischenkreisdrossel *f* direct-current link reactor *(beim Wechselrichter)*
Zwischenkreisempfang *m* intermediate circuit reception
Zwischenkreisspule *f (Fmt)* link coil
zwischenkristallin intercrystalline
Zwischenlage *f* intermediate layer, interlayer, [inter]ply; inner (interconnecting) layer *(gedruckte Schaltung)*
  isolierte Z. insulated intermediate layer
Zwischenlagenverbindung *f* interply connection *(bei Leiterplatten)*
Zwischenleitung *f (Fmt)* link
Zwischenleitungsanordnung *f (Fmt)* interstage line arrangement, link system
Zwischenlinse *f* intermediate lens
Zwischenmantel *m* intersheath *(Kabel)*
Zwischenmodulation *f* intermodulation
zwischenmolekular intermolecular
Zwischenniveau *n* intermediate level
Zwischenphase *f* intermediate phase, interphase
Zwischenplatte *f* intermediate plate *(Fotolithografie)*
Zwischenraum *m* space, spacing, interspace; interstice; gap; interval; *(Rech)* blank *(Leerstelle)*
  atomarer Z. atomic interspace
  falscher Z. split *(Telegrafie)*
Zwischenraumzeichen *n* space signal
Zwischenregister *n (Rech)* intermediate register
Zwischenrelais *n* intermediate (supplementary) relay
Zwischenrufen *n (Fmt)* break-in keying
Zwischenrufrelais *n (Fmt)* break-in relay
zwischenschalten to interconnect; to insert; to tap into
Zwischenschalter *m* intermediate switch
Zwischenschaltung *f* interconnection; *(Nrt)* cut-in
Zwischenschicht *f* intermediate layer, interlayer; interface [layer]
  dielektrische Z. dielectric wall
zwischenschichten to sandwich [between]
Zwischenschichtwiderstand *m* interface resistance
Zwischenschwingung *f* intermediate oscillation
Zwischensender *m* intermediate (relay) transmitter; repeating station *(Rundfunk)*; retransmitter
Zwischensicherung *f* intermediate fuse
Zwischensockel *m* [socket] adapter
Zwischenspeicher *m (Rech)* intermediate [data] store, temporary store (memory), buffer [store]
Zwischenspeicherung *f (Rech)* intermediate (temporary, working) storage
Zwischensprechkopplung *f* interaction cross-talk coupling
Zwischenstecker *m* adapter plug, [plug] adapter; reducing adapter
Zwischenstelle *f (Fmt)* field equipment
Zwischenstellenschalter *m (Fmt)* subexchange switch
Zwischenstellenumschalter *m (Fmt)* interthrough switch
Zwischenstopp *m (Rech)* break point *(im Programm)*
Zwischenstück *n* 1. adapter, connecting piece; reducing adapter; 2. spacer
Zwischenstufe *f* 1. intermediate (intermediary) stage, interstage; 2. *(Rech)* buffer stage *(Zwischenspeicher)*
Zwischensummierung *f (Rech)* subtotalling
Zwischentalstreuung *f (Halbl)* intervalley scattering
Zwischenträger *m (Ferns)* subcarrier, intercarrier
Zwischenträgerfrequenz *f* subcarrier (intercarrier) frequency
Zwischenträgerkanal *m (Fmt)* intercarrier channel
Zwischenträger-Zwischenfrequenz-Stufe *f* intercarrier intermediate-frequency stage
Zwischentransformator *m* interstage (intermediate) transformer; adapter transformer
Zwischenüberhitzung *f* intermediate superheating
Zwischenübertrager *m* interstage (intermediate) transformer
Zwischenvergleich *m* intercomparison
Zwischenverstärker *m* intermediate repeater (amplifier)
Zwischenverteiler *m* intermediate distributor; *(Fmt)* intermediate distributing frame
Zwischenwahl *f (Fmt)* interdialling

Zwischenwahlzeit *f (Fmt)* interdigital interval (pause), inter-train pause
Zwischenwelle *f (Masch)* spacer shaft
Zwischenzeichenstrom *m (Fmt)* spacing current
Zwischenzeichenwelle *f (Fmt)* spacing wave
Zwitterion *n* zwitterion, amphoteric ion
Zwittersteckverbinder *m* hermaphrodite connector
Zwölffach-Fernsprechsystem *n* telephone system for twelve channels
Zyanid[salz]bad *n* cyanide bath
Zyklen *mpl* / **aufeinanderfolgende** successive cycles
zyklisch cyclic[al]; periodic[al]
Zykloidenbahn *f* cycloidal orbit (path)
Zyklotron *n* cyclotron
Zyklotronfrequenz *f* cyclotron frequency
Zyklotronkreisfrequenz *f* cyclotron angular frequency
Zyklotronresonanz *f* cyclotron resonance
Zyklotronresonanzfrequenz *f* cyclotron resonance frequency
Zyklotronschwingung *f* cyclotron oscillation
Zyklotronstrahlenergie *f* cyclotron beam energy
Zyklotronwelle *f* cyclotron wave
Zyklus *m* cycle; period
  Z. des Programms *(Rech)* program cycle (loop)
  geschlossener Z. closed cycle
  innerer Z. *(Rech)* inner loop *(eines Programms)*
Zyklusindex *m (Rech)* cycle index
Zyklusindexrückstellung *f (Rech)* cycle reset
Zykluskriterium *n (Rech)* cycle criterion
Zyklusrücksetzung *f (Rech)* cycle reset
Zyklussteuerung *f* cycle control
Zykluszahl *f (Rech)* cycle index
Zykluszähler *m (Rech)* cycle [index] counter
Zykluszeit *f* 1. *(Rech)* cycle time; 2. *(Syst)* sampling time
  Z. des Speichers memory cycle time
Zylinderantenne *f* cylindrical aerial
Zylinderdomäne *f* /**magnetische** cylindrical magnetic domain
Zylinderelektrode *f* cylinder electrode
Zylinderfunktion *f* cylinder (cylindrical) function, Bessel function
  Z. erster Art Bessel function of the first kind
  Z. zweiter Art Bessel function of the second kind
Zylinderkatode *f* cathode cylinder
Zylinderkondensator *m* cylindrical (cylinder) capacitor
Zylinderlinse *f* cylindrical lens
Zylinderspaltmagnetron *n* hole-and-slot magnetron
Zylinderspule *f* cylindrical coil; solenoid
Zylindersymmetrie *f* cylindrical symmetry
Zylinderwelle *f* cylindrical wave
Zylinderwicklung *f* cylindrical (concentric) winding
ZZZ *s.* Zeitzonenzähler